中国短季棉改良创新三十年

喻树迅院士文集

◎ 范术丽　主编

中国农业科学技术出版社

图书在版编目（CIP）数据

中国短季棉改良创新三十年：喻树迅院士文集 / 范术丽主编．—北京：中国农业科学技术出版社，2013. 10
ISBN 978 - 7 - 5116 - 1414 - 8

Ⅰ. ①中… Ⅱ. ①范… Ⅲ. ①棉花 - 作物育种 - 文集 Ⅳ. ①S562. 03 - 53

中国版本图书馆 CIP 数据核字（2013）第 248008 号

责任编辑 史咏竹 朱 绯 李 雪 胡 博
责任校对 贾晓红

出 版 者 中国农业科学技术出版社
北京市中关村南大街 12 号 邮编：100081
电　　话 (010)82106626(编辑室) (010)82109702(发行部)
(010)82109703(读者服务部)
传　　真 (010)82106626
网　　址 http://www. castp. cn
经 销 者 各地新华书店
印 刷 者 北京富泰印刷有限责任公司
开　　本 787 mm × 1 092 mm 1/16
印　　张 69. 5
字　　数 1691 千字
版　　次 2013 年 10 月第 1 版 2013 年 10 月第 1 次印刷
定　　价 268. 00 元

谨以此书祝贺

尊敬的导师喻树迅院士 60 岁生日

内容提要

《中国短季棉改良创新三十年——喻树迅院士文集》共分5部分，汇集了喻树迅院士有代表性的学术论文92篇、重大会议讲话国内外会议致辞26篇，以及各类媒体报道26篇。此书充分展现了喻树迅院士30多年从事科学研究的心路历程，体现了他的学术思想和研究方法，反映了他自强、博学和奉献的精神境界。

此书的出版既为国内外学术同行开展研究提供了参考资料，也为研究者学习喻树迅院士的学术思想提供了源泉。

《中国短季棉改良创新三十年——喻树迅院士文集》编委会

攀农业科技高峰　创棉花育种佳绩

中国植棉历史长达2 000余年，是当今世界的植棉大国。棉花在中国国民经济中占有重要地位，它不仅是纺织工业的重要原料，也是轻工业、食品、医药和国防工业的原料，棉花产业的发展与提高农民经济收入、发展纺织业以及改善人民的衣着水平有着密切的关系。

新中国成立后的半个多世纪，特别是改革开放的30多年以来，中国棉花生产取得了举世瞩目的成就。同时，中国在棉纺、棉布生产和棉产品消费等方面也跃居世界之冠。棉花科技的创新与发展是推进中国棉业生产持续发展的长足动力。自20世纪90年代以来，中国棉花科技工作者采用常规育种和生物技术相结合的途径，育成了拥有自主知识产权的转外源*Bt*基因抗虫棉品种，使中国成为继美国之后能独立开展棉花高新技术育种的国家。此外，根据中国自然生态条件的多样性，中国棉花育种科技工作者还选育了一批适于不同生态条件和不同耕作制度的中熟、中早熟和早熟棉品种，为在长江流域和黄河流域推广麦棉两熟、瓜菜多熟、立体套种栽培模式提供了系列配套品种。

中国不仅在棉花的品种改良和品种选育方面取得了丰硕成果，而且在棉花高产、抗旱、耐盐碱机理，成铃和纤维发育机制，以及生长发育和器官建成等棉花生物学基础研究方面也取得了可喜成果。2012年8月，中国农业科学院棉花研究所、华大基因研究院、北京大学生命科学学院以及美国农部南方平原研究中心的研究人员联合公布了二倍体棉花雷蒙德氏棉（*Gossypium raimondii*）全基因组草图，相关论文发表在《Nature Genetics》上。该研究中，研究人员测序和组装了陆地棉（*G. hirsutum*）和海岛棉（*G. barbadense*）的D亚基因组供体雷蒙德氏棉的全基因组，并对基因组结构及其基因分布等进行了阐述。此次测序工作的完成，不仅代表着首个棉种全基因组序列的诞生，也昭示了中国在棉花生物学基础研究方面的实力。在此基础上，中国农业科学院棉花研究所联合其他单位又陆续开展了亚洲棉（*Gossypium arboreum*）和陆地棉的全基因测序工作，目前，亚洲棉的测序和组装工作已经完成，陆地棉的测序和组装工作也即将完成。这些基础研究工作的开展必定会对科学植棉发挥积极的指导作用，并进一步丰富和发展棉花的科学育种和基础研究工作。

中国工程院院士喻树迅研究员主要从事短季棉遗传育种工作，提出了中国短季棉的区域划分和短季棉的育种目标，主持或参加育成的短季棉品种有22个，解决了短季棉的早衰问题，有效缓解了中国的粮棉争地矛盾。除此之外，在他的领导下，中国棉花科技工作者还成功培育出了系列具有自主知识产权的转基因抗虫棉品种，有效控制了棉铃虫对棉花的为害。进行品种选育的同时，喻树迅院士同时兼顾了棉花基础研究工作的开展，除了带领他的团队开展短季棉遗传机制、短季棉早熟不早衰生理生化机制、棉花重要基因克隆研究外，他还担任着国家973计划项目的首席科学家，主持棉纤维的发育基础理论研究工作，并成功将海岛棉优质基因片段转移到陆地棉中，大幅提高了陆地棉的纤维品质。在此基础上，为了给棉花育种和基础研究工作提供一个更好平台，他还筹划和组织了引人瞩目的棉花全基因测序工作的开展。

针对近几十年的棉花品种选育和基础研究工作，喻树迅的研究团队特将他们的研究成果进行了整理，并编写了此书，以期抛砖引玉，与广大科技工作者互相交流，共同提高。值得一提的是此书除了涵盖喻树迅研究团队对棉花育种工作和棉花基础研究工作所做的积累外，还涵盖了喻树迅研究员在国内外各类学术会议上所做报告和讲话，以及各类媒体对其棉花育种工作及其在育种工作中所体现的育种精神的报道。将此收录在此书的目的是希望广大农业科技工作者能从他艰苦奋斗、甘于奉献、勤于实践、勇于创新、积极乐观的态度中，受到启发与教育，为中国农业科技事业做出贡献。

路明

2013年8月10日

棉花育种征程远　不用扬鞭自奋蹄

光阴似箭，日月如梭。当年朝气蓬勃的青年转眼已步入60岁了。

回想30余年的工作、学习经历，如同昨日，历历在目。1980年1月我与学友毛树春、詹先合、吴恒梅于华中农业大学毕业，分配到中国农业科学院棉花研究所（以下简称中棉所）。三位男生住进了一间平房，一起生活，互相勉励，度过艰苦岁月。随后各自结婚生子，我同夫人王霞住进了30平方米的小平房。该房系大跃进时代产物，用土坯做成，白天透气漏雨，夜晚老鼠跑，几样家具也因房屋潮湿烂掉。在此，多亏夫人王霞贤惠能干，承担全部家务。一直以来，她以自己特有的坚韧和爱心照顾着我，支持着我，我心里常常深怀感激。

进入棉花早熟育种课题组后，在刁光中先生的领导下，努力学习、勤于实践、与时俱进，与课题组黄祯茂、张裕繁、王者民一起，开展棉花早熟育种，育成短季棉中棉所10号、中棉所16并在全国大面积推广。中棉所16获国家科技进步一等奖，也开创了麦棉两熟新的耕作制度，为解决中国人多地少、粮棉争地的矛盾做出了贡献。

由我主持课题工作后，与学生范术丽、宋美珍、庞朝友、魏恒玲一起，在短季棉优质、高产、特早熟等性状方面做了一些工作，先后培育了早熟不早衰的优质短季棉：中棉所24、中棉所27、中棉所36等系列品种，以及低酚棉中棉所20，均获国家科技进步二等奖。特早熟品种中棉所74生育期仅99d，为中国麦后直播、沿海盐碱地一熟变两熟、粮棉双高产提供了技术支撑。近日在对新疆维吾尔自治区（以下称新疆）考察时，发现该品种特早熟、高密晚播，可以不盖地膜，这可能为解决地膜污染找到一条新途径。

20世纪90年代，面对国外抗虫棉品种大举占领中国95%棉种市场，同兄弟单位合作培育成转基因抗虫棉：中棉所45、中棉所50等，为今天中国抗虫棉品种98%的市场占有率尽了微薄之力。中棉所45获河南省科技进步一等奖。

进入20世纪，早熟育种课题组除保持育种优势领先外，在早熟不早衰等理论研究方面也取得了显著成绩，指导学生魏恒玲、孟艳艳、庞朝友等发表SCI（科学引文索引）影响因子4.1、5.5、8.8的论文。

2001—2013年任中棉所所长期间，在部、院领导支持下，我带领所领导班子和全所职工做了几件值得回忆的事：

第一，将中棉所由白壁大寒村搬入安阳市开发区，由村民变为市民，享受社会化服务。改变了年轻科技人员找对象难、老年人看病难、小孩上学难的难题，创造了良好的科研氛围。

第二，在郑州市购地建设中棉种业公司大楼和棉花生物学国家重点实验室大楼。

第三，在新疆石河子市、库尔勒市、阿克苏市、和田市、轮台县，海南省三亚市、河南省郑州市、山东省东营市，安徽省合肥市建立区域试验站和公司，基本做到有人、有房、有车、有地，使中棉所在全国主要棉区形成科研与开发优势。通过转化科研成果，公司获得效益，支持了试验站正常运转，两者相得益彰，在全国主要棉区形成推广网络，使中棉所科研优势在全国得以应用与发展。

第四，争取和主持了国家“973”计划理论基础研究项目，并在棉花纤维研究这一领域达到世界领先水平。

第五，主持完成棉花 A 组、D 组及 AD 组基因组测序，并首次在 *Nature genetics* 发表 D 组测序论文。

第六，基本兑现了就职演说时向中棉所职工许诺的票子、位子、房子的施政目标。

第七，在任产业体系首席科学家期间，提出了快乐植棉、百亩棉田连片亩产千斤（1 斤 =0.5 千克）籽棉（新疆 1 000千克）的目标，从现在棉花生产发展形势看，基本符合中国实际，得到棉花界认同。

回想已走过的60 年历程，深感欣慰，没有因虚度光阴而叹息，也没有因碌碌无为而悔恨。在党和国家的培养教育下，在棉花界老前辈、同仁的支持帮助下，集同事的成果于一身，成为中国工程院院士，对此我深感责任更加重大，唯有在今后的工作中回报党、回报国家、回报人民，鞠躬尽瘁，死而后已。

我的学生范术丽、宋美珍等人收集了我 30 余年发表的论文，冯文娟、王力娜整理了 10 余年的主要会议讲话及媒体报道，一并编入论文集。在此，对所有参加论文集收集编辑者深表谢意。

喻树迅

序

导师喻树迅院士30多年来一直致力于棉花遗传与育种研究工作，在棉花遗传育种领域颇有建树，是短季棉研究领域著名的奠基人、开拓者。他研究提出了中国短季棉区划和育种目标，主持或参加育成了22个短季棉品种，缓解了中国粮棉争地矛盾，促进了棉花稳产高产；他带领研究团队利用转基因技术，建立了上中下游合作机制，培育了系列转基因抗虫棉品种，基本控制了棉铃虫的暴发为害；他主持973计划项目，开展棉纤维发育基础理论研究，大幅提高了陆地棉纤维品质；他发起了棉花基因组中美联合测序，为棉花功能基因组学研究和分子改良奠定了基础。

收集整理导师的研究论文讲话及媒体报道并结集出版，既为国内外学术同行的研究提供了极大的方便，也为后人系统研究喻树迅院士的学术思想提供了最宝贵的文献资料。这册《中国短季棉改良创新三十年——喻树迅院士文集》是从1988年到2013年的学术论文期刊及报纸杂志中精心选编而成的，汇集了导师喻树迅院士公开发表的、有代表性的92篇学术论文及32篇讲话和媒体报道，展现了他30多年从事科学研究的心路历程，体现了他的学术思想和研究方法，反映了他自强、博学和奉献的精神。

编写《中国短季棉改良创新三十年——喻树迅院士文集》的过程中，让我们更加深刻地感受到他严谨治学的态度和开拓创新的精神。他在普通而平凡的研究工作中，以敏锐的洞察力不断提出新的认知，不断发表新的见解，引领棉花科研和产业的航向。他的精神在不断影响着自己的学生，并通过学生们不断地发展和延续。

此文集的出版不仅能弘扬喻树迅院士爱岗敬业、勇攀高峰的精神，而且能使广大的科技工作者尤其是年轻的一代从中受到教育和启迪。

谨以此文集祝贺导师喻院士60岁的生日！健康长寿，事业永续！衷心感谢他为一生钟爱的棉花事业的忘我付出和辛苦操劳！

本书的编写和出版是全体编写人员和有关工作人员的共同努力。本书整理和编写过程中，曾获得宋晓轩、刘全义、张聚明、林志萍、王霞、苗成朵、朱改芹、胡小燕等的大力支持。在此谨向他们表示衷心感谢。

由于时间所限，书中疏漏和错误之处难免，敬请广大读者谅解，并恳请多提宝贵意见。

编　者

目　录

第一篇　研究综述

第二篇　棉花农艺性状研究

第三篇　棉花生理生化研究

第四篇　棉花分子生物学研究

第五篇　快乐植棉，无悔人生——喻树迅院士讲话及媒体报道

第一篇

＊＊＊＊＊＊＊＊＊＊＊＊＊＊＊＊＊＊＊＊＊＊＊＊＊＊＊＊＊＊＊＊＊＊＊＊＊＊＊

研究综述

短季棉品种资源早熟性的研究

喻树迅，黄祯茂，刁光中
（中国农业科学院棉花研究所，安阳　455000）

短季棉在中国有两种生产类型；一是在东北、西北生长期短春季种植的特早熟品种，一是中国主要产棉区黄河、长江棉区一年两熟麦棉套种，油棉两熟连作夏播的特早熟棉花品种。由于我国人多地少，粮棉争地和当前棉花生产对优质棉的要求，选育优质、早熟、丰产、抗病的短季棉品种是十分必要的。为此，1977 年以来笔者从大批国内外早熟品种资源中筛选出一批生育期短成熟早的材料。1984—1986 年对筛选出的全部材料作了进一步的观察研究，以确定其利用价值。

供试材料属于辽、晋、豫、鲁、鄂、湘、浙等省的地方品种和改良品种计 47 份；属于美国、苏联、法国、和阿根廷等国的早熟材料计 39 份。试验按单行区顺序排列，不设重复，小区面积 0.01 亩（1 亩≈667 平方米，全书同）。对照为中棉所 10 号。兹将观察结果报道于后。

1　不同生态型短季棉品种在安阳地区夏播生长期的表现

安阳夏棉生长期间 5 月下旬至 10 月下旬历年平均温度在 12℃左右，早霜在 10 月 30 日左右。要求短季棉品种在 10 月 25 日前吐絮 80% 以上。根据以上气候特点，来源不同的短季棉品种引入安阳种植，各生育阶段和全生育阶段差异较大，按其特点大致可归纳为 3 种生态类型。

（1）黄淮棉区生态型，主要来源是本所试验材料，适应性好。生育期 116d，比其他类型早 2 ~ 8d。

（2）东北棉区生态型，全生育期平均 118d。比当地品种平均晚 2d。有的品种晚 10d 以上并比原产地晚熟。

（3）国外品种资源，全生育期平均 123d。由于原产地生态条件与安阳地区差异较大，生育期差异亦大。即使同一国家的品种其早熟性也不同。一般都晚 10 ~ 15d。据观察，国外早熟材料较好的有法 4251、美 Cheipan432、Tx-CAMD-2B-1-78、Tx-Cops-1-77、Chirpan996、Earlic-Tap-Ie、Tx-Comade-E、GSA75。

原载于：《中国棉花》，1988（1）：11-12

2 不同生育阶段的长短对生育期的影响

棉花品种的早熟性是以开花期、吐絮期为形态指标的，但开花早并不等于吐絮也早。根据36份材料观察，短季棉品种的早熟性表现出阶段发育的特点。按出苗—开花、开花—吐絮阶段发育的长短大致可分3种类型（表1）。

表1 不同早熟类型品种间生育阶段长短比较

类型	出苗—开花（d）	开花—吐絮（d）	全生育期（d）
1	52	54	114
2	56	53	116
3	54	59	118

由表1可知，第1类由于前后阶段发育都快，其早熟性优于其他两种类型。这样的材料有23份，其中中棉所10号、767、Chcipan432等综合性状较好。第2类型属前期发育慢，后期发育快的早熟类型。第3类型后期发育比第1类型长5d，全生育期延长。从上可知全生育期发育快的早熟类型其早熟性最强，前期发育快，后期发育慢的类型生育期最长，前期发育慢，后期发育快的类型其早熟性居中。在育种中选择早熟性时，则应注意前后期均发育快的类型。

3 气候条件对早熟性的影响

以安阳地区1984—1986年5～10月气候为例，1984年气温比常年低，降水量比常年多126.7mm，日照时数比常年少469.2h。结果86份材料生育期均延长20～30d。从发育阶段看出主要是开花至吐絮这一阶段受影响。前期延长7～8d，后期为20d左右。1985年气温略低于常年，阴天偏多，日照时数比常年少479.2h。但对棉花生育期影响不大，较正常地表现出各品种的早熟性。1986年属干旱年份，气温比常年高，降水量比常年共少263.3mm，日照时数比常年多16.8h。全生育期比1985年早4～5d。由于气温高，出苗比1985年早4～5d。且灌水条件好，发育阶段与1985年接近。说明气候对早熟性影响极大，主要是对开花至吐絮阶段影响最大。所以在短季棉育种中应利用开花至吐絮发育快的类型作亲本。并在后代的选择中也应注意对这一阶段进行选择。在前期早熟的条件下应选后期早熟的类型。

4 丰产性较好的早熟类型

通过多年鉴定，选出单铃重6g以上的材料16份，衣分36%以上的材料13份，其中综合性状好的品种（系）如表2。

表 2　丰产早熟品种农艺性状

项目 品种	来源	全生育期(d)	株型	株高(cm)	第一果枝节位	果枝数(个)	铃数(个)	铃重(g)	衣分(%)	皮面产量(kg/亩)	特征特性
中棉所 10 号	中国农业	113	Ⅱ	70	4.1	9	14.5	5.5	35.6	68.3	清秀，叶薄趋光性强
421	科学院棉	116	Ⅲ	65	7.1	8	18.0	6.0	35.1	57.0	植株清秀茎秆硬
759	花研究所	114	Ⅲ	68.8	6.3	9.2	14	5.9	37.4	70.2	茎秆硬呈紫红色
642-124	辽宁	115	Ⅲ	95.7	6.7	9.9	17.5	5.1	35.4	61.1	叶量大，叶色深绿
768		113	Ⅲ	36.0	5.1	10.0	15.7	6.5	34.6	74.1	
辽 1038		119	Ⅲ	60.7	6.2	3.3	17.1	5.5	36.2	73.7	植株清秀叶量大
Cheipan 432	美国	113	Ⅲ	79.0	5.6	9.4	11.5	4.3	33.6	46.8	茎秆紫红色
Tx－CAMP-215-1-78		112	Ⅱ	110.0	7.2	9.0	70.3	5.3	34.5	85.8	
Tx－COPS-1-77		114	Ⅱ	80.0	7.2	9.0	14	6.0	35.1	79.4	植株清秀

短季棉品种早熟性构成因素的遗传分析

喻树迅，黄祯茂
（中国农业科学院棉花研究所，安阳 455000）

摘要： 对5个推广短季棉品种的9个生育性状进行了遗传分析，结果表明：苗期、蕾期、铃期、第一果枝节位和株高与全生育期呈显著正相关，与霜前花率呈显著负相关，与环境相关则较小，说明它们之间的关系主要受遗传控制。苗期、蕾期、铃期天数多，果枝节位高和植株高大的品种，其全生育期长，霜前花率低，表现晚熟。反之，全生育期短，霜前花率高，早熟性好。

9个生育性状的早熟性遗传分析的结果：脱落率和蕾期遗传力低，苗期、铃期、全生育期、霜前花率、果枝节位、铃重的遗传力较高，而且能够稳定遗传。经预期遗传进度估算，目前推广的短季棉品种早熟性潜力：霜前花率可提高24%左右，达到90%以上；全生育期可缩短9～10d；果枝始生节位可降低1～2节。结果还表明短季棉品种铃重与霜前花率为遗传正相关，为棉花遗传学提供了新的重要补充内容。

关键词： 短季棉；遗传相关；通径分析

短季棉品种与冬麦配套栽培是中国20世纪80年代初北方棉区将棉田一熟改为麦棉两熟发展起来的一种新的耕作制度。由于两熟栽培经济效益显著，故能迅速在北方棉区推广。实践表明，要实现麦后连作棉花的耕作栽培，现有短季棉推广品种的早熟性还不能满足这一要求，因此研究制约短季棉品种早熟性的因素极为重要。近几年美国用配合力测定评价估计棉花早熟性有12种指标。前苏联和保加利亚等国主要研究矮化品种，他们认为植株高度与早熟性有密切关系。中国对中熟棉花品种的产量性状、纤维品种性状研究较多，而对短季棉的早熟性进行系统深入的研究较少。

1 材料与方法

本试验于1986年用大面积推广的短季棉新品种中棉所10号、辽棉9、中14、325、SP37H等5个新品种，随机区组设计，3次重复，5行区，中间3行计产，两边行供调查，小区面积33.3平方米。

各生育性状调查均按全国棉花品种区域试验统一标准进行。蕾、铃发育期和脱落率记

原载于：《中国农业科学》，1990，23（6）：48-54

载：每小区随机取20株，每株全部果节均从现蕾、开花、吐絮、逐一挂牌记载日期。

统计资料按随机设计模型进行方差分析，分析衣分、霜前花率、脱落率时，先将数据进行正反弦换算。

各项遗传参数按下列公式计算：

环境方差 $\sigma_e^2 = M_2$

遗传方差 $\sigma_g^2 = 1/\gamma(M_1 - M_2)$

表现方差 $\sigma_p^2 = \sigma_g^2 + 1/\gamma\ X\ \sigma_e^2$

遗传变异系数 $GCV = \sigma_g / \overline{x} \times 100$

广义遗传力　$h^2 = \sigma_\theta^2 / \sigma_P^2 \times 100$

预期遗传进度（绝对值）$GS = K \times \sigma_P \times h^2$

预期遗传进度（相对值）$GS/\overline{x} = K \times GCV \times h \times 100$

协方差分析和通径分析按下列公式估算：

$COv_e = COv_2$

$COv_{g\theta} = 1/\gamma\ (COv_1 - COv_2)$

$COv_p = COv_g + 1/\gamma \times COv_e$

$\gamma_p = COv_p / \sqrt{\hat{\sigma}_{px}^2 \times \hat{\sigma}_{py}^2}$

$\gamma_g = COv_g / \sqrt{\hat{\sigma}_{px}^2 \times \hat{\sigma}_{py}^2}$

$\gamma_e = COv_e / \sqrt{\hat{\sigma}e_x^2 \times \hat{\sigma}e_y^2}$

遗传相关系数代入下列方程，求出直接通径系数：

$P_{1y} + \gamma_{12} P_{2y} + \gamma_{13} P_{3y} + \cdots\cdots + \gamma_{1n} P_{ny} = \gamma_{1y}$

$\gamma_{21} P_{1y} + \gamma_{22} P_{2y} + \gamma_{23} P_{3y} + \cdots\cdots + \gamma_{2n} P_{ny} = \gamma_{2y}$

……

$\gamma_{n1} P_{1y} + \gamma_{n2} P_{2y} + \gamma_{n3} P_{3y} + \cdots\cdots + P_{ny} = \gamma_{ny}$

计算各间接通径系数的公式为：$I = \gamma_{ij} P_{jy}$

2　结果与分析

2.1　几个生育性状与霜前花率遗传相关分析

表1的5个短季棉推广品种9个生育性状的遗传相关系数与表型相关系数，除蕾期与铃重及株高与脱落率2对性状相关系数正负不一致外，其他性状的两种相关系数均正负一致，但除苗期与蕾期、株高与脱落率及脱落率与霜前花率3对性状外，大多性状间遗传相关系数的绝对值大于表型相关的绝对值。

表2所示遗传相关为两个性状的基因型值间的相关，能真实地反映出两性状间相关的遗传效应。因此，用表中遗传相关系数进行分析的结果表明：参数品种苗期、蕾期、铃期、全生育期、第一果枝节位、株高、脱落率与霜前花率遗传相关均为高度负相关。说明苗期、蕾期、铃期、全生育期长的品种第一果枝节位提高，植株高大，结铃性差，霜前花率降低，早熟性差；反之早熟性好。铃重与霜前花率遗传相关为正相关，即铃大早熟。前

人对一般中熟品种的研究结果均为负相关，亦即铃小早熟。两种相反的结果表明：经过多年人工选择，基因交换打破了这一负相关现象，而其理论机制尚需作专门研究，近年短季棉育种水平不断提高，为棉作遗传学补充了新的内容。

2.2 生育性状与霜前花率遗产通径分析

由表1、表2看出苗期、铃期与霜前花率的遗传相关为负相关（-0.924 0，-1.016 8），但这两个性状本身对霜前花率的直接效应为正效应（0.924 1，0.745 6），由于通过铃重和脱落率的间接负效应高于直接正效应，因而使遗传相关为负效应。在选择这两个性状时应注意选择大铃和脱落率低的类型以达到早熟的目的。

表1 早熟性状之间的相关关系

性状		蕾期	铃期	全生育期	第一果枝节位	株高	铃重	脱落率	霜前花率
苗期	P	1.563 9	0.772 6	0.784 1	0.670 0	0.341 6	-0.585 3	-0.241 5	-0.883 0
	G	1.101 2	0.954 6	0.939 1	0.863 8	0.401 5	-0.861 7	-0.081 9	-0.923 6
	E	0.045 9	-0.147 4	0.205 5	0.258 0	0.5842	0.3291	0.349 6	-0.707 0
蕾期	P		0.490 3	0.300 2	0.358 1	0.3020	-0.4027	0.012 6	-0.512 1
	G		1.077 0	1.225 9	1.087 9	1.0819	1.0260	1.028 5	-1.006 2
	E		-0.054 9	-0.566 5	-0.104 6	0.2197	0.0471	0.358 4	0.026 7
铃期	P			0.759 1	0.859 3	0.6701	-0.7793	-0.215 2	-0.885 3
	G			0.901 6	1.005 1	0.8797	-0.978 8	-1.851 7	-1.016 7
	E			0.082 1	0.588 7	0.2638	0.044 6	0.490 2	0.322 4
全生育期	P				0.754 8	0.4160	-0.822 3	-0.497 7	-0.885 3
	G				1.008 4	0.629 2	-0.954 3	-1.041 4	-1.004 6
	E				0.219 5	0.016 4	-0.404 6	-0.027 6	-0.297 2
第一果枝节位	P					0.754 3	-0.732 6	-0.152 9	-0.825 0
	G					0.907 1	-1.189 0	-1.086 4	-1.072 1
	E					0.552 5	0.183 1	0.543 5	-0.196 8
株高	P						-0.491 9	0.046 4	-0.568 2
	G						-1.047 3	-1.145 0	-0.804 8
	E						0.504 5	0.511 0	-0.028 1
铃重	P							0.620 4	0.864 4
	G							1.038 5	1.006 5
	E							0.559 0	0.274 9

（续表）

性 状		蕾 期	铃 期	全生育期	第一果枝节位	株 高	铃 重	脱落率	霜前花率
	P								0.459 7
脱落率	G								-1.075 7
	E								0.077 6

注：*P* 为表型相关系数；*G* 为遗传相关系数；*E* 为环境相关系数。

蕾期、全生育期、第一果枝节位、株高对霜前花率的直接负效应都很高，同时通过其他性状的间接负效应也很大，所以在育种中除对性状本身选择外，也应考虑对其他性状的选择。

铃重对霜前花率的遗传相关为正相关（1.006 5），但铃重直接正效应很小（0.062 6），主要通过脱落率的间接正效应起作用（1.403 1）。

脱落率与霜前花率的遗传相关为密切的负相关（-1.075 7），而本身的直接效用应很弱（0.034 2），主要通过蕾期的间接负效应起作用（-0.971 8）。表明蕾期脱落严重的品种晚熟，要降低脱落率应重视降低蕾的脱落。

铃重和脱落率两个性状对霜前花率的影响，主要通过其他性状的间接作用，而本身的直接作用很小，有类似多基因效应现象。

从表 2 还可以看出第一果枝节位、株高对霜前花率的直接效应，均大于其他性状的直接效应。蕾期脱落率的间接效应，大于高于通过另外性状的间接效应，说明蕾期脱落率高低对品种的早熟性影响极大。

表 2 早熟性状与霜前花率的遗传相关关系及其成分

	苗 期	蕾 期	铃 期	全生育期	第一果枝节位	株 高	铃 重	脱落率
	*r*19 = -0.92	*r*29 = -1.01	*r*39 = -1.02	*r*49 = -0.91	*r*59 = -1.07	*r*69 = -0.8	*r*79 = 1.01	*r*89 = -1.08
直接效应	p19 0.92	p29 -0.27	p39 0.75	p49 -1.00	p59 -1.07	p69 -1.30	p79 0.06	p89 0.03
	r12p29	r21p19	r31p19	r41p19	r51p19	r61p19	r71p19	r81p19
	0.977	-0.835 9	0.401 4	-0.890 4	-1.297 8	-0.523 6	-0.054 0	-0.252 3
	r13p39	r23p39	r32p29	r42p29	r52p29	r62p29	r72p29	r82p29
间接	0.932 2	-0.748 5	0.401 4	-0.939 0	-2.188 4	-1.410 9	-0.158 2	-0.971 8
效应	r14p49	r24p49	r34p49	r43p39	r53p39	r63p39	r73p39	r83p39
	0.900 8	-0.869 5	0.376 9	-0.777 7	-1.510 0	-1.146 5	-0.061 3	-0.234 2
	r15p59	r25p59	r35p59	r45p59	r54p49	r64p49	r74p49	r84p49
	0.748 5	-0.751 5	0.764 8	-0.906 9	-1.515 0	-0.820 5	-0.059 8	-0.309 1
	r16p64	r26p69	r36p69	r46p69	r56p79	r65p59	r75p59	r85p59

（续表）

	苗 期	蕾 期	铃 期	全生育期	第一果枝节位	株 高	铃 重	脱落率
	0.812 7	-0.291 6	0.293 2	-0.938 4	1.787 4	-1.182 9	-0.074 5	-0.361 9
	r17p79	r27p79	r37p79	r47p79	r57p79	r67p79	r76p69	r86p69
间接效应	-1.744 2	1.380 9	-1.666 1	1.940 3	1.787 4	1.365 8	-0.065 6	-0.227 2
	r18p89	r28p89	r38p89	r48p89	r58p89	r68p89	r78p89	r87p79
	-4.441 5	1.362 9	-2.664	2.456 4	6.504 2	4.265 4	1.403 1	1.320 1
合 计	-0.894 5	-1.023 2	-1.168 2	-1.058 1	-1.082 4	-0.753 2	-0.869 1	-1.006 4

2.3 早熟性与全生育期的遗传通径分析

全生育期作为棉花早熟性的指标（表3），易于田间鉴定。可看出苗期对全生育期的直接正效应（1.264 1）高于蕾期、铃期的直接作用（-0.045 1，0.298 0），说明苗期长短直接影响全生育期的长短，苗期短的品种全生育期短，反之则长。铃期、第一果枝节位和铃重对全生育期的影响，主要通过蕾期的间接效应。而蕾期则主要通过脱落率的间接作用影响全生育期。说明蕾脱落多导致有效果枝节位提高，使花的垂直间隔和水平间隔都延长，使一定数量的棉铃成熟推迟，而造成全生育期延长。反之，蕾脱落少可以降低有效果枝着生节位，使花的垂直间隔缩短，进而促使一定数量的棉铃提早成熟，全生育期缩短。

遗传通径图表明：第一果枝节位对霜前花率的直接通径系数（1.5）高于其他性状对霜前花率的影响（1.0以下），故对霜前花率的直接影响大的性状为第一果枝节位、苗期、全生育期、铃期，而通过脱落率、蕾期的间接效应远远大于直接效应，可见蕾期脱落率是影响早熟的关键性状。

2.4 早熟性状的遗传参数估算

2.4.1 9个生育性状的变异程度

表4经F值检验有7个生育性状达显著性差异。按马育华对遗传变异系数的分类标准（即以0%～10%、10%～20%、20%～30%分别表示遗传变异度较小、中等、较大），除霜前花率、苗期、第一果枝节位中等外，其他性状均较小。表明大多数性状是稳定的。

表3 早熟性状与全生育期的遗传相关关系及其成分

	苗 期	蕾 期	铃期	第一果枝节位	株 高	铃 重	脱落率
	$r18=-0.94$	$r28=-1.01$	$r38=-1.02$	$r58=-1.07$	$r68=-0.8$	$r78=1.01$	$r88=-1.04$
直接效应	p18 1.26	p28 -0.05	p38 0.91	p48 0.38	p58 -0.31	p68 -0.85	p78 -0.02
	r12p28	r21p18	r31p18	r41p18	r51p18	r61p18	r71p18
间接	1.920 3	-0.139 8	0.284 5	0.331 0	-0.123 5	0.474 1	0.072 1
效应	r13p38	r23p38	r32p28	r42p28	r52p28	r62p28	r72p28

（续表）

	苗 期	蕾 期	铃 期	第一果枝节位	株 高	铃 重	脱落率
间接效应	1.206 9	-0.125 1	0.872 5	1.068 2	-0.332 7	0.884 7	0.275
	r14p48	r24p48	r34p48	r43p38	r53p38	r63p38	r73p38
	1.092	-0.125 6	0.299 5	0.385 1	-0.270 4	0.438 5	0.066 5
	r15p58	r25p58	r35p58	r45p48	r54p48	r64p48	r74p48
	0.507 6	-0.048 8	0.262	0.347 5	-0.279 0	0.554 5	0.102 8
	r16p68	r26p68	r36p68	r46p78	r56p58	r65p58	r75p58
	-1.089 3	1.113 8	-0.291 6	-0.455 8	0.222 1	0.476 2	0.063
	r17p78	r27p78	r37p78	r47p78	r57p78	r57p68	r67p68
	-3.881 1	1.064 8	-0.762 3	-1.111 2	0.437 9	-2.852 0	-1.662 8
合 计	1.016 4	1.688 8	0.919 6	0.944 8	0.655 6	0.8740	-1.108 4

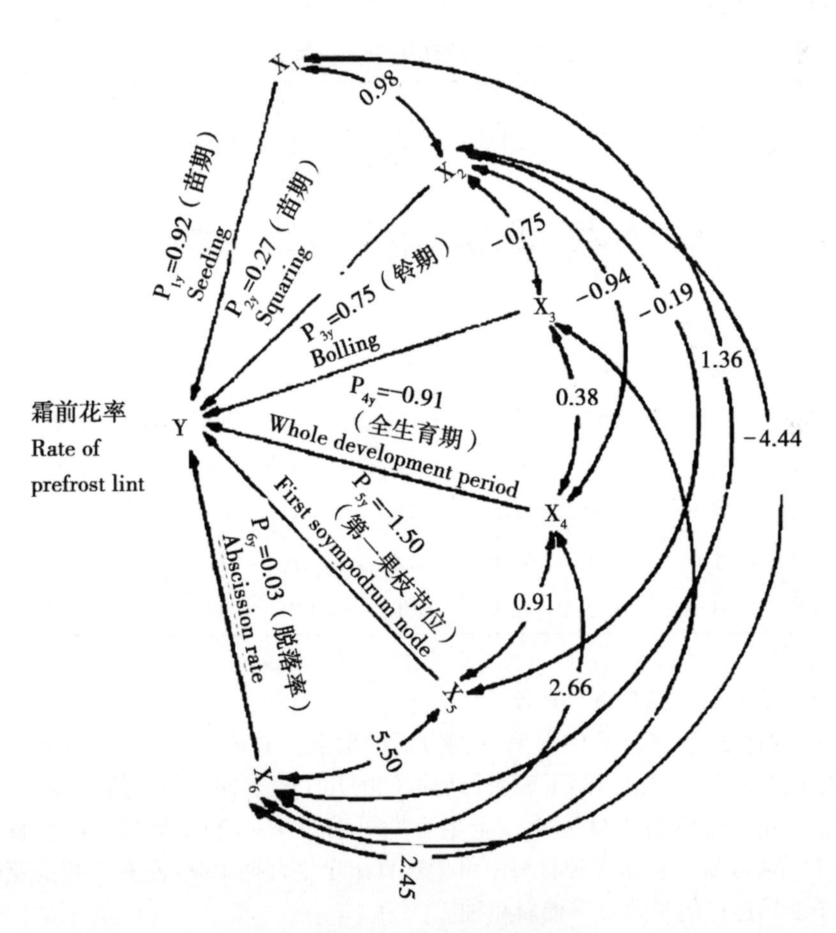

图　早熟因素与霜前花率通径图

2.4.2 9个生育性状的遗传力

遗传力的大小，从客观上反应出遗传因素与环境因素两者对性状表现的影响程度，为表现型选择提供理论依据。

表4测算结果：蕾期和脱落率两个性状的遗传力很低（3.86、1.23），低的原因是环境方差远远大于遗传方差，表明这两个性状易受环境影响。相反证明结铃性受基因所控制。在棉花种植过程中，使蕾期生产稳健减少脱落，对提高早熟性有明显得效果。在棉花早熟育种中其他7个遗传力高的性状作为鉴定早熟性的指标是可靠的，进行选择是有效果的。

（1）苗期、铃期、第一果枝节位、株高与霜前花率的遗传相关，大于环境相关，遗传力高，它们之间的关系主要受基因遗传调控，可作为测定早熟性的指标。第一果枝节位低的品种早熟性好，第一果枝节位低，蕾脱落率也低的品种才能显示早熟。

（2）霜前花率和全生育期是早熟性最终表现的性状，遗传力高，能稳定遗产，在短季棉育种中将这两个性状作为育种主要标志性状是科学而可靠的。

（3）脱落率是影响早熟性的一个重要性状，受多基因控制并易受环境影响，蕾脱落率高，则霜前花率低。

表4　9个早熟数量性状的遗传与变异

性　状	遗传方差	环境方差	表型方差	广义遗传率	预期遗传进度	预期遗传进度（绝对值）	平均变幅	*F* 值	遗传变异系数
霜前花率	149.20	17.59	166.79	89.13	38	23.8	41-71	26.45*	20.00
苗　期	9.47	2.45	11.90	79.55	20	5.65	25-33	12.67*	11.00
蕾　期	0.025	0.625	0.65	3.86	0.3	0.06	23.7-24.9	1.12	0.65
铃　期	4.04	0.57	4.61	87.44	7	3.87	56.3-59.2	21.89*	3.46
全生育期	28.28	1.89	36.17	78.20	9	9.69	105.7-119.3	11.76*	4.84
果枝节位	1.08	0.72	1.80	59.74	26	1.66	5.07-6.9	5.47*	16.37
株　高	57.60	48.05	105.65	54.20	12	1.54	80.77-102.7	4.6	8.10
铃　重	0.16	0.06	0.22	73.99	11.8	0.71	5.4-6.4	9.54**	6.66
脱　落	0.17	13.95	14.12	12.30	0.1	0.095	47.5-52.5	1.04	0.83

2.4.3 9个生育性状的预期遗传进度

表4预期遗传进度综合了GCV和h两方面的信息，它可作为从该品种群体内进行选择强度下的相对值和绝对值。结果表明目前推广的几个短季棉新品种的早熟性有很大的选择潜力；霜前花率可提高24%左右，全生育期可缩短9～10d，果枝节位和株高可降低1.66节和11.54厘米。在新育种材料中可望选育出全生育期100d左右，霜前花率90%以上，适于小麦后连作的早熟短季棉新品种。

参考文献

［1］刁光中，等．短季棉新品种——中棉所 10 号［M］，北京：中国农业出版社，1983.

［2］吴仲贤．统计遗传学［M］，北京：科学出版社，1977：132-137.

［3］南京农学院．田间试验和统计方法［M］，北京：中国农业出版社，1978：218-231，238-240.

［4］马育华．数量遗传理论在作物育种上的应用［J］. 江苏农业科学，1980（3）：1-6.

［5］马育华．植物育种的数量遗传学基础［M］. 南京：江苏科学技术出版社，1980：283-288.

［6］孙济中．棉花育种［M］. 北京：中国农业出版社，1981：319-392.

［7］明道绪，等．四川农学院学报．1983，（2）：129-135.

［8］兰巨生．作物遗传参数的统计方法［M］. 石家庄：河北人民出版社，1982.

［9］Li C C. Popuktion Genegies［M］. Chieago and Londen：The university of chicago press，1955：145-171.

试论我国短季棉的发展前景及其技术对策

承涨良[1]，喻树迅[2]

（1. 江苏省农业科学院经作所，南京　210014；2. 中国农业科学院棉花研究所，安阳　455000）

摘要：从少熟到多熟，从单作到间套复种，是世界农业发展的重要趋势之一，也是中国农业的发展方向。具有增粮增棉、综合经济效益较高的短季棉，正是顺应国内外农业这一发展趋势的产物。目前，短季棉生产上存在的主要问题是晚发迟熟，产量偏低，纤维品质不稳。应采取的技术对策：是更新品种，提高产量水平；改进栽培技术，挖掘生产潜力；实现机械化，提高劳动生产率。

关键词：短季棉；发展前景；问题技术对策

从农业发展的前景看，从少熟到多熟，从单作到间套复种，是世界农业发展的重要趋势之一。

中国是世界上农作物间套复种多熟制面积最大的国家之一。多熟种植是我国传统农业与现代科学技术相结合的璀璨绚丽的珍宝，对促进中国农业生产的发展，特别是提高农作物产量起着重要的作用。展望未来，采用多熟制将是中国农业的发展方向。这是因为到2000年，中国人口将从现在的10亿多增加到12亿多，而土地后备资源不足，总耕地面积只能维持在1亿 hm^2，人均耕地相对减少。因此，应大力发展间套复种，实现集约经营，建立优质、高效、高产的现代农业技术体系。

1　发展短季棉的条件

据研究，棉花单产与温度≥10℃积温呈线性相关关系。在10～40℃范围内，温度每升高10℃，棉花的生理反应速度增加1～2倍。棉花纤维品质也在很大程度上受制于热量状况。在纤维形成的关键时期的8月份，月平均气温每升降1℃，单纤强力可增减0.9g，成熟系数可增减0.66。所以，热量是影响棉花产量和品质最基本最重要的自然因素，也是发展短季棉能否成功的先决条件。

据杨家凤等1983—1985年在河北邯郸市试验和有关气象资料统计，中棉所10号、辽棉7号和9号在5月28日至6月3日麦收后灭茬播种，9月11～18日吐絮，所需温度≥15℃积温为2 673.4～2 802.0℃。吐絮后，从9月下旬至10月中旬，温度≥15℃积温为474.5～588.9℃。上述品种近年全生育期所需温度≥15℃积温，霜前花率达80%的年份

原载于：《中国棉花》，1994，21（4）：2～4

为3 100℃，达90%以上的年份为3 300℃。大（小）麦用早熟品种，如冀大1号、冀麦20号、邯系大35、津丰1号在10月中下旬播种，到翌年5月底成熟，1982—1985年温度≥3℃的积温为1 700 ~ 1 800℃。保证麦棉两熟所需温度≥3℃的全年积温约为4 800 ~ 5 100℃。据保定市、河间市、沧州市、衡水市、石家庄市、南宫市、邢台市、大名县等地气象资料统计，全年稳定通过3℃的积温为4 717 ~ 4 971℃；5月下旬以后稳定通过15℃的积温为3 300℃左右。说明冀中南棉区的气温，基本上可满足棉麦两熟的要求。汪若海（1991）的分析指出，黄淮海平原地区热量资源比较丰富，温度≥10℃积温为3 700 ~ 4 700℃，年总辐射543. 4 ~585. 2kJ/cm^2，年日照时数2 300 ~ 3 000h。以往一年一熟棉田，每年大约有4 ~5个月时间休闲，光热资源浪费很大。大部分研究结果认为，在北纬38°（大体上石家庄至德州一线）以南，温度≥15℃积温在3 900℃以上，无霜期200d以上，可以实行麦（油）棉两熟。棉花套种（栽）于麦行或麦后移栽，与麦后直播相比，可净增积温200 ~350℃。近年来，该地区麦棉两熟正在迅速发展。在长江中下游棉区（约北纬30°），温度≥15℃积温4 300℃以上，无霜期230d以上，可以考虑麦后直播棉花早熟品种。1975 ~1978年，浙江省慈溪县棉花研究所曾以两个中早熟棉花品种苏棉3号和徐州142作麦后直播栽培观察。在这4年中，棉花从播种到拔秆的全生育期内，温度≥12℃的活动积温，有3年在3 900 ~ 4 000℃，只有一年为4 200℃。如果对其他因素不作分析，单从热量这一指标着眼，全生育期具有3 900℃左右的≧ 12℃的活动积温，已能满足每公顷皮棉超750kg的麦后直播棉对热量的要求。

综上所述，中国北纬38°以南、晋南和陕西省关中部分地区，基本上都可满足短季棉对热量的要求。随着科学技术的发展和生产条件的改善，新型农业机械的研制，短季棉新品种和与之相适应的粮、油作物新品种的育成，以及各种高效复合化肥和农药的生产和应用，特别是生物技术领域研究的新成果，无疑将不断完善和丰富短季棉生产体系，并使之提高到一个新的水平。

2　存在问题

当前，短季棉在大面积生产上存在的主要问题是晚发迟熟，产量偏低，纤维品质不稳。王寿元等（1991）报道，山东夏棉套种或移栽，产量比春套棉低150 ~300kg/hm^2。狄文枝等（1989）对江苏麦（油）后移栽棉进行较系统地调查研究后指出，麦（油）后移栽棉的产量一般比麦套棉低5% ~10%。短季棉的纤维品质在年度间变化较大。喻树迅等（1989）指出，在气候有利、播种较早的年份，短季棉品种中棉所10号的纤维单强可达4. 81g，断长28. 7km，成熟系数1. 79；而在气候条件不利、播种偏迟的情况下，成熟系数可降到1. 4左右，单纤强力为3. 89g左右。产生这些问题的主要原因有两个方面。

2. 1　对短季棉的认识失偏

对短季棉的优点看得多，而对其发展所需具备的条件以及技术上的不够完善等弱点认识不深，致使步子过大，产生不良后果。1986年山东省菏泽地区近6万hm^2麦套夏棉因水源不足，播后干旱死苗而遭失败。王寿元等（1991）指出，从大面积生产看，在麦棉两熟中夏棉比例偏大。如山东省聊城市占51. 9%，莘县占57. 2%，有的地区更高。这是影响棉麦两熟棉花产量和纤维品质的一个重要原因。

2.2 短季棉生产技术体系尚未被棉农很好掌握

特别是适合短季棉生产体系的麦（油）棉品种不配套。中国的短季棉育种工作，虽经“六五”、“七五”国家科技攻关，已育成一批早熟性、丰产性、纤维品质和抗病性等综合性状较优的品种，如中棉所10号、中棉所16、鲁棉16、辽棉9号等，这些品种早熟性均在110~120d，只能在5月中下旬作夏套，不能满足麦后直播的要求。相应的晚播早熟小麦品种也不理想，给麦后连作带来困难。在栽培方面，虽然地膜覆盖、育苗移栽是促早栽培的有效措施，但前者投资大，后者用工多，实际推广均有一定难度，尤其是夏播棉生产。因此，发展短季棉生产，需要对栽培技术体系做进一步探讨。

3 技术对策

发展短季棉必须坚持因地制宜，积极稳妥，先试验后推广，在黄河流域棉区还要注意协调粮棉种植比例，实行粮棉双向改制。当前更为重要的是强调在粮田中适当扩展一部分棉麦两熟，达到粮棉双丰收。经济政策上应确定粮棉合理比价，小麦与棉花比价宜为8:1，使之利于粮棉协调发展。另外，应根据生产条件、种植习惯等确定粮棉双向改制的比价，选择合适的麦棉两熟种植方向。

近期内，发展中国短季棉生产的技术对策是：更新品种、扩大短季棉面积和提高其产量水平；改进栽培技术，挖掘生产潜力，实现机械化，提高劳动生产率。

3.1 选育适合晚播早熟的棉花、小麦（油菜）两熟栽培配套品种

品种的适应目标是：黄河流域棉区，棉花6月1~5日播种，10月25日前收花拔秆；小麦11月1~5日播种，5月25日前收割。长江流域棉区，棉花6月1~5日播种，10月底前收花拔秆；小麦11月5~10日播种，5月25日前收割。棉花和小麦单产水平，黄河流域棉区相当于春播棉花和常规小麦的90%以上；长江流域棉区相当于春套棉花，比预留棉行的小麦增产10%以上。棉花和小麦的品质、抗性不低于推广品种的水平。上述目标，是作为短季棉长远发展的需要，科学研究应超前一步而提出。本着立足当前，着眼未来的原则，不同棉区对短季棉的育种目标应有所侧重。长江流域棉区短季棉育种重点应放在适合大麦、元麦和油菜茬后移栽的棉花品种。首先在已形成生产规模的麦（油）后移栽棉生产中推广对路新品种，提高棉花丰产性；与此同时，积极开展适合小麦茬后移栽和大麦、元麦、油菜茬后直播棉花新品种的选育研究，为今后有计划、有步骤地扩大短季棉在生产上的应用范围提供物质基础。选育新的早熟、丰产、优质和抗病的短季棉品种，关键在早熟性以及克服早熟性与产量、纤维品质之间的负相关关系。据美国对新老品种的比较试验表明，近20年来，棉花品种从播种到收获的天数缩短了28~33d，不同地区品种生育期平均每年减少1.18~2.43d。这是早熟性育种的显著成就。Kohel（1983）认为，在确定以早熟性为重点的育种目标时，必须衡量增加早熟性的价值和限制产量潜力两者的利弊。如果害虫防治费用昂贵、生长季节后期的天气恶劣或以种植下茬作物为主要目的时，牺牲一点产量潜力的做法，应引起重视。

3.2 改进栽培技术，挖掘短季棉的生产潜力

改进当前短季棉栽培技术的目标，应从用地与养地相结合，不断增强土壤肥力的后劲，围绕当地短季棉生产上存在的主要问题，在提高综合配套技术的整体效益上下工夫。

长江流域棉区，特别是麦（油）后移栽棉面积比较大，单产水平相当高的地区，若仍依靠单项技术的革新就很难取得显著的增产效果。针对麦（油）后移栽棉迟发的生育特点，纵观20世纪80年代中后期以来麦（油）后移栽棉生产上的成功经验，改进麦（油）后移栽棉生产栽培技术应走“以密补晚，以促补晚，加强化控，促控结合”的路子。江苏盐城市郊区大冈镇富岗村七组的麦后移栽棉，自1984—1988年，由于密度、肥料运筹和促控技术等措施综合适用得法，皮棉一直稳定在1 500kg/hm^2 以上。这一事实启示我们，通过改进栽培技术，麦（油）后移栽棉大有增产潜力可挖。

黄河流域棉区，因秋季降温较快，即使一熟春棉在常规栽培技术下也容易晚熟，更是影响短季棉发展的主要障碍。20世纪80年代后期以来，短季棉早熟丰产典型经验表明，要获得短季棉高产优质，一切技术措施必须围绕促进早熟、增加温度、延长生长期和集中利用最佳开花结铃季节。据对短季棉和春棉进行光合作用和生理测定发现，短季棉叶片中叶绿素含量高于春棉，并比春棉提前，在初花期进入光合作用高峰，即光合作用产物制造和积累比春棉提早进行，各时期蛋白质、氨基酸和碳水化合物均高于春棉，为其在有限的时间内获得高产创造了物质基础。河南省郑州农业技术推广中心紧紧抓住一个“早”字，采用短季棉“密、矮、早”栽培技术，1989年示范1 000余万 hm^2，获得皮棉936kg/hm^2，小麦4 650kg/hm^2，高产田皮棉达1 365kg/hm^2。此外，夏棉麦后大苗移栽是棉花种植制度的改革经验，也是实现粮棉双高产的一个途径。

3.3　促进短季棉机械化生产

美国已基本实现棉花生产机械化，每工时可生产皮棉9kg，前苏联为1kg，而中国仅为0.1kg。随着中国乡镇企业的发展，费工、投资大必然成为棉花生产的障碍因素。实现棉花生产机械化势在必行。

徐祥谷等（1988）通过对江苏棉花生产机械化问题的调查认为，为了实现棉花生产机械化，农机部门与农业部门要密切配合，在农业上现阶段应实行保留麦行套栽，发展麦（油）后移栽，研究开拓麦（油）后直播的种植方式，这是适应机械化的理想种植方式。1988年江苏省太仓麦后机械直播棉试验结果表明，麦后直播棉的劳动生产率是麦套棉的1倍，而且成本比麦套棉节省57.1%。

参考文献

[1] 杨家凤. 冀中南地区麦棉两熟的演进与配套技术 [J]. 中国棉花，1987，14（3）：4-5.

[2] 汪若海. 充分利用热量资源是我国棉花生产和科研的关键 [J]. 中国棉花，1991，18（5）：2-4.

[3] 慈溪县棉花研究所栽培组. 从热量条件和原棉品质分析麦后直播棉在慈溪县的扩种问题 [J]. 浙江农业科学，1980，（2）：81-84.

[4] 狄文枝，等. 江苏省发展麦（油）后棉的技术对策 [J]. 江苏农业科学，1989，（2）：1-3.

[5] 喻树迅，等. 我国短季棉生产现状与发展前景 [J]. 中国棉花，1989，16（2）：6-8.

［6］农业部棉花专家顾问组．北方棉区棉麦两熟实行双向改革是保持全国棉花生产稳定持续增长的重要途径［M］. 油印本，1990.

［7］王寿元，等．山东省麦棉两熟亟待解决的问题［J］. 中国棉花，1991，16（5）：22-24.

［8］卢平．发展麦棉两熟促进粮棉增产［J］. 中国棉花，1991，l8（2）：6-7.

［9］中国农业科学院棉花研究所．优质棉丰产栽培与种子加工［M］. 石家庄：河北科学技术出版社，1990：345-367.

［10］刘毓湘．中国农业科学院科技发展十年规划参考材料——世界棉花发展水平和动向［M］. 中国农业科学院科技文献信息中心．铅印本，1990：10-11.

［11］张秉金，等．夏棉增产机理与关键技术［J］. 山西棉花，1992，(1)：12-13.

［12］黄滋康，等．解决两熟制棉花晚熟的关键技术［J］. 中国棉花，1991，18（3）：5-6，25.

［13］刘士信，等．夏棉密矮早栽培法［J］. 中国棉花，1990，17（3）：31.

［14］Kohel R J. 美国棉花遗传育种及种质资源研究（讲授提纲）［M］. 中国农牧渔业部科技交流处和中国农业科学院棉花研究所，铅印本，1983.

短季棉新品种选育攻关的进展与展望

喻树迅
（中国农业科学院棉花研究所，安阳　455000）

中国人多地少，粮棉争地的矛盾日益突出，对本世纪末中国农业实现新增500亿kg粮食、1 000万担（1担=50kg，全书同）棉花的战略目标有直接影响。因此，选育早熟、高产、抗病虫的短季棉品种不仅是过去科技攻关的重要内容，也是“九五”期间乃至21世纪我国棉花新品种选育工作的发展目标。

1　中国短季棉育种攻关的主要进展

70年代初，中国的一些棉花科研单位及部分棉农就开始寻找早熟品种在生产中试种，如黑山棉1号、聊夏1号等。但由于其生育期均为120d左右，加上生产技术不配套，造成贪青晚熟，产量低、质量差，未能在生产上大面积推广种植，根据生产发展的迫切需要，国家将短季棉育种列入“七五”科技攻关计划。通过科技人员的协作攻关，选育出了中国第一代早熟、丰产的短季棉品种中棉所10号，取得了重大的突破。该品种比当时推广品种黑山棉1号早熟8d，比春播棉中棉所12号早熟25d，全国夏棉区试产量比对照增产20%，在华北棉区首次实现了麦棉两熟，但中棉所10号也存在一定的不足，主要是早熟早衰，不抗枯黄萎病，同时与之配套的相应技术未能跟上，影响该品种潜力的发挥。

针对这些缺点，“八五”继续组织联合攻关。首先，系统分析研究了短季棉品种与产量性状的遗传关系，发现了影响早熟性的两个关键性状。首次采用了生理生化的育种技术，研究酶、激素对品种早熟、早衰的生化机理，并根据SOD酶、CAT酶、POD酶的活性和乙烯、脱落酸等激素的指标，运用于高代品系的选择。由于育种技术上的突破，很快育成了高产、优质、抗病、早熟不早衰的优良短季棉品种中棉所16号，累计推广面积6 000万亩以上，年最大推广面积1 500万亩。该品种1995年获国家科技进步一等奖。中棉所16号培育成功，使中国麦棉两熟的耕作制度得以进一步发展，小麦、棉花产量同步提高，由20世纪80年代初夏棉产量亩产50kg左右提高到亩产80kg左右，高产地块突破100kg，前茬小麦亩产400kg。纤维品质得到提高，使麦棉两熟面积逐年扩大，并出现了河南省延津县、濮阳市，山东省阳谷县，河北省大名县等夏棉面积超30万亩的夏棉县。同时，结合我国畜牧业发展，“八五”期间育成了早熟、高产、优质、低酚棉新品种——中棉所18号、中棉所20号。这两个品种既可用于麦棉两熟种植，同时棉秆、棉叶、棉籽

原载于：《农业科技通讯》，1997（5）：10-11

还可作饲料发展畜牧业。棉仁蛋白含量高，可加工食品、制药等，棉籽油可加工保健营养品，辽、鄂、皖、豫、鲁也先后育成适合本省种植的短季棉品种，如辽棉10号、鄂棉13号、皖夏1号、豫棉5号、豫棉9号、鲁棉10号等一批品种。由于中棉所10号、中棉所16号及其他品种的培育成功，有力地推动了中国棉区耕作改制的发展，使科研和生产都有组织地形成了规模，也发展成了一个重要的研究领域。短季棉育种已成为中国棉花育种的一个重要方向。

总之，通过国家科技攻关计划，尤其是“八五”科技攻关计划的实施和参加单位的共同努力，中国短季棉育种取得了巨大的成就，以中棉所系列品种为代表的短季棉新品种在中国棉区迅速推广，不仅一定程度上缓解了中国粮棉争地的矛盾，也使中国短季棉育种的整体水平明显提高。

2 “九五”短季棉育种的目标

从今后发展趋势看，解决粮棉争地的矛盾必然是棉让地于粮，棉花逐渐向西北内陆棉区转移。华北棉区的继续发展将走麦棉两熟的道路，以发展短季棉为主。新疆维吾尔自治区北疆和南疆部分棉区因无霜期短，也需发展短季棉，提高霜前花率。因此，短季棉在中国棉花生产中的地位越来越突出，早熟性也将成为一个非常重要的性状。国家“九五”攻关要求培育生育期105d，适于麦后直播的特早熟品种，其最终目标是培育出生育期100d以内、适合黄淮海麦后直播的短季棉品种，并要求在高产、高抗、优质的前提下逐渐实现此目标。目前，有关攻关单位已从遗传、生化两个方面对早熟性状的遗传效应与生化机理作了进一步的研究，将早熟不早衰的生化指标应用于育种世代选择，选育出了很有苗头的短季棉新品系，如早熟、高抗枯萎兼抗黄萎的优质短季棉新品系中404，其生育期仅108d，在冀、豫全国区试中，单产比中棉所16号增产20%以上，在区试中居首位。比中棉所16号早熟5d，纤维品质好，已接近“九五”攻关要求。由此可见，实现“九五”短季棉的育种目标已有很好的基础。

3 21世纪短季棉育种的展望

据有关资料，按现在人口与耕地的增减速率，中国至2025年人均耕地将减少至0.7亩。因此，从长远出发，中国农业必须走可持续发展的道路。首先要调整农业结构，将传统的粮食—经济作物的二元结构调整为粮食—饲料—经济作物的三元结构，将粮食与饲料分开。面向21世纪的短季棉育种目标应充分考虑上述因素，其生育期在维持中棉所16号和中404水平的基础上，争取缩短到100d以内，但生育期进一步缩短，皮棉产量将受到制约。从整体经济效益考虑，有必要将早熟低酚棉作为远期重点攻关的育种目标，将抗病抗虫抗旱等性状集中于低酚棉，这样，既保粮棉丰收，又增加蛋白质来源，促进畜牧业、水产养殖业和相关产业的发展。现在低酚棉发展停滞，主要是其综合利用研究未跟上，一旦解决棉仁、棉叶、棉秆综合利用问题，定将有力地促进棉花的发展。因此，从21世纪农业生产的整体利益出发，早熟低酚棉育种可作为中国棉花育种的长远目标，应予以高度重视。

棉花育种材料与方法研究的现状与发展方向

喻树迅，王坤波，郭香墨
（中国农业科学院棉花研究所，安阳　455000）

摘要：棉花是中国最主要的经济作物，集纤维用、油用、蛋白用于一身，纺织原料的70%来自于棉纤维，棉籽油和棉籽蛋白是仅次于大豆是第二位的植物油和蛋白质资源。中国人多地少、蛋白质来源匮乏，随着经济的发展和生活水平提高，在人们食物来源中越来越需要大量动植物蛋白，而发展棉花生产，特别是低酚棉不但可提供大量棉纤维，同时又提供大量食用油和植物蛋白，另外，棉秆、棉籽作为牲畜饲料，可间接提供动物蛋白。因此对棉花深入研究将创造多种用途，对国民经济作出更大贡献。

关键词：棉花；育种材料；方法；现状；发展

1　棉花种质材料对中国棉花生产的重大影响

中国原产中棉（亚洲棉），13世纪前在中国生产上种植中棉（亚洲棉）和草棉（非洲棉），纤维粗短，产量低。13世纪陆地棉由国外传入华南及新疆维吾尔自治区。19世纪中叶由于纺织工业发展的需要，于1865年首次从美国引进陆地棉至今100多年间，先后引种百余次，品种近百个。引进最为成功的有4批，前3批引种促使我国棉花大面积换种，第四批引种于20世纪60～70年代进行，由于中国自育品种水平提高，推广品种占80%以上，使第四次引种失败，也结束了外国品种在我国棉花生产上居主导地位的局面。标志着中国育种水平跻身世界先进水平。

国外棉花种质材料的引进大大丰富了中国棉花遗传资源，通过不断地创新，选育一大批新类型，至今中国棉花种质资源近7 000份，成为遗传育种的材料宝库。通过这些材料和良种方法的改进，大大增强了中国棉花遗传育种水平。20世纪80年代中国棉花生产第五次换种全部推广自产品种，同时根据中国人多地少粮棉争地，首次育成生育期为110d左右的短季棉品种在生产上作麦棉夏套种植。短季棉中棉所10号年推广面积为67万hm^2以上。春棉鲁棉1号年推广201万hm^2以上，为第一个获国家发明一等奖的棉花品种。1989年开始第六次换种，主要推广抗病类型，其中中棉所12年推广134万hm^2以上，获

原载于：《中国棉花》，1999，26（12）：6-8

国家发明一等奖。短季棉中棉所16年推广100万 hm^2 以上，获国家科技进步一等奖。由此，中国棉花遗传育种进入世界先进水平和部分领域领先水平。

2 棉花育种材料与方法的现状与特点

2.1 育种材料与方法的现状

20世纪70年代前棉花遗传育种方法主要以系统选育为主，而后推出杂交选育方法与多种途径，其中心目标是从丰产性状为中心。育种材料以引进国外品种和野生种质资源、发现国内野生资源及创新材料为主。

（1）联合水平选择法。通过性状群间典型相关研究，以丰产为中心，选出有利于促进综合改良的9个性状（籽棉皮棉产量10月10日前收花率，纺棉率，比强，枯、黄萎抗性，种仁蛋白质，株高）作正向选择，收到良好的效果。

（2）定株杂交法。通过母本株与杂种一代间主要性状的相关研究，表明定株杂交，有利于创造优质纤维、高产及抗枯黄萎的新材料。

（3）修饰回交法。包括了较多的亲本和世代与杂种品系杂交和回交的特点，有利于对棉花丰产、优质、抗病和早熟性状间不利相关基因的改进及有利基因的重组，是把两个授予亲本性状转移到轮回亲本上的有效途径。

（4）抗病品种在无病地选择农艺性状，感病品种在病圃选择抗病性能，是分别提高抗、感品种的农艺性状与抗病性能的可行办法，并且综合增加了这两类品种的总体水平与适应能力，实现丰抗结合的育种技术。

（5）棉属种间杂种成株后，回交二代是回交转育的关键世代，需选择好育性恢复好、早熟且对短日照敏感的优株及目的回交亲本尽可能减少回交次数，必要时也可适当采用姊妹交，来达到预定的目的。为使杂种保持或获得抗病性，须在病圃中进行筛选鉴定。

（6）冬季南繁加代时，对杂交后代进行优株及优系选择，虽选择强度略低于北方本地，但仍有效，应加强选择以加快育种进程。

（7）棉花半配生殖，以半配合材料作母本，豫棉1号作父本的杂种一代，子叶嵌合，真叶表现父本性状（即期望的单倍体）出现率为0.2%，自交产生单倍体频率高的半配合材料的杂交后代分离嵌合体概率也高，利用加倍单倍体的办法是保持半配合种性的有效措施。加倍单倍体的后代单倍体达50%以上，而连续自交后出现单倍体概率逐代下降，到第五代只有10%。

（8）利用陆地棉隐性无腺体，或芽黄为指示性状与有腺体或正常子叶色泽品种杂交，达到母本不去雄，直接用父本花粉受粉，获得70%左右的杂交种子，在苗期通过无腺体或子叶色泽的鉴别，拔除假杂交苗，保留真杂种，从而节省去雄用工，降低杂交制种成本。

（9）利用美国哈克尼西棉细胞质雄性不育系，已转育成海岛棉不育系及其相应的保持系，不育度及不育株率完全，育成的新恢复系恢复株率完全，恢复度提高到95%。

（10）采用早熟、丰产陆地棉回交并导入海岛棉显性无腺体基因，对哈克尼西细胞质不育系进行改良，育成具有显性无腺体、农艺性状好的衍生系，在育性恢复和杂种优势方面有了改善，且种仁棉酚含量低。

（11）以二倍体亚洲棉细胞质诱入四倍体陆地棉，育成具有亚洲棉胞质的不育系，但不易找到保持系，且育性受温度影响。

（12）采用陆地棉与海岛棉种间杂交，获得陆地棉细胞质雄性不育系及其保持系。利用哈克尼西棉胞质不育系的恢复系选择恢复能力强的恢复系和具有不同程度恢复加强基因的不育系，不育系的不育株率、不育度，保持系的保持率及恢复系的恢复率均完全，实现了三系配套。

（13）组织培养与外源基因导入。棉属种间杂种胚在培养条件下能顺利通过各发育期达成熟胚。通过愈伤组织培养得到胚苗。采用花粉管途径，将从 Bt（苏云金芽孢杆菌）中分离的基因与报告基因（GUS）融合及不融合的两种杀虫（棉铃虫、红铃虫）基因导入棉花植棉体内。经证明杀虫基因已整合在棉花基因组中，与杀虫基因融合的报告基因得到了表达，并已获得了转基因植株。类似的研究均取得了可喜的进展。跨入了世界先进行列，且为进一步利用生物技术进行现代育种提供了技术条件。

2.2　棉花遗传育种的新特点

（1）根据纺织业设备改造的要求，棉花育种目标将由丰产转为优质。20 世纪 40 ~ 70 年代末，世界纺织工业以环锭纺织机为主要设备。20 世纪 80 年代初，西欧一些国家开始对纺织机械进行改造，逐步将环锭纺改为气流纺，降低成本 13%，提高速度 3 倍之多。因纺织机械的改变，对棉纤维内在品质要求也随之改变，由原来环锭纺主要侧重原棉的外在品质，要求顺序：长度/长度整齐度—强度—细度；转变为气流纺侧重原棉内在品质，顺序为：强度—麦克隆值—长度/长度整齐度。由此育种的中心目标由丰产转向品质。

外国的品质育种有近 50 年的历史，美国 1982—1986 年加大品质育种力度，使其纤维比强度 27 ~ 28cN/tex 占有比例从 8% 上升为 22%，处于世界领先水平。

（2）生物技术成功应用于棉花育种。随着生物技术兴起，利用分子标记辅助育种和转基因抗棉铃虫、蚜虫、黄萎病育种已成功用到棉花育种中，并选育出转基因抗棉铃虫棉花新品种在生产中应用。生物技术在棉花育种应用的同时促进了棉花高新技术的形成。目前除美国岱字棉公司在河北省、安徽省建立转基因公司外。中国多家科研单位与企业也正在建股份公司，将有力推动中国高新技术在农业中的发展应用和产业化进程。

（3）棉花育种开始采用生化遗传方法。短季棉育种中采用生化遗传辅助育种，选育早熟不早衰、青枝绿叶吐白絮的新品种中棉所 24 号、中棉所 27 号，产量比中棉所 16 号高 24.7%，抗性、纤维品质也大大优于中棉所 16 号。

（4）空间技术育种日渐兴起。随着航天技术发展在农作物育种中兴起空间技术育种。棉花空间技术育种已发现多种遗传变异新类型。

（5）彩色棉育种发展迅速。近年回归自然新潮推动，开始彩色棉育种，已育出棕色、绿色两类型，并在生产中应用，同时通过全国公司化经营，已形成科贸一条龙的经营方式。

3　棉花育种材料与方法研究的新进展

国家“九五”攻关棉花育种材料与方法研究，抓住了棉花育种创新的关键。从种质创新和育种方法切入，起到了事半功倍的效果。从攻关任务前 3 年完成情况看充分证实了立项的正确性。

（1）完成高抗虫种质材料7份，高抗黄萎病种质材料6份，高强纤维种质材料12份，特早熟种质材料6份。经各单位的初步鉴定、检测和试验，目标材料的攻关性状及其他相应性状基本达到或接近攻关考核指标，部分材料明显超标。

（2）完成早熟亲本材料6份，高强纤维亲本材料1份，耐旱碱亲本材料2份，高抗虫亲本材料5份，高抗黄萎病亲本材料6份。在这20份亲本材料中，综合性状表现突出的有7份，直接作亲本育成的新品系22个，审定的品种5个。

（3）棉花枯、黄萎病毒素苗期快速鉴定及细胞水平的纯度检测技术研究，以便提早在种子销售前确定种子的纯度。

4 存在问题与解决途径

（1）对已经或将要创新出特优种质的起源（亲本）分析研究深度和广度不够，使创新性状的目标和使用的鉴定技术仍处于不太明确的状况。国家应依托国家或部级重点开放实验室，投入大量经费和设施，通过实验室基金项目方式，推进这类基础性或应用基础性研究，同时国家应重点扶持两至几个明显有转化技术前途的单位迅速达到目标，并促进与棉花育种基础特别好的单位联合，与品种资源优势的单位结合，形成转基因工作前后连贯的合作体系。

（2）创新变异种质不多或使用不够充分，复杂的遗传背景与创新多变异相结合，成为美国棉花MAR体系和新特异种质创新的主流，中国应重点以种间（特别是与野生种之间）杂种后代为基本群体，辅以辐射、航天、离子渗入等手段，增加变异和染色体的交换。国家应重点扶持拥有大量栽培棉与野生棉种间杂种材料及其大批量后代材料的单位，利用海南省野生棉种植园及其所在地天然温室的气候优势，组建本领域的专业攻关队伍，进行“棉花本身特异种质创新”的深化工作。

（3）缺乏生态或试点鉴评种质工作，异地多点鉴评材料在玉米、小麦育种工作已有很大成就，棉花育种成绩也不错。在美国棉花NAR体系种质创新中，异地多点选择已成为必要的试验手段。中国应当设立类似于品种区域试验的“种质材料创新多点试验网”，而且试验点应更多些，便于鉴评出有效种质，避免丢失。

（4）转基因棉花的早期快速鉴定工作滞后。随着分子育种研究的进展，转基因抗虫棉培育和栽种面积日益扩大，以后转基因的抗病棉品种、抗除草剂品种、优质棉品种、雄性不育配制的杂交种也将逐步推广，因此，转基因棉的统一纯度快速鉴定以及抗鉴定必须加快立项研究，制定快速高效地转基因棉花的鉴定技术，以加快新品种的选育和推广应用。

（5）缺乏成熟的杂种棉纯度早期的快速鉴定技术。每年杂种棉在中国都有33万～40万 hm^2 的栽种面积，今后其推广面积将会更大，应当加强杂种棉种子的纯度检测技术研究，以便提早在种子销售前确定种子的纯度。

（6）缺少棉花品种的完整指纹图谱。为了保护育种家的知识产权，要尽快制订每个新审定品种的指纹图谱。

（7）现行棉花抗病性鉴定存在一定的片面性。不同致病类型菌株产生的毒素与棉花品种之间的相互作用，不同致病类型黄萎病菌产生的毒素，对棉花品种之间的致萎力存在一定的差异。因而，应以多个菌系毒素为基础（包括致病力强、弱 3 个类型的代表中、菌系）研究出一套不同苗龄毒素的科学配方并能真实反映不同品种抗性差异的鉴定方法。棉花落叶型黄萎病的抗性鉴定，落叶型棉花黄萎病是危害性极大的一类病害，并且在全国呈扩散趋势，拟通过棉苗离体鉴定技术开展棉花落叶型黄萎病的早期抗病鉴定技术研究。

5　今后发展方向

“十五”期间亲本材料拟在以下几个方面取得突破。

（1）超高产亲本材料创造。皮棉产量比推广品种增产 10% 以上，利用亲本材料育成的新品种，皮棉产量比推广品种增产 20% 。

（2）优质棉亲本材料创造。纤维 2. 5% ，跨长 31mm，比强度 24cN/tex。麦克隆值 3. 8 ~4. 2。利用亲本材料育成的新品种，纤维品质与亲本材料相同，产量相当于推广品种的 80% 以上。

（3）抗黄萎病亲本材料创造。要求亲本材料枯萎病指 10 以下，黄萎病指 10 以下，对落叶型黄萎病的抗性强，病指要求 15 以下。

（4）抗虫亲本材料创造。要求皮棉产量与推广品种相当，棉铃虫化学防治减少 80% ，或棉蚜化学防治减少 80% 。

（5）耐旱碱亲本材料创造。要求全生育期公顷灌溉 1 500m^3 条件下正常生长，产量相当于常规品种 90% 或土壤含盐量 0. 4% 盐碱条件下正常生长，产量相当于常规品种 90% 。

（6）夏直播亲本材料创造。生育期 100d 以内，产量达常规品种 90% 。低酚棉亲本材料创造。21 世纪人口增加，蛋白质来源匮乏，可通过低酚棉品种提供蛋白质和饲料，创造更多植物蛋白和动物蛋白。

（7）彩色棉育种。为满足人类回归大自然和保护生态环境的需求，进行彩色棉育种，减少需染色造成的污染。

（8）机采棉育种。随着中国市场经济和高效农业的发展，机械化管理和机械化采摘，提前落叶的育种将开始。

中国棉花生产与科技发展（2）

喻树迅，魏晓文，赵新华
（中国农科院棉花研究所棉业经济课题组，安阳　455000）

摘要：文章阐述了中国棉花生产的发展、波动及其原因，剖析了棉区布局的演变和生产的宏观调控方法。同时，对我国棉花科研的成就和问题进行了总结分析。并从生产、科研、行政和服务等领域，提出提高和发展棉花生产和科研水平的措施。

关键词：棉花生产；科技；发展；服务

中国是世界上最大棉花生产国，同时又是最大纺织用棉消费大国，纺织品出口是中国出口创汇的大宗产品，直接影响国民经济和外汇储备。同时，棉花作为经济欠发达地区农民的主要经济来源，对促进地区农村经济发展，增加农民收入都具有十分重要的现实意义。另一方面，随着1999年底以来棉花市场价格的触底反弹，适度发展棉花生产，并保持其相对稳定，对继续支持中国棉纺工业结构的调整和进一步完善，推动纺织工业发展，增强中国加入WTO后的竞争力，都具有十分重要的意义。

从20世纪80年代起，中国棉花播种面积在主要棉区间的分布发生了急剧变化。西北棉区面积持续增长，从1980年的187 000hm^{2}增加到1997年的905 000hm^2；黄河流域棉区面积波动剧烈，幅度超过100%，现已趋于历史最低水平1 850 000hm^2；长江流域棉区面积基本稳定，1997年为1 700 000hm^2。事实上，面积的波动反映了棉区生产效益的变化，体现了地区生产的相对优势及社会分工。具体表现在以下两个方面：①棉花单产水平的变化。从1978年以来，西北棉区单产增长最快，并从80年代末开始成为全国单产最高的棉区，从而推动该区棉田面积的迅速增长。1997年西北、长江、黄河各棉区的皮棉单产分别是1 308 kg/hm^2、1 070 kg/hm^2、849kg/hm^2；而在1978年它们的单产却分别是362kg/hm^2、645kg/hm^2、288kg/hm^2。②中国棉花生产从经济发达地区向经济欠发达地区转移[1]。由于棉花生产具有用工多等特点，从而使经济欠发达地区拥有更突出的生产优势，并成为本地区农民脱贫致富、增加收入的重要源泉。

原载于：《棉花学报》，2000，12（6）：327～329

1 新中国成立以来棉花科研成就及问题

1.1 主要科研成就

新中国成立以来，中国棉花科技工作一直紧密结合生产而进行。一方面将传统的植棉技术与现代科学技术结合起来，一方面吸取国外先进科技成果，结合中国国情加以应用。新品种的选育及先进实用的栽培、植保技术的推广应用，有力地促进了棉花产量与品质的提高。50 年来，科学技术在发展中国棉花生产中的重大作用，主要集中于以下几方面。

1.1.1 品种改良

品种是棉花增产的内因。一般认为，在正常情况下，良种占增产份额的 20% ~30%。50 年来，在中国主要棉区进行了 6 次大规模的品种更换或更新，每次都使棉花单产提高 10% 以上。自 20 世纪 50 年代末到 70 年代末，中国自育棉花良种种植面积由 8.8% 上升到 80% 以上。对促进中国棉花单产和总产提高有重要作用。80 年代以来，随着纺织工业改进，棉区耕作制度的改革和棉花病虫害的发生蔓延等，相应地育成了一批优质、早熟、抗病虫及低酚等棉花品种。一定程度上满足了纺织工业和棉区生产发展的要求。中国自育棉花品种的丰产性和抗枯萎病性在国际上达到较高水平，纤维品质居中等水平，抗黄萎病性则是中等偏下。90 年代以来，转基因抗虫棉、杂种棉获得新的进展，彩色棉正在兴起。90 年代后期，种子产业化获得飞跃发展，1998 年全国棉花优良品种推广率达 90% 以上，统一供种率达 70% 以上，脱绒包衣棉种种植面积占 51%。

1.1.2 耕作制度改革

中国主要棉区人多地少，在自然条件适宜棉区实行间、套、复种一年两熟栽培，是克服粮棉矛盾，发展棉花生产的有效措施。20 世纪 50 年代长江流域棉区实现了粮（油）棉两熟制栽培，到了 70 年代开始黄河流域棉区（约北纬 37°以南）水肥条件较好的地区，逐步实现了麦棉两熟栽培。目前，中国两熟棉田已约占全国棉田面积的 2/3。已经有了较为完善的两熟棉花种植技术体系。这在世界各产棉国是少有的，是中国独特的先进成就，并且在国际上受到普遍重视。

1.1.3 栽培技术的改进

棉花合理密植有一个发展过程，从新中国成立初期的稀植（每公顷 3 万株左右），逐渐改为适当密植（5.25 万 ~6 万株，新疆维吾尔自治区棉区 15 万 ~19.5 万株），进而结合生长调节剂的广泛应用，逐步发展成为“密、矮、早”的种植技术体系。这对确保棉花早发早熟和增产稳产有重要作用。棉田平衡施肥是棉花增产的一项重要措施。据统计分析，棉花亩产量与化肥亩用量的相关系数高达 0.86，达显著水平，特别是 20 世纪 80 年代以来棉田施肥量有很大提高，施肥技术也有改进，一些先进产棉省、自治区正在逐步推广根据不同条件和生产要求的平衡施肥措施。

棉花育苗移栽与地膜覆盖，是中国棉花栽培技术的一大特点。育苗移栽是克服粮棉两熟栽培的矛盾，争取粮棉双丰收的关键措施。移栽棉比直播棉一般增产 20% 左右。目前，全国育苗移栽棉田面积已占 40% 以上。地膜覆盖植棉在 20 世纪 70 年代发展起来，由于覆盖的增温和保墒效应有利棉花生长，从而达到早熟增产的目的。一般每公顷增产皮棉 150 ~300kg。目前，全国地膜覆盖棉田约占 59%，其中在新疆维吾尔自治区已经基本普及。近几年新疆维吾尔自治区棉花生产发展与地膜覆盖的推广密切相关。中国棉花育苗移栽和地膜覆盖植棉技术研究和应用均居世界领先地位。

20 世纪 80 年代中期以来，在总结棉花增产经验和成果示范基础上，制定出适于各类棉区的棉花高产栽培技术规范，逐步推广应用，获得良好效果。据四川省、江苏省、湖南省的调查，规范化栽培比常规栽培每公顷净增皮棉 225 ~ 300kg。

1.1.4 病虫防治技术的进步

棉花受病虫为害较为严重，常常造成棉花产量的重大损失。20 世纪 50 ~ 60 年代主要推广化学防治，取得了应有防效。70 年代开展综合防治研究，并将化防与生防结合起来。80 年代以来逐步建立了综合防治的技术体系。90 年代以来，着重对抗性棉铃虫治理，取得较好成效，其主要技术策略在于“综合防治、统一防治”。90 年代中后期转基因抗虫棉育成与推广取得巨大成效。经多年研究和实践，在防治棉花枯萎病和苗病方面成绩显著，在防治黄萎病及铃病等方面尚待努力。由于棉花病虫防治技术的进展，使棉花因病虫的损失由 20% 以上，下降到 15% 左右。

1.1.5 现代高新技术的应用

现代生物技术和信息技术在中国棉业领域的应用尚处于初始阶段，但也取得了可喜成绩。已培育出具有推广价值的转基因棉花新品种，各地若干棉花生产决策支持系统也正逐步完善和推广。

1.2 与世界先进棉花科技的差距

世界平均年播种棉花面积 3 300万 hm^2 左右，平均每公顷产皮棉约 600kg，中国平均单产近年在 900kg 以上，高于世界平均水平，但与世界先进水平还存在较大差距。据专家估算，中国棉花增产中科学技术进步的贡献率，仅从 20 世纪 60 ~ 70 年代的 20% ~ 30%，提高到目前的 45% 左右；而发达国家的科技进步对经济增长的贡献率达到 60% ~ 80%，差距显然很大。如：转基因棉的培育约落后 3 ~ 5 年；棉花纤维品质略差，约落后 5 年；棉花种子加工与产业化，约落后 10 年等。

1.2.1 转基因棉花品种及基因构建转育技术

美国等国不仅具有转 Bt 基因的完善设备和技术，并且 Bt 基因棉花品种已进入国际市场。品种的综合性状比中国的同类品种要好一些，在转抗病基因、转抗旱耐寒基因以及优良纤维品质基因及其应用亦居领先地位。

1.2.2 节水灌溉技术

美国、以色列等国采用滴灌和喷灌技术，多采用计算机控制，不仅节水省力，而且增产效果明显。据调查，以色列的滴灌水利用率达 90%，每立方米水可产皮棉 2kg 左右，而我国棉花水分的利用率仅 50% 左右，每立方米水可产皮棉 0.8 ~ 1kg。

1.2.3 基础和应用基础研究

基础研究投资大，研究成果多，如美国的转基因技术及理论，棉花抗旱机理研究，种质材料的基因图谱和分子标记技术都处于世界领先地位。

1.2.4 棉花作业机械化

中国仅在耕地、喷药等方面可用机械操作，机械化程度仅 30% 左右，而美国、乌兹别克斯坦基本全程机械化，机械化程度 90% 以上。

1.2.5　棉花纤维品质

美国的陆地棉品种纤维比强度比中国普遍高出 1～2cN/tex。

1.2.6　种质资源材料

美国、乌兹别克斯坦、埃及等植棉国的种质库都保存有类型众多的抗（耐）旱、高强纤维、抗虫等优异种质材料。

1.2.7　种子产业化体系

美国等国的棉花种子产业化水平较高，一是育种较规范，全部由种子公司进行，并同时进行产业化工作；二是品种的覆盖面大，使用周期长，像岱字棉公司培育并经营的岱字系列品种占全美国总面积的60%以上，并在国外许多国家推广应用；三是种子本身的技术含量高；四是开展配套技术服务。

2　提高棉花生产与科技水平的措施

2.1　生产领域

2.1.1　培育棉花科技企业

以产业化的形式推进高新技术的推广应用，促进基因工程与常规育种技术结合，进行区域化种植，解决当前科研、生产、经销、加工脱节的现象，降低经营成本，提高经济效益。同时产业化也给棉花科技提供创新动力。不断加大投入，提高科技含量。

2.1.2　按不同的棉区进行模式化栽培管理，提高效益

冀、鲁、豫麦棉两熟区，采用短季棉晚春播，以解决晚熟，提高霜前好花率。同时将3S技术应用于棉花生产中，实施精准农业。

2.1.3　调整结构，大力压缩次宜区棉花面积

改变种植方式，提高冀、鲁、豫麦棉两熟的霜前花率。在全国棉区布局的调整中，政府相关部门应根据经济有效的市场原则，积极引导。

2.1.4　实施优质高效战略

提高棉花品种内在品质、生产品质和加工品质，大力提高棉田肥水药膜的利用率，简化管理。充分发挥优质棉基地县的规模经营效益。

2.2　科研领域

要充分重视棉花学科的基础和应用基础研究，跟踪世界先进科技水平。并根据自身特点量力而行，坚持有所为、有所不为的原则[3]，以利于努力发挥现有资金、技术储备和人才优势。项目选择的科学合理性必须得到体现。

2.3　政策方面

完善科研和生产领域的保护和支持措施。深化科技体制改革；加大投资力度，拓宽投资渠道，支持民间资金流向科研和生产领域；鼓励引进和培养科技人才；制定促进种子产业化进程的法规条例；提高科技人员的待遇，稳定人才队伍。

2.4　服务领域

2.4.1　棉花信息体系建设

科研单位利用信息体系加强宏观研究，为行政部门决策服务，同时建立农业质量标准体系，是增强农业竞争力、发展高产优质高效农业的一项重要措施，也是农业科研单位的

一项重要职责。

建立完善的棉花信息服务体系，加强科研和生产部门在市场经济下的应变和适应能力。应加大网络基础建设和改造力度，改善网络频带宽度，同时大力推进以下信息服务领域的发展：①利用3S技术，进行农业信息监测，实现精准农业；②微观生产管理及专家决策支持系统，各种辅助生产管理决策系统，如GOSSYM-COMAX等；③农业生产的产前、产后信息服务，包括农业生产资料和农产品市场信息服务，生产预测服务等；④农业教育与知识传播服务，以网络为基础，广泛开辟各类各领域科学技术普及系统，大力提高农民及全民族文化素质；⑤农业宏观管理技术服务，宏观决策辅助设计工具系统等，是提高宏观管理和调控效率的先进工具，应积极鼓励研制开发。

2.4.2　棉花质量标准体系建设

公正、合理、符合市场需求的质量标准及其体系，是规范市场主体行为的尺度。它有利于公平竞争，有利于保护市场全体参与者的合法利益，对社会生产资源的合理配置具有积极意义。同时制订符合国际惯例的质量标准，对我国棉花种子及纤维打入国际市场具有重要的促进作用。所以，质量标准的制订必须打破部门利益、行业利益之争的僵持局面，而以国家整体利益最大为准则。

参考文献

[1] 魏晓文. 中国棉花生产特性与生产预测 [J]. 中国棉花，1996，(2)：9-12.

[2] 魏晓文. 论冀鲁豫棉区棉花生产的若干问题 [C]. 冀鲁豫棉花持续发展战略研究论坛，1997，65-70.

[3] 黄献光. 美国农业科技革命特点及原因探析 [M]. 新的农业科技革命战略与对策，1998，48-57.

我国棉花的演进与种质资源

喻树迅[1]，魏晓文[2]
（1. 西北农林科技大学，杨凌　712100；2. 中国农业科学院棉花研究所，安阳　455000）

摘要：棉花传入中国后，长期徘徊于少数民族地区，自然因素在其进化过程中起主导作用。而后在社会需求的推动下，棉花生产迅速发展，人为因素开始参与品种的进化过程。为适应新的机械纺织的需要，国外优良品种被大量引入，促进了品种进化的一次飞跃。随着种质资源工作系统性地展开，并通过育种家的艰苦努力，一批优秀品种脱颖而出，将中国棉花生产带入崭新的发展阶段。在生物技术被广泛应用的今天，品种进化的效率和途径发生了前所未有的变化，进化本身被赋予了新的内涵。

关键词：棉花；品种；演进；种质资源；生物技术

1　早期棉花的进化

1.1　棉花的传入及其演进

据史书记载，中国在公元前3世纪已有棉花种植。《尚书·禹贡篇》载："淮海惟扬州。岛夷卉服，厥篚织贝"。而根据1978年在福建省崇安县武夷山崖洞墓的考古发现，在公元前13世纪已有棉布出现。

但是，棉花引入后一直到宋代以前，都主要在边疆少数民族地区种植。史料大量记载了中国古代边疆少数民族种棉织布的史实。

《诸番志》载："吉阳军在黎母山（即海南五指山）之西南。妇人不事蚕桑，惟织吉贝、花被、缦布、黎幕"。《后汉书·南蛮传》："武帝末，珠崖（今海南省）太守会稽孙幸调广幅布献之，蛮不堪役，遂攻郡杀幸"。由于孙幸索要过多，黎族人苦于供应，所以把他杀了。广幅布是棉布已为大家所公认。这说明那时海南省黎族人民织的棉布已相当精美，才献给皇帝；也可推知黎族棉布织造技术的先进。又据《后汉书·西南夷传》载："哀牢人（今云南西部哀牢族人）有梧桐木华，织以为布，幅广五尺，洁白不受垢污"。所称梧桐木是多年生棉花。这是华南棉花、棉布较具体的记载。

从北路传入的草棉，主要集中在新疆维吾尔自治区地区种植。公元635年问世的《梁书》载有："高昌国多草木，草实如茧，茧子如细卢，名曰白叠子。国人多取织以为

原载于：《棉花学报》，2002，14（1）：48-51

衣，布甚软白，交市用焉”。白叠子指棉花。

棉花传入中国后，长期在边疆少数民族地区徘徊，而未能向长江流域和黄河流域腹地发展。其根本原因就在于：此时的棉花和其制成品——棉布的生产效率低、而成本高昂，不具备与传统而又发达的丝、麻产品的生产相抗衡的能力。

很早以前，丝、麻产业在中国腹地就非常发达。西汉桓宽编著的《盐铁论》（公元前81年）说：“古者庶人耄老而衣丝，其余则麻台木”。从春秋到战国，蚕桑生产大发展，缫丝技术也有新的突破。孔子、孟子已有简述。到了汉代，发展更为迅速，妇女普遍从事丝织业。但相反，棉花和棉布的生产，则因技术落后、工艺烦琐，而成本高，以至于宋朝赵汝适在其《诸番志》中说：“木棉吉贝木所生……今已为中国珍货”，从而使棉布不可能成为大众化衣料，并反过来抑制了棉花的发展。

所以，在这种社会背景下，棉花的演进主要且只能依靠自然力的推动，而缓慢进行。通过上千年的演变和徘徊，南方的木棉在种植地域上渐渐北移，随着地理纬度的提高，其多年生属性逐渐丢失，取而代之以一年生特性。

与此同时，随着一系列社会经济变迁，在强大的社会需求的推动和技术进步的共同作用下，棉花进化进程加快，并与生产发展相互促进。①由于战乱，宋时北方游牧民族入侵中原，农桑遭受极大破坏，全国丝织品产量大幅度下降；同时，游牧民族又放弃以牲畜皮毛为主要衣被原料的传统。这便在中国市场上，形成了对衣被原料的巨大供需矛盾。②长期以来成为棉纺织工业发展瓶颈之一的轧花、弹花工艺技术有了重大进步，使生产效率大幅度提高；同时，纺织工具和技术也得到改进。使棉布大众化成为可能。③在内地较先进的农业生产技术的配合下，人们总结形成了一套耕作栽培和病虫害防治措施，大大提高了棉花单位面积产量和生产效率。

棉花生产的大发展，促进了农业技术的进步和应用，人们开始有意识地改良棉花。如重视“精拣核，早下种”等。使棉花产量得到提高，纤维品质也有所改进，绒长增加，纤维与棉籽较易分离，轧花变得较以前容易。并最后改良形成了一批具有地域特点的较有名的棉花品种：楚中的江花、山东省的北花、余姚市的浙花等。另一方面，从北方传入的草棉因产量低、品质差、不耐潮湿，敌不过南方改良后的棉花的竞争，而被淘汰。同时，南方原来的多年生木棉也被其更具有优势的一年生改良棉花所替代，而退出生产领域。

1.2 陆地棉及海岛棉的引进

亚洲棉与草棉的推广、发展与进化，对中国早期手工纺织业的发展做出了积极贡献。但是，亚洲棉和草棉存在着纤维偏短、天然卷曲少、强度低等缺点，不适应新兴的机器纺织的需要。19世纪末叶，国内机械化纺纱厂纷纷设立，急需引进国外优良棉种，以改善国内棉纤维品质和提高生产效率。1865年，英国商人首先将美国陆地棉种引入上海试种。1892年，张之洞从美国输入陆地棉种1 700kg，在湖北省15个县分发试种。大约在20世纪初又引入了海岛棉。从此经过几十年无数次大规模引种，亚洲棉及草棉终于退出历史舞台，迎来了棉花发展的新阶段。

1950年引进岱字棉15，表现丰产、优质、适应性广，种植面积达34 919万 hm^2，是中国种植面积最大的品种。之后引进的岱字棉16、光叶岱字棉曾在少数省推广种植。前苏联早熟陆地棉克克1543、24-21，曾在新疆维吾尔自治区北疆、河西走廊、辽宁种植，中熟陆地棉 108 夫在新疆维吾尔自治区南部推广；海岛棉 8763 依、5904 依、9122 依等在吐鲁番等地种植。埃及海岛棉在云南省潞江经提纯定名跃进 1 号曾在当地推广。

陆地棉品种大规模引种成功，替代亚洲棉和草棉直接应用于生产，是人们根据自己的意愿干预棉花自然进化进程的结果，推动了棉花进化的一次飞跃。陆地棉大规模引种，不但促进了棉花生产的发展、满足了纺织工业的需要，而且丰富了棉花种质资源，为系统性棉花种质资源研究工作的展开和新的突破性品种的诞生奠定了基础。

2　种质资源工作的开展

棉花种质资源是国家的宝贵财富，是棉花生产、新品种选育及生物技术发展不可缺少的重要物质基础。对品种演化具有重要战略意义。

2.1　国外棉花种质资源

2.1.1　搜集和保存

前苏联、美国、墨西哥、澳大利亚、法国、印度、巴基斯坦等国家都非常重视棉花种质资源的搜集和保存，它们采取各种形式，通过多种途径，进行资源的考察和搜集工作。分别搜集保存了成千上万份棉花种质资源，其中包括陆地棉、海岛棉、亚洲棉、草棉及野生棉种等。有的还设有国家植物资源基因库、低温保存箱、资源保存温室，以保存活体植株、多年生材料、野生种及种间杂交后代。

2.1.2　研究和利用

前苏联、美国、法国、印度、巴基斯坦等国对棉属资源的植物特征、生物学特性、农艺经济性状、纤维和种子品质及抗病虫性等 60 ~ 90 个项目进行鉴定。然后将研究结果输入数据库，公布优良种质，发放利用。

美、俄、法等国非常重视棉属资源细胞学和遗传学的研究，经鉴定二倍体亚洲棉、草棉共 88 个突变基因，7 个连锁群。四倍体陆地棉、海岛棉有 17 个连锁群，63 个突变基因座，119 个突变基因。二倍体染色体分为 A、B、C、D、E、F、G7 组，其染色体大小的顺序为 C、E、A、B、D、F、G。B 染色体组是棉属二倍体的祖先，其发展的顺序是 B、A、E、D、C、F、G。

由于陆地棉种子进行辐射处理，已分离出 62 个易位系。从变异株中分离出 14 个单体，31 个端体，促进了染色体与基因工程研究的发展。

根据野生种细胞遗传，染色体组型、DNA 含量及核酸生物化学、种子蛋白质电泳分析等方面的鉴定，对棉属的资源分类进行研究，将棉属分为 50 个种，其中二倍体种 44 个，异源四倍体种 6 个。

由于种质资源研究的进步，各国品种改良工作取得很大成就。随着育种理论和技术的发展，野生、半野生种质资源的抗病、抗逆和潜在的高纤维品质的特性，已在育种工作上发挥作用，大大丰富和促进了品种进化的内容。

2.2　中国棉花种质资源

2.2.1　搜集保存

1975—1988 年对云南、海南、贵州、广西壮族自治区、湖南、四川、安徽、江西等省（自治区）进行了棉属资源的考察，并向全国 21 个省区市征集种质资源。1980 年起，先后派出考察组到美国、埃及、法国、墨西哥、印度、巴基斯坦、前苏联等国考察与搜集。同时通过引种和交换，先后从美国、前苏联、墨西哥等 55 个国家和地区引进棉属资源。目前，共有陆地棉 6 100份，海岛棉 387 份，亚洲棉 373 份，非洲棉 8 份，陆地棉半野生种系 241 份，野生种 31 份等，共计约 7 400份。在河南省安阳中国农业科学院棉花研究所设有温度为5℃的种质资源中期库，在北京中国农业科学院品种资源研究所设-10℃国家种质库，分别进行中长期资源保存。

同时根据遗传资源的熟性与生态特点，进行分区保存。

特早熟棉区由辽宁省经济作物研究所收集、保存有关辽宁省、甘肃省、山西省中北和国外等的早熟种质资源。西北内陆棉区由新疆维吾尔自治区巴州地区农科所收集保存有关新疆维吾尔自治区棉区和前苏联陆地棉品种资源；吐鲁番地区农科所收集保存国内外海岛棉资源。

黄河流域棉区由中国农业科学院棉花所及山西省棉花研究所收集保存有关陕西、山西、河北、河南、山东等省的陆地棉资源。

长江流域棉区由江苏省经济作物研究所收集保存安徽省、江苏省、江西省、浙江省、上海市的品种资源。湖北省经济作物研究所收集保存湖北省、湖南省、四川省、贵州省、云南省、广东省、广西壮族自治区的棉花资源。

半野生陆地棉种系和棉属野生种，由中国农业科学院棉花研究所在海南省三亚市崖城镇建立的野生棉种植园，进行活体保存。目前种有野生种 31 个，半野生陆地棉种系 241 个，联核、离核木棉 7 个。

2.2.2 资源研究和利用

对 7 400份资源材料的植物特征、生物学特性、农艺经济性状、耐旱性、耐盐性、纤维种子品质、抗病虫性等 60 多项性状进行同步研究鉴定，输入数据库，综合评选出若干优异种质供利用。

根据各种性状研究鉴定结果，将一年生亚洲棉分为 40 种形态类型，3 种生态类型；非洲棉分为 3 种生态型；国外陆地棉分为 3 种生态型。又根据成熟期等农艺性状，将陆地棉分为 33 种类型，将海岛棉分为 4 种类型，将亚洲棉分为 10 种类型。

一方面，通过引入优良品种直接应用于生产，如岱字棉 15 的引进。另一方面，通过 7 400多份材料的综合评定，筛选出一大批陆地棉资源提供利用。归纳为 24 个基础种质，有美国品种爱字棉、脱字棉、密字棉 5 号、金字棉、斯字棉 2 号和 4 号、德字棉 531、福字棉 6 号、岱字棉 14 号及 15 号、光叶岱字棉、珂字棉 100 号、奈尔 210、探科 SP221、兰布莱特 GL－5、PD4548、斯字棉 73122N；苏联的 24－21、克克 1543、108 夫、司 4744、塔什干 3 号；乌干达的乌干达棉；阿根廷的蔡科 510。通过这些基础种质及衍生品种，培育出大量新品种。

3 品种演化的新阶段

随着棉花种质资源研究的深入，上述大批陆地棉关键性种质资源的发现和陆续进入育种领域，棉花育种工作进展顺利。到 20 世纪 70 年代末，中国自育棉花良种种植面积已由 50 年代末的 8.8% 上升到 80% 以上。种质资源研究开始转移到野生资源利用及材料创新上来，新的育种方法和技术应用于实际，常规育种方法的创新、远缘杂交育种与杂种优势利用的兴起、抗性和辐射诱变育种的应用，一批突破性品种的诞生终于结束了中国棉花良种从国外大量引种的历史。

3.1 育种技术进步，一批优良品种相继产生并应用于生产

20世纪70年代前棉花育种方法主要以系统选育为主。而后推出杂交选育方法，其主要目标是以丰产性状为中心，以国外引进品种如金字棉、岱字棉和野生种质资源为育种材料。逐渐在实践中推出新的育种方法。

（1）联合水平选择法。通过性状群间典型相关研究，以丰产为中心，选出有利于促进综合改良的性状作正向选择。

（2）定株杂交法。通过母本株与杂种一代间主要性状的相关研究，创造优质纤维、高产及抗枯、黄萎的新材料。

（3）修饰回交法。包括了较多的亲本和世代与杂种品系杂交和回交的特点，有利于对棉花丰产、优质、抗病和早熟性状间不利相关的改进及有利基因的重组，是把两个授予亲本性状转移到轮回亲本上的有效途径。

（4）丰抗结合育种。抗病品种在无病地选择农艺性状，感病品种在病圃选择抗病性能，是分别提高抗、感品种的农艺性状与抗病性能的可行办法和综合增加这两类品种的总体水平与适应能力，实现丰产与抗病相结合的育种技术。

（5）棉花半配生殖。以半配合材料作母本，杂种一代自交产生单倍体频率高的半配合材料，其杂交后代分离嵌合体概率高，利用加倍单倍体的办法是保持半配合种性的有效措施。

（6）杂交棉育种。采取多种措施已获得陆地棉细胞质雄性不育系、保持系和恢复系，并分别加强了其不育度、保持率及恢复率，实现了三系配套。

（7）组织培养。棉属种间杂种胚在离体培养条件下能顺利通过各发育期达成熟胚。通过愈伤组织培养得到胚苗。

20世纪80年代以来，随着纺织工业改进，棉区耕作制度的改革和棉花病虫害的发生蔓延等，利用发放的优秀种质资源，相应地育成了一批优质、早熟、抗病虫及低酚等棉花品种。据1985年统计，共育成中熟丰产品种192个，抗病品种51个，特早熟品种34个，陆地长绒品种5个，其他11个，共计293个。其中鲁棉1号1983年推广面积226.7万 hm^2，鲁棉6号1987年推广面积93.3万 hm^2，中棉所10号1984年推广面积80万 hm^2，中棉所12在1990年推广面积120万 hm^2。中国自育品种的丰产性、抗枯萎病性已超过国外引入的品种，从而在中国广大棉区得到大面积种植。

3.2 现代新技术在品种演化和种质创新中的应用

品种改良及种质创新就是运用各种技术手段和自然环境，以现有种质资源为基础，人为地使品种和材料朝着人们期望的具有较高经济利用价值的目标进化。现代空间技术和生物技术应用于棉花育种和材料创新，为品种的改良开辟了新的途径。

3.2.1 航天诱变技术

航天诱变技术是一项新兴的育种手段，在生物领域具有重要应用价值。有多种农作物通过航天诱变技术获得了育种的新突破，已培育出具有较大利用价值的新的品种类型。航天育种技术应用于棉花品种改良，正处于发展初期。研究表明，借助微重力和宇宙射线的诱变作用，能对棉花的生长发育、农艺性状、纤维内在品质产生显著影响，对棉花品种改良和新种质材料的创造有一定作用。随着航天技术发展，棉花的空间育种技术将得到全面发展，航天育种将更多地应用于棉花品种的改良。

3.2.2 生物技术

农作物性状转基因化是解决农业问题、发展优质高效农业的重要方向。在20世纪70年代末至80年代初期，西方发达国家开始重视生物技术的发展应用，一些大型跨国公司高瞻远瞩，也纷纷调整发展战略，涉足农业生物技术研究领域。

生物技术育种和材料创新，打破了物种界限，能将有利基因直接克隆导入到棉花基因组中，开辟了棉花品种改良的崭新途径。

孟山都公司第一个拥有 *Bt* 杀虫基因的专利权，并首先培育了在世界上引起轰动的转 *Bt* 基因抗虫棉。为全方位占领世界棉种市场，到1999/2000年度，美国已种植各类转基因棉花320万 hm^2 左右，约占美国棉田面积的60%左右，而且呈不断上升的趋势。

中国 *Bt* 转基因单价、双价抗虫棉，已发放大面积使用，表现出良好的抗虫效果。同时转基因抗红铃虫、象鼻虫、抗黄萎病、抗除草剂、抗旱，高强纤维，天然红、蓝色纤维，高强纤维生物技术育种正在国内外兴起，估计不远的将来会有所突破。

目前，将外源基因转移到植物细胞的方法有载体法和DNA直接转化法两大类。载体法包括：Ti质粒载体法（根癌农杆菌）、Ri质粒载体法（发根农杆菌）、病毒载体法、脂质体（Liposome）介导转移。DNA直接转化法包括：基因枪法（Particlebombardment）、聚乙二醇（PEG）法、微注射（Microinjection）、电激法（Electroporation）和花粉管通道法等。

当前棉花中应用的外源基因种类主要有：①抗虫基因，包括 *Bt* 基因、*CpTI* 基因、外缘凝集素基因、其他杀虫蛋白基因等；②抗除草剂基因有：抗草甘膦（Cfyphosate）基因、抗溴苯腈（Bromoxynll）基因、抗2,4-D基因和其他抗除草剂基因等；③抗病基因；④抗逆性基因；⑤棉花杂种优势基因等。

总之，生物技术的巨大潜力，毫无疑问将在棉花育种和材料创新方面产生深远的影响和开辟全新的途径。常规育种与生物技术的密切配合，将推动棉花品种改良和品种演进的飞速发展，为中国高新科技进步、应用和棉花生产的发展创造新的契机。

我国抗虫棉发展战略

喻树迅，李付广，刘金海
（中国农业科学院棉花研究所/农业部棉花遗传改良重点实验室，安阳　455000）

摘要： 通过对国内外转基因抗虫棉发展历程的回顾，分析了中国抗虫棉研究取得的成就，指出了有关基础研究的差距、抗虫棉品种的主要问题及产业化的不足，从科技体制、研究方向等方面提出了发挥自身优势、扬长避短等对策。

关键词： 转基因；抗虫棉；品种

1　国内外发展概况

据统计，世界转基因作物种植面积 1996 年 170 万 hm^2，1997 年 1 100万 hm^2，1998 年 2 700万 hm^2，1999 年 3 990万 hm^2，2000 年 4 400万 hm^2，2001 年 5 000多万 hm^2，发展迅速。转基因作物品种以大豆、玉米、棉花为主。

转基因棉花在技术、生产成本和环境保护等方面的显著优势，发展极为迅速。从 1996 年开始商品化生产，1997 年种植还不到 100 万 hm^2，2000 年已发展到 400 万 ~500 万 hm^2。全球棉花面积的 20% 为转基因棉花（抗虫、除草、抗虫加除草）。1996/1997 年度美国转基因棉花面积不到 80 万 hm^2，1999/2000 年度发展到 320 万 hm^2，占棉田面积 60%，2001/2002 年达到棉田面积的 74%。澳大利亚转基因棉花占 30%。同时在墨西哥、埃及、印度等国家也已进入生产应用。

中国种植的转基因棉花几乎全部是转基因抗虫棉。1996—1997 年种植面积不到 0. 3 万 hm^2，1999 年发展到 55 万 hm^2，2001 年已超过 160 万 hm^2，占中国棉田总面积的 30% 左右，主要集中在黄河流域棉区。目前，黄河流域棉区转基因抗虫棉已占 80%。抗虫棉的推广应用有效地控制了棉铃虫的暴发为害，在不影响产量的情况下减少治虫 70% ~80%，节约农药 60% ~80%。

种植转基因抗虫棉有利于降低棉花生产成本、增加农民收入、减轻环境污染，是实现中国棉花生产可持续发展的重要保证。

2　中国抗虫棉发展存在的主要问题

中国抗虫棉取得了长足的发展，但抗虫棉的研究、产业化及生产等方面不同程度地存

原载于：《棉花学报》，2003，15（4）：238-242

在一些问题。

2.1 基因研究与转化能力相对较弱

中国虽然拥有自主知识产权 *Bt* 杀虫基因、双价（*Bt* + *CpTI*）抗虫基因等外源目的基因，但与国外相比仍有一定差距，转基因研究等技术储备还远远落后于发达国家乃至大型跨国公司（如美国孟山都公司等）。

此外，受体材料基因型限制严重、遗传转化效率低下、规模化程度小，已构成制约中国优异转基因棉花新材料创造的“瓶颈”，进而导致转基因棉花新种质、新材料少，特异性棉花新品种培育速度远远落后于生产需求。中国转基因棉花技术仍然处于实验室内研究阶段，只能小批量创造转基因材料，未形成真正意义上的规模化、工厂化转基因技术体系。目前的转基因能力仅仅是美国孟山都公司（年生产上万株的转基因棉花）的1/10左右。因此，与其抗衡难度较大。

2.2 抗虫棉品种内在品质差，缺乏竞争力

高产和优质通常呈负相关。多年来，中国棉花市场不能做到优质优价，因此，棉农很难接受优质单产虽偏低的棉花品种，这就逐渐形成了中国棉花品种内在品质较差、品种类型单一的被动局面。据农业部调查，中国棉花比强度低于美棉1~2cN/tex（ICC标准，下同），同时缺少长度在31nm，比强度在2-1 cN/tex以下的优质棉。由于受体材料基础狭窄，致使中国前期培育的抗虫棉品质低于国外品种，竞争能力弱。纺织企业每年不得不大量进口优质棉（仅1998/1999年度进口就达100万t）。棉花的大量进口又进一步造成国内棉花库存的大量积压，给国家、棉农及纺织行业造成巨大损失。随着社会对优质棉需求的不断增加，供需矛盾将更加突出。

2.3 科技体制和科研力量布局不合理

科研与生产脱节、成果转化率低仍然是中国棉花产业的主要问题。转基因抗虫棉是中国棉花生物技术界的标志性成果，是唯一可以与国外竞争的高技术棉花产品。但在中国生产中应用的速度远远落后于美国产品。

中国棉花生物技术及常规育种等科研力量相对分散，整体意识差，无法形成强有力的、可与国外企业竞争的实力。同时，中国棉花科研单位之间分工与协作意识差，小而全、低效率的重复较多，难出大成果。尽管某些技术在国际上具有一定的竞争实力，但整体水平仍较低。

2.4 美国抗虫棉全面进入中国市场，国产抗虫棉面临严峻挑战

中国是继美国之后第二个拥有Bt杀虫基因自主知识产二权的国家。中国已审定转基因抗虫棉品种13个，其中国内自育品种占10个。但推广面积则远远落后于美国抗虫棉，使得中国抗虫棉研究和生产面临着严重的危机。

为抢占未来棉花科技制高点及棉种市场，美国孟山都公司早已大规模开发研制转基因棉花产品，并迅速占领国际市场。目前已在中国建立了两个子公司——冀岱棉种公司和安岱棉种公司（豫岱棉种公司已筹建），大有全面占领中国棉种市场的趋势。据全国农业技术推广服务中心统计，美国抗虫棉1999年在中国种植接近40万 hm^2，占当年国内抗虫棉面积的65%，2000年则占国内抗虫棉市场的近80%。2001年也在70%以上，其中1999—2001年美国抗虫棉品种已占河北省棉花播种面积的96%；美国抗虫棉已对中国棉

花科研、生产构成严重威胁。

一旦美国在中国棉种市场形成垄断，将会通过控制最重要的生产资料棉种来制约中国植棉业经济发展，后患无穷。

中国国产抗虫棉的研制与推广面临着严峻的挑战。国产抗虫棉在当前激烈竞争中处于劣势，中国不但丢掉了大部分抗虫棉市场，更重要的是严重影响中国民族农业高科技产业的发展信心！

2.5 棉种产业化水平低，种子企业综合素质偏低，竞争实力差

中国种子企业缺乏独立运作的环境和机制，因而难以形成长远的发展目标，短期行为突出。加之种子公司数量过多，布局分散，市场封锁，制约了种子公司生产经营规模的扩大，综合竞争实力差，不利于技术成果的吸收转化和产业化发展。而国外跨国公司具有技术、资金、管理方面的强大优势，一旦进入中国市场，便会迅速整合和利用中国已建立的市场网络和资源，抢占国内大市场。因此加强原始技术创新并对农业科技企业加大支持力度，对提升中国棉业国际竞争力具有重要意义。

3 中国抗虫棉研发已具备的条件及研究现状

3.1 具备了较好的基础条件与科技能力

3.1.1 基础设施建设

为了改善棉花育种的条件和提高育种水平。近10年来，国家有关部门加大投资，加强了以中国农业科学院棉花研究所为核心的农业部棉花遗传改良重点开放实验室、国家棉花改良中心及分中心和国家棉花新品种推广中心、农业部棉花品质监督检验测试中心等的建设，并在新疆维吾尔自治区建立了国家棉花工程中心。这些中心、部门重点实验室等已基本形成中国“十五”棉花遗传育种创新的知识平台和技术平台，形成了覆盖全国三大棉区的棉花育种创新体系。

3.1.2 科研队伍

“八五”和“九五”期间，在国家“863”计划、转基因植物专项、农业部发展棉花生产专项资金等相关项目支持下，先后有40多个单位参与转基因棉花研究与开发，目前项目已初见成效。以中国农业科学院棉花研究所、生物技术所和江苏省农业科学院经济作物所、山西省农业科学院棉花所以及分布在山东省、新疆省、江苏省、河北省、湖北省等地的一些有实力育种单位初步构成了中国棉花转基因的技术创新与规模化生产体系。

3.1.3 科研情况

在国家“863”项目、发展棉花生产专项资金等项目的资助下，已取得了重大进展。已合成了能够在植物细胞中高效表达的 *CUFM CryIA* 杀虫基因、双价（*Bt* + *CpTI*）基因、改良 *CpTI* 基因、慈姑胰蛋白酶基因等抗虫基因，并开始在生产上应用。农杆菌介导法、基因枪轰击法在国外应用较多，国内多家实验室已经掌握，中国农业科学院棉花研究所、江苏省农业科学院还开发出具有中国特色的花粉管通道法转化技术，转化效率显著提高。

3.2 已培育出具有较强竞争力的抗虫棉品种

经过近几年的攻关，国产转基因抗虫棉整体水平有了很大的提高和改进，许多农艺性状已显著优于美国抗虫棉。为检验国产转基因抗虫棉的抗虫性、丰产性和适应性，并为黄河流域棉区和长江流域棉区筛选综合性状优良的国产转基因抗虫棉新品种，中国农业科学院棉花研究所于2001年组织全国9个研究单位、选择18个抗虫棉新品种在河南省中牟县和湖北省天门市进行了国产抗虫棉的对比和筛选试验。

试验表明：①中国培育的常规优质中熟抗虫棉中棉所41、中221等新品系的抗虫性与新棉33B相当，抗病、抗旱性明显优于新棉33B，并增产20%左右。②在杂交抗虫棉方面，中国具有独特优势，抗虫性、丰产性及内在品质等综合农艺性状均显著超过新棉33B，其中中棉所38号、南抗3号、鲁棉研15、中棉所29等杂交棉品种（系）在黄河流域棉区表现突出；中2108、南抗3号、鲁棉研15、中棉所29号等在长江流域棉区表现突出。

2001年中国农业科学院棉花研究所对河南省、湖北省、安徽省、江苏省4大产棉省种植的抗虫棉品种进行田间抽样测试并布置多点品比试验。经农业部棉花品质测试中心对32个品种（系）的测试表明，中国的杂交抗虫棉的纤维品质优于32B、33B，有的品系远优于美国抗虫棉品种，纤维比强度达35.1cN/tex（HVICC标准，下同）、长度33.8mm、麦克隆值4.7，而33B的纤维比强度为29.4cN/tex、长度31.0mm、麦克隆值5.3。品比试验中部分品种（系）较美国抗虫棉产量增产10%以上，抗虫性与之相当，抗病性优于美国抗虫棉品种。

3.3 抗虫棉研发与产业化体系建设取得阶段性成果

通过国家的大力倡导和扶持，已形成一批具有一定实力的棉种企业，其中部分企业通过股份制改造，实现了公司股票上市、业务扩展、实力壮大的二次飞跃。借助基地建设，与优势企业密切协作，最终形成强强联合，催生、培育和创建新的产业开发先锋企业，以促进科技成果向生产力转化并为科技创新提供持续的核心推动力。

国家对高新技术产品产业化十分重视。国家计划委员会1998年设立了第一个涉农高新技术产业化项目“转基因抗虫棉产业化示范工程”，重点对抗虫棉的产业化体系进行建设，现已初见成效。

3.4 抗虫棉市场前景广阔

全球棉花年产量1 850万～2 000万t。中国、美国、印度、巴基斯坦、乌兹别克斯坦5大产棉国的总面积约2 200万hm^2，占世界棉花总播种面积3 300多万hm^2的2/3以上，棉种需求量近10亿kg。据预测，21世纪前10年棉花种子的需求量将基本维持在当前的水平上。

2000年以来，全国棉花年需求仍保持在500万吨左右。棉花播种面积保持在470万hm^2上下，年需用种量2亿kg，棉种市场需求巨大。而根据全国农业技术推广中心统计，1999年中国抗虫棉播种面积约70多万hm^2，只占总播种面积的18%，发展潜力巨大。

4 中国抗虫棉发展对策

4.1 完善科技投入机制，促进科技力量的联合协作

加大国家资助强度，有重点地扶持一些科研和推广单位，培育具有中国自主知识产权的转基因抗虫棉，打破美国抗虫棉的垄断局面，切实保护农民利益。同时，抗虫棉本身是跨学科跨部门的研究成果，不是靠少数单位或几个人能完成的。特别是面对强大的国外竞

争对手，唯有在加大财力物力的支持强度的基础上，加强团结协作，集中优势，取长补短，形成合力，才有可能取得较大的进展，并在竞争中战胜对手。要通过重点扶持，促进转基因棉花产业上、中、下游的充分协作和联合。

4.2　适时建立国家生物技术育种中心，强调基因转化与育种的强强合作，发挥转基因及育种规模化效益

注重高新技术和常规育种的结合，强调具有中国特色的转基因技术方法。建立工厂化棉花转基因技术体系，大批量创造转基因棉花新材料。通过生物技术育种，加快育种进程；通过生态育种，为中国不同棉区培育具有特异要求的高产、优质转基因棉花新品种。因此，加强棉花基因转化中心建设、加强生物技术育种及生态育种。实现棉花转基因规模化、育种生态化，有利于推进棉花育种进程，推动中国转基因棉花产业的发展。

4.3　重视转基因抗虫棉的后期和应用研究

转基因抗虫棉的培育仅是转基因抗虫棉应用的第一步。转基因抗虫棉的生物安全性、高产栽培管理技术措施、害虫对抗虫棉的抗性及其治理、转基因抗虫棉主要病虫配套防治技术转基因抗虫棉对生态环境影响的长期监测等都有待深入研究和完善。多学科的综合研究才能充分发挥转基因抗虫棉的生产优势，促进推广应用并减轻棉农的损失，促进棉花产业持续、稳定发展。

4.4　发挥自身优势，大力发展杂交抗虫棉和短季棉品种

早熟抗虫棉为中国独有，而中国的杂交抗虫棉有明显优势。因此，必须利用中国的优势专业，大力开发具有优势的国产转基因抗虫棉，并逐渐加强常规抗虫棉与美国抗虫棉的竞争能力。

4.5　健全和完善转基因抗虫棉管理法规

转基因抗虫棉管理法规及其实施应以充分调动中国科研力量的创新积极性和提高中国科技水平为原则，同时兼顾基因安全原则，并在此基础上根据国内外科研生产形势，进行跟踪调整和完善。

目前实施的管理条例，在抗虫棉发展初期，对制约国外转基因抗虫棉的大规模涌入中国市场，对保护中国棉花生产市场和科研力量起到了积极的重要作用。

随着中国抗虫棉领域科研水平的逐渐提高。国产抗虫棉品种的部分领域正在或已经超过美国抗虫棉品种。但由于管理条例在基因安全性方面的严格限制极其繁琐程序，使中国众多优质、高产转基因抗虫棉品种以非转基因品种名义参加区域试验并通过品种的审定。这种情况不但不利于中国转基因抗虫棉的正常研发，而且更不利于基因的安全性管理，并有可能造成严重的后果。因此，建议主管部门在有关抗虫基因通过安全评价后放宽对利用该基因通过常规育种技术所选育抗虫棉品种的限制，即改个案评价为基因评价。

4.6　加快抗虫棉种子产业化进程

中国各省（自治区）、市、县均有农业科研和技术推广机构，具有较好的农业科研基础和覆盖全国的技术推广网络。但力量分散，小而全，规模小，产业水平不高。由于转基因技术仍处于发展初期，具有很大的风险，更需要以较大规模的联合体形式或有较强经济实力作后盾。农业科研机构面临下一步的改革，应加强整合，调整利益分配关系，使上下游产品、需求密切关联，组成新的联合体或企业集团，提高国际竞争力。

加快中国抗虫棉产业化的进程，可利用优质棉基地县为依托，发挥棉花良种繁育推广体系的作用，联合有关育种单位、种子部门和棉花生产单位。组成抗虫棉育、繁、加、销、推一体化的企业集团，可以避免目前抗虫棉应用中的一些弊病，提高抗虫棉成果的转化效率。

5 中国抗虫棉发展展望

5.1 转基因抗虫棉向多价、多抗方向发展

研究表明，*Bt* + *CpTI*（双价抗虫棉）与单价 *Bt* 棉相比，具有以下优点：①双价棉的抗虫性在棉花生长中、后期比单价 *Bt* 棉稳定，抗虫性降低的幅度比单价 *Bt* 棉小。②双价棉对 3 龄以上棉铃虫幼虫的杀伤力明显高于单价 *Bt* 棉。③双价棉对抗性棉铃虫种群的杀伤力明显高于单价 *Bt* 棉。④双价棉可明显延缓棉铃虫种群对 *Bt* 产生耐受性。

5.2 建立起完整的国家棉花技术创新体系

创新体系应加强棉花种质引进和利用创新，强化有限目标的棉花生物技术创新，利用常规技术与生物技术紧密结合进行棉花品种和品质综合改良创新，主要应包括以下几个方面。

(1) 建立规模化的棉花技术创新基地。

(2) 棉花技术进步的投人大大增加。

(3) 建立一支懂国情、农情、棉情的业务精、素质高的科技和管理队伍。

(4) 培育 2 ~ 3 家国家棉种集团（公司），大力发展专用棉。大力扶持专用优质棉的产业化开发。力争用 5 ~ 10 年的时间，以国家棉花科技创新基地为技术依托，将棉花目的基因的构建体系、棉花外源基因的规模化遗传转化体系及辐射全国的生物技术育种体系，以合同、契约或技术入股等方式联系起来，做到棉花品种研发上中下游的有机结合，逐步建成在国内棉种产业界具有领先水平并具有较强的国际竞争力的品种创新体系。

参考文献

[1] 崔洪志，郭三堆．中国抗虫转基因棉花研究取得重大进展［J］. 中国农业科学，1996，29（1）：93-95.

[2] 郭三堆，崔洪志．中国转基因抗虫棉又取得新进展［J］. 中国农业科学，1998，31（6）：91-94.

[3] 倪万潮，张震林，郭三堆．转基因抗虫棉的培育［J］. 中国农业科学，1998，31（2）：8-13.

[4] 李付广，郭三堆，刘传亮，等．双价基因抗虫棉的转化与筛选研究［J］. 棉花学报，1999，11（2）：106-112.

[5] 郭三堆，崔洪志，夏兰芹．双价抗虫转基因棉花研究［J］. 中国农业科学，1999，32（3）：1-7.

[6] 李付广，崔金杰，刘传亮，等．双价基因抗虫棉及其抗虫性研究［J］. 中国农业科学，2000，33（1）：46-52.

当前我国农业与棉花发展的调整方向（2）

喻树迅，魏晓文
（中国农业科学院棉花研究所，安阳　455000）

农业在西部地区经济发展中具有十分重要的作用。根据国民经济和社会发展统计公报，2002年中国经济结构中，第一产业增加值14 883亿元，占国内生产总值的比重为14.5%，第二、第三产业占国内生产总值的比重分别为51.7%和33.7%。而西部地区第一产业增加值占其国内生产总值的比重为18.5%。由于西部地区第二、第三产业发展水平较低，农民收入的70%~80%来源于第一产业，同时农业和农副产品加工业也成为经济发展的推动力量和资金积累器。因此，采取有效措施推动和引导西部地区农业的健康和可持续发展，就具有非常重要的现实意义。然而，西部地区农业的发展与全国农业的整体形势一样，均面临着农产品过剩与保证农产品安全供给相矛盾的重大困难。

1　农业发展面临的主要问题

1.1　农产品全面过剩

农产品生产过剩是农业发展面临的重要问题。随着农业生产技术的发展，中国农业的生产水平大幅度提高，部分作物的单产水平已经进入国际先进行列。如目前世界棉花平均单产630kg/hm^2，中国1 170kg/hm^2，远高于世界平均水平，美国和巴基斯坦的同期单产分别为790kg/hm^{2}和600kg/hm^2。同时，伴随着世界经济的一体化，农产品市场竞争日益激烈，进一步加剧了农产品的过剩局面，农产品的价格水平呈现长期下降趋势。

1.2　农产品的供给安全

中国农产品的“全面过剩”，是一定条件下的低水平过剩，是超过现有人们较低收入水平的购买力的“相对过剩”。事实上，中国人均农产品消费量和占有量均大大低于发达国家甚至发展中国家的水平。因此，为了农产品的供给安全，必须稳定农业生产，并维持较强大的农业综合生产能力。美国等发达国家将“粮食安全”提高到“粮食武器”的高度，目的也是为了让其农业经常保持强大的供给水平，以避免可能发生的供给短缺灾难或威胁。

原载于：《全面建设小康社会：中国科技工作者的历史责任——中国科协2003年学术年会论文集（下）》

2 农业发展的政策导向

2.1 开辟农产品国际市场

发达国家由于有限的国内市场不能完全满足为保障农业安全而维持的农业生产能力的需要，因而一直受到农产品过剩危机的困扰。为此，发达国家往往通过加大农产品外贸出口比重的途径，以化解国内农产品过剩危机。

因此，中国也要把国内农业结构调整置于国际市场的大背景之下，尽最大努力开辟农产品国际市场。如果仅限于国内市场，中国将总难摆脱农产品“卖难”和“种什么多什么”（即农产品过剩）的尴尬局面。而同时，农产品出口也等效于劳动力的输出，是农民就业和增收的有效途径。此外，随着世界经济的一体化，国外农产品将更多地进人国内市场，如果中国不主动出击出口产品，将失去生存空间。当然，国际农产品市场的竞争也将日益激烈。

2.2 依靠科技进步提高产品质量

当今世界农产品市场的竞争，日益由价格竞争转为质量方面的竞争。质量概念包含多个层次，既有客观的因素，也有主观的因素。从经济学上看，质量标准最终是由消费者决定的。消费者尤其是高收入消费者愿意用较高的价格购买的产品，就是质量较高的产品。农产品的质量层次非常丰富，具体表现为物理、化学、营养、卫生以及消费心理等诸方面的特征。随着社会的发展，人们生活水平不断提高，对质量的要求也越来越高。不仅对产品本身可度量的质量参数有要求，而且对生产该产品的环境质量也有严格的要求，进而对生产的方式和方法也有要求。例如，对使用化学品的限制要求，对使用生长激素的限制要求，对使用生物技术的限制要求，等等。此外，农产品的加工程度和方式也构成质量的一个方面。中国农产品在质量方面尽管已经有了很大的改进，但是仍然远远不能适应市场竞争的需要。

2.3 重视市场预测

由于农民生产规模小而分散，占有信息资源贫乏，注定其在市场中的脆弱地位。农民面对自然和市场两重风险，自身利益难以保障，因此需要国家借助宏观调控手段和市场预测信息予以必要的保护和引导。同时，广大流通和消费环节的参与者也需要政府提供及时优质的信息服务，以最大化自己的利益。

当然，市场预测必须是根据大量数据资料和信息工具手段做出的市场份额及其变化的科学预测，而不应是农业企业和广大农户凭经验和零星数据资料所作的一种大致估计。

目前，农业的市场化程度还不够高，群众的市场观念还不够强，进入市场的渠道不够畅通，因而在市场面前往往表现的无所适从，存在很大的盲目性。对市场需要什么、需求量如何、供求时限等不是很了解，往往是“跟着感觉走”。一些地方在预测市场方面缺乏长远眼光，眼睛只盯在眼前利益上，对今后的市场走向和产业的持续发展考虑的不多，结果往往是“慢半拍”，跟在市场后面走，有的即使获得了一定的可观收益，但也具有明显的暂时性和不确定性，形不成稳定的增收渠道。

3　中国棉花发展的必要性与优势

3.1　石油资源贫乏

中国石油资源占世界总量的2.3%，石油生产量占世界总量的5%，国内石油产量已不能满足石油消费需求增长。自1993年中国成为石油净进口国以来，石油的净进口量逐年增加，2000年已经超过了7 000万t（2002年原油进口量为6 941万t），约占石油消费总量的30%。预计2005年，中国石油进口量将达到1亿t。石油资源短缺，将影响化学纤维的消费，而棉花作为可再生纤维产品具有明显的优势和发展前景。

3.2　棉花在国民经济中的作用

棉花是中国最重要的经济作物之一，棉花产业不仅是中国3亿棉农的重要经济来源和国家重要出口创汇源（2002年纺织品出口627亿美元，比2001年增长15.7%；贸易顺差454亿美元，比2001年增长20.4%），而且关系到1 000万个纺织及相关行业从业人员的就业问题，关系到国民经济稳定及棉纺工业发展。

3.3　棉花在西部地区经济发展中的作用

棉花产业是经济欠发达地区劳动力的较佳出路、劳动致富的有效途径。西部棉区，特别是新疆棉区是中国目前最具活力和发展最快的棉花产区。其种植棉花可充分利用西部地区丰富的土地和光照等资源，并带动相关产业的发展。同时，资源的永续利用，对经济的持续发展，对加强民族团结，巩固边疆建设，促进区域社会经济进步都具有十分重要的意义。

3.4　棉花的生产效益

根据国家统计局资料，1998～1999年全国棉花平均每亩纯收益154元，高于粮食、油料和烤烟的纯收入；其平均每亩净收入513元，仅次于烤烟的558元，而高于粮食和油料作物的1倍以上。可见，棉花生产的效益优势十分明显。特别是净产值高的优势更为突出，充分反映出了经济欠发达地区种植棉花的经济合理性或优势。

4　中国棉花市场竞争力分析

4.1　市场价格

中国加入WTO后，国内外棉花市场的信息交换和资源流动日益高效和快捷，因此，国内外市场价格已经逐渐趋同。撇开由市场供求关系所决定的市场价格，从进一步的生产领域可以发现国内外棉花各自的竞争优劣势。

4.1.1　单产水平

随着育种、植保、栽培和棉区耕作制度改革等技术的进步，棉花单产水平有了显著的提高。据统计，“八五”全国平均棉花单产为786kg/hm^2，2001年平均1 108kg/hm^2。目前世界棉花平均单产630kg/hm^2，中国1 170kg/hm^2，远高于世界平均水平，也高于美国和巴基斯坦的790kg/hm^{2}和600kg/hm^2；三大棉区中，西北内陆棉区单产最高，达到1 310kg/hm^2，长江流域棉区次之，为1 080kg/hm^2。黄河流域棉区1 020kg/hm^2。

4.1.2　种植规模

美国是个产棉大国，90%以上集中在家庭农场，平均种植规模在180hm^{2}以上；澳大利亚平均在 1 000hm^2 以上；乌兹别克斯坦棉花私人农场平均规模在 9hm^2 以上。中国广大棉区的近 1 亿棉农，人均植棉面积不足 1 亩，户均棉田 4～5 亩。生产规模大大低于主要竞争对手，不但抗御自然风险和市场风险的能力差，而且导致农户的经济实力长期无实质性增长，降低了其吸纳新技术的能力。

4.1.3　生产成本据资料估计

中国棉花单位面积生产成本为美国的 90%～95%，加上单产较高的优势，因此实际单位重量棉花的成本进一步下降，具有一定优势。此外，虽然中国棉花单位面积的生产成本略高于周边棉花大国印度和巴基斯坦，但是，由于其单产水平较高，因而单位重量成本也具有较强的优势，然而随着劳动力成本的上升，中国的这一低成本优势正逐步丧失，应引起足够的重视。

4.1.4　棉花生产支持政策

美国的棉花支持政策对其棉花生产的稳定发展起着非常重要的作用，其支持强度超过世界其他国家。在发展中国家，农业支持政策也普遍存在。为了保护农民利益，印度政府建立了棉花的最低支持价格，并通过印度棉花公司资助棉花的发展项目，提供良种，统一防治棉花病虫灾害，实施新技术的推广应用等。巴基斯坦政府也建立了一个意在保护农民基本收入的棉花保护价格。墨西哥为保护棉农的利益稳定棉花生产，采取了一系列扶持政策，如财政补贴和植保卫生补贴。

4.2　原棉品质质量

美国等国家的棉花品质较好，纤维比强度较高，各指标配合较合理，品级分布面较广；商品棉品质一致性好，利于工厂配棉使用。

根据农业部棉花纤维品质监督检测中心 1998 年对进口棉和新疆原棉进行的抽样调查表明，中国棉花绒长大多集中在 27～29mm 内，缺少高品质棉花，强度在 19.99～23.42cN/tex 之间，而进口美棉在 19.99～25.28cN/tex 之间。成纱的质量方面，进口棉成纱强度平均为 15.7cN/tex，高于国产棉的 14.6cN/tex。

4.3　服务质量

中国棉花在服务质量、信誉等方面也存在着很多问题。如运销服务、时效观念、棉花包标不符、异性纤维含量高等。

5　棉花发展方向或重点

5.1　主要国家的棉花市场构成

目前，美国每年生产皮棉 400 万 t 左右，其中国内消费 45%，出口 55%；而澳大利亚每年生产的约 70 万 t 皮棉，几乎全部用于出口。此外乌兹别克斯坦生产量的 70%（约 70 万 t）也进入国际市场。而印度和巴基斯坦近年基本上也属于净进口国。

5.2　中国棉花市场状况

目前中国总需求约 600 万 t 左右。中国需求包括纺纱用棉、民用絮棉以及其他用棉与损耗。其中，纺纱用棉是中国棉花最主要的消费部分。

中国属于原棉贸易调节国，其贸易量多少主要依赖于中国棉花资源的生产情况和纺织品服装的出口状况。进出口量较大时，将引起国际棉花市场的大幅度波动。据 ICAC（国际棉花咨询委员会）20 世纪 90 年代统计，中国每进口或出口 5 万 t 棉花，国际棉花价格涨落 1 美分/磅（1 磅≈0. 4536 千克，全书同）。

中国原棉出口地主要是香港，其次是韩国、日本和美国；进口地主要是美国和澳大利亚。近几年由于种种原因，中国原棉进出口量均大大减少。原棉进、出口量 1999 年分别为 6. 7 万 t 和 23. 4 万 t，2000 年分别是 5 万 t 和 29. 2 万 t，2001 年则分别为 6 万 t 和 5. 2 万 t。据海关资料，2002 年中国原棉出口总量为 14. 99 万 t，较去年增长 180%。

5. 3　中国棉花市场的发展重点

随着人口的增长、生活水平的提高、消费层次的多样化以及纺织工业的发展，棉花消费的数量和质量都将大幅度增加和提升，这将一方面推动生产的扩张，另一方面又对产品质量提出了更高的要求。然而，目前中国原棉在缺乏国家的价格支持的情况下其直接竞争力较弱，原棉出口量少，棉花主要通过棉纺织品出口以体现出其价值，由此而制约着棉花生产规模的扩大和农民就业机会的增加。所以，当前中国棉花发展的重点在于开拓国际市场。我们要大力提高中国原棉的直接竞争力，利用中国在东南亚棉花进口市场的地缘优势，扩大原棉出口。

6　棉花发展的对策建议

6. 1　棉花布局与市场演变展望

中国加入 WTO 以来，随着非关税壁垒措施的取消、配额的增加和关税率的下降以及国内棉花流通体制的改革，国内外棉花市场之间棉花资源和价格信息的流动和传递更加通畅，国内与国际棉花市场价格日趋同一。

因此，随着棉花国际市场竞争的引入，国内外棉花市场价格将维持在较低水平。棉花生产将因此而承受巨大压力。不具备比较优势的产棉区的棉花生产将受到很大抑制。中国东部经济发达地区和其他低产棉区的棉花生产进一步下降，而经济欠发达地区和西部单位生产规模较大棉区的棉花生产会得到一定发展。

国内棉花年度间的生产波动，将随着世界经济形势所影响的纺织品和化学纤维市场的变化而变化。WTO 紧密了国内外两个市场的联系，也将促进两个市场的统一。

6. 2　棉花发展的对策建议

6. 2. 1　提高质量

只有高品质，才有高价格和高效益。第一，总体而言，中国棉花的内在品质与国外竞争者处于同一水平，无竞争优势。第二，高质量的原棉的生产缺乏，为国外同类型棉花的进口提供了条件。第三，随着纺织工业和社会经济的发展以及人民生活水平的提高，人们对优质棉花的需求也将稳步增长。第四，在同样的价格水平下，只有质量提高了才能够增加其在国际市场的竞争力。所以，要不断提高中国原棉的质量，以稳固和开拓国际国内市场。

具体而言，当前要适当增加高档棉花的生产。事实上，纵观棉花生产发展史，它既是产量水平提高史，也是棉花质量进步史。中国从亚洲棉的传入，到陆地棉的引进，从国外陆地棉的引种，到自育品种的推广，都无不反映出社会对优质棉的追求和渴望。

6.2.2 科技进步

科技进步是提高质量、降低成本的关键，没有科技进步，就谈不上质量的提高和成本的降低。目前国内外生物技术的应用，为棉花育种开辟了新的途径。利用生物技术，将各种抗病虫害和优质纤维基因转入棉花，培育出优质多抗棉花新品种，这对提高棉花的抗害、抗逆能力，减少环境污染、降低成本、提高产量和纤维品质都具有十分重要意义。

要在 WTO 协议可能的范围内，充分利用“绿箱”政策，通过科技手段提高棉花的产量和内在品质，以降低棉花的生产成本。

6.2.3 加强信息开发与信息服务

棉花流通体制改革后，国内外市场融为一体，棉花生产、流通、消费各环节对相应信息的需求和依赖更为迫切和加强。而产供销各环节的相互影响以及棉花产业环境（如纺织品市场、化纤市场，国内外经济发展形势等）的变化，使相关信息变得错综复杂难以处理，因而对信息的收集、处理、加工和决策信息形成及其质量状况都提出了很高的要求。所以，国家应鼓励和加强信息开发研究，包括对信息处理手段的研究，如智能化决策工具的开发，以便为社会提供完善的信息服务。

6.2.4 进一步完善全国棉花统一市场

坚持市场化改革方向，依法维护市场秩序，进一步完善棉花公证检验制度。促进全国统一开放、竞争有序的棉花市场的形成。并在加强和提高棉花现货市场功能和效率的基础上，适时建立棉花期货市场，为棉花生产、流通和消费企业提供通过套期保值等手段降低市场风险的新渠道。

6.2.5 加大国家宏观调控力度

通过国家储备等手段，对国内棉花供求总量进行有效控制，特别是要加强对棉花播种期间的市场价格的调控，发挥其对价格波动的抑制作用，使棉花产业步入健康发展的轨道。

6.2.6 发展农民专业合作经济组织，增强农民抗风险能力

由于棉农生产规模小而分散，占有信息资源贫乏，注定其在市场中的脆弱地位。棉农面对自然和市场两重风险，自身利益难以保障。

发展农民专业合作经济组织，可有效改善信息资源占有状况，增强其市场应变能力和抗风险能力。同时，通过这一组织的协调管理，与产业化龙头企业合作，可有效提高产业化运作效率，降低企业生产成本。其次，发挥合作经济组织的作用，可轻易实现棉花的规范生产、按品种采收和按标准分级，以解决目前生产和市场中不同品种混收、包间差异大等突出问题，提高中国原棉质量和市场竞争力。

6.2.7 搞好质量体系建设

以市场为中心，建立符合市场要求的质量标准体系，严格生产和加工操作规范，提高棉花纤维的生产品质和加工品质，以充分发挥棉花纤维遗传品质的潜力。

6.2.8 积极促进农业劳动力向非农产业的转移

农业和棉花生产结构调整的结果和条件之一，是农业生产规模的扩大和劳动力向非农产业的转移。同时，扩大农业生产规模，增强农业生产单位的经济实力，对农业新技术的应用和推广、增加农业投入、改善农业生产条件，并最终提高农业劳动生产率、增强农产品市场竞争力都具有非常重要的作用。

我国棉花遗传育种进展与展望

喻树迅，范术丽
（中国农业科学院棉花研究所/农业部棉花遗传改良重点开发实验室，安阳　455000）

摘要：本文分析了国内外棉花育种的现状及原棉品质类型多样化、抗性育种目标不断提高、品质分布生态区域差异受到重视，利用杂种优势的范围逐步扩大、多用途类型品种深入研究5大发展趋势，从品种改良和品种更换的角度阐明了中国棉花育种的7个重要阶段和目前存在的3个热点问题，提出了中国棉花育种的新思路及对策。

关键词：棉花；遗传；育种；展望

1　国内外棉花育种的现状与发展趋势

1.1　现状

纺织工业、农业生产和人们生活水平的不断发展，促使棉花育种技术快速发展，各产棉国培育成大批各种类型的新品种，并用于商品化生产。美国是近年来育成品种最多的国家之一，育成的品种有高产、优质、抗病、抗虫、抗除草剂、抗旱耐盐等多种类型。按生态区的特点，分品种区划种植，在德克萨斯州的棉花棉区，棉纤维长度（以下简称长度）在25～26mm，比强度为29cN/tex（HVICC标准，下同）；加利福尼亚州长度为29mm，与中国类似，比强度为35.1cN/tex，高于中国。澳大利亚棉花品种主要是鸡脚叶类型，全国3/4的棉花属于优质棉或中上等级，以品质好、单产高而享誉世界。印度是世界上第一个大规模应用杂交棉的国家，目前杂交种面积约占印度植棉总面积的40%，产量占48%，被称为印度植棉史上的一次革命。此外乌兹别克斯坦、墨西哥、埃及、以色列等国也有大量不同类型的新品种育成。20世纪中国近代棉业逐步形成并取得飞跃发展，选育出高产、优质（含长绒）、早熟、抗病、抗虫、低酚、耐旱碱及彩色棉等多种类型的棉花优良品种（杂交种）共约600余个，一般有着良好的丰产性、抗病性及适应性，总体水平处于世界先进行列。

1.2　发展趋势

从育成棉花品种的情况看，各国棉花育种目标表现出5大趋势。

原载于：《棉花学报》，2003，15（2）：120-124

1.2.1 原棉品质类型向多样化发展

目前中国主栽品种棉纤维长度分布较为集中在偏长的范围，27～29mm 级占 94% 左右，缺少 25～26mm 适于纺低档纱的中短绒棉和 30mm 以上、比强度 33.6cN/tex 以上、麦克隆值 3.7～4.2，适于纺高档纱的中长绒棉类型品种。相比之下，美国、澳大利亚等棉花纤维品质类型多样，适于纺高、中、低档纱。此外，中国多数 27～29mm 类型品种还存在比强度较美棉偏低 1～2cN/tex 的问题。造成中国原棉品质类型单一的原因是多方面的，科研部门在制定育种目标时未能参照纺工部门和市场的需求是其中主要原因之一。自“六五”棉花育种攻关以来，一直以高产、优质、多抗和专用为育种目标，一般陆地棉品种要求纤维长度 27～29mm，比强度 27.4cN/tex 以上，麦克隆值 3.8～4.9。

1.2.2 抗性育种目标不断提高

20 世纪 90 年代以来，棉花黄萎病发病严重，棉铃虫猖獗为害，给棉花生产造成极大损失。为加强抗性育种工作，80 年代起国家将抗病育种和抗虫育种列为主要目标，以中棉所 12 号为代表的抗病育种和以中棉所 41、sGK321 为代表的抗虫育种均取得了重大突破，推动抗性育种向更高目标发展。以往品种要求黄萎病指 30 以下显然不符合实际，以形态抗虫性指标来指导转基因抗虫棉更不合适。所以，抗性育种指标，特别是黄萎病指和抗棉铃虫性必须提高。

1.2.3 重视品质分布的生态区域差异

美国、澳大利亚、埃及等主产棉国十分重视对棉花按品质进行区域种植，强调在一个生态区内种植同一个品质类型的品种。以美国为例，品质区域的布局以纤维强度为依据：东南棉区 29～30cN/tex，中南棉区 31～32cN/tex，西部棉区 35～37cN/tex，远西棉区 38cN/tex 及以上，从东南至远西棉区随着生态条件的优化，品质也呈递增的布局。

中国幅员辽阔，生态条件各异，棉区分布极广，本是生产各种类型棉花纤维品质的“天然工厂”，但实际上，各主产棉区主栽品种的纤维品质大同小异，平均长度基本在 27～29mm，强度 28～31cN/tex，麦克隆值 4.1～4.6。目前中国已明确地规划为黄河流域、长江流域和西北内陆 3 大棉区。由此，更有助于棉花生产的布局和育种、栽培等工作的开展。

1.2.4 扩大利用杂种优势的范围

利用棉花杂种优势是提高产量、改进品质和增强抗逆性的有效手段。21 世纪棉花生产的重大突破有赖于棉花杂交种的充分利用。美国的研究表明，陆地棉品种间杂交种一代可增产 25%～35%。印度自 20 世纪 70 年代推广杂交种，目前已推广 20 多个杂交种，种植面积 213 万 hm^2。生产上以陆地棉品种间杂交种为主，约占杂交种面积的 87%，陆海杂交种占 12%，草棉与中棉间的二倍体杂交种约占 1%。其纤维品质类型的多样性与杂交优势得到充分利用。

中国自 20 世纪 90 年代中期以来，随着中棉所 28、中棉所 29、湘杂 2 号、皖杂 40、川杂 4 号等强优势品种的育成，在山东、河南、安徽、湖南、江苏、湖北、四川等省已推广种植 40 万 hm^2，且发展势头强劲，预计 2005 年后，年种植面积将超过 150 万 hm^2。因此，杂种优势利用在完成超高产、品质多样化、高抗病虫等育种目标中将起重要作用。

1.2.5　多用途类型品种更需深入研究

早熟棉是中国特有的品种类型，在世界上处于领先地位，在生产上曾起过重大的作用。但目前早熟棉在大面积生产上还存在迟发晚熟，产量偏低，纤维品质不稳定和年度间差异较大等问题；20 世纪 90 年代初，全国种植低酚棉 13 万 hm^2 以上，由于棉籽深加工利用等未解决，影响低酚棉的发展，但仍存在极大的发展潜力和应用前景；为解决中国水资源不足、耕地面积逐年减少和土壤盐碱化等问题，耐旱碱棉育种还必须加强。从改善生存环境和回归大自然的角度看，彩色棉育种有着良好的前景；新疆机采棉技术的试验示范，预示着中国机采棉的时代即将到来，机采棉育种也要有新的突破。

总之，21 世纪的棉花育种更要适应市场需求和农业生产要求，有关部门必须花大力气调整中国棉花育种目标，切实理顺供需关系和落实按质论价的购销政策。

2　中国棉花育种进展

新中国成立以来，中国棉花科技工作紧密结合生产，一方面将传统的植棉技术与现代科学技术结合起来，一方面吸取国外先进科技成果，结合中国国情加以应用。新品种的选育、先进实用的栽培、植保技术的推广应用，有力地促进了棉花产量与品质的提高。

2.1　品种改良

品种是棉花增产的内因，一般认为，在正常情况下，良种占增产份额的 20% ~30%。50 年来，在中国主要棉区进行了 7 次大规模的品种换代，每次都使棉花单产提高 10% 以上。

自 20 世纪 50 年代末到 70 年代末，中国自育棉花良种种植面积由 8.8% 上升到 80% 以上，对促进中国棉花单产和总产提高有重要作用。80 年代以来，随着纺织工业技术改造，棉区耕作制度的改革和棉花病虫害的发生蔓延等。相应地育成了一批优质、早熟、抗病虫及低酚等棉花品种。一定程度上满足了纺织工业和棉区生产发展的要求。针对这种现状，中国自育棉花品种的丰产性和抗枯萎病性在国际上达到较高水平，纤维品质居中等水平，抗黄萎病性也正在不断改进之中。90 年代以来，转基因抗虫棉、杂种棉获得新的进展，彩色棉正在兴起。90 年代后期，种子产业化获得飞跃发展，1998 年全国棉花优良品种推广率达 90% 以上，统一供种率达 70% 以上，脱绒包衣棉种种植面积占 51%。

2.2　品种更换

第一次换种：始于 20 世纪 20 年代，1919 年引入金字棉，1920 年引入脱字棉和隆字棉，以陆地棉改良品种代替一部分原来种植的中棉，后来分别在辽河及黄河流域成为当地的主要栽培品种。

第二次换种：在 20 世纪 40 年代进行，于 1935—1936 年引进斯字棉与德字棉，1946—1947 年又引入岱字棉，取代了占全国棉田 1/2 面积的中棉。黄河流域种植斯字棉 4 号，长江流域种植德字棉 531，后为岱字棉所代替。

第三次换种：在 20 世纪 50 年代进行，1950 年继续引种岱字棉和斯字棉，全部取代了长期在中国种植的中棉与退化洋棉，实现了棉花品种良种化。首先于黄河流域推广斯字棉 2B 及斯字棉 5A，长江流域推广岱字棉 15；而后岱字棉又普及到黄河流域，最高年种植面积达 350 万 hm^2（5 250万亩）。在新疆维吾尔自治区于 1953—1956 年曾引种 108 夫，克克1543推广种植。

同时，自20世纪50年代起，中国开始重视棉花育种工作，历经40年的努力取得重大成就。中国自行育成推广面积100万 hm^2 以上的棉花品种51个，10万～100万 hm^2 的129个。50年代到60年代，较多地采用在原有推广品种中进行系统选育的方法，从原有品种群体的变异中进行选择，主要以提高产量和纤维长度为主要目标，育成一些高产良种，如洞庭1号、沪棉204、徐州209、徐州142、徐州1818、中棉所3号等。

随着中国棉区枯、黄萎病的发生和蔓延，开展了棉花抗病育种工作，20世纪50年代选出中国第一个枯萎病抗源522128，及耐黄萎病品种辽棉1号。60年代先后育成了陕棉4号、陕棉1155、中棉所9号及8621等抗病品种。

第四次换种：在20世纪60年代及70年代进行，主要推广自育品种，到70年代末种植面积达总棉田面积的80%以上，从此结束了外国品种在中国棉花生产上居主导地位的局面。进入70年代，较多地采用品种间杂交育种，育成一批高产品种，如鲁棉1号、泗棉2号、鄂沙28等，虽然丰产性好，但纤维品质，尤其强度不能适合纺织优质的要求，已逐渐被后来育成的丰产、质优的品种所取代，如黄河流域的徐州1818、徐州514、中棉所7号、豫棉1号等，长江流域的洞庭1号、彭泽4号、鄂棉6号、鄂荆1号、泗棉3号等，特早熟棉区的辽棉4号、黑山棉1号等，抗耐病品种为中棉所3号、陕棉4号及陕401等；海岛棉品种由新海系列品种等所取代。与此同时，在湖北省曾引进光叶岱字棉（后改名为鄂光棉）种植，江苏省种植岱字棉复壮种；开展了低酚棉品种选育，在新疆维吾尔自治区建立了长绒棉基地，育成了军海1号、新海3号、新海5号等品种。

第五次换种：在20世纪80年代进行，推广自育丰产品种，并开始种植短季棉。到了80年代育成了兼抗枯、黄萎病、高产、中熟中等纤维品质的中棉所12及兼抗、丰产、中上等纤维品质的8626、冀棉14等品种。中国在棉花抗病育种上进入了一个新阶段。为适应粮棉两熟的需要，在黄河棉区及部分长江流域棉区育成适合麦棉套种的夏播早熟短季棉品种，如中棉所10号、晋棉6号、中棉所14等。棉花杂种优势利用也取得一定进展，育成一些陆地棉品种间优良杂交组合。目前，以利用核不育系杂交组合及人工去雄制种等方法较多，在四川、江苏及河南等省种植面积达数万公顷。

第六次换种：始于1989年，主要以抗病品种代替感病品种，并为发展麦棉两熟培育了短季棉品种。抗病品种有中棉所12、冀棉14、豫棉4号及盐棉48，其中中棉所12仅1991年种植面积就达160万 hm^2。适于麦棉两熟的短季棉品种有中棉所16及鲁棉10号等，这些品种正在不同棉区逐步发展。同时，开始研究利用基因工程培育抗棉铃虫品种，采用花粉管通道法等技术，将苏云金杆菌毒蛋白（*Bt*）基因导入棉花品种，培育转 *Bt* 基因抗虫棉，已获成功并在生产中推广应用。

第七次换种：始于1993年，主要以转基因抗棉铃虫品种代替常规不抗虫品种，并开始通过生物技术手段创造抗棉蚜、抗除草剂、抗病等优质多抗品种。先后育成转基因抗棉铃虫品种中棉所29、中棉所30、中棉所31、中棉所32、中棉所37、中棉所38、国抗棉1号等。为了提高抗虫棉的抗性，延长抗虫棉的推广应用时间，在单价抗虫棉的基础上，又培育出了双价抗虫棉新品系，正在进一步研究和鉴定过程中。2000年生物安全已被提到议事日程，所有转基因棉花品种审定前必须进行安全性评价。

3　中国棉花育种热点问题

中国是世界棉业大国，棉花生产的兴衰，对中国乃至对世界经济发展都产生举足轻重的影响。改革开放20多年来，中国棉花科研与生产取得了举世瞩目的成就，不仅已成为世界上最大的棉花生产国和原棉消费大国，而且在棉花常规及高新技术育种等领域亦跻身世界先进水平。但中国棉花育种形势不容乐观，目前，棉花育种的热点集中在以下5个方面。

3.1　提高棉花的抗虫和抗病性

虫害是影响棉花生产的重要因素，中国地域辽阔，在不同棉区的主要虫害有所不同，黄河、长江流域棉区的棉铃虫、棉花红铃虫危害日趋严重，一般降低棉花产量10%～30%，1992年棉铃虫大暴发造成大面积减产和绝收，损失高达60亿元，大大挫伤了棉农植棉的积极性。同时，因防治棉铃虫喷药太多，提高成本和污染环境。新疆维吾尔自治区棉区冬季较长，气温低，不利于棉铃虫越冬，在该区棉铃虫较轻，虫害以棉蚜为主，同时棉蚜也引发新疆棉纤维糖分含量较高，影响使用。黄萎病是影响中国三大主产棉区的主要病害，一般降低棉花产量10%～20%，并有逐年加重的趋势。2002年棉花黄萎病发病时间早且来势猛，至今生产上无可直接利用理想的抗黄萎病品种，育种上无高抗黄萎病的亲本材料，被称为棉花的“癌症”。

3.2　品质多样化育种，防止纤维类型单一的弊端

目前中国原棉纤维品质存在的主要问题是品种类型单一、强度不足，中国最缺乏纤维长度是25mm和31mm两个档次的棉花，国产原棉长度基本上集中在27～30mm范围，纺织工业对棉纤维品质要求多样性与原棉品质性状单一性的矛盾，要求育种工作者必须强化品质育种，通过采取生物技术、航天技术等高新技术与常规育种技术相结合，创造丰富多样的种质资源，不断培育品质类型多样化的丰产、优质、多抗棉花新品种，以满足纺织工业需求。同时，中国纺织工业正在积极地进行结构调整和技术改造，对棉花纤维品质的要求会更高、更广泛，棉纺织企业需求多样化与原棉品质类型单一化的矛盾日益突出，因此，对中国棉花品种结构与种植结构进行调整刻不容缓。

3.3　提高棉花早熟性，改善纤维强度

粮棉争地矛盾将是影响中国棉花生产发展长期存在的制约因素，特别是新疆和黄河流域麦棉两熟棉区作为中国主要的优质原棉生产基地，在全国占举足轻重的地位。棉花品种虽然就其遗传品质而言，中国原棉品质在生态区间的差异不明显，但由于各主产棉区自然生态条件的差异，造成原棉的生产品质差异较大，新疆维吾尔自治区棉区的纤维强度普遍低于全国水平，且含糖量较高；黄河流域麦棉两熟棉区的纤维成熟度不够，究其原因，主要是品种的早熟性不够。

3.4　提高棉花纤维品质，以适应棉纺工业的新要求

随着人民生活水平的提高和加入WTO（世界贸易组织）后棉纺织品出口的增加，中国棉花需求量将会增大。特别是棉纺织品出口将带动整个相关产业经济增长，预计“十五”后中国皮棉需求量将达到520万t以上，而对优质棉纤维（能纺40～60支纱，主体长度31.0mm以上、比强度24.0cN/tex以上、麦克隆值3.7左右的原棉）的需求将达到

100～200 万 t。而中国原棉的纤维长度分布范围较为集中，基本上是处于 27～30mm 之间，“九五”攻关期间此类品种占统计总数的比例为 89.1%，此类原棉适合于纺 40 支以下的中、低棉纱。

从今后国内国际消费市场发展形势看，优质精纺棉制品将走俏，因此，如何提高棉花的品质，扩大优质棉比重，将是中国棉花生产所面临的主要问题。

随着中国社会主义市场计划经济新体的日趋完善，面对加入 WTO 的严峻挑战，中国的棉花品质状况不容乐观。在国际市场上，中国的陆地棉的原棉品质处于中上等水平，但与美国相比，国产棉纤维显得长度有余，而强度不足、麦克隆值偏高。

3.5 提高棉花综合生产效益，调动棉农的积极性

由于纺织工业的发展和人民生活水平的不断提高，要求棉花生产相应协调增长。实际上，要实现供需的平衡，存在着许多困难。单位面积产量受气候影响较大，波动频繁。而播种面积主要取决于粮棉、油棉等的比价，由于当前中国农产品市场机制发育不全，供需信息不灵，价格信息经常失真，掩盖了真正的供求关系。农民对市场变化反应迟缓，往往出现棉花市场饱和，农民增产势头不减，而市场偏紧时，农民生产积极性却一时很难调动起来的情况。1984 年、1991 年出现“卖棉难”和 1986 年、1987 年棉花吃紧都在不同程度上暴露出这方面的问题。

因此，随着纺织技术的提高，人们消费观念的改变以及中国加入 WTO 后国内外纺织品市场日益激烈竞争，优质、高产、早熟棉生产成为市场发展的必然趋势，因此，如何培育与推广优质、高产、抗病虫的早熟棉花品种是提高中国棉花产量与品质以及进行产业结构调整的关键。

4 中国棉花育种新思路及对策

4.1 利用现代生物技术与常规育种技术相结合

中国是世界上最大的棉花生产国和消费国，作为重要的民用和战略物资，棉花生产始终得到国家的高度重视。目前国内利用生物技术与常规育种相结合，打破物种界限，将有利基因克隆、导入到棉花基因组中。最为成功的是单价、双价转 *Bt* 基因抗虫棉，中国目前已筛选出以国抗棉 1 号、国抗棉 12 号、中棉所 37、中棉所 38、中棉所 39、中棉所 40 和晋棉 26 号等为代表的高抗棉铃虫的转单价基因棉花品种（系）和以中棉所 41 和 SGK321 为代表的优良双价转基因抗虫棉新品种，抗虫性能与美国抗虫棉相媲美。目前，中国在某些领域的研究已达到国际领先水平，如在双价抗虫棉基因（*Bt* + *CpTI*）、抗棉蚜基因（*sGNA*）、三价抗虫基因（*Bt* + *CpTI* + *sGNA*）等领域。转基因抗红铃虫、抗象鼻虫、抗黄萎病、抗除草剂、抗旱，高强纤维，天然红色、蓝色纤维，高强纤维生物技术育种等正在国内外兴起，估计不久的将来会有所突破。

4.2 充分利用现有种间或品种间的优异材料

创新变异种质不多或使用不够充分是目前中国棉花育种存在的主要问题，国外棉花种质材料引进大大丰富了中国棉花遗传资源，通过不断地创新，选育一大批新类型。目前中国棉花种质资源近 7 000份，成为遗传育种的材料宝库，在此基础上，“九五”攻关期间，国家加大力度，专门设立“普通棉花育种材料与方法研究”课题，通过全国 13 个单位和

48 个协作单位的协作攻关，筛选出高抗虫、高抗黄萎病、高强纤维、特早熟的特异优良种质材料 27 份，选育棉花育种亲本材料 23 份，育成新的种质系 29 个，审定品种 13 个。若对这些材料进行深层次的研究和改良，将大大提高中国棉花遗传育种水平。

4.3　加强多学科协作攻关

棉花遗传育种发展到 21 世纪的今天，是多学科共同的协作攻关的结果，离不开各领域、各学科、各单位的协同作战，共同攻关。目前作物育种的每一步的进展，都离不开遗传学、分子生物学、化学和物理以及航天技术的发展，特别是转基因抗虫棉的培育成功，更离不开现代农业生物技术的进步，为此国家把农作物育种首次列为国家重点项目，以实现并促进多学科的有机结合与共同发展。

总之，在今后较长的一段时间内，中国的棉花育种要取得大的突破，必须走常规育种与农业现代生物技术相结合的方法，将其他作物的有利基因（如固氮基因等）克隆到棉花染色体上，创造新的种质和优良变异材料，同时应开拓辐射育种和航天育种，探讨新的育种方法、技术。研究导入外源基因，辐射诱变形成新品种的规律，选择出突破性的新品种；棉花的杂种优势利用滞后于其他作物，应研究遗传规律，探索高优势组合的技术途径，力争取得突破性的进展。

参考文献

[1] 马家璋，王前忠．中国发展高产优质高效植棉业的研究［C］. 中国棉花学会第十次学术讨论会文论文集，1985 年．

[2] 潘家驹．棉花育种学［M］. 北京：中国农业出版社 1998.

[3] 孙济中．全国高等农业院校教材作物育种论［M］. 北京：中国农业出版社，1996.

[4] 黄滋康．中国棉花品种及其系谱［M］. 北京：中国农业出版社，1996.

[5] 喻树迅，魏晓文，赵新华，等．中国棉花生产与科技发展［J］. 棉花学报，2000，12（6）：327-329.

[6] 项时康，余楠，胡育昌，等．中国棉花质量现状［J］. 棉花学报，1999，1（1）：1-10.

[7] 杨伟华，项时康，唐淑荣，等. 20 年来中国自育品种纤维品质分析［J］. 棉花学报，2001，13（6）：378-383.

[8] 欧・劳幽德・梅．棉花产量与品质改进新策略（英文）［J］. 棉花学报，2001，13（2）：54-58.

[9] 王淑民．近 20 年中国棉花生产主栽品种概况及其评价［J］. 棉花学报，2001，13（5）：315-320.

[10] 王芙蓉，张军，刘勤红，等．中国棉花种质创新进展与展望［J］. 棉花学报，2001，13（1）：50-53.

[11] 陈旭升，陈永萱，黄骏麒．棉花黄萎病菌致病性生理生化研究进展［J］. 棉花学报，2001，13（3）：183-187.

棉花杂种优势表达机理研究进展

邢朝柱，喻树迅
（中国农业科学院棉花研究所/农业部棉花遗传改良重点开放实验室，安阳　455000）

摘要： 从棉花杂种优势性状表现、配合力分析、生理生化研究、遗传距离与杂种优势关系等方面分析了棉花杂种优势机理研究进展，并提出了从基因水平研究棉花杂种优势，更能确切地反映杂种优势表达机理。

关键词： 棉花；杂种优势；表达机理

杂种优势是生物界普遍存在的一种现象。自 Shull 首次提出“杂种优势”（heterosis）概念以来，各国科学家先后进行了作物杂种优势的研究和探讨。20 世纪 30 年代美国率先在生产上推广杂交玉米，随后其他作物如水稻、高粱、油菜、棉花以及蔬菜等在生产上相继利用杂种优势。20 世纪作物杂种优势研究与应用是作物育种中一项重大成就，此举为作物产量大幅提高做出了巨大贡献。杂种优势产生机理一直是人们所关心的问题，许多学者对此进行研究和探讨，并取得一定的进展。棉花杂种优势机理研究起步较晚，研究深度和广度不及其他作物。为探索棉花杂种优势表达和产生的原因，研究者进行了不懈的努力，从棉花杂种优势表现、配合力分析、生理生化研究以及遗传距离与杂种优势关系等方面进行了探索，试图找到棉花杂交种优势产生机理，为杂交亲本的选配提供指导。

1　杂种优势表现

棉花杂种优势表现是多方面的，通常主要表现在生殖生长、营养生长和抗逆性等方面，而不同的组合受其选配的亲本影响，杂交种优势表现方式也不尽相同。

1.1　生殖生长优势

棉花生殖生长优势通常用产量优势和品质优势加以体现。多年研究结果表明，杂交种产量优势非常明显，绝大多数组合具有正向超亲优势，产量优势主要得益于铃数和铃重的增加；品质优势受杂交亲本影响较大，多数杂交组合品质介于两亲之间，略高于中亲值。

黄滋康等统计了 1976—1980 年主要产棉省（区）15 个科研教学单位的 1 885个陆地棉品种间杂交组合，其中 F_1 减产组合占 29.2%，增产 0% ~10% 的组合占 22.1%，增产 11% ~20% 的组合占 18.5%，增产 21% ~30% 的组合占 13.5%，增产 30% 以上的组合占 16.8%。陆地棉与海岛棉的种间杂种优势中，F_1 的产量比海岛棉亲本增产平均在 61% 上

原载于：《棉花学报》，2004，16（6）：379-382

下，比陆地棉亲本减产9%～18%，个别组合平产或略有增产而不显著；组合品质无明显优势，多数位于中亲值[1]。邢朝柱等[2]采用NCⅡ设计方法，选用Bt基因棉为父本配制杂交组合，分析了含Bt基因杂交棉组合的性状优势表现，结果表明，组合中亲优势和竞争优势明显，皮棉产量中亲优势率达100%，竞争优势率达86.7%；通径分析表明，在增产因素中，铃重和铃数所起贡献较大；在纤维品质方面具有一定的优势组合率，比强度、2.5%跨长和整齐度中亲优势分别为78.6%、100%和78.6%，伸长率中亲优势为负值，而麦克隆值下降明显，杂交组合品质的表现与亲本品质密切相关。朱乾浩等[3]、陈柏清等[4]、华兴鼐[5]和张金发等[6]对陆地棉×陆地棉、陆地棉×海岛棉的杂种优势研究表明，杂种F_1、F_2在产量、品质等多方面表现出一定优势。

1.2　营养生长优势

棉花杂交种常呈现显著的营养生长优势，表现为叶大、苗壮、株高和根系发达。多数研究表明，棉花杂交种的营养生长优势要强于生殖生长优势，种间杂种营养生长优势更为突出。邢朝柱等对24个陆地棉品种间杂交组合及其亲本和18个陆地棉与海岛棉种间杂交种及其亲本的苗期（5叶期）鲜重和干重进行测定，结果表明所有的杂交种一代其干、鲜重均超过父母本，陆地棉品种间杂交种鲜重和干重分别为其亲本均值的112.3%～134.1%和104.3%～125.1%，平均分别为122.8%和112.7%；陆海种间杂交种鲜重和干重分别为其亲本均值的116.1%～148.4%和108.9%～124.0%，平均分别为127.4%和116.1%，在7月15日调查杂交种一代及其亲本株高，陆地棉品种间杂交种一代株高要比亲本均值高15.5%，陆海种间杂交种株高比亲本平均高17.8%。

1.3　抗逆性优势

抗逆性强是杂交棉具有广泛适应性的主要原因，通常表现为耐高温、耐湿、耐旱、耐瘠、耐病、虫等。杂交棉抗逆性增强主要是通过健壮的植株、发达的根系对逆境具有较强忍耐性以及抗性亲本遗传等因素所导致。

中国农业科学院棉花研究所选育的中棉所29，其父母本均来源于黄河流域品种（系），对高温和肥水具有一定的敏感性，但其杂交种中棉所29对长江流域高温和高肥水具有较强的适应性[7]，目前广泛种植于长江流域。印度在没有推广杂交棉之前，很多干旱和半干旱的地区不适宜种植棉花，自从推广杂交棉特别是杂种4号以来，广大的干旱和半干旱的地区种植杂交棉，并获得了较好的产量[8]。

杂交种的抗病性与亲本抗性水平密切相关，多数研究结果认为抗病性为不完全显性，受主效基因控制，也有人认为抗病性为单基因显性遗传[9-13]。但均认为，杂交种一代表现较倾向抗性亲本，抗病性具有超中亲优势。

抗虫性是近年杂交棉选育中一个重要目标，目前抗虫亲本均为转基因抗虫棉，其遗传受一对显性基因控制，亲本之一为抗虫棉，杂交种一代也具有抗虫性，表现抗虫优势[14]。

2　配合力研究

邢以华等[15]研究表明，特殊配合力与杂种优势密切相关，特殊配合力为正的组合，有80%以上为增产组合，其中60%以上增产达显著和极显著水平，与产量有关性状的特殊配合力为正值，且其亲本的一般配合力也为正值的组合，一般F_2仍存在优势。张天真等[16]用芽黄不育系配制一组杂交组合，对 19 个性状进行研究，母本一般配合力与竞争优势的相关系数为 0.986 6，父本一般配合力与竞争优势的相关系数为 0.981 9，特殊配合力与竞争优势的相关系数为 0.874 3，均达到极显著水平。邢朝柱等[2]用转基因抗虫棉配制了一组杂交棉组合，对其产量性状配合力进行研究，结果表明父母本皮棉产量一般配合力与 F_1 皮棉产量相关系数为 0.725，组合皮棉产量特殊配合力与 F_1 皮棉产量相关系数为 0.689，相关性均达到极显著水平。

上述研究表明，只要了解亲本一般配合力和组合的特殊配合力，就可以相应了解组合杂种优势的高低。另外，所有的研究都表明不同品种其性状一般配合力存在着一定差异，所配制的杂交组合的性状特殊配合力也存在明显的不同，所以在选配杂交组合中要考虑到特定亲本和特定性状的一般配合力。

3　棉花杂种优势生理生化研究

杂种优势产生必然涉及杂种生理生化代谢的变化，生理生化变化涉及光合作用、同化物质的运输和分配、酶的变化等，杂交种通过这些生理生化的改变，使杂交棉朝着有利于优势表达的方向发展；另外，研究杂交种和亲本间生理生化差异可以进一步预测棉花杂种优势，指导杂交亲本的选配。

3.1　杂种优势的生理作用

陈德华等[17]对转基因抗虫杂交棉光合生产进行了研究，结果表明杂交种具有增产优势主要原因是有效叶面积较对照亲本显著增多，高效叶面积大，比叶重和净同化率高，群体发展较合理，光合生产率高。李大跃等[18]报道，川杂 4 号与其亲本相比，养分净积累量在各生育期均较高，尤其是养分吸收强度优势在初花至盛铃期间更大，养分向生殖器官分配较早，再分配能力较强。徐立华[19]研究苏杂 16 单铃籽棉重的优势表现：纤维干重增加 10.0%，单铃种仁重增加 9.4%，单铃铃壳干重增加 12.5%，铃壳内全氮含量高，最终铃壳率为 20.2%，低于对照 21.3%，表明具有较强的库容优势，光合产物积累多，营养物质运转快。

郭海军[20]研究冀杂 29 组合 F_1、F_2 的净光合速率、蒸腾速率具有超亲优势，气孔导度 F_1 为超亲优势，F_2 为中亲正优势，说明在生殖生长活跃期的光合效率高，从而铃重明显增加；又冀杂 29 的超氧化物歧化酶（SOD）活性为超亲优势，过氧化物酶（POD）活性为中亲正优势，丙二醛（MDA）含量为中亲负优势。杂交种的 SOD、POD 具有平均正优势，而 MDA 则是负优势，且作为膜保护酶之一的 SOD 还具超亲优势，是杂交棉在抗逆性方面体现优势的重要原因。邬飞波等[21]、陈仲华等[22]的研究也认为，杂交棉盛花至始絮期光合作用强度高，有利于积累较多的光合产物，且具有明显的 SOD 优势。刘飞虎等[23]认为，杂交棉增产的直接原因是由于株高及叶片增加速度快，表现出干物质积累强度优势，这是杂交棉增产的物质基础，但有效铃数、叶绿素含量，光合强度、叶片厚度、叶组织自由水和束缚水含量等均与常规棉无明显差异，而杂交棉的电导率较低，表明其抗逆性强于常规棉。

3.2　生理生化预测研究

植物体内活性物质调节植株生长和发育，是性状优势表达的基础。吴小月采用布拉氏须霉法预测 7 个陆地棉品种间杂种优势，预测的准确率达 71.4%。

叶绿体的光合能力高低从另一个侧面反映植物生长优势的大小，叶绿体是植物进行光合作用的细胞器，经研究杂交种普遍表现为叶片光合作用能力的增强和光合效率的提高[17,20,23]，这可能与叶绿体结构与功能的改善有关。杨赞林[25]对叶绿体的光合活性研究结果表明，种间杂种叶绿体的希尔反应活性超出亲本 30% ~40%，品种间杂种的活性等于母本水平，超过父本 22%，显示叶绿体互补法在预测杂种优势方面具有一定的利用价值。

聂荣邦[26]、张江泓等[27]、徐荣旗等[28]采用子叶匀浆互补法对陆地棉品种间杂种优势的研究表明，此法有较好的预测作用，可以指导杂优组合的配置，减少田间大量配组的盲目性。吴小月[29]、邱竞等[30]对棉花同工酶的研究表明，F_1 和亲本的酯酶同工酶、过氧化物酶同工酶可作为预测 F_1 优势的生化指标之一，对筛选高优势组合具有一定的参考价值。

4　遗传距离与优势表现关系研究

王学德等[31]以棉花芽黄品系为材料，按 NCII 交配设计，对 56 个组合的杂种一代及其 15 个亲本进行两年试验，采用主成分分析研究棉花亲本遗传距离（D_2）与杂交种产量优势的相关，结果表明：亲本遗传距离与杂交种产量优势有显著或极显著的抛物线回归关系，遗传距离在一定范围内（$0 \leq D_2 \leq 7$），杂种优势随遗传距离的增大而加强，遗传距离（D_2）超过 7 时，杂种优势反而随着遗传距离的增大而减弱，这表明亲本遗传距离过小或过大均不易产生强优势组合。武耀廷等[32]应用 RAPD、ISSR 和 SSR 这 3 种分子标记，估算出 36 个陆地棉品种间的分子标记遗传距离为 0.070 1 ~ 0.425 5，平均为 0.284 4；表型遗传距离 2.18 ~12.60，平均 7.04，两者相关系数为 0.335 0；遗传距离与杂种产量性状及杂种优势相关分析的研究表明，表型遗传距离和分子标记遗传距离与杂种单株铃数、衣分、籽棉产量和皮棉产量呈弱的负相关，而与铃重呈正相关，相关程度偏低；另外，试验材料的选择也影响它们之间的相关性。综上所述，棉花研究的结果和别的作物相类似，亲本遗传距离的大小不能直接反映杂种优势的表现。

5　结束语

棉花杂种优势是客观存在的。半个多世纪以来，人们试图从棉花配合力分析、生理生化变化及亲本遗传距离等方面揭示棉花杂种优势表达的内在规律，预测棉花杂种优势。尽管研究取得了可喜的进展，也得出了一些外在性状和生理生化指标与杂种优势大小存在着一定的相关性的结论，但杂种优势表达是复杂的，多数有利性状是由多基因控制，不同材料性状差异较大，性状表现与环境存在着互作关系等，仅靠有限的一些外观性状和一些生理生化指标难以全面地预测杂种优势，这就是为什么有些研究结果不尽一致，甚至相矛盾。基因型杂合化是杂种优势产生的物质基础，杂交种体内酶的变化和外在性状表现是亲本基因经过重组、互作、表达和调控等多个过程形成的产物，多数产物在形成过程当中又受到环境的影响，所以从基因到性状表现的过程是非常复杂的，因此研究杂种优势从源头——基因开始，可以克服一些干扰因素，能较直观地反映杂种优势形成机理。基因差异显示法是近年来发展起来研究基因表达的一门新技术，它可以将基因表达的产物 mRNA 通过反转录后用多种引物扩增形成 cDNA，然后将扩增产物作聚丙烯酰胺凝胶电泳，将亲本和 F_1 作对比分析，找出表达基因的差异。一些研究表明，杂交种一代与亲本之间确实存在基因表达差异，而有些差异与杂种优势存在一定的相关性，如果将这些差异性基因片段进行测序再与控制代谢过程中一些关键酶的基因进行同源性分析，建立酶和基因之间的联系，从分子水平探讨杂种优势机理，这将更准确地揭示杂种优势成因。

参考文献

[1] 黄滋康，张毓钟. 棉花杂种优势利用 [J]. 农业科学通讯，1981 (7)：20.

[2] 邢朝柱，靖深蓉，郭立平，等. 转 Bt 基因棉杂种优势及性状配合力研究 [J]. 棉花学报，2000，12 (1)：6-11.

[3] 朱乾浩，俞碧霞，许馥华. 陆地棉品种间杂种优势利用研究进展 [J]. 棉花学报，1995，7 (1)：8-11.

[4] 陈柏清，陈青，吴吉祥，等. 陆地棉不同铃期和不同铃位单铃重杂种优势遗传研究 [J]. 棉花学报，1998，10 (4)：l99-204.

[5] 华兴鼐. 海岛棉与陆地棉杂种一代优势利用研究 [J]. 作物学报，1963，2 (1)：1-26.

[6] 张金发，冯纯大. 陆地棉与海岛棉种间杂种产量品质优势的研究 [J]. 棉花学报，1994，6 (3)：140-145.

[7] 邢朝柱，靖深蓉，袁有禄，等. 抗虫杂交棉——中棉所 29 [J]. 中国棉花，1998，25 (7)：23.

[8] Kairon M S. Role of hybrid cotton in Indian economy [C]. Proc World Cotton Ref Conf 2 . Greece，1998：75.

[9] 张金发，吕复兵，郭介华，等. 陆地棉枯萎病性的双列杂交分析 [J]. 棉花学报，1994，6 (3)：189-193.

[10] 朱鑫. 棉花多抗性杂种优势利用初步研究 [J]. 湖南农业科技，1979，5：11-18.

[11] 闵留芳，张天真，潘家驹. 有关棉花黄萎病抗性遗传研究的几个问题 [J]. 棉花学报，1995，7 (4)：197-201.

[12] 校白才. 陆地棉枯萎抗性遗传研究 [J]. 西北农业学报，1992，1 (1)：41-46.

[13] 王振山. 棉花枯黄萎病抗性基因效应分析 [J]. 河北农业大学学报，1989，12 (2)：21-25.

[14] 靖深蓉，邢朝柱，刘少林，等. 抗虫杂交棉选育及利用研究 [J]. 中国棉花，1997，24 (7)：15-17.

[15] 邢以华，靖深蓉. 棉花杂种优势预测初步研究 [J]. 中国棉花，1984，(4)：11-13.

[16] 张天真，冯义军，潘家驹. 我国发现的 4 个棉花核雄性不育系的遗传分析 [J]. 棉花学报，1992，4 (1)：1-8.

［17］陈德华，王兆龙．转 Bt 基因抗虫杂交种光合产物及干物质分配等特点［J］. 棉花学报，1998，10（1）：33-37.

［18］李大跃，江先炎．杂种棉养分、光合物质生产特性的研究［J］. 棉花学报，1992，18（3）：196-205.

［19］徐立华．陆地棉品种间杂种苏杂 16 棉铃发育动态研究［J］. 棉花学报，1996，8（2）：83-87.

［20］郭海军．杂交棉高产抗逆机理研究初报［J］. 中国棉花，1994，21（7）：11-12.

［21］邬飞波，Ollandet I，陈仲华，等．三系杂交棉组合浙杂 166 的若干生育与生理特性研究［J］. 棉花学报，2002，14（6）：368-373.

［22］陈仲华，邬飞波，王学德，等．农艺因素对杂交棉浙杂 166 纤维产量和品质的影响及若干生理性状的杂种优势［J］. 棉花学报，2004，16（3）：175-182.

［23］刘飞虎，梁雪妮．杂交棉产量优势及其成因分析［J］. 中国棉花，1999，26（2）：11-13.

［24］游俊，刘金兰，孙济中．陆地棉品种与陆地棉族系种质系间生理生化的杂种优势［J］. 棉花学报，1998，10（1）：14-19.

［25］杨赞林．农作物杂种优势利用［M］. 合肥：安徽科学技术出版社，1981：22-23.

［26］聂荣邦．陆地棉品种间杂交优势及其预测研究 Ⅱ 陆地棉品种间杂种一代优势预测［J］. 湖南农学院学报，1990，16（2）：125-132.

［27］张江泓，冯成福．吐鲁番的长绒棉［M］. 乌鲁木齐：新疆科技卫生出版社，1992：46-47.

［28］徐荣旗，刘俊芳．棉花杂种优势与几种生理生化指标的相关性［J］. 华北农学报，1996，11（1）：76-80.

［29］吴小月．棉花杂种优势预测的初步研究［J］. 湖南农学院学报，1980（1）：55-63.

［30］邱竞，邢以华，张久绪，等．棉花杂交种过氧化物酶同工酶和腺苷磷酸含量的研究［J］. 棉花学报，1990，2（2）：45-51.

［31］王学德，潘家驹．棉花亲本遗传距离与杂种优势间的相关性研究［J］. 作物学报，1990，16（1）：32-38.

［32］武耀廷，张天真，朱协飞，等．陆地棉遗传距离与杂种 F_1、F_2 产量及杂种优势的相关性分析［J］. 中国农业科学，2002，35（1）：22-28.

棉花基因克隆研究进展

胡根海[1,2]，喻树迅[1]
（1. 中国农业科学院棉花研究所/农业部棉花遗传改重点开放实验室，
安阳 455000；2. 中国农业科学院研究生院，北京 100081）

摘要：棉花的基因克隆主要集中在纤维品质、抗逆、棉酚相关基因、叶绿体基因、调控元件和发育相关酶蛋白等 6 个方面。在纤维品质方面，中国已克隆了β-微管蛋白基因、E_6 基因、GhbZ-IP、GhIAAl6 和 40 个棉纤维特异表达基因，同时还得到一批性质不清楚的 cDNA 克隆。国外已分离出 FbL2A、Racl3、Rac9、MYB 基因和 20 余个纤维发育相关基因。在抗逆性方面已得到了 LRR-RC 基因、14-3-3 蛋白和 PR 蛋白基因等以及一些 cDNA 克隆。

关键词：棉花；基因克隆；纤维品质；抗逆性

进入 20 世纪 80 年代后，人们对棉花品质、产量及抗病性的研究开始转移到分子水平；一方面开始寻找抗病、虫的基因或 QTL；另一方面开始探索棉花基因的克隆，目前在 GenBank 中注册的棉花 EST 序列已有 6 万余条，其中亚洲棉有 36 216条，陆地棉 23 899 条。这些 DNA 片段为进一步克隆完整的棉花基因打下了基础。就棉花完整的基因克隆而言，目前还很少，NCBI 记录的目前棉花完整的 mRNA 基因才 6 451个；由于受纺织业的影响棉花基因克隆主要集中在 6 个方面。

1 棉花基因克隆的主要方面

1.1 棉花纤维品质相关基因的克隆

1999 年开始，中国在国家高技术研究发展计划以及国家转基因植物研究与产业化开发专项开始资助棉纤维发育的基因克隆与转基因育种的研究，目前的成果主要有：1999 年中国科学院上海植物生理生态研究所与南京农业大学棉花研究所合作，选用徐州 142 进行 cDNA 文库构建，利用徐州 142 无絮棉胚珠的 cDNA 进行杂交筛选到一批棉纤维发育特异表达的基因[1]。北京大学通过 cDNA 减法杂交法，利用徐州 142 及其徐州 142 无絮棉突变体，获得 280 多个棉纤维发育中特异表达的 cDNA 克隆[2]。中国科学院遗传与发育研究所获得 23 808个棉花 cDNA 克隆，通过微阵列技术证实约 40 个棉纤维特异表达的基因[3]。中国科学院微生物所获得在棉纤维次生壁加厚期特异表达的 100 多个 cDNA 克隆及β-微管蛋白基因，进一步实验发现转β-微管蛋白基因的酵母细胞表现为极性伸长[4]；清华大学

原载于：《棉花学报》，2005，17（4）：240-244

也报道获得了棉纤维发育早期阶段的优先表达和积累的 10 个 cDNA 克隆[5]。中国农业大学以陆地棉为材料得到与棉纤维次生壁增厚相关基因的 cDNA 克隆，Northern blotting 分析显示 PG39－4 克隆可被 ABA 诱导，其中 5 个与棉纤维次生壁增厚相关[12]。浙江大学从陆地棉标准系 TM-1 中克隆出纤维特异表达的 E_6 基因。中国科学院微生物所以遗传标准系 TM-1 开花后 9d、21d、27d 三个不同发育时期的棉花纤维为材料，利用 mRNA 荧光差异显示技术，筛选到 109 个差异显示的 cDNA 片段。这些基因部分仅在棉花纤维细胞中特异表达或在纤维中优先表达。最近的报道是南京农业大学从陆地棉纤维 cDNA 文库中筛选到一个全长 cDNA 序列，命名为 GhbZIP，该基因主要是开花 3d 之后在胚珠和纤维细胞中表达，可能与棉纤维伸长过程中的基因表达调控有关[14]。中国科学院遗传发育所通过 cDNA 阵列方法分离到 25 个在开花前后棉花胚珠中差异表达的基因，其中一个基因与拟南芥 IAA16 具有很高的同源性，并命名为 GhIAA16，该基因以单拷贝形式存在，在棉花胚珠内种皮中特异表达，是棉花中第一个分离到的内种皮特异表达的基因[15]。

国外棉花纤维相关的基因克隆同样也是研究热点，早在 1992 年 John 和 Crow 就报道运用 cDNA 文库的差异筛选方法克隆出纤维特异表达基因 E_6。现在已分离出 20 余个纤维发育相关基因，并初步研究了这些基因的表达特性。美国的棉纤维发育相关基因研究走在世界的前列，也是这方面申请专利最多的国家。其中大部分如 E_6，Racl3，Fbl2A，FS5，FS6，GhEX1 等为纤维细胞特异表达或优势表达类型的基因。克隆的基因大部分是在纤维伸长阶段表达，少数在纤维细胞壁增厚期或整个发育过程均能表达，它们的表达调控主要在转录水平，实验证实也存在转录及翻译后水平的调控。

Rinehant 等从棉花的 cDNA 文库中筛选到一个在纤维伸长后期至次生壁增厚前期特异表达的基因 FbL2A，其启动子可以诱导外源乙酰辅酶 A 还原酶以及多羟基链烷酸合成酶的基因在转基因棉花纤维细胞中特异表达并受发育调控。Delmer 等从棉花 cDNA 文库中筛选到两个与哺乳动物 Rae 高度同源的 Racl3、Rac9。Orford 等从棉纤维中分离到伸展蛋白基因的 cDNA 全长。到目前为止，克隆到的纤维发育相关基因仅表现为纤维发育过程中优势表达，真正调控细胞伸长发育及增强纤维强度表达的基因尚未克隆到。

从棉花中克隆出纤维素合成酶基因，然后转基因利用一直是许多棉花专家的愿望，但是由于纤维素合成酶在离体条件下的活性极低而未能成功。Pear 等通过对次生壁加厚高峰期的纤维 cDNA 克隆的随机测序，从中筛选到 2 个 cDNA 克隆，分析可能是纤维素合成酶催化亚基基因。

1.2 棉花抗逆相关基因的克隆

棉花的枯萎病、黄萎病是棉花的致命病害，当前有关抗枯萎病、黄萎病基因克隆的主要研究成果有：西南农业大学从棉花胚珠的 cDNA-AFLP 片段中，选取了一个与拟南芥类 LRR 抗病蛋白序列相似的片段，用 RACE 法延伸其 3′和 5′端的未知序列，结果得到一个棉花类 LRR 抗病蛋白的全长 cDNA 序列[6]；复旦大学从棉花花瓣 cDNA 文库中随机挑选部分克隆，经测序发现了一个与拟南芥耐盐锌指蛋白基因同源的 cDNA，Northern blotting 证实该基因表达随棉花幼苗钠盐处理浓度的升高而增加，可在棉花花铃期的叶片、根、花瓣和花药组织中大量表达[7]。中国农业科学院生物技术所在克隆海岛棉 NBS-LRR 类抗病基因时，共得到 800 个克隆，测序筛选得到 11 个抗病基因类似物基因[8]。在棉花黄萎病抗病基因克隆研究中，目前国内仅限于寻找连锁标记，但一直未找到能用于克隆基因的遗传距离小于5cM的紧密连锁的分子标记。中国农业科学院生物技术所利用棉花黄萎病菌毒素粗提物诱导耐黄萎病陆地棉品种中棉所12应激基因的表达，然后鉴定表达的mRNA，通过Northern blotting最终筛选到15个阳性cDNA克隆，初步分析为一系列抗病蛋白类似物基因[9]。华中农业大学利用已克隆植物的R基因NBS序列中保守模体合成简并引物，以海岛棉品系Pima90基因组DNA为模板进行PCR扩增，通过TPA克隆、测序和序列比较分析共得到31条RGAs[18]。

国外关于棉花黄萎病抗性基因的研究主要集中在信号转导及转录方面的研究上，Duberg等报道棉花的苯丙氨酸裂解酶受大丽轮枝菌毒素诱导表达；Hill等利用棉花黄萎病感染后的陆地棉SicalaV-1的根部组织eDNA文库差异，得到一些棉花抗病反应中的新基因，如：14-3-3基因和PR基因。

1.3　棉花发育调控元件的克隆

顺式作用元件是基因表达调控的重要部分，目前已从棉花Coker312中克隆到胚胎发育后期丰富基因Lea D-113的启动子，研究表明Lea D-113启动子能对包括ABA、冷、盐或脱水等不同的诱导条件起作用[10]。在研究棉花纤维细胞发育过程中胞质骨架形成和作用机理时，通过棉花纤维EST序列整合，从陆地棉徐州142胚珠（含纤维）中扩增并克隆出棉花重要发育调控因子LIM的结构域基因，该基因长848bp，检测显示该发育调控因子，在不同发育时期与陆地棉纤维发育密切相关。西南农业大学克隆到一个棉花过氧化物酶体的酶定位信号α受体蛋白的基因，该基因的研究将为棉花生长发育过程中调控机理研究起基础性作用。

国外棉花发育调控元件的研究主要集中在纤维专化启动子的克隆上。Liu H C等克隆了棉花脂转运蛋白基因启动子LTP3，该启动子仅在棉纤维发育中起作用。Kawai M等克隆了编码棉花腺苷环化酶结合蛋白*CAP*的基因，结构显示该基因有1 413bp组成的开放阅读框，编码974个氨基酸，可能对细胞骨架改建中起正调节作用。Maliyakal E J等在克隆棉花纤维的Fb－B6基因时，得到了该基因的启动子，该启动子可以指导GUS基因的合成，是用于棉花转基因的强启动子；Rinehart J A等在克隆海岛棉纤维特异表达基因FbL2A时，也得到了FbL2A的启动子。此外，Xue Baoli在利用cDNA文库克隆到编码β-微管蛋白的GhTuBl蛋白基因的同时，也得到一个棉花特异表达的强启动子。这几个启动子的克隆对棉花转基因研究提供了极其有用的工具。

1.4　棉花叶绿体基因的克隆

棉花叶绿体功能的研究也是热点之一，目前国内主要成果有：中国农业科学院生物技术所从棉花叶绿体基因组中克隆到长度为1.0kb的叶绿体核糖体小亚基S7蛋白的基因rps7和2.1kb的ndhB基因片段，揭示了研究棉花叶绿体基因组的序幕[11]。国外主要有：1993年David M A等克隆到了棉花叶绿素a/b结合蛋白基因，分别命名为Lhcbl.1和Lhcb3.1，结构分析显示Lhebl.1不含内含子，而Lheb3.1含有两个内含子，杂交分析证实这两个基因均有较高的拷贝数。Giannasi D E等克隆了棉花RUBP羧化酶的大亚基基因，基因长1 409bp，编码469个氨基酸。Crorn R E等克隆NADH脱氢酶的第五条链编码基因，还克隆几个叶绿体内的氨基酸转运酶的基因。虽然，国内外已经克隆了一些叶绿体的基因

(特别是光合作用系统中的基因)，但是基因详细的功能机制还不清楚，因此距离利用叶绿体功能的理想还是十分遥远的，棉花叶绿体的基因克隆工作还有待深入。

1.5 棉花有关酶蛋白的基因克隆

中国在棉花酶蛋白基因的克隆方面才刚刚起步，而且主要集中在与发育有关的酶蛋白方面。主要成果有：中国科学院上海植物生理所根据法呢基焦磷酸合酶保守域设计兼并引物，应用巢式 PCR 和 PCR96 孔板筛库技术分离到亚洲棉法呢基焦磷酸合成酶的 cDNA；根据 P450 保守序列设计兼并引物，从亚洲棉 cDNA 文库中分离到两个肉桂酸 -4 - 羟化酶基因。这两个基因被划分到 CYP73A 亚族中，分别被命名为 CYP73A25 和 CYP73A26，该基因的克隆对于深入探讨棉花的次生代谢途径及其调控机制是很有帮助的。南京农业大学利用 PCR 筛选方法从陆地棉纤维 cD - NA 文库中分离到 3 个基因序列，第一个命名为 Gh-Ctp，GhCtp 是羧基末端蛋白酶基因，第二、三个为 β-甘露糖苷酶的 cDNA 克隆，并命名为 Gh-ManAI 和 GhManA2[13,16]。另外，还利用 PCR 技术克隆到了陆地棉的半胱氨酸蛋白酶的基因，该酶可在一系列重要的生理代谢途径中发挥作用[14]。

1.6 棉酚相关基因的克隆

目前关于棉酚方面的研究主要集中在有关棉酚代谢途径的酶基因的克隆上，早在 1995 年 Davila、Huerta 等研究发现酚类物质在棉花中是由共同的前体物质（+）-δ-杜松烯经过一系列羟基化修饰衍生而来。随后许多科学家尝试对棉花有关酚类物质合成的基因进行克隆。中国科学院上海植物生理所分离出几个亚洲棉（+）-δ-杜松烯合成酶基因的 cDNA 克隆，结构分析发现该 cDNA 克隆可分成两个亚族：CADl - A 和 CADl - C。Liu 等克隆到能使棉酚甲基化从而降低棉酚毒性的酶基因——脱氧半棉酚 -6 - 甲基转移酶，该酶的克隆将有助于改变棉花的抗病、抗虫性方面的研究[5]。

2 棉花基因克隆的主要途径

近年来，中国的生物技术有了较快的发展，克隆抗虫、抗病、抗杂草以及提高作物品质的基因已达 22 种，而且很多转基因作物已进入田间试验阶段，由于许多作物高密度分子标记连锁图谱的构建、大片段 DNA 克隆系统的建立、序列测定技术和基因遗传转化技术的发展，许多未知基因的克隆都将成为可能。作物基因的克隆技术已经十分完善，目前作物基因克隆方面的主要技术有：①PCR 克隆技术；②表型基因克隆法；③转座子标签技术；④mRNA 差异显示法；⑤功能克隆；⑥同源序列克隆基因；⑦DNA 芯片技术；⑧定位克隆技术。就棉花的基因克隆方法而言，目前中国不同的实验室根据自己的设备和技术采用较多的主要是功能克隆的方法，功能克隆主要是根据性状的基本生化特性这一基本信息，在鉴定已知基因功能的基础上进行克隆，该方法首先是纯化相应的编码蛋白后构建 cDNA 文库或基因组文库然后进行文库的筛选，常用以下两种方法：①将纯化的蛋白质进行测序，根据合成的寡核苷酸探针从 cDNA 文库或基因组文库中选出编码基因；②将相应的编码蛋白制成特异的探针，从 cDNA 表达文库中筛选相应的基因。采用功能克隆方法的基础是对生理生化及代谢途径研究较清楚，分离和提纯控制该性状的蛋白质或基因表达的产物蛋白质的技术成熟。因此，功能克隆方法的关键是分离出一种纯度很高的蛋白质，目前在进行棉花的基因克隆时，常常综合利用功能克隆和同源序列克隆方法，也就是首先建立一个某一方面的文库，然后利用其他植物上已克隆基因的序列设计兼并探针进行文库筛选，从而得到目的基因，如棉花法呢基焦磷酸合酶、肉桂酸－4－羟化酶等。该方法的优点是一旦建立了文库，就可以源源不断地筛选一系列的相关基因，但是建库需要花费大量的人力物力，如果建立的文库容量不够也不能筛选到目的基因。因此如果仅仅需要克隆某一个特异基因，显然建库是一种很不经济的方法。目前根据目标不同正在设计一些新的方法，如西南农业大学从棉花胚珠的 cDNA－AFLP 片段中，得到了一个与拟南芥类 LRR 抗病蛋白序列相似的片段，然后用 RACE 法延伸其 3′和 5′端的未知序列，得到了棉花类 LRR 抗病蛋白的全长 cDNA 序列。2002 年又在 YADE 方法的基础上，设计出一种的 cDNA 末端快速扩增方法，称为 Y2RACE 法。利用该方法只需一次 cDNA 合成就能进行多个基因的 3′和 5′末端的扩增。山东农业大学利用其他植物的同源序列设计兼并引物，采用 RACE 技术得到了棉花的 Ghcysp 基因的全 cDNA 序列[17]。随着生物信息学的发展，人们利用比较基因组学提供的模式植物的有用信息开始发掘棉花的相关基因，Wilkins 等利用拟南芥提供的信息克隆棉花 MYB 基因。

3 结语

当前棉花的基因克隆工作虽然已经取得了一定的成果，但棉花的基因克隆工作远远落后于水稻、玉米、小麦等主要粮食作物。棉花是世界性的经济作物，是中国出口创汇的重要资源之一，中国的棉花产量约占世界总产量的 1/3，因此，提高棉花的产量、品质是中国富国强民的重要途径之一。目前棉花育种遇到的主要问题是亲本遗传基础，棉花优异种质资源缺乏，因此，加快棉花优异基因的克隆挖掘是解决当前育种难题的关键技术之一。

当今棉花基因克隆的目标过于集中，许多科研单位聚集在纤维的品质方面，虽然克隆了许多与纤维发育有关的基因，但是纤维发育的详细机制还不清楚，克隆到的基因的功能也没有搞清楚。因此，棉花基因的克隆工作笔者认为今后应该拓宽克隆范围，科研人员应该联合分工，避免有限财力下的不必要的重复。在纤维方面应该集中在关键基因的克隆与功能研究上，在抗逆、产量、抗虫以及影响棉花生长发育重要酶的基因克隆方面应加强力量。在克隆技术上，目前建库是主要的途径，但是对于一些特殊性状的基因，由于棉花的分子标记连锁图还不够密集，直接进行图位克隆尚十分困难，这些基因的克隆应该考虑采用差别杂交、扣除杂交、mRNA 差别显示或采用 RACE 技术。总之，目前棉花基因克隆研究，一方面应适应抗逆、高产、优质育种的需要，加快优异基因的克隆；另一方面继续建立高密度的分子标记连锁图，以便对更多的优异基因进行定位，从而采取相应的手段进行克隆；同时，加快棉花基因克隆方法的研究，形成以基因文库为主的多种简易快捷方法并用的新局面。

参考文献

[1] Li C H, Zhu Y Q, Meng Y L, *et al*. Isolation of genes preferentially expressed in cotton fibers by cDNA fiber arrays and RT-PCR [J]. *Plant Science*, 2002, 163: 1113-1120.

[2] Zhu Y Z, Ji S T, Lu Y C, *et al*. Current status and progresses in Chinese cotton genomic research [J]. *Cotton Science*, 2002, 14 (9): 36.

[3] Liang X E, Suo J F, Xue Y B, *et al*. Development and application of a transformation-competent artificial chromosome (TAC) genomic DNA library in allotetrapolid cotton (*Gossypium hirsutum* L.) [J]. *Cotton Science*, 2002, 14 (9) 52.

[4] Li Y L, Sun J, Li C H, *et al*. Preferential expression of a beta-tubulin gene in developing cotton fibers [J]. *Cotton Science*, 2002, 14 (9): 44.

[5] Liu Y, Zhao G R, Zhang H M, *et al*. Analysis of functional genes for cotton fibers development [J]. *Cotton Science*, 2002, 14 (9): 51.

[6] 肖月华，罗明，侯磊，等. 棉花类 LRR 抗病蛋白（GhLRR-RL）基因的克隆及表达分析 [J]. 遗传学报，2002，29 (7)：653-658.

[7] 王东，杨金水. 棉花类耐盐锌指蛋白基因的克隆与结构分析 [J]. 复旦学报，2002，41：42-46.

[8] 方宣钧. 海岛棉 NBSr-LR 类抗病基因同源序列的克隆与定位 [J]. 分子植物育种，2003，1 (3)：247-429.

[9] 王力华. 棉花黄萎病毒素诱导表达的陆地棉 eDNA 序列的克隆与定位 [D]. 北京：中国农业科学院研究生院，2003.

[10] 罗克明，郭余龙，肖月华，等. 棉花 Lea 蛋白 D-113 基因启动子的克隆及序列的分析 [J]. 遗传学报，2002，29 (2)：16-165.

[11] 樊卫华，沈燕新，张中林，等. 棉花叶绿体 70s 核糖体 s7 蛋白基因的克隆和序列分析 [J]. 作物学报，1997，23：487-490.

[12] 秦治翔，杨佐明. 棉纤维次生壁增厚相关基因的 cDNA 克隆与分析 [J]. 作物学报，2003，29：860-866.

[13] 蒋建雄，郭旺珍，张天真，等. 一个陆地棉 bZIP 蛋白 cDNA 的克隆及表达分析 [J]. 遗传学报，2004，31 (6)：616-621.

[14] 蒋建雄，张天真. 一个陆地棉半胱氨酸蛋白酶全长 cDNA 的克隆及其序列特征分析 [J]. 作物学报，2004，305：512-515.

[15] 索金凤，普莉，梁小娥，等. 棉花胚珠内种皮特异基因 GhlAAl6 的分离鉴定 [J]. 植物学报，2004，46 (4)：472-479.

[16] 蒋建雄，郭旺珍，张天真，等. 棉花两个 8-甘露糖苷酶 cDNA 的克隆及其特征 [J]. 植物生理与分子生物学学报，2004，32：216-220.

[17] 沈法富. 短季棉衰老的激素变化及衰老相关基因的克隆 [D]. 北京：中国农业科学院研究生院，2003.

[18] 涂礼莉，张献龙，朱龙付，等. 海岛棉 NBS 类型抗病基因类似物的起源、多样性及进化 [J]. 遗传学报，2003，30 (11)：1071-1077.

我国短季棉50年产量育种成效研究与评价

喻树迅
（中国农业科学院棉花研究所/农业部棉花遗传改良重点开放实验室，安阳　455000）

摘要：对198份短季棉材料的系谱分析和短季棉品种的基因型值分析表明：①20世纪90年代品种皮棉单产比50年代增产50.29%，比60年代增产51.44%，比70年代增产26.6%、比80年代增产20.8%。②在产量构成因素中以衣分和铃重提高为主要增产模式，提高枯黄萎病抗性也是重要增产因素。③育种技术从50年代系统选育到杂交、复交、多父本混交、辐射育种、空间技术育种、生物技术育种对品种提高取得了非常重要的作用，特别是采用生化遗传育种解决短季棉早熟早衰，选育早熟不早衰、青枝绿叶吐白絮的早熟、优质、多抗短季棉品种行之有效。④中棉所系列品种和辽棉系列品种育种技术路线不同，辽棉以缩短棉花前期营养生长，提高早熟性，以延长铃期，增加铃重，提高产量和纤维品质。中棉所系列至90年代发展较成熟的生化遗传育种技术，在缩短生育期的前提下，适当延长前期营养生长期，增加光合产物积累，延缓棉株早衰，增加后期光合作用；通过大幅度提高衣分，增加皮棉产量；靠缩短生殖生长期、吐絮畅而集中等提高早熟性；通过提高SOD等抗氧化酶系统，提高抗性和延缓衰老，达到各性状综合协调提高。

关键词：短季棉；育种；产量

1　引言

1.1　中国短季棉育种概况

中国种植短季棉从1919年开始从美国引进金字棉做试验，由于金字棉早熟性好、结铃性强，经过多年驯化成为中国短季棉育种的“早熟源”。如周盛汉统计173份早熟短季棉种质中与美国金字棉有亲缘关系的有109份（占63.0%），来源于前苏联部分品种的有21份（占12.1%），岱字棉18份（10.4%）[1]。笔者搜集了198份短季棉种质材料的系谱资料，通过系统地比较分析，发现其中有128份来源于金字棉（占64. 7%），27份来源于岱字棉（占13.6%），8份来源于斯字棉，3份来源于福字棉，3份来源于绿字棉，24份来源于前苏联棉等品种（占19.8%），同样说明金字棉为主要早熟种质。大面积推

原载于：《棉花学报》，2005，17（4）：232-239

广品种如中棉所10号、中棉所16、辽棉9号等也都具有金字棉的血缘。20世纪50年代（文中各年代均为20世纪）及90年代中国短季棉品种主要特性见表1。

表1　不同年代四大生态区短季棉品种比较

生态区	品种数量	选育年代	生育期(d)	铃重(d)	衣分(%)	绒长(mm)	断长(km)
北方特早熟	3	1950s	144.0	4.8	34.8	27.4	23.8
	3	1990s	132.6	6.3	39.2	29.1	22.7
增　减			-11.4	+1.5	+4.4	+1.7	-1.1
西北内陆	1	1950s	140.0	5.0	35.0	29.8	23.8
	8	1990s	125.6	5.6	39.7	29.2	23.4
增　减			-14.4	+0.6	+4.7	-0.6	-0.4
黄淮夏播	6	1980s	109.6	5.3	37.5	29.4	24.0
	14	1990s	114.5	5.2	37.2	28.7	24.8
增　减			+4.9	-0.1	-0.3	-0.7	+0.8
长江流域	1	1950s	113.0	5.0	40.0	29.5	20.1
	1	1990s	104.0	4.4	42.5	28.4	22.7
增　减			-9.0	-0.6	+2.5	-1.1	+2.6

育种成效评价研究多是以历年区试资料为基础，这种“纵向”比较的结果很难说明品种遗传改良的成效，且所用方法也存在一定的不足。范万发等[2]采用不同时期的资料进行分析，也在相当程度上缺乏可比性。个别省份进行的较小范围的研究，不足以说明某个棉区乃至全国棉花品种改良的情况。美国 Bridge 等[34]的方法使品种具备一定的可比性，但一组试验包括的品种数有限，很难反映历史全貌。若能辅之以历史区试资料分析，效果会更好。但按时期仅取某一个品种作代表，并不十分科学，因单个品种对气候适应性和抗性不同，很难反映该时期整体育种水平。孔繁玲等[5]、张德贵等[6]运用 $Y = G + E + GE$ 模型对新中国成立以来中国黄淮、长江两大棉区中熟春棉品种的遗传改良成就进行系统研究，采用不同年代品种间比较试验和历年区域试验的数据资料相结合对中国黄淮棉区、长江流域棉区的棉花遗传改良成效进行评价，但每一时期仅选择一个代表品种参加品种间比较试验，这不符合与当时育种现实和生产实际应用情况。事实上，中国不同棉区在不同时期都至少有2~3个品种在同时推广应用。迄今为止，除一些综述评论外，尚未见对中国短季棉育种成效评价的研究报道。

本研究将中国50年育成的短季棉品种，按生态区抽取24个在生产上大面积种植过的品种，分别安排病地、无病地和不同气候类型进行比较分析研究，采用朱军的统计分析方法[7]，分析全部品种比较试验的各种数据资料，评价品种的基因型效应。并按年代将同年代品种的基因型效应值的平均值代表该年代的性状育种水平，具有较好代表性，能真实反映当时的平均育种水平，国内外目前尚未能开展此类育种成效评价研究。

1.2 棉花品种区域比较试验的数据资料统计分析

鉴于农作物的各种农艺性状大部都是由多基因控制的数量性状，其表型是基因与环境互作的结果，借助于合适的统计分析方法，分析区域试验的各种数据资料。通过排除非遗传因素的干扰，可直接评价品种的基因型效应。一般用 Simmonds 的 $Y = G + E + GE$ 模型估算农作物的产量构成的遗传。区域试验的平衡数据资料一般可采用传统的方差分析（ANOVA）的方法进行分析，但对缺失的非平衡数据资料就不能分析。朱军等[8-10]运用混合线性模型的分析原理，提出了作物新品种区域试验非平衡资料的统计分析方法，不需要估算均方，直接估算各项随机效应的方差分量，进而能估算参试品种的平均数间差异或线性对比值及其标准误，进行相应的统计检验。同时运用数值重复抽样方法计算回归参数的估计值和标准误，以评价参试品种的稳定性。

2 材料和方法

2.1 试验材料及田间种植设计

选择不同年代、不同生态区的28个短季棉代表品种于2001年种于河南省安阳市（小区面积12.6m^2，且是枯萎病、黄萎病混发试验地）进行首轮预备试验，对所有材料进行初步观察比较，确定其中24个品种（淘汰中棉所30、中棉所37、岱字棉20和辽2784共4份材料）参加比较试验；同年冬天，在海南省三亚市进行第二轮预备试验（小区面积5.2m^2，无病地）并繁种供次年品种比较试验用。2002年分别在河南省安阳市、山西省运城市和新疆维吾尔自治区石河子市选择枯萎病、黄萎病发生较轻的地块进行一年三点的品种间比较试验。24个参试品种主要来自辽宁省、山西省、新疆维吾尔自治区、河南省、山东省、中国农业科学院棉花研究所、前苏联等，依据统编号顺序排列，互为对照，3行区，3重复，小区面积为：安阳市24m^2，运城市12.6m^2，石河子市7.5m^2。施肥灌溉、化控和打药治虫等其他田间管理措施同当地的大田，不作特殊要求。

2.2 性状考查

始蕾期、始花期、始絮期、铃期、生育期、株高、果枝数、第一果枝节位和单株成铃数等性状，在适当的生长发育时期每小区取15～20正常株挂牌、定株调查记载；每一参试品种的出苗期、现蕾期、开花期、吐絮期则按小区调查记载。另按小区分别调查籽棉产量、皮棉产量、衣分、铃重和单铃种子数等产量和产量构成因子性状，纤维品质性状由中华人民共和国农业部棉花品质监督检验测试中心测定。

2.3 数据分析处理

采用朱军的“多年份、多试点品种区域试验的统计分析软件”进行分析处理[8-10]，对每一考查性状基因型值（G值或育种值）进行比较分析，以评价中国短季棉在20世纪的遗传改良成效。

3 结果与分析

3.1 不同年代品种皮棉单产及构成因素的育种成效

3.1.1 不同年代品种皮棉单产比较分析

计算2年多点不同年代品种皮棉单产育种值的总均值，分年代比较结果（图1）表明，从20世纪50年代至90年代，短季棉新品种产量的基因型值逐年增加，增产幅度逐年加大。60年代品种每公顷比50年代略减产6kg，70年代比60年代增产147kg，80年代比70年代增产192kg，90年代比80年代增产396kg。90年代比50年代增产幅度为50.29%，比80年代增产20.83%，表明短季棉育种成效显著，平均各年代增产10%以上。图中各试点皮棉产量结果表现与总均值趋势一致，仅2002年安阳点无病地60年代皮棉产量高于50年代、70年代和80年代，有病地则略低于50年代和70年代品种。从另一个方面表明，新品种抗病性改善是产量提高的一个重要因素。三亚点为热带无霜期，可满足棉花的无限生长，有利于50年代、60年代生育期较长的短季棉品种，充分表现产量潜力。而不同年代品种之间增产幅度不大。新疆维吾尔自治区石河子点也因其独特的气候及“矮、密、早”较先进的配套栽培方式，枯黄萎病较轻，使不同年代品种充分发挥其潜力，产量均大大高于其他生态区。

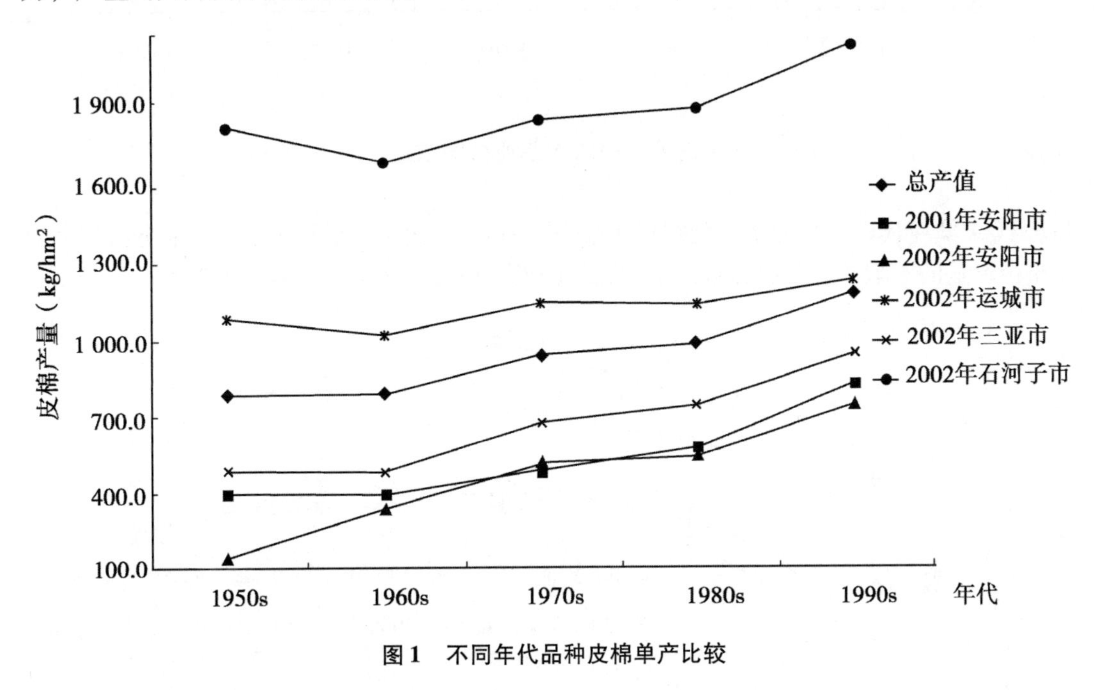

图1　不同年代品种皮棉单产比较

3.1.2　不同年代品种衣分比较分析

从图2不同年代衣分总均值可看出，衣分逐年提高。20世纪90年代较50年代、70年代增幅分别为4.2%、6.1%，比80年代增加2.7%。图2中除三亚外，50年代衣分表现异常，高于90年代。2002年各点均为60年代衣分最低。70年代、80年代、90年代衣分逐年增高。说明产量构成因素中，衣分大幅度提高是产量提高的重要因素，同时生产环境逐步改善和棉花生产配套栽培技术的提高也是主要因素。

3.1.3　不同年代品种铃重比较分析

除2002年安阳无病地铃重表现异于其他点，70年代铃重最低外，其他各生态区均表现为铃重从50年代逐年增加至70年代达最大值后缓慢降低至90年代5.3g，但铃重比50年代还是增加0.7g（图3）。说明60年代、70年代皮棉增产靠衣分和铃重两个因素。而

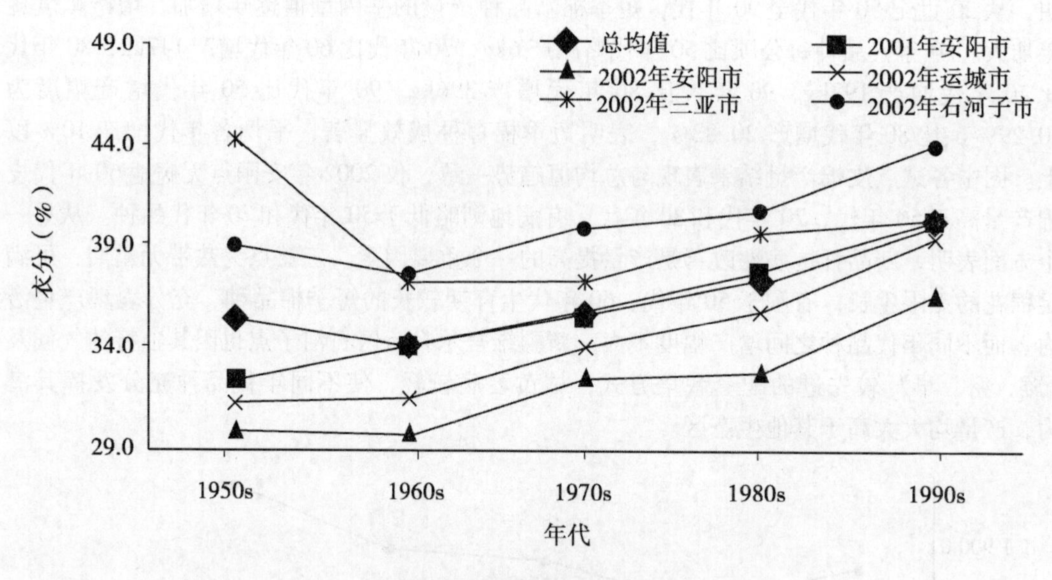

图2　不同年代品种衣分比较

80年代、90年代以衣分为主，铃重作用很小，而70年代主要靠铃重增加，衣分次之。对于整个产量的贡献还有单株铃数、果枝数等因素，但在本研究中其效应不明显。

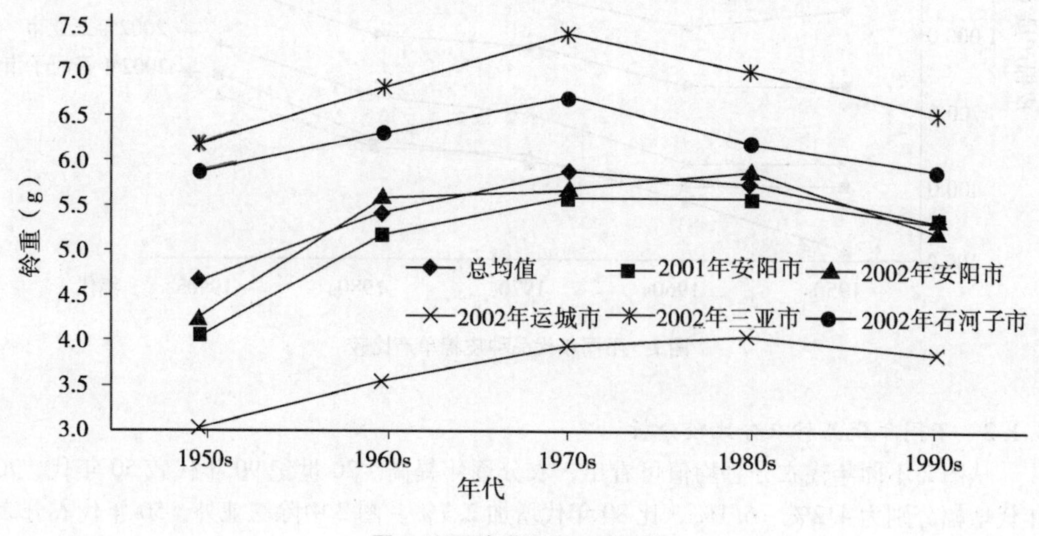

图3　不同年代品种铃重比较

本文研究重点是产量构成因素中衣分和铃重两个因素，这两个因素自身遗传率高，与产量达到显著遗传、表型正相关。50年间产量逐年提高，增幅极显著，平均不同年代之间达10%以上，90年代比50年代增幅达50.29%～52.29%。但各种因素不是单一发展，而是相互协调发展，达到互为协调的理想状态。也体现了育种家随着科学发展而灵活运用育种技术提高育种水平的过程。如70年代产量显著高于50年代、60年代，其采用的路线主要靠提高铃重为主，衣分次之。70 年代铃重和衣分两个因素有一个相对稳定过程。80 年代、90 年代衣分显著提高，铃重逐渐下降，而产量为最高水平，说明 90 年代采用提高衣分、降低铃重的增产路线较为成功。60 年代、70 年代根据当时科技水平所采用的提高铃重为主、衣分次之的策略达到增产的目的也是较合理的。

3.2 北部特早熟生态区与黄河流域夏播生态区短季棉品种产量育种成效比较

辽宁省地处中国植棉带北缘，是中国短季棉 研究最早地域之一，其品种覆盖了中国特早熟棉区和西北内陆棉区，在黄河流域也有种植。

中国农业科学院棉花研究所（以下简称中棉所）地处河南省安阳市，是中国黄河流域棉区的中心腹地，其气候生态代表性强。根据 70 年代中国北方人多地少、粮棉争地的矛盾，率先开展短季棉育种，其短季棉品种覆盖北方棉区。在本研究收集到的 198 份短季棉品种中，主推品种主要是辽宁省和中棉所品种，所以研究这两个区域的品种对了解短季棉各自育种路线、特点、经验、提高短季棉育种十分有益[11,16]。

3.2.1 不同年代辽棉、中棉所系列品种皮棉产量比较分析

辽宁省从 60 年代开始先后选育了近 60 个短季棉品种，黑山棉 1 号、辽棉 9 号等在中国北方棉区推广面积较大。90 年代育成大面积推广的品种较少，故本次试验未能收集到大面积推广的品种。中棉所从 70 年代开始对黄河流域麦棉夏套短季棉育种。第一个短季棉品种中棉所 10 号就成为黄河流域棉区的主栽品种，累计推广 470 万 hm^2 以上，辽棉系列选择了 60 年代、80 年代，中棉所系列的品种选择了 70 年代、90 年代。从图 4 看，中棉所系列的品种 70 年代单产均值比辽棉增产 3.0%，80 年代比辽棉系列增产 3.0%。90 年代中棉所系列采用生化遗传育种，将与早熟早衰密切相关的几种酶和激素的原理在短季棉育种中采 用，选育出的短季棉品种早熟不早衰、青枝绿叶吐白絮。本试验皮棉产量水平达 1 191kg，已接近春棉水平。图 4 中皮棉产量总均值与各生态区皮棉产量平均值结果表现趋向一致，个别点年代或生态气候影响产量结果略有差别，但不影响总的趋势。

3.2.2 不同年代辽棉、中棉所系列品种衣分比较分析

两系列品种衣分比较结果差异显著（图 5），从总均值看中棉所系列品种与辽棉系列品种 70 年代衣分均为 35.5%，但 80 年代中棉所系列品种显著高于辽棉系列 2%。90 年代中棉所系列衣分高达 40%，从图 5 分析辽棉系列品种的衣分 70 年代比 60 年代显著提高，但到 80 年代下降。而中棉所系列品种的衣分从 70 年代始至 80 年代、90 年代上升 2.7%，20 年总提高 5.4%，衣分高是中棉所系列品种高产成效重要因素之一。

3.2.3 不同年代辽棉、中棉所系列品种铃重比较分析

铃重是构成产量要素之一，铃重大小与单株成铃数关系较密切。从图 6 看辽棉系列品种铃重 60 年代较小，总均值为 5.1g，而 70 年代增至 6.2g，增加 1.1g，增幅较大，80 年代略有下降。衣分增加、铃重增加是辽棉系列品种 60 年代、70 年代皮棉产量大幅度提高的重要因素。中棉所系列品种 70 年代、80 年代铃重均为 5.8g，比辽棉系列低 0.3g，但由于衣分从 70 年代 35.3% 提高到 80 年代 37.3%，弥补了铃重下降，使产量不受影响。从衣分和铃重两个主要产量因子分析，辽棉系列品种主要靠提高铃重增产，衣分次之；中棉所系列主要靠衣分增产，铃重次之。两个系列以不同技术路线达到增产目的。笔者认为一个好的品种应协调发展，而不是谋求某一性状单一发展，只有多性状协调发展才能收到理

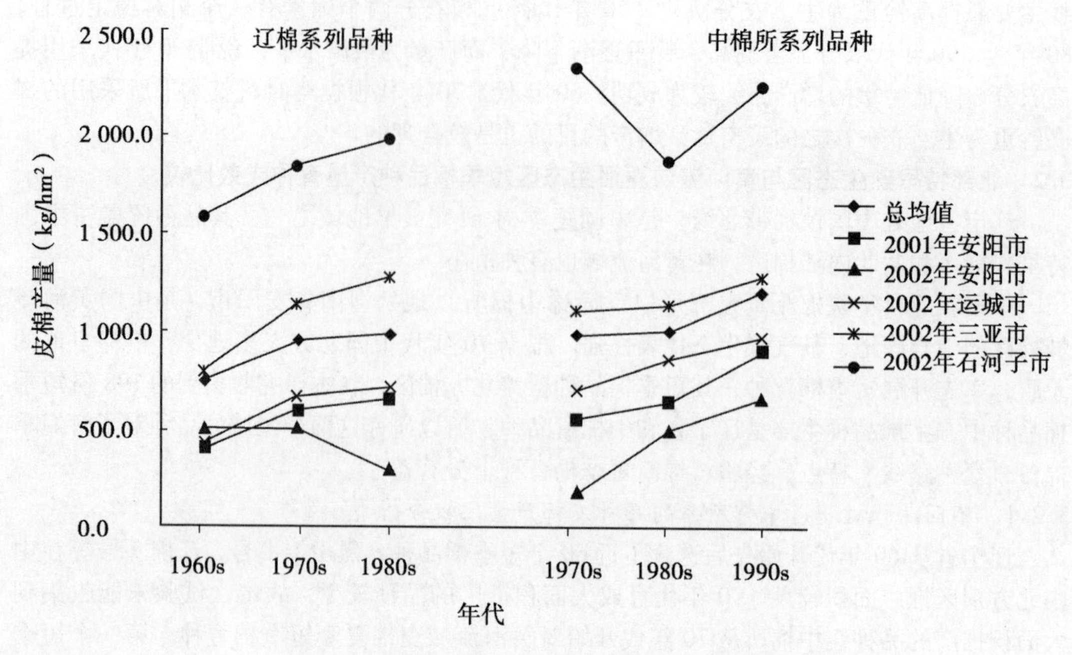

图4　不同年代辽棉、中棉所系列品种产量比较

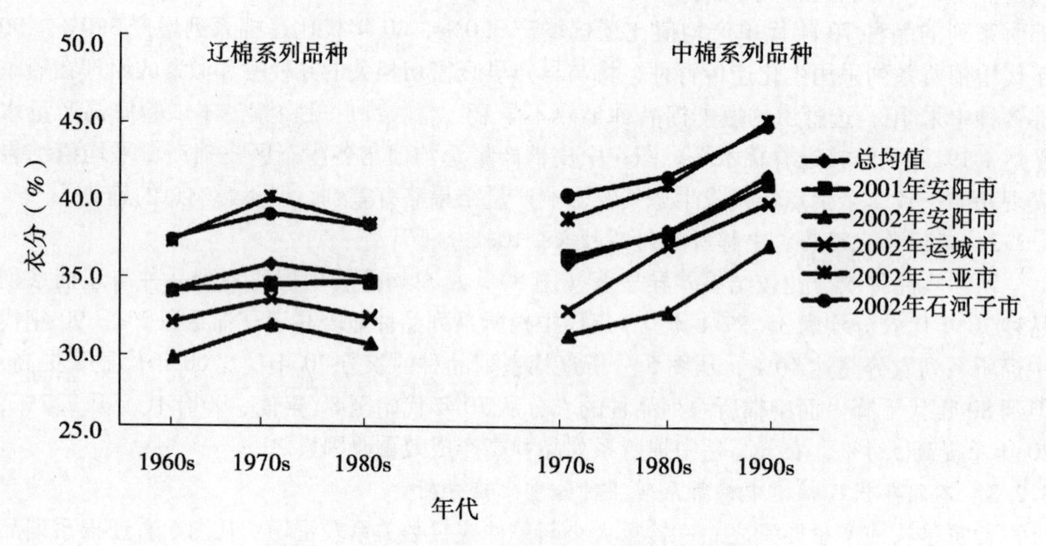

图5　不同年代辽棉、中棉所系列品种衣分比较

想的效果。

4　小结与讨论

本试验采用每10年为一组，同时将10年大面积主推品种进行多年多点试验，并采用同一年代品种总平均值进行基因型值比较分析，较为可靠。本试验对产量评价结果为：①

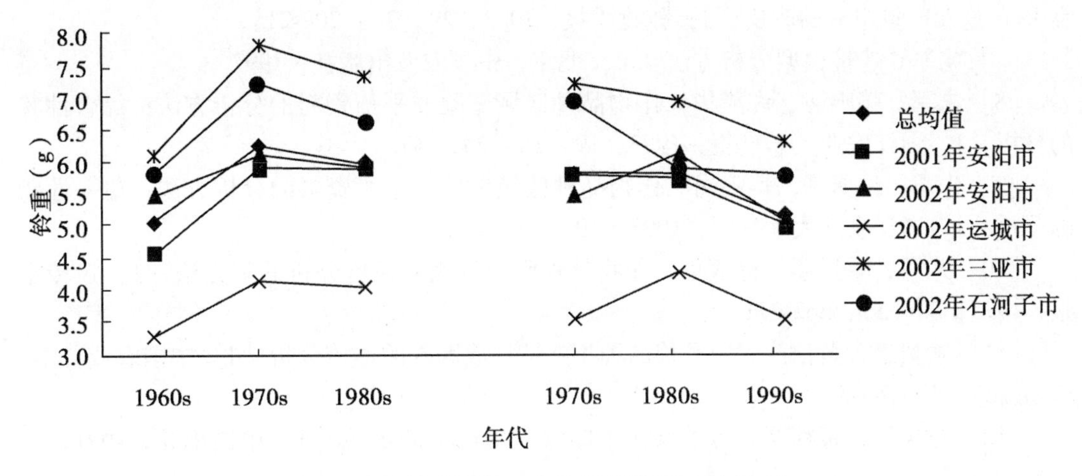

图 6　不同年代辽棉、中棉所系列品种铃重比较

50 年短季棉育期成效显著，90 年代品种皮棉每公顷产量 1 183. 5kg，比 50 年代每公顷 787. 5kg 的产量，增产 396. 0kg，增幅 50. 29%，比 60 年代增产 51. 44%，比 70 年代增产 26. 6%、比 80 年代增产 20. 8%。②在产量构成多种因素中本试验结果为以衣分和铃重的提高两种增产模式，提高抗枯黄萎病也是重要增产因素。③育种技术从 50 年系统选育到杂交、复交、多父本混交、辐射育种、空间技术育种、生物技术育种对品种提高取得了非常重要的作用，特别是采用生化遗传育种解决短季棉早熟早衰，选育早熟不早衰青枝绿叶吐白絮的早熟、优质、多抗短季棉品种行之有效。④中棉所系列品种和辽棉系列品种育种技术路线不同，辽棉以缩短棉花前期营养生长，提高早熟性，以延长铃期，增加铃重，提高产量和纤维品质。中棉所系列至 90 年代发展较成熟的生化遗传育种技术，在缩短生育期的前提下，适当延长前期营养生长期，增加光合产物积累，延缓棉株早衰，增加后期光合作用；通过大幅度提高衣分，增加皮棉产量；通过缩短生殖生长期、吐絮畅而集中等提高早熟性；通过提高 SOD 等抗氧化酶系统，提高抗性和延缓衰老，达到各性状综合协调提高。

参考文献

［1］周盛汉．中国棉花品种系谱图［M］. 成都：四川科学技术出版社，2000.

［2］范万发，校百才．陆地棉品种主要性状选择趋向分析［J］. 江西棉花，1995，（3）：13-16.

［3］BRIDGE R R, Meredith M R Jr, Chism J F. Comparative performance of obsolete varieties and current varieties of upland cotton［J］. *Crop sci.*, 1971, 11: 29-32.

［4］BRIDGE R R, Meredith M R Jr. Comparative performance of obsolete and current cotton varieties［J］. *Crop sci.*, 1983, 23: 949-952.

［5］孔繁玲，姜保功，张群远，等．建国以来中国黄淮棉区棉花品种的改良 I. 产量及产量组分的改良［J］. 作物学报，2000，26（2）：148-156.

［6］张德贵，孔繁玲，张群远，等．建国以来中国长江流域棉区棉花品种的遗传改

良 I. 产量及产量组分的改良［J］. 作物学报，2003，29（2）：208-215.

［7］朱军. 遗传模型分析方法［M］. 北京：中国农业出版社，1997.

［8］朱军，赖鸣岗，许馥华. 作物品种区域试验非平衡资料的分析方法：综合性状的分析［J］. 浙江农业大学学报，1993，19（3）：241-247.

［9］朱军，许馥华，赖鸣岗. 作物品种区域试验非平衡资料的分析方法：单一性状的分析［J］. 浙江农业大学学报，1993，19（1）：7-13.

［10］朱军，季道藩，许馥华. 作物品种间杂种优势遗传分析的新方法［J］. 遗传学报，1993，20（3）：262-271.

［11］喻树迅，黄祯茂. 短季棉品种早熟性构成因素的遗传分析［J］. 中国农业科学，1990，23（6）：48-54.

［12］喻树迅，黄祯茂. 短季棉在中国农业生产中的地位［J］. 中国棉花，1991，18（3）：7-8.

［13］喻树迅，黄祯茂. 中国短季棉生产现状与发展前景［J］. 中国棉花，1989，16（2）：6-8.

［14］喻树迅，袁有禄. 数量性状遗传研究的新进展［J］. 棉花学报，2002，14（3）：180-184.

［15］喻树迅，张存信. 中国短季棉概论［M］. 北京：中国农业出版社，2003. 1-93.

［16］喻树迅，黄祯茂，姜瑞云，等. 短季棉种子叶荧光动力学及 SOD 酶活性的研究［J］. 中国农业科学，1993，26（3）：14-20.

我国短季棉 50 年品质育种成效研究与评价

喻树迅
（中国农业科学院棉花研究所/农业部棉花遗传改良重点开放实验室，安阳　455000）

摘要： 将不同年代品种纤维长度、强度、麦克隆值和整齐度进行比较，总的趋势为逐年增高。长度、强度、麦克隆值从 20 世纪 50 年代到 70 年代提高速度由快到慢，而后维持在一定水平。其成效与进度不如产量水平大。究其原因可能与当时育种目标、棉纺机械科技水平和皮棉收购政策有关。

关键词： 短季棉；育种成效；品质育种

中国种植短季棉从 1919 年开始从美国引进金字棉做试验，由于金字棉早熟性好、结铃性强，经过多年驯化成为短季棉育种的“早熟源”[1~2]。根据中国棉区特点，北方特早熟棉区，黄河流域夏播棉区，长江流域麦后直播棉区，以不同年代品种生育期、铃重、衣分、绒长等 9 个指标进行比较分析，表 1 结果表明，纤维绒长北方特早熟区增加 1.7 mm，其他生态区略减。断裂长度除长江流域麦后增加 2.6km，其他变化不大，黄河流域夏播棉区 20 世纪 70 年代（本文中各年代均为 20 世纪）开始兴起种植短季棉，品种综合水平高于其他棉区短季棉品种[3-17]。从短季棉育种 50 年历史来看，中国以金字棉来源育成短季棉品种占短季棉品种总数的 63%，同时，配合率强，育种成功率高，说明中国短季棉育种中利用不同遗传种质的面是狭窄的，在不同生态区有不同遗传种质占优势地位。在特早熟和黄河流域夏播生态区来源金字棉种质占 95% 以上[14]。因此要对 50 年短季棉育种成效做出合理评价，找出其中培育突破性短季棉品种的成功经验，也要对各性状遗传和解决早衰的生化遗传机理与相关进行分析。为克服遗传资源贫乏、创造新的变异、增加育种基础群体的多样性提供理论依据。

本研究将中国 50 年育成的短季棉品种，按生态区主推品种抽取 24 个在生产上大面积种植过的品种，分别安排在病地、无病地和不同气候类型进行比较分析，采用朱军[6-10]的统计分析方法，分析全部品种比较试验的各种数据资料，排除非遗传因素的干扰，直接评价品种的基因型效应。并按年代将同年代品种的基因型效应值（G 值或育种值）的平均值代表该年代的性状育种水平，具有较好代表性，能真实反映当时的平均育种水平，国内外目前尚未能开展此类育种成效评价研究。

原载于：《棉花学报》，2005，17（6）：360-365

表 1　四大生态区短季棉不同年代育种比较

生态区	品种个数	选育年代	生育期 (d)	铃重 (d)	衣分 (%)	绒长 (mm)	断长 (km)
北方特早熟	3	1950s	144.0	4.8	34.8	27.4	23.8
	3	1990s	132.6	6.3	39.2	29.1	22.7
增　减			-11.4	+1.5	+4.4	+1.7	-1.1
西北内陆	1	1950s	140.0	5.0	35.0	29.8	23.8
	8	1990s	125.6	5.6	39.7	29.2	23.4
增　减			-14.4	+0.6	+4.7	-0.6	-0.4
黄淮夏播	6	1980s	109.6	5.3	37.5	29.4	24.0
	14	1990s	114.5	5.2	37.2	28.7	24.8
增　减			+4.9	-0.1	-0.3	-0.7	+0.8
长江流域	1	1950s	113.0	5.0	40.0	29.5	20.1
	1	1990s	104.0	4.4	42.5	28.4	22.7
增　减			-9.0	-0.6	+2.5	-1.1	+2.6

1　材料和田间设计

选择不同年代、不同生态区的 28 个短季棉代表品种于 2001 年种于河南省安阳市（小区枯萎病、黄萎病混发地）进行首轮预备试验，进行初步观察比较，确定其中 24 个品种（淘汰中棉所 30、中棉所 37、岱字棉 20 和辽 2784 等 4 份材料）参加比较试验；同年冬天，在海南省三亚市进行第二轮预备试验（无病地）并繁种。2002 年分别在河南省安阳市、山西省运城市和新疆维吾尔自治区石河子市选择枯、黄病发生较轻的地块进行品种间比较试验。28 个参试材料依据统一编号顺序排列，互为对照，3 行区，3 重复，小区面积分别为 $24m^2$，$12.6m^2$，$7.5m^2$。施肥灌溉、化控和治虫等田间管理同当地的大田[18-19]。

在棉花生育期每小区选取 15 ~ 20 株挂牌，定株调查记载始蕾期、始花期、始絮期、铃期、生育期、株高、果枝数和单株成铃数等性状。按小区分别调查籽棉、皮棉产量、衣分、铃重和单铃种子数等产量和产量构成因素，分小区取 10g 以上的 50 铃考种，皮棉送农业部棉花品质监督检验测试中心（HVICC）校准水平测定上半部平均长度、比强度、整齐度和麦克隆值等纤维品质性状。

全部试验数据采用浙江大学朱军[9-10]的多年份、多试点品种区域试验的统计分析软件进行分析处理，对每一考查性状基因型值（G 值或育种值）进行比较分析，以评价中国短季棉在 20 世纪的遗传改良成效。

2　不同年代品种纤维品质育种成效

将不同年代品种纤维长度、强度、麦克隆值和整齐度进行比较，总的趋势为逐年增高，但低于皮棉增产幅度，且无明显的规律[18]。这可能是除遗传控制外，环境影响较大。

2.1　不同年代品种纤维长度比较

从图1看出，纤维长度从50年代到60年代增幅较大，60年代后绒长增加较缓慢，各生态区表现与总均值一致，仅安阳市2001年无病地70年代明显高于其他年代，运城市50年代品种表现高于60年代、70年代，这两地可能是无病地和运城中熟棉区气候影响所致。

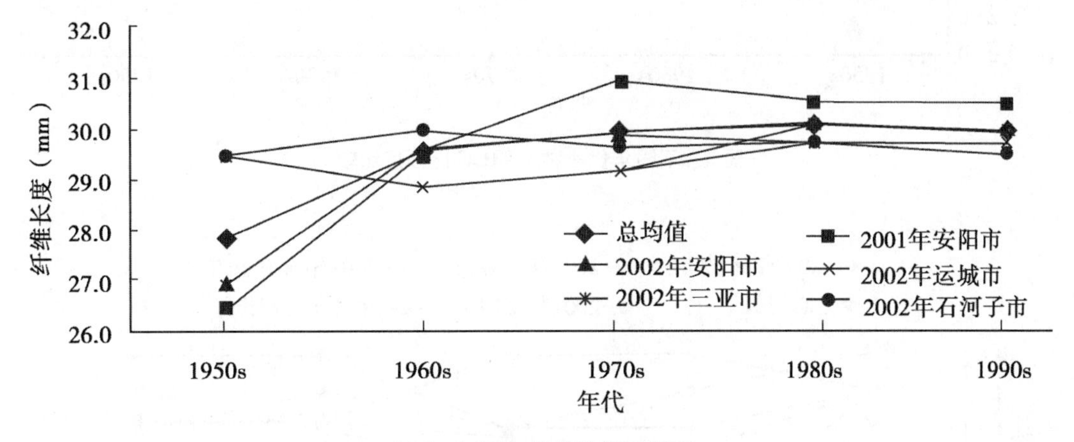

图1　不同年代品种纤维长度

2.2　不同年代品种纤维比强度比较分析

从各年代纤维强度总平均值（图2）看出，强度增加幅度较大为60年代、80年代品种，60年代比50年代品种增加1.8 cN/tex，80年代比50年代品种增加2.8 cN/tex，比70年代品种增加1.4cN/tex；在图2中显示两个峰，90年代后品种强度有所下降，仅三亚市点为70年代强度最低，90年代最高，图2低谷为70年代，其他各试点与总均值示意图趋向一致。有可能热带气候有利于50年代品种的营养生长和开花期生长。这两个时期比其他年代品种长，在其他生态区温度不够不利于生长造成纤维强度降低。相反热带气候对50年代品种生长期长有利于营养积累，纤维强力优于其他生态区。

2.3　不同年代品种麦克隆值比较分析

从不同年代麦克隆值总平均值图3看出，从50年代到90年代，麦克隆值在较佳范围。60年代4.3最好，50年代4.5略粗。70年代，80年代，90年代一致为4.4。在不同生态区麦克隆值对气候反应敏感，表现差异较大。2002年安阳市、运城市试点生态区麦克隆值均偏大。安阳市70年代4.4，运城市80年代4.4为最佳，在三亚市试点90年代品种麦克隆值为4.08最佳，60年代、70年代、80年代均在4.1上下，优于其他生态区。说明麦克隆值高低除品种因素外，受气候影响较大。

从上述分析中国短季棉纤维品质3个关键指标：长度、强度、麦克隆值从50年代到60年代都快速提高，70年代以后进展缓慢，维持在一定水平。其成效与进度不如产量水平大。究其原因可能与当时育种目标、棉纺机械科技水平和皮棉收购政策都有关系。中国几十年育种目标其纤维长度、强度、麦克隆值均满足32～42支纱水平，采用棉纺机械也

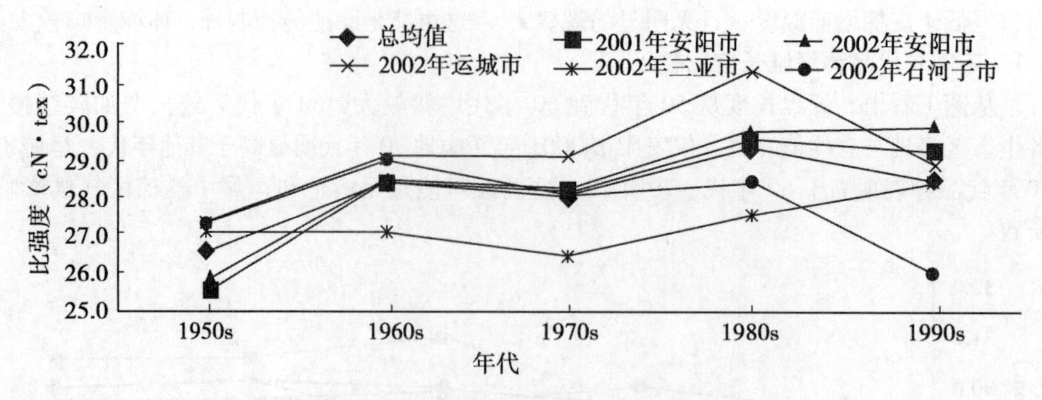

图 2　不同年代品种 HVICC 比强度比较

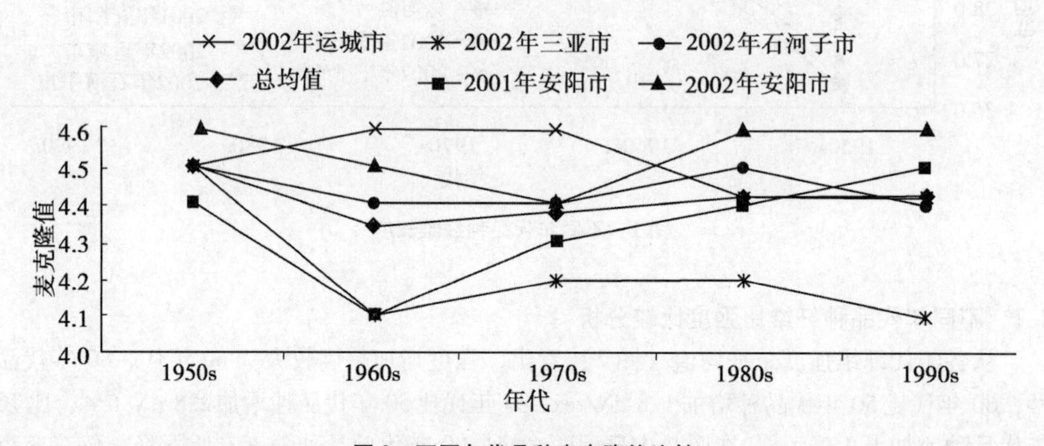

图 3　不同年代品种麦克隆值比较

维持纺 32 ~43 支纱水平。收购政策将 31 mm 定为一级，只按长度收购，纤维再长、强力再强也不能优质优价。同时至 90 年代中国用棉主体 75% 以上为 32 ~42 支纱，由此限制了纤维长度、强度的提高。90 年代后期，中国才进行纱纺机械改造，采用气流喷气纺等新工艺，随着经济发展，对高支纱 60 ~120 支高档服装有所需求，预计可占皮棉总量 15%。21 世纪将中长绒高强力的品种列入育种目标中。而 20 世纪后半叶中国育种成效中品质与产量进展差别大，产量是人们追求的永恒主题，纤维品质与人们消费需求、纺织水平等因素发展相关，这可能是纤维品质提高幅度不大的原因之一；另外，纤维品质的改良强调各指标间的协调配套，这在育种实际操作中是非常困难的。

2. 4　不同年代辽棉、中棉所系列品种纤维品质育种成效比较

2. 4. 1　不同年代辽棉、中棉所系列品种纤维长度比较分析

图 4 中两系列纤维长度比较总均值从 60 年代到 90 年代纤维长度进展不大，辽棉系列品种 80 年代比 60 年代 20 年只提高 0. 8 mm。中棉所系列 90 年代比 70 年代还减少 0. 1mm，从纤维长度总的比较中 60 年代比 50 年代提高 1. 7 mm，为成效最快的时间，其余 30 年进展不大，但在两个系列辽棉绒长略大于中棉系列。

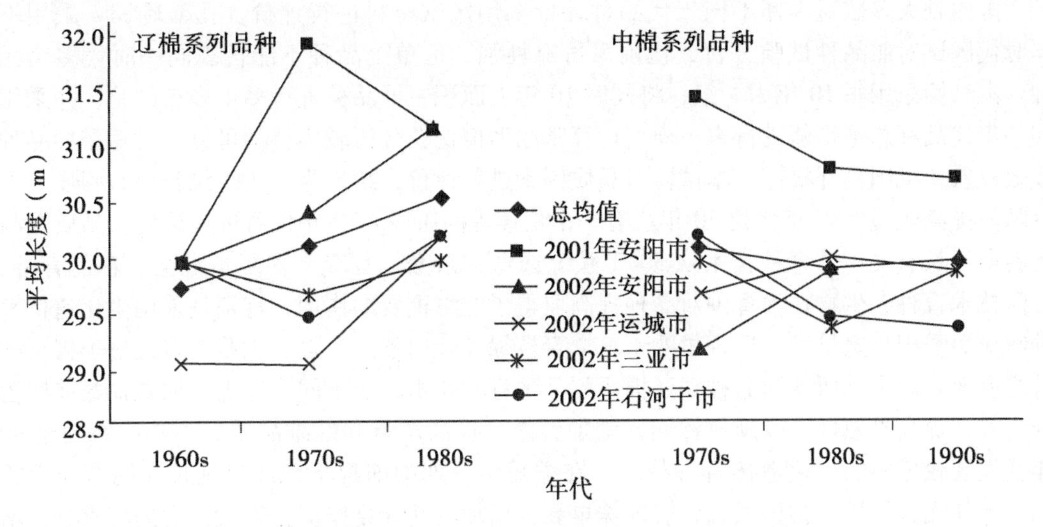

图4　不同年代辽棉、中棉所系列品种纤维长度比较

2.4.2　不同年代辽棉、中棉所系列品种比强度比较分析

辽棉系列品种80年代比60年代、70年代有较大的提高，其幅度为2～2. 6cN/tex；80年代辽棉比强度30. 8 cN/tex,，比中棉系列29. 5cN/tex多1. 3cN/tex。中棉所系列总均值变化不大。最大值为80年代29. 5cN/tex，比最小值90年代28. 8cN/tex相差0. 7cN/tex，各生态区趋势表现一致，辽棉系列比强度优于中棉系列。但90年代中棉系列中优质棉中棉所36比强度达33cN/tex。绒长、比强进展快。

2.4.3　不同年代辽棉、中棉所系列品种麦克隆值比较分析

麦克隆值是衡量纤维成熟度和细度的综合指标，最佳范围为3. 8～4. 5，过高过低都欠佳。从辽棉系列品种成熟度看出60年代超过最佳范围，70年代、80年代均在较佳范围内。说明麦克隆值的育种成效较好。

3　小结与讨论

短季棉是中国70年代为解决人多地少粮棉争地而发展的一种新类型，它包括北部特早熟、甘肃省、新疆维吾尔自治区、西北部一熟春棉的北部特早熟生态类型，这类生态型主要利用棉花生育期短，生长发育快，充分利用当地有利积温，回避棉花生育前期气温低，后期下降快使棉花不能成熟。黄淮棉区生态型主要用于5月中下旬麦垄夏套的一种新型耕作制度。长江流域生态型主要用于油、麦、菜后直播、间作多熟制。每种生态型各具特色，以成为国际领先独具特色的新型耕作制度，从这次共收集198份短季棉系谱分析得出：辽棉主要来源于金字棉，新疆维吾尔自治区早熟棉主要来源于原苏联、塔什干和斯字棉，长江生态区主要来源于岱字棉、斯字棉和乌干达棉，黄河生态区主要来源金字棉后代变异系中棉所10号，从血缘关系分析也证实3个生态区具有不同来源基础和生态环境基础，具有一定的科学性。金字棉血缘品种占总数64.7%，因而金字棉为中国短季棉“早熟基因源”[1-2]。

国内外大多数对春棉不同年代品种评价采用区试资料进行评价。孔繁玲等[5]采用不同时代区试对照品种试验评价，比前人可靠性强，但单个品种不能代表同一时代多个品种。本试验采用每10年为一组，将同时10年大面积主推品种进行多年多点试验，并采用同一年代品种总平均值进行朱军模型计算基因型值比较分析较为科学可靠，对短季棉品种成效评价未见国内外报道。本试验对品质因素进行评价，结果为：①纤维长度、强度、麦克隆值提高较慢，60年代比50年代有一个快速提高阶段，70年代后进展缓慢，品质提高与铃期延长有关。②育种技术从50年系统选育到杂交、复交、多复本混交、辐射育种、空间技术育种、生物技术育种对品种提高取得了非常重要的作用，特别是采用生化遗传育种解决短季棉早熟早衰，选育早熟不早衰青枝绿叶吐白絮的早熟、优质、多抗短季棉品种行之有效。③中棉所系列品种和辽棉系列品种育种技术路线不同，辽棉以缩短棉花前期营养生长，提高早熟性，以延长铃期，增加铃重，提高产量和纤维品质。中棉所系列至90年代发展较成熟的生化遗传育种技术，在缩短生育期的前提下，适当延长前期营养生长期，增加光合作用产物积累，延缓棉株早衰，增加后期光合作用；靠大幅度提高衣分，增加皮棉产量；靠缩短生殖生长期等提高早熟性；靠提高SOD等抗氧化酶系统，提高抗性和延缓衰老，达到各性状综合协调提高。

参考文献

［1］周盛汉．中国棉花品种系谱图［M］．成都：四川科学技术出版社，2000.

［2］范万发，校百才．陆地棉品种主要性状选择趋向分析［J］．江西棉花，1995（3）：13-16.

［3］Bridge R R，Meredith M R Jr，Chism J F. Comparative performance of obsolete varieties and current varieties of upland cotton［J］．*Crop Sci.*，1971（11）：29-32.

［4］Bridge R R，Meredith M R Jr. Comparative performance of obsolete and current cotton varieties［J］．*Crop Sci.*，1983（23）：949-952.

［5］孔繁玲，姜保功，张群远，等．建国以来中国黄淮棉区棉花品种的改良 I. 产量及产量组分的改良［J］．作物学报，2000，26（2）：148-156.

［6］朱军．遗传模型分析方法［M］．北京：中国农业出版社，1997.

［7］朱军，季道藩，许馥华．陆地棉花铃动态的遗传分析［C］．北京国际棉花学术讨论会论文集．北京：中国农业科学技术出版社，1992：294-312.

［8］朱军，赖鸣岗，许馥华．作物品种区域试验非平衡资料的分析方法：综合性状的分析［J］．浙江农业大学学报，1993，19（3）：241-247.

［9］朱军，许馥华，赖鸣岗．作物品种区域试验非平衡资料的分析方法：单一性状的分析［J］．浙江农业大学学报，1993，19（1）：7-13.

［10］朱军，季道藩，许馥华．作物品种间杂种优势遗传分析的新方法［J］．遗传学报，1993，20（3）：262-271.

［11］张德贵，孔繁玲，张群远，等．建国以来中国长江流域棉区棉花品种的遗传改良．产量及产量组分的改良［J］．作物学报，2003，29（2）：208-215.

［12］喻树迅，黄祯茂．短季棉品种早熟性构成因素的遗传分析［J］．中国农业科学，

1990，23（6）：48-54.

［13］喻树迅，黄祯茂．短季棉在中国农业生产中的地位［J］．中国棉花，1991，18（3）：7-8.

［14］喻树迅，黄祯茂．中国短季棉生产现状与发展前景［J］．中国棉花，1989，16（2）：6-8.

［15］喻树迅，袁有禄．数量性状遗传研究的新进展［J］．棉花学报，2002，14（3）：180-184.

［16］喻树迅，张存信．中国短季棉概论［M］．北京：中国农业出版社，2003：1-93.

［17］喻树迅，黄祯茂，姜瑞云，等．短季棉种子叶荧光动力学及 SOD 酶活性的研究［J］．中国农业科学，1993，26（3）：14-20.

［18］喻树迅，中国短季棉 50 年产量育种成效研究与评价［J］．棉花学报，2005，17（4）：232-239.

［19］喻树迅，中国短季棉 50 年早熟性育种成效研究与评价［J］．棉花学报，2005，17（5）：294-298.

我国短季棉50年早熟性育种成效研究与评价

喻树迅
（中国农业科学院棉花研究所/农业部棉花遗传改良重点开放实验室，安阳 455000）

摘要：通过第一次收花率、生育期、营养生长期与生殖生长期比较等性状总结了中国短季棉早熟性育种的成效。对不同年代短季棉品种的基因型值分析表明，短季棉生育期缩短9～14 d，本试验不同年代品种平均缩短2.5d。通过对早熟性多个性状的对比，分析了辽棉系列短季棉与中棉所系列短季棉的不同育种策略。

关键词：短季棉；育种成效；早熟性

中国种植短季棉从1919年开始从美国引进金字棉做试验，由于金字棉早熟性好、结铃性强，经过多年驯化成为中国短季棉育种的“早熟源”[1-2]。

中国早熟棉区可分为北方特早熟棉区、黄河流域夏播棉区、长江流域麦后直播棉区，以不同年代品种生育期、铃重、衣分、绒长、断长等9个指标比较表明，除黄河流域夏播棉生态区外，其他3个生态区生育期缩短9～14d。

1 材料与方法

选择不同年代、不同生态区的24个短季棉代表品种。考查性状及数据分析见文献[2]。

2 结果与分析

2.1 不同年代品种的早熟性状

棉花早熟性对短季棉育种是重要性状。早熟性涉及许多相关性状，研究分析难度较大。为便于对不同年代早熟性状的成效比较，主要选择了几个主要生育期性状和早熟性最佳表达性状即第一次收花率、生育期、始蕾期、始花期、始絮期等。为了分析准确性和代表性强，依然将不同年代品种平均值进行比较分析[3-15]。

2.1.1 不同年代棉花品种第一次收花率比较

从不同年代品种第一次收花率总均值看出，自20世纪50年代（本篇年代均为20世纪）起至70年代显著上升，至80年代稳定略升，80至90年代则略降（图1）。总体来看，20世纪50年代至80年代第一次收花率一直上升，90年代第一次收花下降，并非出

原载于：《棉花学报》，2005，17（5）：294-298

于晚熟原因，而是早熟育种策略不同。20 世纪 90 年代为了结合高产、优质，对营养生长期适当延长，累积更多光合产物，提高总产量而使第一次收花有所下降。安阳市、运城市两个生态区表现出相同趋势，运城市试点 60 年代品种第一次收花率显著低于 50 年代，其他年代品种表现与总均值一致。这种现象可能是由于 60 年代品种对当地气候敏感。

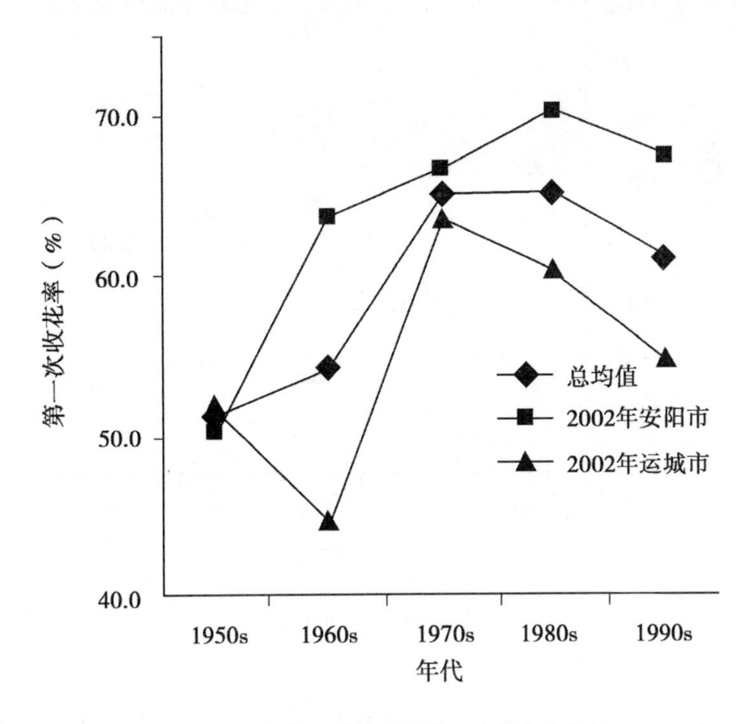

图 1　不同年代短季棉品种第一次收花率比较

2.1.2　不同年代品种生育期比较

生育期是棉花品种播种出苗到 50% 棉株吐絮的天数，全生育期指棉花出苗到棉花拔杆全过程。全生育期随棉农耕种下茬而定，不易掌握，故科研中一般用生育期代表棉花生长天数。从图 2 可看出，生育期总均值和安阳市、运城市两生态区生育期均由高向低减少，运城市气候条件下，各年代品种生育期明显缩短，一般比安阳市短 9 ~ 15d。安阳市试点 50 年代品种生育期比 90 年代长 5.1d，总均值长 2.5d，运城市试点长 3d。说明短季棉育种从缩短生育期方面成效十分显著。从各生态区品种统计资料分析生育期要缩短 9 ~ 14d，与本试验育种结果一致。但统计资料来源于各年代的生态条件和单个品种比较与本试验不同年代品种同一条件下种植相比较存在着不可克服的误差，只能作为参考。但两种结果均可看出短季棉品种生育期缩短成效显著，也使黄河流域从一熟春棉转变为麦棉两熟的耕作制度。

2.1.3　不同年代品种营养生长期比较分析

棉花生长过程包括营养生长和生殖生长，短季棉的营养生长短，进入生殖生长快。从图 3 看出，总均值和安阳、运城两生态区营养生长 60 年代比 50 年代显著缩短，至 80 年

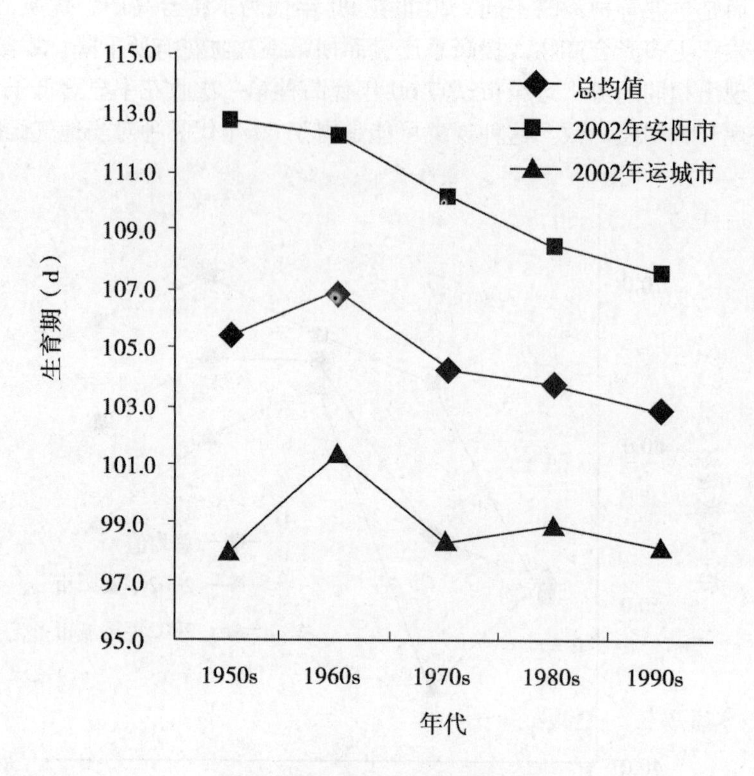

图2　不同年代品种生育期比较

代20年间变化不大，但到90年代又恢复到50年代水平，与各年代育种目标、采用技术路线不同有关。50～60年代中国育种均为系统选择，较重视始蕾期选择，而进入始蕾期即进入生殖生长，这样在人为选择下有效缩短了营养生长。60～80年代逐步从系统育种转向杂交育种，从选择个体到选择亲本和后代一直维持该水平。90年代进行生化遗传育种，选择早熟不早衰、青枝绿叶吐白絮类型，重视吐絮集中这一性状，并强调两个时期有效协调。如营养生长太短过早进入生殖生长则增产潜力太小，两个时期协调发展才能既早熟又高产。90年代品种比50年代生育期缩短，产量反而大幅度提高，这与营养生长适当延长有利于营养积累搭好丰产架子有重要的关系。60年代品种大部分早熟早衰其原因就是进入生殖生长过快。

2.1.4　不同年代品种生殖生长期比较分析

图4比较结果显示，50年代品种生殖生长期长，而后逐步缩短，90年代生殖生长期最短。但90年代品种营养生长期比70年代、80年代长，说明90年代品种生育期短主要是生殖生长期缩短，而前期营养生产适当延长，有利于前期光合产物积累，而克服早熟早衰、产量低、品质差的缺陷。铃期也是生殖生长一个重要方面，铃期有利于优质棉形成。从图5看出，60年代品种铃期最长，90年代品种铃期较短。这说明60年代品种的纤维长度、强度大幅度提高和90年代品质略下降均与铃期长短有一定相关。

图6是生殖生长期与营养生长期的比值，衡量两个时期对生育期贡献，比值小说明营

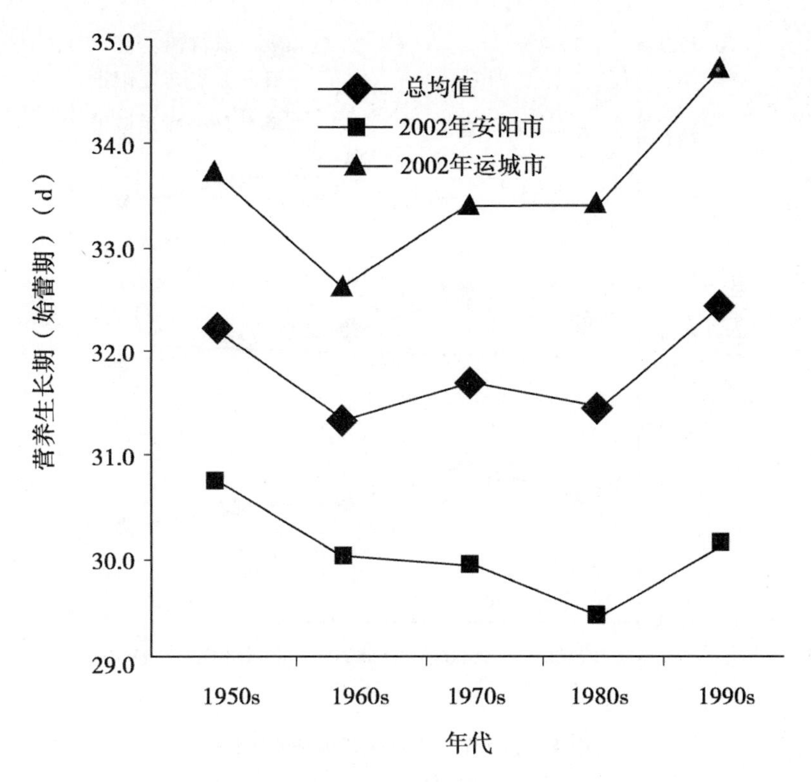

图3　不同年代品种营养生长期比较

养生长期长，反之短。从总均值和两个生态区比值趋势表现一致为逐步缩小，60 年代最大，90 年代最小。说明前 3 个年代的营养生长期过短，使棉花没有充足的营养积累，进入生殖生长期后易造成未老先衰。也说明，50 年代品种普遍晚熟，60 年代、70 年代、80 年代品种普遍早熟早衰，而 90 年代品种早熟不早衰，青枝绿叶吐白絮，也是表现早熟、优质、高产、多抗的实质原因。

生育期是短季棉育种中极其重要的早熟性状。生育期与产量为负相关。而生育期全过程中营养生长、生殖生长、铃期长短与产量、纤维品质关系极大。因此，缩短生育期、提高早熟性是一个复杂的综合调整过程，与当时科学技术进步形成的育种技术、遗传理论以及社会发展对棉花生产要求均有关系。50 年代主要引进国外早熟品种，60 年代采用系统选择为主要手段，70 年代采用杂交，80 年代采用复交、多父本混交、辐射，90 年代采用生物技术、生化遗传育种、航天空间育种等先进技术，不同手段、不同技术路线其品种水平差异甚大。60 年代采用系统育种主要缩短生育期，以适应北方植棉最北缘的气候特征，因而对营养生长施加较强的人工选择压力使营养生长快速缩短，铃期较长，所培育品种生育期明显缩短，纤维品质显著提高，产量与 50 年代相当。70 年代、80 年代随着黄河流域麦棉两熟耕作制度形成将早熟作为第一目标，营养生长期缩短，因而这一时期代表品种中棉所 10 号、辽棉 9 号均为早熟早衰类型。90 年代采用生化育种，使营养生长期适当延长，总生育期缩短，但棉株早熟不早衰，在 10 月下旬依然青枝绿叶吐白絮，充分利用后期光热和时空。这一时期的品种早熟、高产、优质、多抗[15]。

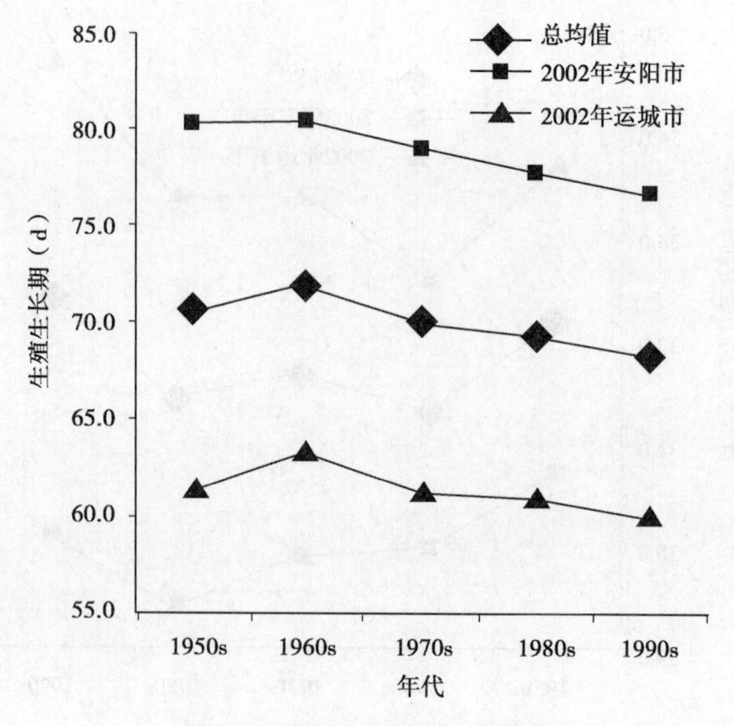

图4　不同年代品种生殖生长期比较

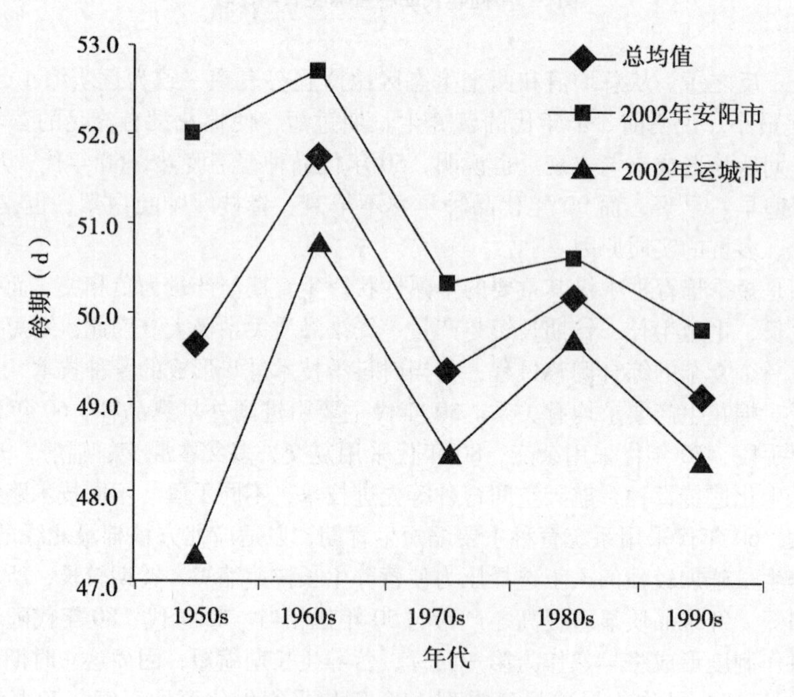

图5　不同年代品种铃期比较

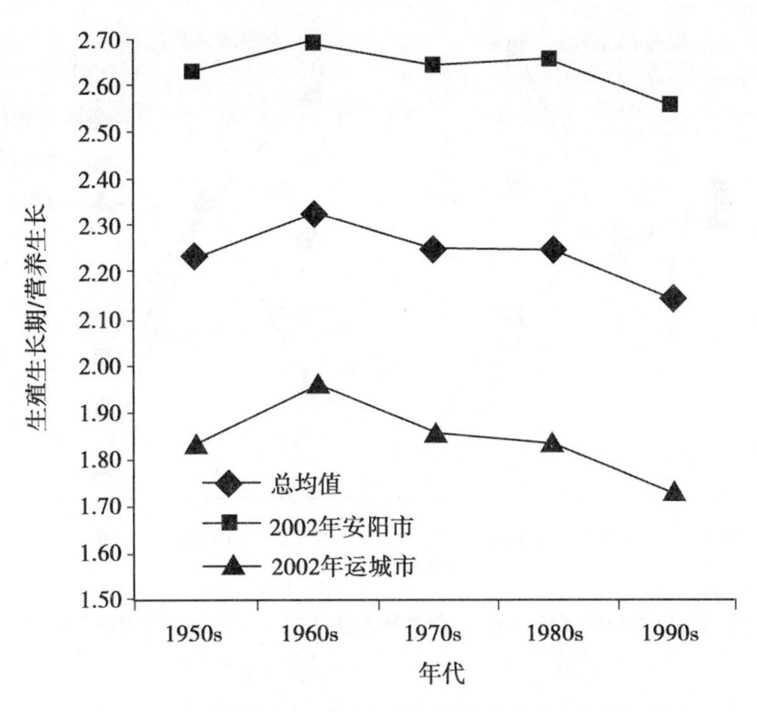

图6　不同年代品种生殖生长期与营养生长期的比值比较

2.2　不同年代辽棉、中棉所系列品种早熟性育种成效比较

2.2.1　不同年代辽棉、中棉所系列的第一次收花率（%）比较分析

第一次收花率是衡量短季棉早熟性状的直观指标，同时也与早衰有一定联系。第一次收花量说明品种早熟性好，同时也说明增产潜力较差和伴随一定早衰。作为早熟又不早衰的标准要另行研究。在不早衰的前提条件下，第一次收花率越大越早熟。从图7看辽棉系列品种第一次收花率70年代最低，80年代最高。中棉所系列70年代、80年代的品种与辽棉系列在同一水平。90年代显著降低，但从生育期看中棉所系列品种90年代生育期比80年代辽棉和中棉长0.7～0.8d，说明后续潜力大。中棉所24、中棉所27、中棉所36三个品种均为早熟不早衰和青枝绿叶吐白絮类型，皮棉产量与春棉相当，大大高于辽棉、中棉所系列70年代、80年代短季棉品种的产量。由此看出中棉所系列品种第一次收花量少，主要由于不早衰缘故，也是中棉所为解决短季棉育种中早熟早衰正相关所采用生化遗传育种方法取得成效的表现。

2.2.2　不同年代辽棉、中棉所系列品种生育期比较分析

从图8总均值生育期看，辽棉系列品种生育期逐步降低，中棉所系列80年代品种比70年代降低较快，至90年代生育期又长0.8d。在安阳市、运城市两生态区表现趋势与总均值较一致，说明短季棉育种生育期的成效较大。

不同年代两个系列品种营养生长比较，辽棉系列品种总均值60年代品种营养生长期短，80年代、90年代长1.4d，中棉所品种总体比辽棉系列品种营养生长期长，80年代与辽棉系列品种等同。90年代比80年代两个系列长1.7d，这与中棉所90年代开展生化育

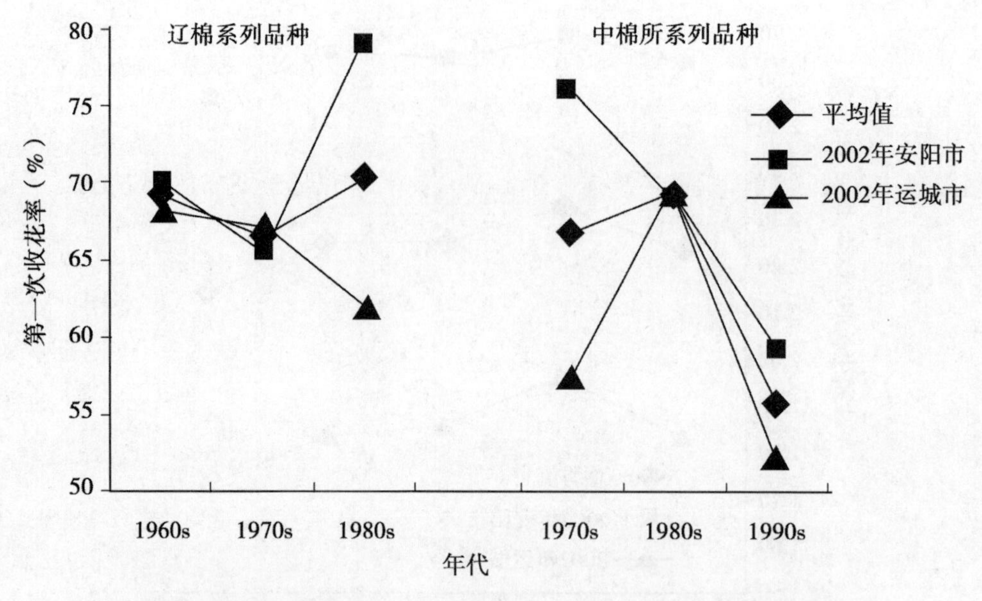

图7　不同年代辽棉（左）、中棉所系列（右）品种第一次收花率比较

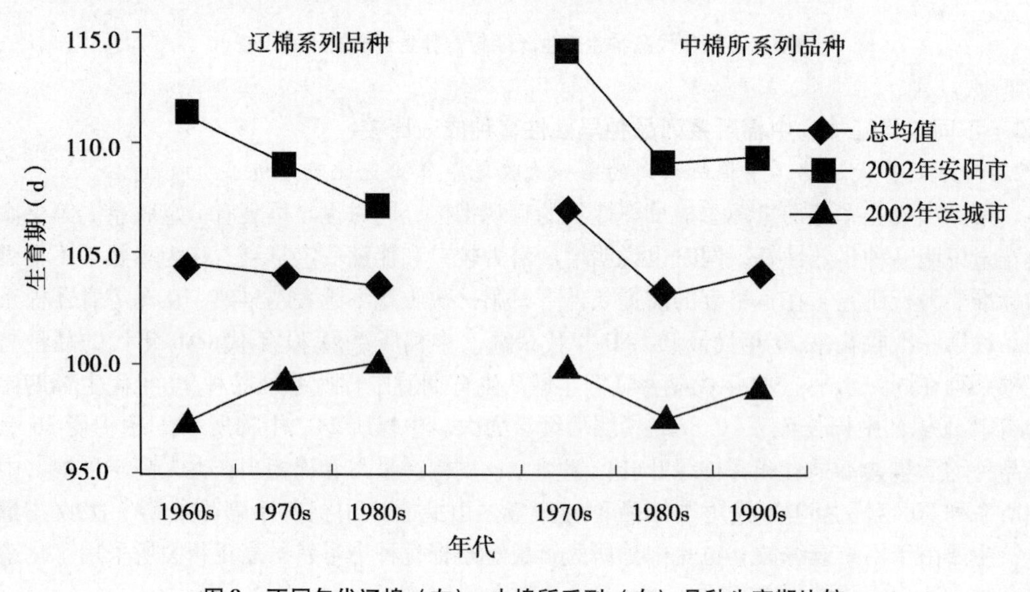

图8　不同年代辽棉（左）、中棉所系列（右）品种生育期比较

种有关。其生态区结果与总均值趋势一致。

图9中两个系列品种生殖生长与营养生长比值，中棉所系列均小于辽棉系列，说明中棉所系列品种营养生长期略长于辽棉系列品种，有利于营养积累，搭起丰产架子，避免早熟早衰。

由此，辽棉系列以缩短前期营养生长降低生育期对增产潜力有影响。但其延长铃期生长有利于形成大铃和提高纤维品质。两种技术路线各有所长、互为借鉴、取长补短。

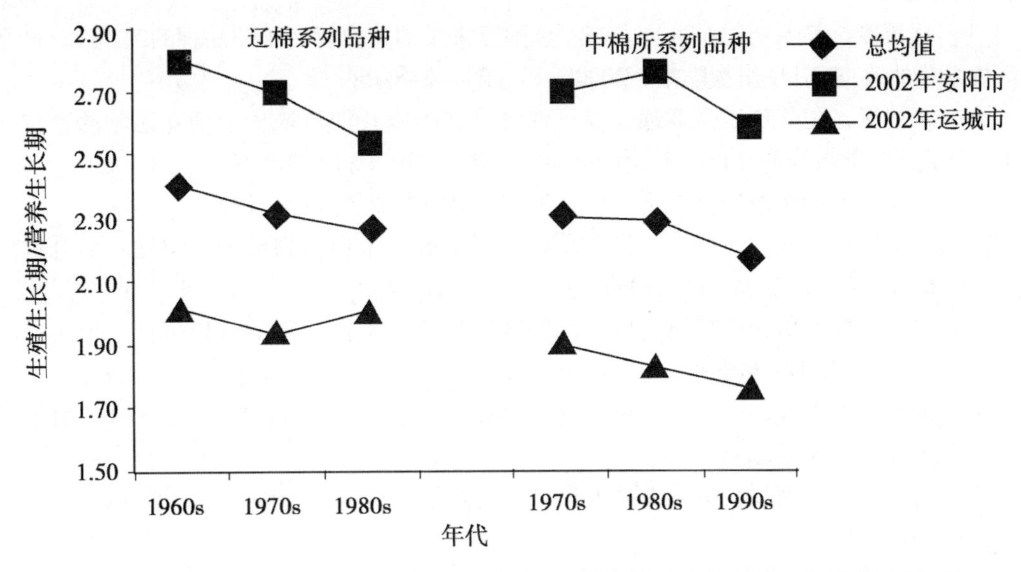

图9 不同年代辽棉（左）、中棉所系列（右）品种生殖生长期与营养生长期比值比较

3 小结与讨论

因内外大多数对春棉不同年代品种评价采用区试资料进行评价。孔繁玲等[3]、张德贵等[4]采用不同时代区试对照品种一起试验评价，比前人可靠性强，但单个品种不能代表同一时代多个品种。本试验采用每10年为一组，将同时10年大面积主推品种进行多年多点试验，并采用同一年代品种总平均值计算基因型值比较分析较为科学可靠，对短季棉品种成效评价未见国内外报道。本试验对早熟性因素进行评价，结果为：①根据不同年代品种资料分析，短季棉生育期缩短9～14d，本试验不同年代品种平均值缩短2.5d，生育期缩短也分前期营养生长期缩短和后期生殖生长缩短两种技术路线。②育种技术从50年代系统选育到杂交、复交、多复本混交、辐射育种、空间技术育种、生物技术育种对品种提高取得了非常重要的作用，特别是采用生化遗传育种解决短季棉早熟早衰，选育早熟不早衰、青枝绿叶吐白絮的早熟、优质、多抗短季棉品种行之有效。③中棉所系列品种和辽棉系列品种育种技术路线不同，辽棉以缩短棉花前期营养生长，提高早熟性，以延长铃期，增加铃重，提高产量和纤维品质。中棉所系列至90年代发展较成熟的生化遗传育种技术，在缩短生育期的前提下，适当延长前期营养生长期，增加光合产物积累，延缓棉株早衰，增加后期光合作用；靠大幅度提高衣分，增加皮棉产量；靠缩短生殖生长期等提高早熟性；靠提高SOD酶等抗氧化酶系统，提高抗性和延缓衰老，达到各性状综合协调提高。

参考文献

[1] 周盛汉．中国棉花品种系谱图［M］．成都：四川科学技术出版社，2000.
[2] 喻树迅．中国短季棉50年产量育种成效研究与评价［J］．棉花学报，2005，17

（4）：232-239.

［3］孔繁玲，姜保功，张群远，等．建国以来中国黄淮棉区棉花品种的改良Ⅰ．产量及产量组分的改良［J］. 作物学报，2000，26（2）：148-156.

［4］张德贵，孔繁玲，张群远，等．建国以来中国长江流域棉区棉花品种的遗传改良Ⅰ．产量及产量组分的改良［J］. 作物学报，2003，29（2）：208-215.

［5］朱军．遗传模型分析方法［M］. 北京：中国农业出版社，1997.

［6］朱军，赖鸣岗，许馥华．作物品种区域试验非平衡资料的分析方法：综合性状的分析［J］. 浙江农业大学学报，1993，19（3）：241-247.

［7］朱军，许馥华，赖鸣岗．作物品种区域试验非平衡资料的分析方法：单一性状的分析［J］. 浙江农业大学学报，1993，19（1）：7-13.

［8］朱军，季道藩，许馥华．作物品种间杂种优势遗传分析的新方法［J］. 遗传学报，1993，20（3）：262-271.

［9］喻树迅，黄祯茂．短季棉品种早熟性构成因素的遗传分析［J］. 中国农业科学，1990，23（6）：48-54.

［10］喻树迅，黄祯茂．短季棉在中国农业生产中的地位［J］. 中国棉花，1991，18（3）：7-8.

［11］喻树迅，黄祯茂．中国短季棉生产现状与发展前景［J］. 中国棉花，1989，16（2）：6-8.

［12］喻树迅，袁有禄．数量性状遗传研究的新进展［J］. 棉花学报，2002，14（3）：180-184.

［13］喻树迅，张存信．中国短季棉概论［M］. 北京：中国农业出版社，2003. 1-93.

［14］喻树迅．中国短季棉生产现状与发展前景［J］. 中国棉花，1989，16（2）：6-8.

［15］喻树迅，黄祯茂，姜瑞云，等．短季棉种子叶荧光动力学及SOD酶活性的研究［J］. 中国农业科学，1993，26（3）：14-20.

短季棉早熟不早衰生化辅助育种技术研究

喻树迅，宋美珍，范术丽，原日红
（中国农业科学院棉花研究所/农业部遗传改良重点实验室，安阳 455000）

摘要：为解决棉花育种中普遍存在的早熟早衰问题，研究了与短季棉早熟不早衰有关的抗氧化系统酶包括超氧化物歧化酶（SOD）、过氧化物酶（POD）和过氧化氢酶（CAT），氧化产物之一丙二醛性（MDA），以及生长素（IAA）和脱落酸（ABA）在不同类型短季棉品种中不同生长发育时期的变化规律和遗传特性。CAT活性、叶绿素含量存在明显的母体效应；SOD活性、可溶性蛋白含量、IAA和MDA含量存在显著的显性效应；POD活性、ABA含量存在显著的加性效应。根据不同种类生化物质的变化及其遗传规律，建立了生化辅助育种技术体系，确定了早熟不早衰品种生化物质的相对选择标准——选择范围、选择酶活量和选择时间；应用该技术成功培育出早熟不早衰的短季棉中棉所20、中棉所24、中棉所27和中棉所36等品种。

关键词：短季棉；早熟不早衰；生化物质；辅助育种

棉花是中国重要的经济作物，在国民经济和社会发展中占有重要地位。中国是棉花生产、原棉和纺织品出口大国，棉花生产和产业化状况关系到中国2亿农民的经济收入，关系到1 300万纺织工人的就业。因此，发展棉花生产具有重要的现实意义。但是中国的基本国情是人多地少，粮棉争地矛盾非常突出。由于传统植棉方式是一年一熟制，复种指数低，限制了棉花生产的发展；因此，在生产上迫切需要适合两熟或多熟种植的早熟、丰产、优质棉花新品种。

植物在整个生长发育过程中受到种种不良环境的影响，如水分胁迫、干旱[1-2]、高温、辐射、盐渍[3-5]、病原菌侵染[6-8]和养分供应不平衡[9]等，这些非生理和生理胁迫均能导致细胞产生大量的活性氧，包括过氧化氢（H_2O_2）、羟自由基（·OH）、单线态氧（$^1O_2$）、超氧物阴离子自由基（O_2^-·）、氧烷基（RO·）、过氧基（ROO·）、氧化氮等，同时细胞代谢也产生活性氧自由基。活性氧过多造成棉株代谢平衡破坏，致使棉株早衰[10-11]。早衰严重影响棉株的抗性、产量和品质。因此，研究棉花的早熟与早衰有非常重要的意义。

然而，早熟与早衰存在遗传正相关，与丰产、优质、抗性存在遗传负相关[11-13]，用

原载于：《中国农业科学》，2005，38（4）：664-670

常规育种方法很难打破这种相关关系。因此，笔者采用以抗氧化系统酶[14-15]（超氧化物歧化酶（SOD）[16-18]、过氧化物酶（POD）和过氧化氢酶（CAT）等）活性和激素（生长素（IAA）和脱落酸（ABA））含量为指标的生化遗传辅助育种技术，从亲本到后代逐代进行选择，尝试选育早熟不早衰、青枝绿叶吐白絮的短季棉棉花新品种。选育出的中棉所24、中棉所27和中棉所36等[11-13]系列品种较好地缓解了棉花早熟与早衰的遗传正相关，将早熟、优质、高产、多抗结合于一体，解决了新疆棉区由于气温造成纤维强力下降，黄淮棉区麦棉争地而低产、质差等问题。该系列品种的育成，为稳定新疆风险棉区棉花生产提供有利保证，为协调发展黄淮棉区麦棉两熟和长江棉区麦棉（菜、豆）多熟制奠定基础。

1 材料与方法

1.1 试验材料

试验材料来自育种家种子，品系为育种家进行多年自交保存下来的高代材料，为确保该品种或品系纯度，杂交前自交二代。选用两种类型短季棉品种（系）10个，其中早衰类型品种或品系（A类）5个：中棉所10号（A1）、中450407（A2）、中652585（A3）、中619（A4）和豫早28（A5）；早熟不早衰品种或品系（B类）5个：辽4086（B1）、中925383（B2）、中061723（B3）、中961662（B4）和豫1201（B5）；配成5个早熟不早衰×早衰正交组合（BnAn）和5个早衰×早熟不早衰反交组合（AnBn），其杂交一代、二代分别表示为：$BnAnF_1$、$AnBnF_1$、$BnAnF_2$、$AnBnF_2$（n=1、2、3、4、5）。2000年进行杂交，获得F_1代种子，F_1代种子取一部分冬季南繁自交加代，获得F_2代种子；2001年于中国农业科学院棉花研究所（黄河流域棉区、河南省安阳市）进行田间比较试验，亲本材料和F_1代种3行，F_2代种5行，行长8.5m，行距0.7m，重复3次，密度每公顷82 500株，随机区组排列；2002年重复2001年田间试验，两年播种期均为5月21日，试验田管理按常规管理进行，打顶时间两年均在7月25日左右。

1.2 生理生化测定

1.2.1 取样

初花期和花铃期进行取样，打顶前取棉株倒4叶（因棉花顶端优势较强，倒4叶片的光合作用功能最强，能代表整个棉株的生长状况），打顶后取倒1或倒2叶，分2种样品测定，一是测定混合样品，每个材料选取20片叶子剪掉叶脉剩余混合称样，测定不同时期的抗氧化系统酶活（CAT、POD、SOD）和丙二醛（MDA）含量，每个样品重复2次；二是选取有代表类型组合3个，在初花期分单株进行测定，亲本材料、杂交一代选取30株、杂交二代选取100株分单株测定棉株体内与棉花早熟性有关的生化物质含量［丙二醛（MDA），可溶性蛋白含量，叶绿素a、b、a+b、a/b含量，IAA和ABA含量］及抗氧化系统（CAT、POD、SOD）的活性和比活性（活性与可溶性蛋白含量的百分比）。

1.2.2 CAT活性测定

紫外分光光度计比色，以OD240每分钟减少0.01为1个酶活性单位。

1.2.3 POD活性

采用愈疮木酚法测定[19]，以OD470每分钟增加0.1为1个单位。

1.2.4 SOD 活性

采用氮蓝四唑（NBT）光下还原法测定[20]。

1.2.5 丙二醛（MDA）含量

用硫代巴比妥酸方法测定。

1.2.6 叶绿素含量

用100% 乙醇和丙酮1∶1混合提取法，分别测定在645nm 和663nm 处的吸光值，按公式计算得到。

1.2.7 可溶性蛋白含量

采用考马斯亮蓝 G250 测定方法[21]。

1.2.8 IAA 和 ABA 含量

用酶取免疫测定法[22]测定。

1.3 数据分析

试验数据采用朱军的遗传模型分析方法[23-25]。利用双列杂交和杂种优势的遗传分析软件和发育数量性状的遗传分析软件，采用 ADAA（ADE）模型进行加性—显性—上位效应分析，总遗传方差可以分解为 $v_G = v_A + v_D + v_{AA} + v_{DD} + v_{AD}$；采用 ADM 模型进行加性—显性—母体效应分析，总遗传方差可以分解为 $v_G = v_A + v_D + v_M + v_P$（父本）；$v_A$ 为加性遗传方差分量，v_D 为显性遗传方差分量，v_{AA}为加性×加性的上位性遗传方差分量，v_{DD}为显性×显性的上位性遗传方差分量，v_{AD}为加性×显性的上位性互作遗传方差分量，v_P 为表现型方差，v_e 为机误。采用 MINQUE（1）法（最小范数二阶无偏估算法，minimum norm quadratic unbiased estimation method）估算各项方差分量及其对表现型方差的百分比，用 LUP（linear unbiased prediction）法预测各性状的基因效应值，用 Jackknife 的方法，计算各项遗传参数的预测值及其标准误，并用 T 测验对遗传参数作统计学的显著性检验。

2 结果与分析

2.1 与短季棉早熟不早衰有关生化物质的变化规律

CAT 活性（图1）：2 种类型的品种变化趋势一致，都是由初花期测定开始已出现差异，早熟不早衰品种（B）较早衰品种（A）增加 504.0U/g FW，经 T 测验 t 值为 4.930 大于 $t_{0.01}$4.032，达到极显著水平。随着棉株的生长，CAT 活性逐渐增高，至盛花期（7月25日）达最高，早熟不早衰品种较早衰品种增加 1 744.3U/g FW，T 测验 t 值 4.169 大于 $t_{0.01}$4.032，达极显著水平。之后，两种类型的品种酶活性一直维持较高水平，至吐絮期以后，活性降到最初水平，但早熟不早衰品种的仍显著高于早衰品种（t 值分别为 3.676 和 2.804，大于 $t_{0.05}$2.571），说明 CAT 活性的整个变化过程与棉株的生长发育规律相一致。

SOD 活性：在7月11日~9月6日（播种后51~108d）期间内，两类型品种的 SOD 活性与 CAT 活性变化趋势相同，SOD 活性也以盛花期达最高，所不同的是，两类型品种的差异未在盛花期达最大，而是出现在吐絮期，早熟不早衰品种较早衰品种的酶活性增加 34.6U/gFW，经 T 测验，在7月25日、9月1日和9月6日早熟不早衰品种 SOD 活性显著或极显著高于早衰品种（表1）。

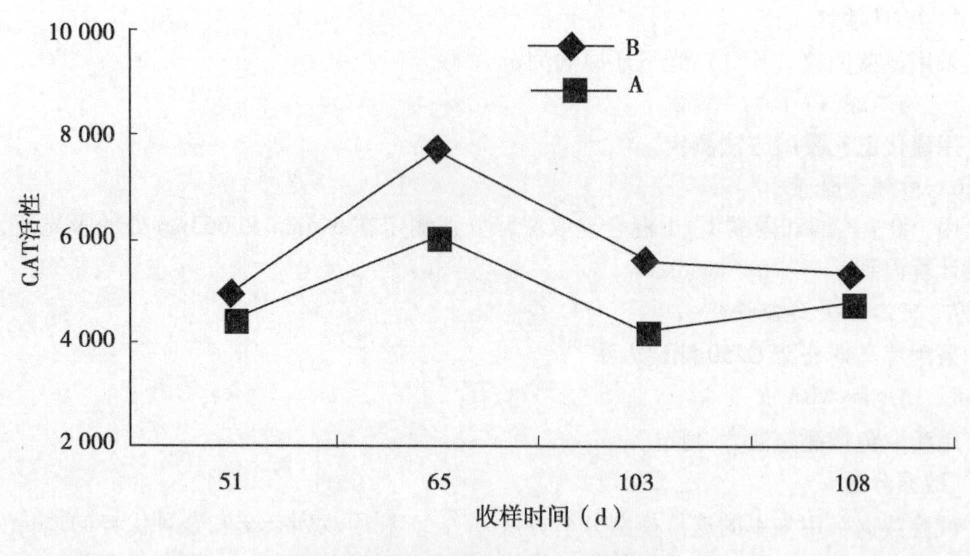

图1　两种类型亲本 CAT 活性的变化

表1　亲本材料的 SOD 酶和 POD 酶活性的变化　　单位：U/gFW

类　型	品　种	SOD 酶活				POD 酶活	
		7-11	7-25	9-1	9-6	9-1	9-6
早熟不早	B1	378. 8	1 114. 3	657. 5	639. 9	682. 6	894. 3
衰品种	B2	373. 9	1 131. 3	685. 8	673. 2	630. 3	1 295. 0
（B）	B3	360. 1	1 142. 7	629. 2	702. 8	673. 2	715. 0
	B4	370. 5	1 113. 1	691. 4	659. 5	376. 7	583. 9
	B5	345. 3	1 023. 7	623. 8	712. 5	489. 1	610. 3
	平均值	365. 7 ± 13. 3	1 105. 0 ± 47. 1	657. 5 ± 31. 1	677. 5 ± 30. 1	570. 4 ± 33. 1	819. 8 ± 40. 8
早衰品种	A1	374. 7	1 094. 3	636. 2	621. 1	392. 4	472. 9
（A）	A2	366. 0	1 115. 6	647. 5	635. 3	413. 0	602. 5
	A3	356. 1	1 138. 0	612. 8	690. 6	589. 9	701. 1
	A4	365. 0	1 090. 0	664. 2	611. 6	350. 8	508. 1
	A5	322. 7	1 016. 4	603. 7	701. 4	455. 6	574. 5
	平均值	356. 9 ± 20. 2	1 090 ± 45. 8	632 ± 24. 8	652. 0 ± 41. 2	440. 3 ± 23. 1	571. 8 ± 30. 2
T 检测	*t* 值	2. 508	3. 982*	6. 445**	3. 459*	2. 466	1. 855

df = 4，$t_{0.05}$ = 2. 571，$t_{0.01}$ = 4. 032

注：＊和＊＊分别代表在 10%、5% 和 1% 水平上差异显著。下同

POD 活性：9 月 1 日和 6 日（播种后 102d 和 108d）测定，早熟不早衰品种的酶活性分别较早衰品种的增加 130. 1U/gFW 和 148. 0U/gFW，POD 活性与 CAT 和 SOD 的活性不

同，其在棉株体内前期活性较低，以后逐渐增高，至吐絮期达到高峰（表1）。经T测验，早熟不早衰品种的POD活性与早衰品种的差异未达显著水平。

丙二醛（MDA）含量：MDA含量变化与CAT和SOD活性变化趋势一致，最高峰也出现在盛花期，但不同的是早衰品种的MDA含量都高于早熟不早衰品种，两者差别最大时期出现在吐絮期，早衰品种较早熟不早衰品种增加0.011 9μmol/gFW（表2）。经T测验，4个测定时期早熟不早衰品种MDA含量显著低于早衰品种。由此说明早熟不早衰的抗衰老能力明显高于早衰品种，也就是说早衰品种在棉株生长前期已经蕴涵着衰老。

总之，早熟不早衰品种的CAT、SOD和POD活性明显高于早衰品种，其MDA含量明显低于早衰品种。CAT和SOD的活性变化规律与棉株的生长发育规律一致，即棉株在盛花期至花铃期为生长发育高峰期，两种类型品种的酶活性在这一时段内较高，至9月份吐絮期以后，棉株趋向衰老时活性降低；POD不同，其活性在棉株生长后期达到最高。

表2　两种类型品种丙二醛（MDA）含量的变化　　单位：μmol/gFW

类型	品种	7-11	7-25	9-1	9-6
早熟不早衰品种（B）	B1	0.082 2	0.125 4	0.108 3	0.100 6
	B2	0.079 5	0.131 2	0.101 2	0.115 8
	B3	0.084 8	0.124 1	0.113 4	0.106 1
	B4	0.089 2	0.125 4	0.112 8	0.120 9
	B5	0.088 9	0.138 2	0.110 7	0.110 0
	平均值	0.084 9 ±0.004 2	0.128 9 ±0.005 9	0.109 3 ±0.004 9	0.110 7 ±0.008 0
早衰品种（A）	A1	0.088 8	0.136 3	0.115 7	0.118 9
	A2	0.080 9	0.133 8	0.120 4	0.124 4
	A3	0.090 3	0.137 3	0.132 1	0.122 1
	A4	0.098 5	0.131 1	0.117 9	0.122 5
	A5	0.104 9	0.158 2	0.120 2	0.116 7
	平均值	0.092 7 ±0.009 3	0.139 3 ±0.006 4	0.121 3 ±0.006 4	0.120 9 ±0.003 1
T检测	*t*值	−2.947	−3.463*	−3.584*	−3.340*

2.2　生化物质的遗传规律

由朱军ADM模型和ADE模型估算结果，由表3可看出，抗氧化系统酶（CAT、POD、SOD）及MDA、ABA、IAA及叶绿素含量都存在不同程度的胞质母体效应、加性效应、显性效应和上位性效应。其中CAT、POD、SOD酶活性，ABA和MDA含量母体效应达显著或极显著水平；SOD活性、IAA含量和叶绿素含量以显性效应为主；POD活性、ABA含量以加性效应为主；CAT、POD、SOD酶活性及MDA和叶绿素含量都存在上位性效应。说明CAT酶活、POD酶活、SOD酶活、ABA含量和MDA含量受母体效应影响较大，SOD酶活、IAA和叶绿素含量主要以显性效应遗传，受环境影响较大；POD酶活、

ABA 含量以加性效应遗传，受环境影响较小，在后代能稳定遗传，可以作为早熟不早衰材料选择的生化指标，从而为品种选配和单株选择提供生化遗传理论依据。

通过对遗传率测定表明（图2），POD 酶活、ABA 含量、IAA 含量和叶绿素含量狭义遗传率（HN）较高，达极显著水平，其中，以 POD 酶活最大，为 52.96%，其次为 ABA 含量，为 51.67%，其后代可稳定遗传；POD 酶活、SOD 酶活、IAA 和 ABA、广义遗传率较大（HB），达极显著水平，其中，以 POD 酶活最大，为 78.89%，其次为 IAA 含量，为 78.15%。因此，选育早熟不早衰后代材料，可对 POD 酶活、ABA 含量、IAA 含量和叶绿素含量等生化性状进行早代选择。

表3　短季棉早熟不早衰的生化性状遗传方差分量对表型方差的比率

性　状	估计值			
	加性效应	显性效应	母体效应	上位性效应
	VA/VP	VD/VP	VM/VP	VAA/VP
CAT（unit/gFW）（ADM）	14.49	15.69	21.09*	
CAT（unit/gFW）（ADM）	0	31.36 +		37.76 +
POD（unit/gFW）（ADM）	52.96*	25.93 +	12.17*	
POD（unit/gFW）（ADM）	50.43*	0		35.19*
SOD（unit/gFW）（ADM）	0	60.76 +	19.11*	
SOD（unit/gFW）（ADE）	0	53.8 +		28.8 +
ABA（ng/mgFW）（ADM）	51.67**	15.83**	11.61**	
ABA（ng/mgFW）（ADE）	54.11**	28.81**		0
IAA（ng/mgFW）（ADM）	26.22**	51.93	17.64	
IAA（ng/mgFW）（ADE）	26.77**	65.33**		0
MDA（μmol/mgFW）（ADM）	0	21.24	13.75 +	
MDA（μmol/mgFW）（ADE）	0	0		42.3 +
Chla + b（mg/gFW）（ADM）	16.63	2.31	28.15	
Cha + b（mg/gFW）（ADE）	0	66.86**		8.83 +

2.3　生化物质之间的相关关系

由此 ADM 模型测定结果（表4），CAT 酶活与 SOD 酶活、IAA 含量呈遗传、表型正相关，与 POD 酶活、MDA 含量和叶绿素含量呈遗传、表型负相关，说明 CAT 与 SOD、IAA 协同作用；POD 酶活与 SOD 酶活、MDA 含量和叶绿素含量呈遗传、表型正相关，与 IAA 含量、ABA 含量呈遗传、表型负相关，说明 POD 酶与 SOD 酶协同作用；SOD 酶活与 MDA、IAA 和叶绿素含量呈遗传、表型正相关，与 ABA 含量呈遗传、表型负相关，说明 SOD 在棉株体内对防止棉株早衰方面起着关键作用；ABA 含量与所测定生化标记物质都呈遗传、表型负相关，说明 ABA 在调节棉株衰老方面起关键作用。因此，根据短季棉生

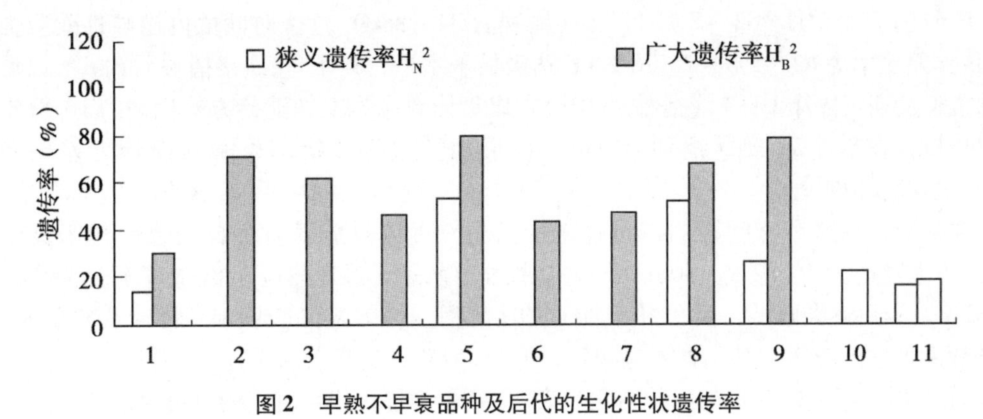

图 2 早熟不早衰品种及后代的生化性状遗传率

1. CAT（unit/gFW）；2. CAT 比活 CAT specific activity；3. SOD（unit/gFW）；
4. SOD 比活 SOD specific activity；5. POD（unit/gFW）；6. POD specific activity；
7. 可溶性蛋白 Soluble protein；8. ABA（ng/mgFW）；9. IAA（ng/mgFW）；
10. MDA（μmol/mgFW）；11. Chla + b（mg/gFW）

化物质的遗传相关关系，在亲本选配和杂种后代的低代和高代进行综合判断，以选育早熟不早衰的短季棉新品种。

表 4 早熟不早衰有关的生化性状表现型好遗传关系数估计值

性 状	CAT	POD	SOD	MDA	IAA	ABA	Chla + b
CAT		-0.316	0.227	-.0100	0.453	-0.100	-0.299
POD	-0.310		0.024	0.207	-0.159	-0.139	0.392
SOD	0.189	0.082		0.150	0.106	-0.228	0.074
MDA	-0.570	0.404	0.496		0.141	-0.536 +	-0.341
IAA	0.514	-0.158	0.132**	0.266		-0.413**	-0.159
ABA	0.039	-0.212	-0.383	-1.000 +	0.445**		-0.485
Chla + b	-0.653*	0.705 +	0.227	-0.583	-0.208	-0.807	

注：加性—显性—母体效应（ADM）模型，下三角为遗传相关关系，上三角为表现型相关关系

2.4 短季棉早熟不早衰生化辅助育种技术

2.4.1 生化物质的最佳选择时期

由 ADM 模型分析，在 8 月 3 日 ~9 月 3 日（播种后 74 ~ 105d）花铃期时间段内，不同酶的活性表达量不同，应根据该酶表达量较大、且能稳定遗传给后代的时期，来确定选择时机。

CAT 酶活母体效应在 8 月 3 日 ~9 月 3 日都很明显（遗传方差比率为 4.13% ~ 42.63%），达极显著水平，并随着棉株的生长发育，显性效应逐渐增加，至 8 月 24 日（播种后 95d）以后最大（遗传方差比率为 61.73%），达极显著水平，而加性效应较小，至 9 月 3 日（播种后 105d）才测到加性效应（遗传方差比率为 27.41%）。

POD 酶活在 8 月 3 日 ~8 月 17 日（播种后 74 ~88d）这个时间段内以显性效应为主（遗传方差比率为 62.81% ~72.70%），达极显著水平，8 月 17 日（播种后 88d）以后即棉株生长后期（9 月 3 日）（播种后 105d）以母体效应为主（遗传方差比率为 16.81% ~45.44%），在 8 月 24 日（播种后 95d）以后加性效应才检测出来（遗传方差比率为 43.03% ~27.30%）。

SOD 酶活在这个时间段内以母体效应为主，母体效应随着棉株的衰老越来越明显（遗传方差比率为 16.82% ~40.13%），达极显著水平；显性效应在 8 月 17 日达最大，为 64.82%，以后逐渐降低，至 9 月 3 日，SOD 酶活显性效应又较明显；随着棉株的衰老，SOD 酶活加性效应至 9 月 3 日才检测到，为 18.51%，达显著水平。

丙二醛（MDA）含量的遗传变化，表明 MDA 含量在这个时间内以母体效应为主（遗传方差比率为 19.31% ~46.87%），一直处于极显著水平；其次为显性效应（遗传方差比率为 7.70% ~45.80%），随着棉株的衰老显性效应逐渐增加；MDA 含量也存在着一定的加性效应，在 8 月 3 日和 8 月 17 日（播种后 74d 和 88d）最大，分别为 37.51% 和 58.62%，达极显著水平。

由此，在 8 月 3 日 ~9 月 3 日（播种后 74 ~105d）这个花铃期时间段内，对抗氧化系统酶（CAT、POD、SOD）选择最佳时期在盛铃后期（播种后 95d）以后进行，而对 MDA 的选择应在花铃期（播种后 74 ~88d）。

2.4.2 生化物质的选择标准

根据多年研究和田间选择经验，确定早熟不早衰品种的生化物质的相对选择标准。①选择范围：在亲本选配方面，选择早熟不早衰品种作亲本；在杂种后代鉴定方面，根据不同酶活性的遗传特性，POD 酶的选择应在品系的早代进行，CAT 酶、SOD 酶、MDA 含量的选择应在品系的高代进行。②选择酶活量：一般认为早熟不早衰品种的 CAT 和 POD 酶的活性较早衰品种高 30% ~50%，SOD 较早衰品种高 5% ~8%，MDA 含量较早衰品种低 6% ~10%。ABA 含量较早衰品种低 15% ~20%，IAA 含量较早衰品种高 30% ~50%。根据该标准来选择早熟不早衰的亲本和后代材料。

2.5 生化辅助育种技术的初步效果

将短季棉早熟不早衰生化遗传辅助育种技术与系统育种技术相结合，先后育成早熟不早衰短季棉品种中棉所 20、中棉所 24、中棉所 27 和中棉所 36 等。这些品种具有以下共同优良性状。

（1）早熟不早衰的生理生化基础：抗氧化保护酶的变化表现为，在全生育期进程中，该系列品种的 POD、SOD 和 CAT 酶活性始终高于早衰棉花品种，MDA 的含量比早衰品种低，抗氧化能力强。激素含量的变化表现为，棉花生育前期，生长素含量高，脱落酸含量低，中期生长素含量下降缓慢，吐絮后期，脱落酸含量急剧上升。这些生化物质的变化是该系列品种早熟不早衰的生理生化基础[11-13]。

（2）生物学特性良好：出苗快，现蕾后长势较旺，生长发育快，植株筒型，紧凑，茎秆坚韧，抗倒伏，茎色青紫，茸毛少，第一果枝着生节位较低，果枝与主茎着生角度小。叶色较深，叶层分布均匀，通风透光好。结铃性强，吐絮畅，易收摘，絮色洁白。

（3）优质：经农业部棉花品质检测中心检测，中棉所 24、中棉所 27 和中棉所 36 纤维比强度在 32.3 ~ 33.1cN/tex，比强度较对照提高 1.4 ~ 2.8cN/tex，纤维 2.5% 跨长 28.5 ~ 30.8mm，达国家优质标准。可扭转新疆维吾尔自治区棉区因纤维强力偏低而影响出口创汇的局面。

（4）丰产性突出：全国夏棉品种区试，霜前皮棉比对照中棉所 16 增产 14.6% ~ 24.7%，达极显著水平。

（5）抗病性达高抗枯萎、抗黄萎病的水平：高抗枯萎病，病指为 0.4 ~ 7.2，抗黄萎病，病指为 10.2 ~ 17.5。

（6）抗旱、寒等多抗性突出：具有较强的抗旱性，中棉所 36 抗寒性极强，持续 48h 的 0℃ 的低温，无明显的冻害症状；同时具有抗蚜性，蚜害指数为 20.3，较对照品种减退为 37.3%，达抗级水平；中棉所 24 具有抗根腐病和叶斑病。

（7）适应性广，适合多生态区种植：中棉所 24 适于黄淮海棉区作麦棉晚春套种，也适于该棉区南片作麦套夏棉种植或麦后育苗移栽。中棉所 27 适于黄淮海棉区作麦棉夏套，也适于该棉区南片作麦套夏棉种植或麦后直播。中棉所 36 适于新疆西北内陆棉区机采种植，这 3 个品种在新疆维吾尔自治区、辽宁省、京津唐地区作一熟春棉种植均表现良好效果。

参考文献

[1] 许长成，邹琦．大豆叶片干旱促衰老及其与膜脂过氧化的关系［J］．作物学报，1993，19（4）：360-364.

[2] 唐薇，李维江，张冬梅，等．干旱对转基因抗虫棉苗期叶片 POD、MDA 和光合速率的影响［J］．中国棉花，2002，29（2）：23-24.

[3] Gossett D R, Lucas M C, Millhollon E P, *et al.* Antioxidant status in salt stress cotton [C]. *Beltwide Cotton Conferences*, 1992：1 036-1 039.

[4] Gossett D R, Bellaire B, Banks S W, Lucas M C, Manchandia A, Millhollon E P. *Beltwide Cotton Conferences*, 1998：1396-1399.

[5] 沈法富，尹承佾．盐胁迫对棉花幼苗子叶超氧化物歧化酶（SOD）活性的影响［J］．棉花学报，1993，5（1）：39-44.

[6] 王雅平，刘伊强，施磊，等．小麦对赤霉病抗性不同品种的 SOD 活性［J］．植物生理学报，1993，19（4）：353-358.

[7] 蒋选利，李振岐，康振生．过氧化物酶与植物抗病性研究进展［J］．西北农林科技大学学报（自然科学版），2001，29（6）：124-129.

[8] 李颖章，韩碧文，简桂良．黄萎病菌毒素诱导棉花愈伤组织中 POD、SOD 活性和 PR 蛋白的变化［J］．中国农业大学学报，2000，5（3）：73-79.

[9] 何萍，金继运．氮钾营养对春玉米叶片衰老过程中激素变化与活性氧代谢的影响［J］．植物营养与肥料学报，1999，5（4）：289-296.

[10] 林植芳，李双顺，林桂珠，等．衰老叶片和叶绿体中 H_2O_2 的累积与膜脂过氧化的关系［J］．植物生理学报，1988，14：16-22.

[11] 喻树迅，黄祯茂，姜瑞云，等．不同短季棉品种衰老过程生化机理的研究

[J]. 作物学报, 1994, 20 (5): 629-636.

[12] 喻树迅, 黄祯茂, 姜瑞云, 等. 短季棉种子叶荧光动力学及SOD酶活性的研究 [J]. 中国农业科学, 1993, 26 (3): 14-20.

[13] 喻树迅, 范术丽, 原日红, 等. 清除活性氧酶类对棉花早熟不早衰持性的遗传影响 [J]. 棉花学报, 1999, 11 (2): 100-105.

[14] Mishra N P, Ishra R K, Singhal G S. Changes in the activities of antioxidant enzymes during exposure of intact wheat leaves to strong visible light at different temperature in the presence of protein synthesis inhibitors [J]. *Plant Physiology*, 1993, 102: 903-910.

[15] Lee E H, Bennett J H. Superoxide dismutase: A possible protective enzyme against ozone injury in snap beans (*Phaseolus vulgaris* L.) [J]. *Plant Physiology*, 1982 (6): 1444.

[16] 马旭俊, 朱大海. 植物超氧化物歧化酶 (SOD) 的研究进展 [J]. 遗传, 2003, 25 (2): 225-231.

[17] 耿军义, 张香云, 崔瑞敏, 等. 杂交棉冀棉18号一代、二代的SOD和POD活性及生理生化机制研究 [J]. 华北农学报, 2002, 17 (4): 96-99.

[18] Giannopolitis C N, Ries S K. Superoxide dismutas. I. occurencl cu higher plants [J]. *Plant Physiology*, 1977, (59): 309-314.

[19] 袁朝兴, 丁静. 水分胁迫对棉花叶片中IAA含量、IAA氧化酶和过氧化物酶活性的影响 [J]. 植物生理学报, 1990, 16 (2): 179-180.

[20] 王爱国, 罗广华, 邵从本, 等. 大豆种子超氧化物歧化酶的研究 [J]. 植物生理学报, 1983, 9 (1): 77-83.

[21] 鲁子贤. 蛋白质和酶学研究方法 [M]. 北京: 科学出版社, 1989: 5-6.

[22] 何钟佩. 农作物化学控制实验指导 [M]. 北京: 中国农业大学出版社, 1993: 60-68.

[23] 朱军. 数量性状遗传分析的新方法及其在育种中的应用 [J]. 浙江大学学报 (农业与生命科学版), 2000, 26 (1): 1-6.

[24] 朱军. 作物杂种后代基因型值和杂种优势的预测方法 [J]. 生物数学学报, 1993, 8 (1): 32-44.

[25] 朱军. 遗传模型分析方法 [M]. 北京: 中国农业出版社, 1997: 240-255.

我国短季棉遗传育种研究进展

喻树迅，宋美珍，范术丽
（中国农业科学院棉花研究所/农业部棉花遗传改良重点实验室，安阳　455000）

摘要： 阐述了中国50多年来选育的短季棉品种，从产量性状、早熟性状、纤维品质性状改良方面概括了中国短季棉的育种成效，总结了短季棉产量性状、纤维品质性状、早熟性状的遗传研究进展；介绍了短季棉品种的选育方式，以及现代高技术（航天诱变育种、生化辅助育种、基因工程育种、分子标记辅助育种）在短季棉育种中的应用，提出中国短季棉的研究前景。

关键词： 短季棉；遗传；育种；进展

短季棉（Short season cotton）在解决中国人多地少、粮棉争地矛盾、优化农业结构方面起着非常重要的作用。短季棉是其生长发育期相对较短的陆地棉（*Gossypium hirsutum* L.）种植类型，是在特定的生态环境条件和农业种植制度下，与一定的社会经济条件、生产水平和科学技术水平相适应，而逐步形成和发展起来的[1]。培育早熟、丰产、优质、抗逆的短季棉新品种，完善其生产体系，提高粮棉生产综合效益，已成为中国棉花育种与栽培的研究方向。

1　短季棉的主要栽培品种

20世纪50~60年代从美国和前苏联引进早熟种质资源［如岱字棉15，涡及1号（μ-1），司1298等］。岱字棉15是邹秉文和胡竞良以13万美元买断从美国引入，涡及1号（μ-1），司1298是从前苏联引入的早熟陆地棉品种，同时引入早熟陆地棉品种还有611波、司3173、克克1543等。以系统选育、杂交育种等为主要的育种方法，以早熟、丰产为主要育种目标，选育了许多优良短季棉品种，如辽棉5号、辽棉9号、锦棉1号、朝阳棉1号、晋棉5号、晋中169、晋中200、车66241、新陆早1号、鲁棉1号、河南7602、聊夏1号、宁棉12号、浙棉3号、江苏棉1号、辐射1号、黑山棉1号等。其中影响较大的品种为黑山棉1号，由辽宁省黑山县棉花原种场，于1964—1968年从锦棉1号中用系统选择法选育成优良品系68-3，1974年定名为黑山棉1号。在辽宁省和其他省作为早熟棉花品种或作为麦茬和油菜茬连作棉花品种，推广面积最多时近10万 hm^2[1]。

20世纪70年代中国农业科学院棉花研究所从黑山棉1号中选出23号长绒变异株后，

原载于：《棉花学报》，2007，19（5）：331-336

又从中选出变异株509，1980年定名为中棉所10号。在有条件的棉区能适合耕作改制，实现粮棉双丰收，实现了早熟性的突破。由此，掀起了黄河流域棉区耕作改制的高潮。不仅成为黄河流域和长江流域两大棉区麦（油）棉两熟栽培的主要短季棉品种，同时，也在北部特早熟棉区迅速推广。1984年推广面积近70万 hm^2；该品种还是中国短季棉育种的早熟源[1]。

20世纪80年代，中国主要棉区枯萎病、黄萎病日益蔓延危害，尤其是随着黄河流域棉区的棉花常年种植，枯萎病、黄萎病在棉区逐步蔓延，中棉所10号的缺点暴露出来，主要是早熟早衰、感枯、黄萎病。抗病列为主要育种目标之一，这时育成的品种丰产、优质和抗病性得到同步提高。同时开展了低酚棉育种。选育了许多早熟、高产、优质、抗逆的优良品种。如辽棉10号、12号、15号、晋棉6号、晋中352、新陆早6号、7号、8号、豫棉9号、鲁棉10号、陕早2786、皖夏棉1号、南通棉1号、鄂棉19号、苏棉10号、中棉所14、中棉所16、低酚棉品种中棉所18和中棉所20等。其中影响较大的品种是中棉所16，中国农业科学院棉花研究所喻树迅等以中棉所10号优系中211为母本，辽4086为父本杂交组合后代中连续选育，于1987年育成。初步实现了将早熟、丰产、优质、抗病等诸多性状较好地结合，解决了中棉所10号早熟早衰、感枯、黄萎病等问题，有力地促进了粮（油）棉两熟制迅速发展，是中国短季棉具有再次突破性的优良品种。1994年推广面积最大，达93.3万 hm^2，1989—1994年累积推广面积达367.06万 hm^2，1995年获国家科技进步一等奖。中棉所20总棉酚含量0.0025%，远低于中国卫生组织0.02%的食用标准，初步实现了早熟、丰产、优质、抗病、低酚等诸多性状的结合[1]。

20世纪90年代中国农业科学院棉花研究所喻树迅等开展了生化辅助育种，从亲本到后代进行抗氧化系统酶和激素的活性进行筛选，选育出早熟不早衰、青枝绿叶吐白絮的短季棉系列品种中棉所24、中棉所27和中棉所36等[1-2]，1992年中国黄河流域棉区和长江流域棉区棉铃虫危害猖獗，促使转基因抗虫棉的选育，育成转 *Bt* 基因抗虫棉中棉所30、中棉所37、南通棉13、鄂棉19号、苏棉10号等。

2000年以后，中国农业科学院棉花研究所等单位开展生物工程技术育种、航天诱变育种和分子育种等高新技术育种，获得一批转基因（*Bt*，*CpTI* 等）单价、双价抗虫棉品种中棉所42、中棉所50、鲁棉研19号、辽棉19号、中棉所58等，这些品种的育成对中国抗虫棉的发展起到非常重要的作用。

2　中国短季棉品种的遗传改良

2.1　短季棉品种产量性状遗传改良

2.1.1　皮棉产量

20世纪50~90年代，选育辽棉系列短季棉品种60个，其中黑山棉1号、辽棉9号等在中国北方棉区推广面积较大，但90年代育成大面积推广的品种较少。中国农业科学院棉花研究所从70年代开始对黄河流域麦棉夏套短季棉育种。第一个短季棉品种中棉所10号就成为黄河流域棉区的主栽品种，累积推广466.7万 hm^2 以上。经研究，70~80年代中棉所系列短季棉品种较辽棉系列增产3%，90年代中棉所系列采用生化遗传育种，将与早熟早衰密切相关的几种酶和激素的选择标准在短季棉育种中应用，选育出的短季棉品种早熟不早衰，青枝绿叶吐白絮，皮棉产量水平达 1 911kg/hm^2，已接近春棉水平[3]。

2.1.2　衣分

20 世纪 70 年代中棉所系列品种与辽棉系列品种均为 35.5%，但 80 年代中棉所系列品种显著高于辽棉系列 2%。90 年代中棉所系列衣分高达 40%，70 年代辽棉系列品种的衣分比 60 年代显著提高，但到 80 年代下降。而中棉所系列品种的衣分从 70 年代始至 80 年代、90 年代上升 2.7%，20 年总提高 5.4%，衣分高是中棉所系列品种皮棉产量著高于辽棉系列的重要因素之一[3]。

2.1.3　铃重

铃重是构成产量要素之一，铃重大小与单株成铃数关系较密切。20 世纪 60 年代辽棉系列品种铃重较小，为 5.1g，而 70 年代增至 6.2g，增加 1.1g，增幅较大，80 年代略有下降，衣分增加，铃重增加是辽棉系列品种皮棉产量从 60 年代 727.5kg/hm^2 大幅度提高至 70 年代 933kg/hm^2 的重要因素。中棉所系列品种铃重 70 年代、80 年代均为 5.8g，比辽棉系列低 0.3g，但由于衣分从 70 年代 35.3% 提高到 80 年代 37.3%，弥补了铃重下降，使产量不受影响。从铃重、衣分两个主要产量因子的分析，辽棉系列品种主要靠提高铃重增产，衣分次之；中棉所系列主要靠衣分增产，铃重次之。两个系列以不同技术路线达到增产目的。所以一个好的品种应协调发展，而不是谋求某一因素单一发展[3]。

2.2　短季棉品种早熟性遗传改良

2.2.1　第一次收花率

第一次收花率是衡量短季棉早熟性状的直观指标，同时也与早衰有一定联系。选育辽棉系列和中棉所系列品种第一次收花率，20 世纪 50 年代为 51%，60 年代升为 54%，70 年代上升为 64%，80 年代稳定上升，为 68%，90 年代则略有下降，为 61%。总体来看，50～70 年代显著上升，80 年代稳定上升，90 年代则略降[4]。

2.2.2　生育期

生育期是棉花品种播种出苗到 50% 棉株吐絮的天数，全生育期指棉花出苗到棉花拔秆全过程。中棉所系列品种生育期改良表现为 20 世纪 80 年代品种比 70 年代生育期缩短较快，由 102d 降低到 98d，至 90 年代生育期又长 0.8d，为 98.8d，主要原因是营养生长期变长，有利营养积累，搭起丰产架子，避免早熟早衰[4]。辽棉系列品种生育期改良呈逐步缩短趋势，60 年代生育期为 105d，70 年代降为 104d，80 年代降为 103d。说明短季棉育种从缩短生育期方面成效十分显著，也使黄河流域从一熟春棉转变为麦棉两熟的耕作制度。

2.3　短季棉品种纤维品质性状遗传改良

从 20 世纪 60～90 年代，辽棉系列和中棉所系列品种遗传改良纤维长度进展不大，纤维比强度遗传改良成效显著。纤维比强度，辽棉系列品种 80 年代为 30.8cN/tex，比 60 年代、70 年代有较大的提高，增加 2～2.6cN/tex，比同期中棉所系列 29.5cN/tex，增加 1.3cN/tex；90 年代中棉所系列品种比强度有较大提高，如中棉所 36 纤维比强度达 33cN/tex。麦克隆值是衡量纤维成熟度和细度的综合指标，最佳范围为 3.8～4.5。辽棉系列品种成熟度 60 年代超过最佳范围，70 年代、80 年代均在最佳范围内。中棉所系列品种均在最佳范围内。说明麦克隆值的育种掌握较好[5]。

3 短季棉的主要农艺性状的遗传研究

3.1 短季棉产量、品质性状遗传研究

短季棉产量和纤维品质等性状均受多基因控制的数量性状，同时受许多其他因素的制约和影响。第一次收花量的遗传变异潜力较大，皮棉产量、第一次收花率和第一果枝着生高度3个性状遗传变异潜力中等，单株结铃数、单铃重、衣分、衣指、子指、果枝数、纤维整齐度、出苗期、现蕾期、开花期、吐絮期、霜前花率、第一果枝着生节位和株高共15个性状遗传变异潜力均较小，其遗传系数变化范围在1.24%～25.11%。特早熟陆地棉的形态和主要经济性状遗传变异潜力研究表明，在20%～30%的性状一个也没有，遗传变异潜力在10%～20%性状分别为单株生产力、单株结铃数、铃重、铃壳重、烂铃率、单叶面积和单株叶面积，遗传变异潜力较小，在10%以下有衣分、绒长、果枝数、总果节数、子指、衣指、结铃率、铃壳重、第一果枝着生高度、主茎节数、株高、主茎节间距、果节长、主茎叶片长、单株叶片数、果枝与主茎夹角、纤维细度、断裂长度和成熟系数。短季棉品种产量性状及其构成产量性状，籽棉产量、皮棉产量、衣分、铃重、铃数遗传以显性效应及显性与环境的互作效应为主，同时，还存在加上位性效应和加性与环境的互作效应。衣分、铃重和子指的狭义遗传率和广义遗传率较高，为30%～50%之间，而霜前籽棉和霜前皮棉的较低，小于10%，株铃数和衣指的狭义遗传率和广义遗传率中等，在20%左右；从各性状的遗传率与环境的互作看，果枝数和霜前皮棉与环境的互作效应最大，即两个性状受环境影响最大，而衣指和衣分的狭义遗传率和广义遗传率与环境互作效应很小，也就是说，衣指和衣分在不同的环境可稳定表达，铃重和子指的狭义遗传率与环境的互作不明显，且狭义遗传率高，在育种中可异地选择等[8-10]。

纤维品质遗传研究表明，纤维长度、纤维比强度、麦克隆值、纤维反射率、黄度和纺纱均匀指数均以显性效应和显性与环境互作效应为主，纤维长度、纤维反射率、黄度和纺纱均匀性指数还存在极显著的加上位性效应和加性与环境和互作效应；纤维比强度和麦克隆值也存在着极显著加上位性效应；纤维整齐度以上位性和环境的互作效应为主。也有研究表明纤维长度、细度、比强度的遗传主要为显性效应[12-15]。也有研究表明纤维长度的遗传主要为加性效应，也有不同程度为显性效应和上位性效应[11]。

3.2 短季棉早熟性状遗传研究

棉花的早熟性是受生育期、棉株生长发育速率、品种各生育时期长短、植株形态（株高、第一果枝节位高低、果枝、果节的节间长短）以及开花、吐絮速率等因素影响，是一个关系较为复杂的综合性状[16]。不仅受品种遗传特性所制约，也易受环境、栽培条件的影响；据前人研究，第一果枝节位是鉴定早熟短季棉早熟性可靠的形态指标，第一果枝节位低的品种早熟性好。后来考虑到棉铃的发育和成熟，将播种到现蕾、开花、吐絮的天数作为评价早熟性的标记，后来逐步考虑到开花率、垂直和水平开花间隔时间、特定时间的收获比率等。

棉花早熟性的遗传研究存在两种不同的观点。一种观点指出：总收花数、成熟指数、平均成熟期、第一二次合并收花率等早熟性性状具有复等位性，是由多个基因控制的数量性状，其显性方差大于加性方差，主要是显性效应遗传，并表现为超显性，同时存在上位

性遗传[17-20]。另一观点认为：总收花数、成熟指数、平均成熟期、第一二次合并收花率、株高、见花期、见絮期和开花期横间隔期有显著的加性遗传效应，狭义遗传率估计值均超过0.25，并且，从见蕾期到见絮期其加性效应和狭义遗传率有增高的趋势[20、14-15]。

用物候学性状（生育期、铃期、见花期、见絮期和平均成熟期）表示棉花的早熟性与纤维品质呈正相关，而用产量性状（霜前花率、总花数、第一二次收花率）表示棉花的早熟性与纤维品质呈负相关[19,20]。用物候学性状表示棉花的早熟性与产量性状（皮棉产量、衣分）呈正相关，而用产量性状表示棉花的早熟性与产量性状呈负相关[16]。以产量性状表示早熟性与农艺性状，株高、主茎节间距、第一果枝节位和第一果枝高度均呈负相关[8-10、20]。

利用陆地棉与海岛棉杂交后代群体和 RFLP 分子标记，检测到一个与 12 月 12 日皮棉收花百分率相关的早熟性的标记，能解释 8.1% 的表型变异。利用两个陆地棉品种中棉所 36 × TM-1 的分子标记连锁图谱，初步对短季棉早熟相关性状进行了 QTLs 定位，为短季棉早熟性分子标记辅助育种奠定了基础[1]。

4　短季棉的育种方式

中国短季棉育种成就显著，主要是通过引种试种、系统选育、杂交育种、远缘杂交、杂交优势利用、诱变育种、生物技术等育种手段，成功地培育出适合中国不同生态区使用的辽棉、新陆早、中棉所等主要短季棉品种系列。在中国棉花生产中具有不可替代的作用。同时，也促进了种植制度的改进和可持续发展，特别是黄河流域和长江流域棉区麦（油）棉两熟及多熟制的发展。

4.1　常规育种方式

4.1.1　选择育种

根据育种目标，从现有推广品种或新品系中选择优良的变异单株，经后代鉴定比较育成新品种，这种方法简单易行，不受场地、设施的限制，是快速有效育成新品种的一条捷径，在国内外得到广泛的应用。

辽宁省农业科学院棉麻研究所采用单株选择的方法，先后选育成功辽棉 1 号、辽棉 2 号、辽棉 10 号和辽棉 15 号等 4 个短季棉品种；与此同时，锦州市、朝阳市、晋中地区、吕梁地区、黑山县示范农场、汾阳县棉农和新疆维吾尔自治区棉区，相继培育成功了锦棉 1 号、朝阳棉 1 号、朝阳棉 2 号、晋中 200、晋中 148、晋棉 1 号、晋棉 5 号、黑山棉 1 号、霸王鞭和新陆早 1 号等短季棉品种。这些短季棉品种的培育成功，有效地扭转了特早熟棉区棉花的低产、劣质、低效益的局面。1974 年辽宁省黑山县棉花原种场黑山棉 1 号的培育成功，其生育期 119d，铃重 6.0g，衣分 38.0%，子指 13.5g，皮棉产量 934.5kg/hm^2，比推广品种锦棉 1 号增 22.4%，彻底改变了北方棉区棉花小铃、绒短、低产的局面。中国农业科学院棉花研究所从黑山棉 1 号变异株中成功选育出中棉所 10 号，实现了黄河流域棉区麦（油）棉两熟制的改革，为黄河流域棉区的两熟制耕作改制中做出了突出的贡献。1985 年湖北省农业科学院经济作物研究所从中棉所 10 号系统选育而成推广面积较大的鄂棉 13 号，适于麦棉连作，以解决两熟棉区麦棉争地、争肥、争劳力等矛盾。1990 年辽宁省经济作物研究所的辽棉 10 号育成，霜前皮棉产量 1 071kg/hm^2，比推广品种辽棉7号增产50.0%，高抗枯萎病、抗黄萎病、兼抗苗病和铃疫病，年推广面积26.7万 hm^2，为防治棉花病害提供了抗源，为棉花选择育种创下卓越了贡献[1]。

4.1.2 杂交育种

杂交育种是作物品种改良的主要途径。杂交育种是选择合适亲本，通过杂交，使控制亲本双方优良性状的基因在 F_1 群体中结合为杂合型，通过自交形成的 F_2 分离群体中，选择符合育种目标的个体，再在以后世代中连续选择和鉴定，培育纯合而符合要求的理想品种的方法。杂交育种可以分为品种间杂交和种属间杂交或远缘杂交。中国20世纪50年代以来育成的新品种中，约有1/3是应用杂交育种法育成的，其中绝大多数是通过品种间杂交育成的。杂交后产生的基因重组、基因累加、基因互作，形成各种不同的基因组合，产生多种多样的变异，是杂交育种的理论基础。棉花杂交方式主要有单交（2个亲本杂交）、复交（3个以上亲本进行2次以上杂交，包括号三交、双交、多轮杂交、聚合杂交、随机交配、回交）等。

单交：一个优良杂交亲本或杂交组合，往往可以选育出多个优良品种。用中棉所10号作亲本，与其他品种杂交育成的品种（系）有中棉所14、中棉所16、中619、鲁S2、鲁6309、豫早26、豫早58、豫早1109、新乡82-10、运86-48、运87-570、商83-8、江苏C-2、江苏8773、锦育5号、陕早2786、赣棉4号、赣棉5号、钱江9号等[1]。

复交：中棉所24以（中10×美B早）n为父本，中343为母本杂交育成，生育期112~120d，秆硬抗倒伏，结铃性强，铃重5.6g，衣分40%左右，吐絮畅易收摘。豫棉5号、新陆早4号、新陆早9号、豫棉7号、豫棉9号、辽棉9号等都由三交法育成。中棉所18由（辽6908×兰布莱特GL-5）×（黑山棉1号×兰布莱特GL-5）3个亲本组配的双交后代中选出的早熟低酚棉品种。新陆早5号是用4个亲本组配成双交育成的。中棉所20、辽棉6号由多轮杂交育成。多父本授粉法成功应用于品种改良中。辽棉6号、辽棉7号（辽4086）、熊岳57等都由多父本授粉方法育成[1]。

4.2 现代高新技术在短季棉育种中应用

随着生物技术和航空技术的发展，生物技术和航天诱变在农业上的应用越来越广泛，可以创造变异，丰富种质资源，加快新品种的选育。

4.2.1 诱变育种

诱变育种是一种新的育种方法，利用物理诱变因素和化学诱变剂，诱发作物产生遗传变异（基因突变、染色体突变、核外突变），从而获得常规育种方法难以得到的变异类型。中国开展诱变育种始于20世纪50年代后期，已培育一大批植物新品种和新种质资源，为中国农业的高产稳产作出了很大贡献。育成的品种有密早、辐洞1号、辐射1号、鲁棉1号、冀棉8号、93辐56、新海2号和新陆早8号等品种。其中以鲁棉1号最突出，年最大推广面积达210万 hm^2，是中国自育棉花品种种植面积最大的品种。其中辐射1号为早熟类型品种，由湖北省农业科学研究所1970年用 γ 射线辐射岱字棉15育成。

航天诱变育种是20世纪80年代发展起来的新的育种方法，是利用返回式卫星、航天飞机、飞船或高空气球将植物、农作物种子带到太空200~400km的太空环境，利用太空的特殊的环境（空间宇宙射线、微重力、高真空、重粒子、交变磁场、超低温、高洁净和高远位置等因素）对植物、农作物种子的诱变作用而产生变异，再返回地面选育新种质、新材料，并培育新品种的作物育种新技术。航天诱变育种是：有益突变多，变异幅度大，能为选育优良种质提供丰富的遗传资源；变异稳定快，SP_2 或 SP_3 所选单株大都到 S4 代即基本稳定，比常规育种方法提早 2～3 个世代。自 1987—2005 年，已成功地利用 10 次返地卫星、3 次利用神舟号飞船、4 次利用高空气球，共搭载 70 多种植物近 50kg 的种子，包括 500 多个品种和植物种子，涉及粮、棉、油、蔬菜、瓜果、牧草和花卉等植物。中国农业科学院棉花研究所等单位获得了宝贵的突变材料，已培育出一批具有高产、优质、抗病经审定的新品种[1]。

4.2.2　生化遗传辅助育种

因短季棉最基本的特性是早熟，但在育种上，早熟与早衰存在遗传正相关、与丰产优质存在遗传负相关，用常规育种方法难以解决。中国农业科学院棉花研究所喻树迅等率先开展生化遗传辅助育种技术体系研究，该技术于 2006 年获得国家发明专利（专利号：ZL200310110227.3）。生化辅助育种是从亲本到后代进行抗氧化系统酶（超氧化物歧化酶、过氧化物酶和过氧化氢酶等）的活性和激素（生长素和脱落酸）的含量进行选择，选育出早熟不早衰、青枝绿叶吐白絮的短季棉花系列品种中棉所 24、中棉所 27 和中棉所 36 等。该系列品种较好地缓解了棉花早熟与早衰的遗传正相关，将早熟、优质、高产、多抗结合一体，解决了新疆维吾尔自治区棉区由于气温造成纤维强力下降，及黄河流域棉区麦棉争地而低产、质差等问题。该系列品种的育成，为稳定新疆一些风险棉区棉花生产提供了有力保证，为协调发展黄河流域棉区麦棉两熟和长江棉区麦棉（菜、豆）多熟制奠定了基础[1-2]。

4.2.3　基因工程育种

基因工程（Gene engineering）是将外源基因通过特殊方法转入目的生物，达到改造生物的目的。当转入的基因整合到染色体上或基因组中后，与寄主生物的遗传物质一起向子代传递，并可以产生应有的生物学功能。它可以打破传统育种方式只能利用亲缘关系相近物种间的有益基因来改造生物的局限，实现将任何生物来源的有益基因转入任何需要改造的生物，极大地扩大了人类改造自然的可能性。

世界上自 1983 年第一例转基因植物——烟草问世以来，全球转基因农作物种植面积由 1996 年的 170 万 hm^2，迅速发展到 1999 年的 3 990万 hm^2。2000 年以来，平均年增长率超过 10%，到 2003 年达到 6 670万 hm^2。转基因作物目前主要种植在美国、阿根廷、加拿大、中国、巴西和南非，这些国家的转基因作物种植面积占全球种植总面积的 99%。目前，中国已批准转基因棉花、番茄、甜椒、矮牵牛进入商品化生产。其中，转基因抗虫棉 2004 年的种植面积已达 311.33 万 hm^2，占全国棉花面积的 66% 以上。2005 年国产转基因抗虫棉的市场份额达到 73%。中国农业科学院棉花研究所等单位培育的转基因抗虫短季棉品种有：中棉所 30、中棉所 37、中棉所 42、鲁棉研 19、中棉所 50、中棉所 58 等。现在正将抗枯萎病、黄萎病基因、抗除草剂基因转入棉花，获得一批抗枯萎病、黄萎病性能较好的棉花株系[1]。

4.2.4　分子标记辅助育种

传统的棉花育种是在不甚明了基因背景的条件下，通过杂交和各种育种技术，根据分离群体的形态表现和育种者的经验等对表现型进行多代选择，从而实现对基因型的改良。

DNA分子标记育种技术，是通过利用与目标性状紧密连锁的DNA分子标记对目标性状进行间接选择的现代育种技术。它能反映棉花个体或种群间基因组中某种差异的特异性DNA片段。分子标记具有下列优点：基因组DNA的变异十分丰富，分子标记的数量几乎是无限的；有些分子标记（如RFLP，SCAR）是共显性标记，对选择隐性基因控制的农艺性状十分有利；不同发育阶段、不同组织的DNA均可用于标记分析，使得对作物基因型的早期选择成为可能；分子标记直接揭示来自DNA的变异，使育种家有可能依据植株基因型而不只是表现型来选择优良性状组合。中国农业科学院棉花研究所、南京农业大学张天真等通过与目标性状基因紧密连锁的分子标记的分析，便可以判断目标基因是否存在，进一步将其定位、绘制遗传图谱后，可对目标性状进行跟踪的分子标记辅助选择（MAS）。开展分子育种，实现优质高产[1]。

5 短季棉的研究前景

中国短季棉育种历史已有50多年，育成了一系列在生产上大面积推广的品种，在产量性状、早熟性和纤维品质方面都得到很大的改良，取得很大成就。但是，到2030年，中国人口将突破16亿，粮食需求量达6.4亿吨以上。面对人多地少，粮棉争地矛盾逐渐突出的严重局面，必须探寻新的对策和措施，寻找粮食、棉花增产的新途径。调整中国农业结构，提高复种指数，培育特早熟，生育期100d内，高产，优质，抗病（枯萎病、黄萎病）、抗虫等多抗的不早衰棉花新品种，满足生产上麦棉两熟制或麦棉菜（油）多熟制的需求；实现麦（油）后机械化直播，减小劳动强度，提高工作效率，实现棉麦（菜、油）双丰收。

参考文献

[1] 喻树迅．中国短季棉育种学［M］．北京：科学出版社，2007：418-427.

[2] Yu X L，Song M Z，Fan S L．Biochemical genetics of short-season cotton cultivars that express early maturity without senescence［J］．*Journal of Integrative Plant Biology*．2005，47（3）：334-342.

[3] 喻树迅．中国短季棉50年产量育种成效研究与评价［J］．棉花学报，2005，17（4）：232-239.

[4] 喻树迅．中国短季棉50年早熟性育种成效研究与评价［J］．棉花学报，2005，17（5）：294-298.

[5] 喻树迅．中国短季棉50年品质育种成效研究与评价［J］．棉花学报，2005，17（6）：360-365.

[6] 田华菁．早熟陆地棉主要性状的遗传率及遗传进度的研究［J］．遗传，1983，5（1）：15-16.

[7] 李瑞祥，侯忠．特早熟陆地棉纤维品质的遗传参数估计［J］．辽宁农业科学，1989（3）：39-41.

[8] 喻树迅，黄祯茂．中国短季棉生产现状与发展前景［J］．中国棉花，1989，16（2）：6-8.

[9] 喻树迅，黄祯茂．短季棉在中国农业生产中的地位 [J]．中国棉花，1991，18 (3)：7-8.

[10] 喻树迅，黄祯茂．短季棉品种早熟性构成因素的遗传分析 [J]．中国农业科学，1990，23 (6)：48-54.

[11] 宋美珍，喻树迅，范术丽，等．短季棉主要农艺性状的 遗传分析 [J]．棉花学报，2005，17 (2)：94-98.

[12] Baker J L . The inheritance of several agronomic and fiber pro-perties among selected lines o f upland cotton (*Gossypium hirsutum* L .) [J]. *Crop Sci.* , 1973, 13 (2) : 444-450.

[13] Meredit H M R, Bridge R R. Genetic contributions to yield changes in upland cotton [G] //CSSA. Genetic Contributions to Yield Gains of Five Major Crop Plants. Madison, WI: Crop Science Society of America. 1984: 75-87.

[14] 吴吉祥，朱军，季道藩，等．陆地棉产量性状的遗传及其与环境互作的分析 [J]．遗传，1995，17 (5)：1-4.

[15] 李卫华，胡新燕，申温文，等．陆地棉主要经济性状的遗传分析 [J]．棉花学报，2000，12 (2)：81-84.

[16] 陈仲方，张治伟，王支凤．陆地棉品种早熟性研究 [J]．江苏农业学报，1989，5 (3)：12-19.

[17] Whitetg. Diallel analysis of some quantitatively inherited characters in *Gossypium hirsutum* L. [J]. *Crop Sci.* , 1966, 4 (2) : 253-255.

[18] Verhalen L M . A diallel analysis of several agronomic traits in upland cotton (*Gossyp ium hirsutum* L .) [J]. *Crop Sci.* , 1971, 11 (1): 92-96.

[19] 周有耀．棉花产量及纤维品质的遗传分析（综述）[J]．北京农业大学学报，1988，15 (6)：401-408.

[20] Godoy A S, Palomo G A. Genetic analysis of earliness in upland cotton (*Gossypium hirsutum* L.) II. Yield and lint percentage [J]. *Euphytica*, 1999, 105: 161-166.

棉花纤维品质功能基因组学研究与分子改良研究进展

喻树迅

（中国农业科学院棉花研究所/农业部棉花遗传改良重点实验室，安阳 455000）

摘要： 本项目基于基因组学、功能基因组学、蛋白质组学和生物信息学等多学科交叉研究了棉花纤维品质发育的分子机制：利用辐射诱变、杂交、回交、系谱选择等技术培育、挖掘出优异纤维资源384份；利用徐州142棉纤维无长绒、无短绒突变体筛选出纤维伸长相关基因；用体外培养方法验证了乙烯、油菜素（BR）的生物合成途径及部分次生物质在纤维生长过程中的作用；构建了海岛棉品种Pima 90-53和陆地棉7235的BAC文库；利用蛋白质组学研究了棉纤维发育过程中的一些重要蛋白质的变化，构建了棉纤维细胞蛋白质表达谱；利用抑制扣除杂交方法 、基因芯片技术或从纤维 cDNA 文库中筛选等共获得棉纤维发育相关基因199个，并用模式系统和棉花对基因的功能进行了分析和验证；建立了高效农杆菌介导、花粉管通道 、基因枪轰击3种规模化的快速基因功能验证技术体系；开发了新标记，构建了陆海、陆陆高密度分子标记遗传连锁图谱，并选择有用分子标记和生化辅助育种相结合，初步建立了棉花纤维品质分子改良育种体系。

关键词： 棉花；纤维品质；功能基因组；分子改良；进展

棉花是中国重要的经济作物，与中国2亿农民的收入和1 900万纺织工人的就业息息相关。但是随着纺织工业快速发展和人民生活水平的不断提高，对棉纤维品质的要求愈来愈高。与国际棉花生产相比较，中国皮棉总产世界第一，棉花单产居中上水平，单产居5大产棉国首位。但是中国棉花纤维品质差，主要表现在：一是主要品质指标（如强度、细度、长度）之间不配套，不能满足现代纺织工业对原棉多样性的需求；二是棉纤维强度相对偏低，纤维强度比美棉低 1 ~ 2cN/tex；三是原棉类型单一，多集中在 27 ~ 29mm（适纺 32 ~ 40 支纱），缺少中长绒 33 ~ 35mm（适纺 60 ~ 120 支纱）和短绒 27mm 以下（适纺 20 支纱）的皮棉供应。为此，国家每年需进口优质皮棉 100 多万 t，这也同时造成国产原棉的积压。纤维品质问题已成为制约我国棉花产业可持续发展的主要障碍。为此，国家重点基础研究发展计划（973 计划）启动了“棉花纤维品质功能基因组学研究与分子改良”项目，旨在确保我国棉花产业的可持续发展，增强国产原棉国际竞争力。

原载于：《中国基础科学》，2007（4）：18-21

该项目主要通过基因组学、功能基因组学、蛋白质组学和生物信息学等多学科相互交叉和渗透，在不同层次和不同水平上，研究棉纤维发育的分子机理及纤维品质形成的遗传基础。通过克隆纤维强度、细度和长度等关键功能基因和核心调控元件，分析纤维发育相关基因间的互作、基因的表达调控及表达产物的生物学功能，探讨棉花纤维发育相关基因的网络调控，阐明纤维发育的分子机制，揭示棉纤维品质性状形成的遗传基础，为高效改良纤维品质提供理论依据[1]。

1　棉纤维基因资源创制

在973计划项目的支持下，项目组利用辐射诱变、杂交、回交、系谱选择等技术培育、挖掘出特异纤维资源384份，其中：纤维突变体80个，从美国引进纤维品质优良的棉花材料和陆海杂种回交高代系194份，筛选出渐渗特异优质纤维资源材料110份（主要含有海岛棉、瑟伯氏棉、亚洲棉、比克氏棉、斯特提棉、异常棉、黄褐棉等外源基因）。另外，利用转座子Ac/Ds系统创制突变体材料94份，利用Promoter Trapping体系创造突变体166份，涉及棉花的花型、花色、叶色、叶型、株型、株高、育性等农艺性状突变体[1]。这些材料的创制为本项目的顺利完成提供了坚实的材料保障。

2　棉纤维细胞转录组学研究和文库构建

选用开花后0d、3d、5d、10d、15d及20d的陆地徐州142棉纤维与开花后3d及10d的无长绒无短绒突变体（Fuzless-lintless，fl）胚珠作为起始材料，筛选纤维伸长相关基因。单向测定了36 000个棉花纤维伸长期EST，获得了12 230个uniEST，点制了含有11 692个uniEST的基因芯片100多张，通过13种组合大规模筛选，获得棉花纤维伸长期特异性表达基因778个，包括全长cDNA 300多个。并将其中的162个定位于102个代谢途径。用KOBAS软件分析显示，有12个代谢途径，特别是乙烯、油菜素（BR）的生物合成途径及部分次生物质代谢途径在棉纤维快速伸长期显著高调。体外培养实验证明，棉花胚珠释放的乙烯气体的含量与*ACO*基因表达水平以及纤维生长速度相一致，外源添加的乙烯气体能显著促进纤维细胞的伸长，而乙烯合成抑制剂AVG能特异地抑制纤维的生长。BR合成途径在纤维生长过程中有轻微上调，用BR或BR合成抑制剂BRZ处理纤维也能引起纤维细胞的伸长或抑制。但相比之下，用乙烯处理的效果要明显得多，而且乙烯气体能够解除BRZ对纤维细胞伸长的抑制作用，但BRZ则不能逆转AVG对纤维细胞伸长的抑制。运用生化和生理学的方法证实了乙烯在促进棉花纤维伸长中起主导作用，并且可能是通过提高蔗糖合酶、微管蛋白以及扩展素基因的表达来促进纤维细胞伸长[2-3]。该研究成果揭示了控制纤维细胞伸长的分子机制，对于理解高等植物的细胞伸长和扩展在其生长和形态建成中的作用具有重要的科学意义。

构建了海岛棉品种Pima90－53的BAC文库，其覆盖为棉花6.5倍基因组。该文库共包含167 424个克隆，片段大小介于50～260kb之间，平均130kb。其中94.0%的克隆插入片段大于100kb，空载率小于4.0%，叶绿体DNA污染率低于0.2%。同时还构建了陆地棉7235的BAC文库。

3 棉纤维细胞蛋白质谱构建及关键功能蛋白鉴定

项目建立了快速高效的棉纤维细胞蛋白质组学研究方法，能在二维凝胶上平均得到将近1 800个蛋白点，发明了一种快速灵敏高通量的蛋白质固相定量分析方法及其专用染色剂，该方法是以微波辅助的墨水染色法来测定电泳上样缓冲液中的蛋白质含量。利用该方法对棉花开花后5个时间（5d、10d、15d、20d和25d）的纤维细胞样品进行分析，研究发现，大约有1 600个蛋白点在整个纤维发育中处于一个稳定表达的水平，并利用质谱鉴定了106个差异表达蛋白质，这些蛋白中有约1/2是此前在棉花中没有报道的。通过5个时期的动态变化，可以更加清楚地认识棉纤维发育过程中一些重要蛋白质的变化以及这些变化与纤维发育的可能关系[4-5]。

4 棉纤维品质性状相关基因的克隆与功能解析

4.1 棉纤维品质性状相关基因的克隆及在模式植物中的功能验证

项目利用抑制扣除杂交方法、基因芯片技术或从纤维cDNA文库中筛选来寻找棉纤维发育相关基因，目前已克隆与棉花纤维发育相关的基因199个[6-12]，这些基因一般只在纤维起始期、快速伸长期或胚珠中特异表达[13]。利用模式系统（酵母、烟草BY-2细胞、拟南芥等），54个候选基因的功能进行了初步分析，结果表明：有的基因（*GhGPCR*1）过量表达能使烟草BY-2细胞高度伸长；有的基因（*Gh*14-3-3*L*）在酵母中大量表达能促进酵母细胞伸长；有的基因（*GhZPM*1）在转基因拟南芥中异位表达能促进拟南芥表皮毛的生长。

4.2 棉纤维品质性状相关基因在棉花中的功能验证

项目通过棉花转基因鉴定了7个候选基因（*GhGA*20*ox*1、*GhDET*2、*GhFCW*、*Gh-SCFP*、*GhiaaM*、$GhADF_1$和*GhEXP*1）在棉花纤维发育和品质形成中的功能，它们是参与调控纤维分化、伸长或次生壁合成即决定纤维数目、长度或强度的重要功能基因。结果表明，这些基因能增加棉花纤维的数量（*Gh*2*SCFP*，46%；*GhGA*20*ox*1，30%；*GhiaaM*）、提高长度与强度（*anti*2$GhADF_1$，*GhDET*2）或提高纤维细胞的强度（*GhFCW*，由29*cN/tex*增至36*cN/tex*以上），可能用作棉纤维品质改良的目标基因。

*GhEXP*1转基因棉花：将*GhEXP*1基因的正义cDNA分别置于35S启动子和棉纤维细胞特异启动子E6控制之下，利用农杆菌介导法，转化到绿色彩棉中，获得了分别由35S和E6启动子控制的转基因棉花。结果表明，多个转基因株系的纤维品质，尤其是纤维强度和长度有明显的提高。透射电镜分析表明，转基因绿色彩棉纤维的细胞壁厚度比野生型增加了大约2倍，而且晶体纤维素的含量明显提高。细胞壁厚度和晶体纤维素的含量是决定棉纤维强度的两个关键因子，这可能是转基因绿色彩棉纤维强度增加的成因。这些试验结果表明，*GhEXP*1基因在纤维细胞的长度和强度品质形成中具有重要功能，可能用作棉纤维品质改良的目标基因。目前，已经通过了国家转基因生物安全委员会对*GhEXP*1转基因棉花的安全评价，正在进行中间试验。

*GhDET*2转基因棉花：利用种皮特异启动子，将*GhDET*2基因转化到棉花中，结果表明转基因株系的纤维长度、衣分均比对照有明显的提高。其中FOD5株系的纤维长度和衣

分分别为（32.50 ±0.85）mm 和（45 ±2)%，分别比对照（28.67 ±0.99）mm，（40 ±1)%增加13.36%和12.5%。

GhSCFP（类胰蛋白酶基因）转基因棉花：超量表达该基因发现转基因株系纤维数量增加46%，而反义抑制该基因发现株系纤维数量降低45%，说明了该基因对提高棉花纤维产量可能具有重要的应用价值。

5　棉花纤维品质性状关键基因的大规模验证

项目建立了高效农杆菌介导、花粉管通道、基因枪轰击3种规模化转基因技术体系，将多种转基因技术有效组装，实现流水线操作，建立了高效、工厂化的棉花转基因技术体系，年产转基因棉花植株8 000株；同时，建立了快速基因功能验证体系，每年可对20个以上的目的基因进行功能验证；并获得了转纤维品质基因（*GhPFN*12*a*，*GhPFN*12*s*）植株500余株。对候选基因的规模化遗传转化，发现以反义基因进行转化可容易地取得预期效果；以正义基因为目的基因时，当受体材料的纤维品质较差时（强度 <29cN/tex、长度 <28mm)，可显著改良纤维品质，主要表现在纤维长度和强度的改良，而且纤维品质越差，效果越明显；当纤维品质较好时，则很难取得预期效果，尤其当受体材料的纤维强度 >33cN/tex时，转基因后代的纤维品质反而有所下降。

6　棉花纤维品质性状分子改良

6.1　棉花新标记的开发

项目目前已开发出6种新标记，即 *SRAP*、*EST-SSR*、*REMAP*、*EST-AFLP*、*TRAP* 和 *ISAP*[14]；并结合常用标记，构建了陆陆、陆海等7张分子标记连锁图谱，其中：两张陆海图谱的分子标记数量超过1 000个，是目前国内标记个数最多、密度最大的分子标记图谱[15,16]；一张陆陆图谱的分子个数为565个，是目前已知的陆地棉最密的遗传图谱。利用这些图谱共检测到纤维品质性状的数量性状位点（QTL）112个，发掘出控制纤维品质性状的14个主效QTL，有6个QTL不同世代表现稳定，还得到了8个与优质基因紧密连锁的功能标记。同时，构建出聚合不同优异纤维品质基因QTL的群体材料1 500份。

6.2　建立复杂数量性状位点座的遗传模型

构建了分析植物复杂数量性状位点（QTL）座的遗传模型，扩展了特定的QTL作图群体。根据动植物复杂性状基因定位遗传模型及分析算法，初步研制了基于Windows和Unix/Linux多平台的复杂性状基因定位分析软件系统（QTLNetwork)；根据大规模表达谱数据分析方法，开发了表达谱数据统计分析及基因筛选的分析软件系统（Cluster Projecter)。

6.3　建立生化遗传辅助育种体系

因早衰影响棉花的产量和纤维品质，根据棉花的早熟不早衰特性与抗氧化系统保护酶的相关关系，制定了早熟不早衰生化辅助选择标准[17-19]。选育出早熟不早衰、青枝绿叶吐白絮的中棉所24、中棉所27、中棉所36等新品种，这些新品种攻克了棉花早熟早衰、纤维品质差的问题，比强度可提高1 ~2cN/tex。

6.4 初步建立了棉花纤维品质分子改良分子育种体系

将棉花早熟不早衰生化遗传辅助育种技术与分子标记研究所获得的有用标记和 QTL 进行有机结合，初步建立了棉花纤维品质分子改良分子育种体系。利用分子改良技术，将海岛棉的优良纤维品质基因转移到陆地棉中，利用有用分子标记和生化辅助相结合，筛选获得优良新种质材料 26 份，其中，纤维长度在 33mm 以上、比强度在 35cN/tex 以上的纤维优良材料 10 份。

参考文献

[1] 喻树迅. 国家重点基础研究发展规划项目计划（973 计划）项目中期评估总结报告 [R]. 2006.

[2] Shi Yonghui, Zhu Shengwei, Mao Xizeng, *et al.* Transcriptome profiling, molecular biological, and physiological studies reveala major role for ethylene in cotton fiber cellelongation [J]. *Plant Cell*, 2006, (18): 651-664.

[3] 罗达. 中国科学家在棉花纤维发育研究领域取得最新进展 [J]. 分子植物育种, 2006, 4 (3S): 1-3.

[4] Wu Xueping, Cheng Yongsheng, Liu Jinyuan. Microwave enhanced inkstaining for fast and sensitive protein quantitation in proteomic study [J]. *Journa lof Proteome Research*, 2007, 6: 387-391.

[5] Wu Yaoting, Liu Jinyuan. Molecular cloning and characteriza tion of anovel cotton gly-curono syltransferase gene [J]. *Journal of Plant Physiology*, 2005, 162 (5): 573-582.

[6] Zhang Hengmu, Liu Jinyuan. A β-galactosidase with lectin-like domain is specifically expressed in cotton fibers [J]. *Journal of Integrative Plant Biology*, 2005, 47: 223-232.

[7] Wu Aimin, Liu Jinyuan. Isolation of the promoter of a cotton beta-galactosidase gene (*GhGal*1) and its expression in transgenic tobacco plants [J]. *Science in China Series C-Life Sciences*, 2006, 49 (2): 105-114.

[8] Wu Aimin, Ling Chen, Liu Jinyuan. Isolation of a cotton reversibly glycosylated polypeptide (GhRGP1) promoter and its expression activity in transgenic tobacco [J]. *Journal of Plant Physiology*, 2006, 163 (4): 426-435.

[9] Huang Bo, Liu Jinyuan. A cotton dehydration responsive element binding protein function sasa transcriptional repressor of DRE element—mediated gene expression [J]. *Biochemical and Biophysical Research Communications*, 2006, 343: 1023-1031.

[10] Huang Bo, Liu Jinyuan. Cloning and functional analysis of the novel gene *GhDBP*3 encoding a DRE-binding transcription factor from *Gossypium hirsutum* [J]. *BBA Gene Structure and Expression*, 2006, 1759: 263-269.

[11] Wu Aimin, Lü Shiyou, Liu Jinyuan. Functional analysis of a cotton glucuronosyltransferase promoter in transgenic tobacco plants [J]. *Cell Research*, 2007, 17: 174-183.

[12] Qu Zhanliang, Zhong Naiqin, Wang Haiyun, *et al.* Ectopic expression of the cotton

nonsymbiotic hemoglob in gene *GhHb*1 triggers defense responses and increases disease tolerance in Arabidopsis [J]. *Plant Cell Physiology*, 2006, 47: 1058-1068.

[13] Liu D, Zhang X L, *et al.* Isolation by suppression subtractive hybridization of genes preferentially expressed during early and late fiber development stages in cotton [J]. *Molecular Biology*, 2006, 40: 741-749.

[14] Zhang Jinfa, Yuan You lu, Yu Shuxun. AFLP-RGA markers in comparison with RGA and AFLP incultivated tetraploid cotton [J]. *Crop Science*, 2007, 47: 180-187.

[15] Yu Jiwen, Yu Shuxun, Lu Cairui. A high-density linkage map of cultivated alloter-trapoid cotton based on SSR, TRAP, SRAP and AFLP markers [J]. *Journal of Integrative Plant Biology* (acceptted) .

[16] He DaoHua, Lin ZhongXun, Zhang X L, *et al.* QTL mapping for economic traits based on a dense genetic map of cotton with PCR-based markers using the inter specific cross of *Gossypium hirsutum* × *Gossypium barbadense* [J]. *Euphytica*, 2007, 153 (17): 181-197.

[17] Shen Fafu, Yu Shuxun, Xie Qingen, Han Xiu lan, Fan Shuli. Identification of genes associated with cotyledon senescence in upland cotton [J]. *Chinese Science Bulletin*, 2006, 51 (9): 1085-1094.

[18] Yu Shuxun, Song Meizhen, Fan Shuli. Biochemical genetics of short season cotton cultivars that express early maturity without senescence [J]. *Journal of Integrative Plant Biology*, 2005, 47 (3): 334-342.

[19] Shen Fafu, Yu Shuxun, Han Xiulan, *et al.* Cloning and characterization of a gene encoding cysteine proteases from senescent leaves of *Gossypium hirsutum* [J]. *Chinese Science Bulletin*, 2004, 49 (24): 2601-2607.

我国棉花现代育种技术应用与育种展望（上）

喻树迅，郭香墨，邢朝柱
（中国农业科学院棉花研究所/农业部棉花改良重点实验室，安阳 455000）

摘要：棉花优良品种的推广对棉花生产的可持续发展具有重要作用。中国棉花遗传育种半个世纪的发展历程表明，棉花育种新技术应用是中国棉花品种从无到有、从低水平到跻身世界先进行列的根本和出发点。20 世纪 50 年代以来，中国先后进行了 6 次品种更换，每次更换使棉花单产提高 10% 左右，纤维品质、抗病性 和早熟性持续提高，中棉所 12、中棉所 16、中棉所 19、中棉所 29 等代表性品种为中国棉花生产做出巨大贡献。目前，中国棉花品种仍存在纤维品质、抗黄萎病等缺陷，该文就中国棉花遗传育种的目标、技术路线和发展方向进行了分析和讨论。

关键词：棉花；遗传育种；进展；展望

1 中国棉花育种成就

品种和种子是棉花生产中最活跃的要素，是科技进步的载体和产业化经营的物质基础。新中国成立以来，中国常规棉育种取得了举世瞩目的成就，从品种类型上，由种植亚洲棉到引进国外陆地棉品种，直至种植自育品种；从育种目标上，由高产育种发展到抗病育种，由单一抗性发展为复合抗性，由高产抗病发展为高产、优质、高效；从育种技术上，由系统选育发展到杂交育种，由常规技术发展到转基因育种和分子标记、生化辅助育种，创新能力持续增强。中国主要棉区进行了 6 次大规模的品种更换或更新[1]，每次都使棉花单产提高 10% 以上。

1.1 引种与陆地棉的推广

中国历史上长期种植的是亚洲棉（*G. aborium* L.），在西北内陆棉区也有部分草棉（*G. herbasum* L.）种植，它们都是二倍体棉种，耐旱耐瘠，抗逆性强，但植株较小，纤维短，产量低。陆地棉（*G. hersutum* L.）最早引入中国是 1865 年，海岛棉（*G. babadance* L.）引入中国在 20 世纪初，1949 年陆地棉在全国种植面积占全国棉田总面积的 52%。

20 世纪 50 年代中国第一次品种更换主要靠国外引种。这次换种主要靠引进美国以及

原载于：《中国农业信息》，2008（3）：19-22

前苏联品种取代中国长期种植的亚洲棉和草棉。主要用岱字棉 15 及斯字棉、坷字棉等品种进一步更换了亚洲棉和退化的陆地棉，在黄河流域和长江流域用岱字棉 15 进一步更换斯字棉、德字棉和坷字棉等，特早熟棉区推广锦育 5 号和克克 1543 等，在西北内陆棉区推广前苏联的 108 夫、克克 1543、2 依 3、5904 依及长绒 3 号等海岛棉品种，亚洲棉基本被淘汰。至 1958 年推广美国品种岱字棉 15 后，陆地棉在中国种植面积已占棉田总面积的 98%，其余为少量海岛棉及亚洲棉，而草棉已被淘汰。陆地棉初步普及，海岛棉开始种植。这次换种使棉花单产提高 15%，绒长增加 2 ~ 4mm。

1.2 系统育种与中国棉种的第二次更换

1964 ~ 1968 年间，中国利用系统育种技术改进国外陆地棉品种，使品种产量水平和生态适应性进一步改观。长江流域以岱字棉 15 复壮种、洞庭 1 号和鄂光棉等品种替代了岱字棉 15。黄河流域推广徐州 209 和徐州 1818，中国农业科学院棉花研究所育成中棉所 2 号、中棉所 3 号等，特早熟棉区种植朝阳棉 1 号等，西北内陆棉区推广新海棉、8763 依等海岛棉品种。中棉所 2 号是从岱字棉 15 中通过系统育种法于 1959 年育成，在 1960—1962 年黄河流域区域试验 56 个点次中，平均比对照岱字棉 15 增产 14.3%，1968 年在河北、山东、河南等省推广 13.3 万 hm^2；中棉所 3 号是中国农业科学院棉花研究 1960 年从岱字棉 15 中系统选育而成，1972 年在河南、陕西、山西、山东、河北等省推广种植 20 万 hm^2。中棉所 3 号属于耐病丰产品种，对枯萎病具有超亲的耐病性，全国许多育种单位以该品种为抗病种质育成了多个新品种；中棉所 7 号是从乌干达棉中用系统育种法于 1971 年育成，生长势强，后期叶片保持青绿不衰，累计推广 6.7 万 hm^2。

1.3 杂交育种与中国棉种的第三、四次更换

第三次换种在 20 世纪 70 年代，其技术标志是通过杂交育种技术培育新品种，通过不同基因型的亲本之间的有性杂交，使得两个或多个亲本的某些遗传物质结合形成新的基因组合，是棉花品种改良的主要途径之一，包括两亲本杂交和复合杂交。黄河流域棉区推广徐州 142、邢台 6871、中棉所 5 号、中棉所 7 号等，长江流域推广沪棉 204、徐州 142、泗棉 1 号，突出特点是岱字棉 15 在南北棉区被取代，特早熟棉区推广黑山棉 1 号、辽棉 4 号，西北内陆棉区推广军棉 1 号等。20 世纪 50 年代，在中国自育的推广面积在 1 万 hm^2 以上的陆地棉品种中，通过杂交育种育成的品种占 13%，60 年代占 21.2%，70 年代占 38.3%。

中棉所 5 号中国农业科学院棉花研究所从［徐州 209 ×（岱字棉 15 × 紫锦葵）］组合后代选育而成的中早熟品种，1969 年育成，耐旱涝性较强，20 世纪 70 年代在黄河流域大面积推广。

第四次换种自 1980—1984 年，其特点是杂交育种技术进一步发展为利用多亲本的复合杂交培育新品种，国产品种完全取代国外引进品种，品种的熟性更加多元化，为棉花耕作制度改革提供了优质种源。黄河流域重点推广中棉所 8 号、鲁棉 1 号、冀棉 8 号及短季棉品种中棉所 10 号，其中山东棉花中心育成的鲁棉 1 号为中国推广速度最快、推广面积最大的高产品种。中棉所 10 号为中国农业科学院棉花研究所育成的第一个短季棉品种，从引进品种黑山棉 1 号中系统选育而成，其育种策略是根据中国黄河流域广大棉区人多地少、粮棉争地矛盾突出的客观实际，选育适合麦棉夏套种植的新品种类型。中棉所 10 号

具有早熟、高产等突出特点，成为20世纪80年代黄河流域短季棉的当家品种，成为中国短季棉育种的开创性品种。长江流域推广泗棉2号和鄂沙28等，特早熟棉区推广辽棉8号、辽棉9号，西北内陆棉区推广军棉1号和新陆早1号，其中军棉1号在西北内陆棉区推广应用时间持续到21世纪初。经过这次换种，中国自育陆地棉品种基本普及，品种的丰产性有较大提高。

1.4 抗性育种与中国棉种的第五次更换

20世纪80年代中期至90年代中期，棉花枯萎病（*Fusarium vasinfectum*）和黄萎病（*Verticillium daliae Kleb.*）呈快速发展态势，对棉花生产造成的损失日益严重，因此从遗传育种角度控制上述病害成为棉花育种目标的新内容。该阶段育种目标是在高产、早熟的基础上考虑影响棉花生产的枯萎病和黄萎病，并培育早熟、优质、抗病的春套棉和短季棉品种。在西北农业大学高永成教授提出棉花品种病地鉴定和强化选择理论后，中国农业科学院谭联望等认真总结育种经验，通过选择高产、抗病的引进品种乌干达3号和优质、广适的邢台6871作亲本，杂交后代连续在试验田接种棉花枯萎病、黄萎病病菌，连续鉴定和强化选择育成。

中棉所12打破了高产与抗病性和纤维品质的遗传负相关，先后通过国家和河南省、山东省等6省审定，推广范围遍及全国三大棉区的12产棉省至1993年累计推广种植1亿hm^2，1990年获国家发明一等奖。中棉所17是以抗病、优质材料7259×6651的后代为母本，以早熟、高产的中棉所10号作父本进行复合杂交育成，具有早熟、高产、优质、抗病、综合性状优良、适于麦棉套种等优良特性，1990年山东省审定，生育期125d，是黄淮海棉区麦棉套种的主导品种；株型紧凑，适播期长，抗枯萎耐黄萎病，纤维品质优异，洁白有丝光；耐盐碱，适于黄淮海棉区麦棉套种和滨海滩涂碱地种植，累计推广种植73.3万hm^2以上，对于发展麦棉套种，缓解粮棉争地矛盾，以及开拓滨海滩涂碱地植棉有重要意义。中棉所16是从中10选系×辽4086组合后代中经连续选择而成的抗病、早熟短季棉品种，1990年通过河南、山东两省品种审定委员会审定。该品种生长发育快，生育期114d，吐絮期落叶晚，表现早熟不早衰、丰产、优质、高抗枯萎兼抗黄萎病，成功地解决了麦田夏套棉早熟、抗病和早衰的难题，累计种植面积66.7万hm^2以上。至此，中棉所系列品种成为中国棉花生产的主导品种，迅速覆盖黄河流域、长江流域和西北内陆三大棉区，“中”字号品种年推广面积266.7万hm^2左右，占全国棉田面积50%。长江流域以泗棉2号、江苏棉1号、盐棉48和鄂抗棉5号为主，特早熟棉区推广辽棉12。

1.5 转基因育种与中国棉种的第六次更换

自1995年以来，随着现代生物技术的发展和棉花生产中棉铃虫、棉红铃虫的严重为害，棉花育种目标迅速调整，在黄河流域和长江流域逐步以培育和推广转基因抗虫棉和杂交棉迅速推广为特征，分子育种技术与常规技术相结合，品种的科技含量进一步增加。

进入20世纪90年代后，棉铃虫和红铃虫的为害成为中国棉花生产的灾难性害虫，棉铃虫每年造成的直接经济损失高达100亿元以上[2]。继美国Agrocitus公司成功构建来自苏云金芽孢杆菌的*Bt*基因并在棉花上表达后，美国孟山都公司采用改造土壤农杆菌的Ti-质粒转化载体的启动子，即在35S小亚基作启动子的基础上加入重复的强化表达区，使基因合成毒素的表达水平提高100倍[3]。同时在不改变*Bt*基因合成毒蛋白的氨基酸序列的情况下，对 *Bt* 基因进行修饰改造，对构成该基因的21%的核苷酸序列进行相应的替换，使A、T、G、C4种碱基趋于平衡，使其更适合在植物中表达。这样，Bt基因合成杀虫晶体蛋白的量从原来的占可溶性蛋白的0.001%提高到0.05%~0.1%，抗虫效果明显改善。美国育成的抗虫棉品种33B、99B迅速占领中国棉种市场，至1998年，美国抗虫面积占中国抗虫棉总面积的95%，中国的民族育种业面临严峻挑战。

中国农业科学院生物技术研究所[4]继成功构建具有自主知识产权的 *Bt* 基因后，又构建了 *Bt* 与 *CpTI* 双价基因的复合体，使中国成为世界第二个拥有抗虫基因自主知识产权的国家。河北省石家庄市农科院把该双价基因导入石远321，育成的双价抗虫棉SGK321于2001年通过河北省审定，2002年通过国家审定，中国农业科学院棉花研究所合作把该双价基因通过花粉管通道法转入中棉所23，育成的中棉所41抗虫性强，产量与抗虫杂交棉持平，2002年通过国家审定。中棉所45、中棉所47等双价抗虫棉相继问世，中国抗虫棉面积迅速扩大品种综合性状不断提高。据统计，1998年中国抗虫棉面积共25万 hm^2，中国自育品种面积小于5%；2002年抗虫棉总面积194.3万 hm^2，国产抗虫棉面积占73.3万 hm^2，占抗虫棉总面积的38%；2004年抗虫棉总面积310.4万 hm^2，国产抗虫棉面积186.7万 hm^2，占60%；2006年国产抗虫棉面积已占中国抗虫棉面积的80%以上，彻底结束了美国抗虫棉垄断中国种子市场的被动局面。

此阶段中国转基因抗虫棉育种成绩斐然，主要育成品种有中国第一个国审双价转基因抗虫棉中棉所41以及中棉所45，山东棉花中心的鲁棉研16和河北省石家庄农科院的SGK321。西北内陆棉区大面积推广中棉所35、中棉所36、中棉所43、中棉所49和新陆中5号等。这次换种的显著特征是：常规育种技术与生物技术密切结合，育种水平和效率显著提高，中国棉花的抗虫性明显改善，中国自主知识产权的抗虫基因广为应用，节本增效和保护生态环境初见成效，2001—2006年中国棉田面积、总产及单产持续增加，在世界棉花生产中占重要地位（表1）。

表1　2001—2006年中国和世界棉花种植面积、总产和单产比较

项　目		2001年	2002年	2003年	2004年	2005年	2006年	平均
种植面积	中国	481.0	418.4	511.1	5 693	506.2	540.0	504.3
（万 hm^2）	世界	3 339.7	2 987.2	3 209.2	3 519.7	3 392.7	3 464.6	3 318.9
	中国占世界%	14.4	14.0	15.9	16.2	14.9	15.6	15.2
总产	中国	532.4	491.6	186.6	632.4	571.4	673	565
（万t）	世界	2 150	19.29	2 071	2 630	2 476	2 470	2 288
	中国占世界%	24.7	25.5	23.5	24.1	23.1	27.3	24.7
单产	中国	1 110	1 174.5	951.0	1 111.5	1 129.5	1 246.5	1 120.5
（kg/hm^2）	世界	643.5	646.5	645.0	747.0	730.5	712.5	687.0
	中国占世界%	72.4	81.8	47.4	48.8	54.7	74.8	63.0

注：世界数据来自USDA，中国数据来源于中华人民共和国农业部

1.6 杂交棉品种选育成效卓著

杂种优势是生物界普遍存在的一种现象。自 Shull[5] 首次提出“杂种优势”这个名词以来，各国科学家先后进行了作物杂种优势的研究和探讨。20 世纪 30 年代美国率先在生产上推广杂交玉米，随后其他作物如水稻、高粱、油菜以及蔬菜等在生产上相继利用杂种优势，揭开了作物杂种优势利用的新篇章。作物杂种优势大规模应用是 20 世纪作物育种中一项重大成就，此举为作物产量大幅提高做出了巨大贡献。棉花杂种优势研究始于 20 世纪 20 年代，国内外多年研究表明，利用棉花杂种优势是提高棉花产量有效途径之一。但世界上较大面积应用杂交棉始于 20 世纪 70 年代，印度是世界上应用杂交棉面积最大的国家，种植面积占总植棉面积的 50% 左右，总产占 70%[6]；中国杂交棉面积从 20 世纪 90 年代只占总植棉面积的 1%，上升到目前 25% 以上，位居世界第二。杂交棉的大面积的应用为这两个国家棉花产量提高做出了积极贡献。棉花杂种优势机理研究经过多年的探索，在杂种优势遗传、优势预测、分子机理等方面也取得了显著的进展，为棉花杂种优势理论研究积累了丰富的数据。进入 20 世纪 90 年代初，生物技术的突破，转基因抗虫棉相继问世，为抗虫杂交棉选育奠定了丰富的物质基础。中国在转基因抗虫杂交棉选育和应用方面获得了极大的成功，成功选育了以中棉所 29 为代表的抗虫杂交种数十个。目前，转基因抗虫杂交棉已取代了非抗虫杂交棉，并在生产上进行了大面积推广和应用，取得显著的增产和抗虫效果，将美国抗虫棉拒之门外。不育系材料的选育和改良也取得显著进展，高优势“二系”和“三系”杂交种相继问世。棉花不育系杂交种的应用，显著提高了棉花杂交制种效率，为进一步普及杂交棉推广应用提供了有力的保障。随着杂交棉在中国普及和推广，将有力地推动了中国的棉花生产快速发展，同时也促进了人们对棉花杂种优势机理的深入研究。

1.7 现代育种技术的发展与品种改良

分子标记辅助育种是继转基因育种之后新兴的分子育种技术，与传统育种技术相比较，具有跟踪目标基因（性状）、提高育种效率、减少遗传累赘等优点。中国农业科学院棉花研究所和南京农业大学[8] 在对棉纤维品种的研究中发现了控制纤维比强度的主效 QTLfs1 和其他 8 个 QTL，可以解释 30% 的比强度变异；马峙英等[8] 构建了高纤维强力种质系苏远 7235 的 BAC 基因文库，为优质纤维基因克隆奠定了基础；祝水金等[9] 报道了用 AFLP 标记进行陆地棉黄萎病抗性基因辅助筛选。

生化辅助育种是中国农业科学院棉花研究所提出并率先采用的棉花辅助育种技术，2005 年申报国家发明专利。其核心内容是通过研究各种生化指标包括各种酶系统如超氧化物歧化酶、过氧化物酶、过氧化氢酶等及氧化产物、生长素、脱落酸等在不同类型品种不同生长发育时期的变化规律和遗传特性，根据不同种类生化物质的变化及其遗传规律，建立起的辅助育种指标体系，确定各种生化物质的相对选择标准、选择范围、选择酶活量和选择时间，以增强育种选择的精确性，加快育种进程的育种方法。应用生化辅助育种技术已成功培育出早熟不早衰的短季棉中棉所 20、中棉所 24、中棉所 27 和中棉所 36 等品种。

近几年，全国棉纺业呈快速飞跃发展态势，全国棉纺产量从 2001—2006 年连续 6 年保持两位数增长，2006 年纺纱 1 722万 t，年递增 17.8%。按 64% 用棉计算，纺棉 1 120 万 t，与新品种的培育和大规模产业化有重要关系。

我国棉花现代育种技术应用与育种展望（下）

喻树迅，郭香墨，邢朝柱
（中国农业科学院棉花研究所/农业部棉花改良重点实验室，安阳　455000）

摘要：棉花优良品种的推广对棉花生产的可持续发展具有重要作用。中国棉花遗传育种半个世纪的发展历程表明，棉花育种新技术应用是中国棉花品种从无到有、从低水平到跻身世界先进行列的根本和出发点。20 世纪 50 年代以来，中国先后进行了 6 次品种更换，每次更换都使棉花单产提高 10% 左右，纤维品质、抗病性和早熟性持续提高，中棉所 12、中棉所 16、中棉所 19、中棉所 29 等代表性品种为中国棉花生产做出巨大贡献。目前中国棉花品种仍存在纤维品质、抗黄萎病等缺陷，该文就中国棉花遗传育种的目标、技术路线和发展方向进行了分析和讨论。

关键词：棉花；遗传育种；进展；展望

2　中国棉花育种的问题与展望

2.1　中国棉花育种的问题

经过几代棉花育种工作者的努力，中国棉花品种从引进、改良到自主创新，走过了一条快速、健康的发展道路。育成品种的种类、产量、品质和抗性均处于世界先进水平。但是，要满足中国纺织工业快速发展的需求，解决棉花生产中出现的新问题，并参与国际竞争，中国棉花育种领域存在的主要问题应引起重视。

2.1.1　纤维品质改良

中国棉花纤维品质属于世界中等水平，陆地棉品种纤维品质主要存在 3 个缺陷：一是纤维比强度偏低，比美国平均低 1 ~ 2cN/tex，对棉纱的产品质量造成一定影响，致使中国 80% 优质原棉依赖进口；二是纤维品质诸指标搭配不合理，缺少绒长 27mm 及以下的中短绒和 31mm 以上的中长绒品种；三是棉纤维中“三丝”含量较高，据纺织部门调查，“三丝”含量每吨高达 8 ~ 20g，远高于国家规定的 0. 1g 的标准。从育种角度分析，提高中国棉花纤维品质，特别是提高棉花纤维强度和协调纤维长度、细度、整齐度、比强度和麦克隆值等指标，日益成为中国棉花纤维品质改良以及提高中国棉花国际竞争力的关键。目

原载于：《中国农业信息》，2008（4）：16-18

前，通过常规育种技术选育出一批高品质棉花新品种，如渝棉1号、科棉4号、湘杂棉4号、中棉所46、邯682、新陆早24号等，但由于纤维品质与产量的遗传负相关，多数品种产量较低，抗病性较差，与生产应用还有较大的距离，难以大面积推广应用。国内外已经克隆了若干纤维品质改良基因，预计未来10年内中国棉花纤维品质将有新突破。

2.1.2 黄萎病危及各产棉区

据调查，棉花黄萎病在中国三大棉区的发生面积逐年增加，2003年中国长江流域棉区和黄河流域棉区黄萎病的大面积发生为害，损失惨重，发生面积高达300万～400万 hm^2，一般减产20%～30%，部分棉区严重的减产达60%以上。每年因黄萎病为害，造成棉花减产达100万t。黄萎病是棉花选育中最难以克服的病害，其根源一是棉花黄萎病生理小种较多，二是目前还没有找到理想的抗源。因此，黄萎病已成为中国棉花育种界最关注的问题，尤其是近年来发生和造成严重为害的落叶型黄萎病，发生蔓延快，损失巨大，应通过广泛搜集抗源、导入外源抗病基因、分子标记辅助育种等技术取得突破，减轻为害。

2.1.3 抗逆育种相对滞后

中国的旱地棉田主要分布在华北平原、黄土高原、长江中游丘陵地带，常年非灌溉棉田300万 hm^2，约占全国棉田总面积的55%～60%，即使在非干旱地区的主要农业区，也不时受到旱灾侵袭[10]。黄河流域棉区经多年两熟种植后，加剧了水资源紧缺状况，土壤肥力降低，可持续性下降，进一步制约了麦（油）棉产量的提高。在中国1.1亿 hm^2 耕地中，盐碱地650万 hm^2，中低产田6 500 hm^2。其中大部分中低产田也是由于干旱和盐碱所致，此外还有2 000万 hm^2 盐碱荒地有待开发利用；灌溉地区次生盐渍化田地还在逐年增加。因此，培育抗逆性强的品种对稳定提高中国棉花产量，节本增效，实现可持续发展将具有重大意义。这些年来，中国在棉花育种目标上强调早熟、高产、优质，病虫害较多、抗逆（旱、寒、盐碱等）等性状相对提得少。故此，近年推出的新品种存在适应性、抗逆性较差等现象，已引起中国棉花育种家的高度重视。2004年中国农业科学院棉花研究所成功培育抗盐品种——中棉所44，在土壤含盐量达0.4%条件下，相对成活苗率81.3%，达到抗盐水平。另外，生物技术也取得重要进展，抗旱、耐盐等基因已转入棉花品种。预计未来10年内中国棉花品种的抗逆性将会有较大提高。

2.1.4 转基因抗虫棉靶标害虫的抗性及次生害虫猖獗

由于转基因抗虫棉品种的培育和推广应用，棉铃虫和红铃虫严重危害问题已基本得以解决。然而，Bt抗虫棉也是一单基因控制的性状，随着应用时间的增加，棉铃虫和红铃虫群体中要出现抗Bt的群体，双价抗虫棉虽然抗性较高，但产生棉铃虫抗性群体在所难免。因此，转基因抗虫棉的抗性丧失问题是目前全世界都关注的问题，一旦抗性丧失，对于棉花产业的影响是不可估量的。因此，寻找抗性更强的新的抗虫基因和累加复合抗虫基因，对于棉花生产的可持续发展具有重要的影响。

次生害虫如棉盲蝽象（*Lygus lucorum Meyer-dur*）、棉蚜（*Aphis gossypii Glover*）、棉蓟马（*Thrips tabaci Linde-man*）、棉粉虱（*Bemisia tabaci Gennadius*）等为害日趋猖獗，对中国棉花生产的持续、稳定发展威胁极大。棉盲蝽象连续在黄河流域的山东省、河南省、河北省、山西省和长江流域的江苏省、湖北省、湖南省、安徽省等地猖獗为害，受害面积最高可达80%以上，造成蕾铃受害脱落率在40%以上，棉花产量降低30%～40%，已成为中国继棉铃虫之后的又一大害虫，使得棉农投入增加，产量不稳，严重挫伤了棉农植棉的积极性。

2.2 棉花育种的发展方向

要解决上述问题，“十一五”期间必须对常规育种技术进行改造升级，与生物技术紧密结合，建立一套高产、优质、抗病虫及抗逆棉花育种技术集成和创新体系，创造各种类型的优异新材料，培育高产、优质、广适性棉花新品种，才能整体提升中国棉花国际竞争力。

2.2.1 纤维品质的多元化需求与品质改良

针对中国三大棉区棉花纤维品质现状，今后中国棉花纤维品质改良的方向是：黄河流域棉区要进一步协调纤维比强度、长度和马克隆值之间的关系，解决霜后花比重大影响纤维品质的问题；长江流域棉区解决纤维偏粗的问题；西北内陆棉区解决纤维比强度偏低、含糖量高等问题。

根据中国纺织工业的发展要求，今后中国棉花纤维品质育种目标是：确保高产、抗病虫和早熟性，纤维品质满足纺织工业对不同档次原棉的需求，重点选育市场需求量大的纤维长度27～29mm、比强度30.8～32.2cN/tex、马克隆值3.7～4.5的棉花新品种；选育纤维长度31～33mm、比强度33.6～36.4cN/tex、马克隆值3.7～4.2，可纺中高支（60～80支）纱的棉花新品种；选育皮棉产量高、纤维长度25～27mm、比强度32.2cN/tex、马克隆值4～5，可纺粗支纱的棉花新品种。另外，还要积极发展长绒海岛棉、彩色棉、低酚棉、有机棉。在品种种植结构布局上，形成全国品质多样化，各生态区品质区域化、专用化，以满足纺织工业和国内外市场的多种需求。

2.2.2 抗黄萎病育种

进入20世纪90年代，棉花黄萎病发生逐年加重，落叶型黄萎病在多个棉区发现并发生危害，对棉花品种抗病性要求进一步提高，除扩大亲本来源，采用新抗源，进行远源杂交、聚合杂交、回交加连续选择等常规育种方法外，应加强利用基因工程手段，导入外源抗病基因等新方法和分子标记辅助育种技术也运用到抗病育种中。迄今为止，虽然还没有克隆出棉花抗黄萎病基因，但关于棉花分子图谱的构建及抗黄萎病相关基因的定位，为抗黄萎病基因的克隆在研究基础及技术支持上铺平了道路，为分子标记辅助选择培育抗黄萎病品种奠定了基础。

培育的新品种应对黄萎病（尤其是落叶型黄萎病）有较强抗性，抗病品种的黄萎病指应从30以下降低到20以下。由于黄萎病抗性的提高，要克服棉花早熟性降低和产量降低的遗传负效应，确保高产、优质、高效的总体目标实现。

2.2.3 抗逆性育种

育种方法创新。根据不同逆境特点，确立相应的育种技术创新体系。如华北平原半湿润易旱及长江中游丘陵岗地两种雨养棉区，采用纯雨养条件下选择鉴定方法。华北平原旱地，多春旱夏涝，采用苗期反复干旱为主的抗旱性评价方法，以选择对水肥不敏感为重点。长江中游丘陵岗地，苗蕾期多雨和花铃期干旱，采用旱池及形态生理指标间接评价的方法，以抗苗病和伏旱高温为选择重点。黄土高原半干旱雨养生态区，伏旱严重，且大气和土壤干旱交加，棉花生育期降雨常在年份、季节间多变，与棉花阶段需水同步性差，确立以水、旱交替选择鉴定为主体，结合生态选择鉴定的评价方法，以耐伏旱为选择重点。东部沿海和西北内陆盐碱地，主要解决0.3%以上中度盐碱地棉花品种的出苗率、苗期发育和早熟性问题，采用棉花苗期盐胁迫法选择。创造抗逆性强的创新材料，主要采用杂交选育、外源基因转化、轮回选择、自然突变、航天诱变、γ射线诱变，离子束处理等方法。结合生态育种、分子标记辅助育种等技术，将优质、高产、抗逆、抗虫、抗病等性状快速聚合在一起，最终培育优质、高产、广适的棉花新品种。

育种目标确定。棉花抗逆育种的总体目标是：以抗病虫为前提，抗逆为核心，优质、丰产为主攻方向，选育优质、高产、广适棉花新品种。“十一五”期间，将完善棉花抗逆育种技术体系，创造优质、高产、抗逆育种新材料100份，培育优质、高产、抗逆棉花新品种10~15个。绒长29mm以上，比强度29cN/tex以上，麦克隆值3.5~4.9，抗枯萎病指5以下，抗黄萎病指25以下，抗虫性80%以上，肥水利用率提高20%以上，区域试验增产5%以上，低产田（瘠薄地、干旱半干旱地、盐碱地等）增产30%以上。

参考文献

[1] 中国农业科学院棉花研究所．棉花遗传育种学［M］. 济南：山东科学技术出版社，2003.

[2] 夏敬源，崔金杰，马丽华．棉花抗虫性的研究与利用［J］. 棉花学报，1996，8（2）：57-64.

[3] Choma C，Surewitcz W，Carey P. Unusual proteolysis of the pro toxin and toxin of bacillus thurin giensis-structural implications［J］. *European Journal of Biochemistry*，1990，189：523-527.

[4] 崔洪志，郭三堆．双价杀虫基因植物表达载体的构建及其在烟草中的表达［J］. 农业生物技术学报，1998，1（6）：7-13.

[5] Shull G H. The composition of a field of maize［J］. *Am Breed Assoc*，1908，4：298-301.

[6] Kairon M S. Role of hybrid cotton in Indian economy C［G］. *Proc World Cotton Res Conf*，Greece，1998.

[7] Tianzhen Zhang，Youlu，Yuan，Jhone Yu，*et al.* Molecular Tagging of a Major QTL for Fibber Strength in Upland Cotton and its Marker-resistant Selection［J］. *Theor. Appl. Genet*，2003，106：262-268.

[8] 王省芬，马骏，马峙英．高纤维强力棉花种质系苏远7235BAC文库的构建［J］. 棉花学报，2006，18（4）：200-203.

[9] Zhu S J，F Ang W P，Ji D F. Studies on the molecular marker assistant selection for Verticillium Wilt resistance in upland cotton（*Gossypium hirsutum*）［G］. *Plant Genomicsin China* Ⅱ，2001.

[10] 中国农业科学院棉花研究所．棉花遗传育种学［J］. 济南：山东科学技术出版社，2003，524-545.

中国短季棉遗传改良研究进展及发展方向

范术丽，喻树迅，宋美珍
（中国农业科学院棉花研究所/农业部棉花改良重点实验室，安阳　455000）

摘要： 短季棉品种遗传改良是实现麦棉两熟棉区粮棉双丰收的有效途径。从早熟种质资源金字棉的引进，早熟短季棉品种中棉所10号的育成，抗枯萎病品种中棉所16、辽棉10号的选育，生化辅助育种技术育成早熟不衰品种中棉所24、中棉所27和中棉所36，转单价Bt基因抗虫棉中棉所30、中棉所42和鲁棉研19，转双价Bt + CpTI基因抗虫棉中棉所50、中棉所58的培育，到航天诱变特早熟品种中棉所64，综述了中国短季棉品种选育的主要研究进展；提出了短季棉育种应加强抗黄萎病材料创制、克服产量和早熟性负相关和解决特早熟品种早衰等遗传改良重点；指出借助分子育种与常规育种技术相结合，培育麦后直播特早短季棉和杂交短季棉是今后短季棉遗传育种的方向。

关键词： 短季棉；遗传改良；进展；方向

棉花是中国重要的经济作物，在国民经济和社会发展中占有重要地位。中国是棉花生产、原棉消费和纺织品出口大国，棉花生产和产业化状况关系到中国2亿农民的经济收入，关系到1 300万纺织工人的就业[1]。中国人多地少，提高复种指数和土地利用率，始终是农业生产的主题之一，而短季棉是适合中国一年两熟和多熟制条件下种植的棉花类型[2]，因此，通过短季棉品种遗传改良，发展短季棉生产对缓解中国粮棉争地的矛盾具有重要的现实意义。

1　短季棉遗传改良的出发点

短季棉（short-season cotton）即株型紧凑，植株偏矮，节间短，果枝短，第一果枝着生节位低，叶量少，生育期短的棉花品种[3]。世界上种植短季棉的有中国、美国、前苏联、印度和埃及等国家，前苏联是世界上最北的棉区，生长期季节短，为避开棉花生长后期常遇的低温而种植短季棉品种；美国、印度、埃及与前苏联的情形有所不同。在美国种植短季棉品种是为减少或避开后期虫害，减少田间管理工作，降低生产成本；印度20世纪80年代推行轮作制，要求选育早熟棉花品种。中国人多地少，粮棉争地矛盾历来突出并日趋严重，选育生育期相对较短适宜黄河和长江流域棉区种植的短季棉品种，是实现一

原载于：《中国农学通报》，2008，24（6）：164-167

熟向粮（油）棉两熟乃至多熟发展，从而取得粮棉双丰收的需要，特别是甘肃、新疆北疆及部分南疆棉区，由于前期气温低，常造成低温冻害，后期气温下降快，棉铃不能正常成熟，严重影响产量和品质，也迫切需要耐迟播且早熟的短季棉品种[4]。

2 短季棉遗传改良研究进展

2.1 短季棉早熟性遗传改良研究

自1918年从朝鲜引入金字棉（King）到现在，中国短季棉育种研究经历了近100年的历史。由于金字棉早熟性好、结铃性强，经过多年驯化成为中国短季棉育种的主要"早熟源"。辽宁省黑山县示范农场通过引种试种、系统选育，于1968年选育成早熟品种黑山棉1号。在20世纪70年代，黄河流域棉区各地科研单位，开展麦（油）棉两熟复种研究，棉花品种多采用黑山棉1号，可由于其生育期为120d左右，加上生产技术不配套，造成贪青晚熟，产量低、品质差，未能在生产上大面积推广应用。但因棉花生产对适于麦棉两熟品种的迫切需要，国家将短季棉育种列入"七五"科技攻关计划，以黑山棉1号为主要早熟种质，选育出中国第一代早熟、丰产短季棉品种中棉所10号、辽棉7号和新陆早1号[5,6]，中棉所10号产量在全国夏棉区试中比对照增产20%，生育期115d左右，较一熟春棉提早25～30d，从而使北方棉区改棉花一熟为粮棉两熟，并迅速在生产中推广应用。

2.2 抗枯萎病短季棉遗传改良研究

短季棉的育成使在20世纪80年代中国的麦棉两熟发展迅速，但短季棉品种不抗枯萎病（Fusarium wilt）的问题日益突出。为培育抗病短季棉品种，喻树迅等[3]研究了47份辽、晋、鲁、豫、鄂、浙等省的地方品种和改良品种，以及39份美国、法国、阿根廷和前苏联等国的早熟材料，从中筛选出抗病好的短季棉亲本。在此基础上，选用早熟、适应性广的中棉所10号作母本，抗病性好、长势旺的辽4086为父本，育成高产、抗病、早熟不早衰的优良短季棉品种中棉所16[7]，中棉所16的问世，使中国华北平原麦棉两熟的耕作制度得以进一步发展，实现了粮棉双丰收，累计种植面积在400万hm^2，年最大种植面积达100万hm^2。与此同时，新疆维吾尔自治区、辽宁、湖北、安徽、河南和山东等省（自治区）也先后育成适合本地种植的短季棉品种新陆早6号、辽棉10号、鄂棉13号、皖夏1号、豫棉5号、豫棉9号和鲁棉10号等。

2.3 低酚短季棉遗传改良研究

棉籽仁中含有丰富的蛋白质和脂肪，陆地棉的棉仁中含有40%左右的蛋白质和35%以上的脂肪，但一般棉花种仁中含有较高的棉酚及其衍生物，人及非反刍动物食用后便会产生中毒现象，棉油脱毒精炼后可食用，但榨油后的棉籽饼只能作肥料，影响了棉籽蛋白的综合利用，选育的一些低酚棉品种因低酚性状纯度差，难于在生产上应用[8]。喻树迅等[9]通过遗传分析与筛选，首次从国内外育种材料中筛选出陕2942、中无642和GL-5等抗病、早熟、低酚等种质材料；采用生物化学测试与遗传分析相结合方法，找出控制低酚性状的双隐性基因（$gl_2gl_2gl_3gl_3$）的优良个体，其低酚性状遗传稳定，棉酚含量低微，仅0.002 5%，低于0.04%的国际卫生食用标准，具有较高的综合利用价值，是低酚棉育种的一大进展；为避免生物学混杂，通过遗传变异选择，发现雌蕊柱头短、雄蕊早散花粉的低酚棉花材料，常年低酚株率高达98%以上，间苗后可达100%；通过地理跨距大的品种杂交和生化测定，1996年育成低酚短季棉品种中棉所20，生育期113d左右，既适于河北省、山东省、河南省作麦棉两熟种植，也适于甘肃省、新疆维吾尔自治区北疆和辽宁省作春棉种植。

2.4　抗早衰短季棉遗传改良研究

在早熟棉育种中，早熟是最主要的性状，但早熟伴随早衰，严重影响早熟棉品种的产量和品质。喻树迅等[10~14]对短季棉品种SOD酶类研究发现，早熟不早衰的品种叶片叶绿素和蛋白质降解慢，SOD、PDD、CAT活性强，而早熟早衰的品种SOD、PDD、CAT活性低，叶绿素和蛋白质降解快，表现抗逆性差、产量低。从而提出了从亲本到后代对抗氧化系统酶（anti-oxi-dant system enzymes）的活性进行选择的生化辅助育种技术（biochemical assistant breeding technology）。中国农业科学院棉花研究所利用生化辅助育种技术，选择抗氧化系统酶类活性强、不早衰的品种作亲本，在后代选择中以SOD、POD和CAT酶活性高低对各世代进行筛选，有效地缓解了早熟早衰的遗传负相关，1995—1997年育成了早熟不早衰，丰产、优质、抗病的中棉所24、中棉所27和中棉所36[15~17]，3个品种生育期仅为110d左右，霜前花率90%以上；全国夏棉品种区试霜前皮棉产量较对照中棉所16增产14.6%~24.7%；纤维品质综合指标优良，比强度较对照提高1.4~2.8cN/tex，达到33.1cN/tex以上；高抗枯萎病，耐黄萎病。

2.5　转基因抗虫短季棉遗传改良研究

在20世纪90年代末，针对棉铃虫的危害，短季棉育种在保持早熟、丰产、抗病的提前下，抗虫性成为棉花育种的重要目标。中国农业科学院棉花研究所与生物技术所合作，通过常规育种技术与转基因技术相结合，以中棉所16为母本，与转*Bt*（*Bacillus Thuringiensis*）基因棉种质系杂交，并与中棉所16回交，1998年育成了生育期110d左右的第1个抗虫夏棉中棉所30[18]，之后育成丰产、抗病的中棉所37、中棉所42和鲁棉研19[19]等转单价*Bt*基因抗虫棉。抗虫棉中棉所30较不抗虫棉中棉所16增产20.1%。但由于棉铃虫对转单一*Bt*杀虫基因产生抗性的潜在风险，在单价转基因抗虫棉的基础上，以大面积推广的中棉所36为受体，以双价*Bt*+*CpTI*（cow pea trypsin inhibitor）基因为目的基因，2005年育成延缓棉铃虫产生抗性的双价转基因抗虫短季棉中棉所50[20]，之后又育成中棉所58[21]，生育期为105d，产量比对照品种增产20%左右，抗枯萎耐黄萎病，纤维品质达到国家纺织工业标准。至此，短季棉育种在熟性和抗虫性方面步入了一个新阶段。

2.6　短季棉的航天诱变遗传改良研究

1961年前苏联开始利用返回卫星研究和报道了空间飞行对植物种子的影响[22]，此后，美国和德国等许多国家实验室研究了植物在空间条件下植物生长发育和遗传特性的变化，20世纪80年代美国获得变异的番茄，1996年，俄罗斯、美国合作在“和平”号轨道站上开辟了900m^2的温室，种植了100多种作物，但关于棉花航天诱变育种未见报道。中国自1987年开展航天育种研究以来，先后进行了13次70多种农作物的空间搭载试验，棉花航天诱变自1988年有8个科研单位共搭载40个品种，研究了搭载后棉花种子萌发、营养和生殖生长、同工酶、主要农艺经济性状等的变异，航天处理对棉花早熟性有较好的改良效果[23]，中国农业科学院棉花研究所利用航天诱变育种、转基因技术与常规育种相结合，2007 年育成生育期 104d 的双价转基因抗虫棉品种中棉所 64[24]，短季棉航天诱变育种初见成效。

3 短季棉遗传改良的重点

3.1 提高品种黄萎病抗性

黄萎病（*Verticillium wilt*）是棉花的最重要病害之一，有棉花的“癌症”之称，1935 年传入中国。自 20 世纪 80 年代末枯萎病得到控制后，黄萎病上升为棉花第一大病害，1993 年全国大面积发生，此后连续多年严重发生，目前发病面积达到全国棉田面积的一半以上。黄萎病属于土传、维管束病害，化学防治难以奏效，但目前生产上尚无抗黄萎病棉花品种[25]，培育抗病品种是防治该病的主要方法。

3.2 提高短季棉的产量和品质

棉花的产量与品质、产量与早熟、早熟与品质、品质与抗性之间存在不同程度的遗传相关[26,27]，提高其中一个性状指标往往会导致另外一个或几个指标下降。

特别在进行短季棉品种几个性状的平行选择时，在早熟的前提下取得较好的产量和品质，处理好性状之间的相互关系问题显得尤其突出。

3.3 解决特早熟品种伴随早衰的问题

特早熟棉花品种是指前茬作物（小麦、油菜）满幅播种，前茬作物收获后直接播种棉花，在取得较理想的产量前提下，其成熟收获不影响后茬作物按时播种的早熟棉花品种。生育期 100d 以内的特早熟棉花品种一直是短季棉育种的目标，但早熟棉花品质伴随早衰，抗病性较差，在特早熟棉花品系中表现更加明显，如何解决特早熟棉花品种早衰问题十分重要。

4 短季棉遗传改良发展方向

短季棉作为适合中国国情的棉花品种类型，在解决中国温饱问题、实现麦棉两熟双高产的发展时期功不可没。短季棉通过麦后直播，将进一步在促进农业结构调整、优化农业资源配制、提高植棉效益和增加棉农收入方面发挥重要作用。

4.1 培育麦后直播短季棉品种

培育生育期 100d 以内，开花吐絮集中的特早熟麦后直播棉花品种是短季棉育种的目标。由于农民工向城市转移，农村劳动力逐年减少，简化管理是大势所趋，特别是生育期 100d 以内的麦后直播特早熟棉品种，可替代麦田套种，从而减小劳动强度，减少人力和物力的投入。因此，麦后直播特早熟棉品种是目前两熟棉田生产的急需。

4.2 利用杂种优势选育短季棉杂交种

常规育种目前处在一个艰难的爬坡阶段，在省级和国家区试中，由于对照品种的逐轮更换与提高，较对照增产 10% 以上、综合性状优良的常规品种培育越来越难，而杂交棉品种由于苗期起身快，能充分利用生长季节的光、温、水资源，在早熟性和品质的基础上，产量较常规对照品种增产 15% 以上。所以短季棉杂种优势的利用潜力较大。

4.3 进一步协调短季棉早熟、高产和优质的遗传相关关系

短季棉由于生长季节较短，要在较春棉相对短的生长季节内取得生产上较满意的产量

和品质，无疑加剧了产量和品质、早熟性与产量之间的矛盾，有的品种产量非常好，较对照品种增产15%以上，但由于纤维品质严重下降，长度仅为26mm，无法满足纺织工业的要求而淘汰的现象时有发生，而有的短季棉品种品质较好，但由于产量和抗病性的问题，生产上难以推广应用。因此，如何将分子育种与常规育种相结合，协调产量、品质和早熟性之间的关系尤为重要。

参考文献

［1］喻树迅，范术丽．中国棉花遗传育种进展与展望［J］．棉花学报，2003，15（2）：120-124.

［2］承泓良，喻树迅．陆地棉早熟性遗传研究进展［J］．棉花学报，1994，6（1）：9-15.

［3］喻树迅，黄祯茂．短季棉品种早熟性构成因素的遗传分析［J］．中国农业科学，1990，23（6）：48-54.

［4］喻树迅．中国短季棉育种学［M］．北京：科学出版社，2007：9-23.

［5］喻树迅．中国短季棉50年早熟性育种成效研究与评价［J］．棉花学报，2005，17（5）：294-298.

［6］喻树迅．中国短季棉50年产量育种成效研究与评价［J］．棉花学报，2005，17（4）：232-239.

［7］喻树迅，黄祯茂，姜瑞云，等．短季棉中棉所16高产稳产生化机理［J］．中国农业科学，1992，25（5）：24-30.

［8］喻树迅．中国短季棉育种学［M］．北京：科学出版社，2007：572-597.

［9］喻树迅，原日红，余学科，等．低酚棉中棉所20遗传特异性与丰产性机理的研究［J］．中国农业科学，1999，36（5）：16-22.

［10］喻树迅，黄祯茂，姜瑞云，等．不同短季棉品种衰老过程生化机理的研究［J］．作物学报，1994，20（5）：629-636.

［11］喻树迅，黄祯茂，姜瑞云，等．短季棉种子叶荧光动力学及SOD酶活 性的研究［J］．中国农业科学，1993，26（3）：14-20.

［12］喻树迅，范术丽，原日红，等．清除活性氧酶类对棉花早熟不早衰特 性的遗传影响［J］．棉花学报，1999，11（2）：100-105.

［13］Yu Shuxun, Song Meizhen, Fan Shuli, *et al.* Biochemical genetics of short-season cotton cultivars that express early maturity without senescence［J］. *Acta Botanica Sinica*, 2005, 47（3）: 334, 342.

［14］宋美珍，喻树迅，范术丽，等．短季棉早熟不早衰生化性状遗传分析［J］．西北植物学报，2005，25（5）：903-910.

［15］喻树迅，余学科，黄祯茂，等．短季棉育种新突破——中棉所27号选育成功［J］．中国棉花，1999，（4）：12-13.

［16］喻树迅，黄祯茂．棉花新品种中棉所24［J］．中国农村科技，2001（11）：9.

［17］喻树迅，范术丽，黄祯茂，等．优质短季棉品种中棉所36［J］．中国棉花，

2000（5）：25-26.

［18］郭香墨，张永山，刘海涛，等．中棉所30关键栽培技术实践［J］. 中国棉花，2000，（01）：42.

［19］李汝忠，王宗文，王景会，等．特早熟抗虫短季棉——鲁棉研19号［J］. 中国棉花，2004，31（4）：17-23.

［20］喻树迅，范术丽，黄祯茂，等．中棉所50品种特性及栽培技术要点［J］. 中国棉花，2005，（10）：26-27.

［21］喻树迅，范术丽，宋美珍，等．短季棉新品种——中棉所58［J］. 中国棉花，2007（03）：16-19.

［22］喻树迅．中国短季棉育种学［M］. 北京：科学出版社，2007：294-313.

［23］喻树迅，范术丽．棉花航天诱变试验初报［J］. 中国棉花，1998，25（11）：11-13.

［24］喻树迅，范术丽，宋美珍，等．早熟短季棉新品种中棉所64选育及栽培技术［J］. 中国棉花，2008，（2）：25.

［25］喻树迅．中国短季棉育种学［M］. 北京：科学出版社，2007：498-519.

［26］范术丽，喻树迅，原日红，等．短季棉早熟性的遗传效应及其与环境互作研究［J］. 西北植物学报，2006，26（11）：2270-2275.

［27］宋美珍，喻树迅，范术丽，等．短季棉主要农艺性状的遗传分析［J］. 棉花学报，2005，17（2）：94-98.

中国棉花科技未来发展战略构想

喻树迅[1]，王子胜[2]
（1. 中国农业科学院棉花研究所，安阳　455000；2. 辽宁省经济作物研究所，辽阳　111000）

摘要：中国棉花生产由于受耕地面积减少、粮食安全和粮棉比价等因素影响，棉花种植面积不可能大幅度增长，唯一的途径是加强科技创新，提高棉花生产的科技水平和单产水平，从而增加棉花的总产量。因此，如何使国家棉花的产量与质量、生产效益和机械化同步协调发展，取得重大突破，将是棉花生产健康发展亟待解决的重大课题。中国棉花科技发展成就是科技创新体系初步形成，科技队伍凝聚力不断增强，推动棉花生产作用明显。中国棉花科技发展存在棉花纤维品质类型单一，优质棉花资源材料缺乏，品种选育没有重大突破，棉花病虫害为害加重，优良外源基因不足，转基因技术有待完善等问题。中国棉花科技发展战略定位要以发展农业科技体系为基点，瞄准棉花科技国际前沿开展国家棉花产业各项研究，为棉花生产安全提供保障。总体目标是全面增强棉花科技自主创新能力显著提升国际竞争力。中国棉花优先研究领域是种质资源收集、整理与挖掘利用和新品种培育，棉花新材料创造生物技术、病虫害防治技术和高产栽培技术，以及棉花产业深加工与综合利用。棉花产业关键技术是逐步推进植棉全程机械化和盐碱地植棉，稳定发展杂交棉。中国棉花产业发展应该加强宏观研究，加强学科建设；加快科技创新，改善科研条件；加强国际合作，培育重大成果，最终构建国家棉花产业技术体系。

关键词：棉花；经济作物；种植面积；东北特早熟棉区；农业增效；农民增收；棉纺织业

棉花（*Gossypium hirsutum* L.）是中国重要的经济作物，中国是世界最大的棉花生产国，其面积、单产和总产量均居世界首位，但是自给率只能满足70%的需求；同时中国由于人口众多，又是最大的消费国，还需要进口30%左右的棉花以满足国内需求。因此，保持中国棉花生产的健康稳定发展，对发展棉纺织业、增加农村劳动力就业、促进农业增效、农村经济稳定、农民增收具有重大的现实意义。

近年来，全国棉花年种植面积在500万 hm^2 左右，约占世界种植面积15%；公顷平均产量1 200kg，比世界高50%左右；总产量约占世界的25%。根据棉花种植区域的生态

原载于：《沈阳农业大学学报》，2012，14（1）：3-10

条件以及棉花生产的特点，中国棉花生产主要集中在黄河流域、长江流域和西北内陆三大棉区[1]。2009～2010 年度中国棉花产量占全球棉花产量的 30.66%[2]。据美国农业部（UDSA）预测 2010～2011 年中国棉花产量约达到 590 万吨，占世界棉花总产量 2850 万吨的 20.7%，与美国 14.6%、印度 22%、巴基斯坦 9.21%、乌兹别克斯坦 5.96% 一道成为世界五大产棉国。棉花种植面积约 540 万 hm^2，占世界棉花种植面积约 3 200 万 hm^2 的 16.86%；公顷单产达到 1 290kg，比世界棉花平均公顷单产（约 768kg）多 522kg，高 68.0%[3]。中国主要植棉区农业人口达到 2 亿多，直接从事棉纺及相关行业人员达到 2 000 多万人，间接就业人员达到 1 亿多人[4]。随着经济全球化和改革开放的不断深入，中国棉花生产稳定发展面临着很多制约因素，因此要想稳定中国棉花生产，必须不断加强科技创新，结合生物技术手段，在强优势骨干亲本材料创制、新品种培育、棉高产栽培、病虫害防控、植棉全程机械化以及成果转化等方面有创新思路和重大举措。

1 中国棉花市场前景、生产形势和科技发展

1.1 中国棉花市场前景分析

中国自 2001 年加入 WTO（世界贸易组织）以来，棉花消费激增，供需缺口加大，棉花产业安全形势严峻。目前中国已成为世界进口棉花最多的国家。据统计，自 2001 年加入 WTO 以来至 2010 年 5 月底，中国累计进口棉花 1 667 万吨，其中 2006 年进口多达 364 万吨，占当年国内棉花生产总量的 54%，占同期世界棉花贸易量的 37%。进口棉主要来自美国、印度、乌兹别克斯坦等国家，其中进口美国棉花占 40% 以上。中国大量进口棉花的主要原因是数量缺口：中国棉花需求量在 1 000 万吨以上，而 2006—2010 年中国年平均生产棉花 706 万吨，占同期世界棉花产量的 28.7%，自给率在 70% 左右，需进口 30% 左右以满足国内需求。目前，棉花已成为中国继大豆和食用油之后的第三大进口农产品[5]。因此，中国棉花供应必须立足于国内棉花生产，大幅度提高中国棉花生产能力。但由于受耕地面积减少、粮食安全、粮棉比价等因素影响，中国棉花面积不可能大幅度增长，唯一的途径是加强科技创新，提高棉花生产科技水平和国际市场竞争力，在稳定种植面积规模的基础上，提高棉花单产水平，增加总产量[4]。

1.2 中国棉花生产形势分析

目前，中国棉花已经进入新的发展时期，棉花生产和市场的重大技术需求已经形成，今后将继续保持增长，这为中国棉花生产带来了很好的机遇，提供了更大的发展空间[4]。纺织工业超长发展，纺织品和服装出口连年增加，棉花需求量大幅度增加[5]。未来 10 年甚至 20 年，中国棉花产业经济将呈现“四个不可逆转的发展态势”。即棉纺织品继续保持增长的态势不可逆转；棉花消费继续保持增长的态势不可逆转；受资源、粮棉争地以及政策矛盾制约，棉花依赖进口越来越大的态势不可逆转；棉花轻简化、全程机械化发展的态势不可逆转。因此，如何使中国棉花的产量与质量、生产效益和机械化同步协调发展，取得重大突破，将是中国棉花生产健康发展必须面对和亟待解决的重大课题[4]。中国棉花面积必须稳定在 533.3 万 hm^2 以上，总产量稳定在 700 万吨以上，才能满足中国纺织工业用棉 70% 的刚性需求。

1.3　中国棉花科技发展成就

1.3.1　棉花科技创新体系初步形成

10年来国家及有关部门加大了投资支持力度，建设了相关重点开放实验室，加强了农业部棉花遗传改良重点开放实验室、国家棉花改良中心及分中心、国家棉花新品种推广中心、农业部棉花品质监督检验测试中心、农业部转基因植物环境安全监督检验测试中心、农作物（棉花）海南省南繁基地、国家转基因棉花中试及产业化基地等建设工作，为中国棉花科技攻关和科技创新创造了有利的科研条件，基本形成了中国棉花育种和品种改良的技术平台，形成了覆盖全国主要棉区的棉花育种创新体系[4]。

1.3.2　棉花科技队伍凝聚力不断增强

自“六五”以来，中国主要棉花育种和品种资源项目一直有中国农业科学院棉花研究所主持，组成了一支以博士、硕士为骨干，中青年专家为主体的高素质育种队伍。在国家863计划、国家973计划、国家棉花转基因重大专项和行业专项等资金支持下，凝聚了一批由国家科研单位、大学、主要植棉省、市农业科学院（所）组成的棉花科技创新队伍[4]。为培养中国自主知识产权的转基因棉花品种，提升中国棉花国际竞争能力，保障中国棉花生产的稳定发展做出了重大贡献[4]。尤其自2007年成立国家棉花产业技术体系以来，形成了一支以首席科学家为核心，由26名科学家和24名试验站站长组成的棉花科技创新团队，在农业部的正确领导下，以务实、民主、公开、透明为基本原则，进行了近5年科研管理机制的创新与改革探索，努力为科技界树立了求真务实、作风优良的典范。目前，国家棉花产业体系已经成为国内科技界最受人称赞、产业上最认可的一支科研队伍，所做的探索不但得到了社会各界的认可，而且也引起了国际上的关注。

1.3.3　推动棉花生产作用明显

通过转基因技术与常规技术的有机结合，培育出一系列转基因抗虫棉品种。如中棉所37～中棉所39、中棉所41、中棉所43～中棉所48、中棉所50～中棉所52，鲁棉研15、鲁棉研16、鲁棉研18、鲁棉研19、鲁棉研20、鲁棉研25，晋棉26、晋棉31、晋棉33、晋棉34、晋棉38、晋棉GK12、晋棉GK19、晋棉GK22，川杂12、川杂13，湘杂棉6、湘杂8号，华杂302，科棉1号、科棉2号，南抗3号，sGK321，新研96-48，辽棉19号、辽棉21号～辽棉23号等。其中转双价基因抗虫棉品种中棉所41代表着中国第二代国产抗虫棉（双价基因抗虫棉），达到了世界领先水平[4]。这些品种选育和大面积推广，为国产抗虫棉占领中国抗虫棉市场起到重大推进作用。

1.4　中国棉花科技进展

1.4.1　优异种质资源材料创新成绩斐然种质资源要求丰富多样，各有特色，并且遗传稳定

棉花种质资源绝不能局限于岱字棉、斯字棉及金字棉等少数系统[6]。棉花种质资源是研究棉属分类、进化和性状遗传的基础材料，也是棉花育种和生产发展的物质基础。拥有丰富的种质资源是棉花研究领域的最大优势。中国农业科学院棉花研究所作为国家棉花种质资源的中期库，保存有棉花种质资源8 233份，其中陆地棉6 871份，海岛棉602份，亚洲棉378份，草棉17份，海南省野生棉种植园活体保存陆地棉野生种系350份，野生种41个。已对6 742份种质进行了农艺、经济性状鉴定和抗病虫、耐逆境等的鉴定，初选

出具有高强、长绒、抗黄萎病、抗枯萎病、抗旱、耐盐、抗虫等单项或多项性状优异的种质1 125份，其中，抗病材料（抗黄萎病）78份，优质材料（高强纤维）173份，耐旱材料188份，并建立了相应的数据系统[4]。通过远缘杂交、转基因技术、航天诱变、γ射线诱变、离子束处理等方法，获得了一系列具有优质、高产、早熟、多抗等各具特色的创新材料。据不完全统计，中国已创制97份来源于野生棉资源的陆地棉种质材料，这些材料涉及12个种20种资源，材料优良特性覆盖抗黄萎病、优质纤维、抗棉蚜和抗旱等。通过自然突变、化学诱变及辐射诱变等以及近年发展的Ac/Ds和T-DNA插入或转基因突变等技术，初步建立了棉花的突变基因库。经过分子生物学等手段的鉴别，进一步在基因水平上对10多份优异种质进行了初步分析或分子标记，进一步确定了目标性状突出、遗传性状稳定的一系列抗黄萎病、优质、有色纤维等优异种质资源，为进一步挖掘（克隆）利用棉花内源优异基因奠定了坚实的资源基础[4]。种质资源材料务须自交保纯或隔离繁殖，否则易因天然杂交而丧失原有种性，失去育种利用价值[7]。

1.4.2　拥有一批具有自主知识产权的棉花目的基因，转基因技术不断创新和成熟

在国家“863”项目资助下，中国拥有了一批具有自主知识产权的棉花抗病虫和品质改良基因，如自主设计合成了能够在植物细胞中高效表达的GFMCrylA基因，几丁质酶（Chi）、β-1，3葡萄糖酶（Glu）、葡萄糖氧化酶（GO）基因及植物表达载体；双价抗虫基因（Bt + CpTI）、抗虫蚜基因；抗真菌的几丁质酶基因（Chi）和抗菌和部分真菌的抗菌肽基因（CEMA）；改良棉花品质的编码兔毛角蛋白基因等[4]。中国农业科学院棉花研究所成功建立了花粉管通道法、农杆菌介导法、基因枪轰击法等外源基因转化的技术体系，是目前国内唯一能同时运用3种基因转化方法开展工作的单位，某些关键技术已达到国际先进或领先水平。已将农杆菌介导法转化体系大大改进，培养周期已由12～15个月缩短到7～8个月，转化效率提高到21%；通过嫁接技术已使转基因试管苗移栽成功率提高到90%以上。现已基本建立了利用基因枪转化棉花茎尖的转基因技术体系，转化效率达6.5%，该体系达到年产转基因植株2 000株以上的生产能力。近年来，通过大力开展基因发掘、并导入到棉花栽培品种，大大增强了选择和操纵棉花遗传的能力，获得新的育种成效。转基因技术的应用方面已获得重要成绩，而仍有巨大潜力[8,9]。

近年来，建立了以PCR为基础的RAPD、AFLP、SSR等棉花大规模分子标记技术体系，已应用到作物的DNA指纹鉴定、辅助杂交亲本选配、构建遗传连锁图谱、定位和克隆控制主要农艺性状的基因、对杂交和回交后代辅助选择、作物基因组间比较等多个领域，在棉花抗黄萎病、纤维品质、雄性不育恢复基因、显性无腺体等性状的分子标记方面取得了较大进展，为进一步建立分子标记辅助聚合育种技术体系奠定了坚实的基础。开发了大量的基于纤维发育的EST-SSR分子标记。将多种标记应用于棉花连锁群的构建，已将连锁群与染色体对应了起来，构建了一张高密度的PCR标记图。对陆地棉、海岛棉的纤维品质和抗黄萎病性进行了定位，利用F_2及$F_{2:3}$分离群体获得多个贡献率较大的QTL，特别是不同遗传背景及多环境稳定的主效QTL，为分子标记辅助聚合育种奠定了基础，同时为海岛棉优质纤维和抗病性向陆地棉转移提供了重要的理论依据[4]。

1.4.3　棉花品种高效应用保障技术成绩显著棉花高产、高效栽培技术以及病虫害综合防治技术是棉花品种高效应用的重要保障

在相关项目的支持下，研究明确了相应的转基因抗虫棉对肥水的需求规律，提出了已转基因抗虫棉“壮根→壮苗→早发→省工→节本→增产→增效”为核心的棉花工厂化育苗、机械化移栽技术和平衡施肥技术。棉花无土育苗和无载体移栽（即裸苗移栽）简称“两无两化”，在攻克裸苗移栽不易成活的难点上取得重大突破，研制出无土育苗新基质、促根剂和保叶剂产品，形成了核心技术，扩大示范取得成功[10]。研究明确了抗虫棉田主要害虫地位演替规律和主要害虫的防治指标，提出了病虫害生物生态控制技术和化学防治技术，筛选出新型选择性农药和种衣剂，建立了不同耕作制度条件下的标准化主要病虫害可持续控制技术体系，提出了转基因抗虫棉田主要病虫综合防治技术规程。转基因抗虫棉配套栽培技术和植物保护技术的研究，为中国转基因抗虫棉大面积推广种植奠定了坚实的理论和实践基础[4]。

2　中国棉花科技发展存在的主要问题

2.1　棉花纤维品质类型单一，优质棉花资源材料缺乏

国产原棉总体质量处于国际中等水平，且在各生态区差异明显。与先进国家相比，中国棉花品种具有丰产、早熟、适应性广、抗逆性强等特点，纤维品质在长度、整齐度、色泽、杂质含量、叶屑等方面的优势明显，但在纤维类型和纤维强度方面存在较大缺陷。中国不是棉花原产地，可供育种利用的优质棉花资源材料较少，如早熟、抗逆、优质纤维材料等，因而制约了优质棉花新品种的研制。因此，引进和创造高产、优质、抗逆的种质材料，解决中国棉花遗传资源狭窄的问题，已成为当前中国棉花育种科研的重要内容。

2.2　棉纤维改良和抗病育种有重大突破，棉花病虫害危害加重

棉纤维改良和抗黄萎病品种选育的传统方法为远缘杂交，其主要缺点是种间不亲和、杂种后代不稳定、育种年限过长等，且可供育种直接利用的优质种质资源十分有限，仅采用常规育种手段难以取得重大突破。因此，针对当前中国棉纤维的内在品质相对较差、抗黄萎病材料严重缺乏的不利局面，探索新的有效方法成为当务之急。近年中国棉花黄萎病、盲蝽象、烟粉虱等重大病虫为害猖獗，棉花损失惨重。2003—2004 年中国棉花黄萎病发生面积均超过 266.7 万 hm^2，分别占总面积的 54% 和 46.4%，年减产 40 万 ~ 50 万吨，经济损失 60 亿 ~ 63 亿元。抗虫种植棉面积不断扩大，有效地控制了棉铃虫的为害，减少了农药用量，但是原来的次要害虫如棉田盲蝽象、烟粉虱、甜菜夜蛾、斜纹夜蛾等上升为主要害虫，造成棉田农药用量增加，棉花生产成本不断加大[11]。

2.3　棉花优良外源基因不足，转基因技术有待完善

中国棉花转基因技术水平和规模化转化尽管取得了长足的进展，但与美国孟山都等知名跨国公司相比仍存在较大差距，这是制约中国优异转基因棉花新材料创造的“瓶颈”。主要问题一是国内创造优良外源基因能力弱，如美国创造的转蔗糖磷酸合成酶基因，可使纤维比强度提高 3 ~ 4cN/tex，效果非常明显；二是遗传转化效率偏低，如中国转化率只有 21%，而美国电激法转化率已达到 33% ~ 38%。

3 未来10年中国棉花科技发展战略定位与发展目标

3.1 战略定位和发展目标

战略目标是以科学发展观统领全局，全面贯彻落实《国家中长期科学和技术发展规划纲要》，围绕支撑现代农业发展和社会主义新农村建设的国家重大战略要求，以建设国家农业科技创新体系为契机，以自主创新为主线，着眼于全国提高自主创新能力和国际竞争力，以发展农业科技体系为基点，把握棉花科技发展动态与方向，瞄准棉花科技国际前沿，开展国家棉花基础研究、应用基础研究、棉花高技术研究、共性技术和关键技术研究，解决农业与农村经济建设中基础性、方向性、全局性和前瞻性重大问题，培养高级农业科研人才。前瞻性地选择一批对未来棉花发展产生深刻影响的科技重大课题，组织全国联合攻关，引领棉花科技发展，为中国棉花生产安全提供保障[4]。

总体目标是全面增强中国棉花科技自主创新能力，显著提升中国棉花国际市场竞争能力，引领中国棉花科技发展，为中国国民经济发展提供强大的核心技术支撑。具体目标是重点围绕种质资源收集整理与挖掘利用、棉花生物技术与新材料创造、棉花新品种培育、棉花重大病虫防治、棉花高效栽培、棉花副产品深加工与综合利用等六大领域，重点突破50余个重大科学选题，创新40余项关键技术，研制30余项发明专利，培育20余个突破性棉花新品种，取得10余项国家级奖励重大科技成果，在国际重要学术刊物上发表文章20~30篇。培育并形成8~10个国际一流重点研究领域、5~8个国际知名研究领域；培育建设3~5个新兴或交叉领域。形成国家棉花科技创新团队。建成国家科技基础条件平台、国家棉花科技创新平台、国家棉花中试与产业化平台、国家棉花科技合作与交流平台。

3.2 中国棉花优先研究领域与战略重点

3.2.1 棉花种质资源收集、整理、挖掘利用以及新品种培育

广泛收集棉花种质资源，构建核心种质，挖掘功能基因，创新棉花高产、优质、抗病、抗逆育种技术，建立具有世界领先水平的棉花高效育种技术平台。战略重点是稀有和重要棉花种质资源调查、收集、整理与挖掘利用，棉花种质资源核心种质构建、重要新基因挖掘与有效利用，棉花种质材料抗病虫、抗盐碱鉴定，种质材料的创造以及利用生物技术与传统技术相结合技术、分子标记辅助技术、生化辅助早熟不早衰技术、航天诱变技术、核辐射技术、杂种优势利用技术等创制培育棉花新品种。棉花新品种培育的战略重点是高产、优质、多抗棉花新品种选育，转基因抗逆优质棉花新品种选育，早熟、超早熟棉花新品种选育，优质杂交棉新品种选育，三系杂交棉育种技术，两系杂交棉育种技术，优质专用棉育种技术，天然彩色棉品种选育，纤维能源棉花新品种选育。

3.2.2 棉花生物技术与新材料创造

利用高新生物技术方法，研究棉花遗传进化关系；转化抗病、抗虫、抗逆、优质、高产等外源基因，实现工厂化和规模化基因转化，创造棉花新材料；标记棉花优质、高产、多抗相关基因，通过多基因聚合，获得优质、高产、多抗棉花新材料。战略重点是棉花结构基因组学研究，棉花重要功能基因的克隆研究，棉花转基因技术与突变体创制，棉花分子育种理论、方法、技术体系构建及应用。

3.2.3　棉花重大病虫害防治技术

以严重威胁中国棉花生产的黄萎病、盲蝽象、烟粉虱等重大病虫害为主要研究对象，重点开展棉花病虫害预测预报技术、防控技术、抗病虫快速鉴定技术的研究，建立以农业防治、生态调控和化学防治为主的控制技术体系。同时开展转基因棉花环境安全性研究，长期跟踪监测与监控转基因抗虫棉长期种植对农业生态环境的影响，确保中国棉花产业的安全、保障人类健康和生态环境安全。战略重点是棉花重大病虫预测预报技术，棉花重大病虫成灾机理及防控技术，转基因棉花环境安全检测与监控，新型环境友好型农药筛选与应用，棉花抗病虫性鉴定与方法研究，棉田农药立体污染防治技术。

3.2.4　棉花高效栽培技术

揭示土、肥、水、气等农业资源高效利用和有害物质代谢与调控机理，创新资源高效利用技术、耕地质量保育技术、高效栽培模式和栽培技术，加强重大关键技术系统集成，有效支撑国家资源安全与生态安全，促进中国棉花产业可持续发展。战略重点是棉花工厂化育苗、机械化移栽技术，耕地质量保育与地力培育关键技术，洁净田园生产技术，棉田水肥调控与高效利用技术，棉花高效用水生理节水调控技术，平衡施肥与配方施肥技术。

3.2.5　棉花产业副产品深加工与综合利用

研究棉花副产品综合利用和深加工技术，延长棉花产业链条；研究棉籽的深加工和高附加值产品，包括棉籽油转化为柴油、棉酚作药品，以及蛋白质、多肽、氨基酸、磷脂等提取，为中国生物质能源研究开拓新的途径，支撑新兴产业发展，拓展现代农业新领域。战略重点是棉花副产品综合利用，生物柴油加工关键技术与工艺，棉花副产品深加工与新产品开发。

4　中国棉花关键技术构想和产业发展建议

4.1　中国棉花产业关键技术构想

4.1.1　逐步推进植棉全程机械化

棉花是劳动密集型的大田经济作物，种植管理复杂，从种到收有 40 多道工序，每公顷用工 300 多个，是粮食作物的 3 倍，生产成本很高[12]。农村劳动力数量剧减并呈现出老龄化、女性化和兼职化的特征，对新时期的农业生产，特别是棉花生产提出了新的挑战[13]。通过减少或合并某些工序，完全可以实现以最少的作业次数获得最佳的产量和效益[14]。植棉全程机械化可以让农民快乐植棉，是稳定发展中国棉花生产的重要措施之一，是中国棉花未来生产的发展方向。机械采收是植棉全程机械化的最关键环节，是现代植棉的重要内容。新疆生产建设兵团早在 1996 年就开始引进大型采棉机，目前已有近 40% 的棉田采用机械化收获[12]。除了引进美国棉花采收机以外，争取国家在政策上予以扶持，5 ~ 10 年内研制出适宜不同棉区的具有自主知识产权的采棉机械。在每个棉区分别建立高标准的植棉全程机械化示范田，以点带面，促进植棉机械大面积推广应用；加大对大中型农机具购置、现有轧花厂的改造升级和高标准棉田建设的财政投入力度。

植棉全程机械化是一个系统工程，应以栽培专家为纽带，育种、植保、机械等方面的专家相配合，达到农机与农艺有机结合。在棉花品种培育中，要培育成结铃部位高，吐絮集中，可青秆成熟的棉花新品种[15]。植棉全程机械化要率先在新疆维吾尔自治区和滨海盐碱地区示范推广，然后逐步推进。

4.1.2 逐步推进中国盐碱地植棉

中国是世界上盐碱地植棉面积最大的国家之一，现有盐碱地棉田147万hm^2左右，其中，滨海盐碱地棉田80万hm^2，主要呈带状分布在山东省（36.7万hm^2）、河北省（23.3万hm^2）、天津市（6.7万hm^2）、江苏省北部沿海低平原海岸地区（10万hm^2）等地。该区尚有20~33.3万hm^2重度盐碱地可以开发植棉。随着粮食安全问题备受重视和粮棉争地矛盾日益显现，盐碱地棉花在全国棉花生产体系中所占份额会越来越大，地位也越来越重要，今后如何进一步提高现有盐碱地棉田的棉花产量，逐步推进开发盐碱地植棉，对稳定中国棉花生产意义重大。盐碱地植棉是一项跨学科、跨领域的系统工程，需要统筹规划、稳步实施。建议大力推广现已成熟的盐碱地植棉技术；进一步创新和完善盐碱地植棉技术；国家在政策上加大支持力度，如设立“滨海盐碱地植棉关键技术研究与示范”公益性行业专项，设立盐碱地棉花高产创建示范片区，制订相关扶持政策鼓励盐碱荒地植棉开发、改造现有低产盐碱地棉田等。

4.1.3 稳定发展中国杂交棉

自20世纪70年代中国开始利用棉花杂种优势以来，杂交棉取得了长足的进步。中国杂交棉生产的快速发展始于20世纪90年代末，之前的杂种优势利用虽然已经有了很长的历史，但受经济、社会和技术等方面的制约，一直徘徊在小规模种植阶段[16,17]。2005年前后占植棉总面积30%以上，其中，长江流域杂交棉已基本普及，黄河流域约50%的棉田种植杂交棉。近年来，中国杂交棉面积虽有一定程度的减少，但仍然作为主要的品种类型大规模应用于生产，不仅促进了转基因抗虫棉的推广普及，提高了棉花单产水平、改善了品质、增强了抗性，也促进了棉种产业的发展，推动了棉花杂种优势理论研究的深入，为中国棉花科技和生产的发展做出了重要贡献。但是，杂交棉发展到今天正面临着前所未有的问题和挑战。在育种方面，由于受棉花优良种质资源的限制，育成的杂交种同质性高，突破性品种少；加之棉种公司的炒作和生产管理不力，造成棉花杂交种多、乱、杂等现象特别突出；市场上以假充真，以杂种二代冒充杂种一代时有发生，导致棉花杂交优势没有得到充分发挥，给生产带来一定损失；近年随着劳动力成本上升，以人工制种为主体的杂交种制种相当困难，推广面积受到严重制约。随着高优势三系组合的育成，中国杂交棉将从高成本、高价格向着低成本、低价格的方向发展，中国杂交棉生产的多乱杂和市场无序竞争将有效得到解决[18]。在栽培方面，棉花存在种植密度不足、投入不合理、栽培措施不对路、管理水平下降、早衰现象严重等问题。在种子生产方面，目前主要依靠人工去雄授粉，费时、费工，种子生产成本过高；制种过程中管理粗放，种子纯度不高（既有棉花常异花授粉、异交率较高的自身原因，也有制种去雄不彻底原因）；种子生产和经营过程中掺杂使假（掺父本、掺二代，甚至直接造假）；种子纯度的分子检验技术尚不实用，杂交棉种子纯度检测主要依靠田间鉴定。

稳定发展中国杂交棉的建议，一是简化制种，降低生产成本。选育高优势不育系杂交种，应用不育系生产杂交种（“两系”法杂交制种成本相当人工制种60%左右，“三系”法制种成本相当人工制种40%左右）；加强杂种二代利用研究；加强化学杀雄研究。二是育成的杂交种要求高产、优质、抗逆、优势明显，适合机械化植棉要求。三是科学栽培调控，发挥杂交棉优势。适当增加杂交棉的种植密度；加强化学调控研究与应用，通过化学调控，防止蕾铃脱落和烂铃，免除整枝打顶，减轻劳动强度；科学肥水调控，加强病虫害控制，防止早衰；利用现代手段和技术，在生理生化和分子水平上深入研究揭示杂种优势的机理；围绕实现轻简化和机械化，加强杂交棉栽培技术应用基础研究。四是加强杂交种制种基地建设，完善种子监督检验机制。五是加大科研投入，尽快在制种技术上（两系、三系、化学杀雄等制种技术）实现突破；加快工厂化育苗技术和棉苗机械移栽技术的研究。

4.2 中国棉花产业发展建议

4.2.1 加强宏观研究，加强学科建设

揭示棉花经济发展的基本规律，创新棉花产业经济理论和方法，开展棉花产业科技政策与评价研究，以及棉花产业可持续发展、全球化战略等重点、热点问题研究，为指导棉花科研、棉业经济增长和宏观决策提供支撑与服务。优化资源配置，整合科研力量，构建符合市场经济规律和科技自身规律的优势突出、定位明确、层次分明、布局合理的学科体系。大力支持基础学科和新兴边缘学科的建设，如加强棉花功能基因组学等现代生物技术、信息技术学科和生物安全学科的建设。

4.2.2 加快科技创新，改善科研条件

一方面，加强基础与应用基础研究，整合资源，集成优势，获得具有自主知识产权的与棉花高产、抗逆境胁迫、抗病虫、品质改良相关的重要目的基因，重点是功能明确、对品种改良有重要作用的新基因。另一方面，加强源头技术创新。攻克转基因育种中的关键技术，提出高效遗传转化的新技术和方法，建立和完善经济、高效和实用的转基因技术体系及规模化转基因技术，使转基因能力达到或接近发达国家研究水平。同时，以市场为导向，以快速、高效和规模化转基因技术为核心，选育出具有市场竞争力、产业化前景广阔的高产、抗逆境胁迫、抗病虫、优质的转基因棉花新材料和优异新种质，培育出转基因棉花新品种。

为适应现代计算机和信息技术在科研活动中日益广泛的应用和影响，提高研究效率和科技资源共享水平，必须对科研办公设施、实验设备条件、网络资源共享以及配套软件资源等进行建设、更新和改造，加强对这些科研条件的维持、保护和管理。通过项目的支持和带动，完善科研条件和设施条件，弥补中国和国外的差距，大幅度提升中国棉花产业的科技竞争力。

4.2.3 加强国际合作，培育重大成果

中国要加强与世界发达国家的学术机构及基金组织建立长期、稳定和高层次的合作关系。利用科技比较优势和科技合作的互补性，挖掘合作的最大潜力；引进国外先进的技术和种质资源材料，并加以吸收、消化和改良，为我所用；主持召开高层次国际会议，掌握学科最新动态和研究热点；逐步提升国际合作内容，从“全面合作”转为“重点领域合作”，最终达到“前沿领域合作”；不断提高知名度和显示度，建立优秀人才信息库，培养国际化的棉花领域科学家。立足当前，着眼未来，重点培育具有国际前沿水平的棉花转基因、分子育种、功能基因组等基础领域的原创性科技成果，创造高抗黄萎、优质纤维新材料。坚持生物技术与常规育种相结合，重点研究和选育具有突破性的优质、抗逆、早

熟、生态适应性强的棉花新品种，同时集成创新配套高产栽培和病虫害综合防治技术，培育重大成果。

4.2.4 构建国家棉花产业技术体系

“十二五”国家现代农业产业技术体系的框架和任务已经基本确定。体系内部建设重点有：体系的研发任务管理、经费管理、人员年度考评三大硬任务，作风建设、民主决策机制建设、团队建设和文化建设等四大软任务，但要使体系持久运行，必须重视和加强软任务建设，硬软结合，才能使体系逐步完善、日趋完美。

结合体系的框架和任务，棉花体系今后的主要工作是完善体系内部管理，提出如下工作建议：第一，棉花体系要继续加强内部机制创新，不断改进体系的工作；要不断扩大体系的影响，充实工作内容；要在政府、农民和企业等领域都有棉花体系的声音，把中国棉花产业技术体系做成品牌。第二，棉花体系要在一年1次的中国棉花学术会议上开展多层次、多形式的学术交流，组织召开专题研讨会，把棉花科研和生产中的重大疑难问题作为交流的重点。第三，棉花体系要加强国际合作交流，开拓棉花体系人员的国际视野，在吸取国外先进科技知识的同时，也扩大了棉花体系在世界同行中的影响。第四，棉花体系要加强同中国水稻体系、中国玉米体系、中国小麦体系等体系之间的联系，互相取长补短，增强相互间的合作交流。第五，棉花体系要密切与各省、市、自治区政府，科研单位，大专院校之间的联系，通过岗位专家、试验站共同努力，以棉花单产高产创建为重点，在棉花生长的关键季节组织各种形式的现场观摩会，切实解决棉花生产中的实际问题。

参考文献

[1] 毛树春．中国棉花可持续发展研究［M］．北京：中国农业出版社，1999：7-8.

[2] 张树荣，刘朝敏．中国棉花主产区区域竞争力及生产趋势分析［J］．中国棉花，2011，38（11）：2-6.

[3] 美国农业部．2010—2011年度世界棉花生产预测报告［R］．华盛顿：美国农业部（UDSA），2010.

[4] 中国棉花学会．中国棉花科技未来发展十年（2006—2015）规划［R］．安阳：中国棉花学会，2007：1-6.

[5] 马淑萍．关于稳定发展中国棉花生产的思考［R］．安阳：中国棉花学会，2010：1-6.

[6] 杜雄明，周忠丽，贾银华，等．中国棉花种质资源的收集与保存［J］．棉花学报，2007，19（5）：346-353.

[7] 汪若海．棉花品种改良技术概要［J］．中国棉花，2011，38（4）：2-4

[8] 汪若海，李秀兰．中国转基因抗虫棉应用现状及建议［J］．生物技术通报，2000，（5）：1-6.

[9] 李付广，刘传亮．生物技术在棉花育种中的应用［J］．棉花学报，2007，19（5）：362-368.

[10] 毛树春，韩迎春，王国平，等．棉花“两无两化”栽培新技术扩大示范取得成功［J］．中国棉花，2005，32（9）：5-6.

［11］牛巧鱼．棉盲蝽在主产棉省发生现状及防治［C］. 安阳：中国棉花学会，2007：459-460.

［12］毛树春．中国棉花种植技术的现代化问题［J］. 中国棉花，2010，37（3）：2-5.

［13］董合忠．滨海盐碱地棉花轻简栽培：现状、问题与对策［J］. 中国棉花，2011，38（12）：2-4.

［14］凌启鸿．精确定量轻简栽培是作物生产现代化的发展方向［J］. 中国稻米，2010，16（4）：1-6.

［15］喻树迅，范术丽．中国棉花育种进展与展望［J］. 棉花学报，2003，15（2）：120-124.

［16］喻树迅，李付广，刘金海．中国抗虫棉发展战略［J］. 棉花学报，2003，15（4）：238-242.

［17］刘金海．中国棉种产业化现状与前景展望［J］. 棉花学报，2007，19（5）：411-416.

［18］李根源，刘金海．中国杂交棉产业化现状与发展趋势［J］. 中国棉花，2011，38（5）：2-5.

第二篇

* *

棉花农艺性状研究

全国夏棉品种区域试验概述

刁光中，黄祯茂，喻树迅
（中国农业科学院棉花研究所，安阳　455000）

1984～1985 年为夏棉区试第一轮，分两片进行：黄河流域棉区 13 个试点；长江流域 8 个试点，统一供试的品种两片都是 4 个，对照品种均为中棉所 10 号。品质测试和抗病鉴定分别由北京市纺织纤维检测所和陕西省棉花研究所协作进行。现按品种的产量和品质综述如下。

1　晋棉 6 号（晋 7601）

山西省农科院作物遗传研究所以晋 194 × 68-3（黑山棉选系）杂交育成。植株高大，茎秆粗壮，株形松散，叶片较大，夜色深绿。出苗一般，长势较强，铃椭圆形，单铃籽棉重 5.3 克，生育期 118d，结铃性一般，单株成铃数 7.1 个。衣分 35.5%，衣指 6.75 克，子指 12.45 克。感枯、黄萎病。黄河流域区试 3 年平均霜前皮棉亩产 37.0 千克，相当于对照产量的 83.6%。纤维强力 4.07 克，细度 5 800米/克，断裂长度 23.3 千米，成熟系数 1.55，主体长度 27.85 毫米，品质指标 2 440分，棉结杂质 56 粒/克，综合评定上等优质。各项品质指标均达到了“六五”期间推荐标准，适宜纺中支纱。建议在黄河流域中游进行生产试验。

2　辽棉 9 号（辽棉 6496）

辽宁省经济作物所以辽 661 × 68-8-5（黑山棉选系）杂交育成。植株中等，茎秆粗壮，主茎节间较短，植株塔形，株型适中。叶片较大，叶色浓绿透紫，叶柄较长，出苗早，快而整齐，幼苗长势较强，成熟早，生育期短，结铃性强，铃较大、椭圆形，开絮前铃多呈紫红色，单铃籽棉重 5.60 克，全生育期 118d，绒长 29.2 毫米，衣分 37.90%，衣指 7.15 克，子指 12.0 克。感枯萎病、黄萎病。黄河流域参试 4 年平均，霜前皮棉亩产 44.6 千克，比对照增产 7.85%。纤维强力 3.50 克，细度6 133米/克，成熟系数 1.45，主体长度 28.37 毫米，品质指标 2 348分，棉结杂质 47 粒/克，综合评定上等优级；长江流域参试 3 年平均，霜前皮棉亩产 58.5 千克，比对照增产 2.9%，纤维强力 3.67 克，细度 5 740米/克，断裂长度 21.0 千米，成熟系数 1.63，主体长度 28.34 毫米，高于黄河流域，综合纤维品质均属于中等水平，未达到“六五”期间提出的纤维品质指标。

原载于：《中国棉花》，1987（1）：15

3 辽棉 7 号

辽宁省经作所以 632-115 ×（2034 + 新陆 209 + 柯克 A104 + 派马斯特 114 + 岱字棉 16 号 +64-15）多父本混合授粉杂交育成。该品种植株高大，茎秆粗壮，株形松散，叶片较大，叶色深绿，生育期比对照晚 10d，苗期长势较差，花铃期长势旺。抗枯萎病，耐黄萎病，两种病指分别为 0. 31 和 26. 9，在参试品种中最低。铃椭圆有尖，铃大，单铃籽棉重 5. 6 克，两年平均生育期 126d，绒长 31. 4 毫米，衣分 33. 6%，衣指 6. 1 克，子指 12. 1 克。霜前皮棉亩产 32. 7 千克，产量低于对照及其他品种，达到极显著水准。纤维强力 3. 67 克，细度 6 729 米/克，断裂长度 24. 24 米，成熟系数 1. 33，主体长度 30. 87 毫米。综合纤维品质属于中等水平。

4 激棉 7821

安徽农学院以徐州 142 × 中棉所 7 号杂交，经 CO_2 激光处理培育而成。株高 104. 4 厘米，株形紧凑，主茎粗壮，叶片中等，叶色深绿，长势旺，全生育期 122d，单铃籽棉重 5. 9 克，衣分 37. 7%，衣指 5. 9 克，子指 9. 3 克。两年平均霜前皮棉亩产 53. 2 千克，比对照减产 13. 0%，但在沿江棉区的湖北省、江西省、安徽省、江苏省等 5 个试点，比对照增产 4. 3%。平均纤维强力 3. 79 克，细度 5 558 米/克，断裂长度 21. 0 千米，成熟系数 1. 84，主体长度 28. 12 毫米，品质指标 2 319 分，棉结杂质 67 粒/克，综合评定上等一级。

5 湘 75-1

湖南省汉寿县农科所以（一秆猴 × 锦棉 1 号）× 洞庭 1 号三交培育而成。株高 108. 4 厘米，茎秆粗壮，节间紧密，果枝平展，着生节位低，株形圆筒形，叶较大，铃较小，壳薄，单铃籽棉重 4. 7 克，吐絮畅，衣分 38. 2%，衣指 6. 2 克，子指 10. 1 克。两年平均霜前皮棉亩产 51. 15 千克，比对照减产 17%，但在湖北省武昌市沿江棉区比对照增产 1. 7%。纤维强力 3. 57 克，细度 6 770 米/克，断裂长度 20. 4 千米，成熟系数 1. 64，主体长度 29. 04 毫米，棉纱品质指标 2 309 分，棉结杂质 29 粒/克，综合评定上等优级。没有达到“六五”期间纤维品质要求的指标。

6 中棉所 10 号（对照）

中国农业科学院棉花研究所育成，黄河流域区试 4 年平均霜前皮棉亩产 41. 30 千克。纤维强力 3. 53 克，细度 6 784 米/克，断裂长度 23. 9 千米，成熟系数 1. 27，主体长度 31. 34 毫米，品质指标 2 763 分，棉结杂质 61 粒/克，综合评定上等优级；长江流域平均霜前皮棉亩产 55. 60 千克，纤维强力 3. 53 克，细度 6 302 米/克，断裂长度 22. 3 千米，成熟系数 1. 48，主体长度 30. 12 毫米，品质指标 2 419 分，棉结杂质 40 粒/克，综合评定上等优级。根据产量和纤维品质表现，1985 年区试会议决定，继续为全国夏棉区试的对照品种。

第四轮全国夏棉区试述评

刁光中，肖玉秀，黄祯茂，喻树迅
（中国农业科学院棉花研究所，安阳　455000）

1986—1987 年为我国夏棉品种第四轮区域试验，分长江和黄河流域两个棉区进行。黄河流域棉区设试点 15 个，参试品种（系）3 个，两年参加汇总的试点为 25 个。长江流域中下游棉区设试点 5 个，两年参加汇总试点 6 个，参试品种（系）3 个。两个棉区均以中棉所 10 号为对照品种。

试验设计为随即区组排列，重复 4 次，小区面积为 0. 05 亩。黄河流域棉区亩密度为 4 200 ~ 7 600株，长江流域棉区为 4 900 ~ 6 300株。各品种的抗病性和纤维品质分别由陕西省棉花研究所和北京市纺织纤维检验所进行鉴定和测试。黄河、长江棉区分别以 10 月 25 日、10 月 20 日前皮棉产量进行方差分析和显著性测定，变异系数均在 15% 以下。

1　黄河流域棉区参试品种

1. 1　中 657

中国农业科学院棉花研究所以 211（中 10 选系）×辽 6913 的杂交后代选育而成。植株筒形、较紧凑，株高 71. 6 厘米，第一果枝节位 5. 7 节。主茎坚硬茸毛多，不易倒伏，叶较小、上翘、色绿、果枝节间短。单株结铃 8. 4 个，铃重 5. 3 克，近圆形钝尖，含絮力强。子指 12. 2 克，出苗好。前期长势旺，发育快、早熟；后期有早衰趋势。全生育期 111d，两年均比对照早 2d。霜前皮棉 1986 年亩产 61. 6 千克，比对照增产 1. 6%；1987 年亩产 57. 7 千克，比对照增产 7. 3%，两年均居第一位。纤维色泽白，衣分 37. 3%。枯萎病指 20. 0，黄萎病指 27. 0，属耐病品种。纤维品质两年平均主体长度 28. 3 毫米，单强 3. 84 克，细度 6 144米/克，断裂长度 23. 5 千米，成熟系数 1. 61，纺 18 号纱，品质指标 2 392，综合评定为上等优级。建议进行生产试验，建立良种繁殖区，生产良种。

1. 2　新乡 82-10

河南省新乡地区农科所以中棉所 10 号×（黑山棉 1 号×棉乡 1 号）三交后代中选育而成。全生育期 112d，比对照早 1d，植株塔型，株高 71. 6 厘米。第一果枝节位 5. 7 节，果枝舒展清秀，后期易倒伏，叶中等大小，叶色绿。单株结铃 8. 4 个，铃重 5 克，近圆形，吐絮畅。该品种出苗稍晚，前期长势旺，发育快，后期长势较弱，有早衰表现。两年平均霜前皮棉产量 55. 6 千克，为对照的 97. 2%，居第 3 位。纤维色泽洁白，种子短绒少，

原载于：《中国棉花》，1988（4）：22-23，36

近似光子，子指 10.5 克，不孕籽率较高，为 10.1。感枯黄萎病，纤维品种测试两年平均：主体长度 28.5 毫米，单强 3.68 克，细度 6 376米/克，断长 23.5 千米，成熟系数为 1.56，纺 18 号纱，品质指标 2 523，综合评定上等优级。该品种强力与成熟系数稍低，在部分试点表现增产，可在适宜地区进行试种或示范。

1.3 鲁 320

山东省棉花研究中心以（鸟 3 × 岱 16）F_1 ×（中 10 × 北陆 98）F_8 双杂交后代育成。全生育期 118d，比对照晚 5d。植株呈塔形、松散，株高 75.6 厘米，主茎粗壮，茸毛偏多，叶片平展，叶色深绿，大而肥厚。单株结铃 8.8 个，单铃籽棉重 4.6 克，卵圆形、吐絮畅；子指 10 克，出面稍晚，苗期长势较弱，现蕾后长势旺盛，后劲足，不早衰，较晚熟。两年平均霜前亩产皮棉 46.7 千克，为对照的 79.1%，居第四位。感枯黄萎病，衣分 37.5%，纤维主体长度 29.3 毫米，单强 4.26 克，细度 6 095米/克。断裂长度 25.9 千米，成熟系数 1.71，纺 18 号纱，品质指标 2 737，纤维品质较好，该品种主要是成熟晚，霜前花产量低，难以适应麦棉两熟生产上的要求。

2 长江流域棉区参试品种

2.1 鄂 545

湖北省农科院经作所以中 10 自然变异株系统选育而成。生长期 114d，比对照晚 4d。植株筒形、较紧凑，主茎抗倒伏性较差，株高 89.7 厘米，叶较肥大色深绿。单株结铃 9.6 个，铃重 5.1 克，椭圆形，嘴尖、吐絮畅。衣分 40.4%，子指 10.7 克，出苗快。10 月20 日前收花量两年平均每亩 67.2 千克，为对照 102.6%。1987 年送检枯萎病指 36.8，黄萎病指 31.7，属感病品种。纤维测定结果，主体长度 29.1 毫米，细度 6 288米/克，单强 3.88 克，断裂长度 24.5 千米，成熟系数 1.62，纺 18 号纱，品质指标 2 664，综合评定上等优级。该品种纤维品质符合纺织工业要求，优于对照，建议进行生产试验，并建立良种繁殖区，生产良种。

2.2 淮 80-2-1

淮北市农技站从聊棉 1 号系统选育而成，生育期 115d，比对照晚 5d。植株塔形，较紧凑，株高 87.6 厘米，主茎粗抗倒伏，叶较小浅绿色，单株结铃 10.1 个，结铃性强，铃重 5.5 克。开花结铃集中、吐絮畅，衣分 41.8%，子指仅 9.3 克，出苗较慢，但长势旺。枯萎病指 45.1、黄萎病指 49.6，属感病品种。两年 10 月 20 日前皮棉产量平均每亩 74.5 千克，比对照增产 13.7%，两年均居第一位。纤维品质测定，主体长度 26.4 毫米，细度 5 640米/克，单强 4.09 克，断裂长度 23.0 千米，成熟系数 1.69，纺 18 号纱，品质指标 23.8，综合评定上等优级。该品种产量高，绒长较短，细度略粗，建议进行生产试验，生产良种。

2.3 豫 80-44

河南省农科院经作所以 4 × 辽 3 单交育成。生育期 113d，比对照晚 3d。植株塔形、株高 84.1 厘米，主茎粗壮。叶片肥大、色深绿；果枝长、角度大，平展下垂，单株结铃 8.2 个，铃重 5.2 克，椭圆形。铃壳薄吐絮畅，衣分 36.9%，子指 11.6 克，播种后出苗好，长势旺，后劲足。10 月 20 日前两年平均亩产皮棉 59.4 千克，为对照的 90.7%，居第4位。系耐枯萎感黄萎品种。纤维色泽白，主体长度28毫米，单强4.82克，细度5 434米/克，断裂长度26.2千米，成熟系数1.69，纺18号纱，品质指标2 656，综合评定上等优级。该品种纤维品质好，但两年产量比对照减产，难以适应生产上的要求。

3 对照品种

中棉所10号为对照品种，黄河流域棉区霜前皮棉亩产57.4千克，居第二位。长江流域棉区10月20日前皮棉产量为65.5千克，居第三位。纤维品质历年测试符合纺织工业的要求。

短季棉常用亲本早熟性状的遗传及配合力研究

范术丽，喻树迅，张朝军，原日红，宋美珍
（中国农业科学院棉花研究所/农业部棉花遗传改良重点实验室，安阳 455000）

摘要：采用9×9不完全双列杂交设计，分析了短季棉早熟及其相关性状的遗传特性、配合力和杂种优势表现，结果表明：短季棉的早熟性状由加性遗传效应和显性遗传效应共同作用，同时有不可忽视的加性、显性效应与环境的互作；全生育期、株高、衣分、铃重、霜前花率有较高的狭义遗传力，为0.262~0.528，特别是衣分和铃重受环境影响较小，可早代和异地选择；而果枝始节受环境条件影响较大；但在同一地区，果枝始节的狭义遗传力较高，为0.244~0.652，作为早熟性的选择指标是可靠的；在研究的9个材料中，有4个短季棉的早熟性的一般配合力较好，46个组合中有16个组合的早熟性及产量性状的特殊配合力均较好，其中以3个组合的产量及早熟性的综合性状较优，霜前皮棉较其优良亲本增产15%以上。

关键词：短季棉；早熟性；遗传特性；配合力

短季棉的育成带动了一种独具特色的新型耕作制度，但在北方特早熟棉区和广大多熟制棉区缺乏适合本地区种植的早熟短季棉品种。我国短季棉50年育种成效研究表明[1]，短季棉生育期从20世纪50年代到90年代缩短了近10d，但通过对其遗传多样性研究和聚类分析发现，金字棉主导早熟性种质，遗传基础狭窄，致使目前短季棉综合性状的改良效果不理想。为提高棉花的早熟性，缩短棉花生育期，国内外学者对棉花早熟相关性状的遗传特性及遗传力进行了较多的研究，较一致的结论是：棉花早熟性是由多基因控制的数量性状，表示早熟性的产量性状和物候学性状存在加性效应，也有显著的显性效应，狭义遗传力在0.02~0.39之间。但对短季棉早熟性配合力的研究较少，对短季棉早熟性的加性效应和显性效应与环境的互作未见报道。为了有效地引进和利用丰产优质的种质资源，以丰富短季棉育种材料，有必要对目前常用的骨干亲本材料早熟性进行遗传效应、配合力及加显效应与环境互作研究，为短季棉早熟性的提高及其综合性状的改良提供科学依据，同时为杂交短季棉的选育提供科学决策。

原载于：《棉花学报》，2004，16（4）：211-215

1　材料和方法

1.1　试验设计

以中国农业科学院棉花研究所和辽宁农业科学院棉花研究所育成的大面积推广应用的短季棉品种中棉所36、中棉所16、辽棉10号、中棉所27、中棉所30、辽棉9号、中棉所10号，以及分别来自西南农业大学和美国德州农业部南方平原农业研究中心作物种质资源研究室的优质中熟的渝棉1号和晚熟的美国遗传标准系TM21为材料，1999—2001年在中国农业科学院早熟育种地进行9个研究材料的自交，2002年以各材料分别为父母本，配制杂交组合。

采用不完全双列杂交设计，按照熟性的不同，人工去雄组配了早×早、早×中和早×晚46个杂交组合。2002年冬天到海南对F_1部分单株进行自交，获得F_2代种子，2003年于安阳市、山西省和新疆维吾尔自治区进行了46个组合P_1、P_2、F_1、F_2四世代的三点3重复遗传及配合力研究。2行区，行长9m，为了控制试验误差，整个试验安排在土壤一致的地块，并把同一个重复内的所有材料安排在土壤差异较小的地段，田间管理与大田种植相同。

1.2　性状考查及统计方法

试验定点20株调查，7月25日打顶前调查株高与果枝数，9月25日调查单株铃数，每小区收正常吐絮棉铃50个，进行室内考种。试验数据采用双列杂交遗传分析软件[2]进行数据处理。

2　结果与分析

2.1　亲本的性状表现及其遗传特性

2.1.1　亲本的性状表现

研究短季棉常用的7个育种亲本材料的生育期、产量水平及其两者的主要构成因素(表1)。由表1可知，7个短季棉品种的生育期平均为113d，而晚熟品种的生育期为132d，相差15~29d，亲本间的生育期差异明显，主要表现在播种至现蕾和开花至吐絮这两个阶段，短季棉品种播种后，棉花出苗发育快，早熟棉花品种约经历30~35d，4~5片真叶时现蕾，其果枝始节平均为4~5节，中熟和晚熟需要40d左右，发育到7~9片真叶现蕾，其果枝始节为8~9节，从而使短季棉在播种至现蕾阶段较中熟和晚熟品种提前了5~10d；在开花至吐絮阶段，短季棉品种铃壳薄，失水快，棉铃易开裂，此发育阶段比中晚熟品种缩短10~14d，现蕾至开花的时间亲本间相差不大；短季棉品种较中熟及晚熟品种每株少结铃3~4个，主要以高密度发挥群体结铃优势；衣分亲本间相差较大，而铃重差异不明显；早熟棉花品种霜前花率高于中熟和晚熟品种，生育期偏长的早熟品种，其皮棉有增加的趋势。

2.1.2　亲本早熟及产量性状的遗传特性

在亲本性状研究的基础上，利用加—显遗传模型（AD模型）[2]，通过对各亲本材料的P_1、P_2、F_1和F_2四世代的早熟相关性状的遗传分析（表2）表明：与早熟性有关的10个主要农艺性状均有显著的加性效应，也有显著的显性效应，且加性效应大于显性效应；

全生育期的遗传效应受环境条件的影响相对较小，狭义遗传力较高为0.262；播种—现蕾、现蕾—开花、开花—吐絮的加性和显性效应方差随棉花的发育，各阶段的遗传方差相应提高，分别达到了显著和极显著水平，狭义遗传力也有依次增高的趋势，3个性状的加性和显性效应与环境的互作方差依次降低，说明随着棉花发育时间的延长，其性状受环境的影响变小；果枝始节的狭义遗传率较低，仅为0.097，这与赵伦一和Godoy的研究结果[3-5]一致，从果枝始节的环境效应方差远大于其遗传方差看，作为早熟性的选育指标之一，其受环境的影响较大，说明在生态条件差异较大的育种地点，果枝始节作为早熟性指标进行异地代选择存在不可靠性；因此，对于早熟性的选择，在不同的世代和育种环境中，应有不同的选育标准和选择策略，特别为提高品种的适应性，利用生态育种试验站进行生态育种非常重要；为了进一步探讨同一育种地果枝始节作为棉花早熟性指标的可靠性，对三点试验点数据进行单独分析发现，就同一育种生态区，果枝始节的狭义遗传力为0.244～0.652，广义遗传力为0.354～0.744，其中安阳点果枝始节的广义及狭义遗传力较高，分别为0.744、0.652，作为短季棉早熟性指标是较为可靠的，这与喻树迅等的研究结果吻合[6]。

表1　各亲本的生育期及产量性状

编号	名称	全生育期(d)	播种—现蕾(d)	现蕾—开花(d)	开花—吐絮(d)	果枝始节(节)	株铃(个)	衣分(%)	铃重(g)	皮棉产量(kg/hm²)	霜前花率(%)
1	中棉所36	107.67	33.64	24.80	49.23	4.99	6.79	42.39	5.02	1 145.3	84.15
2	中棉所16	113.30	33.90	25.67	53.73	5.45	7.67	40.70	5.09	1 094.1	85.34
3	辽棉10号	113.78	35.13	25.62	53.03	5.37	8.42	35.09	6.17	1 421.1	62.78
4	中棉所27	115.67	35.44	25.21	55.02	5.38	7.36	43.07	5.37	1 338.5	89.86
5	中棉所30	118.14	35.78	27.42	54.94	6.38	8.68	34.65	5.63	1 235.7	72.94
6	辽棉9号	113.89	31.80	28.34	53.75	5.49	5.89	37.04	5.25	850.4	91.72
7	中棉所10号	116.57	34.33	25.50	56.73	5.63	6.89	40.94	5.69	1 329.6	62.16
8	TM-1	132.14	40.97	28.06	63.11	8.40	9.60	35.12	5.07	1 065.0	59.10
9	渝棉1号	128.66	41.67	29.68	59.53	9.41	11.04	39.63	5.11	1 492.5	64.47

表2　亲本材料早熟相关性状的主要遗传参数

遗传参数	全生育期(d)	播种—现蕾(d)	现蕾—开花(d)	开花—吐絮(d)	果枝始节(节)	株铃(个)	衣分(%)	铃重(g)	皮棉产量(kg/hm²)	霜前花率(%)
VA	12.319**	0.487*	0.600**	3.014**	0.075*	0.287**	6.203**	0.104**	69.599**	163.150**
VD	5.923**	0.358*	0.453*	1.048**	0.025*	0.137**	0	0.012*	119.751**	63.39*
VAE	6.333*	1.910**	0	3.492*	0.312**	0.247**	1.161	0	117.474**	58.596**
VDE	2.245**	0.779**	0.128**	0	0.088**	0.198**	0.109**	0.056**	153.040**	149.363*
HN	0.262**	0.091*	0.115**	0.130*	0.097*	0.126**	0.528**	0.341**	0.075**	0.426**
HB	0.389**	0.158**	0.203**	0.175*	0.129*	0.187**	0.528	0.380**	0.200**	0.591**

霜前花率的加性效应方差达到极显著水平，显性效应达到显著水平，说明其遗传以加性效应为主，霜前花率的狭义遗传力较高，为0.426，这与全生育期的遗传效应一致；霜前皮棉的加性和显性效应方差均达到了极显著水平，且两者受环境影响较大，狭义遗传力低，仅为0.075；单株铃数、衣分和铃重的加性方差达到极显著水平，除衣分外，也有较明显的显性效应，单株铃数由于受环境影响较大，其狭义遗传力较低，衣分和铃重的狭义遗传力较高，分别为0.528和0.380，可以稳定遗传给后代，应在早代加大选择压力。

2.2　亲本材料的配合力分析

2.2.1　亲本材料的一般配合力

在早熟性及其与早熟性相关的产量方面，不同的短季棉亲本材料的一般配合力差异较大（表3），由表3可知，中棉所36、中棉所16、中棉所27、辽棉10号和辽棉9号的各生育阶段的一般配合力的效应值均为负值，说明这5个品种有利于全生育期以及播种—现蕾、现蕾—开花、开花—吐絮各个阶段的缩短，从而达到提高早熟性的效果，即早熟相关性状的一般配合力均较好，其中，中棉所36、中棉所16、中棉所27生育期的一般配合力达到了显著水平，利用这3个品种作为早熟育种亲本材料，可以有效缩短棉花品种的生育期，达到早现蕾、早开花、早吐絮、降低果枝始节的效果。

表3　亲本材料早熟相关性状的一般配合力效应值

编号	全生育期	播种—现蕾	现蕾—开花	开花—吐絮	果枝始节	单株铃数	铃　重	霜前皮棉	霜前花率	衣　分
1	-3.465*	-0.726	-0.655	-1.904*	-0.66	-0.448	-2.313	0.818	3.673	2.055*
2	-2.071*	-0.342	-0.487	-1.193	-0.41	-0.195	-2.068	2.105	7.138	1.547*
3	-0.731	-0.080	-0.108	-0.673	-0.23	0.351	0.405**	-0.348	-4.771	-1.449
4	-0.924*	0.023	-0.358	-0.748*	-0.36	0.082	1.844**	8.721**	9.253	1.624**
5	0.371	0.164**	-0.020	-0.003	0.26	0.534	0.177*	-1.524	-6.375	-1.915
6	-0.710	-0.275	0.151	0.825	-0.59	-0.376	1.601*	-8.460*	-3.013	-3.264
7	1.206*	-0.270	-0.078	1.496	1.74*	-0.380	-0.511	-2.770*	-3.051*	-0.139
8	3.415*	0.847	0.919	1.621	1.36	0.193	-1.447*	-7.000*	-10.468	-1.842
9	1.490	0.660	0.635	0.483	0.83	0.24	2.314*	8.458	7.615*	3.383*

霜前皮棉和霜前花率是影响棉花品种早熟性的重要性状，由表3可知，渝棉1号、中棉所27的霜前皮棉及霜前花率的一般配合力最好，分别达到了显著或极显著水平，其次是中棉所36、中棉所16，而其他短季棉品种材料对提高后代霜前皮棉和霜前花率不利。中棉所36、中棉所16、中棉所27和渝棉1号对后代衣分的提高达到了显著或极显著水平；中棉所27、辽棉10号和渝棉1号有利于后代铃重的提高，参试材料单株铃数的一般配合力方差均不显著，因此要想进一步提高短季棉的结铃性，应寻求新的种质材料。

2.2.2　亲本材料的特殊配合力效应

亲本材料的各性状的遗传既存在加性效应，也存在显性效应，亲本材料的一般配合力是改良后代的基础，而其特殊配合力是发挥杂种优势，配制强优势组合的关键，部分组合的特殊配合力如表4。

表4　亲本材料早熟、产量及其主要构成因素的特殊配合力

组合	全生育期	播种—现蕾	现蕾—开花	开花—吐絮	果枝始节	单株铃数	衣分	铃重	霜前皮棉	霜前花率
1×4	-2.54	-0.38	-0.54	-0.83*	0.34	0.35	-0.79*	0.12	-14.24*	-2.04
1×6	-4.13*	-0.61	-0.95*	-1.29*	-0.16	-0.34	0.47	0.18	13.06*	-1.90
1×7	-0.23	-0.53	0.73	-0.21	0.42	-0.01	0.37	0.10	2.15	-1.28
2×4	-2.37	-0.21	-0.01	-1.36*	0.10	0.03	-0.75	-0.05	-8.35	-4.56
2×6	-4.10	-1.22	-1.33*	0.01	-0.22	0.02	0.55	0.04	-1.93	-7.56*
2×7	-1.32*	0.08	0.27	-1.18*	0.35	-0.12	-0.07	-0.49	-2.96*	-4.10
3×4	-0.03	0.24	-0.25*	0.11	0.54	-0.02	0.55	-0.10	7.82*	5.75
3×7	-1.07*	-0.38*	0.09	-0.31*	-0.07	-0.32	0.15	-0.08	5.77	6.14
4×6	-3.54*	-0.71	-0.55*	-1.15	-0.38	0.21	1.98*	0.15	10.68*	-3.33
4×7	-0.11	-0.06	0.03	0.06	0.06	0.56*	2.52*	-0.09	-0.70	3.60
4×8	3.83*	0.57	0.92*	0.78	0.16	0.03	1.97*	0.03	3.88	1.74
4×9	1.12	-0.18	0.05	0.43*	-0.60	-0.40	1.31*	0.23	0.31	8.18*
6×8	0.95	-0.06	-0.07	0.38	-0.52	0.18*	-0.45	0.10	20.57*	4.56
6×9	-3.92	-0.83	-1.28*	-1.21	-0.28	0.03	-0.02	0.05	7.98	-2.19
7×8	-0.82	0.27*	-0.52*	-0.67*	-0.54	0.28	-4.27	-4.45	12.16*	4.54
7×9	-2.32	-0.52	-0.37*	-1.24	-5.31	-0.30*	-3.83*	-4.50	26.41*	-8.38*

由表4可知，组合1×6、6×9、7×9、2×4、3×7、2×6、4×6、1×4、2×7的生育期、株高和果枝始节有较好的特殊配合力，组合3×4、7×9、7×8、1×7、1×4、3×7、6×9的霜前皮棉和霜前花率的特殊配合力也较好，这些组合可以进一步试验，从中可筛选出早熟、丰产综合性状优良的杂交组合。短季棉杂交组合的配制需要亲本有较好的一般配合力的基础上，还要有较高的特殊配合力，由此，可预测组合1×4、7×9、3×7应是早熟、丰产的较优组合。

2.3　杂种优势表现及后代选育策略

在对9个亲本的一般配合力、特殊配合力分析的基础上，通过对其组配的46个组合的早熟性及产量结果的分析表明：生育期在110d以内的组合为1×7、1×4、2×7，霜前皮棉较亲本中棉所36增产18%～30%，生育期在115d以内的优良组合为3×4、4×7、3×7，霜前皮棉较亲本中棉所27增产15%～20%，生育期在120d以内的优势组合为7×9、7×8、3×9，霜前皮棉较中棉所27增产22%～34%。可见，在杂种优势方面，利用早熟性状一般配合力好的短季棉品种（如中棉所36、中棉所27和中棉所10号），与丰产性状一般配合力好的中熟棉花品种（如渝棉1号）杂交，在此基础上考虑亲本之间的特殊配合力，在两者的特殊配合力均较高的情况下，容易获得早熟丰产的优良棉花组合。

3　讨论

对于以加性和显性遗传效应共同控制的播种—现蕾、现蕾—开花、开花—吐絮早熟性状，狭义遗传力较低，在早代选择可靠性较小，应在稍晚后代中加强选择或选择幅度应放宽一些；对于以加性和显性效应控制，加性遗传效应为主，且狭义遗传率较高的全生育期、株高、衣分、铃重和霜前花率，可早代选择。果枝始节受环境的影响较大，但在同一生态条件下，其狭义遗传率可达到65.2%。因此在同一育种地，全生育期、霜前花率和果枝始节仍不失为选择短季棉早熟性的可靠指标。但有些农艺性状及产量性状与环境的互作不可忽视，在有育种条件的情况下，利用生态育种试验站进行生态育种确实是一种加强性状选育，挖掘品种综合潜力的有效手段。利用早熟性状一般配合力好的短季棉品种，与丰产优质的中熟棉花品种杂交，容易获得早熟丰产的优良组合，但能否获得早熟丰产的优良品系，本文未能进一步证实，还需深入研究。

参考文献

[1] 喻树迅．我国短季棉遗传改良成效评价及其早熟不早衰的生化遗传研究 [D]. 杨凌：西北农林科技大学，2003.

[2] 朱军．遗传模型分析方法 [M]. 北京：中国农业出版社，1997：175-192.

[3] Godoy A S，Palomo G A. Geneticanalysis of earliness in up-land cotton (*Gossypium hirsutum L.*) I. Morphological and phonological variables [J]. *Euphytica*，1999，105：155-160.

[4] 赵伦一，陈舜文，徐世安．陆地棉早熟性的指标性状的遗传力估计 [J]. 遗传学报，1974，1 (1)：107-115.

[5] Godoy A S，Palomo GA. Genetic analysis of earliness in up-land cotton (*Gossypium hirsutum L.*) II. Yield and lint percentage [J]. *Euphytica*，1999，105：161-166.

[6] 喻树迅，张存信．我国短季棉育种概论 [M]. 济南：山东农业科技出版社，2003：21-40.

短季棉主要农艺性状的遗传分析

宋美珍，喻树迅*，范术丽，原日红，黄祯茂
（中国农业科学院棉花研究所/农业部棉花遗传改良重点实验室，安阳 455000）

摘要：选用5个早熟不早衰的短季棉品种和5个早衰的短季棉品种进行部分双列杂交。通过对亲本、F_1和F_2代分别于2001年和2002年两年田间试验研究。结果表明：籽棉产量、皮棉产量和衣分3个性状以显性效应为主，其次为加性效应，同时还存在极显著的加性上位性与环境的互作效应，单铃重和成铃数以显性效应为主；与早熟有关的诸性状，生育期、始花期、铃期和果枝始节4个性状以加性效应为主，其次为显性效应，霜前花率以显性效应×环境互作效应为主，同时存在显著的加性上位效应，落叶株率以加性与加性互作上位性为主，落叶指数以加性效应为主；与纤维品质有关的诸性状，2.5%跨长、比强度、伸长率3个性状以加性效应为主，其次为显性效应，同时还存在着加性、上位性与环境的互作效应；同时还研究了产量、早熟性和纤维品质各性状之遗传和表型相关关系。

关键词：短季棉；早熟不早衰；农艺性状；遗传分析

短季棉产量、早熟性和纤维品质等性状均是受多基因控制的数量性状，同时受许多其他因素的制约和影响[1]。田华菁研究了早熟陆地棉（*Gossypium hirsutum L.*）19个主要经济性状，其遗传系数变化范围在1.24%～25.11%[2]。李瑞祥研究27个特早熟陆地棉的形态和主要经济性状遗传变异潜力在10%～20%的性状仅7个[3]。White等[4]认为产量、铃重和单株结铃数的显性效应较大，Verhalen等[5]研究皮棉产量的显性效应高出其加性效应；但吴振衡[6]研究籽棉、皮棉产量、衣分、单株结铃数、铃重主要是加性效应，朱军[7]研究陆地棉产量性状加性方差大于显性方差。Godoy[8]、吴吉祥等[9]研究表现早熟的性状，生育期、始花期、铃期和果枝始节4个性状以加性效应为主，其次为显性效应，但Baker[10]和周有耀[11-12]认为表示早熟性状的遗传为显性效应。本研究采用朱军遗传模型[13]对具有高产、优质、抗逆特性的短季棉新品种的主要农艺性状进行遗传效应分析，为短季棉遗传育种提供新的理论依据。

原载于：《棉花学报》，2005，17（2）：94-98

1　材料和方法

1.1　试验材料

试验材料来自中棉所早熟育种组。选用两种类型短季棉品种（系）10 个，其中早衰类型品种或品系 5 个：中棉所 10 号、中 450407、中 652585、中 619 和豫早 28；早熟不早衰品种（系）5 个：辽 4086、中 925383、中 061723、中 961662 和豫早 1201；配成 5 个早熟不早衰 × 早衰正交组合和 5 个早衰 × 早熟不早衰反交组合。2001 ~ 2002 年于本所进行田间比较试验，亲本和 F_1 代种 3 行，F_2 代种 5 行，行长 8.5m，行距 0.7m，小区面积 17.85 ~ 29.75m^2，重复 3 次，随机区组排列，试验田管理按常规管理进行。

1.2　田间性状调查

在棉花整个生育期进行观察记载，每小区连续定株 20 株，重复 2 次，调查果枝始节位、现蕾期、开花期、吐絮期等性状；在生育后期按小区进行第一次收花量、霜前花率、生育期、籽棉产量、皮棉产量、衣分的测定与记载；收花前每小区收取 50 铃进行铃重、衣分和纤维品质测定。棉株落叶率和落叶指标调查方法，在棉株生育后期（8 月 30 日），按棉株的落叶情况分 5 个级别：0 级棉株长势旺，整株叶子脱落很少；1 级落叶较 0 级增加 25%；2 级落叶较 0 级增加 50%；3 级落叶较 0 级增加 75%；4 级棉株叶子全部落光。计算落叶率和落叶指数。

1.3　数据分析

采用 ADAA 模型进行加性 2 显性 2 上位效应分析，同时进行遗传和表现相关分析。采用 MINQUE（1）法（最小范数二阶无偏估算法），估算各项方差分量及其对表现型方差的百分比，用 LUP（Linear Unbiased Prediction）法预测各性状的基因效应值，用 Jackknife 的方法，计算各项遗传参数的预测值及其标准误，并用 t 测验对遗传参数作统计学的显著性检验。

2　结果与分析

2.1　早熟性状的遗传效应分析

由分析结果（表 1）可知，与短季棉早熟性有关的性状生育期、始花期、铃期和果枝始节 4 个性状以加性效应为主，达显著水平，其次为显性效应，不存在加性上位性效应，说明 4 个表示早熟的性状主要受基因型控制，受环境影响较小，在后代能稳定遗传；而霜前花率以显性效应 × 环境互作效应为主，同时存在显著的加性上位效应，说明霜前花率存在着显著的基因之间的互作，并受环境影响较大；棉叶脱落程度可以表示该品种的早熟和早衰，落叶株率以加性与加性互作上位性为主，达极显著水平，落叶指数以加性效应为主，在后代能稳定遗传。遗传率表明果枝始节、落叶株率和落叶指数狭义遗传率分别达 54.57%、84.13% 和 74.29%，达极显著水平，在后代能稳定遗传，所以果枝始节一直被育种家作为判断棉花品种早熟性的重要指标，落叶株率和落叶指数可作为短季棉后代早熟不早衰性状的新的选择标准；生育期、始蕾期、始花期、始絮期、铃期 5 个性状广义遗传率都较高，可作为早熟性状选择的参考标准。

2.2　产量及构成因子性状的遗传效应分析

产量性状遗传分析（表 1），籽棉产量、皮棉产量和衣分 3 个性状以显性效应为主，达显著或极显著水平，其次为加性效应，达显著水平，同时还存在极显著的加性上位性效应与环境的互作效应，说明籽棉产量、皮棉产量和衣分3个性状受环境影响较大，存在显著的基因与环境的互作效应。单铃重和成铃数以显性效应为主，遗传分量63%以上，受环境影响较大；果枝数以加性效应为主，株高以加性与加性的上位效应为主，达显著水平；但株高和果枝数的残差较大，主要受环境条件的影响，遗传表现不稳定。籽棉产量、皮棉产量、衣分、单铃重、成铃数、株高和果枝数广义遗传率都较高，达极显著水平，遗传分量60%以上，受环境影响较大。因此，在杂种优势利用时，籽棉产量、皮棉产量和衣分作为重要的性状加以选择，选用籽棉产量、皮棉产量和衣分高的亲本组合杂交后代优势较强。

表1　农艺性状的遗传方差分量对表型方差的百分率

性　状	加性效应 v_A/v_P	显性效应 v_D/v_P	上位效应 v_{AA}/v_P	加性×环境互作效应 v_{DE}/v_P	显性×环境互作效应 v_{DE}/v_P	上位性×环境互作效应 v_{AAE}/v_P	残差分析 v_e/v_P	表型分析 v_P
霜前花率	0	0	16.71*	—	56.39	0	26.90+	39.53
生育期	36.56	25.89	0	—	—	—	37.55+	33.19
始蕾期	31.79+	39.54+	0	—	—	—	28.67+	5.10+
始花期	39.73	20.25	0	—	—	—	40.02	8.59
铃　期	34.85+	30.83	0	—	—	—	34.31**	11.92
果枝始节	54.57+	25.22	0	—	—	—	20.22	0.88
落叶株率	16.72	0	67.41**	—	—	—	15.87**	110.37**
落叶指数	63.80	22.05*	10.49	—	—	—	3.66**	244.61**
籽　棉	24.56	39.13*	0	0	0	27.36**	8.97**	45 166.00+
皮　棉	26.21*	39.40*	0	0	0	26.82**	7.57**	8 093.57+
衣　分	34.08**	40.81**	0	0	0	20.65**	4.45**	20.94+
单铃重	0	63.71**	0	0	11.28	8.39	16.61*	0.26+
成铃数	0	86.05	0	—	—	—	13.95+	7.16
株　高	0.11	0	31.73+	—	—	—	57.72*	30.30*
果　枝	28.42+	0	0	—	—	—	71.58*	0.49**
2.5%跨长	38.90*	28.02	0	0	0	27.05+	6.02	17.41
整齐度	0	24.04+	0	29.35	0	0	46.61	3.53
比强度	37.73*	27.32+	0	0	0	26.60+	8.35	41.26
麦克隆值	19.52*	0	0	22.20	0	0	58.28+	0.57
伸长率	33.16**	10.49*	0	15.18	0	0	41.17	0.15
反射率	23.31	0	0	—	—	—	76.69	5.75+
黄　度	27.08	0	0	—	—	—	72.92*	16.05+
环缕纱强	37.89+	0	0	—	—	—	62.11*	82.86*

注：** 表示差异达0.01显著水平，* 表示差异达0.05显著水平，+ 表示差异达0.10显著水平，下同

2.3　纤维品质性状的遗传效应分析

纤维品质遗传分析（表1），纤维2.5%跨长、比强度、伸长率3个性状以加性效应为

主，达到显著或极显著水平，其次为显性效应，达显著水平；纤维 2.5% 跨长、比强度还存在着加性上位性与环境的互作效应，达显著水平；整齐度以显性效应为主，还存在着加性与环境的互作效应，剩余方差大，说明纤维整齐度受环境影响较大；麦克隆值加性效应达显著水平，同时存在加性与环境的互作效应；反射率、黄度和环缕纱强 3 个性状以加性效应为主，但其残差较大，说明受环境影响较大，遗传不稳定。纤维伸长率、麦克隆值和环缕纱强狭义遗传率较高，达显著水平，2.5% 跨长、整齐度、比强度、反射率、黄度广义遗传率较高。因此，对短季棉纤维品质性状的选择应从纤维长度、比强度、麦克隆值 3 个性状着手，对纤维长度适中、比强度高、麦克隆值适中的材料可在早代选择。

2.4　短季棉主要农艺性状的遗传和表型相关分析

2.4.1　早熟性与产量性状间相关关系

由表 2 可知，籽棉产量、皮棉产量、衣分、单铃重、成铃数和霜前花率之间存在着显著或极显著遗传和表型正相关；生育期、始蕾期、始花期和铃期之间存在着显著或极显著遗传和表型正相关；籽棉产量、皮棉产量、衣分、单铃重、成铃数和霜前花率各性状与生育期、始蕾期、始花期和铃期存在着显著或极显著遗传和表型负相关；果枝始节与单铃重、成铃数、始蕾期、始花期存在着显著或极显著的遗传和表型正相关。因此，根据这些性状的遗传和表型相关关系，可明显将这些性状分为三大类，第一类与产量有关的性状，包括籽棉产量、皮棉产量、衣分、单铃重、成铃数和霜前花率；第二类与早熟有关的性状，包括生育期、始蕾期、始花期和铃期；第三类是果枝始节，通常作为早熟的一个性状，从遗传关系来看，此性状与产量和早熟都有关系，本文将此性状划分为第三类。在常规育种中早熟与高产是一对矛盾，生产上需要既早熟又高产的品种，因此要根据其遗传相关关系，打破遗传负相关，充分利用遗传正相关，协调发展各性状之间关系，变不利为有利。

表 2　产量性状及早熟性状表型相关系数与遗传相关系数的估测值

性　状	籽　棉	皮　棉	衣　分	铃　重	成铃数	霜前花率	生育期	始蕾期	始花期	铃　期	果枝始节
籽棉	—	0.315 **	0.184 **	0.122 **	0.166 **	0.099 **	-0.109 *	-0.138 **	-0.09 **	-0.097 +	0.161 +
皮棉	0.275 **	—	0.252 **	0.132 *	0.186 *	0.114	-0.147 **	-0.157 **	-0.104 **	-0.140 *	0.161 +
衣分	0.195 **	0.259 **	—	0.119 *	0.213 **	0.138 **	-0.343 **	-0.204 **	-0.155 **	-0.387 **	0.052
铃重	0.130 **	0.141 *	0.154 *	—	0.196 **	0.099 **	-0.218 *	-0.303 **	-0.116 **	-0.225 **	0.195 **
成铃数	0.170 **	0.192 *	0.235 **	0.195 **	—	0.135 *	-0.083 **	-0.100 **	0.021	-0.151 **	0.252 **
霜前花率	0.102	0.118	0.150 **	0.101 *	0.138 *	—	-0.090 *	-0.083 +	-0.011	-0.123 *	0.116
生育期	-0.124 *	-0.163 **	-0.368 **	-0.249 *	-0.096 **	-0.086 *	—	0.515 **	0.494 **	0.703 **	0.121 **
始蕾期	-0.145 **	-0.164 **	0.209 **	-0.323 **	-0.115 **	-0.077 ++	0.508 *	—	0.448 **	0.387 **	0.144 **
始花期	-0.09 **	-110 **	-0.154 **	-0.135 **	0.008	-0.009	0.461 **	0.431 **	—	0.327 **	0.186 **
铃期	-0.114	-0.158 *	-0.416 **	-0.250 **	-0.158 **	-0.118 +	0.675 **	0.386 **	0.301 **	—	-0.001
果枝始节	0.172 +	0.173 +	0.068 +	0.203 **	0.260 **	0.133	0.070	0.115 *	0.147 **	-0.049	

注：下三角为遗传相关系数，上三角为表现型相关系数

2.4.2　纤维品质性状间相关关系

2.5% 跨长与比强度呈遗传和表型负相关，与整齐度、伸长率呈显著遗传和表型正相

关，遗传相关系数为0.700和0.673，达显著水平，与麦克隆值呈极显著的遗传正相关，遗传相关系数为0.900，达极显著水平；纤维整齐度与比强度呈显著表型和遗传正相关，遗传相关系数达0.959，达显著水平，与伸长率呈显著遗传和表型负相关；比强度与伸长率呈显著的遗传和表型负相关。因此，在对短季棉品种的纤维品质选择上，要综合考虑各性状间的关系，达到优中选优；或采用生物技术等手段打破纤维长度与比强度呈遗传和表型的负相关，使纤维既长又细，强力好，满足纺高支纱要求。

2.4.3 纤维品质性状与早熟性状相关关系

纤维品质中2.5%跨长、比强度、伸长率3个性状与霜前花率均为遗传、表型负相关，与生育期、始蕾期、始花期、铃期均呈遗传、表型正相关，果枝始节与霜前花率、整齐度呈遗传表型正相关，与比强度、伸长率和麦克隆值呈遗传表型负相关。由此说明棉花的早熟性与纤维品质之间的遗传关系很大，这也就是育种家一直困惑的短季棉品种品质差问题。因此，在培育短季棉新品种时，采用分子生物学技术措施打破早熟性与纤维品质的遗传负相关关系，培育早熟、优质、高产类型的品种。

2.4.4 纤维品质性状与产量性状相关关系

皮棉产量与2.5%跨长、整齐度、麦克隆值呈遗传、表型正相关，与比强度、伸长率呈遗传、表型负相关；衣分与2.5%跨长、比强度、伸长率、麦克隆值呈遗传、表型负相关；单铃重与伸长率、麦克隆值呈遗传、表型正相关，与2.5%跨长、整齐度、比强度呈遗传、表型负相关。由此说明，高产对纤维长度、整齐度、麦克隆值性状有益，但不利于比强度的提高；高衣分对纤维长度、比强度、麦克隆值均不利；大铃或单株成铃数多不利于纤维长度、比强度提高。因此，在进行新品种选育时，一定要注意产量性状与纤维品质性状间的遗传相关关系，使之协调发展。

3 讨论

3.1 短季棉产量性状选择应在高代进行

籽棉产量、皮棉产量、衣分、单铃重和成铃数等性状是短季棉重要的农艺性状，以显性效应为主，其次为加性效应，同时还存在加性上位性效应与环境的互作效应，各性状广义遗传率均较高，此观点同White等[4]、Verhalen等[5]，与吴振衡[6]、朱军[7]不同。因此，这些性状受环境影响较大，在短季棉产量育种中，对这些性状的早代选择效果较差，必须在高代进行选择，但是，这些性状可作为杂种优势利用亲本选择的依据。

3.2 短季棉早熟性选择应在早代进行

生育期、始花期、铃期和果枝始节等性状是重要的表示短季棉早熟的性状，以加性效应为主，其次为显性效应，说明这些性状主要受基因型控制，在后代能稳定遗传，此观点与Godoy[8]、吴吉祥[9]相同，但另一种观点认为早熟性状的遗传为显性效应（Baker[10]、周有耀[11-12]）。本人认为这与研究遗传材料、环境条件不同有关。因此，对生育期、始花期、铃期和果枝始节选择可在早代进行；霜前花率以显性效应×环境互作效应为主，同时存在显著的加性上位效应，受环境影响较大，在育种中可作为参考。

3.3 短季棉纤维品质性状的选择应在早代进行

表示纤维品质的性状，2.5%跨长、比强度、伸长率、麦克隆值、反射率、黄度和环缕纱强以加性效应为主，此观点同潘家驹[1]，但反射率、黄度和环缕纱强的残差较大，说明这些性状的遗传受环境影响较大，遗传不稳定，可作为早代选择的参考。因此，选择纤维长度适中、比强度高、麦克隆值适中的材料应在早代进行。

3.4 短季棉各性状的选择要兼顾各种相关关系，打破负相关关系

产量有关各性状与早熟性状之间呈极显著遗传、表现型负相关，与霜前花率和果枝始节存在显著的遗传和表型正相关；纤维品质性状与霜前花率均为遗传、表型负相关，与早熟性状呈遗传、表型正相关，此观点同潘家驹[1]；这些负相关关系是短季棉育种中的难题。为适应中国农业结构调整和生产发展的需要，需培育出适合棉（麦、菜、油）两熟或三熟制或麦后直播的短季棉新品种，要求短季棉品种既早熟，又高产，同时纤维品质优良；因此，在短季棉育种中，要适度掌握协调各种性状的遗传相关关系，打破遗传负相关，在对短季棉早熟性选择的同时，要兼顾产量、衣分、2.5%跨长、比强度等性状。

参考文献

[1] 潘家驹. 棉花育种学 [M]. 北京：中国农业出版社，1998：273-295.

[2] 田菁华. 早熟陆地棉主要性状的遗传率及遗传进度的研究 [J]. 遗传，1983，5（1）：15-16.

[3] 李瑞祥. 特早熟陆地棉主要性状的遗传率和遗传进度研究 [J]. 辽宁农业科学，1985（1）：15-18.

[4] White T G. Diallel analysis of quantitatively in herited characters in *Gossypium hirustum* L. [J]. *Crop Sci.*, 1966，(6)：253-295.

[5] Verhaln L M. Adiallel analysis of several agronomic traits in upland cotton（*Gossypium hirsutum* L.）[J]. *Crop Sci.*, 1971，11（1）：92-96.

[6] 吴振衡，刘定俊，莫惠栋. 陆地棉数量性状的遗传分析 [J]. 遗传学报，1985，12（5）：334-349.

[7] 朱 军. 数量性状遗传分析的新方法及其在育种中的应用 [J]. 浙江大学学报，2000，26（1）：126.

[8] Godoy A S，Palomo GA. Genetic analysis of earliness in upland cotton（*Gossypium hirsutum* L.）II. Yield and lint percentage [J]. *Euphytica*，1999，105：161-166.

[9] 吴吉祥，朱 军，季道藩，等. 陆地棉产量性状的遗传及其与环境互作的分析 [J]. 遗传，1995，17（5）：124.

[10] Baker J L. The inheritance of several agronomic and fiber properties among selected lines of upland cotton（*Gossypium hirsutum* L.）[J]. *Crop Sci.*, 1973，13（2）：444-450.

[11] 周有耀. 棉花产量及纤维品质的遗传分析（综述）[J]. 北京农业大学学报，1988，15（6）：401-408.

[12] 周有耀. 棉花早熟性与纤维品质性状关系的研究 [J]. 中国棉花，1990，17（5）：13-15.

[13] 朱军. 遗传模型分析方法 [M]. 北京：中国农业出版社，1997.

中棉所50品种特性及栽培技术要点

喻树迅，范术丽，黄祯茂，宋美珍
（中国农业科学院棉花研究所，安阳 455000）

1 品种来源

以育种中间材料H109为母本与抗病优质品系中662杂交，育成选系中394。1998年对该品系施以生化和分子标记辅助育种技术，提高棉株体内的SOD、POD和CAT酶的活性，改良品系的早熟性和抗逆性，选育出955037-4；1999年该品系在本所的病地种植，决选早熟抗病选系055394（命名为SGK中394），2000—2001年参加所级品系比较试验，2002—2003年参加国家夏棉品种区试和河南省短季棉品种区试，2003—2004年参加国家及河南省短季棉的生产试验，2005年通过河南省农作物品种审定。

2 特征特性

植株塔形，株形紧凑，株高70～75cm；在2002年国家和河南省夏棉品种区试中，生育期分别为104d和106d，早熟性居所有参试品种之首；果枝始节5.6～5.7节，叶色深绿；开花结铃集中，结铃性强，铃重5.0～5.3g，衣分39.6%～40.5%，子指10.2g；吐絮畅，絮色洁白，易收摘。

3 产量表现

3.1 区域试验

2002—2003年参加国家黄河流域和河南省抗虫夏棉品种区试，其中，国家夏棉品种区试，平均霜前皮棉产量1 024.5kg/hm^2，比对照中棉所30增产29.4%，达极显著水平。居参试品种的第一位，霜前花率90%以上。河南省短季棉品种区试，平均霜前皮棉868.65kg/hm^2，比对照中棉所30增产32.03%，霜前花率80%以上，国家和河南省抗虫夏棉品种区试的结果均表明，中棉所50较对照品种中棉所30大幅增产。

3.2 生产试验

全国夏棉生产试验，每公顷产皮棉1 032kg，比对照中棉所30增产14.9%，霜前每公顷产皮棉922.5kg，均比对照品种有较大幅度增产，位居参试品种的第一位，霜前花率

原载于：《中国棉花》，2005（10）：25-26

达91.6%；河南省抗虫夏棉生产试验，两年平均霜前皮棉每公顷796.5kg，比对照中棉所30增产20.4%，达极显著水平。

4　纤维品质

2002—2003年由黄河流域抗虫夏棉品种区试点供样，农业部棉花品质监督检验测试中心测试结果（ICC标准），纤维长度29.5mm，比强度27.9cN/tex，麦克隆值4.4，反射率74.9%，黄度8.3，整齐度84.6%，纺纱均匀指数136；同期由河南省各区试点供样，农业部棉花品质监督检验测试中心测试结果：纤维长度29.8mm，比强度27.32cN/tex，麦克隆值4.1，各项指标符合目前纺织工业的要求。

5　抗病虫性

5.1　抗虫性

2002—2003年黄河流域抗虫夏棉区试中，由中棉所植保室测试结果：二代棉铃虫蕾铃被害率13.5%~21.1%，减退率68.4%~81.9%；三代棉铃虫幼虫校正死亡率88.2%，综合评定达抗级水平。在河南省夏棉区试中，中棉所植保室统一测试结果：二代棉铃虫蕾铃被害率3.5%~25.4%，减退率57.9%~73.3%；三代棉铃虫幼虫校正死亡率56.9%~69.9%，综合评定达抗级水平。

5.2　抗病性

2002—2003年黄河流域抗虫夏棉区试组和河南省抗虫夏棉区试组均委托中棉所植保室作抗病鉴定，综合评价中棉所50为高抗枯萎病，耐黄萎病品种（表1）。

表1　2002~2003年黄河流域和河南省抗虫夏棉区试抗枯、黄萎病鉴定结果

区试类型	品种名称	枯萎病			黄萎病		
		2002病指	2003病指	反应型	2002病指	2003病指	反应型
黄河流域夏棉区试	中棉所50	1.17	7.54	HR	25.92	28.23	T
	中棉所30（CK）	2.56	4.23	HR	31.67	34.79	T
河南省夏棉区试	中棉所50	2.69	2.69	HR	34.7	33.02	T
	中棉所30（CK）	3.56	3.88	HR	34.4	34.59	T

6　适应范围

据全国区试站、黄河流域抗虫夏棉品种区试和河南省抗虫夏棉品种区试结果：中棉所50均表现早熟、丰产、抗棉铃虫、高抗枯萎病和耐黄萎病，适于黄河流域棉区作麦（油）棉两熟夏套种植。

7　栽培技术要点

①播期：5月20~25日在小麦行间播种，或5月10日育苗，麦后移栽。②苗期管理：麦田套种棉，麦收后要及时灭茬，灌提苗水，施提苗肥；一熟棉和油菜茬棉要及时间

苗、松土，促苗早发。③密度：中等地力，每公顷留苗7.5万株左右，每株留果枝9~11个。④化控：初花至花铃期喷缩节安2~3次，每次每公顷用原粉7.5~37.5g。⑤肥水：两熟田前茬小麦或油菜应施足基肥，苗期结合灌溉提苗水，追施尿素；盛花后期施尿素并及时灌水，以提高肥效；花铃期施少量根际追施或根外追肥。⑥病虫害防治：一般二代棉铃虫可以不防治，三代、四代棉铃虫常年也不用防治，如遇虫害严重的年份可喷药1~2次；对于棉蚜、棉蓟马、盲蝽象、红蜘蛛等害虫，应按防治标准及时防治。

双价转基因抗虫棉中棉所45的丰产性及生理特性研究

喻树迅，宋美珍，范术丽，原日红，黄祯茂
（中国农业科学院棉花研究所/农业部棉花遗传改良重点实验室，安阳　455000）

摘要：以抗虫棉33B和sGK321为对照品种，研究了双价转基因（*Bt*+*CpTI*）抗虫棉中棉所45的农艺性状、生理生化特性及产量和纤维品质特性。结果表明：虽然中棉所45的营养生长速率低于33B和sGK321，但其生殖生长速率高于33B和sGK321；中棉所45的CAT和POD活性高于sGK321，低于33B，中棉所45的SOD活性和叶绿素含量显著高于33B和sGK321，而MDA含量低于33B和sGK321；表明中棉所45的抗氧化酶活性较强中棉所45结铃性强，铃大，衣分高，因而其产量高，纤维品质好。由此说明，中棉所45生长发育协调性较好，叶功能好，早熟不早衰，具有较高的丰产性和抗逆性。

关键词：中棉所45；丰产性；抗氧化酶

中棉所45（CCRI45）是2003年8月第二个通过国家审定的转双价转基因抗虫棉，中国农业科学院棉花研究所拥有自主知识产权，该品种集抗虫、丰产、优质和抗病于一体[1]。该品种抗虫性强且稳定[2]，抗黄、枯萎病特性突出。在国家转基因抗虫棉品种展示中，皮棉和霜前皮棉分别为1 690.5kg/hm^{2}和1 275kg/hm^2，分别较对照美棉33B增产16.3%和16.4%，居第一位；在新疆作一熟春棉种植，皮棉产量3 105～3 750kg/hm^2，比当地推广品种增产15%以上。在黄淮海棉区麦棉套种，3月初育苗，5月初移栽，小麦产量6 000kg/hm^2，减少防治棉铃虫化学农药用量80%，霜前皮棉1 275.0kg/hm^{2}以上，霜前花率为85%以上[1]。本文通过与33B和sGK321的比较，对中棉所45的丰产性、生长发育及生理生化特性进行了研究。

1　材料和方法

供试品种为33B、sGK321和中棉所45，其中33B和sGK321为对比品种。大田试验于2005年和2006年在中国农业科学院棉花研究所试验地进行。在棉花生长发育的苗期、蕾期、初花期、盛花期、花铃期，调查株高、果枝、成铃、叶面积、干鲜重等；同时在苗期、蕾期、初花期和花铃期测定叶绿素、抗氧化系统酶活性（SOD、POD、CAT）、丙二

原载于：《棉花学报》，2007，19（3）：227-232

醛含量等[2-3]。两年均于4月25日播种，5行区，3次重复，小区面积320m² 播后盖膜。种植密度每公顷4.5万株。

2 结果与分析

2.1 生长发育

2.1.1 株高变化

由苗期、初花期和花铃期3次调查（图1）可看出，中棉所45株高始终低于33B和sGK321，sGK321株高最高，33B次之。说明中棉所45的营养生长期比33B和sGK321晚。株高日生长量可进一步说明营养生长的快慢。在苗期、初花期和花铃期调查（图2），中棉所45在3个生育时期株高日生长量均较低，sGK321株高日生长量最快，33B介于两者之间。

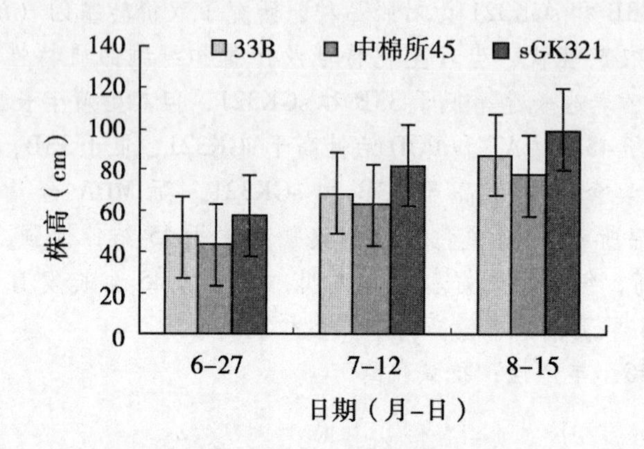

图1 三个品种的株高的变化

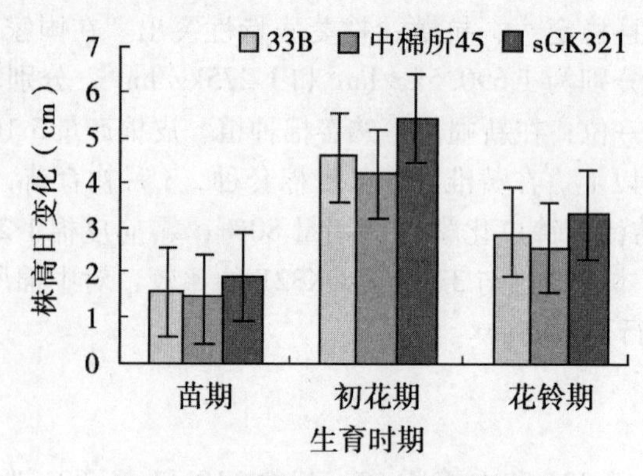

图2 三个品种株高日生长量的变化

2.1.2 果枝增长

果枝是棉株的生殖生长器官，其生长快慢与该品种的结铃性有很大关系。3个品种3个时期调查（表1），中棉所45的果枝数介于33B和sGK321之间，大于33B，小于sGK321。虽然中棉所45的株高偏低，但其果枝数并不少，达到了黄河流域正常棉株的果枝数。

表1　三个品种不同时期的果枝数　单位：个/株

品　种	6月27日	7月12日	8月15日
33B	7.8	12.3	13.1
中棉所45	8.4	12.7	13.8
sGK321	9.1	13.7	14.3

2.1.3　成铃进程

棉花的产量由三桃构成，就是伏前桃、伏桃和早秋桃（表2）。一个品种要想高产，三桃缺一不可，只是比例要合适。伏前桃是棉株稳长的基础，生殖生长的转折点，但太多易引起棉株后期的早衰；伏桃是棉花产量的主体，早秋桃也是棉花产量的重要组成部分。调查发现，伏前桃以中棉所45和sGK321最多，伏桃以中棉所45为最多，分别较33B增加0.2个、较sGK321增加0.4个，早秋桃以中棉所45增加最多，单株增加2.1个，而33B和sGK321分别增加0.1和0.7个。由此说明，中棉所45结铃性很强，伏桃和早秋桃均多于33B和sGK321，且三桃分布均匀。

表2　三个品种不同时期的成铃数　单位：个/株

品种	7月12日	8月15日	9月10日
33B	0.0	15.2	15.3
中棉所45	0.2	15.4	17.5
sGK321	0.3	15.0	15.7

棉株的成铃速率代表着该品种的结铃性快慢。由三桃调查（表3）可看出，伏桃的成铃速率三个品种相差甚少，早秋桃三品种相差较大，中棉所45每日单株成铃0.084个，较sGK321增加0.056个，较33B增加0.08个。从单株成铃速进一步证实了中棉所45的单株结铃性相当强，为该品种丰产打下坚实的基础。

表3　三个品种的成铃速率　单位：个/（日·株）

品种	7月12日	8月15日	9月10日
33B	0.000	0.500	0.004
中棉所45	0.230	0.500	0.084
sGK321	0.300	0.490	0.028

2.1.4　倒四叶面积的变化

倒四叶是棉花功能叶，7月12日调查倒四叶的叶面积，中棉所45为147.2cm^2，33B为146.3cm^2，sGK321为157.7cm^2。中棉所45叶片较为适中，且叶片较厚。

2.1.5　干、鲜重的变化

7月12日取样测定，单株总鲜重和总干重最重的为sGK321，主要分布于根、茎和叶的营养器官上，但生殖器官最重的还是中棉所45，鲜重较sGK321增加6.3g，较33B增加25.2g，干重较sGK321增加1.3g，较33B增加6.5g（表4）。进一步说明中棉所45营养生长和生殖生长比较协调。

表4　初花期不同品种干鲜重的变化

品　种	部　位	鲜重（g/株）	干重（g/株）	干重/鲜重（%）
33B	根	42.9	13.4	31.2
	茎	91.8	22.9	24.9
	叶	125.7	30.7	24.4
	生殖器官	22.1	2.7	12.2
	单株总重	282.5	69.7	24.7
中棉所45	根	44	150	34.1
	茎	95.3	25.9	27.2
	叶	138.9	36.9	26.6
	生殖器官	47.3	9.2	19.5
	单株总重	325.5	87	26.7
SGK321	根	46	15.1	32.8
	茎	119.1	31.8	26.7
	叶	158.5	39.8	25.1
	生殖器官	41	7.96	19.3
	单株总重	346.6	94.6	25.9

2.1.6　产量及产量构成

分小区收花统计（表5），三个品种籽棉产量、皮棉产量、衣分和铃重均以中棉所45最高，其中籽棉产量较 sGK321 增加18.9%，较33B增加9.0%，皮棉产量较 sGK321 增加20.4%，较33B增加9.0%，经方差分析，差异达显著水平（$F_{0.05}$　7.0）；铃重唯有中棉所45达到6g以上，较33B增加0.27g，较 sGK321 增加0.09g；衣分为39.6%，明显高于33B和sGK321。说明中棉所45较好地协调了产量构成三因素之间的关系，便于实现高产、稳产。

表5　三个品种产量及产量构成因素比较

品　种	籽棉产量（kg/hm^2）	为sGK321（%）	皮棉产量（kg/hm^2）	为sGK321（%）	衣分（%）	铃重（g）
33B	3 657.0	109.0	1 429.5	109.0	39.1	5.8
中棉所45	3 990.0	118.9	1 578.0	120.4	39.6	6.0
SGK321	3 355.5	—	1 311.0		39.1	5.9

2.1.7　纤维品质

根据农业部纤维品质质量监督检验测试中心测定结果（表6），中棉所45纤维长度为30.4mm，较33B长1.6mm，较sGK321长0.6mm，纤维整齐度明显高于33B和sGK321，纤维比强度为29.0cN/tex，较33B增加2.3cN/tex，综合评定为中棉所45的纤维品质在三个品种中表现最好。

表6　三个品种纤维品质比较

品　种	长度（mm）	整齐度（%）	伸长率（%）	比强度（cN/tex）	麦克隆值
33B	28.8	84.1	6.8	26.7	4.3
中棉所45	30.4	85.6	6.4	29.0	4.7
SGK321	29.8	84.6	6.5	29.2	4.9

2.2　生理生化特性

植物体在长期进化过程中，形成了一个完善的清除活性氧（$O_2^{-\cdot}$、·OH、$^1O_2$）的防卫系统，使植物体内产生与清除活性氧维持在一个动态平衡[7-9]；氧的代谢失调，氧自由基的动态平衡被破坏，植物的结构和功能就可能受到损伤，甚至出现死亡。维持氧的代谢平衡酶类就是抗氧化系统保护酶类。植物的生长发育状况与抗氧化系统保护酶关系很大[5,6,11]。

2.2.1　抗氧化系统酶活性的变化

CAT活性的变化：CAT是植物体抗氧化系统保护酶类，也是含金属Fe的一种诱导酶，在植物体内主要分解H_2O_2，解除H_2O_2对植物的伤害，和SOD、POD共同作用可清除体内具潜在危害的$O_2^{-\cdot}$和H_2O_2，最大限度地减少的·OH形成[7,12]。由棉花生长苗期6月13日至棉株生长后期8月27日测定结果，33B在整个生育期过氧化氢酶（CAT）活性高于中棉所45和sGK321，中棉所45CAT活性高于sGK321，33B和中棉所45在7月14日CAT酶活性达到最高，之后开始下降，sGK321的CAT活性一直处于下降状态（图3）。总体来看，33B的过氧化氢酶活性较高，其次为中棉所45，sGK321过氧化氢酶活性较低。

POD活性的变化：POD是植物体又一抗氧化系统酶类，它的作用是将过氧化物分解为H_2O和O_2，解除H_2O_2的为害，它在植物抗衰老、抗盐碱和抗病方面有重要的作用[6,7,9]；三个品种的过氧化物酶活性均表现为，苗期较低，随着棉株的生长，酶活性逐渐升高，至棉株生长后期，酶活性达到最高；整个生育期以33B酶活性最高，其次为中棉所45，sGK321活性最低。总体看，33B的过氧化物酶活性较高，其次为中棉所45，sGK321过氧化物酶活性较低（图4）。

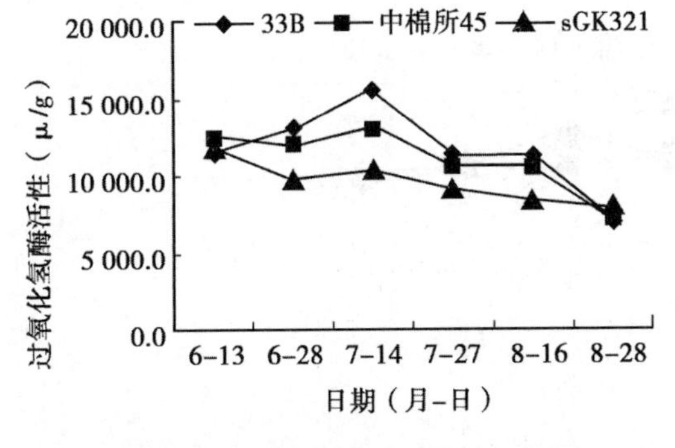

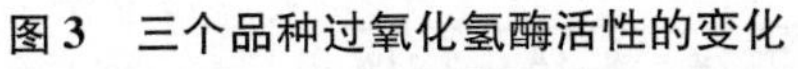
图3　三个品种过氧化氢酶活性的变化

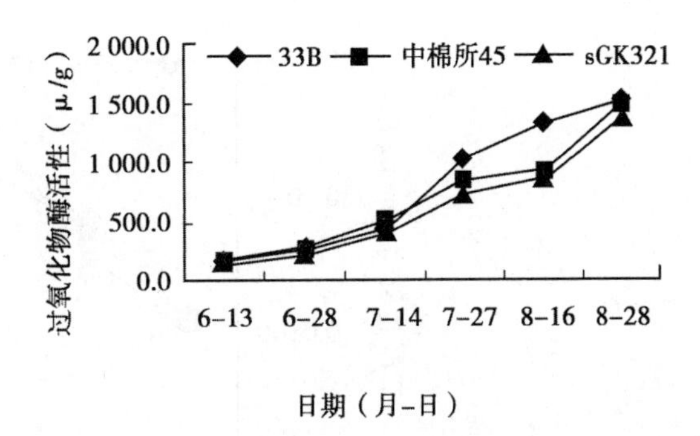

图4　三个品种过氧化物酶活性的变化

SOD活性的变化：植物超氧化物歧化酶（SOD），是植物活性氧代谢的关键酶；它能催化体内的分子氧活化的第一中间产物超氧物阴离子自由基（$O_2^{-\cdot}$）的歧化反应而形成氧分子（O_2）和过氧化氢（H_2O_2），防止其对细胞膜及生物大分子的毒害而延缓衰老[10]。三个品种均表现前期活性低，后期活性高，整个生育期均以中棉所 45 活性最高，其次为 33B，sGK321 酶活性最低（图 5）。

2.2.2　叶片叶绿素含量的变化

棉株的叶绿体是进行光合作用的重要器官，叶片叶绿含量高低在某种程度上可以说明光合作用的强弱，也可表明植株的长势。测定结果（图 6）表明，由 6 月 13 日至 8 月 27 日，中棉所 45 的叶绿素含量始终高于 33B 和 sGK321，较 33B 增加 0.2～0.4mg/g，33B 的叶绿素含量苗期低于 sGK321，初花期以后高于 sGK321。

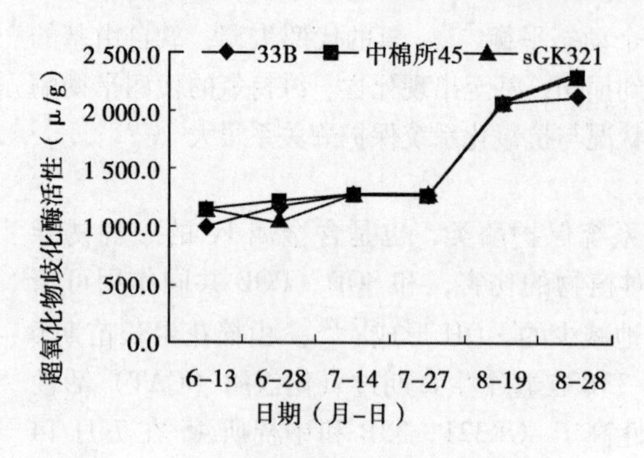

图 5　三个品种超氧化物歧化酶活性的变化

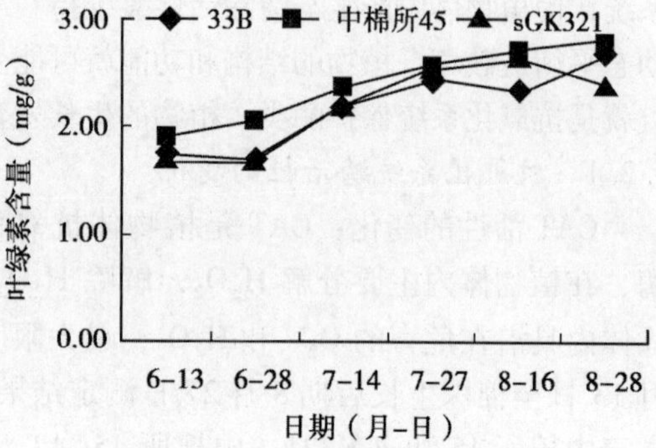

图 6　三个品种叶绿素含量的变化

2.2.3　MDA 含量的变化

丙二醛是植物体内各种氧化反应最终产物之一，其含量的高低可表明植物体的膜脂过氧化程度，即植物的衰老程度，在不同的植物体内已形成一套完善的抗氧化保护机制[12]。由 2005 年和 2006 年两年测定结果（图 7），在棉株生长苗期至生长后期，中棉所 45 的丙二醛含量始终低于 33B 和 sGK321，在棉株生长苗期至蕾期，33B 的 MDA 含量高于 sGK321，初花期至花铃期，33B 的 MDA 含量低于 sGK321。由此说明，中棉所 45 清除棉株体内过氧化脂质的能力强。

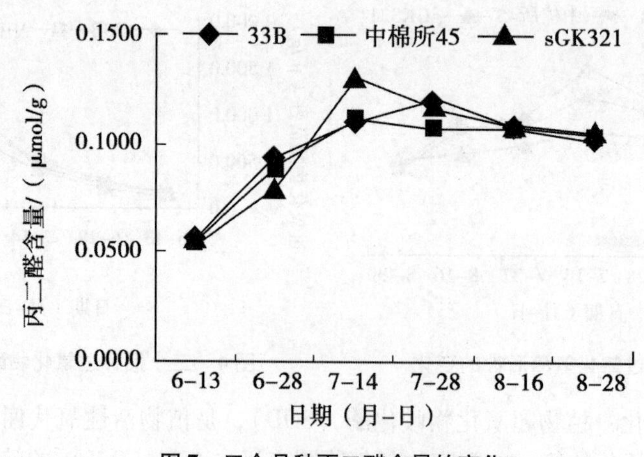

图 7　三个品种丙二醛含量的变化

3　小结与讨论

（1）中棉所 45、33B 和 SGK321 三个品种的株高变化可看出，株高以 sGK321 为最高，其次为 33B，中棉所 45 的株高最低；株高的日增长量也以 sGK321 为最快，其次为 33B，中棉所 45 的株高日生长最慢。

（2）中棉所 45、33B 和 sGK321 三品种的生殖生长可看出，果枝以 sGK321 为最多，其次为中棉所 45，33B 果枝数最少；中棉所 45 伏桃和早秋桃均多于 33B 和 sGK321，单株结铃性很强，三桃分布均匀；伏桃的成铃速率三个品种相差甚少，早秋桃三品种相差较大，中棉所 45 每日单株成铃 0.084 个，较 sGK321 增加 0.056 个，较 33B 增加 0.08 个，这就是中棉所 45 丰产的基础；中棉所 45 倒四叶面积界于 33B 和 sGK321 之间，而且生殖器官所占比重最重。因此，中棉所 45 籽棉产量和皮棉产量明显高于 33B 和 sGK321，铃重和衣分明显高于 33B 和 sGK321。由此说明，中棉所 45 早熟性好，生育期 125～130d，霜前花率 95% 以上，适于麦棉套种，丰产稳产。

（3）三品种生理生化特性研究表明，中棉所 45 过氧化氢酶（CAT）活性和过氧化物酶（POD）活性介于 33B 和 sGK321 之间，超氧化物酶（SOD）活性和叶绿素含量明显高于 33B 和 sGK321，而氧化产物之一的丙二醛（MDA）含量低于 33B 和 sGK321。由此说明，中棉所 45 有一套较好的抗氧化酶保护酶系统，早熟不早衰，抗病虫性强，高抗枯萎病、抗黄萎病（枯萎病指 9.63，黄萎病指 13.27），是中国唯一适于麦棉套种的中早熟抗枯萎兼抗黄萎抗棉铃虫三抗棉花新品种。

参考文献

[1] 喻树迅，范术丽，黄祯茂，等．双价转基因抗虫棉中棉所 45［J］. 棉花学报，2004，16（3）：25-26.

[2] 宋美珍，喻树迅，范术丽，等．早熟不早衰短季棉品种（系）及其杂交后代抗氧化酶系统活性变化［J］. 棉花学报，2006，18（3）：63-64.

[3] 宋美珍，喻树迅，范术丽．短季棉早熟不早衰生化性状的遗传分析［J］. 西北植物学报，2005，25（5）：903-910.

[4] 黄东林，刘汉勤，蒋思霞．转双价基因抗虫棉对斜纹夜蛾实验种群的影响［J］. 植物保护学报，2006，33（1）：125.

[5] 喻树迅，范术丽，原日红，等．清除活性氧酶类对棉花早熟不早衰持性的遗传影响［J］. 棉花学报，1999，11（2）：100-105.

[6] 喻树迅，黄祯茂，姜瑞云，等．不同短季棉品种衰老过程生化机理的研究［J］. 作物学报，1994，20（5）：629-636.

[7] 许长成，邹琦．大豆叶片旱促衰老及其与膜脂过氧化的关系［J］. 作物学报，1993，19（4）：360-364.

[8] 许长成，樊继莲，孟庆伟，等．田间大豆叶片光合作用与活性氧清除酶的日变化［J］. 西北植物学报，1997，17（3）：292-297.

[9] 何萍，金继正．氮钾营养对春玉米叶片衰老过程中激素变化与活性氧代谢的影

响［J］. 植物营养与肥料学报，1999，5（4）：289-296.

［10］杜秀敏，殷文璇，张慧，等. 超氧化物歧化酶（SOD）研究进展［J］. 中国生物工程杂志，2003，23（1）：48-50.

［11］Yu S X，Song M Z，Fan S L. Biochemical Genetics of Short-Season Cotton Cultivars that Express Early Maturity Without Senescence. Journal of Integrative［J］. *Plant Biology Formerly Acta Botanica Sinica*, 2005, 47（3）：334-342.

［12］Niinomi A，Morimoto M，Shimizus. Lipid peroxidation by the（Peroxidase H_2O_2 phenolic）system（T）［J］. *Plant Collphysiol*, 1987，28（4）：731-735.

短季棉早熟性的遗传效应及其与环境互作研究

范术丽，喻树迅*，原日红，宋美珍
（农业部棉花种质遗传改良重点实验室/中国农业科学院棉花研究所，安阳　455000）

摘要：以熟期不同的9个棉花品种为亲本，按部分双列杂交配制46个组合的F_1、F_2，在3个不同生态环境条件下，研究了7个早熟相关性状的遗传效应及其与环境互作。结果表明：短季棉7个早熟相关性状的遗传均以加性效应为主，同时存在着显性效应，对于播种—现蕾、播种—开花和现蕾—开花还存在着上位性效应；短季棉各早熟性状的遗传效应与环境互作显著。生育期、播种—开花的狭义遗传率均较高，分别为66.1%和49.1%，且与环境互作效应较小，而果枝始节和播种—现蕾的遗传率最低，分别为19.8%和18.8%，且与环境互作达到极显著水平，现蕾—开花、开花—吐絮和株高这3个性状的遗传率及其与环境互作居中。由此说明：早熟性的遗传受环境影响较大，在生态条件差异较大的育种地点，以果枝始节和播种—现蕾作为早熟性指标进行异地选择是不可靠的，而以生育期、开花期为早熟性选择指标是比较可行的。
关键词：短季棉；早熟性；遗传效应；环境互作

短季棉（Short-season cotton，*Gossypium hirsutum* L.）的育成带动了一种独具特色的新型耕作制度，但在北方特早熟棉区和广大多熟制棉区缺乏适合本地区种植的特早熟短季棉品种[1-3]。自20世纪50年代以来，中国黄淮棉区棉花品种的生育期缩短了3～5d，霜前花率提高了近7个百分点[4]；短季棉生育期缩短了近10d，且通过对其遗传多样性研究和聚类分析发现，金字棉主导早熟性种质，遗传基础狭窄，致使目前短季棉综合性状的改良效果不理想[5]。为提高棉花的早熟性，缩短棉花生育期，国内外学者对棉花早熟相关性状的遗传特性及遗传率进行了较多的研究[6-8]，较一致的结论是：棉花早熟性是由多基因控制的数量性状，存在加性效应，也有显著的显性效应，狭义遗传率在26%～81%之间。但对短季棉早熟性的遗传效应与环境的互作研究未见报道。为了有效利用丰产优质的种质资源，有必要对目前主要的短季棉亲本材料早熟性的遗传效应、遗传率与环境互作进行研究，为短季棉早熟性的提高及其综合性状的改良提供科学依据，同时为不同生态棉区短季棉品种选育提供科学决策。

原载于：《西北植物学报》，2006，26（11）：2270-2275

1 材料与方法

1.1 供试材料

以短季棉品种中棉所 10 号、中棉所 16、中棉所 30、中棉所 36、中 0710 和辽棉 9 号、辽棉 10 号、中熟的渝棉 1 号和晚熟的美国陆地棉遗传标准系 TM-1 为材料，种子由中国农业科学院棉花研究所、辽宁省经济作物研究所、西南农业大学和美国农业部南方研究中心提供，2000 ~ 2001 年在河南省安阳市进行 9 个材料的自交。

1.2 试验方法

采用部分双列杂交设计，2002 年在河南省安阳市将 9 个棉花品种杂交，配制 46 个组合（表 1），2002 年冬将 F_1 部分杂交种到海南单株自交，获得 F_2 代种子。2003 年将亲本和 46 个组合的 F_1、F_2 在河南省安阳市、山西省运城市和新疆维吾尔自治区（以下简称新疆）石河子市种植，采取完全随机区组设计，2 行区，行长 9m，株距为 0.18m，行距 0.75m，重复 3 次，田间管理与大田种植相同。

表 1 部分双列杂交设计

编号	品种名称（♀）	1	2	3	4	5	6	7	8	9
1	中棉所 36	⊗	×	×	×	×	×	×	×	×
2	中棉所 16		⊗	×	×	×	×	×	×	×
3	辽棉 10 号			⊗	×	×	×	×	×	×
4	中 0710				⊗	×	×	×	×	×
5	中棉所 30					⊗	×	×	×	×
6	辽棉 9 号	×					⊗	×	×	×
7	中棉所 10 号						×	⊗	×	×
8	TM-1	×				×	×	×	⊗	×
9	渝棉 1 号	×				×	×	×		⊗

1.3 性状考察及统计方法

试验定点 20 株记载 7 个早熟相关性状，采用朱军[14-16]双列杂交和杂种优势的遗传分析软件进行数据处理。采用 ADAA 模型进行加—显—上位效应分析，总遗传方差可以分解为 $VG = VA + VD + VAA + VDD + VAD$；$VG$ 为总遗传方差，VA 为加性遗传方差分量，VD 为显性遗传方差分量，VAA 为加性上位性遗传方差分量。

2 结果与分析

2.1 亲本的早熟性在试验点的表现

对 9 个亲本材料的 7 个早熟相关性状进行了较详细的试验调查（表 2）。

表2 9个亲本的早熟性相关性状在3个试点的表现

生态试点	材料编号	生育期(d)	播种—现蕾(d)	现蕾—开花(d)	开花—吐絮(d)	株 高(cm)	果枝始节
河南省安阳市	1	107.67	33.64	24.80	49.23	60.87	4.99
	2	113.30	33.90	25.67	53.73	59.42	5.45
	3	113.78	35.13	25.62	53.03	62.82	5.37
	4	115.67	35.44	25.21	55.02	58.57	5.38
	5	118.14	35.78	27.42	54.94	69.86	6.38
	6	113.89	31.80	28.34	53.75	57.60	5.49
	7	116.57	34.33	25.50	56.73	57.01	4.63
	8	132.20	39.25	25.12	67.83	59.06	8.63
	9	128.66	41.67	29.67	59.53	65.21	9.41
	平均值	117.76	35.66	26.37	55.98	61.16	6.19
山西省运城市	1	116.42	51.27	15.02	50.13	58.07	5.13
	2	118.35	51.23	15.70	51.42	55.18	4.92
	3	129.55	56.88	18.16	54.51	65.24	5.69
	4	119.68	52.38	17.67	49.63	52.73	4.73
	5	127.09	53.23	19.36	54.50	60.17	5.64
	6	120.12	50.34	15.20	54.58	58.45	5.18
	7	118.65	50.24	16.55	51.86	53.41	5.01
	8	144.75	59.65	24.22	60.88	64.87	7.19
	9	131.13	55.9	20.30	54.93	68.32	5.40
	平均值	125.08	53.46	18.00	53.60	59.60	5.43
	较河南省安阳市(%)	6.22	49.92	-31.74	-4.25	-2.55	-12.28
新疆石河子市	1	140.88	40.97	26.88	73.03	64.93	5.08
	2	145.45	40.72	28.13	76.60	65.52	4.67
	3	152.14	42.21	30.78	79.15	67.94	5.67
	4	142.57	40.93	27.62	74.02	61.32	6.05
	5	148.37	42.00	28.56	77.81	65.78	5.36
	6	150.17	41.65	26.68	81.83	69.27	5.10
	7	143.63	40.58	27.16	75.89	64.86	4.84
	8	157.90	42.73	33.19	81.97	68.31	5.53
	9	151.27	42.52	30.62	78.13	67.87	5.45
	平均值	148.04	41.59	28.85	77.60	66.20	5.31
	较河南省安阳市(%)	25.71	16.63	9.40	38.62	8.24	-14.22

从表2可知，同一套短季棉品种从河南省安阳市引种到山西省运城市，生育期延长8~10d。生育期的延长，并非是各个生育阶段均相应延长。相反，与短季棉在河南省安阳市的发育进程相比，在山西省运城市主要是由于播种到现蕾时间较长，延长49.92%，而

现蕾—开花阶段反而缩短 31.74%；从河南省安阳市引种到新疆石河子市，生育期延长 20~30d，致使各个生育阶段均相应延长，其中开花—吐絮延长 38.62%，播种—现蕾和现蕾—开花延长 16.63% 和 9.40%。株高性状 3 个试点间相差为 1~3cm；参试材料的果枝始节从河南省安阳市到山西省运城市、新疆石河子，在 3 个试点间变化不一致。总体讲，适于黄河流域的短季棉品种引种到石河子市，在高密度高产栽培模式下，由于现蕾期迟和铃期延长，生育期延迟 20~30d，引种到山西省运城市，由于现蕾时间的推迟，生育期延迟 8~10d。

2.2 短季棉早熟性状的遗传率、遗传效应及其与环境的互作效应

由表 3 可知，与早熟性相关的 7 个短季棉性状的遗传均有极显著的加性效应，同时存在有较显著的显性效应，且加性效应大于显性效应，对于播种—现蕾和播种—开花，还存在上位性效应，即不同等位基因之间的互作效应；生育期和株高以加性效应为主，显性效应较低，播种—开花和开花—吐絮以加性效应为主，同时存在显著的显性效应，且开花—吐絮存在上位性效应，播种—现蕾和现蕾—开花同时存在加显和上位遗传效应，果枝始节加性和显性效应均达极显著水平，不存在上位性效应。早熟性各遗传效应与环境存在显著互作，其中，与加性效应的互作，除现蕾—开花这一性状外，与环境的互作均达到极显著水平，与上位性效应的互作均达到显著水平，而显性效应与环境的互作效应较小。这说明，早熟性的遗传受环境影响较大。

表 3 短季棉早熟性状的遗传效应及与环境的互作效应

性 状	加性效应	显性效应	上位性效应	加性与环境互作	显性与环境互作	上位与环境互作	剩余方差
生育期	24.035 3**	0.260 0*	0	1.740 4**	0	3.150 3**	7.177 6**
播种—现蕾	0.923 6**	0.065 5*	0.173 2**	3.178 6**	0.257 1**	0.103 6*	1.134 7*
现蕾—开花	0.502 3**	0.241 6**	0.252 2**	0	0	0.500 3*	1.779 1*
开花—吐絮	6.528 7**	0.317 5*	0	2.966 9	0	1.039 8*	6.144 0*
株 高	13.930 9**	1.431 9*	0	4.659 4	0	1.032 7*	12.331 6*
果枝始节	0.179 9**	0.078 1**	0	0.409 6	0.023 8**	0.064 3*	0.151 9*
播种—开花	7.133 5**	1.197 9**	2.856 5**	1.279 7	0	1.073 3*	6.808 4*

由图 1 可知，在遗传率方面，与早熟性有关的 7 个农艺性状中，生育期、播种—开花有较高的狭义遗传率和广义遗传率，生育期、播种—开花的狭义遗传率较高，分别为 66.1% 和 49.1%，现蕾—开花、开花—吐絮和株高的中等，而果枝始节和播种—现蕾 2 个早熟性状的狭义遗传率和广义遗传率最低；从早熟性状与环境的互作看，7 个农艺性状均有显著的广义遗传率与环境的互作，广义遗传率与环境的互作均大于其狭义遗传率与环境的互作；生育期和播种—开花与环境的互作效应较小，可以在不同生态区作为早熟性的选择指标；而果枝始节和播种—现蕾与环境互作达到极显著水平，两者受环境影响较大，狭义遗传率较低，分别为 19.8% 和 18.8%，从果枝始节的环境效应方差远大于其遗传方差看，作为早熟性的选育指标之一，其受环境的影响较大，说明在生态条件差异较大的育种地点，果枝始节作为早熟性指标进行异地选择存在不可靠性。而通过对生育期、播种—

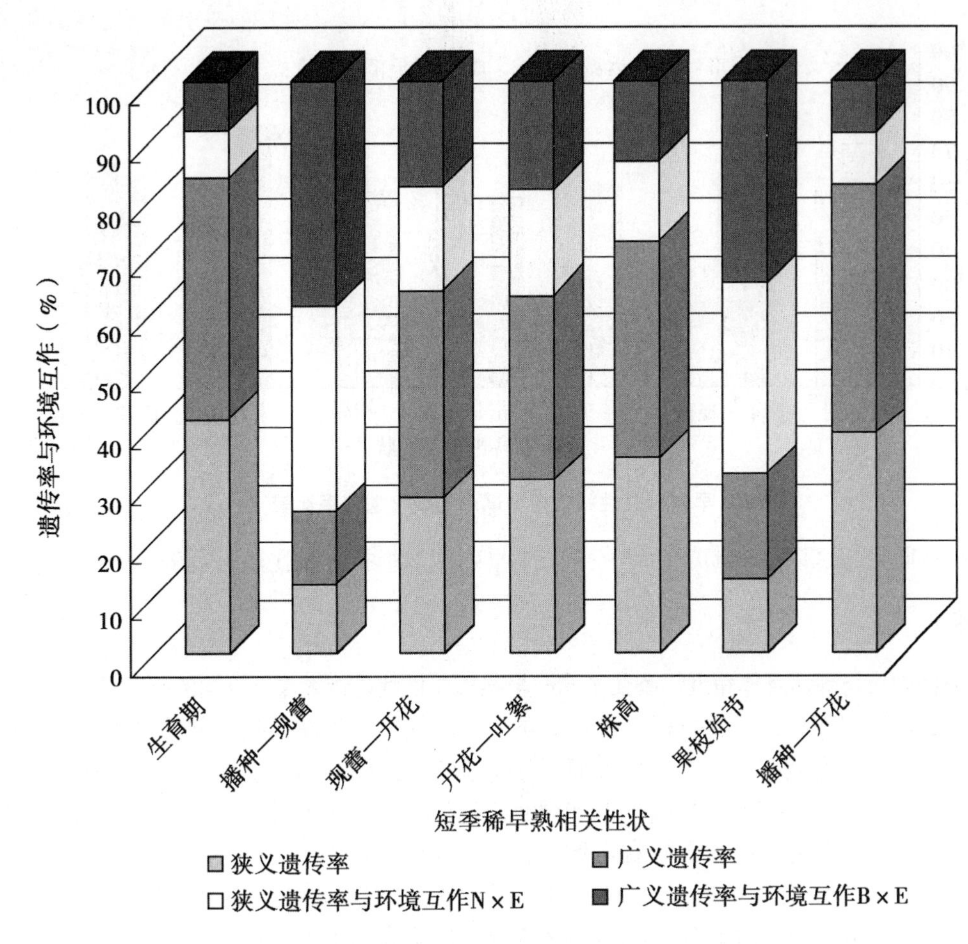

图 1　短季棉各早熟性状的遗传率及与环境的互作

开花的选择来提高品种早熟在不同生态区较可靠。

2.3　短季棉早熟性状的狭义遗传率 3 个试验点比较分析

通过对短季棉早熟性遗传与环境互作分析可知，短季棉早熟性遗传与环境互作效应明显，受环境条件影响较大。即不同生态区，早熟性的狭义及广义遗传率不同。为了进一步探讨同一育种地早熟性选择指标的可靠性，有必要利用同一套研究材料，对 3 个试点短季棉早熟性的狭义遗传率进行分析（图 2）。

从图 2 可知，生育期在各试点狭义遗传率都较高，其中在安阳市最高，在运城市和石河市子相当，且 3 个生态试验点表现一致，其次是播种—开花狭义遗传率在 3 个试点均较高，果枝始节虽然狭义遗传率也比较高，但是，不同试验点变化不一致，现蕾—开花的狭义遗传率变化最大。在河南省安阳市试点，生育期、现蕾期、果枝始节和开花期的狭义遗传率均较高，在 60% 以上，在山西省运城市试点，生育期、播种—现蕾、播种—开花和株高的狭义遗传率均较高，在 60% 以上，在新疆石河子市试点，生育期、开花—吐絮的狭义遗传率较高，在 60% 以上。通过 3 个生态试验点与早熟相关性状的狭义遗传率相比较说明：在生态条件差异较大的育种地点，以果枝始节作为早熟性指标进行异地选择不可

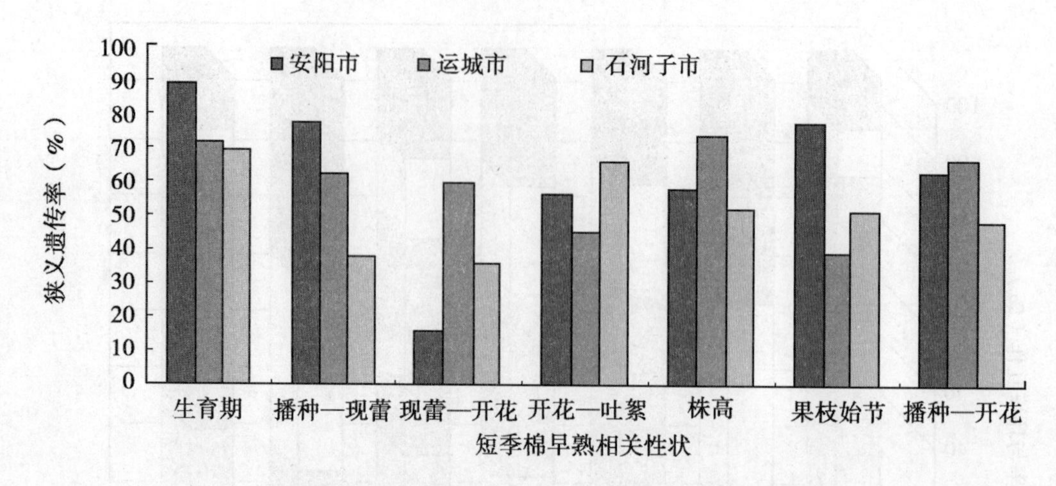

图2　早熟相关性状在3个试点的狭义遗传率比较

靠，而在不同生态区以生育期、播种—开花为早熟性选择指标是比较可行的。

3　讨论

3.1　从遗传效应与环境互作角度，阐述了同一早熟相关性状遗传率高低不同的研究结果

早熟是陆地棉育种的重要目标，世界上不少产棉国均把棉花早熟品种的选育与推广作为棉花生产的一个发展方向[9]。早熟性状的遗传效应与环境互作较大，其中果枝始节的遗传效应与环境互作达极显著水平，在河南省安阳市试点果枝始节的狭义遗传率为76.8%，而在新疆石河子市和山西省运城市仅为50.9%和38.3%。而关于果枝始节的遗传率前人作了不少报道，喻树迅[1]（1990）试验研究，果枝始节的遗传率为59.74%，Tiffany（1981）研究结果为37%，而Godoy（1985）研究结果为8%，赵伦一（1984）研究结果为25.8%。造成前人研究结果不一致的原因除试验材料不同外，主要是由于遗传效应与环境互作所致。

3.2　不同生态区短季棉早熟性状的选育应有各自的侧重指标

由于试验生态环境的不同，棉花早熟相关性状遗传率的变化不一，本研究的河南省安阳市试点，短季棉生育期、播种—开花、播种—现蕾和果枝始节的狭义遗传率较高，山西省运城市试点短季棉生育期、播种—开花和株高的狭义遗传率较高，新疆石河子市试点短季棉生育期、开花—吐絮的狭义遗传率较高。这在前人研究早熟性相关性状遗传率的基础上，针对不同生态区的短季棉早熟性育种，提出了各自的侧重选择指标，同时提出生育期和播种—开花为早熟性异地选择的可靠指标，为各生态区早熟育种工作者提供了异地选择的理论指导。

3.3　随着纬度、海拔的升高和栽培密度的加大生育期延长

与河南省安阳市试点相比，同一套供试材料，在新疆石河子市和山西省运城市生育期分别延长25.71%和6.22%。造成这一情况的原因可能是由于3个试点的种植纬度和密度不同，特别是新疆石河子市，位于北纬44°19′，海拔442.9m，在高密度、严格化控条件下种植，植棉理论密度每公顷22.5万株左右是较为适宜的种植密度[10]；在山西位于北纬

34°51′，海拔443 m，其短季棉的种植密度高于安阳市，适宜种植的密度为每公顷12万株左右[11]，安阳位于北纬35°12′，海拔50m，短季棉的种植密度为每公顷7万株左右[12]。关于生育期的延长比例，为短季棉品种不同生态区的引种供了科学依据。

参考文献

［1］Yu S X（喻树迅），Huang Z M（黄祯茂）. Inheritance analysis on earliness components of short season cotton varieties in *G. hirsutum*［J］. *Seientia Agricultura Sinica*（中国农业科学），1990，23（6）：48-54（in Chinese）.

［2］Fan S L（范术丽），Yu S X（喻树迅），Zhang C J（张朝军），*et al.* Study on heredity and combining ability of earliness of short season cotton［J］. *Cotton Science*（棉花学报），2004，16（4）：211- 215（in Chinese）.

［3］Cheng H L（承泓良），Yu S X（喻树迅）. Studies on the earliness in herietance of upland cottons（*G. hirsutum* L.）［J］. *Cotton Science*（棉花学报），1994，6（1）：9-15（in Chinese）.

［4］Jiang B G（姜保功），Kong F L（孔繁玲），Zhang Q Y（张群远），*et al.* Genetic improvement of cotton varieties in Huang-Huai region in China since 1950's Ⅲ. Improvement on agronomy properties，disease resistance and stability［J］. *Acta Genetica Sinica*（遗传学报），2000，27（9）：810-816（in Chinese）.

［5］Yu S X（喻树迅）. Appraisal of earliness breeding achievements in short season upland cotton in China［J］. *Cotton Science*（棉花学报），2005，17（5）：294-298（in Chinese）.

［6］Godoy A S，Palomo G A. Genetic analysis of earliness in upland cotton（*Gossypium hirsutum* L.）. I. Morphological and phonological variables［J］. *Euphytica*，1999，105：155-160.

［7］Song M Z（宋美珍），Yu S X（喻树迅），Fan S L（范术丽），*et al.* Genetic analysis of main agronomic traits in short season upland cotton（*G. hirsuum* L.）［J］. *Cotton Science*（棉花学报），2005，17（2）：94-98（in Chinese）.

［8］Wang G S（王国山），Gu H Q（顾恒琴），Bi S L（毕淑兰）. Heredity analysis and improvement of main characters in short season cotton［J］. *Journal of Shenyang Agricultural University*（沈阳农业大学学报），1998，29（1）：6-11（in Chinese）.

［9］朱军. 遗传模型分析方法［M］. 北京：中国农业出版社，1997：240-255.

［10］Zhu J（朱 军）. Mixed model approaches for estimating genetic variances and covariances［J］. *Journal of Biomathematics*（生物数学学报），1992，7（1）：1-11（in Chinese）.

［11］Ge Z N（葛知男）. Genetics and physiology of earliness in upland［J］. *Jiangsu Agricultural Science*（江苏农业科学），1993，（1）：21-24（in Chinese）.

［12］Lü X（吕 新），Zhang W（张 伟），Cao L P（曹连莆）. Effect of different density on cotton canopy structure，photosynthesis and yield formation in high-yield cotton of Xinjiang［J］. *Acta Bot. Boreal. -Occident. Sin.*（西北农业学报），2005，14（1）：142-148（in Chinese).

［13］Li Y S（李永山），Dong Z S（董哲生），Jiang Y L（姜艳丽），*et al.* Study of complement technology of improving earliness before frost in planting cotton after harvesting wheat［J］. Cultivate and Tillage（耕作与栽培），2001，（5）：27-28（in Chinese）.

［14］Li D Q（李大庆），Xu L H（徐立华），Zheng C N（郑春宁），*et al.* Technology of regulation and physiology characters in transplanting cotton after harvesting of wheat-Ⅱ. Regulate effects of density on the relative of boll growth speed and boll number［J］. Jiangsu Agricultural Science（江苏农业科学），1990，（3）：13-14（in Chinese）.

［15］Yang J F（杨加付），Rao L B（饶立兵），Gu H H（顾宏辉）. Analysis in genetic effects and genotype × environment interactions for maturity traits of cauliflower（Bassica oleraceavar. botrytisL.）［J］. *Journal of Zhejiang Agricultural Science*（浙江农业学报），2004，16（4）：182-185（in Chinese）.

［16］Song M Z（宋美珍），Yu S X（喻树迅），Fan S L（范术丽），*et al.* Genetic analysis of biochemical traits in short season upland cotton with no premature senescence［J］. *Acta Bot. Boreal. -Occident. Sin.*（西北植物学报），2005，25（5）：903-910（in Chinese）.

不同环境下抗虫陆地棉杂交种优势表现及经济性状分析

邢朝柱，喻树迅*，郭立平，苗成朵，冯文娟，王海林，赵云雷
（中国农业科学院棉花研究所/农业部棉花遗传改良重点实验室，安阳　455000）

摘要：转基因抗虫杂交棉在不同生态环境下产量性状超亲优势普遍存在，尤以皮棉产量和籽棉产量为强，铃数次之。高产水平环境中，杂交种和亲本产量水平均较高，群体超亲优势不明显；产量水平相对较低的环境下，杂交种产量水平相对较低，但群体超亲优势显著，表明杂交种产量相对稳定，而亲本产量水平发挥受环境影响较大。品质性状随环境变化而发生改变，但超亲优势表现均不显著。相关性分析表明，铃数与产量最为密切，单株结铃性强是杂交种选育的重点；铃数、铃重和衣分三者之间均呈显著或极显著正相关，通过亲本选配，三个性状可以同步提高。品质性状之间相关性不一致，麦克隆值与多数品质性状呈显著正相关，表明选配高产优质杂交组合时，一定要选择较低麦克隆值的材料当亲本。
关键词：棉花；生态环境；杂种优势；相关分析

中国生产上应用的杂交80%以上为转基因抗虫杂交棉，它的推广和应用为中国棉花产量的提高和种植成本的降低作出重大贡献。转基因抗虫杂交棉已在中国长江流域和黄河流域广泛种植，研究转基因抗虫杂交棉的性状特点及其在不同生态环境下的优势表现十分重要，研究报道较少。本研究通过3种生态环境下 F_1 产量和品质性状及优势表现，研究转基因抗虫杂交棉优势表达水平、不同生态环境下适应性等，为其选育和推广提供指导。

1　材料和方法

1.1　材料

选用不同生态区（长江流域和黄河流域）具有一定代表性的6个性状稳定的陆地棉品种（中棉所12、石远345、泗棉3号、鄂棉9号、豫棉668、惠抗1号）为母本，4个转基因抗虫棉品种（中棉所41、双价321、新棉33B、GKP4）为父本，按NCⅡ遗传交配设计（6×4），配制24个杂交组合。

原载于：《棉花学报》2007，19（1）：3-7

1.2 试验方法

1.2.1 试验安排和设计

2003 年在中国农业科学院棉花研究所试验地制种，每个组合制种 2 ~ 4kg，提供河南省安阳市、安徽省望江市和海南省三亚市试验。2003—2004 年将 24 个组合及 10 亲本分别种在三亚市、望江市及安阳市 3 种不同生态区，进行多点试验。三亚点：按 2 行区 3 重复随机区组排列种植，小区面积 $8m^2$，密度每公顷 5.25 万株；安阳点：按 3 行区 3 重复随机区组排列种植，小区面积 $20m^2$，密度每公顷 3.75 万株，望江点：按 2 行区 3 重复随机区组排列种植，小区面积 $12m^2$，密度每公顷 3 万株。按大田常规管理。

1.2.2 性状调查和室内考种

①在吐絮期（安阳市 9 月 28 日，望江市 9 月 24 日，三亚市 3 月 15 日）调查 3 个重复的铃数，每个重复调查 2 行，大约 30 ~ 60 株，铃数按每平方米计算。②在吐絮期每个重复混收正常吐絮铃 50 个，经室内考种，考察铃重、衣分；采用农业部棉花品质检测中心 HIV900 系列检测纤维品质。③按小区实收籽棉产量，安阳市点收霜前籽棉，三亚市和望江市收籽棉总产，按衣分计算皮棉产量。

2 结果与分析

2.1 不同生态环境下转基因抗虫杂交棉组合性状及优势表现

2.1.1 转基因抗虫杂交棉组合产量性状及优势表现

从整体产量水平分析，望江点 F_1、父、母本产量水平最高，安阳点产量水平其次，三亚点产量水平最低，表明长江流域非常有利于棉花产量总体水平的发挥，属于高产棉区，高产主要得益于长江流域棉花生长期长、积温高、肥水充足等缘故；海南省总体产量水平较低，主要是棉花开花期温度较低，花期短，单株成铃少，造成棉花产量水平较低。从产量构成因素分析，铃数在望江点最高，安阳市其次，三亚最低。衣分三个点相差不大，而铃重望江点稍低于三亚市和安阳市两个点。从超亲优势分析，安阳点和三亚点杂交种产量水平超亲优势非常明显，达极显著水平，主要原因是这两个点父母本产量水平偏低，望江试验点尽管 F_1 产量水平在该点较高，但由于亲本产量也较高，所以超亲优势不明显。铃数在安阳点和三亚点超母本优势明显，达显著或极显著水平，望江点无明显优势；铃重和衣分 3 个点超亲优势均不明显。上述结果表明杂交种无论在较适的环境中还是在不适的环境中，均表现出较高的产量水平，但亲本只有在较适的环境中才能发挥出较高的产量水平，说明抗虫杂交种产量水平受环境影响波动性相对较小，具有一定的稳定性，而亲本产量水平受环境影响波动性较大（表 1）。

2.1.2 转基因抗虫杂交棉组合品质性状及优势表现

在 3 种生态环境下 2.5% 跨长差异不明显，仅在望江点表现比其他两试验点稍短，整体表现均为正向超亲优势，但均未达显著水平；3 个点中望江点比强度表现稍强，比三亚点和安阳点分别增加 0.7cN/tex 和 2.2cN/tex，但其亲本同样表现出较高的比强度，所以超亲优势为负向优势，但差异不显著；望江点麦克隆值要高于三亚点和安阳点 1.1 ~ 1.2，表明在该试验点棉花纤维有变粗趋势，3 个试验点的超亲优势均不显著；3 个试验点整齐度表现无明显差异，超亲优势不显著；安阳点和三亚点伸长率相接近，但高于望江点，超亲优势均不显著。总体表现这组杂交组合安阳点和三亚点纤维品质表现相接近，但由于亲本与杂交组合表现的趋势较为一致，除安阳点比强度和三亚点伸长率超母本优势达显著水平外，其他性状超亲优势均不显著；与安阳点和三亚点相比，望江点表现为绒短、比强度稍高、纤维变粗、伸长率降低等特点，但亲本在该点也有同样的表现，所以超亲优势值均不显著。上述结果分析，造成这种趋势的变化并不是杂种优势所产生，而是由当地的生态环境所造成。综上所述，不同生态环境可以影响陆地棉纤维品质性状表现，但对纤维杂种优势无明显影响（表2）。

表1 不同生态环境下转基因抗虫杂交组合及其亲本产量性状及优势表现

环境	世代	籽棉产量		皮棉产量		每平方米铃数		铃重		衣分	
		均值/（kg/hm²）	超亲优势（%）	均值（kg/hm²）	超亲优势（%）	均值（个）	超亲优势（%）	均值（g）	超亲优势（%）	均值（%）	超亲优势（%）
河南安阳	母本	2 266.5	39.4**	996.0	39.2**	47.6	19.7*	6.0	0.0	43.7	0.0
	父本	2 536.5	25.5**	1 020.0	35.9**	54.3	4.8	5.5	9.1*	40.4	8.4
	F_1	3 159.0	—	1 386.0	—	57.0	—	6.0	—	43.8	—
安徽望江	母本	3 751.5	4.4	1 668.1	4.9	64.8	0.0	5.1	5.9	44.4	0.7
	父本	3 844.5	1.9	1 696.5	3.2	63.9	1.4	5.4	0.0	44.0	1.6
	F_1	3 916.6	—	1 750.5	—	64.8	—	5.4	—	44.7	—
海南三亚	母本	1 299.0	53.8**	577.5	57.1**	31.5	30.0**	6.0	8.3	44.4	2.0
	父本	1 516.4	31.8**	652.5	39.1*	36.7	11.4*	5.9	10.2*	44.0	3.0
	F_1	1 998.0	—	907.5	—	40.9	—	6.5	—	45.3	—

注：* 和 ** 分别表示 0.05 和 0.01 显著水平

表2 不同生态环境下转基因抗虫杂交组合及其亲本纤维品质性状及优势表现

环境	世代	2.5%跨长		比强度		麦克隆值		整齐度		伸长率	
		均值（mm）	超亲优势（%）	均值（cN/tex）	超亲优势（%）	均值（%）	超亲优势（%）	均值（%）	超亲优势（%）	均值（%）	超亲优势（%）
安阳	母本	28.4	2.8	25.4	4.3	4.9	-2.0	84.7	0.2	7.3	1.4
	父本	29.1	0.3	26.4	0.4	4.7	2.1	84.5	0.5	7.8	-5.1
	F_1	29.2	—	26.5	—	4.8	—	84.9	—	7.4	—
望江	母本	27.6	2.5	29.0	-1.0	6.1	-1.6	84.6	-0.9	5.4	0.0
	父本	28.3	0.0	29.2	-1.7	6.0	0.0	84.2	-0.5	5.4	0.0
	F_1	28.3	—	28.7	—	6.0	—	83.8	—	5.4	—
三亚	母本	28.4	2.1	27.2	2.9	4.8	2.1	85.1	0.7	7.1	4.2
	父本	29.2	-0.7	28.5	-1.8	5.1	-3.9	85.3	0.5	7.3	1.4
	F_1	29.0	—	28.0	—	4.9	—	85.7	—	7.4	—

注：* 表示 0.05 显著水平

2.2 不同生态环境下转基因抗虫杂交棉产量和品质性状相关性分析

从表3可知，表型值和遗传值与性状相关是一致的，籽棉、皮棉产量与产量构成因素（铃数、铃重和衣分）呈极显著的正相关，籽棉、皮棉产量与铃数的相关系数要大于籽棉、皮棉产量与铃重和衣分的相关系数，说明在产量构成因素中，铃数对产量所起贡献最大。铃数、铃重和衣分三者之间均呈显著或极显著正相关，说明通过组合选配，可以同步筛选到结铃性强、铃大和衣分高的转基因抗虫杂交棉组合。籽棉、皮棉产量与绒长、比强度和麦克隆值也呈极显著的正相关，表明产量的提高可以同步提高绒长和比强度，但同时麦克隆值也得到极显著的提高，而产量与麦克隆值之间的相关系数大于产量与绒长和比强度之间的相关系数，说明选配高产组合时，绒长和比强度可以同步提高，但麦克隆值提高更快，麦克隆值提高，表明纤维变粗，品质下降；籽皮棉产量与伸长率呈负相关，与整齐度相关不显著；另外，麦克隆值与绒长和伸长率呈极显著的负相关，而与整齐度和比强度呈极显著的正相关，绒长、比强度之间呈极显著正相关。上述结果说明品质性状之间相关呈现出不一致性，表明在棉花纤维品质育种中将众多优良品质性状和高产性状聚合到一起有较大困难。

表3 不同生态环境下产量性状和品质性状之间的相关性

	皮棉产量	铃 数	铃 重	衣 分	2.5%跨长	整齐度	比强度	伸长率	麦克隆值
籽棉产量	0.974**	0.716**	0.451**	0.314**	0.201**	0.183	0.190**	-0.038	0.213**
	0.971**	0.757**	0.540**	0.406**	0.209**	0.199	0.212**	-0.085	0.294**
皮棉产量		0.707**	0.459**	0.513**	0.153*	0.166	0.140**	-0.012	0.212**
		0.756**	0.532**	0.605**	0.164*	0.180	0.139**	-0.042	0.272**
铃 数			0.102*	0.261**	0.064	0.157	0.041	0.061	0.171**
			0.154*	0.384**	0.078	0.159	0.023	0.058	0.262**
铃 重				0.223**	0.001	0.194*	0.364**	-0.440**	0.377**
				0.237**	0.021	0.324*	0.433**	-0.494**	0.414**
衣 分					-0.204**	0.020	-0.253	0.100**	0.098**
					-0.226**	0.051	-0.274**	0.139**	0.078*
2.5%跨长						0.148	0.283**	0.226**	-0.263**
						-0.025	0.276**	0.254**	-0.274**
整齐度							0.341**	-0.042	0.283**
							0.465**	-0.042	0.383**
比强度								-0.408**	0.263**
								-0.551**	0.334**
伸长率									-0.496**
									-0.524**

注：右上角上行数字和下行数字分别表示表型相关和遗传相关；* 和 ** 表示0.05和0.01显著水平

3 讨论

3.1 转基因抗虫杂交棉产量和品质的适应性

转基因抗虫杂交棉的产量优势表现，很多报道认为，铃数和铃重优势较强，衣分优势较弱[1-3]，但也有少数报道铃重和衣分对产量起主要作用，铃数作用较小[4-5]，这可能与选用材料不同而造成结果不一致。不同生态环境下研究转基因抗虫杂交棉优势表现文献报道较少，在研究转基因抗虫杂交棉亲本和杂交种 F_2 在不同环境下稳定性中，结果表明杂交种 F_2 在不同环境下产量相对稳定，而亲本表现不稳定[6-7]。本研究表明，杂交种 F_1 和亲本在不同产量水平环境中，表现不一致，在高产水平环境中，杂交种和亲本总体产量水平均较高。但由于亲本在较优的高产水平环境中同样表现出较高产量水平；而在相对较低产量水平下，尽管杂交种产量水平相对较低，但由于亲本产量水平更低，所以杂交种群体优势和超亲优势显著。此结果表明，杂交种无论在较适的环境中还是在不适的环境中，均表现出较高的产量水平，展现出杂交种较强适应性一面，而亲本需要在较适的环境中产量水平才能正常发挥。在研究水稻杂交种优势表达与环境互作关系中，发现水稻杂交种在最优环境下产量水平更能发挥，而且超亲优势更加明显[8]，其结果与本文研究棉花杂种优势表现不一致，说明不同作物在不同环境下杂种优势表达是不一致的。根据转基因抗虫杂交棉在不同生态区表现的特点，在中国产量水平相对较低的黄河流域种植抗虫杂交棉比在长江流域种植抗虫杂交棉效果更好，如果黄河流域能够实现营养钵育苗，节省用种，降低成本，那么转基因抗虫杂交棉在黄河流域的应用前景将更为广阔。多数研究表明，陆地棉品质性状随环境变化而发生较大的改变[9-11]，但超亲优势表现不明显[12]，本研究转基因抗虫杂交棉的品质也表现出相似的结果。

3.2　产量、品质性状间相关性

在不同生态环境下研究产量和品质性状之间相关性对优良杂交组合的选配具有重要意义。前人研究结果表明，产量和品质之间呈现负相关，产量和品质同步改良较为困难[13]。本研究表明，产量和品质性状中绒长、比强度和伸长率呈显著正相关，通过组合选配或后代选育可以达到同步提高，但是麦克隆值也与产量及产量性状呈显著正相关，麦克隆值的提高，意味着品质下降。在纺织工业中，符合要求的皮棉必须是品质性状指标匹配合理[14]。麦克隆值的提高降低了纤维品质，尽管产量、绒长和比强能够同步较高，但麦克隆值也随之提高，因此产量与品质难以协调。所以高产优质品种（杂交种）选育中，必须关注亲本的麦克隆值，只有选用麦克隆值较低的材料作为亲本，才有可能选育到高产优质杂交种或品种。

产量构成因素对籽、皮棉产量作用和贡献以前相关报道较多，多数研究表明铃数与籽皮棉产量相关系数最大，对产量贡献最大。本研究结果与前人在研究非转基因抗虫杂交棉的结果基本相一致，所以在高产转基因抗虫杂交棉选配中，要注重单株铃数的选育，单株结铃性强仍是杂交种高产的主要原因之一。

参考文献

[1] 邢朝柱，靖深蓉，郭立平，等．转 Bt 基因棉杂种优势及性状配合力研究 [J]. 棉花学报，2000，12（1）：6211.

[2] 朱乾浩．陆地棉品种间杂种优势利用研究进展 [J]. 棉花学报，1995，7（1）：8-11.

[3] 王武，聂以春，张献龙．转基因抗虫组合在棉花杂种优势利用中增产原因剖析

[J]. 华中农业大学学报，2002，21（5）：419-424.

[4] 崔瑞敏，闫芳教，王兆晓，等. 转 Bt 基因杂交棉主要性状优势率分布研究[J]. 棉花学报，2002，14（3）：162-165.

[5] 张桂寅，刘立峰，马峙英. 转 Bt 基因抗虫棉杂种优势利用研究[J]. 棉花学报，2001，13（5）：264-267.

[6] Tan G B，Jenkins J N，Mc Carty J C，*et al.* F2hy2 brids of host plant germplasm and cotton cultivers1. Heterosis and combining ability for lint yield and yield components [J]. Crop-Sciences，1993，33：700-705.

[7] Tan G B. Genotypic stability of cotton varieties resistant germplasm and their F_2hy brids [J]. *Proceedings Belt Cotton Production Research Conference*，1992：583-587.

[8] 梁康迳. 基因型×环境互作效应对水稻穗部性状杂种优势的影响[J]. 应用生态学报，1999，10（6）：683-688.

[9] Meredithwr，R R Bridge. Heterosis and geneaction in cotton，*Gossypium hirsutum* [J]. *Crop Sci.* 1972，12：304-310.

[10] 李伟明，刘素恩，王志忠，等. 棉花纤维品质年际间变化及气象因素影响分析[J]. 棉花学报，2005，17（2）：103-106.

[11] 唐淑荣，杨伟华. 我国主产棉省纤维品质现状分析及建议[J]. 棉花学报，2006，18（6）：386-390.

[12] Meredithwr. Cottonbreeding for fiber strength. In proceedings from cotton fiber cellulose：structure，function and utilization conference [C]. Memphis，T N；National Cotton Council of American，1992：289-302.

[13] 袁有禄，张天真，郭旺珍，等. 陆地棉优异纤维品系的铃重和衣分的遗传及杂种优势分析（英文）[J]. 作物学报，2002，28（1）：196-202.

[14] 张丽娟，周治国. 棉花纤维品质指标对成纱强力的影响[J]. 棉花学报，2005，17（1）：632，封三.

棉花航天诱变的农艺性状变化及突变体的多态性分析

宋美珍，喻树迅，范术丽，武晓军，原日红
（中国农业科学院棉花研究所/农业部棉花遗传改良重点实验室，安阳　455000）

摘要：系统研究航天处理后代 SP_1、SP_2 和 SP_3 在棉株生长发育、产量性状、纤维品质性状的变异，从 DNA 水平上初步证明了航天诱变的机理。

关键词：棉花；航天诱变；农艺性状；多态性

植物航天育种又称航天诱变育种或空间诱变育种，是指利用返回式卫星或高空气球将农作物种子带到太空，利用太空特殊的环境（宇宙射线、微重力、高真空、弱磁场等）对农作物种子产生诱变，再返回地面选育新种质，培育新品种的育种新技术。其核心是利用空间环境的综合物理因素对植物的遗传性产生诱变，获得地面常规方法较难得的甚至是罕见的突变遗传种质，选育突破性的新品种[1]。航天诱变育种起步于 20 世纪 60 年代。中国于 1987 年开始航天诱变育种工作，到 2005 年 10 月底已成功地进行 19 次航天搭载植物种子试验，由此育成了水稻、小麦、谷子、棉花、高粱等大田作物和青椒、番茄、莴苣等蔬菜和花卉作物共 50 多个类型的 300 个优良新品种，开辟了植物优良品种选育的新途径。但是，航天诱变的机理还处于研究阶段。本文对棉花航天诱变产生的生物学效应及机理进行初步探讨。

1　材料与方法

试验种子分别由“神舟四号”返回式卫星和第 18 颗返回式科学与技术试验卫星搭载，春棉品种为鲁 9154、中 9708 和 S2498，夏棉品种为中 205806、中 206573、SGK 中 394 及夏棉偏晚材料中 108619；航天诱变处理品种各保留相应一份种子作地面对照。“神舟四号”无人飞船于 2002 年 12 月 30 日 0 时 40 分发射，飞船先进入远地点 343km、近地点 201km 的椭圆轨道，飞行 5 圈后变轨进入 343km 的圆轨道。在自主飞行 6d18h，共绕地球 108 圈后返回地面。第 18 颗返回式科学与技术试验卫星（尖兵 4 号）于 2003 年 11 月 3 日 15 时 20 分由长征二号丁运载火箭发射升空，在太空遨游 18d，2003 年 11 月 21 日 10 时 04 分后返回地面。

试验于 2003—2005 年在中棉所试验地进行，每个航天诱变材料单粒播种，并种植相

原载于：《中国农业科技导报》，2007，9（2）：30-37

应的地面对照，所有试验材料包括航天诱变1代（卫星搭载的种子种成的植株，简称 SP_1）、SP_2、$SP_3$3个世代。春棉品种于每年4月25日播种，密度为3 000株/667m²，夏棉品种于每年5月25日播种，密度为5 000株/667m²。

2 结果与分析

2.1 航天诱变处理对棉株农艺性状的影响

棉花的农艺性状大都为数量性状，受多基因控制，易受外界环境影响产生变异，特别是太空的特殊环境条件，诱导棉株的农艺性状产生多方面的变异。

2.1.1 航天诱变处理对棉株生长发育的影响

2.1.1.1 航天诱变处理对 SP_1 棉株生长发育的影响

棉苗出苗情况。航天诱变处理春棉和夏棉品种播种出苗后观察，棉苗出苗率和产生畸形苗率，春棉鲁9154的 SP_1、中9708的 SP_1、夏棉中205806的 SP_1 出苗率分别为90.0%、63.3%、81.5%，较对照分别降低1.85%、13.6%、2.16%；畸形苗率分别为14.5%、9.1%和22.1%，较对照分别增加11.5%、9.1%和57.9%。而夏棉中206573的 SP_1 出苗率为86.7%，较对照增加2.0%；畸形苗率为19.1%，较对照增加48.1%。结果说明，航天诱变处理对棉花种子有一定的损伤作用，而损伤程度依品种不同而异，春棉品种远低于夏棉品种。

盛花期棉株生长发育。在7月25日调查棉株盛花期的生长情况（表1）。株高：航天诱变处理春棉鲁9154的 SP_1、中9708的 SP_1、夏棉中205806的 SP_1 和中206573的 SP_1 均较对照分别降低7.7cm、0、2.5cm和1.8cm，变异幅度和变异系数均增大；倒四叶面积：春棉中9708的 SP_1、夏棉中205806的 SP_1 和中206573的 SP_1 倒四叶面积均变小12.2cm²、8.8cm²、2.9cm²，变异幅度和变异系数均增大，而鲁9154的 SP_1 倒四叶面积变大，但变异幅度和变异系数均增大；大铃、小铃和花：4个品种的航天诱变处理均较对照有所降低，但变异幅度和变异系数均增大。结果说明，航天处理，不仅影响棉株的营养生长，而且影响棉株的生殖生长，使各个性状均发生变化，变异幅度均变大。

表1 航天诱变对棉株 SP_1 代盛花期（7月25日）棉株生长发育的影响

处理		株高（cm）	倒四叶面积（cm²）	大铃（个）	小铃（个）	花（个）
鲁9154的 SP_1	平均数	76.0	136.2	2.2	4.6	1.0
	变幅	62~94	86.9~213.0	0~8	1~11	0~3
	变异系数（%）	11.4	18.3	78.3	50.3	71.4
鲁9154地面对照	平均数	83.7	133.5	3.0	5.4	1.2
	变幅	72~99	88.7~171.1	1~7	3~10	0~3
	变异系数（%）	10.2	18.1	58.4	36.6	64.6
中9708的 SP_1	平均数	79.3	118.8	1.7	5.0	0.9
	变幅	62~94	85~168.2	0~4	1~11	0~2
	变异系数（%）	10.2	17.7	96.6	43.6	124.6

（续表）

处　理		株　高（cm）	倒四叶面积（cm^2）	大　铃（个）	小　铃（个）	花（个）
中 9708 地面对照	平均数	79.3	131.4	1.2	5.1	0.8
	变幅	65～90	98.4～174.6	0～3	1～9	0～3
	变异系数（%）	9.4	15.2	115.3	43.2	104.7
中 205806 的 SP_1	平均数	60.8	90.6	0.2	1.6	0.7
	变幅	37.79	51.8～139.4	0～1	0～13	0～1
	变异系数（%）	14.0	20.3	307.6	120.2	84.1
中 205806 地面对照	平均数	63.3	90.7	0.2	1.8	0.8
	变幅	45～74	42.5～132.8	0～1	0～4	0～2
	变异系数（%）	13.0	19.5	220.6	60.4	89.7
中 206573 的 SP_1	平均数	52.8	99.4	0.2	1.6	0.5
	变幅	31～72	40.5～155.4	0～1	0～4	0～1
	变异系数（%）	16.5	32.0	279.0	70.9	106.3
中 206573 地面对照	平均数	54.6	102.3	0.2	2.0	0.7
	变幅	39～69	62.5～135.3	0～2	0～5	0～1
	变异系数（%）	12.0	17.8	257.3	62.2	71.8

棉株花铃期生长发育。由 8 月 5 日和 25 日调查结果，大铃：除中 9708 的 SP_1 在 8 月 5 日调查较对照增加 0.6 个外，其他均较对照减少 0.1～2.5 个，其变异幅度和变异系数较对照均增大；小铃：鲁 9154 的 SP_1、中 205806 的 SP_1 和中 206573 的 SP_1 在 18 月 25 日调查较对照增加 0.3～0.7 个，8 月 5 日调查较对照减少 0.5～1.3 个，其变异幅度和变异系数较对照均增大；花：即当天开的花，均较对照减少，其变异幅度和变异系数较对照均增大。由此说明，航天处理对棉株的结铃性产生正负影响，通过选择可获得结铃性强的新品种。

2.1.1.2　航天诱变处理对 SP_2 棉株生长发育的影响

航天处理 SP_1 代单株收获，淘汰一些极端类型的单株，其余第二年全部种成株行，即 SP_2 代。

棉株株高。由 6 月 1 日至 9 月 10 日共调查 6 次，7 月 25 日打顶以前，棉株生长较快，打顶后生长较缓慢。SP_2 与对照存在一定差异，其中鲁 9154 的 SP_2 各时期均高于对照，较对照增加 0.5～3.6cm，鲁 9154 的 SP_2 变异幅度增大，变异系数较对照增加 1%～14.7%；中 9708 的 SP_2 各时期株高稍低于对照 0.2～2.1cm，其变异幅度增大，变异系数较对照增加 1%～12.6%；夏棉中 205806 的 SP_2 株高较对照低 0.1～2.7cm，其变异幅度增大，变异系数较对照增加 0.1%～3.0%；中 206573 的 SP_2 较对照低 0.7～2.4cm，其变异幅度增大，变异系数较对照增加 3.1%～4.2%。由此说明，航天处理对棉株株高的生长影响较大，增加变异范围，对春棉的影响大于夏棉。

主茎真叶数。棉株主茎真叶数的多少代表着主茎生长的快慢，由 6 月 1 日至 9 月 10

日调查可知，鲁9154的SP_2、中9708的SP_2、中205806的SP_2和中206573的SP_2主茎真叶数较对照稍有增加，为0.1～0.9片，但差异不明显，特别是中206573的SP_2与其对照差异较小；但航天诱变处理变异幅度远大于对照，鲁9154的SP_2、中9708的SP_2变异系数较对照增加1.2%～14.1%，中205806的SP_2和中206573的SP_2变异系数较对照增加0.4%～2.9%。由此说明，航天处理能增加棉株的真叶数，增大变异范围，对春棉的影响大于对夏棉的影响。

功能叶面积。棉株叶片是棉株进行光合作用的器官，叶面积的大小也代表着棉株生长的快慢。由6月1日子叶面积、7月4日和7月25日倒四叶面积调查可知，鲁9154的SP_2、中9708的SP_2、中205806的SP_2和中206573的SP_2与对照相比，有增加的，也有减少的，但各处理的变异幅度和变异系数均增加，鲁9154的SP_2、中9708的SP_2变异系数较对照增加为2.1%～18.2%，中205806的SP_2和中206573的SP_2变异系数较对照增加为2.2%～8.6%。由此说明，航天处理对棉株功能叶面积具有正负效应。

棉株成铃及早熟性。单株铃数是构成棉株产量最主要因素之一，单株成铃多，表明该品种结铃性强；单株吐絮数多，表明该品种早熟；生产上要求早熟、高产、优质的品种。由8月20日和9月10日两次调查，成铃：鲁9154的SP_2较对照增加2.8个和0.4个，中9708的SP_2与对照相当，中205806的SP_2较对照增加0.3个和0.4个，中206573的SP_2较对照增加0.8个，航天处理的变异幅度和变异系数均增大，变异系数较对照增加为0.7%～9.1%。小铃：鲁9154的SP_2、中9708的SP_2、中205806的SP_2和中206573的SP_2与对照相比，有增加，也有减少，但航天处理的变异幅度和变异系数均增大。早熟性：棉株吐絮数，鲁9154的SP_2较对照增加0.9个，中206573的SP_2较对照增加0.2个，中9708的SP_2较对照减少0.1个，中205806的SP_2与对照相当，但航天处理的变异幅度和变异系数均增大。由此说明，航天处理对棉株成铃均有增加作用，对小铃和吐絮数有正负效应。

2.1.1.3　航天诱变处理对SP_3棉株生长发育的影响

9月10日调查，单株铃数：航天处理与对照相比，鲁9154的SP_3较对照增加1.3个，中205806的SP_3较对照增加2.0个，中206573的SP_3较对照增加0.2个，中9708的SP_3较对照减少1.6个；航天处理的变异幅度和变异系数均增大，变异系数较对照增加7.0%～16.9%。吐絮数：航天处理与对照相比，鲁9154的SP_3、中9708的SP_3和中205806的SP_3较对照减少1.6个、0.2个、0.7个，中205806的SP_3较对照增加1.6个，变异幅度和变异系数均增大。果枝数：航天处理与对照相比，鲁9154的SP_3和中205806的SP_3较对照增加0.4个，中9708的SP_3和中206573的SP_3较对照减少1.0个和0.4个，航天处理的变异幅度和变异系数均增大。株高：航天处理株高均较对照降低0.4～6.5cm，变异幅度和变异系数均增大。由此说明，航天处理对株高有矮化作用，对单株铃数、吐絮数和果枝数有正负效应。

2.1.2　航天诱变处理对棉株产量性状的影响

航天处理对棉株农艺性状的影响最终影响到产量的形成。棉花产量构成包括单株铃数、单铃重和衣分。其中任何一个因素的变化均能影响到棉花产量。航天诱变处理SP_1采用单株收获，SP_2和SP_3采用单行收获测定产量。

SP_1 代产量性状。由产量统计，单株收花铃数：航天处理与对照相比，鲁 9154 的 SP_1 较对照增加 0.3 个，中 9708 的 SP_1 较对照增加 0.6 个，中 205806 的 SP_1 与对照相当，中 206573 的 SP_1 较对照减少 0.4 个；航天处理的变异幅度和变异系数均较对照增大。单铃重：航天处理与对照相当，但航天处理的变异幅度和变异系数均较对照大。衣分：航天处理与对照相比有增有减，鲁 9154 的 SP_1 较对照减少 0.2%，中 9708 的 SP_1、中 205806 的 SP_1 和中 206573 的 SP_1 较对照增加 1.3%、0.8% 和 0.1%，航天处理的变异幅度增大，变异系数均较对照增加 0.5% ~4.2%。籽棉产量、皮棉产量：航天处理与对照相比，鲁 9154 的 SP_1 和中 9708 的 SP_1 较对照均有增加，籽棉产量较对照每株增加 1.9g 和 4.1g，皮棉产量较对照增加 0.8g 和 2.3g；夏棉中 205806 的 SP_1 和中 206573 的 SP_1 较对照减少，籽棉产量较对照每株减少 0.8g 和 1.5g，皮棉产量较对照每株减少 0.1g 和 0.5g；航天处理的变异幅度和变异系数均较对照大。由此说明，航天处理对棉花 SP_1 产量的影响，具有正负效应。

SP_2 产量性状。由收花产量统计（表 2），航天处理对 SP_2 产量的影响，单铃重：各处理与对照相差不大，但处理的变异幅度和变异系数均高于对照。衣分：处理与对照相比，鲁 9154 的 SP_2 较对照增加 0.2%，中 9708 的 SP_2、中 205806 的 SP_2 较对照减少 0.3%、0.7%，中 206573 的 SP_2 与对照相当，衣分是构成棉花产量较稳定的性状，其 SP_2 变异系数均小于 3，但处理仍高于对照。籽棉产量：处理与对照相比，鲁 9154 的 SP_2、中 9708 的 SP_2、中 206573 的 SP_2 较对照减少 34.5kg/hm²、141.0kg/hm²、319.5kg/hm²，中 205806 的 SP_2 较对照增加 4.5kg/hm²，航天处理的变异幅度和变异系数均高于对照。皮棉产量：处理与对照相比，鲁 9154 的 SP_2、中 9708 的 SP_2、中 206573 的 SP_2 较对照减少 10.5kg/hm²、66.0kg/hm²、130.5kg/hm²，中 205806 的 SP_2 较对照增加 6.0kg/hm²，变异幅度和变异系数均高于对照。由此说明，航天处理对棉花 SP_2 产量作用，存在有正负效应，衣分和单铃重变异系数减小，趋向稳定。

表 2　棉花航天诱变对 SP_2 代产量性状的影响

处　理	性　状	籽棉产量（kg/hm²）	皮棉产量（kg/hm²）	衣　分（%）	单铃重（g）
鲁 9154 的 SP_1	平均数	2 205.0	967.5	43.9	5.6
	变幅	949.5 ~2 989.5	427.5 ~1 288.5	42.5 ~45.5	5.3 ~6.3
	变异系数（%）	271.5	270.0	1.6	3.8
鲁 9154 地面对照	平均数	2 239.5	978.0	43.7	5.6
	变幅	735.0 ~2 715.0	330 ~1 201.5	42.6 ~44.9	5.1 ~5.9
	变异系数（%）	238.5	237	1.5	3.8
中 9708 的 SP_1	平均数	2 401.5	957	39.9	5.3
	变幅	493.0 ~2 883.0	285.0 ~1 104.0	38.2 ~41.2	4.9 ~5.9
	变异系数（%）	256.5	258	1.8	7.7
中 9708 地面对照	平均数	2 542.5	1 023	40.2	5.4
	变幅	1 935.0 ~3 021.0	750.0 ~1 227.0	38.8 ~41.6	4.9 ~5.9
	变异系数（%）	171.0	184.5	1.9	5.4

（续表）

处 理	性 状	籽棉产量 (kg/hm²)	皮棉产量 (kg/hm²)	衣 分 (%)	单铃重 (g)
中 205806 的 SP_1	平均数	1 143.0	460.5	40.2	4.6
	变幅	771.0～1 510.5	307.5～618.0	38.2～41.5	4.1～5.1
	变异系数（%）	237.0	247.5	2.5	6.0
中 205806 地面对照	平均数	1 138.5	466.5	40.9	4.7
	变幅	598.5～1 654.5	243.0～699.0	39.1～42.3	4.1～5.4
	变异系数（%）	231	243	2.2	6.0
中 206573 的 SP_1	平均数	1 416	577.5	40.8	5.4
	变幅	387.0～2 115.0	157.5～862.5	38.9～43.1	4.7～5.9
	变异系数（%）	345.0	343.5	2.7	5.7
中 206573 地面对照	平均数	1 735.5	708	40.8	5.4
	变幅	1 257.0～2 184.0	502.5～906.0	38.7～42.7	4.9～5.9
	变异系数（%）	250.5	255	2.3	5.0

SP_3 产量性状。由收花产量统计，单铃重：航天处理的中 205806 的 SP_3、中 206573 的 SP_3 明显高于对照，变异幅度和变异系数均高于对照。衣分：中 205806 的 SP_3 有明显提高，航天处理较对照增加 1.4%，其他 3 个航天处理与对照相当。籽棉产量：春棉鲁 9154 的 SP_3、中 9708 的 SP_3 较对照低 42.0kg/hm²、304.5kg/hm²，降低 1.5% 和 10.4%；夏棉中 205806 的 SP_3、中 206573 的 SP_3 较对照增加 31.5kg/hm²、450.0kg/hm²，增加 1.2% 和 18.3%；皮棉产量：春棉鲁 9154 的 SP_3、中 9708 的 SP_3 较对照低 24.0kg/hm²、126.0kg/hm²，较对照降低 2.1% 和 11.1%；夏棉中 205806 的 SP_3、中 206573 的 SP_3 较对照增加 54.0kg/hm²、177.0kg/hm²，提高 5.2% 和 17.5%；SP_3 的变异幅度和变异系数均低于 SP_1 和 SP_2，但仍高于对照。由此说明，航天处理 SP_3 产量性状已基本趋向稳定，变异幅度和变异系数均变小。

2.1.3 航天诱变处理对棉株纤维品质性状的影响

衡量一个棉花品种的好坏，关键在于该棉花品种的产量和纤维品质。棉花纤维品质由农业部棉花纤维品质监督检验测试中心测定（HVICC 标准）。

SP_1 纤维品质性状。上半部平均长度：处理的与对照相差不大，处理与对照相比有增加（0.1mm）、减少（0.8mm 和 0.2mm）或相当（中 205806 的 SP_1 与对照），变异幅度与变异系数均大于对照。纤维整齐度：处理与对照相差 ±0.3%，变异系数均小于 2。纤维比强度：处理与对照相差 ±0.2cN/tex，但处理变异幅度与变异系数均大于对照。纤维伸长率：中 9708 的 SP_1 较对照增加 0.5%，其他均与对照相差 ±0.1%。马克隆值：处理与对照相差 ±0.1，处理变异幅度与变异系数均大于对照。由此说明，航天处理对棉花纤维品质性状的影响存在正反负效应，上半部平均长度和纤维整齐度变异系数均较小。

SP_2 纤维品质性状。上半部平均长度：处理与对照相差 ±0.3mm，处理变异幅度与变异系数均大于对照。纤维整齐度：处理与对照相差 ±0.4%，变异系数均小于 2。纤维比强度：处理与对照相当或稍有改善 +0.3cN/tex，但处理变异幅度与变异系数均大于对照，

小于 SP_1。纤维伸长率：处理的明显高于对照 +1%。马克隆值：处理与对照相当，但处理变异幅度与变异系数均大于对照。由此说明，航天处理 SP_2 纤维品质性状好于 SP_1，其变异幅度和变异系数均小于 SP_1。SP_1 与对照，变异幅度与变异系数均大于对照。纤维整齐度：处理与对照相差 ±0.3%，变异系数均小于 2。纤维比强度：处理与对照相差 ±0.2cN/tex，但处理变异幅度与变异系数均大于对照。纤维伸长率：中 9708 的 SP_1 较对照增加 0.5%，其他均与对照相差 ±0.1%。马克隆值：处理与对照相差 ±0.1，处理变异幅度与变异系数均大于对照。由此说明，航天处理对棉花纤维品质性状的影响存在正反负效应，上半部平均长度和纤维整齐度变异系数均较小。

SP_3 纤维品质性状。上半部平均长度：处理与对照相差 ±0.3mm，处理变异幅度与变异系数均大于对照。纤维整齐度：处理与对照相差 ±0.4%，变异系数均小于 2。纤维比强度：处理与对照相当或稍有改善 +0.3cN/tex，但处理变异幅度与变异系数均大于对照，小于 SP_1。纤维伸长率：处理的明显高于对照 +1%。马克隆值：处理与对照相当，但处理变异幅度与变异系数均大于对照。由此说明，航天处理 SP_2 纤维品质性状好于 SP_1，其对 SP_3 纤维品质性状的影响由表 3 可知，上半部平均长度：处理较对照明显改善，鲁 9154 的 SP_3、中 9708 的 SP_3、中 205806 的 SP_3、中 206573 的 SP_3 分别较对照增加 0.7mm、0.8mm、0.2mm、0.2mm，变异幅度与变异系数仍大于对照；纤维整齐度：处理的整齐度较对照明显提高，较对照增加 +0.3%，变异系数均小于 2；纤维比强度：处理纤维比强度较对照明显提高，中 9708 的 SP_3 较对照提高 0.9cN/tex，中 205806 的 SP_3 较对照提高 0.7cN/tex，中 206573 的 SP_3 较对照提高 0.4cN/tex，变异幅度与变异系数均大于对照，但处理的变异系数均小于 5，小于 SP_1 和 SP_2；纤维伸长率：处理明显高于对照 +0.1% ~ +0.5%；马克隆值：处理马克隆值较对照有所减少。总地来说，航天处理的纤维品质历经 SP_1、SP_2 到 SP_3 的连续选育，各项指标得到明显的改善，纤维品质获得明显的提高，并趋向稳定。

表 3　棉花航天诱变对 SP_3 代纤维品质性状（HVICC 标准）的影响

处　理	性　状	上半部平均长度（mm）	整齐度（%）	比强度（cN/tex）	伸长率（%）	马克隆值
鲁 9154 的 SP_1	平均数	27.9	84.5	27.6	6.8	4.9
	变幅	26.9 ~ 29.0	82.7 ~ 85.1	25.9 ~ 28.9	6.1 ~ 7.0	4.4 ~ 5.3
	变异系数（%）	2.4	1.0	3.4	4.5	4.4
鲁 9154 地面对照	平均数	27.2	84.5	27.6	6.7	4.9
	变幅	26.8 ~ 27.6	84.3 ~ 84.7	27.5 ~ 27.7	6.5 ~ 6.8	4.6 ~ 5.2
	变异系数（%）	2.0	0.3	0.5	3.2	4.2
中 9708 的 SP_1	平均数	28.8	83.6	26.6	7.0	4.8
	变幅	27.8 ~ 31.1	81.0 ~ 84.8	25.0 ~ 27.4	6.3 ~ 7.0	4.5 ~ 5.1
	变异系数（%）	3.1	1.4	2.6	3.0	4.3
中 9708 地面对照	平均数	28.0	83.5	25.7	7.0	4.9
	变幅	27.6 ~ 28.4	83.3 ~ 83.6	25.5 ~ 25.9	6.7 ~ 7.2	4.9 ~ 5.0
	变异系数（%）	2.1	0.3	1.1	5.1	2.1

（续表）

处 理	性 状	上半部平均长度（mm）	整齐度（%）	比强度（cN/tex）	伸长率（%）	马克隆值
中205806的SP_1	平均数	30.0	85.1	28.5	6.5	4.7
	变幅	28.6~31.4	84.2~87.7	26.9~30.8	5.6~7.0	4.5~5.3
	变异系数（%）	2.8	1.2	3.9	4.9	4.5
中205806地面对照	平均数	29.8	84.8	27.8	6.4	4.8
	变幅	29.0~30.7	83.3~85.7	27.0~28.5	5.9~6.6	4.6~5.2
	变异系数（%）	2.4	1.2	2.8	4.9	5.5
中206573的SP_1	平均数	30.5	85.2	29.6	6.4	4.4
	变幅	25.0~30.8	82.4~85.7	25.4~32.0	5.6~7.2	4.9~5.6
	变异系数（%）	1.8	1.1	4.9	6.0	6.0
中206573地面对照	平均数	30.3	85.1	29.2	5.9	4.5
	变幅	29.4~30.8	84.0~85.4	27.8~30.0	5.5~6.1	4.2~4.7
	变异系数（%）	2.1	0.9	3.5	4.5	4.9

2.2 航天诱变后代突变体的多态性分析[2-3]

选用航天诱变突变体，春棉有中9708和S2498，选用航天诱变SP_2变异株系，编号分别为2（植株矮化）、3（株高高大）、4（结铃少）、5（表现晚熟）及对照1；中9708选用SP_3突变株系，编号分别为6（茎秆多毛）及对照7。夏棉品系有中108019、中205806和中206573，中108019选用SP_1突变株，编号分别为8（花粉部分不育）及对照9，中205806选用SP_2突变株系，编号分别为10（株型紧凑，结铃集中）及对照11，中206573选用SP_2突变株系，编号分别为12（早熟、铃多丰产）及地面对照13。采用分子标记方法，从DNA水平研究航天诱变的变异率。

航天诱变突变体的SSR分析：试验用180对变异幅度和变异系数均小于SP_1。微卫星引物对航天处理和对照棉花植株的基因组DNA进行PCR筛选（图1），有169对引物得到有效扩增，占所用引物的93.8%；134对引物在所有突变体与相应对照间扩增出的DNA带型一致，35对引物在对照与航天处理棉花扩增的DNA带型表现多态性，多态性百分率为19.4%，同一引物仅在部分突变体与对照间表现出多态性；不同多态性引物扩增的DNA片段数不同，在2~11条之间，扩增片段在80~800bp之间。每个多态性引物在对照与航天处理之间表现1~2条差异，表现为缺失、增加不等。说明航天处理的突变体从DNA水平上发生了变化。

航天诱变突变体的RAPD分析：本试验利用143条RAPD引物对同一批突变体与对照进行基因组DNA的PCR筛选（图2），有121条引物得到有效扩增，占所用引物的84.6%；有37对引物在对照与突变体之间表现出多态性，多态性百分率为25.8%，绝大多数引物仅在部分突变体与对照之间表现出多态性，仅有S279在所有突变体与对照之间均表现出多态性。表明航天诱变有可能导致棉花DNA水平上的变化。

对于两种引物多态性检出率进行比较，在所用RAPD引物数和SSR引物数相近的情况下，RAPD多态性引物百分率较高，2号、3号、4号、5号、6号、8号、10号和12号

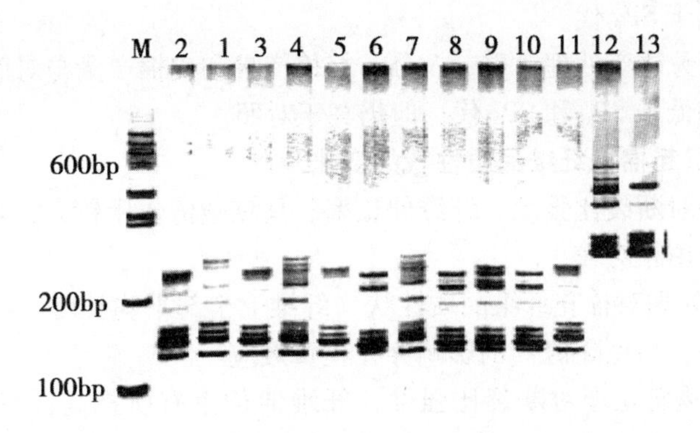

图1　SSR 引物 BNL1513 和 BNL1026 在突变体与对照之间的扩增情况

注：2～11 为 BNL1513 的扩增情况，12～13 为 BNL1026 的扩增情况

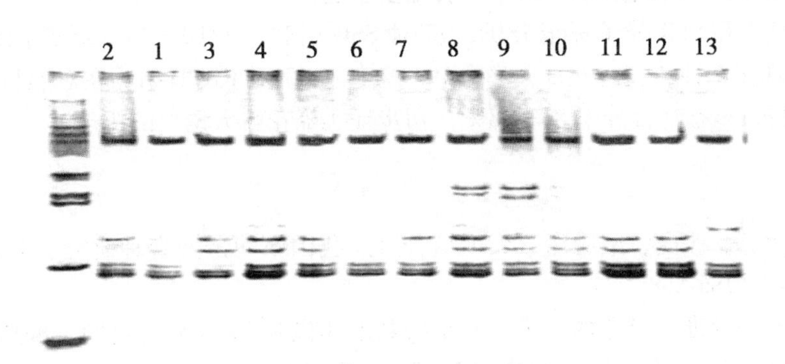

图2　随机引物 S279 的扩增结果

分别为3.5%、4.2%、9.8%、7.0%、2.8%、14.7%、5.6%和7.0%；SSR 引物多态性百分率较低，2～12 号分别为 2.2%、1.6%、7.2%、6.1%、4.4%、5.0%、3.8%和1.6%。

3　结果与讨论

3.1　航天诱变能引起棉株生育性状的变化

SP_1 代：航天诱变处理对棉花种子有一定的损伤作用，春棉品种远低于夏棉品种；引起棉株株高降低，倒四叶面积和结铃性产生正负效应。

SP_2 代：航天处理对棉株株高的影响较大，增加变异范围，能增加棉株的真叶数，增大变异范围，对春棉的影响大于对夏棉的影响，对棉株功能叶面积具有正负效应，对棉株成铃均有增加作用，对小铃和吐絮数有正负效应。

SP_3 代：航天处理对株高有降低作用，对单株铃数、吐絮数、果枝数有正负效应。

3.2　航天诱变能引起棉株产量性状的变化

SP_1 代：航天诱变处理对单株铃数、铃重、衣分、籽棉产量和皮棉产量具有正负效应。

SP_2 代：航天诱变处理铃重、衣分、籽棉产量和皮棉产量具有正负效应，但变异幅度和变异系数明显低于 SP_1 代。

对 SP_3 代：航天诱变处理铃重、衣分、籽棉产量和皮棉产量与对照差异缩小，其变异幅度和变异系数均低于 SP_1 和 SP_2 代，但仍高于对照。

3.3 航天诱变能引起棉株纤维品质性状的变化

航天诱变处理对断裂比强度、纤维伸长率、马克隆值作用较大，对纤维上半部平均长度、纤维整齐度作用相对较小。

SP_1 代：航天处理对棉花纤维品质性状（纤维上半部平均长度、纤维整齐度、断裂比强度、纤维伸长率、马克隆值）的影响存在正负效应。

SP_2 代：航天诱变处理对断裂比强度、纤维伸长率有所提高，对纤维上半部平均长度、纤维整齐度有正负效应。

SP_3 代：航天诱变处理各项指标得到明显的改善，纤维品质得到明显的提高。

3.4 航天处理的突变体在 DNA 水平上表现多态性

通过 RAPD 和 SSR 分子标记分析，35 对 SSR 引物在对照与航天搭载的棉花扩增的 DNA 带型表现多态性，多态性百分率为 19.4%，有 37 对 RAPD 引物在对照与突变体之间表现出多态性，多态性百分率为 25.8%。初步证实棉花航天诱变的机理。

参考文献

[1] 温贤芳，张龙，戴维序．天地结合开展我国空间诱变育种研究［J］．核农学报，2004，18（4）：286-288.

[2] 刘敏，薛淮，李金国，等．卫星搭载的甜椒 8722 过氧化物同工酶检测和 RAPD 分子检测初报［J］．核农学报，1999，13（2）：291-294.

[3] 周峰，易继财，张群宇，等．水稻空间诱变后代的微卫星多态性分析［J］．华南农业大学学报，2001，22（3）：55-57.

Inheritance of time of flowering in upland cotton under natural conditions*

J. J. Hao[1,2,3], S. X. Yu[1,4], Q. X. Ma[2], S. L. Fan[1], M. Z. Song[1]

(1. National Key Laboratory of Crop Genetic Improvement, Huazhong Agricultural University, Wuhan 430070, China; 2. Cotton Research Institute, Chinese Academy of Agricultural Sciences, Anyang 455000, China; 3. Plant Protection Institute, Henan Academy of Agricultural Science, Zhengzhou 450002, China; 4. Corresponding author)

Abstract: Time to flowering is an essential component of the adaptation and productivity of cotton (*Gossipium hirsutum*) in various agro-ecological zones. This article presents a study of the genetic control of this trait in two crosses obtained from different early-maturity parental lines. In each cross, multiple generations including P_1, F_1, P_2, B_1, B_2 and F_2 were evaluated under two natural field conditions in 2004 and 2005. The data on time to flowering in the F_2 populations had a continuous distribution but deviated from normality. A joint segregation analysis (JSA) revealed that time of flowering in upland cotton was controlled by a mixture of an additive major gene and additive-dominant polygenes. The first- and second-order genetic parameters were all calculated based on the mixture of major gene and polygene inheritance models using JSA. These results suggested that there was considerable genetic diversity and complexity in days to anthesis in upland cotton. This variation can be used to formulate the most efficient breeding strategy and to design cotton for a particular environment.

Key words: *Gossypium hirsutum*; Time of flowering; Mixed major gene and polygene inheritance model; Segregation generation analysis

Time to flowering is central in determining the adaptation and productivity of a variety in a particular agro-ecological zone. In China, the cotton-planting regions have been divided into several agro-ecological zones based on temperature, photoperiod, frost date and other climatic factors, all of which require early-maturing cotton varieties (Yu and Xia, 2003). Previous research has shown that early maturity in cotton was related to morphological and developmental variables (Richmond and Radwan, 1962; Godoy and Palomo, 1999). However, the efficiency with

原载于: *Plant Breeding*, 2008, 127: 383-390

which these factors can be manipulated depends considerably on understanding the inheritance and interrelationships among the determinants of early maturity. As a selection criterion, the date of first flower has the advantage of being closely associated with several other components and estimators of early maturity (Godoy and Palomo, 1999). Moreover, first flowering is a discrete event which is easily recognizable and minimizes the probability of determination error.

Though the time of flowering of cotton depends on season, sowing date and other climatic factors, inheritance also plays an important role. The response of flowering in *Gossypium hirsutum* was quantitatively inherited and partially dominant (Kohel and Richmond, 1962). Godoy and Palomo (1999) determined that the genetic variance of the date of first flowering was additive with a heritability estimate of 0.29, which was similar to the results obtained by Tiffany and Malm (1981). In the last decade, the progress in development of DNA markers has made it possible to use quantitative trait locus analysis to clarify the number and nature of the genes controlling flowering time in a number of cereals including rice, maize and wheat, despite differences in chromosome number and genome size (Sarma *et al.*, 1998, Chardon *et al.*, 2004, 2005). On the other hand, the genetics and molecular biology of the floral transition have been most extensively studied in *Arabidopsis thaliana*, and almost 80 genes involved in the timing of flowering have been cloned and described for this species (Chardon *et al.*, 2004). Genetic, molecular and physiological analyses led to the elaboration of a model of the genetic interactions between these genes. Four genetic signalling pathways that promote flowering have been identified: the photoperiodic, autonomous, vernalization and gibberellic acid pathways (Blazquez, 2000). However, the low level of polymorphism in upland cotton due to its polyploidy and the origin of the genome has greatly hampered the genetic mapping of upland cotton, and therefore few marker studies exist for flowering time in upland cotton.

The early-maturity trait of cotton has been partitioned into super-early, early, sub-early, medium-early, medium and late maturity traits according to various agro-ecological zones (Yu and Xia, 2003). In the present study, crosses were produced among three different early-maturity lines, and the inheritance of the time of flowering was analysed in natural environments similar to those an agronomist or plant breeder would encounter in the field, so that the results would be directly applicable in practice. Furthermore, previous studies indicated that a leaf shape variant, okra leaf ($L_2^0L_2^0$), usually confers earlier maturity than its isoline with the normal-leaf (l_2l_2) shape (Andries *et al.*, 1969; Heitholt, 1993). Other agronomic and morphologic characteristics were also different between okra-leaf and normal-leaf cotton (Andries *et al.*, 1969; Kerby *et al.*, 1980; Pettigrew *et al.*, 1993). Particularly in China, two okra-leaf hybrid cotton varieties 'BiaozaA_1' and 'BiaozaA_2' have been registered and widely applied in the field (Ma *et al.*, 2004). Consequently, one of the objectives of this study was to assess the potential range of okra-leaf germplasm as a source of early flowering.

Joint segregation analysis (JSA) has been applied for the analysis of major gene and polygene mixed quantitative variation in plants (Wang and Gai, 2001; Wang *et al.*, 2001; An-

bessa et al., 2006). It has been used to analyse mixed- inheritance models in human and animal populations over thelast four decades (Elston and Steward, 1973; Knott *et al.*, 1991). Moreover, the parameter estimation algorithm in the JSA model has been improved from expectation and maximization to expectation and iterated maximization (EIM) (Zhang *et al.*, 2003). In brief, the best-fitting genetic model is selected based mainly on the Akaike's information criterion (AIC) (Akaike, 1977; Knott *et al.*, 1991). The objectives of this study were to: (i) assess the potential range of okra-leaf germplasm as a source of early flowering, (ii) elucidate the inheritance of the time-to-flowering trait in upland cotton among the different early-maturity materials under natural conditions, and (iii) estimate the broad- and narrow-sense heritabilities and genetic effects using JSA and the major gene and polygenes mixed mode.

1 Materials and Methods

1.1 Plant materials

One sub-early maturity Chaoji463 (CJ463), two medium-maturity Kang3 (K3) and Han (H109), and one late-maturity Ji98 (J98) inbred cotton lines (provided by the Plant Protection Institute, Henan Academy of Agricultural Science, Zhengzhou, China) were used as parents in the two crosses described below. A brief description of these cultivars follows: CJ463 is a super-okra leaf line, very compact and early-maturing and without gland; H109 is moderate in growth habit and earliness of maturity; K3 is a medium-early maturity variety and displays average to vigorous growth habit; J98 is a moderately late-maturity okra-leaf line. Two crosses, K3 × CJ463 and H109 × J98, among contrasting genotypes were obtained in 2002 from the Plant Protection Institute, Henan Academy of Agricultural Science. The parental lines differed in leaf type, and the hybrid nature of the F_1 plants was easily verified. F_1 plants of both crosses were allowed to self in order to produce the F_2 generations in 2003, and at the same time seeds of the first backcross generations (B_1 and B_2, where B_1 was the cross F_1 × female parent and B_2 was F_1 × male parent) were accomplished.

1.2 Field procedures, data collection and statistical analyses

To confirm the effect of the natural environment on developmental behaviour in cotton, all the generations P_1, F_1, P_2, F_2, B_1 and B_2 of two crosses were planted in natural field environments at the Experimental Station, Henan Academy of Agricultural Science, Zhengzhou, China, in 2004 and 2005 respectively. The experimental design was a randomized complete block design with three replications. Sample size of 12 plants in each P_1, P_2 and F_1 plot, 36 in each B_1 and B_2 plot, and 84 in each F_2 plot was randomly selected and tagged. Field-grown plants were started in six-ounce paper cups in the greenhouse (all on the same date) and transplanted to the field at approximately 3 weeks of age (1 May 2004 and 6 May 2005), with 34cm spacing within the rows and 85cm between rows. About 35 plants of each P_1, F_1 and P_2, about 240 F_2 and 80 ~ 90 plants of each B_1 and B_2 were studied in each of the 2 years. Data from each of the plants were collected on the date of first flowering, i. e. the number of days from planting to appearance of the first flower.

Analysis of variances were performed using PROC MIXED (SAS Institute 1999), where year, genotype and genotype × year were treated as random effects.

1.3 Joint segregation analysis

For a mixed inheritance model and the JSA, it is assumed that trait variation in each segregating population is the result of variation in the distribution of major gene (s) modified by polygenes and the environment, and that the phenotypic value (p) can be expressed as the summation of population mean (m), major gene effect (g), polygene effect (c) and environmental effect (e), *i.e.* $p = m + g + c + e$ (Morton and MacLean, 1974), where g is different for different major gene genotypes, and c and e are normally distributed variables. Consequently, the phenotypic variation (σ^2p) can be expressed as major gene variation (σ^2mg), polygenic variation (σ^2pg) and environmental variation (σ^2e). Therefore, major gene heritability (h^2mg) and polygene heritability (h^2pg) can be defined as $h^2mg = \sigma^2mg/\sigma^2p$ and $h^2pg = \sigma^2pg/\sigma^2p$ respectively.

1.4 Genetic models

Five kinds of genetic models were considered to select the one that best explained the variation of developmental behaviour in cotton (Table 1). Taking into account gene action (additive, dominance, additive-dominance, or additive-dominance-epistasis), model types were defined within each class, so that overall 24 scenarios were considered.

Table 1 Genetic models in the JSA of the six generations of P_1, F_1, P_2, F_2, B_1 and B_2 (Zhang *et al.*, 2003)

Class	Major gene	Polygenes	Model type	
			Only major gene	Mixed major gene and polygenes
Polygenes	—	Additive-dominant [d] [h]	—	C
	—	Additive-dominant-epistasis [d] [h] [i] [j] [l]	—	C-1
One major gene	Additive-dominant d, h	Additive-dominant-epistasis [d] [h] [i] [j] [l]	A-1	D
	Additive-dominant d, h	Additive-dominant [d] [h]	A-1	D-1
	Additive d ($h=0$)	Additive-dominant [d] [h]	A-2	D-2
	Completely dominant h ($h=d$)	Additive-dominant [d] [h]	A-3	D-3
	Completely negative dominant h ($h=d$)	Additive-dominant [d] [h]	A-4	D-4
Two major genes	Additive-dominant-epistasis d_1, d_2, h_1, h_2, i, j_{12}, j_{21}, l	Additive-dominant-epistasis [d] [h] [i] [j] [l]	B-1	E-1

(continued)

Class	Major gene	Polygenes	Model type	
			Only major gene	Mixed major gene and polygenes
	Additive-dominant-epistasis d_1, d_2, h_1, h_2, i, j_{12}, j_{21}, l	Additive-dominant [d] [h]	B-1	E-1
	Additive-dominant d_1, d_2, h_1, h_2, $i=j_{12}=j_{21}=l=0$	Additive-dominant [d] [h]	B-2	E-2
	Additive d_1, d_2, $h_1=h_2=0$	Additive-dominant [d] [h]	B-3	E-3
	Equally additive d ($=d_1=d_2$, $h_1=h_2=0$)	Additive-dominant [d] [h]	B-4	E-4
	Completely dominant ($d_1=h_1$, $d_2=h_2$)	Additive-dominant [d] [h]	B-5	E-5
	Equally dominant $d_1=h_1=d_2=h_2$	Additive-dominant [d] [h]	B-6	E-6

d, h, additive and dominance effects of major gene for models A and D; d_1, h_1, additive and dominance effects of the first major gene for models B and E; d_2, h_2, additive and dominance effects of the second major gene for models B and E; i, j_{12}, j_{21}, l, additive × additive, additive × dominance, dominance × additive, dominance × dominance epistatic effects between the two major genes; [d], [h], [i], [j], [l], additive effects, dominance effects, additive × dominance (or dominance × additive), and dominance × dominance epistatic effects of the polygenes.

1.5 Estimation of component parameters

Maximum likelihood estimates of component parameters in each genetic model were generated using the EIM algorithm (Zhang *et al.*, 2003). Suppose that a quantitative trait is controlled by one major gene A and polygenes. The F_1 from a cross between high and low parents would be Aa for the major gene. The F_2 genotypes will be a 1 : 2 : 1 mixture of AA, Aa and aa. The genotypes of the B_1 and B_2 generations will both be a 1 : 1 mixture of AA, Aa or aa, Aa. Because of the effect of polygenes and environmental variation, for the mixed one major gene and polygene inheritance model, P_1 (AA), F_1 (Aa) and P_2 (aa) are all normally distributed with different means but the same variance, and B_1, B_2 and F_2 are normal mixtures. These can be represented as:

P_1: $X_{1i} \sim N(\mu_1, \sigma)$, F_1: $X_{2i} \sim N(\mu 2, \sigma)$, P_2: $X_{3i} \sim N(\mu_3, \sigma)$,

B_1: $X_{4i} \sim (1/2)N(\mu_{41,} \sigma) + (1/2)N(\mu_{42}, \sigma)$

B_2: $X_{5i} \sim (1/2)N(\mu_{51}{'}\sigma) + (1/2)N(\mu_{52}{'}\ \sigma)$

F_2: $X_{6i} \sim (1/4)N(\mu_{61}, \sigma) + (1/2^{)}N(\mu_{62}, \sigma) + (1/4)N(\mu_{63}, \sigma)$,

where μ, μ_2, and μ_3 are the means of P_1, F_1 and P_2 respectively; μ_{41} and μ_{42} are the means of the two components in B_1; μ_{51} and μ_{52} are the means of the two components in B_2. P_1, F_1 and P_2 are assumed to have equal environmental variance (σ^2) with means of μ_1, μ_2, and μ_3 respectively; μ_{41} and μ_{42} are the means of the two components in B_1; μ_{51} and μ_{52} are the means of the two components in B_2; and, μ_{62} and μ_{63} are the means of the three components in F_2 genotypes *AA*, *Aa*, and *aa* respectively. σ2 is the environmental variance estimated according to the EIM algorithm (Gai *et al.*, 2003, Zhang *et al.*, 2003), and σ_4^2, σ_5^2 and σ_6^2 (both polygene variation and environmental variation are included in these variances) are the common variances of components in B_1, B_2 and F_2. Accordingly, the component parameters estimated consist of μ_1, μ_2, μ_3; μ_{41}, μ_{42}; μ_{51}, μ_{52}; μ_{61}, μ_{62}, μ_{63} and σ^2, σ_4^2, σ_5^2, σ_6^2.

1.6 Model selection

According to the AIC (Akaike 1977), the model with the smallest AIC value leads to the best fitting model. Here, AIC = 2 L_C (Φ) + 2*N*, where L_C (Φ) is the logarithm maximum likelihood and *N* is the number of independent parameters in a genetic model. Therefore, the smallest AIC value is first used to select the best fitting model class. Then the goodness of fit test is used to determine whether two genetic models in a model class are significantly different (Gai *et al.*, 2003; Zhang *et al.*, 2003). If there is no significant difference, the model with the smaller parameter value will be chosen.

1.7 Estimation of genetic parameters

It is possible to obtain genetic parameters (Table 1) from the component parameters. The following relationships were obtained for major gene and polygene mixed inheritance:

$\mu_1 = m + d + [d] + [i]$

$\mu_2 = m + h + [h] + [l]$

$\mu_3 = m - d - [d] + [i]$

$\mu_{41} = m + d + (1/2)[d] + (1/2)[h] + (1/4)[i] + (1/4)[j] + (1/4)[l]$

$\mu_{42} = m + h + (1/2)[d] + (1/2)[h] + (1/4)[i] + (1/4)[j] + (1/4)[l]$

$\mu_{51} = m + h - (1/2)[d] + (1/2)[h] + (1/4)[i] - (1/4)[j] + (1/4)[l]$

$\mu_{52} = m - d - (1/2)[d] + (1/2)[h] + (1/4)[i] - (1/4)[j] + (1/4)[l]$

$\mu_{61} = m + d + (1/2)[d] + (1/4)[l]$

$\mu_{62} = m + h + (1/2)[h] + (1/4)[l]$

$\mu_{63} = m - d + (1/2)[h] + (1/4)[l]$.

Variances were partitioned into components based on the following relationships:

$\sigma_4^2 = \sigma_{40}^2 + \sigma^2$, $\sigma_5^2 = \sigma_{50}^2 + \sigma^2$, $\sigma_6^2 = \sigma_{60}^2 + \sigma^2$

where σ_4^2, σ_5^2 and σ_6^2 are the common variance in B_1, B_2 and F_2 genotypes respectively; σ_{40}^2, σ_{50}^2 and σ_{60}^2 are the polygenic variance in B_1, B_2 and F_2 genotypes, respectively, and σ^2 are the environmental variance.

2 Results

2.1 Field trials

The parental lines of the two crosses differed in leaf types, which were controlled by one incomplete dominant major gene (Andries *et al.* 1969); hence the hybrid nature of F_1 and the segregation proportion in B_1, B_2 and F_2 populations were easily verified. The data on the leaf types of B_1, B_2 and F_2 plants were collected for the two crosses. The results showed that the F_2 genotypes were nearly a 1 : 2 : 1 mixture of superokra- (okra-), okra- (subokra-) and normal-leaf, and that the genotypes of the B_1 and B_2 generations were both a similar 1 : 1 mixture of superokra- (okra-) plus okra- (subokra-) and normal-leaf in K3 × CJ463 or H109 × J98. Therefore, the segregation generations were suitable for the genetic analysis. The leaf type effects on the flowering time in F_2, B_1 and B_2 generations were tested using ANOVA. Significant differences between leaf types were detected in F_2, but not in B_1 or B_2. In addition, the year × leaf type interaction was not significant, but the year effect was significant, possibly due to the difference in transplanting date. Moreover, means of time from sowing to first flowering of the different leaf types for each generation in the two crosses in 2004 and 2005 are presented in Table 2. Differences were from 0 to 2 day(s) for the different leaf types in the same segregating generations. Results for time to first flowering of the six generations screened for the two crosses in 2004 and 2005, respectively, are presented in Table 3. The screened values for time of flowering in 2004 were all earlier than those in 2005 according to the means for each generation, which may be due to the different transplanting dates in the 2 years. In the K3 × CJ463 cross, the early-flowering parental line CJ463 flowered earlier (by about 10 days) than the later-flowering parent K3 in the 2 years; moreover, the mean of the B_2 generation was less than that of the B_1 generation in both years. Furthermore, the flowering time of the genotype of the F_1 hybrids was close to that of the early-flowering parental line CJ463. In the H109 × J98 cross, the contrast between the late- and the early-flowering parents was obvious in both 2004 and 2005 : H109 flowered about 8 days earlier than its later-flowering counterpart J98, whereas the flowering time of F_1 was closer to that of the late-flowering parental line, and moreover the means of B_1 and B_2 were nearly the same, unlike the case of the K3 × CJ463 cross. Furthermore, significant genotype differences among the P_1, P_2 and F_1 generations were detected in the two crosses, but the year effect and the genotype × year interaction effects were not significant (Table 4).

Table 2　Mean of time from sowing to first flowering (days) of the different leaf types for the P_1, P_2, F_1, F_2 and backcross populations B_1 and B_2 of the two crosses K3 × CJ463 and H109 × J98 screened under the two natural conditions in 2004 and 2005

Cross	Generation	2004			2005		
		Normal	Super-okra	Okra	Normal	Super-okra	Okra
K3 × CJ463	P_1	84			93		
	F_1			77			86
	P_2		76			85	
	B_1	77		78	90		91
	B_2		76	77		87	87
	F_2	79	77	78	91	89	90

(continued)

Cross	Generation	2004			2005		
		Normal	Super-okra	Okra	Normal	Super-okra	Okra
H109 × J98	P_1	82			90		
	F_1		88			94	
	P_2			89			97
	B_1	84	84		93	95	
	B_2		82	84		95	93
	F_2	85	84	83	96	95	94

Table 3　Number of individuals, mean and variance of time from sowing to first flowering (days) for the P_1, P_2, F_1, F_2 and backcross populations B_1 and B_2 of the two crosses K3 × CJ463 and H109 × J98 screened under the two natural conditions in 2004 and 2005

Cross	Generation	2004			2005		
		Number of individuals	Mean	Variance	Number of individuals	Mean	Variance
K3 × CJ463	P_1	36	84	19.7	34	93	13.5
	F_1	35	77	16.1	34	86	15.5
	P_2	35	76	7.0	34	85	13.8
	B_1	89	78	11.0	85	90	21.9
	B_2	91	76	6.3	89	87	11.0
	F_2	240	78	13.0	248	89	17.6
H109 × J98	P_1	36	82	11.0	34	90	12.2
	F_1	34	88	17.5	34	94	20.2
	P_2	35	90	16.8	33	97	14.5
	B_1	93	84	20.6	89	93	36.1
	B_2	95	83	26.8	88	93	36.8
	F_2	222	84	19.8	244	95	39.3

Table 4　Analysis of genotype × year interaction of the time from sowing to first flowering (days) for the P_1, P_2 and F_1 in the two crosses K3 × CJ463 and H109 × J98 screened under the two natural conditions in 2004 and 2005

Source of variation	DF	K3 × CJ463		H109 × J98	
		MS	F	MS	F
Year	1	4 236.3	3569.6	2 275.7	186.1
Genotype	2	1 287.2	809.4**	716.1	45.4*
Genotype × year	2	1.6	0.1	15.8	1.0

*, ** Significant at P = 0.05 and P = 0.01 respectively

2.2 Frequency distribution of time to flowering

Frequency distributions of the time of flowering in the F_2 and backcross populations of the K3 × CJ463 and H109 × J98 crosses evaluated in the 2 years are shown in Figure 1. The data on time to flowering in the F_2 populations of the two crosses all had a continuous distribution, but deviated from normality in either 2004 or 2005. Inspection of the distribution histograms of the F_2 populations of the two crosses showed a strong area of concentration, suggesting a major gene affecting the flowering-time trait. The majority of the individuals in the F_2 and backcross generations in the K3 × CJ463 cross fell between the two parents on the time-to-flowering variable and was close to the early-flowering line CJ463, which indicated that dominant genetic effects existed for the early-flowering trait. The shape of the frequency distribution of F_2 of K3 × CJ463 was similar in the 2 years (Figure 1). As for the H109 × J98 cross in 2004 and 2005, the frequency distribution of F_2 generations appeared to have a bimodal pattern, a typical case of major-gene inheritance model. Although some of the individuals of the F_2 generation had time-to-flowering values between those of the two parents, many plants exhibited values outside those of the early- or late-flowering parental lines, suggesting the involvement of polygenes. For the B_1 and B_2 generations, the frequency distribution for the K3 × CJ463 cross had a single peak, but deviated from a normal distribution. For the H109 × J98 cross, the distribution histograms showed a bimodal pattern. These results indicated one major gene controlling the flowering-time trait but presenting different genetic effects according to the area of the concentration peak (Figure 1) (Gai *et al.* 2003). According to the frequency distributions of the time of flowering in the F_2 and backcross populations, only preliminary and approximate conclusions could be drawn about the genetic system. To elucidate the inheritance of the time-to-flowering trait, further application of genetic models and statistics will be needed.

2.3 Joint segregation analysis

The AIC values obtained from the data are shown in Table 5. The data indicate that the small AIC values were mainly concentrated in the D-group models, which suggest that the inheritance of time of flowering was the mixture of one major gene and polygenes. A test of goodness of fit was then used to estimate the best-fitting genetic model and showed the two genetic models (D-1 and D-2) in D model class had no significant difference according to the following statistics: U_1^2, U_2^2, U_3^2: χ^2 statistics; nW^2: Smirnov's statistics; Dn: Kolmogorov's statistics (Gai *et al.* 2003, Zhang *et al.* 2003). Furthermore, from Table 5, it can be seen that the D-2 model with the K3 × CJ463 and H109 × J98 crosses in both 2004 and 2005 yielded the smallest AIC values among the 24 models. Therefore, it can be reasonably concluded that the time of flowering in upland cotton is controlled by a mixture of one additive major gene plus additive-dominant polygenes.

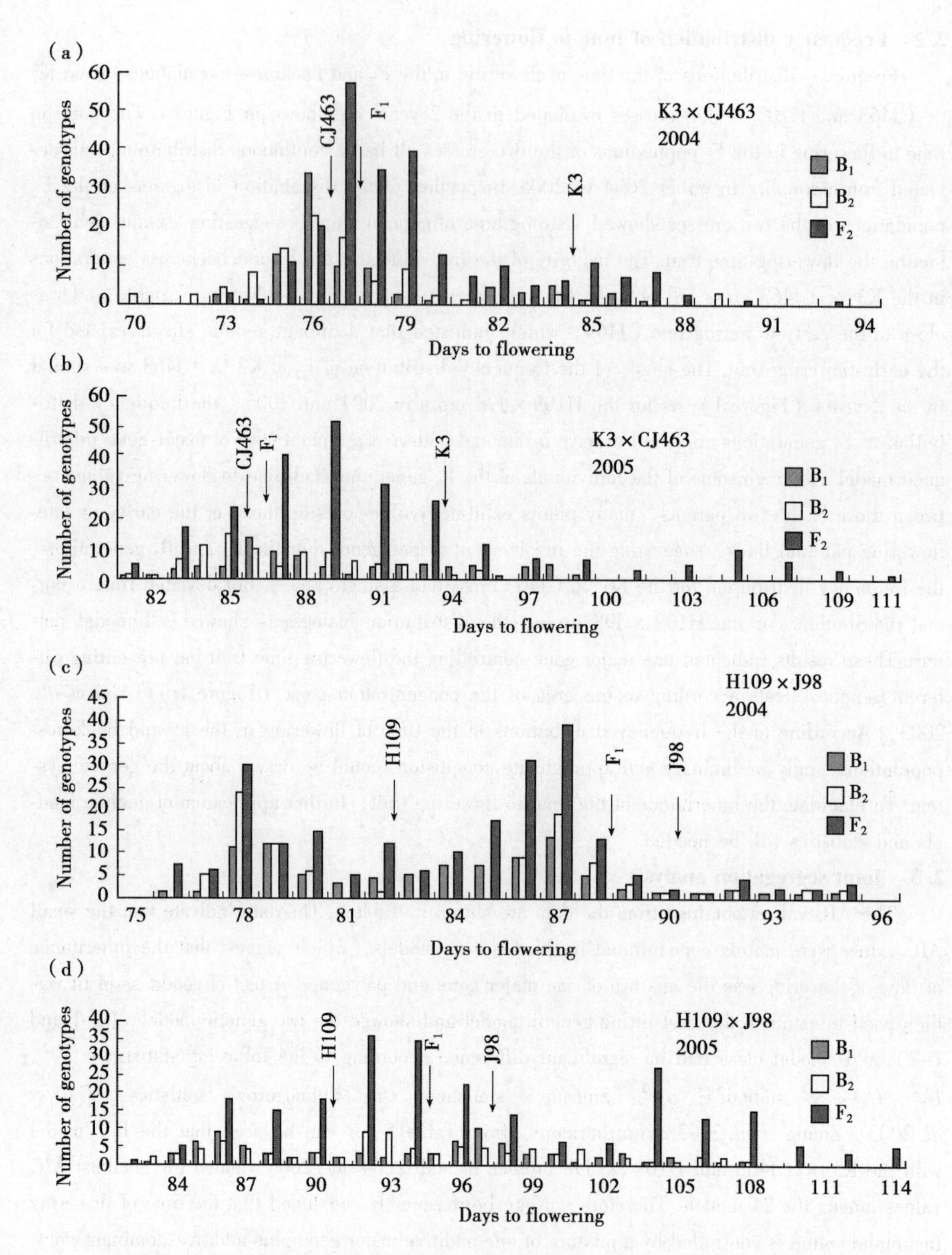

Figure 1 Frequency distribution for the days to appearance of the first open flower in F_2, B_1 and B_2 populations of the crosses K3 × CJ463 and H109 × J98 in 2004 and 2005

Table 5　AIC values under various genetic models for time to flowering in the two crosses K3 × CJ463 and H109 × J98 in 2004 and 2005

Model	K3 × CJ463		H109 × J98		Model	K3 × CJ463		H109 × J98	
	2004	2005	2004	2005		2004	2005	2004	2005
A-1	2 726. 11	2 951. 25	3 071. 08	3 332. 50	D	2 731. 20	2 948. 82	3 017. 77	3 258. 21
A-2	2 842. 51	2 977. 46	3 069. 61	3 331. 54	D-1	2 724. 33	2 944. 75	2 983. 00	3 248. 65
A-3	2 887. 50	3 020. 32	3 070. 01	3 331. 77	D-2	2 722. 33	2 942. 75	2 981. 00	3 246. 65
A-4	2 727. 19	2 952. 73	3 057. 03	3 334. 46	D-3	2 826. 32	2 957. 21	3 019. 19	3 273. 68
B-1	2 730. 77	2 948. 27	2 984. 22	3 285. 07	D-4	2 722. 37	2 949. 37	3 019. 16	3 301. 04
B-2	2 727. 7	2 953. 69	3 062. 38	3 293. 43	E	2 745. 61	2 960. 64	2 986. 54	3 285. 37
B-3	2 862. 24	3 036. 6	3 134. 82	3 451. 86	E-1	2 738. 70	2 957. 64	2 992. 18	3 279. 45
B-4	2 838. 21	2 976. 44	3 069. 70	3 334. 10	E-2	2 733. 00	2 962. 33	3 079. 60	3 294. 12
B-5	2 884. 17	3 016. 62	3 069. 09	3 318. 64	E-3	2 816. 92	2 953. 65	2 990. 99	3 282. 82
B-6	2 882. 17	3 014. 62	3 071. 54	3 338. 35	E-4	2 830. 17	2 973. 10	3 073. 61	3 318. 11
C	2 785. 25	2 959. 77	3 016. 71	3 286. 34	E-5	2 832. 17	2 975. 12	3 075. 61	3 288. 84
C-1	2 816. 58	2 969. 79	3 071. 57	3 296. 51	E-6	3 519. 05	3 610. 02	3 171. 56	3 341. 41

The first- and second-order genetic parameters in the D-2 model, calculated from the results in Table 6, and the components in each segregating population, are shown in Tables 6 and 7 respectively. With regard to the first-order parameters, a given cross showed similar tendencies in the 2 years. However, differences also existed between the K3 × CJ463 and H109 × J98 crosses: the additive effects (*d*) of the major gene were estimated as 3. 31 or 3. 8 and 6. 94 or 5. 46 respectively, and the additive ([*d*]) and dominance ([*h*]) effects of polygenes could be either positive or negative among crosses (Table 6), which showed differences in their polygenetic background. The major gene heritabilities in F_2 were 38% ~58%; the polygenic heritabilities in F_2 were 0% ~3. 57%. Heritabilities of major genes were higher in the B_1 than in the B_2 generation in the K3 × CJ463 cross in both years, and the obvious differences did not appear in the H109 × J98 cross. Heritabilities of polygenes in B_1 and B_2 were 0% ~2. 88% compared with 26. 84% in the B_1 generation of the H109 × J98 cross.

Table 6　Estimates of first-order genetic parameters of time to flowering (days) in the two crosses K3 × CJ463 and H109 × J98 in 2004 and 2005

First-order parameter	Estimates			
	K3 × CJ463		H109 × J98	
	2004	2005	2004	2005
m	79. 75	89. 60	84. 45	93. 72
d	3. 80	3. 31	5. 46	6. 94
[*d*]	0. 01	0. 44	3. 82	4. 65
[*h*]	2. 24	1. 98	0. 59	1. 12

Table 7 Estimates of second-order genetic parameters of time to flowering (days) in the two crosses K3 × CJ463 and H109 × J98 in 2004 and 2005

Second-order parameter	Estimate and component distribution											
	B_1				B_2				F_2			
	K3 × CJ463		H109 × J98		K3 × CJ463		H109 × J98		K3 × CJ463		H109 × J98	
	2004	2005	2004	2005	2004	2005	2004	2005	2004	2005	2004	2005
σ_e^2	6.14	10.75	8.46	15.18	6.14	10.75	8.46	15.18	6.14	10.75	8.46	15.18
σ_{mg}^2	4.87	11.18	6.64	20.90	0.06	0.12	18.35	20.52	6.89	6.87	11.35	22.74
σ_{pg}^2	0.00	0.00	5.54	0.00	0.05	0.16	0.00	1.06	0.00	0.00	0.00	1.40
σ_p^2	11.00	21.94	20.63	36.09	6.25	11.03	26.80	36.76	13.03	17.63	19.81	39.32
h_{mg}^2 (%)	44.24	50.98	32.18	57.93	1.03	1.09	68.45	55.82	52.91	38.99	57.31	57.82
h_{pg}^2 (%)	0.00	0.00	26.84	0.00	0.84	1.44	0.00	2.88	0.00	0.00	0.00	3.57

3 Discussion

This study revealed that time to flowering in upland cotton in the 2 years followed an inheritance model involving one additive major gene plus additive-dominant polygenes. The major gene determined the majority of the phenotypic variation for this trait, and the contribution of polygenes was relatively small. However, between the K3 × CJ463 and H109 × J98 crosses, the additive effect of the major gene and the additive and dominant effects of polygenes showed either positive or negative differences. This result might be due to the different early-maturity characteristics of the parental lines: the normal-leaf K3 and H109 were medium-maturity lines, the superokra-leaf line CJ463 was quite early, the okra-leaf J98 was late, and the distinctions among them were about 10 days. The K3 × CJ463 cross was medium-maturity × early and the other was medium-maturity × late, which probably accounted for the differences mentioned. Previous reports on the inheritance of flowering response in cotton found even less evidence of simple inheritance and to be under multigenic control (Lewis and Richmond, 1957; Waddle *et al.*, 1961). However, another allotetraploid species of cotton, *G. barbadense*, was also studied, and the photoperiodic response was found to be under monogenic control; the day-neutral response was recessive (Lewis and Richmond, 1960; Kohel and Richmond, 1962). The above reports suggest that the flowering response presented both complexity and diversity. According to (Hutchinson *et al.*, 1947), both *G. barbadense* and *G. hirsutum* were natural amphidiploids and both originated in the New World. From the results of previous studies of flowering response in this series, it is obvious that the two species developed different genetic mechanisms for flowering during the course of their evolution. Nevertheless, *G. hirsutum* was also classified into seven geographical races based on their origin and evolution: *morrilli*, *richmondi*, *palmeri*, *latifolium*, *punctatum*, *yucatanense* and *marie-galante* (Hutchinson, 1951). This suggests that the flowering behaviour of *G. hirsutum* was peculiar, because in the wild forms there was an orientated mechanism for controlling flowering, but in the cultivated forms, this mechanism apparently was different. In the present study, we found that the phenotypic variation was controlled by the additive and dominant effects, which was partially consistent with previous work (Kohel and Richmond, 1962; Godoy and Palomo, 1999). However, it was further assumed here that trait variation in each segregating population was due to the variation in the distribution of a major gene modified by polygenes and the environment, based on the mixed major gene and polygene inheritance mode and JSA, which more clearly elucidated the genetic variation of the time of flowering in *G. hirsutum*. The results of this research revealed that the dominant effect was mainly subject to the polygenes, and that the one major gene provided a majority of the additive effects. The characteristic and number of peaks in the frequency distribution also depended on the heritability and average degree of dominance of the major gene (s). Furthermore, the involvement of gene action of both a major gene and polygenes as well as the major or polygenes × environment interaction all possibly affect the phenotypic changes shown in the graph (Wang and Gai, 2001; Wang *et al.*, 2001). For example, the frequency distribution of the F_2 population in K3 × CJ463 showed a greater density around the early peak, indicating that dominant effects existed, but it cannot be assumed that the effects are due to the major gene, to polygenes, or to a combination of the major gene and polygenes. Using the JSA, the negative dominant effects 1.98 ~ 2.24 were controlled by polygenes. Therefore, when applying the two methods (graphical analysis and JSA) to the same genetic data, graphical analysis can be looked upon as an auxiliary to the JSA. With regard to heritability in B_1, the 2004 results were significantly higher than those from 2005, which suggested that in certain genetic backgrounds, the genetic effects and interaction of polygenes or major modified polygenes may be changed in different environments (photoperiod, temperature, etc.). However, in most cases the polygenes could not be identified, but the model test showed polygenic variation. There could be several reasons for such an outcome. One is that the polygenes could be more sensitive to environmental variation than the major gene, which would make it difficult to distinguish the variations from polygenes and from the environment. The other possibility is the existence of epistasis effects between the major gene and the polygenes. The literature contains reports of similar phenomena (Wang and Gai, 2001; Anbessa *et al.*, 2006).

In this study, each generation (P_1, P_2, F_1, B_1, B_2 and F_2) of the two crosses was grown under the two natural environments. The conditions under which these studies were conducted were similar to those an agronomist or plant breeder would encounter in the field, and for this reason the results would have direct practical applicability. The results show that the time of flowering of each generation in 2004 was about 10 days earlier than in 2005, which may be due to the later transplanting date in 2005. In general, time to flowering is determined by three factors: photoperiod, temperature and early-maturity genes (Snape *et al.*, 2001). Furthermore, water availability and drought are also limiting factors on flowering in cotton. To design a cotton variety for a particular adaptation zone, attention must be paid to the total growth cycle in relation to the climate, so that the variety in question will complete its flowering and maturity in a suitable environment. In China, the cotton-planting areas include the Yellow River valley, the Changjiang River valley and the north-western region. In addition, the F_1 hybrid of cotton is widely used in these regions which probably require the different types of early-maturing varieties. The detection of the major gene and polygenes for time to flowering in cotton demonstrated that this trait could easily be incorporated into the desired genetic background, but the selection of offspring for time of flowering might be different in different segregating populations. By contrast, the selections were obvious using the backcrossing parental okra-leaf J98; however, the leaf-type effects on flowering time in the F_2 generation were significant, unlike that in the B_1 and B_2 populations. The genetic components of the backcross generations were simpler than those of F_2, possibly indicating that plants exhibit varying degrees of sensitivity to their environment, which in turn suggests that various leaf types have different effects on flowering time in different segregating generations. It is worth noting that early maturity in a normal-, superokra- or okra-leaf genotype might be caused by greater penetration of radiation into the canopy, especially in the case of superokra-leaf. These observations suggest that it is difficult to determine the relationship between time of flowering and leaf type in upland cotton, indicating that there is considerable genetic diversity and complexity in days to anthesis in upland cotton. This variation can be used to design cotton for a particular environment.

4 Acknowledgements

This research was supported by the National 973 Program of China (2004CB117300) and the National 11.5 Key Technology Program (2006BAD01A05-11). We thank the reviewers for their relevant comments and suggestions to the original manuscript. We also thank Dr F. F. Sheng and Dr B. G. Xue for critical reading of the revised manuscript. Y. M. Zhang (Nanjing Agriculture University, Nanjing) and Z. D. Dong (Henan Agriculture University, Zhengzhou) kindly provided the JSA program and also helped with the data analysis.

References

[1] Akaike H. On entropy maximum principles [M]. Krishnaiag G (ed), Applications of Statistics. North-Holland Publishing Company, Amsterdam, Netherlands, 1977: 27-41.

[2] Anbessa Y, T Warkentin, A Vandenberg, *et al.* Inheritance of time to flowering in chickpea in a short-season temperate environment [J]. *Hered*, 2006, 97: 55-61.

[3] Andries J A, J E Jones, L W Sloane, *et al.* Effects of okra leaf shape on boll rot, yield, and other important characters of upland cotton, *Gossypium hirsutum* L. [J]. *Crop Sci.*, 1969 (9): 705-710.

[4] Blazquez M A, Flower development pathways [J]. *Cell Sci.*, 2000, 113: 3547-3548.

[5] Chardon F, B Virlon, L Moreau, *et al.* Genetic architecture of flowering time in maize as inferred from quantitative trait loci metaanalysis and synteny conservation with the rice genome

[J]. *Genetics*, 2004, 168: 2169-2185.

[6] Chardon F, D Hourcade, V Combes, A Charcosset. Mapping of a spontaneous mutation for early flowering time in maize highlights contrasting allelic series at two-linked QTL on chromosome 8 [J]. *Theor. Appl. Genet*, 2005, 112: 1-11.

[7] Elston R C, J Steward. The analysis of quantitative traits for simple genetic models from parental, F_1 and backcross data [J]. Genetics, 1973, 73: 695-711.

[8] Gai J Y, Zhang Y M, Wang J K. The genetic system of quantitative traits in plants [M]. Science Press, Beijing, China, 2003.

[9] Godoy A S, G A Palomo. Genetic analysis of earliness in upland cotton (*Gossypium hirsutum* L.). I. Morphological and phenological variables [J]. *Euphytica*, 1999, 105: 155-160.

[10] Heitholt J J. Cotton boll retention and its relationship to lint yield [J]. *Crop Sci.*, 1993, 33: 486-490.

[11] Hutchinson J B. Intraspecific differentiation in *Gossypium hirsutum* [J]. *Heredity*, 1951, 3: 161-193.

[12] Hutchinson J B, R A Simw, S G Stephens. The Evolution of Gossypium and the Differentiation of Cultivated Cottons [M]. Oxford University Press, London, 1947.

[13] Kerby T A, D R Buxton, K Matsuda. Carbon source sink relationships within narrow-row cotton canopies [J]. *Crop Sci.*, 1980, 20: 208-213.

[14] Knott S A, C S Haley, R Thompson. Methods of segregation analysis for animal breeding data: a comparison of power [J]. *Heredity.*, 1991, 68: 299-311.

[15] Kohel R J, T R Richmond. The genetics of flowering response in cotton. IV. Quantitative analysis of photoperiodism of Texas 86, *Gossypium hirsutum* race *latifolium*, in a cross with an inbred line of cultivated American Upland cotton [J]. *Genetics*, 1962, 47: 1535-1542.

[16] Lewis C F, T R Richmond. The genetics of flowering response in cotton. I. Fruiting behavior of *Gossypium hirsutum* var. *marie-galante* in a cross with a variety of American Upland cotton [J]. *Genetics*, 1957, 42: 499-509.

[17] Lewis C F, T R Richmond. The genetics of flowering response in cotton. II. Inheritance of flowering response in a *Gossypium barbadense* cross [J]. *Genetics*, 1960, 45: 79-85.

[18] Ma Q X, Yang X S, Liu J Z. Study on developmental courses and bolls in hybrid cotton: BiaozaAj [J]. *China Cotton*, 2004, 31: 21-23.

[19] Morton M E, C J MacLean. Analysis of family resemblance. III Complex segregation analysis of quantitative traits. Am. J. Hum [J]. *Genet*, 1974, 26: 489-503.

[20] Pettigrew W T, J J Heitholt, K C Vaughn. Gas exchange differences and comparative anatomy among cotton leaf-type isolines [J]. *Crop Sci.*, 1993, 33: 1295-1299.

[21] Richmond T R, S R H Radwan. A comparative study of seven methods of measuring

earliness of crop maturity in cotton [J]. *Crop Sci.* , 1962, 2: 397-400.

[22] Sarma R N, B S Gill, T Sasaki, *et al.* Comparative mapping of the wheat chromosome 5A Vrn-A1 region with rice and its relationship to QTL for flowering time [J]. Theor. *Appl. Genet*, 1998, 97: 103-109.

[23] SAS Institute. SAS Version 8. 02 for Windows [M]. SAS Institute Inc. , Cary, NC, 1999.

[24] Snape J W, K Butterworth, E Whitechruch, *et al.* Waiting for fine times: genetics of flowering time in wheat [J]. *Euphytica*, 2001, 119: 185-190.

[25] Tiffany D, N R Malm. A comparison of twelve methods of measuring earliness in upland cotton [G]. Proceedings of the Beltwide Cotton Producers Research Conference New Orleans, LA, 1981.

[26] Waddle B M, C F Lewis, T R Richmond. The genetics of flowering response in cotton. Fruiting behavior of *Gossypium hirsutum* race *latifolium* in a cross with a variety of cultivated American Upland cotton [J]. *Genetics*, 1961, 46: 427-437.

[27] Wang J K, Gai J Y. Mixed inheritance model for resistance to agromyzid bean fly (*Melanagromyza sojae Zehntner*) in soybean [J]. *Euphytica*, 2001, 122: 9-18.

[28] Wang J, D W Podlich, M Cooper, *et al.* Power of the joint segregation analysis method for testing mixed major- gene and polygene inheritance models of quantitative traits [J]. *Theor. Appl. Genet*, 2001, 103: 804-816.

[29] Yu S X, Xia J Y. Genetics and breeding of cotton in China [M]. Shangdong Science Technology Press, Jinan, China, 2003.

[30] Zhang Y M, Gai J Y, Yang Y H. The EIM algorithm in the joint segregation analysis of quantitative traits [J]. *Genet. Res. Camb*, 2003, 81: 157-163.

Analysis of DNA Methylation in Cotton Hybrids and Their Parents

Y. Zhao[1,2], S. Yu[2], C. Xing[2], S. Fan[2], M. Song[2]
(1. National Key Laboratory of Crop Genetic Improvement, Huazhong Agricultural University, Wuhan 430070, China; 2. Key Laboratory of Cotton Genetic Improvement, Ministry of Agriculture/Cotton Research Institute of CAAS, Anyang, Henan 455000, China)

Abstract: The possible role of methylation in the performance of heterosis has been analyzed in many crops. To further study this possibility, we investigated both the differences in cytosine methylation patterns between cotton heterotic hybrids/nonheterotic hybrids and their parental lines and the change in methylation level from seedling stage to flowering stage by using the methylation-sensitive amplified polymorphism (MSAP) method. The results showed that the number of demethylation loci in highly heterotic hybrids was greater that in lowly heterotic hybrids, and the level of DNA cytosine methylation in cotton at the seedling stage is higher than that of the flowering stage. The altered methylation patterns at low-copy genomic regions can be confirmed by DNA gel blot analysis. A total of 39 fragments that showed different methylation patterns were cloned and sequenced. The methylation status of these genes was modified differentially in hybrid and parents, suggesting that these genes might play a role in the performance of heterosis.

Key words: cotton; cytosine methylation; heterosis; methylation-sensitive amplified polymorphism

1 Introduction

DNA methylation, especially methylation of cytosine in eukaryotic organisms, has been implicated in gene regulation[1], genomic imprinting[2], the timing of DNA replication[3], and determination of chromatin structure[4]. It was reported that 20% ~40% of the whole cytosine residues in the nuclear DNA in higher plants was methylated[5-6]. The methylation of cytosine in plant nuclear DNA usually occurs in both CpG and CpNG sequences, and the methylation state can be maintained through the cycles of DNA replication and is likely to play an integral role in regulating gene expression[7]. Studies showed that actively transcribed sequences are often found to be less

原载于：*Molecular Biology*, 2008, 42 (2).169-178

methylated than the promoters and certain coding regions of silent genes[8-9]. In *Arabidopsis*, altered DNA methylation levels induced by a mutation or transformation of the antisense constructs of a methyltransferase cDNA produced pleiotropic phenotypes and developmental abnormalities[10-12]. These studies suggested that DNA methylation played an important role in regulating many developmental pathways in plants. Differences in the level of cytosine methylation among different plant tissues or developmental stages were also detected in maize[13-15], tomato[16], rice[17], and *Arabidopsis*[18].

Heterosis, being a general phenomenon in nature, has been widely used in improving the yield of crops. Nevertheless, the molecular basis of heterosis is still to be elucidated[19]. The possible role of methylation in the expression of heterosis was reported previously[20], and the extent and pattern of cytosine methylation in an elite rice hybrid and its parental lines were assessed[17]. In *Arabidopsis*, the changes in DNA methylation patterns were more frequent in synthetic allotetraploids than in the parents, and the DNA methylation induced and repressed two different transcriptomes[21]. These studies suggested that the methylation sites in the heterozygote might be rearranged and involved in the epigenetic regulation for the phenotype of the hybrid.

Previous studies have shown that significant differences in gene expression existed between hybrids and their parents[22-24], and the heterozygote can demonstrate, not only active expression of some genes, but also inactive expression of other genes[25-27]. Epigenetic controls have been reported to be responsible for changes in gene expression between allopolyploids and their parents[28]. However, which epigenetic mechanisms were involved in the differential gene expression between hybrids and their parents is still an area that requires further investigation.

In this study, we investigated the cytosine methylation status of the cotton genome and the differences in the pattern of cytosine methylation between a highly and a lowly heterotic hybrid at the flowering stage. We also investigated the change in methylation level from seedling stage to flowering stage. The results showed that more loci were demethylated at the flowering stage than at the seedling stage, and that much more loci were demethylated in the highly heterotic hybrid.

2 Experimental

2.1 Plant materials

Three cotton (*Gossypium hirsutum* L.) lines (CRI41, G345 and S321) were used in this study. CRI41 was used as the female parent and crossed with the two male parents, G345 and S321, resulting in a highly heterotic hybrid, CRI41/G345 (hybrid A), and a lowly heterotic hybrid, CRI41/S321 (hybrid B). A previous field test demonstrated that hybrid A showed high heterosis not only in vegetative growth but also in some yield-related traits, while hybrid B showed no significant growth and yield advantage over the midparent values. Seeds of hybrid F_1 and its parents were planted, and fully expanded leaves at the top of the main stems were collected at the seedling (the third true leaf) stage and the flowering stage, respectively, and stored at −80°C for use.

2.2 Methylation-sensitive amplification polymorphism analysis

Genomic DNA was isolated from frozen leaves of F_1 and its parents by means of a cetyltrimethy lammonium bromide (CTAB) procedure [29]. The methylation-sensitive amplification polymorphism (MSAP) method was adapted from Xu *et al.* [30], who modified the protocol for the amplified fragment length polymorphism (AFLP) technique described by Vos *et al.* [31] to incorporate a pair of isoschizomers, *Hpa*II/*Msp*I, which possess differential sensitivity to cytosine methylation at the CCGG sites. Aliquots (500ng) of DNA were digested with 10 units each of *Eco*RI and *Hpa*II (Promega, United States) in a final volume of 25L of the appropriate buffer for 3h at 37°C. In the second reaction, the same amount of cotton genome DNA was digested with *Eco*RI and *Msp*I under the same reaction conditions. The digested fragments were ligated to the adapters in the ligation reaction mixture containing ligase buffer and T4 DNA ligase (Promega) and incubated at room temperature for 3h. The ligation mixture was diluted 1 : 10 (v/v) with Tris-EDTA (TE) and used as the template for the preselective amplification with *Eco*RI + A and *Hpa*II/*Msp*I + T primers. The polymerase chain reactions (PCRs) were performed for 21 cycles with 30s denaturation at 94°C, 1 min annealing at 56°C, and 1min extension at 72°C. The preamplification products were diluted 20-fold (v/v) with TE buffer and used as the template for the selective amplification reaction. In this step, *Eco*RI and *Hpa*II/*Msp*I primers with two additional selective nucleotides were used. The selective PCR was performed in a final volume of 10L according to the protocol of Vos *et al.* [31]. The products of selective amplification were resolved by electrophoresis in 6% sequencing gels and visualized by silver treatment. All samples were run in duplicate, and only clear and reproducible bands were scored.

2.3 Isolation and sequencing of the MSAP fragments

The MSAP fragments were eluted by rehydrating the gel in boiling water for 5 min and were reamplified with the same primers under the conditions used for selective amplification. Sizes of the PCR products were verified by agarose gel electrophoresis and then cloned into the pTA2 vector (Toyobo Co., Osaka, Japan). The cloned DNA segments were sequenced with vector primers by automatic sequencing (Sangon, Shanghai, China). The search for similarity of the sequences obtained was performed by using the Advanced BLAST program at the National Center for Biotechnology Information site.

2.4 DNA gel blot analysis

Genome DNA was digested by *Eco*RI together with either pair of methylation-sensitive isoschizomers, *Hpa*II or *Msp*I (Promega). Digested DNA was fractionated by running 0.8% agarose gels and then transferred onto Hybond-N + nylon membranes (Amersham International, Little Chalfont, Bucks, United Kingdom). Cloned DNA segments representing different methylation patterns in the MSAP profile were selected and labeled with [α-^{32}P] dCTP as hybridization probes. After a 30-min prehybridization and hybridization overnight at 42°C, the filters were washed twice in 2 × standard saline citrate (SSC) and 0.1% sodium dodecylsulfate (SDS) at room temperature for 15min, and then were washed in 0.1 × SSC and 0.1% SDS at 60°C for

30min. The filters were exposed to X-ray film for several hours or for up to 1 week.

3 RESULTS

3.1 Cytosine Methylation Level in Two Cotton Hybrids and Their Parental Lines

The isoschizomeric *Hpa*II and *Msp*I recognize the same restriction site (5′-CCGG) but have different sensitivity to the methylation states of the cytosines in this site: *Hpa*II is inactive when either of the two cytosines is fully (double-strand) methylated, whereas *Msp*I is inactive when the external cytosine is fully or hemi- (single-strand) methylated. On the other hand, DNA cleavage by *Hpa*II is greatly impaired by hemi- methylation of either cytosine in the CCGG sequence, whereas DNA cleavage by *Msp*I is relatively unaffected by methylation of internal cytosine (information available at the official REBASE site: http: //rebase. neb. com/rebase/rebase. html). Thus, full- or hemi-methylation of the internal cytosine would lead to the appearance of a fragment in the amplification product generated from the *Eco*RI/*Msp*I diges but not in that obtained from the *Eco*RI/*Hpa*II digest, and full- or hemi-methylation of the external cytosine would lead to the appearance of a fragment in the amplification product from the *Eco*RI/*Hpa*II digest but not from the *Eco*RI/*Msp*I digest (Table 1). For the full- or hemi-methylation of mCmCGG and CmCGG sequences, each of them can be revealed as absent both in the *Hpa*II-digest and in the *Msp*I-digest (Table 1). It should be noted however that, because *Hpa*II and *Msp*I cannot differentiate unmethylated CCGG and hemi-methylated CmCGG (Table 1), the methylation percentages calculated by this method should be lower than the total absolute values. Although this constraint existed, several studies have demonstrated that this technique was highly efficient for large-scale detection of cytosine methylation in the plant genome [17,32-33].

The cytosine methylation level in hybrids A, B, and their parents at the flowering stage was analyzed by using 44 pairs of *Eco*RI + *Hpa*II/*Msp*I primer combinations. A total of 4 092 clear and reproducible fragments were amplified and scored, and each of the fragments represented a recognition site cleaved by one or both isoschizomers. Table 1 summarizes the different types of cytosine methylation patterns at the CCGG sites detected in these samples. Since full methylation and hemimethylation of the cytosines in CCGG sites cannot be differentiated, we compared only methylation of the internal cytosine and the external cytosine (Table 1). For the parental line G345, S321, and CRI41, the percentages of full or hemimethylation of the internal cytosine were 16.1%, 14.4%, and 15.4%, respectively, and the percentages of full or hemimethylation of the external cytosine were 7.1%, 4.9%, and 5.5%, respectively. In contrast, the percentages of other methylation patterns were obviously low, being 3.9%, 0.7%, and 0.5%, respectively, so the total percentages of methylation were 27.1%, 20%, and 21.4%, respectively (Table 1). These values are higher than those calculated for rice cultivars (16% overall) and lower than those for *Arabidopsis* (35% ~43% overall) using the same method [17,32-33]. For the two hybrids, the percentage of full or hemimethylation of the internal cytosine was 15.4% in hybrid A and 14.9% in hybrid B, respectively, and the percentage of full or hemimethylation of the external cytosine was 5.4% in hybrid A and 5.3% in hybrid B, respectively (Table 1). In both hybrids, levels of detectable cytosine methylation were very close to those of their common maternal parent, but when compared with the paternal parent, hybrid A showed an obvious decrease in methylation levels, while hybrid B showed a slight increase (Table 1).

Table 1　Methylation patterns at CCGG sites for Hybrid A, B, and their parents

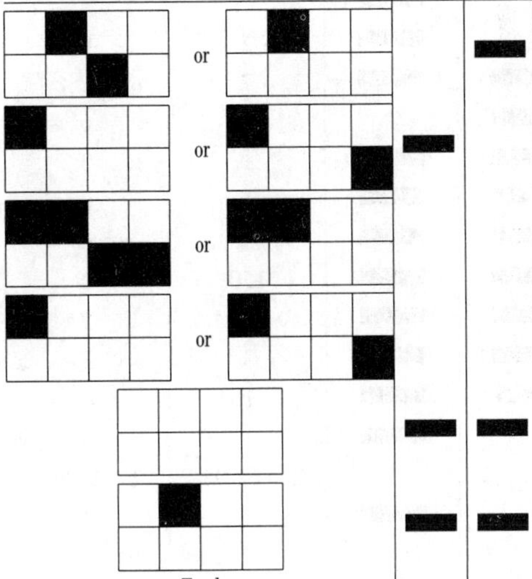

Methylation pattern of CCGG Sites[a]	Band Pattern Displayed in MSAP Gel[b]		G345	S321	CRI41	CRI41/G345	CRI41/S321
	HpaII	MspI					
or			658 (16.1%)	587 (14.4%)	630 (15.4%)	629 (15.4%)	608 (14.9%)
or			290 (7.1%)	202 (4.9%)	225 (5.5%)	220 (5.4%)	217 (5.3%)
or							
or			162 (3.9%)	28 (0.7%)	21 (0.5%)	24 (0.6%)	20 (0.5%)
			not distinguishable[c]				
Total			27.10%	20%	21.40%	21.40%	20.70%

a The boxes represent the double-stranded, four-base *Hpa*II-*Msp*I recognition site (CCGG). The black boxes represent methylated cytosine;

b Schematic representation of the MSAP gel band pattern diagnostic of the associated CCGG methylation pattern;

c The two patterns are sensitive to both enzymes and are not distinguishable by the MSAP technique

3.2　Differences in Methylation Patterns Among the Two Hybrids and Their Parents Lines

On the basis of a locus-specific manner, the cytosine methylation patterns between hybrids and their parents were compared. At the flowering stage, the 4092 fragments scored in the two hybrids and their parents were divided into four major groups (Table 2; Figure 1a, 1b, and 1c): group A refers to a monomorphic band, which indicates that the same CCGG sites were detected in both parents and in the hybrids; group B refers to loci that show demethylation in hybrid F_1 corresponding to its parent; group C refers to loci that show hypermethylation in hybrid F_1 corresponding to its parent; and group D refers to loci that show methylation polymorphism between hybrid and parents, but the polymorphism can be deduced to conform to Mendelian inheritance.

Table 2　Cytosine methylation patterns among hybrids and their parents

Class	Band Pattern Displayed in MSAP Gel						Number and frequency of sites	
	Maternal parent		Paternal parent		Hybrid (F_1)			
	HpaII	MspI	HpaII	MspI	HpaII	MspI	CRI41/G345	CRI41/S321
A1	▬	▬	▬	▬	▬	▬	2 881	3 200
A2		▬		▬		▬	566	569
A3	▬		▬		▬		132	198
total for monomorphic loci							3 579	3 967
B1	▬	▬			▬	▬	95	1
B2		▬				▬	24	2
B3				▬		▬	2	0
B4			▬	▬	▬	▬	2	2
B5	▬				▬		34	6
B6		▬		▬	▬	▬	1	3
B7		▬			▬	▬	1	0
B8		▬	▬		▬	▬	3	0
B9	▬	▬	▬		▬	▬	150	0
B10	▬		▬	▬	▬	▬	5	5
B11	▬		▬		▬	▬	3	3
B12	▬				▬	▬	1	0
B13			▬	▬		▬	1	0
total	▬		▬	▬			322 (62.9%)	22 (20.6%)
C1	▬	▬		▬		▬	5	2
C2	▬	▬	▬	▬			4	1
C3		▬					1	1
C4				▬			4	0
C5	▬	▬	▬	▬	▬		3	1
C6	▬	▬				▬	0	1
C7			▬	▬	▬		10	0
C8	▬	▬		▬	▬	▬	5	0
C9	▬	▬		▬		▬	2	0
total		▬	▬	▬		▬	34 (6.6%)	7 (6.5%)
D1	▬	▬	▬	▬	▬	▬	17	20
D2	▬	▬	▬		▬		60	13
D3	▬	▬			▬		16	2

The four groups can be further subgrouped into thirty-two different classes according to the inheritance and alteration of cytosine methylation from parent to hybrid, as is shown in Table 2. Of the group A loci, the number of methylated internal cytosines (class A2) in cross CRI41/G345 and CRI41/S321 was 566 and 569, respectively; and the number of methylated external cytosines in cross CRI41/G345 and CRI41/S321 was 132 and 198, respectively. It was evident that the number of monomorphic loci in CRI41/G345 (3579) were lower than those in CRI41/S321 (3967). Of the group B loci, some undoubtedly showed demethylation in the hybrid corre-

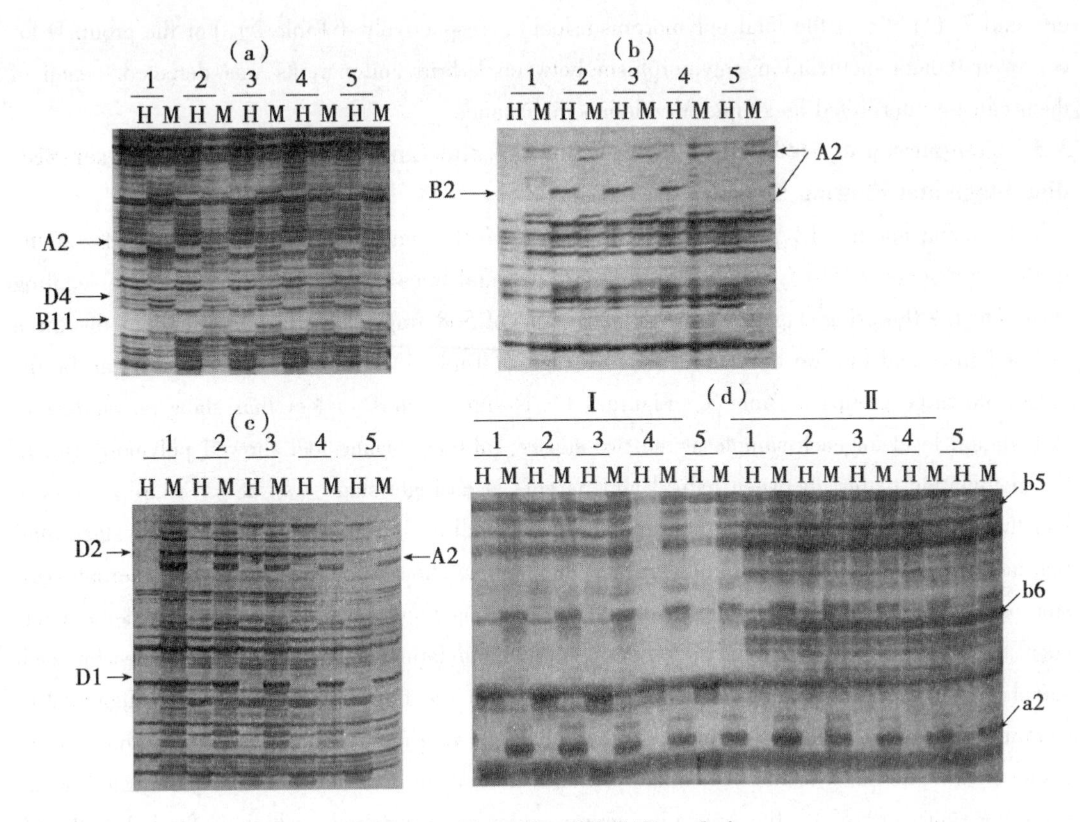

Figure 1　Examples of MSAP analysis

Methylation patterns detected in the three parental lines G345 (number 1), CRI41 (number 3), S321 (number 5), and the two hybrids A (number 2), B (number 4) using the primer combinations HM + TAT/E + AAC (a), HM + TAG/E + ACG (b), HM + TAC/E + ACT (c), and HM + TGC/E + AGA (d). I and II represent the seedling stage and the flowering stage, respectively. H and M refer to digestion with *Eco*RI + *Hpa*II and *Eco*RI + *Msp*I, respectively. Typical changing methylation patterns, as detailed in the text and shown in Tables 2 and 3, are marked by arrowheads

sponding to its parents (B1-B4), for which the total number was 123 in cross CRI41/G345 and 5 in CRI41/S321. Other loci can be referred to as either demethylation or in accordance with the Mendelian inheritance (B5-B10), or conversion of methylation from external cytosine to internal cytosine (B11- B13), because several methylation states of the CCGG sites cannot be differentiated (Table 1). So, the demethylation loci detected in cross CRI41/G345 were 123 ~ 322 (24% ~62.9% of the total polymorphism loci), which was much greater than those detected in CRI41/S321 (5 ~22, 4.7% ~20.6% of the total polymorphism loci) (Table 2). Of the group C loci, some showed an increase in methylation level in the hybrid that either corresponded to its parents or was in accordance with Mendelian inheritance (C1-C4), and others showed either an increase in methylation level or a conversion of methylation from internal cytosine to external cytosine (C5-C8) for the same reason described above. So, the hypermethylation loci detected in cross CRI41/G345 and CRI41/S321 were no more than 34 (6.6% of the total polymorphism loci) and 7 (6.5% of the total polymorphism loci), respectively (Table 2). For the group D loci, even though methylation polymorphism between hybrid and parents was detected, each of them can be interpreted as simple Mendelian inheritance.

3.3 Comparison of Methylation level in the Parental Lines and the Hybrids between Seeding Stage and Flowing Strage

By using another 12 pairs of *Eco*RI + *Hpa*II/*Msp*I primer combinations, we analyzed the methylation status at 5′-CCGG sites in the three parental lines and the two hybrids at the seedling stage and the flowering stage (Figure 1d). A total of 568 fragments were amplified in the three parental lines and the two hybrids at the two stages (Table 3). The 568 detected sites can be divided into three groups (Table 3, Figure 1d). Group *a* refers to loci that show no change in methylation level for each sample at the two stages, although some loci showed polymorphism in the methylation pattern between hybrid and parents at a single stage (a4-a8). Group *b* refers to loci that showed a higher methylation level for some or all of the samples at the seedling stage than that at the flowering stage. Of the 90 group *b* loci, some showed methylation of the internal cytosine or methylation of the external cytosine at the seedling stage, but were completely demethylated at the flowering stage (b1-b5); others showed methylation of one or both cytosines for each sample at the seedling stage, but were demethylated at the flowering stage (b6 through b12). Contrary to group *b*, group *c* indicated that the loci showing methylation of either the internal cytosine or the external cytosine or nonmethylation at the seedling stage were fully methylated at the flowering stage (c1-c3), but only nine group *c* loci were detected, which is far below the 90 group *b* loci (Table 3). Thus, the level of DNA cytosine methylation in cotton at the seedling stage is higher than that at the flowering stage.

3.4 Analysis of Polymorphic Fragment Sequence

Thirty-nine fragments that differed in methylation status between hybrid and parents or between the seedling stage and the flowering stage were eluted from the gel, reamplified, and sequenced. Sequence data obtained were compared with the GenBank database by using the BLASTN and BLASTX programs. Of the 39 sequences, 23 had no meaningful match to GenBank entries, whereas 16 showed high similarities to known genes (Table 4). Of the 16 sequences, four showed complete demethylation from the seedling stage to the flowering stage (pattern b1, b3), and their functions involved RNA binding, proteinase inhibition, repetitive DNA sequence and mRNA sequence; the other 12 showed a difference in methylation status between hybrid and parents. Of these 12 sequences, six belonged to the B group and their functions involved transcription regulation; signal recognition; leucine-rich repeat; decarboxylase, phosphatase, and adenosine triphosphatase (ATPase) catalyzation; the other six belonged to the C, D, and *a* group, with the functions of ATPase, calcium channel, isomerase, PDR-like ABC transporter, and of two unknown protein and chloroplast sequences (Table 4). These sequences, coupled with the alteration in the methylation level between hybrid and parents, might play an important role in regulating the gene expression related to heterosis.

Table 3 Comparison of methylation level in the parental lines and the hybrids between the seedling stage and flowering stage

Group	Band Pattern Displayed in MSAP Gel																				Number of sites
	Seedling Stage										Flowering Stage										
	G345		A		CRI41		B		S321		G345		A		CRI41		B		S321		
	H	M	H	M	H	M	H	M	H	M	H	M	H	M	H	M	H	M	H	M	
a1	■	■	■	■	■	■	■	■	■	■	■	■	■	■	■	■	■	■	■	■	349
a2		■		■		■		■		■		■		■		■		■		■	106
a3	■		■		■		■		■		■		■		■		■		■		1
a4		■		■		■	■	■	■	■		■		■		■	■	■	■	■	4
a5	■	■	■	■		■		■		■	■	■	■	■		■		■		■	5
a6	■	■	■	■		■	■	■	■	■	■	■	■	■		■	■	■	■	■	2
a7	■		■								■		■								1
a8			■	■	■	■		■					■	■	■	■		■			1
subtotal		■		■		■		■		■	■	■	■	■	■	■	■	■	■	■	469
b1	■		■		■		■		■		■	■	■	■	■	■	■	■	■	■	23
b2		■		■		■	■	■	■	■	■	■	■	■	■	■	■	■	■	■	1
b3	■	■	■	■		■		■		■	■	■	■	■	■	■	■	■	■	■	2
b4	■	■	■	■	■	■		■		■	■	■	■	■	■	■	■	■	■	■	1
b5										■	■	■	■	■	■	■	■	■	■	■	1
b6											■	■	■	■	■	■	■	■	■	■	36
b7											■		■	■	■	■	■	■	■	■	5
b8												■		■		■		■		■	2
b9													■		■		■		■		10
b10											■		■		■		■		■	■	4
b11													■	■							3
b12	■	■	■	■	■	■	■	■	■	■	■										2
subtotal	■		■		■		■		■												90
c1		■		■		■		■		■											3
c2																					2
c3																					4
subtotal																					9
total																					568

Note: H and M refer to digestion with *Eco*RI + *Hpa*II and *Eco*RI + *Msp*I, respectively.

A and B refer to the cross CRI41/G345 (hybrid A) and CRI41/S321 (hybrid B), respectively.

Table 4 Sequence of methylated fragments and database search

MSAP Fragment	Len[a] (bp)	Primers[b] H - M/Eco	Pattern[c]	Gene band accession no.	Sequence homology	Blast E. score
MF02-02-01	285	TAT/AAT	B1	EF062811	transcription regulator (*Arabidopsis thaliana*)	3.00E-16
MF02-10-03	165	TAT/ACT	B9	AB279780	Leucine-rich repeat plant specific	7.00E-09
MF02-10-02	256	TAT/ACT	B5	AB279779	putative UDP-glucuronio acid decarboxylase	2.00E-04
MF02-10-01	307	TAT/ACT	D1	AB279778	Gossypium hirsutum unknown chloroplast sequence	2.00E-20
MF02-04-02	274	TAT/AAC	B2	EF062812	inositol-1, 4, 5-trisphosphate 5-phosphatase (*Oryza sativa*)	5.00E-15
MF02-04-01	287	TAT/AAC	D4	EF062810	unknown protein (*Arabidopsis thaliana*)	9.00E-32
MF02-09-01	293	TAT/ACA	C1	EF062813	ATPase, coupled to transmembrane movement of substances (*Arabidopsis thaliana*)	4.00E-30
MF02-14-01	269	TAT/AGT	D1	AB279787	similar to alpha-voltage-dependent calcium channel	2.00E-05
MF03-11-01	268	TAG/ACG	B5	AB279789	Signal recognition particle (*Oryza sativa*)	5.00E-04
MF03-15-01	271	TAG/AGG	B5	AB279792	vacuolar H + -ATPase catalytic subunit (*Gossypium hirsutum*)	4.00E-08
MF 16-02-04	595	TGC/AAT	b3	$EF_{15}9959$	Zea mays mRNA sequence	2.00E-09
MF 16-04-02	224	GC/AAC	b1	$EF_{15}9960$	RNA binding/nucleic acid binding (*Arabidopsis thaliana*)	2.00E-16
MF 16-15-01	204	TGC/AGG	a5	$EF_{15}9963$	anthranilate isomerase (*Medicago truncatula*)	2.00E-18
MF 16-10-01	290	TGC/ACT	a7	$EF_{15}9964$	PDR-like ABC-transporter (*Glycine max*)	4.00E-39
MF 16-10-02	272	TGC/ACT	b1	$EF_{15}9965$	Proteinase inhibitor, subtilisin propertied (*Medicago truncatula*)	4.00E-29
MF 16-11-02	171	TGC/ACG	b1	$EF_{15}9967$	Gossypium barbadense repetitive DNA sequence	2.00E-06

[a] Length of sequence;

[b] Primers used in amplification of the MSAP fragment, listed with the *Hpa*II or *Msp*I primers first and *Eco*RI second;

[c] Refer to Tables 2 and 3

3.5 Validation of the Cytosine Methylation Changes by DNA Gel Blot Analysis

To validate the methylation changes detected by MSAP in the hybrid compared with the parents, we selected five isolated MSAP fragments as probes for Southern hybridization. Southern blot hybridization revealed that three of the five probes showed a smear in the autoradiograph, which was due to their high-copy nature; two probes produced discrete bands and could be further analyzed. Of the two probes, one came from the fragment displaying methylation pattern B5 in Table 2 and showed the result of hybridization in which possible demethylation had occurred in the highly heterotic hybrid compared with the parents, but not in the lowly heterotic hybrid (Figure 2a); the other probe came from the fragment displaying pattern b9 in Table 3, and showed the difference in the methylation status between the seedling stage and flowering stage (Figure 2b). The results of Southern hybridization were in agreement with the expectations on the basis of on MSAP analysis.

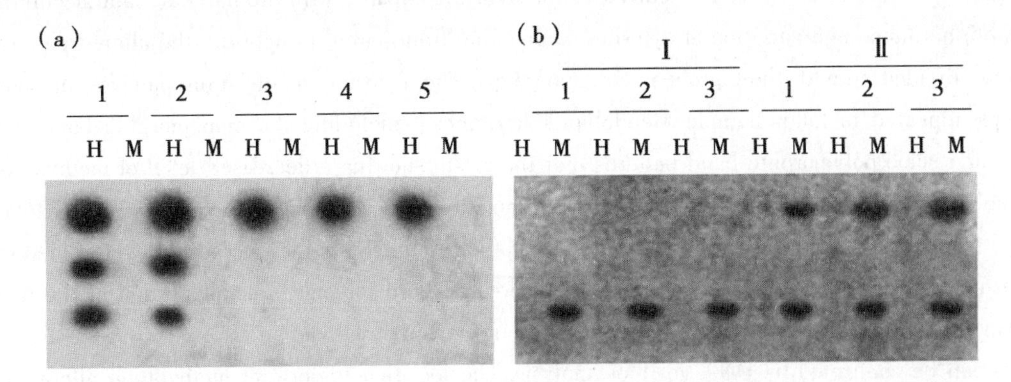

Figure 2 Examples of validation by DNA gel blot analysis on alterations in DNA methylation pattern

Each DNA sample was separately digested with *Eco*RI + *Hpa*II (H) and *Eco*RI + *Msp*I (M). The samples in each panel are from G345 (number 1), hybrid A (number 2), CRI41 (number 3), hybrid B (number 4), and S321 (number 5). I and II represent the seedling stage and the flowering stage, respectively

4 DISCUSSION

Several previous studies have demonstrated that the MSAP technique is highly efficient for large-scale detection of cytosine methylation in plant genomes [17,32-35]. In this study, we have used this technique to study methylation of CCGG sites in the cotton genome. The results showed that about 20% of the 5′- CCGG sites in cotton genome at the flowering stage were methylated, which was higher than that in rice [17,32] and lower than that in *Arabidopsis* [33]; methylation of the internal cytosine in CCGG sites in the cotton genome occurred more often than methylation of the external cytosine, which was similar to the finding of a previous study [17]. Our results might vary somewhat from the earlier report on the methylation level in cotton, showing 32% at the inner cytosine methylation [36]. We think that this difference is attributed to the tissue specificity of cytosine methylation, which had been reported in *Arabidopsis* [18], rice [17], tomato [16], and maize [13-15,37].

The tissue specificity of cytosine methylation was also detected in our study. On the basis of the whole analysis of the methylation status at 5′-CCGG sites in the three parental lines and the two hybrids at the seedling stage and the flowering stage, we found that more loci were demethylated at the flowering stage than at the seedling stage. This finding was further bolstered by the result of methylation-sensitive gel blot analysis using the isolated DNA segments as probes. Sequence analysis showed that the tissue-specific methylation fragments were involved in such functions as RNA binding and proteinase inhibition.

The possible role of methylation in the expression of heterosis has been put forward and studied [17,20]. Our results showed that extensive cytosine methylation alterations including hyper- and demethylation as well as the potential conversion of methylation types (from external cytosine to internal cytosine or vice versa) occurred in the hybrid compared with the parents, and according to the inheritance and variation of cytosine methylation from parent to hybrid, the altered patterns can be divided into distinct groups and subgroups. The cytosine methylation patterns in some groups appeared to follow simple Mendelian inheritance, including the monomorphic band patterns and some polymorphic band patterns. For the group showing a decreased level of methylation in the hybrid compared with the parents, the demethylation loci that occurred in cross CRI41/G345 were greater than those in CRI41/S321. Another group showed an increased level of methylation in the hybrid, but these hypermethylation loci account for only a small portion of the total polymorphism loci in both hybrids. The alteration in cytosine methylation at low-copy genomic regions can be confirmed by DNA gel blot analysis. The loci that underwent methylation alterations in the hybrid compared with the parents were sequenced and found to be homologous to functionally characterized genes, including transcription regulator, signal recognition, leucine-rich repeat, calcium channel, PDR-like ABC transporter, decarboxylase, phosphatase, isomerase, and ATPase. The methylation status of these genes was modified differentially in hybrid and parents, suggesting that they might be involved in the phenotypic difference between hybrid and parents and might play a role in the performance of heterosis.

Two important questions remain unanswered: one concerns the possible causes for these dramatic methylation alterations in the hybrid compared with the parents; the other concerns the nature of the signals that induced epigenetic regulation. Since the genome of a hybrid derives from its parents, it is likely that the methylation alterations are caused by homology-dependent mechanisms [38,39], as has been proposed responsible for the remodeling of DNA methylation patterns in newly formed plant-wide hybrids and allopolyploids [21,40-46]. Hollich *et al.* [47] reported that a paramutable allele shows overdominance in gene activity in heterozygotes and proposed that allele-dependent mechanisms of gene regulation could contribute to heterosis. These studies could contribute to our speculation that DNA methylation plays a role in the expression of heterosis.

Acknowledgments

This work was supported by the State Key Basic Research and Development Plan of China (2004CB117306).

References

[1] Razin A, Cedar H. DNA methylation and gene expression [J]. *Microbiol. Rev.*, 1991, 55: 451-458.

[2] Constancia M, Pickard B, Kelsey G, *et al.* Imprinting mechanisms [J]. *Genome Res.*, 1998, 8: 881-900.

[3] Jablonka E, Goiten R, Marcus M, *et al.* DNA hypomethylation causes an increase in DNase I sensitivity and advance in the timing of replication of the entire X chromosome [J].

Chromosoma., 1985, 93: 152-156.

[4] Razin A. CpG methylation, chromatin structure and gene silencing: A three-way connection [J]. *EMBO J.*, 1998, 17: 4905-4908.

[5] Gruenbaum Y, Naveh-Many T, Cedar H, *et al.* Sequence specificity of methylation in higher plant DNA [J]. *Nature*, 1981, 292: 860-862.

[6] Messeguer R, Ganal M W, Stevens J C, *et al.* Characterization of the level, target sites and inheritance of cytosine methylation in tomato nuclear DNA [J]. *Plant Mol. Biol.*, 1991, 16: 753-770.

[7] Wassenegger M. RNA-directed DNA methylation [J]. *Plant Mol. Biol.*, 2000, 43: 203-220.

[8] Finnegan E. J., Brettell R. I. S., Dennis E. S. 1993. The role of DNA methylation in the regulation of plant gene expression [M]. In: *DNA Methylation: Molecular Biology and Biological Significance.* Eds Jost J. P., Saluz H. P. Basel: Birkhauser, 218-261.

[9] Pikaard C S. Nucleolar dominance and silencing of transcription [J]. *Trends Plant Sci.*, 1999, 4: 478-483.

[10] Finnegan E J, Peacock W J, Dennis E S. Reduced DNA methylation in *Arabidopsis thaliana* results in abnormal plant development [J]. *Proc. Natl. Acad. Sci. USA*, 1996, 93: 8449-8454.

[11] Kakutani T, Jeddeloh J A, Flowers S K, *et al.* Developmental abnormalities and epimutations associated with DNA hypomethylation mutations [J]. *Proc. Natl. Acad. Sci. USA*, 1996, 93: 12406-12411.

[12] Ronemus M J, Galbiati M, Ticknor C, *et al.* Demethylation-induced developmental pleiotropy in *Arabidopsis* [J]. *Science*, 1996, 273: 654-657.

[13] Lund G, Messing J, Viotti A. Endosperm-specific demethylation and activation of specific alleles of alphatubulin genes of *Zea mays* L [J]. *Mol. Gen. Genet*, 1995, 246: 716-722.

[14] Rossi V, Motto M, Pellegrini L. Analysis of the methylation pattern of the maize *opaque*-2 (*O2*) promoter and *in vitro* binding studies indicate that the O2 B-Zip protein and other endosperm factors can bind to methylated target sequences [J]. *J. Biol. Chem*, 1997, 272: 13758-13765.

[15] Walker E L. Paramutation of the *r*1 locus of maize is associated with increased cytosine methylation [J]. *Genetics*, 1998, 148: 1973-1981.

[16] Messeguer R, Ganal M W, Steffens J C, *et al.* Characterization of the level, target sites and inheritance of cytosine methylation in tomato nuclear DNA [J]. *Plant. Mol. Biol*, 1991, 16: 753-770.

[17] Xiong L Z, Xu C G, Saghai Maroof M A, *et al.* Patterns of cytosine methylation in an elite rice hybrid and its parental lines, detected by a methylationsensitive amplification polymorphism technique [J]. *Mol. Gen. Genet*, 1999, 261: 439-446.

[18] Ruiz Garcia L, Cervera M T, Martinez Zapater J M. DNA methylation increases throughout *Arabidopsis* development [J]. *Planta*, 2005, 222: 301-306.

[19] Birchler J A, Auger D L, Riddle N C. In search of the molecular basis of heterosis [J]. *Plant Cell*, 2003, 15: 2236-2239.

[20] Tsaftaris A S, Kafka M, Polidoros A, *et al.* Epigenetic changes in maize DNA and heterosis [G]. *Abst. Int. Symp. "The Genetics and Exploitation of Heterosis in Crops*," Mexico City, 1997: 112-113.

[21] Madlung A, Masuelli R W, Watson B, *et al.* Remodeling of DNA methylation and phenotypic and transcriptional changes in synthetic *Arabidopsis* allotetraploids [J]. *Plant Physiol*, 2002, 129: 733-746.

[22] Romagnoli S, Maddaloni M, Livini C, *et al.* Relationship between gene expression and hybrid vigor in primary root tips of young maize (*Zea mays* L.) plantlets [J]. *Theor. Appl. Genet*, 1990, 80: 767-775.

[23] Tsaftaris S A. Molecular aspects of heterosis in plants [J]. *Physiol. Plant*, 1995, 94: 362-370.

[24] Tsaftaris S A, Kafka M. Mechanisms of heterosis in crop plants [J]. *J. Crop Prod*, 1998, 1: 95-111.

[25] Xiong L Z, Yang G P, Xu C G. Relationship of differential gene expression in leaves with heterosis and heterozygosity in a rice diallel cross [J]. *Mol. Breed*, 1998, 4: 129-136.

[26] Wu L M, Ni Z F, Meng F R, *et al.* Cloning and characterization of leaf cDNAs that are differentially expressed between wheat hybrids and their parents [J]. *Mol. Gen. Genomics*, 2003, 270: 281-286.

[27] Sun Q, Wu L, Ni Z, *et al.* Differential gene expression patterns in leaves between hybrids and their parental inbreds are correlated with heterosis in a wheat diallel cross [J]. *Plant Sci*, 2004, 166: 651-657.

[28] Comai L. Genetic and epigenetic interactions in allopolyploid plants [J]. *Plant Mol. Biol*, 2000, 43: 387-399.

[29] Paterson A H, Brubaker C L, Wendel J F. A rapid method for extraction of cotton (*Gossypium* spp.) genomic DNA suitable for RFLP and PCR analysis [J]. *Plant Mol. Biol. Rep.*, 1993, 11: 112-127.

[30] Xu M L, Li X Q, Korban S S. AFLP-based detec- tion of DNA methylation [J]. *Plant Mol. Biol. Rep.*, 2000, 18: 361-368.

[31] Vos P, Hogers R, Bleeker M, *et al.* AFLP: A new technique for DNA fingerprinting [J]. *Nucl. Acids Res.*, 1995, 23: 4407-4414.

[32] Ashikawa I. Surveying CpG methylation at 5′- CCGG in the genomes of rice cultivars [J]. *Plant Mol. Biol.*, 2001, 45: 31-39.

[33] Cervera M T, Ruiz Garcia L. Martinez Zapater J M. Analysis of DNA methylation in *Arabidopsis thaliana* based on methylation-sensitive AFLP markers [J]. *Mol. Genet. Genomics*,

2002，268：543-552.

[34] Portis E，Acquadro A，Comino C，*et al.* Analysis of DNA methylation during germination of pepper（*Capsicum annuum* L.）seeds using methylationsensitive amplification polymorphism（MSAP）[J]. *Plant Sci*，2003，166：169-178.

[35] Dong Z Y，Wang Y M，Zhang Z J，*et al.* Extent and pattern of DNA methylation alteration in rice lines derived from introgressive hybridization of rice and *Zizania latifolia* Griseb [J]. *Theor. Appl. Genet*，2006，113：196-205.

[36] Keyte A L，Percifield R，Liu B，Wendel J F. Infraspecific DNA methylation polymorphism in cotton（*Gossypium hirsutum* L.）[J]. *J. Hered*，2006，97：444-450.

[37] Banks J A，Fedoroff N. Patterns of developmental and heritable change in methylation of the suppressor-mutator transposable element [J]. *Dev. Genet*，1989，10：425-437.

[38] Bender J. Cytosine methylation of repeated sequences in eukaryotes：The role of DNA pairing [J]. *Trends Biochem Sci.*，1998，23：252-256.

[39] Matzke M A，Aufsatz W，Kanno T，*et al.* Homology-dependent gene silencing and host defense in plants [J]. *Adv. Genet*，2002，46：235-275.

[40] Matzke M A，Scheid O M，Matzke A J. Rapid structural and epigenetic changes in polyploid and aneuploid genomes [J]. *BioEssays*，1999，21：761-767.

[41] Wendel J F. Genome evolution in polyploids [J]. *Plant Mol. Biol*，2000，42：225-249.

[42] Shaked H，Kashkush K，Ozkan H，*et al.* Sequence elimination and cytosine methylation are rapid and reproducible responses of the genome to wide hybridization and allopolyploidy in wheat [J]. *Plant Cell*，2001，13：1749-1759.

[43] Pikaard C S. Genomic change and gene silencing in polyploids [J]. *Trends Genet*，2001，17：675-677.

[44] Comai L，Madlung A，Josefsson C，*et al.* Do the different parental "heteromes" cause genomic shock in newly formed allopolyploids [J]. *Phil. Trans. R. Soc. Lond. B. Biol. Sci.*，2003，358：1149-1155.

[45] Levy A A，Feldman M. Genetic and epigenetic reprogramming of the wheat genome upon allopolyploidization [J]. *Biol. J. Linn. Soc.*，2004，82：607-613.

[46] Comai L. The advantages and disadvantages of being polyploid [J]. *Nat. Rev. Genet*，2005，6：836-846.

[47] Hollich J B，Patterson G I，Asmundsson I M，*et al.* Paramutation alters regulatory control of the maize *pl* locus [J]. *Genetics*，2000，154：1827-1838.

Quantitative inheritance of leaf morphological traits in upland cotton

J. J. Hao[1,2], S. X. Yu[1*], Z. D. Dong[3], S. L. Fan[1], Q. X. Ma[2],
M. Z. SONG[1], J. W. YU[1]

(1. Cotton Research Institute, Chinese Academy of Agricultural Science, Anyang 455000, China; 2. Plant Protection Institute, Henan Academy of Agricultural Science, Zhengzhou 450002, China; 3. Academy of Agronomy, Henna Agricultural University, Zhengzhou 450002, China)

Abstract: Genetic manipulation of leaf architecture may be a useful breeding objective in cotton (*Gossypium* spp.). The present study reports quantitative genetic analysis of leaf traits from two intraspecific crosses of inbred lines in upland cotton (*Gossypium hirsutum* L.) viz. Kang3 × Chaoji463 and Han109 × Ji98. Six leaf morphological traits [leaf area (LA), leaf perimeter (LP), main lobe length (LL) and width (LW), petiole length (PL), and main LL/LW ratio] were recorded from multiple generations (P_1, F_1, P_2, BC_1, BC_2, and F_2) in the two crosses. Generation mean analyses were conducted to explain the inheritance of each leaf morphological trait. The six-parameter model showed a better fit to an additive-dominance model for LA, main LW, PL, and main LL/LW ratio in the two crosses, suggesting the relative importance of epistatic effects controlling leaf morphology. A simple additive-dominance model accounted for the genetic variation of the main LL in the Kang3 × Chaoji463 cross. Different models were selected as appropriate to explain LP in the two crosses. The differences between broad- and narrow-sense heritability values for the same trait were not constant in the two crosses. The estimated minimum number of genes controlling each leaf morphological trait ranged from 0 to 2 for both the crosses. Moreover, the sums of the minimum number of genes controlling leaf morphology were 6 and 2 in the Kang3 × Chaoji463 and Han109 × Ji98 populations, respectively. Most data suggested that there existed a substantial opportunity to breed cottons that transgress the present range of leaf phenotypes found.

1 Introduction

Leaf morphology may affect yield, quality, maturity, water-use efficiency, pest preference, photosynthesis, canopy penetration of plant growth regulators and other important production characteristics in many plants (Parkhurst & Loucks, 1972; Stettler *et al.*, 1988; Gure-

---

原载于：*Journal of Agricultural Science*, 2008, 146: 561-569

vitch, 1992; Wu & Stettler, 1994; Wu, 2000). Cotton is produced as a raw material for the textile industry and is considered a high-value crop. Cultivated cotton is dominated by two tetraploid species, *Gossypium hirsutum* and *Gossypium barbadense* L., which have two major leaf types (normal and okra leaf), as well as a minority of oval, ovate, crispate and palm shapes in some wild cotton (Du & Zhou, 2005). Normal leaf, also known as broad leaf, is predominant among cultivated cottons while okra leaf, also known as narrow leaf, usually has a deeply cut leaf edge. Okra leaf is further divided into superokra, okra and subokra based on morphological differences in leaf size and shape (i. e. lobe numbers, lobe length (LL), width (LW), etc.). A number of previous studies identified a leaf shape variant, okra leaf ($L_2^0L_2^0$), which usually confers earlier maturity than its isoline with the normal leaf (l_2l_2) shape (Andries *et al.*, 1969; Heitholt, 1993; Heitholt & Meredith, 1998). Other agronomic and morphological characteristics that are (LA) different in okra-leaf cotton include less boll rot (Andries *et al.*, 1969), reduced leaf area (LA) index and higher canopy CO_2-uptake per unit LA (Kerby *et al.*, 1980), increased light saturation and single-leaf photosynthesis per unit LA (Pettigrew *et al.*, 1993), a shorter sympodial plastochron (Kerby & Buxton, 1978), an increased number of flowers per season (Wells & Meredith 1986), better pesticide penetration, higher water-use efficiency (Stiller *et al.*, 2005) and the genetic potential for improving agronomic and fibre traits (Ulloa, 2006). In China particularly, two registered okra-leaf hybrid cotton varieties, BiaozaA_1, and BiaozaA_2, are already widely grown (Ma *et al.*, 2004).

Because a great diversity in leaf morphology exists among species within the cotton genus (*Gossypium*), the genetic basis of the variation found in these organs has been well explored, but the genetic mechanisms involved have not been clearly elucidated. Initially, Andries *et al.* (1969) reported that compared with the normal leaf, the okra leaf is controlled by one incomplete dominant major gene. As molecular technologies advance, quantitative trait loci (QTL) analysis has been used in the identification of the novel genes involved in leaf morphology. The two genetic mappings between *G. hirsutum* and *G. barbadense* (Jiang *et al.*, 2000), and between *G. hirsutum* and *Gossypium tomentosum* L. (Waghmare *et al.*, 2005) examined some QTLs of the morphological traits. However, a comparative study between these two genetic mappings, both of which were from an interspecific cross, suggested different genetic controls of leaf morphology (Waghmare *et al.*, 2005). The quantitative inheritance of leaf morphological traits from an intraspecific cross, especially leaf size, leaf perimeter (LP) and leaf petiole length (PL), has been less well explored in upland cotton (*G. hirsutum*) and cotton-breeding programmes to improve traits among the intraspecific crosses in G. *hirsutum* is still popular. Moreover, the relatively low polymorphism level of upland cotton, due to its polyploidy and the origin of the genome, has largely hampered its genetic mapping. In addition, the epistasis effects among QTLs controlling leaf morphological traits have not been identified in the F_2 population. Acting upon the genetic potential for improving cotton agronomics, quality traits that may exist in okra-leaf cotton and the ways in which they can be used could be further considered in producing future cultivars

(Heitholt & Meredith 1998). The present study reports quantitative genetic analysis from two intraspecific crosses using generation mean analysis. The objectives of the study were: (i) to ascertain whether intraspecific variability might be a source of information with regard to the genetic controls underlying cotton leaf morphology; (ii) to elucidate the quantitative inheritance of leaf morphological traits; (iii) to determine the importance of additive, dominant and epistasis gene action; (iv) to calculate broad-and narrow-sense heritabilities and (v) to estimate the minimum number of genes involved in leaf morphology.

2 Materials and Methods

2.1 Plant materials

Four cotton inbred lines, viz Kang3 and Han109 with normal leaves, Ji98 with okra leaves and Chaoji463 with superokra leaves (provided by the Plant Protection Institute, Henan Academy of Agricultural Science) were used as parents in the following two crosses: Kang3 × Chaoji463 and Han109 × Ji98. F_1 plants of both the crosses were allowed to selfpollinate in order to produce the F_2 generations in 2003 and seeds of the first backcross generations per cross (BC_1 and BC_2, where BC_1 was the cross of F_1 × female parent and BC_2 was that of F_1 × male parent) were also produced.

2.2 Field procedures

Plants of all the generations of the two crosses (P_1, F_1, P_2, F_2, BC_1 and BC_2 of each) were raised in 170 g paper cups in the greenhouse. At approximately 3 weeks of age (6 May 2005), the seedlings were transplanted to a field at the experiment station of the Henan Academy of Agricultural Science in Zhengzhou (34°48′N, 113°42′E, 100m asl), China. Rows were 0.85m apart and seedlings were planted 0.34m apart within the rows. The experimental design was a randomized complete block design with three replications. After flowering, six plants in each P_1, P_2 and F_1, plot, 32 in each BC_1 and BC_2 plot, and 80 in each F_2 plot were randomly selected and tagged.

2.3 Phenotypic analysis

To ensure proper comparison of leaves of similar developmental stages, two leaves were harvested from the main stem (i.e. the 11-14th nodes above the cotyledon node). Two fully expanded mature leaves were collected from each plant per plot, and their digital images were taken using a Canon AF camera. Images from this experiment were then evaluated using the public-domain software program NIH Image developed at the US National Institute of Health (http://rsb.info.nih.gov/nih-image/), and six leaf morphologic traits were recorded or calculated. They include LA, LP, LL and LW, PL, and main LL/LW ratio. The average values from the two representative leaves per plant were used in the genetic analysis, mainly following the methodology described by liang *et al*. (2000), Perez-Perez *et al*. (2002) and Waghmare *et al*. (2005).

2.4 Statistical and genetic analyses

Analyses of variances were performed using PROC MIXED (SAS Institute 1999). Generation mean analyses were conducted using a joint scaling test to elucidate the inheritance of leaf morphological traits in upland cotton (Cavalli, 1952; Mather & links, 1982). The joint-scaling test also evaluated the goodness of fit of the three-parameter model [mid-parent (m), additive (a) and dominance (d) effects] to the observed data by assuming that the sum of the squared deviations weighted with the appropriate coefficients follows a chi-square distribution with three degrees of freedom. The additive-dominance model was accepted if $P>0.05$. In contrast, lack of fit implied the existence of non-additive gene effects other than dominance (Cavalli, 1952).

When the three-parameter model did not show good fit, a six-parameter scaling test to determine the adequacy of a digenic epistatic model was performed. This test, which requires a minimum of six family means, m, a and d, also provides estimates of three epistatic parameters: additive × additive (i), additive × dominance (j) and dominance × dominance (l). These six genetic parameters were tested for significance using *t-test* at $P \leqslant 0.05$. The three- and six-parameter scaling tests have been described in detail by Mather & links (1982) and the calculations were completed using JNTSCALE software (Ng, 1990).

Estimates of broad and narrow-sense heritability were calculated for leaf morphological traits by using the variances of the parents, F_1, F_2, and backcross generations (BC_1 and BC_2) to estimate phenotypic (Vp), environmental (v_E), total genetic (v_G), additive genetic (v_A) and dominance genetic variances (v_D), where:

$Vp = v_{F2}$

$v_E = 0.25\ (V_{P1}) + 0.25\ (v_{P2}) + 0.5\ (v_{F1})$

$v_G = v_{F2} - v_E$

$V_A = 2\ (v_{F2}) - V_{BC1} - v_{BC2}$

$Vo = V_{BC1} + v_{BC2} - v_{F2} - v_E$

Broad-sense heritability $= H = (V_A + v_D)/v_{F2}$, where $V_A + v_D$ represent the genetic variance of F_2 (Allard 1960), while narrow-sense heritability $= h = v_A/v_{F2}$ (Warner, 1952).

The minimum number of genes controlling leaf morphological traits was estimated using the equation (Lande 1981)

$N = (P_1\text{-}P_2)^2/8\ (v_{F2}\text{-}v_E)$

where N = number of genes, P_1 = mean of parent 1, P_2 = mean of parent 2, V_{F_2} = variance of F_2 population and V_E = environmental variance.

3 Results

3.1 Correlations between traits

Aside from the relationship between PL and LL in the Han109 × Ji98 cross ($P>0.05$), significant ($P<0.001$ or $P<0.05$) correlations were observed between other traits in both the Kang3 × Chaoji463 and Han109 × Ji98 crosses (Table 1). The results also showed that there are positive or negative differences among leaf morphological traits or between the same traits in different crosses. Positive correlations were observed between LA, LP, PL and LW ($r=0.281$ ~ 0.880) and between LP and LL/LW with LL ($r=0.240$ and 0.581, respectively) in the Kang3 × Chaoji463 cross. Moreover, in the Han109 × Ji98 cross, LA was positively correlated with PL, LW and LL ($r = 0.225 \sim 0.638$); positive correlations were also detected between LP and PL with LW ($r = 0.280$ and 0.272, respectively), between LP and LW with LL ($r = 0.661$ and 0.226, respectively) and between LL and LL/LW ($r = 0.506$). Positive or negative correlations among the same traits were possibly different between the two crosses, such as LP and LL with LA, PL and LLj LW with LP, and LW and LL.

Table1 Correlations between traits of leaf area (LA), leaf perimeter (LP), main lobe length (LL) and width (LW), petiole length (PL), and main lobe length/width ratio (LL/LW) in two crosses of upland cotton

Trait	Kang3 × Chaoji463					Han109 × Ji98				
	LA	LP	PL	LW	LL	LA	LP	PL	LW	LL
LP	0.45					-0.12				
	$P<0.001$					$P<0.05$				
PL	0.87	0.28				0.64	-0.20			
	$P<0.001$	$P<0.001$				$P<0.001$	$P<0.001$			
LW	0.88	0.54	0.75			0.48	0.28	0.27		
	$P<0.001$	$P<0.001$	$P<0.001$			$P<0.001$	$P<0.001$	$P<0.001$		
LL	-0.40	0.24	-0.53	-0.31		0.23	0.66	0.01	0.27	
	$P<0.001$	$P<0.001$	$P<0.001$	$P<0.001$		$P<0.001$	$P<0.001$	$P>0.05$	$P<0.001$	
LL/LW	-0.89	-0.44	-0.83	-0.90	0.58	-0.28	0.24	-0.26	-0.65	0.51
	$P<0.001$	$P<0.001$	$P<0.001$	$P<0.001$	$P<0.001$	$P<0.001$	$P<0.001$	$P<0.001$	$P<0.001$	$P<0.001$

3.2 Gene action, heritability and minimum number of genes

3.2.1 LA

For the Kang3 × Chaoji463 and Han109 × Ji98 crosses, generation mean analyses were conducted using a joint scaling test, which revealed that the three parameters based on the additive-dominance model were not acceptable ($P < 0.001$), so the six-parameter analysis (i.e. additive, dominance and interactions) was applied (Table 2). With the exception of the midparent value (m) in the Kang3 × Chaoji463 cross ($P>0.05$), additive (a), dominance (d), additive × additive interactions (i), additive × dominance interactions (j) and dominance × dominance interactions (l) were all significant in the two crosses. Moreover, the signs of genetic effects were all consistent in both the crosses. Variance component estimates were also presented in Table 3. As can be seen, additive variance was lower than dominance variance in the Kang3 × Chaoji463 cross, and narrow- and broad-sense heritabilities were 0.07 and 0.88, respectively. Conversely, additive variance was comparatively higher than dominance variance in the Han109 × Ji98 cross, and narrow- and broad-sense heritabilities were 0.33 and 0.39, respectively, indicating that the generation selection should have different effects between the two crosses. Estimates of the minimum number of genes were 0.7 and 1.4 for the Kang3 × Chaoji463 and Han109 × Ji98 crosses, respectively (Table 3).

Table 2　Estimates of additive, dominance and epistatic effects (and the standard errors) from the joint scaling test for leaf morphological traits in upland cotton crosses Kang3 × Chaoji463 (I) and Han109 × Ji98 (II)

Model	LA		LP		PL		LW		LL		LL/LW	
	I	II	I	II	I	II	I	II	I	II	I	II
Three-parameter												
m	193.2 ±3.84	309.76 ±6.45	27.65 ±0.59	32.96 ±0.58	15.73 ±0.29	23.08 ±0.32	6.40 ±0.06	9.34 ±0.18	20.94 ±0.25	n/a	4.07 ±0.07	2.19 ±0.04
	P <0.001	P <0.001	P <0.001	P <0.001	P <0.001	P <0.001	P <0.001	P <0.001	P <0.001		P <0.001	P <0.001
a	95.22 ±3.77	60.56 ±5.29	-4.38 ±0.59	-5.59 ±0.56	7.56 ±0.29	2.26 ±0.28	2.54 ±0.06	1.00 ±0.17	-3.35 ±0.22	n/a	-2.12 ±0.07	-0.19 ±0.04
	P <0.001	P <0.001	P <0.001	P <0.001	P <0.001	P <0.001	P <0.001	P <0.001	P <0.001		P <0.001	P <0.001
d	71.47 ±8.59	49.16 ±12.51	22.46 ±1.24	13.7 ±1.2	4.03 ±0.55	3.50 ±0.60	2.54 ±0.21	1.48 ±0.34	0.87 ±0.49	n/a	-1.51 ±0.1	-0.06 ±0.06
	P <0.001	P <0.001	P <0.001	P <0.001	P <0.001	P <0.001	P <0.001	P <0.001	P <0.001		P <0.001	P <0.001
x^2	29.76	42.89	2.86	155.04	9.30	27.06	25.98	63.12	7.17	n/a	13.60	8.04
	P <0.001	P <0.001	P >0.05	P <0.001	P <0.05	P <0.001	P <0.001	P <0.001	P >0.05		P <0.001	P <0.05
Six-parameter												
m	77.12 ±30.45	210.94 ±21.20		22.36 ±3.77	16.48 ±1.61	23.40 ±1.15	3.27 ±0.89	6.66 ±0.65		n/a	4.91 ±0.58	2.48 ±0.17
	P >0.05	P <0.001		P <0.01	P <0.001	P <0.001	P <0.05	P <0.001			P <0.001	P <0.05
a	89.56 ±4.23	54.98 ±8.99		-3.12 ±0.63	8.02 ±0.34	1.16 ±0.40	2.5 ±0.06	0.69 ±0.29		n/a	-2.15 ±0.08	-0.12 ±0.08
	P <0.001	P <0.01		P <0.01	P <0.001	P <0.05	P <0.001	P >0.05			P <0.001	P >0.05
d	89.56 ±4.23	54.98 ±8.99		-3.12 ±0.63	8.02 ±0.34	1.16 ±0.40	2.5 ±0.06	0.69 ±0.29		n/a	-2.15 ±0.08	-0.12 ±0.08
	P <0.01	P <0.01		P <0.01	P >0.05	P >0.05	P <0.01	P <0.01			P <0.05	P >0.05
i	108.98 ±30.15	77.83 ±19.19		7.64 ±3.71	-0.78 ±1.58	-1.46 ±1.08	3.09 ±0.89	1.77 ±0.58		n/a	-0.78 ±0.57	-0.13 ±0.15
	P <0.05	P <0.05		P >0.05	P >0.05	P >0.05	P <0.05	P <0.05			P >0.05	P >0.05
j	-202.93 ±23.84	-467.01 ±22.61		-85.09 ±2.73	-18.84 ±1.29	-37.74 ±1.12	-8.68 ±0.7	-16.3 ±0.75		n/a	-12.00 ±0.43	-5.00 ±0.19
	P <0.001	P <0.001		P <0.001	P <0.001	P <0.001	P <0.001	P <0.001			P <0.001	P <0.001
l	-259.55 ±52.95	-258.90 ±41.28		-49.082 ±6.32	-0.36 ±2.70	-3.27 ±2.13	-8.20 ±1.72	-7.87 ±1.25		n/a	2.40 ±0.95	0.68 ±0.29
	P <0.01	P <0.01		P <0.01	P >0.05	P >0.05	P <0.01	P <0.01			P >0.05	P >0.05

m = mid-parent effect, a = additive effect, d = dominance effect, i = additive × additive effect, j = additive × dominance effect and l = dominance × dominance effect;

n/a, Data not analysed statisticall

Table 3 Estimates of additive (v_A), dominance (v_D), phenotypic (v_P), genetic (v_G) and environmental variances (v_E); broad-sense (H) and narrow-sense (h) heritabilities; and minimum number of genes (N) for leaf morphological traits in upland cotton crosses Kang3 × Chaoji463 (I) and Han109 × Ji98 (II)

Parameters	LA		LP		PL		LW		LL		LL/LW	
	I	II	I	II	I	II	I	II	I	II	I	II
Variance components												
v_E	713.01	1 642.96	14.79	15.33	2.60	3.23	1.16	1.38	2.49	n/a	0.19	0.09
v_p	6 185.90	2 706.31	147.37	119.27	19.49	7.98	4.83	1.87	6.86	n/a	2.64	0.18
v_G	5 472.90	1 063.35	132.59	103.93	16.89	475	3.67	0.48	4.37	n/a	2.45	0.09
v_A	449.10	901.23	10.66	98.18	10.46	0.99	-1.59	-1.48	3.05	n/a	1.59	0.10
v_D	5 023.79	162.12	121.93	5.76	6.43	3.76	3.67	0.48	1.32	n/a	0.86	-0.01
Heritability												
H	0.88	0.39	0.90	0.87	0.87	0.60	0.76	0.26	0.64	n/a	0.93	0.56
h	0.07	0.33	0.07	0.82	0.54	0.12	0.00	0.00	0.44	n/a	0.60	0.56
Minimum number of genes												
N	0.73	1.42	0.07	0.05	1.90	0.14	0.86	0.50	1.26	n/a	0.94	0.09

n/a, Data not analysed statistically.

3.2.2 LP

For the Kang3 × Chaoji463 population, the trait LP showed better fit to an additive-dominance inheritance model, and the three parameters (mid-parent value (m), additive (a) and dominance (d)) were all found to be highly significant ($P < 0.001$); however, additive effects were negative (Table 2). Nevertheless, the six-parameter model was used to determine gene action in the Han109 × Ji98 cross. The results showed that all effects were highly significant except for the additive × additive (i) ($P > 0.05$). Comparing additive and dominance variance, the estimates were similar to those in LA. Narrow-sense heritability (0.07) was found to be relatively lower than broad-sense heritability (0.90) in the Kang3 × Chaoji463 population, while both were quite high (0.82 and 0.87, respectively) in the Han109 × Ji98 cross. Estimates of the minimum number of genes were 0.07 and 0.05 for the Kang3 × Chaoji463 and Han109 × Ji98 crosses, respectively (Table 3).

3.2.3 PL

For the Kang3 × Chaoji463 and Han109 × Ji98 crosses, the additive-dominance model was not sufficient to explain the genetic variation of PL (Table 2), suggesting the presence of epistasis. The six-parameter model revealed the presence of significant additive × dominance interactions (j) ($P < 0.001$) in the direction of the shorter PL, but both additive × additive (i) and dominance × dominance (l) were not significant ($P > 0.05$). Furthermore, additive effects also played a more important role ($P < 0.05$) than dominance effects ($P > 0 · 05$). In comparison, the significance of the genetic effects was relatively consistent for both the Kang3 × Chaoji463 and Han109 × Ji98 populations (Table 3). For the Kang3 × Chaoji463 population dominance variance was rather low, with broad-sense heritability at 0. 87. Additive genetic variability was important and narrow-sense heritability was 0. 54. When compared with the Han109 × Ji98 population, dominance variance was higher (3. 76) than additive variance (0. 99) and, broad- and narrow-sense heritabilities were 0. 60 and 0. 12, respectively. The estimated minimum number of genes was 1. 9 for the Kang3 × Chaoji463 cross and 0. 2 value for the Han109 × Ji98 cross (Table 3).

3. 2. 4 Main LW

The joint scaling tests indicated that an additivedominance model was not sufficient to account for the genetic variation of LW in the Kang3 × Chaoji463 and Han109 × Ji98 crosses ($P<0.001$) (Table 2). In the six-parameter model, all effects were significant except for additive effects in the Han109 ×Ji98 ($P>0.05$); the signs were the same between the two crosses, but negative additive × dominance (j) and dominance × dominance (l) were detected, where dominance effects relatively predominated in both the populations. Here, the negative additive variance was detected in the Kang3 × Chaoji463 and Han109 × Ji98 populations. According to Robinson *et al.* (1955), the negative estimates were assumed to be zero. Therefore, where dominance variance was equal to genetic variance, selection should have no effect on LW. In addition, broad-sense heritabilities were 0. 76 and 0. 26 for both the crosses, respectively. Estimates of the minimum number of genes were low for the Kang3 × Chaoji463 and Han109 ×Ji98 crosses at 0. 9 and 0. 5, respectively (Table 3).

3. 2. 5 Main LL

The parents did not differ in the Han109 ×Ji98 cross and thus the inheritance of LL was only analysed in the Kang3 × Chaoji463 population. An additive-dominance model might elucidate on genetic variation and reveal that only dominance effects were not significant ($P>0.05$). However, additive effects were negative. Dominance variance was lower than additive variance, while broad- and narrow-sense heritabilities were 0. 64 and 0. 44, respectively. The estimated minimum number of genes was at 1. 3.

3. 2. 6 Main LL/LW ratio

According to joint scaling tests (Table 2), the additive-dominance model did not explain genetic variation controlling LL/LW for the Kang3 × Chaoji463 ($P<0.001$) and Han109 × Ji98 ($P<0.05$) populations. In the six-parameter model, significant mid-parent value (m) ($P<0.001$), additive (a) ($P<0.001$), dominance (d) ($P<0.05$) and additive × dominance interactions (j) ($P<0.001$) were observed for the Kang3 × Chaoji463 population (Table 2). However, only the mid-parent value (m) ($P<0.001$) and additiv × dominance (j) ($P<0.001$) were significant for the Han109 × Ji98 population. Dominance variance was lower than additive variance in the Kang3 × Chaoji463 population (Table 3), while broad- and narrow-sense heritabilities were 0. 93 and 0. 60, respectively. However, the dominance variance in the Han109 × Ji98 population was negative and assumed to be zero (Robinson *et al.*, 1955), while both broad- and narrow-sense heritabilities were at 0. 56. Estimates of the minimum number of genes were low for both the Kang3 × Chaoji463 and Han109 × Ji98 populations at 0. 9 and 0. 09, respectively (Table 3).

4 Discussion

In the present study, six generations (P_1, P_2, F_1, F_2, BC_1 and BC_2) were obtained from two intraspecific crosses in upland cotton (*G. hirsutum*). The generation means approach for genetic analysis appeared to be a useful method for establishing the major features of quantitative variation of leaf morphological traits. Following Mather & Jinks (1982), the inheritance of traits with no significant difference between parents was not analysed. The results of the present study revealed that the six-parameter model showed better fit with an additive-dominance model for majority of leaf morphological traits (Table 2), suggesting the relative importance of epistatic effects that control leaf morphology in upland cotton. However, a simple additive-dominance model accounted for the genetic variation of LL only in the Kang3 × Chaoji463 cross. Nevertheless, the model selection for LP showed a difference between the two crosses (Table 2), which might be due to the different leaf types of the parental lines: Kang3 and Han109 were both normal-leaf, Chaoji463 was a super okra-leaf and Ji98 was an okra-leaf. In fact, okra- or subokra-leaves often have more lobe and sublobe numbers than superokra-leaves (Jiang *et al.*, 2000). However, both lobe and sublobe numbers influence LP, which probably led to the differences noted.

Previous reports on the inheritance of leaf morphology in cotton consisted of came to different conclusions. Endrizzi *et al.* (1984) and Jiang *et al.* (2000) summarized previous studies and indicated that variations in LL and LW were controlled by alleles at the l_2 locus, which was located on the D subgenome. Broad leaf l_2 was recessive to the most common okraleaf mutant L_2^0 (Shoemaker, 1908), which was found in cultivated cotton and certain wild forms such as *G. hirsutum* race *palmeri* (Stephens, 1945). An intermediate form termed sub-okra, L_2^u was found in wild *G. hirsutum* and *G. barbadense*, while an extreme type, super-okra L_2^8, which develops a single leaf blade at maturity, was found as a mutant in okra leaf and as a variant in the okra-leaf wild forms of *G. hirsutum* (Stephens, 1945). These reported genes conferring LL and L W might be different alleles at the locus (Jiang *et al.*, 2000). The above conclusions suggested that the origin and diversity was complex for leaf morphology in cotton. liang *et al.* (2000) mapped and characterized the QTLs determining 14 cotton leaf morphological traits from an interspecific cross between a *G. hirsutum* genotype carrying an okra-leaf mutant, and a wild-type *G. barbadense*. Furthermore, the genetic mapping of a cross between *G. hirsutum* and the Hawaiian endemic *G. tomentosum* was also reported (Waghmare *et al.*, 2005). That study suggested that the small rounded leaves of *G. tomentosum* were under novel genetic control (Waghmare *et al.*, 2005) and that compared with okra leaf traits (Jiang *et al.*, 2000), no QTL was detected for LL. For example, with respect to LW, liang *et al.* (2000) identified two QTLs detected with LOD$\geq$3. 0 and P$\leq$0. 001. Two more possible QTLs were suggested, explaining 0. 60 of the phenotypic variation. They were probably on chromosomes 15, 5 and 2 or other linkage groups, and they presented different additive and dominance effects. However, Waghmare *et al.* (2005) detected a QTL on chromosome 9 with additive and dominance effects. The two above-mentioned groups of QTLs do not correspond, suggesting a different genetic control for leaf morphology between the different interspecific crosses. On the other hand, the present study showed that the six-parameter model had a higher fit than an additive-dominance model for LW from the two intraspecific crosses in upland cotton, suggesting that the epistatic effect produced a highly significant contribution. The distinctions cited might be due to differences in the analysis method used in the interspecific or intraspecific crosses, and in the cotton genus and leaf types of the parental lines.

Few studies have been published on LA, LP and PL traits in cotton. In the present paper, however, the genetic variations among these traits were analysed (Table 2). For LA and PL, a simplistic additive-dominance model did not adequately explain the observed variation and served as evidence for the presence of digenic or epistatic interactions. Regarding LP, differences in leaf type of the parental lines and alleles at the l_2 locus and origin of leaf type in cotton may have possibly led to the different genetic model decisions between the two crosses (Table 2).

In the past decade, a few studies have been published using QTL mapping analyses on leaf morphological traits in several plant species including *Lolium perenne*, *Populus*, *Brassica oleracea*, *Arabidopsis thaliana*, *Gossypium* and *Lycopersicon* (WU *et al.*, 1997; Jiang *et al.*, 2000; Wu, 2000; Sebastian *et al.*, 2002; Perez-Perez *et al.*, 2002; Frary *et al.*, 2004; Yamada *et al.*, 2004; Waghmare *et al.*, 2005). In general, the results revealed that the range from several to tens of QTLs controlled the variation in leaf morphology. Some authors also reported the pleiotropic activity of a single gene as well as the epistatic interactions between QTLs (Perez-Perez *et al.*, 2002; Sebastian *et al.*, 2002; Frary *et al.*, 2004), which were partially similar to those made in cotton (Jiang *et al.*, 2000). Similarly, most data on the present work were on the relative importance of epistatic effects in the expression of leaf morphology in upland cotton.

In the present study, the negative variance components were estimated, and similar results were also reported (Dudley & Moll, 1969; Hallauer & Miranda, 1988; Zalapa *et al.*, 2006). According to Robinson *et al.* (1955), these negative estimates were assumed to be zero under study. Broad- or narrow-sense heritability values for the same trait showed different degrees of similarity between the two crosses; for example, broad-sense heritabilities were almost equal for LP, while in contrast, narrow-sense heritability values were different. The differences in heritability between crosses suggested that the efficiencies were different for genetic manipulation and progeny selection. In addition, the estimated minimum number of genes controlling each leaf morphological trait ranged from 0.05 to 1.9 in the two crosses. However, the sums of the minimum number of genes controlling leaf morphology were 5.8 and 2.2 in the Kang3 × Chaoji463 and Han109 × Ji98 populations, respectively. Furthermore, five methods for estimating the minimum number of genes have been reported (Wright, 1968; Lande, 1981; Mather & links, 1982) and xu *et al.* (2004) indicated that the estimated minimum number of genes controlling resistance to watermelon mosaic virus showed different values using these methods. Because all formulas of the minimum number of genes assumed that the segregating genes were all located in one parent, were not linked, had equal effects and did not show epistatic and dominance effects, genotype exenvironment effects were absent (Wright 1968). Obviously, the assumptions of no epistatic and dominance effects and genetic linkage appear to be the problems in this study. Therefore, the true minimum number of genes controlling leaf morphological traits under study was underestimated.

In the present study, the quantitative inheritance of leaf morphological traits in upland cotton was analysed by generation mean analysis using a joint scaling test. For the above-mentioned differences between the Kang3 × Chaoji463 and Han109 × Ji98 populations as well as for previous results, these disparities were likely due to the use of different analysis methods and the differences of parents for the leaf type, origin of leaf type, degree of difference of leaf type, and the *Gossypium* species. These results indicated that there was considerable genetic diversity and complexity for leaf morphology in cotton, suggesting that there exists a substantial opportunity to breed cottons that transgress the present range of leaf phenotypes found.

We are grateful to the National 973 Program of China (2004CB117300) and the National 11.5 Key Technology Program (2006BAD01A05-11) that supported this research. We are likewise thankful to our reviewers for their relevant comments and suggestions for the manuscript's improvement.

References

[1] Csallard R W. Principles of Plant Breeding. NewYork: John Wiley and Sons, Inc, 1960.

[2] Andries J A, Jones J E, Sloane L W, *et al.* Effects of okra leaf shape on boll rot, yield, and other important characters of upland cotton, *Gossypium hirsutum L* [J]. *Crop Science*, 1969, 9: 705-710.

[3] Cavalli L L. Analysis of linkage quantitative inheritance [M]. In Quantitative Inheritance (Eds E C R Reevea & C H Waddington) London: HMSO, 1952: 135-144.

[4] Du X M & Zhou Z L. Descriptors and Data Standard for Cotton (*Gossypium* ssp.) [M]. Beijing, China: Chinese Agriculture Press, 2005.

[5] Dudley J W & Moll R H. Interpretation and use of heritability and genetic estimates in plant breeding [J]. *Crop Science*, 1969, 9: 257-262.

[6] Endrizzi J E, Turcotte E C, Kohel R J. Qualitative genetics, cytology, and cytogenetics [M]. In Cotton (Eds R. J. Kohel & C. F. Lewis), Madison, Wisconsin, USA: ASA/CSSA/SSSA Publishers, 1984: 81-129.

[7] Frary A, Fritz L A, Tanksley S D. A comparative study of the genetic bases of natural variation in tomato leaf, sepal, and petal morphology [J]. *Theoretical and Applied Genetics*, 2004, 109: 523-533.

[8] Gurevitch J. Sources of variation in leaf shape among two populations of Achillea lanulo-

sa [J]. *Genetics*, 1992, 130: 385-394.

[9] Hallauer A R, Miranda J B. Quantitative Genetics and Maize Breeding [M]. Ames, USA: Iowa State University Press, 1988.

[10] Heitholt J J. Cotton boll retention and its relationship to lint yield [J]. *Crop Science*, 1993, 33: 486-490.

[11] Heitholt J J, Meredith Jr W R. Yield, flowering, and leaf area index of okra-leaf and normalleaf cotton isolines [J]. *Crop Science*, 1998, 38: 643-648.

[12] Jiang C, Wright R J, Woo S S, *et al.* QTL analysis of leaf morphology in tetraploid Gossypium (cotton) [J]. *Theoretical and Applied Genetics*, 2000, 100: 409-418.

[13] Kerby T A, Buxton D R. Effect of leaf shape and plant population on rate of fruiting position appearance in cotton [J]. *Agronomy Journal*, 1978, 70: 535-538.

[14] Kerby T A, Buxton D R, Matsuda K. Carbon source sink relationships within narrow-row cotton canopies [J]. *Crop Science*, 1980, 20: 208-213.

[15] Lande R. The minimum number of genes contributing to quantitative variation between and within populations [J]. *Genetics*, 1981, 99: 541-553.

[16] Ma Q X, Yang X S, Liu J Z, *et al.* Study on developmental courses and bolls in hybrid cotton BiaozaA1 [J]. *China Cotton*, 2004, 31: 21-23.

[17] Mather K, Jinks J L. Biometrical Genetics, 3rd edn. London: Chapman and Hall. NG, T. J. (1990). Generation means analysis by microcomputer [J]. *HortScience*, 1982, 25: 363.

[18] Parkhurst D F, Loucks D L. Optimal leaf size in relation to environment [J]. *Journal of Ecology*, 1972, 60: 505-537.

[19] Perez Perez J M, Serrano Cartagena J, Micol J L. Genetic analysis of natural variations in the architecture of Arabidopsis thaliana vegetative leaves [J]. *Genetics*, 2002, 162: 893-915.

[20] Pettigrew W T, Heitholt J J, Vaughn K C. Gas exchange differences and comparative anatomy among cotton leaf-type isolines [J]. *Crop Science*, 1993, 33: 1295-1299.

[21] Robinson D C, Comstock R E, Harvey P H. Genetic variances in open pollinated corn [J]. *Genetics*, 1955, 40: 45-60.

[22] Sas Institute. SAS Version 8.02 for Windows [M]. Cary, NC, USA: SAS Institute Inc, 1999.

[23] Sebastian R L, Kearsey M J, King G J. Identification of quantitative trait loci controlling developmental characteristics of Brassica oleracea L [J]. *Theoretical and Applied Genetics*, 2002, 104: 601-609.

[24] Shoemaker D N. A study of leaf characters in cotton hybrids [G]. Annual Report of the American Breeders' Association, 1908, 5: 116-119.

[25] Stephens S G. A genetic survey of leaf shape in New World cottons a problem in critical identification of alleles [J]. *Journal of Genetics*, 1945, 46: 313-330.

[26] Stettler R F, Fenn R C, Heilman P E, *et al*. Populus trichocarpar Populus deltoids hybrids for short rotation culture: variation patterns and 4-year feld performance [J]. Canadian Journal of Forest Research, 1988, 18: 745-753.

[27] Stiller W N, Read J J, Constable G A, *et al*. Selection for water use effciency traits in a cotton breeding program: cultivar differences [J]. Crop Science, 2005, 45: 1107-1113.

[28] Ulloa M. Heritability and correlations of agronomic and fiber traits in an okra-Leaf upland cotton population [J]. Crop Science, 2006, 46: 1508-1514.

[29] Waghmare V N, Rong J K, Rogers C J, *et al*. Genetic mapping of a cross between *Gossypium hirsutum* (cotton) and the Hawaiian endemic, *Gossypium tomentosum* [J]. *Theoretical and Applied Genetics*, 2005, 111: 665-676.

[30] Warner J N. A method for estimating heritability [J]. Agronomy Journal, 1952, 44: 427-430.

[31] Wells R, Meredith W R. Normal vs okra-leaf yield interactions in cotton. II. Analysis of vegetative and reproductive growth [J]. *Crop Science*, 1986, 26: 223-228.

[32] Wright S. Evolution and the Genetics of Populations [M]. Chicago: University of Chicago Press, 1968.

[33] Wu R, Stettler R F. Quantitative genetics of growth and development in Populus. I. A three-generation comparison of tree architecture during the first two years of growth [J]. *Theoretical and Applied Genetics*, 1994, 88: 1046-1054.

[34] Wu R, Bradshaw Jr, H D, Stettler R F. Molecular genetics of growth and development in *Populus* (Salicaceae). V. Mapping quantitative trait loci affecting leaf variation [J]. *American Journal of Botany*, 1997, 84: 143-153.

[35] Wu R L. Quantitative genetic variation of leaf size and shape in a mixed diploid and triploid population of *Populus* [J]. *Genetical Research*, 2000, 75: 215-222.

[36] Xu Y, Kang D, Shi Z, *et al*. Inheritance of resistance to zucchini yellow mosaic virus and watermelon mosaic virus in watermelon [J]. *Journal of Heredity*, 2004, 95: 498-502.

[37] Yamada T, Jones E S, Cogan N O I, Vecchies A C, *et al*. QTL analysis of morphological, developmental, and winter hardinessassociated traits in perennial ryegrass [J]. *Crop Science*, 2004, 44: 925-935.

[38] Zalapa J E, Staub J E, Mccreight J D. Generation means analysis of plant architectural traits and fruit yield in melon [J]. *Plant Breeding*, 2006, 125: 482-487.

麦后直播特早熟抗虫棉新品种——中棉所 74

喻树迅，范术丽，宋美珍，黄祯茂，王　晖，谭荣花
（中国农业科学院棉花研究所/棉花遗传改良重点实验室，安阳　455000）

中棉所 74（原代号中 603）是由中国农业科学院棉花研究所与生物技术研究所合作，以棉花研究所选育的转 *Bt + CpTI* 双价基因的抗虫棉中 501 为母本，以特早熟综合性状优良的育种中间材料 92-047 为父本，经生化辅助育种和系统选育而成的麦后直播特早熟棉花新品种。2006—2007 年参加黄河流域棉区早熟棉花品种区域试验，2008 年参加黄河流域棉区早熟棉花品种生产试验（B 组），同时获转基因生物生产应用安全证书［农基安证字（2007）第 116 号］。2009 年 7 月通过国家农作物品种审定委员会审定（国审棉 2009017）。

1　特征特性

该品种为麦后直播特早熟转基因棉花新品种，出苗快，苗壮，前中期长势旺，发育快。植株较紧，茎秆粗壮，紫褐色，被有稀茸毛，株高 62. 9cm，叶片中等大小，深绿色，果枝始生节位 5. 5 节，单株有效铃 7. 8 个，铃卵圆形，铃重 5. 5g，衣分 36. 0%，子指 11. 0g。吐絮畅，易收摘，絮色洁白，纤维品质较好。

2　早熟性

中棉所 74 生长发育快，早熟性好，在麦后直播的情况下，生育期为 99 ~ 104d，比对照鲁棉研 19 早熟 9d，早熟性突出；2007 年霜前花率 78. 7%，2006 年 10 月 15 日前霜前好花为 64. 5%，分别较对照品种高 14. 2% 和 11. 4%，早熟性明显。

3　产量表现

2006—2007 年参加黄河流域棉区早熟组棉花品种区域试验，两年平均籽棉、皮棉和 10 月 15 日前皮棉每公顷分别为 2518. 7kg、907. 1kg 和 524. 6kg，分别较对照鲁棉研 19 增产 46. 1%、32. 0% 和 79. 2%，达到极显著水平，均居第一位。2007 年皮棉和霜前皮棉每公顷产量为 797. 0kg 和 626. 9kg。2008 年黄河流域棉区早熟组棉花品种生产试验（B 组），平均每公顷籽棉、皮棉和霜前皮棉分别为 2218. 5kg、762. 0kg 和 570. 0kg，分别比对照鲁

原载于：《中国棉花》，2010，37（3）：23-29

棉研 19 增产 23.6%、0.8% 和 25.0%，均居第一位。10 月 15 日前每公顷收花 417.0kg，比对照增产 33.3%，也居第一位。

4 纤维品质

由农业部棉花品质监督检测中心 HVICC 标准测试，2006—2007 年两年平均，纤维上半部平均长度 28.8mm，比强度 29.9cN/tex，麦克隆值 4.5，伸长率 6.4%，反射率 74.5%，黄度 7.8，整齐度 84.6%，纺纱均匀指数 144.0，长度、细度等各项指标明显优于对照鲁棉研 19。

5 抗病虫性

由中国农科院生物所检测和中棉所植保室鉴定，中棉所 74 的 Bt 蛋白含量在 553.30 ~ 771.57ng/g 之间，抗虫株率 98% ~ 100%，平均 99%；二代棉铃虫棉株蕾铃被害率为 10.75% ~ 16.13%，减退率为 79.65% ~ 80.62%，三代棉铃虫幼虫校正死亡率达 87.5% ~ 100%。枯萎病指 18.8 ~ 19.2，黄萎病指 30.2 ~ 34.1，2007 年大田调查结果，枯、黄萎病轻度发生，枯萎病指 0.2，黄萎病指 13.1。综合评断中棉所 74 高抗棉铃虫，且抗虫纯度高，耐枯萎病、黄萎病。

6 适应范围

适于黄河流域棉区的山东省西南、河南省、皖北、冀中南、渭南等地作麦后直播，使麦套夏棉的北界可推移至北纬 40°；还适于在辽宁省、甘肃省、晋北、伊犁哈萨克自治州和内蒙古自治区等特早熟地区作一熟春棉种植。

7 栽培技术要点

7.1 播种期

小麦腾茬后，6 月 10 日前板茬播种，播深 2 ~ 3cm，播后及时浇水；特早熟地区 4 月中下旬播种，播后覆膜或膜后播种均可。

7.2 苗期管理

麦茬棉幼苗刚出土应及时中耕、松土、破除板结，促苗早发，特早熟地区一熟棉田应及时查苗、补苗、放苗、压膜，确保苗全苗壮。

7.3 密度

麦后直播棉田和移栽棉田的合理密度为每公顷 9 万 ~ 12 万株；特早熟地区一熟棉田每公顷 12 万 ~ 18 万株为宜。

7.4 化控

初花至花铃期喷施缩节胺 2 ~ 3 次，涝年和长势旺的棉田应适当多喷，旱年和长势弱的棉田应适当少喷。

7.5 合理调配水肥

麦后直播或移栽棉田播前应施足底肥，初花期追肥，并及时灌水。特早熟地区一熟棉田，除施足底肥外，应结合灌头水追施化肥。

7.6　防治病虫害

一般二代棉铃虫不用防治，三四代棉铃虫需兼治。棉蚜、蓟马、盲蝽、红蜘蛛、隆背花薪甲等害虫应及时防治，用生物农药、有机磷和菊酯类农药轮回使用或混合使用效果好。

棉花航天诱变敏感材料的筛选及多态性分析

彭　振[1,2]，宋美珍[1*]，喻树迅[1*]，范术丽[1]，于霁雯[1]，冯丽娜[1,3]，龚文芳[1,2]
（1. 中国农业科学院棉花研究所/农业部棉花遗传改良重点实验室，安阳　455000；
2. 华中农业大学，武汉　430070；3. 西北农林科技大学，杨凌　712100）

摘要：利用“实践八号”育种卫星搭载棉花10个品种（系），对SP_1代（诱变第一代）、SP_2代（诱变第二代）进行了突变体的筛选、DNA（脱氧核糖核酸）分子标记检测和田间农艺形状调查，发现其中7个材料对航天有一定的敏感性，其分子标记多态性高，田间农艺性状变异大。结果表明太空能够诱导棉花种子发生基因变异，航天诱变可作为棉花种质资源创新和品种选育的方法之一。

关键词：棉花；航天诱变；突变体；农艺性状；多态性

航天诱变育种起步于20世纪60年代，中国于1987年开始航天诱变育种工作。植物航天育种又称航天诱变育种或空间诱变育种，是指利用返回式卫星或高空气球将农作物种子带到太空，利用太空特殊的环境（宇宙射线、微重力、高真空、弱磁场等）使农作物种子产生诱变，再返回地面选育新种质，培育新品种的育种新技术[1]。航天诱变育种具有变异频率高、变异幅度广、变异性状稳定等特性，已成为快速培育农作物优良品种的重要途径之一，其核心是利用空间环境的综合物理因素对植物的遗传性产生诱变，获得地面常规方法较难得的甚至是罕见的突变遗传种质，选育突破性的新品种[2]。随着航天事业的发展，航天诱变效应越来越引起人们的关注和广泛研究，国外对于航天效应的研究主要集中在不同引力的条件对动物以及低等植物的胚胎发育、生理特性等方面的影响[3-5]；而国内对空间诱变的研究大都着眼于植物育种性状的选育和对生物学特性的影响[6-7]，并在航天诱变育种方面取得了大量成果；

水稻、小麦、大豆和蔬菜等众多植物中获得大量的突变体，并从中选出一批优良的新品种，有些品种已经在生产上大面积推广应用，产生了巨大的经济效益[8-14]。航天诱变育种在棉花上的应用还不多，只是初步探讨了棉花航天诱变产生的生物学效应及机理[1]。本文在此基础上从经过航天诱变的10个棉花品种中，筛选突变体并做SSR（简单序列重复）标记多态性分析及农艺性状观察。

原载于：《棉花学报》，2010，22（4）：312-318

1　材料和方法

1.1　试验材料

本试验种子在2006年由实践八号育种卫星搭载共处理10份材料，包括春棉品种：中50191、中04002、中040029、中A3023、中A3025，其中春棉中A3023、A3025为海岛棉；夏棉品种：中501、中502181、中YS-4、中030415、中030041；材料搭载实践八号育种卫星于2006年9月9日搭载升空，在近地点187km、远地点463km的近地轨道共运行355h，航程900多万km，9月24日，经过15d太空飞行的“实践八号”育种卫星成功返回。同时各材料均保留一份种子作地面对照。

1.2　试验方法

1.2.1　田间性状调查

对棉花的10个品种分别进行了苗期观察，并对棉花成熟植株的株高、果枝数、籽棉产量、皮棉产量等农艺性状进行了调查。

1.2.2　SSR多态性分析

DNA提取，参照Paterson等（1994）的方法。对照品种基因组DNA为25个单株DNA的等量混合物。航天材料都是单株提取DNA。PCR（聚合酶链式反应）在美国产Bio-Rad热循环仪上进行。PCR反应体系（10μl）：模版DNA2μl，buffer1μl，$MgCl_2$0.8μl，dNTP0.2μl，SSR上游引物0.2μl，SSR下游引物0.2μl，*Taq*酶0.13μl，ddH_2O5.47μl。反应程序：94℃预变性3min，35个循环（94℃40s，56℃50s，72℃1min），最后72℃延伸10min。扩增产物在8.0%聚丙烯酰胺凝胶中电泳（电泳缓冲液1×TBE，电压150V，时间1.2h），0.2% $AgNO_3$染色，BIORAD凝胶成像系统下观察、照相、读带。本实验方法经3次重复，结果稳定。80对SSR引物序列由上海生工生物技术有限公司合成；*Taq*酶由上海生工生物技术有限公司生产；其他常规试剂主要购自上海生工生物技术有限公司。

多态性比率（%）=（多态性引物数/80）×100

2　结果与分析

2.1　田间变异类型

航天诱变材料变异类型：主要包括生理变异类型和遗传变异类型。

2.1.1　生理变异类型主要是苗期变异

主要有：①单子叶：包括有生长点（a）、无生长点（b）两种类型；②三子叶；一个叶柄两片真叶（c）；③子叶酒杯状突变株（d）等（图1）。航天处理材料变异种类和变异率见表1。

（a）单子叶，有生长点　（b）单子叶，无生长点

（c）1个叶柄，2片真叶　（d）子叶酒杯状

图1　航天处理材料苗期生理变异类型

表1　航天处理材料变异种类和变异率

航天材料	变异种类	变异率
中 502181 SP_2 代	单子叶，无生长点	1.06‰
中 A3023 SP_2 代	三子叶，两子叶叶柄粘连	1.70‰
	一叶柄，两片真叶	1.7‰
中 A3025 SP_2 代	一叶柄，两片真叶	1.54‰
	一叶柄，两真叶一大一小	1.54‰
中 YS-4 SP_2 代	单子叶	1.02‰
	子叶酒杯状	1.02‰
中 30041 SP_2 代	子叶叶柄相连	1.05‰
	单子叶，有生长点	1.05‰

2.1.2　遗传的变异类型

主要表现在中 502181 子叶黄斑突变体和中 50191 早熟矮化单株。

中 502181 SP_2 代苗期子叶叶心部位有黄斑出现（图2），此性状可能是航天环境引起基因发生变异，并且在 SP_2 代发生分离。鉴于这种性状在子叶期表现，也有可能作为一种子叶期鉴定的新型标记开发。中 502181 SP_1 代种植 100 个单株，收获种子（即 SP_2 代）并种成株行，行长 1.5m，其中 21 个株行在 SP_2 代子叶有黄斑表现。SP_2 代共出棉苗 1 354 株，其中子叶表现黄斑为 97 株，占总株比例 7.16%，子叶非黄斑单株数：子叶黄斑单株数 = 13：1。

中 50191 的预期改良目标是缩短其生育期，用作麦套春播。在中 50191 SP_2 代出现较对照矮化且早熟单株（图3）。1 号和 2 号单株为筛选到的早熟矮化单株。其中 1 号株高为

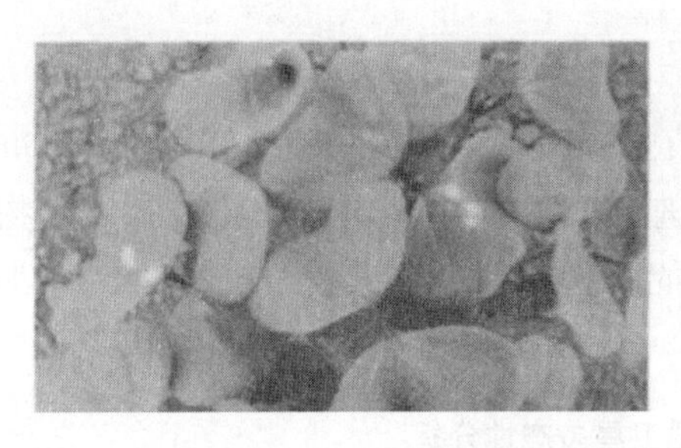

图2　子叶黄斑突变体

81cm，2号株高为98cm，对照为108cm。在100个单株中，筛选到9个早熟性矮化单株，生育期缩短1.1~2.66d，并且早熟性单株的单株籽棉产量较对照增产6.05%，皮棉产量增加2.14%。

图3　早熟矮化单株与对照植株

2.2　农艺性状的变化

在航天环境的影响下，航天处理材料的农艺性状都表现了一定的变化。对SP_1与SP_2代，航天诱变处理对株高、果枝数、单株铃数、衣分、籽棉产量、皮棉产量在正负两个方面都有影响。其中有几个材料变异明显且幅度较大，具体情况如下。

航天处理中A3023（海岛棉）的预期目标是提高产量和衣分。通过航天诱变，籽棉皮棉产量都得到了大幅度的提高；衣分，SP_1代与SP_1代对照相比提高0.35个百分点，SP_2代与SP_2代对照相比提高了1.08个百分点，可以看出衣分提高相当明显。

航天处理中040029的预期目标是提高衣分。通过航天诱变，SP_1代衣分与SP_1代对照衣分相比提高1.6个百分点，SP_2代衣分与SP_2代对照衣分相比提高1.13个百分点，并且SP_2代衣分与SP_1代衣分相比提高1.23个百分点。

航天处理中502181的预期目标是提高抗枯萎、黄萎病能力。中502181 SP_1代、SP_2代，有较好的抗病植株表现。同时，中502181田间产量下降幅度较大，然而其实验室分子标记检测多态性比较高，可能是由于航天环境引起其控制产量性状的基因或与产量性状相关基因发生突变，引起其产量向提高产量和降低产量两个方向发展的现象。在子叶黄斑突变体的变异单株与对照相比：株高、果枝数、籽棉产量、皮棉产量、单铃重、单株产量都低于对照。

2.3 分子标记多态性分析

2.3.1 多态性分析结果

以对照品种基因组DNA、各处理材料SP_1代和SP_2代基因组DNA分别等量混合样品为模板，进行PCR扩增。用80对SSR引物进行PCR扩增、电泳检测，扩增产物片段大小介于100~1 000bp之间。结果表明，引物都能扩增出稳定的扩增片段，但与对照比较多态性结果见表2。

表2 不同材料微卫星多态性分析

材 料	多态性引物对数	多态性比率
中502181 SP_1	1对	1.25%
中502181 SP_2	2对	2.5%
中50191 SP_2	1对	1.25%
中YS-4 SP_1	3对	3.75%
中YS-4 SP_2	3对	3.75%
中30041 SP_1	2对	2.5%
中30041 SP_2	1对	1.25%
中040029 SP_2	1对	1.25%
中A3023 SP_2	1对	1.25%

对棉花航天的10个品种分别进行SSR分子标记检测，可以得出以下3种现象（图4）：①多态性高且SP_1代、SP_2代都有相同的多态性出现，这些是否预示着一些变异能够稳定遗传；②SP_1代多态性高，但多态性在SP_2代消失，扩增片段数减少。有些变异在SP_1代有变现，后代变异消失。此突变可能发生回复突变；③SP_1代多态性不明显，SP_2代多态性表现明显；一些变异在SP_1代无表现，后面世代才表现出来。此突变应该是发生隐性突变，突变当代不表现突变性状，其自交后代才可能表现突变性状。符合一些变异性状在SP_2代及以后世代才能表现出变异的真正性状。

2.3.2 性状变异与SSR位点变异的关系

在中50191的100个诱变后代单株中，筛选到9个生育期缩短1.1~2.7d的早熟性单株，在株高方面较对照明显变矮小。并且早熟性单株的单株籽棉产量与对照相比增产6.05%，皮棉产量增加2.14%，均达到显著水平。2、3、5、6、9、11、12、13、15为筛选到的9个早熟矮化单株由引物CIR280SSR标记扩增结果，扩增产物在700~800bp之间，与地面对照相比缺失两条片段（图5）。这两条片段可能与产量性状和株高性状相关。

中YS-4材料，引物CIR183对SP_1代，SP_2代各100各单株进行多态性分析（图6），SP_1代a型多态性36个单株，b型多态性21个单株。SP_2代a型单株24个单株，b型多态性单株20个单株。两代之间，有11个单株都表现a型多态性，有7个单株都表现b型多态性。并且SP_1代a型多态性单株产量与地面对照相比增加35.2%，与对照相比，达到极

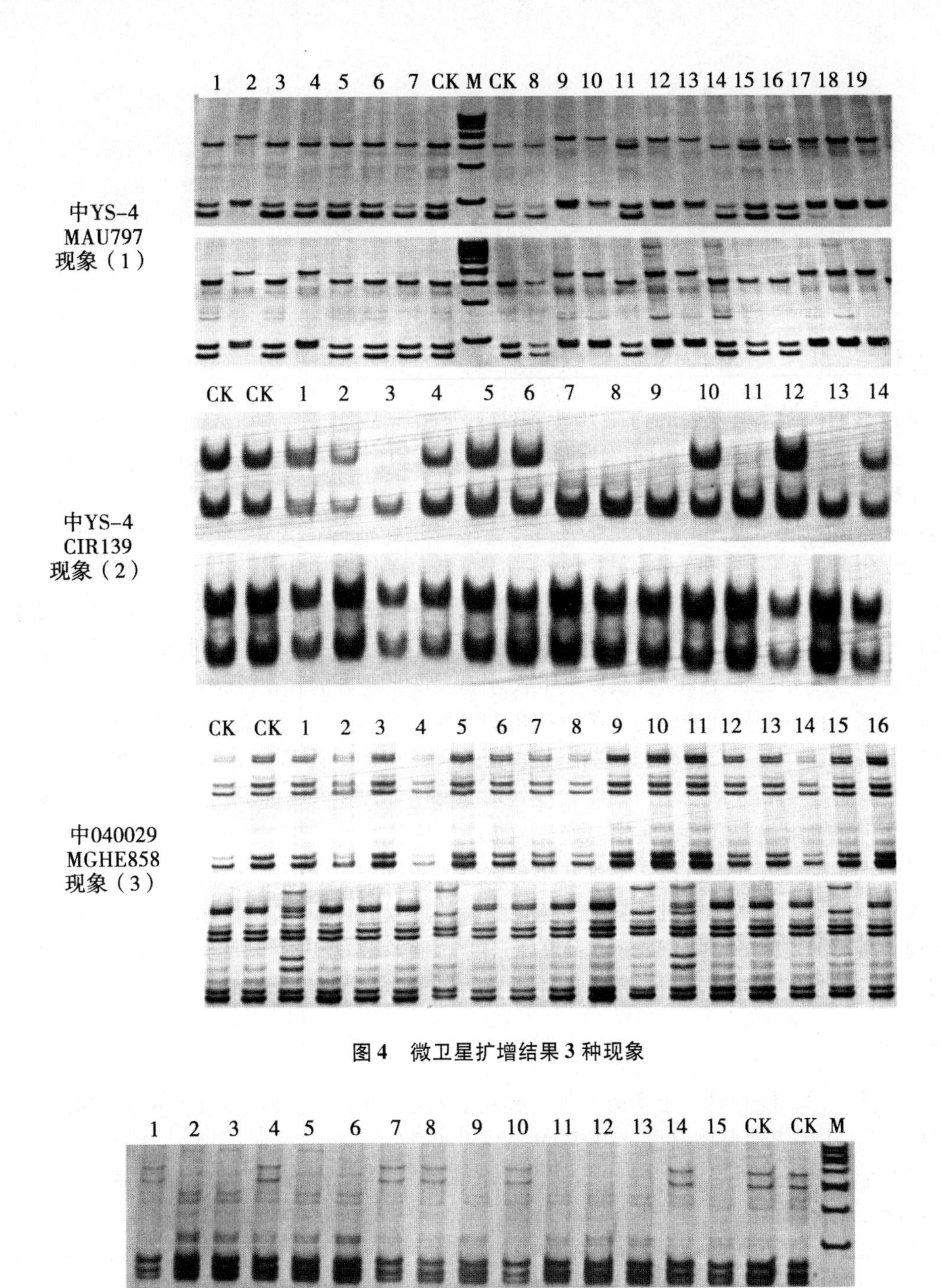

图4　微卫星扩增结果3种现象

图5　中50191微卫星扩增结果

显著水平。SP_2代a型多态性单株产量比地面对照增产14.6%，与对照相比，达到显著水平。

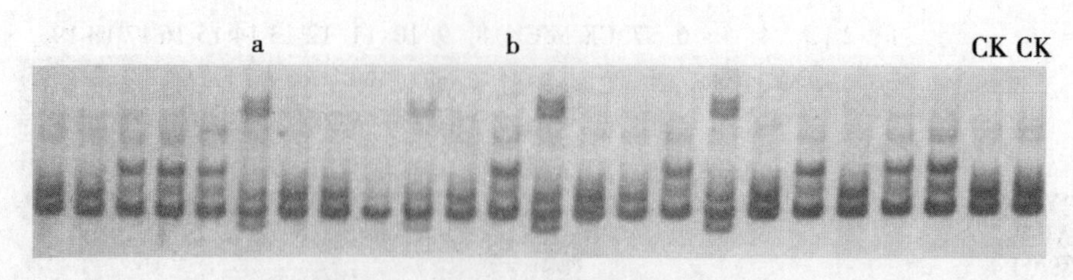

图6 中 YS－4 微卫星扩增结果

3 讨论

通过返回式卫星搭载后的棉花10个品种，返回地面经过种植和选择，在本试验中获得不同类型的突变体，用SSR技术检测10个品种基因位点，发现多个基因位点发生了变异。依据SSR分子标记检测结果，可以得出以下3种现象：①多态性高且 SP_1 代、SP_2 代都有相同的多态性出现，可能预示着一些变异能够稳定遗传；②SP_1 代多态性高，但多态性在 SP_2 代消失，有些变异在 SP_1 代有变现，后代变异消失。此突变可能发生回复突变；③SP_1 代多态性不明显，SP_2 代多态性表现明显，一些变异在 SP_1 代无表现，后面世代才表现出来。此突变应该是发生隐性突变，突变当代不表现，其自交后代才可能表现突变性状。符合一些变异性状在 SP_2 代及以后世代才能表现出变异的真正性状。

同时基因位点变异类型分为3类，扩增的片段数增多、片段数减少和片段长度变化。这些结果与水稻、菜豆、花生和番茄航天育种的研究结果一致[15-18]。本试验结果显示SSR位点变异与形态变异关系复杂，表明太空处理能够诱导棉花产生变异，有望为高产、优质的棉花品种选育提供较好的新种质。

对性状基因的选择，可以在该性状出现之前就通过分子标记进行选择，这可大大缩短育种周期。而从分子水平上对变异材料遗传物质的改变进行检测，将有助于阐明空间诱变的机理，有目的地指导作物空间诱变育种。因此，将材料的DNA分子标记多态性与田间农艺性状联系起来，有益于证实棉花航天诱变的机理。

参考文献

［1］宋美珍，喻树迅，范术丽，等．棉花航天诱变的农艺性状变化及突变体的多态性分析［J］. 中国农业科技导报，2007，9（2）：30-37.

［2］温贤芳，张龙，戴维序．天地结合开展我国空间诱变育种研究［J］. 核农学报，2004，18（4）：286-288.

［3］Mazie RE A，Gonzalez-Jurado J，Reijnen M，*et al.* Transient effects of microgravity on early embryos of *Xenopus Laevis*［J］. *Advin Space Res*，1996，17（6-7）：219－223.

［4］Hughes-Fulford M，Tjandrawinata R Fitzgerald J，*et al.* Effects of microgravity on osteoblast growth activation［J］. *Gravitational and Space Biol Bull*，1998，11（2）：51-60.

［5］ALPATOV A M，Hoban-Higgins T M，Fuller C A，*et al.* Effects of microgravity on Circadian rhythms in insects［J］. *Gravit Physiol*，1998，5（1）：1-4.

［6］徐建龙，李春寿，王俊敏，等．空间环境诱发水稻多蘖矮秆突变体的筛选与鉴

定［J］. 核农学报，2003，17（2）：90-94.

［7］方金梁，邹定斌，周永胜，等. 航天诱变选育高产高蛋白质水稻新品种［J］. 核农学报，2004，18（4）：280-283.

［8］邓立平，郭亚华，张军民，等. 空间诱变在甜椒育种中的应用［J］. 空间科学学报，1996，16（增刊）：126-131.

［9］郑家团，谢华安，王乌齐，等. 水稻航天诱变育种研究进展与应用前景［J］. 分子植物育种，2003，1（3）：367-371.

［10］郭亚华，谢立波，王雪，等. 辣椒空间诱变育种技术创新及新品种（品系）培育［J］. 核农学报，2004，18（4）：265-268.

［11］郑积荣，曹健，李桂花，等. 飞船搭载番茄种子 SP_1 的变异研究初报［J］. 核农学报，2004，18（4）：311-313.

［12］胡繁荣，赵海军，张琳琳，等. 空间技术诱变创造优质抗逆黄叶高羊茅［J］. 核农学报，2004，18（4）：286-288.

［13］谢克强，张香莲，杨良波，等. 太空莲 1、2、3 号新品种的选育［J］. 核农学报，2004，18（4）：325.

［14］杨毅，隋好林，丛惠芳，等. 卫星搭载黄瓜主要性状的变异研究［J］. 山东农业大学学报（自然科学版），2001，32（2）：171-175.

［15］周峰，易继财，张群宇，等. 水稻空间诱变后代的微卫星多态性分析［J］. 华南农业大学学报，2001，22（4）：55-57.

［16］张健，李金国，王培生，等. 菜豆空间突变品系的分子生物学分析［J］. 航天医学与医学工程，2000，13.（6）：410-413.

［17］鹿金颖，刘敏，薛淮，等. 俄罗斯“和平”号空间站搭载的番茄随机扩增多态性 DNA 分析［J］. 航天医学与医学工程，2005，18（1）：72-74.

［18］印红，陆伟，谢申猛. 搭载后红曲霉菌突变株的染色体 DNA 随机扩增多态性分析研究［J］. 航天医学与医学工程，2004，17（5）：374-376.

陆地棉配合力与杂种优势、遗传距离的相关性分析

杨代刚[1]，马雄风[1*]，周晓箭[1]，张先亮[2]，白凤虎[3]，王海风[1]，
孟清芹[1]，裴小雨[1]，喻树迅[1**]

（1. 中国农业科学院棉花研究所/棉花生物学国家重点实验室，安阳　455000；
2. 开封市农林科学研究院/开封市农业生物育种重点实验室，开封　475141；
3. 河北省饶阳县农牧局　053900）

摘要：采用10个陆地棉亲本进行不完全双列杂交，共配置了45个组合，计算亲本的一般配合力（GCA）、特殊配合力（SCA）、杂种优势，并结合SSR标记研究了陆地棉亲本配合力与杂种优势、遗传距离之间的相关关系。配合力分析发现，10个亲本的一般配合力和特殊配合力存在显著或极显著差异。分析亲本配合力、杂种优势和遗传距离的相关性发现，籽棉产量、皮棉产量、衣分的一般配合力和杂种优势呈显著或极显著相关，纤维长度、比强度、麦克隆值、株高、果枝数、单株铃数、铃重、籽棉产量、皮棉产量、衣分的特殊配合力和杂种优势均呈极显著正相关，而与遗传距离相关均不显著。单株铃数、铃重、籽棉产量、皮棉产量、衣分的杂种优势与遗传距离均为正向显著或极显著相关。在育种实践中这些显著或极显著相关的性状可能具有较高的改良潜力。

关键词：棉花；一般配合力；特殊配合力；遗传距离；杂种优势

目前，多数作物杂交育种还主要靠随机的杂交试验，是十分重要的。杂交试验不仅费时费力，还有很大的盲目性。为了提高选择亲本和配制组合的预见性，进行杂交优势预测，是十分重要的。关于杂种优势的遗传机理，国内外学者提出了多种假说。多数学者认为，遗传差异是杂种优势的基础。前人做了大量遗传差异和配合力方面的研究。迄今，在水稻[1-5]、玉米[6]、大豆[7-8]等大田作物上已有很多杂种优势预测方面的报道。近年来，利用分子标记预测作物杂种优势的研究取得了一些进展，其中在玉米[9]、水稻[10-11]、棉花[13]、油菜[14]中进展较快。本文选取10个陆地棉亲本材料按不完全双列杂交进行设计，利用SSR（简单重复序列，Simple sequence repeats）标记检测了10个陆地棉亲本之间的遗传距离，分析了陆地棉亲本一般配合力、特殊配合力和亲本间遗传距离与杂种优势的相关性，从多个角度对亲本杂交产生杂种优势的可能性进行了预测。利用不同研究方法预测

原载于：《棉花学报》，2012，24（3）：191-198

杂种优势，旨在分析各方法之间的内在联系，比较不同研究方法的优势，为棉花杂种优势利用提供理论依据。

1　材料与方法

1.1　供试材料

本试验选取10个陆地棉亲本材料按双列杂交的第2种方案进行配组（包括10个亲本和45个正交 F_1）。10个陆地棉亲本材料来自于长江流域的4个，即9018、望江2028（WJ2028）、91-940和Y9，它们分别从鄂荆1号×中7263、鄂抗棉3号×鄂棉18号、GK19×鄂抗棉3号和美国109等优良组合的后代或品系中系统选育而成；来自于黄河流域的4个，即中棉所41（CCRI 41）、中棉所45（CCRI 45）、3392154-55和sGK958，其中3392154-55是由转基因品种邯郸109系统选育而成，sGK958是从（锦科970012×锦科19）杂交后代中选育出来的；来自于西北内陆棉区的2个，即中棉所49（CCRI49）和新陆中9号（XLZ-9）。所有亲本材料在配组合前连续进行了4年自交。

1.2　田间试验设计

试验于2008—2009年在中国农业科学院棉花研究所皖南综合试验站（安徽省望江市）进行。按照双列杂交第2种方法进行试验设计，随机区组排列，2行区，3次重复，小区面积8.52 m^2，土壤为黏土，地力中等，田间管理一致。播种期为4月18日，密度为每公顷2.16万株。两年各种植了55个材料（10个亲本和45个正交 F_1）。适时调查各供试材料的出苗期、现蕾期、开花期和吐絮期；9月15日调查小区的株高、果枝数和单株铃数；10月10日每小区收正常吐絮25个铃，进行室内考种，考查铃重、衣分、籽指、籽棉产量和皮棉产量，均以11月20日前收花量按小区计产；每小区随机取20 g皮棉送农业部棉花品质监督检验测试中心（HVICC）作纤维品质测试。

1.3　SSR标记实验

实验室采用改良CTAB（Cetyl trimethyl ammonium bromide）法提取总DNA[15]，运用SSR标记技术对杂交棉亲本进行标记筛选，按非变性聚丙烯酰胺凝胶电泳及银染参照快速检测法进行[16]。根据PCR扩增结果，在相同迁移位置以各个引物电泳扩增的主带为准，每个样品的扩增条带按有或无记录，扩增条带存在时赋值为1，否则赋值为0，若缺失则记为9。

1.4　数据统计分析

田间数据的统计分析在Excel 2003中进行，计算中亲杂种优势：$H = F_1 - (P_1 + P_2)/2$，各供试材料的一般配合力（General combining ability，GCA）、特殊配合力（Specific combining ability，SCA）按刘来福的方法计算[17]；分子标记数据在NTSYS-pc系统[18]下进行运算，按Nei的方法计算品种间的相似系数（GS），遗传距离（GD），$GD = 1 - GS$，利用 GD 值按非加权组平均法（Unweighted pair-group method with arithmetic means，UPGMA）进行聚类分析。

2　结果

2.1　供试亲本材料的配合力表现

从表1看出，供试材料10个性状的一般配合力均有显著差异。从供试材料来看，

Y9、91-940、中棉所 49、新陆中 9 号的纤维长度，91-940、sGK958、中棉所 49、新陆中 9 号的比强度，中棉所 41、sGK958、3392154-55 的麦克隆值，9018、sGK958、望江 2028 的株高，91-940 的果枝数，Y9、中棉所 45、91-940 的单株成铃数，9018、3392154-55、望江 2028、新陆中 9 号的铃重，9018、中棉所 41、sGK958、望江 2028 的衣分，中棉所 45、91-940、3392154-55 的籽棉产量，9018、中棉所 41、中棉所 45、3392154-55、望江 2028 的皮棉产量与其他供试材料的差异均达正向显著或极显著。

表 1　各亲本一般配合力效应值

一般配合力	9018	Y9	CCRI41	CCRI 45	91-940	sGK958	3392154-55	WJ2028	CCRI 49	XLZ-9
纤维长度	-0.49	0.46**	-0.20	0.13	0.38**	0.16	-0.65	-1.12	0.27*	1.06**
比强度	-1.04	0.08	-1.05	-0.47	0.90**	0.62**	-0.88	-2.10	0.76**	3.18**
麦克隆值	-0.38	0.01	0.16**	0.02	-0.22	0.25**	0.35**	0.06	-0.01	-0.25
株高	6.54**	-5.89	1.42	-5.97	1.60	6.69**	-1.33	5.16**	-7.49	-0.74
果枝数	0.17	0.13	-0.41	0.19	0.87**	0.38	-0.71	-0.51	0.00	-0.12
单株成铃数	-0.12	3.77**	0.65	5.23**	4.45**	0.01	-0.71	-2.78	-2.50	-6.66
铃重	0.17**	-0.51	-0.14	-0.31	-0.42	0.01	0.26**	0.55**	-0.08	0.47**
衣分	2.14**	-0.41	1.16**	0.13	-0.23	0.93**	0.14	1.82**	-1.16	-4.51
籽棉产量	-3.75	3.81	2.33	17.14**	8.62**	-0.82	18.20**	2.10	-2.25	-45.39
皮棉产量	4.47**	0.02	4.10**	7.24**	2.56	1.97	7.66**	5.97**	-4.54	-29.45

注：**、* 分别表示 1%、5% 显著性

从不完全双列杂交田间统计数据的特殊配合力方差分析结果（表 2）来看，组合（Y9 × 新陆中 9 号）的纤维长度和比强度，（中棉所 41 × 中棉所 49）的麦克隆值，（中棉所 41 × 望江 2028）的株高，（9018 × 新陆中 9 号）的果枝数，（Y9 × 中棉所 45）的单株成铃数，（中棉所 41 × sGK958）的铃重，（中棉所 45 × 新陆中 9 号）、（sGK958 × 新陆中 9 号）的铃重、衣分、籽棉产量、皮棉产量，（3392154-55 × 新陆中 9 号）的铃重和籽棉产量，（Y9 ×91-940）的衣分，（中棉所 45 × 望江 2028）的籽棉产量、皮棉产量，（sGK958 ×3392154-55）的皮棉产量的特殊配合力与其他组合相比均达到了极显著差异；总的来说，产生特殊配合力的组合较广泛，产生杂种利优势的潜力较大。

表 2　不完全双列杂交群体特殊配合力效应值

杂交组合	长　度	比强度	麦克隆值	株　高	果枝数	单株成铃数	铃　重	衣　分	籽棉产量	皮棉产量
9018 × Y9	0.68	-0.15	-0.24	-4.15	-1.11	-0.38	-0.34	0.16	6.53	3.61
9018 × CCRI41	0.01	0.44	-0.25	-1.52	-0.84	-3.99	0.06	-0.26	8.14	3.01
9018 × CCRI45	0.04	-0.54	0.15	-3.87	-1.31	-4.44	0.01	-0.22	21.17*	8.95*
9018 × 91-940	-0.02	-0.01	0.23	1.02	0.68	2.34	0.33*	-0.27	9.29	3.84
9018 × sGK958	0.40	0.53	-0.07	-0.53	0.04	-1.89	0.08	-0.64	-3.58	-3.30
9018 × 3392154-55	0.30	0.44	-0.04	-0.98	-0.28	-0.84	0.03	0.83*	4.69	5.40
9018 × WJ2028	0.07	0.59	-0.24	-0.33	0.92	-0.89	0.20	-0.46	-5.27	-3.65
9018 × CCRI49	-0.03	0.43	0.05	0.38	-0.25	-0.71	0.19	0.12	5.00	2.42

（续表）

杂交组合	长　度	比强度	麦克隆值	株　高	果枝数	单株成铃数	铃　重	衣　分	籽棉产量	皮棉产量
9018×XLZ-9	0.52	-0.26	0.02	6.90*	2.20**	3.92	0.10	-0.04	-17.82	-9.28
Y9×CCRI 41	0.29	0.05	-0.25	-0.49	-1.20	-3.08	0.06	-0.50	0.04	-1.22
Y9×CCRI 45	-0.67	0.11	-0.16	4.83	-1.01	8.07**	0.07	-1.05	-17.20	-10.37
Y9×91-940	-0.49	0.30	0.12	0.52	1.58*	1.78	0.28	1.40**	-5.46	2.13
Y9×sGK958	0.17	0.11	0.23	-0.97	1.54*	-1.84	-0.07	0.75*	-9.92	-1.66
Y9×3392154-55	-0.10	-0.18	0.35*	-0.21	0.56	0.34	0.08	-0.38	4.40	0.67
Y9×WJ2028	0.28	0.77	-0.22	-3.63	0.09	-1.18	-0.03	0.28	19.06	9.48*
Y9×CCRI49	0.39	0.48	-0.05	-2.05	-0.41	-1.80	0.08	0.55	26.66*	12.39*
Y9×XLZ-9	2.62**	4.87**	-0.24	-3.63	-0.04	-3.38	-0.04	-6.85	-32.50	-32.60
CCRI41×CCRI 45	-0.23	-0.53	0.39*	-4.28	1.13	0.32	0.31*	0.20	9.40	5.52
CCRI41×91-940	0.59	0.46	-0.20	5.15	0.12	-0.63	0.07	-0.17	26.53*	11.08*
CCRI41×sGK958	-0.34	0.07	-0.09	0.79	0.15	1.34	0.45**	-0.33	19.19	7.88
CCRI41×3392154-55	-0.13	0.18	0.04	-10.58	-0.03	3.52	0.33*	0.65	12.86	8.23
CCRI41×WJ2028	-0.13	0.49	-0.06	8.53**	0.83	0.60	0.01	0.02	5.51	2.92
CCRI41×CCRI49	-0.42	-0.80	0.55**	-0.02	1.39*	3.65	0.30	0.11	1.59	0.84
CCRI41×XLZ-9	0.50	-0.06	-0.03	-1.17	0.18	2.61	-0.82	0.60	27.63*	10.56*
CCRI45×91-940	0.06	-0.15	-0.05	1.00	0.52	2.26	0.16	-0.13	15.02	6.01
CCRI45×sGK958	0.60	0.50	-0.03	1.38	0.61	0.96	-0.22	0.91*	5.59	5.92
CCRI45×3392154-55	0.05	1.10	0.13	2.07	0.23	1.81	0.30	-0.58	-5.48	-4.32
CCRI45×WJ2028	0.08	-0.78	0.11	-3.29	0.29	1.96	-0.05	0.60	38.20**	19.43**
CCRI45×CCRI 49	0.64	-0.74	0.09	1.89	-0.08	0.21	-0.31	0.75*	1.72	2.88
CCRI45×XLZ-9	-0.08	0.50	-0.22	1.81	-0.10	-2.37	0.65**	1.05**	50.51**	20.17**
91-940×sGK958	-0.29	-1.15	-0.16	1.20	-0.33	-1.13	0.13	-0.33	-8.64	-4.41
91-940×3392154-55	0.83*	1.09	-0.14	3.89	0.48	-1.01	0.10	0.70*	0.04	2.52
91-940×WJ2028	-0.15	-0.86	-0.13	-1.33	-0.45	-2.80	-0.14	-1.21	-15.98	-10.22
91-940×CCRI 49	-0.39	0.08	0.05	-1.08	-0.82	1.38	-0.16	-0.12	1.07	-0.28
91-940×XLZ-9	-0.60	-0.91	0.30*	-4.16	-0.64	0.81	-0.09	0.57	-1.79	-0.88
sGK958×3392154-55	-0.57	-1.03	0.18	1.07	-0.42	-2.51	-0.21	0.08	28.58*	13.19**
sGK958×WJ2028	0.86*	0.89	-0.41	-4.82	-1.02	-1.23	0.00	-0.93	11.33	2.35
sGK958×CCRI 49	-0.29	-0.01	-0.04	0.30	0.94	1.56	0.10	0.10	27.30*	11.62*
sGK958×XLZ-9	0.44	1.47*	-0.11	-3.72	-1.15	1.58	0.45**	1.35**	42.28**	18.60**
3392154-55×WJ2028	0.46	0.56	0.24	2.27	0.73	4.09	-0.28	0.64	-7.68	-0.80
3392154-55×CCRI 49	0.16	-0.80	0.07	0.05	-0.58	-2.66	0.04	1.47**	19.38	12.61*
3392154-55×XLZ-9	-0.50	0.28	-0.04	3.70	0.94	2.17	0.66**	-0.40	40.21**	11.71*
WJ2028×CCRI 49	-0.23	0.08	-0.27	8.10*	0.95	1.48	0.04	-0.41	-11.38	-6.17
WJ2028×XLZ-9	0.37	0.39	-0.08	-2.78	-0.46	-2.36	0.44*	0.84*	12.09	4.93
CCRI 49×XLZ-9	0.36	1.17*	-0.07	-5.33	-0.30	-1.64	0.24	-0.18	-9.71	-4.99

注：**、*分别表示1%、5%显著

2.2 供试亲本材料间遗传距离的分析

本研究应用287对SSR引物对10个供试陆地棉材料进行多态性筛选，从中选出72对具有多态性且扩增条带清晰的引物进行统计分析，结果显示72对SSR标记扩增出148个多态性位点，平均多态性位点2.06个。利用SSR标记多态性位点对10个供试陆地棉材料进行遗传距离计算，结果发现遗传距离变幅为0.14～0.75，平均遗传距离为0.45（表3）。统计表明：45个遗传距离中，有23个大于平均遗传距离，表明10个亲本间的遗传差异较大。总的来说，以最末端的基准材料Y9分类，把供试材料大致分成6类：9018，中棉所41，望江2028，中棉所45、sGK958、91-940、中棉所49，3392154-55，新陆中9号。利用GD值按UPGMA法进行聚类分析，结果见图1。

表3 供试材料遗传距离分析

遗传距离	9018	Y9	CCRI41	CCRI45	91-940	sGK958	3392154-55	WJ2028	CCRI49	XLZ-9
9018	0.00									
Y9	0.14	0.00								
CCRI41	0.22	0.30	0.00							
CCRI45	0.53	0.43	0.54	0.00						
91-940	0.58	0.58	0.50	0.46	0.00					
sGK958	0.32	0.46	0.36	0.29	0.48	0.00				
3392154-55	0.44	0.52	0.46	0.43	0.56	0.35	0.00			
WJ2028	0.36	0.38	0.45	0.55	0.43	0.39	0.51	0.00		
CCRI49	0.38	0.46	0.27	0.43	0.35	0.32	0.43	0.40	0.00	
XLZ-9	0.56	0.45	0.75	0.69	0.58	0.69	0.60	0.55	0.56	0.00

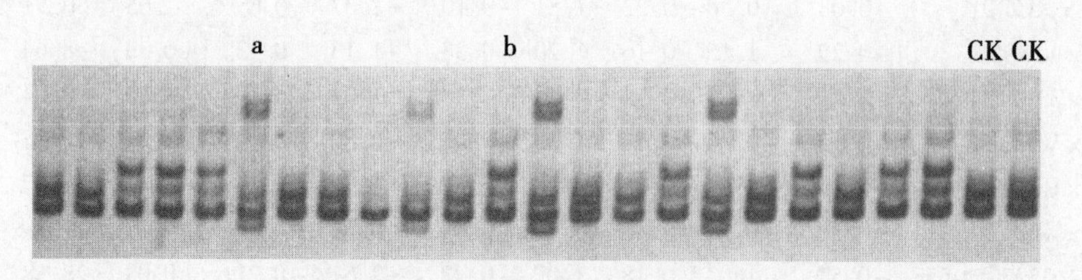

图1 供试亲本材料SSR聚类分析树状图

2.3 特殊配合力、杂种优势与遗传距离间相关性

通过对供试材料配合力、杂种优势与遗传距离进行相关性分析（表4）发现：只有籽棉产量的一般配合力和杂种优势相关达到极显著，相关系数为0.49；衣分、皮棉产量与杂种优势相关显著，相关系数分别为0.37和0.32。表明，从籽棉产量、皮棉产量和衣分杂种优势较强的后代中，也可能选出高产、高衣分的类型（品系或材料）。其他性状则与杂种优势相关均不显著。各性状的特殊力与杂种优势均极显著相关，相关系数极高。而遗传距离与单株成铃数、衣分、籽棉产量、皮棉产量的一般配合力正向显著或极显著相关，相关系数分别为：0.33、0.40、0.50、0.50，表明在一定范合围内，选择单株成铃数、衣分、籽棉产量、皮棉产量遗传距离较大的亲本进行杂交，其后代也容易选出这些性状高的

类型（品系或材料）。

表 4　不完全双列杂交群体与杂种优势、遗传距离的相关关系

相关系数	杂种优势		遗传距离		杂种优势
	一般配合力	特殊配合力	一般配合力	特殊配合力	遗传距离
纤维长度	-0.10	0.76**	-0.25	0.00	-0.01
比强度	-0.06	0.58**	-0.38**	0.06	0.11
麦克隆值	0.07	0.86**	0.45**	0.18	0.18
株高	-0.04	0.94**	-0.16	0.03	0.08
果枝数	-0.28	0.95**	-0.10	0.17	0.17
单株成铃数	0.21	0.87**	0.33*	0.17	0.34*
铃重	0.02	0.91**	-0.32*	0.21	0.41**
衣分	0.37*	0.50**	0.40**	0.19	0.45**
籽棉产量	0.49**	0.78**	0.50**	0.28	0.40**
皮棉产量	0.32*	0.71**	0.50**	0.22	0.32**

注：**、*分别表示 1%、5%显著性

3　讨论

3.1　配合力差异对性状决定及改良作用的分析

从亲本材料的纤维长度来看，新陆中 9 号一般配合力最高，其次是 Y9，再次是 91-940，其后是中棉所 49，所以在 45 个杂交组合中，最终纤维长度占据优势、排在前 8 位的组合中均有这几个亲本出现，它们依次是：（Y9×新陆中 9 号）、（中棉所 49×新陆中 9 号）、（sGK958×新陆中 9 号）、（中棉所 41×新陆中 9 号）、（Y9×中棉所 49）、（中棉所 45×新陆中 9 号）、（9018×新陆中 9 号）、（中棉所 45×中棉所 49）。但双列杂交组合中，这些组合的亲本并不都是特殊配合力较高，特殊配合力较高且具有显著差异的组合有：（Y9×新陆中 9 号）、（91-940×3392154-55）、（sGK958×望江 2028）。（Y9×新陆中 9 号）的两亲本具有较高的一般配合力，且具有极显著的特殊配合力，所以排在所有双列杂交组合中的第 1 位。（中棉所 49×新陆中 9 号）、（sGK958×新陆中 9 号）、（中棉所 41×新陆中 9 号）、（Y9×中棉所 49）、（中棉所 45×新陆中 9 号）、（9018×新陆中 9 号）、（中棉所 45×中棉所 49）的亲本的一般配合力优势突出，在特殊配合力不显著的情况下，仍然名列前茅。

从籽棉产量性状来看，亲本材料一般配合力依次为：3392154-55、中棉所 45、91-940、Y9。在 45 个杂交组合中，排在前 13 位的组合依次是：（中棉所 45×望江 2028）、（sGK958×3392154-55）、（中棉所 45×91-940）、（中棉所 41×91-940）、（3392154-55×中棉所 49）、（9018×中棉所 45）、（中棉所 41×3392154-55）、（中棉所 45×3392154-55）、（中棉所 41×中棉所 45）、（Y9×中棉所 49）、（91-940×3392154-55）、（Y9×3392154-55）、（Y9×望江 2028），在这些组合里至少包含一个一般配合力较高的亲本材料。在 45 个杂交组合中，特殊配合力达显著或极显著水平的组合有：（中棉所 45×新陆中 9 号）、

(sGK958×新陆中 9 号)、(3392154-55×新陆中 9 号)、(中棉所 45×望江 2028)、(sGK958×3392154-55)、(中棉所 41×新陆中 9 号)、(sGK958×中棉所 49)、(Y9×中棉所 49)、(中棉所 41×91-940)、(9018×中棉所 45)。但大多数特殊配合力达到显著、极显著水平的组合并未排在前 13 个籽棉产量优势组合中，只有 3 个组合：(中棉所 45×望江 2028))、(sGK958×3392154-55)、(中棉所 41×91-940) 排在前 4 位，其他排名均不在前 13 强之列。

其他性状的分析结果与上述两性状的分析结果大致相同。我们认为在实际育种过程中，决定性状优劣的基础性指标是一般配合力，而在一般配合力较高的基础上，对性状改良具有利用价值的因素为亲本材料的特殊配合力。所以在实际选择育种中，重点把握亲本材料的一般配合力是关键，要兼顾特殊配合力，进一步改良农艺性状。

3.2 亲本配合力、杂种优势与遗传距离间的相关

许多学者研究了亲本配合力与杂种优势的关系认为，父、母本间的一般配合力均方值均达显著或极显著水平，特殊配合力均方值除籽、皮棉产量性状外，其余均不显著。在 F_1 性状的遗传中，各性状的加性效应起主导作用；F_1 的性状表型值与父、母本的一般配合力呈高度正相关，并达显著水平[19]。籽棉产量、皮棉产量、单株铃数和铃重具极显著的特殊配合力方差，衣分的一般配合力和特殊配合力方差均极显著，纤维长度、比强度和麦克隆值具极显著的一般配合力方差[20]。对本试验亲本的配合力、杂种优势、遗传距离的相关性分析发现，杂种优势与 10 个性状的特殊配合力均极显著相关，与少数性状（衣分、籽棉产量、皮棉产量）的一般配合力显著或极显著相关，这与邢朝柱、张正圣等的观点[19-21]基本相同；另外，本试验所测得的遗传距离则与 10 个性状的特殊配合力相关均不显著，与大多数性状（比强度、麦克隆值、单株成铃数、铃重、衣分、籽棉产量、皮棉产量）的一般配合力显著或极显著相关。通过对配合力、杂种优势、遗传距离相关关系的比较可知，杂种优势和遗传距离对配合力关系的选择方式是不完全相同的，遗传距离可反映多数性状的一般配合力和产量及其构成因子的杂种优势。分析遗传距离对指导选择亲本选育丰产优质棉新品种和利用产量性状的杂种优势，是有重要参考价值的。

杂交亲本间遗传距离与组合优势关系十分复杂[22]，有的学者认为亲本遗传距离与杂种产量优势有显著或极显著的抛物线回归关系[23]。从本试验获得的结果来看，杂种优势和遗传距离的相关关系，二者虽然在亲本组配的育种选择中所代表的成分不同，但二者之间仍然存在一定的相关关系，且在某些性状（单株成铃数、铃重、衣分、籽棉产量、皮棉产量）中相关显著或极显著[24]，亲本和组合各性状指标的实际排名结果也证实，达到显著或极显著相关的性状在育种实践中具有较高的改造潜力，主要受显性、超显性基因控制；相关不显著的性状则主要受加性、加性上位性遗传为主，变异程度较小[25-26]。

参考文献

[1] 龚光明，周国锋，尹楚球，等．籼型两用核不育系主要农艺性状的配合力分析[J]. 中国水稻科学，1993，7 (3)：137-142.

[2] 廖伏明，周坤炉，阳和华，等．杂交水稻亲本遗传差异及其与杂种优势关 [J]. 中国水稻科学，1998，12 (4)：193-199.

［3］齐绍武，盛孝邦．籼型两系杂交水稻主要农艺性状配合力及遗传力分析［J］. 杂交水稻，2000，15（3）：38-41.

［4］赵庆勇，朱镇，张亚东，等．12 个粳稻新不育系的配合力及利用价值评价［J］. 中国水稻科学，2008，22（1）：57-64.

［5］张玲，杨国涛，谢崇华，等．几个籼型杂交水稻光合特性的配合力研究［J］. 南京农业大学学报，2009，32（2）：5-9.

［6］马燕斌，荣廷昭，杨克诚，等．6 个玉米人工合成群体的育种潜势分析［J］. 中国农业科学，2007，40（8）：1594-1601.

［7］梁慧珍，李卫东，方宣钧，等．大豆异黄酮及其组分含量的配合力和杂种优势［J］. 中国农业科学，2005，38（10）：2147-2152.

［8］杨加银，盖钧镒．大豆杂种产量和品质性状早世代优势和亲本配合力分析［J］. 中国农业科学，2009，42（7）：2280-2290.

［9］袁力行，傅骏骅，刘新芝，等．利用分子标记预测玉米杂种优势的研究［J］. 中国农业科学，2000，33（6）：6-12.

［10］张涛，倪先林，蒋开锋，等．水稻功能基因标记遗传距离与杂种优势的相关性研究［J］. 中国水稻科学，2009，23（6）：567-572.

［11］徐美兰，金正勋，李晓光，等．7 个粳稻 SSR 和 SRAP 分子标记遗传距离比较及其与产量性状杂种优势的关系［J］. 分子植物育种，2009，7（6）：1084-1092.

［12］梁奎，黄殿成，赵凯铭，等．杂交粳稻亲本产量性状优异配合力的标记基因型筛选［J］. 作物学报，2010，36（8）：1270-1279.

［13］张先亮，刘方，王为，等．陆地棉 QTG 对杂种优势贡献的初步分析［J］. 科学通报，2010，55（20）：1993-2002.

［14］朱宗河，郑文寅，张学昆．甘蓝型油菜种子贮藏蛋白遗传距离与杂种优势关系研究［J］. 中国油料作物学报，2009，31（4）：413-420.

［15］宋国立，崔荣霞，王坤波，等．改良 CTAB 法快速提取棉花 DNA［J］. 棉花学报，1998，10（5）：273-275.

［16］张军，武耀廷，郭旺珍，等．棉花微卫星标记的 PAGE/银染快速检测［J］. 棉花学报，2000，12（5）：267-269.

［17］刘来福，毛盛贤，黄远樟．作物数量遗传［M］. 北京：农业出版社，1984：206-284.

［18］Rohlf F J. NTSYSpc：Numerical taxonomy and multivariate analysis system version 2. 0 user guide［M］. New York：Biostatis-tics Inc，1993.

［19］邢朝柱，靖深蓉，郭立平，等．转 Bt 基因棉杂种优势及性状配合力研究［J］. 棉花学报，2000，12（1）：6-11.

［20］张正圣，李先碧，刘大军，等．陆地棉高强纤维供试材料 Bt 基因因抗虫棉的配合力与杂种优势研究［J］. 中国农业科学，2002，35（12）：1450-1455.

［21］纪家华，王恩德，李朝晖，等．陆地棉优异种质间的杂种优势和配合力分析［J］. 棉花学报，2002，14（2）：104-107.

［22］游俊，刘金兰，孙济中．陆地棉品种与陆地棉族系种质系间杂种优势及其组成分析［J］. 作物学报，1998，24（6）：834-839.

［23］王学德，潘家驹．棉花亲本遗传距离与杂种优势间的相关性研究［J］. 作物学报，1990，10（1）：32-38.

［24］范术丽，喻树迅，张朝军，等．短季棉常用亲本早熟性状的遗传及配合力研究［J］. 棉花学报，2004，16（4）：211-215.

［25］袁有禄，张天真，郭旺珍，等．棉花优异纤维品质性状的双列杂交分析［J］. 遗传学报，2005，32（1）：79-85.

［26］杨六六，刘惠民，曹美莲，等．棉花产量和纤维品质性状的遗传研究［J］. 棉花学报，2009，21（3）：179-183.

陆地棉机采性状对皮棉产量的遗传贡献分析

努斯热提·吾斯曼[1]，喻树迅[1]，范术丽[1]，梅拥军[1,2]，原日红[1]
（1. 中国农业科学科院棉花研究所/棉花生物学国家重点实验室，安阳　455000；
2. 塔里木大学植物科学学院，阿拉尔　843300）

摘要：采用加性—显性—加加上位性及其与环境互作的遗传模型（ADAA 模型），对 8 个陆地棉亲本（其中有 6 个机采棉品种）及其 F_1 和 F_2 的 28 个组合 5 个机采性状和单株皮棉产量的新疆维吾尔自治区（以下简称新疆）阿拉尔市和石河子市 2 试点资料，进行了贡献分析。结果表明，5 个机采性状对皮棉产量表型值的贡献变化范围为 −20% ~ −14%；在显性贡献中，第一果枝高度对皮棉产量的贡献率最大（CR_D =10%），其次是节间长度的贡献（CR_D =8%），而霜前花率对皮棉产量有较大的抑制作用（CR_D = −25%）；霜前花率对皮棉产量的加加上位贡献率最大（CR_{AA} =86%），其次是第一果枝节位（CR_{AA} =24%）。霜前花率在特殊的环境中对皮棉产量表现为很大的显性正向贡献（CR_{DE} =78%）和加加上位效应抑制作用。不同亲本 5 个机采性状对其皮棉产量的显性和加加上位效应贡献不同。5 个机采性状对不同组合皮棉产量显性效应的贡献较小，霜前花率对皮棉产量的显性效应的贡献在 2 个地点的表现往往和单株皮棉产量在不同地点表现显性效应的性质（正或负）相一致，并且在 5 个机采性状中对皮棉产量的显性贡献是最大的。加加上位效应在皮棉产量的遗传中起着很重要的作用，而在 8 个亲本及其后代各组合的 5 个机采性状中，霜前花率可作为选择皮棉产量加加上位效应的主选性状。在不同的环境中，皮棉产量加加上位效应的主选机采性状随组合有所不同。

关键词：陆地棉；机采性状；皮棉产量；ADAA 模型；贡献分析

机械化采收棉花（机采棉）技术（Mechanical harvesting technology of cotton）在新疆棉花生产中引进推广克服了人工拾花效率低、成本高、浪费大等缺点，一定程度上缓解棉花采收劳动力压力，提高了棉花生产水平，为新疆棉花生产全面机械化打下基础。但目前新疆机采棉技术推广比较缓慢，适合机采的棉花品种问题一直制约着机采棉技术的大面积应用。由于缺乏与不同生态气候相适应的不同类型机采棉品种，各棉区种植的棉花主栽品种仍然是非机采品种，为此不适应机械采收而影响棉花产量及品质，降低机采棉经济效益。因此尽快解决机采棉品种并大力推广机采棉技术是确保新疆棉花生产持续快速发展的

原载于：《棉花学报》，2012，24（1）：10-17

迫切需要。为了解决机采棉品种问题，农业科研人员 20 世纪 90 年代中期开始探索机采棉品种选育。较一致的结论是：机采棉品种的株型为塔形或筒形，比较紧凑（非零式果枝或有限果枝），第一果枝高度在 18cm 以上，结铃集中在内围，能在霜前集中吐絮，霜前花率 90%上，含絮力适度、不夹壳，抗风不掉絮，叶片略小、光合能力强，能在吐絮后自然落叶则更好[1]。研究棉花机采性状等遗传规律对提高机采棉品种选育效率具有重要意义。对陆地棉产量性状的遗传及杂种优势的利用已有较多报道[2-6]；一些统计分析方法常被用来阐明性状间的关系。朱军提出的贡献率分析方法[7]已用于分析陆地棉某一性状的表型值对另一性状遗传组分的影响[8-13]，对于评价亲本和不同组合相关性状对目标性状的影响指导间接选择具有重要意义。由于对机采性状的选择可能对棉花的产量、品质产生影响，所以选育机采棉品种需要进行各机采性状及产量、品质之间的遗传关系的研究。关于机采性状对产量的遗传研究还鲜见报道。本文应用朱军提出的贡献率分析方法对陆地棉 8×7×1/2 双列杂交 F_1 和 F_2 的 5 个机采性状和单株皮棉产量的两试点资料进行遗传贡献分析，对亲本和组合进行评价，为机采陆地棉育种提供理论依据。

1 材料与方法

1.1 试验时间与地点

试验于 2009~2010 年在中国农业科学院棉花研究所新疆南疆试验站（阿拉尔）和北疆试验站（石河子市）进行。

1.2 试验材料与方法

以（1）新陆早 13、（2）新陆早 23、（3）XLZ111、（4）XLZ112、（5）中 297-5、（6）K-23、（7）费尔干 3 号和（8）TM-1（其中品种 1、2、3、4、5、7 为机采棉品种）为亲本，按完全双列杂交遗传设计配制 28 个杂交组合，于 2010 年的 5 月 1 日和 4 月 25 日分别在 2 个试验点种植 8 个亲本及其 28 个 F_1 和 F_2 组合。田间亲本及其 F_1 和 F_2 随机区组设计，2 试点均为 3 次重复，亲本和 F_1 每小区种植 2 行，F_2 每个小区 4 行，行长均为 8m。为了保证机采棉亲本及其杂交后代能充分表现其遗传特征特性，株、行距要适当大一些。行距配置 0.66m+0.20m，株距 0.24m，地膜覆盖种植，田间管理同大田。测定性状有：株高、第一果枝高度、第一果枝节位、倒数第四果枝节间平均长度（简称果枝节间长度）、霜前花百分率（简称霜前花率）和单株皮棉产量，对亲本和 F_1 6 个性状每个小区测定 10 株棉株，F_2 每个小区测定 50 株棉株。

1.3 遗传模型与统计分析方法

以小区平均值为单位采用包括基因型×环境互作的加性—显性—加加上位性的遗传模型分析。表型值可以分解为：

$$y=\mu+E+A+D+AA+AE+DE+AAE+\varepsilon$$

式中 μ——群体均值；

E——环境效应，$E \sim N(0, v_E)$；

A——加性效应，$A \sim N(0, v_A)$；

D——显性效应，$D \sim N(0, v_D)$；

AA——加加上位性效应，$AA \sim N(0, v_{AA})$

AE——加性×环境互作效应，$AE \sim N(0, v_{AE})$；

DE——显性×环境互作效应，$DE \sim N(0, v_{DE})$；

AAE——加加上位性×环境互作效应，$AAE \sim N(0, v_{AAE})$；

ε——剩余，$\varepsilon \sim N(0, v_{\varepsilon})$。

运用混合线性模型估算条件方差分量和预测条件遗传效应值[7-9]，估算机采性状对皮棉产量的各项遗传效应分量贡献率（$CR_{A(C \to T)}$ = 机采性状对皮棉产量的加性贡献率，$CR_{D(C \to T)}$ = 机采性状对皮棉产量的显性贡献率，$CR_{AA(C \to T)}$ = 机采性状对皮棉产量的加加上位效应贡献率，$CR_{AE(C \to T)}$ = 机采性状对皮棉产量的加性×环境互作贡献率，$CR_{DE(C \to T)}$ = 机采性状对皮棉产量的显性×环境互作贡献率，$CR_{AAE(C \to T)}$ = 机采性状对皮棉产量的加加上位性×环境互作贡献率，$CR_{P(C \to T)}$ = 机采性状对皮棉产量的表型贡献率）。预测皮棉产量的遗传效应值及机采性状对皮棉产量贡献的遗传效应值（A_i = 第 i 个亲本皮棉产量的加性效应，$A_{i(C \to T)}$ = 第 i 个亲本的机采性状对皮棉产量贡献的加性效应值；D_{ij} = 组合 $i \times j$ 皮棉产量的显性效应，$D_{ij(C \to T)}$ = 组合 $i \times j$ 的机采性状对皮棉产量贡献的显性效应值，AA_i = 第 i 个亲本皮棉产量的加加上位性效应，$AA_{i(C \to T)}$ = 第 i 个亲本的机采性状对皮棉产量贡献的加加上位性效应值等）。运用 QGA Station 分析软件分析遗传群体的各项遗传参数。

2　结果与分析

2.1　机采性状对皮棉产量的贡献率分析

5 个机采性状对单株皮棉产量的表型贡献率在 -20% ~ -14% 之间，表明这 5 个性状对皮棉产量的表现型有不同程度的抑制作用见表 1。由于单株皮棉产量的加性方差、加性×环境互作方差为 0，所以这 5 个机采性状对皮棉产量组分方差的贡献率不能进行分析。株高、第一果枝高度、第一果枝节位和节间长度对皮棉产量有极显著的显性贡献率，贡献率分别为 2%、10%、1% 和 8%。说明对第一果枝高度和节间长度的选择对皮棉产量显性效应的选择起一定的效果，对杂种第一果枝高度等机采性状显性效应的选择有可能选择出皮棉产量高的组合。霜前花率对皮棉产量的显性贡献率为 -25%，说明霜前花率对皮棉产量的显性效应有一定程度的抑制作用，利用霜前花率间接选择皮棉产量显性效应的效果较差。

表 1　机采性状对皮棉产量遗传组分的贡献率

参　数	株高	第一果枝高度	第一果枝节位	节间长度	霜前花率
加性贡献率 $CR_{A(C \to T)}$	—	—	—	—	—
显性贡献率 $CR_{D(C\text{-}T)}$	0.02**	0.10**	0.01**	0.08**	-0.25
加×加上位贡献率 $CR_{AA(C\text{-}T)}$	-0.03	-0.03	0.24**	0.01**	0.86**
加性×环境互作贡献率 $CR_{AE(C\text{-}T)}$	—	—	—	—	—
显性×环境互作贡献率 $CR_{DE(C\text{-}T)}$	-0.07	0.01**	0.00	-0.01	0.78**
加加上位性×环境互作贡献率 $CR_{AAE(C\text{-}T)}$	0.07**	0.04**	0.28**	0.07**	-1.82
表型贡献率 $CR_{P(C\text{-}T)}$	-0.2	-0.14	-0.14	-0.15	-0.15

注："—" 表示因皮棉产量的加性效应和加性 ×环境互作效应方差为 0，因而该遗传组分贡献率不能计算；+、* 和 ** 分别表示达到 10%、5% 和 1% 显著水平

对皮棉产量加性×加性上位效应贡献率最大的性状是霜前花率（86%），其次是第一果枝节位（24%）。说明对霜前花率表型值的选择会对皮棉产量上位性效应的选择起到较好的效果，对第一果枝节位表型值的选择也有一定的效果。而株高和第一果枝高度对皮棉产量加加上位效应分别有较小的抑制作用（均为－3%）。说明对株高和第一果枝高度的选择会略微降低皮棉产量加加上位效应的选择效果。霜前花率对皮棉产量的显性×环境互作贡献率较大（$CR_{DE(C \to T)}$ =78%），说明在某些环境中，通过霜前花率对选择皮棉产量优势组合有较好的效果。株高和节间长度对皮棉产量的显性×环境互作有略微的抑制作用（分别为－7%和－1%）。对皮棉产量加加上位性×环境互作效应最大作用的性状是第一果枝节位（28%）、其次是株高和节间长度（7%）。说明在特定环境中，对第一果枝节位、株高和节间长度表型值的选择对皮棉产量加加上位效应的选择起一定的效果。霜前花率对皮棉产量加加上位效应有很强的抑制作用（－182%），说明通过霜前花率表型值的选择对提高皮棉产量的加加上位效应的效果很差。

2.2　亲本机采性状对单株皮棉产量显性和加加上位效应贡献分析

表2中供试亲本单株皮棉产量的加性效应为0，但部分亲本存在显著或极显著的显性和加加上位效应。从表2中可以看出，亲本8存在负向最大而极显著的显性效应（－9.61g），其次是亲本3（－8.43g），亲本1存在0.1显著水平的显性效应（－2.75g），说明这三个亲本的后代可能存在正向显著的显性效应。其他亲本不存在显著的显性效应，说明这些亲本的后代可能不存在显著的显性效应。8个亲本5个机采性状绝大多数对皮棉产量存在着极显著的显性贡献，但绝对值普遍较小。亲本8的第一果枝高度对其皮棉产量的负向显性效应有着相对较大的作用，其次是其节间长度的显性贡献等；霜前花率的显性贡献为显著的正值。亲本3的霜前花率对其显性效应也为极显著的正值，其他4个机采性状为极显著的负值，其中负向最大的是第一果枝高度，其次是节间长度等。亲本2、4、5、6、7的皮棉产量虽然不具有显著的显性效应，但其株高、第一果枝高度、第一果枝节位和节间长度多数具有极显著的负向显性贡献值，说明这些性状对降低这些亲本皮棉产量的显性效应具有一定的作用。除亲本2外，其他亲本的霜前花率对其皮棉产量均具有正向极显著的显性贡献，说明霜前花率对皮棉产量显性效应的贡献是不利的，这一结果与表1中霜前花率对皮棉产量的显性贡献率为较大的负值一致。

表2还列出了8个亲本单株皮棉产量的加加上位性效应和5个机采性状对其单株皮棉产量上位效应的贡献值。亲本3具有最大而极显著的加加上位性效应（1.65g），其霜前花率、第一果枝节位对其具有较大而极显著的加加上位效应贡献［$AA_{i(C \to T)}$ 分别为1.06g、0.16g和0.16g］。亲本8皮棉产量的加加上位性效应为1.29g，其霜前花率和第一果枝节位对其皮棉产量具有较大的加加上位效应贡献。亲本2的皮棉产量具有极显著的负向加加上位性效应，亲本1、5、6加加上位效应不显著；但亲本5的节间长度枝节位和节间长度和霜前花率对皮棉产量具有极显著的正向加加上位效应贡献，亲本7的第一果枝节位和霜前花率具有极显著的加加上位效应贡献，说明这些贡献的上位性效应有利于这些亲本后代皮棉产量加加上位性效应的提高。

表 2　亲本机采性状对皮棉产量显性和加加上位效应贡献

单株皮棉	单株皮棉		株 高		第一果枝高度		第一果枝节		节间长度		霜前花率	
	D	AA	$D_{i(C\to T)}$	$AA_{i(C\to T)}$	$D_{i(C\to T)}$	$AA_{i(C\to T)}$	$D_{i(C\to T)}$	$AA_{i(C\to T)}$	$Di_{(C\to T)}$	$AA_{i(C\to T)}$	$D_{i(C\to T)}$	$AA_{i(C\to T)}$
1	-2.75+	0.19	-0.04**	-0.02**	-0.05**	-0.06**	0.10**	0.07**	-0.03**	-0.06**	0.34**	0.12**
2	0.73	-0.75**	-0.01**	0.00	0.18**	0.21**	-0.19**	0.03**	-0.58**	0.05**	-0.03**	-0.40**
3	-8.43**	1.65**	0.11**	-0.06**	-1.14**	0.00	-0.09**	0.16**	-0.66**	0.16**	0.98**	1.06**
4	-2.75	0.55**	-0.05**	-0.01**	-0.07**	0.02**	-0.15**	0.04**	-0.57**	0.07**	0.38**	0.40
5	-2.45	0.22	-0.07**	-0.05**	0.71**	-0.02**	0.24**	-0.09**	0.07**	0.10**	0.33**	0.19*
6	-0.98	-0.13	-0.03**	-0.04**	-0.26**	-0.06**	0.37**	-0.14**	-0.53**	0.03**	0.14**	-0.03**
7	-0.59	0.99**	0.00	-0.01**	0.75**	0.06**	-0.20**	0.16**	-0.30**	0.03**	0.12**	0.65**
8	-9.61**	1.29**	-0.11**	0.00	-0.86**	-0.11**	-0.25**	0.31**	-0.67**	0.08**	1.12**	0.82**

注：D 和 AA 分别表示亲本的显性效应和加加上位性效应，$D_{i(C\to T)}$ 和 $AA_{i(C\to T)}$ 分别表示贡献的显性和加加上位性效应。+、* 和 ** 分别表示达到 10%、5% 和 1% 显著水平

2.3　不同组合机采性状对皮棉产量的显性贡献分析

表 3 列出了部分组合单株皮棉产量的显性效应和 5 个机采性状对其贡献的显性效应值。从总体上看，表 3 中 8 个组合皮棉产量均具有 0.1 以上显著水平的显性效应，各组合 5 个机采性状均具有极显著的显性贡献，但皮棉产量 D_i 的绝对值远远大于 5 个机采性状对其贡献的显性效应绝对值。说明这 5 个机采棉性状对其组合皮棉产量显性效应的贡献较小，即说明除这 5 个性状外的其他因素对提高早熟机采棉皮棉产量的杂种优势可能具有更为重要的作用。但部分组合的某些性状对皮棉产量的显性效应具有相对较大的显性贡献。如组合 2×7 的霜前花率、组合 3×8 和组合 7×8 的第一果枝高度对其相应组合皮棉产量有一定的显性贡献。

表 3　不同组合机采性状对皮棉产量的显性贡献

组　合	单株皮棉产量 D_i	$D_{i(C\to T)}$				
		株高	第一果枝高度	第一果枝节位	节间长度	霜前花率
1×2	4.39*	0.06**	0.18**	-0.14**	0.26**	-0.48**
1×7	-2.12+	-0.05**	-0.14**	-0.02**	-0.16**	0.22**
2×5	-1.60*	0.00	-0.15**	0.09**	0.06**	0.22**
2×7	-6.98*	-0.06**	-0.59**	0.17**	0.18**	0.79**
2×8	5.53*	0.02**	-0.06**	0.06**	0.07**	-0.69**
3×4	5.13*	0.04**	0.18**	-0.09**	0.13**	-0.57**
3×8	5.15*	0.09**	0.55**	0.16**	0.31**	-0.63**
7×8	5.82+	0.08**	0.61**	-0.09**	0.17**	-0.75**

2.4　不同组合机采性状对皮棉产量的加加上位效应贡献分析

表 4 中组合 2×4 的皮棉产量具有最大而极显著的加加上位效应（AA = 1.48g），其次是组合 2×7（1.42g），这两个组合的霜前花率相对其他 4 个机采性状均有最大的加加上位效应贡献。组合 5×6 的皮棉产量有极显著的正向加加上位效应（1.1g），其第一果枝

节位对其有最大的上位效应贡献（1.01g），其次是霜前花率。组合5×7、4×5和2×3的皮棉产量分别有极显著的负向加加上位效应（*AA* 分别为－1.70g、－1.38g 和－1.01g），它们的霜前花率对这3个组合均具有极显著的负向加加上位效应贡献［$AA_{(C\to T)}$ 分别为－1.06g、－0.84g 和－0.60g］。组合3×4、3×7、4×6 皮棉产量的加加上位效应不显著，但提高这3个组合加加上位效应的主要机采性状各不相同，作用也相对较小。

表4　不同组合机采性状对皮棉产量的上位性贡献　　单位：g

组　合	单株皮棉产量 AA	$AA_{(C\to T)}$				
		株高	第一果枝高度	第一果枝节位	节间长度	霜前花率
2×3	－1.01**	0.00	－0.09**	－0.09**	－0.01**	－0.60**
2×4	1.48**	－0.04**	0.07**	0.19**	－0.03**	0.95**
2×7	1.42**	0.01**	0.02**	0.14**	－0.02**	0.85**
2×8	－0.86**	0.00	0.08**	－0.22**	0.04**	－0.62
3×4	0.20**	0.00	－0.03**	0.19*	0.06**	0.14**
3×7	0.11	0.01**	0.06**	0.05**	－0.22**	0.02**
4×5	－1.38**	0.03**	－0.01**	－0.19**	0.02**	－0.84**
4×5	0.02	0.01**	0.05**	0.10**	0.06**	－0.01**
5×6	1.11**	0.02**	－0.08**	1.01**	－0.02**	0.67**
4×6	－1.70**	0.01**	－0.02**	－0.23**	0.02**	－1.06**

2.5　不同组合机采性状对单株皮棉产量的显性×向优势

表5列出了9个组合2个地点单株皮棉产量的显性×环境互作效应和5个机采性状对单株皮棉产量贡献的显性×环境互作效应。从表中可以看出，不同组合的显性×环境互作在不同地点表现出很大差异，在南疆（E1）和北疆（E2），单株皮棉产量的显性×环境互作表现不一致，一些组合在南疆表现为负向显性效应，而在北疆表现为正如组合2×4、3×6。也有一些组合皮棉产量环境互作贡献分析与前2个组合相反，如2×7、4×6、6×7。从总体上来看，霜前花率对皮棉产量的显性效应的贡献在2个地点的表现往往和单株皮棉产量在不同地点表现显性效应的性质（正或负）相一致，并且霜前花率对皮棉产量的显性贡献最大。其他4个机采性状对皮棉产量的显性贡献随组合和地点而有所不同。

表5　不同组合机采性状在不同环境中对皮棉产量的显性贡献

组　合	单株皮棉 DE	$DE_{i(C\to T)}$				
		株高	第一果枝高度	第一果枝节位	节间长度	霜前花率
1×2 in E1	1.10	0.24**	－0.02**	0.12**	0.09**	0.74**
1×2 in E1	3.29**	－0.34**	0.07**	－0.28**	0.04**	1.38**
2×4 in E1	－3.98*	0.06**	0.16**	0.13	0.08**	－2.37**
2×4 in E2	0.30+	0.04**	0.16**	－0.11**	0.25**	0.63**
2×7 in E1	1.70*	－0.25**	－0.19**	0.24**	0.00	1.98**
2×7 in E2	－8.86*	0.45**	－0.20**	－0.05**	0.42**	－5.32**

（续表）

组　合	单株皮棉 DE	$DE_{i(C \to T)}$				
		株高	第一果枝高度	第一果枝节位	节间长度	霜前花率
3×4 in E1	5.23*	-0.31**	-0.20**	0.02**	-0.09**	2.41**
3×4 in E2	-0.01	0.15	0.04**	-0.13**	0.05**	0.06**
3×6 in E1	-0.99*	0.07**	0.14**	-0.34**	0.00	-1.01**
3×6 in E2	6.08**	-0.20**	0.28**	0.35**	0.20**	3.43**
3×8 in E1	1.42	0.15**	0.11**	-0.20**	-0.18**	0.75**
3×8 in E2	3.74+	-0.25**	0.29**	0.34**	0.33**	1.69**
4×6 in E1	4.82**	-0.11**	-0.10**	-0.23**	0.07**	2.96**
4×6 in E2	-2.69*	0.06	0.16**	0.28**	0.17**	-1.94
6×7 in E1	4.06*	-0.09**	0.01**	-0.11*	-0.07**	2.15**
6×7 in E2	-4.90*	0.04**	-0.14**	0.20**	0.34**	-2.56**
7×8 in E1	-0.54	-0.07**	0.28**	0.10**	0.03**	-0.58**
7×8 in E2	6.36+	-0.08**	0.16**	-0.13**	-0.06**	3.32**

注：E1 和 E2 分别表示阿拉尔点和石河子点

2.6　不同组合机采性状对单株皮棉产量的加加上位效应×环境互作贡献分析

与表 5 相比，表 6 中霜前花率对单株皮棉产量的加加上位效应×环境互作贡献往往极显著，且与单株皮棉产量的加加上位互作效应的符号相反，并且其绝对值都大于其他 4 个机采性状。加加上位效应×环境互作效应是在特殊环境中表现的可以稳定遗传的效应，因此，要提高组合皮棉产量的加加上位效应的选择效果，可以针对不同组合选择不同的机采性状。如要提高组合 2×7 在南疆（E1）皮棉产量的加加上位效应，可以选择其霜前花率作为提高其皮棉产量加加上位×环境互作效应的主选性状，而在北疆（E2）则以第一果枝节位作为主选性状；对组合 5×6 在北疆（E2）皮棉产量的加加上位效应，应以第一果枝节位作为主选性状。

表 6　不同环境对皮棉产量的加加上位性贡献　　单位：g

组　合	单株皮棉 AAE_i	$DE_{i(C \to T)}$				
		株高	第一果枝高度	第一果枝节位	节间长度	霜前花率
1×6 in E1	-0.78	-0.03**	-0.02**	-0.08**	0.02**	0.44**
1×7 in E1	1.79**	0.04**	-0.05**	0.13**	0.16**	-1.41**
2×6 in E1	0.48	0.00	0.00	0.11**	-0.07**	-0.29**
2×7 in E1	-1.21**	-0.05**	0.02**	-0.17**	-0.09**	1.22**
3×4 in E1	-0.31	-0.01**	-0.05**	-0.08**	-0.04**	0.21**
3×6 in E1	0.65*	0.05**	-0.04**	0.06**	-0.07**	-1.08**
3×8 in E1	-0.76*	0.01**	-0.14**	0.04**	-0.05**	0.42**
5×6 in E1	-0.92+	-0.01**	-0.05**	-0.61**	-0.03**	0.23**
5×7 in E1	-0.49*	-0.04**	-017**	-0.05**	-0.01**	0.66**
7×8 in E1	0.20	-0.04**	0.04**	-0.02**	0.01**	0.13

（续表）

组　合	单株皮棉 AAE_i	$DE_{i(C\rightarrow T)}$				
		株高	第一果枝高度	第一果枝节位	节间长度	霜前花率
1×6 in E2	1.25*	0.07**	-0.03**	0.06**	0.02**	-0.74**
1×7 in E2	-1.62**	-0.05**	0.07**	-0.11**	-0.06**	1.25**
2×6 in E2	-0.25	0.03**	0.01**	-0.19**	0.00	0.17**
2×7 in E2	2.46**	0.12**	0.03**	0.33**	0.12**	-1.96**
3×4 in E2	0.48	0.02**	0.03**	0.25**	0.10**	-0.23**
3×6 in E2	-0.97*	0.04**	0.05**	-0.17**	0.02**	1.11**
3×8 in E2	-0.08	-0.01**	0.14**	-0.11*	0.03**	-0.14**
5×6 in E2	1.90*	0.07**	0.01**	1.50**	0.05**	-0.80**
5×7 in E2	-1.00*	-0.02**	0.10**	-1.90**	-0.02**	0.09**
7×8 in E2	-0.98**	-0.01**	0.01**	-0.04**	-0.03**	0.38**

注：E1 和 E2 分别表示阿拉尔点和石河子点

3 讨论

在本研究中，单株皮棉产量与 5 个机采性状间只存在较少显著的遗传组分相关（表略），其中，单株皮棉产量与第一果枝节位存在着极显著的加加上位相关（$r_{AA}=0.36^{**}$），在特殊的环境中也存在 0.1 显著水平加加上位性负相关（$r_{AA\times E}=-0.56^{+}$）、皮棉产量与霜前花率间存在显著的显性×环境互作负相关（$r_{DE}=-1.00^{*}$），与第一果枝节位间存在微弱的表型正相关（$r_P=0.03^{+}$），与霜前花率间也存在微弱的遗传负相关（$r_{G+GE}=-0.03^{+}$）。因此从本研究的相关分析结果来看，间接选择皮棉产量的效果较差。因为相关分析无法度量各组合或亲本相关性状对产量的作用大小[5]。

条件分析[9-13]是在给定某一自变量的前提下进行目标性状的条件方差分析，从而可以在排除其他自变量影响的情况下，估算该自变量对目标性状的净遗传贡献。铃数对皮棉产量有很高的显性贡献率，其次是铃重[12]，说明铃数在杂交种皮棉产量的形成中起着最为重要的作用，可能意味着其他性状对皮棉产量的形成有相对较小的影响。从本研究的选材来看，所选的亲本、F_1 和 F_2 在所测定的性状上表型差异较大，皮棉产量的加性效应并无显著差异，但其加加上位效应存在极显著差异，说明在以皮棉产量为主要目标性状的机采棉杂交育种中，皮棉产量的加加上位效应是可利用的主要遗传效应。从机采性状对皮棉产量的表型贡献来看，5 个机采性状对皮棉产量的表型贡献率均为负值，说明这 5 个机采性状的表型值对皮棉产量的表型值有抑制作用，为高产机采棉品种的选育带来了一定的困难。但本研究表明，第一果枝节位具有相对于其他 4 个机采性状较大的加加上位效应贡献，可作为在机采棉杂交育种中提高皮棉产量的主选性状。本研究中霜前花率对皮棉产量具有较大的显性×环境互作贡献率，说明在特殊的环境中，选择霜前花率高的组合也有可能获得高产组合。在杂交育种中，选择霜前花率和第一果枝节位高的组合也有助于提高其后代的皮棉产量。

在杂交育种中，育种专家往往通过选择表型值而达到选择基因型值甚至遗传组分的目的，贡献分析能分析非目标性状对目标性状遗传组分贡献的大小；贡献分析还能计算亲本和组合目标性状的主选性状。本研究结果还表明，对陆地棉皮棉产量加加上位性效应的贡献因不同亲本的机采性状而有较大差异，说明各亲本皮棉产量的形成有其独特的遗传和发育特性。因此对产量的形成起促进或抑制作用的亲本应有所不同。虽然5个机采性状对皮棉产量各遗传组分的贡献率不大，但对杂种后代机采性状选择时，注意机采性状对皮棉产量遗传组分的影响也有助于提高皮棉产量。

4　结论

5个机采性状对单株皮棉产量的表型值有不同程度的抑制作用。因为采棉机对机采性状的要求来说，果枝节位高度和早熟性是两个最重要的机采性状而且有直接量化的指标，要求果枝节位高度18cm以上、霜前化率90%以上。李雪源[14]研究指出：如果枝节位高度要在15~20cm范围内，需要提高果枝节位高度，要提高果枝节位高度就必须提高果枝节位。而果枝节位的提高就会带来晚熟问题。因此在选育机采棉品种中要注重机采棉性状及产量、品质相关性状遗传的互相协调关系。

5个机采棉性状在亲本及其组合皮棉产量显性效应的贡献较小。不同组合皮棉产量的加加上位效应不同，但提高这些组合加加上位效应的主要机采性状各不相同。不同组合单株皮棉产量的显性×环境互作在不同地点表现出很大差异。因此在不同的生态环境中选择的主选机采性状也不同。

致谢

试验过程中得到中国农科院棉花研究所北疆试验验站、南疆试验站老师和石河子大学孙杰老师大力支持，谨此致谢。

参考文献

［1］喻树迅，张存信．中国短季棉育种［M］.北京：科学出版社，2007：153-155.

［2］袁有禄，张天真，郭旺珍，等．陆地棉优质纤维品质的双列分析［J］.遗传学报，2005，32（1）：79-85.

［3］吴吉祥，朱军，许馥华．陆地棉 F_2 产量性状的遗传分析和预测［J］.北京农业大学学报，1993，19（5）：95-99.

［4］孙济中，刘金兰，张金发．棉花杂种优势的研究和利用［J］.棉花学报，2004，6（3）：135-139.

［5］朱乾浩，俞碧霞，许馥华．陆地棉品种间杂种优势和利用的研究进展［J］.棉花学报，2005，7（1）：8-11.

［6］陈青，朱军，吴吉祥．陆地棉不同铃期和铃位籽棉产量杂种优势的遗传研究［J］.中国农业科学，2000，33（4）：97-99.

［7］Zhu Jun. Analysis of conditional genetic effects and variance components in developmental genetics［J］. *Genetics*，1995，141：1633-1639.

［8］朱军．遗传模型分析方法［M］.北京：中国农业出版社，1997：163-201.

［9］ Ye Z H，Lu Z Z，Zhu J. Genetic analysis for developmental behavior of some seed quality traits in upland cotton（*Gossypum hirsutum* L.）［J］. *Euphytica*，2003，129（2）：183-191.

［10］ Mei Y J，Ye Z H，Xu Z. Genetic impacts of fiber sugar content on fiber characters in sea island cotton（*Gossypium barbadense* L.）［J］. *Euphytica*，2007，154：29-39.

［11］ 梅拥军，朱军，张利莉，等．陆地棉产量组分对主要纤维品质性状的贡献分析［J］. 中国农业科学，2006，39（4）：848-854.

［12］ 梅拥军，郭伟锋，熊仁次．陆地棉产量组分对皮棉产量的遗传贡献分析［J］. 棉花学报，2007，19（2）：114-118.

［13］ 李雪源．机采棉育种机采性状选择效果初报［J］. 中国棉花，1997，24（9）：14-15.

第三篇

＊＊＊＊＊＊＊＊＊＊＊＊＊＊＊＊＊＊＊＊＊＊＊＊＊＊＊＊＊＊＊＊＊＊＊＊＊＊＊

棉花生理生化研究

短季棉中棉所 16 高产稳产生化机理的研究

喻树迅，黄祯茂，姜瑞云，原日红，聂先舟，徐竹生，徐久玮
（1. 中国农业科学院棉花研究所，安阳　455000；2. 华中农业大学农学系，武昌　430070）

摘要：对中棉所 16（*G. hirsutum*）等 5 个短季棉品种大田栽培条件下第十叶片及盆栽子叶附体或高体状态下某些生化变化做了研究。结果表明；中棉所 16 及姊妹系中棉 427 体内超氧物歧化酶（SOD），过氧化物酶（POD）和过氧化氢酶（CAT）活性强，能及时清除体内有害自由基，使细胞器、核酸、蛋白质等免受伤害、保持活性。因而叶绿素和可溶性蛋白质降解慢，幅度小，能有效进行光合作用，形成更多光合产物，使该品种高产优质。中棉所 10 的 SOD、POD、CAT 活性小，不能及时清除体内有害自由基的危害，致使棉株过早衰老，丧失光合能力，造成低产。辽棉 7 号的 SOD、POD、CAT 活性居中，但高体子叶后期高于其他品种，叶绿素降解速度居中，田间附体叶片蛋白质降解较慢，高体子叶则降解快。由于该品种清除酶类在棉株生长前期活性强，后期稳定，同时该品种植株高大，生长势强，可能为晚熟原因之一。

关键词：短季棉；超氧物歧化酶（SOD）；过氧化物酶（POD）；过氧化氢酶（CAT）

中棉所 16 是 1989 年国家审定的短季棉新品种，高产优质，抗枯黄萎病，早熟不早衰，适应性广，适于麦棉两熟种植，深受广大棉农欢迎。中棉所 16 培育成功，有效地解决了粮棉争地的矛盾，使北方广大棉区实现一年粮棉双收，1992 年种植面积已达 1 000 万亩以上。

在短季棉育种中存在的主要困难就是早熟与早衰密切相连，而早衰使棉株不能很好地利用光能和热量，造成低产。中棉所 16 具有早熟不早衰的特性，高产稳产。本文试图研究中棉所 16 高产稳定的生化机理，给生产和育种提供新的启示。前人研究表明；单线氧 O’ 等有害自由基对细胞器、核酸、蛋白质、膜脂等具有破坏作用，不及时清除则有损坏作用，使植株过早衰老而不能正常进行光合作用，造成减产。而 SOD、POD、CAT 等清除酶类可及时清除有害自由基对器官的损害，延缓衰老，利用光热，形成更多光合产物，使品种高产稳产。本文基于这种观点试图找出中棉所 16 高产稳产生化变化规律，给生产和育种提供理论依据。

1　材料和方法

供试品种为中棉所 10、中棉所 16、中棉 427、中棉 268 和辽棉 7 等 5 个品种。选成熟

原载于：《中国农业科学》，1992，25（5）；24-30

饱满的种子，浓硫酸脱绒，洗净，分别播于大田和盛有硅石的塑料杯（底部有孔）中。大田于5月24日播种，株行距为70厘米×30厘米，管理措施同常规。待第十叶长成后（8月5日），以第十叶为定点材料测定叶片活性。将叶片取下置湿润黑布中带回，将叶柄插入蒸馏水中，再置湿度90%，温度（30±1）℃的环境箱中，并经常润湿叶片，防止其萎蔫。分0d、3d、5d测定各项指标，0d结果代表附体叶片衰老的情况。种于塑料杯试验，将塑料杯置于搪瓷盘中，盘中加入Knop培养液，于人工培养室［光强10 000lx，温度（20±2）℃］培养至子叶完全展开（约12d左右）。将大小相仿的子叶剪下，置湿润纱布中，将湿纱布放入纸盒，蒙上黑布，置于25℃培养箱中，每天将纱布取出清水漂洗。分0d、1d、3d、5d、7d、9d测定指标。

叶绿素含量的测定：吸干叶片水分、剪碎，称取0.10g，置于10mL刻度试管，加入6mL 80%乙醇于85℃水浴中提取30min，定容，于663nm下比色。以消光值（A633）表示叶绿素的含量。

蛋白质含量的测定：采用考马斯亮兰G-250染色法[1]。

酶液的提取：吸干叶片水分、剪碎，称取3.0g，置研钵中，加入5mL pH 7.8磷酸缓冲液（0.05mol/L），于冰浴上匀浆，四层纱布过滤，用10mL pH 7.8磷酸缓冲液清洗，混合液体，于18 800g下离心20分钟（4℃），上清液即为酶液。

SOD活性测定：采用氮蓝四唑（NBT）光下还原法测定[4]。以抑制NBT还原50%为一个酶单位。

POD活性测定：采用愈创木酚法测定，以A 470表示，酶量250mL，反应时间6 min，温度为室温。

CAT活性的测定：采用碘量法测定[2]。

2 实验结果

2.1 离体子叶暗处理过程中叶绿素和蛋白质含量的变化

从表1、表2可看出，随着暗处理时间增加，所有品种子叶内叶绿素含量下降，后期变化加剧。蛋白质含量也发生同样的变化。但不同品种下降速度显著不同，中棉所10号下降最迅速，中棉所16最慢。如离体第9d，中棉所10号子叶内叶绿素下降28.64%，可溶性蛋白质下降26.95%，而中棉所16只下降了10.67%，蛋白质下降10%，其他品种介于这两者之间。

表1 几种短季棉品种离体子叶叶绿素含量的变化（A663）

品种	天数					
	0	1	3	5	7	9
中棉所10号	0.810±0.32	0.667±0.039	0.655±0.134	0.664±0.002	0.520±0.080	0.578±0.032
中棉268	0.885±0.043	0.740±0.020	0.813±－0.036	0.789±0.023	0.729±0.025	0.688±0.010
中棉所16	0.808±0.013	0.710±0.052	0.715±0.078	0.682±0.008	0.719±0.034	0.667±0.018
中棉427	0.787±0.047	0.760±0.012	0.745±0.037	0.744±0.041	0.723±－0.045	0.703±0.076
辽棉7	0.656±0.474	0.769±0.050	0.710－±0.070	0.614±0.046	0.512±－0.090	—

表 2　几种短季棉品种离体子叶蛋白质含量的变化　　单位：mg/gFW

品　种	天　数				
	0	1	3	7	9
中棉所 10 号	32. 4	30. 00	26. 05	25. 32	23. 55
中棉 268	27. 71	27. 70	27. 80	27. 02	26. 48
中棉所 16	28. 93	29. 00	30. 23	29. 73	26. 47
中棉 427	30. 72	29. 70	29. 21	28. 28	26. 55
辽棉 7	24. 44	24. 50	24. 79	30. 42	

2. 2　大田真叶附体与离体暗处理叶绿素、蛋白质含量的变化

从图 1、图 2 可以看到，在栽培条件下，大田植株第十叶片在附体状态下，各品种叶片内叶绿素和蛋白质含量发生着变化。以叶片完全长成（8 月 5 日）时叶片内叶绿素和蛋白质含量为 100%，可以看到 8 月 12 日（叶龄约 7d）中棉所 10、辽棉 7、中棉 427 叶片内叶绿素含量开始下降，而中棉所 16 和中棉 268 则有所上升，但到 9 月 4 日所有品种体内叶绿素和蛋白质含量均显著下降，以中棉所 10 下降最为剧烈，分别只有 8 月 5 日时的 21% 和 44%，与离体子叶叶绿素和蛋白质含量下降趋势一致。从大田叶片外观看，所有品种第十片叶开始由绿转黄，中棉所 10 转黄最为明显，9 月 10 日叶片全枯死，而中棉所 16、中棉 427 叶片呈深黄色，仍有一定活性和光合能力。

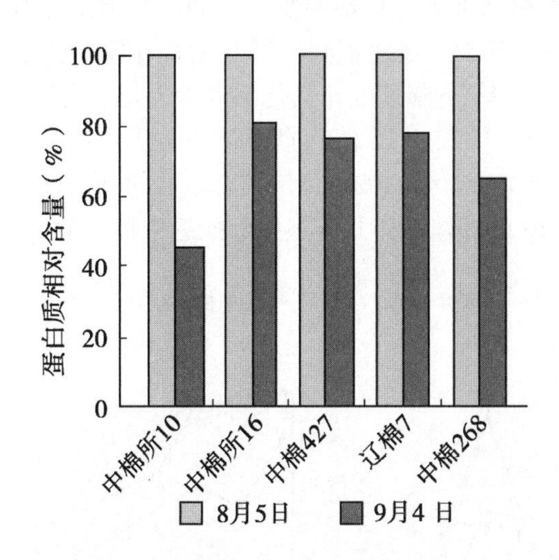

图 1　几个短季棉品种第十叶不同时期叶片内蛋白质相对含量（以 8 月 5 日含量为 100%）

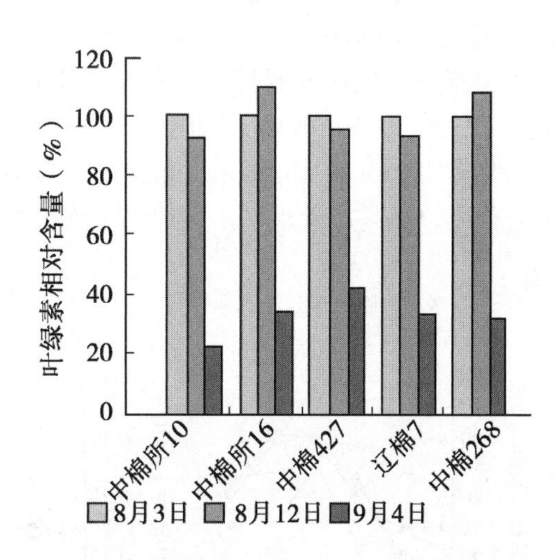

图 2　几个短季棉品种第十叶不同时期叶片叶绿素相对含量（以 8 月 5 日含量为 100%）

在研究附体叶片时，对第十叶片进行离体暗处理逆境试验。表 3 结果表明各品种随着离体时间延长，叶绿素和蛋白质均下降。但不同品种下降幅度不同，离体第 5d 中棉所 10 号叶绿素下降 62. 32%，中棉所 16 下降 52. 57%，中棉 427 下降 38. 36%，辽棉 7 下降 66. 27%，中棉 268 下降 49. 70%。蛋白质含量中棉所 10 下降 34. 42%，中棉所 16 下降 25. 21%，中棉 427 下降 28 . 79%，辽棉 7 下降 31. 76%，中棉 268 下降 41，49%。叶绿素

与蛋白质均以中棉所10和辽棉7下降最快，幅度最大，中棉所16、中棉427下降较慢。与离体子叶、田间附体真叶的蛋白质和叶绿素下降趋势一致。中棉268叶绿素下降较慢，蛋白质下降较快。其蛋白质下降与子叶蛋白质下降不一致。

表3　离体叶片内叶绿素、蛋白质含量的变化

品　种	叶绿素含量（A663）			蛋白质含量（mg/FW）		
	天　数					
	0	3	5	0	3	5
中棉所10号	0.844	0.603	0.318	16.07	13.49	10.54
中棉所16	1.069	0.430	0.507	18.75	13.05	14.02
中棉427	0.844	0.705	0.520	19.09	15.63	13.40
中棉268	1.185	0.945	0.596	9.46	8.06	5.35
辽棉7	1.014	0.690	0.342	15.36	10.99	10.48

2.3　离体子叶超氧物歧化酶（SOD）、过氧化物酶（POD）、过氧化氢酶（CAT）活性的变化

植物体内超氧物歧化酶（SOD）、过氧化物酶（POD）、过氧化氢酶（CAT）是自由基清除系统中的重要酶类，其活性强弱影响植株光合产物和生产水平。从图3、图4、图5可看出，随暗处理逆境反应时间延长，各品种酶活性表现出不同水平．如第0天中棉所16子叶内SOD居中，第5天时上升为第二位，第9天又迅速下降。POD活性在第0天低于中棉所10，随时间延长，第9天上升至第一。CAT下降速度比其他品种慢，特别是后4天。中棉所10下降60%，而中棉所16下降很少。中棉所16清除自由基酶类活性强，及时清除有害自由基对叶绿素、蛋白质、核酸及结构功能等的破坏，使其有较强的活性进行光合作用，提高产量水平。中棉427为中棉所16的姊妹系，其各项指标接近中棉所16。

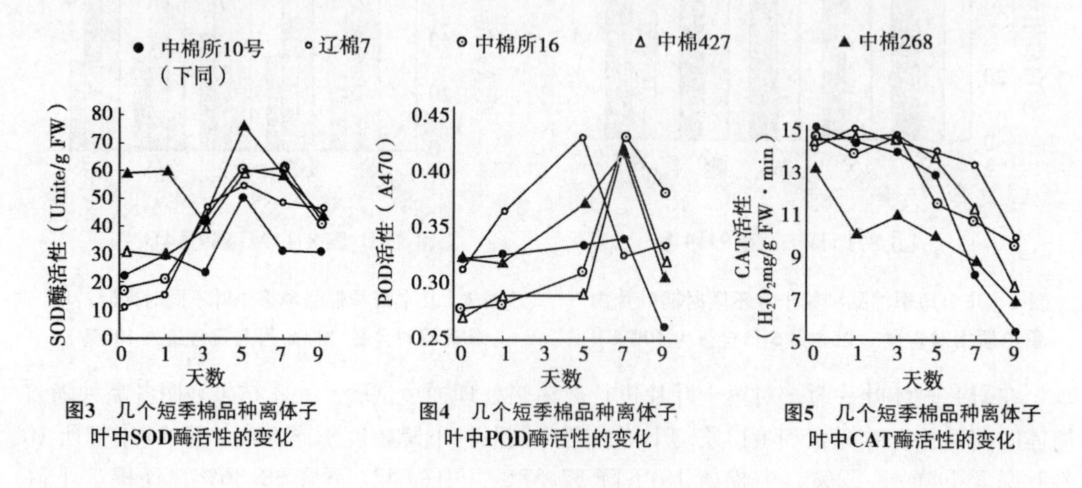

图3　几个短季棉品种离体子叶中SOD酶活性的变化

图4　几个短季棉品种离体子叶中POD酶活性的变化

图5　几个短季棉品种离体子叶中CAT酶活性的变化

中棉所10号的SOD、POD、CAT 3种酶活性最低，在暗处理逆境试验中，随时间延长下降速度快、幅度大，与该品种早熟早衰、抗性差、产量低的特性相吻合。

辽棉7号SOD、POD、CAT的活性居中，随暗处理逆境反应时间延长，其活性逐渐高于其他品种，到第9dSOD、CAT居首位，POD居第2位。该品种属晚熟品种，生长后期青枝绿叶霜前花少，作麦棉两熟品种产量低。其体内清除酶类活性强，及时排除有害自由基对植株结构、功能等的破坏作用，使植株生长旺盛而晚熟。

中棉268为短季、低酚、抗棉蚜、棉铃虫类型。其酶类存在某些特异之处，如SOD、POD活性明显高于其他品种，CAT则低于其他品种，可能这与该品种低棉酚、兼抗枯黄萎病和棉蚜、棉铃虫有关。

2.4 大田真叶超氧物歧化酶（SOD）、过氧化物酶（POD）、过氧化氢酶（CAT）活性的变化

子叶中具有品种全部的遗传信息，可反映其真实遗传情况。研究离体子叶可清除植株其他部位的相互影响，并有利于采用不同外界条件（如温度、湿度、外用激素等）来进一步研究[7,10]，但是未考虑环境的影响，不能完全反映出植株在大田情况下的表现[8]，因此有一定局限性。为了更准确地反映中棉所16高产稳产生化机理，同时采用大田栽培条件下，将各品种定位第十叶片，测定其附体和离体逆境条件下SOD、POD、CAT酶的变化。从图6可以看到第十叶片自幼龄到成熟叶内的SOD酶上升，变化趋势与离体子叶变化趋势一致，中棉所16的SOD酶活性，前后期高于中棉所10，8月12日略低，说明中棉所16的SOD酶活性强且稳定，而中棉所10的SOD酶活性低且不稳定。中棉427 SOD酶活性开始低，后期直线上升。辽棉7的SOD酶活性开始居首位，后期次于其他品种。中棉268的SOD酶活性自始至终居首位。图7中棉268显示在后期（9月4日）叶片内POD酶活性也上升，但与SOD酶变化不同的是在8月12日（叶龄约7d时）。由图7可看出其POD酶活性处于一个较低水平，而后又升高。中棉所16在8月5日和7日测定均高于其他品种。9月4日仅次于其他品种。中棉268一直处于高水平。

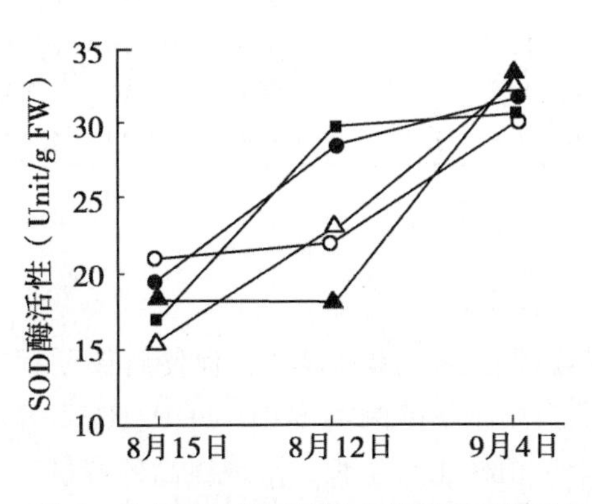

图6　几个短季棉品种第十叶不同时期叶片SOD活性的变化

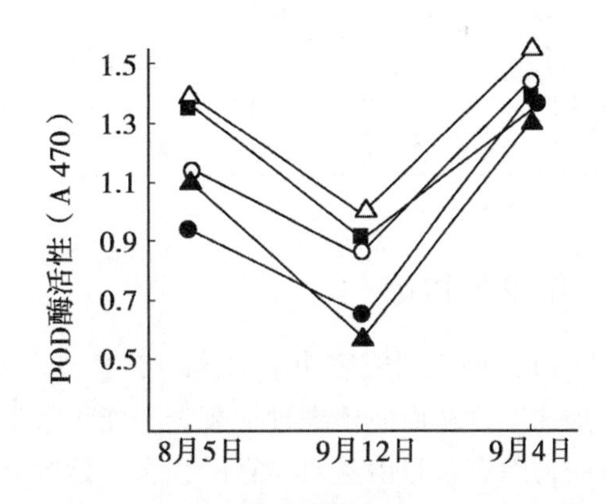

图7　几个短季棉品种第十叶不同时期叶片POD活性的变化

CAT酶活性在整个叶片生育期都非常低（表4）。尽管如此，在8月12日CAT酶活性处于相对较高水平，在9月4日又下降到8月5日的水平，而且在9月4日中棉所10号已检测不到CAT活性了。表明中棉所10 CAT活性下降比其他品种更为迅速。辽棉7和中棉427CAT活性高于其他品种。田间叶片SOD、POD、CAT活性变化趋势接近离体子叶；

中棉所10号偏低，中棉所16较强。但也有不同之处，原因可能是土壤、水分等环境条件造成的差异。同时田间生育期长，取样次数少，未能准确反映其本质差异。

表4　几个短季棉种第十叶不同时期CAT活性的变化

单位：H_2O_2mg/g FW · min

品　种	日　期		
	8月5日	8月12日	9月4日
中棉所10号	0.000	1.267	0.000
中棉268	1.471	1.152	0.240
中棉所16	0.072	4.639	0.480
中棉427	0.000	1.367	0.720
辽棉7	0.081	1.579	0.824

由表5可看到，SOD、POD、CAT酶活性在很大程度上与附体叶片三者活性变化相似。即SOD活性随叶片衰老加深而上升，前期POD活性的变化不大或略有下降，再大幅度上升。CAT活性则在较低水平上摆动。中棉所10 CAT活性低于其他品种。

表5　离体子叶SOD、POD、CAT活性的变化

品　种	SOD活性（Unite/g FW）			POD活性（A470）			CAT活性［H_2O_2mg/（g · min）］		
	天　数								
	0	3	5	0	3	5	0	3	5
中棉所10号	23.5	22.34	31.00	0.791	0.798	1.259	0.634	0.960	1.032
中棉268	23.01	26.37	32.50	1.395	1.014	1.367	1.312	1.336	0.926
中棉所16	18.37	22.97	33.56	1.182	1.012	1.505	2.356	0.016	0.814
中棉427	19.28	23.19	35.82	0.865	0.548	0.761	0.604	1.116	0.934
辽棉7	21.91	20.14	31.52	1.108	0.950	1.187	0.839	0.920	1.122

3　结论与讨论

（1）前人研究表明植物体内有害自由基可损坏细胞器、膜、核酸，促使解偶联程度的加深等，从而使植株过早衰老不能正常生长。而自由基清除酶类SOD、POD、CAT等可及时清除有害自由基对器官的损害，延缓衰老，维护植株正常生长，形成更高的产量。

（2）高产稳产、早熟不早衰的短季棉新品种中棉所16及姊妹系中棉427的SOD、POD、CAT酶的活性强，能及时清除体内有害自由基，使细胞器、核酸、蛋白质等免受伤害。因而叶绿素、蛋白质降解慢，棉株能有效利用光、热量，形成高光合产物，获得高产稳产。

（3）早熟早衰品种中棉所10号的SOD、POD、CAT酶活性低，不能及时清除有害自由基对器官的毒害、损伤，使叶绿素、蛋白质迅速降解，植株过早衰老不能正常进行光合作用，造成低产。

（4）晚熟品种辽棉 7 表现晚熟，其子叶酶类活性强，田间叶片居中。同样叶绿素、蛋白质降解慢，加之植株高大，生长势强并致晚熟。

（5）中棉 268 属低酚棉，抗枯黄萎病和棉蚜、棉铃虫。叶绿素、蛋白质降解较慢，SOD、POD、CAT 活性强，CAT 则较弱。

（6）本研究盆栽试验离体子叶与大田叶片最后结果基本趋向一致，中期有不同之处。可能与大田植株受环境影响有关，有待在今后试验中探索和改进。

参考文献

[1] 聂先舟，刘道宏，徐竹生 . 1989 年水稻旗叶脂质过氧化作用与叶龄及 N^{2+}，Ag^{+} 的关系［J］. 植物生理学通讯，1989（2）：32-34.

[2] X H 波钦诺克 . 植物生物化学分析方法［M］. 荆家海，丁钟荣，译 . 北京：科学出版社，1981.

[3] Dhindsa R S，*et al.* Leaf senescence：Correlated with increased levels of membrane permeability and hpid peraxidarion and decreased levels of superoxide dismutase and Caralase [J]. *Exp. Bot.*，1981，32（126）：93-101.

[4] Giannopoulos C N，Ries S K. Superoxide dismutase. Puritication and quantitative relarionsh with water soluble protein in seedlings [J]. *plant physiol*，1977，59，315-318.

[5] Kao C H . Senescence of rice leaves Ⅵ comparative study of the metabolic change of senescing turgid and water stress encased leaves [J]. *plant cell physiol*，1982，22：688-688.

[6] Lamattina L. ，RP lezied ，RD Conde. Protein medaboism in senescing wheat leaves [J]. *plant physiol*，1985，77：587-590 .

[7] Shaw M，*et al.* Chlerophyll protein and nucleic acid levels in defached senescing wheat leaves Cam [J]. *J. Bot.*，1965，43：89-92.

[8] Spencer PW，JS Titus. Apple leaf senescence leaf dirc compared to attached leaf [J]. *plant physiol*，1973，51：89-92.

[9] Thimann K V，*et al.* The matabolisn of Oat leaves ducing senescence [J]. *plant physiol*，54：859-862.

[10] Thomas H，J L Stoddart. Leaf senescence [J]. *Ann. RW. PL piysipl*，1980，31：83-111.

短季棉子叶荧光动力学及SOD酶活性的研究

喻树迅[1]，黄祯茂[1]，姜瑞云[1]，刘少林[1]，原日红[1]，储钟稀[2]，张国铮[2]，牟梦华[2]
（1. 中国农业科学院棉花研究所，安阳 455000；2. 中国科学院植物研究所，北京 100093）

摘要： 短季棉早熟不早衰类型品种中棉所16的可变荧光（Fv）、第二波（S-M）持续时间长，比早衰型晚5d消失，说明其光合磷酸化，CO_2 同化能力和PSⅡ、PSⅠ间电子传递能力强。同时叶绿素降解速度缓慢。SOD酶前期活性高，后期下降快，使之既早熟又不早衰。早熟早衰型品种中棉所10号的Fv、S-M最先消失，叶绿素降解速度快，SOD酶活性在整个暗处理过程一直最低，说明清除有害自由基能力差，故早熟又过早衰老。晚熟型辽棉7的荧光动力学过程，叶绿素降解速度以及前期SOD酶活性居中，但其中叶绿素绝对含量在衰老全过程中居首位。后期SOD酶活性高于其他品种，这可能与延缓衰老及晚熟有关。

关键词： 短季棉；荧光动力学；SOD酶；叶绿素降解

早熟性是短季棉品种十分重要的优良性状，是实现麦棉两熟的关键，但早熟品种往往伴随着早衰，影响铃重、衣分和纤维品质，给生产带来损失，研究早熟不早衰性状的生理特性对短季棉育种有重要意义。

叶绿素在植物体内与游离的多肽结合形成具有不同光合功能的各种叶绿素蛋白质复合物[3]，叶片在衰老过程中叶绿素发生降解作用，叶绿素的各种光合活性逐步消失，因此叶绿素的降解是叶片衰老的重要指标之一。

植物叶片发射的荧光是一复杂的变化过程，1963年Zweig[16]等最早提出光合作用的荧光不单纯是一个物理过程，而是一个与光合放氧有关的生理过程。最近，不少学者进一步证明了叶片荧光诱导动力学变化与叶绿体的不同光合功能有密切联系[4,5,9,15]，因此叶片荧光动力学的测定有可能成为测定活体各种光合功能的有力工具。

衰老的自由基理论于1955年由Homann[9]首先提出，即衰老过程是由细胞和组织中不断进行着的自由基损伤反应的总和，SOD酶能催化超氧化物阴离子自由基（O_2^-），发生歧化反应形成 O_2，因此SOD有清除自由基 O_2^- 的功能，在防止衰老等方面起着重要作用。

农作物中对豆、麦类荧光动力学的生理生化过程的研究已有报道，但尚未见有关棉花方面

原载于：《中国农业科学》，1993，26（3）：14-20

的报道。本文对短季棉早熟早衰型中棉所10号、早熟不早衰型中棉所16和中棉427、晚熟型辽棉7号三种类型品种子叶衰老过程中荧光诱导动力学和SOD酶的活性进行了对比研究。

1　材料和方法

选择大面积推广的短季棉品种早衰型的中棉所10号、早熟不早衰型中棉所16、中棉427、晚熟型辽棉7号三种类型。冬季在20~23℃温室，种于硅石中。当幼苗露出第一片真叶后取叶龄10d的子叶，将大小相仿的子叶剪下，置湿润纱布玻璃皿中，放入暗箱置于25℃培养箱中，每天将纱布取出清水漂洗。设5次重复。暗处理0d、3d、5d、9d、12d、14d后，分别测定其荧光动力学、叶绿素降解和SOD酶动态变化各项指标。

荧光动力学测定：将子叶固定在样品板上（0d需在暗室中适应40~60min），然后进行荧光动力学测定[3]。测定温度20~23℃，作用波长480nm，测量光波长680nm。全部实验在中国科学院植物研究所实验室完成。

叶绿素含量的测定：吸干叶片水分、剪碎，称取0.1g，置10mL刻度试管，加入6mL 80%乙醇于85℃水浴中提取30分钟，定容，于663nm下比色。以消光值（A633）表示叶绿素的含量。

酶液的提取：吸干叶片水分、剪碎，称取3.0g，置研钵中，加入5mL pH7.8磷酸缓冲液（0.05mol/L），于冰浴上匀浆，四层纱布过滤，用10mL pH7.8磷酸缓冲液清晰，混合液体，于18 800g下离心20分钟（4℃），上清即为酶液。

SOD活性测定：采用氮蓝四唑（NBT）光下还原法[5]测定。以抑制NBT还原50%为一个酶单位。

2　实验结果

2.1　不同类型的子叶荧光动力学曲线的变化

绿色叶片680nm的荧光诱导动力学曲线为典型的O-P-S-M-T[4]川曲线（图1），F_0是固定荧光，由捕光色素叶绿素a射，一般情况下可反应植物叶绿素的含量，可变荧光Fv（O-P上升又称第一波）与PSⅡ原初受体（Q）的氧化还原状态有关，Fv/Fo的比值与PSⅡ的活性成正相关。现已证明第二波（S-M上升又称第二波）与光合磷酸化和CO_2同化作用有关[4,8]，而P-S-T的衰变速率与PSⅡ和PSⅠ之间的电子传递速率可能有联系。从图1可以看出，没经过黑暗处理的子叶（0d），其荧光诱导动力学均为典型的荧光动力曲线，4个品种的Fo、Fv、S-M峰存在明显差别，辽棉7号、中棉所10号均高于中棉427和中棉所16。表明辽棉7号和中棉所10号PSⅡ活性、PSⅡ与PSⅠ之间电子传递能力优于中棉427、中棉所16，而且前者具有较强光合磷酸化和CO_2同化力。图2为各品种叶片在黑暗5d后的荧光曲线，中棉所10号的P点略高于中棉所16，辽棉7号居后，中棉427居中，中棉所16的Fv/Fo（2.057），Fv/Fm（0.673）和第二波高于其他品种，中棉所10号次之，说明中棉所16的PSⅡ活性、光合磷酸化与CO_2同化力较强，中棉所10号次之。

随着衰老过程的进行，品种之间衰老速度的差异日趋明显。图3表明黑暗10d后早衰品种中棉所10号的S-M峰首先消失，Fv明显下降，说明该品种子叶的光合磷酸化和CO_2同化力首先消失，PSⅡ活性和电子传递能力明显降低。相反，早熟不早衰品种中棉所16、

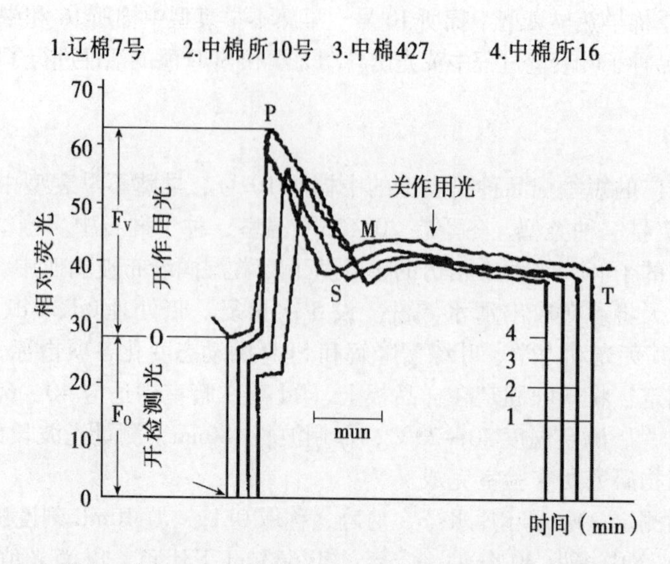

图 1 暗处理 0d 4 个棉花品种子叶的荧光诱导动力学曲线

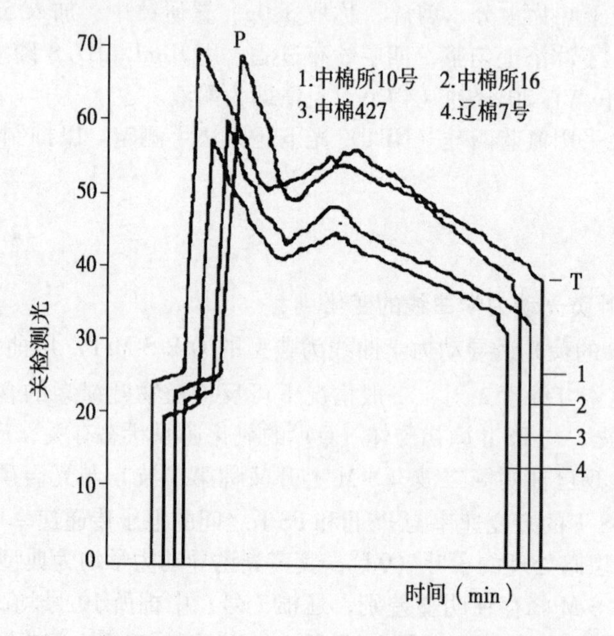

图 2 暗处理 5d 4 个棉花品种子叶的荧光诱导动力学曲线

中棉 427 仍具有明显的 S-M 峰（第二波）；且中棉所 16 的 Fv 明显高于其他品种，说明叶片仍具有光合磷酸化功能及电子传递活性。图 4 为黑暗 12d 的荧光动力学血线，早熟不早衰品种中棉所 16、中棉 427 仍存在第二波，两品种的曲线近似重叠，*Fv/Fo*、*Fv/Fm* 值显著大于其他品种（表 1）。中棉所 10 号的 *Fv* 迅速下降，辽棉 7 居中。黑暗 14d 后，中棉 427 和中棉所 16 的第二波（S-M）也消失，*Fv* 大幅度下降，但其 *Fv* 值大于中棉所 10 号。辽棉 7 号的（S-M）峰在黑暗 12d 时消失，*Fo*、*Fv* 下降速度比中棉所 16、中棉 427 快，但比中棉所 10 缓慢。而且黑暗 14d 后，辽棉 7 的 P-S-T 衰变比其他品种都略高。

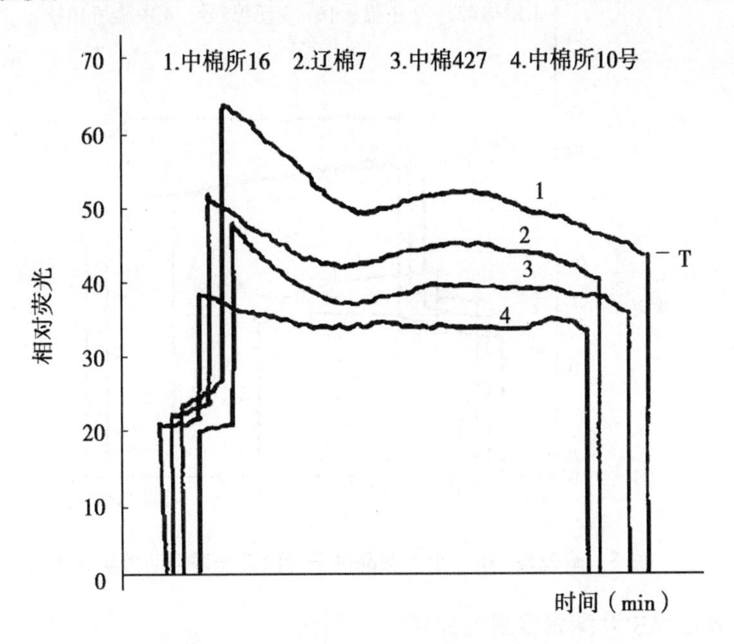

图 3　暗处理 10d 4 个棉花品种子叶的荧光诱导动力学曲线

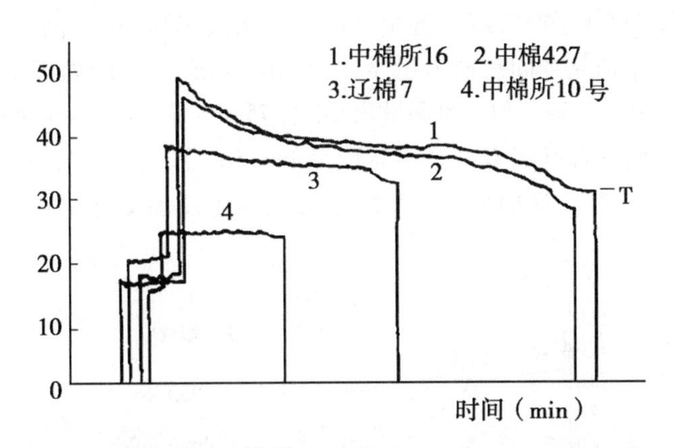

图 4　暗处理 12d 4 个棉花品种子叶的荧光诱导动力学曲线

表 1　4 个棉花品种子叶不同暗处理的荧光动力学的 Fv/Fo、Fv/Fm 比较

品　种	天　数									
	0		5		10		12		14	
	Fv/Fo	Fv/Fm	Fv/Fo	Fv/Fm	Fv/Fo	Fv/Fm	Fv/Fo	Fv/Fm	Fv/Fo	Fv/Fm
中棉所 10 号	1. 198	0. 545	2. 059	0. 673	0. 946	0. 486	0. 412	0. 292	0. 393	0. 282
辽棉 7 号	1. 404	0. 584	1. 326	0. 658	1. 318	0. 569	0. 980	0. 495	0. 759	0. 431
中棉所 16	1. 429	0. 588	2. 268	0. 694	1. 630	0. 620	1. 747	0. 636	0. 811	0. 448
中棉 427	1. 422	0. 587	1. 345	0. 636	1. 398	0. 583	1. 809	0. 644	0. 130	0. 155

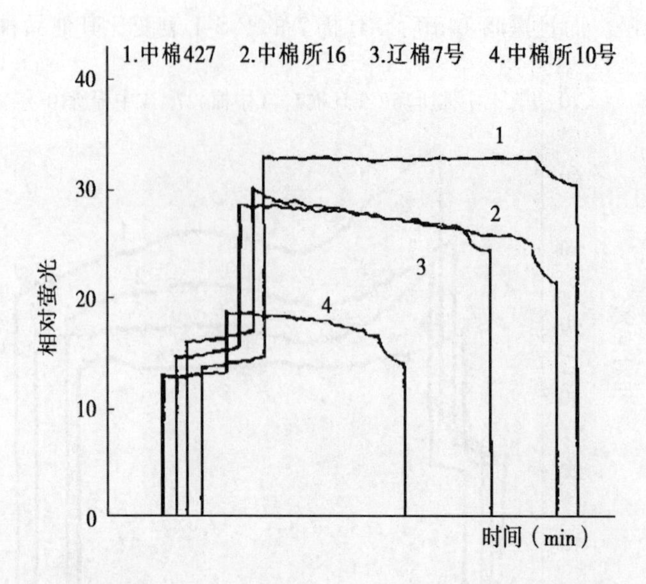

图5　暗处理14d 4个棉花品种子叶的荧光诱导动力学曲线

2.2　子叶衰老过程中叶绿素含量的变化

图6为不同类型品种子叶在不同暗处理下，其叶绿素 C*a*+*b* 总量的变化。B为暗处理后其子叶叶绿素含量与0d子叶叶绿素含量之比，由A看出0d 4个品种叶绿素含量基本接近，随着暗处理天数增加品种间表现出明显差异。中棉所16在暗处理10d内叶绿素含量下降缓慢，10d后才明显下降，14d的含量为0d的75%。而早衰品种中棉所10的叶绿素含量下降速度较快，暗处理叶绿素含量相对值最低，5d后显著下降，14d与0d相对含量最低（52.3%）。中棉427、辽棉7号的叶绿素含量变化过程接近，故只列出中棉427的变化情况。

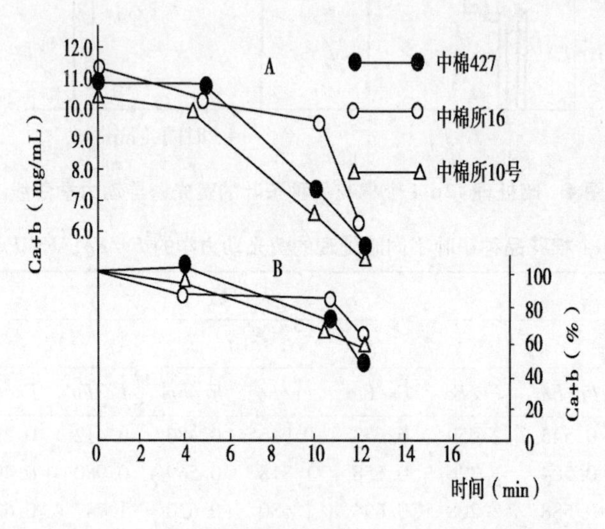

图6　不同品种子叶的叶绿素总含量 C*a*+*b* 随暗处理天数的变化

注：上面三线为绝对量；下面三线为相对量，相对于各自不同品种0d的百分比

叶绿素降解是植物衰老的主要生化指标之一。本试验结果表明，早熟早衰品种的叶绿素降解速度快，抗衰品种叶绿素降解缓慢，其速度明显慢于早衰品种。从叶绿素降解的时间进程看出，中棉所 16 比中棉所 10 晚 5d 衰老。辽棉 7 叶绿素绝对含量最高，但降解速度最快。3 种类型叶绿素降解变化过程与荧光动力学变化过程基本一致，说明荧光动力学曲线变化测定在一定程度上能反应叶片衰老过程中生理生化的变化。

2.3　SOD 酶活性变化与子叶衰老的关系

大量的报道说明 SOD 活性与延缓衰老有关系。为了探讨 3 种类型的衰老特性与 SOD 酶之间关系，我们研究了叶片在暗处理过程中 SOD 酶的变化。结果表明衰老与 SOD 酶活性存在负相关。暗处理分 0d、5d、11d。由表 2 可以看出 0d、5d 酶的活性大小依次为中棉所 16、中棉 427、辽棉 7、中棉所 10。不早衰品种中棉所 16、中棉 427 明显优于早衰品种中棉所 10 和晚熟品种辽棉 7，唯暗处理 11d 辽棉 7 号的酶活性最高，中棉所 10 最低。

表 2　4 个棉花品种子叶不同暗处理下 SOD 酶活性比较　　单位：U

品　种	天　数		
	0d	5d	11d
中棉 427	236.69	150.96	124.69
中棉所 16	243.24	149.72	136.74
中棉所 10	194.40	144.16	92.54
辽棉 7	224.51	177.34	148.05

注：U——以抑制光化还原 NST50% 这一酶活性单位

3　讨论

对短季棉早熟早衰、早熟不早衰、晚熟 3 种类型，经暗处理诱导衰老，对其荧光动力学、叶绿素降解以及 SOD 酶活性变化进行了比较研究。结果表明 3 种类型品种的特性有明显差异。早熟不早衰品种中棉所 16、中棉 427 叶绿素降解速度慢，10d 内叶绿素含量下降不明显，比早衰型品种晚 5d 左右降解。从荧光动力学分析不早衰品种 *Fv* 和 S-M 延续时间长，说明其光合磷酸化、CO_2 同化力以及与电子传递能力较强。从 SOD 酶活性分析也看出，抗早衰类型前期 SOD 酶活性高于其他类型（表 2），黑暗处理 5d 和 11d 后其活性均匀下降，使之加快早熟而又不早衰。相反，早熟早衰型中棉所 10 号叶绿素降解速度快，Fv 和第二波最早丧失，表明 PSⅠ与 PSⅡ电子传递活性以及光合磷酸化、CO_2 同化力差，同时 SOD 酶的活性水平低，下降快，导致早衰。

本文将在生产实践中观察到的品种特性与衰老的生理生化指标相联系，对棉花不同衰老类型进行了比较，尤其是对与衰老的关系的探讨。在衰老过程中脂肪过氧化作用增强，活性 O_2[13] 包括超氧基 O_2^{-}[6] 起了促进作用，SOD 可将 O_2^- 转化为 H_2O_2，然后被过氧化氢酶进一步分解[6,10]，而另外两种高活性物质单线态，O_2 和自由基 OH^-，可以由 O_2^- 和 H_2O 产生[13]。因此，SOD 和过氧化氢酶的活性将决定 O_2^-、H_2O_2、OH^- 和 O_2 的水平，从而控制脂肪过氧化作用。另据报道，在衰老过程中 O_2 的吸收会增加[11,14]。这样，O_2 的吸收增加和 SOD、过氧化氢酶活性的下降，将提高 O_2^-、H_2O_2、OH^- 和 O_2 的水平，从而加速衰老。本文只研究SOD，发现早熟早衰类型的中棉所10号的SOD酶活性最低，随暗处理迅速下降至仅为不早衰型的一半。表2说明中棉所10号清除有害自由基能力差。晚熟类型辽棉7号，荧光动力学反应Fv、S-M等比中棉所16、中棉427略低，SOD酶含量0d居中，暗处理后下降，其活性高于其他类型，说明能及时清除有害自由基的毒害，故抗衰老，加之辽棉7株型高大，茎粗叶大，叶片厚而色深，叶绿素含量从0d至14d始终居首位，这也是抗衰老晚熟的特点。

参考文献

［1］周佩玲，储钟稀，汤佩松．小麦黄化幼苗转绿过程中荧光诱导现象的改变［J］．生物化学与生物物理学报，1965，5（3）：297-302.

［2］储钟稀，许春辉，王可珍，等．蓖麻叶绿体的高光化学活性及其叶绿-蛋白质复合物的多肽组的研究［J］．植物学报，1984，26（2）：177-183.

［3］储钟稀，钟晓燕，刘存德．香蕉在成熟和冷冻过程中其果皮的685nm荧光诱导动力学的研究［J］．植物学集刊，1989，（4），171-178.

［4］Baker N R，M Bradbury. Dossible applications of chlorophyll fuorescccence techniques studying photosynthesis in vivo ［M］//H Smith. Plants and the Daylight Spectrum. 1981：355-373.

［5］Chow P C S C，Line K F，Shien，P S tang. Evidence for the presence of the two light dependent enzymatic processes accompanying fluorescence decay in wheat leaves during the induction period in photosynthesis［J］. Scientia Sinica，1963（12）：1245.

［6］Fridovich I. Superoxide dismutases［J］. *Annual review of biochemistry*，1975，44（1）：147-159.

［7］Fridovich I. The biology of oxygen radicals［J］. *Science*，1978，201（4359）：875-880.

［8］Hcmkin B M，K. Sancs，Magncsium ion effect on chloroplast plotosys tom Hgluorescence and photochemistry［J］. *Photochem. Photobiol.*，1977，26：277-286.

［9］Homann P H. Cation effects on the fluorescence of isolated chloroplast［J］. *Plant Physiology*，1969，44：932-936.

［10］McCord J M，Fridovich I. Superoxide dismutase an enzymic function for erythrocuprein（hemocuprein）［J］. *Journal of Biological chemistry*，1969，244（22）：6049-6055.

［11］Parrish D J，Leopold A C. On the mechanism of aging in soybean seeds［J］. *Plant Physiology*，1978，61（3）：365-368.

［12］Rajinder S Dhindea Pamela Plumb-Dhindsa，Trevor A Thorpe Leaf senescence. Correlated with increased levels of membrane permeability and lipid peroxidation and decreased level of superoxide dismutase and catalase［J］. *Journal of Experiment Botany*，1981，32（126）：93-101.

［13］Robinson J D. Structural changes in microsomal suspensions：III. Formation of lipid peroxides［J］. *Archives of Biochemistry and Biophysics*，1965，112（1）：170-179.

[14] Tetley R M, Thimann K V. The metabolism of oat leaves during senescence I. Respiration, carbohydrate metabolism, and the action of cytokinins [J]. *Plant physiology*, 1974, 54 (3): 294-303.

[15] Walker D A. second fluorescence kinetics of spinach leaves in relation to the onset of photo-synthetic carbon asstmilation [J]. *Planta*, 1981, 153: 273-278.

[16] Zweig G, Tamas I, Greenberg E. The effect of photosynthesis inhibitors on oxygen evolution and fluorescence of illuminated Chlorella [J]. *Biochimica et biophysica acta*, 1963, 66: 196-205.

不同短季棉品种衰老过程生化机理的研究

喻树迅[1]，黄祯茂[1]，姜瑞云[1]，原日红[1]，聂先舟[2]，徐竹生[2]，徐久玮[2]
(1. 中国农业科学院棉花研究所，安阳 455112；2. 华中农业大学农学系，武昌 430070)

摘要：本文对中棉所16等5个短季棉品种大田栽培条件下的第10叶片和盆栽子叶附体或离体状态下某些生化变化作了研究。结果表明，中棉所16及姊妹系中棉427的叶绿素和可溶性蛋白质降解慢、幅度小。超氧物歧化酶（SOD）、过氧化物酶（POD）和过氧化氢酶（CAT）活性强。中棉所10号的叶绿素和可溶性蛋白质降解快、幅度大。SOD、POD、CAT活性小。辽棉7叶绿素降解速度居中，田间附体叶片蛋白质降解较慢，离体子叶则降解快，SOD、POD、CAT活性居中，在离体子叶后期高于其他品种，可能与晚熟有关，中无268叶绿素和子叶可溶性蛋白质降解慢，SOD、POD、CAT活性有特异之处，如SOD、POD活性明显高于其他品种，CAT则低于其他品种，可能与该品种无棉酚、兼抗枯黄萎病和棉蚜、棉铃虫有关。

关键词：短季棉，超氧物歧化酶（SOD）；过氧化物酶（POD）；过氧化氢酶（CAT）

植物体内生化过程与遗传、生理过程有十分密切的关系，如GAS、ABA、SOD、POD、CAT等酶影响植物活性，使植物过早衰老而不能充分利用光、热，不利产量和品质形成，在生产和育种工作中我们注意到中棉所10号属早衰型，在生长季节中后期叶片开始发黄枯死，这样，上部棉铃得不到充足的营养不能完全成熟，使铃重减轻、衣分下降、纤维品质降低、产量降低。中棉所16植株生长正常，生长后期叶片绿色，上部棉铃吐絮时叶片黄色，有一定光合作用能力，因而上部铃重与中下部相当。衣分较高，纤维品质较好，产量高。国家省区试两年，比中棉所10号增产22.2%，纤维品质也优于中棉所10号。中棉427为中棉所16姊妹系，特性接近。中无268属早熟低酚棉，其特性与其他品种有不同之处。辽棉7号属晚熟类型，植株高大、后期生长旺、果枝节位高、结铃晚，霜前花率低。前人对棉花衰老研究一般从环境条件、土壤元素、植株营养积累方面研究较多，从生化角度研究较少，本研究试图从衰老过程中生化变化找出制约衰老和关键因素，给棉花生产和育种提供理论基础。

原载于：《作物学报》，1994，20（5），629-636

1　材料和方法

供试品种为中棉所10号、中棉所16、中棉427、中无268和辽棉7号，共5个品种。选成熟饱满的种子，浓硫酸脱绒，洗净，分别播于大田和盛有蛭石的塑料杯（底部有孔）中。大田于5月24日播种，株行距为70cm×13cm，管理措施同常规，待第十叶长成后(8月5日)，以第十叶为定点材料测定叶片活性，将叶片取下置湿润黑布中，带回，将叶柄插入蒸馏水中，再置湿度90%，温度（30±1)℃的环境箱中，并经常润湿叶片，防止其萎蔫，分0d、3d、5d测定各项指标，0d结果代表附体叶片衰老的情况。种于塑料杯试验，将塑料杯置于搪瓷盘中，盘中加人Knop培养液，于人工培养室（光强10 000lux，温度20±2℃）培养至子叶完全展开（约12d左右)。将大小相仿的子叶剪下，置湿润纱布中，将湿纱布放入纸盒，蒙上黑布，置之25℃培养箱中，每天将纱布取出清水漂洗。分0d、1d、3d、5d、7d、9d测定指标。

1.1　叶绿素含量的测定

叶片吸干水分、剪碎，称取0.100 0g，置10mL刻度试管，加入6mL 80%乙醇于85℃水浴中提取30min，定容，于663nm下比色，以消光值（A663）表示叶绿素的含量。

1.2　蛋白质含量的测定

采用考马斯亮兰G-250染色法（1)。

1.3　酶液的提取

将叶片吸干水分、剪碎，称取3.000g，置研钵中，加入5mL pH7.8磷酸缓冲液(0.05mol/L)，于冰浴上匀浆，4层纱布过滤，用10mL pH7.8磷酸缓冲液清洗，混合液体，于18 800g下离心20分钟（4℃)，上清液即为酶液。

1.4　SOD活性测定

采用氮蓝四唑（NBT）光下还原法（6）测定。以抑制NBT还原50%为一个酶单位。

1.5　POD活性测定

采用愈创木酚法（3）测定，以A470表示（酶量250mL，反应时间6min，温度为室温)。

1.6　CAT活性的测定

采用碘量法（4）测定。

2　实验结果

2.1　离体子叶暗处理过程中叶绿素和蛋白质含量的变化

从表1、表2可看出：随着暗处理时间增加，所有品种子叶体内叶绿素含量下降，后期变化加剧。蛋白质含量也发生同样的变化，两者均下降，但不同品种下降速度显著不同：中棉所10号下降最迅速，中棉所16最慢，如离体第9d，中棉所10号体内叶绿素下降了28.64%，可溶性蛋白质下降26.95%，而中棉所16只下降了10.67%，蛋白质下降10%，其他品种介于这两者之间。

表 1　几种短季棉品种离体子叶叶绿素含量的变化

品 种	天 数					
	0d	1d	3d	5d	7d	9d
中棉所 10 号	0. 810 ±0. 032	0. 667 ±0. 039	0. 655 ±0. 134	0. 644 ±0. 002	0. 620 ±0. 080	0. 578 ±0. 032
中无 268	0. 885 ±0. 430	0. 740 ±0. 020	0. 813 ±0. 036	0. 789 ±0. 023	0. 729 ±0. 025	0. 688 ±0. 010
中棉所 16	0. 808 ±0. 013	0. 710 ±0. 052	0. 715 ±0. 078	0. 682 ±0. 008	0. 719 ±0. 034	0. 667 ±0. 018
中棉 427	0. 787 ±0. 047	0. 760 ±0. 012	0. 745 ±0. 037	0. 744 ±0. 041	0. 723 ±0. 045	0. 703 ±0. 076
辽棉 7 号	0. 656 ±0. 047	0. 769 ±0. 050	0. 710 ±0. 070	0. 614 ±0. 046	0. 612 ±0. 090	

表 2　几种短季棉品种离体子叶蛋白质含量的变化　　单位：mg/g Fw

品 种	天 数				
	0d	1d	3d	7d	9d
中棉所 10 号	32. 24	30. 00	26. 05	25. 32	23. 55
中无 268	27. 71	27. 70	27. 80	27. 02	26. 48
中棉所 16	28. 93	29. 00	30. 23	29. 73	26. 47
中棉 427	30. 72	29. 70	29. 21	28. 28	26. 55
辽棉 7 号	24. 44	24. 50	24. 79	30. 42	

2.2　大田真叶附体与离体暗处理叶绿素、蛋白质含量的变化

从图 1、图 2 可以看到：在栽培条件下大田植株第十叶片在附体状态下，各品种叶片体内叶绿素和蛋白质含量发生着变化。以叶片完全长成（8 月 5 日）时叶片体内叶绿素和蛋白质含量为 100%，可以看到 8 月 12 日（叶龄约 7d）中棉所 10 号、辽棉 7 号、中棉 427 体内叶绿素含量开始下降，而中棉所 16 和中无 268 则有所上升，但到 9 月 4 日所有品种体内叶绿素和蛋白质含量均显著下降，以中棉所 10 号下降最为剧烈，分别只有 8 月 5 日时的 21% 和 44%，与离体子叶叶绿素和蛋白质含量下降趋势一致。从大田叶片外观上看所有品种第 10 片叶开始由绿转黄，中棉所 10 号转黄最为明显，9 月 10 日叶片全枯死，而中棉所 16、中棉 427 叶片呈深黄色仍有一定活性和光合能力。

在研究附体叶片时对第 10 叶片进行离体暗处理逆境试验，表 3 结果表明各品种随着离体时间延长叶绿素和蛋白质均下降，但不同品种下降幅度不同：离体第 5d 中棉所 10 号叶绿素含量下降 62. 32%，中棉所 16 下降 52. 57%，中棉 427 下降 38. 36%，辽棉 7 号下降 66. 27%，中无 268 下降 49. 70%。蛋白质含量中棉所 10 号下降 34. 42%，中棉所 16 下降 25. 21%，中棉 427 下降 28. 79%，辽棉 7 下降 31. 76%，中无 268 下降 41. 49%。叶绿素与蛋白质均以中棉所 10 号和辽棉 7 下降快，幅度较大，中棉所 16、中棉 427 下降较慢。与离体子叶、田间附体真叶的蛋白质和叶绿素下降趋势一致。中无 268 叶绿素下降较慢，蛋白质下降最快。其蛋白质下降与子叶蛋白质下降不一致。

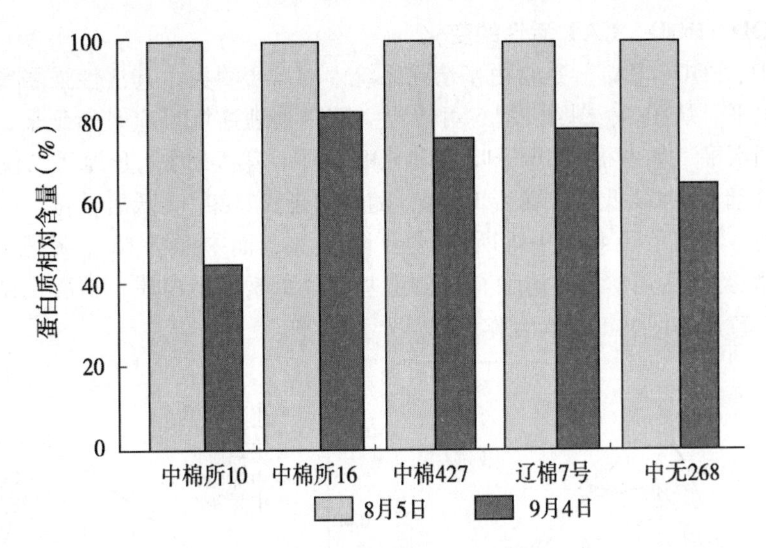

图 1　几个短季棉品种第十叶不同时期叶片体内蛋白质相对含量（以 8 月 5 日含量为 100%）

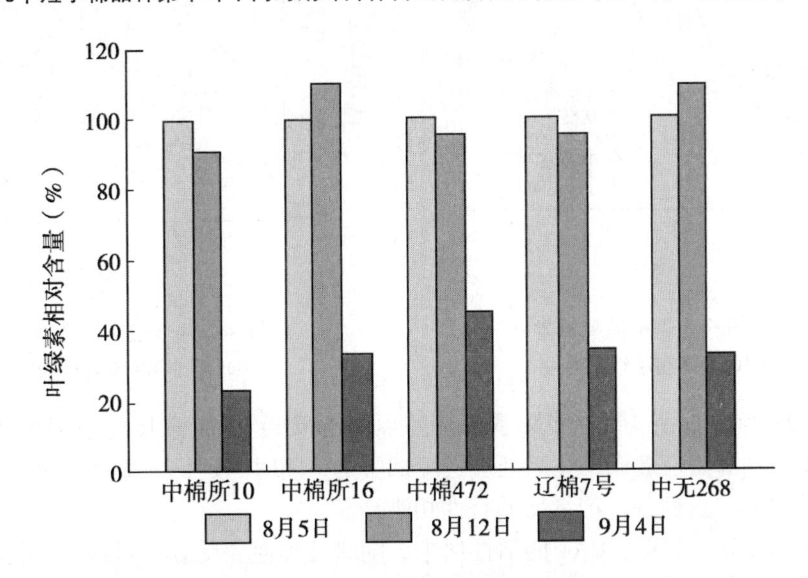

图 2　几个短季棉品种第十叶不同时期叶片叶绿素相对含量（以 8 月 5 日为 100%）

表 3　离体叶片内叶绿素、蛋白质含量的变化

品种	叶绿素含量（A663）			蛋白质含量（mg/g FW）		
	天　数					
	0d	3d	5d	0d	3d	5d
中棉所 10 号	0.844	0.603	0.318	16.07	13.49	10.54
中棉所 16	1.069	0.830	0.507	18.75	13.05	14.02
中棉 427	0.844	0.705	0.520	19.09	15.63	13.40
中无 268	1.185	0.945	0.596	9.46	8.06	5.35
辽棉 7 号	1.014	0.690	0.342	15.36	10.99	10.48

2.3 离体子叶SOD、POD、CAT活性的变化

植物体内SOD、POD、CAT，是自由基清除系统中的重要酶类，其活性强弱影响植株光合产物和生产水平。从图3、图4、图5可看出：随暗处理逆境反应时间延长，各品种酶活性表现出不同水平，如中棉所16子叶体内SOD居中，第5d时上升为第二位，第9d又迅速下降。POD活性在0d低于中棉所10号，随时间延长，第9d跃居首位。CAT下降速度比其他品种慢，特别是后4d，中棉所10号下降60%，而中棉所16下降很少，中棉所16清除自由基酶类活性强，及时清除有害自由基对叶绿素、蛋白质、核酸及结构功能等的破坏，使其有较强的活性进行光合作用提高产量水平。

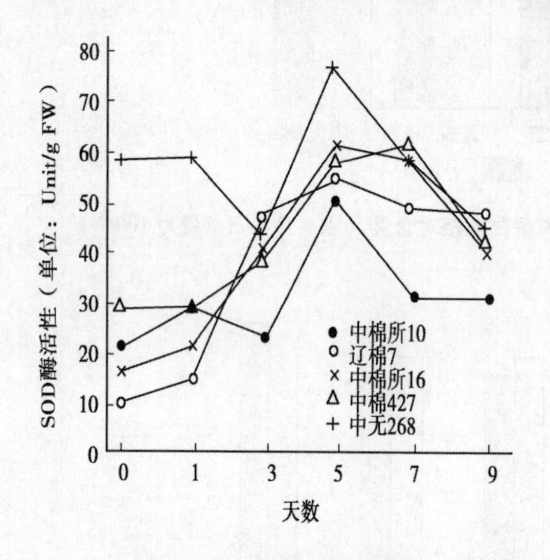

图3 几个短季棉品种离体子叶中SOD酶活性的变化

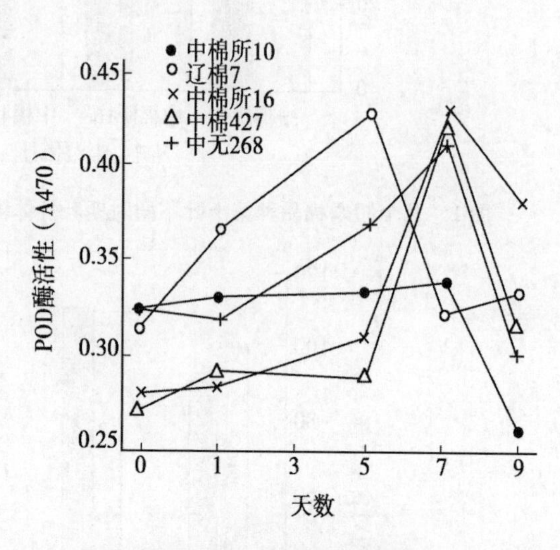

图4 几个短季棉品种离体子叶中POD酶活性的变化

中棉427为中棉所16的姊妹系，其各项指标接近中棉所16。中棉所10号SOD、POD、CAT三种酶活性最低，在暗处理逆境试验中，随时间延长下降速度快、幅度大，与该品种早熟早衰、抗性差、产量低的特性相吻合。

辽棉7号SOD、POD、CAT的活性居中，随暗处理逆境反应时间延长，其活性逐渐高于其他品种，到第9d SOD、CAT居首位，POD居第2位。该品种属晚熟品种，生产后期青叶绿叶霜前花少，作麦棉两熟品种产量低。其体内清除酶类活性强，及时排除有害自由基对植株结构、功能等的破坏作用使植株生长旺盛而晚熟。

中无268为短季棉低酚抗棉蚜棉铃虫类型，其酶类存在某些特异之处，如SOD、POD活性明显高于其他品种，CAT则低于其他品种，可能与该品种无棉酚、兼抗枯黄萎病和棉蚜、棉铃虫有关。

2.4 大田真叶SOD、POD、CAT活性的变化

采用子叶离体研究，一方面子叶中具有品种全部遗传信息可反映其真实遗传情况，同时可清除植株其他部位的相互影响，并有利于采用不同外界条件（如温度、湿度、外用激素等）来研究，但是未考虑环境的影响，不能完全反映出植株在大田情况下的表现，因此有一定局限性。为了更准确地反映不同品种衰老变化生化机理同时采用大田栽培条件

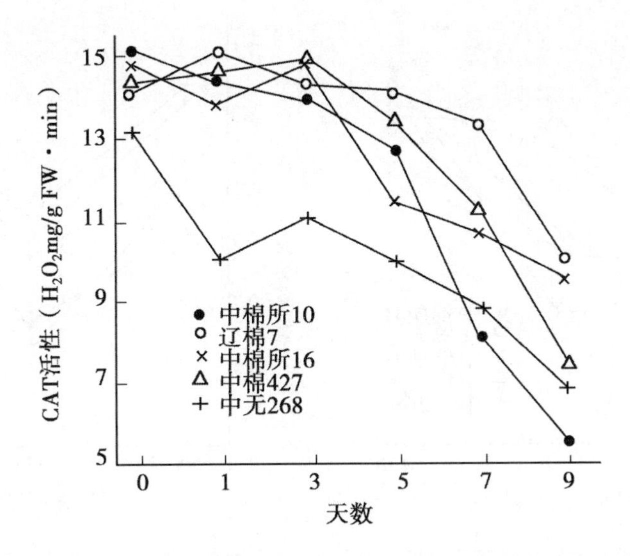

图5 几个短季棉品种离体子叶中 CAT 酶活性的变化

下，将各品种定位第十叶片测定其附体和离体逆境条件下 SOD、POD、CAT 酶的变化。从图 6 可以看到第十叶片随幼龄到成熟体内的 SOD 酶上升，变化趋势与离体子叶变化趋势一致，中棉所 16 的 SOD 酶活性，前、后期高于中棉所 10 号，8 月 12 日样略低，说明中棉所 16 SOD 酶活性强且稳定，而中棉所 10 的 SOD 酶活性低且不稳定。中棉 427 的 SOD 酶活性开始低，后期直线上升。辽棉 7 号开始 SOD 酶活性居首位后期次于其他品种。中无 268 的 SOD 酶活性从始至终居首位。图 7 显示在后期（9 月 4 日）叶片体内 POD 酶活性也上升，但与 SOD 酶变化不同的是在 8 月 12 日（叶龄约 7d）时，其 POD 酶活性处于一个较低水平，而后又升高。中棉所 16 在 8 月 5 日和 7 日测定均高于其他品种。9 月 4 日仅次于其他品种。中无 268 一直处于高水平。

CAT 酶活性在整个叶片生育期都非常低（表 4）。大大低于离体子叶中 CAT 酶活性，尽管如此，在 8 月 12 日 CAT 酶活性处于相对较高水平，在 9 月 4 日又下降到 8 月 5 日的水平，而且在 9 月 4 日中棉所 10 号已检测不到 CAT 活性了。表明中棉所 10 号 CAT 活性下降比其他品种更为迅速。辽棉 7 号和中棉 427 CAT 活性高于其他品种。田间叶片 SOD、POD、CAT 活性变化趋势接近离体子叶：中棉所 10 号偏低，中棉所 16 较强，但也有不同之处，原因可能是土壤、水分等环境条件造成的差异。同时，田间生育期长，取样次数少，未能准确反映其本质差异，如离体子叶暗处理第 5dSOD、POD 有一个上升峰值较接近 9d 后表现出的差异。CAT 也是 5d 后表现出明显差异。而大田 9 月 4 日才达到同一接近峰值，由于其他原因未取样造成后期差别不明显。表 5 可看到：SOD、POD、CAT 酶活性在很大程度上与附体叶片三者活性变化相似。即 SOD 活性随叶片衰老加深而上升，前期 POD 活性在变化不大或略有下降，再大幅度上升。CAT 活性则在较低水平上摆动。中棉所 10 CAT 活性低于其他品种。

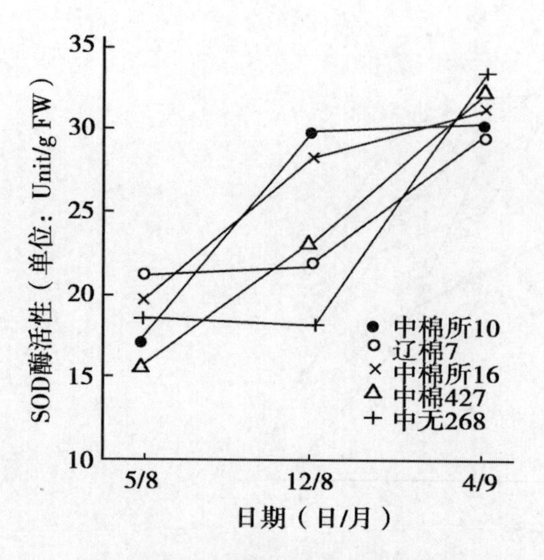

图6 几个短季棉品种第十叶不同时期叶片 SOD 酶活性的变化

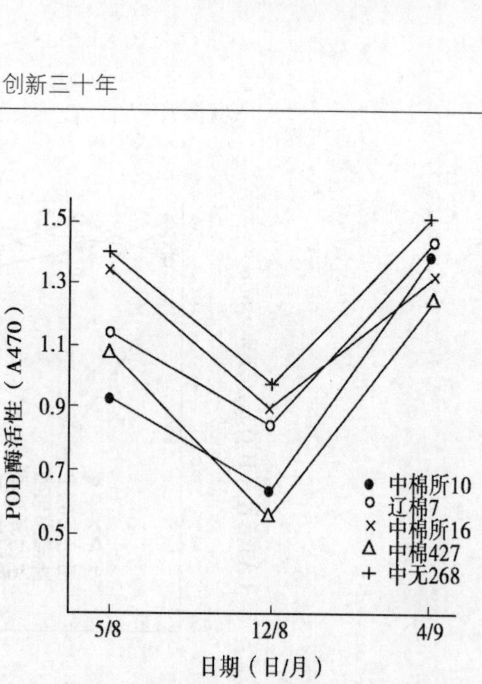

图7 几个短季棉品种第十叶不同时期叶片 POD 活性的变化

表4 几个短季棉品种第十叶不同时期 CAT 活性的变化 （H_2O_2mg/g FW·min）

品 种	日 期		
	8月5日	8月12日	9月4日
中棉所10号	0.000	1.267	0.000
中无268	1.471	1.152	0.240
中棉所16	0.072	4.639	0.480
中棉427	0.000	1.367	0.720
辽棉7号	0.081	1.579	0.824

表5 离体叶内 SOD、POD、CAT 活性的变化

品种	SOD 活性（Unit/g FW）			POD 活性（A470）			CAT 活性 [H_2O_2mg/（g·min）]		
	0	3	5	0	3	5	0	3	5
中棉所10号	23.5	22.34	31.00	0.791	0.798	1.259	0.634	0.960	1.032
中棉所16	23.01	26.37	32.50	1.395	1.014	1.367	1.312	1.336	0.926
中棉427	18.37	22.97	33.56	1.182	1.102	1.505	2.356	0.016	0.814
中无268	19.28	23.19	35.82	0.865	0.548	0.761	0.604	1.116	0.934
辽棉7号	21.91	20.14	31.52	1.108	0.950	1.187	0.839	0.920	1.122

3 结果与讨论

SOD、POD、CAT 活性下降，促使叶绿素、蛋白质、核酸的降解，膜的损伤，细胞器的破坏，光合能力的下降，解偶联程度的加深等，因此不利于植物对养分的吸收和光能的

转化，影响产量。从生化方面研究衰老机理报道较少，但作者认为很有必要。本文对几个短季棉品种离体子叶和田间植株第十叶片真叶作了叶绿素和蛋白质降解，SOD、POD、CAT 活性变化的研究。结果表明：早熟不早衰品种中棉所 16 和中棉 427 叶绿素、蛋白质降解慢，SOD、POD、CAT 活性强。离体子叶与大田叶片结果趋向一致，说明该品种自由基清除酶类对体内有毒自由基及时清除以保证细胞器、核酸、蛋白质等免受伤害，保护活性，使之早熟不早衰，能充分利用地下养分和光能，抗逆性强高产优质。中棉所 10 号早熟早衰、抗逆性差、产量低与其 SOD、POD、CAT 活性差，叶绿素和蛋白质降解快有关。辽棉 7 植株高大生长旺盛表现晚熟霜前皮棉产量低，与其清除酶类活性强，叶绿素、蛋白质降解慢且稳定有一定关系，加之该品种生长旺植株高大，根系深形成晚熟。中无 268 属低酚棉，抗枯黄萎病和棉蚜、棉铃虫，其叶绿素、蛋白质降解较慢，SOD、POD、CAT 活性有特异之处，SOD、POD 活性强，CAT 则较低。本研究离体子叶与大田叶片结果基本一致，中棉所 10 号 L 比其他品种差，中棉所 16 较好，但也有不同之处，可能为大田植株受环境影响大，同时取样次数少，未能准确表现其差异，有待今后试验进一步改进。

参考文献

［1］聂先舟，刘道宏，徐竹生．水稻旗叶脂质过氧化作用与叶龄及 Ni^{2+}，Ag^{+} 的关系［J］．植物生理学通讯，1989，(2)：32-34.

［2］波钦诺克．植物生物化学分析方法［M］．荆家海，丁钟荣，译．北京：北京科学技术出版社，1981：215-218.

［3］Dhindsa R S，Plumb-Dhindsa P，THORPE T A. Leaf senescence：correlated with increased levels of membrane permeability and lipid peroxidation，and decreased levels of superoxide dismutase and catalase［J］．*Journal of Experimental botany*，1981，32（1）：93-101.

［4］Giannopolitis G N，Ries S K. Superoxide dismutases：Ⅰ. Occurrence in higher plants［J］．*Plant Physiology*，1977，59（2）：309-314.

［5］Kao C H. Senescence or rice leaves Ⅵ. Comparative study of the metabolic changes of senescing turgid and water-stressed excised leaves［J］．*Plant Cell Physiol*，1981，22（4）：683-688

［6］Lamattina L，R P Lezica，R D Conde. Protein metabolism in senescing wheat leaves determination of synthesis and degradation rates and their effects on protein loss［J］．*Plant physiology*，1985，77（3）：587-590.

［7］Shaw M，Manocha M S. The physiology of host-parasite relations：xv. fine structure in rust-infected wheat leaves［J］．*Canadian Journal of Botany*，1965，43（10）：1285-1292.

［8］Spencer P W，Trrus J S. Apple leaf senescence：leaf disc compared to attached leaf［J］．*Plant physiology*，1973，51（1）：89-92.

［9］Thimann K V，Tetley R R，Van Thanh T. The metabolism of oat leaves during senescence Ⅱ. Senescence in leaves attached to the plant［J］．*Plant Physiology*，1974，54（6）：859-862.

［10］Thomas H，Stoddart J L. Leaf senescence［J］．*Annual review of plant physiology*，1980，31（1）：83-111.

不同短季棉品种生育进程中主茎叶内源激素的变化动态

沈法富[1,2]，喻树迅[1]，范术丽[1]，李 静[2]，黄祯茂[1]
（1. 中国农业科学院棉花研究所，安阳 455000；2. 山东农业大学农学院，泰安 271018）

摘要： 以3个生育和衰老特性不同的短季棉品种为材料，测定其在生育进程中主茎叶内源激素含量的动态变化。结果表明，短季棉的早熟性与主茎叶中早期吲哚乙酸（IAA）和玉米素及其核苷（Z+ZR）含量出现高峰值的时间一致，这2种激素高峰值出现的时间愈早，其产量器官发育也早；短季棉的早衰性与主茎叶中后期脱落酸（ABA）、乙烯和IAA出现的高峰时间一致，而与主茎叶中异戊烯基嘌呤及其核苷（iP+iPA）含量相反。短季棉始絮后，主茎叶中iP+iPA含量低、ABA、IAA和乙烯含量高的品种易早衰，主茎叶中iP+iPA含量高、ABA、IAA和乙烯含量低的品种抗早衰。

关键词： 短季棉；内源激素；早熟性；叶片衰老

短季棉品种的选育成功，为解决中国北方棉区长期以来粮棉争地、争季的矛盾，提高棉田的经济效益和生态效益开辟了广阔前景。短季棉可以避开棉花苗期的低温和病虫害，省工、省投资，经济效益显著，因此深受棉农的欢迎。

短季棉育种的主要问题是要协调好早熟和早衰的关系。早熟性是实现麦（油菜）棉两熟的关键。但是，早熟往往伴随早衰。早衰严重影响棉花的铃重、衣分和纤维品质，给产量带来严重损失[1]。因此，研究短季棉的早熟不早衰性状对短季棉育种和栽培具有十分重要的意义。目前，对短季棉的生长发育规律[2]、早熟性的构成因素[3]和抗早衰清除活性氧的酶类[4,5]已有一些研究。但是，对短季棉早熟不早衰性状与叶片内源激素含量变化的关系还缺乏了解。由于植物激素参与植物生长发育和衰老的全过程[6,7]，笔者以3个生育和衰老特性不同的短季棉品种为材料，以期了解其在生育过程中叶片的内源激素动态变化，找出棉花叶片中内源激素变化与早熟不早衰性状的相关性，为选育早熟不早衰棉花品种和完善丰产、优质短季棉栽培技术提供参考。

原载于：《中国农业科学》，2003，36（9）：1014-1019

1 材料与方法

1.1 材料的种植

供试短季棉（*Gosspium hirsutum* L.）品种中棉所10号L、中棉所16和中棉所36，由本课题组选育。选择成熟饱满的种子，经浓硫酸脱绒后，于2002年5月22日在山东省平阴县良种场大田播种，定苗密度为每公顷120 000株，小区面积为33.3m^2，其他栽培管理同常规大田。在棉花生长发育进程中，对植株进行定株调查，详细记载各品种的出苗期、现蕾期、开花期和始絮期等生育性状。

从中棉所10号L现蕾期（6月20日）开始，每隔15d左右，在不同小区取主茎的叶（主茎上倒三叶，打顶后为顶叶）50片，取部分用于测定乙烯含量，其余部分经液氮速冻，置超低温冰箱中保存，用于测定植物激素。

1.2 测定方法

1.2.1 IAA、ABA、iP + iPA和Z + ZR

取2g样品，用50mL 80%冰甲醇在5℃匀浆提取4h，过滤后的残渣再用30mL 80%的冰甲醇重复提取1次。将2次过滤的滤液混合，经真空干燥，蒸发掉甲醇及水分至适当浓度，用间接酶联免疫吸附法测定[8]。

1.2.2 乙烯含量

采用气相色谱法，外标定量测定[9]。在密闭的集气室收集气体10h，以岛津GC27AG气相层析仪进行测定，层析柱为GDX502，载气为氮气，流速为38mL/min，柱温90℃。氢火焰离子化检测器，氢气流量为75mL/min，空气流量为250mL/min，气化温度为110℃，用标准乙烯样品作对照。

1.3 衰老指标调查

为反映品种衰老特性不同，在收获前，从每小区每个品种选取生长一致的30个单株，调查上部果枝（倒一、倒二）和中部果枝（第三、第四）果枝结铃率，测定上部和中部果枝第一果节铃的铃重、纤维长度和籽指，并计算：

（1）结铃率差 = 中部果枝的结铃率 - 上部果枝的结铃率；

（2）铃重差 = 中部果枝第一果节铃重 - 上部果枝第一果节铃重；

（3）纤维长度差 = 中部果枝第一果节的纤维长度 - 上部果枝第一果节的纤维长度；

（4）籽指差 = 中部果枝第一果节的籽指 - 上部果枝第一果节的籽指。

1.4 数据处理

试验采取随机区组设计，4个重复，每品种每小区取样3个，每个给定数据为12个样品的平均值，并计算标准差。

2 结果与分析

2.1 不同品种生育和衰老特性的差异

3个品种的生育期都在115d以内，霜前花率达80%以上，因此，这3个品种均属于短季棉品种。比较3个短季棉品种的结铃率差、铃重差、纤维长度差和籽指差，结果（表）表明，3个品种具有不同的衰老特性。中棉所10号L为早衰类型，具体表现为，植株进入吐絮期，功能叶迅速转黄并脱落，植株上半部或全株迅速枯死，导致上部果枝的结铃率明显比中部果枝的结铃率低，上部果枝的铃重、籽指变小，纤维长度变短，结果“四差”变大。中棉所16和中棉所36均属于早熟不早衰类型，具体表现为上部果枝的结铃率与中部果枝相比较，其结铃率不降低反而升高，上部果枝的单铃重、籽指和纤维长度与中部果枝的铃差异小，反映早衰的“四差”小。中棉所16和中棉所36的差异表现为，中棉所16为绿叶早熟类型，即植株始絮后，中上部叶片维持绿色，初霜前叶片生长正常，功能叶持续时间长，吐絮期早、持续时间长且不集中。中棉所36为黄叶早熟类型，吐絮期早，见絮后叶片逐渐变黄，不落叶，茎叶的养分向棉铃转运迅速，吐絮快而集中。

表　不同短季棉品种衰老的特性

品　种	生育期 (d)	结铃率差 (%)	铃重差 (g)	纤维长度差 (mm)	籽指差 (g)	衰老类型
中棉所10	106	0.86	1.91	3.18	2.10	枯死早衰
中棉所16	113	-0.82	0.24	0.53	0.67	绿叶早熟
中棉所36	110	-1.55	0.45	0.62	1.03	黄叶早熟

2.2　棉花主茎叶生长素含量的变化

分析3个品种生育进程中主茎叶中的IAA含量，发现中棉所10号L和中棉所36主茎叶IAA含量均出现2个高峰，而中棉所16主茎叶中IAA含量仅出现1个高峰（图1）。虽然3个品种主茎叶中IAA含量第一高峰值出现的时间不同，但是与3个品种的生育进程基本一致，即主茎叶中IAA含量第一高峰值均出现在盛蕾期至初花期，这表明短季棉的早熟性与主茎叶中IAA含量第一高峰值出现的早晚相一致，主茎叶中IAA含量第一高峰值出现的时间愈早，其成熟期愈早。三品种主茎叶中IAA含量第二高峰值的出现表现了较大的差异，中棉所10号L主茎叶中IAA含量的第二高峰值出现在始絮期，中棉所36的第二高峰值出现在盛絮期，中棉所16没有出现第二高峰值，尽管各品种主茎叶中IAA含量第二高峰值出现的时间在生育进程中存在差异，但与各自的衰老特性一致，叶片中IAA含量高峰值出现不久就逐渐变黄脱落，中棉所16没有出现主茎叶中IAA含量第二高峰值，这与其霜前主茎叶仍然保持绿色一致，这说明棉花生育后期主茎叶中IAA含量的升高与棉花的早衰具有相关性。

2.3　棉花主茎叶细胞分裂素含量的变化

在生育进程中，3品种主茎叶Z+ZR的含量呈现单峰变化曲线（图2），即在盛蕾期至初花期主茎叶中Z+ZR含量达到最高值，随后迅速下降，虽然各品种始絮后表现了不同的衰老特性，但是3个品种始絮后主茎叶中Z+ZR含量的变化差异不大，这表明3个品种主茎叶中Z+ZR含量的升高与其由营养生长向生殖生长转变有关，而与叶片的衰老没有直接的相关性。

3个品种主茎叶中iP+iPA含量的变化亦呈现单峰变化（图3），但是它们的最高峰值都出现在花铃期，随后各品种主茎叶中iP+iPA含量开始下降，且不同品种主茎叶中iP+iPA含量下降的速度不同，以中棉所10号L主茎叶iP+iPA含量下降的速度最快，中棉所36下降的速度次之，中棉所16下降最慢。这表明，棉花生育后期主茎叶中iP+iPA含量

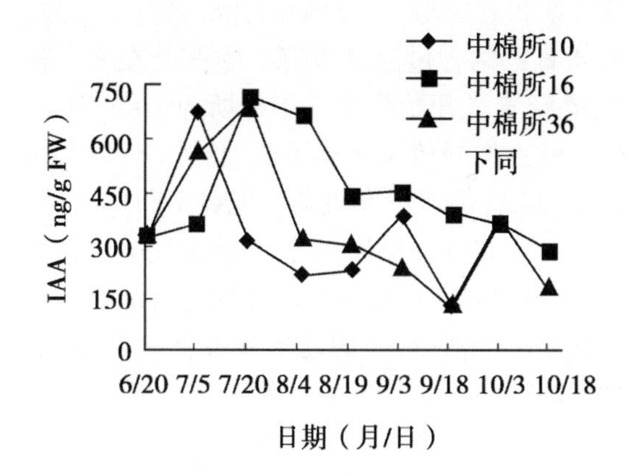

图1　不同短季棉品种生育进程中叶片 IAA 含量的变化

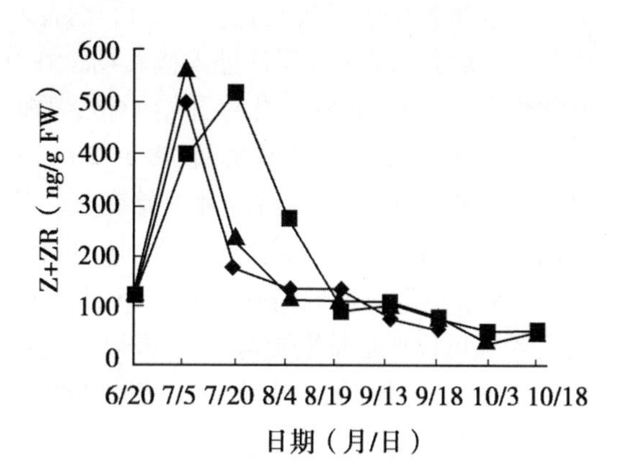

图2　不同短季棉品种生育进程中叶片 Z + ZR 含量的变化

与棉花的衰老有明显的相关性，后期主茎叶中 iP + iPA 含量维持较高的棉花品种抗早衰，反之，主茎叶中 iP + iPA 含量下降快的品种易早衰。

2.4　棉花主茎叶 ABA 含量的变化

在开花期以前，3 个品种主茎叶 ABA 含量的变化趋势基本一致，即主茎叶 ABA 含量由低到高形成 1 个峰值（图 4），开花后 3 品种主茎叶中 ABA 含量发生了较大的变化，中棉所 10 号 L 主茎叶中 ABA 含量在开花期（7 月 20 日）达到高峰以后，稍微下降，然后维持较高的含量；中棉所 16 和中棉所 36 主茎叶 ABA 含量在开花期（8 月 5 日）达到高峰后，ABA 含量迅速下降至开花前的水平，在吐絮期中棉所 16 主茎叶中 ABA 含量维持开花前的水平，并缓慢上升，而中棉所 36 主茎叶 ABA 含量则增加较快，但是总体水平中棉所 36 主茎叶中 ABA 含量仍然比中棉所 10 号 L 低，这一结果说明 ABA 在棉花发育进程中具有双重作用，在发育的早期 ABA 能够促进棉花由营养生长向生殖生长转变，后期 ABA 则是棉花衰老的促进激素。

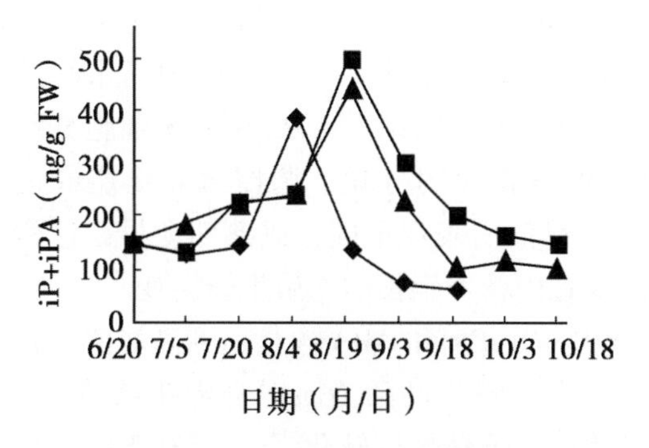

图3　不同短季棉品种生育进程中叶片 iP + iPA 含量的变化

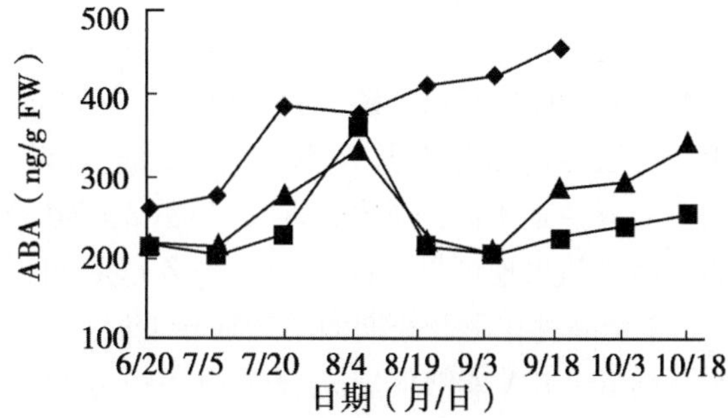

图4　不同短季棉品种生育进程中叶片 ABA 含量的变化

2.5　棉花主茎叶乙烯释放量的变化

在铃期前（8 月 20 日），3 个品种乙烯的释放量变化平稳，进入吐絮期后，3 品种的乙烯释放量发生了显著变化（图5），各品种的吐絮和衰老与叶片乙烯的释放量变化一致。中棉所10号L在9月8日进入盛絮期，在9月4日乙烯含量达到高峰，主茎叶在9月初开始变黄，到9月20日叶片开始干枯，届时乙烯释放量开始降低。中棉所36在9月12日始絮，10月5日进入盛絮期，8月20日其叶片的乙烯释放量开始迅速上升，于10月4日达到高峰；10月9日后叶片开始变黄，至10月20日仍然没有脱落，但在10月4日叶片的乙烯释放量开始下降。中棉所16主茎叶的乙烯释放量自8月20日开始缓慢上升，至10月18日也没有形成高峰；9月15日开始吐絮，至10月20日其功能叶仍保持绿色。说明乙烯既可以促进棉花吐絮，又可以促进叶片衰老。中棉所16的乙烯释放量变化平稳，其吐絮期长，且吐絮不集中，主茎叶功能持续时间长。

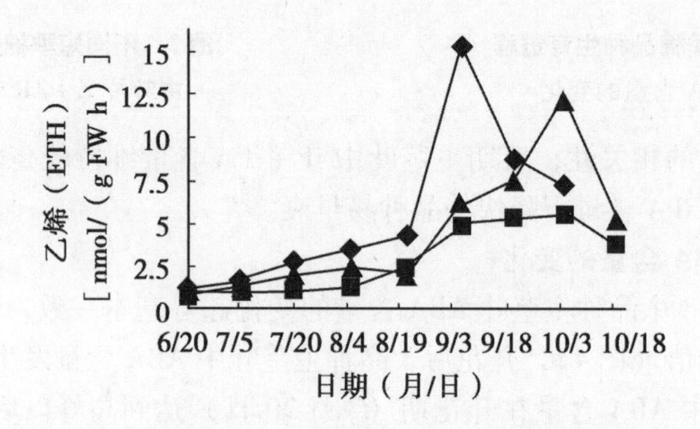

图5 不同短季棉品种生育进程中叶片乙烯释放量的变化

3 讨论

棉花具有无限生长习性，在生育进程中同时存在着现蕾、开花和成铃，棉花现蕾后营养生长和生殖生长并存，因此，棉花生育进程中内源激素的变化比较复杂。本试验通过对3个短季棉品种主茎叶内源激素的分析发现，在棉花现蕾至开花期，主茎叶中IAA和Z+ZR的含量均出现高峰值，这一结果与前人[10]研究棉花根伤流液中IAA和Z+ZR的变化一致。高峰值的出现标志着棉花由营养生长向生殖生长转变，此期，主茎叶中高水平的IAA能促进棉株对氮、磷、钾的吸收，提高棉株光合作用的速率[11]。高水平的细胞分裂素，可以促进棉花由营养生长向生殖生长转变，促进花芽的分化，调控营养物质的运输[6]。成熟期不同的棉花品种IAA和Z+ZR含量高峰值的表现不同，成熟期愈早，这两激素高峰值出现愈早，说明IAA和Z+ZR可促进棉花由营养生长向生殖生长转变。

3个品种在由开花期向结铃期转变时，主茎叶中iP+iPA和ABA含量达到高峰值，高水平的iP+iPA能够促进光合产物运输与卸出，强化“库”的活力，促进棉花结铃[12]；高水平的ABA可以调节酸性磷酸酶的活性，促进蔗糖向葡萄糖的转化[13]，有利于同化物及储存物的输出并向生殖器官分配，促进同化物在棉铃中的积累，加快棉铃的发育。成熟期早的中棉所10号L比成熟期晚的中棉所16和中棉所36能较早的使其光合产物向产量器官输送。

棉花始絮后，进入衰老期，通过对不同衰老类型短季棉品种的内源激素分析发现，棉花吐絮后，抗早衰的品种中棉所16和中棉所36叶片细胞分裂素的含量高于早衰品种中棉所10号L，前人研究抗早衰和早衰的高粱[14]、水稻[15]伤流液细胞分裂素，得到与本研究一致的结果。分子水平分析表明，细胞分裂素通过调节基因的表达，进而影响植物的衰老，外源细胞分裂素可以诱导南瓜离体叶Rubsico大小亚基mRNA含量的增加，增加光诱导的硝酸还原酶和捕光色素蛋白mRNA的含量[16]。ABA和乙烯促进叶片的衰老和脱落，早衰品种中棉所10号L主茎叶ABA和乙烯的含量高于抗早衰品种，棉花吐絮后，叶片ABA和乙烯含量的升高可能与棉花叶片同化物质的再分配有关。吐絮期早衰品种主茎叶IAA含量也升高，这说明在棉花生育后期，IAA可促进棉花叶片的衰老，这一途径可能通过提高乙烯的释放量实现的，一方面，本试验具有乙烯高峰的2个品种都具有IAA高峰，且二者出现时间基本一致；另一方面，许多研究表明，外源IAA或NAA可以促进植物乙烯的释放或者改变组织对乙烯的敏感性[17]。

综上所述，植物激素参与了棉花生育全过程的调节，这些调节是植物内源激素相互协调共同完成的，而不是通过单一激素对某一个性状进行调节实现的，同一激素（如ABA、IAA）在棉花不同生育时期具有不同的功能。不同激素峰值和低差的变化，暗示着棉花生长中心的转变，因此，如果从激素水平上调节棉花的衰老，则必须考虑激素间的相互作用。由于不同衰老特性的短季棉品种内源激素表现了规律性的变化，故内源激素可以作为棉花早熟不早衰性状生化选择辅助指标。

致谢

山东农业大学农学院农学专业的李华盛、盖红梅参加部分工作，谨致谢意。

参考文献

［1］Wright P R. Premature senescence of cotton-predominantly a potassium disorder caused by an imbalance of source and sink［J］. *Plant and Soil*，1999，211：231-239.

［2］邓绍华，蒋国柱．短季棉的生长发育规律及生理特异性研究［J］. 中国农业科学，1987，20（3）：15-22.

［3］喻树迅，黄祯茂．短季棉品种早熟性构成因素的遗传分析［J］. 中国农业科学，1990，23（6）：48-54.

［4］喻树迅，范术丽，原日红，等．清除活性氧酶类对棉花早熟不早衰性状的影响［J］. 棉花学报，1999，11（2）：100-105.

［5］喻树迅，黄祯茂，姜瑞云，等．不同短季棉品种衰老过程生理生化机理的研究［J］. 作物学报，1994，20（5）：629-636.

［6］Pharis P R，Dreier. Plant Growth Substance［M］. Berlin：Springer Verlage Press，1988.

［7］王三根．细胞分裂素在植物抗逆和延衰中的作用［J］. 植物学通报，2000，17（2）：121-126.

［8］何钟佩．农作物化学控制实验指导［J］. 北京：中国农业大学出版社，1993：60-68.

[9] 董建国. 在水前后的不同时期增加体内乙烯对小麦抗性的影响 [J]. 植物生理学报，1983，9 (4)：383-389.

[10] 田晓莉，杨培珠，何钟佩，李丕明. 棉花根冠关系的研究——根系伤流液及叶片内源激素的变化 [J]. 中国农业大学学报，1999，4 (5)：92-97.

[11] 陈德华，何钟佩，徐立华，等. 高产棉花叶片内源激素与氮磷钾吸收积累的关系及其对棉铃增重机理的研究 [J]. 作物学报，2000，26 (6)：659-665.

[12] 汤日圣，王红，童红玉. 混用4PU230、Pix 和 AVG 提高棉花成铃的效果及机理 [J]. 江苏农业学报，2001，21 (3)：158-162.

[13] Clifford P E, Offler C E, Patrick J W. Growth regulation have rapid effects on photosynthate unloading from seed coats of Phaseous vnlgains L [J]. *Plant Physiology*, 1986, 80: 635-637.

[14] Ambler J R, Morgan P W, Jordan W R. Amounts of zeatin and zeatin riboside in xylem sap of senescent and nonsenescent sorghum [J]. *Crop Science*, 1992, 32: 411-419.

[15] Hiroshi S, Tamizi S, Kuni I. Changes in chlorophyll contents of leaves and in leaves of cytokinins in root exudates during ripening of rice cultivars Nipponbare and Akenohoshi [J]. *Plant Cell Physiology*, 1995, 36 (6): 1105-1114.

[16] Doenes B P, Crowell D N. Cytokinin regulates the expression of a soybean β-expansin gene by a post-transcriptional mechanism [J]. Plant Molecular Biology, 1998, 37: 437-444.

[17] Akemi O, Takashi H. Promotion of ethylene biosynthesis in peach mesocarp discs by auxin [J]. *Plant Growth Regulation*, 2002, 36: 209-214.

Biochemical Genetics of Short-Season Cotton Cultivars that Express Early Maturity Without Senescence

Shuxun Yu*, Meizhen Song, Shuli Fan, Wu Wang, Rihong Yuan

(Cotton Research Institute, Chinese Academy of Agricultural Sciences/Key Laboratory of Cotton Genetic Improvement, Ministry of Agriculture, Anyang 455000, China)

Abstract: The present study is aimed to investigate the mechanism of the biochemical genetic in short-seasoned cotton (*Gossypium hirsutum* L.) (SSC). Ten cultivars from two types of SSC were selected, five SSC with no premature senescence crossed with five SSC with premature senescence. The parents, F_1, and F_2 from the reciprocal crosses were field tested in replication in 2001 and 2002. The results indicated that the activities of protective enzymes of the antioxidant system, such as catalase (CAT), superoxide dismutase (SOD), and peroxidase (POD), were higher in the early maturing SSC with premature senescence compared with activities in the SSC parental cultivars that showed premature senescence, whereas the malondialdehyde (MDA) content in former group was lower than that in latter group. Various genetic variances and heritabilities for these biochemical traits and auxin (IAA), abscisic acid (ABA), and chlorophyll (Chl$a+b$) contents were also estimated. Significant additive variance for CAT, POD, ABA, and IAA existed, whereas CAT specific activity and SOD activity were largely controlled by dominant effects. Both maternal and dominant variances played equally predominant roles in the specific activity of POD and SOD, MDA, and soluble portents. The relative contribution of the various genetic components to the phenotypic variation varied in the boll-setting period.

Key words: antioxidant enzyme; biochemical trait; genetic analysis; short season cotton (*Gossypium hirsutum* L.)

The competition for more planting acreage between cotton and food crops has been intense and will remain in the foreseeable future because of the situation that exists in China of a large

原载于: *Journal of Integrative Plant Biology*, 2005, 47 (3): 334-342 population needed to fed and clothed but with limited farm land available. Therefore, coordinated development between cotton (*Gossypium hirsutum* L.) and food crops is a major concern for both policy makers and the research community, and a double- or multiple-cropping farm practice would be one possible solution. It was estimated that the acreage of double- or multiple-cropping farms accounted for 60% of the total acreage of farming land in cottonproducing areas in China and the intercropping index (i. e. the harvest times per year per acreage) reached 165% (Mao *et al.*, 1999). One of the critical measurements for multiple-cropping practices is the exploitation and planting of short-season cotton (SSC) cultivars. However, under the current double- or multiple-cropping farming system, especially in the cotton-producing area of the Yellow River Valley, the key obstacle for such practices is that the maturity of some of the SSC cultivars is still not early enough. Cotton plants of these cultivars usually show slower early growth and late maturity with a high percentage of post-frost harvest, which greatly decreases the lint yield and fiber quality. Therefore, increasing the lint yield and improving fiber quality are the most important aims of the cotton genetic improvement of SSC.

Short-season cotton is an ecotype of planting cotton that has relatively short growing period and is adaptable to certain socio-economic levels under specific ecological conditions. The SSC has its own conspicuous morphological developmental characteristics and biochemical cultivating properties. According to the growth developmental status and yield potential, SSC can be further classified into three types: (i) type A, which matures early and displays premature senescence; (ii) type B, which matures early but does not display premature senescence; and (iii) type C, which matures late. The premature senescence displayed by type A SSC is that, instead of natural senescence during the mature period, the cotton plant terminates its growth prematurely with reduced photosynthesis during its effective growing period, rendering an earlier-than-normally expected senescence in physiological and biochemical processes. The early mature type of SSC with no premature senescence (type B) can be defined as cultivars that can sufficiently use the natural resources of heat units and sunlight in the climate, producing a satisfying economical product. Type C SSC is one that does not mature on time in the appropriate season and maintains its vigorous vegetative growth. Types A and C SSC both result in reduced boll weight, decreased lint percentage, fiber strength, and fineness, and yield loss. Especially for the prematurely senescencing SSC (type A), the earlier the premature senescence occurs, the greater the loss in yield and fiber quality. In order to obtain an early maturing SSC cultivar that fits the requirements of double- or multiple-cropping practices in various cotton-producing areas, one effective strategy is to improve the premature senescence of early maturing SSC through the coordination of vegetative and reproductive growth. Our research group has developed many SSC cultivars that express early maturity without premature senescence and that are grown in major cotton-planting areas of China. The genetic basis of early maturity was investigated (Niles, 1985; Cheng and Yu, 1994; Godoy, 1999) and these SSC cultivars were also characterized physiologically (Yu *et al.*, 1992, 1993, 1994, 1999). However, the mechanism responsible for the biochemical inheritance of SSC remains unknow. The aim of the present study was to investigate the genetic basis of biochemical traits associated with the antioxidant system and phytohormones, such as catalase (CAT), superoxide dismutase (SOD), and peroxidase (POD), as well as the malondialdehyde (MDA), chlorophyll, soluble protein, auxin (IAA), and abscisic acid (ABA) contents using SSC with and without apparent premature senescence.

1 Materials and Methods

1.1 Materials

Two types of SSC (*Gossypium hirsutum* L.) cultivars were used in the experiments: type A cultivars are those that senescence prematurely, including Zhongmiansuo 10 (designated as A_1), Zhong 450407 (A_2), Zhong 652585 (A_3), Zhong 619 (A_4), and Yuzao28 (A_5); type B cultivars are those that mature early without premature senescence, including Liao 4086 (designated as B_1), Zhong 925383 (B_2), Zhong 061723 (B_3), Zhong 961662 (B_4), and Yu 1201 (B_5). Five reciprocal crosses between type A and type B cultivars were made in 2000, with their progenies referred to as AnBn and BnAn (n = 1, 2, 3, 4, 5). The resulting F_1 seeds were planted in the Hainan Winter Nursery to produce F_2 seeds during winter. In 2001, all F_1 and F_2 seeds, together with their parental lines, were planted in a randomized complete block design with three replications in the fields at China Cotton Research Institute, Chinese Academy of Agricultural Sciences, Anyang, Henan. The plot size was three rows × 8.5m for F_1 and five rows × 8.5m for F_2 with a row spacing of 0.7m. The plant population was 42500 plants/hm^2, In 2002, the 2001 trials were repeated. The planting dates for both years were 21 May.

1.2 Physiological and biochemical tests

The fourth leaves from the topmost leaf of cotton plants were sampled during the flowering and boll-setting stages. Samples were divided into two groups as follows: (i) the mixed group, in which 20 leaves were sampled from each of the crosses, with main leaf veins discarded (the activities of the antioxidant enzymes CAT, POD, and SOD, as well as the MDA contents, were measured in this group); and (ii) a group that included only three typical crosses, in which leaves from 30 plants of each parental line and F_1, and 100 plants of F_2 were sampled. The contents of MDA, soluble proteins, and chlorophyll a, b, $a+b$, and a/b, as well as the activities and specific activities (percentage between enzyme activity and content of soluble protein) of antioxidant enzymes, including CAT, POD, and SOD, were determined in this group.

Catalase activity was measured as described by Thompson (1997), and POD activity was determined using the guaiacol method (Yuan and Ding, 1990). Superoxide dismutase activity was tested with reductive method under nitroblue tetrazolium (NBT) light (Wang, 1983). Malondialdehyde content was measured using the thiobarbituric acid method (Zhu, 1990). Chlorophyll was extracted with the method of a 1 : 1 mixture of absolute ethanol and acetone. Absorbance values at 645 and 663 nm were measured for the determination of chlorophyll a and b content, respectively. Soluble protein content was determined using the Coomassie Brilliant

Blue G250 method (Lu, 1989). The contents of IAA and ABA were determined using an ELISA method (He, 1993).

1.3 Data analysis

Data collected were analysed using the genetic analysis model described previously (Zhu and Weir, 1994; Zhu, 1995, 1997; Ye and Zhu, 2000). The genetic analysis software in diallele crossing and heterosis were used. The ADM model was used for the analysis of additive dominant maternal effects, in which the total general variance (V_G) is: $V_G = V_A + V_D + V_M$.

Where V_A is the additive variance, V_D is the dominant variance, and V_M is the epistatic variance. Phenotypic variance (V_p) was determined using the formula: $V_p = V_G + V_E$.

Where V_E is the residual variance. The minimum norm quadratic unbiased estimation method (MINQUE) was used to estimate all other variances and their percentages in the total variance. The linear unbiased prediction method was used to estimate the gene efficacy of all traits. The Jackknife method was used to compute the predictive value of all traits and their standard errors, and a *t*-test was used to test the significance of differences.

2 Results

2.1 Population distributions of biochemical traits in F_2 between type A and type B

It is generally believed that the biochemical traits possibly associated with the early maturity of SSC are quantitative, which exhibit a continuously normal distribution in the F_2 population. The distribution properties in the F_2 population are affected not only by genotypic differences resulting from the segregation of genes, but also by phenotypic factors. The statistical analysis software (Copyright 1996 by SAS Institute Inc., Cary, NC, USA) was used to analyze the distribution in F_2 population from the reciprocal crosses between A_1 and B_1 for the five different biochemical traits (Figure 1). Using the SAS normal distribution test, the *P* value was 0.0001, indicating considerable significance. Figure 1 a, c-e show the distribution of CAT and POD activities and MDA and chlorophyll contents in the F_2 population fitted to a normal distribution, indicating that these four biochemical traits all belong to the typical quantitative traits. Two peaks exist in the distribution of SOD activity in the reciprocal crosses (Figure 1b), which significantly deviated from normal distribution, indicating that there may be major genes controlling SOD activity.

2.2 Relative contributions of various genetic effects

As indicated in Table 1, based on the ADM model, there exist significant maternal effects in the activities of CAT, POD, and SOD, as well as for the contents of MDA, ABA, and soluble protein. The activity of CAT, the specific activity of SOD, and the chlorophyll content were primarily affected by maternal effects and the dominant effects also played an important role; for the specific activity of CAT, the activity of POD and SOD, and the soluble proteins, IAA, and MDA contents, dominant effects were the main contributing factor and only the POD activity and ABA content were primarily affected by additive effects. The present study demonstrates that the inheritance of CAT activity, SOD specific activity, and chlorophyll content was primarily controlled by the cytoplasm, where-

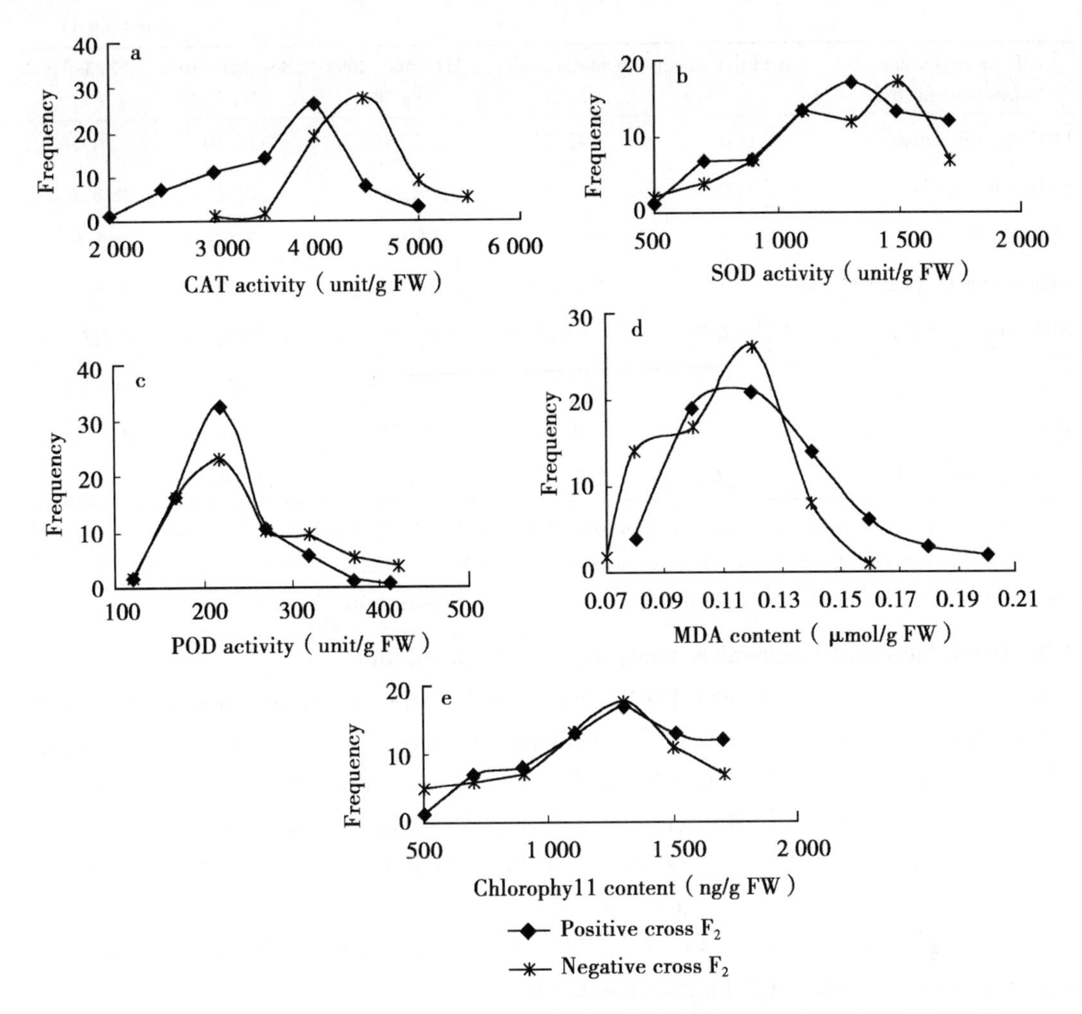

Figure 1　Population distribution of biochemical traits in F_2 between type A_1 and type B_1

CAT, catalase; MDA, malondialdehyde; POD, peroxidase; SOD, superoxide dismutase

as inheritance of the specific activity of CAT and POD, the activity of SOD, and the soluble proteins, IAA, and MDA contents were primarily dominance-controlled traits. Peroxidase activity and ABA content were inherited additively, there by serving as biochemical indices for the selection of early mature materials in parental plants and the screening of progeny.

Table 1　Ratios between various genetic variances to phenotypic variances for variousbiochemical traits

Estimated value of biochemical traits	Additive effect (V_A/V_p)	Dominant effect (V_D/V_p)	Maternal effect (V_M/V_p)	Residual error (V_E/V_p)	Phenotypic (V_p)
CAT (unit/g FW)	14.49	15.69	21.09**	48.73*	105 959**
CAT specific activity	0	70.48**	14.53	14.99	27.54
POD (unit/g FW)	52.96**	25.93*	12.17**	8.94*	1 857.01 **

(continued)

Estimated value of biochemical traits	Additive effect (V_A/V_p)	Dominant effect (V_D/V_p)	Maternal effect (V_M/V_p)	Residual error (V_E/V_p)	Phenotypic (V_p)
POD specific activity	0	42.23	22.67	35.10	0.10
SOD (unit/g FW)	0	60.76*	19.11**	20.12	86 624.2*
SOD specific activity	0	44.95***	51.99***	3.06	261.62**
Soluble protein (mg/gFW)	0	47.05***	37.16***	15.80**	10 579.7*
ABA (ng/mg FW)	51.67***	15.83***	11.61***	20.92	16 760.7***
IAA (nglmg FW)	26.22***	51.93	17.64	4.22***	158 785***
MDA (umol/mg FW)	0	21.24	13.75*	65.01**	0.000 125***
Chla + b (mg/g FW)	16.63	2.31	28.15	52.92	0.00 759*

Additive dominant maternal effects were computed based on the ADM model. *, significant at 0.10 level; **, significant at 0.05 level; ***, significant at 0.01 level. ABA, abscisic acid; CAT, catalase; Chl*a* + *b*, chlorophyll; IAA, auxin; MDA, malondialdehyde; POD, peroxidase; SOD, superoxide dismutase

2.3 Heritabilities of biochemical traits in the SSC population

It can be seen in Figure 6 that POD activity and the ABA, IAA, and chlorophyll contents had relatively higher narrow sense heritabilities, in that POD activity was the highest (52.96%), follwed by ABA (51.67%). The specific activity of CAT, the activities of POD and SOD, and the IAA and ABA contents had comparably higher broad sense heritabilities, in that POD activity was the highest (78.89%), followed by IAA content (78.15%). Therefore, if early maturing lines without premature senescence are to be bred, an early generational selection based on POD activity and ABA, IAA, and chlorophyll contents would be effective.

2.4 Correlations among the biochemical traits

The activities of antioxidant system enzymes CAT, POD, and SOD had different expression levels and roles at different developmental stages in cotton plants. Catalase and SOD play a major role in the early developmental stages of cotton plants, whereas POD and SOD play a role in the late developmental stages. Because these traits showed cytoplasmic inheritance, the ADM model was chosen for correlation analysis (Table 2). It can be seen that CAT activity had a positive genetic and phenotypic correlation with SOD activity and IAA content, whereas it had a negative genetic and phenotypic correlation with POD activity and MDA, ABA, and chlorophyll contents. The results indicate that CAT, SOD, and IAA could share some common roles in the early developmental stages of cotton. Peroxidase activity had a positive genetic and phenotypic correlation with SOD activity and MDA and chlorophyll contents, but a negative genetic and phenotypic correlation with IAA and ABA contents, indicating that POD and SOD could share some joint roles in the later developmental stages. Abscisic acid content had negative phenotypic correlation with IAA and MDA contents. The significant negative correlation between IAA and ABA contents was in accordance with the growth and development of SSC. Auxin mainly promotes the growth of cotton plants in the former stages, whereas ABA mainly promotes the senescence of cotton and the abscission of leaves, squares, and bolls in the later stages. It is important that appropriate selection be exercised for expression levers and the ratio of these two hormones at different developmental stages in cotton breeding for earliness. Because SOD activity had a positive genetic and phenotypic correlation with CAT and POD activities and IAA and MDA contents, but a negative genetic and phenotypic correlation with ABA content, SOD may have a major role in promoting early maturity without premature senescence of cotton plants. If cotton plants show late maturity, a selection pressure should be applied on the ABA content.

Table 2 Estimates of genetic and phenotypic correlation coefficients among biochemical traits in short-seasoned cotton

Traits	CAT	POD	SOD	MDA	IAA	ABA	Chl*a* + *b*
CAT		-0.316	0.227	-0.100	0.453	-0.100	-0.299
POD	-0.310		0.024	0.207	-0.159	-0.139	0.392
SOD	0.189	0.082		0.150	0.106	-0.228	0.074
MDA	-0.570*	0.404	0.496		0.141	-0.536*	-0.341
IAA	0.514	-0.158	0.132***	0.266		-0.413***	-0.159
ABA	0.039	-0.212	-0.383	-1.000*	-0.445***		-0.485
Chl*a* + *b*	-0.653**	0.705 +	0.227	-0.583	-0.208	-0.807	

In the ADM model, the below diagonal gives genetic correlation coefficients, whereas the above diagonal shows phenotypic correlation coefficients. *, significant at 0.10 level; **, significant at 0.05 level; ***, significant at 0.01level. ABA, abscisic acid; CAT, catalase; Chl*a* + *b*, chlorophyll; IAA, auxin; MDA, malondialdehyde; POD, peroxidase; SOD, superoxide dismutase

2.5 Genetic control of biochemical traits in SSC cultivars at the boll-setting stage

2.5.1 Catalase

The specific expression of CAT was estimated from the ADM model (Table 3). The results showed that from 3 August to 3 September (74 ~ 105d after planting), the maternal effects on CAT activity persisted. In addition, the dominant variance on CAT activity increased gradually over time, reaching a peak on 24 August, whereas the additive variance was not detectable over the entire period. The heritability of CAT activity differed at the different developmental stages. The broad sense heritability of CAT activity was the highest on 24 August (63.41%), followed by 10 August (57.45%). After peak expression, CAT activity decreased gradually with the senescence of the cotton plant. The narrow sense heritability was low all the time and became detectable only on 3 September (27.41%), indicating that CAT activity was mainly affected by the maternal and dominant effects during the time from 3 August to 3 September.

Table 3 Ratios of genetic variances to phenotypic variance of the biochemical traits in different developmental stages

	Estimated value	Additive effect (V_A/V_P)	Dominant effect (V_D/V_P)	Maternal effect (V_M/V_p)	Residual error (V_E/V_P)	Phenotypic variance (V_p)
	3 August	0	26.77***	36.64***	36.59	2.30e+006
	10 August	2.68	54.78	35.42	7.13	1.60e+006
CAT activity	17 August	0	39.90	42.63***	17.46	1.94e+006
	24 August	1.68	61.73***	24.69	11.90	1.23e+006
	3 September	27.41	12.91***	4.13***	55.54	879 752
	3 August	0	66.30	19.11	15.59	4 106.2
	10 August	0	62.81***	32.78***	4.41	16 490.5
POD activity	17 August	0	74.70***	16.81	8.49	36 585.9
	24 August	43.03***	17.05	25.04	14.89***	45 314.5
	3 September	27.30***	20.24	45.44***	7.01	326 726
	3 August	0	0	16.82	83.18	10 295.8***
	10 August	0	51.22***	28.90***	19.88	254 754
SOD activity	17 August	0	32.68	40.13	27.19	190 413
	24 August	0	3.93	22.36***	73.71	106 211
	3 September	18.51***	41.14	36.48***	3.87	143 903
	3 August	37.51***	25.69***	19.31***	17.49***	0.000 2
	10 August	0	0.29	55.05***	44.66***	0.000 2
MDA content	17 August	58.62***	7.70***	23.65***	10.02***	0.000 2***
	24 August	3.91	45.80	23.04***	27.25***	0.000 1***
	3 September	1.86	34.67	46.87***	16.60***	0.000 5***

***, significant at 0.01 level. CAT, catalase; MDA, malondialdehyde; POD, peroxidase; SOD, superoxide dismutase

2.5.2 Peroxidase

The specific expression of POD was estimated from the ADM model (Table 3). During the period 3 ~ 17 August (74 ~ 88d after planting), POD activity was mainly controlled by dominant effects; after 17 August, when the cotton plants enter their late growing stage, maternal effects became predominant. Only after 24 August were additive effects detectable. The broad heritability of POD activity remains at a comparably higher level at the different developmental stages, but the narrow sense heritability reached a significantly high level only until 24 August. This indicated that the additive gene controlling POD activity was turned off during the early boll-setting stage, when the dominant gene effect and maternal effects predominated. Therefore, selection on the basis of POD activity for early maturity during the late developmental stages in breeding programs should be made with caution.

2.5.3 Superoxide dismutase

The specific expression of SOD was estimated from the ADM model (Table 3). From 3 August to 3 September (74 ~ 105d after planting), SOD activity was controlled mainly by both maternal and dominant effects. The additive effects on SOD activity were only detectable on 3 September (18.51%). Analysis of the heritability of SOD activity at the different developmental stages revealed that the broad heritability of SOD activity maintained a high level on 10 and 17 August and 3 September, whereas the narrow heritability became significant only on 3 September. This indicated that, similar to POD, during the time from 3 August to late August, the additive gene effect controlling SOD activity was turned off.

2.5.4 Malondialdehyde

The specific expression of MDA was estimated from the ADM model (Table 3). From 3 August to 3 September (74 ~ 105d after planting), the maternal effects on MDA (19.31% ~ 46.87%) were significant at all sampling dates. Additive and dominant variances were also significant on two sampling dates (3 and 17 August) and the additive effects were predominant on 17 August (58.62%). The heritability of MDA content differed at different developmental stages, indicating that on 3 and 17 August, both broad sense heritability and narrow sense heritability maintained a high value, and then declined gradually. In the late developmental stage of cotton plants, various physiological and biochemical functions for growth tend to decline, which could trigger the expression of the immune system of the plant, preventing itself from senescencing.

3 Discussion

During the entire growing season, the cotton plant is under the influence of biotic and abiotic stresses, such as drought, high temperature, irradiation, salt stress, and pathogen and insect invasion, which usually induces plant cells to produce a number of reactive oxygen species (ROS), including hydrogen peroxide (H_2O_2), hydroxy radical (·OH), singlet oxygen ($^1O_2$), and superoxide radical (·O^{2-}; Lee and Bennett, 1982; Wang *et al.*, 1989; Shen and Yin, 1993; Li *et al.*, 2000, 2001; Geng *et al.*, 2002). In the mean time, the metabolism in the cell itself also produces ROS. Usually the enzymatic and non-enzymatic antioxidant systems, which were developed during the cotton evolution processes, are responsible for removing ROS. The most documented enzymes in the antioxidant system include CAT, SOD, and POD, which are believed to have higher activities in early maturing cultivars with no premature senescence than in the prematurely senesced cultivars. We used early maturing cultivars with no premature senescence and with premature senescence and their hybrid progenies to test the activities of CAT, SOD, POD, and MDA content. The results revealed that CAT, SOD, and POD had higher activities in early maturing cultivars with no premature senescence than in the early maturing cultivars with premature senescence. Meanwhile, we also analysed the changing patterns of enzymatic activities of the antioxidant system in their progenies. The results indicated that these biochemical traits usually showed heterobeltiosis. As one of the final products resulting from the oxidization of the antioxidant enzymatic system, the MDA content was significantly lower in the early maturing cultivars with no premature senescence than in the parental cultivars with premature senescence.

The biggest obstacle for developing early maturing and high-yield potential SSC cultivars is the premature senescence of such cultivars. Because early maturity and premature senescence are highly positively correlated, which makes it difficult to improve line yield and quality, most SSC cultivars always show late maturity if they do not senesce prematurely. Therefore, it is difficult to develop SSC cultivars that are early maturing but with no premature senescence. New methods in cotton breeding for high-yielding SSC should be taken into consideration. Biochemical breeding could be one such solution to this problem.

Our investigation indicated that:

(1) The major enzymes in the antioxidant system, such as CAT, POD, and SOD, and phytohormones, such as ABA, had significant maternal effects, showing a cytoplasmic inheritance, followed by dominant effect inheritance.

(2) The specific activities of CAT and POD, the activity of SOD, and the contents of soluble proteins, IAA, and MDA were mainly dominant effect inheritance, but there also existed cytoplasmic inheritance.

(3) Peroxidase activity and ABA content mainly showed additive effect inheritance, and there also existed cytoplasmic inheritance.

Accordingly, the inheritance of biochemical traits in cotton can be classified into two categories: (i) that controlled mainly by cytoplasmic factors with a cytoplasmic-nucleus interaction: and (ii) that controlled mainly by nuclear factors with a nuclear-cytoplasmic interaction. The traits, such as POD activity and ABA content, that had a significant additive effect, can serve as biochemical criteria for selecting early maturing cotton genotypes with no premature senescence.

The relationship among the biochemical traits in cotton can be summarized as follows:

(1) Catalase activity had positive genetic and phenotypic correlations with SOD activity and IAA content, and negative correlations with POD activity and MDA, ABA, and chlorophyll contents, indicating that, during the early growth stage of cotton, CAT, SOD, and IAA acted cooperatively.

(2) Peroxidase activity had positive genetic and phenotypic correlations with SOD activity and MDA and chlorophyll contents, and negative correlations with IAA and ABA contents, indicating that, during the late growth stage of cotton, POD and SOD have a coordinated effect.

(3) The ABA content had significant positive genetic and phenotypic correlations with the IAA and MDA contents.

(4) Superoxide dismutase activity had significant positive genetic and phenotypic correlations with IAA content, positive genetic and phenotypic correlations with the activities of CAT and POD, and MDA content, and negative genetic and phenotypic correlations with ABA content, indicating that SOD plays a major role in promoting early maturity.

During the boll-setting stage from 3 August to 3 September, the activities of CAT, POD, and SOD were mainly the maternal effects, followed by the nuclearcontrolled dominant effects. The nuclear-controlled additive effects maintained a much lower or undetectable level until after September. Therefore, through manipulating the genetic effects of biochemical traits from 3 August to 3 September in early maturing SSC cultivars with no premature senescence, we can understand the developmental and genetic basis of the biochemical traits. The present study has laid a foundation for further exploration on how and when the relevant genes or quantitative trait loci (QTL) turn on and turn off and for future QTL localization of these biochemical traits.

References

[1] Binus A N. Cytokinin accmnulation and action: Biochemical genetic and molecular approaches [J]. Annu Rev Plant Physiol Plant MolBiol, 1994, 45: 173-196.

[2] Cheng H L, Yu S X. Studies on the earliness inheritance of upland cottons (*G. hirsutum* L.). *Cotton Sci*, 1994, 6: 9-15 (in Chinese with an English abstract).

[3] Godoy A S, Palomo G A. Genetic analysis of earliness in upland cotton (*Gossypium hirsutum* L.). Ⅰ. Morphological and phonological variables [J]. *Euphytica*, 1999a, 105: 155-160.

[4] Godoy A S, Palomo G A. Genetic analysis of earliness in upland cotton (*Gossypium hirsutum* L.). II. Yield and lint percentage [J]. *Euphytica*, 1999b, 105: 161-166.

[5] He Z P. Guidance on Experiment Agricultural Chemistry [M]. Beijing Agricultural University Press, Beijing, 1993.

[6] Lee E H, Bennett J H. Superoxide dismutase: A possible protective enzyme against ozone injury in snap beans (*Phaseolus vulgaris* L.) [J]. *Plant Physiol*, 1982, 6: 1444-1446.

[7] Li A L, Fang W P, Yang X K. The metabolic mechanism and inheritance of earliness in upland cotton [J]. Cotton Sci, 1993, 5: 45-49 (in Chinese with an English abstract).

[8] Li L L, Yang Q H, Li W. Changes of IAA, ABA and MDA contents and activities of SOD and POD in the course of abscission of young cotton bolls [J]. *Acta Phytophysiol Sin.*, 2001, 27: 215-220 (in Chinese with an English abstract).

[9] Li Y Z, Han B W, Jian G L. *Verticillium dahliae* toxin induces changes in the activities of peroxidase and SOD and in the expression of PR proteins in cotton callus [J]. *China Agric. Univ.*, 2000, 5: 73-79 (in Chinese with an English abstract).

[10] Lu Z X. Protein and Enzyme Research Methods [M]. China Science Publishing Company, Beijing, 1989.

[11] Mao S C, Song M Z, Zhuang I N, *et al.* Study on productivity of the wheat-cotton double maturing system in Huang-Huai-Hai Plain [J]. *Agric. Sin.*, 1999, 32: 107-109 (in Chinese with an English abstract).

[12] Mishra N P, Ishra R K, Singhal G S. Changes in the activities of antioxidant enzymes during exposure of intact wheat leaves to strong visible light at different temperature in the presence of protein synthesis inhibitors [J]. *Plant Physiol*, 1993, 102: 903-910.

[13] Niinomi A, Morimoto M, Shimizus T. Lipid peroxidation by the (peroxidase H_2O_2 phenolic) system [J]. *Plant Cell Physiol*, 1987, 28: 731-735.

[14] Niles G A. Genetic analysis of earliness in upland cotton. II. Yield and fiber properties [G].//Brown J M, ed. Proceedings of the Beltwide Cotton Production Research Conferences. National Cotton Council of America, Memphis, TN, 1985: 61-63.

[15] Shen F F, Yin C Y. The effect of salt stress on superoxide dismutase in coton seeding cotyledon [J]. *Cotton Sci.*, 1993, 5: 39- 44 (in Chinese with an English abstract).

[16] Wang A G, Luo G H, Shao C B, *et al.* Studies on superoxide dismutase in soybean seed [J]. ActaPhytophysiol Sin, 1983, 9: 77-83.

[17] Wang J H, Liu H X, Xu T. The role of superoxide dismatase in stress physiology and senescence physiology of plant [J]. *Plant Physiol Commun*, 1989, 25, 1-7 (in Chinese with an English abstract).

[18] Ye Z H, Zhu J. Genetic analysis on flowering and boll setting in upland cotton. III. Genetic behavior at different developing stage [J]. *Acta Genet Sin.*, 2000, 27: 800-809 (in Chinese with an English abstract).

[19] Yu S X, Huang Z M, Jiang R Y, *et al.* Researches on the biochemical mechanism of high consistent yield of short season cotton ZhongMianSuo 16 [J]. *Sci. Agric. Sin.*, 1992, 25: 24-30.

[20] Yu S X, Huang Z M, Jiang R Y, *et al.* Researches on the kinetics of fluorescence and SOD activity in cotyledon of short season cotton. *Sci. Agric. Sin.*, 1993, 26, 14-20 (in Chinese with an English abstract).

[21] Yu S X, Huang Z M, Jiang R Y, *et al.* Researches on the biochemical mechanism of aging process of different short season cotton varieties [J]. *Acta. Agron. Sin.*, 1994, 20: 629-636 (in Chinese with an English abstract).

[22] Yu S X, Fan S L, Yuan R H, *et al.* Genetic influence of eliminating active oxydase on the characteristic of early maturity but late senescence of cotton [J]. *Cotton Sci.*, 1999, 11: 100-105 (in Chinese with an English abstract).

[23] Yuan C X, Ding J. Effects of water stress on the content of lAA and the activities of lAA oxidase and peroxidase in cotton leaves [M]. Acta Phytophysiol Sin., 1990, 16: 179-180.

[24] Zhu J. Genetic Model Analyze Approaches [M]. China Agricultural Publishing Company, Beijing, 1997 (in Chinese).

[25] Zhu J, Weir B S. Analysis of cytoplasmic and maternal effects. I. A genetic model for diploid plant seeds and animals [J]. *Theor. Appl. Genet.*, 1994, 89: 153-159.

Effects of Salinity Stress on Cell Division of *G. hirsutum* L.

Wuwei Ye[1*], Shuxun Yu[1], Nianchang Pang[1], Maoxue Li[2]
(1. Cotton Research Institute, CAAS, Anyang 455000, China;
2. Peking University, Beijing 100871, China)

Abstract: Effects of salt stress on the cytological characteristics of cotton seedlings were studied using upland cotton variety CRI 12 (*G. hirsutum* L. 2n = 4x = 52) as material. The root tip (the hypocotyl of cotton seedlings) was subjected to concentration at 0mol/L, 0.1mol/L, 0.2mol/L, 0.3mol/L, 0.4mol/L and 0.5mol/L Na^+ treatment for 24h, 48h, 72h, 96h and 120h, respectively. The cytological characteristics such as changes of chromosome structures including mitotic index, C-mitosis, chromosome-bridge, chromosome stickiness, chromosome melting and MCN etc. were comprehensively studied. Investigation showed that Na^+ (at concentration of 0.2 ~ 0.5mol/L) led to inhibition and toxic damages of seedling cells of *G. hirsutum* L. However, the inhibition and toxic were much weaver and slower than that of other ions. On the other hand, under the lower concentration of Na^+, for instance, at 0.1 mol/L, increased the growth (mitotic index) of hypocotyl on cotton. It was interesting that under the high concentrations at 0.3 ~0.5 mol/L and long duration, Na^+ led to chromosome melting, which has not been yet reported in cytological studies of other ions. This was an irreversible toxic effect, which would lead to toxically death.

Keywords: Cytology, Salinity Stress, Cell Division, Cotton

1 Introduction

As a salt-tolerant fiber crop, Cotton (*Ghirsutum* L.) can growth better than other crops in the saline land. There are approximately over 6.7 $\times 10^6$ hectares saline land in China. Salinity stress of the saline land covers all over the cotton production regions and occurs within all the periods of the cotton growth. Under the salinity stress, the lower concentration of NaCl will result in inhibition of germination or growth, while the higher concentration of NaCl will result in decreasing of cotton yield or fiber quality. Plant Stress Cytology was founded by the researches of stress

原载于：*Irrigation Sciences*, 2007, 128: 9-17

cytology in Swede [7-8], Japan[6], United States[1,14], France[2,15] and other countries[3,16]. Up till now, the studies on stress objects were mainly on Cd[7,10], Co[13], Be[7], Li[7], CU[8,12], Ni[8], Al[8,11], Mg[13] and Mn[8]. The stress subjects studied were mainly *Allium cepa L* and other plants such as *Picea abies L*, *Fagus sylvatica L.*, *Quercus rodur* [5-6]; But no study of salt-stress cytology was found reported on cotton[9,16].

In this text, under the stress of 0mol/L, 0. 1mol/L, 0. 2mol/L, 0. 3mol/L, 0. 4mol/L, 0. 5mol/L Na^+ within the period of 24h, 48h, 72h, 96h and 120h, respectively, the cytological characteristics were studied.

2 Materials and methods

2. 1 Germination

The Cotton varieties CRI 12 (*G. hirsutum* L. 2n = 4x = 52) was chosen as the test material. Healthy and equal-sized fuzzy seeds of *G. hirsutum. L.* were selected from a population of basic seeds to germinate at the same time. Five culture dishes (diameter = 16cm) filled with sand were used to culture seeds to germinate. Each dish was planted with 50 seeds. At the room temperature (about 25℃), Embryo axis was allowed to grow to 1. 5cm、2. 0cm. At this time, seedlings were cleaned and prepared to be treated with Na^+ by the writing-brush in the water in order to prevent any sands attached to the seed.

2. 2 Na^+ solution treatment

Empty penicillin bottles washed by distilled water were prepared to use as the culture bottles, with 25 seedlings in each penicillin-bottle, that was filled with sodium solution. The concentrations of sodium solution (NaCl) were 0mol/L, 0. 1mol/L, 0. 2mol/L, 0. 3mol/L, 0. 4mol/L and 0. 5mol/L Na^+, respectively, and were prepared in distilled water at room temperature. The control (0 mol/L Na^+) seedlings were treated with distilled water, only. The tips of hypocotyl were directly placed in the sodium solution leaving the shelled-seed out of the penicillin-box. Sodium solution was changed at the same time every day.

2. 3 Observation and recovery

At room temperature 25℃, 10 tips of axes were chosen randomly in breaks of 24h, 48h, 72h, 96h and 120h, respectively, to study the physiological and cytological characteristics, followed by the recovery with distilled water for 24 h. Observations were made at the end of each time interval. The tips of axis was cut and fixed in newly-changed Camoy's [11,14], followed by squashing in Carbol Fuchin for the cytological studies[12].

3 Results

3. 1 Effects of Na^+ on root growth

The effects of Na^+ on the growth rate of the hypocotyl varied with the different concentrations of sodium solution. Figure 1 show that, under the concentrations of 0. 2mol/L to 0. 5mol/L Na^+, the rate of root growth decreased progressively with the increase of Na^+ concentration, and there was clearly a negative correlation between them. For example, at 0. 2 Na^+ concentration, the growth was 1. 03 cm after the first 24 h of the treatment, at 0. 3 mol/L, 0. 94 cm, at 0. 4 mol/L, 0. 81 cm and at 0. 5 mol/L, 0. 49 cm. The rate of root growth per 24 h decreased progressively or stopped with prolonged Na^+ treatment. Under the concentrations of 0. 1mol/L Na^+, there was an interesting correlation between them (Figure 1). The rate of growth was remarkably larger than that of the control.

3. 2　Effects of Na^+ on cell division of root tips

3. 2. 1　Effects on mitotic index

Mitotic index reflects the efficiency of cell division and is regarded as an important parameter in measuring the rate of root growth, as shown in Figure 2. Under the concentrations of 0. 2 ~0. 5 mol/L Na^+, the mitotic index decreased gradually with the increasing of Na^+ concentration. It indicated that the inhibition of the growth of cotton resulted from the inhibition of the cell division of the hypocotyl tips. On the contrary, under the concentration of 0. 1 mol/L Na^+, the mitotic index was larger than that of the control. Thus, Na^+ at the 0. 1 mol/L concentration can promote the growth of the hypocotyl of cotton.

3. 2. 2　Effects on chromosome morphology

According to the methods of the modified Allium test in environmental monitoring, introduced by Fiskesj ŏ [8], the effects of NaCl on chromosome morphology of cotton axis tips meristem cell during the mitosis period were mainly as follows:

A: C-mitosis

Leven[7] described colchicine mitosis as an inactivation of the spindle followed by a random scattering of the condensed chromosomes in the cell. The microscope investigation showed that within the 24h treatment with Na^+ at 0. 1 ~0. 5 mol/L, the C-mitosis increased with the increase of Na^+ concentration. On the other hand, under 0. 5 mol/L in 72 and 96 hand 0. 3 mol/L in 120 h, the C-mitosis decreased and trended to stop the cell division of tips. C-mitosis was weakly toxic-affected and might be reversible.

B: Chromosome bridge

An interesting abnormality noticed in the present study was the appearance of anaphase bridge in the root tip cells of Allium cepa with Cr^{3+} and Ni treatment in which one to six or more chromosomes were involved [6-8]. Sometimes, chromosome bridges and micronucleus (MCN) could be found. Chromosome bridge suggested a toxic effect which could or could not reversible depending on whether it was a sticky bridge or a result of breaking and rejoining of chromosomes. In the latter case, the chromosomes would be definitely damaged.

C: Chromosome stickiness

Sticky chromosome indicated a highly toxic effect, usually not reversible and probably leading to cell death damage. Chromosome stickiness increased progressively with the increase of Na^+ concentration and the treatment duration, and there was clearly a positive correlation between them.

D: Chromosome and organelle melting

Chromosome melting increased progressively with the increases of Na^+ concentration and the treatment duration, and there was clearly a positive correlation between them. For instance, the cells containing chromosome melting made up 0.8% and 10.2% of all division cells after 72 h of Na^+ treatment at 0.4 mol/L and 0.5 mol/L concentrations, respectively. With high concentrations and long duration, the chromosome melting increased. This indicates a very highly toxic effect, never reversible and fully leading to death.

3.3 Recovery with distilled water

To recover the seeding under saline stress, the seedlings were taken out of the Na^+ treatment solution after treated with Na^+ for 24h、48h、72h、96h and 120h, respectively, then were treated with distilled water for 24 h. Mitotic index was tested after treated for 24 h. As shown in Table 1, the mitotic index varied. If the mitotic index was 0, the treatment of Na^+ will fully led seedling cells to reversible and lethal damages.

Table 1 Effects of recovery ofthe *G. hirsutum* L. in distilled water

Treatment of NaCl	Mitotic index (%)				
	24h	48h	72h	96h	120h
0mol/L	6.2	6.5	6.6	6.4	5.8
0.1mol/L	8.3	7.2	6.8	6.7	6.3
0.2mol/L	5.4	4.5	2.8	1.9	0.3
0.3mol/L	3.1	2.9	1.2	0.1	0.0
0.4mol/L	2.3	1.6	0.0	0.0	0.0
0.5mol/L	1.8	0.4	0.0	0.0	0.0

4 Discussion

The results in the present experiment indicated that Na^+ can lead to inhibition and toxic damages of seedling cells on *G. hirsutum* L., as the other ions of AI, Mn, Cd, Cr, Ni[6-8,12-13,16]. However, the inhibition and toxic was much weaver and slower than other ions. On the other hand, under the lower concentration of Na^+, for instance, at 0.1 mol/L, increased the growth (mitotic index) of hypocotyl on cotton. It is interesting that at the high concentrations of 0.3-0.5 mol/L and long duration, Na^+ led to chromosome melting, which had not been yet found reported in cytological studies of other ions. This was a very highly toxic effect, never reversible and fully leading to death.

References

[1] Amer S M, Farah O R. Cytological effects of pesticides XV: Effects of the insecticide "Methamidophos" on root mitosis of Vicia faba [J]. *Cytologia*, 1985, 50: 521.

[2] Bergkvist B. soil solution chemistry and metal budgets of spruce forest ecosystems in Sweden [J]. *Water A ir Soil pollut*, 1987, 33: 131.

[3] Bianchi V. Genetic effects of chromium compounds. Mutant [J] *Res*. 1983, 117: 279-300.

[4] Clarkson D. T. The effect of aluminium and some other trivalent metal actions on cell division in the root apies of Allium cepa [J]. *Ann. Bot*. 1965, 29 (114): 309.

[5] Edwards C. Intracellular distribution of trace elements in liver tissue [J]. *Proc. Soc. Exp. Biol. Med.*, 1961, 107: 94-97.

[6] Fiskesjo G. Aluminium toxicity in root tips of *Pices abies* L., Karst, *Fugus sylvatica* L. and *Quercus rodur* L. [J]. *Hereditas*, 1989, Ⅲ: 149.

[7] Fiskesjo G. Metalljoner i Alliumtest I (Cd, Be, Li) [R]. Annual Report to the National Swedish Environmental Protection Board, 1967: 1.

[8] Fiskesjo G. Metalljoner i Alliumtest II (Cu, Ni, AI, Mn and Hg) [R]. *Annual Report to the National Swedish Environmental Protection Board*. 1967: 1.

[9] Hartmut P Barbara B, Wilhelm S. Inativation of (Na^+ + K^+) -ATPase by chromium (Ⅲ) compl exes of nucl eotide triphosphates [J]. *Eur. J. Biochem.*, 1980, 109: 5 23.

[10] Liu Dong hua, Jiang Wusheng, Li Maoxue. Effects of Cr^{3+} on root growth and cell division of Allium cepa [J]. *Chin. J. Bot.*, 1993, 5 (1): 34.

[11] Liu Donghua, Jiang Wusheng, Li Maoxue. Effects of Al^{3+} on root growth, cell division and nucleolus of Allium sativum [J]. *Environ. Pollut.*, 1993, 82: 295.

[12] Liu Donghua, Jiang Wusheng, Li Maoxue. Effects of lead on root growth, cell division and nucleolus of Allium cepa [J]. *Environ. Pollut.*, 1994, 86: 1.

[13] Liu Donghua, Jiang Wusheng, Li Maoxue. Effects of Mg^{2+} and Co^{2+} on cell division and nucleolar cycle during mitosis in root tip cells of Allium cepa [J]. *lsrael J. Plant Sci.*, 1994, 42: 235.

[14] Levis A, Bianchi V, Tanmino G. Cytology effects of hexavalent and trivalent chromium on mammal an cells *in vitro* [J]. *Br. J. Center*, 1978, 37: 386.

[15] Mentz W. Chromium occurrence and function in Biological system [J]. *Physiol. Rev.*, 1969, 49: 163.

[16] Ye Wuwei. Effects of NaCl and refined salt on seed germination and root growth on. *G hirsutum* L. [J]. *China cottons*, 1994. Vol. 44, 28-30.

List of Figure Captions

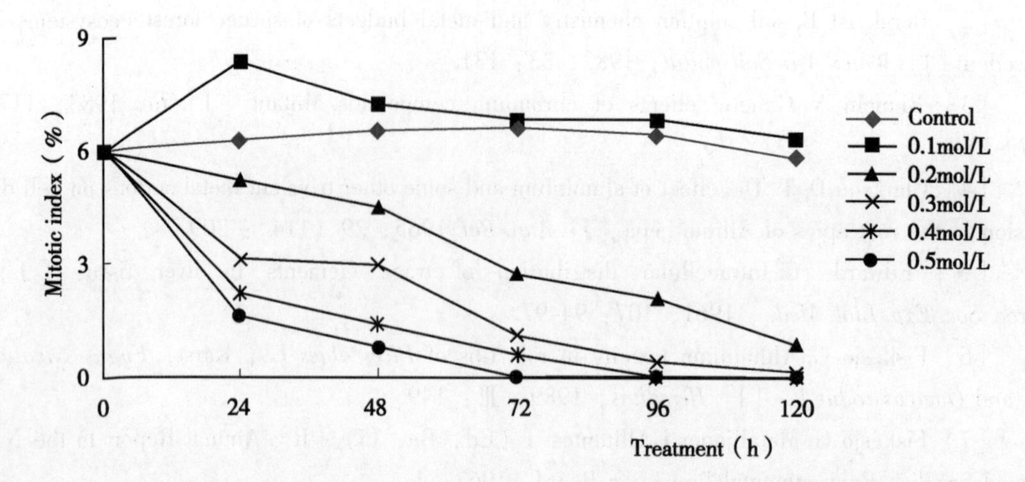

Figure 1　Effects of different concentration of N^{a+} on root growth of cotton

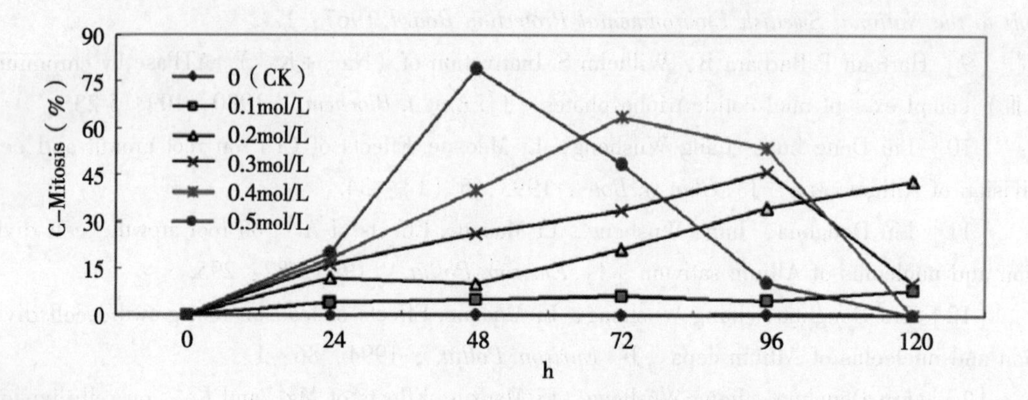

Figure 2　Effects of Na^+ on cotton mitotic index

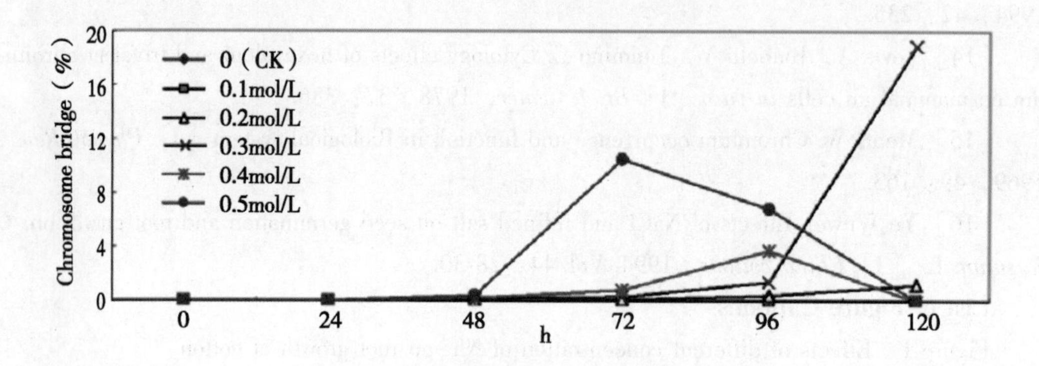

Figure 3　C-mitosis changes under NaCl stress

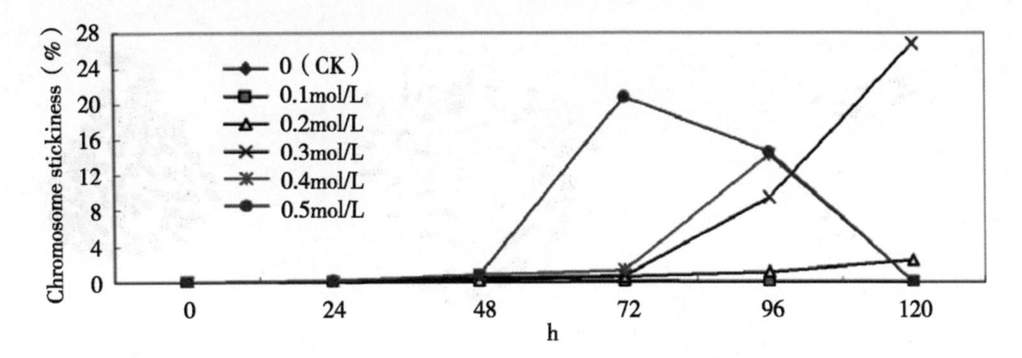

Figure 4　Chromosome bridge under NaCl stress

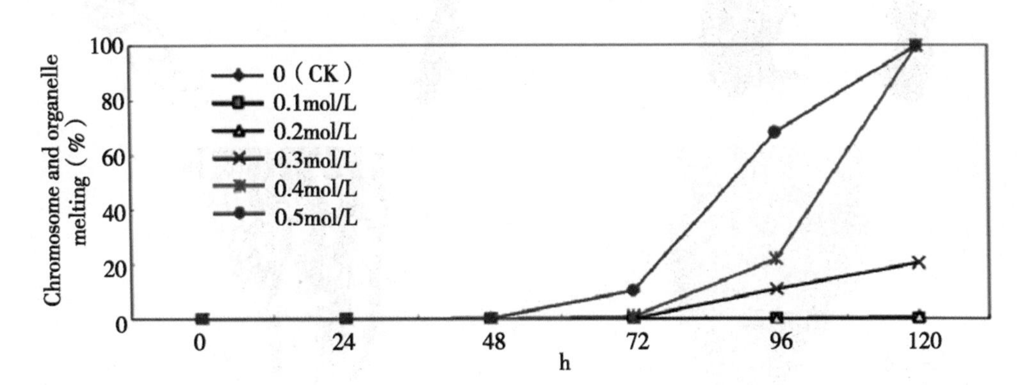

Figure 5　Chromosome stickiness under NaCl stress

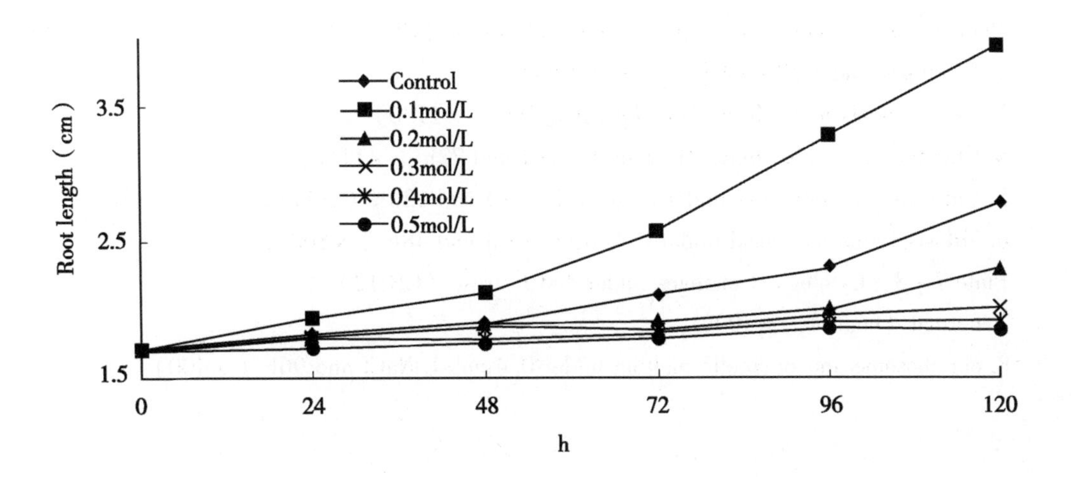

Figure 6　Chromosome and organelle melting under NaCl stress

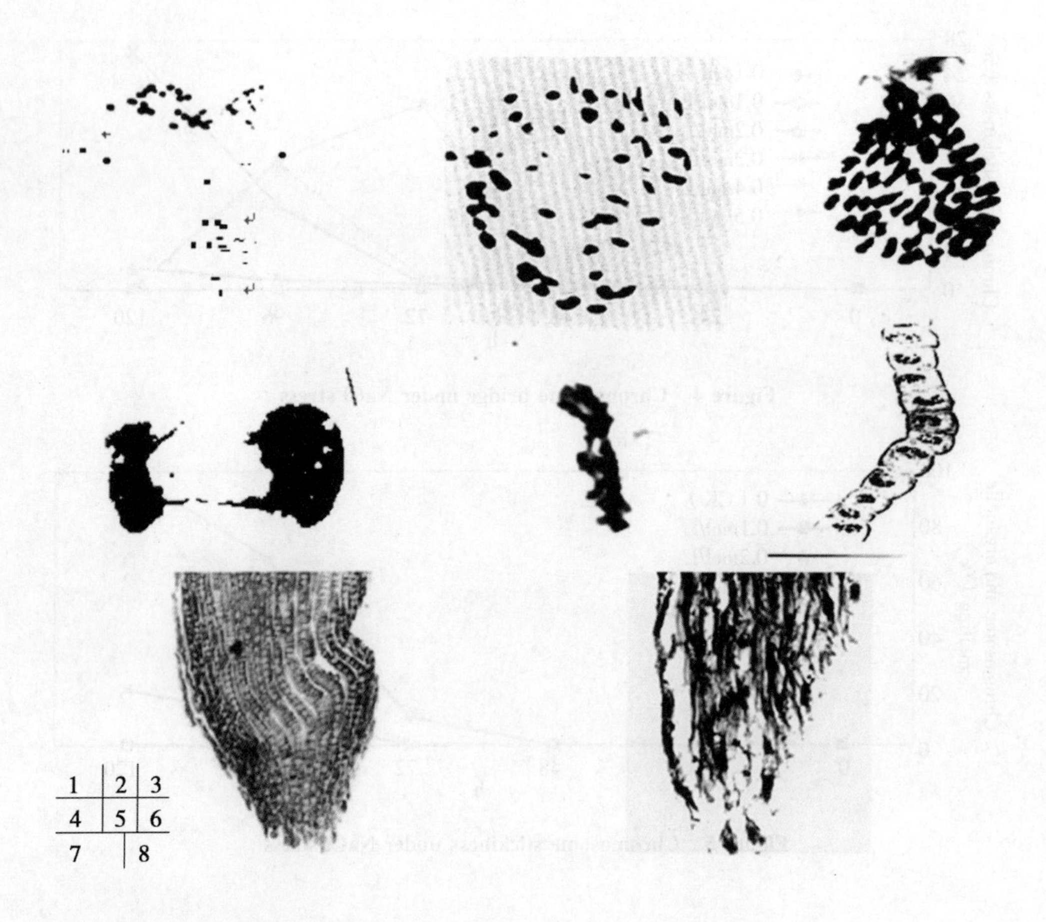

Plate 1 - 6　Chromosome changes under salt stress（CRI 12）

1. C-mitosis under 50 cholchicine（×1000）

2 ~ 3. C-mitosis under 0. lmol/L NaCl and 48h（×1120）

4. Chromosome bridge under 0. 3mol/L NaCl and 72h（×1140）

5. Chromosome stickiness under 0. 3mol/L NaCl and 120h（×1140）

6. Mitosis Index increased under 0. lmol/L NaCl and 48h（×800）.

Plate 7 - 8：Cytological changes under NaCI stress（CRI12）

7. normal（control，×400）

8. chromosome and organelle melting under 0. 4mol/L NaCl and 96h（×400）

一个短季棉芽黄基因型的鉴定及生理生化分析

宋美珍，杨兆光，范术丽，朱海勇，庞朝友，田明爽，喻树迅
（中国农业科学院棉花研究所/农业部棉花遗传改良重点实验室，安阳　455000）

摘要：鉴定新的早熟棉花芽黄突变体，为揭示航天诱变机理和芽黄突变体的利用提供理论基础。以中棉所58芽黄突变体为材料与野生型、棉花中期库17份芽黄材料进行正、反交，通过遗传学分析、叶绿体的超微结构观察和抗氧化系统酶活性测定，比较中棉所58芽黄突变体*Vsp*与野生型的各性状差异。中棉所58芽黄突变体*Vsp*和野生型中棉所58正、反交F_2叶色表现符合绿叶：黄叶为3：1的分离结果，说明该突变体的芽黄性状由隐性核基因控制，中棉所58芽黄突变体*Vsp*和其他17份芽黄材料正、反交，虽有材料杂交后代有极个别表现芽黄表型，但绝大部分（95%以上）都表现为正常绿色，说明控制中棉所58芽黄突变体*Vsp*芽黄性状的基因和其他17份已经鉴定的芽黄材料控制该性状的基因不等位。叶绿体的超微结构表明，芽黄突变体叶绿体发育存在一定的缺陷，发育比较滞后，基粒类囊体和基质类囊体垛叠数较少，排列比较混乱，但随着叶片的不断发育，之后逐渐达到野生型的发育水平。芽黄材料的株高、果枝数、大铃、小铃、产量和纤维品质显著低于对照，芽黄突变体的SOD和CAT活性低于对照，POD活性高于对照，说明其抗氧化能力远低于对照。利用航天诱变技术，经过多代连续自交，获得芽黄性状稳定遗传且不同于棉花中期库17份已有芽黄材料的芽黄突变体中棉所58Vsp，该芽黄性状受一对隐性核基因控制；该芽黄突体的抗氧化系统酶活性、色素含量、叶绿素合成前提物质及叶绿体的超微结构均受到一定的影响。

关键词：短季棉；芽黄突变体；航天诱变；遗传分析；叶绿体超微结构

1　引言

陆地棉芽黄性状是一种可遗传的性状（一般受隐性基因控制）。芽黄突变也表现在许多开花植物中，如拟南芥[1]、水稻[2]、玉米[3]、烟草[4]、花生[5]、豆类[6]、番茄[7]等。大多数纯合芽黄突变体在苗期表现明显，子叶或真叶呈不同程度的黄色，花期或盛花期转为绿色。芽黄是一种优良的指示性状，在棉花杂种优势利用中已逐渐被棉花育种工作者重

原载于：《中国农业科学》，2011，44（18）：3709-3720

视[8]。棉花芽黄突变体新生叶表现黄色，随着叶片的发育逐渐转为绿色，性状易于鉴别，是鉴定棉花基因连锁群、同源转化群以及棉花突变基因图谱定位的理想试验材料[9]。Wu等[10]已培育出携带转绿型黄叶标记的水稻光敏雄性不育系 XinguangS，这种将叶色突变与雄性不育相结合的方法，为保证杂交种纯度提供了有效途径。陆地棉（*Gossypium hirsutum* L.）的芽黄性状自 1933 年 Killough 等[11]首次发现 v_1 芽黄基因以来，到目前为止，在异源四倍体棉种中共鉴定出 26 个芽黄基因，其中有部分同源基因对存在于 22 个芽黄突变体[12-20]。从遗传学的角度分析，Turcotte 等[15-16]认为 v_1 是 v_7 的部分同源基因，Kohel[14]在鉴定陆地棉芽黄突变体 v_{14}时发现 v_2 和 v_{14}之间具有部分同源关系。张天真等[17]培育出了具有子叶芽黄标记的洞 81A 雄性不育系，可借助子叶叶色表现，拔除可育株，用于制备杂交种。前人研究的棉花芽黄突变体不管是陆地棉还是海岛棉，都是生育期较长的中早熟类型品种（生育期在 125～140d），而对于早熟短季棉芽黄突变体的遗传特性和生理生化特征（生育期 103d）尚未有报道。本研究是从 2006 年“实践卫星”八号搭载的早熟短季棉品种中棉所 58 航天诱变 SP_0 中筛选到一株稳定遗传的芽黄突变体，现已自交纯合 6 代，对芽黄突变体形态特征、生理生化表现进行分析，并进行遗传学鉴定，研究和探讨短季棉芽黄的遗传特性和遗传机理，为该芽黄突变体的利用提供理论基础。

2 材料和方法

2.1 试验材料

2006 年“实践育种卫星”八号搭载 10 份棉花材料，2006 年 10 月种植于中国农业科学院棉花研究所海南野生种植园，发现早熟短季棉中棉所 58 的航天诱变后代中出现一株芽黄变异突变体（简称 *Vsp*），将其进行自交纯化 6 代后，该芽黄突变体能稳定遗传。2007—2010 年芽黄突变体与野生型分别种植在河南省安阳市和海南省三亚市。田间管理与大田相同。v_1、v_2、v_3、v_4、v_5v_6、v_8、v_9、v_{10}、v_{11}、v_{13}、v_{14}、v_{15}、$v_{16}v_{17}$、v_{18}、v_{19}、v_g和彭泽芽黄 17 份芽黄突变材料由中国农业科学院棉花研究所棉花种质资源中期库提供。

2.2 航天搭载处理

实践八号育种卫星于 2006 年 9 月 9 日搭载升空，在近地点 187km、远地点 463km 的近地轨道共运行 355h，航程 900 多万 km，9 月 24 日，经过 15d 太空飞行的“实践八号”育种卫星成功返回。各搭载材料均保留一份种子作地面对照。

2.3 色素及抗氧化系统酶测定

色素含量测定：称取棉花新鲜叶片 0.1g 左右放入普通试管中，加入 10mL 无水乙醇：丙酮（1∶1）混合液，将试管放到黑暗条件下过夜，直至叶片完全退色为止，摇匀，取上清，测定 663nm、645nm 和 470nm 下的吸光值，重复 3 次。按 Lichtenthaler[21]的方法，测定和计算叶片单位鲜重叶绿素（Chl）和 β-胡萝卜素（β-Car）的含量。叶绿素 a 的浓度 Ca = 12.21A630-2.81A646；叶绿素 b 的浓度 Cb = 20.13A646-5.03A663；类胡萝卜素的浓度 Cx + c = （1000A470-3.27Ca-104Cb）/229。利用 Beckman DU800 紫外 - 可见光分光光度计测定合成叶绿素的系列前体物质[22]。

抗氧化酶系统酶活测定：测定过氧化物酶（POD）、超氧化物歧化酶（SOD）、过氧化氢酶（CAT）和丙二醛含量[23]。

2.4　叶绿体结构的细胞学观察

2007—2009 年，采用透射电镜（transmission electron microcopy，TEM）对棉花叶片进行叶绿体结构观察。用干净锋利的剃须刀片，各个叶片切割成 3mm×2.5mm 大小的叶块，迅速放入预先已加 1mL3% 戊二醛（用 0.1mol/L 磷酸缓冲液做溶剂，pH 7.2）的离心管中，用橡皮塞盖上离心管，注射器抽出离心管中的空气，使叶块悬浮于固定液中或者沉于离心管底，抽去叶块表面的气泡，使叶块和固定液充分接触，室温固定 24h 后将样品放 4℃冰箱中保存备用（注意更换戊二醛溶液，不要使叶色变化），然后送华中农业大学电子显微镜技术平台和中国农业科学院原子能研究所切片，电镜观察，CCD 采集图像，电镜型号：JEM-1230（JEOL Ltd.，Japan）。

2.5　芽黄性状的遗传学分析

2008—2009 年分别在中国农业科学院棉花研究所试验田和海南三亚野生种植园进行芽黄性状的遗传学分析试验，分别将芽黄突变体 *Vsp* 与地面对照（野生型）中棉所 58、17 份芽黄材料进行正、反交，所获得正、反交 F_1 种子及亲本于2009—2010 年分别种植于安阳和海南三亚试验地，同时对正、反交 F_1 进行自交，收获 F_2 种子，按正、反交在安阳试验站各种 4 行，行长 8m，出苗后不间、定苗，等长出真叶表现芽黄性状时，肉眼观察，进行芽黄性状调查，确定芽黄株和绿色株的分离比，确定这些材料之间的基因等位性关系，按大田要求管理。

3　结果

3.1　芽黄叶色变化及芽黄突变对农艺性状的影响

芽黄突变体 SP_1 ~ SP_6 表现特征一致，子叶不表现芽黄，芽黄性状从第一片真叶开始表现，主茎叶及果枝叶的新生叶均表现黄化现象，一直持续到盛花期；一片真叶从表现芽黄到转绿大概需要 9d，其中在 0 ~ 3d 过程中芽黄性状有加重的趋势，5 ~ 7d 从叶缘由外到内转绿，9d 时基本达到野生型的叶色水平（图 1）。17 份芽黄突变体的特征特性和叶色性状的表现各不相同（表 1）。

图 1　芽黄突变体 *Vsp* 和中棉所 58 对照及杂交后代 F_2 的分离情况

表1　芽黄材料的不同性状

名　称	性状描述
中棉所58*Vsp*芽黄突变体	从第一片真叶到盛花期均有金黄色的芽黄表现，芽黄表现从新叶展开到转绿约需9d
v_1	在全生育期均表现为芽黄，整株浅黄，叶片为鸡脚叶
v_2	子叶绿色，苗期真叶金黄色，现蕾后转绿色
v_3	在全生育期都表现为芽黄，金黄色，芽黄表现从新叶展开到转绿约需15d
v_4	苗期子叶绿色，未见芽黄
v_5v_6	苗期子叶未见黄，全生育期营养生长旺盛，株高较高，达1.20m
v_8	苗期子叶未见黄，只是新叶表现为黄绿
v_9	整株全生育期均表现为浅黄
v_{10}	子叶黄色，从第一片真叶到最后一叶，新生叶都有黄色表现，但黄色仅限于顶部3~4个叶子
v_{11}	苗期未表现芽黄，在现蕾期表现芽黄，浅黄，持续时间短，约一周
v_{13}	苗期表现芽黄，浅黄，持续时间短，植株上绒毛多
v_{14}	苗期未见黄，易受病、虫为害，生长势弱，后期表现芽黄，浅黄部分叶片上面有黄斑
$v_{15}v_6$	苗期表现芽黄，浅黄，持续时间短，约10d
$v_{16}v_{17}$	苗期表现芽黄，现蕾期全株浅黄，随后又全部转绿
v_{18}	苗期未表现芽黄，现蕾期表现为浅黄，随后转绿，生长势比较弱
v_{19}	苗期前期比较明显，表现为金黄色，之后为浅黄，现蕾之前全部由叶缘向里转绿
v_g	苗期未见芽黄，叶片灯笼状，萼片较长，花蕾暴露在外部
彭泽芽黄	从第一片真叶开始表现芽黄现象，叶片展开后10d左右基本转绿，到开花盛期不再表现

由于芽黄突变体的叶片表现芽黄性状，叶绿素合成少，光合作用弱，严重影响棉株生长发育，2007—2010年，9月10日调查芽黄突变体的株高、果枝数、大铃、小铃等，统计单株产量、单铃重和纤维品质等农艺性状（表2）。芽黄突变体平均株高为41.36cm，比地面对照矮15.14cm，差异达显著水平，平均果枝数为11.58个，比地面对照少3.42个，大铃、小铃分别为7.37个和1.19个，比地面对照减少6.42个和1.95个，单株产量较对照降低36.48g/株，降低48.95%，单铃重较对照降低0.38g，由于种子发育不充实，芽黄突变体的衣分反而高于地面对照，纤维长度和纤维比强度分别较对照降低2.25mm和3.12cN/tex，差异达显著水平。芽黄突变体表现早熟。这些均是由于叶片早期芽黄，叶绿素合成受阻，叶绿素含量少，影响光合作用效率，积累的生物能源少所造成。

表 2　芽黄突变体农艺性状的表现

性状	株高	果枝	成铃数	小铃数	吐絮数	单株产量	单铃重	衣分	纤维长度	纤维比强度	Mic
Vsp	41.36*	11.58*	7.37*	1.19*	0.54	38.05*	4.81*	35.27	27.95*	26.68*	4.81
CK	56.50	15.00	13.79	3.14	0.57	74.53	5.19	32.73	30.20	29.80	4.39

* 在 0.05 水平上差异显著（9 月 10 日调查结果）

3.2　芽黄突变体不同叶龄的色素含量变化

一般来说，正常叶子的叶绿素 a 和叶绿素 b 的比例在 3 : 1 左右。随着叶色的变化，芽黄突变体内的色素含量及其比值与野生型相比发生了相应变化（图 2）。

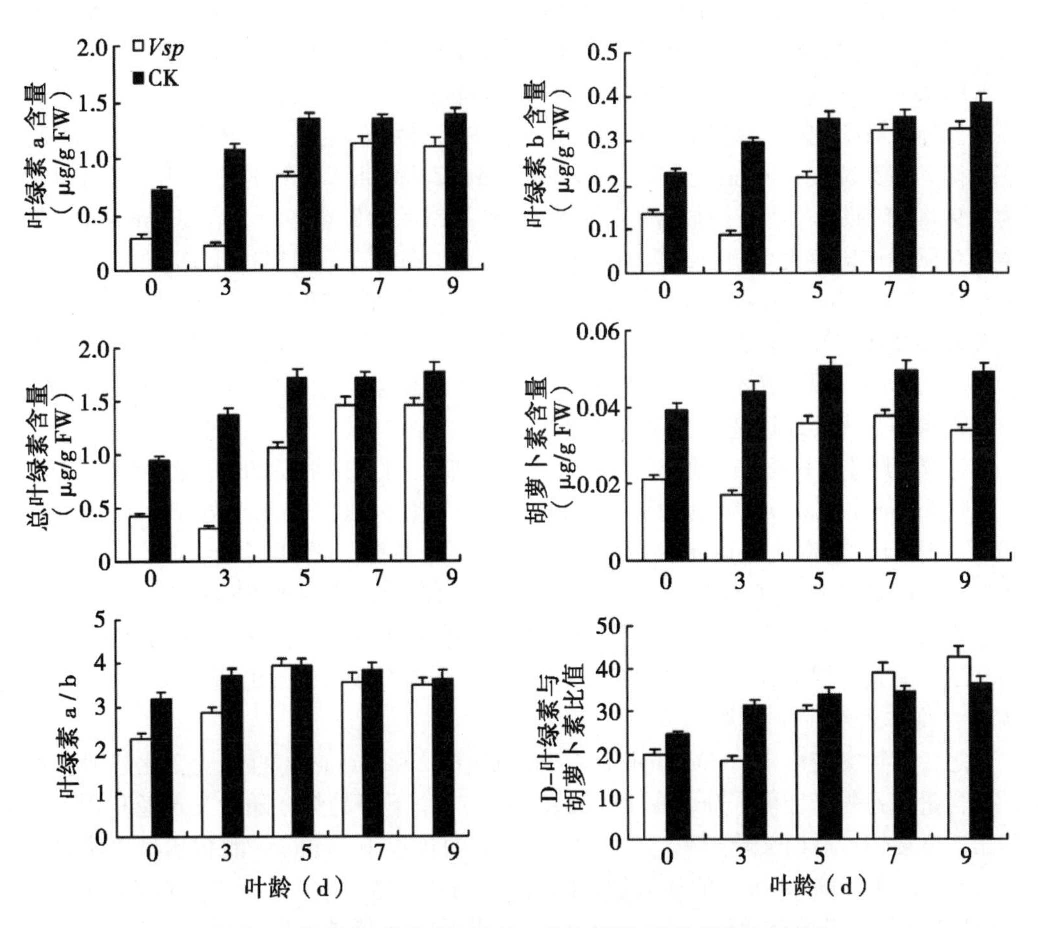

图 2　中棉所 58 芽黄突变体 *Vsp* 和中棉所 58 的色素含量变化

叶绿素 a、叶绿素 b 和总叶绿素含量的变化：芽黄突变体在叶片发育前期（0～3d，注：叶片刚展平记为 0d），叶绿素 a（Chlorophylla）、叶绿素 b（Chlorophyllb）和总叶绿素（Chlorophyll）含量和对照相比，存在极显著差异。3d 叶龄时 Chlorophylla、Chlorophyllb 和总 Chlorophyll 含量都低于 0d，出现一个极低值；5d 叶龄，叶绿素积累速率明显加快，与3d叶绿素含量相比，差异达极显著水平；7、9d叶龄，芽黄突变体中Chlorophyll a、b和总Chlorophyll含量增加较慢，仍低于对照中棉所58，但差异不显著，这种状况一直持续到盛花期不再表现芽黄现象为止。同时芽黄突变体Chlorophyll a含量的增加，Chlorophyll b的含量也相应增加，二者表现一致，因Chlorophyll b在叶绿素合成过程中处于Chlorophyll a的下游，说明有可能是前期Chlorophyll a的合成受阻，导致前期Chlorophyllb合成原料不足，合成量减少，Chlorophyll a合成受阻抑制了Chlorophyll b的合成。

类胡萝卜素含量的变化：叶片发育不同时期，芽黄突变体的类胡萝卜素（carotene）含量与对照之间存在显著性差异，始终低于对照的水平，特别是在叶片发育前期，与对照之间存在极显著差异，前期由于类胡萝卜素含量较低，芽黄突变体受光氧化的程度较重。其他芽黄材料叶绿体发育后期，叶绿素含量低于对照，而类胡萝卜素含量的差异不显著。中棉所58芽黄突变体略有不同，在叶绿体发育后期，类胡萝卜素含量仍显著低于对照，中棉所58芽黄突变体可能是一个类胡萝卜素含量减少的突变体。

叶绿素a/b的变化：对照叶绿素a/b（Chlorophyll a/b）比值除了0d稍低（3.2）之外，叶绿体发育3~9d，该比值一直处于3.7左右，叶绿素经过几天积累，在体内达到了动态平衡。而芽黄突变体在由黄转绿过程中，0d，Chlorophyll a/b的比值为2.3，3d叶龄时为2.9，与对照之间存在极显著差异，5d叶龄及以后的发育各时期，Chlorophyll a/b的比值与对照中该比值大小相当，达到一个代谢动态平衡状态。因棉花叶绿素Chlorophyll a/b的范围在3.0~4.0，在这个范围内，Chlorophyll a/b越低，其光合作用越强，反之则低。虽说芽黄突变体在叶片发育前期该比值较低，但由于早期叶绿素含量整体较低，其光合作用受到较大影响，效率并不高。而到后期随着体内色素含量的不断增加，才基本上达到了正常代谢水平，光合作用基本实现正常化。

叶绿素/类胡萝卜素比值的变化：叶片发育前期，对照中棉所58叶绿素/类胡萝卜素比值（Chlorophyll/Carotene）比值稍低，随着叶片发育，该比值几乎处于一个水平（5、7、9d），达到了色素代谢的平衡状态。而芽黄突变体除了前期（0、3d叶龄）Chlorophyll/Carotene比值略低于对照外，后期随着叶片的发育，体内的Chlorophyll/Carotene比值逐渐增大，且一直高于对照。说明芽黄突变体中的叶绿素和类胡萝卜素的合成不协调，原因有二：一是叶绿素合成速率较快；二是类胡萝卜素合成速率过低所致。从而使中棉所58芽黄突变体表现芽黄性状。

总之，芽黄突变体中Chlorophyll a、Chlorophyll b和Carotene的含量变化趋势基本一致，其含量都是先降低再上升，在3d叶龄时都有一个下降趋势，随后又迅速积累，比前期积累速度要快，后期又趋于平稳。3d叶龄之后的过程中Carotene的积累量要明显快于Chlorophyll a和Chlorophyll b的积累量；随着叶片的发育到5、7、9d时，Chlorophyll a和Chlorophyll b的含量稍有增加，而Carotene含量几乎不再增加，Carotene处于一个含量较低的平衡状态。Carotene的合成恢复虽早于Chlorophyll a和Chlorophyll b合成，后期却处于一个含量较低的平衡状态，Chlorophyll a和Chlorophyll b合成的恢复基本上同步，暗示芽黄性状是由于叶片发育前期色素合成受阻造成的。

3.3 芽黄突变体抗氧化系统酶活性及丙二醛含量的变化

芽黄突变体叶片在芽黄向正常叶片转变的生长发育过程，芽黄突变体抗氧化酶系统的酶活性发生了变化。由图3可以看出，抗氧化系统酶在0d、3d、5d叶龄的叶片由芽黄转变过程中SOD和CAT活性显著低于地面对照，而POD略高于对照，这可能是由于植株为了维持其正常的抗氧化作用的一种补偿机制，不至于造成植株抗氧化能力降低太多而影响正常生理代谢；MDA则在倒一叶的时候地面对照比芽黄高很多，而3、5d叶龄的叶片则基本上和地面对照持平，说明在刚出来的叶片中芽黄叶片的抗氧化能力普遍低于地面对照，芽黄突变恢复正常的过程中其抗氧化酶活性也恢复到正常水平。

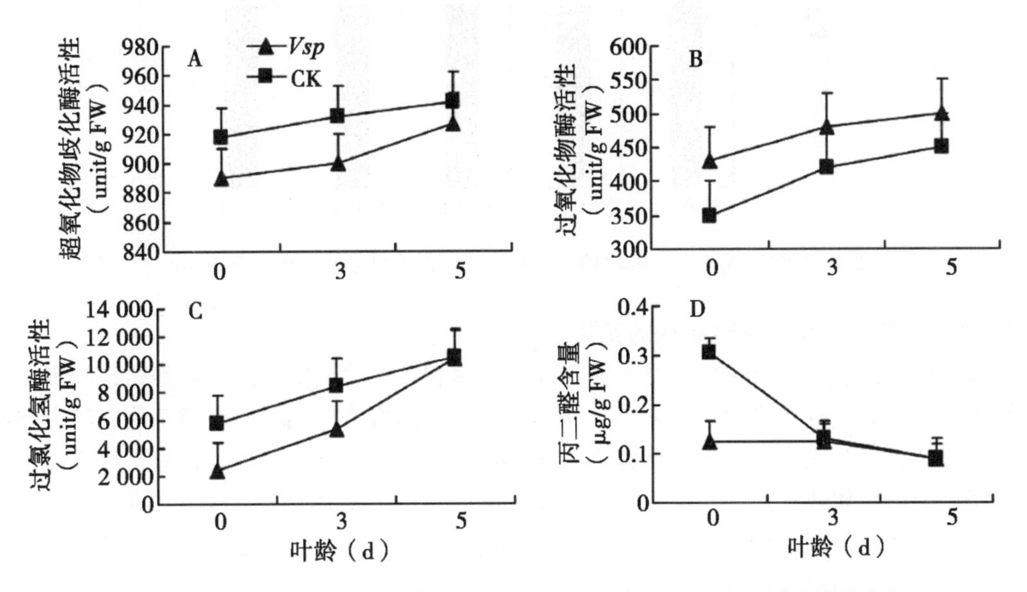

图3　芽黄突变 *Vsp* 及中棉所58对照抗氧化系统酶活性及丙二醛含量的变化

3.4　叶绿素合成前体物质含量的变化

植物叶绿素的合成是一个由许多酶参与的复杂的过程，从谷氨酰-tRNA（Glu-tRNA）开始到叶绿素b合成结束为止一共包括16步，由20多种基因编码的16种酶完成，该途径中任何一个环境发生突变都可能影响Chlorophyll的合成，从而影响叶色变异。中棉所58芽黄突变体由空间环境诱变而来，对叶绿素合成的前体物质进行测定（图4），取3d叶龄的叶片，从ALA到ProtoⅨ叶绿素合成的一系列前体物质含量的变化情况可看出，PBG、ProtoⅨ等的芽黄突变体的含量基本上与对照中棉所58相当，ALA的相对含量显著低于对照，而Urogen罗和Coprogen罗的相对含量显著高于对照，在芽黄突变体中大量的积累。由于叶绿素合成受阻，叶绿素的含量低于正常水平，反馈调节叶绿素合成过程中一系列前体物质的新陈代谢，使叶绿素合成一系列前体物质的合成/利用发生变化，导致下一步的合成速率加速/减缓，从而表现为合成前体物质的大量积累/过量消耗。芽黄突变体内的ALA的降低、PBG含量相当、UrogenⅢ和CoprogenⅢ含量明显增加、ProtoⅨ含量相当，说明芽黄突变体的叶绿素合成受阻发生在由PBG到ProtoⅨ合成过程中，在这个过程中某些基因发生变化，导致芽黄突变体叶绿素合成前期受阻，表现芽黄性状，随着叶片的发育，叶绿素合成的前体物质逐渐由其他合成途径加以弥补，叶色基本上恢复正常的绿色。

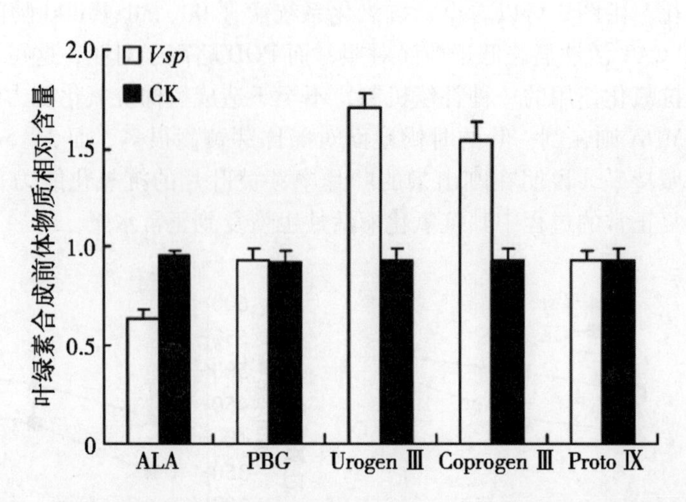

图4　芽黄突变体 *Vsp* 和对照叶绿素合成中间产物含量比较（3d 叶龄）

3.5　芽黄突变体叶绿素超微结构的变化

植物光合作用中，类囊体膜是光能吸收、传递和转化的重要载体。高等植物叶绿体类囊体的排列不是杂乱无章的，大多与叶绿体平行，它们垛叠形成基粒或者基质。类囊体膜的垛叠意味着捕获光能的机构高度集中，在光合作用中能更有效地吸收光能，提高叶片单位面积光能的转化效率。许多报道的很多叶色突变体的类囊体结构都有不同程度的改变。研究表明：叶片发育早期，与野生型相比，芽黄突变体叶绿体发育存在一定的缺陷，发育比较滞后，基粒类囊体和基质类囊体垛叠数较少，排列比较混乱，但随着叶片的不断发育，之后逐渐达到野生型的发育水平（图5）。

0d：刚平展叶片，透射电镜结果显示，与野生型（图5-A）相比，芽黄突变体（图5-B）细胞之间的细胞膜有的边界不清晰，细胞壁结构模糊，叶绿体几乎呈圆形；叶绿体比较小，每个细胞中叶绿体的个数要多于对照，叶绿体膜边缘破损，与胞质融在了一起；类囊体垛叠层数较少，排列比较紊乱；基粒片层结构不清晰，有些类囊体膜仅仅是简单地相互堆叠起来，叶绿体内部有嗜锇颗粒，没有淀粉粒等内含物。而野生型中细胞壁及质膜结构清楚，叶绿体沿质膜边缘分布，呈纺锤形，内含物丰富，淀粉粒颗粒较大，叶绿体膜完整，界限清晰；类囊体系统发育完善，类囊体中不仅有大量的基质片层，而且基粒较多，基粒垛叠虽不是太厚，但基粒片层与基质片层界限明显，叶绿体片层排列整齐有序、结构清晰。

3d：野生型（图5-C）类囊体系统发育完善，类囊体中不仅有大量的基质片层，而且基粒较多，基粒垛叠较厚，基粒片层与基质片层界限明显，叶绿体片层排列整齐有序、结构清晰。3d 叶龄叶片芽黄突变体（图5-D）的叶绿体经过 3d 的发育，其细胞结构没有得到明显改善，细胞壁、细胞膜之间的界限仍不清晰，细胞双层膜结构模糊；单位细胞中叶绿体的个数减少（与 0d 相比），叶绿体畸形发育的多，叶绿体接近圆形；叶绿体膜边缘破损情况更加严重；类囊体垛叠层数更少，排列无规律，类囊体膜挤在一起，辨认不清；几乎看不出基粒片层结构；基粒和基粒片层很少，叶绿体类囊体垛叠数少，有的叶绿体内部还出现了空洞，叶绿体内没有内含物。

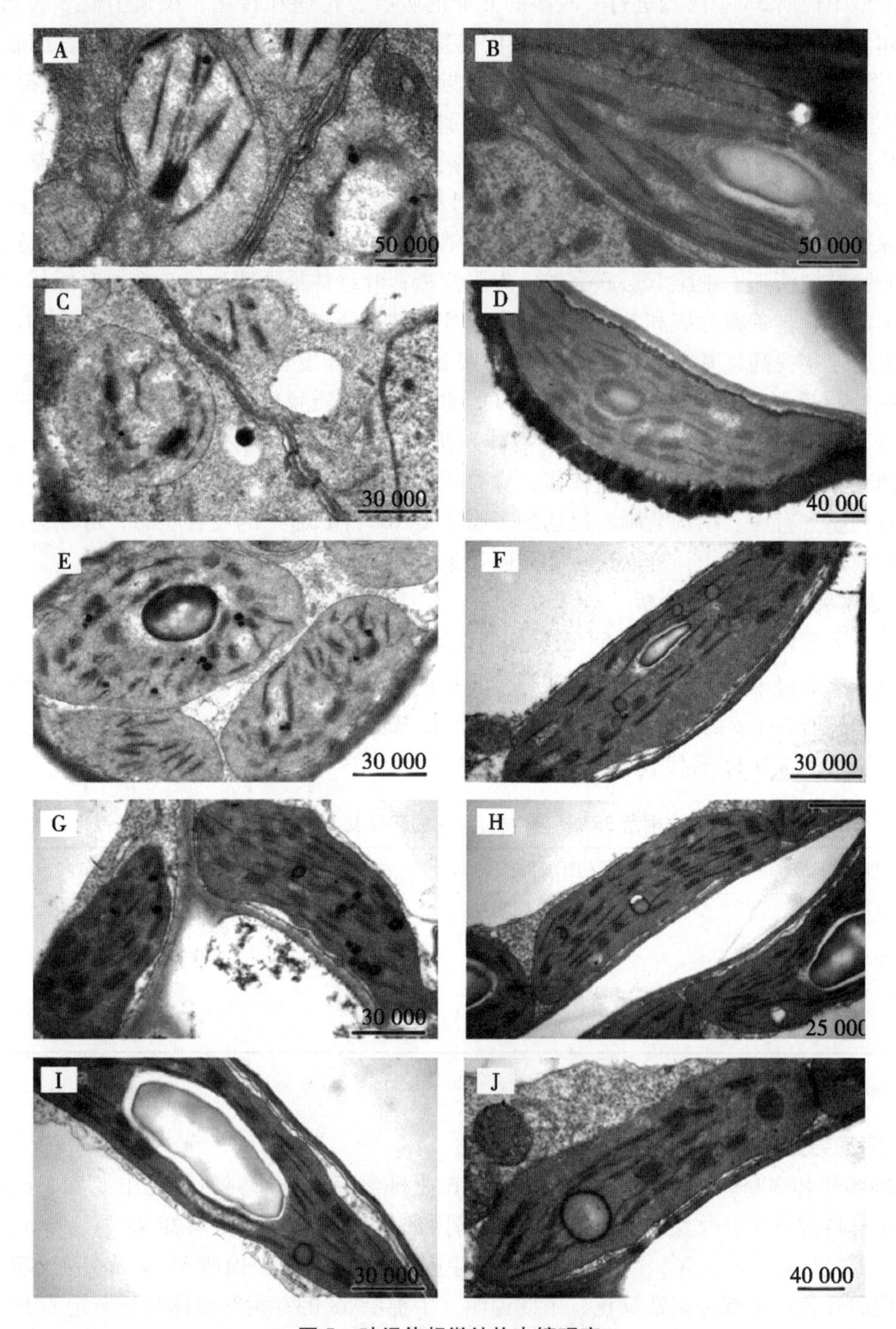

图 5　叶绿体超微结构电镜观察

5d：野生型（图 5-E）细胞的叶绿体发育比较完善，不仅有大量的类囊体膜的垛叠，基粒片层数增多、加厚，但片层结构不清晰；内含物中不仅有淀粉，还有油滴的出现，说明野生型中棉所58中已经进行了较多的光能的吸收、传递和转化，积累了较多的光合产物。5d叶龄叶片芽黄突变体（图5-F）的叶绿体内有嗜锇颗粒出现，细胞膜、细胞壁边界相对清晰，叶绿体数目增多，形状大多接近纺锤形，边缘趋于清晰，膜已无破损现象，叶绿体大部分除了个别排列已趋于正常，个别类囊体的排列紊乱，叶绿体内基粒数明显增多，片层排列相对有序，内含物出现，淀粉颗粒较大，说明叶绿体的功能趋于正常。

7d：7d野生型（图5-G）中棉所58的叶绿体发育更加完善，基质类囊体和基粒类囊体的垛叠程度高，有大量油滴和淀粉粒的存在。7d叶龄叶片芽黄突变体（图5-H）细胞壁、质膜结构清晰，细胞双层膜完整，界限清晰；叶绿体沿质膜边缘分布，叶绿体内类囊体膜大量垛叠，基粒片层和基质片层加厚，片层结构清晰；光合能力增强，内含物数量增多，光合速率提高，基本接近于野生型7d叶龄的叶绿体发育状态。

9d：9d叶龄叶片芽黄突变体（图5-J）的叶绿体沿质膜边缘分布，呈椭圆形，叶绿体膜完整，界限清晰，淀粉粒丰富。类囊体系统发育完善，类囊体中不仅有大量的基质片层，而且基粒类囊体和基质类囊体多，垛叠较厚，基粒片层与基质片层界限明显，叶绿体片层排列整齐有序、结构清晰，已达到了野生型9d（图5-I）的发育状态，可以进行正常的生理代谢、光合作用，进而进行物质的积累。

3.6 芽黄突变体的遗传分析

芽黄突变体和对照中棉所58正反交的结果表明，正反交F_1均表现为正常的绿色，F_2的分离结果通过卡平方检验，绿色株：芽黄株的分离均符合3：1的分离比例，说明芽黄突变体中棉所58*Vsp*的芽黄性状是由1对隐性核基因控制，不受细胞质影响。中棉所58、芽黄突变体*Vsp*及F_2后代表现（表3，图1）。

表3 中棉所58*Vsp*与中棉所58的正反交F_2性状分离比检验

F_2代性状分离	F_2（中棉所58CRRI58♀×*Vsp*♂）	F_2（*Vsp*♀×中棉所♂）
绿色株	1 120	1 243
芽黄株	351	4 01
总株数	1 471	1 644
χ^2	0.96	0.29

$\chi^2_{0.05,1}=3.84$，$\chi^2_{c0.05,1}<\chi_{0.05,1}$为差异不显著，符合理论3：1比率

3.7 芽黄突变体的遗传等位性鉴定

2008年和2009年将芽黄突变体与中国农业科学院棉花研究所棉花中期库中已知17份芽黄材料进行正、反交，验证新的芽黄基因的等位性。由表4可知v_1、v_3、v_5v_6、v_8、v_9、v_{10}、v_{11}、v_{13}、v_{14}、v_{18}、v_{19}、v_g和彭泽芽黄13个材料与中棉所58芽黄突变体正、反交后代的叶色均表现为正常绿色，由此说明，中棉所58的芽黄突变体与已鉴定的13个芽黄材料（v_1、v_3、v_5v_6、v_8、v_9、v_{10}、v_{11}、v_{13}、v_{14}、v_{18}、v_{19}、v_g和彭泽芽黄）的芽黄的突变发生在非同一基因位点上。但v_2、v_4、v_{15}和v_{16}、v_{17}芽黄材料与中棉所58芽黄突变体的杂交种F_1中有个别芽黄株的出现，而非全部表现芽黄，说明中棉所58芽黄突变体与

v_2、v_4、v_{15}和$v_{16}v_{17}$芽黄材料的芽黄的突变发生在非同一基因位点上。至于v_2、v_4、v_{15}、$v_{16}v_{17}$芽黄材料与中棉所58芽黄突变体的杂交种F_1中有个别芽黄株的出现，其原因是种子混杂，还是其遗传原因有待进一步研究。

表4　芽黄突变体 *Vsp* 与芽黄材料杂交 F_1 叶色表现绿色与黄色的比例

F_1 表型	2008年（*Vsp*♀×中棉所58♂）	2008年（中棉所58♀×Vsp♂）	2009年（*Vsp*♀×中棉所58♂）
v_1	68：0	—	—
v_2	248：4	156：14	124：2
v_3	23：0	107：0	131：0
v_4	152：2	67：1	113：1
v_5v_6	49：0	—	122：0
v_8	72：0	171：0	—
v_9	164：0	44：0	—
v_{10}	25：0	—	—
v_{11}	17：0	—	—
v_{13}	7：0	—	—
v_{14}	142：0	154：0	—
v_{15}	63：1	—	142：3
$v_{16}v_{17}$	145：7	79：2	122：1
v_{18}	93：0	171：0	—
v_{19}	36：0	44：0	—
v_g	10：0	—	75：0

— 表示没有收集数据

4　讨论

4.1　经航天诱变获得一份新的早熟短季棉芽黄材料——中棉所58*Vsp*

航天诱变育种是近年来发展起来的一种新型的诱变育种技术，可使植物生长发育、生育进程及重要农艺和经济性状发生显著的变异，具有对种子及植株的损伤小、变异类型多等优点，是常用的化学诱变与物理诱变不可代替的育种新技术，航天诱变已在作物新种质的创造和新品种选育方面取得了显著的成果[24]。本研究通过实践八号育种卫星搭载陆地棉品种中棉所58得到可稳定遗传的芽黄突变材料。中棉所58芽黄突变体 *Vsp* 和野生型中棉所58正、反交F_2叶色表现符合绿叶：黄叶比例为3：1的分离结果，说明该突变体的芽黄性状与大多棉花芽黄性状一样，由1对隐性核基因控制，不受细胞质的影响；将中棉所58芽黄突变体 *Vsp* 和其他17份kohel和潘家驹等所鉴定的芽黄材料进行正、反交，虽有个别材料杂交后代有极个别株表现芽黄表型，但绝大部分（95%以上）均表现为正常绿色，而且在植株叶片芽黄表现时间和表现程度、植株的长势长相（株高、叶片形状、果枝出生时间、果枝与主茎夹角、棉铃形状、棉铃大小等）、早熟性、产量性状等农艺性状方面，该芽黄突变体与其他芽黄材料（除 v_3 和彭泽芽黄）差异较大（表1）。虽芽黄突变体 *Vsp* 的芽黄性状与 v_3、彭泽芽黄在苗期表现相似，但它们之间正、反交后代都表现为正常绿色。由此说明，控制中棉所58芽黄突变体 *Vsp* 芽黄性状的基因和其他17份芽黄材料[12-20]控制该性状的基因不同。

4.2 叶色变化与叶绿素含量有很大关系

叶色变化是色素含量发生变化的表现，黄化突变体中一般叶绿素含量较低，而叶绿素减少会引起类胡萝卜素含量的变化；另一方面，类胡萝卜素对叶绿素分子具有保护作用，少量类胡萝卜素的存在就能保证叶绿素的正常代谢，当类胡萝卜素的合成量不足以保护形成的叶绿素分子时，也会导致叶绿素代谢发生异常，造成黄化或白化突变[25]。在色素含量的变化过程中，中棉所58*Vsp* 中的类胡萝卜素含量始终显著低于野生型，有可能在叶绿体发育早期，叶片中的类胡萝卜素合成受阻，导致叶绿体膜光氧化损伤，叶绿体膜破损，叶绿体发育滞后，从而引起叶绿素合成减缓，嗜锇颗粒增多，之后随着中棉所58*Vsp* 中类胡萝卜素含量的不断积累，叶片中的叶绿素含量也逐渐增加，最终完成其生命周期。芽黄突变体中是否是由于类胡萝卜素合成量减少而导致芽黄表型的问题有待进一步研究。

0～3d 叶龄的芽黄突变体 *Vsp* 中的 Chlorophyll a/Chlorophyll b 的比值偏小，说明 *Vsp* 中叶绿体发育初期 Chlorophyll a 和 Chlorophyll b 合成代谢不协调，叶绿素的合成过程中至少有一个存在缺陷，或者 Chlorophyll a 的积累速率过慢，或者是 Chlorophyll b 的积累量过快，导致 Chlorophyll a/Chlorophyll b 比值偏低。*Vsp* 中后期表现 Chlorophyll/Carotene 比值显著高于野生型，说明色素合成过程中存在不协调，前期黄化表型同样影响后期色素的合成。

William 等[26]认为叶绿体结构与叶绿素合成的关系，目前主要存在2种可能，一种是催化叶绿素合成的酶发生基因突变使叶绿素合成受阻，膜结构发育受阻只是叶绿素缺乏和合成叶绿素前体物质积累的多效性反应；另一种可能是基因突变导致膜发育受阻，造成膜上酶复合体缺失而使叶绿素合成阻滞，叶绿体发育迟缓[27]，*Vsp* 中有可能是由于在叶绿体发育过程中，某一个基因发生了突变，直接/间接的影响到叶绿体膜的发育，使膜结构发育迟缓，体内色素合成代谢不协调，从而使突变体的光合作用、新陈代谢受到影响。

4.3 航天诱变芽黄突变材料的农艺性状及其表现

本研究对航天诱变芽黄突变材料的株高、果枝数、大铃、小铃、产量、纤维品质等农艺性状的调查及其表现发现，芽黄材料的株高，果枝数，大铃、小铃、产量和纤维品质与对照相比变异都达显著水平，说明芽黄不单是表现在新出叶表现黄色，对棉花的株高，果枝数等农艺性状存在影响，以致严重影响到棉花的产量和纤维品质，产量降低，品质下降[12-14]。因芽黄的性状是一个复杂的生理现象，其叶绿素含量和抗氧化系统酶的活性均发生变化，芽黄突变体的 SOD 和 CAT 活性低于对照，POD 活性高于对照，至使 MDA 含量高于对照，由此说明其抗氧化能力远低于对照。

5 结论

（1）本试验利用航天诱变技术，经过多代连续自交，获得芽黄性状稳定遗传且不同于中棉所中期库17份已有芽黄材料的芽黄突变体中棉所58*Vsp*。中棉所58*Vsp* 的芽黄性状受1对隐性核基因控制。

（2）中棉所58*Vsp*的叶绿体发育早期，叶绿体发育滞后，其中0～3d叶龄的叶绿体有些叶绿体膜严重破损，类囊体基粒片层少，排列混乱，叶绿体中有嗜饿颗粒，严重影响叶片进行光合作用以及叶绿素含量的增加，中棉所58*Vsp*的芽黄性状有可能是因为叶绿体发育早期发育比较迟缓，影响了其体内正常的色素代谢；随着叶龄的增加，伴随着色素含量逐渐恢复，9d以后，中棉所58*Vsp*中的叶绿体逐渐恢复正常，叶色接近野生型。

（3）叶绿体发育早期，中棉所58*Vsp*色素积累速率较慢，类胡萝卜素含量的显著低于野生型的水平，且Chlorophyll a/Chlorophyll b的比值较低。类胡萝卜素可以有效地防止光氧化，从而有效的保护叶绿体的完整性，它可以调节叶绿素含量的变化，是否是由于类胡萝卜素合成途径受阻造成中棉所58*Vsp*叶绿体发育不完善，抑制了叶绿素的合成，有待进一步研究。

参考文献

[1] Jitae K, Andrea R, Verenice R R, *et al*. Subunits of the plastid ClpPR protease complex have differential contributions to embryogenesis, plastid biogenesis, and plant development in arabidopsis [J]. *The Plant Cell*, 2009, 21: 1669-1692.

[2] Wu Z M, Zhang X, He B, *et al*. A chlorophyll-deficient rice mutant with impaired chlorophyllide esterification in chlorophyll biosynthesis [J]. *Plant Physiology*, 2007, 145: 29-40.

[3] Gerald E E, Colin L D, John A. CO_2 assimilation and activities of photosynthetic enzymes in high chlorophyll fluorescence mutants of maize having low levels of ribulose 1, 5-bisphosphate carboxylasel [J]. *Plant Physiology*, 1988, 86: 533-539.

[4] Archer E K, Howard T B. Characterization of a virescent chloroplastmutant of tobacco [J]. *Plant Physiololgy*, 1987, 83: 920-925.

[5] Benedict C R, Ketringd D L. Nuclear gene affecting greening in virescent peanut leaves [J]. *Plant Physiology*, 1972, 49: 972-976.

[6] Palmer R G, Mascia P N. Genetics and ultrastructure of a cytoplasmically inherited yellow mutant in soybeans [J]. *Genetics*, 1980, 95: 985-1000.

[7] Richard W R, Charles M R. New tomato seedling characters and their linkage relationships [J]. *The Journal of Heredity*, 1954, 45 (5): 241-248.

[8] 王学德．七个芽黄材料的利用潜力［J］．中国棉花，1990，17（3）：9-10.

[9] 肖松华，潘家驹，张天真．陆地棉芽黄基因的互作效应研究［J］．江苏农业学报，1996，12（2）：11-16.

[10] Wu D X, Shu Q Y, Xia Y W. *In vitro* mutagenesis inducednovel thermo /photoperiod sensitive genic male sterile indica rice with green revertible xanthan leaf color marker [J]. *Euphytica*, 2002, 123: 195-202.

[11] Killough D T, Horlacher W R. The inheritance of virescent yellow and red pant color in cotton [J]. *Genetics*, 1933, 18: 329-334.

[12] Kohel R J. Analysis of irradiation induced virescent mutants and the identification of a

new virescent mutant（$v_5v_5v_6v_6$）in *Gossypium hirsutum* L.［J］. *Crop Science*，1973，13：86-88.

［13］Kohel R J. Genetic analysis of a new virescent mutant in cotton［J］. *Crop Science*，1974，14：525-527.

［14］Kohel R J. Genetic analysis of virescent mutants and the identification of virescents v_{12}、v_{13}、v_{14}、v_{15} and $v_{16}v_{17}$ in upland cotton［J］. *Crop Science*，1983，23：289-291.

［15］Turcotte E L，Feaster C V. The interaction of two genes for yellow foliage in cotton. *The Journal of Heredity*，1973，64：231-232.

［16］Turcotte E L，Percy R G. Inheritance of a second virescent mutant in American Pima cotton［J］. *Crop Science*，1988，28：1018-1019.

［17］张天真，潘家驹，冯福帧．一个有芽黄标记性状的棉花雄性不育系的遗传鉴定［J］．中国农业科学，1989，22（4）：17-21.

［18］张天真，潘家驹．陆地棉12个芽黄突变体的遗传学鉴定［J］．棉花学报，1986（2）：78-90.

［19］张天真，潘家驹．陆地棉单体的鉴定及其 $v_{16}v_{17}$ 芽黄基因的定位遗传［J］．1989，11（6）：1-3.

［20］张天真，潘家驹．陆地棉芽黄突变体的等位性测验及其 v22 芽黄基因的遗传学鉴定［J］．江苏农业学报，1990，6（1）：24-29.

［21］Lichtenthaler H K. Chlorophylls and carotenoids：Pigments ophotosynthetic biomembranes［J］. *Methods in Enzymology*，1987，148：350-382.

［22］Bogorad L. Porphyrin synthesis［M］//Daron H H，Gunsalus I C. Methodin Enzymology. New York：Academic Press，1962：885-891.

［23］喻树迅，宋美珍，范术丽，等．短季棉早熟不早衰生化辅助育种技术研究［J］．中国农业科学，2005，38（4）：664-670.

［24］宋美珍，喻树迅，范术丽，等．棉花航天诱变的农艺性状变化及突变体的多态性分析［J］．中国农业科技导报，2007，9（2）30-37.

［25］童哲．光质和除草剂 norflurazon 对欧洲赤松子叶质体色素形成的影响［J］．植物学报，1985，27（1）：57-62.

［26］William C T，Alice B，Robert A M. Use of nuclear mutants in the analysis of chloroplast development［J］. *Development Genetics*，1987，8：305-320.

［27］Fambrinia M，Castagnab A，Vecchia D F. Characterization of a pigment-deficient mutant of sunflower（*Helianthus annuus* L.）with abnormal chloroplast biogenesis，reduced PS Ⅱ activity and low endogenous level of abscisic acid［J］. *Plant Science*，2004，167：79-89.

棉花早熟芽黄突变体叶绿素荧光动力学特性研究

田明爽，宋美珍，范术丽，庞朝友，喻树迅*
（中国农业科学院棉花研究所/农业部棉花遗传改良重点实验室，安阳　455000）

摘要：以中棉所58及其航天诱变芽黄突变体为研究对象，利用快速叶绿素荧光诱导动力学测定和JIP-test数据分析方法，研究了晴天条件下野生型（Wild type，WT）和突变体5个叶位叶片（倒1叶至倒5叶）的原初光化学反应的变化。结果表明，突变体倒2叶最大光化学效率（F_v/F_m）最低，至倒5叶时恢复正常。突变体叶片较高的K点的相对可变荧光值（W_k）表明放氧复合体受到损害。与野生型相比，突变体新生叶片的O-J-I-P荧光诱导曲线的初始斜率（M_o）升高，标准化后的O-J-I-P荧光诱导曲线、最大荧光强度及y轴之间的面积（S_m）、用于电子传递的量子产额（φ_{Eo}）、反应中心捕获的激子中用来推动电子传递到电子传递链中超过QA^-的其他电子受体的激子占用来推动QA^-还原激子的比率（ψ_o）值降低，表明叶片发育早期PSⅡ受体侧的QA^-大量积累，电子传递链受阻。通过分析突变体光合机构的比活性参数发现，在叶片发育的早期，突变体单位反应中心吸收的较多的能量以热和荧光的形式被耗散掉。突变体新叶发育前期黄化、后期变绿，推测早期叶绿素合成受阻，造成光系统损伤、光合性能下降。

关键词：棉花；芽黄突变体；叶绿素荧光；光系统Ⅱ

叶片是高等植物进行光合作用的主要场所，叶片褪绿导致光合速率降低，植物生长势减弱，在农业生产上影响作物的产量。叶色突变体是研究植物叶绿体发育[1]、光合作用[2]、激素生理[3]以及抗病机制[4]等一系列生理代谢过程的理想材料；同时利用此种突变体可分析、鉴定基因功能[5]。陆地棉（*Gossypium hirsutum*）芽黄（Virescent，V）是一种可遗传的性状，一般受一对隐性基因控制。大多数纯合芽黄突变体在苗期明显表现，子叶或真叶呈不同程度的黄色。它是一种优良的指示性状，在棉花杂种优势利用中已逐渐被育种工作者重视。但是有关其产生的机制至今仍未见报道。

本实验室从棉花早熟品种中棉所58（CCRI58）航天诱变后代中筛选到一稳定遗传的芽黄突变体（Virescent mutant），命名为*Vsp*。其芽黄性状从第一片真叶长出时开始，至盛花期结束。将真叶展平当天的叶片记为倒1位叶片，黄化现象一直持续到倒4叶，倒5位

原载于：《棉花学报》，2011，23（5）：414-421

叶片基本转绿，并且后期果枝上的幼嫩叶片也表现出黄化性状。该突变体芽黄性状的表现受光照强度的影响，晴天叶片黄化严重，阴天则叶片黄化程度较轻，有转绿的迹象。本实验通过在晴天测定突变体（*Vsp*）及其野生型（WT）的倒1~5叶的叶绿素荧光动力学曲线，分析不同叶位叶片光系统Ⅱ（Photosystem Ⅱ，PSⅡ）的变化规律，探讨自然光照对突变体叶片发育的影响，为棉花芽黄突变体分子机理的研究和应用提供更多的理论依据。

1 材料和方法

1.1 试验材料

试验材料为CCRI58及其航天诱变芽黄突变体*Vsp*的SP_6代。2010年5月种植于中国农业科学院棉花研究所安阳试验站内，每个材料种4行，行长8m，进行常规的水肥管理。于开花前（2010年7月8日）选取发育时期一致、长势良好且无病虫损害的5个叶位的叶片，倒1叶（真叶展平当天）、倒2叶（真叶展平3d）、倒3叶（真叶展平6d）、倒4叶（真叶展平8d）、倒5叶（真叶展平10d），测定光合色素含量和叶绿素荧光参数。

1.2 试验方法

1.2.1 光合色素含量的测定

参考Lichtenthaler的方法，采用80%丙酮法提取色素。将新鲜的叶片除去叶脉后剪碎，取0.1g溶于80%的丙酮中于黑暗中处理过夜。利用紫外可见分光光度计（DU800，Beckman）测定663nm、646nm、470nm处的吸光度值，3次重复。

1.2.2 快速叶绿素荧光动力学曲线的测定

使用Handy-PEA连续激发式荧光仪（Hansatech，英国）测定快速叶绿素荧光诱导动力学曲线（chlorophyll a fluorescence dynamic transient，即O-J-I-P曲线）。于晴天上午9:00~10:00之间选取中棉所58和*Vsp*各5个叶位的叶片，先暗适应20min后，然后用3 000μmol/（m^2·s）饱和脉冲光照射1s，测得快速叶绿素荧光诱导动力学曲线。每个叶位的叶片测定8株，取平均值。

1.2.3 JIP-测定（JIP-test）

根据Strasser等[6-7]的JIP-test，对获得的OJIP荧光诱导曲线进行分析。从曲线上可以直接获得的参数有初始荧光*Fo*（Initial fluorescence，暗适应后照光50μs的荧光强度，O相）、K相荧光*Fk*（K-step fluorescence，暗适应后照光300μs时的荧光强度）、J相荧光*FJ*（J-step fluorescence，暗适应后照光2ms时的荧光强度）、I相荧光FI（I-step fluorescence，暗适应后照光30ms时的荧光强度）、最大荧光*Fm*（Maximumfluorescence，暗适应后照光达到的最大荧光强度，P相）、t_{Fm}（从暗适应后照光达到最大荧光所需时间）、Area（O-J-I-P诱导曲线、荧光强度$F=F_m$及y轴之间的面积）。由已知参数导出的其他参数如下。

（1）PSⅡ的最大光化学效率$\varphi_{Po}=F_v/F_m=(F_m-F_o)/F_m$；

性能指数（Performance index）$PI_{ABS}=(RC/ABS)\cdot[\varphi_{Po}/(1-\varphi_{Po})]\cdot[\Psi_o/(1-\Psi_o)]$；

（2）J点的相对可变荧光强度$v_J=(F_J-F_o)/(F_m-F_o)$；

（3）K点的相对可变荧光$W_k=(F_k-F_o)/(F_J-F_o)$；

（4）O-J-I-P 荧光诱导曲线的初始斜率 $M_o = 4\ (F_{300\mu s} - F_o) / (F_m - F_o)$；

（5）标准化后的 O-J-I-P 荧光诱导曲线、荧光强度 $F = F_m$ 及 y 轴之间的面积 $S_m = (Area) / (F_m - F_o)$；

（6）PSⅡ受体侧相对电子传递速率 $\psi_o = ET_o/TR_o = (1 - v_J)$；

（7）用于电子传递的量子产额 $\varphi_{Eo} = ET_o/ABS = [1 - (F_o/F_m)] \cdot \psi_o$；

（8）PSⅡ反应中心的密度 $RC/CS_o = \varphi_{Po} \cdot (v_J/M_o) \cdot (ABS/CS_o)$；

（9）单位反应中心吸收的光能（Absorptionflux per reaction center）ABS/RC $= M_o \cdot (1/v_J) \cdot (1/\varphi_{Po})$；单位反应中心捕获的能量（Trapped energy fluxper reaction center）$TR_o/RC = M_o \cdot (1/v_J)$；单位反应中心捕获的用于电子传递的能量（Electron trans-port flux per reaction center）$ET_o/RC = M_o \cdot (1/v_J) \cdot \psi_o$；单位反应中心耗散掉的能量（Dissi-pated energy flux per reaction center）$DI_o/RC = ABS/RC - TR_o/RC$。

2　结果与分析

2.1　芽黄突变体 *Vsp* 的光合色素含量

由图 1（b）可以看出，突变体 *Vsp* 的真叶刚长出时就表现为淡黄色，其倒 2 位叶片黄化现象最为严重，倒 5 位叶片已基本恢复至正常的绿色。因而突变体叶片的光合色素含量也表现出这样一种变化趋势，如表 1 所示，芽黄突变体的叶绿素 a（Chlorophyll a，Chl a）、叶绿素 b（Chlorophyllb，Chl b）的含量始终低于野生型（WT），其倒 2 叶的总叶绿素含量只有 0.469mg/g，仅为野生型倒 2 叶总含量 1.616mg/g 的 29%，之后叶绿素含量逐渐增加；而倒 2 叶 Chl a/Chl b 的比值为 2.575，为野生型的 82%，说明突变体幼嫩叶片的光合色素比例失调，主要色素叶绿素 a 的含量的减少幅度更大。

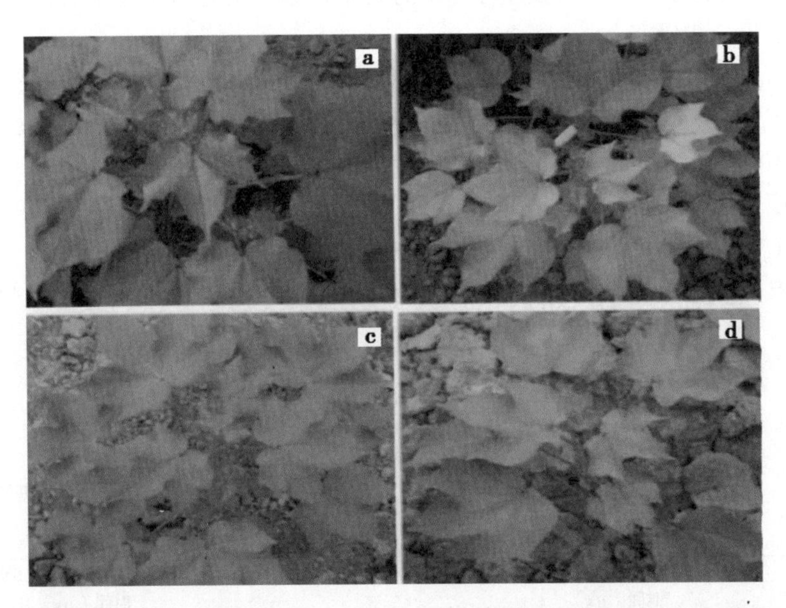

图 1　突变体（a、b）与其野生型（a、c）植株在晴天（b）和阴天（d）的表现性状

表 1　中棉所 58 和 *Vsp5* 个叶位的叶片色素含量

叶　位	材　料	叶绿素 a (mg/g)	叶绿素 b (mg/g)	叶绿素 a + b (mg/g)	叶绿素 a/b (mg/g)
倒 1	WT	0.649 ±0.022	0.252 ±0.008	0.901 ±0.030	2.575 ±0.015
	Vsp	0.513 ±0.040 **	0.220 ±0.015 *	0.733 ±0.055 *	2.332 ±0.022 ***
倒 2	WT	1.225 ±0.048	0.391 ±0.011	1.616 ±0.059	3.132 ±0.043
	Vsp	0.338 ±0.016 ***	0.131 ±0.004 ***	0.469 ±0.020 ***	2.575 ±0.067 ***
倒 3	WT	1.346 ±0.072	0.373 ±0.025	1.719 ±0.098	3.610 ±0.058
	Vsp	0.821 ±0.075 ***	0.235 ±0.024 **	1.056 ±0.099 **	3.501 ±0.035 *
倒 4	WT	1.310 ±0.052	0.392 ±0.021	1.707 ±0.074	3.340 ±0.047
	Vsp	1.105 ±0.070 *	0.315 ±0.017 **	1.419 ±0.086 *	3.510 ±0.040 **
倒 5	WT	1.296 ±0.032	0.409 ±0.017	1.705 ±0.049	3.163 ±0.097
	Vsp	1.090 ±0.067 **	0.333 ±0.014 *	1.421 ±0.080 **	3.261 ±0.135

注：平均值 ± 标准偏差，*、** 和 *** 分别表示显著水平 $P<0.05$、$P<0.01$ 和 $P<0.001$

2.2　芽黄突变体不同叶位叶片快速叶绿素荧光诱导动力学曲线

典型的快速叶绿素荧光诱导动力学曲线有 O、J、I、P 等相。连续激发式荧光仪主要是通过短时间照光后荧光信号的瞬时变化反映暗反应活化前 PSⅡ的光化学变化，它能够从 O-P 上升过程中捕捉到 PSⅡ的光化学变化的信息。植物绿色器官经过充分暗适应后，PSⅡ的电子受体质体醌 A（Plastoquinone，QA）、质体醌 B（Plastoquinone，QB）及质体醌库 PQ 等完全失去电子被氧化，受体侧接受电子的能力最大，此时样品受光后发射的荧光最小，处于 O 相，J 相的出现是由于 QA^- 的大量积累，荧光值迅速上升，而 I 相的出现原因还有待于进一步研究。

图 2 中 A 图野生型植株 5 个叶位的叶片 O-J-I-P 图呈现出有规律的递变趋势，起点 O 相处荧光值 F_o 变化不大，而 J 相、I 相、P 相处随着叶片的发育其荧光强度 F_J、F_I、F_P 也表现出渐增的变化趋势。B 图为突变体 5 个叶位的叶片 O-J-I-P 图，倒 1～3 叶的荧光曲线图变化幅度不大，无明显的拐点，且 F_o 明显逐渐升高，以倒 2 叶最高，其值为野生型倒 2 叶的 2.1 倍，倒 4～5 叶逐渐转绿，其 O-J-I-P 曲线也与野生型的较相似。以上结果表明，在叶片发育的早期，在 PSⅡ建成的关键时期，光照条件严重抑制了光系统Ⅱ的发育。

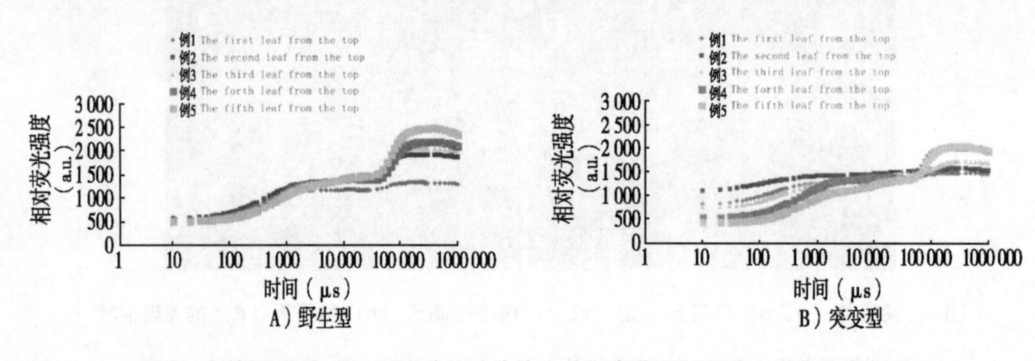

图 2　中棉所 58 和 *Vsp* 不同叶位叶片快速叶绿素荧光诱导动力学曲线变化图

2.3　芽黄突变体不同叶位叶片 PSⅡ的变化

2.3.1　芽黄突变体不同叶位叶片光化学反应的变化

F_v/F_m 表示暗适应后 PSⅡ的最大光化学效率，PIABS 则反映了植物的综合性能[8-10]，是一个对逆境和胁迫较为敏感的参数。如表 2 所示，突变体 5 个叶位的叶片其 F_v/F_m 和 PIABS 值都是倒 2 叶的最低，倒 1 叶的 F_v/F_m 值为野生型的 73%，PI_{ABS} 值为野生型的 49%；倒 2 叶的 F_v/F_m 值为野生型的 39%，PI_{ABS} 值为野生型的 2.3%，然后随着叶片的发育趋向正常，其值也逐渐接近于野生型。由图 2（B）可以看出 F_v/F_m 的下降是由于 F_o 的上升和 F_m 的下降引起的。这些数据表明芽黄突变体新叶长出后，叶绿素合成受阻，过量的中间产物在光下产生活性氧破坏 PSⅡ，光合性能下降。之后，植株启动某种修复机制，叶绿素含量升高，叶片的光合性能趋向完善。

表 2　自然光照对中棉所 58 和 *Vsp* 5 个叶位叶片叶绿素荧光参数 F_o、F_v/F_m、PI_{ABS}、RC/CS_o、v_J、W_k 的影响

叶位	材料	初始荧光值 F_o	PSⅡ最大光化学效率 F_v/F	性能指数 PI_{ABS}	单位面积反应中心数量 RC/CS	J 点的相对可变荧光 v_J	K 点的相对可变荧光 W_k
倒 1	WT	511 ± 37	0.61 ± 0.03	0.12 ± 0.05	131 ± 14	0.78 ± 0.03	0.54 ± 0.02
	Vsp	818 ± 50	0.44 ± 0.02	0.06 ± 0.01	123 ± 11	0.68 ± 0.02	0.68 ± 0.04
	F	194.880***	177.846***	11.077**	1.615	61.538***	78.400***
倒 2	WT	536 ± 23	0.72 ± 0.01	0.80 ± 0.20	203 ± 14	0.55 ± 0.05	0.42 ± 0.02
	Vsp	1122 ± 69	0.28 ± 0.03	0.02 ± 0.01	104 ± 14	0.66 ± 0.02	0.70 ± 0.02
	F	519.313***	1548.800***	121.377***	200.020***	33.379***	784.000***
倒 3	WT	499 ± 17	0.75 ± 0.01	1.57 ± 0.23	231 ± 24	0.48 ± 0.04	0.36 ± 0.03
	Vsp	730 ± 56	0.57 ± 0.03	0.27 ± 0.09	173 ± 13	0.55 ± 0.02	0.55 ± 0.04
	F	124.639***	259.200***	221.639***	36.123***	19.600***	115.520***
倒 4	WT	486 ± 16	0.78 ± 0.01	2.27 ± 0.27	264 ± 14	0.46 ± 0.03	0.32 ± 0.02
	Vsp	511 ± 28	0.75 ± 0.01	1.26 ± 0.20	233 ± 21	0.52 ± 0.03	0.37 ± 0.02
	F	4.808*	36.000***	72.238***	12.069**	16.000**	25.000***
倒 5	WT	476 ± 60	0.81 ± 0.01	4.25 ± 1.20	280 ± 37	0.37 ± 0.04	0.30 ± 0.02
	Vsp	407 ± 18	0.80 ± 0.01	3.15 ± 0.35	216 ± 13	0.40 ± 0.02	0.33 ± 0.01
	F	9.706**	4.000	6.195*	21.306***	14.400**	14.400**

注：平均值 ± 标准偏差，*、** 和 *** 分别表示显著水平 $P<0.05$，$P<0.01$ 和 $P<0.001$

2.3.2　芽黄突变体不同叶位叶片 PSⅡ供体侧的变化

叶绿素荧光动力学曲线 K 点的出现是放氧复合体（Oxygen-evolving complex，OEC）受伤害的一个标志，K 点的相对变化（W_k）代表放氧复合体被破坏的程度[11-12]。与野生型相比，突变体 5 个叶位的叶片具有较高的 W_k 值，且幼嫩叶片（倒 1～2 叶）Wk 较大，表明芽黄突变体早期叶绿素代谢过程中产生了某些活性氧物质，OEC 受到损害，随着叶绿素合成量的增减，叶片的 OEC 趋向正常。

2.3.3 芽黄突变体不同叶位叶片PSⅡ受体侧的变化

M_o、S_m、φ_{Eo}、ψ_o等参数主要反映了PSⅡ受体侧的变化。PSⅡ受体侧主要包括QA、QB、PQ库等。图3中突变体的参数M_o值随叶位的增加而降低，S_m、φ_{Eo}、ψ_o值随叶位的增加而升高。M_o值高，说明受体QA被还原的速率快，QA所得到的电子较多的用于自身的还原而没有继续往下传递。S_m反映了受体侧PQ库的大小，S_m值小，PSⅡ受体侧的电子传递体减少，从而导致捕获的光能把电子传递到电子传递链中超过QA^-的电子受体的量子减少（φ_{Eo}），效率降低（ψ_o）。这些参数的变化表明突变体叶片发育早期PSⅡ受体侧的QA^-大量积累，电子传递链受阻。

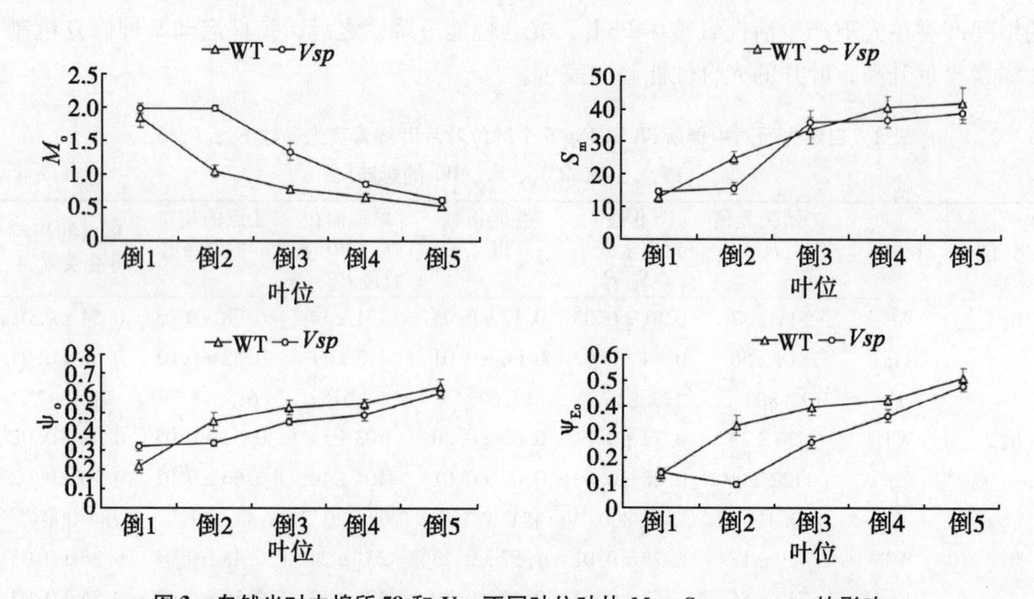

图3 自然光对中棉所58和*Vsp*不同叶位叶片M_o，S_m，φ_{Eo}，ω_o的影响

2.3.4 芽黄突变体不同叶位叶片PSⅡ反应中心的变化

植物绿色器官的天线色素吸收的能量一部分被反应中心捕获，在反应中心作为电子传递的能量，把传递的电子用于碳同化或其他途径，另一部分则以热和荧光的形式耗散掉。由JIP-tes得到的一些参数能够反映光合器官对吸收光能的分配状况。RC/CS_o表示单位面积内反应中心的数量，由表2可以看出突变体不同叶位叶片的RC/CS_o值都低于野生型的，倒2位叶片单位面积内反应中心的数量仅为野生型的51%，这表明PSⅡ反应中心的发育还不完善。ABS/RC、TR_o/RC、ET_o/RC、DI_o/RC分别表示单位反应中心吸收、捕获、用于电子传递及热耗散掉的能量。以倒2叶为例，单位反应中心吸收、捕获、用于电子传递及热耗散掉的能量分别为野生型的4.14倍、1.59倍、2.00倍、10.58倍（图4），表明单位反应中心吸收的较多的能量又以热和荧光的形式被耗散掉。

3 讨论

棉花芽黄突变体的研究开始于1925年，迄今为止在异源四倍体棉属中共鉴定出22个芽黄突变体，涉及到26个芽黄突变基因。大多数纯合芽黄突变体在苗期就明显表达出来，

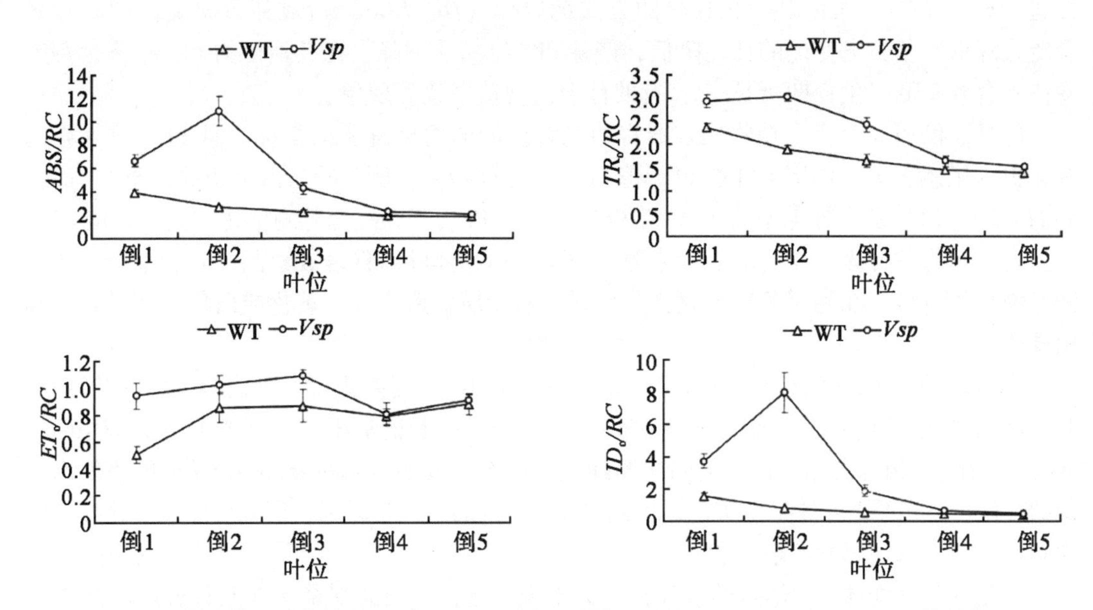

图4　自然光照对中棉所58和 *Vsp* 不同叶位叶片 *ABS/RC*、*TRo/RC*、*DIo/RC* 的影响

子叶或真叶呈不同程度的黄色。潘家驹等[13]在1989—1997年的试验结果证明，在22个陆地棉芽黄基因中，v_{10}、v_{15}和v_{20}品系叶片的黄色恢复为正常绿色的时间较早，功能叶的叶绿素a和叶绿素b的含量较高，光能利用较强，芽黄转育系的产量、主要产量因素和纤维性状与轮回亲本没有显著差异，可作为遗传标记性状应用于杂种棉制种。本实验室通过航天诱变育种得到一新的芽黄突变体 *Vsp*，幼嫩的叶片呈现金黄色，倒2位叶片前期叶片薄，边缘叶上卷。通过测定其光合色素含量，发现突变体叶绿素总含量低，叶绿素a/b值低于野生型相应叶位的叶片，光能利用率低，植株生长势弱。芽黄可作为一种标记性状，应用于杂种棉生产中。不同类型的叶色突变体产生的机制也不同，因此该突变体还可用作理论研究，研究高等植物光合作用机制、叶绿素合成途径、叶绿体的发育等方面。

快速叶绿素荧光诱导动力学曲线直观地展示了植物光合器官受损害后PSⅡ供体侧、反应中心和受体侧的变化。高等植物的PSⅡ光解水并放氧，并把释放的电子送入连接PSⅡ和PSⅠ的电子传递链中，为碳同化提供电子和能量。在这个过程中，水的光解由位于PSⅡ供体侧的放氧复合体（OEC）完成。叶绿素荧光诱导参数 W_k 值反应了OEC的状况。突变体倒1叶的 W_k 值为0.68，是野生型的1.27倍，表明突变体植株嫩叶片OEC受损。从O-J-I-P曲线图我们可以看到，突变体植株倒1、倒2、倒3位叶片与野生型对应叶片相比，F_o 显著升高，而 F_m 值降低，说明叶片受光后产生光抑制现象，叶绿素含量降低且捕光色素与PSⅡ相分离，PSⅡ失活。通过JIP-test分析可以更准确地量化PSⅡ的损伤程度。突变体植株的嫩叶片（倒1~3叶）J相对可变荧光（v_J）逐渐上升，突变体倒2叶的 *VJ* 值比野生型的提高了20%，表明PSⅡ受体侧积累了过量的 QA^-，QA过度还原，电子传递链受阻，影响光合性能。突变体植株单位面积光合反应中心的数量减少，单位反应中心吸收的能量（*ABS/RC*）增加，较多的能量并没有用来捕获光能（TR_o/RC）和推动电子的传递（$E\text{-}T_o/RC$），而是以荧光和热的方式耗散掉（DI_o/RC），造成芽黄突变体的叶片光合能力降低，芽黄突变体的株高降低，产量和纤维品质下降。在其他植物上，很多芽黄突变体光合效率低、生育期延长[14]，有的甚至出现苗期致死现象。

F_v/F_m 和 PI_{ABS} 是衡量植物光合器官的光合性能的两个重要的指标，且 PI_{ABS} 对外界的变化更为敏感。突变体倒 1 叶的 PI_{ABS} 值为野生型的 49%，倒 2 叶为野生型的 2.3%，而它们的 F_v/F_m 值分别为野生型的 73% 和 39%，所以 PI_{ABS} 能更好地监测植物的光合性能。

光是植物进行光合作用的能量来源，但是当植物体叶绿素合成紊乱，叶绿素合成的中间产物积累过多，在光照条件下就会产生活性氧物质，造成叶片黄化或白化，严重者引起植株死亡。

Nagata 等[15]发现拟南芥（Arabidopsis thaliana）dvr 突变体积累了过量的二乙烯叶绿素，叶片呈淡黄色，在低光照强度（70 ~ 90μmol/m^2 · s）下正常生长，高光照（1 000 μmol/m^2 · s）条件下植株白化死亡。不同光照强度下的金叶女贞（*Ligustrumvicaryi*）也呈现出相似的变化。高光照下叶片呈金黄色；当光照强度下降后，叶片转绿；研究后发现黄化叶片中含有较多的 ALA（氨基乙酰丙酸）[16]。

棉花芽黄突变体 *Vsp* 幼嫩的叶片在晴天出现黄化，而阴天则黄化现象较轻。因此推测植株真叶发育早期，在高强度光照条件诱导下，叶绿素合成过程中积累了过量的中间物质，对光合系统产生较大危害，光合性能下降。前人研究结果表明，叶绿素对光合相关蛋白的合成起着重要的作用，有助于复合体的正确折叠以及折叠后好的复合体插入到类囊体膜上[17]。

综上所述，芽黄突变体 *Vsp* 的真叶在长出后因叶绿素合成受阻而呈现出黄化的现象，PSⅡ严重受到损害，随着叶片的发育或低光照强度诱导，由于叶绿素合成过程中关键基因的表达，致使突变体的叶绿素合成量增加，叶片的光合性能逐渐完善。有关芽黄现象产生的机制还需做进一步的研究。通过对该突变体进行系统的研究，克隆出控制芽黄性状的基因，可以帮助我们更好的了解植物的光合作用过程以及叶绿素合成途径、叶绿体发育机制。

参考文献

[1] Sakamotol W, Uno Y, Zhang Q, *et al*. Arrested differentiation of proplastids into chloroplasts in variegated leaves characterized by plastid ultrastructure and nucleoid morphology [J]. *Plant and Cell Physiology*, 2009, 50 (12): 2069-2083.

[2] Fambrin M, Castagna A, Vecchia F D, *et al*. Characterization of a pigment-deficient mutant of sunflower (*Helianthus annuus* L.) with abnormal chloroplast biogenesis, reduced PSII activity and low endogenous level of abscisic acid [J]. *Plant Science*, 2004, 167: 79-89.

[3] Agrawal G K, Yamazaki M, Kobayashi M, *et al*. Screening of the rice viviparous mutants generated by endogenous retrotransposon Tos17 insertion. Tagging of a zeaxanthin epoxidase gene and a novel *OsTATC* Gene [J]. *Plant Physiol*, 2001, 125: 1248-1257.

[4] SinghU P, Prithivirag B, Sarma B K. Development of *Erysiphepisi* (powdery mildew) on normal and albino mutants of pea (*Pisum sativum* L.) [J]. *Journal of Phytopathol*, 2000, 148 (11/12): 591-595.

［5］ Hansson A，Kannangara C G，von Wettstein D，*et al.* Molecular basis for semi dominance of missense mutations in the XAN-THA-H（42-ku）subunit of magnesium chelatase［J］. *Proc NatlAcad Sci USA*，1999，96（4）：1744-1749.

［6］ Strasser R J，Srivastava A，Tsimilli-Michael M. The fluorescence transient as a tool to characterize and screen photo synthetic samples［C］//Yunus M，Pathre U，Mohanty P. Probing Photosynthesis：Mechanism，Regulation and Adaptation. London：Taylor & Francis Press，2000：445-483.

［7］ Strasser R J，Tsimill-Michael M，Srivastava A. Analysis of the chlorophyll a fluorescence transient［C］//Papageorgiou G C，Govindjee. Advances in Photosynthesis and Respiration. Dordrecht，Netherlands：KAP Press，2004：1-47.

［8］ Appenroth K J，Keresztes，Sárvári，*et al.* Multiple effect of chromate on the photosynthetic apparatus of *Spirodela polyrhiza* as probed by O-J-I-P chlorophyll a fluorescence measurements［J］. *Environ Poll*，2001，115：49-64.

［9］ Van Heerden P D R，Strasser R J，Krüger G H J. Reduction of dark chilling stress in N2-fixing soybean by nitrate as indicated by chlorophyll a fluorescence kinetics［J］. *Physiol Plant*，2004，121：239-249.

［10］ Van Heerden P D R，Tsimilli-Michael M，Krüger G H J，*et al.* Dark chilling effects on soybean genotypes during vegetative development：parallel studies of CO_2 assimilation，chlorophyll a fluorescence kinetics O-J-I-P and nitrogen fixation［J］. *Physiol Plant*，2003，117：476-491.

［11］ Jiang C D，Jiang G M，Wang X，*et al.* Enhanced photosystem 2 thermostability during leaf growth of Elm（*Ulmus pumila*）seedlings［J］. *Photosynthetica*，2006，44（3）：411-418.

［12］ Strasser B J. Donor side capacity of photosystem II probed by chlorophyll a fluorescence transient［J］. *Photosynth Res.*，1997，52：147-155.

［13］ 潘家驹，闵留芳，刘康，等. 陆地棉芽黄基因应用于杂种棉的研究［J］. 南京农业大学学报，1998，21（3）：7-14.

［14］ 潘跃平，金永庆，戴忠良，等. 甘蓝型油菜芽黄突变体特异种质的发现及遗传分析［J］. 江苏农业学报，2009，25（5）：1183-1184.

［15］ Nagata N，Tanaka R，Satoh S，*et al.* Identification of a vinyl reductase gene for chlorophyll synthesis in Arabidopsis thaliana and implications for the evolution of Prochlorococcus species［J］. *The Plant Cell*，2005，17：233-240.

［16］ Yuan M，Xu M Y，Yuan S，*et al.* Light regulation to chlorophyll synthesis and plastid development of the chlorophyll-lessgolden-leaf privet［J］. *Journal of Integrative Plant Biology*，2010，52（9）：809-816.

［17］ Joyard J，Ferro M，Masselon C，*et al.* Chloroplast proteomics and the compartmentation of plastidial isoprenoid biosynthetic pathways［J］. *Molecular Plant*，2009，2（6）：1154-1180.

NO对生长发育中棉花叶片NO含量及其对抗氧化物酶的影响

孟艳艳，范术丽，宋美珍，庞朝友，喻树迅*
（中国农业科学院棉花研究所/农业部棉花遗传改良重点实验室，安阳 455000）

摘要：以早衰性状不同的棉花栽培品种为材料，在自然条件下和外施一氧化氮（nitric oxide，NO）的条件下，调查早熟棉花植株真叶和子叶衰老过程中NO含量变化和抗氧化酶活性及相关基因的表达。结果表明，大田条件下，NO含量在幼嫩叶片中最高，随着叶片的衰老含量逐渐降低；在叶片发育后期早衰材料的NO含量下降快，并且显著低于不早衰材料。室内条件下，植株发育过程中，NO含量在幼嫩子叶中最高在生长后期最低；外施硝普纳（SNP）溶液后的植株，其NO含量在子叶的整个生育期都比对照组高，且两者差异显著。对照组和处理组的过氧化氢酶（CAT）和抗坏血酸过氧化物酶（APX）的活性及相关基因的表达第7d较低，第14d最高，随后逐渐下降；在同一时期，处理组显著高于对照组，在生育后期表现的更为明显。外施SNP可显著降低参试品种过氧化物酶（POD）的活性和相关基因的表达。在子叶发育初期，外源NO对超氧化物歧化酶（SOD）的活性有抑制作用，随着叶片衰老，处理组的SOD活性又高于对照组。不同类型的SOD对NO的反应不同，Cu/Zn SOD最敏感，其中又以cCu/Zn SOD基因的作用更突出。NO通过调控植株体内CAT、APX、POD和SOD等氧化/抗氧化系统，延缓叶片的衰老进程。

关键词：棉花；叶片衰老；一氧化氮；抗氧化物酶

一氧化氮（Nitric oxide，NO）作为一种信号分子首先在动物的细胞中被发现，随后人们发现这种信号分子同样存在于植物当中，并且发挥着重要的作用[1-2]。在植物体内，NO参与气孔运动、抗逆反应、种子萌发、侧根和根毛发育、花器官发生等许多重要的生命活动[3-4]。有研究表明，NO还参与调控植物体的衰老进程[5-7]。用烟熏法进行外源NO处理能够延长多种水果和蔬菜的寿命并延缓其衰老，当熏蒸30μmol /L的NO时，拟南芥的衰老同样被延缓[5]。SNP（硝普钠，NO供体）能够延缓拟南芥atnoa1突变体被黑暗诱导的衰老，SNP处理的植株其叶绿素含量达到43%而对照植株的叶绿素含量降低到9%[8]。此外，外施NO的供体N-叔丁基-α-苯丙酮（N-tert-Butyl-a-phenylnitrone）

原载于：《作物学报》，2011，37（10）：1828-1836

100μmol/L 能有效缓解水稻叶片中由脱落酸[9]、茉莉酸甲酯[10]及 H_2O_2[11]所引起的衰老。对于内源 NO 而言，花瓣的衰老伴随着内生 NO 水平的显著降低[12]。在生长 10d 的大豆子叶中可以检测到内生 NO 的存在，但是在 25d 却检测不到，并且在未出现衰老症状的叶片中 NO 含量更高[13]。

对早熟棉的叶片衰老有较多的研究，但是叶片衰老中 NO 含量的变化及其对抗氧化物酶的影响还不为人知。硝酸还原酶是植物体内生成 NO 的一个重要酶，本研究利用硝酸还原酶法测定了不同类型的短季棉叶片衰老过程中 NO 的含量变化。同时对于短季棉子叶衰老过程中，NO 含量及外施 NO 对抗氧化物酶的影响也进行了分析，以期揭示 NO 在棉花叶片衰老中的变化和相关的作用机理。

1　材料与方法

1.1　试验材料

中棉所 10 号（CCRI 10，早熟早衰），中棉所 16（CCRI 16，早熟不早衰）和辽 4086（Liao 4086，早熟不早衰），均由中国农业科学院棉花研究所棉花资源种质库提供。

1.2　田间设计

选择成熟饱满的种子，经浓硫酸脱绒，于 2009 年 4 月种植于中国农业科学院棉花研究所东场试验基地。采取随机区组设计，每个材料 3 次重复。小区行长 8m，行距 0.7m，3 行区，小区面积 19.2m^2，种植密度为每公顷 90 000 株，栽培管理同常规大田。进入盛花期后，选取主茎顶端大小一致且无病虫害的未展开叶标记，并在标记后当天打顶。挂牌后 10d 开始取样，以后每 5d 取一次。每个材料每次取 15 片叶，混合后分为 3 次重复用于 NO 和叶绿素的测定。

1.3　室内设计

选取饱满的中棉所 10 号种子，播于盛有营养土和沙子（1∶1）的大小一致的塑料营养钵，置光照培养箱中生长。箱内生长条件设置如下：白天/晚上温度为 22/30 ± 3℃，光周期为 14h/10h，光照强度为 350 ~ 450μmol/（m^2·s）。2 片子叶完全展开后开始处理，将材料分成 2 组，一组为正常生长条件下的植株，每隔 1d 喷施清水为对照，另外一组每隔 1d 喷施 100μmol/L 的 SNP；每次喷施量以叶片有水滴滴下为止。从处理第 1d 开始，每组材料每隔 6d 取一次样，取样部位为子叶。每次取 20 株，其中 10 株用于提取 RNA，另外 10 株用于测定生化指标。

1.4　NO 测定

将组织样品用蒸馏水洗净擦干，去除主叶脉、剪碎、混匀后称取 0.5g，放入预冷的研钵中加入 pH7.0 的磷酸缓冲液 5mL，研磨成匀浆，于 4℃，10 000 × g离心 15min，取上清液。用南京建成生物工程研究所的 NO 测定试剂盒，按硝酸还原酶法及说明书的步骤，在 550nm 下测定其吸光值。每个样品重复 3 次。

1.5　叶绿素含量测定

称取 0.3g 叶片，浸入丙酮、乙醇等体积混合的提取液中，黑暗过夜，滤掉残渣，取上清液。测定波长 645nm 和 663nm 的吸光值[14]。计算公式：CT = 20.29A645 + 8.05A663，叶绿素含量（mg/g）= CT × 提取液体积 × 稀释倍数/样品鲜重。

1.6 酶活性测定

称取0.5g组织样品加入pH7.5的磷酸缓冲液5mL，研磨成匀浆后，4℃，15 000×g离心20min，取上清液用于酶活性的测定。每个样品3次重复。在240nm下测定CAT活性，以每分钟减少0.01为1个酶活单位[14-15]。在290nm测定APX活性，每分钟减少0.01为一个酶活单位[16]。在560nm测定SOD的活性，以抑制NBT还原的50%为一个酶活单位[14]。采用愈创木酚法测定POD的活性，以470nm下每分钟增加0.1为一个酶活单位[14]。本试验中测定所用的紫外分光光度计为DU800（BECKMAN）。

1.7 RNA提取和实时定量PCR（qRT-PCR）

参照本实验室改良的CTAB法提取总RNA[17]。用1%的琼脂糖凝胶电泳检测RNA提取的完整性。将合格的样品适当稀释后用紫外分光光度计DU800在260nm和280nm下测定*OD*值，检测RNA纯度和浓度。每个样品取4μgRNA，用Invotrigen公司的Superscript罗 first-strand synthesis system，按其说明书合成cDNA第一链。

采用Primer Express3.0软件设计qRT-PCR引物，以棉花中的Actin基因作为内参（Accession number AY305733），在TaKaRa公司合成引物（表1）。试验中所用的荧光试剂为SYBR Green PCR Kit（ABI），仪器为ABI 7500 Sequence Detection System（ABI，USA）。PCR反应程序为95℃变性10min后进入循环反应，95℃10s，35s退火反应（各自的退火温度见表1），72℃延伸30s，共40个循环反应。采用$2^{-\Delta\Delta Ct}$法计算结果。由于编码相关抗氧化物酶的基因数目庞大，故本试验只呈现基因表达量变化最为显著的分析结果。

表1 qRT-PCR所用引物序列及每个基因的退火温度

基因名称	登录号	正向引物	反向引物	退火温度（℃）
Actin	AY305733	5′ATCCTCCGTCTTGACCTTG3′	5′TGTCCGTCAGGCAACTCAT3′	59
CAT	X52135	5′GCTTGCATTTTGCCCTGCCATTGT3′	5′TTGTGATGAGCACACTTGGGAGCA3′	58
cCu/Zn SOD	DQ088818	5′TTGGCAGCAATGAAGGTGTTAG3′	5′AAAGGTTCCCAGTCACGGTAGTT3′	59
Ch1Cu/Zn SOD	DQ120514	5′GGTTCTTCTCTCCTCATTTCGTG3′	5′AGGGCTTCTTGGGAATAGTGG3′	57
Mn SOD	DQ088820	5′GAATGCTGAGGGTGCTGGTT3′	5′GCCAAGCAAAGGAACTAAATGTG3′	58.5
Fe SOD	DQ088821	5′AAACCCACAGAGAAAGGCAAAA3′	5′GCAGACCCGAGTGAGAAAGC3′	56
APX	U37060	5′ATGCTGCTAACAACGGCCTA3′	5′AGTAATCTCAACGGCAACGACA3′	58
POD	AF485265	5′TGATGATGGGGAGCGGTAG3′	5′GGAAGAACAAGCGGAGGAGA3′	57.5

1.8 统计分析

采用SigmaStat中的ONE WAY ANOVA分析数据，用Adobe Illustrator CS4及Microsoft Excel作图。

2　结果与分析

2.1　大田条件下叶片中 NO 和叶绿素含量的变化

图 1 表明，叶片发育初期 NO 含量最高，随着生育过程的推进，NO 含量逐渐降低，3 个材料表现出相同的趋势；而且在 40d 以前没有显著差异（为了避免过多的数据，在叶片发育前期无显著差异阶段，本文中只呈现出 10d、20d 和 30d 的数据）。40d 后 NO 在不同衰老类型的叶片中的含量出现差异。其中 2 个不早衰材料（中棉所 16 和辽 4086）的水平无显著差异，但和早衰材料相比都显著高于中棉所 10 号。叶片发育的 45 ~ 50d，早衰和不早衰品种之间 NO 含量的差异都达显著水平；而 2 个不早衰材料之间的差异不大。

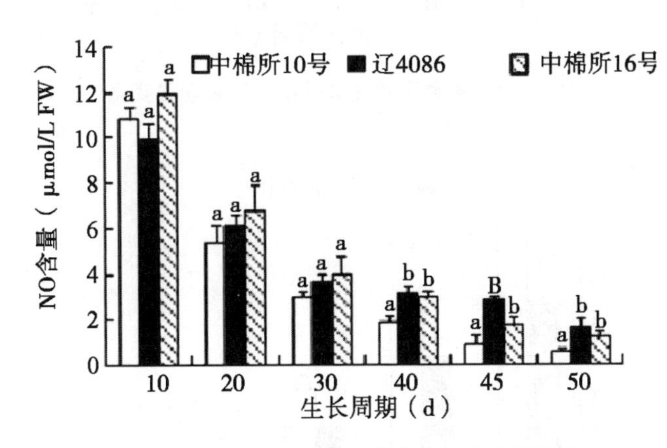

图 1　大田条件下棉花真叶中 NO 的含量变化

不同材料的叶绿素含量在 10d 都较低，在 20d 达到最大值，随后逐渐降低（图 2）。不同材料叶绿素水平在 40d 前没有明显差异，在 40d 后，早衰和不早衰材料之间出现显著差异，但是不早衰的 2 个材料中差异不显著。这暗示着 NO 含量越高的材料其叶片衰老的速度越慢，40d 是不同材料表现差异的一个临界期。

2.2　子叶中不同处理条件下 NO 和叶绿素含量的变化

图 3 表明，2 组植株中 NO 含量都随着子叶的衰老呈现出逐渐降低的趋势，这和大田条件下真叶发育进程中 NO 含量变化趋势相一致。但是处理组植株体内 NO 水平始终高于对照组植株，NO 含量下降的比较慢，2 组材料的 NO 含量在各个时期差异都达到显著水平。

如图 4 所示，在子叶衰老过程中，2 组植株的叶绿素含量都呈现先升高后降低的趋势，最高值出现在子叶展开后 14d。除了子叶展开后 7d，2 组植株的叶绿素含量没有显著差异，其他时期处理组植株的叶绿素含量都高于对照组，差异显著。

2.3　不同处理条件下子叶发育进程的表型特征

以中棉所 10 号为材料观察子叶衰老过程的表型特征发现，对照组和处理组的子叶在完全展开后 7d 叶面积稍小，颜色稍淡，表明叶片还处于生长初期；在 14d 叶面积最大，颜色最深，表明此时叶片处于旺盛生长期（图 5）。从第 21d 开始，能看到 2 组植株的叶片边缘有失绿变黄的迹象；在 28d 后，对照组中叶片由边缘向内侧变黄，约半叶失绿；但

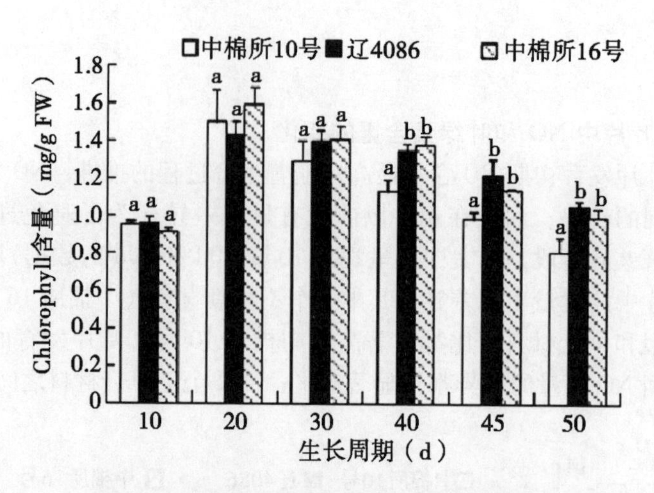

图2　大田条件下棉花真叶中叶绿素含量变化

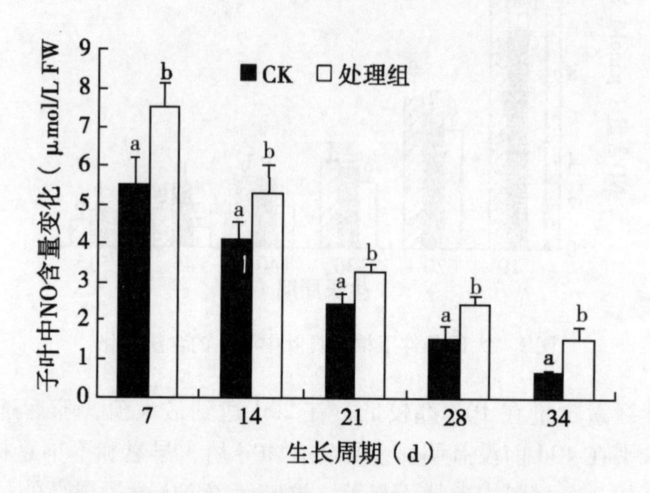

图3　不同处理下中棉所10号子叶中NO含量变化

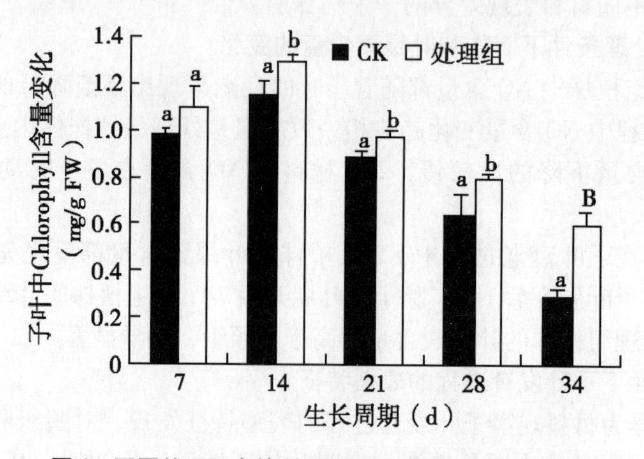

图4　不同处理下中棉所10号子叶中叶绿素含量变化

是处理组中的失绿情况要减轻很多，失绿面积相对较小。在子叶完全展开后34d，对照组的子叶完全变黄；而在NO处理的试验组中，叶片失绿的情况要轻于对照组，约有半叶仍保持绿色。

图5 棉花子叶在不同发育时期的表型特征

2.4　子叶中CAT活性的变化规律

CAT活性在外源NO存在的条件下升高（图6-A）。尽管对照组和处理组的CAT活性随叶片衰老而逐渐下降，但是喷施NO植株的CAT活性在子叶的整个生育期内始终高于对照组，并且从14d到34d差异都达到了显著或极显著水平。编码CAT的基因表达和酶活性的表现趋势大致相同（图6-B），从子叶展开后7d一直到子叶展开后的34d，处理组基因的相对表达量都显著高于对照组。不管对照组还是处理组，基因的相对表达量都在14d达到最高值。

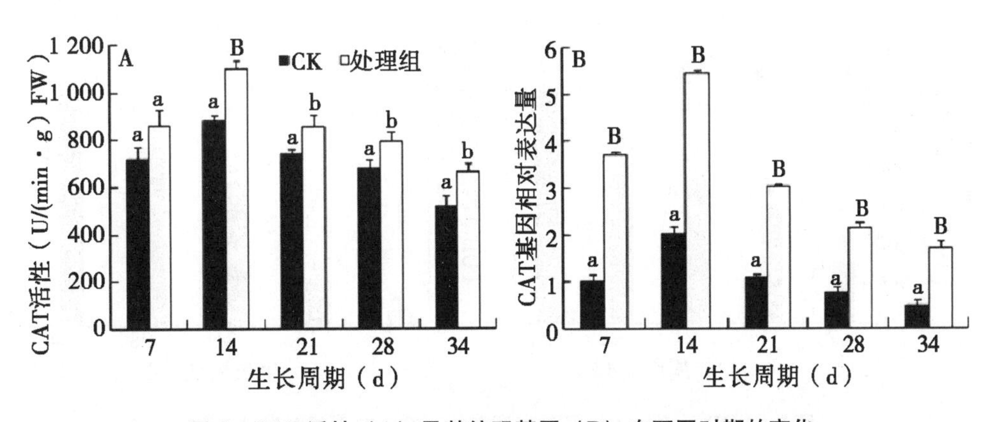

图6　CAT活性（A）及其编码基因（B）在不同时期的变化

每个时期以对照为参比进行显著性分析。不同小写字母表示差异达到0.05显著水平；不同大写字母表示差异达到0.01显著水平。

2.5　子叶中APX的变化规律

APX和CAT一样都是清除H_2O_2的保护酶类，两者的表达趋势也相似。在2组植株中，APX的活性都在14d达到了最大值，随生育期推进，基因的表达量逐渐降低。但是从子叶展开7d一直到最后时期，处理组植株的APX活性始终高于对照组，并且除了7d外，差异均显著或极显著（图7-A）。基因表达量的变化和酶活性趋势相同（图7-B）。

每个时期以对照为参比进行显著性分析。不同小写字母表示差异达到0.05显著水平；

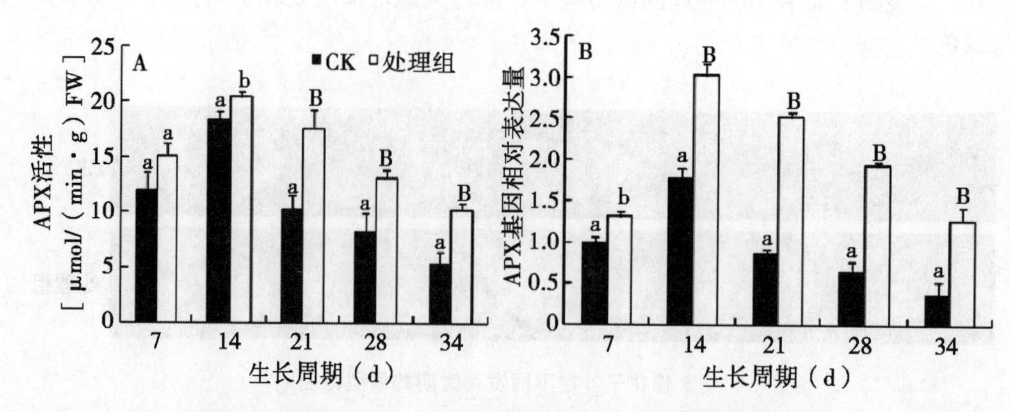

图7 APX活性(A)及其编码基因(B)在不同时期的变化

不同大写字母表示差异达到0.01显著水平。

2.6 子叶中POD的变化规律

2组试验植株呈现相同的POD活性变化趋势，总的酶活性随子叶叶龄的增长而升高(图8-A)。除子叶展开后7d两组酶活性没有显著的差异外，其他时期中，处理组植株的POD活性都低于对照组。编码POD的相关基因的表达趋势和酶活性一致，处理组的表达量低于对照组(图8-B)。

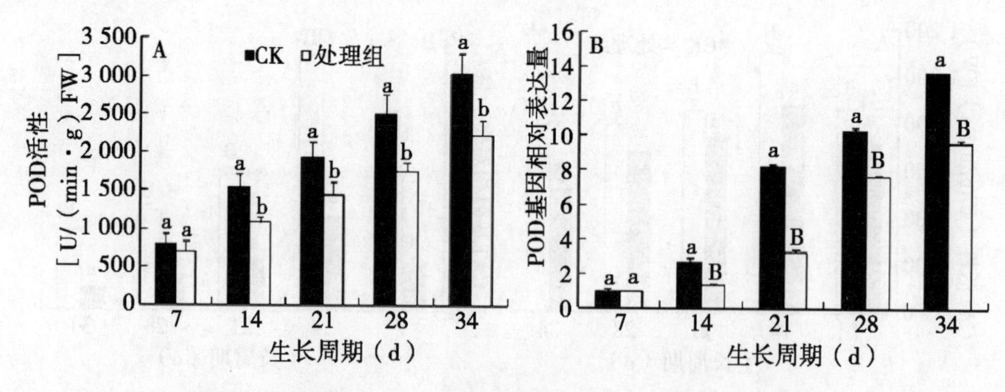

图8 POD活性(A)及其编码基因(B)在不同时期的变化

每个时期以对照为参比进行显著性分析。不同小写字母表示差异达到0.05显著水平；不同大写字母表示差异达到0.01显著水平。

2.7 子叶中SOD的变化规律

超氧化物歧化酶(SOD)是植物体内重要的保护酶之一，主要清除超氧阴离子自由基从而保护细胞。根据与之结合的金属离子，SOD可被分为铜锌SOD(Cu/ZnSOD)、锰SOD(MnSOD)和铁SOD(FeSOD)[18]。而根据分布的不同，又可将铜锌SOD分为叶绿素Cu/ZnSOD(Chloroplastic Cu/ZnSOD，ChlCu/ZnSOD)、细胞质Cu/Zn SOD(cytosolic Cu/ZnSOD，cCu/ZnSOD)和胞外Cu/Zn SOD(extracellular SOD，eCu/ZnSOD)[18]。

对照组和处理组中 SOD 活性表现出不同的趋势（图 9-A）。前者先升高后降低，最高值出现在子叶展开后 14d，与叶片的发育趋势比较吻合，后者在子叶的不同发育时期变化比较平缓。子叶前期，处理组中的活性在外源 NO 存在时反而低于对照组；当子叶展开 21d 和 28d 时，对照组和处理组的酶活性没有显著差异；但是在 34d 时，处理组的酶活反而高于对照组，并且差异显著。

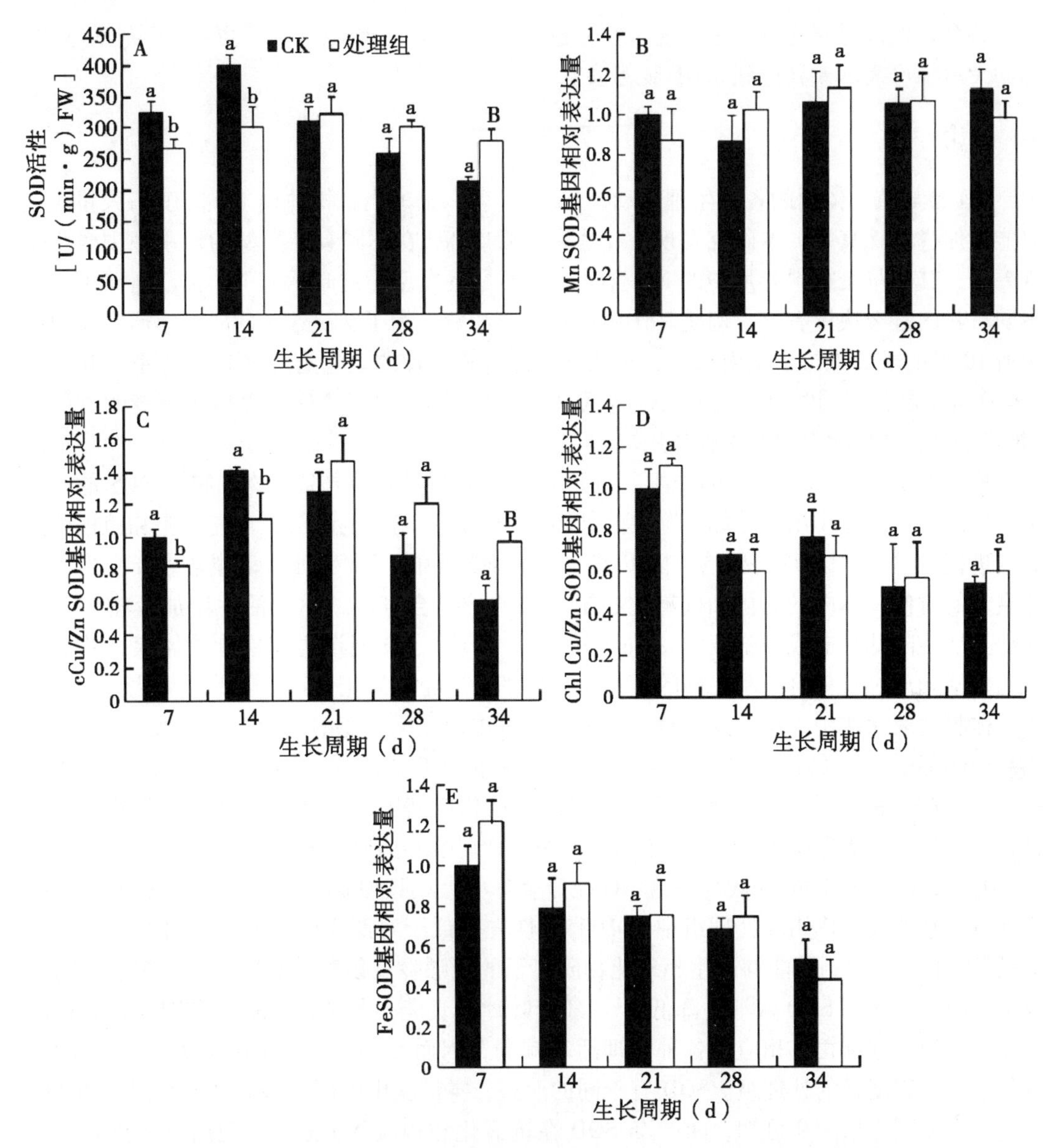

图 9 子叶中 SOD 活性（A）及其编码基因（B ~ E）在不同时期的变化

对于编码不同类型 SOD 的各个基因，其表达变化也不相同。对照组和处理组中，Mn-SOD 基因在子叶发育的不同时期相对表达量的变化不明显，而且 2 组之间没有显著的差异

(图 9-B)。cCu/Zn SOD 基因的表达量和 SOD 总酶活性的变化相似。对照组中，cCu/Zn SOD 基因表达量在 14d 最高，随后逐渐下降；处理组中，cCu/Zn SOD 基因的表达先低于对照组到后期又高于对照组，除 21d 和 28d 外，其他几个时期基因的表达量差异都显著(图 9-C)。ChlCu/ZnSOD 和 FeSOD 基因的变化趋势比较相似，都在子叶展开后 7d 表达量最高，随着叶片的发育，基因表达量逐渐降低，2 组植株之间都没有显著差异（图 9-D，E)。

每个时期以对照为参比进行显著性分析。不同小写字母表示差异达到 0.05 显著水平；不同大写字母表示差异达到 0.01 显著水平。

3 讨论

NO 参与植株体内的各种生理活动，Mishina 等[5]报道当植株体内 NO 降解酶大量表达时能够促进植株衰老。本研究发现，叶片衰老后期 NO 在不同衰老类型的短季棉中含量出现差异，其中早衰材料叶片中的 NO 含量低于不早衰类型。这暗示着 NO 含量高低可能和不同材料的衰老快慢有关，但是其作用机制还不清楚。为了解决这个问题，本研究又以中棉所 10 号的子叶进行了室内试验，表明 NO 含量和叶片的衰老有着密切的关系，叶片越老 NO 含量越低，同时抗氧化酶活性越低（POD 除外)，外源 NO 延缓植株衰老的可能原因是对氧化/抗氧化系统的调控作用。

尽管 ROS 具有信号分子的功能，但如果 ROS 含量过高会导致植物细胞内 ROS 的动态失衡从而产生毒害作用，比如细胞膜的破坏、蛋白质和脂类的降解、加速细胞和植株体的衰老进程等[19]，因此维持植物体内 ROS 的水平对细胞的正常生理活动非常重要。当植株体衰老的时候，体内的氧化和抗氧化系统之间的平衡会打破，ROS 活性增加及相应的清除酶类活性降低，造成细胞死亡。Hayashi 等[20]发现，NO 能渗透多层脂质体膜，并快速清除包括脂质过氧化自由基在内的过氧化自由基，避免偶氮化合物产生的过氧化自由基对脂质体膜的氧化作用，从而延缓衰老。另一个可能就是 NO 能够避免 Fenton 反应的发生，因此能够降低 ROS 的毒害作用，减少羟基自由基的产生[21]。在本试验中，处理组中子叶的 CAT、APX 的酶活性都显著高于对照组，并且相应基因的表达量也高，这些酶类的活性在 NO 存在时显著升高能够更加有效地清除 ROS 从而起到延缓衰老的作用。

此外，Caro 和 Puntarulo[22]发现 NO 能显著降低大豆胚轴微粒体中超氧阴离子的产率，降低自由基的破坏作用。处理组中 SOD 酶活性先是低于对照组随后又高于对照组，这可能是 NO 的存在抑制了能够产生超氧化物阴离子的黄嘌呤氧化酶的活性，使得超氧阴离子自由基减少，从而 SOD 酶活性降低[23]。随着叶片的衰老，各种自由基大量增加，破坏细胞膜，促使细胞凋亡，相应的各种生理活动减弱，因而 SOD 在衰老明显的对照组中的活性低于衰老程度轻的处理组。SOD 有不同的亚型，本试验中编码这些亚型的基因对 NO 的反应不尽相同。从图 9 可知，cCu/Zn SOD 在抗氧化和响应 NO 方面表现出更为重要的作用。MnSOD 的变化和 NO 及子叶的衰老可能关系不密切。FeSOD 和 ChlCu/ZnSOD 基因在叶片发育初期表达量最高，随后逐渐下降，表明两者可能和叶绿体的建成与发育相关，不参与调控叶片的衰老，这与前人的研究结果比较接近[24]。Myouga 等[25]研究发现，cCu/ZnSOD 在大多数植物中大量表达，同时对各种胁迫环境也反应敏感。本研究中，cCu/Zn-

SOD 和总的酶活性趋势表现一致，揭示这种亚型对 SOD 酶活性的变化所起的作用最大，对于 NO 的反应更为明显。

尽管 POD 是作为一种清除 H_2O_2 的酶类存在，但是也有资料显示 POD 同样具有生成 H_2O_2 的作用[26]，同时其活性在衰老组织中显著增加[27]。宋慧等[18]研究发现，POD 的活性在小豆的叶片衰老过程中呈现明显上升的趋势。在本研究中，2 组植株 POD 的活性也都随着叶片衰老而迅速升高（图 8），并且当外源 NO 存在的时候，POD 活性低于对照组。这暗示着，POD 可能在子叶衰老过程中起促进 H_2O_2生成从而加速衰老的作用，这与前人的研究结果类似[23]。外施 NO 延缓了叶片的衰老，其中一个原因可能就是部分抑制了 POD 的活性。

4 结论

NO 参与了棉花叶片衰老的调控，内生 NO 水平高，叶片衰老慢。外源 NO 存在时能够延缓叶片的衰老进程，它是通过调控植株体内的 CAT、APX、POD 和 SOD 的氧化/抗氧化系统来实现的。外施 NO 能够显著提高 CAT、APX 的活性及相关基因的表达量，提高植株的抗氧化能力；同时，NO 的施用抑制了 POD 在衰老进程中的活性。NO 参与调控 SOD 活性，部分抑制 SOD 活性。在不同类型的 SOD 中，Cu/Zn SOD 对 NO 的反应最敏感，其中又以 cCu/ZnSOD 的作用更突出。

参考文献

[1] Mayer B, Hemmens B. Biosynthesis and action of nitric oxide in mammalian cells [J]. *Trends Biochem Sci*, 1997, 22: 477-481.

[2] Stamler J S, Lamas S, Fang F C. Nitrosylation, the prototypicredox-based signaling mechanism [J]. *Cell*, 2001, 106: 675-683.

[3] Qiao W, Fan L M. Nitric oxide signaling in plant responses toabiotic stresses [J]. *J. Integr Plant Biol*, 2008, 50: 1238-1246.

[4] Wang P -H（王鹏程）, Du Y -Y（杜艳艳）, Song C -P（宋纯鹏）. Research progress on nitric oxide signaling in plant cell [J]. *Chin Bull Bot.*（植物学报）, 2009, 44 (5): 517-525 (in Chinese with English abstract).

[5] Mishina T E, Lamb C, Zeier J. Expression of a nitric oxide degrading enzyme induces a senescence programme in Arabidopsis [J]. *Plant Cell Environ*, 2007, 30: 39-52.

[6] Corpas F J, Palma J M, Del Río L A, *et al.* Evidence supporting the existence of l-arginine-dependent nitric oxide synthase activity in plants [J]. *New Phytol*, 2009, 184: 9-14.

[7] Corpas F J, Barroso J B, Carreras A, *et al.* Cellular and subcellular localization of endogenousnitric oxide in young and senescent pea plants [J]. *Plant Physiol*, 2004, 136: 2722-2733.

[8] Guo F Q, Crawford N M. Arabidopsis nitric oxide synthase1 istargeted to mitochondria and protects against oxidative damage and dark-induced senescence [J]. *Plant Cell*, 2005, 17: 3436-3450.

［9］ Hung K T, Kao C H. Nitric oxide counteracts the senescence of rice leaves induced by abscisic acid ［J］. *J. Plant Physiol*, 2003, 160：871-879.

［10］ Hung K T, Kao C H. Nitric oxide acts as an antioxidant and delaysmethyl jasmonate-induced senescence of rice leaves ［J］. *J. Plant Physiol*, 2004, 161：43-52.

［11］ Hung K T, Kao C H. Nitric oxide counteracts the senescence ofrice leaves induced by hydrogen peroxide ［J］. *Bot. Bull Acad Sin.*, 2005, 46：21-28.

［12］ Leshem Y Y, Wills R B H, Ku V V V. Evidence for the function of the free radical gas—nitric oxide（NO）—as an endogenous maturation and senescence regulating factor in higher plants ［J］. *Plant Physiol Biochem*, 1998, 36：825-833.

［13］ Jasid S, Galatro A, Villordo J J, *et al.* Role of nitric oxide in soybean cotyledon senescence ［J］. *Plant Sci.*, 2009, 176：662-668.

［14］ Yu S X, Song M Z, Fan S L, *et al.* Biochemical genetics of short-season cotton cultivars that express early maturity without senescence ［J］. *J. Integr Plant Biol*, 2005, 47：334-342.

［15］ Yu S X（喻树迅）, Song M Z（宋美珍）, Fan S L（范术丽）, *et al.* Studies on biochemical assistant breeding technology of earliness without premature senescence of the short-season upland cotton ［J］. *Sci. Agric. Sin.*（中国农业科学）, 2005, 38（4）：664-670（in Chinese with English abstract）.

［16］ Sun Y（孙云）, Jiang C L（江春柳）, Lai Z X（赖钟雄）, *et al.*. Determination and observation of the changes of the ascorbate peroxidase activities in the fresh leaves of tea plants ［J］. *Chin J. Trop Crops*（热带作物学报）, 2008, 29（5）：562-566（in Chinese with English abstract）.

［17］ Wang D L（王德龙）, Yu J W（于霁雯）, Yu S X（喻树迅）, *et al.*. The construction of cDNA library from cotton seed ［J］. *Cotton Sci.*（棉花学报）, 2009, 21（5）：351-355（in Chinese with English abstract）.

［18］ Alscher R G, Erturk N, Heath L S. Role of superoxide dismutases（SODs）in controlling oxidative stress in plants ［J］. *J. Exp. Bot.*, 2002, 53：1331-1341.

［19］ Manjunatha G, Lokesh V, Neelwarne B. Nitric oxide in fruit ripening：trends and opportunities ［J］. *Biotechnol Adv.*, 2010, 28：489-499.

［20］ Hayashi K, Noguchi N, Niki E. Action of nitric oxide as an anti oxidant against oxidation of soybean phosphatidyl choline liposomal membranes ［J］. *FEBS Lett*, 1995, 370：37-40.

［21］ Wink D A, Hanbauer I, Krishna M C, *et al.* Nitric oxide protects against cellular damage and cytotoxicity from reactive oxygen species ［J］. *Proc. Natl. Acad Sci. USA*, 1993, 90：9813-9817.

［22］ Caro A, Puntarulo S. Nitric oxide decreases superoxide anion generation by microsomes from soybean embryonic axes ［J］. *Physiol Plant*, 1998, 104：357-364.

［23］ Tewari R K, Kumar P, Kim S, *et al.* Nitric oxideretards xanthine oxidase-mediated superoxide anion generation in Phalaenopsis flower: an implication of NO in the senescence and oxidative stress regulation [J]. *Plant Cell Rep.*, 2009, 28: 267-279.

[24] Myouga F, Hosoda C, Umezawa T, *et al.* A heterocomplex of iron superoxide dismutases defends chloroplast nucleoids against oxidative stress and is essential for chloroplast development in Arabidopsis [J]. *Plant Cell*, 2008, 20: 3148-3162.

[25] Šimonovičová M, Huttová J, Mistrik I, *et al.* Root growth inhibition by aluminum is probably caused by cell death due to peroxidase-mediated hydrogen peroxide production [J]. *Protoplasma*, 2004, 224: 91-98.

[26] Almagro L, Gómez Ros L, Belchi-Navarro S, *et al.* Class Ⅲ peroxidases in plant defence reactions [J]. *J. Exp. Bot.*, 2009, 60: 377-390.

[27] Rio L A, Corpas F J, Sandalio L M, *et al.* Plant peroxisomes, reactive oxygen metabolism and nitric oxide [J]. *IUBMB Life*, 2003, 55: 71-81.

Genetic Analysis of Earliness Traits in Short Season Cotton (*G. hirsutum* L.)

Meizhen Song, Shuli Fan, Rihong Yuan, Chaoyou Pang, Shuxun Yu *
(Cotton Research Institute, Chinese Academy of , Agricultural Sciences/State Key Laboratory of Cotton Biology, Ministry of Science and Techology Anyang 455000, China)

Abstract: Inheritance and interrelationship of phenotype and genotype of earliness traits were evaluated in a diallel analysis involving six early-maturing parents. Date of first square (DFS), date of first flower (DFF), date of first open boll (DFOB), number of node first sympodial branch (NNFSB) and harvested rate before frost (HRBF) as earliness traits of six parents, fifteen F_1 hybrids and fifteen F_2 progenies were investigated from year 2005 to year 2008. The experiment design was a randomized complete block design with three replications. Additive, dominance and epistasis effects were analyzed with ADAA model. HRBF, DFF and DFOB showed significant additive genetic variances. Heritability estimates ranged from 0.088 (HN) and 0.416 (HNE) for HRBF, to 0.103 (HN) and 0.524 (HNE) for DFF, and to 0.187 (HN) and 0.519 (HNE) for DFOB. Dominance genetic effects for DFS, DFF, DFOB and NNSFB were stronger than additive effects. Additive-by-additive epistatic effects for DFS, DFOB and NNSFB were detected and affected by environment. Correlation analysis showed generally that HRBF had a significant negative genetic and phenotypic correlation with DFS, DFOB and NNFSB; DFS had significant positive genetic and phenotypic correlations with DFF, DFOB and NNFSB; Significant positive genetic and phenotypic correlations were also detected between DFF and DFOB, DFF and NNFSB, DFOB and NNFSB. The results showed that the lower the node to the first fruiting branch and the shorter the plant, the earlier was the onset of squaring, flowering, and boll opening, the higher was the harvest rate before frost. Heredity of earliness traits among parents and their hybrids were also detected and parents A_1, A_2, B_1, B_2 and B_3 could be used to improve earliness traits of short season cotton varieties.

Key words: Cotton; Earliness traits; Inheritance; Additive effect; Dominant effect; Additive-by-additive effect

---

原载于：*Journal of Integrative Agriculture*, 2012, 12

1 Introduction

Cotton (*G. hirsutum* L.) is one of the world's most important natural textile fiber and a significant oilseed crop. Approximately 150 countries are involved in cotton import and export. Cotton production provides income for approximately 100 million families. Short season cotton is an ecotype of planting cotton that has relatively short growing period. It is suitable for double wheat-cotton cropping farm practice in Huanghai cotton areas and the short frost free regions in the northwest cotton areas in China (Yu *et al.*, 2005) and in the high plains in America (Phillip *et al.*, 2002). It was estimated that in China the acreage of double- or multiple-cropping farms accounted for 60% of the total acreage of farming land in cotton-producing areas and the intercropping index (i. e. the harvest times per year per acreage) reached 165% (Mao *et al.*, 1999). So earliness is an important limited factor for yield and quality of short season cotton.

Earliness is an efficient quantitative trait and affected by genetic-physiological composition of plants and environmental conditions (Kassianenko *et al.*, 2003). Breeding for early maturing upland cotton genotypes is a basic target for many cotton breeding programs (Braden and Smith, 2004). Early maturing of cotton is preferred, because of decreasing input of fertilizer, irrigation, crop protection and providing proper time for rotation of the other crops. So many breeders have tried to improve early maturity genotypes. Early maturity is one of the major selection criteria for the cultivars special for multiple cropping cultivation and short frost free regions. NNFSB, DFS, DFF and HRFP, DFOB were found reliable for estimation of earliness of cotton plant (Richmond and Radwan, 1962; Munro, 1971; Tiffany and Nalm, 1981; Godoy, 1994 Godoy and Palomo, 1999; Iqbal *et al.*, 2003). Shorter vertical and horizontal flowering intervals, flowering rate and boll maturation period were also used in selecting earliness characters of cotton. Rauf *et al.* (2005) reported that importance of additive effect for number and height of node first fruiting branch. (Sema B *et al.*, 2007) revealed predominantly non-additive gene effects for date of first square, date of first flowers and harvested rate of first picking. Therefore, comprehension of these earliness traits and their interrelationships with other morphogenic characters in the short season cotton genotypes are important for breeding earliness maturity cotton.

Two types of varieties (Type A and Type B) of the short season cotton were used in the present study. Type A matures early and displays premature senescence. Type B matures early but does not display premature senescence (Yu *et al.*, 2005). The main objectives of this study were to estimate the genetic effects of earliness traits, combining ability of short season cotton varieties and genetic relationships among the earliness characters.

2 Results

2.1 Mean comparisons of the earliness traits between the parents and their hybrids

Earliness traits averages differed widely among the type A cultivars, type B cultivars and their hybrids (Figure 1).

All six parents had significant difference in DFS, DFF, DFOB, NNFSB and HRBF. Among type A varieties, A_2 had the shortest DFS, DFF, DFOB, NNFSB and the highest HRBF, but A_3 had the longest DFS, DFF, DFOB, NNFSB and the lower HRBF. Among type B varieties, B_2 had shorter DFS, DFF, DFOB, NNFSB than B_1, but lower HRBF than B_1 (Figure 1).

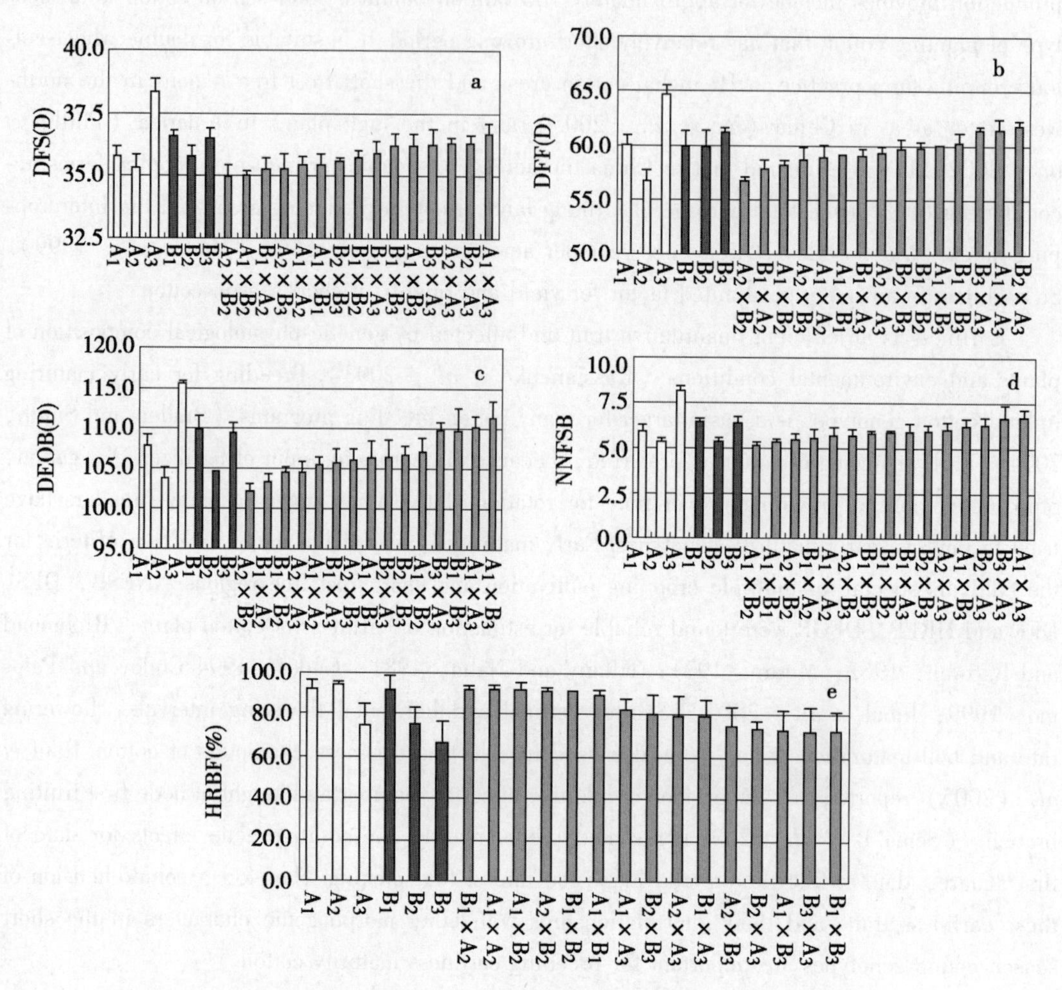

Figure 1 Phenotype of the earliness characters (DFS, DFF, DFOB, NNFSB and HRBF) of the parents and their hybrid F_1.

Hybrid F_1 of type A varieties and type B varieties had significant difference on earliness traits. DFS of F_1 ($A_2 \times B_2$), F_1 ($A_1 \times B_2$) and F_1 ($B_1 \times A_2$) had a better-parent heterosis and had short days of cotton emergence (Figure 1a). DFF of F_1 ($A_2 \times B_2$) was the same as that of earlier parent A_2 (Figure 1b). DFOB of F_1 ($A_2 \times B_2$) and F_1 ($B_1 \times A_2$) had better-parent heterosis and had short days of the first opening Boll (Figure 1c). DFS, DFF, DFOB, NNFSB (Figure 1d) and HRBF (Figure 1e) of other 12 F_1 hybrids of type A varieties and type B varieties had over-mid parent heterosis. The results showed that the earliness traits were the better or mid- parents heterosis and breeding strategy of the earliness characters was crossing with earlier parents and earlier lines could be selected in their progenies.

2.2 Genetic analysis of the earliness traits

The estimated variance components are present as proportions of the phenotypic variance (Table 1). Additive genetic effects for HRBF, DFF and DFOB were significant and variance components were 8.75%, 10.33% and 8.75%, respectively. Dominance genetic effects for DFS, DFF, DFOB and NNSFB were greater than additive effects, variance components were 32.15%, 42.11%, 33.20% and 52.87%, respectively. Additive-by-additive epistatic effects for DFS, DFOB and NNSFB were detected, variance components were 6.83%, 9.93% and 6.52%, respectively. Additive genetic effect-by-environment interaction only for HRBF and DFS were significant and variance components were 32.28% and 8.13%, respectively. Dominance genetic effect-by-environment interaction for DFS, DFF and NNSFB were strong and variance components were 25.32%, 11.10% and 26.76%, respectively. Additive-by-additive by environment interaction effects on HRBF, DFF, DFOB were also significant and variance components were 9.28%, 15.19% and 13.12%, respectively. The results showed that earliness traits were controlled by dominance genetic effects and breeding strategies for earliness traits of the short season cotton were selecting in higher generation progenies and more environment dependent. For all earliness traits, the experimental error effects were large and significant, ranging from 13.83% to 49.68% of the phenotypic variances.

2.3 Additive effects

Additive genetic effects are equivalent to the general combining ability effects (Jenkin *et al.*, 2007). Although additive genetic effects for HRBF, DFF and DFOB were significant, no significant difference between the parents and their F_1 hybrids was detected except for A_1, its additive effect was -0.442 ± 0.250 for DFF.

2.4 Dominance effects

Dominance genetic effects are equivalent to the specific combining ability effects (Wu *et al.*, 2006; Jenkin *et al.*, 2007). Two types of dominance effects, parents and their F_1 hybrids, were predicted in this study (Table 2).

Homozygous dominance effects of A_2, B_1 and B_2 were positive for DFS, DFF, DFOB and NNFSB. A_3 for only NNFSB, B_3 for DFF, DFOB and NNFSB had positive homozygous dominance effects. Homozygous dominance effects of A_1 had negative effects for DFS and NNFSB, had positive effects for DFF and DFOB. Therefore, the homozygous dominance effects for A_2, B_1 and B_2 can be used to improve earliness traits in short season upland cotton.

Heterozygous dominance effects of F_1 hybrids of A_2, B_1 or B_2 as one of parents were significant negative on DFS, DFF, DFOB and NNFSB, varied from -3.966 ($B_1 \times B_3$) for DFOB to -0.635 ($B_1 \times B_2$) for DFS among all crosses, which indicated the interactions of different alleles and epistasis affected these earliness traits. F_1 hybrids ($A_1 \times B_1$, 1.117), ($A_1 \times A_2$,

1.480) for DFS, F_1 ($A_1 \times B_2$, 0.785) for DFF and F_1 ($B_3 \times A_3$, 1.934) for DFOB had positive significant heterozygous dominance effects among all crosses. The results showed that some of the hybrids had positive heterosis effects in some earliness traits dependent on their parents.

Table 1 Estimated proportions of variance component for chlorophyll content at the different stages

Traits	HRBF (%)	DFS (d)	DFF (d)	DFOB (d)	NNFSB
v_A/v_P	8.75 **	0	10.33 **	8.75	0
v_D/v_P	0	32.15 **	42.11 **	33.20 **	52.78 **
v_{AA}/v_P	0	6.83 **	0	9.93 **	6.52 **
v_{AE}/v_P	32.28 **	8.13 **	0	0	0
v_{DE}/v_P	0	25.32 **	11.10 **	0.78	26.76 **
v_{AAE}/v_P	9.28 **	0	15.19 **	13.12 **	0
v_e/v_P	49.68 **	27.56 **	21.26 **	34.21 **	13.84 **

* and ** variance component are significant at 0.05 and 0.01 respectively. v_A additive variance, v_D dominance variance, v_{AA} epistatic variance, v_{AE} additive by environment variance, v_{DE} dominance by environment variance, Ve error variance, v_P phenotypic variance, v_{AAE} additive by additive by environment variance

Table 2 Predicted dominance effects for earliness traits

Entry	DFS (d) ± S. E.	DFF (d) ± S. E.	DFOB (d) ± S. E.	NNFSB ± S. E.
A_1	−0.563 ± 0.447	0.433 ± 0.634	0.971 ± 1.029	−0.401 ± 0.362
A_2	2.600 ± 0.733 **	3.085 ± 1.041 **	3.400 ± 1.541 *	2.080 ± 0.407 **
A_3	1.291 ± 1.124	1.640 ± 0.445	1.757 ± 0.450	1.300 ± 0.508
B_1	2.177 ± 0.498 **	2.672 ± 0.729 **	4.267 ± 1.256 **	1.300 ± 0.508 *
B_2	1.357 ± 0.433 **	1.871 ± 0.583 **	2.665 ± 1.268 **	1.056 ± 0.318 **
B_3	0.927 ± 0.576	1.866 ± 0.609 **	4.949 ± 1.436 **	1.220 ± 0.504 *
$A_1 \times B_1$	1.117 ± 0.400 **	−0.716 ± 0.428	0.355 ± 0.260	0.745 ± 0.416
$A_1 \times B_2$	−0.259 ± 0.289	0.785 ± 0.373 *	1.554 ± 0.858	−0.378 ± 0.296
$A_1 \times B_3$	−0.494 ± 0.292 *	−1.257 ± 0.875	−0.402 ± 0.283	0.007 ± 0.025
$A_1 \times A_2$	1.480 ± 0.734 *	−0.402 ± 0.400	−2.548 ± 0.316 *	−0.497 ± 0.356
$A_1 \times A_3$	−0.988 ± 0.646	0.400 ± 0.200	−0.696 ± 0.436	0.691 ± 0.457
$A_2 \times B_2$	−0.702 ± 0.484	−0.738 ± 0.654	−0.439 ± 0.125	−0.249 ± 0.094
$A_2 \times B_3$	−1.912 ± 0.546 **	−2.248 ± 0.870 *	−3.306 ± 1.264	−0.886 ± 0.599
$A_2 \times A_3$	−0.512 ± 0.513	−1.647 ± 1.081	−0.187 ± 0.160	−0.940 ± 0.595
$B_1 \times A_2$	−3.574 ± 0.805 **	−1.441 ± 0.500	−1.355 ± 0.485	−1.628 ± 0.397 **
$B_1 \times A_3$	−0.897 ± 0.605	−0.209 ± 0.471	−1.739 ± 0.800 *	−1.265 ± 0.464 **
$B_1 \times B_2$	−0.635 ± 0.326 *	−2.525 ± 0.326	−3.966 ± 1.538 *	−0.780 ± 0.462

(continued)

Entry	DFS (d) ±S. E.	DFF (d) ±S. E.	DFOB (d) ±S. E.	NNFSB ±S. E.
$B_1 \times B_3$	-0.309 ±0.470	-0.580 ±0.326	-3.966 ±1.538*	-0.780 ±0.462
$B_2 \times A_3$	-0.885 ±0.446	-1.680 ±0.505**	-2.435 ±0.738**	-0.300 ±0.292
$B_2 \times B_3$	-0.353 ±0.318	0.177 ±0.185	-2.898 ±0.659	-0.315 ±0.438
$B_3 \times A_3$	1.136 ±0.667	0.513 ±0.505	1.934 ±0.566*	-0.399 ±0.360

* and ** variance component are significant at 0.05 and 0.01, respectively

2.5 Additive-by-additive effects

Thirty to forty percent additive-by-additive effects on earliness traits by the parents and their crosses were significant for DFS, DFOB and NNFSB (Table 3). Among the lines, A_1, A_2, B_2 and B_3 had the most beneficial (lowest values) homozygous additive-by-additive effects on DFOB (-0.195, -0.911, -0.524 and -1.149, respectively). A_2, B_1, B_2 and B_3 had negative homozygous additive-by-additive effects on DFS (-0.600, -0.444, -0.231 and -0.150, respectively) and NNFSB (-0.363, -0.323, -0.253 and -0.186, respectively). The results showed that epistatic effects of parents (A_1, A_2, B_1, B_2 and B_3) were negative and caused DFS, DFF, DFOB and NNFSB reduction and raised the earliness.

Hybrids ($A_2 \times B_3$) for DFS (0.245) and DFOB (1.129), ($A_2 \times A_3$) for NNFSB (0.130), ($B_1 \times A_2$) for DFS (0.995) and NNFSB (0.319), ($B_1 \times A_3$) for NNFSB (0.243) and ($B_1 \times B_3$) for DFOB (1.120) and NNFSB (0.180) had significant positive additive-by-additive interaction effects than their parents, implying significant genetic interaction effects for the alleles depending on the heterozygous or homozygous condition.

Table 3 Predicted additive-by-additive epistatic effects for earliness traits

Entry	DFS (d) ±S. E.	DFOB (d) ±S. E.	NNFSB ±S. E.
A_1	-0.050 ±0.050	-0.195 ±0.116*	-0.056 ±0.050
A_2	-0.600 ±0.258*	-0.911 ±0.232*	-0.363 ±0.157*
A_3	0.136 ±0.050	0.722 ±0.478	0.000
B_1	-0.444 ±0.234*	-0.129 ±0.125	-0.323 ±0.176*
B_2	-0.231 ±0.095*	-0.524 ±0.274*	-0.253 ±0.108*
B_3	-0.150 ±0.007*	-1.149 ±0.674*	-0.186 ±0.085*
$A_1 \times B_1$	-0.305 ±0.191	0.061 ±0.047	-0.209 ±0.181
$A_1 \times B_2$	-0.128 ±0.110	-0.627 ±0.438	-0.019 ±0.012
$A_1 \times B_3$	0.016 ±0.090	0.860 ±0.476	-0.034 ±0.033
$A_1 \times A_2$	-0.318 ±0.155	0.366 ±0.256	-0.061 ±0.050
$A_1 \times A_3$	0.227 ±0.163	0.087 ±0.086	-0.067 ±0.061
$A_2 \times B_2$	0.000	-0.536 ±0.389	0.021 ±0.017
$A_2 \times B_3$	0.021 ±0.017	1.129 ±0.329*	0.131 ±0.090

(continued)

Entry	DFS (d) ±S. E.	DFOB (d) ±S. E.	NNFSB ±S. E.
$A_2 \times A_3$	0. 230 ±0. 213	−0. 764 ±0. 489	0. 130 ±0. 073 *
$B_1 \times A_2$	0. 995 ±0. 395 *	−0. 337 ±0. 219	0. 319 ±0. 142 *
$B_1 \times A_3$	0. 188 ±0. 120	−0. 355 ±0. 215	0. 243 ±0. 115 *
$B_1 \times B_2$	0. 033 ±0. 033	−0. 319 ±0. 216	0. 114 ±0. 068
$B_1 \times B_3$	0. 105 ±0. 104	1. 120 ±0. 451 *	0. 180 ±0. 090 *
$B_2 \times A_3$	0. 298 ±0. 200	0. 119 ±0. 114	0. 107 ±0. 068
$B_2 \times B_3$	−0. 008 ±0. 008	1. 074 ±0. 663	0. 002 ±0. 002
$B_3 \times A_3$	−0. 236 ±0. 278	0. 145 ±0. 078	0. 202 ±0. 141

* and ** variance component are significant at 0. 05 and 0. 01, respectively

2. 6 Additive-by-additive by environment interaction effects

Most additive-by-additive by environment interaction effects on DFF and DFOB of parents and their crosses were significant (Table 4). Epistatic effects of earliness traits were significantly affected by environment. Epistatic effects of A_1, A_3, B_1, B_2 and B_3 were significant positive effects in environment 1, and negative effects in environment 2 for DFF. Epistatic effects of A_1, A_2, A_3, B_1 and B_3 were also significant positive in environment 1, and negative in environment 2 for DFOB. However, F_1 hybrids for DFF had significant negative additive-by-additive effects in environment 1 except for F_1 ($A_2 \times B_3$) (0. 155 in environment 1), and positive effects in environment 2; F_1 hybrids for DFOB had significant negative additive-by-additive effects in environment 1 except for F_1 ($A_1 \times B_2$, 0. 625) ($A_1 \times B_3$, 0. 925), and positive effects in environment 2 except for F_1 ($A_1 \times B_2$, -1. 423).

Table 4 Predicted additive-by-additive by environment interaction effects for earliness traits

Entry	DFF (d) ±S. E.		DFOB (d) ±S. E.	
	Environment 1	Environment 2	Environment 1	Environment 2
A_1	0. 326 ±0. 115 **	−0. 583 ±0. 203 **	0. 241 ±0. 082 **	−0. 489 ±0. 177 **
A_2	−0. 293 ±0. 252	−0. 611 ±0. 225 **	0. 144 ±0. 073 *	−1. 303 ±0. 495 **
A_3	1. 111 ±0. 457 *	−1. 283 ±0. 517 *	1. 233 ±0. 480 *	−0. 314 ±0. 136 *
B_1	0. 199 ±0. 076 *	−0. 716 ±0. 255 **	0. 421 ±0. 162 *	−0. 586 ±0. 202 **
B_2	0. 246 ±0. 091 **	−0. 660 ±0. 232 **	−0. 150 ±0. 250	−0. 516 ±0. 172 **
B_3	0. 273 ±0. 096 **	−0. 555 ±0. 194 **	0. 881 ±0. 341 **	−2. 344 ±0. 869 **
$A_1 \times B_1$	−0. 234 ±0. 096 *	0. 200 ±0. 117 *	−0. 651 ±0. 254 *	0. 729 ±0. 301 *
$A_1 \times B_2$	−0. 354 ±0. 124 **	−0. 256 ±0. 184	0. 625 ±0. 278 *	−1. 423 ±0. 684 *
$A_1 \times B_3$	−0. 060 ±0. 031 *	0. 377 ±0. 163 **	0. 925 ±0. 389 **	0. 170 ±0. 115
$A_1 \times A_2$	0. 213 ±0. 154	−0. 278 ±0. 233	−0. 547 ±0. 117 *	1. 013 ±0. 043 **
$A_1 \times A_3$	−0. 297 ±0. 144 *	0. 507 ±0. 222 *	0. 010 ±0. 015	0. 101 ±0. 107

(continued)

Entry	DFF (d) ±S. E.		DFOB (d) ±S. E.	
	Environment 1	Environment 2	Environment 1	Environment 2
$A_2 \times B_2$	−0.528 ±0.191**	0.441 ±0.166**	−0.362 ±0.155*	−0.320 ±0.562
$A_2 \times B_3$	0.155 ±0.091*	0.323 ±0.135**	−0.354 ±0.239	1.997 ±0.771*
$A_2 \times A_3$	−0.448 ±0.212*	1.027 ±0.496*	−0.809 ±0.306**	−0.163 ±0.160
$B_1 \times A_2$	−0.050 ±0.029*	0.296 ±0.126**	−0.388 ±0.151*	−0.042 ±0.036
$B_1 \times A_3$	−0.459 ±0.207*	0.628 ±0.284*	−0.525 ±0.208*	0.073 ±0.049
$B_1 \times B_2$	0.050 ±0.050	0.258 ±0.124*	−0.229 ±0.135*	−0.177 ±0.163
$B_1 \times B_3$	0.098 ±0.076	−0.023 ±0.013	0.408 ±0.248	1.017 ±0.414*
$B_2 \times A_3$	−0.075 ±0.155	0.617 ±0.253*	−0.497 ±0.218*	0.649 ±0.245**
$B_2 \times B_3$	0.113 ±0.110	0.050 ±0.047	0.063 ±0.060	1.304 ±0.574*
$B_3 \times A_3$	0.018 ±0.079	0.241 ±0.150	−0.438 ±0.172*	0.623 ±0.454

* and ** variance component are significant at 0.05 and 0.01, respectively

2.7 The heritability of the earliness traits

Heritability estimates showed that the additive effect by environment interaction (HNE) was strong for HRBF, DFF and DFOB, which were greater than the narrow sense (HN) and broad sense (HB), HNE ranged from 41.56% for HRBF to 52.44% for DFF. Broad sense by environment interaction (HBE) was also high for HRBF, DFS, DFF, DFOB and NNSFB, and ranged from 13.91% for DFOB to 41.56% for HRBF (Figure 2).

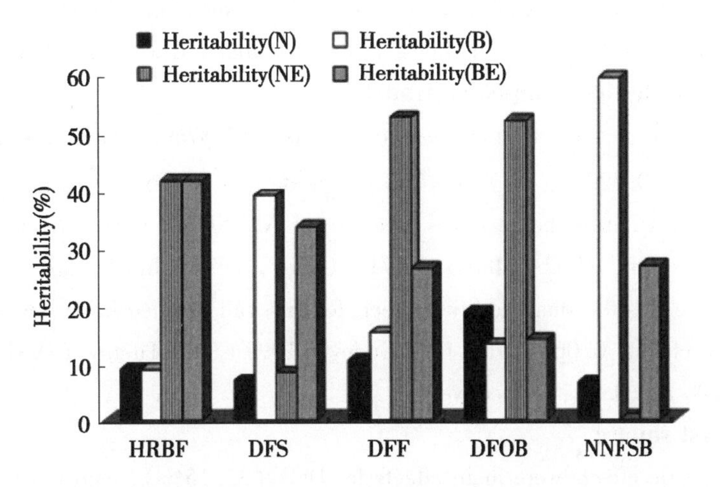

Figure 2　The heritability of earliness traits

2.8 Genotype and phenotypic correlation analysis of earliness traits

Phenotypic and genotypic correlation was calculated for all possible combination among various earliness variables (table 5). HRBF had a significant negative genetic and phenotypic correlation with DFS, DFOB and NNFSB. Significant positive genetic and phenotypic correlation was detected among DFS, DFF, DFOB and NNFSB. So these four parameters (DFS, DFF, DFOB and NNFSB) were considered prime criteria for use in selecting for earliness in a breeding program (Godoy, 1999). The correlation data generally indicate that the lower the node of the first fruit branch and the earlier will be the onset of squaring, flowering, boll opening and the higher harvested rate before frost.

Table 5 Estimated genetic and phenotypic correlation coefficients among earliness traits

Traits	HRBF (%)	DFS (d)	DFF (d)	DFOB (d)	NNFSB
HRBF (%)	—	-0.151*	-0.032	-0.264**	-0.304**
DFS (d)	-0.207*	—	0.518**	0.355**	0.624**
DFF (d)	-0.038	0.578**	—	0.568**	0.648**
DFOB (d)	-0.462**	0.451**	0.742**	—	0.479**
NNFSB	-0.569**	0.662**	0.740**	0.645**	—

Data were analysed with ADAA model. Under triangle data were genetic correlation coefficients; Up triangle data were phenotypic correlation coefficients. * and ** correlation coefficients are significant at 0.05 and 0.01, respectively

3 Discussion

The ADAA model was proposed for the analysis of agronomic traits. Components of genetic effects were derived for different generations. Saha (2011, 2010) analyzed significant additive, dominance, and additive-by-additive epistasis effects on all of the fiber quality traits, and the yield traits associated with the substituted chromosome or chromosome arm of CS-B lines using the ADAA genetic model. In this study, earliness traits were analyzed with the ADAA genetic model.

3.1 Number of node first sympodial branch

NNFSB was controlled by dominant genetic effects (52.87%), and epistatic effects of A_2 (-0.363), B_1 (-0.323), B_2 (-0.253) and B_3 (-0.186) were negative and caused NNFSB reduction and raised the earliness. The use of NNFSB as a tool for earliness genotypes (Richmond and Radwan, 1962; Munro, 1971; Godoy, 1994; Iqbal *et al.*, 2003) probably would be ineffective, as the small additive effects for this trait resulted in narrow sense heritability (HN and HNE) of only 0.065 and 0.000. Godoy (1999) and Tiffany (1981) also reported heritability of 0.08 and 0.00, respectively.

3.2 Date of first square

Dominant genetic effects were main effects for DFS (32.15%), and epistatic effects of A_2 (-0.600), B1 (-0.444), B_2 (-0.231) and B_3 (-0.150) were negative and caused DFS reduction and raised the earliness. As a selection criterion, DFS has significant correlation with other components and estimation of earliness (Richmond and Radwan 1962; Munro, 1971; Tiffany and Nalm, 1981; Iqbal *et al.*, 2003). However, the use of DFS has certain disadvantage, because squares appearance are not easy to recognize and abscise in response to environment stress and insect damage. But DFS had small additive effects for this trait resulted in narrow sense heritability (HN and HNE) of only 0. 068 and 0. 081. Godoy (1999) also reported heritability of 0. 09.

3. 3　Date of first flower

DFF was detected significant additive genetic effects (10. 33%), but dominant genetic effect was main effects for DFF (42. 11%). Additive-by-additive by environment interaction effects on DFF by parents and their crosses were significant. So DFF was affected by allele genes and environment interaction. DFF as a selection tool of earliness is easily recognized and has favorable association with other earliness traits that reflect early and rapid fruiting (Godoy, 1999). DFF had a substantial portion additive variance and the narrow sense heritability (HN and HNE) were 0. 103 and 0. 524. The date of first flower can be selected with high efficiency (Godoy, 1999; Tiffany and Nalm, 1981; Al-Rawi and Kohel., 1969).

3. 4　Date of first opening boll

Additive genetic effects for DFOB (8. 75%) were significant, but dominant genetic effect was main effects for DFOB (33. 20%). Additive-by-additive effects (9. 93%) and epistatic by environment interaction effects (13. 12%) on DFOB were significant. DFOB is affected by allele genes and environment interaction. DFOB as an earliness estimator would be more effective than selection for DFS and DFF, because date of first open boll showed the highest heritability (HN and HNE) (0. 187 and 0. 519) (Godoy, 1999). Richmond and Radwan (1962) reported the utility of DFOB as earliness indicator is limited by shedding of squares, immature bolls and relatively long boll maturation period. But DFOB as a tool for earliness traits of short season cotton varieties is very dependable, boll maturation period is shorter and shedding squares and young bolls are less in short season varieties than late varieties.

3. 5　Harvested rate before frost

HRBF is an important earliness trait in the Yellow river cotton region, because winter wheat is sowed in October after harvesting cotton. Cotton should be harvested before frost on October 25 in China and October 15 in America (Phillip, 2002), otherwise, winter wheat would be late to sow and reduce yield and quality in next year. Additive genetic effects (8. 75%) and additive genetic effect-by-environment interaction (32. 28%) were main genetic effects for HRBF. A substantial portion of genetic effects was additive, and heritability estimate (HN and HNE) of 0. 088 and 0. 416 showed moderate heritability indicating that these earliness characters could be improved by making selections among the recombinants obtained through segregating populations.

3. 6　Heredity of earliness traits among parents and their hybrids

Type A (A_1, A_2 and A_3) and type B (B_1, B_2 and B_3) of short season cotton varieties were different in earliness and premature senescence. Results showed that parent A_2 was the shortest in DFS, DFF, DFOB and NNFSB, and the highest in HRBF. Parent A_3 was the latest in DFS, DFF, DFOB and NNFSB (Figure 1). The hybrids ($A_2 \times B_2$), ($B_1 \times A_2$), ($A_1 \times A_2$), ($A_2 \times B_3$) of the parent A_2 as one of two parents showed shorter DFS, DFF, DFOB and NNFSB, which had the strong negative genetic effects in dominance effects for DFS, DFF,

DFOB and NNFSB, additive-by-additive epistatic effects for DFS, DFOB and NNFSB and additive-by-additive by environment interaction effects for DFF and DFOB, and caused DFS, DFF, DFOB and NNFSB reduction and raised the earliness. The hybrids ($A_1 \times A_3$), ($A_2 \times A_3$), ($B_2 \times A_3$), ($B_3 \times A_3$), ($B_1 \times A_3$) of parent A_3 as one of two parents showed the later DFS, DFF, DFOB and NNFSB, most of these hybrids had the positive genetic effects in dominance effects for DFS, DFF, DFOB and NNFSB, additive-by-additive epistatic effects for DFS, DFOB and NNFSB and additive-by-additive by environment interaction effects for DFF and DFOB, and caused DFS, DFF, DFOB and NNFSB increase and reduced the earliness. Therefore, the parents A_1, A_2, B_1, B_2 and B_3 could be used to improve earliness traits of the short season cotton varieties.

Acknowledgments

We acknowledge support by the National Science and Technology Major Project of China (No. 2009ZX08005-020B). We thank professor Jun Zhu for the ADAA genetic analysis model and Dr. Chee Kok Chin for support research of Meizhen Song at Rutgers University.

References

[1] Al-Rawi K M, R J Kohel. Diallel analysis of yield and other agronomic characters in *Gossypium hirsutum* L. [J]. *Crop Sci.*, 1969, 9: 779-783.

[2] Braden C A, Smith C W. Phenology measurements and fiber associations of near-long staple upland cotton [J]. *Crop Sci.*, 2004, 44: 2032-2037.

[3] Bhateria S, Sood S P, Pathania A. Genetic analysis of quantitative traits across environments in linseed (*Linum usitatissimum* L.). *Euphytica*, 2006, 150: 185-194.

[4] Godoy S. Comparative study of earliness estimators in cotton (*G. hirsutum* L.) [J]. *ITEA Production Veg.*, 1994, 90: 175-186.

[5] Godoy A S, Palomo G A. Genetic analysis of earliness in upland cotton (*G. hirsutum* L.). II. Yield and lint percentage [J]. *Euphytica*, 1999, 105: 161-166.

[6] Iqbal M, Chang M A, Jabbar A. Inheritance of earliness and other characters in upland cotton [J]. *On Line J. Biol. Sci.*, 2003, 3: 585-590.

[7] Jenkins J N, McCarty J C, Wu J *et al.* Genetic effects of thirteen Gossypium barbadense 8. L. chromosome substitution lines in topcrosses with Upland Cotton cultivars: II fiber quality traits [J]. *Crop Sci.*, 2007, 47: 561-570.

[8] Kassianenko V A, Dragavtsev V A, Razorenov G I, *et al.* Variability of cotton (*Gossypium hirsutum* L.) with regard to earliness [J]. *Genet. Resour. Crop Evol.*, 2003, 50: 157-163.

[9] Mao S C, Song M Z, Zhuang J N, *et al.* Study on productivity of the wheat-cotton double maturing system in Huang-Huai-Hai Plain [J]. *Agric Sin.*, 1999, 32, 107-109 (in Chinses).

[10] Munro J M. An analysis of earliness in cotton [J]. *Growing Rev.*, 1971, 48: 28-41.

[11] Phillip J Peabody, Phillip N Johnson. Profitability of Short Season Cotton Genotypes on the High Plains of Texas [J]. *Texas Journal of Agriculture and Natural Resources*, 2002, 15: 7-14.

[12] Rauf S, T M Khan, H A Sadaqat, *et al.* Correlation and path coefficient analysis of yield components in cotton (*Gossypium hirsutum* L.) [J]. *Int. J. Agri. Biol.*, 2004, 686-688.

[13] Richmond T R, Radwan S R H. Comparative study of seven methods of measuring earliness of crop maturity in cotton [J]. *Crop Sci.* 1962, 2: 397-400.

[14] Sema Basbag Remzi Ekinci, Oktay Gencer. Combining ability and heterosis for earliness characters in line tester population of *Gossypium hirsutum* L [J]. *Hereditas*, 2007, 144: 185-190.

[15] Tiffany D, Nalm N R. A comparison of twelve methods of measuring earliness in upland cotton [C]. Beltwide Cotton Prod. Res. Conf., 1981, pp: 101-103.

[16] Sukumar Saha, Jixiang Wu, Johnie N Jenkins, *et al.* Genetic dissection of chromosome substitution lines of cotton to discover novel *Gossypium barbadense* L. alleles for improvement of agronomic traits [J]. *Theor Appl Genet*, 2010, 120: 1193-1205.

[17] Sukumar Saha, Jixiang Wu, Johnie N Jenkins, *et al.* Delineation of interspecific epistasis on fiber quality traits in *Gossypium hirsutum* by ADAA analysis of intermated *G. barbadense* chromosome substitution lines [J]. Theor. Appl. Genet, 2011, 122: 1351-1361.

[18] Wu J, Jenkins J N, McCarty J C Jr, *et al.* Variance component estimation using the additive, dominance, and additive and additive model when genotypes vary across environments [J]. *Crop Sci.*, 2006, 46: 174-179.

[19] Xu Z C, J Zhu. An approach for predicting heterosis based on an additive, dominance and additive additive model with environment interaction [J]. *Heredity*, 1999, 82 (5): 510-517.

[20] Yu S X, Song M Z, Fan S L, *et al.* Biochemical Genetics of Short-Season Cotton Cultivars that Express Early Maturity Without Senescence [J]. *Journal of Integrative Plant Biology*, 2005, 47 (3): 334-342.

[21] Ye Z H, Zhu J. Genetic analysis on flowering and boll setting in upland cotton. III. Genetic behavior at different developing stage [J]. *Acta Genet Sin.*, 2000, 27, 800-809.

[22] Zhu J. Methods of predicting genotype value and heterosis for offspring of hybrids (Chinese) [J]. *J. Biomath*, 1993, 8 (1): 32-44.

Cytological and Genetic Analysis of a Virescent Mutant in Upland Cotton (*Gossypium hirsutum* L.)

Meizhen Song, Zhaoguang Yang, Shuli Fan, Haiyong Zhu, Chaoyou Pang, Mingshuang Tian, Shuxun Yu

(State Key Laboratory of Cotton Biology/Cotton Research Institute, Chinese Academy of Agricultural Sciences, Anyang 455000, China)

Abstract: It is well known that genetic mutation could be generated by physical treatment (for example, c-irradiation) and chemical treatment (for example methylnitrosourea and ethyl methanesulfonate). Here we reported identification of a virescent mutation (*Vsp*) after exposing the upland cotton (*Gossypium hirsutum* L.) CCRI58 seeds in space environments. Vsp mutant was characterized at the morphological, agronomic, cellular and genetic levels. *Vsp* mutant showed an earlier virescence and specific only to true leaves. Agronomic traits of *Vsp* mutant, such as plant height, number of bolls, boll weight, yield and fiber quality were significantly lower than those of CCRI58. Chlorophyll level, carotenoid level and photochemical efficiency of *Vsp* mutant true leaves were significantly lower compared to CCRI 58 at young leave stage. Anatomical studies of chloroplasts showed that Vsp mutant lacked grana in the thylakoids of the mesophyll cells at young leave stage, while CCRI58 showed normal grana in the thylakoids of the mesophyll cells at young leave stage. This indicated that chlorophyll and carotenoid levels were related with chloroplast structure. Genetic analysis indicated that *Vsp* was controlled by one recessive gene in nucleus. Allelic tests showed that Vsp was nonallelic to 12 virescent genes currently available at Anyang, China. In summary, we identified a Vsp mutant after exposing the upland cotton (*Gossypium hirsutum* L.) seeds in space environments. Vsp could be a newly identified vires-cent gene. Vsp may also be used as a marker in cotton breeding programs. Exposing seeds in space environments could cause new spectrum of genetic mutations and could be used for breeding programs.

Key words: Agronomic characters; Chloroplasts; Cotton; Space mutation; Virescent mutant

原载于：*Euphytica*, 2012, 187: 235 ~ 245

1 Introduction

Cotton is an important economical crop that is widely grown and is used for production of both natural textile fiber and cottonseed oil. It is cultivated in over 80 countries in the world, including Australia, China, Africa, India, Pakistan, the United States of America and Uzbekistan. Virescent leaves are an important character of plant that may be useful in genetic, physiological studies and breeding in cotton. Virescent mutations occur in a wide range of flowering plants, including cotton (Kohel, 1967, 1974, 1983), arabidopsis (Jitae *et al.*, 2009), rice (Wu and Zhai, 2007), maize (Gerald *et al.*, 1988), tobacco (Archer *et al.*, 1987), peanut (Benedict and Ketringd, 1972), beans (Grafton *et al.*, 1983; Palmer and Mascia, 1980) and tomato (Richard and Charles, 1954). A tobacco virescent mutation, designated Vir-c, was found in a line of plants derived from fusion of a protoplast from a haploid *Nicotiana tabacum* L. suspension culture with a protoplast from a male-sterile plant which had N. tabacum chromosomes and *Nicotiana suaveolens* Lehm (Archer *et al.*, 1987). Cytoplasm Vir-C mutation is maternally inherited. Young, half-expanded Vir-c leaves had three to six times less chlorophyll com- pared to control leaves, and reached peak chlorophyll levels much later in development. Chlorophyll synthesis rates and chloroplast numbers per cell in Vir-c were similar to those in the control, and carotenoid content in Vir-c was sufficient to protect chlorophyll from photo-oxidation. Electron micrograph results showed a significant reduction in thylakoids per granum of Vir-c chloroplasts from half-expanded leaves. The decrease in granal thylakoids was strongly related with low chlorophyll levels (Archer *et al.*, 1987). Palmer and Mascia (1980) obtained soybean yellow mutants from the progenies of a male-sterile line and a plant introduction homozygous for a chromosome interchange in soybeans (*Glycine max* L. Merr.). The yellow phenotype was cytoplasmically inherited. The temperature-conditional mutants in rice (*Oryza sativa*) virescent3 (v_3) and stripe1 (st1) produced chlorotic leaves in a growth stage-dependent manner. v_3 and St1 encode the large and small subunits of ribonucleotide reductase (RNR), RNRL1, and RNRS1, respectively. In v_3 and st1 mutants, the reduced activity of RNR impaired chloroplast DNA replication in developing leaves (Yoo *et al.*, 2009). Most of the chlorophyll mutations in rye have been obtained by self-pollination of different varieties of rye and they are determined by recessive alleles (Kubicka *et al.*, 2000). These virescent mutants in cotton have a decreased amount of chlorophyll and carotenoids but a normal level of ribulose diphosphate carboxylase (Kohel and Benedict, 1971). To date, more than 30 virescent and 2 albino mutants have been genetically characterized in the tetraploid cotton species (Kohel, 1983; Percival and Kohel, 1974, 1976; Turcotte and Feaster, 1978; Turcotte and Percy, 1988; Zhang and Pan, 1986, 1990; Percy, 1999). There are about 26 virescent genes in nucleus that have been identified in cotton. The virescent cotton mutants were controlled by a recessive allele at a single locus (v_1, v_2, v_3, v_4, v_7, v_8, v_9, v_{10}, v_{11}, v_{12}, v_{13}, v_{14}, v_{15}, v_{16}, v_{17}, v_{18}, v_{19}, v_{20}, v_{22}) respectively except v_5v_6 double recessive alleles. A few of these plastid-specific virescent mutants have been studied in detail (Katterman and Endrizzi, 1973; Percy, 1999; Karaca *et al.*, 2004). Kohel and Benedict (1971) studied a variegated cotton mutant producing leaves or sectors of leaves, which were distinctly yellow in appearance with the chloroplasts containing about half of the carotenoid and chlorophyll contents compared to the wild type. Katterman and Endrizzi (1973) studied a maternally inherited cotton mutant showing white and yellow leaves. Karaca *et al.* (2004) studied chloroplast- specific virescent mutant cyt-V and found cyt-V is inherited as a single gene but it affects several chloroplast and nucleus-encoded genes.

In this article, we report an earlier, nuclear-inherited *Vsp* mutant in cotton generated from the space mutation. We investigated the agronomic traits of *Vsp* mutant and characterized the mutant at the morphological, cellular and genetic levels.

2 Results

2.1 Morphology and agronomy of plants

The virescent mutant (*Vsp*) was obtained after expos- ing upland cotton (*Gossypium hirsutum* L.) CCRI58 seeds in space environment by China's seed-breeding satellite. Characters of vsp mutant and CCRI58 wild types were investigated from the first to sixth progenies, the patterns of virscent traits were the same. Cotyledon color of *vsp* mutant was green and new young true leaves expressed virescence. Virescent yellow traits appeared from the first true leaf to anthesis. The leaves of virescent yellow plants were at first yellow, then became virescent yellow, and later in maturity became green and barely distinguishable from leaves of the wild type plants. The virescent yellow color of one leaf lasted 9d (216h), and divided into three periods. The first period was that the virescent yellow color was distinct after leaves grew 3d. The second period was that the virescent yellow color became gradually green from the edges of the leaves to the center from day 5 to day 7. The third period was that the virescent yellow color turned into green after day 7.

Agronomy traits of the *Vsp* mutant were investigated (Table 1). The results showed that average height of the *Vsp* mutant was 41.36cM, it was 15.14cM lower than that of wild type. Average fruit branches of the *Vsp* mutant was 11.58, it was 3.42 lower than that of wild type. Bolls and young bolls of the *Vsp* mutant were 7.37 and 1.19, respectively, it reduced 6.42 and 1.95 respectively compared with those of wild type. Because yellow leaves of the virescent mutant delayed chlorophyll synthesis, decreased photosynthesis, it caused lower production and quality. Compared with wild type, the plant yield and boll weight of the *Vsp* mutant decreased 48.95% and 0.38g respectively, fiber length and fiber strength also decreased 2.25mm and 3.12cN/tex, respectively. This is because of delay of chlorophyll synthesis, decrease source of production of photosynthesis in *Vsp* mutant leaves.

Table 1　Agronomic characters of *Vsp* mutant

Traits	Plant height (cm)	No. of fruit branches	No. of fruit branches	No. of bolls	No. of open bolls	Yield of plant (g)	Fiber index (g)	Fiber index (g)	Fiber length (mm)	Fiber strength (cN/tex)	Micronaire
Vsp Mutant	41.36* ± 2.12	11.58* ± 0.35	7.37* ± 0.23	1.19* ± 0.02	0.54 ± 0.01	38.05* ± 3.36	4.81* ± 0.33	35.27 ± 0.18	27.95* ± 1.18	26.68* ± 1.16	4.81 ± 0.02
Wild Type	56.50 ± 2.05	15.00 ± 0.46	13.79 ± 0.25	3.14 ± 0.01	0.57 ± 0.01	74.53 ± 3.45	5.19 ± 0.35	32.73 ± 0.16	30.2 ± 1.20	29.8 ± 1.12	4.39 ± 0.03

2.2　Pigment content of plant

2.2.1　Chlorophyll a, b and total content

Chlorophyll content in vsp mutant and wild type was compared 0d, 3d, 5d, 7d and 9d after leaf opening (Figure 1). In day 0 ~ 3 immature leaves of vsp mutant, chlorophyll a, b and total content were significant lower than that of wild type. In day 5 immature leaves of vsp mutant, chlorophyll synthesized quickly, but chlorophyll a, b and total content were significant lower than that of wild type. In day 7 ~ 9 immature leaves of *Vsp* mutant, chlorophyll synthesized slowly, and chlorophyll a, b and total content were also lower than that of wild type, but not significant. In wild type and vsp mutant, chlorophyll a content and chlorophyll b content increased at the same time So Chlorophyll b synthesis was later than Chlorophyll a. Once Chlorophyll a synthesis was inhibited, Chlorophyll b synthesis was also stopped.

2.2.2　Carotenoid content

At different leaf development stage, carotenoid content in vsp mutant was significantly lower compared with wild type (Figure 1). The difference was greater at earlier stage than at later stage. So leaves were severely photo-oxidated in *Vsp* mutant, because carotenoid protected chlorophyll from photo-oxidation. Reduction of carotenoid pigment content could enhance chlorophyll molecule destruction by light.

In wild type chlorophyll a/b ratios were in the normal range of 3.0 ~ 4.0 at 0 ~ 9d after leaf opening (Figure 1). Chlorophyll a/b ratios in *Vsp* mutant were lower at day 0, 3 after leaf opening (2.3, 2.9, respectively). Then chlorophyll a/b ratio increased to 3.7 at day 5. At this time, the *Vsp* mutant leaf color turned from virescent yellow to green as chlorophyll synthesis and homeostasis. At the younger leave, there was lower ratio of Chlorophyll a/b in virescent mutant, and photosynthesis of leaves might be lower. Photosynthesis of leaves was increased and also lower slightly than ck when leaves grew gradually.

2.3　Ratio of chlorophyll/carotenoid

At day 0 to day 3 younger leave stage, ratios of chlorophyll/carotenoid was slightly lower in *Vsp* mutant than that in wild type (Figure 1). In vsp mutant, ratios of chlorophyll/carotenoid increased gradually as the leaves developed. At day 7 and day 9 mature leave stage, ratios of chlorophyll/carotenoid were higher in vsp mutant than that in wild type. This was caused by relatively

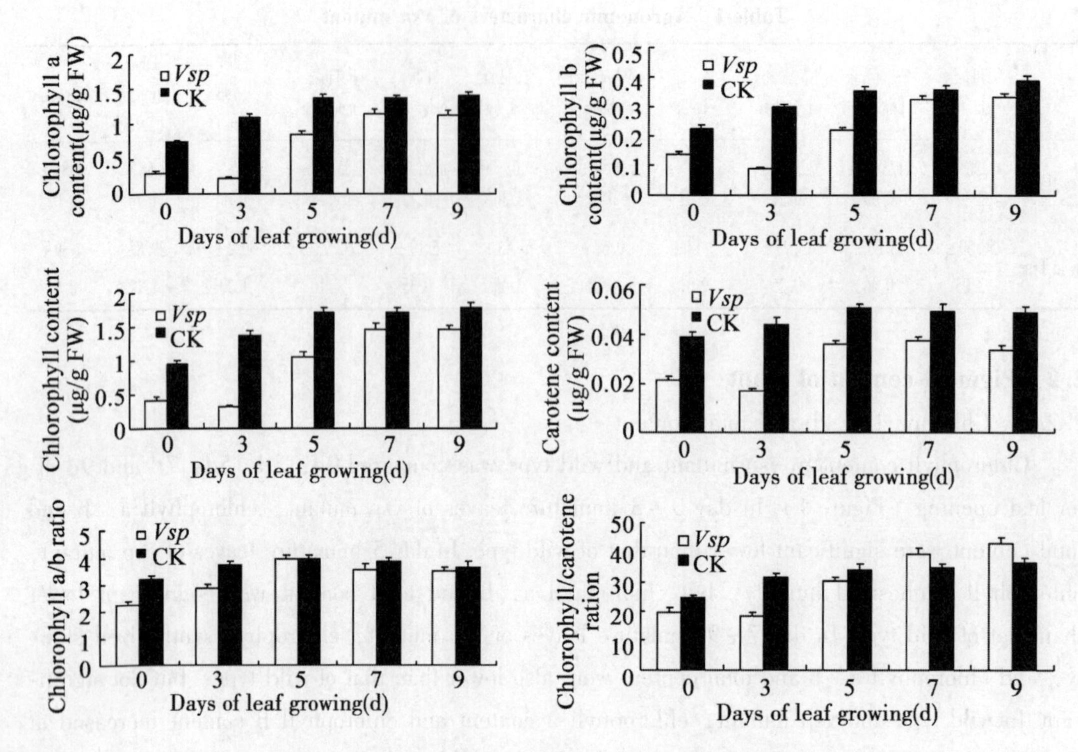

Figure 1 The content change of pigment in plant of Vsp mutant and wild type

Vsp represents *Vsp* mutant and ck represents wild type

higher level of chlorophyll synthesis and relatively lower level of carotenoid synthesis at mature leaf stage. These results suggested that synthesis of chlorophyll and carotenoid was not related in vsp mutant.

The change trend of chlorophyll a, b and carotenoid content was the different as the leaves grew in *Vsp* mutant. In day 0 ~ 5 leaves of *Vsp* mutant, chlorophyll a, b and total content were increased quickly and significant lower than that of wild type, then kept steadily value in day 7 ~ 9 in leaves of *Vsp* mutant. While carotenoid content was significant lower than that of wild type in day 0 ~ 3, then kept steadily value in day 5 ~ 9 in leaves of *Vsp* mutant. So chlorophyll a, b and carotenoid accumulation rate increased, but carotenoid accumulation rate increased more quickly in *Vsp* mutant. Chlorophyll a, b and carotenoid content were in low equilibrium in *Vsp* mutant at day 7 and day 9 mature leaf stages. Therefore, low pigment equilibrium of virescent yellow character was the reason that pigment synthesis was inhibited in the young leaves.

2.4 Intermediates of chlorophyll biosynthesis

Chlorophyll might be synthesized from succinyl-CoA and glycine, although the immediate precursor to chlorophyll a and b is protochlorophyllide. In plants, chlorophyll biosynthesis was a complex process that many enzymes were involved in many biochemical reactions. This process composes of 16 enzymes coded by more than 20 genes. Mutation of any genes in this biosynthesis pathway could generate leaf color mutants (Beale, 2005). Intermediates of chlorophyll biosynthesis were investigated with *Vsp* mutant and wild type day 3 leaves. The content of aminolevulinic acid（ALA）, Porphobilinogen（PBG）, Uroporphyrinogen（Urogen Ⅲ）, Coproporphyrinogen（Coprogen Ⅲ）and protoporphyrin（ProtoIX）was measured（Figure 2）. The content of ALA in *Vsp* mutant was significantly lower than that in wild type. The content of PBG and ProtoIX was not significantly different between *Vsp* mutant and wild type. But in vsp mutant the content of Urogen Ⅲ and Coprogen Ⅲ was significantly higher than those in wild type. Because these intermediate compounds were important in the chlorophyll biosynthesis pathway, deficient level of ALA and high and toxic levels of Urogen Ⅲ and Coprogen Ⅲ in *Vsp* mutants damaged regulatory system in the young leaves. Therefore, in day 3 leaves, the content of chlorophyll in mutant plants was lower than that in wild type plants.

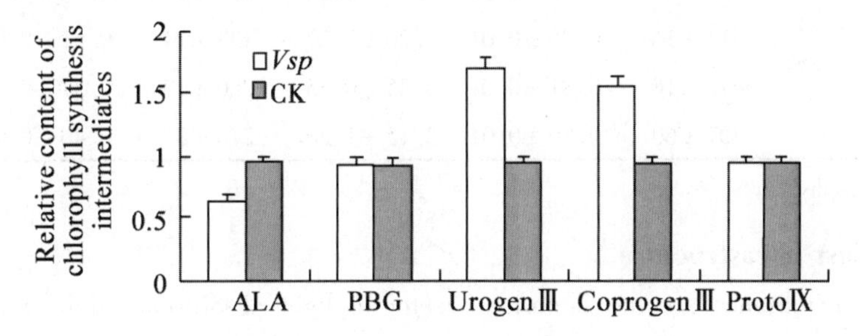

Figure 2　Contents of chlorophyll synthesis intermediates in day 3 leaves of *Vsp* mutant and wild type

Vsp represents *Vsp* mutant and CK represents wild type. ALA, PBG, Urogen Ⅲ, Coprogen Ⅲ, ProtoIX represent aminolevulinic acid, porphobilinogen, uroporphyrinogen, coproporphyrinogen protoporphyrin, respectively

2.5　Photochemical efficiency

The maximum photochemistry quantum yield of PSII（F_v/F_m, ψ_{Po}）, the performance index on absorption basis（PI_{ABS}）and the density of active reaction center（RC/CS）increased as leaf developed, but they were obviously lower in the vsp mutant leaves than in control green leaves. *Fv/Fm*, PI_{ABS} and *RC/CS* were the lowest in day 3 leaves of the *Vsp* mutant because of leave expanding. So photosynthesis rate was higher in control leaves than that in *Vsp* mutant. The relatively variable fluorescence intensity v_J, the direct effect of the relatively variable fluorescence intensity v_K and the ratio of variable fluorescence F_v on the amplitude F_j-F_o（W_K）at 300μs for net photosynthetic rate（P_n）were measured. W_k of vsp and wild type leaves decreased as leaves developed, but W_k of *Vsp* mutant leaves was obviously higher than that of wild type leaves. Therefore virescence damaged the sides of acceptor and donor and the reaction centers of PSII of leaves of the Vsp mutant and decreased the activity of PSII and net photosynthetic rate（P_n）（Table 2）.

Table 2 Photochemical efficiency of natural light on fluorescence parameters F_o, F_v/F_m, PI_{ABS}, RC/CS_o, v_J and W_k in five leaves of wild type and the *Vsp* mutant

Treatment	Leave age (d)	F_o	F_v/F_m	PI_{ABS}	RC/CS	v_J	W_k
CK	0	511 ± 50	0.61 ± 0.02	0.12 ± 0.01	131 ± 11	0.78 ± 0.02	0.54 ± 0.04
Vsp		818 ± 37	0.44 ± 0.03	0.06 ± 0.05	123 ± 14	0.68 ± 0.03	0.68 ± 0.02
CK	3	536 ± 69	0.72 ± 0.03	0.80 ± 0.01	203 ± 14	0.55 ± 0.02	0.42 ± 0.02
Vsp		1 122 ± 23	0.28 ± 0.01	0.02 ± 0.20	104 ± 14	0.66 ± 0.05	0.70 ± 0.02
CK	5	499 ± 56	0.75 ± 0.03	1.57 ± 0.09	231 ± 13	0.48 ± 0.02	0.36 ± 0.04
Vsp		730 ± 17	0.57 ± 0.01	0.27 ± 0.23	173 ± 24	0.55 ± 0.04	0.55 ± 0.03
CK	7	486 ± 28	0.78 ± 0.01	2.27 ± 0.20	264 ± 21	0.46 ± 0.03	0.32 ± 0.02
Vsp		511 ± 16	0.75 ± 0.01	1.26 ± 0.27	233 ± 14	0.52 ± 0.03	0.37 ± 0.02
CK	9	476 ± 18	0.81 ± 0.01	4.25 ± 0.35	280 ± 13	0.37 ± 0.02	0.30 ± 0.01
Vsp		407 ± 60	0.80 ± 0.01	3.15 ± 1.20	216 ± 37	0.40 ± 0.04	0.33 ± 0.02

Ratio of chlorophyll a/b

2.6 Chloroplast ultrastructure

Thylakoid membranes are the important vector of light absorption, deliver and the initial conversion of light energy. Thylakoids are arranged in pattern and more parallel with chloroplast and stack form grana and stroma thylakoids in higher plants. The thylakoid membrane is the site of the light-dependent reactions of photosynthesis with the photosynthetic pigments embedded directly in the membrane. Thylakoid structures of the *Vsp* mutant changed (Figure 3): the development of chloroplasts was in limitation and late. Grana and stroma thylakoids were less and arranged chaos in younger leaves. The structure of chloroplasts of the *Vsp* mutant was almost same as that of wild type as leaves developed.

Day 0 leaves: Day 0 leaves mean the leaves just opened. Electron micrographs of chloroplasts of the *Vsp* mutant showed that the boundary of cell membrane was not clear and the structure of cell wall was blurred (Figure 3a), chloroplasts were round and small, there were more chloroplasts in one leaf cell, edge of chloroplast membrane was disrepair and fused with cytoplast. Grana and stroma lamellas were distinctly decreased in thylakoid membranes, predominantly in the grana stacks. The structure of grana lamellas was unclear. Matrix granule and starch grains and others were not seen in chloroplasts. In the control leaves (Figure 3b), the structure of cell wall and membrane was clear. Chloroplasts were spindle shape and distributed around edge of cytoplasmic membrane and had intact membrane. Thylakoid membrane systems developed well and not only included a lot of stroma lamellas but also included more grana; Grana and stroma lamellas were distinctly divided and clearly arranged in order. There were more inclusion and starch grains were larger in chloroplasts.

Day 3 leaves: In day 3 *Vsp* mutant leaves, the structure of chloroplasts had not been improved obviously (Figure 3c), the boundary of cell wall and cell membrane was not clear, the

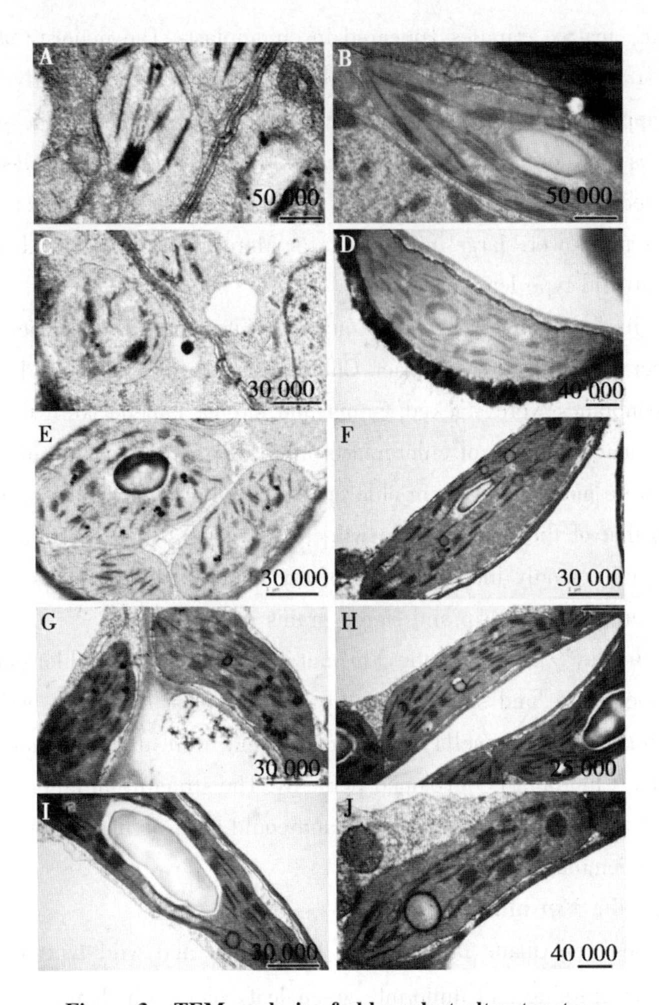

Figure 3　TEM analysis of chloroplast ultrastructure

a, c, e, g, i and b, d, f, h, j represent day 0, 3, 5, 7, 9 leaves of the vsp mutant and wild type, respectively. The numbers on the pictures represent the magnitudes

structure of cell bilayer was faint. Chloroplasts were still round and small. There were more malformated chloroplasts in one cell. Edge of chloroplast membrane was severely disrepair. Grana and stroma lamellas were distinctly decreased and arranged irregularly in thylakoid membranes. Thylakoids decreased and there was hollow and no inclusion in chloroplasts. In wild type leaves (Figure 3d), thylakoid membrane systems developed well and not only included a lot of stroma lamellas but also included more grana; Grana and stroma lamellas were distinctly divided and clearly arranged in order. There were more inclusion and starch grains were larger in chloroplasts.

Day 5 leaves: The chloroplast structure of the *Vsp* mutant day 5 leaves improved obviously (Figure 3e). The boundary of cell wall and cell membrane was relatively clear, the numbers of chloroplasts increased, the shape of chloroplasts looked like spindle, and the edge of chloroplast membrane was clear, matrix granules appeared in chloroplasts. The majority of chloroplasts were normal. Grana and stroma lamellas distinctly increased and arranged regularly in thylakoid membranes; inclusion appeared and starch grains were large in chloroplasts. The structure of chloroplasts of day 5 leaves was normal. In wild type leaves (Figure 3f), chloroplasts developed well, they not only included a lot of thylakoid stacking but also included more and thick grana. Oil drip appeared and starch grains were large in chloroplasts. More light absorbed, delivered and converted in chloroplasts in wild type leaves.

Day 7 leaves: In day 7 leaves of the *Vsp* mutant (Figure 3g), the structure of cell wall and membrane were clear and bilayer was intact. Chloroplasts distributed around edge of cell membrane. Thylakoid membranes were stacked. Grana and stroma lamella were thickened. The structure of lamella was clear. Numbers of chloroplasts increased and the shape of chloroplasts looked like spindle. There were more inclusion in chloroplasts. Rate of photosynthesis was high in the vsp mutant and close to that of the wild type. In wild type leaves (Figure 3h), chloroplasts developed perfectly well and not only included a lot of thylakoid stacking but also included more and thick grana. There were more oil drip and starch grains in chloroplast.

Day 9 leaves: In day 9 leaves of the *Vsp* mutant (Figure 3i), chloroplasts distributed around edge of cell membrane and shape was ellipse. Chloroplast membrane was intact. Thylakoid membranes were stacked. Grana lamella and stroma lamella were thickened and separated clearly and arranged in order. Chloroplasts developed perfectly. The structure of chloroplasts was the same as the chloroplasts of the wild type (Figure 3j) and could have normal physiological metabolism, photosynthesis and accumulation productions.

2.7 Inheritance of the *Vsp* mutant

Reciprocal crosses were made between the *Vsp* mutant and wild type. F_1 progenies, independent of direction of crossing had uniformly green leaf color, which indicated that the trait of virescent yellow pattern of the leaves was recessive. In the F_2 generation of reciprocal crosses segregation was not significantly different from the theoretical ratio of 3 : 1 which indicated that one recessive gene was responsible for this trait Table 3.

Table 3 Segregation of F_2 population from two crosses of wild type and the vsp mutant

F_2 progeny segregation	F_2 (CRRI58 × Vsp)	F_2 (Vsp × CRRI58)
Green plants	1 120	1 243
Virescent plants	351	401
Total plants	1 471	1 644
χ^2	0.96	0.29

Note: $\chi^2_{0.05,1} = 3.84$, $\chi^2_{c0.05,1} < \chi^2_{0.05,1}$ Difference was not reached 0.05 significance level. The result met with theory ratio 3: 1. Vsp represent the Vsp mutant

2.8 Allelic test

The *Vsp* mutant was reciprocal crossed with yellow mutant germplasms (v_1v_1, v_3v_3,

$v_5v_5v_6v_6$, v_8v_8, v_9v_9, $v_{10}v_{10}$, $v_{11}v_{11}$, $v_{13}v_{13}$, $v_{14}v_{14}$, $v_{18}v_{18}$, $v_{19}v_{19}$ and v_gv_g), all obtained plants of F_1 showed green leaves (Table 4). This indicated vsp was nonallelic to v_1, v_3, v_5v_6, v_8, v_9, v_{10}, v_{11}, v_{13}, v_{14}, v_{18}, v_{19} and v_g.

Table 4 Phenotype of F_1 progenies from crosses of *Vsp* mutant with known virescent mutants

F_1 progeny phenotype	v_1v_1	v_3v_3	v_5v_5 v_6v_6	v_8v_8	v_9v_9	$v_{10}v_{10}$	$v_{11}v_{11}$	$v_{13}v_{13}$	$v_{14}v_{14}$	$v_{18}v_{18}$	$v_{19}v_{19}$	v_gv_g
Year 2008 (Vspvsp ♂)	68: 0	23: 0	49: 0	72: 0	164: 0	25: 0	17: 0	7: 0	142: 0	93: 0	36: 0	10: 0
Year 2008 (Vspvsp ♀)	—	107: 0	—	171: 0	44: 0	—	—	—	154: 0	171: 0	44: 0	—
Year 2009 (Vspvsp ♂)	—	131: 0	122: 0	—	—	—	—	—	—	—	—	75: 0

3 Discussion

Many nuclear virescent mutants affecting chloroplast development have been identified in cotton. Most of them are identifiable due to their yellow colored leaves and reported to be controlled by recessive genes (Percival and Kohel, 1976; Kohel, 1983; Percy, 1999; Karaca, *et al.*, 2004). Our preliminary observations suggested that like the majority of the virescent mutants, the *Vsp* mutant was expressed predominantly in the young stage of growth, later mature leaves of the *Vsp* mutant became green and were barely distinguishable from leaves of normal plants.

In the twentieth century, many studies were conducted to generate mutants with physical mutagens (eg. γ-ray irradiation) or chemical mutagens (eg. methylnitrosourea and ethyl methanesulfonate). Mutation breeding of space is a new mutation breeding technology that has been developed in recent years. Plant development, reproduction, important agronomy traits and economical traits could be induced by complex environment factors in space. The *Vsp* mutant was obtained from CCRI58, which is an early maturing upland cotton cultivar and the growth period is 103d. CCRI58 seeds were sent to space by China's seed-breeding satellite, Shijian-8. The *Vsp* mutant cotyledon color was green and new young true leaves expressed virescent yellow traits from the first true leaf to anthesis. The true leaves of plants were at first yellow, then became virescent yellow, and later in maturity became green and barely distinguishable from leaves of normal plants. The virescent yellow color affected plant development and decreased plant height, boll weight, yield and fiber quality. Because chlorophyll content of the virescent yellow color was relatively lower and the virescent yellow leaves had lower photochemistry efficiency and photosynthesis rate. So vigor of the *Vsp* mutant plant was lower than that of wild type. Benedict and Kohel (1968, 1970) and Benedict *et al.* (1972) reported that virescent mutants of cotton decreased amount of chlorophyll and carotenoids in cotton. Schmid (1967) reported that yellow tobacco mutants had a high photosynthetic rate on a chlorophyll basis at high light intensity. Benedict and Kohel (1970) reported that a virescent cotton mutant had a high rate of CO_2 assimilation. These rates in tobacco and cotton leaves were measured at high (0.45% ~ 5.0%) CO_2 concentrations. Benedict and Kohel (1970) reported that the high photosynthetic rate of a virescent mutant existed at a 0.1 % CO_2 concentration.

Genetic analysis results indicated that the virescent yellow trait was controlled by one recessive nucleus gene. When the vsp mutant was crossed with wild type, F_1 all showed green leaves and in F_2 progenies, number of plants with green leaves and number of plants virescent leaves appeared in a ratio of 3 : 1. Allelic test was done between *Vsp* with virescent genes currently available at Anyang, Henan, China. The results showed that vsp was nonallelic to v_1, v_3, v_5v_6, v_8, v_9, v_{10}, v_{11}, v_{13}, v_{14}, v_{18}, v_{19} and v_g, suggesting that *Vsp* could be new gene responsible for virescent leaves. Future direction will be collecting the rest of known virescent known nucleus genes and do allelic test with *Vsp* gene. Stroman and Mahoney (1925) recovered two chlorophyll deficient types in the F_2 generation from crosses between upland and Egyptian cottons (*Gossypium hirsutum* L. 9 *Gossypium barbadense* L.). The segregation progenies showed ratio of 15 green leaf plants: 1 yellow leaf plants. This is the first example of virescent mutant controlled by 2 recessive genes. Yellow seedlings lacking chlorophyll were obtained from upland cotton (*Gossypium hirsutum* L.) by radiations (Horlacher, 1931). The yellow mutants were lethal and were controlled by a simple recessive gene. The heterozygous plants produced progenies at a ratio of 3 green: 1 yellow seedlings.

Chloroplast ultrastructure indicated that thylakoid structures of the virescent leaves of the *Vsp* mutant changed and the development of chloroplasts of the *Vsp* mutant were in limitation and delayed. Number of grana and stroma thylakoids per chloroplast were less and arranged chaos in younger leaves. The reduction in thylakoid stacking was consistent with the reduction in chlorophyll content of the *Vsp* mutant leaves. Poor development of grana was the most frequently reported structural aberration in virescent mutants (Benedict and Kohel, 1970; Benedict *et al.*, 1972). The structure of chloroplasts of mutant leaves was almost same as that of wild type as leaves developed (Karaca *et al.*, 2004). These results linked the reduction in grana thylakoids specifically with the delay of chlorophyll accumulation, and suggested that the virescent mutations affected the timing of the thylakoid development. An interesting exception was the virescent mutants of corn (Chollet and Paolillo, 1972). Low chlorophyll content in this mutant was associated with large grana and a poorly developed fretwork of stromal thylakoids. Normal thylakoid structure developed as chlorophyll accumulated. Virescent mutations thus appeared to affect thylakoid development, most by delaying development of grana stacks.

In summary of this study, a virescent mutant was obtained by space mutation. The discrepancy in growth, pigment contents and chloroplast structure was observed between the *Vsp* mutant and the wild type. This *Vsp* mutant was obtained from a short season cotton cultivar. The growth period of this cultivar is 103d. The virescent character might be of use in plant breeding techniques in hybrids between virescent yellow testers and commercial varieties, a situation somewhat similar to heterosis in male sterile rice (Wu *et al.*, 2002) for chlorophyll color marker. The *Vsp* gene was nonallelic to the virescent genes available. It could be a new virescent gene. Space mutation technique could be used for plant breeding program. It's also interesting to clone the *Vsp* to find the mechanisms of space mutations.

4 Materials and methods

4.1 Cotton plant materials

This virescent mutant was obtained from CCRI58 by space mutation with China's seed-breeding satellite, Shijian-8. Wild type CCRI58 with uniformly dark green leaves was used as a control. This virescent mutant was reciprocal crossed with wild type plants. F_1, F_2 plants were investigated. This virescent mutant was also reciprocal crossed with cotton virescent mutants (v_1v_1, v_3v_3, v_5v_5 v_6v_6, v_8v_8, v_9v_9, $v_{10}v_{10}$, $v_{11}v_{11}$, $v_{13}v_{13}$, $v_{14}v_{14}$, $v_{18}v_{18}$, $v_{19}v_{19}$ and v_gv_g) currently available at Anyang, Henan, China. All virescent germplasm mutants were from the Medium Term Warehouse of Cotton Germplasm Resource in China. v_1v_1, v_3v_3, v_5v_5 v_6v_6, v_8v_8, v_9v_9, $v_{10}v_{10}$, $v_{11}v_{11}$, $v_{13}v_{13}$, $v_{14}v_{14}$ virescent mutants were identified and introduced to China by R. J. Kohel. $v_{18}v_{18}$, $v_{19}v_{19}$ mutant were identified by Pan Jiaju. The inheritance of this trait was checked with a v_2 test.

The morphologic traits including height, fruit branches, young bolls, adult bolls and opening bolls of plants were measured from 20 plants of each line and the results were compared with student's t test.

The virescent and normal green plants grew in the greenhouse and in the field (Henan and Hainan, China). In all experiments an attempt was made to use green and virescent leaves of comparable development stages by harvesting leaves from the same node.

4.2 Space mutation

China's seed-breeding satellite, Shijian-8, successfully launched on Sep. 9, 2006, and landed in Sichuan Province at 10:43 am, Sep. 24, 2006 (Beijing time) after a 15-day flight in space. The orbital module continued to orbit the earth and carried out more experiments until its battery runs out. The satellite carried 215kg of seeds of vegetables, fruits, grains and cotton, the largest load of seed-breeding satellite since 1987. The Shijian-8 is the 90th space flight made by Long March rockets and the 23rd recoverable satellite that China has launched. Same kind of seeds was kept as control.

4.3 Pigment analysis

Samples of 2 mm in diameter were taken from intercostal regions in the middle of the leaves. The leaf pieces were weighed and then ground with 10mL mixture of ethanol and acetone (ratio 1:1). The OD of the clarified solutions was measured at 645, 663 and 470 nm respectively, and the quantities of chlorophyll a, chlorophyll b, and total chlorophyll and carotenoids were calculated with the equations described by Lichtenthaler (1987). Chlorophyll synthesis intermediates were measured by Beckman DU800 (USA) (Bogorad, 1962).

4.4 Photochemical efficiency analysis

Chlorophyll fluorescence parameters in leaves of the vsp mutant and wild type were measured with Chlorophyll fluorometer (Hansatech, UK). The fluorescence origin (F_o), the maximum photochemistry efficiency of PSII (F_v/F_m, φ_{Po}) $u_{Po} = F_v/F_m = (F_m - F_o)/F_m$, the performance index on absorption basis (PI_{ABS}) $PI_{ABS} = (RC/ABS) \cdot [\varphi_{Po}/(1-u_{Po})] \cdot [\psi_O/(1-\psi_O)]$, the density of active reaction center (RC/CS) $RC/CS_O = \varphi_{Po} \cdot (v_J/M_O) \cdot (ABS/CS_O)$, the relatively variable fluorescence intensity $v_J = (F_J - F_O)/(F_m - F_O)$, the direct effect of the relatively variable fluorescence intensity v_K and the ratio of variable fluorescence F_v on the amplitude $Fj - Fo$ (W_K) at 300 ls for P_n, $W_k = (F_k - F_O)/(F_J - F_O)$ (Jiang *et al.*, 2006).

4.5 Electron microscopy

To analyze the number and ultrastructure of plastids, the mesophyll cells were taken from the same parts of the control and the *Vsp* mutant leaves. The ultrastructure analysis of the cotton leaves was as follows: the leaves were fixed in 3 % glutaraldehyde, postfixed in osmium tetroxide, and embedded in a mixture of epon and araldite. Sections were stained and viewed with a transmission electron microscopy (JEM-1230).

Acknowledgments

This study was supported by National High Technology Research development 863 Plan (2007AA100103). We thank Dr. Chee Kok Chin (Rutgers University, USA).

References

[1] Archer E, Kathleen H, Bonnett T. Characterization of a virescent chloroplast mutant of tobacco [J]. *Plant Physiol*, 1987, 83: 920-8255.

[2] Beale S L. Green genes gleaned [J]. *Trends Plant Sci.*, 2005, 10: 309-312.

[3] Benedict C R, Ketringd D L. Nuclear gene affecting greening in virescent peanut leaves [J]. *Plant Physiol*, 1972, 49: 972-976.

[4] Benedict C R, Kohel R J. Characteristics of a virescent cotton mutant [J]. *Plant Physiol*, 1968, 43: 1611-1616.

[5] Benedict C R, Kohel R J. Photosynthetic rate of a virescent cotton mutant lacking chloroplast grana [J]. *Plant Physiol*, 1970, 45: 519-521.

[6] Benedict C R, Mccree K J, Kohel R J. High photosynthetic rate of a chlorophyll mutant of cotton [J]. *Plant Physiol*, 1972, 49: 968-971.

[7] Bogorad L. Porphyrin synthesis. In: Colowick SP, Kaplan NO (eds) Methods in enzymology [J]. *Academic Press New York*, 1962, 885-891.

[8] Chollet R, Paolillo D J. Greening in a virescent mutant of maize. I. Pigment, ultrastructural, and gas exchange studies [J]. *Z Pflanzenphysiol*, 1972, 68: 30-44.

[9] Gerald E E, Colin L D, John A. CO_2 assimilation and activities of photosynthetic en-

zymes in high chlorophyll fluorescence mutants of maize having low levels of ribu- lose 1, 5-bisphosphate carboxylasel [J]. *Plant Physiol*, 1988, 86: 533-539.

[10] Grafton K F, Wyatt J E, Welser G C. Genetics of a vires- cent foliage mutant in beans [J]. *J. Hered*, 1983, 74: 385.

[11] Horlacher W R, Killough D T. Chlorophyll deficiencies induced in cotton (Gossypium hirsutum) by radiations [J]. *Proceedings of Texas Academic Science*, 1931.

[12] Jiang C D, Jiang G M, Wang X, *et al*. Enhanced photosystem 2 thermostability during leaf growth of elm (Ulmus pumila) seedlings [J]. hotosynthetica, 2006, 44 (3): 411-418.

[13] Jitae K, Andrea R, Verenice Ramirez R, *et al*. Subunits of the plastid ClpPR protease complex have differential contributions to embryo-genesis, plastid biogenesis, and plant development in Arabidopsis [J]. *Plant Cell*, 2009, 21: 1669-1692.

[14] Karaca M, Saha S, Callahan FE, *et al*. Molecular and cytological characterization of a cytoplasmic-specific mutant in pima cotton (*Gossypium barbadense* L.) [J]. *Euphytica*, 2004, 139: 187-197.

[15] Katterman F H, Endrizzi J E. Studies on the 70S ribosomal content of a plastid mutant in Gossypium hirsutum [J]. *Plant Physiol*, 1973, 51: 1138-1139.

[16] Kohel R J. Variegated mutants in cotton, *Gossypium hirsutum* L. [J]. *Crop Sci.*, 1967, 7: 490-492.

[17] Kohel R G. Genetic analysis of a new virescent mutant in cotton [J]. *Crop Sci.*, 1974, 14: 525-527.

[18] Kohel R J. Genetic analysis of virescent mutants and the identification of virescent v_{12}, v_{13}, v_{14}, v_{15} and $v_{16}v_{17}$ in upland cotton [J]. *Crop Sci.*, 1983, 23: 289-291.

[19] Kohel R J, Benedict C R. Description and CO_2 metabolism of aberrant and normal chloroplasts in variegated cotton Gossypium hirsutum L [J]. *Crop Sci.*, 1971, 11: 486-488.

[20] Kubicka H, Gabara B, Janas K. White yellow virescent pattern in winter rye: inheritance, plant growth, and ultrastructure of plastids [J]. *J. Hered*, 2000, 91: 237-241.

[21] Lichtenthaler H K. Chlorophylls and carotenoids: pigments of photosynthesis [J]. *Methods Enzymol*, 1987, 148: 350-352.

[22] Palmer R G, Mascia P N. Genetics and ultrastructure of a cytoplasmically inherited yellow mutant in soybeans [J]. *Genetics*, 1980, 95: 985-1000.

[23] Percival A E, Kohel R J. Genetic analysis of virescent mutants in cotton [J]. *Crop Sci.*, 1974, 14: 439-440.

[24] Percival A E, Kohel R J. New virescent cotton mutant linked with the marker gene yellow petal [J]. *Crop Sci.*, 1976, 16: 503-504.

[25] Percy R G. Inheritance of cytoplasmic-virescent cyt-V and dense-glanding dg mutants in American pima cotton [J]. *Crop Sci.*, 1999, 39: 372-374.

[26] Richard W R, Charles M R. New tomato seedling characters and their linkage rela-

tionships [J]. *J. Hered*, 1954, 45: 241-248.

[27] Schmid G H. Photosynthetic capacity and lamellar structure in various chlorophyll deficient plants [J]. *J. Micro- scope*, 1967, 6: 485-498.

[28] Stroman G N, Mahoney C H. Heritable chlorophyll defi- ciencies in seedling cotton [J]. *Texas Agric Expt Sta Bull*, 1925, 333: 20.

[29] Turcotte E L, Feaster C V. Inheritance of three genes for plant color in American pima cotton [J]. *Crop Sci.*, 1978, 18: 149-150.

[30] Turcotte E L, Percy R G. Inheritance of a second virescent mutant in American pima cotton [J]. *Crop Sci.*, 1988, 28: 1018-1019.

[31] Wu D X, Shu Q Y, Xia Y W. In vitro mutagenesis induced novel thermo/photoperiod sensitive genic male sterile indica rice with green revertible xanthan leaf color marker [J]. *Euphytica*, 2002, 123: 195-202.

[32] Wu Z M, Zhang X, He B. *et al*. A chlorophyll-deficient rice mutant with impaired chlorophyllide esterification in chlorophyll biosynthesis [J]. *Plant Physiol*, 2007, 145: 29-40.

[33] Yoo S C, ChKohIba H C, Paek N C. Rice virescent3 and stripe1 encoding the large and small subunits of ribonucleotide reduct. ase Are required for chloroplast biogenesis during early leaf development [J]. *Plant Physiol*, 2009, 150: 388-401.

[34] Zhang T Z, Pan J J. Genetic identification of 12 virescent mutants of upland cotton [J]. *Acta Gossypii Sinica*, 1986, 2: 78-90.

[35] Zhang T Z, Pan J J. Allelic tests of 11 virescent mutants and genetic identification of virescent v_{22} in upland cotton [J]. *Jiangsu Agric. Sci.*, 1990, 6: 24.

第四篇

＊＊

棉花分子生物学研究

Cloning and Characterization of a Gene Encoding Cysteine Proteases from Senescent Leaves of *Gossypium Hirsutum*

Fafu Shen[1,2], Shuxun Yu[2], Xiulan Han[1], Shuli Fan[2]

(1. College of Agronomy, Shandong Agricultural University, Taian 271018, China; 2. Cotton Research Institute, Chinese Academy of Agricultural Sciences, Anyang 455112, China)

Abstract: A gene encoding a cysteine proteinase was isolated from senescent leave of cotton (*Gossypium hirsutum*) cv liaomian No. 9 by utilizing rapid amplification of cDNA ends polymerase chain reaction (RACE-PCR), a set of consensus oligonucleotide primers was designed to anneal to the conserved sequences of plant cysteine protease genes. The cDNA, which designated *Ghcysp* gene, contained 1 368bp terminating in a poly (A)$^{+}$trail, and included a putative 5′ (98 bp) and a 3′ (235 bp) non-coding region. The opening reading frame (ORF) encodes polypeptide 344 amino acids with the predicted molecular mass of 37. 88 kD and theoretical pI of 4. 80. A comparison of the deduced amino acid sequence with the sequence in the GenBank database has shown considerable sequence similarity to a novel family of plant cysteine proteases. This putative cotton *Ghcysp* protein shows from 67% to 82% identity to the other plants. All of them share catalytic triad of residues, which are highly conserved in three regions. Hydropaths analysis of the amino acid sequence shows that the *Ghcysp* is a potential membrane protein and localizes to the vacuole, which has a transmembrane helix between resides 7 ~25. A characteristic feature of *Ghcysp* is the presence of a putative vacuole-targeting signal peptide of 19-amino acid resides at the N-terminal region. The expression of *Ghcysp* gene was determined using northern blot analysis. The *Ghcysp* mRNA levels are high in development senescent leaf but below the limit of detection in senescent root, hypocotyl, faded flower, 6 days post anthesis ovule, and young leaf.

Key words: Cotton; Senescence; Cysteine protease; Programmed cell death

原载于：*Chinese Science Bulletin*, 2004, 49 (24): 2601-2607

Leaf senescence is the final stage in leaf development, during which genetically controlled degradation and remobilization of cell components take place. Nutrients contained in senescent leaf are relocated to other parts of the plant body before the leaf dies. Leaf senescence is thought to be a great adaptive value because the plant nutrients, which are often present in limiting amounts in soil, retains instead of being lost to the environment. Leaf senescence is a highly organized development program under genetic control [1]. Most of the leaf nutrients are contained in the chloroplast and the first signs of leaf senescence are visible loss of chlorophyll and breakdown of chloroplast membranes. Mitochondria, nuclear, and plasma membranes maintained their integrity until the late stages of senescence. Consequently, at the cellular level, chloroplasts are the first to be affected during the senescence program while the nucleus and mitochondria are last [2]. At the macromolecules metabolism level, the chlorophyll, lipid, protein and RNA content of the leaf declines as senescence progresses while the DNA content of leaf relatively maintains constant [3]. Although the molecular mechanisms of leaf senescence are not well understood, it has been proved that during leaf senescence a number of proteases involved in catabolic pathways increase in activity [4]. Analysis of the gene expression and determination of function of gene products that increase during leaf senescence is one strategy that can be used to increase understanding of this complex developmental stage.

Caspases belong to a class of specific cysteine proteases that show a high degree of specificity with an absolute requirement for cleavage adjacent an Asp residue and a recognition sequence of at least four amino acids N-terminal to this cleavage site. Caspases not only involve in protein degradation during programmed cell death (PCD), but also are initiator of PCD. In general, apoptotic cell death involves a sequence of caspase activation events in which initiator caspases activate downstream executioner caspases that process a variety of target proteins eventually leading to the apoptotic phenotype. The observations have been established that inappropriate apoptosis result in many animal and human diseases [5-6]. It is not clear whether pre-mature senescence is associated to inappropriate apoptosis in plant. Although such typical apoptotic hallmarks have not been established in all the cases of plant PCD, the observations do suggest the existence of apoptotic machinery in plant cells. The produces of senescence-associated genes (*SAG*s) in plants are analogous to caspases in animals [7]. mRNA levels of two cysteine proteases related genes, *SAG*2 and *SAG*12, are significantly higher in degreening tissues than in green tissues during senescence of Arabidopsis leaves, and was proposed to be involved in the progression of senescence in somatic tissues [8-9]. The transcripts of encoding cysteine proteases in tomato SENU2 and SENU3 [10], in sweet potato *SPG*31 [11], and in brinjal *SmCP* [12], are all up regulated during leaf senescence. Cysteine protease may play an important role in proteolysis and nitrogen remobilization during the senescence process. In plants, Cysteine protease is known to be associated with developmental senescence and pathogen- and stress-induced PCD [13-14]. The function of Cysteine protease in plants is analogous to caspases family in animals [15].

Cotton is most important cash crop in the world. Premature senescence of cotton leads to decreased photosynthetic capacity, and consequently lower yield and fiber properties. In this paper, to understand the molecular mechanisms of cotton leaf premature senescence, and regulate this procession, we isolated, characterized the structure of the cotton cysteine protease gene and designated as *Ghcysp*. The expression pattern of *Ghcysp* is spatially and temporally regulated in vegetative tissues. We found that expression of *Ghcysp* is highly specific in senescing leaves.

1 Material and Methods

1.1 Plant material

The cotton cultivar liaomian No. 9 used in experiment is upland cotton (*Gossypium hirsutum L*). Cottonseeds were delinted with sulphuric acid, and then were sowed on April 22, 2003. The cotton field was under managements for normal agricultural practice. At different cotton developmental stages, Harvested senescent roots, hypocotyls, faded flowers, 6 days post anthesis ovules, young leaves, and senescent leaves were frozen in liquid nitrogen and kept at −80℃ until used for isolation RNA.

1.2 Isolation of RNA, cDNA synthesis, and nucleotide sequencing

Total RNA was prepared from senescent leaves and other plant tissues using the total RNA isolation system (GIBCO-BRL), they were used for reverse-transcription polymerase chain reaction (RT-PCR) and northern hybridization analysis. Briefiy, 10 μg total RNA was treated with 10 U RNase-free DNase I (TaKaRa) at 37℃ for 15 min to remove genomic DNA, then extracted with phenol/chloroform, and finally precipitated in absolute ethanol. cDNA synthesis and reclaim from low melting point agarose was according to the manufacturer's instructions by using a kit (TaKaRa). PCR fragments were cloned into pGEM-T vectors (Promega) and sequenced with an ABI PRISM 377 DNA Sequencer by using BigDye™ Terminator Cycle Sequencing Ready Reaction Kit (Perkin-Elmer).

1.3 Isolation of conserved sequence of *Ghcysp*.

Two conserved fragments in plant cysteine protease genes were identified using the BLAST (GenBank) program. On the basis of those fragments the flowing two degenerate primers were designed: C-A [5′-TG (C/T) TGGCC (G/A/T) -TT (T/C) TC (A/C) GC (A/G) GT (T/G) -GC3′] and C-B [5′-TG (A/G) AA (G/C) AC (T/A) CC (C/A/T) GA (A/T) GA (G/A) TA (A/G) AA (C/T) TG-3′]. mRNA isolated from senescent leaves was transcripted to cDNA with AMV reverse transcriptase (Promega). In all, 1μL of 100-fold-dsluted product of reverse transcription was used as template for PCR. The PCR conditions were as follows: 35 cycles of denaturation at 94℃ for 1 min followed by annealing at 56℃ for 1 min and polymerization at 72℃ for 2 min using the primers C-A and C-B (25 p*M* each), a volume of 25μL, *Pfu* buffer and *Pfu* polymerase (2.5 U), which was added in a hot-start manner. The produces were cloned into pGEM-T vectors. *E. coli* DH5α was transformed with pGEM-T vectors. The positive clones were selected, and sequenced.

1.4 Identification of 5′ and 3 ends of *Ghcysp* gene

To isolate the complete 5′ and 3′ regions of this gene, the rapid amplification of cDNA ends (RACE) method was used. 2 μg sample of RNA was denatured at 70℃ for 5 min, and quickly ice-quenched; then 5μL reaction buffer, 2μL of 10mmol/L dNTP, 0.5μL RNase inhibitor, 1μL B_{26} oligo-dT primer (5′-GAC TCG AGT CGA CAT $CGAT_{15}$-3′) and 2μL AMV reverse transcriptase (Promega) were added. After briefly mixing, the transcription reaction was incubated at 42℃ for 1 h, and terminated at 85℃ for 10 min. On the basis of sequenced fragments a gene-specific primer p_1 (5′ GCG GTT GCG GCT ATT GAA GG 3′) was designed. The product of reverse transcription was used as template for PCR. The 3′ regions of this gene were amplified by using primer p_1 and 5′ GAC TCT AGA CGA CAT CGA 3′. The 5′ RACE PCR was carried out by using the gene-specific primer 5′AAA CCG CCT TCG CAG CCA TG 3′ and an abridged universal amplification primer according to the manufacturer's instructions (GIBCO-BRL Kit). PCR was carried out as follows: 94℃ for 3 min, followed by 35 cycles of 94℃ for 1 min, 56℃ for 1 min and 72℃ for 2 min.

1.5 Isolation of the full-length cDNA of *Ghcysp* gene

To verify the integrity of the cDNA sequences of the above gene, we designed two specific primers based on 5′ and 3′ ends of nucleotide sequence: the oligonucleotide sequences were 5′-AAA ACC CCA CTT CAA AAC CC -3′ and 5′- GCA CAC GAT TCA TTC ATA AC -3′, respectively. RT-PCR was carried out to amplify nearly full-length cDNA using the two specific primers. The PCR thermal cycles were carried out as follows: 94℃ for 3 min, followed by 35 cycles of for 1 min, 60℃ for 1 min and 72℃ for 2 min. The full-length cDNA was gel-purified and ligated into the pGEM-T vector (Promega) and confirmed by sequencing.

1.6 Northern blot analysis

Total RNA was isolated from different tissues of cotton at different developmental stages. 15μg of total RNA was fractionated by gel electrophoresis in 1.2% formaldehyde agarose gels. RNA was transferred from agarose gels to nylon membrane. Pre-hybridization was performed at 42℃ for 12 h. The RNA blot was hybridized with ^{32}P-labeled probe prepared using *Ghcysp* cDNA in 50% deionized formamide, 1 × Denhardt's, 6 × SSPE, 0.1% SDS, 100μg/mL denatured and sonicated salmon sperm DNA and 10% dextran sulphate at 42℃. we used the full-length cDNA as a specific probe for this gene. The *Ghcysp* probe was synthesized by using RadPrime DNA Labeling System (Invitrogen) according to the manufacturer′s instructions. Equal loading of RNA in each lane was confirmed by ethidium bromide staining. The blot was washed at 65℃ in 0.1 × SSC, 0.1% SDS. Autoradiography was performed at −70℃ [16].

1.7 Alignment amino acid sequences and phylogenetic analysis

The cysteine proteases in other plant were identified using the BLAST (GenBank) program. Eleven full-length plant amino acid sequences were extracted from the GenBank databases, aligned using CLUSTALW. The aligned file was then edited manually using the Gendoc program. The sequences were from *Arabidopsis thaliana* (GenBank Accession No. AAC49135), *He-*

lianthus annuus (GenBank Accession No. BAC75923), *Glycine max* (GenBank Accession No. BAC77523), Phaseolus vulgaris (GenBank Accession No. S22502, GenBank Accession No. CAA40073), *spring vetch* (S47312), *white clover* (GenBank Accession No. AAP32196), *Brassica napus* (GenBank Accession No. AAD53011), *Daucus carota* (GenBank Accession No. JC7787), *Dianthus caryophyllus* (GenBank Accession No. BAD16614), *Ipomoea batatas* (GenBank Accession No. AAL14199), *Oryza sativa* (GenBank Accession No. CAD40026). The alignment was reported into clustalX and neighbor joining tree algorithms, and also saved phylip file. Protein distances were calculated using the Dayhoff matrix (ProtDist). A neighbor-joining tree was designed from these distances (Neighbor). Prot Dist and neighbor is program implemented in PHYLIP version 3. 5. Aligned amino acid sequences were used to create phylogenies using parsimony.

1. 8 Protein data analysis

Protein sorting signals and localization sites were analyzed with the PSORT program (http: //www. psort. nibb. ac. jp). Protein motifs were searched against SWISS-PROT protein prosite date bank [SWISS-PROT release 41 (02/2003) with 122 564 proteins] using the PROSITE program (http: //us. expasy. org/prosite/). The prediction of transmembrane alpha-helices were analyzed with the TMHMM program (http: //genome. cbs. dtu. dk/services/TMHMM/).

2 Result and discussion

2. 1 Isolation and characterization of *Ghcysp* gene encoding cysteine protease

The product of reverse transcription from senescent leaves was used as template for RT-PCR by utilizing C-A and C-B. A about 400 bp-fragment was cloned into pGEM-T vectors. *E. coli* DH5α was transformed with pGEM-T vectors. The positive clones were selected, and sequenced. A-383bp partial cDNA fragment was cloned, and encoded a polypeptide of 127 amino acids. These amino acids were aligned using the BLAST program against GenBank data. A comparison of these deduced amino acid sequence with proteins of cysteine proteases from other plants shows high structural similarity. All of these amino acids resides share features such as hydrophobicity, and negative and positive negative and positive charge. The result indicates the homology fragments of cysteine protease have been isolated from cotton.

Using the RACE-PCR technique, we obtained two overlapping cDNA fragments of a novel cysteine protease gene composed of a 667-nucleotide-long 5′-end fragment and a 808-nucleotide-long 3′-end fragment. After cloning and sequencing both of them, we designed a set of primers to amplify the full-length cDNA encoding cysteine protease. PCR performed on cDNA of senescent leaves with these new primers gave a product of 1 368bp. This indicates that the two fragments come from one cDNA. We named the gene *Ghcysp*. Its nucleotide sequence is available in the GenBank database under the accession number AY604196.

The cDNA, which designated *Ghcysp* gene, contains 1 368bp terminating in a poly $(A)^+$ trail, and includes a putative 5′ (98 bp) and a 3′ (235 bp) non-coding region. A-1 034bp opening reading frame (ORF) encodes polypeptide 344 amino acids. ORF begins at the 99-residue and terminates at the 1 133-residue with a single TAG stop codon. The transcript bears a polyadenylation signal at 76 bp nucleotides upstream from the start of the poly (A) tail. A signal sequence 5-CACAATGG-3, which universally promotes transcription of eukaryotic genes, is located in the neighborhood of transcriptional initiation codon.

2.2 Characterization of the cysteine protease in cotton

Ghcysp gene encodes polypeptide 344 amino acids with the predicted molecular mass of 37.88 KD and theoretical pI of 4.80. Analyses with PROSITE program revealed that *Ghcysp* contains four recognizable structural domains: The first structural domain (residues 79-98) is DNAJ_ 1 Nt-dnaJ domain signature (FklAinqFAdLtNeefRasY). The second structural domain (residues 144 - 155) is THIOL_ PROTEASE_ CYS Eukaryotic thiol (cysteine) proteases cysteine active site (QgqcGcCWafSA). The third structural domain (residues 285-295) is THIOL_ PROTEASE _ HIS Eukaryotic thiol (cysteine) proteases histidine active site (LdHAVtAVGyG). The fourth structural domain (residues 303-322) is THIOL_ PROTEASE_ ASN Eukaryotic thiol (cysteine) proteases asparagine active site (YWIvKNSWgtkWGesGYIeM). The last three structural domains are eukaryotic cysteine protease active catalytic site that are highly conserved among different plants.

Analyses with PSORT program revealed that *Ghcysp* contained a signal peptide of 19 amino acid residues, and the cleavage site of this signal peptide is between the serine at position 19 and the isoleucine at position 20 (Figure 1). Hydropaths analysis of the amino acid sequence showed that the *Ghcysp* is a potential membrane protein and localizes to the vacuole, which has a transmembrane helix between resides 7-25. Amino acid residues 1-6 is inside of vacuole membrane, whereas resides 26-344 is outside of membrane (Figure 2).

2.3 Alignment amino acid sequences and phylogenetic analysis of *Ghcysp*

A comparison of the deduced amino acid sequence of *Ghcysp*, the protein product of *Ghcysp*, with the protein sequence in GenBank has shown considerable sequence similarity to a novel family of cysteine protease. As shown in Figure 3, Amino acid sequence encoded by *Ghcysp* gene has about 82%, 79%, 68%, 68% and 70% identity with *Arabidopsis thaliana* (AAC49135), *Brassica napus* (AAD53011), *Phaseolus vulgaris* (S22502), *Daucus carota* (JC7787) and *Helianthus annuus* (BAC75923), respectively. All of them share highly conserved sequences in carboxyl-terminal and active catalytic site; on the contrary, they share variation sequence in N-terminal. Detailed comparison of them revealed that the deduced amino acid sequences share features such as a putative vacuole-targeting signal peptide and the catalytic cysteine-histidine -asparagine triad with the surrounding conserved regions. The deduced amino acid sequence encoded by *Ghcysp* shows 67% ~ 78% identity with the other plant or animal cysteine protease (data not show).

To investigate the genetic relations among different high plants, eleven full-length amino acid sequences of cysteine protease were extracted from GenBank date. The phylogenetic tree anal-

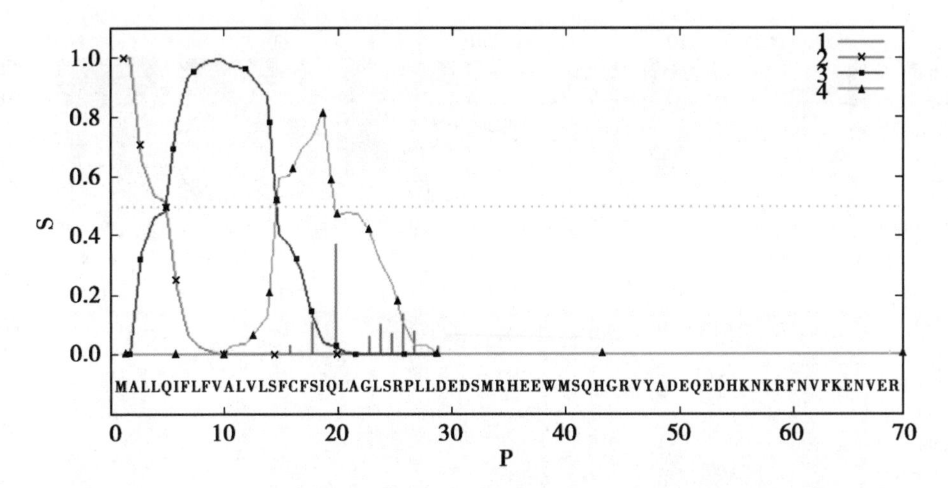

Figure 1　The prediction of signal polypeptide of *Ghcysp* protein using the PSORT program

The horizontal scale indicates the number of amino acid resides, and the vertical one the score. P, position; S, score; 1, cleavage probability; 2, n-region probability; 3, h-region probability; 4, c-region probability

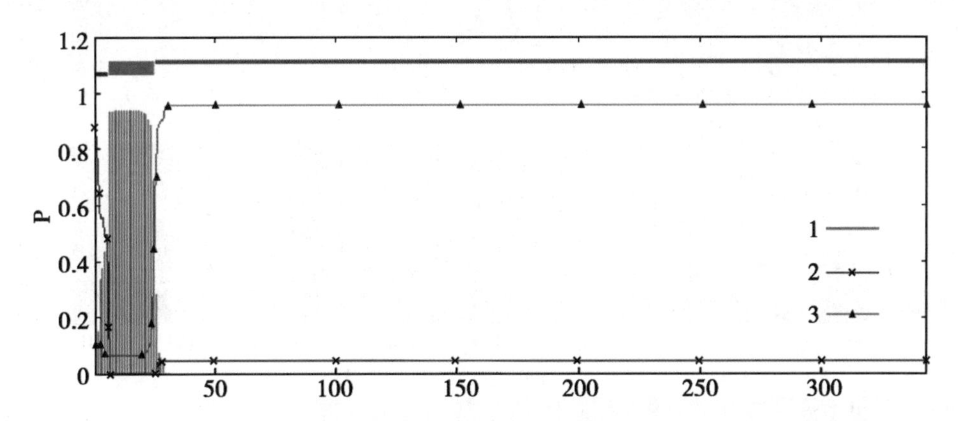

Figure 2　The prediction of transmembrane alpha-helices of *Ghcysp* polypeptide using the TMHMM program

The horizontal scale indicates the number of amino acid resides, and the vertical one the probability. P, probability; 1, transmembrance; 2, inside; 3, outside

ysis showed (Figure 4) that these cysteine protease genes could be organized into three groups according to their expression patterns with the exception of a cysteine protease gene generated from rice genomic. *Ghcysp* is assigned to group 1, which contains cysteine protease genes induced during leaf senescence from *Arabidopsis thaliana* and *Brassica napus*. Group 2 contains cysteine protease genes expressed during seed formation or seeding germination from *Helianthus annuus*, *Glycine max*, *Phaseolus vulgaris*, *spring vetch*, *Daucus carota*, and *Dianthus caryophyllus*. The microorganism-induced protease gene from *Ipomoea batatas*, and the *white clover* cysteine protease gene expressed in root nodule and rhizobium belongs to group 3. Although all of these genes ex-

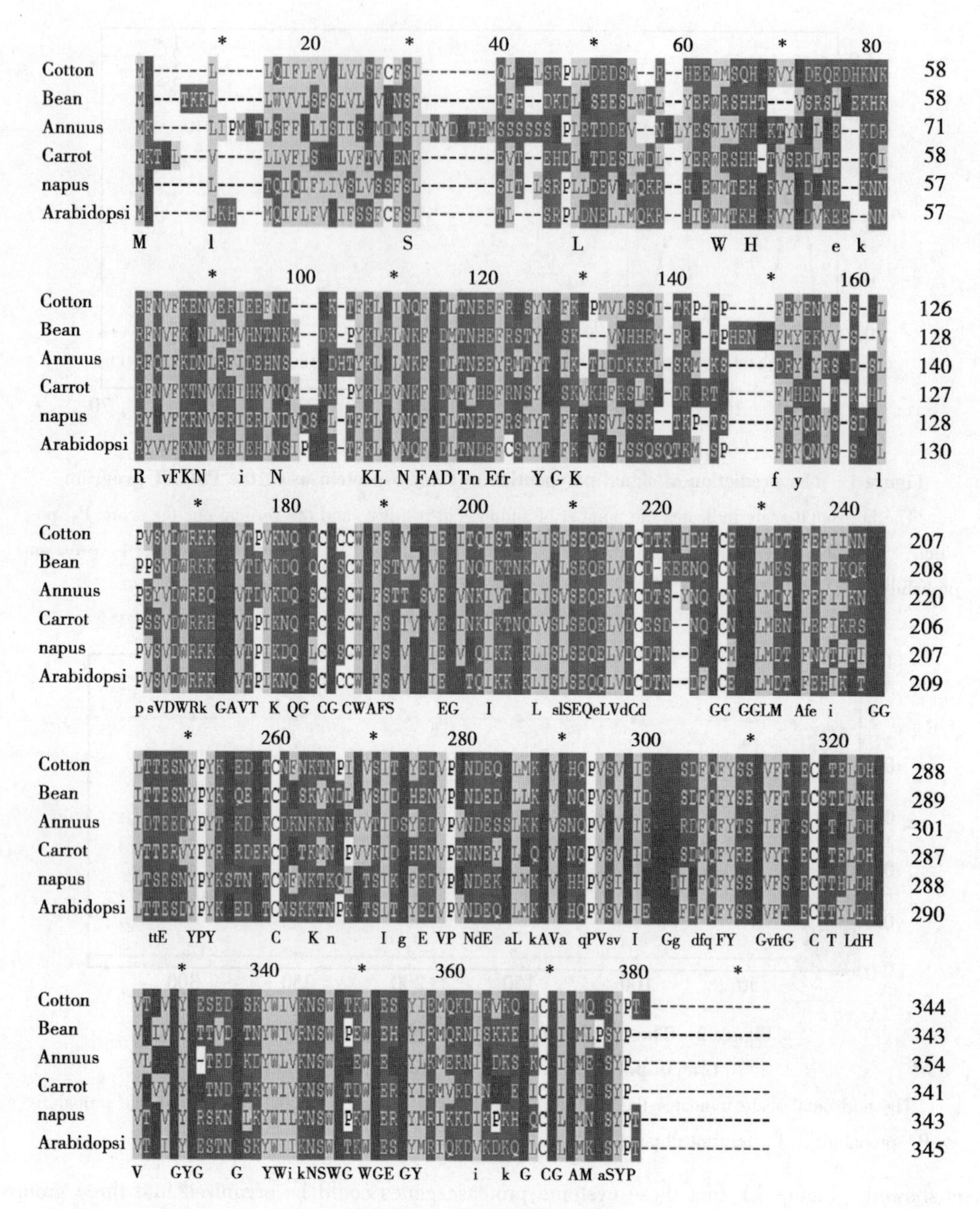

Figure 3　Alignment analysis of the deduced amino acid sequence of *Ghcysp* polypeptides from the following plants: *Phaseolus vulgaris* (GenBank Accession No. S22502), *Helianthus annuus* (GenBank Accession No. BAC75923), *Daucus carota* (GenBank Accession No. JC7787), *Brassica napus* (GenBank Accession No. AAD53011), *Arabidopsis thaliana* (GenBank Accession No. AAC49135)

press in different organs, there is an obvious similarity event among seed germination, leaf senescence, and bio-stress induced necrotic tissue, included remobilization of stored reserves on a large scale, and accompanied by programmed cell death.

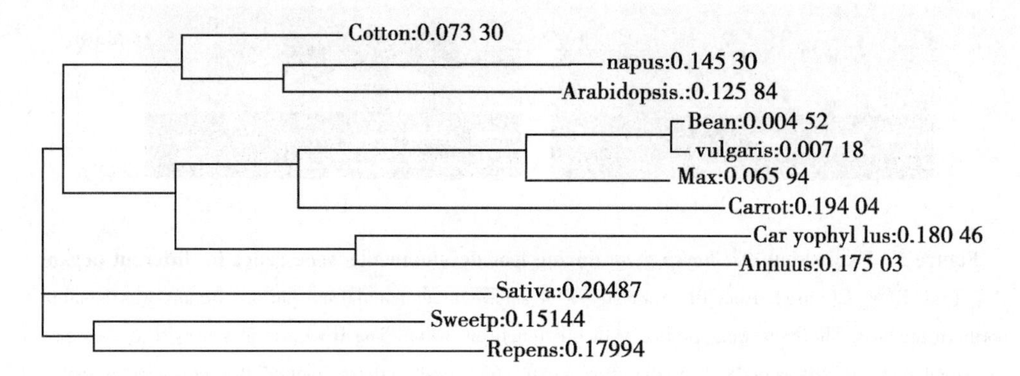

Figure 4　Phylogenetic analysis of *Ghcysp* and other representative cysteine proteinase genes using the program Clustal W

The accession numbers for these sequences are as follows: *Arabidopsis thaliana* (GenBank Accession No. AAC49135), *Helianthus annuus* (GenBank Accession No. BAC75923), *Glycine max* (GenBank Accession No. BAC77523), *Phaseolus vulgaris* (GenBank Accession No. S22502, CAA40073), *spring vetch* (GenBank Accession No. S47312), *white clover* (GenBank Accession No. AAP32196), *Brassica napus* (GenBank Accession No. AAD53011), *Daucus carota* (GenBank Accession No. JC7787), *Dianthus caryophyllus* (GenBank Accession No. BAD16614), *Ipomoea batatas* (GenBank Accession No. AAL14199), *Oryza sativa* (GenBank Accession No. CAD40026)

2.4　Temporal and spatial regulation of *Ghcysp* expression in cotton

To examine the expression pattern of *Ghcysp* gene, total RNA was purified from various vegetative tissues of cotton at different growth stages and subjected to gel-blot analysis using the full-length *Ghcysp* as a probe. As shown in Figure 5 (b), the *Ghcysp* mRNA levels are high in development senescent leaf but below the limit of detection in senescent root, hypocotyl, faded flower, 6d post anthesis ovule, and young leaf. Thus, the *Ghcysp* gene is a developmentally regulated, senescence-specific gene. Its expression only occurs during the senescence of the older leaves.

Northern blot analysis was used to determine the expression of *Ghcysp* mRNA in cotton leaf development and senescence. The leaf was harvested from a synchronously grown population of cotton plants excising main stem tip when it reached full expansion, displaying the first signs of leaf senescence, 20% ~40% senescent, 40% ~60% senescent, 60% ~80% senescent, and 80% ~100% senescent. These stages occurred at 25d, 40d, 55d, 65d, 75d and 85d after emergence (DAE) from the main stem. Total RNA was purified from these leaves and subjected to gel-blot analysis using the full-length *Ghcysp* as a probe. As shown in Figure 5 (a), during leaf development, *Ghcysp* mRNA was barely detectable at 25 DAE, became detectable after the first signs of leaf senescence at 40 DAE, then gradually increased at 55 DAE, and then reached their peaks from 65 to 75 DAE, eventually declined from 75 to 85 DAE. The *Ghcysp* expression profile is tightly correlated with leaf senescence in cotton.

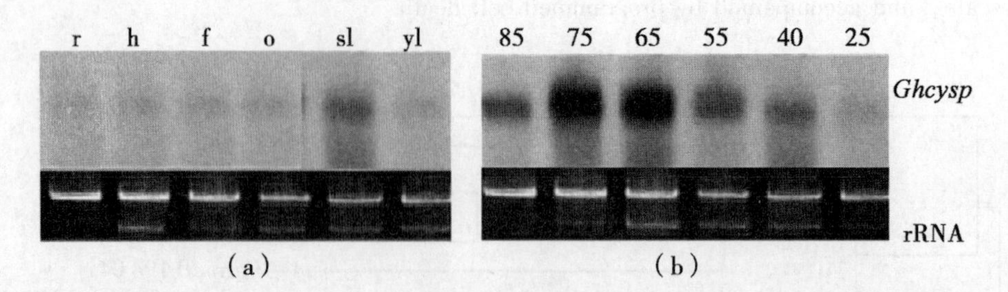

Figure 5 Expression of *Ghcysp gene* during leaf development, senescence in different organs

Total RNA (15 μg) from different stages of senescent leaf and from various organs was isolated for northern analysis. The blots were probed with full-length of cDNA. The RNA samples are: (a) organs: r, senescent root; h, hypocotyl; f, faded flower; o, 6 d post anthesis ovule; sl, senescence leaf; yl, young leaf. rRNA shows the total RNA loading control stained with ethidium bromide; (b) Leaf: 25d, 40d, 55d, 65d, 75d, and 85d after emergence (DAE) from the main stem, respectively

Acknowledgments

This work was supported by the China Key Development Project for Basic Research (973) (Grant No. 2004CB117300), the China High Technology Research and Development program (863) (Grant No. 2001AA241081), and the China Plant Research and Industrialization Program (Grant No. JY03-B-05-01).

References

[1] Betania F. Diverse range of gene activity during Arabidopsis thaliana leaf senescence induces pathogen-independent induction of defense-related genes [J]. *Plant Mol Biol.*, 1999, 40: 267-278.

[2] Smart C M, Hosken S E, Thomas H, *et al.*. The timing of maize leaf senescence and characterization of senescence-related cDNAs [J]. *Phsiol Plant.*, 1995, 93 (1): 673-682.

[3] Lohoman K N, Gan S S, John M C. Molecular analysis of natural leaf senescence in *Arabidopsis thaliana* [J]. *Physiol. Plant.*, 1994, 92: 322-328.

[4] Weaver L M, Himelblau E, Amasion R M. Leaf senescence gene expression and regulation [J]. *Genet. Eng.* (*NY*), 1997, 19: 215-234.

[5] Wang T H, Wang H S. Apoptosis: (2) Characteristics of apoptosis [J]. *J. Formos. Med. Assoc.*, 1999, 98: 531-542.

[6] Polverini P J, Nör J E. *Apoptosis* and predisposition to oral cancer [J]. *Crit. Rev. Oral Biol. Med.*, 1999, 10: 139-152.

[7] Nooden L D, Guiamet J J, John I. Senescence mechanisms [J]. *Physiol. Plant.*, 1997, 101: 746-753.

[8] Hensel L L, Grbic V, Baumgarten D A, *et al.*, Developmental and age-related processes that influence the longevity and senescence of photosynthetic tissues in *Arabidopsis*

[J]. *Plant Cell*, 1993, 5: 553-564.

[9] Drake R, John I, Farrell A, *et al.*, Isolation and analysis of cDNAs encoding tomato cysteine proteases expressed during leaf senescence [J]. *Plant Mol. Biol.*, 1996, 30: 755-767.

[10] Chen G H, Huang L T, Yap M N, *et al.*, Molecular characterization of a senescence-associated gene encoding cysteine proteinase and its geneexpression during leaf senescence in sweet potato [J]. *Plant Cell Physiol.*, 2002, 43 (9): 984-991.

[11] Xu F X, Chye M L. Expression of cysteine proteinase during developmental events associated with programmed cell death in brinjal [J]. *The Plant J.*, 1999, 17 (3): 321-328.

[12] Abramovitch R B, Kim Y J, Chen S, *et al.*, *Pseudomonas* type III effector AvrPtoB induces plant disease susceptibility by inhibition of host programmed cell death [J]. *EMBO J.*, 2003, 22: 60-69.

[13] Solomon M, Belenghi B, Delledonne M, *et al.*, The involvement of cysteine proteases and protease inhibitor genes in the regulation of programmed cell death in plants [J]. *Plant Cell*, 1999, 11: 431-443.

[14] Ernst J W, Arievander B, Frank A H. Do Plant Caspases Exist? [J]. *Plant Physiol.*, 2002, 130: 1764-1769.

[15] Sambrook J, Fritsch E F, Maniatis T. Molecular Clone: A Laboratory Manual [M]. New York: Cold Spring Harbor Laboratory Press, 1995.

Cleaved AFLP (cAFLP), a Modified Amplified Fragment Length Polymorphism Analysis for Cotton

Jinfa Zhang, Yingzhi Lu, Shuxun Yu *

(Department of Agronomy and Horticulture, New Mexico State University Las Cruces, NM 88003, USA; China Cotton Research Institute, Anyang 455000, China)

Abstract: In certain plant species including cotton (*Gossypium hirsutum* L. or *Gossypium barbadense* L.), the level of amplified fragment length polymorphism (AFLP) is relatively low, limiting its utilization in the development of genome-wide linkage maps. We propose the use of frequent restriction enzymes in combination with AFLP to cleave the AFLP fragments, called cleaved AFLP analysis (cAFLP). Using four Upland cotton genotypes (*G. hirsutum*) and three Pima cotton (*G. barbadense*), we demonstrated that cAFLP generated 67% and 132% more polymorphic markers than AFLP in Upland and Pima cotton, respectively. This resulted in 15. 5 and 25. 5 polymorphic cAFLP markers per AFLP primer combination, as compared to 9. 1 and 11. 0 polymorphic AFLP. The cAFLP-based genetic similarity (GS) is generally lower than the AFLP-based GS, even though both marker systems are overall congruent. In some cases, cAFLP can better resolve genetic relationships between genotypes, rendering a higher discriminatory power. Given the high-resolution power of capillary-based DNA sequencing system, we further propose that AFLP and cAFLP amplicons from the same primer combination can be pooled as one sample before electrophoresis. The combination produced an average of 18. 5 and 31. 0 polymorphic markers per primer pair in Upland and Pima cotton, respectively. Using several restriction enzyme combinations before pre-selective amplification in combination with various frequent 4 bp-cutters or 6 bp-cutters after selective amplification, the pooled AFLP and cAFLP will provide unlimited number of polymorphic markers for genome-wide mapping and fingerprinting.

Keywords: *Gossypium* spp; Cultivated tetraploid; AFLP; Cleaved AFLP; Genetic similarity

原载于：*Theor Appl Genet*, 2005, 111: 1385-1395

1 Introduction

The cotton genus *Gossypium* (Malvaceae) comprises approximately 50 species distributed in various continents except Europe: North, Central, and South Americas (18 species), northeast Africa and Arabia (14 species) and Australia (17 species) (Wendel and Cronn, 2003). It has four cultivated species: two New World tetraploid species, *Gossypium hirsutum* L. and *Gossypium barbadense* L. and two Old World diploid species, *Gossypium arboreum* L., and *Gossypium herbaceum* L. Tetraploid Upland cotton (*G. hirsutum*, AD_1; $2n = 4x = 52$), is the predominant cultivated cotton with high yield and wide adaptation, accounting for more than 90% of the world cotton production, while its closely related species, American Pima cotton or Egyptian cotton (*G. barbadense*, AD_2; $2n = 4x = 52$) is grown for its extra long, strong, and fine fiber in Egypt and limited area in a few other countries (e. g., southwestern states of U. S., northwest China, Uzbekistan, Sudan, India, and Pakistan). Two cultivated diploid species, *G. arboreum* L. (A_1) and *G. herbaceum* L. (A_2) are only cultivated in very small acreage in South Asia (China, India, and Pakistan). The two tetraploid species arose about 1 ~ 2 million years ago through hybridization between A-genome related extant diploid species and D_5-genome (*Gossypium raimondii* Ulbrich) related species followed by chromo some doubling. The ancestral tetraploid evolved and diverged in the New World following a long distance separation, giving rise to five species including the cultivated *G. hirsutum* and *G. barbadense*, and three wild *Gossypium tomemtosum* Nutall ex Seemann, *Gossypium mustelinum* Miers ex Watt, and *Gossypium darwinii* Watt.

During the most part of the past century, cotton breeding had made significant contributions to increase cotton yield, improve fiber quality and enhance biotic tolerance. Current and obsolete cultivars and strains in Upland cotton have been and still are the main sources in cotton breeding programs worldwide. However, the desirable and amenable genetic variations for breeders are limited or lacking or dificult to dissect. Due to the narrow genetic base of cotton germplasm that cotton breeders have been utilizing and low eficiency of traditional selection methods, cultivar improvement in cotton has slowed down in the past 10 ~ 15 years in the U. S. In fact, the past 10 years has seen cotton yield stagnant. Many factors have been discussed for the contributing causes: narrow germplasm base, shift in breeding method to backcrossing for transgenic introgression, nematodes, and weather changes, among others (May *et al.*, 1995; Meredith, 2000; Lewis, 2001). A number of studies have suggested that cultivated Upland cotton germplasm possesses a low level of genetic diversity, when evaluated by isozymes, random amplified polymorphic DNA (RAPD), amplified fragment length polymorphism (AFLP), restricted fragment length polymorphism (RFLP), and simple sequence repeats (SSR) (Wendel *et al.*, 1992; Multani and Lyon, 1995; Tatineni *et al.*, 1996; Pilley and Myers, 1999; Zuo *et al.*, 2000; Abdalla *et al.*, 2001; Iqbal *et al.*, 2001; Gutierrez *et al.*, 2002; Lu and Myers, 2002; Rahman *et al.*, 2002).

The AFLP has been widely used to rapidly generate molecular markers among various organisms from bacteria to plants (Vos *et al.*, 1995). The AFLP analysis combines the reliability of restriction enzyme digestion with the utility of the polymerase chain reaction. Genomic DNA or cD-NA is first restricted and followed by ligation of the fragments with adaptors. The ligated fragments are subsequently amplified by PCR using selective AFLP primers with amplified products resolved by denaturing polyacrylamide gel electrophoresis. The AFLP fragments can be detected by radioactive-labeling or fiuorescent labeling, or by silver staining the gel. The techniques are highly versatile and can be applied to studies of DNA of any origin and complexity, withoutprior sequence information. Typically, AFLP fragments are inherited in a Mendelian fashion as dominant or codominant markers, making the techniques amenable to tracking inheritance of genetic loci in a segregating population. As with RFLP markers, AFLP detects the presence of point mutations, insertions, deletions, and other genetic rearrangements and is very reproductive and reliable, but with higher multiplex ratio. The AFLP has been used in cotton for linkage map construction (Altaf *et al.*, 1998; Lacape *et al.*, 2003; Brubaker and Brown, 2003; Lu *et al.*, 2005), gene mapping (Lacape *et al.*, 2005; Zhang *et al.*, 2005), germplasm diversity assessment (Pilley and Myers, 1999; Iqbal *et al.*, 2001; Abdalla *et al.*, 2001; Westengen *et al.*, 2005), and evolutionary study (Liu *et al.*, 2001).

Great genetic diversity and many desirable or potentially desirable genes or traits from *G. barbadense* have encouraged cotton geneticists working on interspecific hybridization for the past century. But the success is limited except for fiber quality improvement in Acala cotton. Using several marker systems such as RFLP, AFLP, and SSR, high-density linkage maps were developed from interspecific hybrid populations between Upland and Pima cotton (Reinisch *et al.*, 1994; Lacape *et al.*, 2003; Mei *et al.*, 2004; Zhang *et al.*, 2003; Nguyen *et al.*, 2004; Rong *et al.*, 2004). Many genes and quanti tative trait loci have been mapped (Wright *et al.*, 1998; Saranga *et al.*, 2002; Paterson *et al.*, 2003; Chee *et al.*, 2004; Han *et al.*, 2004; Hinchlifie, *et al.* 2005). However, the number of polymorphic markers has shown to be limited for intraspecific mapping populations in Upland cotton (Shappley *et al.*, 1998; Ulloa *et al.*, 2002, 2005). No linkage map is currently available for Pima cotton. Compared with other plant species, Upland cotton and Pima cotton has much lower level of within-species DNA sequence polymorphisms (Lu *et al.*, 2005) that has impeded the progress in constructing genome-wise linkage map and gene mapping.

In order to take advantages of the AFLP marker system and generate more polymorphic markers for Upland cotton or Pima cotton, we have developed a modified AFLP technique, called cleaved AFLP (cAF LP) based on fiuorescent labeling and capillary electrophoresis. In this paper, we will provide evidence that further restriction of AFLP products by a restriction enzyme will release many more polymorphic fragments.

2 Materials and methods

2.1 Plant materials

To compare the resolution power between AFLP and cAFLP, seven genotypes were used: three Pima cotton (Pima S-1, Pima 57-4, and Pima Phytogen 76), and four Upland cotton (ARK8518, TM-1, NM24016, and Acala 1517-99). Pima S-1 and Pima 57-4 is a pair of natural isogenic lines since 57-4 was a double haploid from a haploid mutant isolated from Pima S-1 (Zhang and Stewart, 2004), while Phy 76 is a commercial Pima cultivar. TM-1 is a genetic standard for Upland cotton (Kohel *et al.*, 1970); ARK8518 was a breeding line and later released as H1330 from the University of Arkansas (Bourland, 1996). NM 24016 was an Acala breeding line with substantial germplasm introgression from G. bar badense (Cantrell and Davis, 2000), while Acala 1517-99 was an Acala cotton cultivar released also from New Mexico State University (Cantrell *et al.*, 2000).

2.2 AFLP and cAFLP analysis

Genomic DNA was extracted from the leaf tissue of each genotype following the mini-prep protocol (Zhang and Stewart, 2000). The quality of the extracted DNA was checked by electrophoresis on a 1.4% agarose gel, stained with ethidium brominde (EB), and visualized on a UV light. DNA quantity was measured by a Fluorometer.

The AFLP was done following the protocol of Vos *et al.* (1995) with minor modifications. The genomic DNA (500 ng) was incubated for 3h at 37℃ with the following reagents: 0.2μL of T4 DNA Ligase (400 U/ll), 1μL of 10 times Ligase butter, 1μL of NaCl (0.5mol/L), 0.5μL BSA (1 mg/mL), 1μL of MseI adaptor (25μM), 1μL of *EcoR*I adaptor (5μM), 0.5 of μL *Mse*I enzyme (10 U/μL), and 0.25μL of *EcoR*I enzyme (20 U/μL). After ligation, the reaction was diluted ten times with TE buffer (10 mM Tris - HCl, pH 8.0, 0.1 mM EDTA) and stored at -20℃. To determine if the DNA templates were restricted completely, the ligation reaction was run on a 1% agarose gel and stained with EB.

Two pre-selective primers with a single selective nucleotide extension (forward *Ecor*RI-PSA E: 5′ GACTGCGTACCAATTCA3′; reverse MseI-PSA M: 5′ GATGAGTCCTGAGTA AC3′) were used to amplify fragments of the DNA template. The PCR reaction mix consisted of 1.0μL of 10 times buffer, 0.8μL dNTP (2.5mmol/L each), 0.3μL MseI primer, 0.3μL *Eco*RI primer, 0.5 U *Taq*Gold Polymerase and 4.5μL deionized water (ddH_2O) per reaction. The total volume of the reaction was 10μL containing 2μL of the diluted restricted-ligated DNA template. The PCR conditions were as follows: after the initial 72℃ for 30 min and 95℃ for 5 min, followed by 25 cycles of denaturing at 94℃ for 20 s, annealing at 56℃ for 30 s and extension at 72℃ for 2 min, with a final extension at 72℃ for 2 min and 60℃ for 30 min after the last PCR cycle. The PCR products were diluted with 90μL of TE butter (10mmol/L Tris - HCl, pH 8.0 0.1 mmol/L EDTA) and run on a 1% agarose gel and stained with EB to determine if the DNA templates were amplified correctly. To survey for AFLP polymorphism within Upland cotton, all the 64 primer combinations that had two nucleotide extensions from PSA primers were used to amplify preselective PCR products from TM-1 and NM 24016. Then, a subset of four primer combinations (A1, B2, C3, and D7) was selected for selective PCR amplification of the seven preselective PCR products. Selective PCR reactions contained 4.1μL of ddH_2O, 10 times PCR butter, 0.2 mmol/L dNTps each, 0.25μmol/L of *Mse*I primer, 0.20μmol/L of *Eco*RI primer with a fiuorescent dye WellRed D4 (Beckman-Coulter Inc., Fullerton, CA, USA) and 2.0μL of diluted pre-selective amplification DNA. The PCR program for the selective amplification consisted of an initial denaturation at 94℃ for 5 min, ten cycles of 94℃ for 20 s, 66℃ for 30 s, and 72℃ for 2 min, followed by 20 cycles of 94℃ for 20 s, 56℃ for 30 s, and 72℃ for 2 min, each with 1℃ lowering of annealing temperature, and a final extension at 60℃ for 30 min after the last PCR cycle. After elective amplification, 2.0μL diluted (ten times) DNA was added to 18.0μL of deionized formamide and 0.12μL of a 600bp size stanstandard (Beckman-Coulter Inc. Fullerton, CA, USA). The samples were analyzed and sequenced using the CEQ 8000 Fragment Analysis Software (Beckman-Coulter Inc., Fullerton, CA, USA). For cAFLP analysis, 5.0μL of the selective amplified PCR products were used in restriction with enzyme *Taq*I followed the manufacturer's instructions and 1μL of the restricted AFLP products was analyzed using the CEQ 8000 Sequencer as described above.

2.3 Data analysis

All of the seven DNA samples were used in the AFLP and cAFLP analysis. Each sample was scored for present (1) and absent (0) by the CEQ Cluster Fragment Analysis (Beckman-Coulter Inc., Fullerton, CA). Only those amplified fragments with high reproducibility were scored by manually checking the traces generated with each primer combination in that the loci with low reproducibility were deleted. To estimate the genetic similarities among genotypes a genetic distance matrix based on Jaccard coefficient was used in the Numerical Taxonomy System (NTSYSpc), Version 2.1 (Exeter Software, Setauket, New York, USA). A phylogenetic tree was constructed using the Neighbor-Joining (NJ) method. This program was used to group genotypes that are genetically related to each other based on the genetic similarity (GS) matrix.

3 Results

3.1 Survey of AFLP polymorphism between TM-1 and NM 24016

About 64 AFLP primer pairs were screened for AFLP using TM-1, the genetic standard of Upland cotton and NM 24016. NM 24016 is the most diverse germplasm in Upland cotton since it contained substantial genetic introgression from *G. barbadense*. The polymorphism between the two should represent the highest level of polymorphism within Upland cotton. Of 4 679 AFLP fragments amplified from the 64 primer pairs, 211 AFLP fragments (4.5%) were polymorphic. This number of polymorphic AFLP is not sufficient to construct a genome-wide linkage map, considering that cotton genome has a total of more than 5 000 cM in genetic distance. Therefore, developing new and more markers within Upland cotton is necessary.

3.2 Number and percentage of AFLP fragments cut by an enzyme

When restricted by *Taq* I, 30% of AFLP the fragments were cut (Table 1). In both Upland and Pima cotton, the most frequent AFLP fragments ranged from 100 ~ 300 bp in size. Among AFLP fragments of <100 bp, 11% ~16% were cut, while 13% ~19% AFLP fragments in size 100 ~ 200 bp were cut. The restricted AFLP (cAFLP) fragments were increased to 37% for 200 ~300 bp fragments. For AFLP fragments of 300 ~ 500 bp in size, more than 50% ~80% were cut. For AFLP fragments larger than 500 bp, more than 80% were restricted. Figure 1a and b show a comparison between AFLP and cAFLP fragments resolved on CEQ 8000 DNA Sequencer. The results indicated that AFLP fragments can be further restricted using a frequent restriction enzyme *Taq*I and readily resolved using the capillary-based CEQ 8000 DNA Sequencer.

Table 1　Distribution of AFLP fragments that are cut by *Taq*I

Fragment size (bp)	Upland cotton (AD_1)		Pima cotton (AD_2)		AD_1/AD_2	
	No. total	No. cut (%)	No. total	No. cut (%)	No. total	No. cut (%)
<100	54	6 (11.1)	50	8 (16.0)	59	14 (23.7)
100 ~ 200	113	21 (18.6)	97	13 (13.4)	120	34 (28.3)
200 ~ 300	87	33 (37.9)	57	22 (38.6)	81	37 (45.9)
300 ~ 400	52	28 (53.8)	33	18 (54.5)	36	17 (47.2)
400 ~ 500	17	14 (82.4)	12	7 (58.3)	8	4 (50.0)
>500	1	1 (100.0)	6	6 (85.7)	5	6 (100.0)
Sum	324	103 (31.8)	255	74 (29.0)	310	111 (35.8)

3.3 Number and percentage of polymorphic cAFLP

Within Upland cotton, 11.4% of AFLP fragments were polymorphic, while 17.3% AFLP markers were polymorphic in Pima cotton (Table 2). The number of polymorphic AFLP markers appeared to be not associated with their fragment sizes, even though most of them ranged from below 100 to 400 bp. Due to the limitation of the sequencer system, fragments larger than 500 bp were not well detected. However, with cAFLP, many more polymorphic fragments (18.5%) in Upland cotton and 35.1% in Pima cotton) were detected (Table 2). Some of the polymorphic markers came from the restriction of large AFLP fragments that were undetected by the CEQ system and others were derived from the smaller fragments. Most of the polymorphic cAFLP markers were below 300 bp in size. Compared with AFLP analysis that produced 37 and 44 polymorphic markers in Upland and Pima cotton, respectively, from four primer pairs, cAFLP generated 62 and 102 polymorphic fragments, respectively, an increase of 67% ~132%. However, the number of polymorphic cAFLP markers (142) between Upland and Pima cotton did not increase as expected, as compared with 144 polymorphic AFLP markers between the two species. This indicates that cAFLP would not increase its resolution power at the interspecies level in cotton when high level of genetic diversity exists.

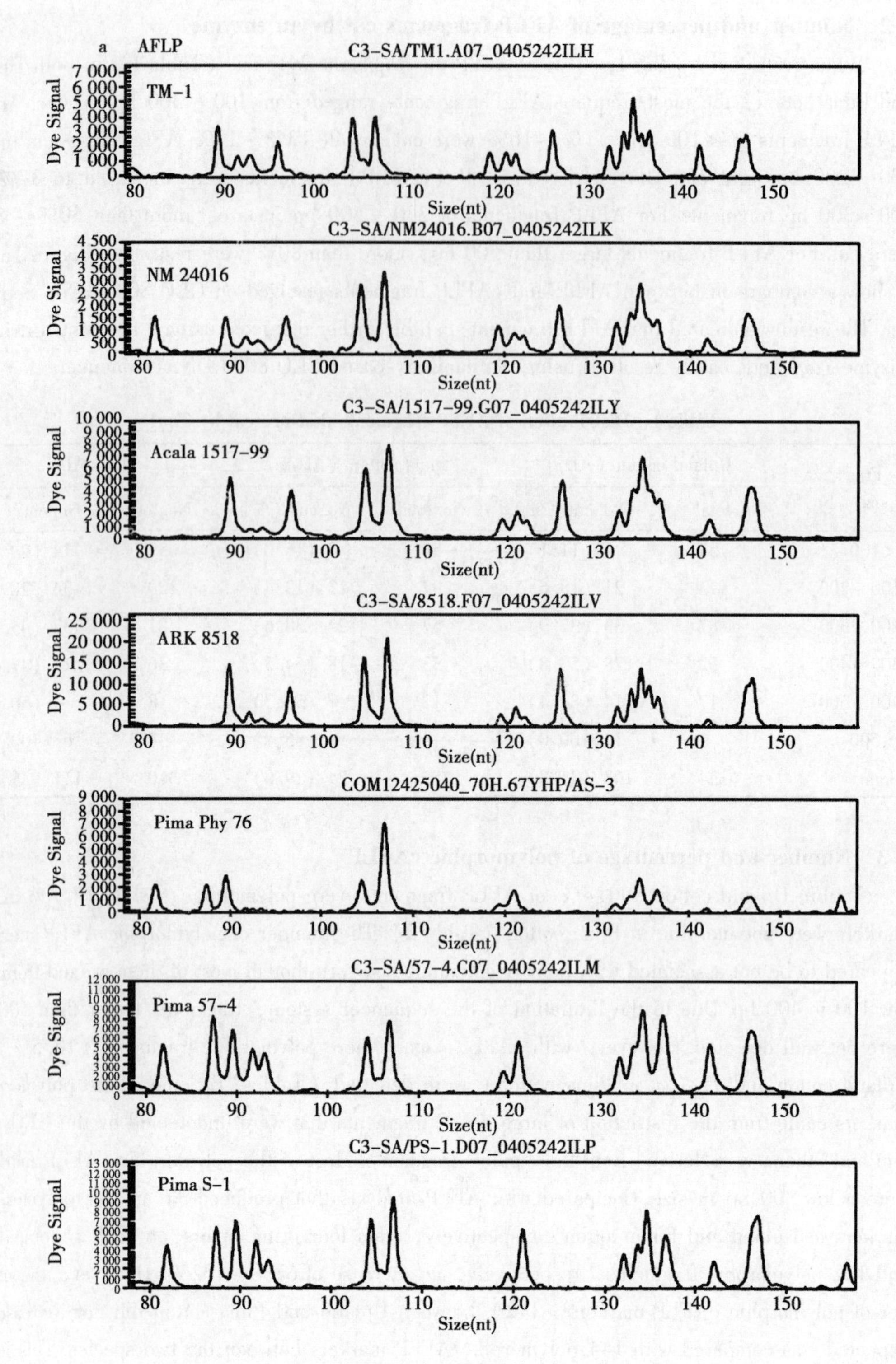

Figure 1 (continued)

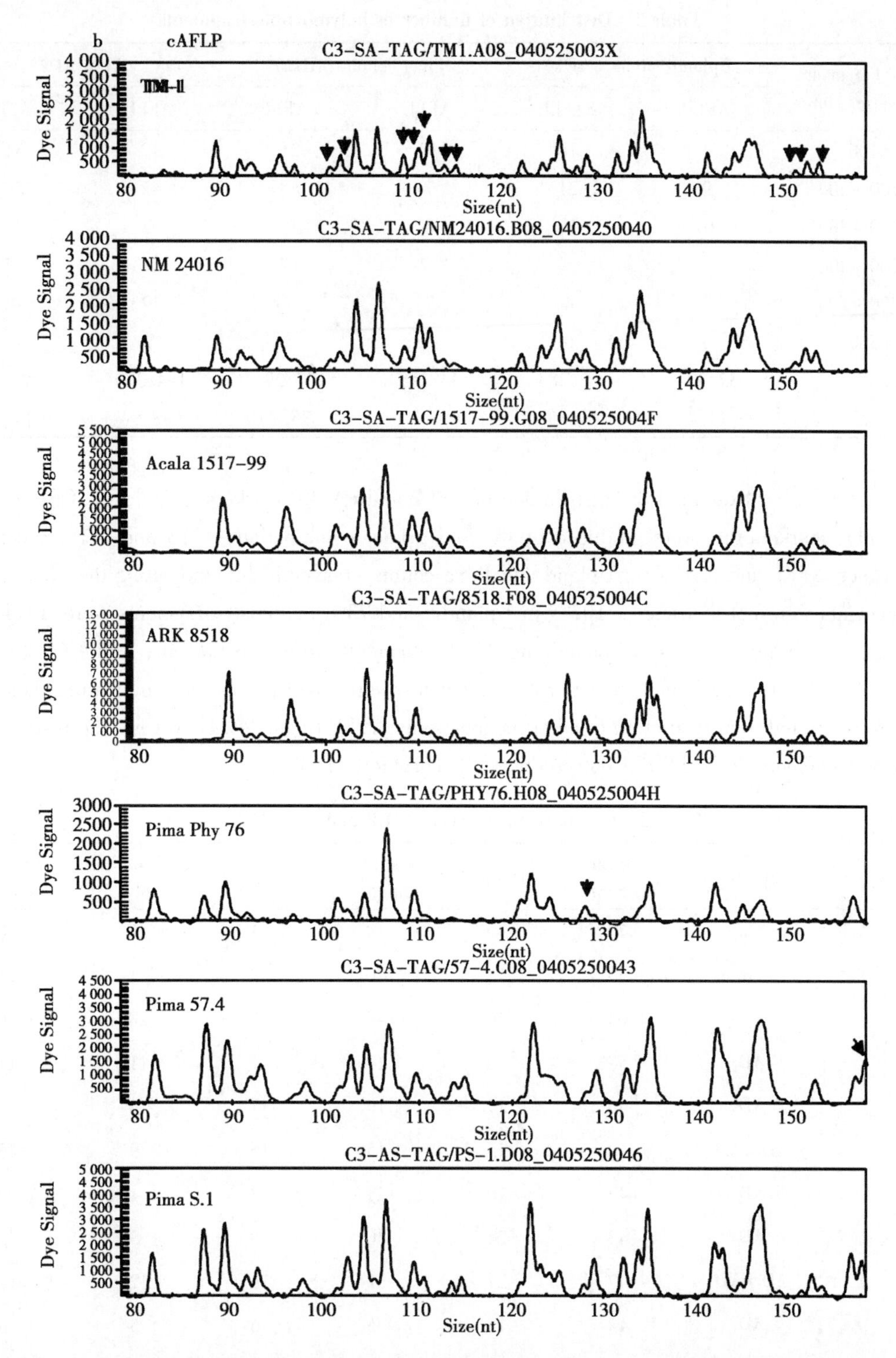

Figure 1　Comparison between AFLP（a）and cAFLP（b）amplified by primer combination C3

Arrows indicate new fragments after AFLP products were restricted with *Taq*I

Table 2　Distribution of number of polymorphic fragments

Fragment size (bp)	Upland cotton (AD1)		Pima cotton (AD2)		AD1/AD2	
	AFLP	cAFLP	AFLP	cAFLP	AFLP	cAFLP
<100	4	18	10	21	12	31
100 ~ 200	9	21	7	43	42	50
200 ~ 300	10	14	8	9	53	35
300 ~ 400	7	5	12	17	20	17
400 ~ 500	7	4	2	7	12	4
>500	0	0	5	5	5	5
Sum	37/324 (11.4)	62/283 (18.5)	44/255 (17.3)	102/291 (35.1)	144/370 (38.9)	142/374 (38.0)

We further examined the distribution of AFLP and cAFLP markers (Table 3). Of the monomorphic markers that were produced by the four primer combinations, 218 and 181 are common between AFLP and cAFLP in Upland and Pima cotton, respectively, indicating that these AFLP fragments were not restricted; 102 (in Upland) and 73 (in Pima) fragments were AFLP specific, indicating that these monomorphic AFLP fragments were also not cut, while 65 (in Upland) and 110 (in Pima) monmorphic fragments were cAFLP specific, indicating that these were generated from restriction of other monomorphic AFLP fragments. However, the restriction of these monomorphic AFLP did not produce polymorphic cAFLP.

Table 3　Comparison between AFLP and cAFLP fragments

Primer	Species	Common fragment	AFLP unique	cAFLP unique	Common poly	AFLP unique poly	cAFLP unique poly
A_1	a	70	49	19	1	5	10
	b	53	18	40	4	1	15
	c	64	26	44	12	28	16
B_2	AD_1	58	22	14	7	11	11
	AD_2	46	19	19	7	8	26
	AD_1/AD_2	40	35	15	15	9	35
C_3	AD_1	47	16	27	3	1	8
	AD_2	43	24	40	9	3	35
	AD_1/AD_2	47	27	62	13	12	17
D_7	AD_1	43	15	5	6	5	6
	AD_2	39	12	11	6	4	6

(continued)

Primer	Species	Common fragment	AFLP unique	cAFLP unique	Common poly	AFLP unique poly	cAFLP unique poly
	AD_1/AD_2	21	49	45	22	9	4
Sum	AD_1	218	102	65	17 (23.0)	22 (29.8)	35 (47.3)
	AD_2	181	73	110	26 (21.0)	16 (12.9)	82 (66.1)
	AD_1/AD_2	172	137	166	62 (32.3)	58 (30.2)	72 (37.5)

[a]1517-99, 24016, TM-1, and ARK8518; [b]57-4, Pima S-1, and Pima PHY76; [c]TM1, 57-4, and Pima S-1

Of the polymorphic fragments, 17 (23%) in Upland and 26 (21%) in Pima were in common between AFLP and cAFLP, indicating that the enzyme *Taq*I did not cut these polymorphic AFLP markers; 22 (30%) in Upland and 16 (13%) in Pima were AFLP specific, indicating that these polymorphic AFLP were cut by *Taq*I and lost in cAFLP analysis. However, the number of cAFLP specific polymorphic markers were increased to 35 (47%) in Upland and 82 (66%) in Pima, including most, if not all of these polymorphic AFLP markers that were cut. However, the unique polymorphic cAFLP between Upland and Pima were only increased to 72, not as great as expected, as compared with 58 unique polymorphic AFLP markers.

Based on the fragment size, the restriction of most AFLP fragments should only produce two fragments, of which only the fragment with the fluorescent-labeled *EcoR*I primers was detected by the sequencer system. Therefore, the restriction of AFLP fragments within the range of detection does not necessarily increase the number of cAFLP fragments, unless the fragments to be restricted are larger than the sequencer can resolve.

3.4 Genetic similarity between genotypes as evaluated by AFLP and cAFLP

Jaccard similarity coefficients among the seven genotypes are listed in Table 4. Overall, the GS coefficients were lower based on cAFLP markers, indicating a higher discriminatory power of cAFLP in genotype differentiation than AFLP. However, the power in genotype discrimination between the two species (Upland and Pima cotton) did not significantly increase since they already have tremendous genetic diversity. For comparison between genotypes within species, the discriminatory power was significantly enhanced by cAFLP. For example, the AFLP-based GS between Pima 57-4 and Pima Phy 76, and between Pima Phy 76 and Pima S-1 was 0.84 ~ 0.85, while their similarity based on cAFLP was decreased to 0.65 ~ 0.66. The GS between Acala 1517-99 and ARK 8518, and between Acala 1517-99 and TM-1 was 0.94 ~ 0.95 based on AFLP, while their cAFLP-based GS was lower (0.87). However, the two marker systems were overall congruent in estimating the genetic diversity among the seven genotypes tested (Figure 2). Therefore, cAFLP is a robust DNA fingerprinting technique with higher resolution power than AFLP.

Table 4 Similarity coefficient matrix based on AFLP (above diagonal) and cAFLP (below diagonal)

	1	2	3	4	5	6	7
Pima 57-4 (1)	—	0.839 2	0.955 6	0.543 4	0.554 9	0.546 5	0.550 1
Pima Phy 76 (2)	0.645 2	—	0.849 8	0.504 2	0.505 8	0.498 6	0.505 7
Pima S-1 (3)	0.938 9	0.654 5	—	0.544 9	0.552 0	0.548 0	0.547 3
Acala 1517-99 (4)	0.549 3	0.451 7	0.546 5	—	0.945 2	0.895 1	0.942 3
ARK 8518 (5)	0.565 7	0.443 4	0.567 9	0.866 9	—	0.884 0	0.970 1
NM 24016 (6)	0.542 8	0.446 2	0.540 1	0.892 9	0.861 2	—	0.905 4
TM-1 (7)	0.564 6	0.448 9	0.561 9	0.865 7	0.929 6	0.886 5	—

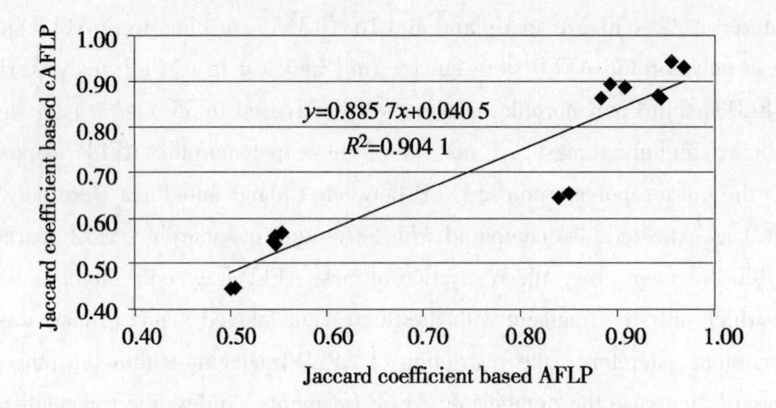

Figure 2 Relationship between AFLP and cAFLP

3.5 Cluster analysis

Based on AFLP analysis, as expected, Pima S-1 and 57-4 are grouped together first before they joined with Pima Phy 76 to form the Pima cotton group, while the other four Upland cotton formed a separate group (Figure 3). Within this Upland cotton group, TM-1 and ARK8518 grouped together as expected, since they are both Delta type Upland cotton. Unexpectedly, the two Acala cotton genotypes, Acala 1517-99 and NM 24016, developed from the same breeding program at New Mexico State University did not group together. However, cAFLP-based analysis correctly grouped these two together in a sub-group before they joined with another sub-group (TM-1 and ARK8518) to form the Upland cotton group (Figure 4).

4 Discssion

G. hirsutum was divided into seven races by Hutchinson *et al*. (1947) and was thought to be first domesticated in Yucatan peninsula of Mexico as the wild variety called "yucatanense", which could have given rise to another primitive variety "nctatum" (Brubaker and Wendel, 1994). Their dispersion to the rest of Mesoamerica, northern South America, and the Caribbeans

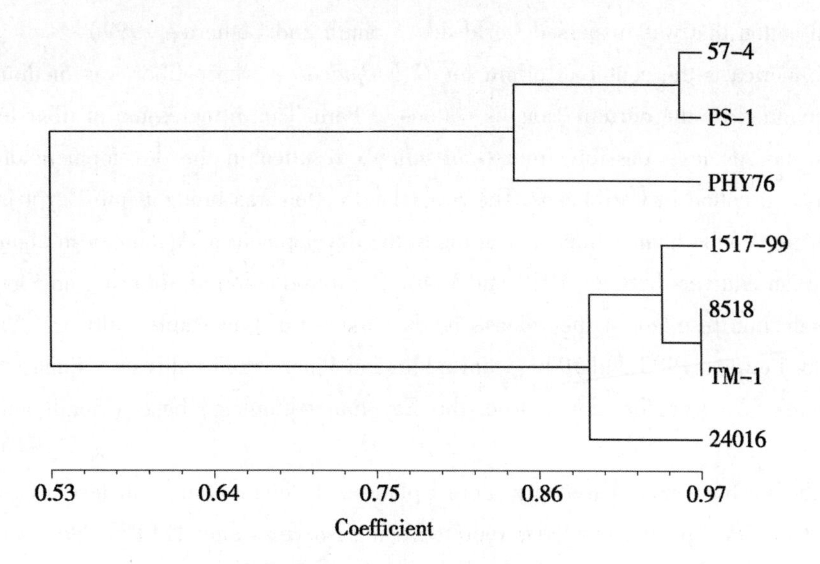

Figure 3　An UPGMA dendrogram based on AFLP data from four primer combinations

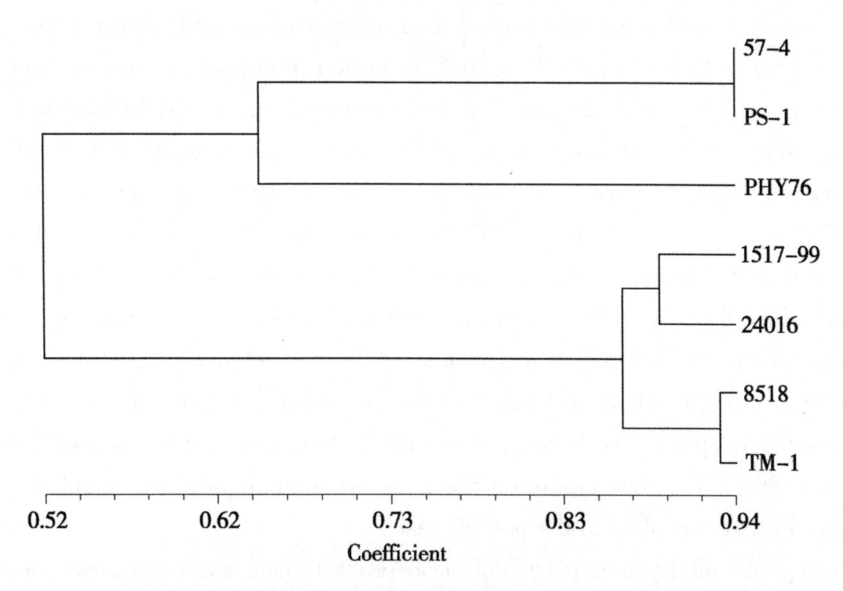

Figure 4　An UPGMA dendrogram based on cAFLP data from four primer combinations

gave rise to other widespread commensal forms (i. e., "marie' galante" and "palmeri", and "latifolium"). Intentional or unintentional selection in the early days created latifolium genotypes with reduced seed dormancy, compact growth habit, and photoperiod-neutral flowering, known as "Mexican Highlands" varieties. Introduction of several "Mexican" varieties into the U. S. during the late 1 700s and early 1 800s formed the germplasm foundation for modern American Upland cotton that was dispersed worldwide (Smith and Cothern, 1999).

South America is the center of origin for *G. barbadense*, whose fiber was medium long and coarse, as typified by the current Tanguis cottons of Peru. The introgression of fiber length genes from outside the species, possibly from *G. hirsutum*, resulted in the development of extra long staple Sea Island cotton in Caribbeans. The Sea Island cotton was brought into Egypt in 1825 and crossed with tree cotton named Jumel, leading to the development of Ashmouni in about 1860 and several Egyptian cultivars between 1910 and 1940. The introduction of Mitafifi, an Egyptian cultivar and re-selection resulted in the release of the first extra long staple cultivar, Yuma in the U. S. in 1908. Between 1908 and 1949, four additional Pima cotton cultivars, Pima, SXP, Amsak, and Pima 32, were developed from the Egyptian germplasm base (Smith and Cothern, 1999).

Given the narrow genetic bases of modern Upland and Pima cotton, low level of genetic polymorphisms at the intraspecific level was reported using isozymes and RFLP (Percy and Wendel, 1990; Wendel *et al.*, 1992). The results have been confirmed later using AFLP. Abdalla *et al.* (2001) reported an average GS of 0.86 and 0.89 in cultivated Upland and Pima cotton cultivars, respectively. Iqbal *et al.* (2001) included earliest Upland cotton varieties and cultivars developed in the U. S. and germplasm from several other countries and indicated that GS ranged from 0.83 to 0.99 in Upland and 0.91 to 0.99 in modern Pima cotton cultivars. More recently, Westengen *et al.* (2005) evaluated 94 *G. barbadense* germplasm accessions collected from South America and estimated that GS ranged from 0.83 to 0.98 with an average of 0.93. These AFLP-based results were consistent with our study using limited number of modern Upland (GS = 0.88 ~ 0.97) and Pima cotton cultivars (GS = 0.84 ~ 0.96). TM-1 was an inbred line derived from repeated selfing of Deltapine 14, a cultivar developed in the 1940 s; while the other Upland cotton tested were either commercial cultivars (ARK8518 and 1517-99) or breeding line (NM 24016) developed in the 1990 s. The inclusion of Acala 1517-99 and NM 24014 would represent the highest level of polymorphism in Upland cotton when compared with TM-1 and 8518. Pima S-1 was a cultivar developed in the 1950 s, while Phy 76 was a current commercial Pima cultivar released in the 1990 s. The polymorphism between the two would represent accumulation of genetic diversity gained due to breeding in the past 50 years.

Even though the interspecific polymorphism between Upland and Pima is very high (GS = 0.50 ~ 0.55 based on AFLP and 0.44 ~ 0.57 based on cAFLP in the present study), the low level of AFLP polymorphism within Upland and Pima would not allow the development of highdensity intraspecific linkage maps. Based on Abdalla *et al.* (2001), on average, a primer combination (a total of 16 primer pairs) produced 73.8 AFLP fragments, of which 5.6 in Upland and 8.4 in Pima were polymorphic. Westengen *et al.* (2005) used eight primer combinations and found that polymorphic AFLP bands ranged from 7 (16%) to 16 (27%) with an average of 11.6 polymorphic AFLP markers among the diverse 94 *G. barbadense* accessions. Certainly, the level of AFLP polymorphism between any two intraspecific genotypes will be considerably lower. From four primer combinations, our data indicated 9.1 and 11.0 polymorphic AFLP markers per primer pair for Upland and Pima, respectively.

Since its invention of AFLP, various modifications have been proposed that have involved restriction enzyme combinations including using one enzyme, primer extensions (1, 2, or 3 bp) and combinations (with other primers based on SSR, retroposons, and disease resistance gene analogues), and fragment separation systems (e.g., Roy *et al.*, 2002; Park *et al.*, 2003; Soriano *et al.*, 2005). The combination of six-base cutter *EcoR*I and four-base cutter *Mse*I was used in most cases of AFLP analysis. Some other six-base cutters, such as *Hind*Ⅲ, PstI, NotI, SacI, and BgⅢ, have also been combined with other four-base cutters, such as *Taq*I, *Hpa*Ⅱ, *Msp*I, *Csp*6I, *Tru*1I, *TRu*9I, *Mfe*I, and *Hha*I. Wurff *et al.* (2000) proposed TE-AFLP using three enzymes before ligation, which was shown to reduce the number of AFLP bands and increase discriminatory power. The modified AFLP technique, cAFLP takes advantages of the convenience of traditional AFLP techniques (without any changes in AFLP protocols) and reliability of restriction digestion. Our work demonstrates that cAFLP analysis, based on further restriction of AFLP amplicons by a frequent restriction enzyme (here 4-bp cutter, *Taq*I), increases polymorphic markers by 67% in Upland and 132% in Pima. Given the high-resolution power of capillary sequencer, it is especially suited for cAFLP analysis. CEQ 8000 DNA Sequencer detected an average of 69 ~ 134 AFLP fragments per primer combination within 50 ~ 500 bp range. Since the number of cAFLP fragments was not unusually high and fragments with the same size are rare, to maximize the polymorphism that a primer combination can generate, we further propose that AFLP and cAFLP for the same primer combination can be combined before sample loading to the sequencer. The number of polymorphic markers per primer pair produced by combining AFLP and cAFLP was 18.5 (16%) in Upland and 31.0 (28%) in Pima. In doing this, except for purchasing inexpensive restriction enzymes and additional time for restriction, no extra reagents and time in using capillary sequencer are required, thereby highly cost-effective.

The main purpose of our present work was to prove the concepts using one of the most frequently used fourbase cutter (e.g., *Taq*I) after AFLP amplification using *Eco*RI and MseI. Though this cAFLP was initially developed for cotton, it is applicable to any AFLP analysis and its modifications. Using several restriction enzyme combinations before pre-selective amplification (AFLP) in combination with various frequent four bp-cutters or six bp-cutters after selective amplification (cAFLP), the pooled AFLP and cAFLP will provide unlimited number of polymorphic markers for genomewide mapping and fingerprinting.

References

[1] Abdalla A M, Reddy OUK, El-Zik K M, *et al.* Genetic diversity and relationships of diploid and tetraploid cottons revealed using AFLP [J]. *Theor Appl Genet*, 2001, 103: 547-554.

[2] Altaf M K, Zhang J F, Stewart J M, *et al.* Integrated molecular map based on a

trispecific F_2 population of cotton. In: Proceedings of the Beltwide Cotton Conference, San Diego, CA. 5-9 January 1998 [G]. National Cotton Council of America, Memphis, TN, USA, 1998: 491-492.

[3] Bourland F M. Registration of 'H1330' cotton [J]. *Crop Sci*, 1996, 36: 813.

[4] Brubaker C L, Wendel J F. Reevaluating the origin of domesticated cotton (*Gossypium hirsutum* Malvaceae) using nuclear restriction fragment length polymorphisms (RFLP) [J]. *Am J Bot*, 1994, 81: 1309-1326.

[5] Brubaker C L, Brown A H. The use of multiple alien chromosome addition aneuploids facilitates genetic linkage mapping of the *Gossypium* G genome [J]. *Genome*, 2003, 46: 774-791.

[6] Cantrell R G, Davis D D. Registration of NM24016, an interspecific-derived cotton genetic stock [J]. *Crop Sci.*, 2000, 40: 1208.

[7] Cantrell R G, Roberts C L, Waddell C. Registration of 'Acala 1517-99' cotton [J]. *Crop Sci.*, 2000, 40: 1200-1201.

[8] Chee P W, Rong J, Williams-Coplin D, *et al.* EST derived PCR-based markers for functional gene homologues in cotton [J]. *Genome*, 2004, 47: 449-462.

[9] Gutierrez O A, Basu S, Saha S, *et al.* Genetic distance among selected cotton genotypes and its relationship with F_2 performance [J]. *Crop Sci.*, 2002, 42: 1841-1847.

[10] Han Z G, Guo W Z, Song X L, *et al.* Genetic mapping of EST-derived microsatellites from the diploid *Gossypium arboretum* in allotetraploid cotton [J]. *Mol Genet Genomics*, 2004, 272: 308-327.

[11] Hinchliffe D J, Lu Y, Potenza C, *et al.* Resistance gene analogue markers are mapped to homeologous chromosomes in cultivated tetraploid cotton [J]. *Theor Appl Genet*, 2005, 110: 1074-1085.

[12] Hutchinson J B, Silow R A, Stephens S G. The evolution of *Gossypium* and diiferentiation of the cultivated cotton, 1st edn. Oxford University Press, London Iqbal MJ, Reddy OUK, El-Zik KM, Pepper AE (2001) A genetic bottleneck in the 'evolution under domestication' of upland cotton *Gossypium hirsutum* L. examined using DNA fingerprinting [J]. *Theor. Appl. Genet*, 1947, 103: 547-554.

[13] Kohel R J, Richmond T R, Lewis C F. Texas Marker-1. Description of a genetic standard for *Gossypium hirsutum* L [J]. *Crop Sci.*, 1970, 10: 670-671.

[14] Lacape J M, Nguyen T B, Thibivilliers S, *et al.* A combined RFLP-SSRAFLP map of tetraploid cotton based on a *Gossypium hirsutum* · *Gossypium barbadense* backcross population [J]. *Genome*, 2003, 46: 612-626.

[15] Lacape J M, Lacape, Nguyen T B, *et al.* QTL Analysis of cotton fiber quality using multiple *Gossypium hirsutum* × *Gossypium barbadense* backcross generations [J]. *Crop Sci*, 2005, 45: 123-140.

[16] Lewis H. A review of yield and fiber quality trends and components in American up-

land cotton [G]. In: Proceedings of the Beltwide Cotton Conference, 2001, January 9-13, Anaheim, CA. National Cotton Council of America, Memphis, TN, USA, 2001, 1447-1453.

[17] Liu B, Brubaker C L, Mergeai G, *et al.* Polyploid formation in cotton is not accompanied by rapid genomic changes [J]. *Genome*, 2001, 44: 321-330.

[18] Lu H J, Myers O. Genetic relationships and discrimination of ten influential Upland cotton varieties using RAPD markers [J]. *Theor. Appl. Genet*, 2002, 105: 325-331.

[19] Lu Y, Curtiss J, Percy RG, *et al.* Discovery of single nucleotide polymorphism in selected fiber genes in cultivated tetraploid cotton [G]. In: Proceedings of the Beltwide Cotton Conference, New Orleans, LA, USA, 5-9 January 2005. National Cotton Council of America, Memphis, TN, USA.

[20] May O L, Bowman D T, Calhoun D S. Genetic diversity of U. S. Upland cotton cultivars released between 1980 and 1990 [J]. *Crop Sci.*, 1995, 35: 1570-1574.

[21] Mei M, Syed N H, Gao W, *et al.* Genetic mapping and QTL analysis of fiberrelated traits in cotton (*Gossypium*) [J]. *Theor. Appl. Genet.*, 2004, 108: 280-291.

[22] Meredith W R Jr. Cotton yield progress—why has it reached a plateau [J]. *Better Crops*, 2000, 84: 6-9.

[23] Multani D S, Lyon B R. Genetic fingerprinting of Australian cotton cultivars with RAPD markers. Genome, 1995, 38: 1005-1010.

[24] Nguyen T B, Giband M, Brottier P, *et al.* Wide coverage of the tetraploid cotton genome using newly developed microsatellite markers [J]. *Theor. Appl. Genet*, 2004, 109: 167-175.

[25] Park K C, Kim N H, Cho Y S, *et al.* Genetic variations of AA genome Oryza species measured by MITE-AFLP. *Theor. Appl. Genet*, 2003, 107: 203-209.

[26] Paterson A H, Saranga Y, Menz M, *et al.* QTL Analysis of genotype × environment interactions affecting cotton fiber quality [J]. *Theor. Appl. Genet*, 2003, 106: 384-396.

[27] Percy R G, Wendel J F. Allozyme evidence for the origin and diversification of *Gossypium barbadense* L [J]. *Theor. Appl. Genet*, 1990, 79: 529-542.

[28] Pilley M, Myers G O. Genetic diversity in cotton assessed by variation in ribosomal RNA genes and AFLP markers [J]. *Crop Sci.*, 1999, 39: 1881-1886.

[29] Rahman M, Hussain D, Zafar Y. Estimation of genetic divergence among elite cotton cultivars-genotypes by DNA fingerprinting technology [J]. *Crop Sci.*, 2002, 42: 2137-2144.

[30] Reinisch A J, Dong J M, Brubaker C L, *et al.* A detailed RFLP map of *cotton*, *Gossypium hirsutum* × *Gossypium barbadense*: chromosome organization and evolution in a disomic polyploid genome [J]. *Genetics*, 1994, 138: 829-847.

[31] Rong J, Abbey C, Bowers J E, *et al.* A 3347-locus genetic recombination map of sequence-tagged sites reveals features of genome organization, transmission and evolution of cotton (*Gossypium*) [J]. *Genetics*, 2004, 166: 389-417.

[32] Roy J K, Balyan H S, Prasad M, *et al.* Use of SAMPL for a study of DNA polymor-

phism, genetic diversity and possible gene tagging in bread wheat [J]. *Theor. Appl. Genet*, 2002, 104: 465-472.

[33] Saranga Y, Menz M, Jiang C, *et al.* Genetic dissection of genotype × environment interactions conferring adaptation of cotton to arid conditions [J]. *Genome Res.*, 2002, 11: 1988-1995.

[34] Shappley Z W, Jenkins J N, Meredith Jr W R, *et al.* An RFLP linkage map of Upland Cotton, *Gossypium hirsutum* L [J]. *Theor. Appl. Genet*, 1998, 97: 756-761.

[35] Smith C W, Cothern J T. Cotton. Wiley, New York Soriano JM, Vilanova S, Romero C, Llacer G, Badenes ML (2005) Characterization and mapping of NBS-LRR resistance gene analogs in apricot (*Prunus armeniaca* L.) [M]. Theor Appl Genet Epub ahead of print, 2005. .

[36] Tatineni V, Cantrell R G, Davis D D. Genetic diversity in elite cotton germplasm determined by morphological characteristics and RAPDs [J]. *Crop Sci.*, 1996, 36: 186-192.

[37] Ulloa M, Meredith WR Jr, Shappley ZW, *et al.* RFLP genetic linkage maps from four F (2. 3) populations and a joinmap of *Gossypium hirsutum* L [J]. *Theor. Appl. Genet*, 2002, 104: 200-208.

[38] Ulloa M, Saha S, Jenkins JN, Meredith W R Jr, *et al.* Chromosomal assignment of RFLP linkage groups harboring important QTLs on an intraspecific cotton (*Gossypium hirsutum* L.) joinmap [J]. *J. Hered*, 2005, 96: 132-144.

[39] Van der Wurff AWG, Chan Y L, van Straalen N M, *et al.* TE-AFLP: combining rapidity and robustness in DNA fingerprinting [J]. *Nucleic Acids Res*, 2000, 28: 105.

[40] Vos P, Hogers R, Bleeker M, Reijans M, *et al.* AFLP: a new technique for DNA fingerprinting [J]. *Nucleic Acids Res.*, 1995, 23: 4407-4414.

[41] Wendel J F, Cronn R C. Polyploidy and the evolutionary history of cotton [J]. *Adv Agron*, 2003, 78: 139-186.

[42] Wendel J F, Brubaker C F, Percival A E. Genetic diversity in *Gossypium hirsutum* and the origin of Upland cotton [J]. *Am J. Bot*, 1992, 79: 1291-1310.

[43] Westengen O T, Huaman Z, Heun M. Genetic diversity and geographic pattern in early South American cotton domestication [J]. *Theor. Appl. Genet*, 2005, 110: 392-402.

[44] Wright R J, Thaxton P M, El-Zik K M. Dsubgenome bias of X cm resistance genes in tetraploid *Gossypium* (cotton) suggests that polyploid formation has created novel avenues for evolution [J]. *Genetics*, 1998, 149: 1987-1996.

[45] Zhang J, Guo W, Zhang T. Molecular linkage map of allotetraploid cotton (*Gossypium hirsutum* L. × *Gossypium barbadense* L.) with a haploid population [J]. *Theor. Appl. Genet*, 2003, 105: 1166-1174.

[46] Zhang J F, Stewart J M. Economical and rapid method for extracting cotton genomic DNA [J]. *Cotton Sci.*, 2000, 4: 193-201.

[47] Zhang J F, Stewart J M. Semigamy gene is associated with chlorophyll reduction in

cotton [J]. *Crop Sci.*, 2004, 44: 2054-2062.

[48] Zhang J F, Lu Y, Cantrell R G, *et al.* Molecular marker diversity and field performance in commercial cotton cultivars evaluated in the Southwest U. S [J]. *Crop Sci.*, 2005, 45: 1483-1490.

[49] Zuo K J, Sun J Z, Zhang J F, *et al.* Genetic diversity evaluation of some Chinese elite cotton varieties with RAPD markers [J]. *Acta Genetica Sinica*, 2000, 27: 817-823.

短季棉分子标记连锁图谱构建及早熟性 QTLs 定位

范术丽，喻树迅，宋美珍
（中国农业科学院棉花研究所/农业部棉花遗传改良重点开放实验室，安阳 455000）

摘要：以两个陆地棉品种中棉所 36×TM-1 的 207 个 F_2 单株为作图群体，筛选出 73 个多态性引物，25 个 SSR 标记、35 个 RAPD 标记和 13 个 SRAP 标记，构建了第一张以研究短季棉为主的包含 43 个标记，标记间的最小遗传距离为 11.8cm，最大遗传距离为 48.9cm，总长 1174.0cm 的遗传连锁图谱，覆盖棉花基因组总长度的 23.48%。检测到与短季棉早熟性状相关的 12 个 QTLs，其中有 8 个 QTLs 呈簇分布在 LG1 连锁群上，找到对表型变异的贡献率在 30% 以上与全生育期、霜前花率和开花期有关的 QTL 各 1 个。以研究短季棉为主的遗传连锁图谱的构建及相关 QTLs 的呈簇分布在所查文献中均未见报道，为短季棉早熟性分子标记辅助育种奠定坚实基础。

关键词：短季棉；早熟性；分子标记；QTL 定位

分子标记连锁图谱的构建是开展基因定位、图位克隆和分子标记辅助选择等工作的关键技术。在棉花上，国内外主要是利用陆海杂交产生 F_2 单株开展高密度分子标记图谱构建 Paterson、林忠旭、贺道华、张献龙等得到 749 个多态性位点，566 个位点进入 41 个连锁群（LOD≥3.0），总长 5 141.8cm，标记平均间距为 9.08cm，并对产量性状进行了 QTL 定位与效应分析。陆地棉种植面积占全世界棉花面积的 90% 以上，对于利用陆地棉后代分离群体进行分子标记和 QTL 定位，寻找与产量、品质及重要农艺与经济性状紧密连锁的分子标记的研究还较薄弱。特别是对短季棉早熟及其相关性状的 QTLs 的分子标记研究未见报道。本文利用中棉所 36 为研究材料进行早熟性状的 QTLs 分子标记筛选，以鉴定出与早熟性状 QTLs 连锁的分子标记，为早熟性状分子标记辅助选择和短季棉早熟性改良奠定基础。

原载于：《中国棉花学会 2005 年年会暨青年棉花学术研讨会论文汇编》

1　试验设计

1.1　供试材料

本试验利用短季棉中棉所 36 和美国栽培品种遗传标准系 TM-1 为材料。2000～2001 年在中棉所安阳试验地自交，2002 年人工杂交制种，2002 年冬季到海南加代取得 F_2 代种子，2003 年在中国农业科学院棉花所安阳试验地对 F_2 代群体 207 个单株进行观察记载，并以这 207 个单株为作图群体并进行 QTL 分析。应用 518 对 SSR 引物、1 200条 RAPD 引物和 SRAP 引物 153 个组合，对 207 个 F_2 代单株进行分子标记和早熟相关性状的 QTLs 定位。

1.2　实验及分析方法

DNA 的提取根据 Paterson 等提取 DNA 的方法，并作了一些优化。

分子标记的命名，以标记的第一个字母表示标记来源，后面的数字表示引物的编号，如 S153 表示该标记是 RAPD 引物，引物编号是 153；SSR121 表示该标记是来源于 SSR 的引物，引物编号是 121；JSP121 表示该标记是来源于 SSR 的引物，引物编号是 121；M2e15 表示该标记来源于 SRAP 中 Em2 和 Me15 的引物组合。采用 Mapmaker/Exp（Version3.0）数据分析软件构建连锁群，LOD 值最小为 3.0，最大遗传距离为 50cM。利用 WinQTLCart（Version 2.0）分析软件定位早熟性及其相关性状基因，当似然比大于 13.80 时（LOD＝3.0），认为该区间存在一个 QTL。

2　试验分析

2.1　亲本早熟相关性状的表现

从表 1 可知，两亲本中棉所 36 和 TM-1 的全生育期相差 24.53d，现蕾期相差 5.61d，开花—吐絮相差 18.60d，开花期相差 15.11d，果枝始节相差 3.64 节，衣分相差 7.54 个百分点，且差异均达到极显著水平；而现蕾—开花、株高及铃重差异不显著。

表 1　亲本早熟性状表现

材料编号	全生育期(d)	现蕾期(d)	开花期(d)	现蕾—开花(d)	铃期(d)	株高(cm)	果枝始节	开花期(d)	衣分(%)	铃重(g)
中棉所 36	107.67	33.64	58.25	24.80	49.23	60.87	4.99	58.25	42.39	5.02
TM-1	132.20	39.25	73.36	25.12	67.83	59.06	8.63	73.36	34.85	5.21
χ^2	49.06**	11.22**	30.22**	0.64	37.2**	-3.62	7.28**	30.22**	-15.08**	0.38

对 F_2 群体相关性状进行正态分布检测以便进行 QTL 定位分析（表2）。为了确定性状是否符合正态分布，对各性状进行峰度和斜度计算，衣分、现蕾—开花不符合正态分布，所以对其进行 $\log_{10}$转换并用于 QTL 分析。现蕾—开花经转换后仍不符合正态分布，所以未对现蕾—开花进行 QTL 分析。

表2　F_2 群体性状表现及正态检验

性　状	Skewness	Kurtosis	MEAN	S	S^2	CV%
果枝始节	-0.212 1	0.018 7	7.25	1.59	2.54	21.98
铃　期	-0.237 1	0.378 0	56.97	6.90	47.55	12.10
全生育期	0.467 8	-0.298 8	121.26	8.01	64.12	6.60
开花期	0.314 9	-0.204 0	64.90	5.20	26.99	8.01
现蕾期	-0.919 1	1.892 0	39.00	3.31	10.98	8.49
株　高	-0.237 1	0.378 1	62.87	11.32	128.13	12.10
衣　分	-1.443 2	12.172 5	38.84	4.45	19.81	11.46
Log 衣分	-0.478 6	1.353 9	1.587	0.046	0.002	2.908
铃　重	0.050 7	0.008 2	4.76	1.17	1.38	24.65
现蕾—开花	4.215 2	29.544 2	26.36	5.73	32.84	21.73
Log 现蕾—开花	1.526 4	8.793 0	1.41	0.076	0.005	5.41

2.2　亲本间分子标记的多态性筛选及标记分离

利用 CottonDB 数据库的 207 对 SSR 引物和 JESPR 编号的 311 对 SSR 引物，1 200 条 RAPD 引物，和 153 个 SRAP 组合对中棉所 36 和 TM-1 两个亲本进行分子标记的多态性筛选：筛选出多态性较好的 SSR 多态性引物 25 对，SRAP 引物组合 13 个和较稳定的 RAPD 引物 35 个。分别以这 73 个具有多态性的引物进一步扩增了 F_2 群体所定株调查早熟性状的单株的总 DNA，鉴定出每个个体的标记基因型。图 1 ~ 6 分别为三类标记在亲本和 F_2 分离标记基因型的鉴定结果。

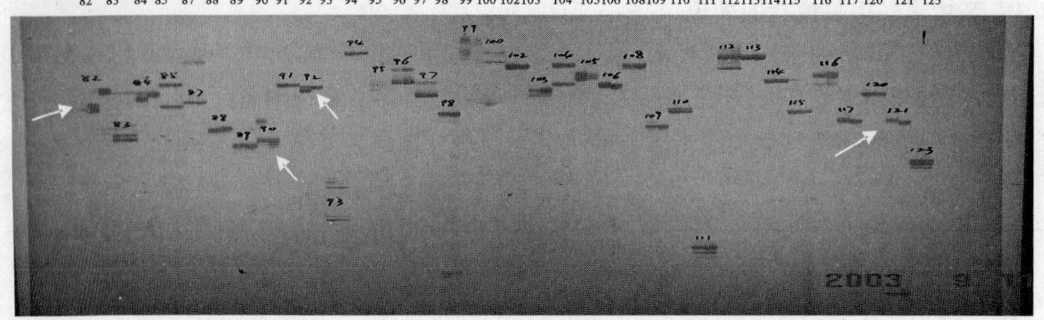

图1　SSR 标记在两作图亲本中多态性的筛选

2.3　连锁分析及图谱构建

对检测到的 73 个多态性标记进行作图分析，初步构建了一个包括 43 个位点的分子标记连锁图（图 7）。其中 RAPD 标记 35 个，SSR 标记 25 个，SRAP 标记 13 个。该标记连锁图共有 5 个连锁群（LOD≥3.0），每个连锁群包含 2 ~ 23 个标记。根据连锁群长度从大到小顺序对各连锁群进行命名，每个连锁群长度在 23.1 ~ 638.4cm，标记间的最小遗传距离为 11.8cm，最大的遗传距离为 48.9cm，总长度为 1 174cm，覆盖棉花基因组总长度的 23.48%。对 43 个标记位点的 F_2 分离比例进行 χ^2 测验，有 78.3% 的标记符合 3∶1 或 1∶2∶1 的分离比例。利用 RAPD、SSR、SRAP 标记进行图谱构建工作，在短季棉上还是未见报道。

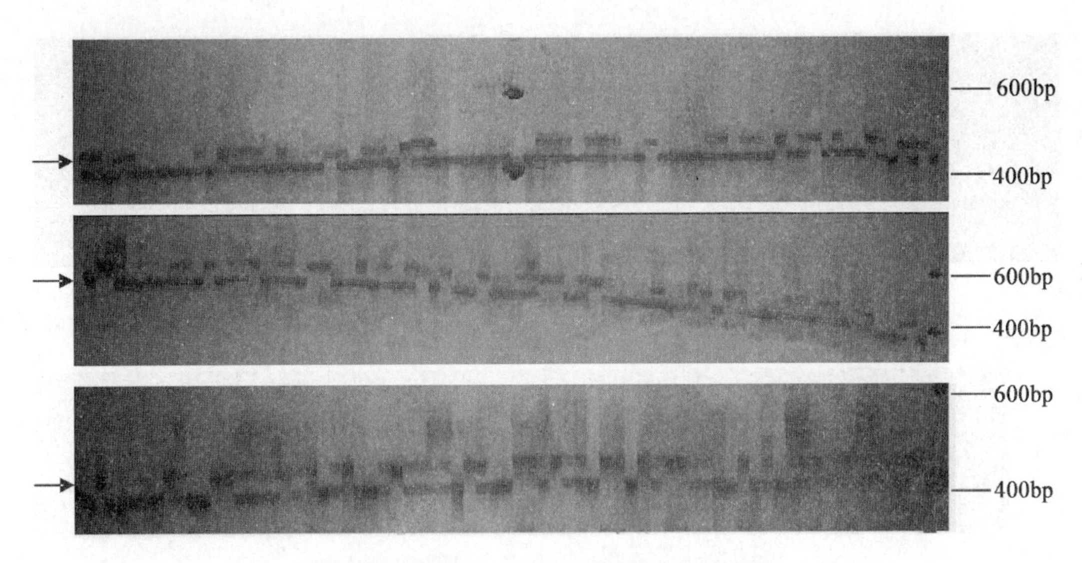

图 2　微卫星引物 SSR82 在图群体中的分离

图 3　SRAP 标记在两作图亲本中多态性的筛选

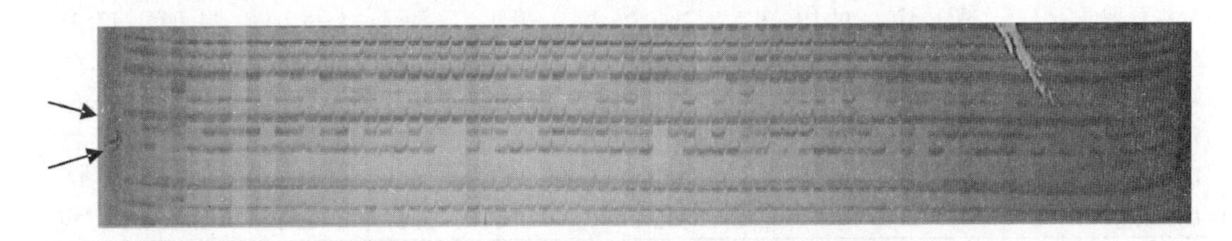

图 4　SRAP 引物 m3ell 在作图群体中的分离

2.4　短季棉早熟相关 QTLs 检测

应用复合区间作图法共检测到 12 个与短季棉早熟相关性状的 QTL（LOD≥3.0），分

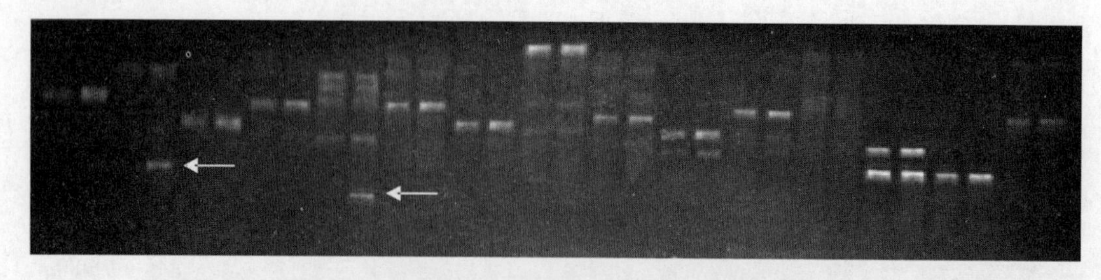

图5　RAPD 标记在两作图亲本中多态性的筛选

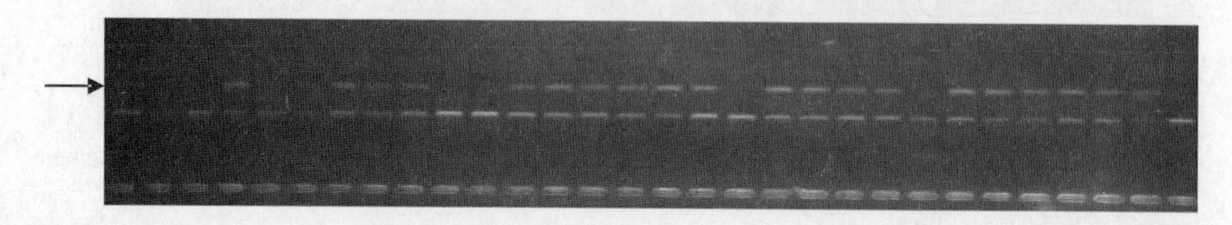

图6　RAPD 引物 S226 在作图群体中的分离

布在3个连锁群上，解析7.16% ~39.73%的表型变异。其中2个分别与开花期和霜前花率相关且有利于提高早熟性的QTL，对表型方差贡献率达到38.45%和39.73%；5个分别与果枝始节、现蕾期、全生育期和霜前花率相关且有利于提高早熟性的QTL，对表型方差贡献率在10%以上。连锁群LG1检测到8个QTL，1个与果枝始节有关，1个与现蕾期相关，3个与全生育期相关，2个与开花期相关，1个与霜前花率相关。QTL命名参照McCouch等的原则，与各性状相关的QTL详细情况如下（表3）。

表3　与短季棉早熟性状相关的 QTL 及其统计特征

性　状	连锁群	QTL 位置	QTL 名称	临近的标记	标记间距离	LOD 值	加性效应	显性效应	贡献率
果枝始节	1	435.31	qNFFB1$_{-435}$	S_{1418}-S_{1119}	40.1	6.01	-1.76	-0.74	10.37
现蕾期	1	427.31	qBD1$_{-427}$	S_{1418}-S_{1119}	40.1	2.02	-2.25	1.33	17.61
开花期	1	292.71	qFD1$_{-292}$	S_{1239}-S_{1351}	25.6	3.51	-2.87	-10.38	7.16
开花期	1	530.41	qFD1$_{-530}$	S_{1318}-S_{1215}	24.2	3.39	-10.19	3.76	38.45
铃　期	2	68.51	qBOD2$_{-68}$	$SRAP_{415}$-S_{230}	20.2	4.84	-4.62	15.02	14.27
全生育期	1	646.41	qGD1$_{-646}$	S_{133}-S_{1041}	32.0	4.22	8.59	-1.07	34.74
全生育期	1	431.31	qGD1$_{-431}$	S_{1418}-S_{1119}	40.1	3.97	-5.65	-14.65	17.45
全生育期	1	573.91	qGD1$_{-573}$	S_{1180}-S_{194}	30.8	4.65	-4.23	-14.51	8.65
霜前花率	1	591.91	qPFLP1$_{-591}$	S_{1180}-S_{194}	30.8	4.71	-5.78	39.52	19.64
霜前花率	3	140.31	qPFLP3$_{-140}$	SSR_{48}-S_{294}	47.8	3.70	-40.87	19.95	39.73
Log 衣分	3	134.31	qLD3$_{-134}$	SSR_{48}-S_{294}	47.8	5.59	-2.29	-4.34	13.07
Log 衣分	3	110.21	qLD3$_{-110}$	$SRAP_{415}$-SSR_{48}	48.2	5.17	-2.20	-4.14	11.79

注：NFFB——noll of first fruit branch，GD——growing day，LP——lint percent，LD——flowering day，BOD——Boll opening day，BD——bud day，PFLP——pre-frost lint percent.

果枝始节：共检测到一个qNFFB1-435，能解析10.37%的表型变异。位于LG1上的

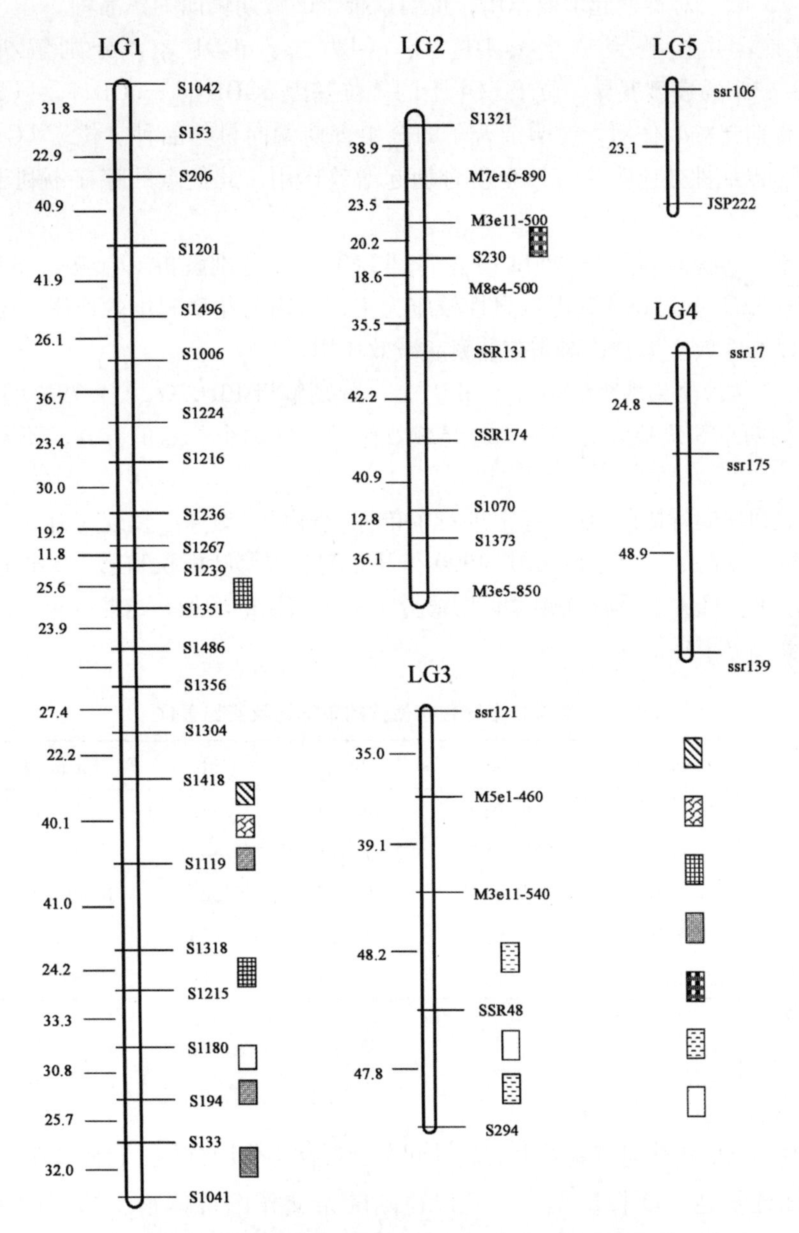

图7　早熟相关性状的 QTLs 定位个标记的连锁图谱

等位基因加性效应为 -1.76，对果枝始节起减效作用。

现蕾期：共检测到一个 qBD1-427，解析 17.61% 的表型变异。位于 LG1 上的等位基因加性效应为 -2.25，对现蕾期起减效作用，有利于棉花早熟性的提高。

开花期：共检测到两个 qFD1-292、qFD1-530，分别解析 7.16% 和 38.45% 的表型变异。位于 LG1 上的等位基因对开花期起减效作用，前者以显性效应为主，并且表现为超显性，后者以加性效应为主，表现为部分显性。

铃期：共检测到一个 qBOD2-68，解析 14.27% 的表型变异。位于 LG2 上的等位基因显性效应为15.02，对铃期起增效作用，说明杂合子的铃期偏向晚熟品种。

全生育期：共检测到三个 $qGD1_{-646}$、$qGD1_{-431}$、$qGD1_{-573}$，分别解析34.74%、17.45%和8.65%的表型变异。位于LG1上的等位基因 $qGD1_{-431}$、$qGD1_{-573}$ 以显性效应为主，对全生育期起减效作用，说明杂合子的全生育期偏向早熟品种。位于LG1上的等位基因 $qGD1_{-646}$ 以加性效应为主，对全生育期起增效作用，此位点的存在不利于早熟性的提高。

霜前花率：共检测到两个 $qPFLP1_{-591}$、$qPFLP3_{-140}$，分别解析19.64%、39.73%的表型变异。位于LG1上的等位基因以显性效应为主，对霜前花率起增效作用。位于LG3上的等位基因以加性效应为主，对霜前花率起减效作用。

Log衣分：共检测到两个 qLD_{-13}、qLD_{-110}，分别解析13.07%、11.79%的表型变异，位于LG3上的两个等位基因对Log衣分起减效作用。这两个位点的存在，不利于高衣分材料的选择。

对未分配到连锁群体的30个标记进行了单标记分析（表4）发现，有5个分子标记ssr63、ssrJ234、ssr63、S495、Srap107-1990与开花期、主茎叶面积和第一次收花率相关分别达极显著水平。随着短季棉连锁遗传图谱分子标记密度的增加，这些标记可能成为短季棉早熟性的重要分子标记。

表4　与短季棉早熟性状相关的单标记及其显著性

性　状	marker	b0	b1	LR	F（1，n-2）	pr（F）
开花期	ssr63	6.689	-0.644	7.233	7.351	0.008**
主茎叶面积	ssrJ234	95.282	11.618	11.441	11.878	0.001**
主茎叶面积	ssr63	107.344	-15.133	15.56	16.499	0**
第一次收花率	S495	6.037	-2.327	7.354	7.478	0.007**
第一次收花率	sr2p107-1990	5.165	-2.578	8.619	8.821	0.004**

2.5 讨论

2.5.1 作图群体

本研究中，以早熟性遗传差异大的品种间杂交群体为作图群体。得到207个 F_2 单株。作图群体单株数量达200株以上，这是以往陆陆杂交作图群体很少达到的单株数量。Shappley等利用2个陆地棉组合96个 $F_{2:3}$ 个家系，Ulloa等利用陆陆种间杂种的119个 $F_{2:3}$ 家系。左开井等利用陆陆杂交的152个 F_2 单株。因此，在以该 F_2 群体构建的连锁图谱中，分子标记之间的连锁关系更加可靠。

2.5.2 棉花遗传连锁图

本研究所用的试验材料中棉所36为中国优质专用短季棉品种，TM-1为陆地棉遗传标准系，尽管选用518对SSR引物、1 200个RAPD随机引物和153个SRAP组合筛选两亲本分子标记的多态性，结果仅筛选到25对SSR标记、35个RAPD标记和13个SRAP组合，多态性水平不高，加之 F_2 单株在200株以上，致使30个多态性标记未能进入连锁中。

2.5.3　早熟性相关性状的 QTL 定位

本文以基于 PCR 的标记为基础，初步构建了一张包含 43 个标记，总长 1 174.0cM 的短季棉的遗传连锁图。与以前发表的图谱相比，这是目前以研究短季棉早熟性为主的陆陆杂交的第一张粗略图谱，因此该图谱存在很多不足。但利用该图谱可发现早熟性状成簇分布的特点，所研究的早熟相关性状大部分分布在第一连锁群，特别是在 S_{1418}-S_{1119} 区间集中分布了全生育期、现蕾期和果枝始节的相关主效 QTL。这结果从分子水平解释了全生育期、现蕾期和果枝始节之间的显著相关关系。本试验通过构建短季棉基因组的连锁群对早熟性状进行定位，而且检测了 QTL 的位置及其遗传效应。收花率及果枝始节相关性状已被定位，所用的标记均是 RFLP 标记，该标记由于操作复杂，要求高而不易于分子标记辅助选择。而本文用的是基于 PCR 的标记，易于分子标记辅助选择。所检测到早熟性状的 12 个 QTL 中，有 8 个分布在 LG1 连锁群上，因此应进一步对存在与早熟相关 QTL 区域进行精细定位，并可以克隆到与生育期相关的早熟基因并应用到短季棉早熟性的遗传改良中。

参考文献

[1] 林忠旭，张献龙，聂以春，等．棉花 SRAP 遗传连锁图构建 [J]. 科学通报，2003，48（15）：1676-1679.

[2] 沈法富，于元杰，刘凤珍，等．棉花核 DNA 的提取及其 RAPA 分析 [J]. 棉花学报，1996，8（5）：246-249

[3] 王心宇，郭旺真，张天真，等．我国短季棉品种的 RAPD 指纹图谱分析 [J]. 作物学报，1997，23（6）：669-676.

[4] 武耀廷，张天真，殷剑美．利用分子标记和形态学性状检测的陆地棉栽培品种遗传多样性 [J]. 遗传学报，2001，28（11）：1040-1050.

[5] 殷剑美，武耀廷，等．陆地棉产量性 QTLs 的分子标记及定位 [J]. 生物工程学报，2002，18（2）：162-166.

[6] 张军，武耀廷，郭旺真，等．棉花微卫星标记的 PAGE 银染快速检测 [J]. 棉花学报，2000，12（5）：267-269.

[7] 喻树迅．我国短季棉遗传改良成效评价及其早熟不早衰的生化遗传研究 [D]. 西北农林科技大学，2003.

[8] PATERSON A H, Brubaker C L, Wendell J F. A rapid method for extraction of cotton (*Gossypium* spp.) genomic DNA suitable for RFLP or PCR analysis [J]. *Plant Mol Biol Rep*, 1994, 11 (2): 122-127.

[9] ZACHARY W, Shappley J N, Jenkies W R, *et al.* An RFLP linkage map of Upland cotton, *Gossypium hirsutum* L, Theor. Appl. Genet, 1998, 97: 756-761.

[10] ZACHARY W, Shappley J N, Jenkins J Z, *et al.* Quantitative Trait Loci Associated with Agronomic and Fiber Traits of Upland Cotton [J]. *The journal of cotton Science*, 1998, (2): 153-163.

Identification of Genes Associated with Cotyledon Senescence in Upland Cotton

Fafu Shen[1,2], Shuxun Yu[2*], Xiulan Han[1], Qingen Xie[1], Shuli Fan[2]
(1. Key Laboratory of Shandong Province for Crop Biology, College of Agronomy, Shandong Agricultural University, Taian 271018, China; 2. Cotton Research Institute, Chinese Academy of Agricultural Sciences, Anyang 455000, China)

Abstract: In order to unravel the biochemical pathways and decipher the molecular mechanisms involved in leaf senescence, suppression subtractive hybridization (SSH) was used to generate a cDNA library enriched for transcripts differentially expressed in developmental senescence cotyledons of upland cotton. After differential screening by membrane-based hybridization and subsequent confirmation by reverse northern blot analysis, selected 678 clones were sequenced and analyzed. Sequencing of these cDNA fragments reveal that 216 of expressed sequence tags (ESTs) represented unique genes. Of these 216 cDNAs, 151 clones (69.9%) show significant homologies to previously known genes, while the remaining 65 do not match any known sequences. 151 unique ESTs are assigned to twelve different categories according to their putative functions generated by BLAST analysis. These SAG-encoded proteins are likely to participate in macromolecule degradation, nutrient recycling, detoxification of oxidative metabolites, and signaling and regulatory events. The expression pattern of a selection of genes was confirmed using northern hybridization. Northern hybridization confirmed several distinct patterns, from expression at a very early stage, to the terminal phase of the senescence syndrome. Clones encoding proteases and proteins involved in macromolecule degradation and gluconeogenesis, as well as stress-related genes, is up regulated in senescence cotyledons.

Key words: Cotton (*Gossypium hirsutum*); Senescence; Expressed sequence tag (EST); Senescence-associated genes; Suppression subtractive hybridization

Leaf senescence in plants is an essential developmental phase, and understanding senes-

原载于：*Chinese Science Bulletin*, 2006, 51 (9), 1085-1094

cence is important not only for purely scientific reasons, but also for practical purposes. During the last decade, a number of senescence-associated genes (SAGs) have been identified. Sequence and/or functional analyses revealed that SAG-encoded proteins include proteases, nucleases, lipid-, carbohydrate-and nitrogen-metabolizing enzymes, stress-responsive proteins, and transcriptional regulators. Some SAGs have functions that remain unknown[1-2]. A recent transcriptome study showed that the major functional category of leaf senescence expressed sequence tags in Arabidopsis was for metabolism[3-4] and then for cell rescue and defense. However, the number of SAGs identified so far cannot account for the myriad biochemical and cellular events. The mechanisms involved in responses to various senescence-inducing factors, the operation of multiple signaling cascades, and the execution of the senescence syndrome during the senescence process, remain a mystery.

Until now, the different studies interested in leaf senescence focused especially on Arabidopsis, and other annual species to a lesser extent. Except for mutants, attempts to compare senescence between different plants or different lines are rare. The growth stages of Arabidopsis have been carefully defined, which allows an accurate sampling of materials for comparative analysis[5]. However, Arabidopsis may not be the ideal plant in which to study senescence since the leaves have a very short lifetime and senescence seems to start as soon as full expansion is reached[6]. Moreover, the developmental signals that initiate leaf senescence may be weaker in Arabidopsis and ageing or stress may have a more significant role than in other plants. While leaf senescence of several monocarpic species is controlled by flower and fruit development, such linkage was not found in Arabidopsis thaliana ecotype Landsberg erecta[7]. Therefore, Arabidopsis may not provide a good model for the study of developmental senescence. Much useful information on genes and gene regulation in other plants will be gained to confirm the conclusions from the analysis of senescence in Arabidopsis.

Cotton is the most important textile crop. Reports on leaf senescence in cotton are limited mainly to physiological and cytological studies[8-9]. Premature senescence, occurring with increasing frequency in China cotton crops, leads to decreasing photosynthetic capacity, and consequently lowering yield and fiber properties. The loss of assimilatory capacity as leaf senescence progresses contributes to limited fiber yield[10] and delayed leaf senescence may increase cotton productivity. Furthermore, the isolation of SAG clones from the senescing leaves of cotton is crucial for identifying targets for the manipulation of leaf senescence. Cotyledons of upland cotton may provide an excellent experimental system in the study of enzyme regulation and gene expression, and in identifying novel cDNAs of developmentally regulated genes expression in different senescence stage, since the changes that occur over time within cotyledons do so in the absence of cell division and are relatively uniform throughout the entire organ. Moreover, the developmental changes taking place from an early phase of heterotrophic growth through phototrophic growth to senescence last relatively long time. To identify the non-abundant SAG genes from the senescing cotyledons of cotton plants, we used suppression subtractive hybridization (SSH), which was specifically designed for comparing gene expression in different tissues or at different developmental stages [11]. The SSH method is based on generation of libraries of differentially expressed clones by subtraction of tester cDNA (in our case, senescing cotyledons) with an excess of driver cDNA (prepared from mature cotyledons). This paper reports the isolation of SAG clones from the senescing cotyledons of cotton plant. The characterizations, the expression profiles of selected gene during cotyledons senescence, and the possible physiological significance of these SAG clones are discussed.

1 Materials and Methods

1.1 Plant material

Twenty seeds of cotton (*Gossypium hirsutum* L. cv. Shannong No. 6, kept in the authors laboratory) were separately sown in plastic pots 30cm in diameter. Growth conditions were in a temperature-regulated growth room at (24 ± 1)℃ with 14h day/10h night cycles. Representative cotyledons were selected on the basis of time from imbition and uniform color throughout the entire organ. Leaves in which all the cells were at a similar stage of senescence (based on color) were rare so discs were excised from regions of the leaf where cells were of a uniform color. Chlorophyll content was determined as described previously [12]. Cotton material was photographed with a Nikon 3 500 camera (Nikon, Tokyo). Cotyledons representing fully expanded mature and various progressive senescence stages were harvested and are presented in Figure 1.

1.2 Isolation of RNA and SSH cDNA library construction

Total RNA was isolated from liquid-nitrogen-frozen developmental senescence cotyledons and fully expansion mature cotyledon with TRIZOL reagent. Poly (A) RNA was isolated using the MESSAGEMARKER reagent assembly. Starting material, designated as senescence cotyledon (SC), consisted of 2μg of an mRNA pool comprised of each mRNA preparation from cotyledons in the early-, mid-, and late senescence stage. The driver mRNA was from fully expanded mature cotyledon (designated as FEC). The cDNA was synthesized and amplified using a Clontech SMART PCR cDNA synthesis kit.

A Clontech PCR-Select complementary DNA subtraction kit was used for SSH library construction according to the manufacturers instructions. The final PCR products were cloned into the pGEM-T easy vector (Promega), transformed into JM109, and plated onto LB with ampicillin, X-gal, and IPTG. Selected white colonies were grown overnight in LB with ampicillin.

1.3 Differential screening of SSH cDNA libraries

In order to further confirm positive clones, differential screening was performed according to the PCR-selected Differential Screening Kit (Clontech) protocol. Individual clones from the subtractive libraries were randomly picked and stored in 960-well plates containing 100μL of LB medium and 50μg/mL of ampicillin at 37℃ for 4 h with shaking. OneμL of the growing culture was transferred to 0.2mL of PCR reaction tube containing the master mix with secondary PCR primers and used as the PCR template. After appropriate cycles of PCR amplification, the PCR products

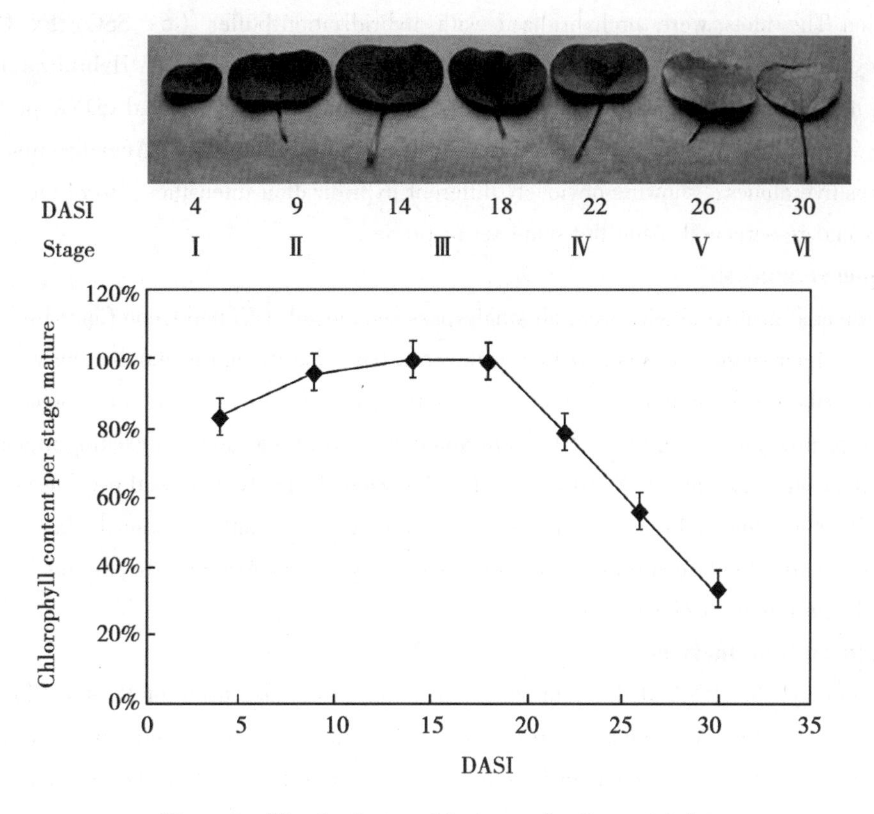

Figure 1　The developmental stages of cotton cotyledons

Stages through which the cotyledons pass from imbibition, through early expansion growth to maturity, and early to late senescence are defined as days after seed imbibition (DASI) on the basis of chlorophyll content and organ color. On d 4, cotyledons are green and just starting their expansion growth phase (stage Ⅰ), and then they undergo a period of expansion until they are mature around d 18 (stage Ⅱ and stage Ⅲ). By d 22, the cotyledon retains 78% of mature cotyledon chlorophyll content (stage Ⅳ); this is termed the early senescent stage. By d 26, the cotyledon retains 55% of mature cotyledon chlorophyll content (stage Ⅴ); this is termed the mid-senescence stage. By d 30, the cotyledon becomes yellow, and retains 32% of mature cotyledon chlorophyll content (stage Ⅵ); this is termed in late senescence.

were electrophoresed on a 1.0% agarose/ethidium bromide gel to confirm that each recombinant had the proper insert. For denaturing purposes, each PCR product was then mixed with equivalent volume of 0.6 N NaOH. Two μL of denatured PCR product were transferred to a nylon membrane. Duplicate identical membranes consisting 960 dots were prepared with subtracted libraries and then hybridized with ^{32}P-labeled forward cDNA probes. cDNA was synthesized from mRNA that was obtained from SC as tester and FEC as driver. The probes were ^{32}P- labeled using the reagents in the PCR-Select Differential Screening kit (Clontech Inc.) in the presence of [^{32}P] -dCTP (Yahui Biotehnology Inc., Beijing, China). The labeled probes were purified by NICK column (Amersham Pharmacia Biotech) and the specific activity of each probe was estimated using a scintillation counter. The probes with specific activity of $>10^7$ cpm were used for further hybridization. The blots were prehybridized with hybridization-buffer (6x SSC, 5x Denhart, 0.5% SDS, and 100μg/mL sheared salmon sperm DNA) for 2h at 72℃. Hybridizations were performed overnight at 72℃ in the hybridization buffer containing ^{32}P-labeled cDNA probes. The blots were washed and adjusted to autoradiography for 24 ~ 96h at −80℃. After the first screening, all positive clones, showing obviously different hybridization intensities, were picked to 96-well plates and re-screened using the same set of probes.

1.4 Sequence analysis

The selected positive clones were all single-pass sequenced (United Gene Company, Shanghai, China). Each sequence was screened for overall base quality and contaminating vector, mitochondrial, ribosomal, and *E. coli* sequences were removed. Unique ESTs were selected using the Stackpack program. All unique ESTs were annotated on the basis of the existing annotation of non-redundant databases at the NCBI using BLASTX. Homologies that showed e-value less than 1×10^{-10} with more than 100 nucleotides were considered significant. Functional classification of the ESTs was carried out according to the functional categories of Arabidopsis proteins (http://mips.gsf.de/proj/thal/db/index.html).

1.5 Northern blot analysis

Isolated cotyledon RNA at different senescence stages was also used for RNA gel blot analysis. Total RNA (20μg) was electrophoresed on 1.2% agarose gel and vacuum transferred to Hybond N^+ nylon membrane (Amersham Biosciences). Based on the result of the sequencing analysis, the differential clones that represented various genes were used as the probes and labeled with ^{32}P. Membranes were prehybridized in hybridization buffer for 2 ~ 4h at 68℃. Hybridizations were performed at 68℃ overnight in the hybridization buffer containing specific radioactive probe. Membranes were washed and adjusted to autoradiography (Kodak BioMax MS film) overnight at −80℃.

2 Result and Discussion

2.1 Development of cotton cotyledons

To facilitate these studies and to address questions we had on senescence, we formalized the developmental phases that the cotton cotyledon passes through from germination, early growth, maturity, and to late senescence. One of the advantages of using cotton cotyledons is that although an organ often contains cells in various stages of development with for example green, yellow, and brown sectors, one can also find cotyledons where the cells are of a uniform color throughout the organ. The phases of cotyledon development were divided into six distinct phases according to chlorophyll and organ color. As can be seen from Figure 1, by d 4 after imbibition, the cotyledons are green and just starting their growth phase (stage Ⅰ). Then they undergo a period of expansion until they are mature around d 18 (stages Ⅱ and Ⅲ). By d 22, the cotyledon retains 78% of mature cotyledon chlorophyll content (stage Ⅳ); this is the early senescent stage. By d 26, the cotyledon retains 55% of mature cotyledon chlorophyll content (stage Ⅴ); this is the mid-senescence stage. By d 30, the cotyledon becomes yellow, and retains 32% of mature cotyledon chlorophyll content (stage Ⅵ); this is termed in late senescence. The cotyledon subsequently becomes yellow in late senescence.

The driver cDNA for the construction of the SSH library was synthesized from mRNA isolated from fully expanded mature green cotyledons, contained the maximal levels of chlorophyll. The tester cDNAs were produced from mRNA isolated from cotyledons in the early-, mid-, and late senescence stage.

2.2 Construction and characterization of differentially expressed gene transcripts by SSH

Six 960-well microtiter plates were picked from subtractive library and stored in a -80℃ freezer. The average insert size was approximately 420 bp, ranging from 200 to 700 bp. Based on the first differential screening, 1 846 clones from the subtractive library were identified as showing stronger hybridization when the forward-subtracted probe was used for hybridization. The above clones were repicked to 96-well plates, and spotted onto nylon membranes for the second screening. Sixty clones showing obvious differential expression selected as positive clones according to criteria described in the Kit were chosen for sequencing. Sequence analysis indicated that some clones were highly redundant in library. For example, about 15% of clones in the library were those encoding a metallothionein. To remove these clones from the library, their PCR amplified inserts were used as probes to hybridize the membranes containing positive clones isolated from the first screen, and only non-hybridizing clones were selected for sequencing. In this way, the majority of the redundant clones were effectively removed.

High throughput sequencing was conducted from a total of 678 positive clones. 416 produced readable sequences were successfully generated. EST cluster analysis indicated that the sequences represented 216 unique ESTs. All these unique ESTs have been submitted to GenBank dbEST with accession numbers from DV437859 to DV438012. The putative functions identified by comparing them to previously reported databases using the blastx program. Approximately 69.9% (151 unique ESTs) are putatively identified by homology from BLASTx searches using a cut off E value. A further 14.4% (31 unique ESTs) have some homology to sequences in GenBank but do not meet the cutoff criteria. Only 15.7% (34 unique ESTs) have no homologies identified under the default BLAST conditions. Those no match clones are probably a result of their short query sequences, which is a weak point of the experimental procedures for SSH (RsaI digestion of the cDNAs for the efficiency of subtraction). The blastx accession numbers, putative identities, species, scores, E-values, and the functional categories of the 151 unique cDNA fragments for the library are listed in Table 1.

Table 1 Identified SSH clones and their BLAST search results [a]

Clone	Accession number	Best homologue in the database	Score	E value	Sequence identity (%)
01 METABOLISM (36)					
01.01 amino acid metabolism (9)					
F2A1	DV437869	glutamine synthetase [*Medicago truncatula*] (Y10267.1)	235	4e-61	92
F5A12	DV437921	glutamate dehydrogenase [*Nicotiana tabacum*] (AJ420266.1)	285	2e-76	96
F5D6	DV437926	bifunctional lysine-ketoglutarate reductase/saccharopine dehydrogenase [*Gossypium hirsutum*] (AF264146.1)	386	3e-106	93
F5F9	DV437933	leaf ubiquitous urease [*Glycine max*] (AY230156.1)	124	1e-27	87
F5E2	DV437929	S-adenosyl-L-homocysteine hydrolase [*Gossypium hirsutum*] (AF129871.1)	137	1e-31	98
F10B8	DV438002	proline oxidase precursor [*Arabidopsis thaliana*] At5g38710	314	1e-84	88
F1H3	DV437868	putative aspartate amino transferase ASP3 [*Arabidopsis thaliana*] At5g11520	285	4e-76	76
F1B9	DV437861	asparagine synthetase [*Helianthus annuus*] (AF190728.1)	294	1e-78	90
F1D3	DV437864	NADH glutamate synthase precursor [*Phaseolus vulgaris*] (AF314925.2)	272	6e-72	82
01.03 nucleotide metabolism (3)					
F3H2	DV437890	3′ (2′), 5′-bisphosphate nucleotidase [*Gossypium hirsutum*] (AJ310755.1)	290	2e-77	91
F5G1	DV437934	putative cytidine deaminase [*Arabidopsis thaliana*] (AY085453.1)	188	4e-47	70
F6D5	DV437948	2-nitropropane dioxygenase-like protein [*Arabidopsis thaliana*] (AY086032.1)	194	1e-48	81
01.05 C-compound and carbohydrate metabolism (3)					
F6A12	DV437941	putative cinnamyl alcohol dehydrogenase [*Malus x domestica*] ± AF053084.1)	159	3e-38	84
F6C9	DV437944	putative formate dehydrogenase, mitochondrial precursor [Oryza sativa (japonica cultivar-group)] (AP005656.3)	234	7e-61	87
F7D10	DV437968	putative NADPH quinone oxidoreductase [*Arabidopsis thaliana*] (AL161555.2)	251	1e-65	79
01.06 lipid, fatty acid and isoprenoid metabolism (15)					
F3D6	DV437883	GDSL-motif lipase/hydrolase family protein [*Arabidopsis thaliana*] (AC005388.1)	257	2e-67	59

(continued)

Clone	Accession number	Best homologue in the database	Score	E value	Sequence identity (%)
F4D7	DV437907	phospholipase D delta isoform [*Gossypium hirsutum*] (AF544228. 1)	367	1e-100	92
F6A7	DV437939	phospholipase D beta 1 isoform 1b [*Gossypium hirsutum*] (AY138250. 1)	354	9e-97	92
F6B9	DV437942	acyltransferase-like protein [*Gossypium hirsutum*] ± AY072824. 1)	365	4e-100	95
F6D1	DV437945	2, 4-dienoyl-CoA reductase (NADPH) precursor related protein [*Arabidopsis thaliana*] at2g47130	137	1e-31	61
F7A7	DV437960	acyl desaturase [*Medicago truncatula*] (DQ007889. 1)	288	3e-77	93
F7A11	DV437962	3-ketoacyl-CoA thiolase [*Gossypium hirsutum*] (AY038061. 1)	155	4e-37	89
F7A12	DV437963	palmitoyl-acyl carrier protein thioesterase [*Gossypium hirsutum*] (AF034266. 1)	254	5e-67	92
F7F9	DV437973	omega-6 fatty acid desaturase [*Cucurbita pepo*] (AY525163. 1)	226	1e-58	95
F8B5	DV437980	farnesyl pyrophosphate synthase [*Gossypium arboreum*] (Y12072. 1)	372	4e-102	91
F1F5	DV437866	serine palmitoyltransferase [*Lotus corniculatus var. japonicus*] (AB099699. 1)	192	4e-48	76
F9D11	DV437994	bacterial-induced lipoxygenase [*Gossypium hirsutum*] (AF361893. 2)	375	7e-103	91
F3F5	DV437887	Acyl-CoA-binding protein (ACBP) [*Gossypium barbadense*] (U35015. 1)	108	4e-23	91
F9B10	DV437991	phosphatidic acid phosphatase-like [*Oryza sativa* (*japonica cultivar-group*)] ± AP005446. 3)	105	5e-22	85
F4C12	DV437905	beta-galactosidase [*Gossypium hirsutum*] (AY438035. 1)	514	2e-144	92
01. 07 metabolism of vitamins, cofactors, and prosthetic groups (2)					
F1A8	DV437859	putative ethylene-inducible protein [*Oryza sativa* (*japonica cultivar-group*)] (XM_476338. 1)	266	2e-70	80
F4B12	DV437902	putative lipoic acid synthase LIP1 [*Arabidopsis thaliana*] (AY059077. 1)	174	8e-43	84
01. 20 secondary metabolism (4)					
F3H7	DV437891	glutathione S-transferase [*Cucurbita maxima*] (AB055118. 1)	206	5e-52	53

(continued)

Clone	Accession number	Best homologue in the database	Score	E value	Sequence identity (%)
F3A2	DV437893	1-aminocyclopropane-1-carboxylate synthase [*Betula pendula*] (AY120897. 1)	271	5e-72	75
F4D12	DV437909	flavonoid 3′, 5′-hydroxylase [*Gossypium hirsutum*] (AY275430. 1)	386	3e-106	90
F5A9	DV437920	(+) -delta-cadinene synthase [*Gossypium hirsutum*] (AY800106. 1)	315	5e-85	78
02 ENERGY (8)					
02. 01 glycolysis and gluconeogenesis (5)					
F2A4	DV437870	glyoxalase I [*Glycine max*] (AJ010423. 1)	120	2e-26	85
F2C10	DV437875	isocitrate lyase (EC 4. 1. 3. 1) [*Gossypium hirsutum*] (X52136. 1)	271	9e-72	95
F4A11	DV437898	NADP-dependent glyceraldehydephosphate dehydrogenase, putative [*Arabidopsis thaliana*] (NM_ 101161. 2)	227	9e-59	93
F6A11	DV437940	isocitrate lyase [*Gibberella fujikuroi*] (AJ698902. 1)	332	3e-90	98
F7E10	DV437971	malate synthase (EC 4. 1. 3. 2) [*Gossypium hirsutum*] ± X52305. 1)	254	6e-67	94
02. 10 tricarboxylic-acid pathway (citrate cycle, Krebs cycle, TCA cycle) (2)					
F6A2	DV437938	succinate dehydrogenase subunit 4 [*Gossypium hirsutum*] (AF363614. 1)	147	8e-35	92
F10B2	DV438001	conserved hypothetical protein [*Gibberella zeae* PH-1] (AACM01000046. 1)	337	1e-91	90
02. 13 respiration (1)					
F5F2	DV437931	salicylic acid-induced fragment 1 protein [*Gossypium hirsutum*] (AF366396. 1)	245	3e-64	94
11 TRANSCRIPTION (18)					
11. 02 RNA synthesis (18)					
F2C6	DV437873	bHLH transcription factor [*Gossypium hirsutum*] ± AY779337. 1)	353	3e-96	91
F2D4	DV437877	homeodomain protein HOX3 [*Gossypium hirsutum*] (AY626159. 1)	269	3e-71	91
F3B5	DV437880	C3HC4-type RING zinc finger protein-like [*Arabidopsis thaliana*] (AB010697. 1)	137	1e-31	50
F3C6	DV437881	transcription factor WRKY1 [*Gossypium arboreum*] (AY507929. 2)	341	1e-92	92
F3F6	DV437888	GATA-1 zinc finger protein [*Nicotiana tabacum*] (AB107693. 1)	172	3e-42	75

(continued)

Clone	Accession number	Best homologue in the database	Score	E value	Sequence identity (%)
F4A2	DV437895	putative CCCH-type zinc finger transcription factor [*Gossypium hirsutum*] (AY887895.1)	232	4e-60	91
F4F3	DV437910	Dof zinc finger protein [*Nicotiana tabacum*] ± AJ009594.1)	158	8e-38	54
F6D9	DV437949	putative heat shock transcription factor [*Arabidopsis thaliana*] (AC004747.3)	201	5e-51	77
F6D10	DV437950	14-3-3 protein [*Nicotiana tabacum*] (AB119475.1)	203	1e-51	93
F1D7	DV437865	GTP binding protein beta subunit 2 [*Solanum tuberosum*] (AF414114.1)	122	3e-27	95
F6F4	DV437952	GHMYB9 [*Gossypium hirsutum*] (AF336286.1)	432	5e-120	94
F6G4	DV437953	MYB family transcription factor [*Gossypium hirsutum*] (AY366352.1)	305	5e-82	93
F6G5	DV437954	WRKY transcription factor NtEIG-D48 [*Nicotiana tabacum*] (AB041520.1)	162	2e-39	88
F6H10	DV437958	putative dehydration responsive element binding protein [*Gossypium hirsutum*] ± AY422828.2)	374	1e-102	93
F7D9	DV437967	SBP transcription factor [*Gossypium hirsutum*] (AY779340.1)	204	1e-51	94
F7D11	DV437969	MADS9 protein [*Gossypium hirsutum*] (AY631395.1)	300	3e-80	94
F7F6	DV437972	NAC (no apical meristem) domain protein NAC6 [*Glycine max*] (DQ028774.1)	292	3e-78	86
F5D8	DV437927	RNA polymerase beta chain [*Cucumis sativus*] (AJ970307.1)	122	4e-27	96
12 PROTEIN SYNTHESIS (2)					
12.04 translation (2)					
F5E8	DV437930	Eukaryotic translation initiation factor-5 (eIF-5) [Zea mays] (X99517.1)	143	2e-33	91
F8G1	DV437984	eukaryotic translation initiation factor SUI1, putative [*Arabidopsis thaliana*] (NM_180861.1)	186	2e-46	82
14 PROTEIN FATE (folding, modification, destination) (20)					
14.01 protein folding and stabilization (1)					
F9H5	DV437998	molecular chaperone Hsp90-1 [*Lycopersicon esculentum*] AY368906.1	887	2e-94	96
14.07 protein modification (5)					

(continued)

Clone	Accession number	Best homologue in the database	Score	E value	Sequence identity (%)
F1B7	DV437860	UDPG--glycuronosyltransferase-like protein [*Gossypium hirsutum*] (AY346330. 1)	404	1e-111	94
F4H6	DV437916	ubiquitin-conjugating enzyme E2 [*Gossypium raimondii*] (AY082010. 1)	308	7e-83	98
F4G3	DV437912	ubiquitin-conjugating enzyme [*Oryza sativa* (japonica cultivar-group)] (XM_474269. 1)	290	1e-77	93
F5B9	DV437922	putative signal peptidase subunit [*Arabidopsis thaliana*] (AY096703. 1)	196	2e-49	81
F8A9	DV437978	ubiquitin-protein ligase [*Gossypium bickii*] (AY685671. 1)	142	3e-33	98
14. 13 protein degradation (18)					
F2A11	DV437871	Aspartic proteinase precursor aspartic endopeptidase [*Cucurbita pepo*] (AB002695. 1)	172	3e-42	90
F2C9	DV437874	aspartic proteinase [*Theobroma cacao*] (AJ313384. 1)	239	2e-62	90
F2G7	DV437879	26S proteasome ATPase subunit [*Pisum sativum*] (AY623108. 1)	239	3e-62	97
F3D5	DV437882	putative cysteine proteinase AALP [*Arabidopsis thaliana*] (BT000676. 1)	347	1e-94	85
F4A7	DV437896	putative papain-like cysteine proteinase [*Gossypium hirsutum*] (AJ606072. 1)	310	1e-83	93
F5D9	DV437928	cysteine protease [*Aster tripolium*] (AB161375. 1)	249	2e-65	85
F5F5	DV437932	polyubiquitin [*Pinus sylvestris*] (X98063. 1)	271	4e-72	99
F7C3	DV437965	26S protease regulatory subunit [*Gossypium hirsutum*] (AF071195. 1)	147	8e-35	90
F1E4	DV437974	putative cysteine protease [*Gossypium hirsutum*] (AY604196. 1)	189	2e-47	90
F8C12	DV437982	26S ATP/ubiquitin-dependent proteinase chain S4 [*Neurospora crassa*] (AL353819. 1)	127	1e-28	66
F8H12	DV437987	putative serine carboxypeptidase precursor [*Gossypium hirsutum*] (AY072822. 1)	360	2e-98	95
F10A8	DV438000	thylakoid membrane associated DegP2 protease [*Arabidopsis thaliana*] (AF349516. 1)	325	4e-88	90
F9G4	DV437997	ATP-dependent Clp protease-like protein [*Arabidopsis thaliana*] At5g45390	516	2e-51	

(continued)

Clone	Accession number	Best homologue in the database	Score	E value	Sequence identity (%)
F7B2	DV437964	bax inhibitor-like protein [*Brassica oleracea*] ±AF453321. 1)	144	9e-34	78
20 CELLULAR TRANSPORT, TRANSPORT FACILITATION AND TRANSPORT ROUTES (14)					
20. 01 transported compounds (substrates) (4)					
F6D3	DV437946	Nonspecific lipid-transfer protein 3 precursor (LTP 3) (Q43019)	161	5e-39	62
F9D3	DV437993	ADP, ATP carrier protein 1, mitochondrial precursor (ADP/ATP translocase 1) (O22342)	222	4e-57	95
F10E3	DV438005	peptide transporter [*Gibberella zeae* PH-1] (XM_ 383523. 1)	205	3e-52	79
F8C6	DV437981	lipid transfer protein precursor [*Gossypium hirsutum*] (AF195865. 1)	216	2e-55	92
20. 03 transport facilitation (10)					
F3D12	DV437884	ABC transporter [*Gossypium hirsutum*] (AY255521. 1)	343	2e-93	94
F10A1	DV437999	ABC transporter-like protein [*Arabidopsis thaliana*] (AL162874. 1)	202	4e-51	93
F4C9	DV437904	vacuolar H+-ATPase subunit E [*Gossypium hirsutum*] (AF009338. 1)	231	9e-60	94
F4D3	DV437906	vacuolar ATPase subunit c isoform [*Pennisetum glaucum*] (AY620961. 1)	120	1e-26	100
F4D11	DV437908	putative permease [*Gossypium hirsutum*] (AY632360. 1)	334	1e-90	92
F6H5	DV437956	Probable aquaporin TIP-type (Tonoplast intrinsic protein DiP) (P33560)	229	3e-59	90
F7D12	DV437970	plasma intrinsic protein [*Juglans regia*] (AY189974. 1)	330	2e-89	85
F9A4	DV437988	putative tonoplast intrinsic protein [*Gossypium hirsutum*] (AY821911. 1)	187	9e-47	97
F9B5	DV437990	putative sugar transporter [*Oryza sativa* (japonica cultivar-group)] (AE017116. 1)	182	3e-45	81
F10C3	DV438003	triose phosphate/phosphate translocator precursor [*Mesembryanthemum crystallinum*] (AF223358. 1)	72. 0	8e-12	56
30 CELLULAR COMMUNICATION /SIGNAL TRANSDUCTION MECHANISM (14)					
30. 01 intracellular signaling (14)					
F2B3	DV437872	ethylene-responsive element binding factor [*Gossypium hirsutum*] (AY181251. 1)	188	4e-47	85

(continued)

Clone	Accession number	Best homologue in the database	Score	E value	Sequence identity (%)
F2C12	DV437876	putative ethylene responsive element binding protein 3 [*Gossypium hirsutum*] (AY962572. 1)	213	2e-54	85
F3A9	DV438011	putative auxin response factor 10 [*Gossypium raimondii*] (DQ003610. 1)	400	2e-110	90
F3G5	DV437889	leucine-rich repeat transmembrane protein kinase, putative [*Arabidopsis thaliana*] (NM_ 128746. 2)	241	7e-63	73
F3H10	DV437892	putative purple acid phosphatase [*Arabidopsis thaliana*] (AC012395. 5)	119	2e-26	76
F4A12	DV437899	receptor protein kinase-like (fragment) [*Arabidopsis thaliana*] (AL356332. 1)	124	1e-27	60
F4B3	DV437900	pyruvate dehydrogenase phosphatase [*Bos taurus*] (NM_ 173949. 2)	161	1e-38	61
F4G6	DV437913	receptor kinase Lecrk [*Gossypium hirsutum*] (AF487461. 2)	332	7e-90	94
F6D4	DV437947	EREB1 transcription factor (AP2 domain containing protein) [*Gossypium hirsutum*] (AY827548. 1)	266	2e-70	100
F7A1	DV437959	MAP kinase-like protein [*Gossypium hirsutum*] (AY207316. 1)	333	2e-90	93
F1C2	DV437862	calcineurin B-like protein 3 [*Gossypium hirsutum*] (AY887896. 1)	148	6e-35	89
F7G6	DV437975	mitogen-activated protein kinase [*Euphorbia esula*] (AF242308. 1)	285	4e-76	95
F8A11	DV437979	seed calcium dependent protein kinase a [Glycine max] (AY247754. 1)	308	9e-83	85
F8D5	DV437983	ser-thr protein kinase [*Gossypium hirsutum*] (AY212968. 1)	244	6e-64	93
32 CELL RESCUE, DEFENSE AND VIRULENCE (24)					
32. 01 stress response (5)					
F5B11	DV437924	late embryogenesis-abundant protein Lea5-A - upland cotton [*Gossypium hirsutum*] (M88324. 1)	184	8e-46	98
F3F1	DV437886	PR protein class 10 [*Gossypium hirsutum*] (AF305067. 1)	288	3e-77	94
F5B8	DV437923	ultraviolet-B-repressible protein [*Gossypium hirsutum*] (AY551823. 1)	177	1e-43	93
F9A9	DV437989	PR10-5-like protein [*Gossypium barbadense*] (AY560553. 1)	283	1e-75	92

(continued)

Clone	Accession number	Best homologue in the database	Score	E value	Sequence identity (%)
F9F9	DV437996	early light inducible protein [*Trifolium pratense*] AY340640. 1	267	2e-70	86
32. 05 disease, virulence and defense (8)					
F3E10	DV437885	similarity to jasmonate inducible protein [*Arabidopsis thaliana*] (AY085861. 1)	301	1e-80	72
F4A8	DV437897	leaf senescence-associated protein (SAG101) [*Arabidopsis thaliana*] (NM_121497. 3)	261	5e-69	76
F10D2	DV438004	putative beta-glucosidase [*Arabidopsis thaliana*] (AL161571. 2)	217	8e-56	84
F5A6	DV437917	beta-1, 3-glucanase [*Hevea brasiliensis*] ± AY325498. 2)	303	2e-81	78
F4H2	DV437915	bacterial-induced class III peroxidase [*Gossypium hirsutum*] (AF485268. 1)	307	7e-83	94
F5G3	DV437935	pathogenesis-related protein [*Pyrus pyrifolia*] (AF195237. 1)	149	4e-35	69
F9D2	DV437992	Putative GSH-dependent dehydroascorbate reductase [*Arabidopsis thaliana*] (AC024609. 2)	164	6e-40	85
F10G8	DV438008	NBS-LRR resistance protein [*Gossypium hirsutum*] (AY600378. 1)	82. 4	4e-15	87
32. 07 detoxification (11)					
F1G12	DV437867	putative peroxidase [*Glycine max*] (L08199. 1)	155	4e-37	94
F4C7	DV437903	ascorbate peroxidase (U37060. 1)	263	2e-69	95
F4G8	DV437914	apoplastic anionic gaiacol peroxidase [*Gossypium hirsutum*] (AF488305. 1)	362	4e-99	92
F5H9	DV437937	cytoplasmic Cu/ZnSOD [*Gossypium hirsutum*] (DQ088818. 1)	230	9e-60	94
F5D1	DV437925	manganese superoxide dismutase [*Gossypium hirsutum*] (AF061514. 1)	210	1e-53	93
F6H9	DV437957	Catalase isozyme [*Gossypium hirsutum*] (X52135. 1)	194	1e-48	95
F7A9	DV437961	POD9 precursor [*Gossypium hirsutum*] (AY366083. 1)	319	2e-86	92
F7C8	DV437966	peroxidase isozyme [*Gossypium hirsutum*] (AF311351. 1)	301	5e-81	90
F10F6	DV438006	metallothionein-like protein [*Gossypium hirsutum*] (AF118230. 1)	127	1e-28	89

(continued)

Clone	Accession number	Best homologue in the database	Score	E value	Sequence identity (%)
F9E1	DV437995	glutathione peroxidase [*Malus x domestica*] AF403707. 1	284	6e-76	89
F8H2	DV437986	ferritin [*Triticum monococcum*] (AY650054. 1)	186	3e-46	86
36 INTERACTION WITH THE ENVIRONMENT (Systemic) (3)					
36. 20 plant /fungal specific systemic sensing and response (3)					
F5A7	DV437918	2-oxoglutarate-dependent dioxygenase, putative [*Arabidopsis thaliana*] (NM_104160. 2)	88. 6	6e-17	49
F7H11	DV437976	gibberellin 20-oxidase [*Gossypium hirsutum*] (AY895169. 1)	360	2e-98	91
F8A6	DV437977	1-aminocyclopropane-1-carboxylic acid oxidase [*Gossypium barbadense*] (AY375327. 1)	258	5e-68	81
40. CELL FATE (4)					
40. 01 cell growth /morphogenesis (4)					
F1C7	DV437863	related to APG7 (component of the autophagic system) [*Arabidopsis thaliana*] (AB016870. 1)	153	2e-36	67
F5G6	DV437936	similar to 9-cis-epoxycarotenoid dioxygenase [*Arabidopsis thaliana*] (AAF26356. 1)	238	5e-62	78
F6C4	DV437943	auxin-regulated protein [*Populus tremula x Populus tremuloides*] (AF373100. 1)	244	2e-63	67
F2E3	DV437878	allene oxide cyclase [Medicago truncatula] AJ308489. 1	222	3e-57	82
42 BIOGENESIS OF CELLULAR COMPONENTS (3)					
42. 01 cell wall (3)					
F3B7	DV438012	expansin [*Gossypium hirsutum*] (DQ060250. 1)	284	7e-76	90
F4A1	DV437894	polygalacturonase [*Gossypium hirsutum*] (AF410458. 1)	263	2e-69	90
F5A8	DV437919	endo-1, 4-beta-glucanase [*Gossypium hirsutum*] (AF538680. 2)	291	6e-78	100
98 CLASSIFICATION NOT YET CLEAR-CUT (5)					
F6E5	DV437951	glycine-rich RNA-binding protein [*Ricinus communis*] (AJ245939. 1)	149	2e-35	91
F6G10	DV437955	GPI-anchored protein [*Vigna radiata*] (AB013853. 1)	188	5e-47	72

(continued)

Clone	Accession number	Best homologue in the database	Score	E value	Sequence identity (%)
F4B5	DV437901	non-symbiotic hemoglobin class 1 [*Gossypium hirsutum*] (AF329368.1)	140	1e-32	91
F10H5	DV438007	Harpin binding protein 1 [*Gossypium hirsutum*] (AY383620.1)	177	1e-43	96
F8G3	DV437985	Steroid 5-alpha-reductase [*Gossypium hirsutum*] (AY141136.1)	135	3e-31	90

a) Genes were grouped using the same functional classification used for Arabidopsis thaliana MIPS (http://www.mips.biochem.mpg.de/)

2.3 Functional classification of differentially expressed genes

To understand the molecular mechanisms involved in leaf senescence, differentially expressed genes selected by subtractions were classified into different categories according to their putative functions generated by BLAST analysis. A total of 151 unique genes for the subtractive library with hits to the GenBank nr database are grouped into 12 functional categories according to the functional classification for Arabidopsis thaliana MIPS (table1): ①metabolism, ②energy, ③transcription, ④protein fate (folding, modification, destination), ⑤cellular transport, transport facilitation and transport routes, ⑥cellular communication/signal transduction mechanism, ⑦cell rescue, deference and virulence, ⑧interaction with the environment, ⑨cell fate, ⑩protein synthesis, ⑪biogenesis of cellular components and⑫classification not yet clear-cut.

The largest group of genes with known function is metabolism-related genes and approximately 23.8% of the transcripts are included in this category. The subclasses amino acid metabolism, C compound and carbohydrate metabolism, lipid, fatty acid and isoprenoid metabolism, nucleotide metabolism, and nitrogen and sulfur metabolism are more strongly represented among the clones in the library. One of the most important subclasses is lipid, fatty acid and isoprenoid metabolism. Several authors have suggested that lipid metabolism provides energy for the senescing leaf [13-14]. We find enrichment in senescence cotyledons of ESTs in the classes 01.06 (lipid and fatty acid metabolism), 02.01 (glycolysis and gluconeogenesis).

The second largest group of genes with known function is cell rescue, deference and virulence. Within this category, there are 24 transcripts in the library. These genes encode pathogenesis-related protein, late embryogenesis-abundant protein, ferritin and metallothionein, and stress-inducible-like protein as well as reactive oxygen species (ROS) scavenger enzymes. Senescence and stress-induced premature senescence have certain features in common, e.g. programmed cell death, chlorosis, and an enhanced activity of enzymes involved in cellular turnover and in scavenging of potentially damaging metabolites. It is reported that genes identified as being senescence-enhanced have been shown to be expressed in leaves exposed to many different stresses such as pathogen infection [15], ozone treatment [16], UV-B exposure[17] and others. Thus, there is a considerable overlap in gene expression between leaf senescence and premature senescence.

Perhaps the most important categories are transcription and cellular communication /signal transduction mechanism. 32 genes that encode receptor kinase proteins that may serve as receivers or transducers of external or external signals, or genes that may encode transcription factors have been isolated in subtractive library. These senescence-enhanced genes encode transcription factors such as WRKY, NAC, zinc finger, MYB, and leucine zipper as well as different kinases.

2.4 Transcript profiling of gene expression during various cotyledons senescence stage

Temporal expression patterns may indicate the role of each gene during the various cotyledons senescence steps from the cotyledons just starting their growth phase (stage I) to the late senescence (stage VI). A representative gene was chosen from each of the major function categories identified in this study. We analyzed transcript abundance for eight of the genes: CCCH-type zinc finger transcription (F4A2), mitogen-activated protein kinase (MAPK) -like protein (F7A1), proline oxidase (F10B8), glutamate dehydrogenase (F5A12), 3-ketoacyl CoA thiolase (F7A11), isocitrate lyase (F2C10), cysteine proteinase (F4A7) and pathogenesis-related (PR) protein class 10 (F3F1), which we identified as putative SAGs in cotton during the various cotyledons senescence stage. As a comparison, one gene encoding chlorophyll a/b-binding protein was also analyzed. The expression patterns of the two types of gene are, as expected, strikingly different: Although the chlorophyll a/b-binding protein mRNA level decrease steadily during the cotyledons senescence, all eight putative SAGs show an increase in transcript abundance (Figure 2). However, differences in expression patterns are observed with these genes. The CCCH-type zinc finger transcription (F4A2) and MAP kinase-like protein (F7A1) is expressed at early stages, but thereafter their transcript levels drop. This may suggest their participation in the initiation phase of senescence. The expression levels of F10B8 and F5A12 that encode enzymes proline oxidase and glutamate dehydrogenase for amino acid metabolism show degree of basal expression at early stages, and increase markedly during the successive stages of senescence. Two clones (F7A11, F2C10) that are involved in fatty acid degradation and remobilization are those encoding 3-ketoacyl CoA thiolase and isocitrate lyase. The expression levels of both corresponding transcripts are remarkably enhanced at the same early senescent stage IV and declined again at the mid-senescence stage V, suggesting that these two genes may be coordinately regulated by the senescence-inducing factors during cotton cotyledon senescence. Above genes are expressed before the cotyledons showed any visible signs of deterioration. Cysteine protease and PR protein class 10 mRNAs, whose products are involved in the terminal phase of leaf senescence during which irreversible loss of cell integrity and viability occurs, accumulated to high levels only in the yellowing cotyledons. The product of this gene is probably responsible for the irreversible necrosis typically involved in this stage of senescence. Therefore, the expression patterns of senescence-enhanced genes may provide valuable information concerning the sequence of events of the senescence program.

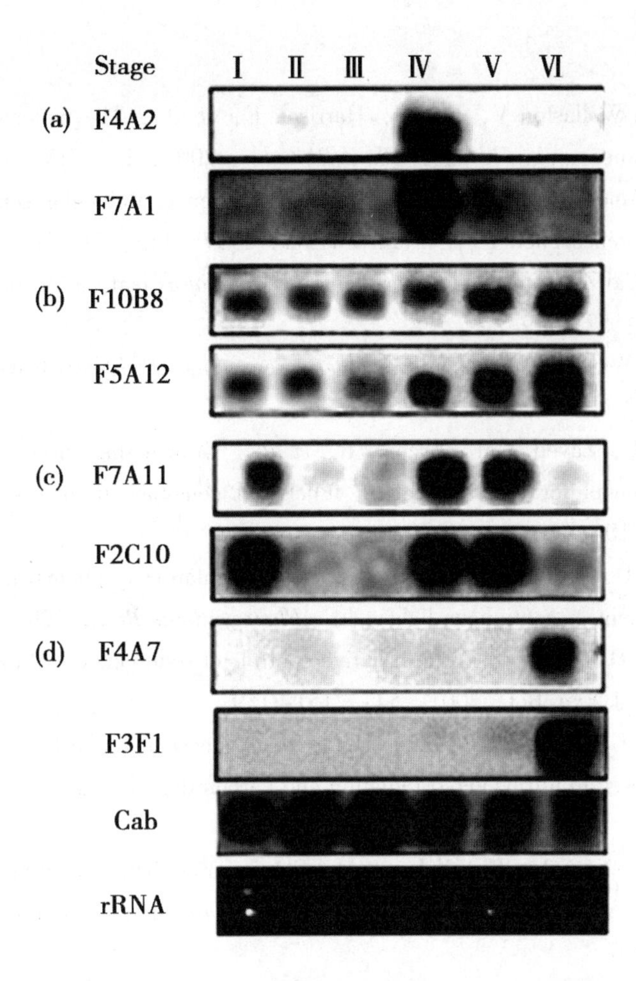

Figure 2　Temporal expression profiles of various SAGs

RNA gel blots analyses displaying various kinetic patterns. (a) Early expressed gene, and thereafter their transcript levels drop. F4A2, CCCH-type zinc finger transcription; F7A1, MAP kinase-like protein. (b) SAGs with basal expression at early stages, and increase during the successive stages of senescence. F10B8, Proline oxidase; F5A12, glutamate dehydrogenase. (c) SAGs displaying transient expression. F7A11, 3-ketoacyl CoA thiolase; F2C10, isocitrate lyase. (d) Late-expressed SAG. F4A7, cysteine proteinase; F3F1, PR protein class 10; Cab, Chlorophyll a/b-binding protein representing a down-regulated gene. rRNA shown in the bottom panel is the total RNA loading control stained with ethidium bronide. The various senescence stages have been defined in the legends for Figure 1

Acknowledgments

This work was supported by the China Key Development Project for Basic Research (973) (Grant No. 2004CB117300), and the China Plant Research and Industrialization Program (Grant No. JY03-B-05).

References

[1] Buchanan-Wollaston V, Earl S, Harrison E, *et al.*, The molecular analysis of leaf senescence -A genomics approach [J]. *Plant Biotech.*, 2003, 1: 3-22.

[2] Gan S, Amasino R M, Making sense of senescence. Molecular genetic regulation and manipulation of leaf senescence [J]. *Plant Physiol*, 1997, 113: 313-319.

[3] Guo Y, Cai Z, Gan S, Transcriptome of *Arabidopsis* leaf senescence [J]. *Plant Cell Environ*, 2004, 27: 521-549.

[4] Lin J F, Wu S H., Molecular events in senescing *Arabidopsis* leaves [J]. *Plant J.*, 2004, 39: 612-628.

[5] Boyes D C, Zayed A M, Ascenzi R, *et al.*, Growth stage based phenotypic analysis of Arabidopsis: a model for high throughput functional genomics in plants [J]. *Plant Cell*, 2001, 13: 1499-1510.

[6] Stessman D, Miller A, Spalding M, *et al.* Regulation of photosynthesis during Arabidopsis leaf development in continuous light [J]. *Photosynthesis Res.*, 2002, 72: 27-37.

[7] Noodén L D, Penney J P, Correlative controls of senescence and plant death in Arabidopsis thaliana [J]. J. Exp. Bot, 2001, 52: 2151-2159.

[8] Kakani V G, Reddy K R, Zhao D, *et al.*, Senescence and hyperspectral reflectance of cotton leaves exposed to ultraviolet-B radiation and carbon dioxide [J]. *Physiol Plant*, 2004, 121: 250-257.

[9] Shen F F, Yu S X, Han X L, *et al*, Cloning and characterization of a gene encoding cysteine proteases from senescent leaves of *Gossypium hirsutum*, Chinese Science Bulletin, 2004, 49: 2601-2607.

[10] Wright P R, Premature senescence of cotton (*Gossypium hirsutum* L.) -Predominantly a potassium disorder caused by an imbalance of source and sink [J]. *Plant and Soil*, 1999, 211: 231-239.

[11] Diatchenko L, Lau Y F, Campbell A P, *et al.*, Suppression subtractive hybridization: a method for generating differentially regulated or tissue-specific cDNA probes and libraries [J]. *Proc. Natl. Acad. Sci.*, 1996, 93: 6025-6030.

[12] Arnon D I. Copper enzymes in isolated chloroplasts: polyphenoloxidase in Beta vulgaris [J]. *Plant Physiol*, 1949, 24: 1-15.

[13] Gut H, Matile P, Apparent induction of key enzymes of the glyoxylic acid cycle in senescent barley leaves [J]. *Planta*, 1988, 176: 548-550.

[14] Wanner L, Keller F, Matile P, Metabolism of radiolabelled galactolipids in senescent barley leaves [J]. *Plant Science*, 1991, 78: 199-206.

[15] Pontier D, Gan S, Amasino R M, *et al.*, Markers for hypersensitive response and senescence show distinct patterns of expression [J]. *Plant Mol Biol*, 1999, 39: 1243-1255.

[16] Miller J D, Arteca R N, Pell E J. Senescence-associated gene expression during o-

zone-induced leaf senescence in Arabidopsis [J]. *Plant Physiol*, 1999, 120: 1015-1024.

[17] John C F, Morris K, Jordan B R, *et al.*. Ultraviolet-B exposure leads to upregulation of senescence-associated genes in Arabidopsis thaliana [J]. *Exp. Bot.*, 2001, 52: 1367-1373.

AFLP-RGA Markers in Comparison with RGA and AFLP in Cultivated Tetraploid Cotton

Jinfa Zhang[1*], Youlu Yuan[2], Chen Niu[1], Doug J[3]. Hinchliffe, Yingzhi Lu[1], Shuxun Yu[2], Richard G. Percy[4], Mauricio Ulloa[5], Roy G. Cantrell[6]

(1. Dep. of Plant and Environ. Sci., Box 30003, New Mexico State Univ., Las Cruces, NM 88003; 2. Key Laboratory of Cotton Genetic Improvement, Ministry of Agriculture/Cotton Research Institute, Anyang 455000, China; 3. Southern Regional Research Center, 1100 Robert E. Lee Blvd., New Orleans, LA 70124; 4. Arid-Land Agricultural Research Center, USDA-ARS, 21881 N. Cardon Lane, Maricopa, AZ 85239; 5. Unit, Cotton Enhancement Program, USDA, Shafter, CA 93262; 6. Cotton Inc., Cary, NC 27513)

Abstract: Disease resistance (R) genes have been isolated from many plant species and R genes with domains of nucleotide binding sites (NBS) and leucine-rich repeats (LRR) represent the largest R gene family. The objective of this investigation was to test a resistance gene analog (RGA) anchored marker system, called amplified fragment length polymorphism (AFLP) -RGA in cotton (*Gossypium spp.*). The AFLPRGA analysis uses one degenerate RGA primer designed from various NBS and LRR domains of R genes in combination with one selective AFLP primer in a PCR reaction. Out of a total of 446 AFLPRGA bands amplified by 22 AFLP-RGA primer combinations, 76 (17.0%) and 37 (8.3%) were polymorphic within four *G. hirsutum L.* genotypes and four G. *barbadense* L. cotton genotypes, respectively. The number of polymorphic AFLP-RGA bands (256) between *G. hirsutum* and *G. barbadense* was much higher (57.4%). This level of polymorphism mirrors that of AFLP. The genetic similarity among the eight genotypes based on AFLP-RGA or AFLP lead to similar results in genotype grouping at the species and intraspecies level. However, RGA markers amplified by only degenerate RGA primers could not discriminate several genotypes. AFLP-RGA offers a great flexibility for numerous primer combinations in a genome-wide search for RGAs. Due to the distribution of RGAs or RGA clusters in the plant genome, genome-

原载于：*Published in Crop Sci.*, 2007, 47: 180-187

wide AFLP-RGA analysis provides a useful resource for candidate gene mapping of R genes for disease resistance in cotton.

With a better understanding of the general genome structures of higher organisms, primers derived from simple sequence repeats (SSRs), conserved regions of transposons, or retrotransposons were used in combination with random or AFLP primers to develop a number of modified marker systems such as retrotransposon-microsatellite amplified polymorphism, inter-retrotransposon amplified polymorphism, sequence specific amplification polymorphism, random amplified microsatellite polymorphism (RAMP) /digested RAMP, selective amplification of microsatellite polymorphic loci, and microsatellite-AFLP (Weising *et al.*, 2005). Most of these markers represent random samples of the genome and have been used in various areas including genetic diversity, germplasm fingerprinting, linkage and quantitative trait locus (QTL) mapping, gene isolation, and marker assisted selection in breeding. However, in the quest for genes responsible for evolutionary traits and plant phenotypes, functional markers from transcribed regions of the genome have recently gained more attention.

Sequence-related amplified polymorphism (SRAP) (Li and Quiros, 2001) and targeted region amplified polymorphism (TRAP) (Hu and Vick, 2003) were two recent attempts to target gene regions in a high-throughput fashion. Many sequence-tagged site (STS), cleaved amplified polymorphism, single nucleotide polymorphism, and SSR markers have also been developed from genes or expressed sequence tags in many species. In a technique recently designated single feature polymorphism (Borevitz *et al.*, 2003), portions of gene sequences have been used as oligonucleotides for microarray hybridizations with labeled genomic DNA to simultaneously reveal genomic variations in thousands of genes. However, one of the prerequisites for single feature polymorphism is the availability of gene chips for the species of interest.

Of the many disease resistance (R) genes isolated in numerous plant species, R genes with domains of NBS and LRR represent the largest R gene family (Martin *et al.*, 2003). Recent genome analyses identified approximately 150 and 500 NBS-LRR genes in *Arabidopsis* (Meyers *et al.*, 2003) and rice (*Oryza sativa* L.) (Monosi *et al.*, 2004), respectively. The conserved NBS domain comprising the P loop, the kinase-2 motif, and the GLPL motif has enabled the isolation of disease resistance analogs (RGAs) from numerous plant species (reviewed in Martin *et al.*, 2003). Genetic diversity of the RGAs in relation to their origin, evolution, and germplasm diversity have been extensively investigated (Leister *et al.*, 1996; Kanazin *et al.*, 1996; Yu *et al.*, 1996; Chen *et al.*, 1998; Collins *et al.*, 1998; Mago *et al.*, 1999; Grube *et al.*, 2000; Pan and Wendel, 2001; Graham *et al.*, 2002; Rossi *et al.*, 2003; Trognitz and Trognitz, 2005). The genetic and physical mapping of RGAs and their expression and relationships with R genes and QTL have been reported in a number of plant species (Fourmann *et al.*, 2001; Huettel *et al.*, 2002; Penuela *et al.*, 2002; Quint *et al.*, 2003; Di Gaspero and Cipriani, 2003; Hunger *et al.*, 2003; Liu and Ekramoddoullah, 2003; Radwan *et al.*, 2004;

Clement et al., 2004; Dilbirligi *et al.*, 2004; Irigoyen *et al.*, 2004; Rajesh *et al.*, 2004; McIntyre et al., 2005; van Leeuwen *et al.*, 2005; Yuksel *et al.*, 2005).

As a DNA marker system, RGA, amplified directly from the degenerate RGA primers and revealed in polyacrylamide gels, was first proposed by Chen *et al.* (1998) and has been successfully used for mapping disease resistant genes (Zhang *et al.*, 2004). However, RGAs have been usually cloned and sequenced for designing more robust STS primers in most mapping experiments (Hinchliffe *et al.*, 2005). Hayes and Saghai Maroof (2000) proposed a modified AFLP procedure with an AFLP primer and an NBS degenerate primer in the second round of amplification to map an R gene in soybean (*Glycine max*L. Merr.). Recently it also has been successfully used to isolate RGAs and map disease resistance genes in pepper (*Capsicum annuum* L.) and lupin (*Lupinus angustifolius* L.) (Egea-Gilabert *et al.*, 2003; You *et al.*, 2005). Soriano *et al.* (2005) substituted one AFLP primer by a nondegenerate RGA primer designed from nonconserved regions of the NBS domain in apricot (*Prunus armeniaca* L.) to develop and map AFLP-RGA markers. For efficient targeting of R gene loci, van der Linden *et al.* (2004) proposed and tested a new strategy called NBS profiling involving only one restriction enzyme (*Mse*I) and the method has been successfully used to identify RGAs and map major genes and QTL for disease resistance in apple (*Malus spp.*) (Calenge *et al.*, 2005).

The above mentioned modified methods are almost exclusively based on the conserved NBS region. However, the LRR domains, thought to play a major role in distinct pathogen-specific recognitions, were not extensively used in RGA profiling due to their low level of sequence conservation. Here, using cultivated tetraploid cotton (*G. hirsutum* L. and *G. barbadense* L.) as an example, we have attempted to establish a RGA-anchored marker system, called AFLP-RGA by using one degenerate or nondegenerate primer designed from various regions of R genes including NBS and LRR domains in combination with one selective AFLP primer in a PCR. We demonstrate the feasibility of AFLP-RGA for the genome-wide RGA search and mapping of RGA. A number of studies have suggested that isozymes, random amplified polymorphic DNA, AFLP, restriction fragment length polymorphism, and SSR revealed a low level of polymorphism within the predominant cultivated Upland cotton (*G. hirsutum* L.) germplasm (Ulloa *et al.*, 2005; Zhang *et al.*, 2005a, 2005b), thus limiting the construction of genome-wide linkage map and QTL mapping in Upland cotton. The AFLP-RGA marker system should add more markers to existing cotton genetic maps and therefore be used to map other genes of interest.

1 Materials and Methods

1.1 Plant materials and DNA isolation

To compare the resolution power among AFLP, RGA, and AFLP-RGA, eight genotypes were used, including four *G. hirsutum* cotton (TM-1, NM 24016, Acala 1517-99, and Acala Nem-X), and four *G. barbadense* cotton (SxP, Amsak, Pima 32, and Pima Phytogen 76). Among the four *G. hirsutum* cotton genotypes, TM-1 is an Upland cotton (Kohel *et al.*, 1970), while the other three are Acala cotton with substantial germplasm introgression from *G. barbadense* cotton (Pima). Genomic DNA of each genotype from leaf tissues was extracted following the mini-prep cTAB protocol as described by Zhang and Stewart (2000).

1.2 AFLP, AFLP-RGA, and RGA analysis

The AFLP was done following the protocol of Vos *et al.* (1995) with minor modifications (Zhang *et al.*, 2005b). Briefly, genomic DNA was digested with *EcoRI* and *Mse*I and ligated with *EcoRI* and *Mse*I adaptors in the same reaction. The diluted, ligated solution was used in the first round of AFLP amplification using two preselective primers with a single selective nucleotide extension. Then, the second round of amplification was performed using the diluted preselective PCR as a template with two selective AFLP primers. For AFLP-RGA analysis, one of the degenerate RGA primers (Table 1) in combination with one of selective AFLP primers was used in the second round of PCR amplification.

Table 1 Primers used to amplify putative resistance gene analogue polymorphic resistance gene analog (RGA), amplified fragment length polymorphism (AFLP), and AFLP-RGA markers

Type	Primer	Sequence	Reference
Kinase	Pto kin-1	GCATTGGAACAAGGTGAA	Chen *et al.*, 1998
	Pto kin-2	AGGGGGACCACCACGTAG	
	RLK-for	GAYGTNAARCCIGARAA	Feuillet *et al.*, 1997
	RLK-rev	TCYGGYGCRATRTANCCNGGITGICC	
NBS	NBS-F_1	GGAATGGGNGGNGTNGGNAARAC	Yu *et al.*, 1996
	NBS-R1	YCTAGTTGTRAYDATDAYYYTRC	
GGBGKTT GLPLAL	S2	GGIGGIGTIGGIAAIACIAC	Leister *et al.*, 1996
	AS3	IAGIGCIAGIGGIAGICC	
LRR	CLRR-for	TTTTCGTGTTCAACGACG	Chen *et al.*, 1998
	CLRR-rev	TAACGTCTATCGACTTCT	
	RLRR-for	CGCAACCACTAGAGTAAC	
	RLRR-rev	ACACTGGTCCATGAGGTT	
	NLRR-for	TAGGGCCTCTTGCATCGT	
	NLRR-rev	TATAAAAAGTGCCGGACT	
	XLRR-for	CCGTTGGACAGGAAGGAG	
	XLRR-rev	CCCATAGACCGGACTGTT	
AFLP	E-ACC M-CAG	GACTGCGTACCAATTCACC GATGAGTCCTGAGTAACAG	
	E-ACC M-CAT	GACTGCGTACCAATTCACC GATGAGTCCTGAGTAACAT	
	E-ACG M-CAG	GACTGCGTACCAATTCACG GATGAGTCCTGAGTAACAG	
	E-ACG M-CAT	GACTGCGTACCAATTCACG GATGAGTCCTGAGTAACAT	
RGA-AFLP	RGA	Above 8 forward primers	
	M-CAG	GATGAGTCCTGAGTAACAG	
	RLK-for	GAYGTNAARCCIGARAA	

(continued)

Type	Primer	Sequence	Reference
	M-NNN	8 AFLP *Mse*I primers except M-CAG	
	RLK-rev	TCYGGYGCRATRTANCCNGGITGICC GATGAGTCCTGAGTAACAG	
	M-CAG		
	E-ACG RLK-for	GACTGCGTACCAATTCACG GAYGTNAARCCIGARAA	
	E-ACG RLK-rev	GACTGCGTACCAATTCACG TCYGGYGCRATRTANCCNGGITGICC	
	PSA-E RLK-for	GACTGCGTACCAATTCA GAYGTNAARCCIGARAA	
	PSA-E RLK-rev	GACTGCGTACCAATTCA TCYGGYGCRATRTANCCNGGITGICC	
	PSA-M RLK-for	GATGAGTCCTGAGTAA GAYGTNAARCCIGARAA	
	PSA-M RLK-rev	GATGAGTCCTGAGTAA TCYGGYGCRATRTANCCNGGITGICC	

NNN denotes CAA, CAC, CAG, CTA, CTC, CTG, or CTT

PCR amplification of RGA followed the method described by Hinchliffe *et al.* (2005). Briefly, PCR was performed in 20-mL volumes with the following concentrations: 1 * PCR buffer (10 mmol/L Tris-HCl, 50 mmol/L KCl, pH 8.3), 20 ng genomic DNA template, 0.2mmol/L dNTPs, 2.5mmol/L $MgCl_2$, 2μmol/L of primers, and 0.025U/μL of Taq DNA polymerase. Thermal cycling conditions were initial denaturation at 94℃ for 4 min and 40 cycles at 94℃ for 60 s, 43℃ for 45 s, and 72℃ for 90 s followed by a final extension at 72℃ for 7 min. All PCR reactions in this study were performed in PE Applied Biosystems GeneAmp PCR System 9700 and/or 2720 (Applied Biosystems, Foster City, CA). The AFLP, RGA, and AFLP-RGA products were resolved in 5% polyacrylamide gels and visualized using silver staining.

2 Data Analysis

Fragments in the polyacrylamide gels were scored as categorical data (i.e., presence [1] and absence [0]) to form a data matrix for the eight genotypes. To estimate the genetic similarities among the eight genotypes, a genetic similarity coefficient matrix based on the Jaccard coefficient was computed for the construction of phylogenetic trees using the Neighbor-Joining (NJ) method (Saitou and Nei, 1987) of the Numerical Taxonomy System software, NTSYSpc, Version 2.1 (Exeter Software, Setauket, New York, USA).

3 Results

3.1 Survey of polymorphism of RGA, AFLP-RGA, and AFLP

Eight degenerate RGA primer pairs (Table 1) were tested and all amplified one to several bands as revealed by agarose gel electrophoresis (Hinchliffe *et al.*, 2005). When the RGA products amplified by the degenerate RGA primers were separated using high resolution polyacrylamide gels, more fragments were identified. Out of 43 fragments amplified by three RGA primer pairs (NLRR-for/NLRR-rev, S2/AS3, and CLRR-for/CLRRrev), 15 (34.9%) were polymorphic among *G. hirsutum* genotypes, while no polymorphic bands were found among the four *G. barbadense* genotypes. A total of 25 (58.1%) polymorphic markers were identified among the eight genotypes. Even though more RGA primer pairs may be tested, genome-wide coverage by RGA would be difficult, due to the nature of RGAs (i.e., targeting conserved domains of RGAs).

In comparison, 22 AFLP-RGA primer combinations (Table 1) produced a total of 446 fragments, of which 76 (17.0%) and 37 (8.3%) were polymorphic within *G. hirsutum* and *G. barbadense*, respectively. However, 256 (57.4%) AFLP-RGA markers were polymorphic between the two cotton species. When one common AFLP primer (*Eco*RI primer E-ACG) was used in combination with the RGA primers, RGA primer Pto kin-1 designed from the tomato (*Lycopersicon esculentum Mill.*) *Pto* protein kinase gene product produced 19 AFLP-RGA fragments, of which 15 were polymorphic; Due to its high degenerate nature, RGA primer RLK for designed from wheat (*Triticum aestivum* L.) *Lr* 10 gene produced the highest number of fragments (44), of which 33 were polymorphic. Surprisingly, RGA primer NBS-F_1 designed from the NBS motif did not generate any polymorphic AFLP-RGA fragments. However, RGA primers designed from LRR regions produced 7 to 24 (u = 17.4) AFLP-RGA fragments, of which 4 to 12 (u = 8.2) were polymorphic.

As a comparison, four AFLP primer pairs amplified 92 fragments (23 fragments per primer combination), of which 21 (22.8%) and 22 (23.9%) were found to be polymorphic within *G. hirsutum* and *G. barbadense*, respectively. The number of polymorphic AFLP markers at the species level was 57 (62.0%).

3.2 Genetic similarities revealed by AFLP-RGA

Jaccard similarity coefficients were used to estimate genetic similarities (GS) between the eight genotypes based on AFLP-RGA, AFLP, and RGA markers (Table 2). The GS measured by AFLP-RGA are highly correlated with those measured by AFLP and RGA ($r = 0.896$ and $r = 0.994$, respectively, $n = 28$, $P < 0.01$), however, the GS determined by AFLP is not as highly correlated with the GS measured by RGA ($r = 0.804$, $n = 28$, $P < 0.01$). This was evident in the inability to separate TM-1 from NM 24016 and to differentiate the four *G. barbadense* genotypes.

Table 2 Jaccard similarity coefficients between the eight genotypes based on AFLP-RGA (amplified fragment length polymorphism-resistance gene analog), AFLP, and RGA

Comparison		RGA	RGA-AFLP	AFLP
TM-1 vs.	NM 24016	1.000	0.879	0.868
	Acala 1517-99	0.759	0.802	0.843
	Acala Nem-X	0.622	0.773	0.738
	Pima Phy 76	0.546	0.500	0.489
	Pima 32	0.546	0.494	0.548
	SxP	0.546	0.504	0.560
	Amsak	0.546	0.503	0.560

(continued)

Comparison		RGA	RGA-AFLP	AFLP
NM 24016 vs.	Acala 1517-99	0. 759	0. 826	0. 914
	Acala Nem-X	0. 622	0. 781	0. 778
	Pima Phy 76	0. 546	0. 496	0. 544
	Pima 32	0. 546	0. 472	0. 627
	SxP	0. 546	0. 478	0. 639
	Amsak	0. 546	0. 481	0. 525
Acala 1517-99 vs.	Acala Nem-X	0. 735	0. 917	0. 848
	Pima Phy 76	0. 613	0. 528	0. 532
	Pima 32	0. 613	0. 509	0. 631
	SxP	0. 613	0. 519	0. 643
	Amsak	0. 613	0. 518	0. 512
Acala Nem-X vs.	Pima Phy 76	0. 475	0. 550	0. 588
	Pima 32	0. 475	0. 527	0. 581
	SxP	0. 475	0. 534	0. 591
	Amsak	0. 475	0. 528	0. 457
Pima Phy 76 vs.	Pima 32	1. 000	0. 932	0. 813
	SxP	1. 000	0. 898	0. 825
	Amsak	1. 000	0. 898	0. 737
Pima 32 vs.	SxP	1. 000	0. 944	0. 986
	Amsak	1. 000	0. 943	0. 812
SxP vs.	Amsak	1. 000	0. 985	0. 800

3. 3 Cluster analysis

Cluster analyses using AFLP-RGA, AFLP, or RGA markers were equally successful in dividing cultivars of the *G. hirsutum* and *G. barbadense* species into two distinct groups (Figure 1 – 3). Within the *G. barbadense* subgroup, the greatest agreement between cluster analyses and known pedigrees occurred using the AFLP-RGA markers (Figure 1). The cultivar SxP was developed from a cross of the Sakel and Pima cultivars in 1935 (Smith *et al.*, 1999). Amsak was derived (1946) from backcrossing SxP to its Sakel parent. Given that Amsak and SxP share common parents (in different dosages) one would expect these lines to cluster together as in the AFLP-RGA dendrogram. The cultivar Pima 32 derives from the cross SxP × Pima × Giza-7, and therefore shares the Pima and Sakel parentage of SxP and Amsak. However, Pima 32 also has the Egyptian cultivar Giza-7 as a parent— which is reflected in its separation from SxP and Amsak in the AFLP-RGA dendrogram. Pima 32, SxP and Amsak are all "pure" *G. barbadense* genotypes; whereas, Phytogen 76 is derived from a hybrid germplasm pool, created in 1948, which included introgression from *G. hirsutum*. Almost all modern American Pima cultivars derive from this hybrid pool (Smith *et al.*, 1999). Specifically, Phytogen 76 was developed from Phy P625, a reselection from P53 and H417, a reselection from Pima S-6 (Dr. Joe Mahill, PhytoGen Cottonseeds, personal communication, 2006). The AFLP-RGA dendrogram separated Phytogen 76 from the other Pima cultivars, perhaps reflecting its hybrid origins. The AFLP dendrogram of the Pima subgroup (Figure 2) was less informative with regards to the *G. barbadense* breeding history. Low levels of RGA polymorphism could not separate the four *G. barbadense* genotypes (Figure 3).

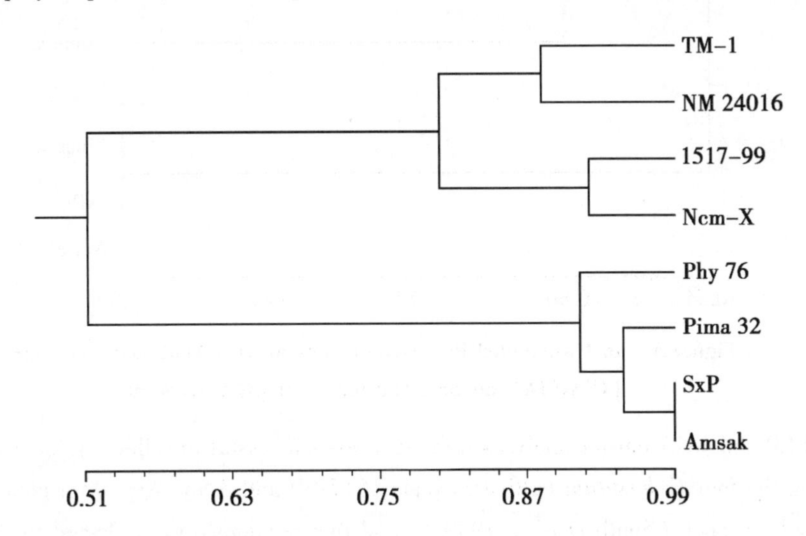

Figure 1　An Unweighted Pair Group Method with Arithmetic Average (UPGMA) dendrogram based on AFLP-RGA markers

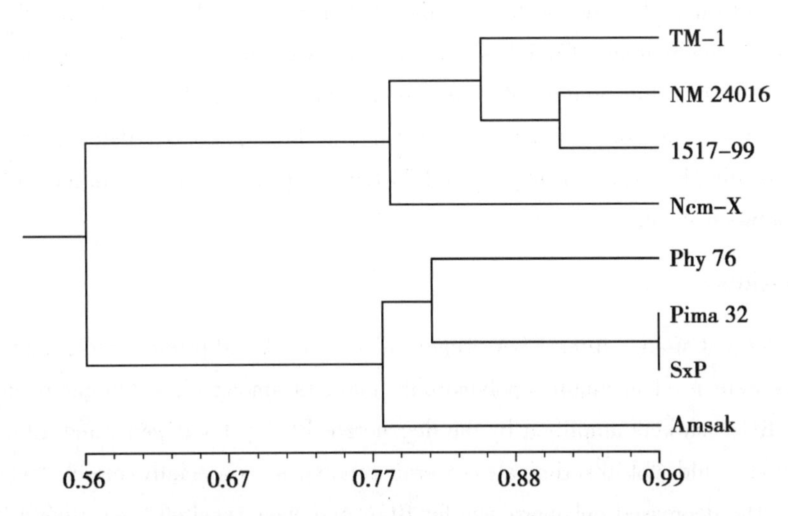

Figure 2　An Unweighted Pair Group Method with Arithmetic Average (UPGMA) dendrogram based on AFLP markers

Although AFLP appears to generate more polymorphism within the two cultivated species than AFLPRGA that should render a higher resolution power in genotype separation, a larger number of primer combinations used in the AFLP-RGA analysis yielded more polymorphic bands to be utilized in the cluster analysis. Therefore, due perhaps to the limited numbers of primer combina-

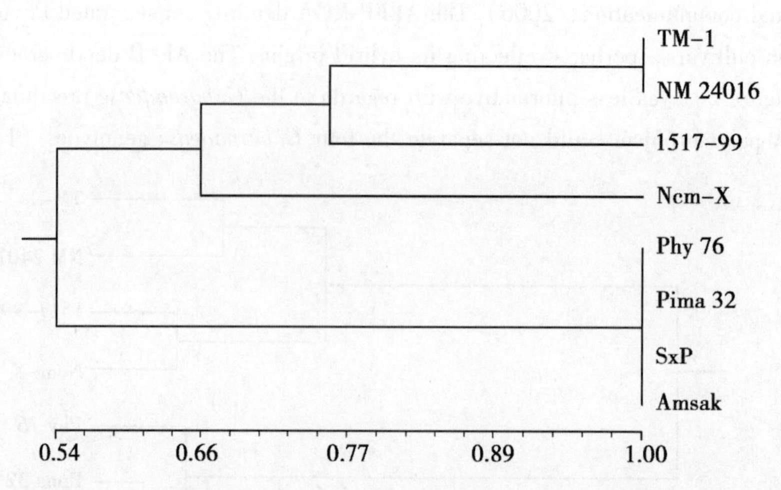

Figure 3 An Unweighted Pair Group Method with Arithmetic Average (UPGMA) dendrogram based on RGA markers

tions, AFLP and RGA cluster analyses were also less successful in reflecting known breeding history among the four *G. hirsutum* cultivars. Acala 1517-99 and Acala Nem-X originate from a common germplasm pool (Smith *et al.*, 1999), and this relationship is reflected in the AFLP-RGA dendrogram (Figure 1). However, in the AFLP and RGA dedrograms (Figure 2 and 3) Acala Nem-X did not cluster with Acala 1517-99 and it was unexpectedly distant from the other three *G. hirsutum* cultivars. Also unexpected was the clustering of TM-1 with NM 24 016 in the AFLP-RGA and RGA dendrograms. TM-1 has been as a standard representative of *G. hirsutum* genome, whereas NM 24016 is the product of a recent interspecific hybridization and is considered to be highly introgressed with *G. barbadense* (Cantrell and Davis, 2000; Percy *et al.*, 2006). Despite their breeding histories, TM-1 and NM 24016 grouped together due to the lack of RGA polymorphism between them.

4 Discussion

In the present study, three RGA primer pairs, four AFLP primer pairs, and 22 AFLP-RGA primer pairs were used to amplify polymorphic markers among eight tetraploid cotton genotypes (Table 1). RGA markers amplified by the degenerate RGA primers generated a low level of polymorphism that could not discriminate several genotypes, especially closely related genotypes (Figure 3). The decreased polymorphism for RGA may have resulted from using a limited number of RGA primer pairs and its nature of targeting gene regions. Even though using more RGA primer pairs should produce more polymorphic RGA markers, the low polymorphism level of this marker system is mainly related to the fact that the RGA primers are designed based on conserved R-gene coding regions. In another study using all possible eight pairs of RGA primer combinations, only 88 polymorphic RGA markers were produced in a interspecific population between NM24016 (*G. hirsutum*) and Pima 3-79 (*G. barbadense*) (Niu *et al.*, unpublished, 2006). It is apparent that this level of polymorphism will limit the usefulness of a genome-wide search and mapping for RGAs. On the other hand, the polymorphism level of AFLP markers appeared to be higher than both RGA and AFLP-RGA marker systems; however, this was not sufficient to discriminate among all 8 genotypes (Figure 3). More AFLP primer combinations could increase the resolution power of AFLP in genotype discriminations. However, in a more comprehensive study, we surveyed polymorphic level of AFLP between TM-1 and NM 24016 and found only 4.5% polymorphic AFLP markers in a total of 4 679 fragments amplified by 64 AFLP primer combinations and resolved using capillary CEQ 8000 DNA Sequencer (Beckman Coulter, Inc., Fullerton, CA) (Zhang *et al.*, 2005b). In the present study, 32 (7.2%) polymorphic AFLP-RGA markers were identified between TM-1 and NM 24016. Out of a total of 446 AFLP-RGA bands amplified by 22 AFLPRGA primer combinations, 76 (17.0%) and 37 (8.3%) were polymorphic within four *G. hirsutum* genotypes and four *G. barbadense* genotypes, respectively. The number of polymorphic AFLP-RGA markers (256) at the interspecific level was much higher (57.4%) than the intraspecific level. The genetic similarity between the eight genotypes based on AFLP-RGA was high correlated with that measured by AFLP, leading to similar results in genotype grouping at the inter-species and intra-species level.

Our data showed that AFLP-RGA and AFLP each generated on average 12 polymorphic markers per primer combination between *G. hirsutum* and *G. barbadense* genotypes. Thus, in a segregating population made between the two cultivated cotton species, approximately 1 200 AFLP-RGA polymorphic markers from about 100 AFLP-RGA primer combinations could be expected and mapped. However, the number may be overestimated because the data result from a comparison between the two species from four genotypes each. In mapping, only two genotypes are considered and therefore the expected number of informative markers will be reduced.

A portion of the AFLP-RGA markers, 10% to 80% depending on primer specificity, might not be related to RGA (Hayes and Saghai Maroof, 2000; van der Linden *et al.*, 2004; Xiao *et al.*, 2006). Higher level of RGA related AFLP-RGA markers could be obtained using more RGA specific primers and high annealing temperatures. Nevertheless, the AFLP-RGA offers many advantages in combining the high-throughput approach of AFLP with gene-anchored amplification and can provide more markers that are possibly distributed in other regions of the genome, thereby increasing genome coverage. By contrast, NBS profiling protocol was specifically designed for RGA-NBS anchored amplification only and cannot be used for AFLP analysis (van der Linden *et al.*, 2004). Previous reports focused on the NBS domain, which is more conserved than the LRR domains, therefore decreasing the level of polymorphism. Since the LRR domain is more variable and determines pathogen specificity, its polymorphism should be more important in determining the genetic variation of disease resistance in R gene mapping. Keeping this in mind, we used both degenerate NBS and LRR primers in combination with one selective AFLP primer and have successfully developed AFLP-RGA markers. The number of total and polymorphic AFLP-RGA markers may depend on primer combinations and degeneracy of the RGA primers. It should be noted that LRR is a widespread protein-protein interaction motif and found in a functionally diverse array of proteins encoded by many genes including NBS-LRR R genes. It seems therefore more than likely that a significant portion of LRRs from other gene families could be amplified by AFLPR-GA. Only sequencing can resolve the question that the majority of the fragments amplified with the applied AFLP-RGA markers are indeed located within R genes.

In most mapping studies, RGAs amplified by degenerate primers were cloned and sequenced to develop more robust RGA-STS markers. However, the level of polymorphism is limited. For example, in our previous study (Hinchliffe *et al.*, 2005), out of 61 RGA-STS primer pairs only nine (7.0%) amplified polymorphic RGA-STS markers between *G. hirsutum* (NM 24016) and *G. barbadense* (3-79) when resolved in the agarose gels. However, RGA markers detected by single strand conformational polymorphism (RGA-SSCP) were shown to be more polymorphic (Kuhn *et al.*, 2003). AFLP-RGA is a gene-targeted functional marker system. It has the high throughput feature of AFLP, SRAP, and TRAP markers but is less problematic (due to higher annealing temperatures used for AFLP-RGA) than SRAP and TRAP because of less mismatch between primer sequences and template DNA targets. Even though the RGA primers are degenerate, degeneracy allows more template sites for primer annealing and does not increase their mismatch with DNA template. In the TRAP marker system, Hu *et al.* (2005) reported that only 1% of the cloned fragments amplified by a gene primer and a random primer were from the targeted expressed sequence tags. However, TRAPs were found to be highly repeatable and efficient in generating hundreds of markers for mapping in wheat (Liu *et al.*, 2005).

The reliability of AFLP-RGA can be assessed by (i) the repeatability using same DNA in same PCR conditions with same primers but in different PCR runs, or (ii) the proportion of common fragments amplified within the same species, especially closely related genotypes, as reflected by genetic similarities (GS) among them and their dendrogram. The average GS within *G. hirsutum* and *G. barbadense* was 83.0% and 93.3%, respectively, and 50.9% between the two cultivated species. The results are congruent with the evolutionary and breeding history of the two species and data obtained from other marker systems (Zhang *et al.*, 2005a, 2005b). Furthermore, the high proportion of common AFLPRGA fragments (94.4% ~98.5%) were shared among the three closely related early Pima cultivars (S × P, Amask, and Pima 32). This again demonstrates the reliability of the AFLP-RGA marker system. The expression and polymorphism of AFLP-RGA at the transcription level should be investigated using cDNA.

From the knowledge about the *Arabidopsis* and rice genome sequences, each chromosome contains NBSLRR genes, some of which are clustered. On most chromosomes it appears that on average every 5 cM to 20 cM contains an RGA or RGA cluster (Meyers *et al.*, 2003; Monosi *et al.*, 2004). Therefore, AFLP-RGA could be used as chromosome anchored markers for disease resistance candidate gene mapping. Furthermore, many RGA may also be in the proximity with other genes or in gene-rich regions. Therefore, polymorphic AFLPRGA markers can be also used for mapping other traits. Degenerate RGA primers in combination with selective AFLP primers can provide numerous AFLP-RGA markers to conduct genome-wide mapping of R genes and RGAin any plant species in which no prior sequence information is required.

Acknowledgments

This research was supported in part by grants from Cotton Inc. , Cary, NC, USA; the United States Department of Agriculture through the Southwest Consortium on Plant Genetics and Water Resources; and the New Mexico Agricultural Experiment Station.

References

[1] Borevitz J O, D Liang, D Plouffe, *et al.* Large-scale identification of single-feature polymorphisms in complex genomes [J]. *Genome Res.* , 2003, 13: 513-523.

[2] Calenge F, C G van der Linden, E van de Weg, *et al.* Resistance gene analogues identified through the NBS-profiling method map close to major genes and QTL for disease resistance in apple [J]. *Theor. Appl. Genet*, 2005, 110: 660-668.

[3] Cantrell R G, D D Davis. Registration of NM24016, an interspecific-derived cotton genetic stock [J]. *Crop Sci.* , 2000, 40: 1208.

[4] Chen X M, R F Line, H Leung. Genome scanning for resistance-gene analogs in rice, barley, and wheat by high-resolution electrophoresis [J]. *Theor. Appl. Genet*, 1998, 97: 345-355.

[5] Clement D, C Lanaud, X Sabau, *et al.* Creation of BAC genomic resources for cocoa (Theobroma cacao L.) for physical mapping of RGA containing BAC clones [J]. *Theor. Appl. Genet*, 2004, 108: 1627-1634.

[6] Collins N C, C A Webb, S Seah, *et al.* The isolation and mapping of disease resistance gene analogs in maize [J]. *Mol. Plant Microbe Interact*, 1998, 11: 968-978.

[7] Di Gaspero G, G Cipriani. Nucleotide binding site/leucine-rich repeats, Pto-like and receptor-like kinases related to disease resistance in grapevine. Mol [J]. *Genet. Genomics*, 2003, 269: 612-623.

[8] Dilbirligi M, M Erayman, D Sandhu, *et al.* Identification of wheat chromosomal regions containing expressed resistance genes [J]. *Genet*, 2004, 166: 461-481.

[9] Egea Gilabert C, M J Dickinson, G Bilotti, *et al.* Isolation of resistance gene analogs in pepper using modified AFLPs [J]. *Biol. Plant*, 2003, 47: 27-32.

[10] Feuillet C, G Schachermayr, B Keller. Molecular cloning of a new receptor-like kinase gene encoded at the Lr10 disease resistance locus of wheat [J]. *Plant J.* , 1997, 11: 45-52.

[11] Fourmann M, F Chariot, N Froger, *et al.* Expression, mapping, and genetic variability of *Brassica napus* disease resistance gene analogues [J]. *Genome*, 2001, 44: 1083-1099.

[12] Graham M A, L F Marek, R C Shoemaker. Organization, expression and evolution of a disease resistance gene cluster in soybean [J]. *Genet*, 2002, 162: 1961-1977.

[13] Grube R C, E R Radwanski, M Jahn. Comparative genetics of disease resistance within the *Solanaceae* [J]. *Genet*, 2000, 155: 873-887.

[14] Hayes A J, M A Saghai Maroof. Targeted resistance gene mapping in soybean using modified AFLPs [J]. *Theor. Appl. Genet*, 2000, 100: 1279-1283.

[15] Hinchliffe D J, Y Lu, C Potenza, *et al.* Resistance gene analogue markers are mapped to homeologous chromosomes in cultivated tetraploid cotton [J]. *Theor. Appl. Genet*, 2005, 110: 1074-1085.

[16] Hu J, O E Ochoa, M J Truco, *et al.* Application of the TRAP technique to lettuce (*Lactuca sativa* L.) genotyping [J]. *Euphytica*, 2005, 144: 225-235.

[17] Hu J, B A Vick. TRAP (target region amplification polymorphism), a novel marker technique for plant genotyping [J]. *Plant Mol. Biol. Rep.*, 2003, 21: 289-294.

[18] Huettel B, D Santra, J Muehlbauer, *et al.* Resistance gene analogues of chickpea (*Cicer arietinum* L.): Isolation, genetic mapping and association with a *Fusarium* resistance gene cluster [J]. *Theor. Appl. Genet*, 2002, 105: 479-490.

[19] Hunger S, G Di Gaspero, S Mohring, *et al.* Isolation and linkage analysis of expressed disease-resistance gene analogues of sugar beet (*Beta vulgaris* L.) [J]. *Genome*, 2003, 46: 70-82.

[20] Irigoyen M L, Y Loarce, A Fominaya, *et al.* Isolation and mapping of resistance gene analogs from the *Avena strigosa* genome [J]. *Theor. Appl. Genet*, 2004, 109: 713-724.

[21] Kanazin V, L F Marek, R C Shoemaker. Resistance gene analogs are conserved and clustered in soybean [J]. *Proc. Natl. Acad. Sci. USA*, 1996, 93: 11746-11750.

[22] Kohel R J, T R Richmond, C F Lewis. Texas Marker-1. Description of a genetic standard for *Gossypium hirsutum* L [J]. *Crop Sci.*, 1970, 10: 670-671.

[23] Kuhn D N, M Heath, R J Wisser, *et al.* Resistance gene homologues in *Theobroma cacao* as useful genetic markers [J]. *Theor. Appl. Genet*, 2003, 107: 191-202.

[24] Leister D, A Ballvora, F Salamini, *et al.* A PCRbased approach for isolating pathogen resistance genes from potato with potential for wide application in plants [J]. *Nat. Genet*, 1996, 14: 421-429.

[25] Li G, C F Quiros. Sequence-related amplified polymorphism (SRAP), a new marker system based on a simple PCR reaction: Its application to mapping and gene tagging in Brassica [J]. *Theor. Appl. Genet*, 2001, 103: 455-461.

[26] Liu J J, A K Ekramoddoullah. Isolation, genetic variation and expression of TIR-NBS-LRR resistance gene analogs from western white pine (*Pinus monticola* Dougl. Ex. D. Don.) [J]. *Mol. Genet. Genomics*, 2003, 270: 432-441.

[27] Liu Z H, J A Anderson, J Hu, *et al.* A wheat intervarietal genetic linkage map based on microsatellite and target region amplified polymorphism markers and its utility for detecting quantitative trait loci [J]. *Theor. Appl. Genet*, 2005, 111: 782-794.

[28] Mago R, S Nair, M Mohan. Resistance gene analogues in rice: Cloning, sequen-

cing and mapping [J]. *Theor. Appl. Genet*, 1999, 99: 50-57.

[29] Martin G B, A J Bogdanove, G Sessa. Understanding the functions of plant disease resistance proteins [J]. *Annu. Rev. Plant Physiol. Plant Mol.* , 2003, Biol. 54: 23-61.

[30] McIntyre C L, R E Casu, J Drenth, *et al.* Resistance gene analogues in sugarcane and sorghum and their association with quantitative trait loci for rust resistance [J]. *Genome*, 2005, 48: 391-400.

[31] Meyers B C, A Kozik, A Griego, *et al.* Genome-wide analysis of NBS-LRR-encoding genes in Arabidopsis [J]. *Plant Cell*, 2003, 15: 809-834.

[32] Monosi B, R J Wisser, L Pennill, *et al.* Full-genome analysis of resistance gene homologues in rice [J]. *Theor. Appl. Genet*, 2004, 109: 1434-1447.

[33] Pan Q, J F Wendel. Divergent evolution of plant NBSLRR resistance gene homologues in dicot and cereal genomes [J]. *J. Mol. Evol.* , 2001, 50: 203-213.

[34] Penuela S, D Danesh, N D Young. Targeted isolation, sequence analysis, and physical mapping of non-TIR NBS-LRR genes in soybean [J]. *Theor. Appl. Genet*, 2002, 104: 261-272.

[35] Percy R G, R G Cantrell, J F Zhang. Genetic variation for agronomic and fiber properties in an introgressed recombinant inbred population of cotton [J]. *Crop Sci.* , 2006, 46: 1311-1317.

[36] Quint M, C M Dussle, A E Melchinger, *et al.* Identification of genetically linked RGAs by BAC screening in maize and implications for gene cloning, mapping and MAS [J]. *Theor. Appl. Genet*, 2003, 106: 1171-1177.

[37] Radwan O, M F Bouzidi, P Nicolas, *et al.* Development of PCR markers for the Pl5/Pl8 locus for resistance to *Plasmopara halstedii in sunflower*, *Helianthus annuus* L. from complete CC-NBS-LRR sequences [J]. *Theor. Appl. Genet*, 2004, 109: 176-185.

[38] Rajesh P N, C Coyne, K Meksem, *et al.* Construction of a HindIII Bacterial Artificial Chromosome library and its use in identification of clones associated with disease resistance in chickpea [J]. *Theor. Appl. Genet*, 2004, 108: 663-669.

[39] Rossi M, P G Araujo, F Paulet, *et al.* Genomic distribution and characterization of EST-derived resistance gene analogs (RGAs) in sugarcane [J]. *Mol. Genet. Genomics*, 2003, 269: 406-419.

[40] Saitou N, M Nei. The neighbor-joining method: A new method for reconstructing phylogenetic trees [J]. *Mol. Biol. Evol*, 1987, 4: 406-425.

[41] Smith C W, H S Moser, R G Cantrell, *et al.* History of cultivar development in the United States [M] //C. W. Smith, J. T. Cothren (ed.) Cotton: Origin, history, technology, and production. John Wiley & Sons, New York, 1999: 99-171.

[42] Soriano J M, S Vilanova, C Romero, *et al.* Characterization and mapping of NBS-LRR resistance gene analogs in apricot (*Prunus armeniaca* L.) [J]. *Theor. Appl. Genet*, 2005, 110: 980-989.

[43] Trognitz F Ch, B R Trognitz. Survey of resistance gene analogs in *Solanum caripense*, a relative of potato and tomato, and update on R gene genealogy [J]. *Mol. Genet. Genomics*, 2005, 274: 595-605.

[44] Ulloa M, S Saha, J N Jenkins, *et al.* Chromosomal assignment of RFLP linkage groups harboring important QTLs on an intraspecific cotton (*Gossypium hirsutum* L.) [J]. *Joinmap. J. Hered*, 2005, 96: 132-144.

[45] van der Linden C G, D C Wouters, V Mihalka, *et al.* Efficient targeting of plant disease resistance loci using NBS profiling [J]. *Theor. Appl. Genet*, 2004, 109: 384-393.

[46] Van Leeuwen H, J Garcia-Mas, M Coca, *et al.* Analysis of the melon genome in regions encompassing TIR-NBS-LRR resistance genes [J]. *Mol. Genet. Genomics*, 2005, 273: 240-251.

[47] Vos P, R Hogers, M Bleeker, *et al.* AFLP: A new technique for DNA fingerprinting [J]. *Nucleic Acids Res.*, 1995, 23: 4407-4414.

[48] Weising K, H Nybom, K Wolff, *et al.* DNA fingerprinting in plants: Principles, methods, and applications. 2nd edition [M]. CRC Press, Boca Raton, FL, 2005.

[49] Xiao W, M Xu, J Zhao, *et al.* Genomewide isolation of resistance gene analogs in maize [J]. *Theor. Appl. Genet*, 2006, 113: 63-72.

[50] You M, J G Boersma, B J Buirchell, *et al.* A PCR-based molecular marker applicable for marker-assisted selection for anthracnose disease resistance in lupin breeding [J]. *Cell. Mol. Biol. Lett.*, 2005, 10: 123-134.

[51] Yu Y G, G R Buss, M A Maroof. Isolation of a superfamily of candidate disease-resistance genes in soybean based on a conserved nucleotide-binding site [J]. *Proc. Natl. Acad. Sci.*, 1996, USA 93: 11751-11756.

[52] Yuksel B, J C Estill, S R Schulze, *et al.* Organization and evolution of resistance gene analogs in peanut [J]. *Mol. Genet. Genomics*, 2005, 274: 248-263.

[53] Zhang J F, Y Z Lu, R G Cantrell, *et al.* Molecular marker diversity and field performance in commercial cotton cultivars evaluated in the southwest USA [J]. *Crop Sci.*, 2005a, 45: 1483-1490.

[54] Zhang J F, Y Z Lu, S X Yu. Cleaved AFLP (cAFLP), a modified amplified fragment length polymorphism analysis for cotton [J]. *Theor. Appl. Genet*, 2005b, 111: 1385-1395.

[55] Zhang J F, J M Stewart. Economic and rapid method for extracting cotton genomic DNA [J]. *J. Cotton Sci.*, 2000, 4: 193-201.

[56] Zhang Z, J Xu, Q Xu, *et al.* Development of novel PCR markers linked to the BYDV resistance gene Bdv2 useful in wheat for marker-assisted selection [J]. *Theor. Appl. Genet*, 2004, 109: 433-439.

High-density Linkage Map of Cultivated Allotetraploid Cotton Based on SSR, TRAP, SRAP and AFLP Markers

Jiwen Yu[1 2 3], Shuxun Yu[2 3*], Cairui Lu[1 3],
WuWang[3], Shuli Fan[3], Meizhen Song[3], Zhongxu Lin[1],
Xianlong Zhang[1], Jinfa Zhang[4]

(1. National Key Laboratory of Crop Genetic Improvement, Huazhong Agricultural University, Wuhan 430070, China; 2. Key Laboratory for Cotton Genetic Improvement, Ministry of Agriculture, Anyang 455000, China; 3. Cotton Research Institute, Chinese Academy of Agricultural Sciences, Anyang 455000, China; 4. Department of Plant and Environmental Sciences, New Mexico State University, Las Cruces, NM 88003, USA)

Abstract: A high-density linkage map was constructed for an F_2 population derived from an interspecific cross of cultivated allotetraploid species between *Gossypium hirsutum* L. and *G. barbadense* L. A total of 186 F_2 individuals from the interspecific cross of "CRI36 × Hai7124" were genotyped at 1 252 polymorphic loci including a novel marker system, target region amplification polymorphism (TRAP). The map consists of 1 097 markers, including 697 simple sequence repeats (SSRs), 171 TRAPs, 129 sequence-related amplified polymorphisms, 98 amplified fragment length polymorphisms, and two morphological markers, and spanned 4 536. 7 cM with an average genetic distance of 4. 1 cM per marker. Using 45 duplicated SSR loci among chromosomes, 11 of the 13 pairs of homologous chromosomes were identified in tetraploid cotton. This map will provide an essential resource for high resolution mapping of quantitative trait loci and molecular breeding in cotton.

Key words: Cotton; Linkage map; Target region amplification polymorphism.

Genetic linkage maps based on molecular markers have become an important tool for genome analysis, detection of quantitative trait loci (QTL) underlying important traits, physical mapping, map-based cloning and marker-assisted selection. After the first molecular linkage map

原载于：*Journal Of Integrative Plant Biology*, 2007, 49 (5): 716-724 based on restricted fragment length polymorphism (RFLP) was reported by Reinisch *et al.* (1994), many maps based on RFLP, RPAD (random amplified polymorphic DNA), SSR (simple sequence repeats) and AFLP (amplified fragment length polymorphism) markers, among others, have been published for segregating populations derived mainly from interspecific (*Gossypium hirsutum* × *Gossypium barbadense*) crosses (Shappley *et al.*, 1998; Brubaker *et al.*, 1999; Lacape *et al.*, 2003; Nguyen *et al.*, 2004; Rong *et al.*, 2004; Song *et al.*, 2005; Guo *et al.*, 2006).

However, for comprehensive analysis of cotton genome and QTL mapping, it is essential to develop more markers and explore novel molecular marker systems. Expressed sequence tags (EST) have provided an ample source for the development of SSR markers that have been added to the existing cotton linkage maps (Park *et al.*, 2005; Han *et al.*, 2006; Wang *et al.*, 2006). Sequence-related amplified polymorphism (SRAP) marker system, developed by Li and Quiros (2001), has been successfully used to construct cotton linkage maps (Lin *et al.*, 2005; Zhang *et al.*, 2005). Another new marker system, target region amplification polymorphism (TRAP) is also polymerase chain reaction (PCR) -based (Hu and Vick, 2003) to detect EST-linked polymorphic markers, in which a fixed primer designed based on expressed sequence tags or any cDNAs sequences is used in a PCR reaction in combination with a random primer containing either an AT- or GC-rich core sequence targeting an intron or exon. By using the TRAP technique, Alwala *et al.* (2006) and Hu *et al.* (2005) have assessed genetic diversities of sugarcane and lettuce, respectively. Liu *et al.* (2005) and Yang *et al.* (2005) have constructed genetic maps in wheat including TRAP markers. Moreover, a QTL for earliness was detected that could explain 38% of the phenotypic variation peaked in the interval of the TRAP marker. However, this novel marker system has not been used in cotton.

In the present study, for the first time, the novel TRAP marker system was successfully introduced to construct a cotton linkage map using a mapping population composed of 186 F_2 plants. The mapping population originated from the hybrid "CRI36 × Hai7124" in which "CRI36" is a currently commercial cultivar of *G. hirsutum* and "Hai7124" is a non-commercial *G. barbadence* genotype with an excellent fiber quality. The map represents the first high resolution linkage map for cotton and is an important genome resource for cotton genome analysis, fine dissection of QTL for important traits, marker-assisted selection, and gene cloning.

1 Results

1.1 Construction of genetic map

Of a total of 1 252 polymorphic markers (758 SSRs, 198 TRAPs, 151 SRAPs, 143 AFLPs, and two morphological markers) obtained for the F_2 mapping population, at last 1097 markers were mapped onto 35 linkage groups, including 697 SSRs, 171 TRAPs, 129 SRAPs,

98 AFLPs, and two morphological markers. According to chromosome-anchored SSR markers and the common markers used by Liu *et al.* (2000), Lacape *et al.* (2003), and Rong *et al.* (2004), 27 of the 35 linkage groups were assigned to the corresponding 26 chromosomes of tetraploid cotton with A01 having two linkage groups. The remaining eight small linkage groups (named after NL + number) could not be integrated into any chromosomes. The 35 linkage groups spanned 4 536.7cM with an average distance of 4.1cM per marker. The A subgenome contained more polymorphic markers than the D subgenome, but both had similar estimated genetic distances. The 13 A-subgenome groups spanned 2 215.2cM containing 590 makers with an average distance of 3.8cM per marker. The genetic distances of the single linkage group in A-subgenomes ranged from 106.5cM to 235.1cM. For the 13 D-subgenome groups, the genetic distance of a single linkage group ranged from 113.1cM to 213.8cM with a total of 490 markers spanning 2 203.0cM. The average distance for the Dsubgenome was 4.1cM per marker, slightly longer than that for the A-subgenome. Detailed information of the map is depicted in Figure 1 and Table 1.

Table 1　Genetic distance and marker loci distribution among chromosomes in the F_2 map

Linkage group	SSR	TRAP	SRAP	AFLP	MORPH	Loci	Distort	Distanc (cM)	Average (cM)
c1	15	6	3	2		26	3	128.6	4.9
c15	32	3	3	2		40	6	197.6	4.9
c2	21	11	5	7		44	13	106.5	2.4
c14	33	8	6	3		50	7	200.9	4
c3	21	3	6	1		31	1	133.2	4.3
c17	24	6	3	4		37	1	133.2	4.3
c4	13	7	5	1		37	10	166.7	4.5
c22	14	5	3	2		24	1	141	5.9
c5	33	9	4	3	Pol (P1)	49	9	224.5	4.6
D08	34	42	3			43	1	206.2	4.8
c6	30	10	9	5		54	8	169.4	3.1
c25	27	2	5	2		36	3	113.1	3.1
c7	19	7	6	3	Spot (R2)	36	11	167.6	4.7
c16	21	1	1	2		25	16	142.4	5.7
c9	36	7	7	6		56	7	235.1	4.2

(continued)

Linkage group	SSR	TRAP	SRAP	AFLP	MORPH	Loci	Distort	Distanc (cM)	Average (cM)
c23	35	1	4	3		43	10	189. 9	4. 4
c10	23	12	6	4		45	20	120. 6	2. 7
c20	24	9	1	6		41	6	141. 5	3. 5
c12	31	6	8	10		55	3	230. 3	4. 2
c26	27	7	2	2		38	2	173. 7	4. 6
A01	30	6	13	8		57	7	142. 7	2. 5
A01	4					4		40. 1	10
c18	24	1	6	3		34	12	121. 9	3. 6
A02	25	11	4	4		44	23	202. 4	4. 6
D03	33	5	3	1		42	5	213. 8	5. 1
A03	36	16	8	3		63	3	192. 3	3. 1
D02	25	7	2	3		37	4	194. 3	5. 3
A						590	115	2 215. 2	3. 8
D						490	83	2 203	4. 5
Total	690	170	125	93		1 080	198	4 418. 2	4. 1
NL1	2		1			3		24. 7	8. 2
NL2	1	1				2		3. 5	1. 8
NL3	1		1			2		15. 9	8
NL4	1		1			2		7. 4	3. 7
NL5	1		1			2		20. 5	10. 3
NL6	1			1		2		13. 1	6. 6
NL7				2		2		9. 7	4. 9
NL8				2		2		23. 8	11. 9
NLn	7	1	4	5		17		118. 6	7
Total	697	171	129	98		1 097		4 536. 8	4. 1

AFLP, amplified fragment length polymorphism; SRAP, sequence-related amplified polymorphism; SSR, simple sequence repeats; TRAP, target region amplification polymorphism

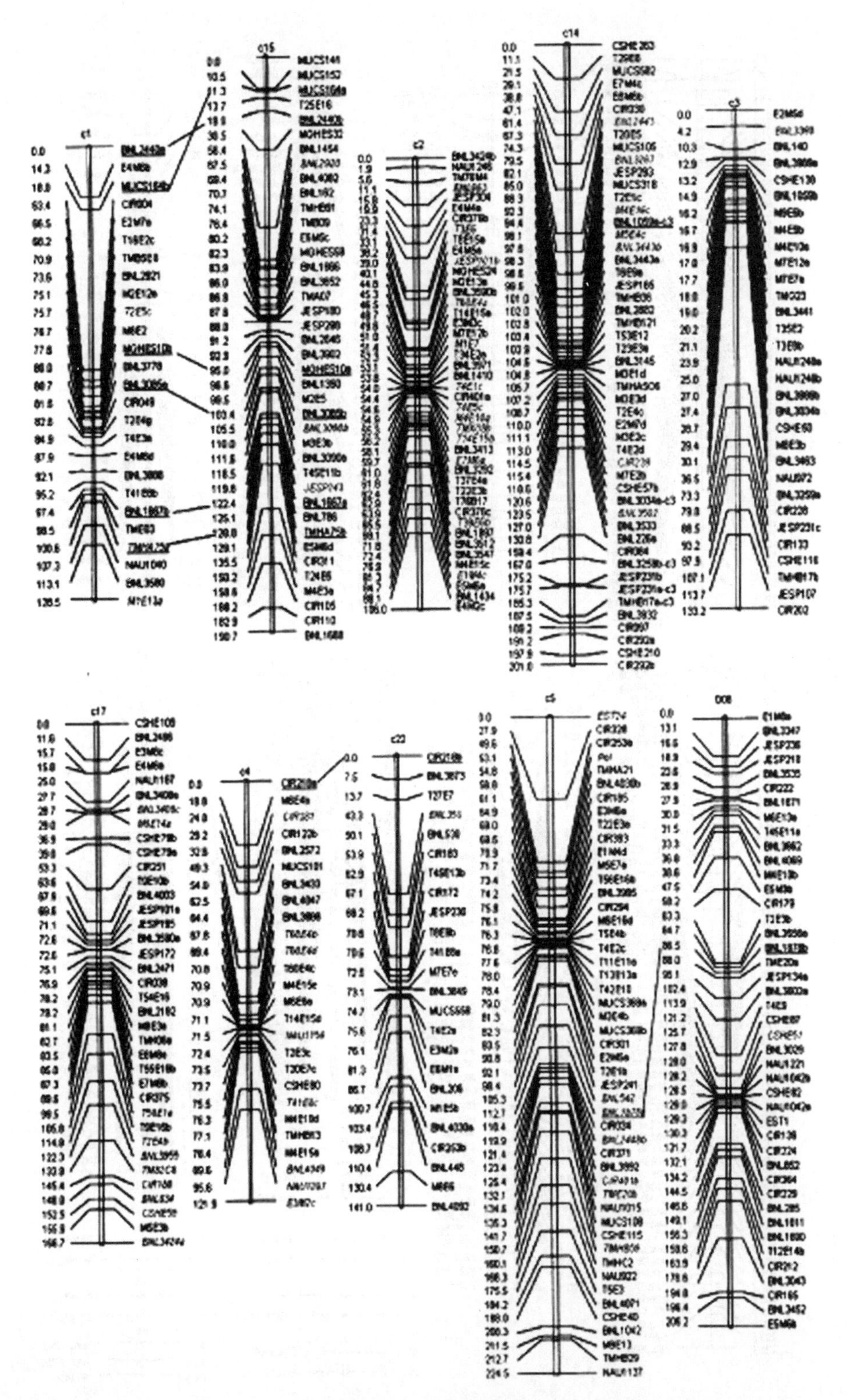

Figure 1 （continued）

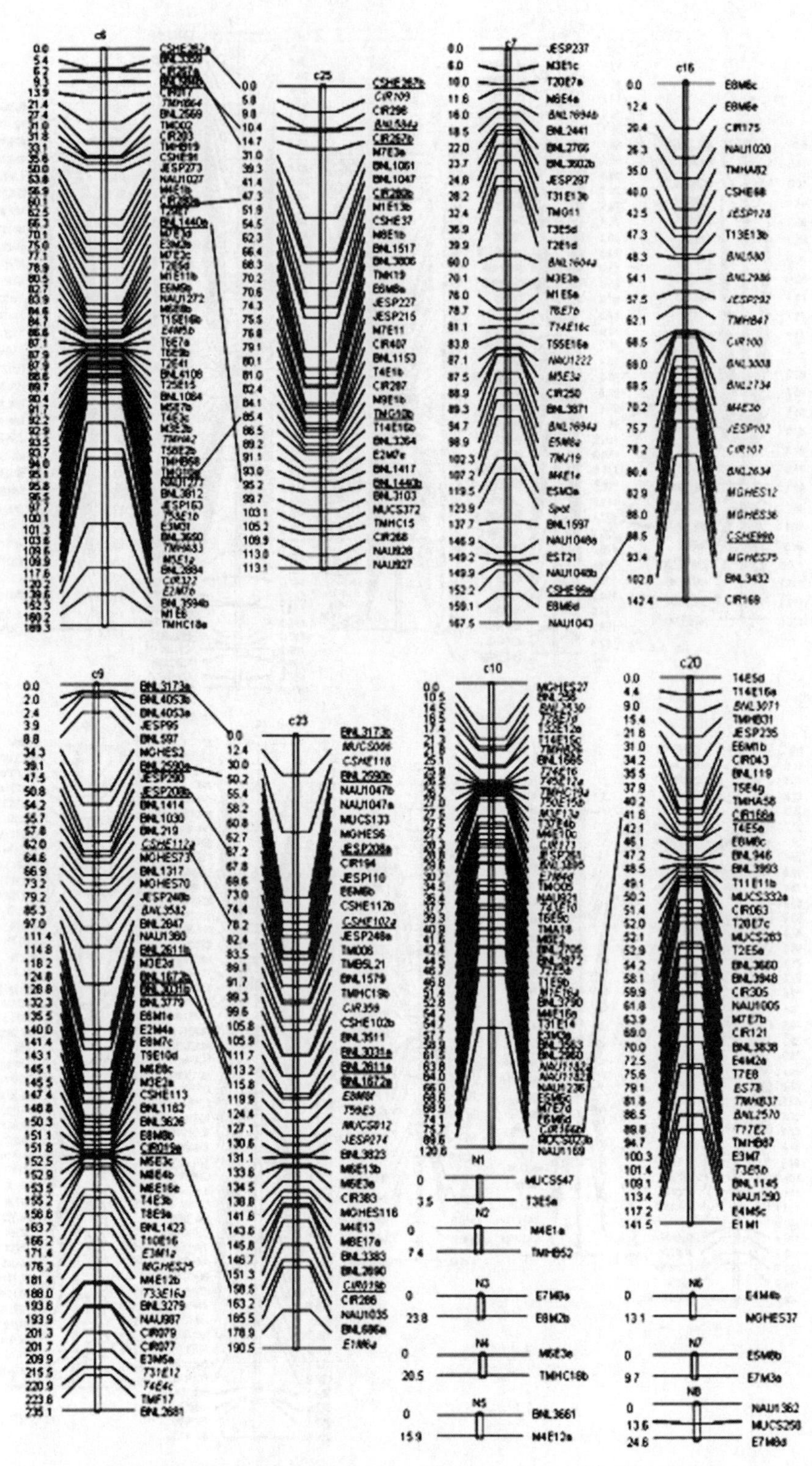

Figure 1（continued）

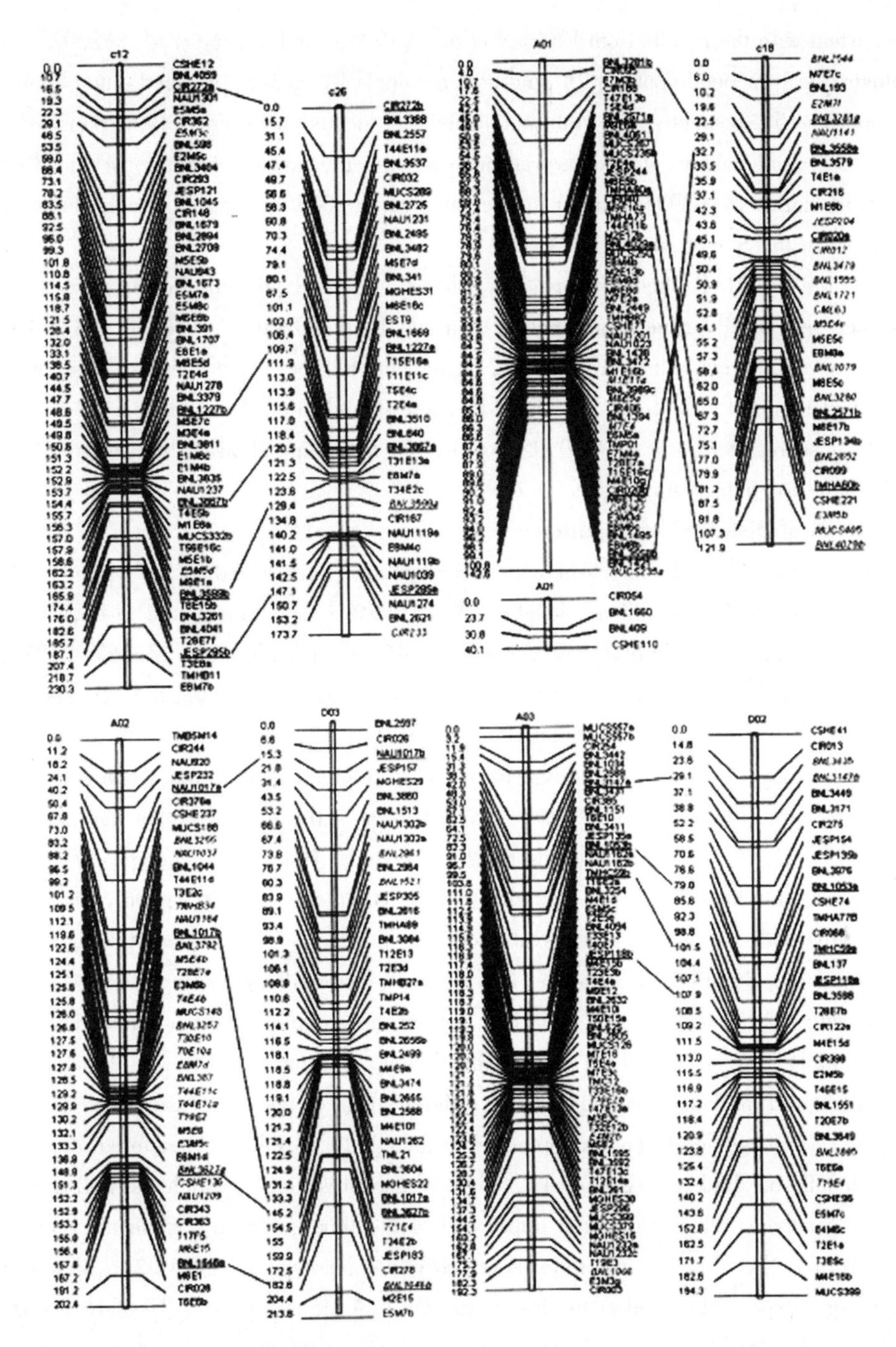

Figure 1　A detailed description of the allotetraploid cotton map constructed using an F_2 population from "CRI 36 × Hai 7124"

The linkage groups are shown in the order of chromosomes according to the designations of Lacape *et al*. (2003). Simple sequence repeat (SSR) duplications are indicated by the marker name underlined. Homologous duplications

Consistent with the results from Endrizzi *et al.* (1985) and Lacape *et al.* (2003), the two morphological traits, petal spot (R2) and pollen color (P1), were mapped onto chromosome 7 and chromosome 5, respectively. Petal spot locus was located between SSR markers BNL1694a and BNL1597, and pollen color locus was mapped onto the end of chromosome 5, 20cM away from the SSR marker BNL3995. Similar to Lacape *et al.* (2003), the pollen color locus was also tightly linked to the SSR marker TMHA21.

Among the 57 TRAP fixed primers, 51 primers amplified polymorphic markers (1-7 polymorphic loci per TRAP primer combination) in the F_2 population. A total of 198 polymorphic TRAP loci were observed with an average of 2. 1 polymorphic loci per primer pair. As a new marker system first reported for cotton, 45 TRAP loci were found to be deviated from an expected 1 : 2 : 1 or 3 : 1 segregation ratio at $P<0.05$. Among 171 loci mapped on 26 linkage groups, 1 : 16 loci were found in each group.

1.2 Analysis of distorted segregation

For the observed 1 252 loci, when their segregations were tested for the expected 3 : 1 or 1 : 2 : 1 ratios at the 5% significant level, 249 (19.9%) loci were found to deviate from the Mendelian segregation, including 139 SSRs (18.4%), 46 TRAPs (23.2%), 27 SRAPs (17.9%), 35 AFLPs (24.5%) and two morphological markers. Among the 249 distorted segregation loci, 198 (116 SSRs, 42 TRAPs, 18 SRAPs, 22 AFLPs, and two morphological markers) were mapped onto the 26 linkage groups of allotetraploid cotton. Among the loci with distorted segregating ratios, 79 (39.9%) skewed towards the upland cotton parent "CRI 36" genotype; 43 (21.7%) skewed towards the Pima cotton "Hai7124" genotype; 71 (35.9%) skewed towards the heterozygote *G. hirsutum* × *G. barbadense* genotype; only five (2.5%) skewed towards both parental genotypes at the same time; and the two morphological markers skewed towards the "Hai7124" genotype. The loci with distorted segregating ratios were unevenly distributed with 1-23 distorted segregation loci per linkage group. Furthermore, 58.1% of distorted segregation loci were located on A-subgenome linkage groups, while 41.9% on D-subgenomes. The skewed markers were clustered in different degrees and were usually at the end or in the middle of a linkage group. For example, even though 20 skewed loci scattered almost all over its entire length on Linkage Group c10, eight consecutive loci, which skewed towards the "Hai7124" genotype, clustered at the upper end of the linkage group, while three consecutive loci (CIR166b, NAU1169 skewed towards heterozygous genotype and MUC023b skewed towards "Hai7124" genotype) clustered at the lower end. On Linkage group c16, 15 of 16 distorted loci (skewed towards "Hai7124" towards except for two loci) were clustered and spanned a genetic distance of 45. 1 cM. The distribution of the mapped distorted loci was delineated in Figure 1 and Table 1.

1.3 Homologous chromosomes in allotetraploid cotton

The A- and D-subgenomes of allotetraploid cotton are thought to have diverged from the same progenitor. Therefore, it should have 13 pairs of homologous chromosomes corresponding to 26 gametic chromosomes in allotetraploid cotton (Wendel and Albert, 1992; Brubaker *et al.*, 1999). At present duplicated loci of RFLP and SSR markers have been used to deduce and identify homologous relationships of the A- and D-subgenomes. Following the most recent nomenclature of Lacape *et al.* (2003), the 13 pairs of homologous chromosomes are c1-c15, c2-c14, c3-c17, c4-c22, c5-D08, c6-c25, c7-c16, A02-D03, c9-c23, c10-c20, A03-D02, c12-c26, and A01-c18.

In the present study, 11 of 13 pairs of homologous chromosomes were bridged with a total of 45 SSR duplicated loci, except for c2-c14 and c3-c17. Four pairs of homologous chromosomes (c4-c22, c5-D08, c7-c16 and c10-c20) had only one duplicated locus each; the homologous chromosome pair A02-D03 had four duplicated loci; and the two homologous pairs (A03-D02 and c12-c26) each had five duplicated loci. The duplicated loci on the last three homologous chromosomes are collinear; furthermore, all of the five homologous duplicated loci bridging A03 and D02 were located at the end of the two chromosomes. Six duplicated loci bridging c1 and c15, were also collinear except for an inversion on the top of the chromosomes between BNL2440 and MUCS164. Nine SSR duplicated loci between c9 and c23 were highly collinear, except for a possible inverted segment. Six duplicated loci were found between A01 and c18, with four being collinear and two possible inversions.

2 Discussion

As a novel PCR-based marker system, TRAP does not require extensive pre-PCR processing of templates like the AFLP technique. In the present report, 198 polymorphic TRAP loci were identified, of which 171 (85.9%) were mapped onto all the linkage groups. However, the TRAP markers were not evenly distributed on cotton chromosomes with more on c2, c4, c5, c6, c9, c10, c14, c20, A02, A03, perhaps due to the fixed primers used. Our results demonstrate that the TRAP markers could be well integrated with SRAPs, SSRs, and AFLPs. Liu *et al.* (2005) reported that 413 TRAP markers were mapped in less than 3 weeks and found an average 24 polymorphic TRAP markers per PCR reaction using one fixed and two random primers. It has been shown that the TRAP markers are highly efficient in producing large numbers of polymorphic markers (Hu *et al.*, 2005; Liu *et al.*, 2005; Alwala *et al.*, 2006) and could be used to significantly increase map density by linking the linkage groups and filling gaps (Yang *et al.*, 2005). However, in this research, we were only able to obtain an average of 2.1 polymorphic TRAP loci per primer pair, due perhaps to the less sensitive silver staining method used. Also, to obtain reliable data we only selected the most distinguishable bands for marker analysis. Previous reports found that QTLs associated with fiber-related traits were detected on these linkage groups. For instance, QTLs for fiber elongation were detected on c20 and c9 and for Micronaire value on c2 (Kohel *et al.*, 2001; Mei *et al.*, 2004; Lin *et al.*, 2005). In the current investigation, TRAP primers were designed based on the ESTs or genes related to cotton fiber development. According to the distributions of TRAP loci and QTLs for the fiber-related traits reported by previous researchers, the map constructed with TRAP makers should provide additional avenue to detect QTLs for the fiber-related traits. Hu and Vick (2003) had observed a TRAP marker related to the disease-sensitive gene of Sclerotinia head rot.

Distorted segregations of genetic markers in different crops or different mapping populations in the same crop are commonly encountered. Many researchers have studied the reasons underlying the skewed segregations, such as SDR (segregation distortion regions) found in corn and rice (Xu *et al.*, 1997; Lu *et al.*, 2002). Hot segregation distortion regions are the regions wherein many distorted loci are distributed in clusters and mostly skewed in the same direction. In the present research, several distorted segregation dense regions were noticeably observed. For example, 15 of 16 skewed loci clustered on c16 and skewed towards "Hai7124". On the middleupper of c10, eight consecutive distorted loci clustered together and skewed towards "CRI36"; five distorted loci towards "Hai7124" clustered on the lower middle region of the c7; four distorted loci were tightly consecutive on the c2. Now it is still necessary to validate whether these regions are indeed SDRs in the cultivated tetraploid cotton.

A molecular genetic map can be used to disclose DNA sequence repeats, inversions and translocations related to molecular markers on the chromosomes and homologous, homologous relationships between different chromosomes in the allopolyploid plants (Reinisch *et al.*, 1994; Brubaker *et al.*, 1999; Lacape *et al.*, 2003). Endrizzi *et al.* (1985), Reinisch *et al.* (1994), and Brubaker *et al.* (1999) indicated that there were two translocations in the A-subgenome of allotetraploid cotton. Lacape *et al.* (2003) provided new evidence about translocation between c2-c3 pair in that four new duplications were identified between the c3-c14 pair. In this research, five duplications between the c3-c14 pair were found, of which two (BNL1059 and BNL3259) were the same as reported by Lacape *et al.* (2003), and the remaining three (BNL3034, $JESP_2 31$, TMHB17) were novel. So besides the 11 reported loci, there were a total of 14 duplications that proved the translocation between c2-c3 pair.

In this work, a high-density linkage map of cultivated allotetraploid cotton was constructed using SSR, TRAP, SRAP, and AFLP. The present map contains 1 097 loci spanning 4 536. 8cM with an average genetic distance of 4. 1cM per marker. This map provides a framework for QTL mapping. Since all the markers are PCR-based, it is convenient for marker-assisted selection breeding in directly transferring genes or special chromosome segments for high fiber quality from *G. barbadence* to *G. hirsutum.*

3 Materials and Methods

3.1 Plant materials and DNA isolation

The mapping population was composed of 186 F_2 individuals derived from one F_1 plant of the interspecific cross of "CRI36 × Hai7124". DNAs from each F_2 individual and parents were isolated from fresh leaf tissues according to the method described by Paterson *et al.* (1993).

3. 2　TRAP primers

A total of 57 fixed primers were designed based on EST or gene sequences related to fiber development using Primer Premier 5. 0. The primers were synthesized in Sangon Engineering and Service (Shanghai, China) and numbered from T1 to T60 excluding T47, T51 and T52. TRAP random primers were the same as those used in SRAP (Lin *et al.*, 2005). The TRAP standard protocol followed Hu and Vick (2003). TRAP products were resolved on 6% denaturing polyacrylamide gels and visualized by silver staining according to Lin *et al.* (2005).

3. 3　SSR, SRAP, AFLP marker analysis

For SSR markers, 2 300 primer pairs were used and the PCR amplification was carried out according to Wu *et al.* (2003). For SRAP analysis, 153 primer combinations were used to carry out PCR amplification as described by Lin *et al.* (2005). AFLP analysis using 64 primer combinations was carried out as described by Lacape *et al.* (2003).

3. 4　Morphological markers

Two morphological traits, pollen color (yellow or cream, P1 gene) and petal spot (presence or absence, R2), were scored in the F_2 population during flowering stage.

3. 5　Linkage analysis and nomenclature of loci

Target region amplification polymorphism, SRAP, and AFLP markers were assigned based on the name of two primers used for PCR amplification, e. g. T1E1, M2E4, and E1M3, while SSR markers were named after the sources of the primers, e. g. BNL, CIR, JESPR. When a primer pair detected multiple loci, a/b/c letters were assigned to those loci from higher to lower molecular weights. Linkage analysis was carried out using Mapmaker Exp/3. 0, and the map distances were calculated using the Kosambi mapping function. According to chromosome-anchored SSRs or common loci, linkage groups were assigned to the 26 chromosomes of the tetraploid genome.

Acknowledgements

The authors thank Professor Yichun Nie (National Key Laboratory of Crop Genetic Improvement, Huazhong Agricultural University) and Mr Shaocui Li for their administering to all F_1, F_2 and $F_{2:3}$ field experiments. We also thank Dr Jianyong Wu, Dr Daohua He (National Key Laboratory of Crop Genetic Improvement, Huazhong Agricultural University), and Wuwei Ye (China Cotton Research Institutes, Chinese Academy of Agricultural Science, Anyang) for their helpful laboratory assistance and valuable suggestions.

References

[1] Alwala S, Suman A, Arro J A, *et al.* Target region amplification polymorphism (TRAP) for assessing genetic diversity in sugarcane germplasm collections [J]. *Crop Sci.*, 2006, 46, 448-455.

[2] Brubaker C L, Paterson A H, Wendel J F. Comparative genetic mapping of allotetra-

ploid cotton and its diploid progenitors [J]. *Genome*, 1999, 42, 184-203.

[3] Endrizzi J E, Turcotte E L, Kohel R J. Genetics cytology and evolution of Gossypium [J]. *Adv. Genet*, 1985, 23, 271-375.

[4] Guo W Z, Ma G J, Zhu Y C, Yi C X, *et al*. Molecular tagging and mapping of quantitative trait loci for lint percentage and morphological marker genes in upland cotton [J]. Integr. *Plant Biol.*, 2006, 48, 320-326.

[5] Han Z G, Wang C B, Song X L, *et al*. Characteristics, development and mapping of *Gossypium hirsutum* derived EST-SSRs in allotetraploid cotton [J]. *Theor. Appl. Genet*, 2006, 112, 430-439.

[6] Hu J, Ochoa O E, Truco M J, Vick B A. Application of the TRAP technique to lettuce (*Lactuca sativa* L.) genotyping [J]. *Euphytica*, 2005, 244, 225-235.

[7] Hu J, Vick B A. Target region amplification polymorphism, a novel marker technique for plant genotyping [J]. *Plant Mol. Biol. Rep.*, 2003, 21, 289-294.

[8] Kohel R J, Yu J, Park C H, Lazo G R. Molecular mapping and characterization of traits controlling fiber quality in cotton [J]. *Euphytica*, 2001, 121, 163-172.

[9] Lacape J M, Nguyen T B, Thibivilliers S, *et al*. A combined RFLP-SSR-AFLP map of tetraploid cotton based on a *Gossypium hirsutum* × *Gossypium barbadense* backcross population [J]. *Genome*, 2003, 46, 612-626.

[10] Li G, Quiros C F. Sequence-related amplified polymorphisim (SRAP), a new marker system based on a simple PCR reaction, its application to mapping and gene tagging in Brassica [J]. *Theor. Appl. Genet*, 2001, 103, 455-461.

[11] Lin Z X, He D H, Zhang X L, *et al*. Linkage map construction and mapping QTL for cotton fiber quality using SRAP, SSR and RAPD [J]. *Plant Breeding*, 2005, 124, 180-187.

[12] Liu S, Saha S, Stelly D, *et al*. Chromosomal assignment of microsatellite loci in cotton [J]. *J. Hered*, 2000, 91, 326-332.

[13] Liu Z H, Anderson J A, Hu J, *et al*. A wheat intervarietal genetic linkage map based on microsatellite and target region amplified polymorphism markers and its utility for detecting quantitative trait loci [J]. *Theor. Appl. Genet*, 2005, 111, 782-794.

[14] Lu H, Romero-Severson J, Bernardo R. Chromosomal regions associated with segregation distortion in maize [J]. *Theor. Appl. Genet*, 2002, 105, 622-628.

[15] Mei M H, Syed N H, Gao W, *et al*. Genetic mapping and QTL analysis of fiber-related traits in cotton (*Gossypium*) [J]. *Theor. Appl. Genet*, 2004, 108, 280-291.

[16] Nguyen T B, Giband M, Brottier P, *et al*. Wide coverage of the tetraploid cotton genome using newly developed microsatellite markers [J]. *Theor. Appl. Genet*, 2004, 109, 167-175.

[17] Park Y H, Alabady M S, Sickler B. Genetic mapping of new cotton fiber loci using EST-derived microsatellites in an interspecific recombinant inbred line (RIL) cotton population

[J]. *Mol. Gen. Genet*, 2005, 274, 428-441.

[18] Paterson A H, Curt L B, Wendel J F. A rapid method for extraction of cotton (*Gossypium spp*) genomic DNA suitable for RFLP and PCR analysis [J]. *Plant Mol. Biol. Rep.*, 1993, 11, 112-127.

[19] Reinisch A J, Dong J M, Brubaker C L, *et al.* A detailed RFLP map of cotton, *Gossypium hirsutum* × *Gossypium barbadense*: Chromosome organization and evolution in a disomic polyploid genome [J]. *Genetics*, 1994, 138, 829-847.

[20] Rong J, Abbey C, Bowers J E, *et al.* A 3347-locus genetic recombination map of sequence-tagged sites reveals features of genome organization, transmission and evolution of cotton (*Gossypium*) [J]. *Genetics*, 2004, 166, 389-417.

[21] Shappley Z W, Jenkins J N, Meredith W R, *et al.* An RFLP linkage map of upland cotton, *Gossypium hirsutum* L [J]. *Theor. Appl. Genet*, 1998, 97, 756-761.

[22] Song X L, Guo W Z, Han Z G, *et al.* Quantitative trait loci mapping of leaf morphological traits and chlorophyll content in cultivated tetraploid cotton [J]. *J. Integr. Plant Biol*, 2005, 47, 1382-1390.

[23] Wang C B, Guo W Z, Cai C P, *et al.* Characterization, development and exploitation of EST-derived microsatellites in *Gossypium raimondii Ulbrich* [J]. *Chin. Sci. Bull*, 2006, 51, 557-561.

[24] Wendel J F, Albert V A. Phylogenetics of the cotton genus (*Gossypium* L.): Character-state weighted parsimony analysis of chloroplast DNA restriction site data and its systematic and biogeographic implications [J]. *Syst. Bot*, 1992, 17, 115-143.

[25] Wu M Q, Zhang X L, Nie Y C, *et al.* Localization of QTLs for yield and fiber quality traits of tetraploid cotton cultivar [J]. *Acta Genet. Sin.*, 2003, 30, 443-452.

[26] Xu Y, Zhu L, Xiao J, *et al.* Chromosomal regions associated with segregation distortion of molecular markers in F_2, backcross, doubled haploid, and recombinant inbred populations in rice (*Oryza sativa* L.) [J]. *Mol. Gen. Genet*, 1997, 253, 535-545.

[27] Yang J, Bai G, Shaner G E. Novel quantitative trait loci (QTL) for Fusarium head blight resistance in wheat cultivar Chokwang [J]. *Theor. Appl. Genet*, 2005, 111, 1571-1579.

[28] Zhang J F, Lu Y, Percy R G, *et al.* A molecular linkage map and quantitative trait locus analysis based on a recombinant inbred line population of cotton [G] Proceedings of the Beltwide Cotton Conference, New Orleans, LA, USA, 2005: 899

不同优势抗虫棉杂交组合不同生育期基因表达差异初探

邢朝柱[1]，喻树迅[1*]，赵云雷[2]，郭立平[1]，张献龙[2]，苗成朵[1]，王海林[1*]
（1. 中国农业科学院棉花研究所，安阳 455000；2. 华中农业大学，武汉 430070）

摘要： 采用DDRT-PCR技术对3个产量优势差异较大的杂交棉组合及其亲本在4个生育期叶片cDNA进行扩增和差显，结果表明，产量高、中、低优势组合与其亲本基因差异表达比例从蕾期到花铃期总体上呈递减趋势；杂种特异表达在前3个生育期高优势组合高于中或低优势组合，特异表达可能对杂种优势的产生起一定作用；单亲表达一致是基因差异表达中最主要表达模式，但在各生育期高、中、低优势组合之间变化幅度较小，表明此模式可能与杂种优势发挥无明显关系。

关键词： 抗虫杂交棉；杂种优势；生育期；基因差异表达

人们试图从棉花配合力分析、生理生化变化及遗传距离等方面揭示棉花杂种优势表达的内在规律，但杂种优势表达是复杂的，多数研究结果因取材、研究方法及环境等因素的影响，结果不尽一致，甚至相互矛盾[1-3]。基因差异显示（DDRT-PCR）是近年发展起来的研究基因表达的一门技术，从其建立[4]到现在，已被广泛应用在水稻、玉米、小麦和番茄等作物上。利用此项技术，无须通过蛋白质的信息，可以直接获得与生理生化、次生代谢、膜蛋白等相关基因，为基因表达研究提供了便利[5]，此项技术也可以从基因层面上提供研究杂种优势表达的新途径。前人在小麦、玉米和水稻中对杂交种及其亲本的基因差异表达和杂种优势进行了研究[6-9]，而有关棉花强优势、中优势和弱优势杂交组合在不同生育期（现蕾至盛花期）的基因差异表达与杂种优势关系未见报道。

1 材料和方法

1.1 供试材料

选用不同生态区（长江流域和黄河流域）具有一定代表性的6个性状稳定的陆地棉品种（P_1：中棉所12；P_2：石远345；P_3：泗棉3号；P_4：鄂棉9号；P_5：豫棉668；P_6：惠抗1号）为母本，选用推广面积较大的4个转基因抗虫棉品种（P_7：中棉所41；P_8：双价321；P_9：新棉33B；P_{10}：GKP4）为父本，按NCⅡ遗传交配设计，配制24个杂交组

原载于：《作物学报》，2007，33（3）：507-510

合。2004 年将这套 24 个组合及 10 亲本共 34 个材料，分别在安徽省望江市及河南省安阳市试验地，按 3 行区 3 重复进行 2 点产量试验；另在安阳试验点，将这套 24 个组合及 10 亲本分别播种，在蕾期（6 月 14 日）、初花期（6 月 30 日）、盛花期（7 月 16 日）和花铃期（8 月 1 日）分别取其顶尖嫩叶（刚刚平展的叶片），放入-80℃冰柜备用。根据两地皮棉产量试验结果，选取 3 个皮棉产量优势差异较大的杂交组合（石远 345 × 双价 321、惠抗 1 号 × 双价 321、豫棉 668 × 双价 321）的顶尖嫩叶，提取 RNA，作基因差显分析。为减少杂交种遗传背景的差异，选取的组合为同一父本，不同母本。为保证 3 个杂交组合杂种优势差异显著，选择的 3 个杂交组合皮棉产量超中亲优势在两点表现一致，并达显著水平。

1.2　试验方法

选用上海生物工程公司合成的专用于基因差异显示分析的引物，用合成的 3 个锚定引物和 15 个扩增差异带丰富的随机引物组成 45 个引物组合进行扩增。

3′端锚定引物。CR3：5′-AAGCTTTTTTTTTTG-3′；CR4：5′-AAGCTTTTTTTTTTA-3′；CR5：5′-AAGCTTTTTTTTTTC-3′。

5′端随机引物。CR6：5′-TGGTAAAGGG-3′；CR7：5′-TCGGTCATAG-3′；CR8：5′-GGTACATTGG-3′；CR9：5′-TACCTAAGCG-3′；CR10：5′-CTGCTTGATG-3′；CR11：5′-GTTTTCGCAG-3′；CR12：5′-GATCAAGTCC-3′；CR13：5′-GATCCAGTAC-3′；CR14：5′-GATCACGTAC-3′；CR15：5′-GATCTGACAC-3′；CR16：5′-GATCT-CAGAC-3′；CR17：5′-GATCATAGCC-3′；CR18：5′-GATCAATCGC-3′；CR19：5′-GATCTAACCG-3′；CR20：5′-GATCGCATTG-3′。

总 RNA 提取、cDNA 合成、PCR 扩增、变性聚丙烯酰胺凝胶电泳与银染等参照 Sambrook 等[10]方法。为了除去总 RNA 提取过程中痕量的基因组 DNA 污染，减少假阳性的干扰，对总 RNA 进行 DNA 酶处理后，用酚：氯仿（1：1）进行纯化，经 1.2% 的琼脂糖凝胶电泳，EB 染色后置紫外灯下观察 RNA，检测其完整性、浓度和纯度。经紫外分光光度计测定，总 RNA 的吸光值 A_{260}/A_{280} 在 1.7 ~ 2.1 之间，说明 RNA 的纯度较好。选择完整性好和纯度高的 RNA 进行 RT-PCR。为减少 PCR 扩增过程中假阳性对实验结果的干扰，本试验对每个引物组合均作 2 次 PCR 扩增，统计分子量在 300 ~ 800bp 之间可稳定扩增的条带。

1.3　基因表达模式

基因表达类型比例根据稳定扩增的条带计算得出，基因表达类型划分为 5 类。M1，双亲表达沉默，即双亲都有带而杂种没有带；M2，单亲表达沉默，即带仅出现在亲本之一；M3，杂种特异表达，即带仅出现在杂交种，双亲无带；M4，单亲表达一致，即带在双亲之一和杂种中出现，而在另一亲本中不出现；M5，基因表达一致，即带在双亲和杂种中均出现。前 4 种模式为基因表达有差异类型，后一种模式为基因表达无差异类型。

2　结果与分析

表 1 汇总了安阳试验点和望江试验点同一父本不同母本 3 个优势差异较大的杂交组合皮棉产量、超亲优势（中亲优势）及两点平均超亲优势。3 个组合均表现正向超中亲优

势，低优势组合平均超中亲优势为4.4%，中优势组合的平均超中亲优势为9.6%，高优势组合的平均超中亲优势为27.9%，超中亲优势各组合之间相差达显著水平。表2列出了蕾期（6月14日）、初花期（6月30日）、盛花期（7月16日）和花铃期（8月1日）高、中、低3种不同优势组合5种表达类型在4个时期基因差异表达的比例数。

表1　3个杂交组合两地点皮棉产量、超中亲优势及平均超中亲优势

组　合	地　点	皮棉产量（kg/hm^2）	超中亲优势（%）	优势平均值（%）
$P_4 \times P_8$	河南安阳	1189.5[a]	31.1[a]	27.9
	安徽望江	1657.5[a]	24.7[a]	
$P_6 \times P_8$	河南安阳	1078.5[b]	8.9[b]	9.6
	安徽望江	1492.5[b]	10.3[b]	
$P_3 \times P_8$	河南安阳	930.0[bc]	6.5[bc]	4.4
	安徽望江	148015[c]	213[c]	

同列中字母不同者表示差异达显著水平（$P = 0.05$）

表2　3种不同优势组合及5种表达类型在4个时期所占比例数

日　期	组　合	双亲共沉默 M1（%）	单亲表达沉默 M2（%）	杂种特异表达 M3（%）	单亲表达一致 M4（%）	杂种和亲本表达一致 M5（%）	差异表达（%）
6月14日	$P_4 \times P_8$	3.3	8.9	10.2	13.1	64.5	35.5
	$P_6 \times P_8$	2.1	11.5	8.4	12.3	65.7	34.3
	$P_3 \times P_8$	4.4	12.0	6.1	11.2	66.3	33.7
6月30日	$P_4 \times P_8$	5.0	7.2	18.6	9.9	59.3	40.8
	$P_6 \times P_8$	5.5	2.8	17.3	9.9	64.5	35.5
	$P_3 \times P_8$	4.6	5.7	15.9	9.5	64.4	37.5
7月16日	$P_4 \times P_8$	1.6	3.6	11.2	10.7	72.9	27.1
	$P_6 \times P_8$	2.3	7.6	5.3	9.6	75.2	24.8
	$P_3 \times P_8$	4.2	4.1	7.1	9.6	77.7	22.3
8月1日	$P_4 \times P_8$	3.3	6.6	5.5	9.8	74.8	25.2
	$P_6 \times P_8$	4.2	3.7	5.8	9.7	76.6	23.4
	$P_3 \times P_8$	4.5	2.4	6.1	9.1	80.5	19.5

2.1　基因差异表达变化趋势

在4个生育期基因差异比例分布于19.5%～40.8%，平均为30.1%。杂交种基因差异表达在初花期最为丰富，现蕾期次之，随生育进程呈递减趋势，说明现蕾期和初花期是棉花体内基因差异表达最为丰富阶段，影响杂种优势形成的一些基因可能在这阶段开始表达，所以这两个时期也是棉花产量形成的关键阶段。强优势组合基因差异表达的比例在4个时期均高于中优势和低优势组合，进一步说明基因差异表达与杂种优势形成有着密切的关系。

2.2　双亲沉默表达变化趋势

在基因差异表达中，双亲基因沉默表达（M1）所占比重最低，变化幅度为1.6%～5.5%，平均3.7%（表2），总体上在初花期和花铃期表现较高，现蕾期和盛花期比例相对较低。3种优势组合中，低优势组合在这4个时期表现相对稳定，变化较小，而高优势组合呈现起伏变化，说明双亲基因沉默表达在不同时期的变化可能对棉花杂种优势形成具有重要的影响。

2.3　单亲沉默表达变化趋势

单亲基因表达沉默型（M2）在基因差异表达中所占比例较低，但变化幅度较宽，为2.4%～12.0%，平均6.3%（表2），该基因表达类型在现蕾期总体表现较高，在初花期、盛花期和花铃期总体表现相当。从3种优势组合比例分布中可以发现，低优势组合这种类型呈现递减趋势，高优势组合在前3个时期呈现递减趋势，但到花铃期又出现上升趋势，表明基因表达呈现动态变化。

2.4 杂种特异表达变化趋势

杂种基因特异表达（M3）在基因差异表达中所占比重较高，变化幅度较宽，为5.3%～18.6%，平均9.9%（表2）。这种较高的比例可能对杂种优势产生有较大影响。总体表现初花期最高，现蕾期次之，盛花期比例相对较低，呈抛物线状，表明初花期杂种基因特异表达对棉花杂交种优势形成至关重要。高优势组合杂种基因特异表达比例在前3个时期大于中优势和低优势杂交组合，花铃期表现稍低但相差不明显，高优势组合比例在这4个时期分布变化趋势相对平缓，而低优势组合的比例呈现急速下降的变化，说明杂种特异表达的基因在棉花蕾铃期存在较高比例，对杂种优势形成起着重要作用。

2.5　单亲表达一致变化趋势

在基因差异表达中，单亲基因表达一致型（M4）所占比例最高，幅度为9.1%～13.1%，平均10.4%（表2），分布相对平缓。这种较高比例可能对杂种产量形成有一定的影响，该基因表达类型在现蕾期表现稍高，4个时期变化不大。高、中、低优势组合在每个时期差异均不明显，说明单亲基因表达一致类型可能对杂交种基础产量形成起一定的作用，但对杂种优势发挥无明显作用。

3　讨论

高优势与低优势组合基因表达差异的研究曾有较多报道[11-15]，但均体现出基因表达是一个动态过程。棉花从现蕾到吐絮是棉花产量形成的重要阶段，这时棉花体内基因表达变化对产量优势发挥起着重要作用。杂种优势表达是一个复杂的过程，某一性状的最终表现需要从基因表达和调控两个层面加以考虑；另外，很多产量性状表现为数量变异，因而有关产量基因表达必然也存在量上的差异。本研究中通过差显技术发现基因表达差异不仅存在质的差异（条带的有和无），但同时也存在量的差异，即增强表达或减弱表达（条带的粗和细），说明杂种优势的产生与质和量两方面的差异均有关。然而DDRT-PCR技术难以准确判断基因表达量上的差异，使试验存在一定的局限性，本试验只统计了基因差异表达质的差异，所以不能全面解释基因表达差异与杂种优势之间的关系。但本研究确实发现基因表达质的差异与杂种优势表达存在一定关联，至于量的差异对杂种优势的影响，需作进一步试验。另外，杂种优势表达是个动态过程。不同发育阶段都有一些不同的基因对杂种优势起作用，只有研究整个生育期的基因表达动态，才能对杂种优势产生机理有较全面认识。源—流—库三级构成了产量形成的主要渠道，每级都由不同基因控制体系所支配，目前绝大多数研究中，主要用叶片或根（源）作为对象来研究基因差异表达，对“流”和“库”的基因差异表达研究甚少。所以本试验只在基因表达水平上，在“源”基础上探讨了基因差异表达（质）与杂种优势的关系，建立基因差异表达类型与杂种优势的相关性，只是一个初步探索。杂种优势遗传基础非常复杂，如果要揭示杂种优势成因需要从多方面加以研究，试验方法需进一步完善。

4 结论

基因差异表达可能与杂种优势的发挥存在一定的相关；在差异表达中，特异表达可能对杂种优势产生起一定的作用；单亲表达一致是基因差异表达中最主要模式，但此模式可能与杂种优势发挥无明显关系。

参考文献

［1］Melchinger A E. Genetic Diversity and Heterosis［M］//The Genetics and Exploitation of Heterosis in Crops. ASA-CSSA-SSSA. Madison，WI. 1999：99-118.

［2］Xing C Z（邢朝柱），Jing S R（靖深蓉），Guo L P（郭立平），*et al*. Study on heterosis and combining ability of transgenic *Bt*（*Bacillus thuringiensis*）cotton［J］. *Cotton Sci.*（棉花学报），2000，12（1）：6-11（in Chinese with English abstract）.

［3］Xu R Q（徐荣旗），Liu J F（刘俊芳），Jiang Y L（江延龄），*et al*. The correlations between cotton heterosis and physiological and biochemical indexes［J］. *Acta Agric Boreali-Sin.*（华北农学报），1996，11（1）：76-80（in Chinese with English abstract）.

［4］Liang P，Pardee A B. Differential display of eukaryotic messenger RNA by means of the polymerase chain reaction［J］. *Science*，1992，257：967-971.

［5］Yamazaki M，Saito K. Differential display analysis of gene expression in plants［J］. *Cell Mol Life Sci.*，2002，59：1246-1255.

［6］Sun Q X，Ni Z F，Liu Z Y. Differential gene expression between wheat hybrids and their parental inbreds in seedling leaves［J］. *Euphytica*，1999，106：11-17.

［7］Cheng N H（程宁辉），Yang J S（杨金水），Gao Y P（高燕萍），*et al*. Alteration of gene expression in maize hybrid F_1 and its parents1［J］. *Chin Sci. Bull*（科学通报），1996，41（5）：451-454（in Chinese）.

［8］Ni Z F，Sun Q X，Wu L M. Differential gene expression of a hybrid specific expression gene encoding novel RNA-binding protein in wheat seeding leaves using differential display of mRNA［J］. *Mol Gen Genet*，2000，263：934-938.

［9］Xiong L Z（熊立仲）. Studies on molecular basis of rice heterosis at gene expression level［D］. PhD Dissertation of Huazhong Agricultural University，1999（in Chinese with English abstract）.

［10］Sambrook J，Fritsh E F，Maniatis T. Trans. by Jin D Y（金冬雁），Li M F（黎孟枫）. Laboratory Manual of Molecular Cloning（分子克隆实验指南）. Beijing：Science Press，1992（in Chinese）.

［11］Tsaftaris A S，Polidoros A N. Studying the expression of genes in maize parental inbreds and their heterotic and nonheterotic hybrids［M］. In：Proc Ⅻ Eucarpia Maize and Sorghum Conference. Bergamo. Italy，1993：283-292.

［12］Meng F R（孟凡荣），Sun Q X（孙其信），Ni Z F（倪中福），*et al*. Differential expression pattern of multigene families between cross-fertilized and self-fertilized kernels during the early stages of seed development in wheat［J］. *J. Agric Biotechnol*（农业生物技术学报），2002，10（3）：220-226（in Chinese with English abstract）.

［13］Sun Q X（孙其信），Ni Z F（倪中福），Wu L M（吴利民），*et al*. Differential gene expression and molecular basis of heterosis in wheat［G］. In：Sun Q X（孙其信）ed. Paper Collection of International Wheat Genetics and Breeding Symposium（小麦遗传育种国际学术讨论会论文集）. Beijing：China Agricultural Science and Technology Press，2001：41-45（in Chinese）.

［14］Tian Z Y（田曾元），Dai J R（戴景瑞）. Relationship between differential gene expression patterns in functional leaves of maize inbreds and hybrids at spikelet differentiation stage and heterosis1［J］. *Acta Genet Sin.*（遗传学报），2003，30（2）：154-162（in Chinese with English abstract）.

［15］Xiong L Z，Xu C G，Saghai Maroof M A，*et al*. Patterns of cytosine methylation in parents and F_1 of an elite hybrid detected by methylation sensitive amplification［J］. *Mol Gen Genet*，1999，261：439-446.

编码棉花胞质铜锌超氧物歧化酶基因的克隆与表达分析

胡根海[1,2]，喻树迅[1]，范术丽[1]，宋美珍[1]
（1．中国农业科学院棉花研究所，安阳 455000；2. 河南科技学院，新乡 453000）

摘要：克隆编码棉花胞质铜锌超氧化物歧化酶基因并分析其表达特性。采用RACE技术克隆基因，Northern blotting检测基因的表达谱；采用氮蓝四唑（NBT）光下还原法测定不同生育期的酶活性。获得了棉花胞质铜锌超氧化物歧化酶基因cDNA全长序列（GenBank注册号：DQ445093）；该基因cDNA全长共682 bp，开放阅读框456bp，编码152个氨基酸。分子结构预测结果：酶蛋白理论分子量约为15.03ku，理论等电点为6.09，与其他植物的蛋白质氨基酸序列同源性在82%~87%之间。Southern blotting显示不同棉种该基因的拷贝数基本一致，均属于低拷贝基因。Northern blotting显示该基因在不同的组织、不同的生育期表达量不同；酶活性测定显示盛花期最高。棉花胞质铜锌超氧化物歧化酶基因在陆地棉中属于低拷贝数基因；在整个生育期中mRNA的含量呈规律性动态变化，前期较低，后期较高，在盛花期达到顶峰；变化曲线与不同时期的酶活性变化一致；不同器官的基因表达检测结果显示：基因在根中表达量最高，叶片次之，花中的表达最低。

关键词：棉花；铜锌超氧物歧化酶；基因；克隆

1 引言

棉花在整个生长发育过程中受到各种逆境的影响，如高温、干旱、辐射、盐碱、病原菌侵染和养分供应不平衡等，这些逆境因素均能导致细胞产生大量的超氧化物阴离子自由基；大量自由基的积累容易导致棉花的早衰，早衰会影响棉花的产量和品质。超氧化物歧化酶（superoxide dismutase，SOD酶）能够降低自由基的毒害，延长根和叶的功能期，可延缓棉花的衰老。短季棉品种的早熟早衰严重影响棉花的品质和产量。SOD酶在棉株体内对防止棉株早衰方面起着关键作用，克隆SOD酶基因，利用转基因技术可以加快短季棉早熟不早衰育种的步伐。SOD酶是普遍存在于生物体内的能清除超氧阴离子自由基的一类金属酶类。1938年Mann和Keilin首次从牛红血球中分离得到，按其结合的金属离子的不同主要可分为3类：Cu/Zn-SOD、Mn-SOD和Fe-SOD[1-2]。铜锌超氧化物歧化酶是活

原载于：《中国农业科学》，2007，40（8）：1602-1609

性氧清除酶系中最重要的酶[3-4]，与作物的抗逆性和抗衰老等有密切关系[4-7]。现已从水稻、玉米等植物中克隆出该基因[8-16]；转SOD基因的研究工作也已经取得了可喜的成果，获得了过量表达的转基因植株，转基因烟草和苜蓿植株的生理生化研究发现植株的抗冷、抗氧化能力明显增强[17-19]。喻树迅等研究发现中棉所36等早熟不早衰材料与早衰材料比较，在生育期后期早衰品种的SOD酶活性明显低于早熟不早衰品种，并提出可以作为生化辅助选择的指标[20]，SOD酶在棉株体内对防止棉株早衰方面起着关键作用[21]。植物细胞的SOD酶含量研究证实Cu/Zn-SOD的含量约占86%，是SOD酶中含量最高的；Cu/Zn-SOD可以分为两类叶绿体和胞质两种同工酶形式，研究发现胞质酶是不良环境诱导的主要形式[22-23]。目前棉花的SOD基因还没有被克隆，因此克隆棉花编码的Cu/Zn-SOD可以了解短季棉早熟不早衰的机制，为利用转基因技术选育抗逆棉花新品种奠定基础。本研究拟克隆与棉花早熟不早衰有关的SOD酶基因，通过分子杂交明确基因的拷贝数、表达部位和表达量，为早熟不早衰、抗逆分子机理的阐明提供理论基础。

2　材料与方法

2.1　材料

供试短季棉（*Gosspium hirsutum* L.）品种为中棉所36；2004年7月16日盆栽育苗，长出3片真叶后取真叶提取总RNA；大肠杆菌菌株为JM109，载体为pUCm-T，主要试剂和载体、菌株均购自上海生物工程有限公司。中棉所36于2005年4月28日在大田播种，在棉花的不同发育时期根据试验的需要取样，所有材料取下后立刻放入液氮冷冻，然后-80℃冰箱存放备用。

2.2　方法

2.2.1　引物设计

根据GenBank上查到的有关植物胞质超氧化物歧化酶的氨基酸序列，通过序列联配找到两个保守区：KPGLHGFH和GHELSKTTG；然后设计一对简并引物用于扩增SOD基因的保守区，上游为：5′-AAGCCCGGCCTGCA（C/T）GG（A/T/C/G）TT（C/T）CA-3′，下游为：5′-GCCGGTGGTCTTGGACA（A/G）（C/T）TC（A/G）TG（A/T/C/G）CC-3′。

2.2.2　RT－PCR及中间片段的获得

RNA的提取采用改良的CTAB法[24]，提取RNA纯化后进行反转录为cDNA，利用简并引物对反转录产物进行扩增；扩增程序为：94℃预变性5min，94℃变性30s，退火55℃ 2min，72℃延伸1min，循环35次，72℃延伸10min，4℃保存；对目标片段进行鉴定回收，连接到pUCm-T载体上，转化JM109；篮白斑筛选后，挑取单菌落进行培养，提取质粒进行*Pst* Ⅰ酶切和PCR鉴定后测序。

2.2.3　利用RACE技术获得3′和5′端序列

RACE采用大连宝生物公司的试剂盒完成，利用已经获得的中间片段设计一套特异引物；SP_1：5′-TGTTGGTGCTGATTGCTCTG-3′，$SP_2$5′-TTGGTGCTGATTGCTCTGCG-3′，S1：5′-TGTTGGTGCTGATTGCTCTG-3′，A1：5′-TTCACATCTTCAGGAGCACC-3′，S2：5′-TTG-GTGCTGATTGCTCTGCG-3′，A25′-CCAGCAGGATTGAAGTGAGG-3′；用SP_1和SP_2扩增得到3′端部分；5′端部分的试验步骤按照试剂盒中提示完成，首先用S1和A1进行第一轮扩

增，再用 S2 和 A2 进行第 2 轮嵌套合成增加片段的特异性；得到的片段进行连接、转化、筛选后测序；然后对得到的 3 段序列进行拼接得到基因的 cDNA 全长。在 cDNA 全长的起始密码子 ATG 和终止子 UAA 处设计一对特异引物用于扩增 ORF 全长并进行校正，引物序列为 ZY-1：5′-GTCGCGGATCCATGGCTGCCCCATATTTCC-3′ 和 ZY-2：5′-GCGACAAGCTTTATACCGG AGTCAAGCC-3′。

2.2.4 Southern blotting 分析

参考沈法富[25]等的方法提取陆地棉，海岛棉、草棉、亚洲棉的基因组 DNA。取 20g 进行 *Eco*R Ⅰ、*Hin*dⅢ 和 *Pst* Ⅰ 酶切，0.8% 琼脂糖凝胶 40V 电泳 12h，利用棉花胞质 Cu/Zn-SOD 的开放阅读框 cDNA 作探针进行杂交分析。杂交、洗膜和显色均按照 Roche 公司的 DIG High Prime DNA/RNA Labeling and Detection Starter Kit Ⅰ 的步骤进行。

2.2.5 Northern blotting 分析

利用改良 CTAB 法提取中棉所 36 不同发育时期的总 RNA，37℃ DNA 酶Ⅰ消化除去总 RNA 中的 DNA，然后取 30μg，经 1.2% 甲醛变性胶 40V 电泳 8h，用毛细血管吸印的方法将胶中的 RNA 转移到尼龙膜上，与 DIG 标记的棉花胞质 Cu/Zn-SOD 的开放阅读框全长 cDNA 探针杂交，通过测定总 RNA 的浓度法和电泳完毕后 EB 染色法，以保证每个泳道所加 RNA 样品量相同；杂交、洗膜和显色均按照 Roche 公司的 DIG High Prime DNA/RNA Labeling and Detection Starter Kit Ⅰ 的步骤进行。

2.2.6 氨基酸及蛋白质数据分析

氨基酸序列比对与系统进化树的构建，用 Blast 程序软件从 GenBank 中挑选了 10 个来源于不同植物的胞质超氧化物歧化酶基因编码的氨基酸序列，这些序列依次为：白菜、菠菜、冰草、白杨、番茄、烟草、玉米、豌豆和甘薯。利用的 DNAman5.2 软件采用优化比对法将这些序列与棉花铜锌超氧化物歧化酶的氨基酸序列进行多序列比对；采用 Dynamic Alignment 方法计算相似程度，然后构建系统进化树。

利用 PSORT 软件分析 N-末端的信号肽序列（http：//www.psort.nibb.ac.jp）。利用 PROSITE 软件（http：//us.expasy.org/prosite/）进行蛋白功能结构域分析。利用 TMHMM 软件（http：//genome.cbs.dtu.dk/services/TMHMM/）进行蛋白质跨膜区段的预测分析。

2.2.7 SOD 酶活性测定

在中棉所 36 的苗期、初花期、盛花期、铃期和吐絮期取叶片，剪去叶脉，称取 0.3g 左右的样品，采用氮蓝四唑（NBT）光下还原法测定 SOD 的酶活性[3]。

3 结果与分析

3.1 棉花超氧化物歧化酶基因的克隆和序列分析

以出苗后 3 周中棉所 36 幼嫩叶片的 cDNA 为模板，采用简并引物扩增，扩增产物经 1.0% 琼脂糖凝胶电泳检测，得到一条大约为 300bp 的条带，这与根据计算应该扩增得到的条带的大小基本一致，因此可能是目标条带，回收后连接到载体 pUCm-T 上，转化大肠杆菌，筛选重组子后测序；测序结果与 GenBank 上随机抽取的有关植物的胞质超氧化物歧化酶的 cDNA 序列进行同源性比较，结果显示与水稻、拟南芥、菠菜、牵牛花、豌豆和马铃薯的同源性分别为 82%、84%、86%、83%、86% 和 82%，证明我们已经得到了目标基因的中间保守区，可以进一步延伸得到全长的 cDNA 序列。利用得到的中间片段设计特异引物，扩增得到3′和5′端序列，然后再在起始密码子和终止密码子处设计引物扩增得到全长的 ORF，进行全长校正；实验共得到基因（GenBank accession：DQ445093）序列682bp，其中5′非编码区119 bp，开放阅读框456bp，3′非编码区103bp，在596处有终止加 A 信号 AATACA。

3.2　基因编码蛋白质的特性分析

棉花超氧化物歧化酶基因共编码152个氨基酸，预测蛋白质的分子量为15.03ku，理论等电点为6.09，酶蛋白的极性氨基酸（D，E，H，K，R，N，Q，S，T）占41.5%，极性氨基酸的带电氨基酸（D，E，H，K，R）占20.4%，酸性氨基酸（D，E）占8.5%，碱性氨基酸（H，K，R）占11.9%，疏水氨基酸（L，I，V，M，F，Y，W）占25.1%，蛋白质不稳定指数（instability index）估算为23.51，该酶蛋白属于稳定蛋白类。利用 Expasy 提供的 PROF 软件对棉花胞质 Cu/Zn-SOD 酶蛋白的初级结构进行预测，结果表明：该蛋白属于混合蛋白，其中没有螺旋状的氨基酸残基存在；以 β 折叠状为主的氨基酸残基组成约占44.7%，呈环状的氨基酸残基占55.3%，如果氨基酸残基暴露在蛋白质表面超过16%表现为易溶，则棉花 Cu/Zn-SOD 酶蛋白属于易溶蛋白；进一步使用 GLOBE 进行高级结构预测，结果为球蛋白。酶蛋白的结构域分析表明在33，85位置有 N 糖基化位点；9，97是酪蛋白激酶 II 磷酸化位点；在13，32，55，89和137位是 N 十四烷基化位点；第43～137位是铜锌超氧化物歧化酶活性位点。其中铜锌超氧化物歧化酶活性域在不同物种间具有高度的保守性。利用 PSORT 软件分析 N-末端的信号肽序列表明，酶蛋白不含有信号肽序列（图1）。跨膜区段预测显示（图2），在1～21位形成跨膜螺旋的可能性得分仅为71（远远小于500，模型认为大于500分才有有意义的跨膜螺旋存在），所以棉花胞质铜锌超氧化物歧化酶没有有意义的跨膜结构存在，因此，推断该酶蛋白位于细胞的基质中，而不是细胞膜上。

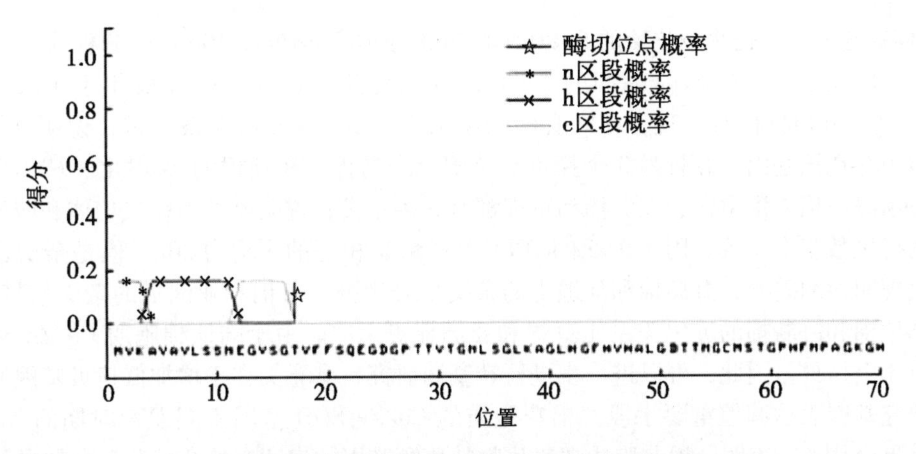

图1　棉花胞质超氧化物歧化酶 N－末端信号肽预测结果

3.3　棉花超氧化物歧化酶的氨基酸同源性和系统进化分析

棉花胞质 Cu/Zn-SOD 与水稻、菠菜、豌豆、小麦和番茄等的酶蛋白基因相似性比较

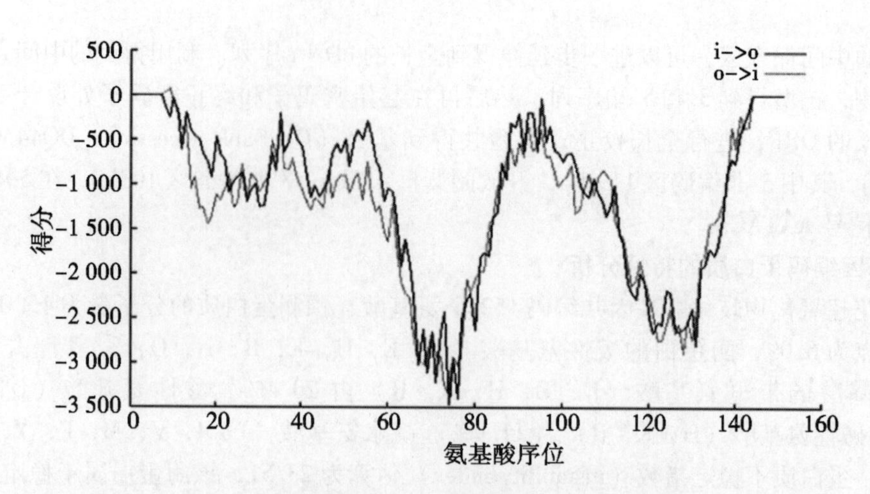

图2　棉花胞质超氧化物歧化酶跨膜区段预测结果

括号内氨基酸序位决定核心区域。可能性得分超过500才有意义。从里向外发现的螺旋数：0个，从外向里发现的螺旋数：1个。1（1）~21（19），得分71

结果显示，棉花超氧化物歧化酶的氨基酸序列与不同植物之间的氨基酸的同源性为78.12%。棉花的胞质Cu/Zn-SOD基因与白杨的同源性最高，为87%；其次为马铃薯、玉米、番茄、烟草等，为84%；与甘薯、豌豆的同源性最低，只有82%。不同氨基酸区段的保守性差异比较大，其中，N-端区域和活性中心区域的氨基酸序列的保守性较高，C-端区域氨基酸序列的保守性较低（图3）。棉花与不同植物的胞质超氧化物歧化酶的系统进化关系分析表明（图4）：除豌豆单独分为一类外，可以大致分为3类：①棉花和白杨均为木本植物；②番茄、辣椒、烟草和甘薯均为茄科的植物；③白菜、菠菜、玉米和冰草主要是禾本科和十字花科；可见不同植物的胞质超氧化物歧化酶的系统进化关系具有明显的种属特征。

3.4　棉花胞质超氧化物歧化酶的Southern Blotting和Northern Blotting分析

棉花胞质的Cu/Zn SOD基因的Southern杂交结果（图5）利用*Eco*RⅠ+*Hind*Ⅲ和*Pst*Ⅰ，进行酶切分析时发现，在两套酶切结果中，CRI36显示3条主带，说明在CRI36基因组中存在该基因，并且是3个拷贝。草棉、海岛棉、亚洲棉的*Eco*RⅠ+*Hind*Ⅲ酶切结果显示海岛棉4条主带、亚洲棉和草棉都有3条主带；说明该基因在二倍体和四倍体棉种中的拷贝数基本一致。用于杂交的DNA上样量是相等的，均为20g，但是杂交信号的强弱表现明显的差异，海岛棉和陆地棉的杂交信号很强，草棉和亚洲棉的杂交信号较弱。推测陆地棉和海岛棉的进化关系比草棉和亚洲棉更近些。由于陆地棉胞质Cu/Zn SOD基因只有3个拷贝，因此，可以进一步进行转基因研究，其意义在于增加低拷贝基因的拷贝数是研究基因表达调控重要手段。棉花胞质的Cu/Zn SOD基因不同发育时期的Northern杂交结果（图6）表明，棉花胞质超氧化物歧化酶基因的表达在整个棉花生育期中呈现有规律的动态变化，从苗期开始基因表达逐渐增强，到盛花期达到顶峰，以后逐渐下降；但是从整个生育期观察，后期的活性比前期高，该结果通过测定棉花不同生育期的总SOD酶活性得到验证，酶活测定显示整个生育期酶活性动态变化与检测到的mRNA变化规律

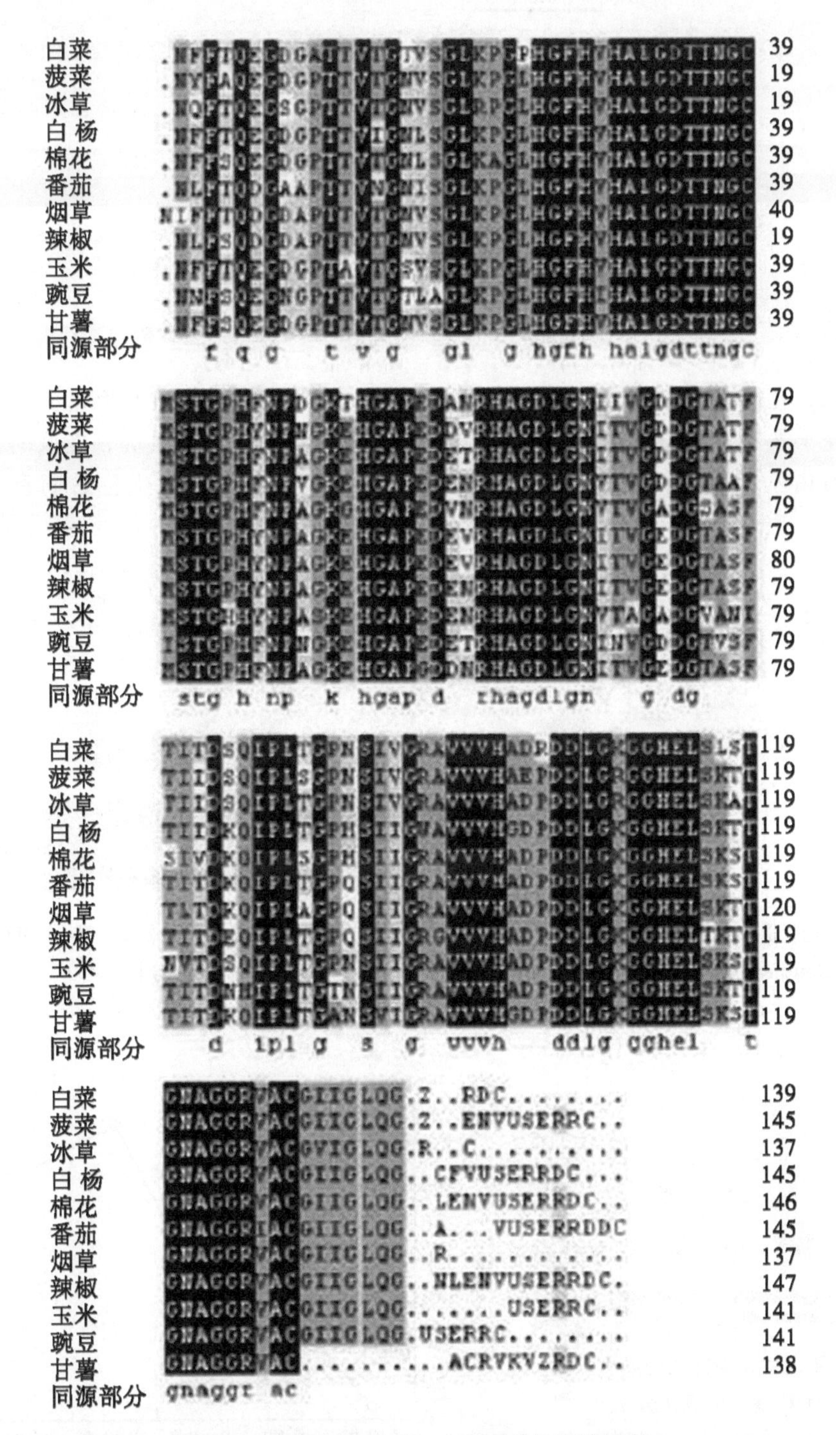

图 3　棉花胞质 Cu/Zn – SOD 的同源性比较

一致（图 7）；说明在所有的 SOD 酶中胞质 Cu/Zn SOD 是起主要作用的同功酶。棉花不同器官的基因表达分析显示（图 8）：胞质 Cu/Zn SOD 基因表达活性在根中最高，其次为叶

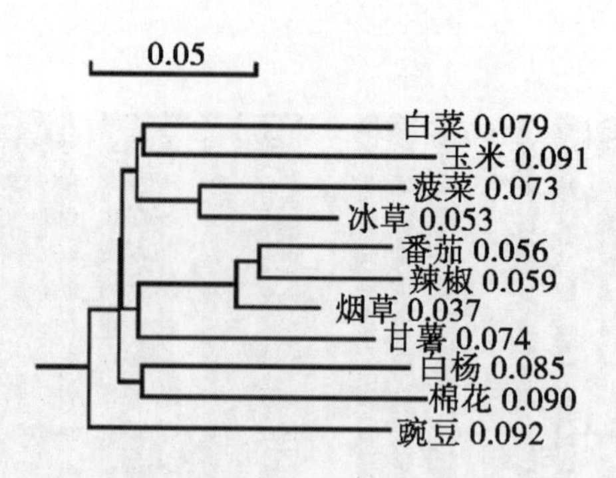

图4　几种植物超氧化物歧化酶基因的系统进化关系分析

片，下胚轴，花和茎的表达较弱。说明胞质 Cu/Zn SOD 基因主要在根和叶片中表达；推测可能棉花早熟不早衰品种由于胞质 Cu/Zn SOD 基因后期表达活性高，能及时清除根和叶片中的自由基的毒害，使根和叶的功能期延长，从而减缓棉花生育后期衰老死亡的速度。

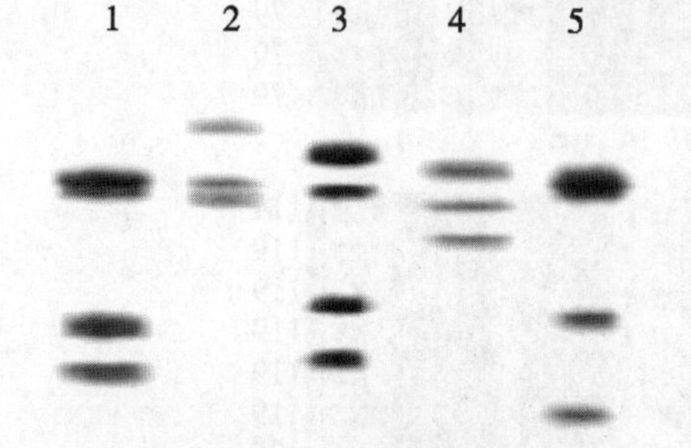

图5　棉花胞质 Cu/Zn SOD 基因的 Southern 杂交分析

1，5：CRI36；2：亚洲棉；3：海岛棉；4：草棉；1，2，3，4：*Eco*R Ⅰ + *Hind* Ⅲ；5，*Pst* Ⅰ

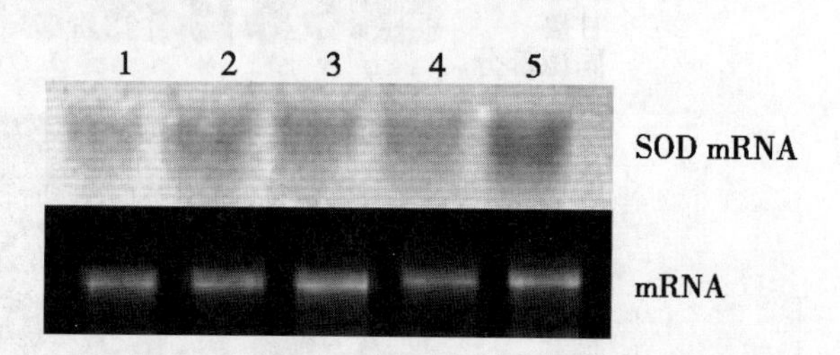

图6　不同生育期棉花胞质 Cu/Zn SOD 基因的表达分析

1：下胚轴；2：叶片；3：茎；4：花；5：根

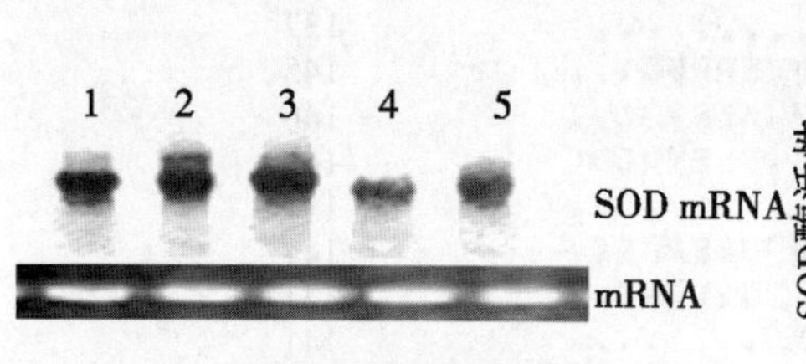

图7　不同生育期棉花胞质 Cu/Zn SOD 基因的表达分析

1：吐絮期；2：铃期；3：盛花期；4：初花期；5：苗期

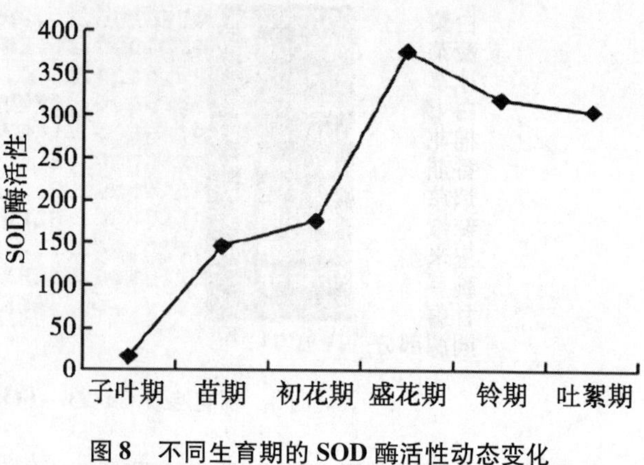

图8　不同生育期的 SOD 酶活性动态变化

4　讨论

利用 RACE 技术克隆 Cu/Zn SOD 基因在棉花上尚属首次，因此，在利用已知的氨基酸序列设计简并引物的时候，应该尽可能多选 GenBank 提供的序列，以确保产生保守区段。但是如果序列过多，由于不同物种之间的差异，在寻找序列保守区时将会遇到困难。建议如果搜寻到的序列较多，尽可能保留同界或同门等近源关系的序列使用。在扩增得到保守区的片段后，必须进行核酸的相似性分析，确定序列的真实性后才能进一步设计引物扩增得到序列的全长 cDNA。得到的核酸序列进行翻译，并进行蛋白质结构预测与分析是必需的。通过预测分析笔者发现克隆到的棉花 Cu/Zn SOD 基因，不含有信号肽序列，具有两个铜锌离子作辅基的活性中心；这与预期的目标蛋白是一致的，间接证明克隆到的基因是真实的。模体分析显示酶蛋白还具有磷酸化、糖基化和烷基化位点，推测可能酶蛋白的活性受到这 3 种修饰方式的调节。不同植物的氨基酸序列的相似性分析显示，Cu/Zn SOD 氨基酸的序列变异程度在序列的两端是不同的。N-端氨基酸区域和活性中心区域的氨基酸序列的保守性较高，C-端区域氨基酸序列的保守性较低，推测可能序列在进化过程中受到的选择压不同而区段不同。不同物种的序列同源性比较显示，棉花并没有和其他的近源植物聚为一类，但是就总的聚类情况看不同植物的胞质 Cu/Zn SOD 的系统进化关系仍然具有明显的种属特征。推测在增加聚类物种后，进化关系可能会更加明显些。

棉花胞质 Cu/Zn SOD 的 Southern Blotting 结果显示：不同棉种含有的拷贝数基本一致。4 个主要栽培棉种陆地棉、草棉和亚洲棉均有 3 个拷贝，海岛棉有 4 个拷贝；推测可能在进化过程中海岛棉通过某种途径增加了 1 个拷贝，海岛棉的抗逆性、抗病性明显高于其他 3 个棉种，可能与胞质 Cu/Zn SOD 的拷贝数增加有关。胞质 Cu/Zn SOD 不同时期的 Northern blotting 杂交结果和酶活性测定结果一致，推测该基因的酶活性可能在总酶活中占的份额较大，转基因增加酶活性可能会产生明显的效果，基因的不同组织器官表达分析显示根中的活性较高，推测根可能是该基因的主要表达部位。

5　结论

使用 RACE 技术克隆到了棉花的 Cu/Zn SOD 基因，基因序列全长 682bp，其中 5′非编码区 119bp，开放阅读框 456bp，3′非编码区 103bp，在 596 处有终止加 A 信号 AATACA 基因在陆地棉中以低拷贝的形式存在。基因的表达水平在整个生育期呈现动态变化曲线，前期较低后期较高，盛期达到顶峰；基因的生育期动态表达曲线和总酶活性变化曲线一致。在不同组织器官中，根中的表达量较高。

参考文献

［1］梁毅，汪存信，曲松生．超氧化物歧化酶研究的新进展［J］．湖北化工，1995，(3)：20-22.

［2］杨卫健，张双全．超氧化物歧化酶的研究及应用前景［J］．淮阴师范学院学报（自然科学版），2002，1（4）：82-86.

［3］王瑞刚，陈少良，刘力源，等．盐胁迫下 3 种杨树的抗氧化能力与耐盐性研究

[J]. 北京林业大报，2005，27（3）：46-52.

[4] Song F N，Yang C P，Liu X M，*et al.* Effect of salt stress on activity of superoxide dismutase（SOD）in *Ulmus pumila* L [J]. *Journal of Forestry Research*，2006，17（1）：13-16.

[5] 张怡，罗晓芳，沈应柏. 土壤逐渐干旱过程中刺槐新品种苗木抗氧化系统的动态变化 [J]. 浙江林学院学报，2005，22（2）：166-169.

[6] 冯昌军，罗新义，沙伟，等. 低温胁迫对苜蓿品种幼苗 SOD、POD 活性和脯氨酸含量的影响 [J]. 草业科学，2005，22（6）：29-32.

[7] 郭丽红，吴晓岚，龚明. 谷胱甘肽还原酶和超氧化物歧化酶在玉米幼苗热激诱导的交叉适应中的作用 [J]. 植物生理学通讯，2005，41（4）：429-432.

[8] Sumio K，Kozi A. Characteristic of amino acid sequences of chloroplast and cytoplast isozymes of Cu/Zn superoxide dismutase in spinach，rice and horsetail [J]. *Plant and Cell Physiology*，1990，31：99-112.

[9] Lin C T，Lin M T，Chen Y T，Shaw J F. The gene structure of Cu/Zn-superoxide dismutase from sweet potato [J]. *Plant Physiology*，1995，108：827-828.

[10] Kernodle S P，Scandalios J G. A comparison of the structure and function of the highly homologous maize antioxidant Cu/Zn superoxide dismutase genes，SOD4 and SOD4A [J]. *Genetics*，1996，144（1）：317-328.

[11] Bagnli F，Giannino D，Caparrini S，*et al.* Molecular cloning，characterization and expression of a manganese superoxide dismutase gene from peach（*Prunus persica*L. Batsch）[J]. *Molecular Genetics and Genomics*，2002，267：321-328.

[12] Hironori K，Shigeto M，Hideki Y，*et al.* Molecular cloning and characterization of a cDNA for plastidic copper/zinc superoxide dismutase in rice（*Oryza sativa* L.）[J]. *Plant & Cell Physiology*，1997，38（1）：65-69.

[13] Atsushi S，Hiroyuki O，Kunisuke T. Nucleotide sequences of two cDNA clones encoding different Cu/Zn-superoxide dismutases expressed in developing rice seed（*Oryza sativa* L.）[J]. *Plant Molecular Biology*，1992，19：323-327.

[14] Lee H S，Kim K Y，You S H，*et al.* Molecular characterization and expression of a cDNA encoding copper/zinc superoxide dismutase from cultured cells of cassava（*Manihot esculenta* Crantz）[J]. *Molecular Genetics and Genomics*，1999，262：807-814.

[15] Rafael P T，Benedetta N，Dvora A，*et al.* Isolation of two cDNA clones from tomato containing two different superoxide dismutase sequences [J]. *Plant Molecular Biology*，1988，11：609-623.

[16] Ronald E C，Joseph A W，John G S. Cloning of cDNA for maize superoxide dismutase2（SOD2）[J]. *Proceedings of National Academy of Sciences USA*，1987，84：179-183.

[17] Bryan D M，Julia M，Kim S J. Iron-superoxide dismutase expression in transgenic Alfalfa increases winter survival without a detectable increase in photosynthetic oxidative stress tolerance [J]. *Plant Physiology*，2000，122：1427-1437.

[18] Wim V C, Katelijne C, Marc V M, *et al*. Enhancement of oxidative stress tolerance in transgenic tobacco plants overproducing Fe-superoxide dismutase in chloroplasts [J]. *Plant Physiology*, 1996, 112: 1703-1714.

[19] Bryan D M, Chen Y R, Mitchel de B, *et al*. Superoxide dismutase enhances tolerance of freezing stress in transgenic Alfalfa (*Medicago sativa* L.) [J]. *Plant Physiology*, 1993, 103: 1155-1163.

[20] 喻树迅，宋美珍，范术丽，等．短季棉早熟不早衰生化辅助育种技术研究[J]. 中国农业科学，2005，38（4）：664-670.

[21] Rafael P T, Estra G. The tomato Cu/Zn SOD superoxide dismutase genes are developmentally regulated and respond to light and stress [J]. *Plant Molecular Biology*, 1991, 17: 745-760.

[22] Yu S X, Song M Z, Fan S L, *et al*. Biochemical genetics of short-season cotton cultivars that express early maturity without senescence [J]. *Journal of Integrative Plant Biology*, 2005, 47: 334-342.

[23] Sheri P K, John G S. A comparison of the structure and function of the highly homologous maize antioxidant Cu/Zn superoxide dismutase genes sod4 and sod4A [J]. *Genetics*, 1996, 144: 317-328.

[24] 窦道龙，王冰山，唐益雄，等．棉花高质量总 RNA 的提取的一种有效方法[J]. 作物学报，2003，29：478-479.

[25] 沈法富，于元杰，刘凤珍，等．棉花核 DNA 的提取及其 RAPD 分析 [J]. 棉花学报，1996，8（5）：246-249.

转棉花叶绿体 Cu/Zn-SOD 基因烟草的获得及其功能的初步验证

马淑娟[1,2]，喻树迅[1*]，范术丽[1]，宋美珍[1]
（1. 中国农业科学院棉花研究所/农业部棉花遗传改良重点实验室，安阳　455000；
2. 华中农业大学，武汉　430070）

摘要：构建了棉花叶绿体 Cu/Zn-SOD 基因的植物表达载体，利用农杆菌介导法将其导入 NC89 烟草，PCR、Southern blotting 检测结果显示有 4 个烟草株系中整合了棉花叶绿体 Cu/Zn-SOD 基因，SOD 酶活性测定结果显示 4 株转基因烟草植株 SOD 酶活性都明显高于非转基因烟草，离体叶片暗处理试验结果也证明 4 株转基因烟草比非转基因烟草 SOD 酶活下降速度明显减慢，百草枯喷施试验表明，转基因烟草都比非转基因烟草对百草枯的耐性增强，这一系列试验间接地说明外源基因的导入增强了烟草的耐衰老能力，本研究为今后利用 SOD 基因研究作物的早衰性状奠定了基础。

关键词：烟草；棉花叶绿体 Cu/Zn-SOD 基因；农杆菌介导法；SOD 酶活性；早衰

植物在不良环境中会产生一些活性氧如 O_2^- 等，O_2^- 在生物体内的积累能够使生物体的细胞膜通透性增加，膜脂过氧化加快，促进生物体的衰老甚至死亡。超氧化物歧化酶（superoxide dismutase EC1. 15. 1. 1，简称 SOD）是一种广泛存在于动植物、微生物中的金属酶，它能将超氧物阴离子自由基（O_2^-）快速歧化为过氧化氢（H_2O_2）和分子氧，H_2O_2 在过氧化氢酶（CAT）和谷胱甘肽过氧化物酶（GSH-Px）催化下转化为水而得以清除。1938 年，Keilis 首次分离出超氧化物歧化酶（super oxide dismutase，简称 SOD），（McCord and Fridovich，1969）首先揭示了 SOD 的生物学功能。至此之后关于 SOD 对清除植物体内的活性氧的研究越来越多，随着 1983 年第一株转基因植株（Horsch *et al.*，1985）的产生以及自然环境变化导致植物生长受阻，SOD 的转基因抗逆性研究更是频繁（Gupta *et al.*，1993a；1993b；Perl *et al.*，1993；Pitcher *et al.*，1991；刘晓鹏等，2003）。SOD 作为一种广泛存在于需氧生物细胞内的一族含金属辅助因子的酶，根据其辅基部位结合金属离子的不同，可以分为：Cu/Zn-SOD，Mn-SOD 和 Fe-SOD，这 3 种酶存在于生物体不同的细胞器中，Cu/Zn-SOD 存在于真核生物和某些原核生物中，在植物中是含量最

原载于：《分子植物育种》，2007，5（3）：319-323

为丰富的一类，主要分布于叶绿体、胞质和过氧化物酶体中（del Rio *et al.*，1998）。目前SOD的相关研究主要集中于抗逆性方面，而在衰老相关领域鲜有报道，本实验室从棉花叶绿体中克隆出了植物中含量最为丰富的一类超氧化物歧化酶——Cu/Zn-SOD，本研究构建了其植物表达载体，用农杆菌介导法将其导入烟草，获得了4个烟草转基因株系，并初步研究Cu/Zn-SOD基因对转基因烟草衰老进程的影响，为今后Cu/Zn-SOD在作物早衰方向的研究利用提供依据。

1 材料与方法

1.1　材料

烟草NC89由本实验保存，将烟草种子用0.1%氯化汞消毒后铺于MS基本培养基上（加25%的蔗糖）于28℃，光照16h，光强2 000lx下萌发，取萌发后50d左右的烟草无菌苗为遗传转化的受体材料。根癌农杆菌LBA4044由本实验室保存。质粒PBI121（含*Npt*II标记基因和*GUS*基因）购自上海生工。Cu/Zn-SOD基因由本实验室克隆，GenBank注册号为：DQ120514。

1.2　酶和试剂

*T*4 DNA连接酶，dNTP购于上海生工生物工程技术服务有限公司；限制性内切酶*Bam* HⅠ，*Hin*d Ⅲ，*Sac* I及DNA聚合酶购于大连宝生物有限公司。SOD提取液：pH7.5的磷酸缓冲液（含50mmol/L的Tris-HCl和0.1%的EDTA及2%的PVP）。SOD反应液：pH7.8、0.2mmol/L磷酸缓冲液（含0.2mmol/L核黄素，0.3mmol/L NBT，52mmol/L Met，1mmol/L EDTA）。

1.3　引物合成及植物表达载体的构建

根据目的基因的启动子和终止子设计引物：P15′-GTCGCGGATCCATGGCTGC-CCCATATTTTCCTGGAAC-3′上游序列，含*Bam* HI酶切位点；P25′-GCGACGAGCTCTTAT-ACCGGAGTCAAGCC-3′下游序列，含*Sac* Ⅰ酶切位点引物序列合成于上海英骏生物技术公司。

将克隆得到的棉花叶绿体Cu/Zn-SOD基因用*Bam* HI/*Sac* Ⅰ双酶切，电泳回收目的基因片段。同时将植物表达载体PBI121用*Bam* HI/*Sac* Ⅰ双酶切并回收载体片段，用连接酶将目的基因片段与载体片段连接起来成为植物表达载体PBIY-SOD（图1），并进行质粒的PCR扩增验证。

1.4　烟草的的遗传转化

烟草的遗传转化参照慕平利和崔红的叶盘法（2005）。

1.5　转化植株的分子检测

烟草DNA提取按修改的CTAB法程序进行，提取出的DNA溶解保存于TE缓冲液中，用根据目的基因设计的引物，以提取的基因组DNA为模板进行PCR扩增，PCR反应条件：94℃变性4min，1个循环；94℃变性30s，60℃复性30s，72℃延伸1min，35个循环；72℃延伸4min，4℃结束反应。反应结束后用1%的琼脂糖电泳检测扩增结果。Southern blotting按照Roche公司的DIG High Prime DNA/RNA Labeling and Detection Starter Kit I以及按王关林等操作步骤进行（王关林和方宏筠，2002）。

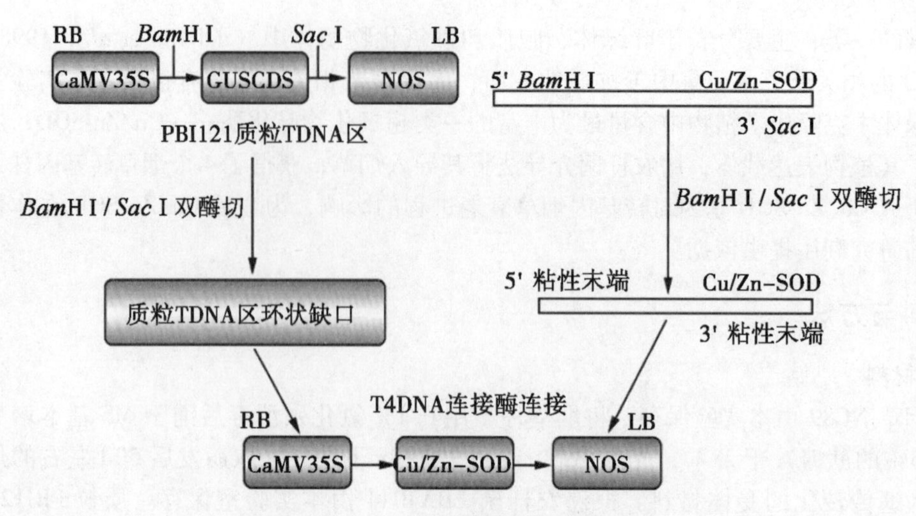

图1　棉花叶绿体 Cu/Zn-SOD 基因植物表达载体构建

1.6　SOD 的提取与活性测定

SOD 粗酶液的提取参照（张恒，2002，生物技术，12（1）：23-24）；SOD 酶活性的测定采用 NBT 光下还原法（Lamattina *et al.*，1985）；以抑光反应的50%为一个酶活单位。

1.7　转基因植株百草枯耐性试验和衰老研究

1.7.1　转基因植株百草枯耐性试验

用 2mg/L、2.5mg/L、3mg/L 的百草枯喷施转基因烟草和非转基因烟草，每处理设 3 个重复。喷施后置于 28℃，光照 16h，光强 4 000lx 的培养室中生长。每隔 3d 测一次 SOD 酶活性。

1.7.2　转基因植株的衰老研究

参照 Perl 和喻树迅的研究（Perl *et al.*，1993；喻树迅等，1999）。取转基因植株和非转基因植株叶片放置于湿润黑布中，将叶柄插入蒸馏水中，再置湿度 90%、温度（30 ± 1）℃的环境箱中，并经常润湿叶片，防止其萎蔫。放置 0d、3d、5d、7d、10d、15d，分别测其 SOD 酶活性。

2　结果与分析

2.1　棉花叶绿体 Cu/Zn-SOD 基因植物表达载体的构建

用棉花叶绿体 Cu/Zn-SOD 基因的起始子和终止密码处设计的特异引物用于 PCR 扩增重组质粒 PBIY-SOD，重组质粒可扩增出的片段大小约 645bp，与目的基因（棉花叶绿体 Cu/Zn-SOD 基因）片段大小一致（图 2），说明该基因已经完全无误地整合进了质粒 PBI121 中。

2.2　转基因植株的获得

在诱导培养基中加 200mg/L 头孢霉素即可有效的抑制农杆菌的生长，农杆菌浸染后的叶盘在附有 200mg/L 头孢霉素和 100mg/L 卡那霉素的诱导培养基中 25d 左右即可出芽，隔 20d 继代一次，没有卡那抗性的小芽会逐渐发白直至死亡，经过 2 ~ 3 次继代后抗性小

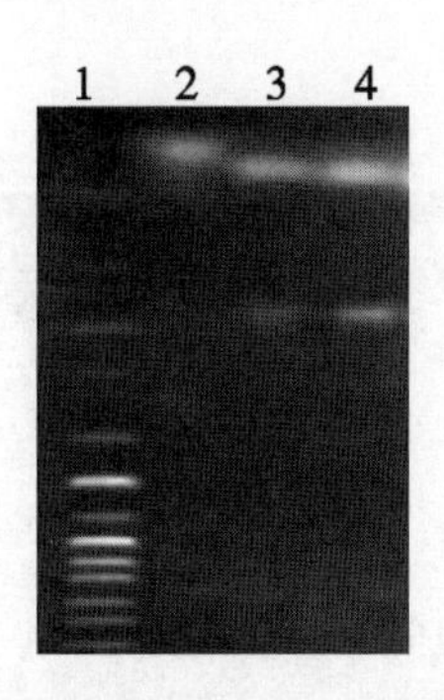

图2　重组质粒 PCR 扩增结果

注：1——Marker；2——空质粒；3——重组质粒；4——棉花叶绿体 Cu/Zn-SOD 基因

芽基本上稳定了，可以转移到生根培养基中生长；共有 23 株卡那抗性植株（图3）。

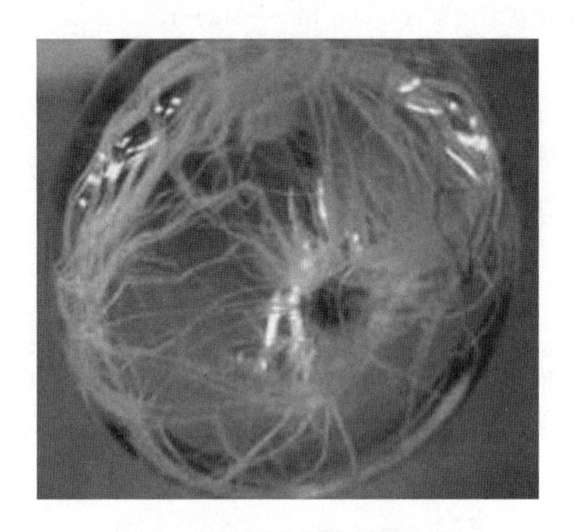

图3　转移到生根培养基生根

2.3　转基因植株的分子检测

PCR 扩增结果显示：有 4 株可以扩增出约 645bp 的条带，其余 19 株为卡那霉素假阳性，通过 PCR 扩增初步证明外源 Cu/Zn-SOD 基因已经整合到了烟草基因组中（图4）。

以棉花叶绿体 Cu/Zn-SOD 基因为模板，制备探针，分别与经 *Bam*HⅠ、*Sac*Ⅰ酶切的转基因烟草、未转基因烟草的总 DNA 进行杂交，结果表明：经 PCR 分析的 4 株转化植株和重组质粒有同样的杂交主带出现。而未转化的植株则无杂交带出现，证明了烟草基因组 PCR 扩增序列与棉花叶绿体 Cu/Zn-SOD 基因的序列是一致的（图5）。

2.4　转基因植株的百草枯试验和衰老研究

2.4.1　转基因植株的百草枯试验

百草枯试验结果显示当百草枯浓度为 2.5mg/L 喷施后 6d，非转基因烟草即可发生枯萎，而转基因烟草仍保持绿色，酶活性测定结果也显示转基因烟草比非转基因烟草酶活性高（图6）。

2.4.2　转基因植株的衰老研究

对 4 株转基因烟草的 SOD 酶活性测定结果表明，当叶片置于黑暗下 0d 时（刚移栽

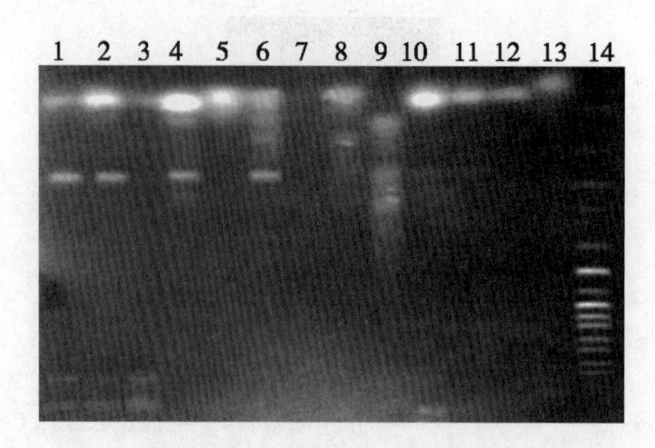

图 4 转基因烟草 PCR 扩增结果

注：1——单菌落；2——重组质粒；3——空质粒对照；4，6，10，11——转基因烟草；5，7，8，9，12——假阳性；13——非转基因烟草（CK）；14——Marker

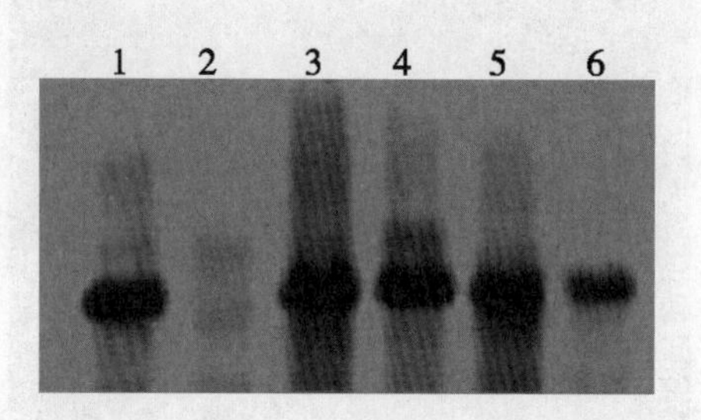

图 5　转棉花叶绿体 Cu/Zn-SOD 基因的 Southern blotting 结果

注：1——重组质粒；2——非转基因植株；3～6——转基因植株

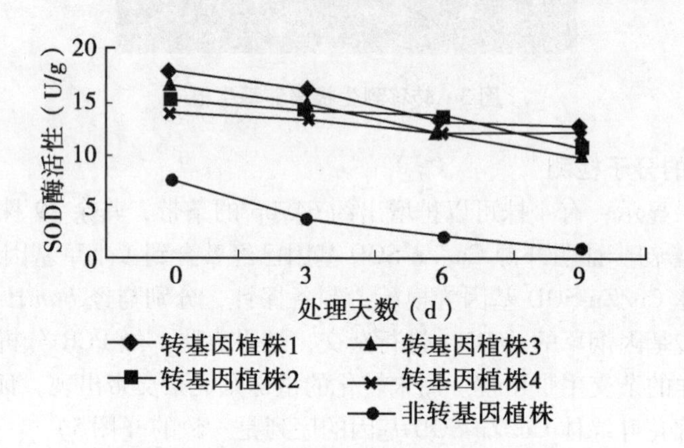

图 6　百草枯对烟草 SOD 酶活性的影响

出）转基因植株的 SOD 酶活性都比非转基因植株的高，暗处理前 5d，随着处理天数的延长，SOD 酶活性开始上升，转基因烟草比非转基因烟草上升得快，当处理 5d 以上时，SOD 酶活就开始下降，当处理 10d 以上时，非转基因烟草 SOD 酶活急剧下降，而转基因烟草的下降速度则比较平缓。到第 15d 时，非转基因烟草的 SOD 酶活接近 0。而此时的非转基因烟草酶活与处理 0d 相比，下降很少（图 7）。

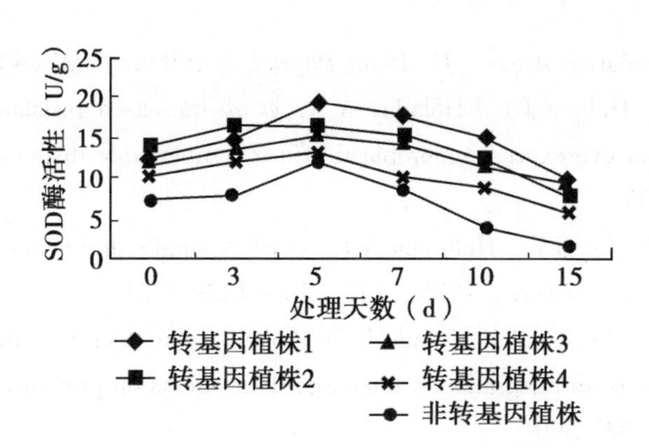

图7　暗处理对离体叶片SOD酶活性的影响

3　讨论与结论

超氧化物歧化酶（SOD）是生物体内一种重要的超氧阴离子自由基清除剂，是植物抗氧化系统中第一个参与活性氧清除反应的酶（Alscher *et al.*，2002），在抗氧化酶类中处于核心地位。SOD按照结合的金属离子，主要可分为Fe-SOD、Mn-SOD和Cu/Zn-SOD三种，其中以Cu/Zn-SOD最为重要。Cu/Zn-SOD主要位于植物细胞质和叶绿体中，其中叶绿体Cu/Zn-SOD由核基因编码，在细胞质中合成后由叶绿体前导肽引导进入叶绿体内。

研究表明，植物体内抗氧化酶SOD活性的提高能增强植物对多种氧化胁迫的抗性（Gupta *et al.*，1993a，1993b）。现阶段关于SOD转基因的研究大多是其与抗逆的关系，与早衰的研究还未见报道。目前在许多作物的育种工作中早熟性是主要的目标性状之一，但早熟性一般会伴随着早衰现象的出现，而早衰则会影响作物的产量、品质、抗性等，因此在育成早熟品种的同时必须提高其抗早衰的性状。喻树迅等研究发现，SOD与棉花的早衰有着密切的关系，早衰品种SOD酶活性显著低于不早衰品种（喻树迅等，1994）。

本研究试图通过转基因增加烟草体内的SOD酶活来研究早衰问题。酶活性测定试验证明，转基因烟草SOD酶活性高于非转基因烟草，离体叶片暗处理试验表明，随着暗处理时间的延长，烟草体内的SOD酶活性有所下降，但是非转基因烟草下降得更快一些，转基因烟草直至处理的第15d酶活性与处理前相当。这一系列试验证明了Cu/Zn-SOD确实与植物的早衰性有关，通过转基因可以增加烟草体内SOD酶活，百草枯试验也证明转基因烟草对百草枯的耐受力得到了明显的提高。这就为通过转基因研究作物的早衰性打下了基础。

参考文献

［1］Alscher R G，Erturk N，and Heath L S. Role of superoxide dismutases（SODs）in controlling oxidative stress in plant［J］. *J. Exper. Bot.*，2002，53（372）：1331-1341

［2］Del Rio L A，Pastori G M，Palma J M，*et al.* The activated oxygen role of peroxisomes in senescence［J］. Plant *Physiol*，1998，116：1195-1200

［3］Gupta A S，Eebb R P，Holaday A S，*et al.* Overexpression of superoxide dismutase protects plants from oxidative stress [J]. *Plant Physiol.*, 1993a, 103 (4): 1067-1073

[4] Gupta A S, Heinen J L, Holaday A S, *et al.* Increased resistance to oxidative stress in transgenic plants that overexpress chloroplastic Cu/Zn superoxide dismutase [J]. Plant Biol., 1993b, 90: 1629-1633

[5] Horsch R B, Fry J E, Hoffmam N L, *et al.* A simple and general method for transferring genes into plant [J]. *Science*, 1985, 227 (7): 1229-1231

[6] Lamattina L, Lezica R P, Conde R D. Protein metabolism in senescing wheat leaves—determination of synthesis and degradation rates and their effects on protein loss [J]. *Plant Physiol.*, 1985, 77 (3): 587-590

[7] 刘晓鹏，姜宁，田阼茂，等. 转入 Cu/Zn-SOD25 基因马铃薯的研究 [J]. 华东理工大学学报，2003，29 (3)：255-258

[8] McCord J M, and Fridovich I. Superoxide dismutase, an enzymatic function for erythrocuprein (Hemocuprein) [J]. *Biol. Chem*, 1969, 244 (22): 6049-6055

[9] 慕平利，崔红. 烟草叶片直接再生——基因转化体系的建立 [J]. 河南农业科学，2005，(4)：27-29

[10] Perl A, Perl-Treves R, Galili S, *et al.* Enhanced oxidative-stress defense in transgenic potato expressing tomato Cu/Zn superoxide dismutase [J]. Theor. Appl. Genet., 1993, 85 (5): 568-576

[11] Pitcher L H, Brennan E, Hurley A, *et al.* Overproduction of petunia chloroplastic Copper/Zinc superoxide dismutase does not confer ozone tolerance in transgenic tobacco [J]. Plant Physiol, 1991, 97 (1): 452-455

[12] 王关林，方宏筠. 植物基因工程 [M]. 北京：科学出版社，2002：527-528

[13] 喻树迅，范术丽，原日红，等. 清除活性氧酶类对棉花早熟不早衰特性的遗传影响 [J]. 棉花学报，1999，11 (2)：100-105

[14] 喻树迅，黄祯茂，姜瑞云，等. 不同短季棉品种衰老过程生化机理的研究 [J]. 作物学报，1994，20 (5)：629-635

Toward Sequencing Cotton (*Gossypium*) Genomes

Z. Jeffrey Chen[1], Brian E. Scheffler[2], Elizabeth Dennis[3], Barbara A. Triplett[4], Tianzhen Zhang[5], Wangzhen Guo[5], Xiaoya Chen[6], David M. Stelly[7], Pablo D. Rabinowicz[8], Christopher D. Town[9], Tony Arioli[10], Curt Brubaker[10], Roy G. Cantrell[11], Jean-Marc Lacape[12], Mauricio Ulloa[13], Peng Chee[14], Alan R. Gingle[15], Candace H. Haigler[16], Richard Percy[17], Sukumar Saha[18], Thea Wilkins[19], Robert J. Wright[19], Allen Van Deynze[20], Yuxian Zhu[21], Shuxun Yu[22], Ibrokhim Abdurakhmonov[23], Ishwarappa Katageri[24], P. Ananda Kumar[25], Mehboob-ur-Rahman[26], Yusuf Zafar[26], John Z. Yu[27], Russell J. Kohel[27], Jonathan F. Wendel[28], Andrew H. Paterson[29]

(1. Section of Molecular Cell and Developmental Biology and Institute for Cellular and Molecular Biology, University of Texas, Austin, TX 78712, USA; 2. U. S. Department of Agriculture Agricultural Research Service, Catfish Genetics Research Unit, Mid South Area Genomics Facility, Stoneville, MS 38776-0038, USA; 3. Commonwealth Scientific and Industrial Research Organization, Plant Industry, Black Mountain, Canberra, Australian Capital Territory 2601, Australia; 4. U. S. Department of Agriculture Agricultural Research Service, Southern Regional Research Center, New Orleans, LA 70124, USA; 5. National Key Laboratory of Crop Genetics and Germplasm Enhancement and Cotton Research Institute, Nanjing Agricultural University, Nanjing 210095, China; 6. Institute of Plant Physiology and Ecology, Chinese Academy of Sciences, Shanghai 200032, China; 7. Department of Soil and Crop Sciences, Texas A&M University, College Station, TX 77843, USA; 8. Institute for Genome Sciences and Department of Biochemistry and Molecular Biology, School of Medicine, University of Maryland, Baltimore, MD 21201, USA; 9. J. Craig Venter Institute, Rockville, MD 20850, USA; 10. Bayer Bioscience NV, B- 9052 Gent, Belgium; 11. Monsanto Company, St. Louis, MO 63167, USA; 12. CIRAD, UMR-DAP, TA A-96/03, 34398, Montpellier cedex 5, France; 13. U. S. Department of Agriculture Agricultural Research Service, Western Integrated Cropping Systems Research Unit, Shafter, CA 93263, USA; 14. Department of Crop and Soil Sciences, University of Georgia, Tifton, GA 31793, USA; 15. Center for Applied Genetic Technologies, University of Georgia, Athens, GA 30602, USA; 16. Department of Crop Science and Department of Plant

原载于：*Plant Physiology*, 2007, 145 (12): 1303-1310

Biology, North Carolina State University, Raleigh, NC 27695-7620, USA; 17. U. S. Department of Agriculture Agricultural Research Service, Maricopa Agricultural Center, Maricopa, AZ 85239-3101, USA; 18. U. S. Department of Agriculture Agricultural Research Service, Genetics and Precision Agriculture Unit, Mississippi State, MS 39762, USA; 19. Department of Plant and Soil Science, Texas Tech University, Lubbock, TX 79409-3121, USA; 20. Seed Biotechnology Center, University of California, Davis, CA 95616, USA; 21. College of Life Sciences, Peking University, Beijing 100871, China; 22. Cotton Research Institute, Chinese Academy of Agricultural Sciences, Anyang 455000, China; 23. Institute of Genetics and Plant Experimental Biology, A cademy of Sciences of Uzbekistan, Tashkent District, 02151, Uzbekistan; 24. University of Agricultural Sciences, Dharwad 580005, India; 25. National Research Center for Plant Biotechn ology, Pusa Campus, New Delhi 110012, India; 26. Plant Genomics and Molecular Breeding Labs, National Institute for Biotechnology and Genetic Engineering, Faisalabad, Pakistan; 27. U. S. Department of Agriculture Agricultural Research Service, Crop Germplasm Research Unit, College Station, TX 77845, USA; 28. Department of Ecology, Evolution and Organismal Biology, Iowa State University, Ames, IA 50011, USA; 29. Plant Genome Mapping Laboratory, University of Georgia, Athens, GA 30602, USA)

Despite rapidly decreasing costs and innovative technologies, sequencing of angiosperm genomes is not yet undertaken lightly. Generating larger amounts of sequence data more quickly does not address the difficulties of sequencing and assembling complex genomes de novo. The cotton (*Gossypium* spp.) genomes represent a challenging case. To this end, a coalition of cotton genome scientists has developed a strategy for sequencing the cotton genomes, which will vastly expand opportunities for cotton research and improvement worldwide.

1 Why Sequence Cotton Genomes?

Cotton is the world's most important natural textile fiber (Figure 1A) and a significant oilseed crop. The seed is an important source of feed, foodstuff, and oil. World consumption of cotton fiber is approximately 115 million bales or approximately 27 million metric tons per year (National Cotton Council, http: //www. cotton. org/, 2006). Genetic improvement of fiber production and processing will ensure that this natural renewable product will be competitive with petroleum-derived synthetic fibers. Moreover, modifying cottonseed for food and feed could profoundly enhance the nutrition and livelihoods of millions of people in food challenged economies.

Cotton production provides income for approximately 100 million families, and approximately 150 countries are involved in cotton import and export. Its economic impact is estimated to be approximately $500 billion/year worldwide. China is the largest producer and consumer of raw cotton, but more than 80 countries, including Australia, some African countries, India, Pakistan, the United States, Mexico, and Uzbekistan, also produce cotton. The United States is the

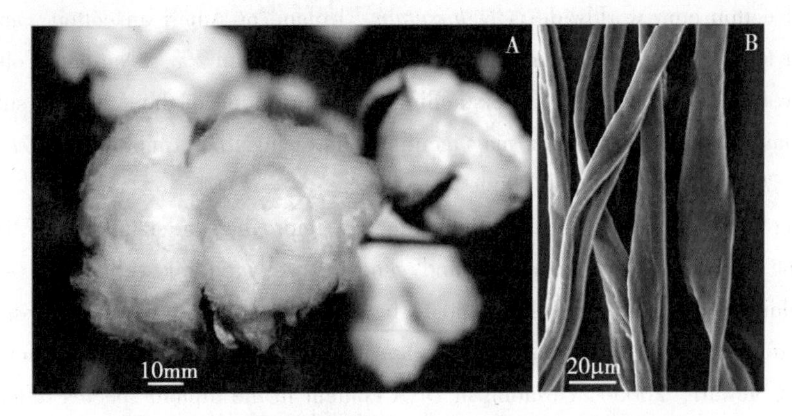

Figure 1　Cotton bolls at maturity (A) and cotton fibers under electron microscope (B)

Photos courtesy of Mike Doughtery from the National Cotton Council (A) and Barbara Triplet (B)

second largest producer, and grows cotton worth approximately \$6 billion/year for fiber and approximately \$1 billion/year for cottonseed oil and meal. Cotton is a major economic driver for some developing countries, like Uzbekistan, which annually produces approximately 4 million tons of raw cotton and exports fiber worth approximately \$900 million.

Cotton fiber is an outstanding model for the study of plant cell elongation and cell wall and cellulose biosynthesis (Kim and Triplett, 2001). Each seed has approximately 25 000 cotton fibers, each of which is a single and greatly elongated cell from the epidermal layer of the ovule (Figure 1B). The fiber is composed of nearly pure cellulose, the largest component of plant biomass. Compared to lignin, cellulose is easily convertible to biofuels. Translational genomics of cotton fiber and cellulose may lead to the improvement of diverse biomass crops.

The genus *Gossypium* includes approximately 45 diploid ($2n = 2x = 26$) and five tetraploid ($2n = 4x = 52$) species, all exhibiting disomic patterns of inheritance. Diploid species ($2n = 26$) fall into eight genomic groups (A-G, and K). The African clade, comprising the A, B, E, and F genomes (Wendel and Cronn, 2003), occurs naturally in Africa and Asia, while the D genome clade is indigenous to the Americas. A third diploid clade, including C, G, and K, is found in Australia. All 52 chromosome species, including *Gossypium hirsutum* and *Gossypium barbadense*, are classic natural allotetraploids that arose in the New World from interspecific hybridization between an A genomelike ancestral African species and a D genome-like American species. The closet extant relatives of the original tetraploid progenitors are the A genome species *Gossypium herbaceum* (A1) and *Gossypium arboreum* (A2) and the D genome species *Gossypium raimondii* (D5) Ulbrich′ (Brubaker *et al.*, 1999). Polyploidization is estimated to have occurred 1 to 2 million years ago (Wendel and Cronn, 2003), giving rise to five extant allotetraploid species. Interestingly, the A genome species produce spinnable fiber and are cultivated on a limited scale, whereas the D genome species do not (Applequist *et al.*, 2001). More than 95%

of the annual cotton crop worldwide is *G. hirsutum*, Upland or American cotton, and the extra-long staple or Pima cotton (*G. barbadense*) accounts for less than 2% (National Cotton Council, http://www.cotton.org, 2006). Understanding the contribution of the A and D subgenomes to gene expression in the allotetraploids may facilitate improving fiber traits (Jiang *et al.*, 1998; Saha *et al.*, 2006; Yang *et al.*, 2006).

Decoding cotton genomes will be a foundation for improving understanding of the functional and agronomic significance of polyploidy and genome size variation within the *Gossypium* genus. The haploid genome sizes are estimated to be approximately 880 Mb for *G. raimondii* 'Ulbrich', approximately 1.75 Gb for *G. arboreum*, and approximately 2.5 Gb for *G. hirsutum* (Hendrix and Stewart, 2005). Variation in DNA content in the diploid species reflects increases and decreases in copy numbers of various repeat families (Zhao *et al.*, 1998), especially retrotransposon-like elements (Hawkins *et al.*, 2006). DNA content of the allopolyploids is approximately the sum of the A and D genome progenitors, and nearly all of the approximately 22 000 amplified fragment length polymorphism fragments surveyed are additive in the allopolyploids (Liu *et al.*, 2001). This suggests a role of genetic and epigenetic mechanisms for gene expression in phenotypic variation and selection of allotetraploid species (Jiang *et al.*, 1998; Wendel, 2000; Adams *et al.*, 2003; Yang *et al.*, 2006; Chen, 2007).

2. What Resources Are Available?

Genomic resources such as bacterial artificial chromosomes (BACs), ESTs, linkage maps, and integrated genetic and physical maps provide landmarks for sequence analysis and assembly.

Linkage maps in tetraploid cotton have been most densely populated by analysis of interspecific *G. hirsutum* × *G. barbadense* F_2 families (Reinisch *et al.*, 1994; Rong *et al.*, 2004) and backcross lines (Lacape *et al.*, 2005; Guo *et al.*, 2007) due to low levels of DNA polymorphism within cotton species. Mapping populations have also been developed for *G. hirsutum* × *Gossypium tomentosum* F_2 (Waghmare *et al.*, 2005) and *Gossypium mustelinum* × *G. hirsutum* (P. Chee and A. Paterson, unpublished data). Molecular marker linkage groups were localized and orientated with various interspecific hypoaneuploid F_1 hybrids available for most chromosomes, and elsewhere by in situ hybridization (Hanson *et al.*, 1995; Saha *et al.*, 2006; Wang *et al.*, 2006; Ji *et al.*, 2007). Synteny and locus order were also determined by wide-cross whole-genome radiation hybrid mapping, a method complementary to other forms of cotton genome mapping (Gao *et al.*, 2006).

At least a dozen genetic maps of crosses between diverse cotton species and genotypes are available, most made to map specific traits and quantitative trait loci (QTLs). Some of these maps collectively include approximately 5 000 DNA markers (approximately 3 300 restriction fragment length polymorphisms, approximately 700 amplified fragment length polymorphisms, approximately 1 000 simple sequence repeats, and approximately 100 single nucleotide polymerphisms). In addition, sequence-tagged site-based maps consisting of 2 584 loci at 1.72-cM (approximately 600 kb) intervals in tetraploids (AD genomes), 1 014 loci at 1.42-cM (approximately 600 kb) intervals in diploids (D genome; Rong *et al.*, 2004, 2005), and an EST-simple sequence repeat-based genetic map of 1 710 loci at 1.92-cM intervals in tetraploids (AD genomes; Guo *et al.*, 2007) are available. There is a high degree of co-linearity among the respective genome types (Rong *et al.*, 2005).

Of particular long-term value are permanent recombinant inbred lines (RILs) and chromosome substitution lines. RILs have already begun to contribute to QTL definition, e.g. for a *G. hirsutum* × *G. barbadense* cross (Frelichowski *et al.*, 2006) and intraspecific crosses within *G. hirsutum* (Ulloa *et al.*, 2005; Abdurakhmonov *et al.*, 2007; Shen *et al.*, 2007). Near-isogenic disomic substitution lines of *G. hirsutum* enable the localization of net phenotypic effects. Moreover, chromosome-specific RILs enable high-resolution QTL definition and mapping (Stelly *et al.*, 2005).

Reference maps have incorporated diverse types and sources of DNA markers. Jean-Marc Lacape and his colleagues have integrated linkage maps developed by researchers in China (T. Zhang), France (J. M. Lacape), and the United States (A. Paterson and M. Ulloa) into TropGENE-DB (http://tropgenedb.cirad.fr/en/cotton.html) using a CMap comparative map viewer (Nguyen *et al.*, 2004). A similar map viewer has been implemented in the CottonDB (http://cottondb.org) and the Cotton Microsatellite Database (http://www.cottonmarker.org) that contains approximately 8 000 microsatellites (Blenda *et al.*, 2006). The further development of comprehensive linkage maps will be used to anchor and assemble genomic sequences.

BAC libraries have been developed for several *G. hirsutum* cultivars ('0-613-2R', 'Acala Maxxa', 'Auburn 623', 'Tamcot HQ95', and 'TM-1'), *G. barbadense* ('Pima S6'), two *G. arboreum* strains (AKA8401 and Jinglinzhongmian), *G. raimondii*, *Gossypium longicalyx*, and an outgroup (*Gossypioides kirkii*). A total of 10 genome equivalents of *G. raimondii* BACs has been fingerprinted using standard procedures (Marra *et al.*, 1997). All genetically mapped probes have been incorporated into the fingerprint assembly using the overlapping oligonucleotides hybridization method (Cai *et al.*, 1998). The assembly will be publicly available via a WebFPC site and incorporated into the existing BACMan resource at the Plant Genome Mapping Laboratory (www.plantgenome.uga.edu). A *G. hirsutum* L. 'TM-1' library has been used to develop integrated genetic and physical maps (R. Kohel, J. Yu, and T. Zhang, unpublished data). A *G. hirsutum* L. 0-613-2R' library has been successfully used to locate the restorer of fertility gene in a 100-kb region (Yin *et al.*, 2006) and to assign linkage groups to identified chromosomes using BAC-fluorescence in situ hybridization (FISH; Wang *et al.*, 2006).

As of July 18, 2007, 356 889 *Gossypium* sequences were in GenBank, including 40 069 ESTs from *G. arboreum* (A), 67 098 from *G. raimondii* (D), 232 006 from *G. hirsutum* (AD tetraploid), and a few from other *Gossypium* members (Arpat *et al.*, 2004; Udall *et al.*, 2006; Yang *et al.*, 2006; Taliercio and Boykin, 2007). Among these ESTs, many are from developing fiber and are enriched in putative MYB and WRKY transcription factors and phytohormone regulators (Yang *et al.*, 2006). Transcription factors in these families are known to be important in the development of Arabidopsis (*Arabidopsis thaliana*) leaf trichomes, and phytohormonal effects on fiber cell development in immature cotton ovules cultured in vitro are well documented (Beasley and Ting, 1974). Moreover, A subgenome ESTs of all functional classifications are dramatically enriched in *G. hirsutum* fiber (Yang *et al.*, 2006), a result consistent with the production of long lint fibers in A genome species. Some ESTs have been used to develop sequence-specific markers in breeding and to construct microarrays, leading to the identification of many candidate genes involved in fiber cell initiation and elongation (Arpat *et al.*, 2004; Lee *et al.*, 2006; Shi *et al.*, 2006; Wu *et al.*, 2006; Udall *et al.*, 2007).

The Malvales (including cotton) are the nearest relative to Arabidopsis outside of the Brassicales for which detailed genetic and physical maps have been described (Bowers *et al.*, 2003). Comparative analyses reveal a considerable degree of synteny /colinearity between the ancestral cotton and Arabidopsis genomes. A total of 1 738 (62%) sequenced loci in cotton had matches in Arabidopsis (Rong *et al.*, 2005). Gaining access to the unique features that distinguish cotton from other plants both as an economic crop and a botanical model might benefit from translational genomics, leveraging of structural and functional information from Arabidopsis.

3 Which Sequencing Strategies Are Best?

A comprehensive strategy needs to consider present needs along with long-term goals in relation to economics, technology, and priorities. A strong case can be made for complete sequencing of one or more representatives of each *Gossypium* genome group, A, B, C, D, E, F, G, K, and a tetraploid-derived AD ($n = 26$) genome (Paterson, 2006). Continuing progress in sequencing throughput and cost reduction will render this goal increasingly feasible and desirable.

Sequencing representatives from each diploid clade will be important for molecular dissection of evolutionary patterns and biological phenomena, including the genomic and morphological diversity that has permitted species within the genus to adapt to a wide range of ecosystems in warmer and arid regions of the world. Sequences from A and D genome diploid species will aid tetraploid AD genome sequence assembly and could prove to be invaluable for revealing differences in gene content and expression patterns across the ploidy levels and for providing insight into polyploid genome evolution. Although there is an approximately 3-fold variation in genome size among the diploids, the high degree of conservation of gene order at the macro level between diploids and tetraploids (Brubaker *et al.*, 1999; Rong *et al.*, 2004; Desai *et al.*, 2006) suggests that the vast majority of sequence data from diploids will extrapolate directly to tetraploids. Sequencing an elite *G. hirsutum* genome, AD, will provide the ultimate reference and resource for application-oriented structural, functional, and bioinformatic needs for the species that accounts for >95% of world cotton production. Sequencing an elite *G. arboreum* or *G. herbaceum* genome will provide valuable data on fiber genes. Comparisons of four species across two ploidy levels, including A1, A2, D5, and AD tetraploid subgenomes, will provide clues as to how polyploidy and domestication "interact." Parallel comparisons between domesticated and nondomesticated forms of the A and AD genome species will shed light on the effects of artificial versus natural selection.

Based on these considerations, one can envision multiple and parallel approaches to reveal genome diversity and complete genome information of *Gossypium* genomes. Additional ESTs should be sequenced from other diploid (e. g. C, G, and K genomes) and tetraploid (e. g. *G. barbadense*, AD) clades and in late fiber development stages such as secondary wall biosynthesis (Haigler *et al.*, 2005). Sequencing using gene enrichment techniques such as methylation filtration and C_0t-based cloning that appear to offer complementary coverage of the low-copy DNA will generate novel genomic sequences that are absent in EST collections. A pilot study in methylation filtration comparing *G. raimondii*, *G. arboreum*, *G. hirsutum*, and *G. barbadense* is under way (B. E. Scheffler, S. Saha, and Orion Genomics, unpublished data).

The whole-genome shotgun sequence of the smallest *Gossypium* genome, *G. raimondii* (approximately 880 Mb), will provide fundamental information about gene content and organization. The U. S. Department of Energy Joint Genome Institutes (http://www.jgi.doe.gov/) has selected *G. raimondii* for a pilot study for shotgun sequencing at 0.5 × coverage to better define the genome and establish a workable strategy for its complete sequencing.

A partially or fully sequenced *G. raimondii* genome will establish the critical initial template for characterizing the spectrum of diversity among the eight *Gossypium* genome types and three polyploid clades (Wendel and Cronn, 2003). A survey of approximately 100 of the most abundant repetitive families in the tetraploid genome showed only four to be abundant in the D genome but rare or absent in the A genome (Zhao *et al.*, 1998), which diverged from the D genome of *G. raimondii* about 5 to 10 million years ago (Senchina *et al.*, 2003). Thus, most high-copy repetitive DNA families in the D genome are at least 5 to 10 million years old and likely to be amenable to assembly by a whole-genome shotgun approach.

A BAC-based AD genome sequence may offer superior opportunities to elucidate the types and frequencies of changes that distinguish polyploid from diploid cottons. The process could be greatly enhanced by using the finished genome sequence of a diploid species as a template and guide. Intergenomic concerted evolution and the presence of recently amplified repetitive DNA families would be problematic for a whole-genome shotgun approach. A reasonable approach is to establish minimum tiling path of fingerprinted contigs of *G. hirsutum* homoeologous chromosomes. This goal can be achieved by developing integrated homoeologous chromosome maps that include anchored DNA markers in linkage maps and BAC-end sequences in physical maps that can be further validated by radiation hybrid mapping and/or BAC-FISH (Hanson *et al.*, 1995; Wang *et al.*, 2006). FISH of landed BACs indicated that homoeologous segments were readily detectable by BAC-FISH for low-copy probes and that they seemed amenable to differentiation on the basis of FISH signal strength (Wang *et al.*, 2007). Large duplicated segments have been reported within individual corresponding homoeologous chromosomes, suggesting ancient or recent genome expansion in cotton genomes (Rong *et al.*, 2005; Wang *et al.*, 2007). It will be prudent to sequence and assemble representative homoeologous BACs and/or a few pairs of homoeologous chromosomes prior to large-scale sequencing of *G. hirsutum* tetraploid genomes.

4 What Are The Goals?

The cotton community and industry are cooperatively developing workshops and communication methods for planning, coordinating, and executing sequencing and post-sequencing activities. The key questions under consideration are: ① which species should we sequence; and ② which techniques should be used for each genome? In the long term, a singularly important goal will be to establish the complete genome sequence of the most widely cultivated cotton, i. e. *G. hirsutum*. Given its genomic redundancies, large size (approximately 2. 5 Gb), polyploid nature, and other complexities, we anticipate a need to experimentally assess potential approaches that range from autonomous to heavily reliant on sequence from related genomes, e. g. *G. raimondii* and perhaps *G. herbaceum* or *G. arboreum*.

Toward this long-term goal, we envision the following specific actions.

A. Whole-genome shotgun sequencing of *G. raimondii*, a probable ancestor of cultivated cottons and among the smallest *Gossypium* genomes, to provide fundamental information about gene content and organization.

B. Comparative sequencing of corresponding segments of tetraploid *G. hirsutum* to reveal the technical obstacles likely to be encountered during complete sequencing.

C. Develop and implement a strategy to deliver high-quality sequence of *G. hirsutum*. This may very well require establishment of a minimum tiling path of finger-printed contigs of *G. hirsutum* homoeologous chromosomes.

D. Develop bioinformatic and database tools to assemble, analyze, and make the information useable to the cotton community.

Future characterization and utilization of sequence information should integrate functional and structural genomic resources at the molecular and in silico levels, sequence full-length cDNAs for genome annotation and expression assays, perform detailed annotation of the cotton genome sequence to support gene discovery and map-based cloning in this species, implement a large-scale platform for identifying DNA sequence diversity (single nucleotide polymorphisms and genome-specific polymorphisms), facilitate high-resolution whole-genome association studies, develop genomic tiling arrays to support gene expression and epigenomic analysis of biological and agronomic traits, and sequence and annotate small RNAs and microRNAs and identify their targets.

5 What are the Challenges in Cotton Genome Sequencing and Genomics?

To build and take full advantage of comprehensive cotton genomic resources, the most important factors to consider are fund raising, effort coordination, data dissemination and management, and data analysis and utilization. To coordinate genomic research in cotton, the International Cotton Genome Initiative (http://icgi.tamu.edu/) was established in 2000 with a mission to increase knowledge of the structure and function of the cotton genome for the benefit of the global community. A single-community Web site will be identified to establish a newsgroup list-server that will allow researchers to express and discuss their ideas about cotton genome sequencing and genomic research.

The amount of data generated from various sequencing projects will be extremely large and difficult to comprehend for many prospective end users, so it is essential to develop a data management system that can facilitate access and utilization of genomic and sequence data. In addition to the CMap and Cotton Microsatellite databases (see above), CottonDB (http://cottondb.org) provides genomic, genetic, and taxonomic information, including germplasm, markers, genetic and physical maps, trait studies, sequences, and bibliographic citations. The Cotton Portal (http://gossypium.info) offers the community a single port of entry to participating Cotton Web resources. One participating resource, the Cotton Diversity Database (http://cotton.agtec.uga.edu; Gingle *et al.*, 2006), provides for an interface relating to performance trial, phylogenetic, genetic, and comparative data, and is closely integrated with comparative physical, EST, and genomic (BAC) sequence data, expression profiling resources, and the capacity for additional integrative queries. Cotton oligo-gene microarrays consisting of approximately 23 000 70-mer oligos designed from 250 000 ESTs can be found at the Web site (http://cottonevolution.info/microarray).

There is a great need to expand bioinformatic infrastructure for managing, curating, and annotating the cotton genomic sequences that will be generated in the near future. A model community database example is The Arabidopsis Information Resource (http://www.arabidopsis.org/). The cotton sequence database of the future should be able to host and manage cotton information resources in cotton using community-accepted genome annotation, nomenclature, and gene ontology. Some existing databases may be upgraded to effectively handle a large amount of data flow and community requests, but additional resources will be sought to support key bioinformatic needs.

A universal challenge for sequencing polyploid genomes is the discrimination among paralogous, orthologous, and homoeologous sequences in diploid and allotetraploid species. *Gossypium* species are paleopolyploids (Bowers *et al.*, 2003; Rong *et al.*, 2005). Moreover, allopolyploids contain two or more sets of homoeologous chromosomes, leading to genetic and epigenetic changes in subgenomes and their functions (Chen, 2007). Developing new bioinformatic tools and software for assembly and annotation of allopolyploid genomes is a prerequisite for sequencing cotton and other polyploid genomes such as wheat, oat, and sugarcane. A completely sequenced cotton genome will provide a reference for re-sequencing many genomes in *Gossypium* species using traditional and new sequencing technologies (e.g. 454, Solexa, and SOLiD; Bentley, 2006). The best combination of technologies will be employed to establish a high-quality reference sequence anchored to physical and genetic maps. This sequence will be used to query homologous and orthologous genomes and to investigate the gene and all ele basis of phenotypic and evolutionary diversity for cotton improvement.

6 Concluding Remarks

Sequenced cotton genomes will ultimately stimulate fundamental research on genome evolution, polyploidization and associated diploidization, gene expression, cell differentiation and development, cellulose synthesis, cell growth, molecular determinants of cell wall biogenesis, and epigenomics. Practical ramifications will include improvement of biological processes key to safe and sustainable production of high-yielding and high-quality fiber, seed, and biomass crops as well as expanded use of cotton germplasm and products. These advances will be underpinned by practical improvement in elements key to all of agriculture, e. g. improvement of yield, water-use efficiency, abiotic and biotic stress tolerance/resistance, and reduction of fertilizer and pesticide requirements. While some objectives are more tangible than others, the economic, health, and ecological (and, thus, societal) impacts are truly compelling on both national and international scales. The international community is committed, organized, and convinced of the immediate need and value of sequencing cotton genomes.

Acknowledgments

We thank Joe Ecker (Salk Institute) for moderating a cotton genome sequencing white paper discussion forum and for insightful and constructive comments received from the members of the International Cotton Genome Initiative. We thank members of the cotton genomics and breeding community for their input and apologize for not citing many enlightening papers owing to space limitations. Support for cotton research is provided by grants from the National Science Foundation, U. S. Department of Agriculture, Cotton Inc., National Science Foundation of China, and additional state support groups and funding agencies in Australia, Belgium, China, India, Pakistan, the United States, Uzbekistan, and represented countries. The Cotton Genome Sequencing White Paper can be found at http: //algodon. tamu. edu/sequencing/docs/2WhitePaperI2_11_2006. pdf.

References

[1] Abdurakhmonov I Y, Buriev Z T, Saha S, *et al*. Microsatellite markers associated with lint percentage trait in cotton, *Gossypium hirsutum* [J]. *Euphytica*, 2007, 156: 141-156.

[2] Adams K L, Cronn R, Percifield R, *et al*. Genes duplicated by polyploidy show unequal contributions to the transcriptome and organ-specific reciprocal silencing [J]. *Proc Natl. Acad Sci. USA*, 2003, 100: 4649-4654.

[3] Applequist W L, Cronn R, Wendel J F. Comparative development of fiber in wild and

cultivated cotton [J]. *Evol. Dev.*, 2001, 3: 3-17.

[4] Arpat A B, Waugh M, Sullivan J P, *et al.* Functional genomics of cell elongation in developing cotton fibers [J]. *Plant Mol. Biol*, 2004, 54: 911-929.

[5] Beasley C A, Ting I P. The effects of plant growth substances on *in vitro* fiber development from unfertilized cotton ovules [J]. *Am J. Bot.*, 1974, 61: 188-194.

[6] Bentley D R. Whole-genome re-sequencing [J]. *Curr. Opin. Genet Dev.*, 2006, 16: 545-552.

[7] Blenda A, Scheffler J, Scheffler B, *et al.* CMD: a Cotton Microsatellite Database resource for Gossypium genomics [J]. *BMC Genomics*, 2006, 7: 132.

[8] Bowers J E, Chapman B A, Rong J, *et al.* Unraveling angiosperm genome evolution by phylogenetic analysis of chromosomal duplication events [J]. *Nature*, 2003, 422: 433-438.

[9] Brubaker C L, Bourland F M, Wendel J F. The origin and domestication of cotton [M]. *In* C W Smith, J T Cothren, eds, Cotton: Origin, History, Technology, and Production. John Wiley & Sons, New York, 1999: 3-32.

[10] Brubaker C L, Paterson A H, Wendel J F. Comparative genetic mapping of allotetraploid cotton and its diploid progenitors [J]. *Genome*, 1999, 42: 184-203.

[11] Cai W W, Reneker J, Chow C W, *et al.* An anchored framework BAC map of mouse chromosome 11 assembled using multiplex oligonucleotide hybridization [J]. *Genomics*, 1998, 54: 387-397.

[12] Chen Z J. Genetic and epigenetic mechanisms for gene expression and phenotypic variation in plant polyploids [J]. *Annu Rev. Plant Bioi.*, 2007, 58: 377-406.

[13] Desai A, Chee P W, Rong J, *et al.* Chromosome structural changes in diploid and tetraploid A genomes of Gossypium [J]. *Genome*, 2006, 49: 336-345.

[14] Frelichowski J E Jr, Palmer M B, Main D, *et al.* Cotton genome mapping with new microsatellites from Acala 'Maxxa' BAC-ends [J]. *Mol Genet Genomics*, 2006, 275: 479-491.

[15] Gao W, Chen Z J, Yu J Z, *et al.* Wide-cross whole-genome radiation hybrid mapping of the cotton (*Gossypium barbadense* L.) genome [J]. *Mol Genet Genomics*, 2006, 275: 105-113.

[16] Gingle A R, Yang H, Chee P W, *et al.* An integrated Web resource for cotton [J]. *Crop Sci.*, 2006, 46: 1998-2007.

[17] Guo W, Cai C, Wang C, *et al.* A microsatellite-based, gene-rich linkage map reveals genome structure, function and evolution in Gossypium [J]. *Genetics*, 2007, 176: 527-541.

[18] Haigler C H, Zhang D H, Wilkerson C G. Biotechnological improvement of cotton fibre maturity [J]. *Physiol Plant*, 2005, 124: 285-294.

[19] Hanson R E, Zwick M S, Choi S, *et al.* Fluorescent in situ hybridization of a bacte-

rial artificial chromosome [J]. *Genome*, 1995, 38: 646-651.

[20] Hawkins J S, Kim H, Nason J D, *et al*. Differential lineage-specific amplification of transposable elements is responsible for genome size variation in Gossypium [J]. *Genome Res.*, 2006, 16: 1252-1261.

[21] Hendrix B, Stewart J M, Estimation of the nuclear DNA content of gossypium species [J]. *Ann Bot.* (Lond), 2005, 95: 789-797.

[22] Ji Y, Zhao X, Paterson A H, *et al*. Integrative mapping of *Gossypium hirsutum* L. by meiotic fluorescent in situ hybridization of a tandemly repetitive sequence (B77) [J]. *Genetics*, 2007, 176: 115-123.

[23] Jiang C, Wright R J, E l-Zik KM, *et al.*, Polyploid formation created unique avenues for response to selection in *Gossypium* [J]. *Proc. Natl Acad Sci USA*, 2009, 95: 4419-4424.

[24] Kim H J, Triplett B A, Cotton fiber growth in planta and in vitro: models for plant cell elongation and cell wall biogenesis [J]. *Plant Physiol*, 2001, 127: 1361-1366.

[25] Lacape J M, Nguyen T B, Courtois B, *et al*. QTL analysis of cotton fiber quality using multiple Gossypium hirsutum × Gossypium barbadense backcross generations [J]. *Crop Sci*, 2005, 45: 123-140.

[26] Lee J J, Hassan O S S, Gao W, *et al*. Developmental and gene expression analyses of a cotton naked seed mutanl [J]. *Planta*, 2006, 223: 418-432.

[27] Liu B, Brubaker G, Cronn R C, *et al*. Polyploid formation in cotton is not accompanied by rapid genomic changes [J]. *Genome*, 2001, 44: 321-330.

[28] Marra M A, Kucaba T A, Dietrich N L, *et al*. High throughput fingerprint analysis of large-insert clones [J]. *Genome Res.*, 1997, 7: 1072-1084.

[29] Nguyen T B, Giband M, Brottier P, *et al*. Wide coverage of the tetraploid cotton genome using newly developed microsatellite markers [J]. *Theor. Appl. Genet*, 2004, 109: 167-175.

[30] Paterson A H. Leafing through the genomes of our major crop plants: strategies for capturing unique information [J]. *Nat. Rev. Genet*, 2006, 7: 174-184.

[31] Reinisch A J. Dong JM, Brubaker CL, *et al*. A detailed RFLP map of cotton, *Gossypium hirsutum* × *Gossypium barbadense*: chromosome organization and evolution in a disomic polyploid genome [J]. *Genetics*, 1994, 138: 829-847.

[32] Rong J, Abbey C, Bowers J E, *et al*. A 3347 -locus genetic recombination map of sequence-tagged sites reveals features of genome organization, transmission and evolution of cotton (*Gossypium*) [J]. *Genetics*, 2004, 166: 389-417.

[33] Rong J, Bowers J E, Schulze S R, *et al*. Comparative genomics of Gossypium and Arabidopsis: unraveling the consequences of both ancient and recent polyploidy [J]. *Genome. Res*, 2005, 15: 1198-1210.

[34] Saha S, Raska D A, Stelly D M. Upland cotton (*Gossypium hirsutum* L.) × Ha-

waiian cotton（*G. tomentosum* Nutl. ex. Seem）F_1 hybrid hypoaneuploid chromosome substitution series［J］. J. Cotton Sci.，2006，10：146-154.

［35］Senchina D S，Alvarez I，Cronn R C，*et al*. Rate variation among nuclear genes and the age of polyploidy in Gossypium［J］. *Mol. Bioi. Evol.*，2003，20：633-643.

［36］Shen X L，Guo W Z，Lu Q X，*et al*. Genetic mapping of quantitative trait loci for fiber quality and yield trait by RIL approach in Upland cotton［J］. *Euphytica*，2007，155：371-380.

［37］Shi Y H，Zhu S W，Mao X Z，*et al*. Transcriptome profiling，molecular biological，and physiological studies reveal a major role for ethylene in cotton fiber cell elongation［J］. *Plant Cell*，2006，18：651—664.

［38］Stelly D M，Saha S，Raska D A，*et al*. Registration of 17 upland（*Gossypium hirsutum*）cotton germplasm lines disomic for different G. barbadense chromosome or arm substitutions［J］. *Crop Sci.*，2005，45：2663-2665.

［39］Taliercio E W，Boykin D.，Analysis of gene expression in cotton fiber initials［J］. *BMC Plant Biol.*，2007，7：22.

［40］Udall J A，Flagel L E，Cheung F，*et al*. Spotted cotton oligonucleotide microarrays for gene expression analysis［J］. *BMC Genomics.*，2007，8：81.

［41］Udall J A，Swanson J M，Haller K，*et al*. A global assembly of cotton ESTs［J］. *Genome Res.*，2006，16：441-450.

［42］Ulloa M，Saha S，Jenkins I N，*et al*. Chromosomal assignment of RFLP linkage groups harboring important QTLs on an intraspecific cotton（*Gossypium hirsutum L.*）Joinmap［J］. J Hered，2005，96：132-144.

［43］Waghmare V N，Rong J，Rogers C J，*et al*. Genetic mapping of a cross between *Gossypium hirsutum*（cotton）and the Hawaiian endemic，*Gossypium tomentosum*［J］. *Theor Appl Genet*，2005，111：665—676.

［44］Wang K，Guo W，Zhang T. Detection and mapping of homologous and homoeologous segments in homoeologous groups of allotetraploid cotton by BAC-FISH［J］. *BMC Genomics*，2007，8：178.

［45］Wang K，Song X，Han Z，*et al*. Complete assignment of the chromosomes of *Gossypium hirsutum* L. by translocation and fluorescence in situ hybridization mapping［J］. *Theor Appl Genet*，2006，113：73-80.

［46］Wendel J F. Genome evolution in polyploids［J］. *Plant Mol. Biol.*，2000，42：225-249.

［47］Wendel J F，Cronn R C. Polyploidy and the evolutionary history of cotton［J］. *Adv Agron*，2003，78：139-186.

［48］Wu Y，Machado A C，White R G，*et al*. Expression profiling identifies genes expressed early during lint fibre initiation in cotton［J］. *Plant Cell Physiol*，2006，47：107-127.

[49] Yang S S, Cheung F, Lee J J, *et al*. Accumulation of genome-specific transcripts, transcription factors and phytohormonal regulators during early stages of fiber cell development in allotetraploid cotton [J]. *Plant J*, 2006, 47: 761-775

[50] Yin J, Guo W, Yang L, *et al*. Physical mapping of the RF_1 fertility-restoring gene to a 100 kb region in cotton [J]. *Theor. Appl. Genet*, 2006, 112: 1318-1325.

[51] Zhao X P, Si Y, Hanson R E, *et al*. Dispersed repetitive DNA has spread to new genomes since polyploid formation in cotton [J]. Genome Res., 1998, 8: 479-492.

Cloning and Expressing of a Gene Encoding Cytosolic Copper/Zinc Superoxide Dismutase in the Upland Cotton

Gen hai Hu [1,2], Shu xun Yu[1], Shu li Fan[1], Mei zhen Song[1]

(1. Cotton Research Institute, Chinese of Academy Agricultural Sciences, Anyang 45500, China; 2. Graduate School, Chinese Academy Sciences, Beijing 100080, China)

Abstract: In this study, a gene encoding a superoxide dismutase (SOD) was cloned from senescent leaves of cotton (*Gossypium hirsutum*), and its expressing profile was analyzed. The gene was cloned by rapid amplification of cDNA ends (RACE) method. Northern blotting was used to show the profile of the gene expression, and the enzyme activity was mensurated by NBT deoxidization method in different growth periods. The full length of a gene of cytosolic copper/zinc superoxide dismutase (Cu/Zn-SOD) was isolated from cotton (GenBank Accession Number: DQ445093). The sequence of cDNA contained 682 bp, the opening reading frame 456 bp and encoded polypeptide 152 amino acids with the predicted molecular mass of 15. 03kD and theoretical pI of 6. 09. The amino acid sequence was similar with the other plants from 82% to 87%. Southern blotting showed that the gene had different number of copies in different cotton species. Northern blotting suggested that the gene had different expression in different tissues and development stages. The enzyme activity was the highest in peak flowering stage. The cotton cytosolic (Cu/Zn-SOD) had lower copies in the upland cotton. The copper/zinc superoxide dismutase mRNA expressing level showed regular changing in the whole development stages; it was lower in the former stages, higher in latter stages and the highest at the peak flowering stage. The curve of the copper/zinc superoxide dismutase mRNA expressing level was consistent with that of the Cu/Zn-SOD enzyme activity. The copper/zinc superoxide dismutase mRNA expressing levels of different organs showed that the gene was higher in the root, leaf, and lower in the flower.

Key words: Cotton; Copper/zinc superoxide dismutase; Gene; Cloning

---

原载于：*Agricultural Sciences in China*, 2007, 6 (5): 536-544

1 Introduction

Cotton is often affected by all sorts of stresses in the entire growth stages, such as heat, drought, radiation, salinity, pathogen infection, and nutrient imbalances. This could lead to the production of a lot of reactive oxygen species (ROS); the excessive formation of ROS easily lead to cotton premature senescence, decreasing photosynthetic capacity, and consequently lowering yield and fiber properties. Superoxide dismutases are metalloenzymes and ubiquitous in all oxygen-consuming organisms. They catalyze the dismutation of superoxide radicals (O_2^-) to molecular oxygen and hydrogen peroxide, the substrate of catalases and peroxidases. The enhance of superoxide dismutase activity could slow down premature senescence. Up to now, the gene encoding a superoxide dismutase has not been cloned in cotton. Therefore, the isolation of a gene encoding *Cu/*Zn-SOD gene of cotton would help us to understand the mechanisms of early but not premature senescence of short-season cotton. It is crucial for identifying target gene for culturing new varieties of antiretroviral cotton by using transgenic technology.

Superoxide dismutases, commonly found in all oxygen-consuming organisms, were a class of metal enzymes, which could remove superoxide anion radicals. Superoxide dismutase (SOD) was first isolated from bovine red blood cells by Mann and Keilin in 1938. According to the different combination of metal ions, SOD could be divided into three categories: Cu/Zn-SOD Mn-SOD, and Fe-SOD (Liang *et al.*, 1995). Cu/Zn-SOD was the most important enzyme of the oxygen scavenging enzymes (Wang *et al.*, 2005; Song *et al.*, 2006) and closely related to anti-aging and resistance to stress in crops (Song *et al.*, 2006; Zhang *et al.*, 2005; Feng *et al.*, 2005; Guo *et al.*, 2005). Until now, the SOD genes have been cloned from rice, corn, and other plants (Sumio and Kozi, 1990; Lin *et al.*, 1995; Kernodle and Scandalios, 1996; Bagnli *et al.*, 2002; Hironori *et al.*, 1997; Atsushi *et al.*, 1992; Lee *et al.*, 1999; Rafael *et al.*, 1988; Ronald *et al.*, 1987). The transgenic plants with over-expression of SOD gene in tobacco and alfalfa, could resist cold stress and markedly enhanced antioxidant capacities (Bryan *et al.*, 2000, 1993; Wim*et al.*, 1996). Yu *et al.* (2005a), by using different senescence cotton varieties found that SOD activity of premature senescence cottons was significantly lower than early but not premature senescence varieties in the latter stages. Yu *et al.* (2005b) suggested the SOD activity could be used as a biological index of assisted selection and played a key role in preventing premature senescence in the upland cotton. Determination of SOD content in the cells of plants confirmed the content of Cu/Zn-SOD about 86%, the highest one. Cu/Zn-SOD enzyme can be divided into two forms; one is in cytosolic and another in chloroplastic isoenzymes. Cu/Zn-SOD enzyme in cytosolic enzyme is found mainly in the form of induced adverse environment (Rafael and Estra, 1991; Sheri and John, 1996).

The mature and premature senescence of short-season cotton varieties seriously impact on the fiber quality and yield of cotton. SOD enzymes may play a key role in preventing premature senescence in the upland cotton. If the SOD genes are cloned, we can breed more early but not premature senescence varieties by using transgenic technology.

The experiments herein intend to clone the SOD gene, which were related with early but not premature senescence in the cotton. The copy number of SOD gene and the profile of the gene expression were determined through molecular hybridization which can help us to explain the molecular mechanism of early but not premature senescence in the cotton.

2 Materials and Methods

2.1 Materials

The variety of short-season cotton (*Gosspium hirsutum* L.) used in this experiment was CRI36. Total RNA was extracted by using the leaves of the seedlings. *E. coli* was JM109, vector was pUCm-T. Reagents, the main vector, and strain were bought from Shanghai Bioengineering Co., Ltd. The CRI36 was planted in the field on the April 28, 2005. The samples were harvested at different cotton development stages, according to experimental needs. All samples were immediately frozen in liquid nitrogen and kept at −80℃ until they were used for isolation of RNA.

2.2 Methods

2.2.1 Primer designing

Two conserved fragments of cytosolic SOD proteins in plants, KPGLHGFH and GHELSKTTG, were identified using the BLASTp (GenBank) program. On the basis of these fragments the following two degenerate primers were designed. The forward primer was 5′-AAGCCCGGCCTG cayggnttyca-3′ and the reverse primer was 5′- GCCGGTGGTCTTGGACarytcrtgncc-3′.

2.2.2 RT-PCR and obtaining the middle fragment

Total RNA was extracted and purified using the modified CTAB method (Dou *et al.*, 2003). They were used for cDNA synthesis with AMV reverse-transcription polymerase chain reaction. RT-PCR product was used as template to amplify by using two degenerate primers. The PCR conditions were as follows: predenaturation at 94℃ for 5 min, 35 cycles of denaturation at 94℃ for 30 s followed by annealing at 55℃ for 2 min, and polymerization at 72℃ for 1 min, polymerization at 72℃ for 10 min, and preservation at 4℃. The products were cloned into pUCm-T vector. *E. coli* JMI09 was transformed with pUCm-T vector. The positive clones were selected and digested by *Pst* I and sequenced.

2.2.3 Obtaining 3′ and 5′ regions by RACE

To isolate the complete 5′ and 3′ regions of this gene, the rapid amplification of cDNA ends (RACE) method was used. A set of specific primers were designed on the basis of the middle fragment; SPl: 5′-TGTTGGTGCTGATTGCTCTG-3′, SP_2: 5′-TTGGTGCTGATTGCTCTGCG-3′, *S*1: 5′-TGTTGGTGCTGATTGCTCTG-3′, Al: 5′- TTCACATCTTCAGGAGCACC-3′, S2: 5′-TTGGTGCTGATTGCTCTGCG-3′, A2: 5′-CCACCAGGA7TGAAGTGAGG-3′. The 3′ fragment was obtained by primers SP_1 and SP_2. The 5′ fragment PCR was carried according to the manufacturer's instructions (GIBCOBRL Kit). The first amplification was done using S1 and Al, then the second amplification was done using S2 and A2 to make the specific fragment; next the fragments were linked, transformed and sequenced. At last the full-length cDNA was obtained by linking three fragments. A pair of specific primers was designed to amplify the ORF, the primer: ZY-1: 5'-GTCGCGGATCCATGGCTGCCCCATA TTTTCC-3' which contained ATG, the start condon sites and the primer: 3' which contained UAA, the stop condon sites.

2.2.4 Analysis of Southern blotting

The genome DNAs of *Gossypium hirsutum*, *Gossypium barbadense*, *Gossypium herbaceurn*, and *Gossypium arboretum* were extracted according to Shen *et al.* (1996). Twenty microgram of DNA samples were digested with *Bam*H I, *Hin*d III, and *Pst* I. The fragments were electrophoresed in a 0.8% agarose gel, at 40 V for 12 h. The full-length cDNA of cotton cytosolic Cu/Zn-SOD was used as probe, hybridized, washed, and exposed according to DIG high prime DNA/RNA labeling and detection starter kit I.

2.2.5 Analysis of Northern blotting

Total RNAs were isolated by CTAB method from different tissues including stem, root, hypocotyls, flower, and leaf at different developmental stages including seedling, first flower, flowering, and boll and open boll. The residue of DNA were removed by DNaseI digesting at 37℃ for 30 min. Thirty microgram of the total RNA were used in each lane and electrophoresed in a 1.2% agarose gel, at 40 V for 8 h. The RNA was transferred onto a nytran membrane and hybridized to the DIG-labeled full-length cDNA probe according to DIG high prime DNA/RNA labeling and detection starter kit I (Roche). The same volume of RNA were in each lane by exterminating RNA concentration and EB dyeing after electrophoresis.

2.2.6 Analysis of amino acids and protein

The superoxide dismutases in the other plants were identified using the BLAST (GenBank) program. Ten full-length plant amino acid sequences were extracted from the GenBank databases and aligned using DNAman 5.2. The aligned file was then edited manually using Dynamic Alignment program. The sequences were from *Brassica rapa*, *Spinacia oleracea*, *Mesembryanthemum crystallinum*, *Populus tremuloides*, *Lycopersicon esculentum*, *Nicotiana plumbaginifolia*, *Zea mays*, *Pisum sativum*, and *Ipomoea batatas*.

Protein sorting signals and localization sites were analyzed with the PSORT program (http://www.psort.nibb.ac.jp). The prediction of transmembrance was analyzed with the TM-HMM program (http://genome.cbs.dtu.dk/services/TMHMM/).

2.2.7 Determination of SOD activity

The leaves from CRI36 were sampled at different development stages: seedling, first flower, flowering, and boll and open boll. Their veins were cut and about 0.3 g sample was taken. The SOD activity was detected with the reductive method under nitroblue tetrazolium (NBT) light (Wang *et al.*, 2005).

3 Results

3.1 Cloning and sequence analysis of cotton superoxide dismutase gene

The amplification was carried out by using degenerate primers with the template of cDNA from CRI36 young tender leaves, which were about three-week old. The products were detected on a 1.0% agarose gel, and a 300-bp fragment was obtained. Because its molecular weight was in accordance with the theoretical size of the band it might be targets of the band. The 300bp partial cDNA fragment was cloned into pUCm-T vector. *E. coli* JM109 was transformed with pUCm-T vector. The positive clones were selected and sequenced. The sequence was aligned with the cDNAs of the other plant cytosolic SOD using the BLAST program against GenBank data. The results showed nucleic acid sequence has about 82%, 84%, 86%, 83%, 86% and 82% identity with *Oryza sativa*, *Arabidopsis thaliana*, *Spinacia oleracea*, *Petunia hybrida*, *Pisum sativum*, and *Solanum tuberosum*, respectively. This proved that we had obtained the conserved fragments of target gene. We could extend the conserved fragments to get the full-length cDNA.

A series of specific primers were designed to amplify the 3′ and 5′ partial fragments on the basis of the conserved fragments. After the 3′ and 5′ partial fragments were obtained, a pair of specific primers was designed to amplify the ORF, which were on the sites of start and stop condon. The full-length cDNA was certified; the results were that gene sequence 682 bp (GenBank Accession Number: DQ445093), 5′ UTR 119 bp, ORF 456 bp, 3′ UTR 103 bp and a ployadenylation signal AATAA was found at position 596.

3.2 Analysis of cytosolic superoxide dismutase protein

Cotton SOD gene encoding 152 amino acids with the predicted molecular mass of 15.03kD and theoretical pI of 6.09. Polar amino acids (D, E, H, K, R, N, Q, S, T) were 41.5%, charged amino acids of polar amino acids (D, E, H, K, R) were 20.4%, acidic amino acids (D, E) were 8.5%, basic amino acids (H, K, R) were 11.9%, hydrophobic amino acids (L, I, V, M, F, Y, W) were 25.1%, instability index was 23.51, the protein belonged to a stable kind. Primary structure analysis of PROF program from expasy revealed that cytosolic SOD was protein mixed. There is no amino acid spiral residues, β-sheet amino acid residues comprising about 44.7%, the cyclic amino acid residues accounted for 55.3%, if the protein of which amino acid residues exposed on the surface more than 16% was the soluble protein. It was soluble protein. Senior structure prediction with GLOBE program revealed that cytosolic SOD was globe protein. Analysis of structural domains revealed that N-glycosylation sites at the sites 33, 85, protein kinase II phosphorylation site at the 9, 97, N-myristoylation sites at the 13, 32, 55, 89, and 137, Cu/Zn-SOD signature at the 43, 137, and Cu/Zn-SOD activity domains were highly conserved among different species. Analysis with PSORT program revealed that Cu/Zn-SOD contained no signal peptide (Figure 1). Hydropaths analysis of amino acids showed that the cotton Cu/Zn-SOD was not a potential membrane protein; the possibility of transmembrane helix formation scored only 71 at the 1-21 regions, which is far smaller than 500, only scores above 500 were considered significant (Figure 2). Also there was no transmembrane helix formation about cotton cytosolic Cu/Zn-SOD, we suggested that the cotton cytosolic Cu/Zn-SOD be in the stromal cells, but not cell membranes.

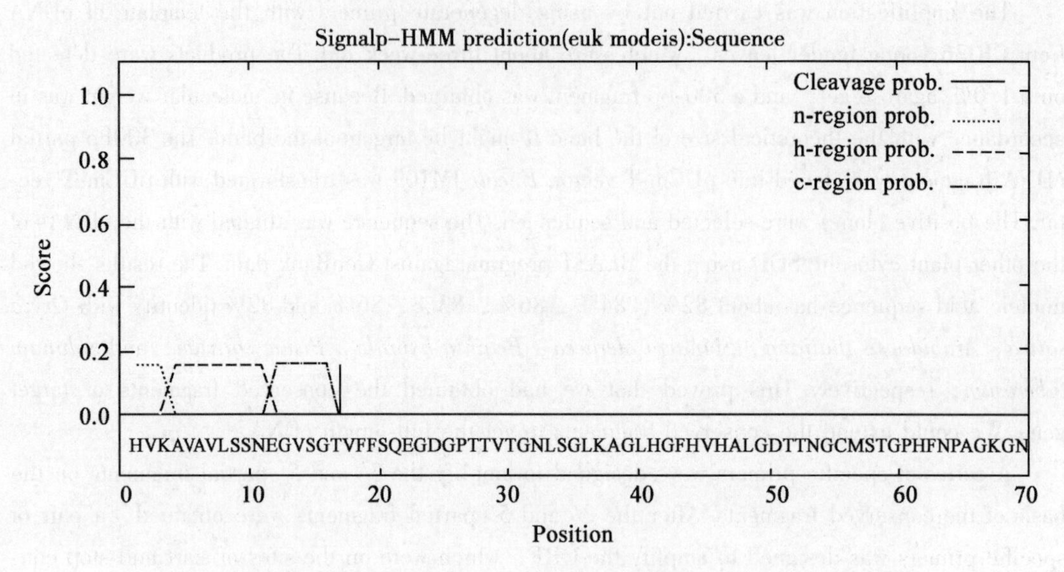

Figure 1　The prediction of N-end signal polypeptide of cotton Cu/Zn-SOD

Cleavage prob; n-region prob; h-region prob; c-region prob

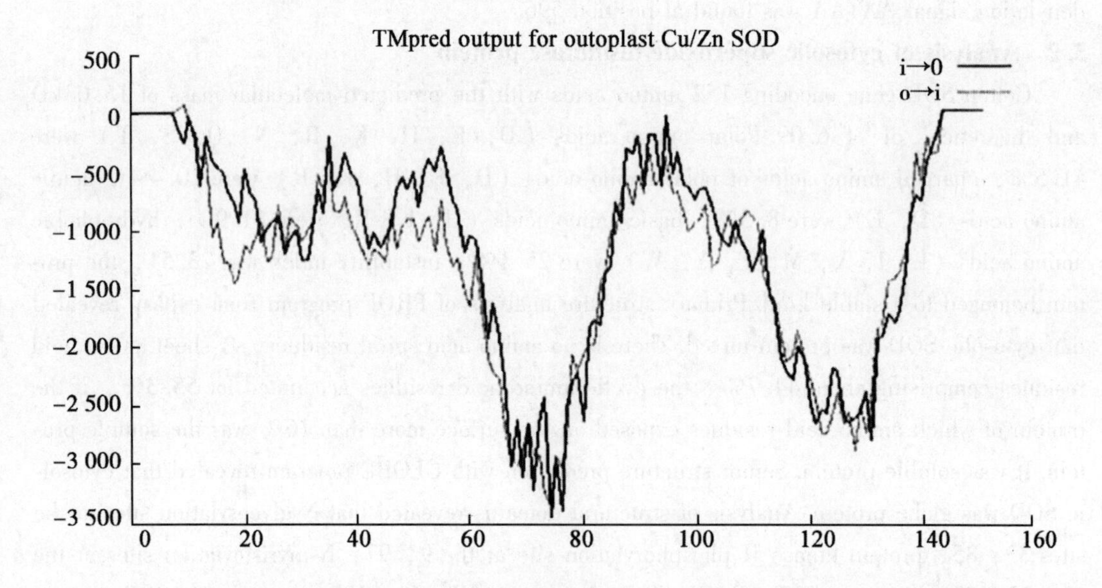

Figure 2　Prediction of transmembrane alpha-helices of cotton cytosolic Cu/Zn-SOD

The sequence positions in brackets denominate the core region. Only scores above 500 are considered significant. Inside to outside helices: 0 found; outside to inside helices: I found l(1)-21(19), score 71

3.3 Homology and phylogenetic analysis of the amino acid sequence

A comparison of the deduced amino acid sequence of the cotton cytosolic Cu/Zn-SOD the protein product of Cu/Zn-SOD, with the protein sequences (*Oryza sativa*, *Spinacia oleracea*, *Pisum sativum*, *Triticum aestivum*, *Lycopersicon esculentum*) in the GenBank, had shown homology 78.12% among all those plant sequences. The cotton Cu/Zn-SOD had the most homologous with *Populus tremuloides* 87%, next *Solanum tuberosum*, *Zea mays*, *Lycopersicon esculentum*, and *Nicotiana plumbaginifolia* 84%, there were the lowest homologous with *Ipomoea batatas* and *Pisum sativum* 82%. There were different homology in the different amino acid regions, all of them shared highly conserved sequences in N-terminal and active catalytic site; lower conserved sequences in C-terminal (Figure 3). A phylogenetic analysis of the amino acid sequence of the cotton cytosolic Cu/Zn SOD with other plants revealed (Figure 4), except for *Pisum sativum*, that all of them could be divided into three kinds: ①woody plants include *Gosspium hirsutum* and *Populus tremuloides*; ②solanaceae plants include *Lycopersicon esculentum*, *Nicotiana plumbaginifolia*, *Capsicum annuum*, and *Ipomoea batatas*; ③gramineae and cruciferous plants include *Brassica rapa*, *Spinacia oleracea*, *Zea mays*, and M*esembryanthemucm crystallinum*s; so we could suggest that the phylogenetic relations of these plants of the cytosolic SOD have obvious characteristics of species.

3.4 Analysis of Southern blotting and Northern blotting

The results of Southern blotting about cotton cytosolic SOD is shown in Figure 5. To determine the copy number of Cu/Zn-SOD genes in CRI36, genomic DNAs of five different species of cotton were digested with *Eco*R Ⅰ + *Hin*d Ⅲ and Pst Ⅰ. Three distinct signals were obtained in CRI36, which revealed that there were three-copy genes in the CRI36 genome. The genomes of *Gossypium arboreum*, *Gossypium barbadense* and *Gossypium herbaceurn* were digested by *Eco*R Ⅰ + *Hin*d Ⅲ. The results revealed that there were threecopy genes in the *Gossypium arboretum* and *Gossypium herbaceum*, but there were four-copy genes in the *Gossypium barbadense*, so we suggested that there were mainly three-copy genes in diploid and tetraploid cottons. As we used the equal sample in each land, and there was 20μg DNA in each lane, but obvious difference between the performance of hybridization signals, with stronger hybridization signals in the *Gossypium barbadense* and *Gosspium hirsutum*, and weaker hypbridization in the *Gossypium* and *Gossypium arboreum*, we suggested that the evolutionary relationships were closer between *Gossypium hirsutum* and *Gossypium barbadense* than between *Gossypium herbaceum* and *Gossypium arboreum*. Because there were only three-copy genes in the upland cotton, we could further transfer the gene into the upland cotton. The research was very important in the sense that the increasing copy numbers of low-copy gene can help us to understand the mechanism of the gene expression and regulation.

Northern blotting analysis of cotton cytosolic Cu/Zn-SOD gene in the different development stages (Figure 6) revealed that cotton cytosolic SOD gene expression in the entire growth period showed a pattern of dynamic changes. A gradual increasing of gene expression began from seed-

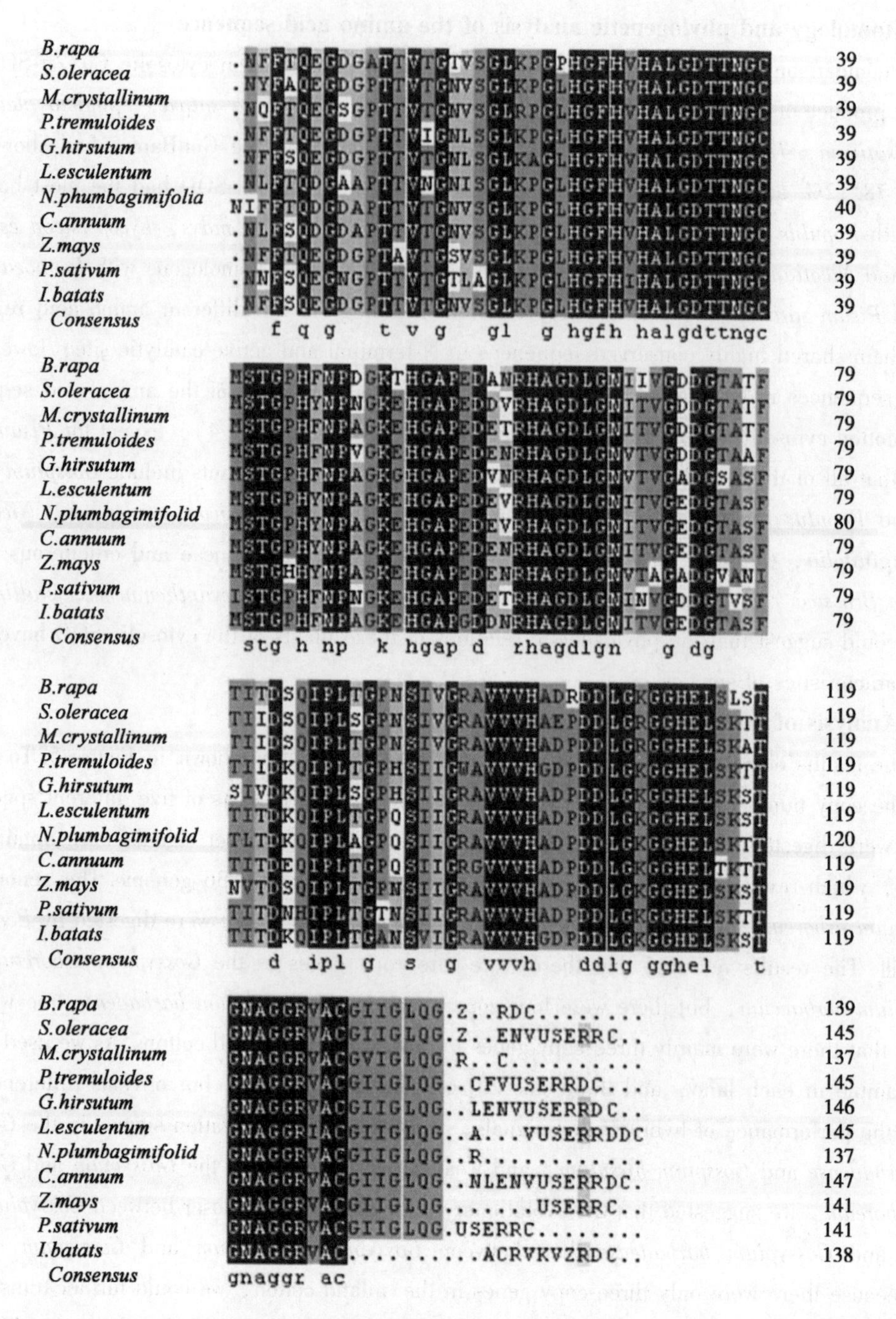

Figure 3　Alignment analysis of the deduced amino acid sequence of cytosolic Cu/Zn-SOD

lings, reached a peak at flowering, and then decreased gradually. However, by observing the whole growth stages, the enzyme activity of the latter parts were higher than the preliminary, this result could be tested by measuring the cotton SOD activity of the different growth periods. Analysis of the cotton SOD activity revealed that the dynamic changes of enzyme activity were

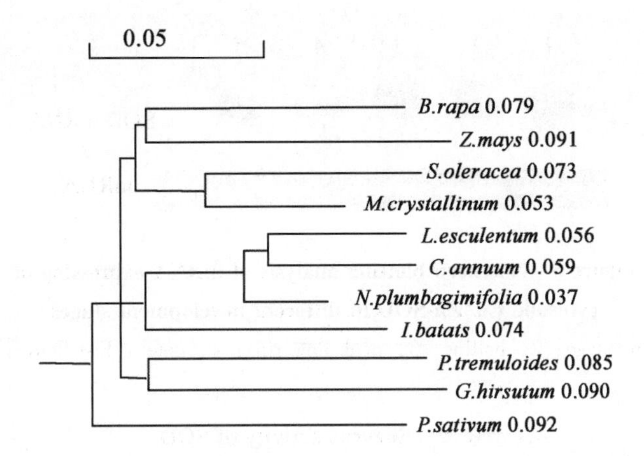

Figure 4　Phylogenetic analysis of Cu/Zn-SOD and other plants

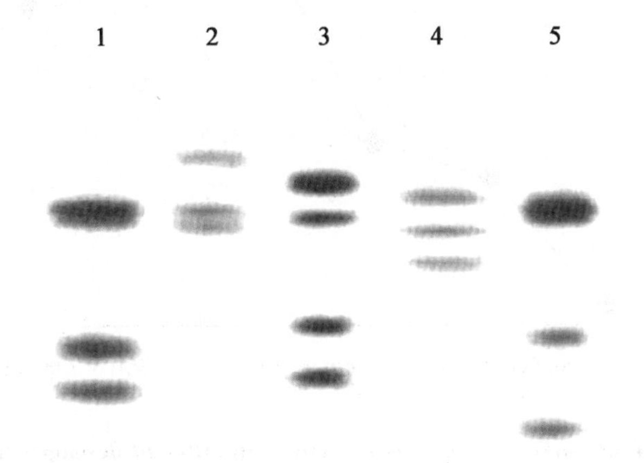

Figure 5　Genomic Southern blotting analysis of cotton DNA probed with the coding region

1 and 5, CRI36; 2, *G. arboreum*; 3, *G. barbadense*; 4, *G. herbaceurn*. Genomic DNA was digested using the restriction enzymes *Eco*R I + *Hin*d Ⅲ and Pst I, separated in a 1.2% agarose gel, and transferred to a nylon memberane

similar with the changes of mRNA (Figure 7). From this result we suggested that cytosolic Cu/Zn-SOD played a major role in all of these isozymes. Expression analysis of different organs of cotton revealed that expression of the target gene was the highest in the root, next leaf > hypocotyls > flower > stem. This result suggested that the expression of the target gene was mainly in the root and leaf (Figure 8). It could be concluded that expression activity of cytosolic Cu/Zn-SOD gene was very higher in the early but not premature senescence cotton varieties than the premature senescence cotton varieties, so the enzyme could timely remove the poison radicals of the roots and leaves, and that the function of roots and leaves were extended, thus reduced the death rate of aging in the cotton growth latter stages.

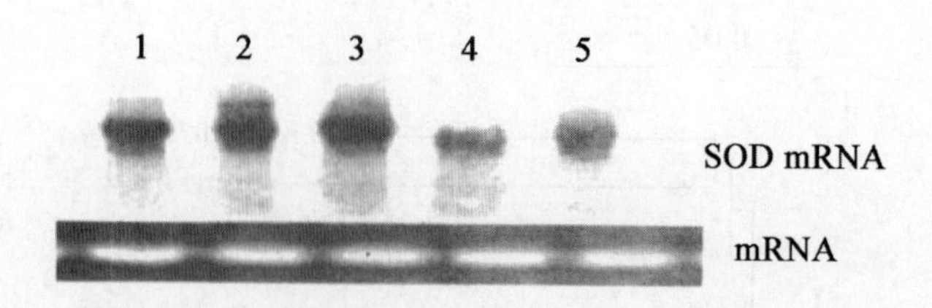

Figure 6 Northern blotting analysis of mRNA expressing of cytosolic Cu/Zn-SOD in different development stages

1, boll opening stage; 2, bolling; 3, peak flowering; 4, date of Fist flower; 5, seedling

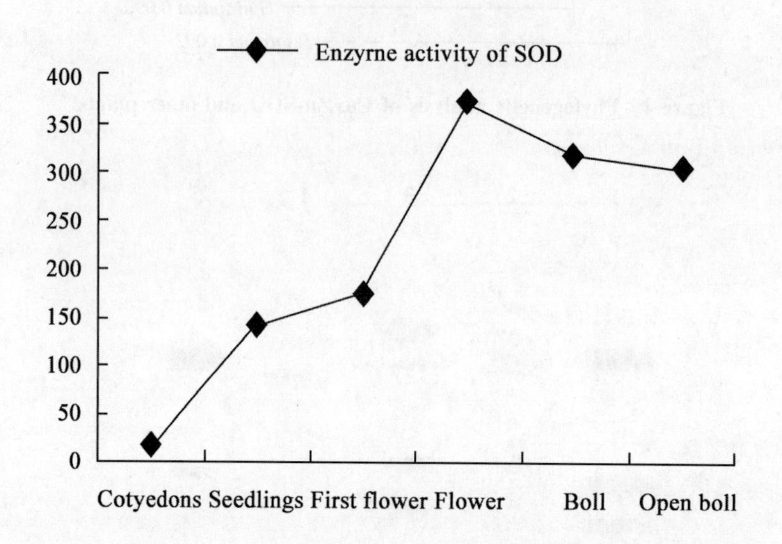

Figure 7 The curve of SOD enzyme activity in different development stages

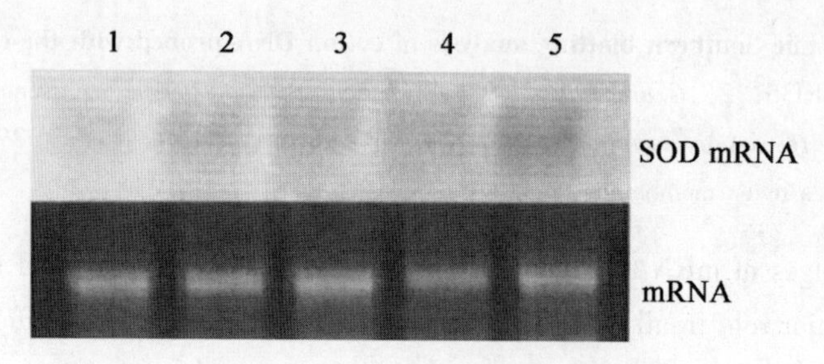

Figure 8 Northern blotting analysis of mRNA expressing of cytosolic Cu/Zn-SOD in the different organs.

1, hypocotyl; 2, leaf; 3, stem; 4, flower; 5, root

4 Discussion

To our knowledge, there is no report on cotton cytosolic Cu/Zn-SOD gene cloned by RACE technology. When we designed degenerate primers on the basis of the amino acid sequences known from GenBank, the elected sequences were as far as possible, so as to ensure that the conservative regions were obtained. But if we got too many sequences, the differences of different species would make it difficult to find conservative regions, hence we retained sequences of the same primary division or phylum to use as much as possible. After the conservative regions were obtained, similar analysis of DNA sequences was done to determine whether the sequence was real or not. If the sequence was real, we could design primers to amplify the full-length cDNA. The translation of nucleic acid sequences and protein structure prediction and analysis were necessary. We found the cloned Cu/Zn-SOD gene of cotton did not contain a signal peptide sequence and had two active sites with Cu/Zn auxiliaries through analysis of forecast. This result was consistent with the desired target protein; the gene cloned was indirectly proved to be true. Analysis of motifs revealed that protein contained phosphorylation, glycosylation and alkylation sites, we suggested that regulation of the enzyme activity may be inferred with three modified forms of regulation. Similar analysis of different amino acid sequences from plants showed that two ends of amino acid sequences had different variation. There were more conservative sequences at N-terminal and active catalytic site, and less conservative sequences at C-terminal region, this suggested that different partial sequences may bear different selection pressure during the evolutionary process. Comparison analysis of the sequences of different species revealed that cotton was not divided into a family with close source plants, but on the overall situation of different clustering plants. Cytosolic Cu/Zn-SOD phylogenetic relationship among the species still have a significant species feature. We speculated that increasing the cluster species, the evolutionary relationships of these would become more obvious.

Analysis of the Southern blotting of cotton cytosolic Cu/Zn-SOD revealed that the gene had the similar copy number in the different cotton species. There were three copies in the *Gossypium arboreum*, *Gossypium hirsutum*, and *Gossypium herbaceum*, and four copies in the *Gossypium barbadense*. We guessed that there was an additional copy for *Gossypium barbadense* in the evolutionary process. This made *Gossypium barbadense* much more disease resistant and anti-adversity than the others. Because analysis of Northern blotting in the different development stages of cytosolic Cu/Zn-SOD were consistent with the results of enzyme activity, we can suggest that enzyme activity of the gene may share a larger share of total enzyme activity, and the increasing enzyme activity by transgenic method may make a significant effect. Gene expression analysis of the different tissues and organs revealed that the gene expression was the highest in the roots, indicating the gene was mainly expressed in the root.

5 Conclusion

The gene of cotton cytosolic Cu/Zn SOD, with full-length sequence 682 bp, 5′ UTR 119 bp, ORF 456 bp, 3′ UTR 103 bp, and a ployadenylation signal AATAA was found at position 596, was cloned by using RACE technology. There was lower copy number in the *Gossypium hirsutum*. The profile of the gene expression showed that gene expression was lower in the upper stages than in the latter stages of cotton leaves, and arrived the peak at the flower stage. Gene expression dynamic curve was consistent with the changing curve of total enzyme activity. The root had the highest expression in different tissues and organs.

Acknowledgements

This research was financially supported by the National Key Basic Research and Development Plan of China (2004CB117300) and the National Hi-Tech Research and Development Program of China (863 Program, 2002AA241021). Our special thank to the Cotton Genetic Improvement of Cotton Key Laboratory of Ministry of Agriculture of China for their constant support.

References

[1] Atsushi S, Hiroyuki O, Kunisuke T. Nucleotide sequences of two cDNA clones encoding different Cu/Zn-superoxide dismutases expressed in developing rice seed (*Oryza sativa* L.) [J]. *Plant Molecular Biology*, 1992, 19, 323-327.

[2] Bagnli F, Giannino D, Caparrini S, *et al*. Molecular cloning characterization and expression of a manganese superoxide dismutase gene from peach (*Pncnus persica*L. Batsch) [J]. *Molecular Genetics and Genomics*, 2002, 267, 321-328.

[3] Bryan D M, Chen Y R, Mitchel D B, *et al*. Superoxide dismutase enhances tolerance of freezing stress in transgenic alfalfa (*Medicago sativa* L.) [J]. *Plant Physiology*, 1993, 103, 1155-1163.

[4] Bryan D M, Julia M, Kim S J, *et al*. Iron-superoxide dismutase expression in transgenic alfalfa increases winter survival without a detectable increase in photosynthetic oxidative stress tolerance [J]. *Plant Physiology*, 2000, 122, 1427-1437.

[5] Dou D L, Wang B S, Tang Y X, *et al*. A simple and efficient method for extraction of high quality RNA from cotton [J]. *Acta Agronomica Sinia*, 2003, 29, 478-479 (in Chinese).

[6] Feng C J, Luo X Y, Sha W, *et al*., Effect of low temperature stress on SOD, POD activity and proline content of *alfalfa* [J]. *Pratacultural Science*, 2005, 22, 29-32 (in Chinese).

[7] Guo L H, Wu X L, Gong M, *et al*. Roles of glutathione reductase and superoxide dismutase in heat-shock-induced cross adaptation in maize seedlings [J]. *Plant Physiology Communication*, 2005, 41, 429-432 (in Chinese).

[8] Hironori K, Shigeto M, Hideki *Y*, *et al*. Molecular cloning and characterization of a cDNA for plastidic copper/zinc superoxide dismutase in rice (*Oryzu sativa* L.) [J]. *Plant & Cell Physiology*, 1997, 38, 65-69.

[9] Kernodle S P, Scandalios J G, *et al*. A comparison of the structure and function of the highly homologous maize ant ioxidant Cu/Zn superoxide dismutase genes, SOD4 and SOD4A [J]. *Genetics*, 1996, 144, 317-328.

[10] Lee H S, Kim K Y, You S H, *et al*. Molecular characterization and expression of a cDNA encoding copper/zinc superoxide dismutase from cultured cells of cassava (*Manihot esculenta* Crantz) [J]. *Molecular Genetics and Genomics*, 1999, 262, 807-814.

[11] Liang Y, Wang C X, Qu S S, *et al*. A new development on superoxide dismutase [J]. *Hubei Chemical Industry*, 1995, 3, 20-22 (in Chinese) .

[12] Lin C T, Lin M T, Chen Y T, *et al*. The gene structure of Cu/Zn-superoxide dismutase from sweet potato [J]. *Plant Physiology*, 1995, 108, 827-828.

[13] Rafael P T, Benedetta N, Dvora A, *et al*. Isolation *of* two cDNA clones from tomato containing two different superoxide dismutase sequences [J]. *Plant Molecular Biology*, 1988, 11, 609-623.

[14] Rafael P T, Estra G. The tomato Cu/Zn SOD superoxide dismutase genes are developmentally regulated and respond to light and stress [J]. *Plant Molecular Biology*, 1991, 17, 745-760.

[15] Ronald E C, Joseph A W, John G S. Cloning of cDNA for maize superoxide dismutase2 (SOD2) [J]. *Proceedings* of *the National Academy of Sciences of the USA*, 1987, 84, 179-183.

[16] Shen F F, Yu Y J, Liu F Z, *et al*. Isolation of nuclear DNA from cotton and its RAPD analysis [J]. *Cotton Science*, 1996, 8, 246-249. (in Chinese)

[17] Sheri P K, John G S. A comparison of the structure and function of the highly homologous maize antioxidant Cu/Zn superoxide dismutase genes, sod4 and sod4A [J]. *Genetics*, 1996, 144, 317-328.

[18] Song F N, Yang C P, Liu X M, *et al*. Effect of salt stress on activity of superoxide dismutase (SOD) in *Ulmus pumila* L [J]. *Journal of Forestry Research*, 2006, 17, 13-16.

[19] Sumio K, Kozi A. Characteristic of amino acid sequences of chloroplast and cytoplast isozymes of Cu/Zn superoxide dismutase in spinach, rice and horsetail [J]. *Plant & Cell Physiology*, 1990, 31, 99-112.

[20] Wang R D, Chen S L, Liu L Y, *et al*. Genotypic differences in antioxidative ability and salt tolerance of three poplars under sact stress [J]. *Journal of Beijing Forestry University*, 2005, 27, 46-52 (in Chinese) .

[21] Wim V C, Katelijne C, Marc V M, *et al*. Enhancement of oxidative stress tolerance in transgenic tobacco plants overproducing Fe-superoxide dismutase in chloroplasts [J]. *Plant Physiology*, 1996, 112, 1703-1714.

[22] Yang W J, Zhang S Q. The study of SOD and its future use [J]. *Journal* of *Huaiyin Teachers College* (Natural Science Edition), 2002, 1, 82-86 (in Chinese) .

[23] Yu S X, Song M Z, Fan S L, *et al*. Biochemical genetics of short-season cotton cultivars that express early maturity without senescence [J]. *Journal* of *Integrative Plant Biology*, 2005a, 47, 334-342.

[24] Yu S X, Song M Z, Fan S L, *et al*. Studies on biochemical assistant breeding tech-

nology of earliness without premature senescence of the short-season upland cotton [J]. *Scientia Agricultura Sinica*, 2005b, 38, 664-670 (in Chinese).

[25] Zhang Y, Luo X F, Sheng Y B. Dynamic changes of antioxidation system in new cultvars of *Rabinia pseudoacacia* undergradual drought stress of soil [J]. *Journal* of *Zhejiang Forestry Institute*, 2005, 22, 166-169 (in Chinese).

Dissection of Genetic Effects of Quantitative Trait Loci (QTL) in Transgenic Cotton

Yongshan Zhang[1,2], Shuxun Yu[1,2], Xiangmo Guo[2],
Zhiwei Wang[3], Qinglian Wang[3], Li Chu[2]
(1. College of Plant Science and Technology, Huazhong Agriculture University,
Wuhan 430070; 2. Chu Cotton Research Institute, CAAS, Anyang 455000, China;
3. College of Life Science, Henan Normal University, XinXiang 453007, China)

Abstract: When alien DNA inserts into the cotton genome in a multicopy manner, several quantitative trait loci (QTLs) in the cotton genome are disrupted; these are called dQTL in this study. A transgenic mutant line is near-isogenic to its recipient, which is divergent for the dQTL from the remaining QTLs. Therefore, a set of data from a transgenic QTL line mutated by *Agrobacterium*-mediated transformation (30074), its recipient and their F_1 hybrids, and three elite lines were analyzed under a modified additive dominance model with genotype × environment interactions in three different environments to separate the genetic effects due to dQTL from whole-genome effects. Our result showed that dQTL had significant additive effects on lint percentage, boll weight, and boll number per square meter, while it had little genetic association with fiber traits, seed cotton yield, and lint yield. The dQTL in 30074 significantly increased lint percentage and boll number, while significantly decreasing boll weight, having little effect on fiber traits, while those from the recipient and three elite lines showed significant genetic effects on lint percentage. In addition, the remaining QTL other than dQTL had significant additive effects on seed cotton yield, fruiting branch number, uniformity index, micronaire, and short fiber index, and significant dominance effects on seed cotton yield, lint yield, and boll number per square meter. The additive and dominance effects under homozygous and heterozygous conditions for each line are also predicted in this study.

Key words: Quantitative trait loci (QTL); Genetic effects; Modified additive-dominance model; QTL mutant

---

原载于：*Euphytica*, 2008, 159: 93-102

1 Introduction

Conventional breeding efforts aimed at improving yield and quality in parallel have been impeded by complex antagonistic genetic relationships between important quality and agronomic traits that are generally controlled by multigenic locus (Green and Culp, 1990). The paucity of information about genes controlling quantitative traits, including agronomic performance and fiber qualities, is one of the challenges for cotton improvement. Research into quantitative trait locus (QTL) is essential to the cotton improvement program. Germplasm introgression and mutagenesis are the major approaches to obtaining genetic information and increasing genetic diversity. Chromosome substitution (CS) lines, a widely applied method of interspecific gemplasm introgression, have been widely used in wheat (Berke *et al.*, 1992). A set of cotton CS lines has been developed, and the chromosomal association of traits of interest has been determined (Kohel *et al.*, 1977; Ma and Kohel, 1983; Ren *et al.*, 2002; Saha *et al.*, 2004, 2006). Interspecific introgression, which is time consuming and laborious, have transferred specific genes and useful traits, including stronger fibers, longer fibers, finer fibers, and resistance to drought, but in general have culminated in an array of introgression products that is far less desirable relative to cultivars and more diverse than desired (Jenkins *et al.*, 2004). To date, there have been no formal reports on long-term efforts to enhance productivity in upland cultivars using interspecific chromosome substitution lines.

Large insertion mutant collections by T-DNA tags have been established in Arabidopsis (Holland, 2007; Yong *et al.*, 2006) and rice (Chen *et al.*, 2003; Jeong *et al.*, 2006). Flanking sequence tags (FST) have been utilized to locate insertions and identify the function of genes (Chen *et al.*, 2003; Yong *et al.*, 2006). The insertions of T-DNA mediated by *Agrobacterium*, known as low copy, can lead to detectable phenotypic variations that are mainly attributed to genes determining quality traits in diploid Arabidopsis and rice, but insertions in QTL could not cause obvious detectable variations, making it more difficult to identify the functions of these QTL. Moreover, the T-DNA tags mediated by *Agrobacterium* do not work well in mutiploid because of multihomologous chromosomes.

Quantitative trait locus is essential to crop improvement; most agronomic traits and qualities are controlled by QTLs, so QTL mutants may have an important role in crop improvement and the identification of QTL of interest. A QTL mutant in cotton generated by *Agrobacterium*-mediated transformation was used in this study to combine the methods of genetic analysis of quantitative traits with a flanking sequence tag, which may be an effective approach to QTL cloning. Only the significant additive effects of QTL were confirmed; we could obtain useful QTL cloning because the dominance effects of QTL arose from the interaction between different QTLs. The mutant line is divergent from its recipient parent for QTL disrupted by the alien DNA fragment, which is not homologous with cotton genome, so the mutant lines can be considered as near-isogenic to its recipient parent. Wu *et al.* (2006) separated the overall effects of CS lines into specific chromosomal additive effects, dominance effects, and dominance effects attributed to the remaining chromosomes by using a modified additive-dominance (AD) model with genotype × environment interactions. Due to the near-isogenic nature of the transgenic mutant with CS line to its recurrent parent, a QTL mutant can be analyzed by using the modified AD model. In this study, in order to separate the additive and dominance effects of the QTL disrupted by the alien DNA from the whole-genetic effects in transgenic QTL mutant, we analyzed data for a transgenic mutant, its recipient parent, and their F_1 hybrids between the transgenic mutant, the recipient parent, and three elite cultivars in three diverse environments under the modified AD model. Thus we can associate the genetic effects of QTL with the flanking sequence tag in a QTL mutant, which could be the basis for cloning of QTLs of interest.

2　Materials and Methods

2.1　Experimental materials

In this study, one transgenic QTL mutant 30074 (T_5 generation in 2004) with four copies of alien DNA fragment into the recipient parent 99668 (data not shown) and its recipient are near-isogenic lines. The alien DNA is T-DNA in plasm pGBI4AB, which is not homologous with cotton genomes. In 2004, 99668 and 30074 were used as male and top-crossed with three elite lines at the Cotton Research Institute of the Chinese Academy of Agricultural Sciences (CAAS). The three lines were S3, GK12, and C968. In 2005, 99668, 30074, three lines and six F_1 hybrids were planted in a randomized complete block design with four replications at two locations at the Cotton Research Institute in Henan province in China. In the winter of 2005, they were grown with the same experimental design at Sanya in the Hainan province, China. Standard practices were followed in the growing season for all three environments. At the 140th day after planting, the number of mature bolls and fruiting branches were counted (15 September at Anyang, 10 March 2006 at Hainan province), and the number of bolls per square meter for each plot was calculated.

A 25-boll sample per plot was hand-harvested from the first-fruited positions from the middle nodes of the plants to determine the boll weight and fiber properties. Samples were ginned on a ten-saw laboratory gin to determine the lint percentage and provide lint samples for fiber analysis. The lint samples were sent to the Supervision, Inspection and Test Center of Cotton Quality, Ministry of Agriculture, China (Anyan, Henan, China) for determination of the upper half mean length (UHML), uniformity index (UI), micronaire (Mic), elongation (EL), fiber strength (Str), spanning consistency index (SCI), maturity index (Mat), and short fiber index (SFI). After the boll samples were harvested, all plots were harvested by hand. Seed cotton was weighed and lint weight was calculated by multiplying the seed cotton weight by the lint percentage (Table 1).

Table 1 Phenotypic mean values for agronomic and fiber traits under three environments

	SYD (kg/hm²)	LP (%)	LYD (kg/hm²)	BW (g)	BN	FBN	UHML (mm)	UI (%)	Mic	Str(cN/tex)	EL (%)	SCI	Mat	SFI
1×1	3 156.7	40.42	1 279.1	4.91	69.3	9.73	30.26	85.53	4.51	29.29	7.01	99.53	0.83	6.89
2×2	2 678.6	36.61	980.6	6.22	49.2	9.31	30.58	84.84	4.33	30.58	7.04	102.05	0.83	6.85
3×3	2 181.7	37.07	808.6	4.97	61.3	8.86	30.23	85.26	3.94	29.31	6.88	103.53	0.82	6.99
4×4	1 940.1	42.33	820.5	5.50	41.6	9.18	30.68	85.96	4.62	30.16	7.08	103.83	0.84	6.45
5×5	3 474.6	35.41	1 231.6	5.56	73.3	11.09	31.29	86.09	4.48	30.21	6.90	107.45	0.84	5.95
1×3	2 983.7	39.04	1 166.3	5.23	79.3	9.79	30.14	84.76	3.84	29.75	6.93	103.00	0.82	7.28
1×4	3 603.1	40.37	1 455.5	5.60	77.2	10.30	31.10	86.01	4.01	31.03	7.01	113.14	0.83	6.08
1×5	3 608.4	38.02	1 371.4	5.68	78.7	10.16	31.57	85.88	4.23	30.74	6.98	110.51	0.83	5.78
2×3	3 482.8	39.22	1 364.4	5.86	72.8	9.79	30.72	85.76	4.24	30.83	6.99	108.34	0.83	6.45
2×4	3 117.5	39.57	1 234.8	6.45	56.0	9.00	31.16	86.31	4.42	31.06	7.04	110.99	0.84	5.96
2×5	4 061.6	36.49	1 481.1	6.35	74.1	10.38	31.56	86.00	4.48	32.03	7.04	112.66	0.84	5.75

SYD: seed cotton yield, LP: lint percentage, LYD: lint yield, BW: boll weight, BN: boll number per m^2, FBN: fruiting branch number per plant, UHML: upper high mean length of fiber, UI: uniformity index, Mic: micronaire, Str: fiber strength, EL: elongation, SCI: spinning consistency index, Mat: mature of fiber, SFI: short fiber index; 1: 30074; 2: 99668; 3: S3; 4: GK12; 5: C968

2.2 Genetic models and statistical methods

A modified additive-dominance (AD) model with genotype × environment interactions was used for our data analysis. The modified AD model by the minimum norm quadratic unbiased estimation (MINQUE) approach was developed to separate the effects attributed to specific substituted chromosomes in CS lines, which is based on the assumption that CS lines and their recurrent parent are near-isogenic lines, and the genetic effects of a specific chromosome are random. This genetic model can predict additive and dominance genetic effects attributed to a substituted alien chromosome in a CS line as well as the overall genetic effects of the nonsubstituted chromosomes. In addition, it can predict the additive and dominance effects of the same chromosome of interest in an inbred line, as well as the effects of the remaining chromosomes in the inbred line (Wu *et al.*, 2006). The genotype value for F_1 between Pij and Pk1 in this genetic model can be expressed as follows, $G(Pij \times Pk1) = Ai(1) + Dik(1) + Aj(2) + Al(2) + Dj1(2)$ where Pij is a parent used for a cross, i represents the index for the specific dQTL ($i = 1, \ldots, n+2$), j is the index for the remaining nonspecific QTL ($j = 1, \ldots, n+1$), Pkj is another parent, $A(1)$ and $D(1)$ are additive effects and dominance effects due to the QTL of interest, and $A(2)$ and $D(2)$ are additive effects and dominance effects due to the remaining QTL.

In our study, the transgenic QTL mutant is divergent for several genic loci, which are disrupted by DNA alien to its recipient parent with CS line to the recurrent parent. When the alien DNA is integrated into the cotton genome in a multicopy manner, several genic loci (generally quantitative trait loci) will be disrupted, which leads to phonotype diversification. Thus, the

QTL disrupted by alien DNA in a multicopy manner can be considered specific chromosome arms or fragments, while the transgenic QTL mutant can be considered a CS line. Since the QTL mutant 30074 is near-isogenic to the recipient 99668 except for the disrupted QTL (dQTL), the difference in additive effects between a transgenic line and 99668 can be considered as the dQTL additive effect deviations from 99668. The dominance effect can be separated into homozygous dominance effects (Dij, $i=j$) and heterozygous dominance effects (Dij, $i=j$). A 95% confidence interval test was utilized to detect the significance of genetic effects between genotypes. So, we can utilize the modified AD model to predict the effects of dQTL as a whole, the effects of the remaining genome genes (remaining QTL), and separate the effects into additive and dominance types.

In this study, the disrupted QTL in 30074 was called dQTL, while the QTL corresponding to dQTL which is intact in the recipient 99668 and the three elite lines was also called dQTL for brevity; the QTL in the cotton genome except for dQTL was called the remaining QTL.

3 Results

3.1 Variance components

Estimated proportions of the components of the phenotypic variance based on the modified AD genetic model for all traits are summarized in Table 1. No additive (A1) effects were detected due to dQTL for seed cotton yield, lint yield, uniformity index, or micronaire. No dominance (D1) effects were detected due to dQTL for upper high mean length, fiber strength, spinning consistency index, or short fiber index. Both additive (A1) and dominant effects (D1) were extremely significant for lint percentage, while additive effects (A1) were significant for boll weight and boll number per square meter. No additive effects (A2) attributed to the remaining QTL were detected for boll weight, boll number per square meter, fiber strength, or spinning consistency index, No dominance effects (D2) attributed to the remaining QTL were detected for the fiber mature index. Both additive (A2) and dominance (D2) due to QTL were extremely significant for seed cotton. Significant additive effects for fruiting branch number, uniformity index, micronaire, and short fiber index due to the remaining QTL (A2) and dominant effects (D2) for boll yield attributed to the remaining QTL were detected (Table 2).

Table 2　Estimated variance components for modified AD models using F_1 and parents

	SYD	LP	LYD	BW	BN	FBN	UHML	UI	Mic	Str	EL	SCI	Mat	SFI
V_{A1}/V_P	0.00	0.46**	0.00	0.64**	0.30**	0.08	0.08	0.00	0.00	0.31	0.16	0.03	0.21	0.02
V_{D1}/V_P	0.22	0.11**	0.18	0.00	0.08	0.17	0.00	0.24	0.31	0.00	0.08	0.00	0.28	0.00
V_{A2}/V_P	0.20**	0.19	0.10	0.00	0.00	0.13*	0.12	0.21**	0.38*	0.00	0.25	0.00	0.17	0.16*
V_{D2}/V_P	0.24**	0.03	0.34**	0.10	0.22**	0.00	0.24	0.00	0.00	0.27	0.04	0.37	0.00	0.20
V_{A1E}/V_P	0.00	0.04	0.00	0.00	0.00	0.00	0.01	0.00	0.07*	0.00	0.04	0.00	0.05	0.05

(continued)

	SYD	LP	LYD	BW	BN	FBN	UHML	UI	Mic	Str	EL	SCI	Mat	SFI
v_{D1E}/v_P	0.00	0.00	0.00	0.04 *	0.20 **	0.05 *	0.00	0.00	0.02	0.00	0.00	0.00	0.00	0.00
v_{A2E}/v_P	0.02	0.00	0.00	0.03	0.00	0.07 *	0.00	0.06 *	0.02	0.03 *	0.00	0.00	0.00	0.00
v_{D2E}/v_P	0.11 *	0.00	0.13 *	0.04	0.00	0.00	0.08	0.06 *	0.00	0.00	0.07	0.09 *	0.02 *	0.09 *
Ve/v_P	0.21 **	0.17 **	0.25 **	0.15 **	0.19 **	0.49 *	0.47 **	0.43 **	0.21 **	0.40 **	0.37 **	0.51 **	0.27 **	0.47 **

SYD: seed cotton yield, LP: lint percentage, LYD: lint yield, BW: boll weight, BN: boll number per m^2, FBN: fruiting branch number per plant, UHML: upper high mean length of fiber, UI: uniformity index, Mic: micronaire, Str: fiber strength, EL: elongation, SCI: spinning consistency index, Mat: mature of fiber, SFI: shortfiber index. A1: additive for dQTL, D1: dominance for dQTL, A2: additive for remaining QTL other than dQTL, D2: dominance for remaining QTL other than dQTL, A1E: additive × environment for dQTL, D1E: dominance × environment f or dQTL, A2E: ad ditive × environment f or remaining QTL, D2E: dominance × environment for remaining QTL, * and ** are probability levels of 0.05 and 0.01, respectively

Strong additive effects for lint percentage (46%) were observed due to dQTL (A1). Only the additive effects from the environment due to dQTL was significant for micronaire (7%). No dominance effects due to environment were detected for traits except micronaire, boll weight, boll number and fruiting branch number, among which the effects for the latter three were significant. Seed cotton yield, lint yield, uniformity index, spinning consistency index, mature index, and short fiber index were significantly affected by dominance × environment interaction effects due to the remaining QTL (D2 × E) (11%, 13%, 6%, 9%, 2% and 9%, respectively). Additive by environment interaction effects due to the remaining QTL were significant for fruiting branch number, uniformity index, and fiber strength. The residual variance ranged from 15% to 51.1% for all traits, indicating that all traits are liable to the environment; only lint percentage and boll weight have strong heritability.

The additive and dominance effects for lint percentage due to dQTL were significant, and the additive effects for boll weight and boll numbers attributed to dQTL were significant, which indicating that the dQTL has significant genetic association with lint percentage, boll weight, and boll numbers, while it does not have genetic association with fiber quality traits, seed cotton yield, and lint yield.

3.2 Predicted genetic effects

The additive effects of dQTL (A1) for each of the parental lines varied for different traits (Table 3). The dQTL in 30074 had significantly positive additive effects on lint percentage and boll number but extremely significantly negative effects for boll weight. The dQTL in recipient 99668 had extremely significantly positive additive effects on boll weight, but significantly negative ones for lint percentage and boll number, which is the opposite to 30074. The dQTL from GK12 had extremely significantly negative additive effects for boll number and significantly positive additive effects for lint percentage and elongation, while those from C968 had a significantly additive effect for boll number and significantly negative ones for lint percentage and elongation. Surprisingly, the dQTL from S3 had significantly negative additive effects for lint percentage, boll weight, upper high mean length, and fiber strength.

Table 3　The additive effects ± standard error due to dQTL (A1) for traits, based on the modified AD model

A1	LP	BW	BN	FBN	UHML	Str	EL	SFI
30074	1.00 ± 0.36 *	-0.57 ± 0.06 **	9.71 ± 1.60 **	0.13 ± 0.11	-0.10 ± 0.16	-0.60 ± 0.51	0.00 ± 0.02	-0.03 ± 0.18
99668	-0.90 ± 0.27 *	0.73 ± 0.05 **	-7.51 ± 1.56 *	-0.14 ± 0.12	0.05 ± 0.16	0.77 ± 0.63	0.02 ± 0.03	0.06 ± 0.16
S3	-0.29 ± 0.08 *	-0.25 ± 0.03 **	0.63 ± 1.17	-0.16 ± 0.12	-0.22 ± 0.07 *	-0.48 ± 0.11 *	-0.03 ± 0.02	0.05 ± 0.12
GK12	1.20 ± 0.05 **	0.04 ± 0.07	-7.16 ± 1.10 **	-0.15 ± 0.09	0.05 ± 0.07	0.12 ± 0.08	0.03 ± 0.01 *	-0.06 ± 0.04
C968	-1.01 ± 0.20 *	0.06 ± 0.03	4.34 ± 1.25 *	0.32 ± 0.21	0.22 ± 0.14	0.20 ± 0.12	-0.02 ± 0.00 *	-0.01 ± 0.16

LP: lint percentage; BW: boll weight; BN: boll number per square meter; FBN: fruiting branch number; UHML: upper high mean length; Str: fiber strength; EL: elongation; SCI: spinning consistency index; SFI: short fiber index; * and ** are probability levels of 0.05 and 0.01, respectively

The results showed that the dQTL in 30074 significantly increased the lint percentage and boll number per square meter, while significantly decreasing boll weight and having little effect on fiber quality traits. The dQTL in recipient 99668 showed the opposite trends for lint percentage, boll weight, and boll numbers. The dQTL from GK12 increased the lint percentage and elongation, and decreased the boll number significantly, and those from C968 decreased the lint percentage and elongation, and increased the boll number significantly. Apart from decreasing the lint percentage and boll number, the dQTL from S3 also significantly decreased the upper high mean length and fiber strength.

When more than two parents are applied in crosses, the dominance effects should be separated into homozygous and heterozygous dominance effects (Zhu, 1994b). Homozygous effects measure the degree of inbreeding depression, while heterozygous effects can be regarded as the specific combining ability (SCA). Dominant effects due to dQTL (D1) for seven traits were summarized in Table 4. The homozygous dominance effects due to dQTL from 30074 were negative for seed cotton yield, lint yield, and boll number, while those were positive for lint percentage, uniformity index, and micronaire. The dQTL from recipient 99668 had negative homozygous dominance effects for all traits in Table 3 and the negative homozygous dominance effects for lint percentage were significant. The effects attributed to dQTL from three parents were significantly negative for seed cotton yield, lint percentage, and lint yield except for the effects of GK12 on lint percentage, which was significantly positive, and those for boll number, which were negative. For fruiting branch number and uniformity index, the homozygous dominance effects due to dQTL from S3 were negative, while those from C968 were positive. The dQTL from GK12 had significantly positive homozygous dominance effects for micronaire.

Table 4 The dominance effects ± standard error due to dQTL (D1) for traits, based on the modified AD model

Dij[a] (1)	SYD	LP	LYD	BN	FBN	UI	Mic
1×1[b]	-176.0±97.8	0.94±0.33	-71.6±47.1	-4.18±1.47	-0.40±0.11	0.46±0.33	0.38±0.11*
2×2	-289.1±158.1	-1.20±0.27*	-129.9±64.4	-5.71±4.59	-0.03±0.16	-0.81±0.44	-0.23±0.09
3×3	-245.3±49.4*	-0.60±0.10*	-106.2±16.4**	-4.15±2.14	-0.45±0.22	-0.03±0.10	-0.02±0.03
4×4	-243.6±53.6*	0.68±0.14*	-100.2±13.8**	-6.26±4.20	-0.25±0.09	-0.14±0.05	0.13±0.03*
5×5	-171.8±47.0*	-0.47±0.05*	-82.2±21.5*	-1.00±0.64	0.33±0.16	0.02±0.10	0.04±0.02
1×3	-180.3±166.1	-0.63±0.15*	-73.2±65.0	4.22±2.57	0.10±0.10	-0.96±0.40	-0.32±0.16
1×4	577.5±139.1*	-0.37±0.38	285.0±50.1*	10.93±7.90	1.19±0.70	-0.03±0.30	-0.38±0.09*
1×5	-200.3±104.4	0.18±0.34	66.8±27.2	1.23±3.95	-0.19±0.46	-0.05±0.26	-0.15±0.15
2×3	483.0±207.0	1.53±0.29*	205.5±76.1	4.64±4.25	0.38±0.37	0.81±0.34	0.22±0.14
2×4	-358.8±115.7	0.22±0.31	-159.0±50.6	-4.34±3.92	-0.97±0.69	0.52±0.39	0.18±0.08
2×5	416.9±146.4*	-0.29±0.36	165.9±67.5*	4.63±4.22	0.29±0.51	0.21±0.12	0.14±0.12

SYD: seed cotton yield; LP: lint percentage; LYD: lint yield; BN: boll number per square meter; FBN: fruiting branch number; UI: uniformity index; Mic: micronaire; * and ** are significance levels of 0.05 and 0.01, respectively

Dij: dominant effects due to the chromosome 25 in cotton, if $i=j$, then Dij is the homozygous dominant effect, if $i=j$, then Dij is the heterozygous dominant effect; 1: 30074; 2: 99668; 3: S3; 4: GK12; 5: C968

The results showed that, when selfed, the dQTL in 30074 depressed the seed cotton yield, lint yield, boll number, and fruiting branch number, while increased the micronaire (significantly), lint percentage and uniformity index. The dQTL from the recipient and the three elite lines also decreased the seed cotton yield, lint yield, and boll number, while those from 30074 and GK12 significantly increased the lint percentage and micronaire.

Collectively, the heterozygous dominance effects for seed cotton yield between dQTL from 30074 and the three lines were opposite to those between dQTL from 99668 and the three elite lines. The heterozygous dominance effects for seed cotton yield between 30074 and S3, and 30074 and C968 were negative due to dQTL, while those between 99668 and S3, and 99668 and C968 were detected to be significantly positive due to dQTL, indicating that some loci among the dQTL from 30074 can decrease seed cotton yield in heterozygous conditions. Significant heterozygous dominance effects for lint percentage were founded between 30074 and S3, and 99668 and S3, indicating that in specific heterozygous conditions (with dQTL from S3) the dQTL from 99668 can significantly increase the lint percentage (data from 2×3); once the dQTL in 99668 was disrupted by alien DNA fragments, they significantly decreased the lint percentage (data from 1×3). The heterozygous dominance effects for lint yield from crosses between 30073 and Gk12, and 99668 and C968 were significant. Positive heterozygous dominance effects for the uniformity index between dQTL from 99668 and three elite lines were detected, while negative effects were only observed between 30074 and S3. On the whole, no significant heterozygous dominance effects were detected for fiber traits except for the negative one (for micronaire) between 30074 and GK12.

The additive effects of the remaining QTL (A2) for each of the parental lines varied for different traits (Table 5). On the whole, only the additive effects for seed cotton yield, uniformity index, and micronaire were detected to be significant due to the remaining QTL. The additive effects for seed cotton yield due to the remaining QTL from 99668 and C968 were significantly positive, indicating that the remaining dQTL from 99668 and C968 increases the seed cotton yield mainly by additive effects, while those from S3 and GK12 were negative. The additive effects for the uniformity index and micronaire due to the remaining dQTL from GK12 and C968 were significantly positive, while those from S3 were significantly negative.

Table 5 The additive effects ± standard error due to remaining QTL (A2) for traits, based on the modified AD model

A2	SYD	LP	LYD	FBN	UHML	UI	Mic	EL	SFI
99668	218.1 ± 65.0 *	0.17 ± 0.10	85.4 ± 56.6	-0.04 ± 0.06	-0.02 ± 0.05	-0.24 ± 0.09	0.00 ± 0.01	0.03 ± 0.02	0.09 ± 0.08
S3	-207.2 ± 92.3	-0.27 ± 0.13	-70.2 ± 58.7	-0.31 ± 0.10	-0.28 ± 0.2	-0.3 ± 0.05 *	-0.15 ± 0.04 *	-0.05 ± 0.02	0.33 ± 0.19
GK12	-258.6 ± 41.4 **	1.10 ± 0.51	-65.4 ± 38.4	-0.21 ± 0.14	-0.05 ± 0.06	0.27 ± 0.06 *	0.08 ± 0.02 *	0.04 ± 0.02	-0.02 ± 0.1
C968	247.7 ± 67.5 *	-1.01 ± 0.28	50.3 ± 40.4	0.56 ± 0.2	0.36 ± 0.2	0.27 ± 0.07 *	0.07 ± 0.01 **	-0.02 ± 0.02	-0.39 ± 0.18

SYD: seed cotton yield; LP: lint percentage; LYD: lint yield; FBN: fruiting branch number; UHML: upper high mean length; UI: uniformity index; Mic: micronaire; EL: elongation; SFI: short fiber index; * and ** are significance levels of 0.05 and 0.01, respectively

Dominant effects due to the remaining QTL (D2) for nine traits are summarized in Table 6. The homozygous dominance effects for seed cotton yield and lint yield due to the remaining QTL from the recipient and the three elite lines were significantly negative, showing that the seed cotton yield and lint yield will decrease significantly when selfed. The homozygous dominance effects for lint percentage due to the remaining QTL from 99668, S3, and C968 were significantly negative, while those form GK12 were significantly positive. On average, the homozygous dominance effects for the boll weight, boll number, upper high mean length, strength, and spanning consistency index were negative, while those for the short fiber index were positive.

Table 6 The dominance effects ± standard error due to remaining QTL (D2) for traits, based on the modified AD model

D_{ij}[a] (1)	SYD	LP	LYD	BW	BN	UHML	Str	SCI
2×2[b]	-602.6 ± 51.6 **	-0.15 ± 0.04 *	-238.5 ± 24.3 **	-0.38 ± 0.11 *	-13.51 ± 4.29	-0.56 ± 0.24	-1.09 ± 0.49	-8.01 ± 2.07 *
3×3	-305.7 ± 76.5 *	-0.36 ± 0.07 *	-132.5 ± 34.8 *	-0.18 ± 0.04 *	-5.6 ± 2.7	-0.08 ± 0.13	-0.36 ± 0.24	-1.02 ± 1.17
4×4	-448.2 ± 45.6 **	0.43 ± 0.04 **	-162.0 ± 7.4 **	-0.19 ± 0.16	-9.49 ± 1.7 *	-0.24 ± 0.2	-0.38 ± 0.18	-4.08 ± 0.97 *
5×5	-125.6 ± 36.9 *	-0.28 ± 0.06 *	-51.0 ± 12.2 *	-0.16 ± 0.03 *	-1.06 ± 1.59	-0.18 ± 0.07	-0.55 ± 0.18	-2.25 ± 1.06

(continued)

Dij[a] (1)	SYD	LP	LYD	BW	BN	UHML	Str	SCI
2×3	377.9±71.3 *	0.53±0.12 *	171.8±33.9 *	0.1±0.06	12.02±2.75 *	−0.18±0.2	0.23±0.39	0.7±2.01
2×4	456.5±59.0 *	−0.1±0.06	247.7±5.3 **	0.43±0.29	10.57±3.01 *	0.5±0.27	0.87±0.29	8.52±1.41 **
2×5	467.7±43.7 **	−0.07±0.06	165.3±10.4 **	0.38±0.1 *	7.08±4.79	0.73±0.16 *	1.3±0.41	6.14±2.22

SYD: seed cotton yield; LP: lint percentage; LYD: lint yield; BN: boll number per m^2; UHML: upper high mean length; Str: fiber strength; SCI: spanning consistency index, SFI: short fiber index; * and ** are significance levels of 0.05 and 0.01, respectively.

a. Dij: dominant effects due to the dQTL, if $i=j$, then Dij is the homozygous dominant effect, if $i=j$, then Dij is the heterozygous dominant effect; b. 1: 30074; 2: 99668; 3: S3; 4: GK12; 5: C968

The results showed that, when selfed, the remaining QTL can depress the seed cotton yield and lint yield, decrease boll weight and boll number per square meter, reduce the upper high mean length, strength, and spanning consistency index, while increasing the short fiber index. In homozygous conditions, the remaining QTL from 99668, S3, and C968 can depress the lint percentage, while those from GK12 can significantly increase the lint percentage. The heterozygous dominance effects due to the remaining QTL were significantly positive for the seed cotton yield and lint yield, indicating that the remaining QTL can produce significant heterosis for yield. For the lint percentage, no significant heterozygous dominance effects were detected due to the remaining QTL between 99668 and GK12, and 99668 and C968, while significantly positive effects were founded between 99668 and S3. The positive heterozygous dominance effects were detected due to the remaining QTL for boll weight, boll number, strength, and the spanning consistency index. The heterozygous effects for the upper high mean length and short fiber index varied with hybrids due to the remaining QTL. The effects for the short fiber index between 99668 and GK12, 99668 and C968 were negative, while the effects for upper high mean length were positive.

The results showed that, when crossed, the remaining QTL produced significant heterosis for seed cotton yield and lint yield, and increased the boll weight, boll number, strength, and spanning consistency index by interactions among genes. In some specific crosses, the remaining QTL produced heterosis for lint percentage, decreased the upper high mean length, but increased short fiber index (2×3), while in other crosses, it increased the upper high mean length, decreased the short fiber index, but produced no heterosis for the lint percentage. We think that the heterosis for seed cotton may come from the increased boll number and boll weight.

4 Discussion

Chromosome substitution lines allow the net effects of a whole chromosome to be studied. Recombinant substituted (RS) inbred lines can be used to identify and map gene (s) controlling agronomic traits and fiber traits by linkage with molecular markers (Kaeppler, 1997;

Lander and Botstein, 1989; Zeng, 1994). RS inbred lines are superior to recombinant inbred (RI) lines for identifying genes or QTLs of quantitative traits more precisely because RS inbred lines have a more-uniform genetic background with the recurrent parent, with only one divergent chromosome segment rather than a whole chromosome or chromosome arm. Some of these studies have been done in wheat (Chen *et al.*, 1994; Joppa *et al.*, 1997; Campell *et al.*, 2003, 2004). Efforts are underway to develop several RS inbred populations in cotton, which can be more effectively used to locate the QTL of cotton yield and fiber quality.

Cotton is an important economic crop in the world. The paucity of information about the genes controlling quantitative traits is one of the challenges in cotton improvement. Studies that separate genetic effects into additive effects, dominance effects, and their G . E interaction effects (Zhu, 1994a; Lou and Zhu, 2002) are conventionally applied in a whole genome manner and thus detect cumulative genetic effects from the whole genome. In 2006, Wu *et al.* developed a new kind of genetic model called a modified additive-dominance model, which can be combined with a mixed linear model approach on the basis of the traditional additive-dominance model. Considering the gene effects as random, this model can predict additive and dominance genetic effects attributed to a substituted alien chromosome in a CS line as well as the overall genetic effects of the nonsubstituted chromosomes. In addition, this model will predict the additive and dominance effects of the same chromosome of interest in an inbred line, as well as the effects of the remaining chromosomes in the inbred line. In contrast to previous genetic models, in which the single-gene effects were considered as fixed, the modified AD model estimates the contribution to the total phenotypic variance in a random gene manner.

When an alien gene is integrated into the cotton genome in a multicopy manner, the sequences where the alien gene inserts are interrupted. No matter what the sequences are, repeat sequences, 30 or 50 regulation regions or the gene interior, the function of these sequences will be disrupted; these are called dQTL in this study (Gillbert and Le Rov, 2007). The transgenic mutant is only divergent for dQTL from the recipient, thus transgenic lines can be considered as nearly isogenetic to the recipient except for the dQTL, and thus we can use the modified additive-dominance model proposed by Wu *et al.* (2006) to separate the genetic effects of dQTL on quantitative traits of importance. This model can predict the additive and dominance effects due to dQTL as well as the additive and dominance effects due to genes except for dQTL in the cotton genome. If the additive effects are significant for important traits of interest, the dQTL can be cloned in thermal asymmetric interlaced polymerase chain reaction (TAIL PCR) or PCR walking, because the alien gene can be considered as a marker. In this way, we can first identify functions of the dQTL (the additive effects) in the different genetic backgrounds and then obtain their clones, in contrast to traditional cloning, which is time-consuming, laborious, and inefficient because of the dominance effects of interactions between the allele QTL.

The QTL disrupted by multicopy-inserted alien genes in a transgenic line is called dQTL; while no QTL are disrupted in the recipient and three inbred lines, their corresponding QTL are called dQTL as well for brevity. If the dQTL in a transgenic line has positive genetic effects for a trait, this means that the intact QTL will have negative effects. In the recipient and inbred line, the effects of the dQTL are the effects of QTL corresponding to the disrupted QTL in the transgenic line. The effects of the remaining QTL are the effects of the overall QTL except for the dQTL. If there are no A2 or D2 effects for a trait, which are due to remaining QTL, it does not mean that any other remaining QTL does not have an association with this trait, as A2 or D2 are cumulative effects from the remaining QTL and individual effects of interest due to QTL could be positive or negative.

In this study, the additive effects of dQTL affected lint percentage, boll number per square meter, and boll weight significantly, having little effects on fiber traits, while the remaining QTL had significantly affected the seed cotton yield (additive and dominance effects), fruiting branch number per plant, uniformity index micronaire, short fiber index (significant additive effects), lint yield, and boll number per square meter (significant dominance effects), indicating that most traits of interest were affected by additive and dominance effects. Among all the traits that were effected by the environment, lint percentage and boll weight showed strong heritability (only 17% and 15% affected by environment, respectively). Our research agreed with the result (Saha *et al.*, 2006) that lint percentage is controlled by relatively few loci, but differed from the view of this study that the variance of lint percentage arises from simple dominance; our opinion is that additive effects are the main reason for its variance, indicating that one or more preponderant loci determine the lint percentage. Our results showed that the variations of lint percentage comes from additive effects attributed to one or more loci among the four dQTL in 30074, indicating the potential for cloning the QTL that determine the lint percentage using flanking sequence tags in cotton.

Acknowledgements

We thank Jixiang Wu for providing the software package for the modified additive-dominance model.

References

[1] Berke T G, Baenziger P S, Morris W R. Chromosomal location of wheat quantitative trait loci affecting stability of six traits, using reciprocal chromosome substations [J]. *Crop Sci.*, 1992, 32: 628-633.

[2] Campbell B T, Baenziger P S, Gill K S, *et al.* Identification of QTLs and environmental interactions associated with agronomic traits on chromosome 3A of wheat [J]. *Crop Sci.*, 2003, 43: 1493-1505.

[3] Campbell B T, Baenziger P S, Eskridge K M, *et al.* Using environmental covariates to explain genotype environment and QTL environment interactions for agronomic traits on chromosome 3A of wheat [J]. *Crop Sci.*, 2004, 44: 620-627.

[4] Chen Z, Devey M, Tuleen N A, *et al*. Use of recombinant substitution lines in the construction of RFLP-based genetic maps of chromosomes 6A and 6B of tetraploid wheat (*Triticumturgidum* L.) [J]. *Theor. Appl. Genet*, 1994, 89: 703-712.

[5] Chen S, Jin W, Wang M, *et al*. Distribution and characterization of over 1000 T-DNA tags in rice genome [J]. *Plant J.*, 2003, 36: 105-113.

[6] Gillbert H, Le Rov P. Methods for the detection of multiple linked QTL applied to a mixture of full and half sib families [J]. *Genet Sel. Evol.*, 2007, 39 (2): 139-158.

[7] Green C, Culp T W. Simultaneous improvement of yield, fiber quality, and yarn strength in upland cotton [J]. *Crop Sci.*, 1990, 30: 66-69.

[8] Holland J B. Genetic architecture of complex traits in plants [J]. *Curr. Opin. Plant Biol.*, 2007.

[9] Jenkins J N, Mc Carty M C, Wu J, *et al*. Chromosome substitution lines from *Gossypium barbadense* L. as sources for *G. hirsutum* L. improvement [G]. In: 4th International crop science congress. Brisbane Convention & Exhibition Centre, Queensland, 2004.

[10] Jeong D H, An S, Park S, *et al*. Generation of a flanking sequence-tag database fro activation-tagging lines in japonica rice [J]. *Plant J.*, 2006, 45: 123-132.

[11] Joppa L R, Changheng D, Hart G E, *et al*. Mapping gene for grain protein in tetraploid wheat (*Triticumturgidum* L.) using a population of recombinant inbred chromosome lines [J]. *Crop Sci.*, 1997, 37: 1586-1589.

[12] Kaeppler S M. Quantitative trait locus mapping using set of near-isogenic lines: relative power comparisons and technical considerations [J]. *Theor. Appl. Genet*, 1997, 95: 384-392.

[13] Kohel R J, Endrizzi J E, White T G. An evaluation of *Gossyppium barbadense* L. chromosome 6 and 17 in the *G. hirsutum* L. genome [J]. *Crop Sci.*, 1977, 17: 404-406.

[14] Lander E S, Botstein D. Mapping Mendelian factors underlying quantitative traits using RFLP linkage maps [J]. *Genetics*, 1989, 121: 185-191.

[15] Lou X Y, Zhu J. Analysis of genetic effects of major genes and polygenes on quantitative traits: I. Genetic model for diploid plants and animals [J]. *Theor. Appl. Genet*, 2002a, 104: 414-421.

[16] Lou X Y, Zhu J. Analysis of genetic effects of major genes and polygenes on quantitative traits: II. Genetic model for seed traits of crops [J]. *Theor. Appl. Genet*, 2002b, 105: 964-971.

[17] Ma J Z, Kohel R J. Evaluation of 6 substitution lines in cotton [J]. *Acta Agron. Sin.*, 1983, 9: 145-150.

[18] Ren L, Guo W, Zhang T. Identification of quantitative trait loci (QTLs) affecting yield and fiber properties in chromosome 16 in cotton using substitution line [J]. *Acta Bot. Sin.*, 2002, 44: 815-820.

[19] Saha S, Wu J, Jenkins J N, *et al*. Association of agronomic and fiber traits with spe-

cific Pima 3-79 chromosomes in a TM-1 background [J]. *J. Cotton Sci.*, 2004, 8: 162-169.

[20] Saha S, Jenkins J N, Wu J, *et al*. Effects of chromosome-specific introgression in upland cotton on fiber and agronomic traits [J]. *Genetics*, 2006, 172: 1927-1938.

[21] Wu J, Johnie J N, McCarty J C, *et al*. An additive-dominance model to determine chromosomal effects in chromosome substitution lines and other gemplasms [J]. *Theor. Appl. Genet*, 2006, 112: 391-399.

[22] Yong L, Mrio GR, Bekir U, *et al*. Analysis of T-DNA insertion site distribution patterns in *Arabidopsis thaliana* special features of genes without insertions [J]. *Genomics*, 2006, 87: 645-652.

[23] Zeng Z B. Precision mapping of quantitative trait loci [J]. *Genetics*, 1994, 136: 1457-1468.

[24] Zhu J. General genetic models and new analysis methods for quantitative traits [J]. *Zhejiang Agri. Univ.*, 1994a, 206: 551-559.

[25] Zhu J. Methods of predicting genotype value and heterosis for off spring of hybrids (Chinese) [J]. *J. Biomath*, 1994b, 8 (1): 32-44.

An Integrated Genetic and Physical Map of Homoeologous Chromosomes 12 and 26 in Upland Cotton (*G. hirsutum* L.)

Zhanyou Xu[1], Russell J Kohel[1], Guoli Song[1,2], Jaemin Cho[1], Jing Yu[1], Shuxun Yu[2], Jeffrey Tomkins[3], John Z Yu[*1]

(1. USDA-ARS, Southern Plains Agricultural Research Center, Crop Germplasm Research Unit, TX 77845, USA; 2. the Key Lab of Cotton Genetic Improvement of the Ministry of Agriculture/Cotton Research Institute, Chinese Academy of Agriculture Sciences, Anyang 455000, China; 3. Clemson University Genomics Institute, SC 29 634, USA)

Abstract: Upland cotton (*G. hirsutum* L.) is the leading fiber crop worldwide. Genetic improvement of fiber quality and yield is facilitated by a variety of genomics tools. An integrated genetic and physical map is needed to better characterize quantitative trait loci and to allow for the positional cloning of valuable genes. However, developing integrated genomic tools for complex allotetraploid genomes, like that of cotton, is highly experimental. In this report, we describe an effective approach for developing an integrated physical framework that allows for the distinguishing between subgenomes in cotton. A physical map has been developed with 220 and I IS BAC contigs for homeologous chromosomes 12 and 26, respectively, covering 73. 49 Mb and 34. 23 Mb in physical length. Approximately one half of the 220 contigs were anchored to the At subgenome only, while 48 of the 115 contigs were allocated to the Dt subgenome only. Between the two chromosomes, 67 contigs were shared with an estimated overall physical similarity between the two chromosomal homeologs at 40. 0%. A total of 401 fiber unigenes plus 214 non-fiber unigenes were located to chromosome 12 while 207 fiber unigenes plus 183 non-fiber unigenes were allocated to chromosome 26. Anchoring was done through an overgo hybridization approach and all anchored ESTs were functionally annotated via blast analysis. This integrated genomic map describes the first pair of homoeologous chromosomes of an allotetraploid genome in which BAC contigs were identi-

原载于：*BMC Genomics*, 2008, 9: 108

fied and partially separated through the use of chromosome-specific probes and locus-specific genetic markers. The approach used in this study should prove useful in the construction of genome-wide physical maps for polyploid plant genomes including Upland cotton. The identification of Gene-rich islands in the integrated map provides a platform for positional cloning of important genes and the targeted sequencing of specific genomic regions.

1 Background

Cotton (*Gossypium* spp.) is the leading fiber crop worldwide and an important oil crop. Cotton is a diploidized allopolyploid species containing two subgenomes designated At and Dt. It is a model system to study polyploidization and post-polyploidization of plants. To develop tools essential for the genetic improvement of cotton and research in polyploid plant genetics, a number of genetic linkage maps have been developed[1-8]. As of this report, 6 921 specific loci including 440 quantitative trait loci (QTLs)[9], have been identified from 24 different genetic maps. Many traits of agronomic importance to cotton production have been mapped with these important genomic resources. In addition, a number of large-insert bacterial artificial chromosome (BAC) and plant transformation-competent binary large-insert plasmid clones (BIBAC) libraries have been constructed[10-13]. A large number of expressed sequence tags (ESTs), with a particular focus on fiber development, have been generated[14-16]. However, essential genomic tools are still in shortage, hindering further advances in such areas as DNA marker development for fine-scale mapping of genes and QTLs, genome-wide mapping of fiber ESTs, and large-scale genome sequencing.

Genome-wide integrated genetic and physical maps have provided powerful tools and infrastructure for advanced genomics research of human and other animal and plant model species. They are not only crucial for large-scale genome sequencing, but also provide powerful platforms required for many other aspects of genome research, including targeted marker development, efficient positional cloning, and high-throughput EST mapping[17]. Whole-genome physical maps have been constructed for *Arabidopsis thaliana*[18], rice[19], maize[20], and soybean[21]. However, no genome-wide physical map or chromosome contig map has been reported for any *Gossypium* species including Upland cotton (*G. hirsutum* L.). Genomics research of cotton has lagged behind that of other major crop plants such as maize, soybean, and wheat.

Upland cottons are thought to have formed about 1 ~ 2 million years ago by hybridization between an "A" genome *G. arboreum* or *G. herbaceum* and a "D" genome *G. raimondii*[22] or *G. gossypioides*[23]. The haploid genome size of Upland cotton has been estimated to be about 2 250Mb[24]. Because genomes of the extant diploid species are only distantly related to those of cultivated tetraploid cottons, and Upland cottons account for more than 90% of world production, the International Cotton Genome Initiative (ICGI)[25] has proposed that the cotton research community develop a genome-wide physical map of Upland cotton (At and D, subgenomes) that is based on the genetic standard 'TM-1' (inbred Upland germplasm line and one of the parents of the publically used mapping population TM-1 ×3-79) to facilitate integrated genomics research of cotton.

Allotetraploidy of Upland cotton presents a challenge in developing a robust integrated physical and genetic map and to specifically allocate contigs to their respective subgenomes. Chromosomes 12 and 26 have more genetic markers than the other pairs of chromosomes (Xu *et al.*, unpublished) and were proved to be homoeologous chromosomes by genetic markers[5]. In this study, we test the feasibility of anchoring a wide diversity of existing genetic map data to a contig-based physical map and accurately assigning contigs to specific subgenomes and chromosomes. In doing so, all available genetically mapped cotton chromosome 12 and 26 markers associated with enough sequence to develop robust BAC library screening probes, were utilized, along with available BAC library resources. Having said this, we hypothesize that: ① genetically mapped markers derived from ESTs and BAC-end sequences can be located in the cotton physical map by screening BAC libraries that have been fingerprinted and contiged, ② that all other unmapped EST data can also be anchored to the physical map, ③ that the information in the physical map can be markedly enhanced by annotating all anchored sequence, and ④ contigs can be accurately assigned to their subgenomes as well as to individual chromosomes.

2 Results

2.1 BAC library screening

A total of 287 and 207 DNA markers genetically mapped on chromosomes 12 and 26, respectively, were collected from 24 published genetic maps (Additional file 1). Of these, 166 and 128 markers were associated with enough known DNA sequence to be used for overgo primer design. After subjecting each sequence to overgo analysis, 162 (96.4%) and 120 (93.8%) overgo primers were designed for chromosomes 12 and 26, respectively. Of the overgo primers, 136 (83.9%) and 94 (78.3%) markers detected positive BAC clones. In total, 1 238 and 865 positive clones were selected from the three BAC libraries (Table 1) representing a 9.7X haploid coverage of the chromosomes. On average, there were 9.1 and 9.2 positive clones for each overgo primer associated with chromosomes 12 and 26, respectively, which is consistent with the 9.7 × coverage estimate.

Table 1　Upland cotton BAC/BIBAC libraries used in the report

Genotype	Meaninsertsize	No. ofclones	Genomecoverag	Vectortype	Cloningsite
TM-1	152kb	76 800	5.2 ×	pECBAC1	*Hind*III
TM-1	130kb	76 800	4.4 ×	pCLD04541	*Bam*HI
Maxxa	137kb	2 603	0.15 ×	pCUGI-1	*Hind*III
Total	141kb	156 203	9.7 ×		

In order to increase the genome coverage and cross-verify the contigs of the two chromosomes, all the positive BAC clones identified by non-repetitive markers were pooled for each chromosome and the pools were used as bulk probes to screen the three libraries again. There were 821 and 334 additional positive clones that resulted from the second round of selection for chromosomes 12 and 26, respectively. In total, there were 2 059 and 1 199 positive clones that were picked from the original BAC library plates for chromosomes 12 and 26, respectively. These clones were then rearrayed into 35 96-well plates for fingerprinting.

2.2 BAC fingerprinting and contig assembly

An initial total of 3 258 positive clones from the three BAC libraries were fingerprinted and the raw data was edited into FPC format via software " ABI-to-FPC" (written in C, unpublished). From the total number of clones, 241 clones (7.4%) were removed following fingerprint editing because they either failed in fingerprinting or had no inserts. In addition, 41 clones (1.3%) were ignored by the FPC[26] program during contig assembly because they contained five or fewer bands providing insufficient information to be included in the contig assembly. Thus, a final total of 2 976 clones were successfully fingerprinted and integrated into the FPC database. Between the chromosomes 12 and 26, 791 clones were shared between the two chromosomes (Additional file 2).

The FPC database of 2 976 BAC fingerprints was subjected to contig analysis using FPC software. The parameters employed in the contig assembly were: cutoff range le^{-35} to le^{-12} and a tolerance of 2. There were 220 and 115 BAC contigs and 5 and 7 singletons produced for chromosomes 12 and 26, respectively. The average number of DNA bands generated from each clone was 41 bands on a calculation using the whole FPC database. On average, each band counted for approximately 3 359bp, based on an overall average insert size for the three libraries of 141kb (Table 1). There were 21 878 and 10 192 unique bands in the contigs for chromosomes 12 and 26, respectively. The sum total physical length of contigs was estimated to be 73.49 and 34.23Mb for chromosomes 12 and 26, respectively.

Genetic loci, contig number and genome characteristics On chromosome 12, a total of 118 genetically mapped markers (28 SSR and 90 STS) were integrated into the physical map, which allowed for the anchoring of 220 contigs with an average of 1.9 contigs per marker (Additional file 2). Four of the 118 markers hybridized with single clones and the four clones could not be assembled into any contig at the low stringency of le^{-10}. As a result, the four clones remained as four singletons and they were counted as four different loci on chromosome 12. In addition, 42 of the 118 markers hybridized with one contig, indicating a marker dense single region in the cotton genome, given the adequate level of genome coverage provided by the BAC clones, the data strongly indicated that this was a marker dense single-copy locus. On the other hand, 76 of the 118 markers hybridized with more than one contig, indicating multiple loci in the cotton genome. In summary, 46 (38.9%) of the 118 markers were single locus, and 76 (61.1%) remaining markers targeted multiple loci. Of the 220 contigs, 110 mapped only to chromosome 12 while another 110 also mapped to other regions of the genome.

On chromosome 26, sixty-five genetic markers (11 SSR and 54 STS) were anchored onto contigs or singletons, and 115 contigs were anchored by the 65 markers with an average about two contigs per marker. Eight of the 65 markers hybridized with single clones and could not be assembled into contigs or merged with other singletons at stringency $1e^{-10}$ (Additional file 3). As a result, the 8 clones remained as singletons and counted for 8 different loci on chromosome 26. In addition, 18 of the 65 markers hybridized with a single contig, indicating that these markers were also representative of a single marker-dense region in the cotton genome. Furthermore, 39 of the 65 markers hybridized with more than one contig, indicating that these markers had two or more loci in the Upland cotton genome. In summary, 26 (40%) of the 65 markers behaved as single copy, and 39 (60%) markers had multiple copies in the cotton genome. Of the 115 contigs, 48 were mapped specifically to chromosome 26, and 67 contigs also mapped to other regions of the genome.

Combining data on chromosomes 12 and 26, all the markers on the two chromosomes had an average of 1.8 contigs per marker. This result is consistent with the fact that Upland cotton has an allotetraploid genome.

2.3 Homeology between chromosomes 12 and 26

Using marker-associated sequence comparisons via Blastn analysis, homeology between chromosome 12 and 26 was estimated to be 37.3% (Additional file 4). Based on physical mapping data, 67 contigs were shared between chromosomes 12 and 26 with the homeology estimated at about 40.0% between the two chromosomes in regard to extended genomic regions. Both analyses depict the allotetraploidy of the Upland cotton genome.

2.4 Integrating cotton EST unigenes with the physical map

For chromosome 12, there were a total of 243 sequenced loci associated with 166 mapped markers and 77 BAC-end sequences. After the removal of redundant sequences, there were 224 unique sequences allocated to chromosome 12. At the time of this study, there were 24 137 fiber initiation unigenes, 20 169 elongation unigenes, 502 secondary cell wall deposition (SCWD) unigenes, and 19 160 non-fiber unigenes in the cotton community around the world. By use of sequence annotation via blastn with a matching criterion of at least $1e^{-30}$, there were 217 fiber initiation, 264 fiber elongation, 14 SCWD, and 214 non-fiber unigenes anchored to chromosome 12 (Additional file 5). Of the 224 mapped loci, 122 (54.5%) had an average of 4.03 unigenes per locus. Of those, 39 of the 122 loci contained only one unigene and the remaining 83 had more than one unigene. Because some ESTs were obtained at more than one plant growth stage, they were inadvertently counted more than once. A total of 401 fiber unigenes plus 91 non-fiber unigenes (492 EST unigenes) were anchored onto the integrated physical map of chromosome 12 after the removal of redundant sequences.

For chromosome 26, a similar strategy was used to map the cotton EST unigenes. There were a total of 141 sequenced loci allocated to chromosome 26. These included 127 genetically mapped sequences associated with EST derived markers and 14 BAC-end sequences. After removal of redundant sequence, there were 136 total annotated sequences assigned to chromosome 26. By use of blastn analysis with the same parameters for chromosome 12, there were 113 fiber initiation, 133 fiber elongation, 6 SCWD and 183 non-fiber unigenes that were integrated into the physical map (Additional file 6). In total, 207 fiber and 114 non-fiber unigenes (321 EST unigenes) along with 77 marker-based (EST and BAC-end) sequences were anchored to the physical map of chromosome 26 after removal of redundant sequence. Of the 77 sequence characterized loci, 27 had only one EST unigene while the remaining 50 had more than one EST unigene. On average, there were 4 EST unigenes allocated per locus.

In addition, a total of 16 and 13 function-verified ESTs were anchored by overgo hybridization into chromosomes 12 and 26, respectively. The integrated maps of chromosomes 12 and 26 are shown in part (Figure 1 and Figure 2) and in whole (Additional file 7 and file 8). There are 492 and 321 EST unigenes exclusively located on chromosomes 12 and 26 respectively.

However, eighty-five unigenes (20.9%) are also shared between these two chromosomes, indicating the presence of functional homeologs.

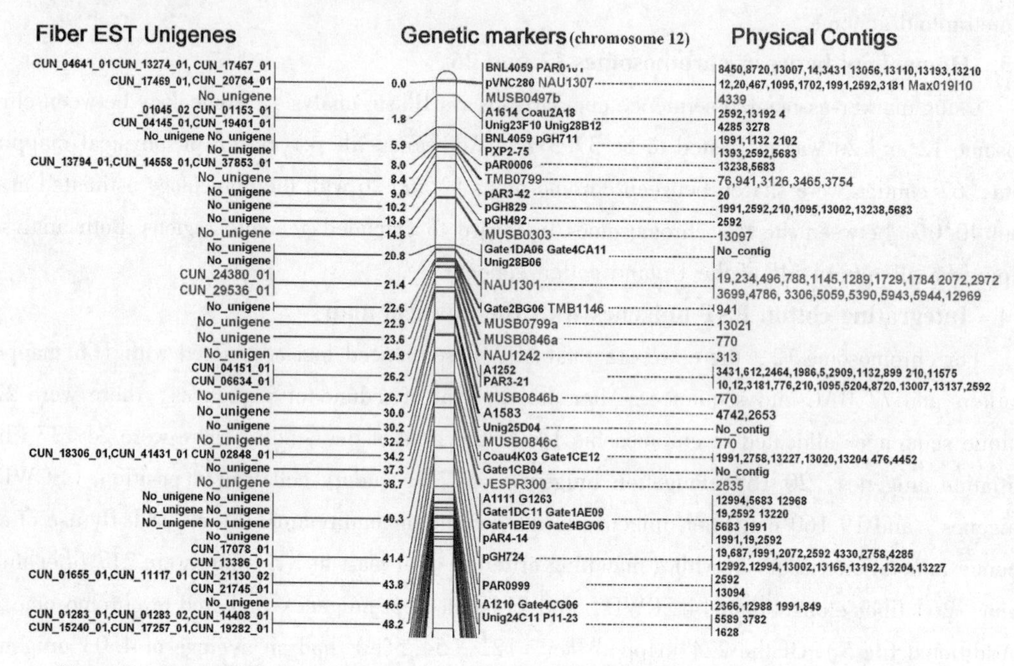

Figure 1 Integrated genetic, physical and transcript map of chromosome 12 (top part)

Integrated genetic, physical and transcript map of chromosome 12 (top part)

Note: Three columns are displayed in the figure (left, middle and right). Left column shows the fiber EST unigenes anchored to the chromosome 12; Middle column shows the genetic map, and right column shows the contigs assembled from the positive clones to the genetic markers. The markers in black were used as backbone markers that were derived from an F_2 mapping population (*G. hirsutum* race "palmeri" and *G. barbadense* acc. "K101); markers in red (MUSB) were from BAC-end sequence and genetic distance was from the RIL mapping population (*G. hirsutum* TM-1 × *G. barbadense* 3-79); markers in green (TMB) were from BAC subcloned sequence and mapped by the TM-1 × 3-79 RIL population; the blue markers were from BC1 mapping population ('Guazuncho 2' × 'VH8-4602'). Markers in pink at the bottom of the figure were from BC1 mapping population (TM-1 × (TM-1 × Hai7124). CUN stand for Cotton Unigene Number that was used in the original paper[16]. This figure shows the upper part of the whole figure, for the full image please see additional file 7

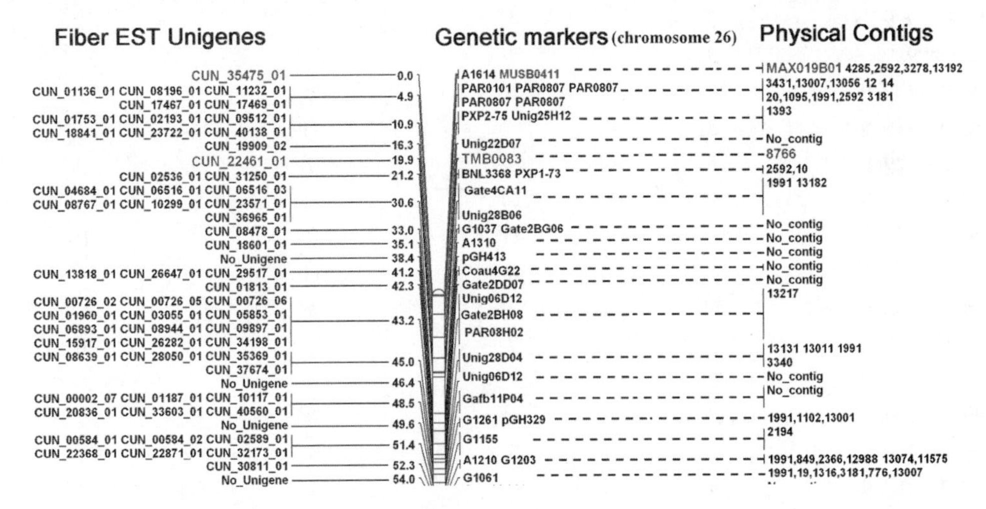

Figure 2　Integrated genetic, physical and transcript map of chromosome 26 (top part)

All legends are same as described for Figure 1. This figure shows the upper part of the whole figure, for the full image please see additional file 8

2.5　Unigene distribution and gene-rich islands on chromosomes 12 and 26

EST unigenes were unevenly distributed on chromosomes 12 and 26. To analyze this statistically, we partitioned each linkage group into intervals of 10 cM in length. On the basis of the total number of EST unigenes per interval, the Poisson probability distribution function was used to identify bins that contained significant ($P<0.001$) excesses or deficiencies of various classes of EST unigenes. As to the fiber gene distribution on chromosome 12, a total of ten intervals were identified, and 5 of them were far larger than the average number and 5 smaller than the average. By outlier analysis, 4 intervals ($P<0.001$) were well outside the bulk of the data, representing distant gene-rich islands (Table 2). As to the non-fiber.

Table 2　Distribution of fiber and non-fiber EST unigenes on chromosomes 12 and 26

Genetic distance (cM)	Chromosome12 No. fiber unigenes	No. non-fiber unigenes	Chromosome 26 No. fiber unigenes	No. non-fiber unigenes
0.0 ~ 9.9	19	13	6	8
10.0 ~ 19.9	10	7	7	1
20.0 ~ 29.9	17	9	4	1
30.0 ~ 39.9	12	4	10	6
40.0 ~ 49.9	42 *	30	28 *	13
50.0 ~ 59.9	50 *	19	14	8
60.0 ~ 69.9	0	0	5	7

(continued)

Genetic distance (cM)	Chromosome12 No. fiber unigenes	No. non-fiber unigenes	Chromosome 26 No. fiber unigenes	No. non-fiber unigenes
70.0 ~ 79.9	11	3	8	6
80.0 ~ 89.9	3	1	3	2
90.0 ~ 99.9	3	1	50 *	25 *
100.0 ~ 109.9	9	5	0	0
110.0 ~ 119.9	5	4	21	20 *
120.0 ~ 129.9	6	2	7	3
130.0 ~ 139.9	32	14	12	5
140.0 ~ 149.9	49 *	21	9	15
150.0 ~ 159.9	8	8	11	6
160.0 ~ 169.9	11	3	4	51 **
170.0 ~ 179.9	7	7	0	0
180.0 ~ 189.9	62 **	25	0	0
190.0 ~ 199.9	18	14	0	1
200.0 ~ 209.9	11	5	4	1
210.0 ~ 219.9	4	2	1	0
Others	12	17	3	4
Total	401	214	207	183
MOTV[a]	38.5	30.5	23.0	18.5
EOTV[b]	58.0	47.0	35.0	29.0

*: Numbers underlined and bold with one star are mild outliers; numbers underlined and bold with two stars are extreme outliers; a: MOV stands for Mild Outlier Threshold Value; b: EOTV stands for Extreme Outlier Threshold Value

EST unigenes on chromosome 12, a total of 6 intervals had either more or less than the average number of unigenes by the Poisson probability distribution analysis ($P < 0.001$). However, none of them reached to an outlier. Therefore, there were no non-fiber gene-rich islands on chromosome 12. A similar analysis was applied to chromosome 26 where there were 7 fiber ESTs and 5 non-fiber EST intervals ($P < 0.001$) that had more or less than the average number of EST unigenes. There were two fiber gene-rich ($P < 0.001$) and three non-fiber gene-rich islands/outliers ($P < 0.001$) in chromosome 26 (Table 2). The total numbers of cotton unigenes anchored and generich islands on the integrated map of chromosomes 12 and 26 were summarized in Table 3.

Table 3 Summary of the integrated genetic, physical and transcript map of chromosomes 12 and 26

	Chromosome12	Chromosome26
Sequencedmarkers	166	128
Anchoredmarkers	118	65

(continued)

	Chromosome12	Chromosome26
Single-locusmarkers	46	26
PositiveBACclones	2 059	1 199
Sharedclones	791	791
Assembledcontigs	220	115
Contigsanchoredonone chromosome	110	48
Contigssharedbetween12and26	67	67
Physicallength (Mb)	73.5	34.2
AnchoredfiberESTunigenes	401	207
Totalanchored ESTunigenes	492	321
Gene-rich islands *	4	5

* Gene-rich islands were identified by the number of EST unigenes per 10 cM interval; distribution pattern was tested by Poisson probability ($P < 0.001$) and gene-rich islands were confirmed by outlier statistic standard analysis

3 Discussion

3.1 Possibilities for a consensus map of the Upland cotton genome

Although several genetic maps have been constructed, most of them used different mapping populations with different population sizes. As a result, the genetic markers were often mapped at different genetic distances in different maps. This makes it difficult to study gene distribution, evolution, and map-based cloning between populations. This level of uncertainty also complicates the use of genetic markers to allocate contigs to chromosomes. In this report, contig 183 containing EST-derived SSR marker NAU1119 and contig 8766 with BAC-end derived SSR marker TMB0083, cannot be precisely merged into the saturated genetic map[5] because they were mapped with different populations. The genetic distance of a given marker derived from different mapping populations or from the same cross, but with different population sizes, is often significantly different. Even if population parameters are the same, differences in the number of genetic markers used, can cause variations in genetic distance. For example, marker NAU1119 was mapped on chromosome 26 but at different locations; 123.6cM and 207.3cM, in the same BC1 mapping population of TM-1 × (TM-1 × Hai7124)[8]. The optimistic point is that even though the genetic distances from different maps were different, the order of the markers in different maps showed an almost perfect colinearity[4]. Recently, more research groups are beginning to exploit a permanent mapping population based on the RIL mapping population of TM-1 × 3-79. However, many markers located on other maps have not yet been integrated into the TM-1 × 3-79 RIL. In order to use the previously mapped genetic markers to anchor contigs to chromosomes, a consensus genetic map based on the RIL population is needed. This could be achieved in silica by mapping a subset of common markers for each chromosome in different populations.

Using this approach, it may be possible to obtain a consensus for marker order and recombination distances. On the other hand, integration of genetic and physical maps also helps align different markers from different linkage maps into a consensus genome map. A large contig having two or more markers in different maps could be used as evidence to align two or more linkage groups into one consensus map.

3.2 Genetic distance versus physical distance in cotton

In our study, there was a lack of direct association between genetic distance and physical distance. A previous report in cotton showed that the overall average genetic distance between consecutive loci is 1.72 cM with a range of 1.44 cM (chromosome 8) to 2.23 cM (chromosome 2)[5]. Based on genetically mapped markers, an average interval of ~606 kb between two neighboring markers was expected using a genome size estimate of ~2 700Mb. If the genome size estimated to be ~2 118Mb[12], an interval of less than 475 kb between two markers would be expected. By our initial first glimpse into physical vs. genetic distance in cotton, one cM would account for an expected range of ~276 kb (genome size 2 118 Mb) to ~352 kb (genome size 2 700Mb). In this study, contig 274 contained two STS markers; Unig22H11 and Gafb28I12, with respective genetic position of 56.3 and 54.1 cM. The two markers are associated with fiber elongation ESTs and located in two overlapped BAC clones (CBV089All and CBV069I23) with a physical size of no more than 200 kb (average of 90 kb/cM). The fact that these markers were spaced at 2.2 cM and were located on two overlapping BACs could be indicative of a recombination hotspot and/or a fiber elongation gene-rich region. In comparison, two fiber EST markers were anchored in contig 2503 and co-segregate (cM = zero). In another case, there are two markers in contig 941 with a physical distance of no more than 250kb and a genetic distance of 14.2cM (ratio = 17kb/cM). While more data is needed to estimate an accurate genome-wide ratio of genetic and physical distances, results from the comparison of these three contigs demonstrate the variation often observed in genetic to physical distance ratios and why it is so important to develop integrated genomic resources.

The choice of genotype is critical to the usefulness of any integrated genomic resource. In the case of cultivated cotton, the type and size of mapping populations are critical to obtain accurate genetic information. Based on available genetic maps, it is then necessary to select the appropriate genotype (s) from which to develop supporting genomic resources. As we noted above, among the 24 published genetic maps for cotton, genetic distances for most markers are variable due to differences in mapping populations. Cotton geneticists have used populations based on F_2, F_{23}, RIL, BC_1, and DH in addition to different population sizes. Although a DH population has the advantage of being a permanent population providing many advantages in genetic map construction, it takes a lot of time and labor to develop a large DH population with semigamy structure. Currently, the RIL population using the Upland cotton genetic standard TM-1 (191 lines) is considered to be the best choice for genetic map construction. In fact more research groups are using this population to facilitate data analysis and interpretation. It is especially beneficial that the current physical mapping effort in Upland cotton uses TM-l as a DNA donor for the BAC libraries. The combination of genetic, physical, and cytogenetic information from TM-l makes the cotton genome data more accurate and valuable.

3.3 Chromosome coverage considerations

Even though all the publicly available DNA markers were collected and used for BAC library screening, there still remain gaps between the 220 and 115 contigs on chromosomes 12 and 26 with a coverage of 74 and 34Mb, respectively, that remain unanchored. By using standard genome coverage calculations, at least a 10 × haploid coverage is needed to represent about 95% of the genome[27] and a 20 × coverage is needed to represent approximately 98% of the genome[28]. It is anticipated that an increase in clone coverage will aid in contig gap closure, particularly if alternative cloning enzymes are used.

In plants, many tandem repeats have been localized to specific chromosomal regions such as centromere, telomere, or heterochromatin by in situ hybridization, making them excellent landmarks for studying chromosome structure, function, and evolution. Telomere regions have been mapped using repetitive sequences in tomato[29], barley[30], and rice[31]. In cotton, a chromosome-specific tandem repeat 572 bp B77 was mapped to a single 550kb Sal/I fragment in the Dt subgenome chromosome D04 of tetraploid cotton. FISH data showed that it was close to telomere region although not in the telomere region[32]. Thus, more clones are needed to fill the gaps and more repeat specific repetitive markers are needed to identify centromere and telomere regions of cotton chromosomes. It is likely that telomeric and centromeric BACs are represented in the available BAC libraries; it is just a matter of identifying them.

3.4 Strategy to construct a genome-wide physical map of Upland cotton

In this report, we present a strategy using four steps to construct an integrated map of one pair of homeologous cotton chromosomes (12 and 26) in a complex allotetraploid plant genome. The first step was to collect all genetically mapped markers with associated DNA sequence and design overgo primers for BAC library screening. The second step was to screen the Upland cotton BAC libraries and to obtain positive BACs. The third step was to fingerprint the BACs and to assemble them into contigs. And the last step was to integrate unmapped EST unigenes onto the contigs providing a significantly enhanced level of map annotation. Detailed physical maps of the horse Y chromosome[33] and Papaya Y chromosomes[34] were constructed by the use of a similar strategy. The goal of this study was to test the feasibility of this approach in a complex polyploid genome where it is necessary to differentiate and separately characterize homoeolgous sets of chromosomes associated with different subgenomes. Our results indicate that this is possible and we are now in the process of constructing an integrated physical map for the whole genome of Upland cotton. Our results also suggest that additional genetic markers and an increase in BAC library coverage would facilitate gap closure and the mapping of structurally important repetitive regions of chromosomes. However, positive results were obtained with existing resources as to contig allocation between homeologous chromosomes. Contigs that were not anchored or were mapped ambiguously to multiple chromosomes could eventually be assigned to individual chromosomes by additional BAC derived SSR markers and SNP markers[35]. In rice, a fine-scale physical map of chromosome 5 was constructed using this approach[36]. Construction of an integrated physical map for an individual homoeologous chromosome pair in Upland cotton lays a foundation for many genomic applications, including eventual sequencing and annotation of the entire complete Upland cotton genome[37].

4 Conclusion

This integrated genomic map describes the first pair of homeologous chromosomes of an allotetraploid plant in which BAC contigs were identified through the use of chromosome-specific probes and locus-specific genetic markers. The approach used in this study should prove useful in the construction of genome-wide physical maps for other polyploid plant genomes including Upland cotton; EST unigenes could be integrated into the BAC contig map to construct transcript map of cotton by overgo hybridization and sequence comparison, and thus generich islands could be identified for function genomics.

5 Methods

5.1 BAC libraries

Two TM-1 BAC libraries were used in the study and were constructed at Texas A&M University with the USDA-ARS[10,11] using partial digestions with the restriction enzymes *Bam*HI and *Hin*dIII. The *Bam*HI library is cloned into a BAC-based binary plant transformation vector (BIBAC vector; pCLD04541) while the *Hin*dIII library was cloned using a standard BAC vector (pBeloBAC11). The *Bam*HI library contains 76, 800 clones with an average insert size of 130 kb, and covering 4.4 haploid genome equivalents. The *Hin*dIII BAC library contains 76, 800 clones with an average insert size of 152 kb. The third BAC library used in this study was constructed from the Upland cotton cultivar Maxxa using HindIII, at the Clemson University Genomics Institute[12] and contains 129 024 clones with an average insert size of 137kb providing, 8 × coverage. The Maxxa BAC library was partially end-sequenced (~50 000 reads) and mined for putative SSRs[7]. BAC clones associated with SSR markers located to chromosomes 12 and 26 were obtained from the library and included in fingerprinting. High-density colony filter arrays were prepared using a Biomek 2000 robotic workstation equipped with a high-density replicating system (HDR) (Beckman Coulter Inc., Fullerton, California). Each filter was gridded with 1 536 BAC clones using a 4 × 4 matrix pattern with a 384-pin HDR tool. Filters were incubated and processed as described by Woo[38].

5.2 Overgo probe design and hybridization

All marker associated EST sequences were assembled into contigs using Sequencher 4.2[39] (Gene Codes Corporation, Ann Arbor USA) to reduce redundancy. Sequence from each contig was masked to eliminate known repetitive regions using the RepeatMasker[40] and then entered into the Overgo 1.02i program to design overgo primers[41-42]. Only one overgo probe was designed for each sequence contig. Each overgo sequence was examined to ensure that it contained sufficient sites for labeling by 32p-dATP and -dCTP (preferably at least 50% of the sequences are G and C). If fewer than 4 G-C bases occurred in the 8 bp overlap region, the length of overlap was increased to 10 bp to insure stable association between the two oligonucleotides. If it was still fewer than 4 G-C bp, no overgo probe was designed from this sequence. Pre-hybridization and hybridization followed the protocol as Cai[41]. Positive clones were recorded and re-arrayed into new 96-well plates for fingerprinting.

5.3 BAC fingerprinting and contig assembly

The DNA of positive BAC clones was isolated with the PerfectPrep BAC 96 DNA purification kits (Brinkman Instruments, Inc). About 300 ~ 600ng of the BAC DNA was used in the digestion and labeling reaction. The clones were digested with three enzymes (*Hin*dIII, *Bam*HI, and *Hae*III) and labeled with fluorescence dye NED or HEX (Applied Biosystems). Labeled fragments were separated in ABI 3100 DNA Analysis Machines and sizes of the DNA fragments were collected by GeneScan v3.70 in a range from 35 to 500 bases[27]. The BAC contigs were assembled and edited using Finger Printed Contigs, FPC version 8.5[28]. Contigs were assembled by: ①clones from chromosome 12 specifically; ②clones from chromosome 26 specifically; ③clones from both chromosomes 12 and 26. Contigs from the three assemblies were compared and crossverified.

5.4 Contig analysis

Contigs with less overlap but with more than two neighboring markers in each contig were merged into one contig. Additional merges were made between contigs according to consistent genetic marker data if supported by fingerprint overlaps with probability scores of better than $1e^{-10}$[43]. To sort contigs into subgenomes and to assign them to individual chromosomes, two strategies were employed. The first strategy was to use the subgenome-specific markers to separate contigs to subgenome At or Dt. The second strategy was to use linkage group and locus-specific markers to assign contigs to individual chromosomes. Several genetic markers specific to the subgenome At and Dt of tetraploid cotton were previously developed via representational difference analysis RDA[44]. In a later study, both the markers and their development method proved useful in developing At and Dt subgenome-specific markers in Upland cotton[45].

Contigs obtained by hybridization in this report were compared and verified with those from the preliminary genome-wide physical contig map (unpublished). To increase coverage of the two chromosomes, equal amounts of DNA for each positive BAC clone identified by non-repetitive markers were pooled for each chromosome and the pools used as bulk probes to screen the three libraries. Overlapping, newly identified clones from the genome-wide physical map were added for chromosomes 12 and 26.

Chromosome Homoeology rate calculation for genetic markers based, homoeologous rate was calculated by compare the sequences using the formula: homologous rate = 2 × shared sequences/

(marker sequences in chromosome 12 and 26) ×100%; for contig based, homologous rate = 2×length of shared contigs/ (total length of contigs in chromosomes 12 and 26) ×100%.

5.5 Anchoring EST unigenes

Overgo hybridization was also used to anchor cotton EST unigenes to the chromosomes that were not associated with genetic markers. A total of 51 107 cotton unigenes were downloaded from Cotton EST unigene database[46]. The Blast program" blastall" was downloaded from NCBI[47] and used to annotate the sequence. The criterion for sequence match, expected value $E = 1e^{-30}$, was used to perform the blast analysis.

6 Authors' contributions

ZX participated in the experiment design, genetic marker collection, overgo design, BAC screening, contig assembly and verification, EST unigene anchoring, identification of gene-rich islands, perl script writing for data analysis, and manuscript drafting. RJK and JZY initiated and supervised all aspects of the project including the experiment design and implementation as well as data analysis and manuscript revisions. GS participated in BAC screening, EST unigene anchoring, perl script writing for data analysis. JC participated in BAC screening. JY loaded and maintains the project data in the database. SY participated in the coordination and implementation of the project. JT provided Maxxa BAC clones as well as contributed to analyses of the data and revisions of the manuscript. All authors read and approved the final manuscript.

7 Additional material

Additional file 1

Marker information of chromosomes 12 and 26. The data provided all the markers' information of the chromosomes 12 and 26.

Click here for file [http://www.biomedcentral.com/content/supplementary/1471-2164-9-108-S1.xls]

Additional file 2

Contigs for chromosome 12 and clones shared between chromosomes 12 and 26. The dataset listed all the contigs for chromosome 12 and clones shared between chromosomes 12 and 26.

Click here for file [http://www.biomedcentral.com/content/supplementary/1471-2164-9-108-S2.xls]

Additional file 3

Contigs for chromosome 26. This dataset listed all the contigs for chromosome 26.

Click here for file [http://www.biomedcentral.com/content/supplementary/1471-2164-9-108-S3.xls]

Additional file 4

Homology rates of the 13 pairs of the chromosomes. This data provided the homology rates of the 13 pairs of the homoeologous chromosomes.

Click here for file [http: //www. biomedcentral. com/content/supplementary/14 71- 2164-9-108-S4. xls]

Additional file 5

Unigenes anchored to chromosome 12. This dataset listed all the EST unigenes anchored on chromosome 12.

Click here for file [http: //www. biomedcentral. com/content/supplementary/14 71- 2164-9-108-SS. xls]

Additional file 6

Unigenes anchored to chromosome 26. This dataset listed all the EST unigenes anchored on chromosome 26.

Click here for file [http: //www. biomedcentral. com/content/supplementary/14 71- 2164-9-108-S6. xls]

Additional file 7

Integrated genetic, physical and transcript map of chromosome 12. This figure showed the whole picture integrated genetic, physical and transcript map of chromosome 12. Three columns are displayed in the figure (left, middle and right). Left column shows the fiber EST unigenes anchored to the chromosome 12; Middle column shows the genetic map, and right column shows the contigs assembled from the positive clones to the genetic markers. The markers in black were used as backbone markers that were derived from an F_2 mapping population (*G. hirsutum* race " palmeri" and *G. barbadense* acc. " K101); markers in red (MUSB) were from BAC-end sequence and genetic distance was from the RIL mapping population (*G. hirsutum* TM-1 × *G. barbadense* 3-79); markers in green (TMB) were from BAC subcloned sequence and mapped by the TM-1 × 3-79 RIL population; the blue markers were from BC1 mapping population ('Guazuncho 2' × 'VH8-4602'). Markers in pink at the bottom of the figure were from BC1 mapping population TM-1 × (TM-1 × Hai7124). CUN stand for Cotton Unigene Number that was used in the original paper {16}. Click here for file [http: //www. biomedcentral. com/content/supplementary/14 71- 2164-9-108-S7. jpeg]

Additional file 8

Integrated genetic, physical and transcript map of chromosome 26. This figure showed the whole picture integrated genetic, physical and transcript map of chromosome 26. The legends are same as described for Additional file 7.

Click here for file [http: //www. biomedcentral. com/content/supplementary/14 71- 2164-9-108-S8. jpeg]

Acknowledgements

We would like to thank Dr. Lori Hinze for helping revise the manuscript, Jianmin Dong and Jewel Stroupe for their technical assistance, and Larry Harris-Haller and Li Paetzold for their sequencing expertise. This research was supported by USDA-ARS project " Cotton Genomics and

Genetic Analysis" （Project Number：6202-21 000-025-00D）.

References

［1］Reinisch A J，Dong J M，Brubaker C L，*et al.* AH：A detailed RFLP map of cotton，*Gossypium hirsutum* × *Gossypium barbadense*：chromosome organization and evolution in a disomic polyploid genome［J］. *Genetics*，1994，1383：829-47.

［2］Jiang A，Wright R J，EI-Zik K M，*et al.* Polyploid formation created unique avenues for response to selection in Gossypium［J］. *Proc Natl Acad Sci USA*，1998，958：4419-24.

［3］Shappley Z，Jenkins I N，Meredith W R，*et al.* An RFLP linkage map of Upland cotton，*Gossypium hirsutum* L［J］. *Theor Appl Genet*，1998，97：1432-2242.

［4］Lacape J M，Nguyen T B，Thibivilliers S，*et al.* A combined RFLP-SSR-AFLP map of tetraploid cotton based on a *Gossypium hirsutum* × *Gossypium barbadense* backcross population［J］. *Genome*，2003，46：612-626.

［5］Rong J，Abbey C，Bowers J E，*et al.* A 3347-locus genetic recombination map of sequence tagged sites reveals features of genome organization［J］，transmission and evolution of cotton Gossypium［J］. *Genetics*，2004，166：389-417.

［6］Park Y H，Alabady M S，Ulloa M，*et al.* Genetic mapping of new cotton fiber loci using EST-derived microsatellites in an interspecific recombinant inbred line cotton population［J］. *Mol Genet Genomics*，2005，2744：428-41.

［7］Frelichowski J E Jr，Palmer M B，Main D，*et al.* Cotton genome mapping with new microsatellites from Acala 'Maxxa' BAC-ends［J］. *Mol. Genet Genomics*，2006，2755：479-91.

［8］Han Z，Wang C，Song X，*et al.* Characteristics，development and mapping of Gossypium hirsutum derived EST-SSR in allotetraploid cotton［J］. *Theor. Appl. Genet*，2006，112：430-439.

［9］Rong J，Feltus F A，*et al.* Integrated Genetic Analysis of QTLs Related To Cotton Fiber And Morphology In Different Populations［G］. In Proceedings of the Plant & Animal Genomes Researches. XIV Conference Town & Country Convention Center，San Diego，CA. January 14-18，2006.

［10］Yu J，Kohel R J，Zhang H B，*et al.* Construction of a cotton BAC library and its applications to gene isolation［G］. In Proc. of 8th International Conference on the Status of Plant and Animal Genome San Diego，CA. January 9-13，2000.

［11］Dong J，Kohel R，Zhang H，*et al.* Bacterial Artificial Chromosome BAC Libraries Constructed From The Genetic Standard Of Upland Cottons［G］. In Proc. of IX International Conference on the Status of Plant and Animal Genome Researches San Diego，CA. January 13-17，2001.

［12］Tomkins J P，Peterson D G，Yang T J，*et al.* Development of genomic resources for cotton *Gossypium hirsutum* L.：BAC library construction，preliminary STC analysis，and identification of clones associated with fiber development［J］. *Molecular Breeding*，2001，8：

255-261.

［13］ Yu J Z, Kohel R J, Zhang H B, *et al.* Toward development of a whole-genome, BAC/BIBAC-based integrated physical/genetic map of the cotton genome using the Upland genetic standard TM-I: BAC and BIBAC library construction, SSR marker development, and physical/genetic map integration ［G］. In Proceedings of the 3rd workshop of the International Cotton Genome Initiative ICGI. Supplement Edition of Chinese Cotton Science Nanjing, China. June 3-6, 2002: 108.

［14］ Ji S J, Lu Y C, Feng J X, *et al.* Isolation and analyses of genes preferentially expressed during early cotton fiber development by subtractive PCR and cDNA array ［J］. *Nucleic Acids Res.*, 2003, 31 10: 2534-43.

［15］ Arpat A B, Waugh M, Sullivan J P, *et al.* Functional genomics of cell elongation in developing cotton fibers ［J］. *Plant Mol. Bioi.*, 2004, 546: 911-29.

［16］ Udall J A, Swanson J M, Haller K, *et al.* A global assembly of cotton ESTs ［J］. *Genome Res.*, 2006, 16: 441-450.

［17］ Zhang H B, Wu C. BAC as tools for genome sequencing ［J］. *Plant Physiol Biochem*, 2001, 39: 195-209.

［18］ Marra M, Kucaba T, Sekhon M, *et al.* A map for sequence analysis of the Arabidopsis thaliana genome ［J］. *Nat Genet* 1999, 22: 265-270.

［19］ Chen M, Presting G, Barbazuk W G, *et al.* An integrated physical and genetic map ofthe rice genome ［J］. *Plant Cell*, 2002, 14: 537-545.

［20］ Coe E, Cone K, McMullen M, *et al.* Access to the maize genome: an integrated physical and genetic map ［J］. *Plant Physiol*, 2002, 1281: 9-12.

［21］ Wu C, Sun S, Nimmakayala P, *et al.* A BAC- and BIBAC-based physical map of the soybean genome ［J］. *Genome Res*, 2004, 14: 3 19-326.

［22］ Wendel J F. New World tetraploid cottons contain Old World cytoplasm ［J］. *Proc. Natl. Acad. Sci. USA*, 1989, 86: 4132-4136.

［23］ Wendel J F, Schnabel A, See Ian an T. Bidirectional interlocus concerted evolution following allopolyploid speciation in cotton Gossypium ［J］. *Proc. Natl. Acad. Sci. USA*, 1995, 921: 280-284.

［24］ Arumuganathan K, Earle E D. Nuclear DNA content of some important plant species ［J］. *Plant Mol Bioi Rep*, 1991, 9: 208-219.

［25］ ICGI ［http: //icgi. tamu. edu］

［26］ FPC software ［http: //www. agcol. arizona. edu/software/fpc/］

［27］ Xu Z, Sun S, Covaleda L, *et al.* Genome physical mapping with large-insert bacterial clones by fingerprint analysis: methodologies, source clone genome coverage, and contig map quality ［J］. *Genomics*, 2004, 846: 941-51.

［28］ Soderlund C, Humphray S, Dunham A, *et al.* Contigs built with fingerprints, markers, and FPC V4. 7 ［J］. *Genome Res*, 2000, 10: 1772-1787.

[29] Ganal M W, Broun P, Tanksley S D. Genetic mapping oftandemly repeated telomeric DNA sequences in tomato Lycopersicon esculentum [J]. *Genomics*, 1992, 142: 444-448.

[30] Roder M S, Lapitan N L, Sorrells M E, *et al.* Genetic and physical mapping of barley telomeres [J]. *Mol Gen Genet*, 1993, 2381- 2: 294-303.

[31] Wu K S, Tanksley S D. Genetic and physical mapping of telomeres and macrosatellites of rice [J]. *Plant Mol. Bio.*, 1993, 22: 861-872.

[32] Zhao X, Ji Y, Ding X, *et al.* Macromolecular organization and genetic mapping of a rapidly evolving chro-mosome-specific tandem repeat family B77 in cotton Gossypium [J]. *Plant Mol. Biol.*, 1998, 38: 1 031-1 042.

[33] Raudsepp T, Santani A, Wallner B, *et al.* A detailed physical map of the horse Y chromosome [J]. *Proc. Natl. Acad. Sci. USA*, 2004, 10125: 9321-6.

[34] Liu Z, Moore P H, Ma H, *et al.* A primitive Y chromosome in papaya marks incipient sex chromosome evolution [J]. *Nature*, 2004, 427: 348-352.

[35] Aerts J A, Veenendaal T, van der Poe I JJ, *et al.* Chromosomal assignment of chicken clone contigs by extending the consensus linkage map [J]. *Anim. Genet*, 2005, 363: 216-22.

[36] Cheng C H, Chung M C, Liu S M, *et al.* A fine physical map of the rice chromosome 5 [J]. *Mol. Genet Genomics*, 2005, 2744: 337-45.

[37] Chen J, Chen X Y, Dennis E, *et al.* Toward sequencing Cotton Genome [J]. *Plant Physiol*, 2007, 145: 1303-1310.

[38] Woo S S, Jiang J M, Gilll B S, *et al.* Construction and characterization of a bacterial artificial chromosome library of Sorghum bicolor [J]. *Nucleic Acids Research*, 1994, 22: 4922-4931.

[39] Sequencher 4. 2 Gene Codes Corporation [http: //www. gene codes. com/]

[40] RepeatMasker software [http: //www. repeatmasker. org/]

[41] Cai W W, Reneker J, Chow C W, *et al.* An anchored framework BAC map of mouse chromosome Ⅱ assembled using multiplex oligonucleotide hybridization [J]. *Genomics*, 1998, 54: 387-97.

[42] Overgo Design program [http: //www. mouse-genome. bcm. tmc. edu/]

[43] Gregory S G, Sekhon M, Schein J, *et al.* A physical map of the mouse genome [J]. *Nature*, 2002, 418: 743-750.

[44] Lisitsyn N A, Lisitsyn N, Wigler M: Cloning the differences between two complex genomes [J]. *Science*, 1993, 259: 946-951.

[45] Nekrutenko A, Baker R J. Subgenome-specific markers in allopolyploid cotton Gossypium hirsutum: implications for evolutionary analysis of polyploids [J]. *Gene*, 2003, 306: 99-103.

[46] Cotton EST unigene database [http: //www. agcol. arizona. edu/ pave/ cotton/].

[47] NCBI blast [http: //www. ncbi. nlm. nih. gov/].

Gene-rich Islands for Fiber Development in the Cotton Genome

Zhanyou Xu[1], Russell J. Kohel[1], Guoli Song[1,2], Jaernin Cho[1], Magdy Alabady[3], Jing Yu[1], Pamela Koo[1], Jun Chu[1], Shuxun Yu[2], Thea A. Wilkins[3], Yuxian Zhu[4], John Z. Yu[1*]

(1. USDA-ARS, Crop Germplasm Research Unit, College Station, TX 77845, USA;
2. Key Lab of Cotton Genetic Improvement of the Ministry of Agriculture, Cotton Research Institute, Chinese Academy of Agricultural Sciences, Anyang 455000, China;
3. Department of Plant and Soil Science, Texas Tech University, Lubbock, TX 79409, USA; 4. College of Life Sciences, Peking University, Beijing 100871, China)

Abstract: Cotton fiber is an economically important seed trichome and the world's leading natural fiber used in the manufacture of textiles. As a step toward elucidating the genomic organization and distribution of gene networks responsible for cotton fiber development, we investigated the distribution of fiber genes in the cotton genome. Results revealed the presence of gene-rich islands for fiber genes with a biased distribution in the tetraploid cotton (*Gossypium hirsutum* L.) genome that was also linked to discrete fiber developmental stages based on expression profiles. There were 3 fiber gene-rich islands associated with fiber initiation on chromosome 5, 3 islands for the early to middle elongation stage on chromosome 10, 3 islands for the middle to late elongation stage on chromosome 14, and 1 island on chromosome 15 for secondary cell wall deposition, for a total of 10 fiber gene-rich islands. Clustering of functionally related gene clusters in the cotton genome displaying similar transcriptional regulation indicates an organizational hierarchy with significant implications for the genetic enhancement of particular fiber quality traits. The relationship between gene-island distribution and functional expression profiling suggests for the first time the existence of functional coupling gene clusters in the cotton genome.

1 Introduction

Cultivated cotton (*Gossypium* spp.) is one of the most important crop plants in the world;

原载于：*Genomics*, 2008, 92: 173-183

it produces the leading natural fiber used in the textile industry and is the second most important oilseed crop. Spinnable cotton fibers, or seed hairs, are remarkable single cells that range between 30 and 40 mm in length and –15 μm in thickness in cultivated species. Cotton fiber is an excellent model system for studying plant cell development and has recently been recognized as one of the best characterized single-celled genomics platforms to date [1-3]. Fiber development spans four major discrete, yet overlapping stages: fiber initiation, fiber elongation, secondary cell wall deposition (SCWD), and maturation/ dehydration [3]. In fiber initiation, which occurs around the time of anthesis (from -3 to 3 days post anthesis (dpa)), only about 30% of fiber primordia with the potential to undergo morphogenesis will successfully differentiate into mature fibers[4]. During fiber elongation (0 ~ 25 dpa), cells demonstrate highly accentuated polarized expansion, with peak growth rates of > 2 mm/day from –10 ~ 12 dpa, until the fiber reaches its final length[5,6]. During the period of secondary cell wall (SCW) biogenesis (–21 ~ 45 dpa), there is massive deposition of cellulose, resulting in a thick SCW that is essentially pure cellulose. The final stage of fiber development, maturation/dehydration (45 ~ 50 dpa), is associated with the accumulation of minerals and simultaneous decrease in water potential, resulting in a mature cotton fiber [5].

The genetic manipulation of the four major stages of fiber development is a primary goal of geneticists worldwide to improve fiber quality and yield. The spatial and temporal regulation of the accentuated growth and enhanced metabolic activity linked to the development of cotton fibers alone suggests that a large number of genes are required in the genetic control of fiber development[1].

Tetraploid cottons (AD genome, $2n = 4x = 52$) are thought to have formed about 1 ~ 2 million years ago by hybridization between a maternal Old World "A" genome taxon resembling *Gossypium herbaceum* and a paternal New World "D" genome taxon resembling *Gossypium Raimondii*[7] or *Gossypium gossypioides*[8]. A RFLP-QTL mapping study showed that most QTLs that confer fiber quality and yield were located on the Dt subgenome of the cultivated tetraploid, even though the ancestral D-genome diploid progenitor did not produce spinnable fibers [9]. In contrast, differential expression of RNA transcripts from the At subgenome is consistent with the evolution of spinnable fibers in the A-genome lineage[10]. Recently mapped fiber EST-derived SSRs, however, showed that both At and Dt subgenomes are equally important to fiber development [11].

Over the past decade, a number of individual genes related to fiber development have been isolated and characterized[3,12-15]. There are a number of parallels between morphogenesis of cotton fibers and *Arabidopsis* leaf trichomes. Cotton and *Arabidopsis* use similar, but evolutionarily divergent, genetic mechanisms for regulating cotton fiber and trichome morphogenesis [1,16-18]. Recent efforts have focused on genome-scale systematic studies of fiber development genes to identify promising candidate genes and their functional annotation [1,10,19-22]. Expression profiling during fiber elongation indicated that cotton fiber development could involve as much as 50% of the cotton transcriptome [1,21]. The genetic complexity of the fiber transcriptome translates into an estimated 36 000 homologous fiber genes in the At and Dt genomes of the tetraploid species. Transcriptome profiling has also revealed dynamic changes in gene expression between primary and secondary cell wall biogenesis, which further illustrates that fiber genes are highly stage-specific. Genetic mapping of stage-specific fiber-elongation ESTs representing 1 749 cDNAs revealed a nonrandom distribution; 65 intervals were localized to gene-rich regions and 17 intervals to gene-poor regions of the chromosomes [23].

The inconsistency of results in assessing the contributions of the subgenomes to fiber development can be attributed to the limited number of mapped markers, especially those for fiber candidate genes [1], and a bias in the selection of markers based on low levels of polymorphism in DNA markers. Despite efforts to determine the distribution of fiber development genes in the cotton genome using DNA-based polymorphic markers [9,11,23], controversy still reigns as to which subgenome (At or Dt) is more important for fiber development and which chromosome(s) is primarily responsible for the development and production of a natural fiber. A frequently asked question that remains to be addressed is whether there are gene-rich islands in the cotton genome and what would be the distribution of such islands in the subgenornes. Elucidating the gene networks that contribute to fiber development will help facilitate genomic manipulations of cotton and other polyploid plants, including the design of a strategy for sequencing gene-rich regions of a genome.

A solution to overcome the marker limitation and to obtain an accurate distribution of fiber genes may be to map all fiber ESTs onto an integrated physical and genetic map of cotton. Cotton currently has a limited genetic map and a partial physical map. As the first step toward mapping the genetic network regulating fiber development, a bioinformatics approach was employed that utilized existing resources to identify the expression pattern of fiber genes and their distribution across the genome to tag key regions as targets for further investigation. Resources mined for this study include 185 000 EST sequences in GenBank amassed from 31 cDNA libraries constructed from 16 developing fiber stages and 15 nonfiber tissues, a total of 6 921 genetic markers collected from published maps, and a 6 × genome coverage integrated genetic and physical map (Xu *et al.*, in preparation) deposited in the CottonDB database (http://www.cottondb.org/). A recently described set of 51 107 nonredundant unigene sequences from cotton [24] provides a valuable new resource for studying the distribution and expression patterns of these fiber genes, in which 185 370 ESTs were assembled into 51 107 EST unigene sequences for further analysis. The aims of this study were ① to assign assembled fiber unigenes to cotton chromosomes to discern any patterns in the distribution of gene-rich islands in the cotton genome and ② to connect these gene-rich islands with functionally related clusters on the basis of developmental expression patterns. The discovery of gene-rich clusters that are linked to specific development stages and localized to specific chromosomes provides the first glimpse into the genetic network regulating fiber development.

2 Results

The first step in investigating the genome distribution of developmentally regulated and stage-specific fiber genes was to assemble all gene sequences, markers, and mapped sequence-tagged-sites (STSs) for comparative analysis. The three major resources used for comparative analysis included fiber and nonfiber ESTs, a consensus genetic map, and an integrated genetic and physical map (Xu *et al.*, in preparation) (http://www.cottondb.org/) as described in the following paragraphs.

2.1 Assembly of a virtual genetic consensus map

A total of 6 921 nonredundant genetic loci (including both fiber and non-fiber-related markers) that map to all 26 chromosomes of the At (chromosomes 1 ~ 13) and Dt (chromosomes 14 ~ 26) subgenomes of allotetraploid cotton were collected and summarized from 24 published genetic linkage maps (Table 1). While 59.1% (4 021) of the markers detected single loci, the remainder (40.9% or 2 830 markers) detected multiple loci. Among the 26 chromosomes, chromosome 5 was assigned the highest number of loci, with 429 genetic markers and 249 STSs, while chromosome 22 bore the smallest number of genetic markers (144) and STSs (96) (Table S1). However, based on outlier analysis (Table l), both genetic markers and sequenced loci were evenly distributed among the 26 chromosomes, meaning no bias based on the distribution of markers and STSs would be introduced. In addition, 152 BAC-end sequences and 110 BAC-derived subclone sequences anchored onto a 6 × genome coverage integrated genetic and physical map (Xu *et al.*, in preparation) in the CottonDB database (http://www.cottondb.org/) were used to locate the EST unigenes in the genome.

Table 1 Summary of the genetically mapped markers in the 26 chromosomes[a]

Map	Reference																			Loci/Chr	Sequence loci/Chr
	[62]	[9]	[63]	[64]	[65]	[66]	[67]	[68]	[69]	[70]	[71]	[23]	[72]	[73]	[74]	[75]	[76]	[77]	[11]		
c01	22	0	0	0	0	20	0	23	32	0	35	76	0	0	6	6	7	26	4	257	155
c02	8	0	0	0	0	0	0	38	0	14	42	66	0	0	5	0	0	25	9	207	110
c03	0	0	0	0	0	11	0	36	0	26	46	95	0	83	12	17	5	37	8	376	194
c04	0	0	0	0	0	21	0	26	10	49	0	99	0	0	0	6	0	19	1	231	150
c05	0	0	0	0	0	32	0	38	0	28	54	166	9	5	4	32	0	54	7	429	249
c06	0	0	0	0	0	0	0	37	24	21	46	7	0	0	0	12	0	38	14	262	152
c07	0	0	0	0	0	0	0	39	0	15	49	106	9	12	6	13	0	26	6	281	161
c08	0	0	0	0	0	3	0	50	0	19	60	102	0	0	6	17	2	36	11	305	193
c09	0	0	0	0	0	46	0	38	40	31	42	95	0	4	11	9	1	39	5	361	195
c10	0	0	0	0	0	21	0	32	5	22	18	99	0	3	5	27	1	44	12	289	180
c11	0	0	0	0	0	2	0	54	0	41	65	105	0	0	3	33	1	50	17	371	247
c12	0	0	0	0	0	34	0	47	27	26	50	122	11	2	4	0	0	39	9	371	218
c13	0	0	0	0	0	0	0	49	0	21	60	107	0	0	4	19	0	34	0	294	183
c14	0	3	0	0	1	0	14	31	12	0	12	112	0	1	2	32	1	27	1	249	157
c15	0	0	21	0	1	0	0	30	0	0	11	96	0	0	18	0	1	29	8	215	164
c16	0	2	27	0	1	0	0	17	0	17	3	88	0	0	2	0	1	21	8	187	128
c17	0	0	22	0	0	0	0	22	0	15	6	57	0	0	1	0	0	19	8	150	98
c18	0	0	37	0	1	0	0	37	11	0	5	110	0	0	7	18	0	32	16	274	171

(continued)

Map	Reference																			Loci/Chr	Sequence loci/Chr
	[62]	[9]	[63]	[64]	[65]	[66]	[67]	[68]	[69]	[70]	[71]	[23]	[72]	[73]	[74]	[75]	[76]	[77]	[11]		
c19	0	0	0	0	0	0	0	0	0	36	0	157	0	0	0	11	0	51	1	256	195
c20	0	0	31	0	0	0	0	42	38	25	11	93	0	4	6	20	1	29	4	304	176
c21	0	0	0	0	0	0	0	0	0	26	0	133	0	0	0	3	2	46	0	210	168
c22	0	0	11	0	1	0	0	20	9	0	7	64	0	0	0	0	0	28	4	144	96
c23	0	0	17	0	0	0	0	30	0	19	6	95	0	0	1	16	0	32	5	220	146
c24	0	0	0	0	0	0	0	0	0	30	0	94	0	0	0	18	1	50	0	193	149
c25	0	0	26	1	0	0	0	33	11	22	7	86	0	0	0	4	1	39	1	231	151
c26	0	0	0	0	0	0	0	21	14	22	25	91	0	27	3	12	1	37	1	254	173
Tatal loci	30	5	192	1	5	189	14	790	233	525	660	25 584	29	141	106	325	26	906	160	6 921	4 359

[a] Data were compiled as of February 2007. Letter "c" in the first column stands for chromosome

2.2 In silico analysis of stage-specific fiber gene expression

A total of 51 107 EST nonredundant unigenes assembled from 185 370 cotton ESTs derived from 31 cDNA libraries (16 developing fiber libraries and 15 nonfiber tissues) were downloaded from public resources (http://www.agcol.arizona.edu/pave/cotton/). The EST unigenes were divided into fiber versus nonfiber groups, which resulted in data sets of 39 384 fiber and 19 160 nonfiber EST unigenes (Table 2). A group of 3 318 EST unigenes expressed during both vegetative growth and fiber development had an overlap rate of 7.3% and were clustered as house keeping genes (Figure 1) (Supplementary Table 1). This left 36 066 fiber unigenes and 15 842 nonfiber unigenes in the two data sets once the housekeeping EST unigenes were removed (Figure 1). Because of our interest in ascertaining the distribution of stage-specific fiber genes, the nonredundant fiber EST unigenes were further subdivided into the following developmental stages based on the origin of the cDNA library: initiation/early expansion (24 137 ESTs), elongation (20 341 ESTs), and SCWD (502 ESTs) (Figure 1). However, there is some overlap between the stages since a number of genes are expressed during more than one developmental stage. For instance, gene transcripts important to cell expansion and elongation may be expressed during initiation as well, although transcript abundance differs significantly due to temporal expression of the genes[1]. Therefore, the shared EST unigenes among the development stages were not removed from the data sets.

2.3 Stage-specific fiber genes cluster to specific chromosomes

The distribution of fiber genes involved in initiation, elongation, and SCWD across the 26 chromosomes of the AtDt genome was determined based on EST homologues with an E value of 1×10^{-15} using outlier statistics. Fiber genes were distributed across the At and Dt subgenomes, but in each instance, outlier analysis revealed the preferential enrichment of genes from a particular developmental stage assigned to individual chromosomes (Figure 2). In the case of initiation genes, assignment of EST unigenes on the genetic map ranged from a low of 131 genes on chro-

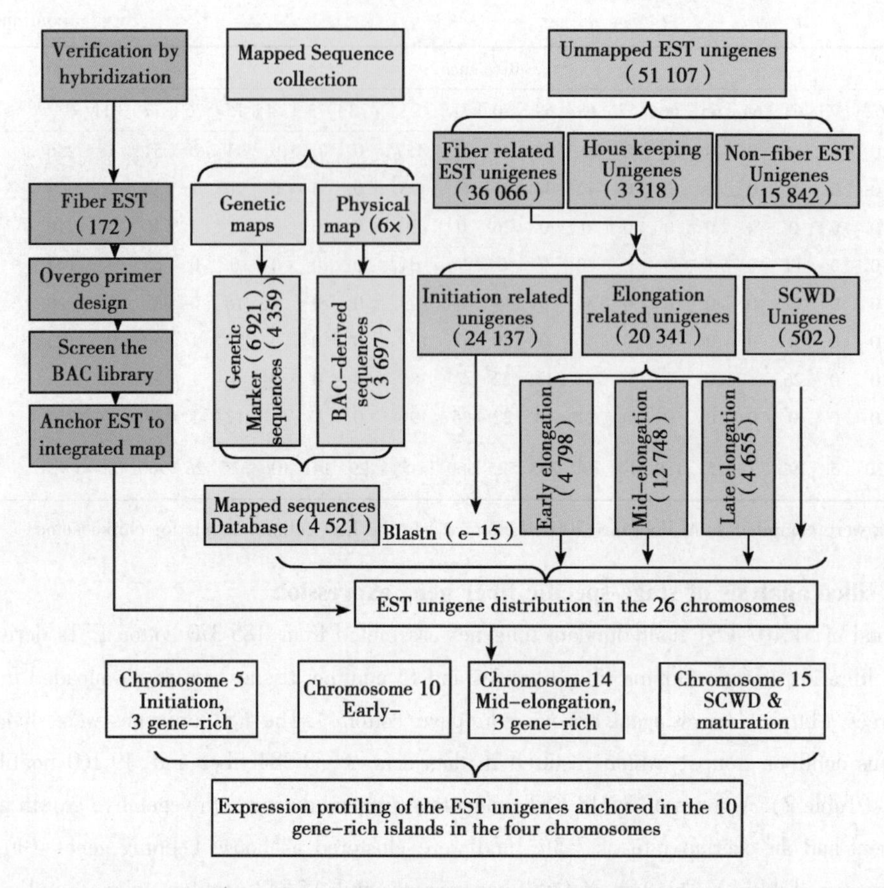

Figure 1 Flow chart to identify the gene-rich islands/gene coupling clusters for fiber development in the cotton genome

mosome 2 to a high of 1 353 genes on chromosome 5, which, in the latter instance, was significant (Table 2). The results therefore identified gene-rich clusters on chromosome 5 that are specifically linked to fiber initiation. Similar results were obtained for each subgroup, in which a single chromosome was identified as bearing important fiber loci for a specific stage of fiber development. Because of the number of stage-specific libraries constructed for discrete stages during fiber elongation, the 20 341 elongation ESTs were divided into three developmental subgroups designated as early elongation (up to 5 dpa, 4 798 ESTs), middle elongation (7 ~ 10 dpa, 12 748 ESTs), and late elongation (15 ~ 20 dpa, 4 655 ESTs) (Table 2 and Figure 1). For the 1 001 EST unigenes corresponding to early fiber elongation, there was a significant bias for assignment of genes (207) to chromosome 10 (Table 2). For the 2 556 middle-elongation EST unigenes used in the analysis, 473 and 436 genes were significantly linked to chromosomes 10 and 14, respectively (Figure 2, Table 2). The only significant subset of the 1 014 late-elongation EST unigenes (339) was assigned to chromosome 14.

Table 2　Summary of cotton unigenes anchored to 26 chromosomes

Chromosome	Number of unigenes (dpa)					172 fiber ESTs Verified fiber ESTs	No. of nonfiber unigenes
	Initiation (−3 to 3)	Early elongation (5)	Middle clongation (7 to 10)	Late elongation (15 to 20)	SCWD and maturation (25)		
1	633	63	87	63	10	1	172
2	131	48	84	35	4	6	152
3	799	117	143	118	13	7	335
4	345	113	267	87	20	7	368
5	1 353[a]	122	190	158	22	15	407
6	202	45	110	50	10	3	206
7	235	95	248	102	7	2	264
8	238	102	185	100	10	11	261
9	248	65	138	65	3	7	187
10	369	207[a]	473[a]	239	4	46[b]	228
11	300	72	167	65	4	1	211
12	776	98	228	121	16	2	289
13	294	91	219	68	11	6	295
Total in At	5 923	1 238	2 633	1 271	134	114	3 375
14	459	167	436[a]	339[b]	13	30[a]	384
15	854	107	187	182	43[b]	1	492
16	688	69	126	68	13	4	265
17	213	61	125	105	11	5	130
18	343	129	250	119	14	14	403
19	355	105	224	132	16	20	430
20	745	92	188	144	13	10	244
21	353	107	226	163	9	8	313
22	175	59	139	41	11	0	137
23	239	102	229	124	7	18	224
24	293	99	187	116	8	6	246
25	203	50	98	52	10	0	253
26	205	44	115	58	5	2	229
Total in Dt	5 125	1 190	2 529	1 643	173	118	3 750
No. NRU in AtDt	3 839	1 001	2 556	1 014	110	69	

At and Dt, subgenomes A and D, respectively, of the tetraploid cotton; NRU, nonredundant unigenes.

[a] Mild outlier;

[b] Extreme outlier

The SCWD stage has not been characterized in depth and only a limited number (502) of

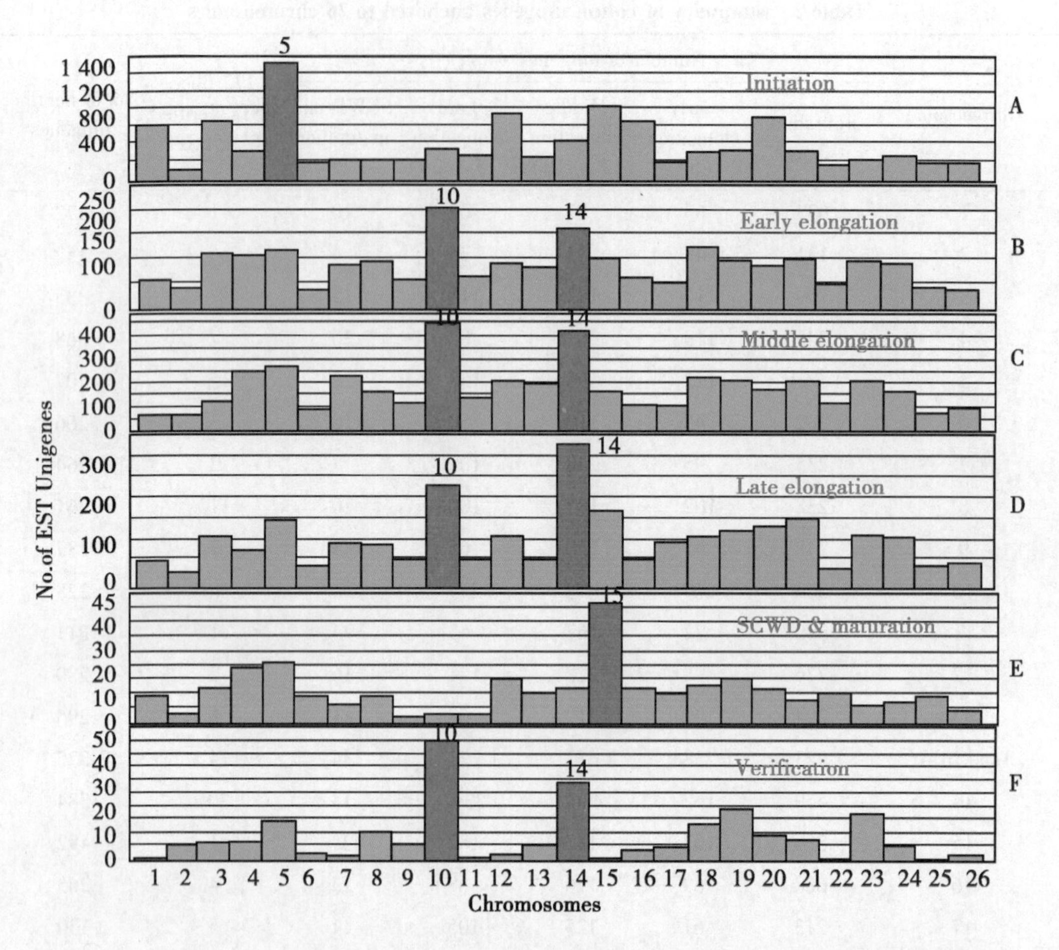

Figure 2 Distribution of fiber development genes among the 26 chromosomes in upland cotton

(A) through (E) are displayed in the order of fiber developmental stages and (F) shows the result of verification for comparison. (A) The distribution of fiber initiation unigenes (−3 to 3 dpa). (B) Early elongation (5dpa). (C) Middle elongation (7 to 10 dpa). (D) Late elongation (15 to 20dpa). (E) SCWD. (F) A verification result on middle-elongation unigenes. Thexaxis presents the 26 chromosomes and the y axis indicates the number of cotton EST unigenes. A dynamically changing pattern is observed upon comparison of the five stages: chromosome 5 plays the predominant role during fiber initiation, chromosomes 10 and 14 are predominant during fiber elongation, and chromosome 15 is predominant during SCWD

EST unigenes have been released from a single cDNA library. Following Blast analysis, 110 EST SCWD unigenes were anchored in an asymmetric distribution across chromosomes. These tests identified chromosome 15 as an extreme outlier containing 43 unigenes (Table 2, Figure 2)

2.4 Verification of the fiber elongation gene distribution by overgo hybridization and Blast analysis

The best way to verify our results, in the absence of a whole genome sequence, was to map those fiber unigenes with proven function in fiber development through both overgo hybridization and Blast analysis. To this end, 172 fiber genes significantly up-regulated during elongation as confirmed by both macroarray and RT-PCR analysis [22] were used to verify the distribution of the elongation unigenes. Using Blast analysis, 69 of the 172 fiber ESTs were located to cotton chromosomes. The distribution pattern was exactly the same as that from the assignment of 20 341 elongation unigenes, in which both chromosomes 10 and 14 were outliers (Table 2), with chromosome 10 as an extreme outlier (Figure 2). To confirm these results further, overgo hybridization was used to locate the 172 ESTs in the integrated physical and genetic map of upland cotton (Xu *et al.*, in preparation). Of the 172 ESTs, 163 were anchored to contig maps (Z. Xu *et al.*, manuscript in preparation), and 75 were anchored to the integrated genetic and physical contig map. The distribution of the 75 ESTs on the integrated genetic and physical contig map was the same as the distribution obtained from the Blast results. Results from overgo hybridization and Blast analysis provide independent confirmation of our earlier result that chromosomes 10 and 14 contribute predominantly to fiber elongation.

Distribution of fiber unigenes was indirectly confirmed by comparing distribution patterns of nonfiber versus fiber unigenes. Currently, 19 160 nonfiber unigenes, including 10 977 EST contigs and 8 183 EST singletons, have been collected from 15 cDNA libraries (Table S2). After the 3 318 housekeeping unigenes were removed. 15 842 nonfiber EST unigenes remained. Following Blast analysis, 3 078 of the nonfiber unigenes were mapped to the 26 cotton chromosomes. No outlier was observed (Table 3). All of the nonfiber unigenes were evenly distributed on the 26 chromosomes, whereas each fiber developmental stage had a specific chromosome that dominated a stage of fiber development. The same analysis was applied to the 3 318 housekeeping unigenes and they were evenly distributed across the 26 chromosomes as well (Z. Xu *et al.*, unpublished data).

Table 3　Homology rates of the 13 pairs of upland cotton chromosomes

		c1[a]	c2	c3	c4	c5	c6	c7	c8	c9	c10	c11	c12	c13
		155	110	194	150	249	152	161	19	195	180	247	218	183
c14	157	64	16.5	30.2	0.7	0.5	0	1.9	0.6	1.7	0.6	1.5	2.1	0
c15	164	56.4	102	0	3.8	1	3.8	0	0	3.3	1.2	0	2.1	2.3
c16	128	3.5	1.7	1.5	2.2	0	0.7	51.9	0.6	3.1	1.3	1.6	0.6	1.3
c17	98	11.1	55.8	25.3	0	0	6.4	0.8	1.4	0	0.7	4.6	1.9	6.4
c18	171	1.8	0	1.6	2.5	1.9	1.2	1.2	1.6	0.5	5.7	1	2.1	58.2
c19	196	2.9	0	4.1	4.1	34.7	0.6	1.7	0.5	0	0.5	0	1	3.2
c20	176	3	2.1	1.6	1.8	8.9	0	5.3	4.3	1.6	25.8	0.5	0.5	2.2
c21	168	5.6	0	1.1	2.5	0	0.6	2.4	0.6	2.2	1.7	60.2	1.6	1.1
c22	96	0.8	0	1.4	22.8	14.5	1.6	4.7	0	2.7	0.7	0	3.8	2.2
c23	1 446	0	0.8	1.2	2.7	1.5	0.7	1.3	0	34.6	4.3	2.5	1.6	1.8

(continued)

		c1[a]	c2	c3	c4	c5	c6	c7	c8	c9	c10	c11	c12	c13
c24	149	0	1.5	2.9	4	0.5	0	0	32.7	2.3	5.5	1	0.5	1.2
c25	151	0.7	0.8	0.6	4	5	49.5	0.6	0.6	0.6	1.2	6	0	0.6
c26	173	0	0	3.3	4.3	0.9	0.6	3	0.5	1.6	2.3	11.9	37.3	0.6
HR[b]		56.4	55.8	30.2	22.8	34.7	49.5	51.9	32.7	34.6	25.8	60.2	37.3	58.2

Chromosomes 19, 20, 3, and 1, which are the homologous chromosomes of 5, 10, 14, and 15, respectively, do not bear gene-rich islands for fiber development. Average rate of the 13 pairs of the chromosomes is 42.3%.

a. c1 to c26, chromosomes 1 to 26. Numbers in the second row and column are the total numbers of markers with a complete DNA sequence; b. HR, homology rate of the 13 pairs of the homologous chromosomes

2.5 Efficiency of fiber gene expression

Upland cotton is a tetraploid plant with 13 pairs of homologous chromosomes, which were identified by morphological traits[25], DNA markers[23] and BAC-FISH[26]. Most homologous assignments are based on primer DNA sequences as opposed to complete full-length DNA sequences. Using a complete marker sequence comparison strategy, the homology rate of the 13 pairs of homologous chromosomes was calculated and is summarized in Table 3. Chromosomes 11 and 21 shared the highest homology rate of 60.2% and chromosomes 4 and 22 shared the lowest homology rate of 22.8%. The average homology rate between 13 of the At and Dt chromosomes was 42.3%. Chromosome outliers that contained more fiber unigenes in At or Dt chromosomes did not have corresponding outlier homologues in the Dt or At chromosomes. For instance, although chromosome 10 was an outlier, its homologous chromosome 20 was not. The outliers for 3 other chromosomes produced results similar to those for homologous chromosomes 10 and 20. These results indicated that genes would express with a high efficiency in the whole genome because even though homologous genes exist on homologous chromosomes, often only one set of genes from one subgenome was expressed.

2.6 Identification of gene-rich islands for fiber development

The uneven distribution of fiber EST unigenes across the 26 chromosomes of the At and Dt subgenomes identified gene-rich islands on chromosomes 5, 10, 14 and 15, which are each preferentially associated with a particular stage of fiber development-initiation, early elongation, middle to late elongation and SCWD. Independent statistical analysis was performed by partitioning each chromosome map into 10-cM intervals. On the basis of the total number of fiber unigenes per interval, the Poisson probability distribution function was applied to identify bins that contained a significant ($P < 0.001$) excess or deficiency of the various classes of EST unigenes. Gene-rich islands were subsequently identified by outlier analysis. On chromosome 5, 1 of 3 gene-rich islands was classified as a mild outlier, whereas 2 islands were extreme outliers that contained significantly more fiber gene loci than other intervals (Table 4). On chromosome 10, gene-rich islands were identified in three intervals, from 40 to 50, 70 to 80, and 90 to 110 cM. The last two intervals contained gene-rich islands with genes from both early and middle fiber elongation. On chromosome 14, 3 gene-rich islands were located in intervals from 110 to 120, 130 to 140, and 140 to 150 cM. The first two intervals contained genes for both middle and late fiber elongation. Only 1 gene-rich island was identified for SCWD at the end of chromosome 15 (interval from 0 to 10 cM). In total, 10 gene-rich islands were identified that accounted for about 10.4% of the four chromosomes, with a total of 96 intervals (26 intervals each for chromosomes 5, 10, and 14, and 18 intervals for chromosome 15).

Table 4　Chromosome distribution of gene-rich islands for cotton fiber development

cM interval	Chr 5 0 ~ 3dpa	Chr 10 5dpa	Chr 10 7 ~ 10dpa	Chr 14 7 ~ 10dpa	Chr 14 15 ~ 20dpa	Chr 15 >21dpa
0 ~ 9.9	473[a]	2	4	19	10	27[a]
10 ~ 19.9	43	3	1	5	3	3
20 ~ 29.9	86[b]	0	2	23	6	5
30 ~ 39.9	8	4	9	36	7	0
40 ~ 49.9	9	8[b]	22	3	1	1
50 ~ 59.9	21	2	12	13	6	0
60 ~ 69.9	17	5	16	10	11	0
70 ~ 79.9	17	9[b]	36[b]	8	4	0
80 ~ 89.9	460[a]	0	5	18	13	0
90 ~ 99.9	5	30[a]	51[a]	9	0	0
100 ~ 109.9	49	136	292[a]	25	9	0
110 ~ 119.9	11	0	6	109[a]	116[a]	3
120 ~ 129.9	15	1	2	2	0	0
130 ~ 139.9	4	3	3	105[a]	109[a]	0
140 ~ 149.9	5	1	3	38	43	0
150 ~ 159.9	32	1	1	0	0	4
160 ~ 169.9	30	1	0	0	2	0
170 ~ 179.9	0	1	8	0	0	0
180 ~ 189.9	23	0	0	0	NA	NA
190 ~ 199.9	0	0	1	1	NA	NA
200 ~ 209.9	2	0	0	0	NA	NA
210 ~ 219.9	0	0	0	0	NA	NA
220 ~ 229.9	7	0	0	0	NA	NA
230 ~ 239.9	14	0	0	0	NA	NA
240 ~ 249.9	0	0	0	0	NA	NA
250 ~ 259.9	8	0	0	0	NA	NA

(continued)

cM interval	Chr 5 0 ~ 3dpa	Chr 10 5dpa	Chr 10 7 ~ 10dpa	Chr 14 7 ~ 10dpa	Chr 14 15 ~ 20dpa	Chr 15 >21dpa
Others	15	0	0	13	0	0
Total	1353	207	475	436	339	43
MOTV[c]	67.5	7.6	22.5	47.9	26	7.5
EOTV[d]	105	12	36	76	41	12

NA, not applicable;

a Extreme outliers;

b Mild outliers;

c MOV, mild outlier threshold value;

d EOTV, extreme outlier threshold value

2.7 Expression of the fiber EST unigenes

To investigate the functions of fiber genes linked to developmentally regulated and stage-specific gene-rich islands on chromosomes 5, 10, 14, and 15 (Table 2) genes were Gene Ontology (GO) annotated (Figure 3, Table 4). Analysis revealed that all stages engage a wide array of metabolic processes, and protein biosynthesis was the functional category that was consistently overrepresented on each of the chromosomes. The results are consistent with the accentuated growth of developing fiber cells and the abundance of metabolism-related transcripts [21]. Cotton fiber and *Arabidopsis* leaf trichomes are both terminally differentiated epidermal cells and share a number of developmental features[27]. A search for relevant homologues to the *Arabidopsis* trichome gene model was conducted using Blast and the genes on the cotton gene-rich islands as candidates to query the *Arabidopsis* TAIR-7 database. The results identified three trichome-related genes ($E < 1\ 10^{-20}$) located on chromosomes 5 and 10 that are important for the development of trichomes in both cotton and *Arabidopsis*. A cotton fiber homologue on chromosome 5 is related to a gene that is required for *Arabidopsis* trichome morphogenesis and is a component of the WAVE protein complex, which is an activator of an ARP2/3 complex involved in actin nucleation[28-30]. Also located on chromosome 5 is a cotton homologue of Glabra 2 (GL2). a homeodomain protein that that acts downstream of the trichome initiation complex[18] to control epidermal cell identity and serves to promote formation of leaf trichomes, but is required to suppress root hair development[27,31-32]. R2R3-MYB DNA binding factors play an important role in trichome development[33-34] and a cotton MYB like gene located on chromosome 10 is one of more than 35 R2R3-MYB genes found in cotton fibers[35].

Developmental expression profiles, divided into stage-specific profiles depending on the temporal regulation of peak gene expression (T. A. Wilkins. unpublished) for a subset of the genes found in the gene-rich islands, were examined to test the strength of the link between the islands and the developmental stages. The expression profiles generally agreed with our assignment of gene-rich islands to specific developmental stages (Figure 4). For example, 45 of the 66 fiber e-

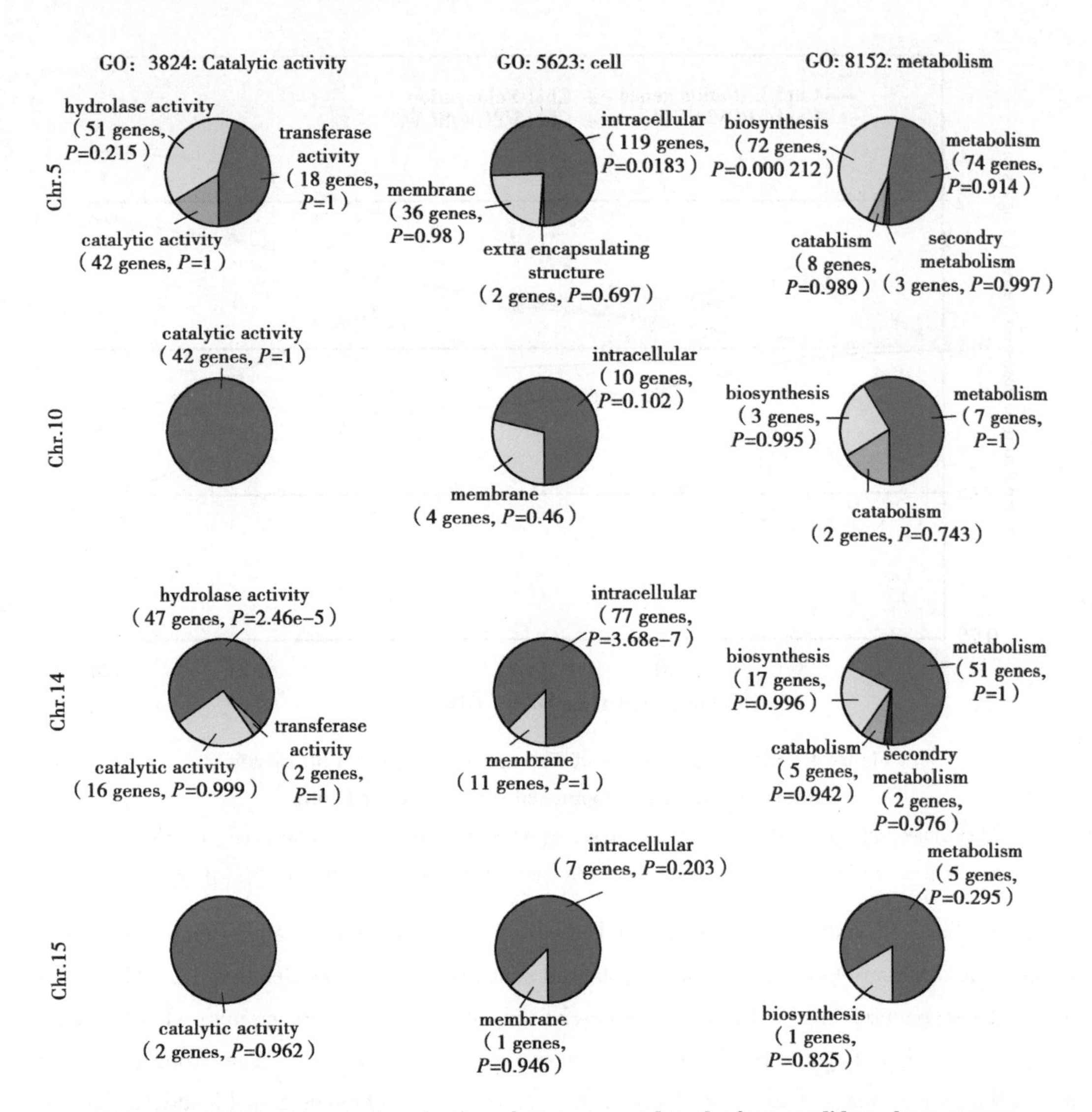

Figure 3　GO functional categorization of genes mapped to the four candidate chromosomes

Each pie chart represents the most represented functional categories in each gene list per chromosome using the plant GO slim as a reference

longation-associated genes[21] exhibited developmental expression profiles consistent with classification as initiation/early expansion genes. Although the associations with the other gene-rich islands are not as strong due to limited expression data, the trend observed is consistent with the assignment of the islands to specific developmental stages.

Analysis of microarray expression profiles from developing fibers (*G. hirsutum*) for gene-rich islands (Figure 4.) revealed interesting patterns. The expression profiles of gene-rich islands on chromosomes 5 and 10 corresponding to initiation, early, and middle elongation phases (-3 through -14dpa) exhibited similar patterns but differed in magnitude. Likewise, gene-rich islands

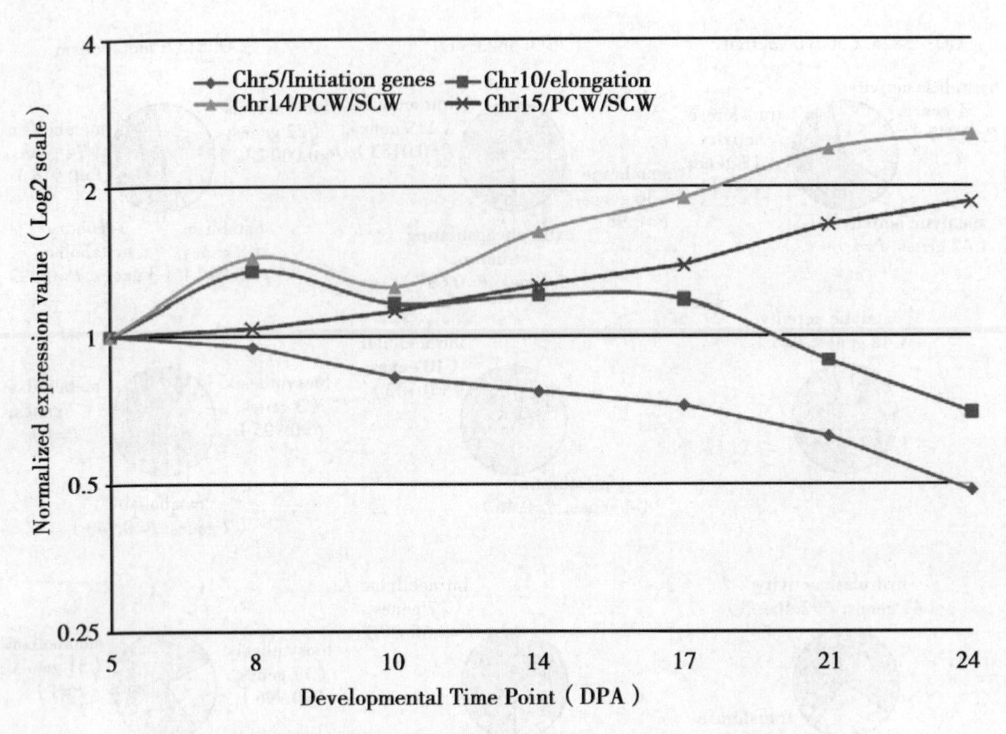

Figure 4 Expression profiles of fiber genes associated with specific chromosomes and developmental stages in upland cotton

Fiber genes with similar developmental expression profiles for the gene-rich islands on each chromosome were averaged to provide a consensus pattern of expression. PCW, primary cell wall

on chromosomes 14 and 15 that corresponded to later developing stages spanning middle to late elongation and the onset of SCWD synthesis showed similar expression profiles that differed in magnitude. These patterns clearly divide the gene-rich islands into two major groups: ① elongation and primary cell wall synthesis islands on chromosomes 5 and 10 in which gene expression peaks during the earlier stages of fiber development and ② islands on chromosomes 14 and 15 that represent the developmental switch from primary to secondary cell wall biogenesis[1].

Cotton fiber morphogenesis is characterized by dynamic remodeling of the tubulin cytoskeleton at two stages in developing fibers: at the onset of fiber morphogenesis and again during the transition between primary cell wall biogenesis and elongation and the onset of SCWD synthesis[3,36]. Temporal regulation of tubulin isotypes that govern the level and type of tubulins present are stage-specific[36-38] and this is reflected in the high concentration of various tubulin genes associated with gene-rich islands on chromosomes 5, 10, and 14. Twenty tubulin genes found in gene-rich islands on chromosomes 5 and 10 are differentially expressed during the early stages of elongation and primary cell wall synthesis.

Microarray expression profiles[39] for fiber genes corresponding to ESTs retrieved from early staged cDNA libraries and classified as initiation/ early expansion genes linked to chromosome 5 revealed temporal expression patterns consistent with these assignments and designations (Figure 4). Expression of these known expansion-associated genes[21], including cyclin genes[40], lipid transfer protein 3[41] and -expansin[21], show similar profiles, with expression higher in fiber before 5 dpa and expression declining steadily through later stages of expansion and elongation. The peak expression of different-expansin isoforms and other expansion-associated genes during rapid polar elongation is consistent with assignment of these genes as elongation genes on chromosome 10. Expansins are particularly important wall-associated proteins that function in the cell wall, loosening during turgor-driven cell expansion to allow for the addition of newly synthesized materials into the extracellular matrix[42-43]. Also linked to turgor-driven expansion is the developmental regulation of a nodulin-Iike protein that is a member of the aquaporin transmembrane water channel gene family and functions in water uptake by the vacuole to create and maintain cellular turgidity during rapid expansion of developing fibers[37,44].

The gene-rich islands on chromosome 14 contain middle- to late-elongation transcripts involved in elongation and a subset of genes that are associated with the transition phase between primary and SCW biogenesis and early entry into SCW synthesis. Among the most interesting of these transcripts are annexin and peroxidase. A fiber annexin has been previously linked to the late elongation and early SCWD stage of fiber development[45] and, based on functional analysis in other species, may play an important role in Golgi-mediated secretion of polysaccharides required for biogenesis of the thick, cellulosic SCWD. Induction of cellulose synthesis during fiber SCW biogenesis has been implicated with the production of H_2O_2 that may act as a developmental signal, triggering the transition from primary to secondary cell wall biogenesis[46]. Indirect evidence indicates a requirement for H_2O_2 by peroxidase in formation of SCW macromolecules[47], suggesting an important role for this cotton peroxidase.

Interestingly, the temporal expression of genes linked to chromosome 15 no doubt identifies these genes as good candidates for a role in SCWD biogenesis, but they are mostly annotated as proteins of unknown function. One very interesting group of annotated SCW genes on chromosome 15 is a cluster of genes belonging to the ubiquitin pathway. There is a growing body of evidence that the ubiquitin-dependent proteolytic pathway plays a crucial role in regulating the growth of plant cells[48,49] and, by extension, may function in fiber SCW biogenesis.

3 Discussion

3.1 Development-specific cotton fiber genes locate to gene-rich islands on specific chromosomes

Although fiber genes for all developmental stages are distributed across the At and Dt subgenomes of tetraploid cotton, outlier analysis revealed a significant association of a subset of fiber genes to At chromosomes 5 and 10 and Dt chromosomes 14 and 15. The association of these fiber genes was not only significant, it was further characterized by two additional features. First, the genes assigned to individual chromosomes correlated with specific developmental stages, such that early and middle-elongation genes were assigned to chromosomes 5 and 10, respectively; elongation subsets were found on chromosome 14; and SCWD genes were assigned to chromosome 15. The second interesting feature is that the fiber development-related genes were found in gene-rich islands and there are genomic characteristics of functional coupling gene clusters in tetraploid cotton. Following the analysis of 31 completely and incompletely sequenced genomes, the phenomenon of functionally related genes coupling as gene clusters/ islands was discovered[50]. Our data in this report show that ① there are gene islands/clusters in the cotton genome, ② gene clusters contain genes functionally related by fiber development stages, and ③ genes in each cluster have similar expression profiles. This is the first report to demonstrate functional coupling of gene clusters in the cotton genome.

Gene-rich islands are contrasted by gene-poor regions, which may extend over several hundred kilobases and are primarily composed of repetitive DNA and frequently show reduced recombination or no recombination at all. In several instances, gene-rich islands have been identified that are characterized by a relatively high density of genes situated within 5 to 10 kb [51]. Similar findings have been obtained at a larger resolution provided by genetic and cytogenetic maps. About 50% of the single- and low-copy markers from a genome-wide map of barley could be assigned to only 5% of the physical genome complement, which indicated the presence of distinct gene space[52]. Similar observations were reported from physical mapping studies in wheat using deletion lines[53-55]. However, not all genomes have been found to contain gene islands. There were no gene islands found in the *Arabidopsis* genome [56], and its gene organization is drastically different from that of the genomes of Gramineae (rice, maize, and barley). In general, the larger the genome size, the smaller the islands are compared to longer gene-poor regions. The genome size of tetraploid upland cotton, estimated at around 2 250 Mb [57] is between those of rice and maize. Based on the gene density at 10-cM intervals, 10 fiber-gene-rich islands were identified. Because of the significant difference between genetic and physical distance, these data did not provide sufficient resolution to pinpoint accurately the location of the gene-rich islands. However, BAC contigs from the cotton physical map, bearing the fiber genes found in the gene-rich islands and having a length of about 37 Mb, accounted for less than 2% of the cotton genome. These results did verify the existence of the gene-rich islands. While a pilot project to sequence 500 Mb of a diploid wild species (*G. raimondii*) has been initiated by the JGI (http: //www. jgi. doe. gov/sequencing/why/CSP2007/cotton. html), complete sequencing of the tetraploid upland cotton (*G. hirsutum*) remains a remote prospect. With current resources, however, it may be feasible first to sequence the four chromosomes with the fiber gene-rich islands and then to sequence the complete genome when additional resources become available. Gene-rich islands found in the upland cotton genome will open the door for the evolutionary understanding of fiber development and genetic manipulation of fiber improvement. The information will facilitate research on fiber genomics that may contribute to our understanding of the functional and agronomic significance of upland cotton. It will also shed light on the genetic machinery of the development of single-celled trichomes in other plants.

3.2 Sources of cotton EST unigenes and impact on the patterns of their genome distribution

Thirty-one cDNA libraries were constructed from 15 research groups worldwide, and cotton ESTs from 30 of the cDNA libraries were collected and assembled using the Program for Assembling and Viewing ESTs (PAVE)[24]. All the assembled EST unigenes were downloaded from http://www.agcol.arizona.edu/pave/cotton/, while both the 172 fiber elongation ESTs and the marker sequences were downloaded from NCBI (http://www.ncbi.nlm.nih.gov/). One library was not assembled by PAVE, but the functions of most of the ESTs from this library were confirmed by both macroarray and RT-PCR analysis[22]. These libraries were constructed from a variety of tissues, and more than half of the libraries (16) were constructed from fibers at various developmental stages. The 31 libraries included tetraploid cotton as well as its two diploid progenitors. Most of the cDNA libraries (28) were derived from upland cotton, and they were relatively small, with the library size ranging from 207 to 8 643 ESTs. Collectively, these *G. hirsutum* EST collections comprised 38% of the total used in the assembly. The remaining ESTs were derived from three more extensively sampled cDNA libraries generated from two diploids (one library from 7 ~ 10 dpa of A-genome G. *arboreum* and two libraries of D-genome G. *raimondii*), which comprised 24 and 38% of the total number of ESTs, respectively[24]. Five of the six fiber-initiation EST libraries were constructed from *G. hirsutum*. Of the 57 598 fiber-initiation ESTs in the six libraries, 61% were derived from the D genome (*G. raimondii*) although chromosome 5, which had the most mapped EST unigenes, was from the At genome. Of the 54 138 fiber-elongation ESTs in nine elongation libraries, 58% were derived from the A-genome species *G. arboreum*. However, chromosomes 10 (At) and 14 (Dt) contained most of the EST unigenes for fiber elongation. As for fiber SCWD, although the EST library came from tetraploid cotton, chromosome 15 (from Dt subgenome) had the most SCWD EST unigenes. ESTs were further sorted into three groups as A, D, and AtDt to compare the effects of different EST resources on the gene distribution results. There were no significant differences observed among the results from genomes A, D, and AtDt.

3.3 Comparison between Arabidopsis trichome genes and cotton fiber-development-related ETS unigenes

Although both *Arabidopsis* trichome and cotton fiber are of unicellular and epidermal origin, their morphology and growth patterns vary greatly. After initiation, cotton fiber cells must have unique expression profiles for fast elongation, secondary cell wall deposition, and maturation[27]. This point was verified in our result when the *Arabidopsis* trichome genes were used to Blast against cotton EST unigenes anchored in the gene-rich islands. Two *Arabidopsis* trichome genes were identified that have homologues in chromosome 5 that play important roles in cotton fiber/Arabidopsis trichome initiation. One EST unigene is a homologue of the R2R3-MYB DNA binding factor that plays an important role in trichome development. The result shows that *Arabidopsis* trichome and cotton fiber share similar initiation and early elongation processes. And after that, *Arabidopsis* trichome development may require very few genes to reach its full short life span, but cotton fibers need a lot of genes for full growth.

3.4 Unigenes in subgenomes At and Dt

At the subgenome level, the numbers of unigenes located in At chromosomes from 1 to 13 and in Dt chromosomes from 14 to 26 are summarized in Table 2. Random distribution was indicated by the t test for nonrandom distribution between subgenomes At and Dt. The t test was performed both on all unigenes and on only fiber unigenes. Neither of the tests was significant, indicating that both fiber and nonfiber unigenes were evenly distributed in the At and Dt subgenornes. These results differ from previous reports[9] stating that most QTLs influencing fiber quality and yield were located in the D subgenome, However, these results were consistent with EST-SSR mapping reports[11], which indicated that both the At and the Dt subgenomes are equally important to fiber development. These results reinforce the contention that the A genome is important to fiber development, as economically important spinnable fiber first evolved in the A genome lineage.

4 Materials and methods

4.1 Sources of cDNA libraries

Thirty-one cDNA libraries were developed by 15 research groups in the cotton research community[22,24]. 16 of which were from fibers at different stages; the rest of them were from cotton leaves.

4.2 Anchor EST unigenes to chromosomes via Blast analysis

Sequences from BAC-derived clones, genetically mapped DNA markers collected from published genetic maps, and 172 fiber elongation ESTs were downloaded from NCBI (http://www.ncbi.nlm.nih.gov/) and were formatted into a database for Blastn analysis. A total of 51 107 cotton unigenes[24] were downloaded from http://www.agcol.arlzcna.edu/pave/cotton/. The Blast program "Blast/All" was downloaded from NCBI to perform the analysis with the criterion for a sequence match based on an E value of 1×10^{-15}.

4.3 BAC libraries and high-density filters

The two BAC libraries used in this study were constructed from the upland cotton genetic standard TM-1: a *Bam*HI partial digestion with the vector pOCLD0451 BIBAC library and a *Hin*dⅢ partial digestion with the vector pBeloBACl BAC library[58]. High-density BAC/BIBAC filters were prepared using a Biomek 2000 robotic workstation equipped with a high-density replicating system (HDR) (Beckman Coulter, Fullerton, CA, USA). Each filter was inoculated with 1 536 BAC clones using a 4 × 4 matrix pattern with a 384-pin HDR tool. Filters were inoculated and processed as described by Woo[59].

4.4 Anchor EST unigenes to chromosomes via overgo hybridization

EST sequences were used to design an overgo probe for each sequence contig after it was masked to eliminate known repetitive regions using RepeatMasker (http: //www. repeatmasker. org/). Overgo primers were designed by the Overgo 1.02i program [60] (http: //www. mousegenome. bcm. tmc. edu/webovergo/OvergoInput. asp/). The target sequences of the overgo hybridization were fiber-development-related genes. Prehybridization and hybridization were conducted following Woo's protocol[59]. Filters were washed twice in 2 SSC/0.5% SDS and twice in 0.1 SSC/0.5% SDS. All washes were for 20 ~ 30 min each at 65 C. Filters were exposed to X-ray film for 1 ~ 3 days.

4.5 Outlier analysis

Outlier analysis, including both mild (15 interquartile range; IQR) and extreme outliers (3 IQR), was performed following the statistics method[61].

4.6 Comparison between Arabidopsis trichome genes and cotton fiberdevelopment-related unigenes

Arabidopsis trichome genes were retrieved from the TAIR database (http: //www. arabidopsis. org/) and they were used to Blast (expected value 1×10^{-20}) against the cotton EST unigenes anchored in the gene-rich islands.

4.7 Gene annotation

Gene annotation for fiber genes mapped to chromosomes 5, 10, 14, and 15 was performed by independent analysis using Blast (threshold *E* value 1×10^{-15}) and the following databases: Unigene db (http: //www. ncbi. nlm. nih. gov/), Uniprot db (http: //www. pir. uniprot. org/), and Tair7 (http: //www. arabidopsis. org/portals/genAnnotation). The functional description of the best hit for each gene was selected to annotate the gene. Functional categories for the genes were assigned using GO. A microarray database of developmental expression profiles for upland cotton was searched for profiles corresponding to the genes assigned to chromosomes 5, 10, 14, and 15.

Acknowledgments

We thank Dr. Lori Hinze for reviewing the manuscript. This research was supported by USOA-ARS CRIS Project 6202-21000-025-00D.

Appendix A. Supplementary data

Supplementary data associated with this article can be found, in the online version, at doi: 10.1016/j. ygeno. 2008. 05. 010.

References

[1] T A Wilkins, A B Arpat. The cotton fiber transcriptome [J]. *Physiol. Plant*, 2005, 124: 295-300.

[2] H J Kim, B A Triplett. Cotton fiber growth in planta and in vitro: models for plant cell elongation and cell wall biogenesis [J]. *Plant Physiol*, 2001, 127: 1361-1366.

[3] T A Wilkins, J A Jernstedt. Molecular genetics of developing cotton fibers [J]. *in*: *A. M. Basra* (*Ed.*), *Cotton Fibers. Hawthorne Press*. New York. 1999, 231-267.

[4] S Tiwari, T Wilkins. Cotton (*Gossypium hirsutum*) seed trichomes expand via diffuse growing mechanism [J]. *Can. J. Bot.*, 1995, 73: 746-757.

[5] M E John, G Keller. Metabolic pathway engineering in cotton: biosynthesis of polyhydroxybutyrate in fiber cells [J]. *Proc. Natl. Acad. Sci. USA*, 1996, 93: 12768-12773.

[6] L B Smart, F Vojdani, M Maeshima, *et al*. Genes involved in osmoregulation during turgor-driven cell expansion of developing cotton fibers are differentially regulated [J]. *Plant Physiol*, 1998, 116: 1539-1549.

[7] J F Wendel. New World tetraploid cottons contain Old World cytoplasm [J]. *Proc. Natl. Acad. Sci. USA*, 1989, 86: 4132-4136.

[8] J F Wendel, A Schnabel, T Seelanan. Bidirectional interlocus concerted evolution following allopolyploid speciation in cotton (Gossypium) [J]. *Proc. Natl. Acad. Sci. USA*, 1995, 92: 280-284.

[9] A jiang, R J Wright, K M EI-Zik, *et al*. Polyploid formation created unique avenues for response to selection in gossypium [J]. *Proc. Natl. Acad. Sci. USA*, 1998, 95: 4419-4424.

[10] S Samuel Yang, F Cheung, J J Lee, *et al*. Accumulation of genome-specific transcripts, transcription factors and phytohormonal regulators during early stages of fiber cell development in allotetraploid cotton [J]. *Plant J.*, 2006, 47: 761-775.

[11] Z Han, C Wang, X Song, *et al*. Characteristics, development and mapping of Gossypium hirsutum derived EST-SSRs in allotetraploid cotton [J]. *Theor. Appl. Genet*, 2006, 112: 430-439.

[12] X B Li, X P Fan, X L Wang, *et al*. The cotton *ACTIN*1 gene is functionally expressed in fibers and participates in fiber elongation [J]. *Plant Cell*, 2005, 17: 859-875.

[13] H J Kim, B A Triplett. Cotton fiber germin-like protein. I. Molecular cloning and gene expression [J]. *Planta*, 2004, 218: 516-524.

[14] Y L Ruan, D J Llewellyn, R T Furbank. Suppression of sucrose synthase gene expression represses cotton fiber cell initiation, elongation, and seed development [J]. *Plant Cell*, 2003, 15: 952-964.

[15] X B Li, L Cai, N H Cheng, *et al*. Molecular characterization of the cotton GhTUB1 gene that is preferentially expressed in fiber [J]. *Plant Physiol*, 2002, 130: 666-674.

[16] M L Cedroni, R C Cronn, K L Adams, *et al*. Evolution and expression of MYB genes in diploid and polyploid cotton [J]. *Plant Mol. Biol.*, 2003, 51: 313-325.

[17] S Wang, J W Wang, N Yu, *et al*. Control of plant trichome development by a cotton fiber MYB gene [J]. *Plant Cell*, 2004, 16: 2323-2334.

[18] L Serna, C Martin. Trichomes: different regulatory networks lead to convergent struc-

tures [J]. *Trends Plant Sci.*, 2006, 11: 274-280.

[19] Y Wu, A C Machado, R G White, *et al.* Expression profiling identifies genes expressed early during lint fibre initiation in cotton [J]. *Plant Cell Physiol*, 2006, 47: 107-127.

[20] J J Lee, O S Hassan, W Gao, *et al.* Developmental and gene expression analyses of a cotton naked seed mutant [J]. *Planta*, 2006, 223: 418-432.

[21] A B Arpat, M Waugh, J P Sullivan, *et al.* Functional genomics of cell elongation in developing cotton fibers [J]. *Plant Mol. Biol.*, 2004, 54: 911-929.

[22] S J Ji, Y C Lu, J X Feng, *et al.* Isolation and analyses of genes preferentially expressed during early cotton fiber development by subtractive PCR and cDNA array [J]. *Nucleic Acids Res.*, 2003, 31: 2534-2543.

[23] J Rong, C Abbey, J E Bowers, *et al.* A 3347-locus genetic recombination map of sequence-tagged sites reveals features of genome organization, transmission and evolution of cotton (*Gossypium*) [J]. *Genetics*, 2004, 166: 389-417.

[24] J A Udall, J M Swanson, K Haller, *et al.* A global assembly of cotton ESTs [J]. *Genome Res.*, 2006, 16: 441-450.

[25] R G Percy, R j Kohel. Qualitative Genetics: Cotton [J]. *Wiley*, *New York*, 1999, 319-360.

[26] K Wang, W Guo, T Zhang. Detection and mapping of homologous and homoeologous segments in homoeologous groups of allotetraploid cotton by BAC-FISH [J]. *BMC Genomics*, 2007, 8: 178.

[27] Guan XueYing, Yu Nan, S XiaoXia, *et al.* Arabidopsis trichome research sheds light on cotton fiber development mechanisms [J]. *Chin*, *Sci. Bull*, 2007, 52: 8.

[28] J Le, E L Mallery, C Zhang, *et al.* Arabidopsis BRICK1/HSPC300 is an essential WAVE-complex subunit that selectively stabilizes the Arp2/3 activator SCAR2 [J]. *Curr. Biol.*, 2006, 16: 895-901.

[29] S Djakovic, J Dyachok, M Burke, *et al.* BRICK1/HSPC300 functions with SCAR and the ARP2/3 complex to regulate epidermal cell shape in Arabidopsis [J]. *Development*, 2006, 133: 1091-1100.

[30] J F Uhrig, M Mutondo, I Zimmermann, *et al.* The role of Arabidopsis SCAR genes in ARP2-ARP3-dependent cell morphogenesis [J]. *Development*, 2007, 134: 967-977.

[31] K Morohashi, M Zhao, M Yang, *et al.* Participation of the Arabidopsis bHLH factor GL3 in trichome initiation regulatory events [J]. *Plant Physiol*, 2007, 145: 736-746.

[32] H Motose, R Tominaga, T Wada, *et al.* ANIMA-related protein kinase suppresses ectopic outgrowth of epidermal cells through its kinase activity and the association with microtubules [J]. *Plant J.*, 2008, 54: 829-844.

[33] R Stracke, M Werber, B Weisshaar. The R2R3-MYB gene family in Arabidopsis thaliana [J]. *Curr. Opin. Plant Biol.*, 2001, 4: 447-456.

[34] J L Riechmann, J Heard, G Martin, *et al.* Arabidopsis transcription factors: ge-

nome-wide comparative analysis among eukaryotes [J]. *Science*, 2000, 290: 2105-2110.

[35] L L Loguercio, J Q Zhang, T A Wilkins. Differential regulation of six novel MYB-domain genes defines two distinct expression patterns in allotetraploid cotton (*Gossypium hirsutum* L.) [J]. *Mol. Gen. Genet*, 1999, 261: 660-671.

[36] T A Wilkins, J A Jernstedt. Cotton fibers [M] //A M Basra. Cotton Fibers, New York: Hawthorne Press, 1999, 231-267.

[37] L B Smart, F Vojdani, M Maeshima, *et al.* Genes involved in osmoregulation during turgor-driven cell expansion of developing cotton fibers are differentially regulated [J]. *Plant Physiol*, 1998, 116: 1539-1549.

[38] D C Dixon, R W Seagull, B A Triplett. Changes in the accumulation of α- and β-tubulin isotypes during cotton fiber development [J]. *Plant Physiol*, 1994, 105: 1347-1355.

[39] C An, S Saha, J N Jenkins, *et al.* Transcriptome profiling, sequence characterization, and SNP-based chromosomal assignment of the EXPANSIN genes in cotton [J]. *Mol. Genet. Genomics*, 2007, 278: 539-553.

[40] R B Turley, D L Ferguson. Changes of ovule proteins during early fiber development in a normal and a fiberless line of cotton (*Gossypium hirsutum* L.) [J]. *J. Plant Physiol*, 1996, 149: 695-702.

[41] D P Ma, H C Liu, H Tan, *et al.* Cloning and characterization of a cotton lipid transfer protein gene specifically expressed in fiber cells [J]. *Biochim. Biophys. Acta*, 1997, 1344: 111-114.

[42] S J McQueen-Mason, S C Fry, D M Durachko, *et al.* The relationship between xyloglucan endotransglycosylase and in-vitro cell wall extension in cucumber hypocotyls [J]. *Planta*, 1993, 190: 327-331.

[43] D J Cosgrove, L C Li, H T Cho, *et al.* The growing world of expansins [J]. *Plant Cell Physiol*, 2002, 43: 1436-1444.

[44] T Wilkins. Vacuolar H (+) -ATPase 69-kilodalton catalytic subunit cDNA from developing cotton (*Gossypium hirsutum*) ovules [J]. *Plant Physiol*, 1993, 102: 679-680.

[45] D P Delmer, M Solomon, S M Read. Direct photolabeling with [^{32}p] UDP-glucose for identification of a subunit of cotton fiber callose synthase [J]. *Plant Physiol*, 1991, 95: 556-563.

[46] T S Potikha, C C Collins, D I Johnson, *et al.* The involvement of hydrogen peroxide in the differentiation of secondary walls in cotton fibers [J]. *Plant Physiol*, 1999, 119: 849-858.

[47] M A Bernards, D K Summerhurst, F A Razem. Oxidases, peroxidases and hydrogen peroxide: the suberin connection [J]. *Phytochem. Rev.*, 2004, 3: 113-126.

[48] A Hershko, A Ciechanover. The ubiquitin system [J]. *Annu. Rev. Biochem*, 1998, 67: 425-479.

[49] Q Xie, H S Guo, G Dallman, *et al.* SINAT 5 promotes ubiquitin-related degradation

of NAC 1 to attenuate auxin signals [J]. *Nature*, 2002, 419: 167-170.

[50] R Overbeck, M Fonstein, M D Souza, *et al.* The use of gene clusters to infer functional coupling [J]. *Proc. Natl. Acad. Sci. USA*, 1999, 96: 2896-2901.

[51] B Keller, C Feuillet. Colinearity and gene density in grass genomes [J]. *Trends Plant Sci.*, 2000, 5: 246-251.

[52] G Kunzel, L Korzun, A Meister. Cytologically integrated physical restriction fragment length polymorphism maps for the barley genome based on translocation breakpoints [J]. *Genetics*, 2000, 154: 397-412.

[53] K S Gill, B S Gill, T R Endo, *et al.* Identification and high-density mapping of gene-rich regions in chromosome group 1 of wheat [J]. *Genetics*, 1996, 144: 1883-1891.

[54] L L Qi, B Echalier, S Chao, *et al.* A chromosome bin map of 16, 000 expressed sequence tag loci and distribution of genes among the three genomes of polyploid wheat [J]. *Genetics*, 2004, 168: 701-712.

[55] M Erayman, D Sandhu, D Sidhu, *et al.* Demarcating the gene-rich regions of the wheat genome [J]. *Nucleic Acids Res*, 2004, 32: 3546-3565.

[56] A Barakat, G Matassi, G Bernardi. Distribution of genes in the genome of Arabidopsis thaliana and its implications for the genome organization of plants [J]. *Proc. Natl. Acad. Sci. USA*, 1998, 95: 10044-10049.

[57] K Arumuganathan, E D Earle. Nuclear DNA content of some important plant species [J]. *Plant Mol. Biol. Rep*, 1991, 9: 208-218.

[58] Z Xu, R J Kohel, G Song, *et al.* An integrated genetic and physical map of homoeologous chromosomes 12 and 26 in upland cotton (G. hirsutum L.) [J]. *BMC Genomics*, 2008, 9: 108.

[59] S S Woo, J Jiang, B S Gill, *et al.* Construction and characterization of a bacterial artificial chromosome library of Sorghum bicolor [J]. *Nucleic Acids Res.*, 1994, 22: 4922-4931.

[60] W W Cai, J Reneker, C W Chow, *et al.* An anchored framework BAC map of mouse chromosome 11 assembled using multiplex oligonucleotide hybridization [J]. *Genomics*, 1998, 54: 387-397.

[61] D S Moore, G P McCabe. Introduction to the Practice of Statistics [J]. New York: Freeman, 2002.

[62] A J Reinisch, *et al.* A detailed RFLP map of cotton, Gossypium hirsutum Gossypium barbadense: chromosome organization and evolution in a disomic polyploid genome [J]. *Genetics*, 1994, 138: 829-847

[63] Z W Shappley, J N jenkins, W R Meredith, *et al.* An RFLP linkage map of upland cotton, Gossypium hirsutum L [J]. *Theor. Appl. Genet*, 1998, 97: 756-761.

[64] M Ulloa, W R M. Genetic linkage map and QTL analysis of agronomic and fiber quality traits in an intraspecific population [J]. *J. Cotton Sci.*, 2000, 4: 161-170.

［65］ R J Kohel，J Yu，Y H Park，*et al.* Molecular mapping and characterization of traits controlling fiber quality in cotton ［J］. *Euphytica*，2001，121：163-172.

［66］ J Zhang，W Guo，T Zhang. Molecular linkage map of allotetraploid cotton （*Gossypium hirsutum* L. *Gossypium barbadense* L. ）with a haploid population ［J］. *Theor. Appl. Genet*，2002，105：1166-1174.

［67］ M Q Wu，X L Zhang，Y C Nie，*et al.* Localization of QTLs for yield and fiber quality traits of tetraploid cotton cultivar ［J］. *Yi Chuan Xue Bao*，2003，30：443-452.

［68］ J M Lacape，*et al.* A combined RFLP-SSR-AFLP map of tetraploid cotton based on a Gossypium hirsutum Gossypium barbadense backcross population ［J］. *Genome*，2003，46：612-626.

［69］ M Mei，*et al.* Genetic mapping and QTL analysis of fiber-related traits in cotton （Gossypium）［J］. *Theor. Appl. Genet*，2004，108：280-291.

［70］ Z G Han，W Z Guo，X L Song，*et al.* Genetic mapping of EST-derived microsatellites from the diploid Gossypium arboreum in allotetraploid cotton ［J］. *Mol. Genet Genomics*，2004，272：308-327.

［71］ T B Nguyen，M Giband，P Brottier，*et al.* Wide coverage of the tetraploid cotton genome using newly developed microsatellite markers ［J］. *Theor. Appl. Genet*，2004，109：167-175.

［72］ P W Chee，J Rong，D Williams-Coplin，*et al.* EST derived PCRbased markers for functional gene homologues in cotton ［J］. *Genome*，2004，47：449-462.

［73］ M Ulloa，*et al.* Chromosomal assignment of RFLP linkage groups harboring important QTLs on an intraspecific cotton （*Gossypium hirsutum* L. ）joinmap ［J］. *J. Hered*，2005，96：132-144.

［74］ Y H Park，*et al.* Genetic mapping of new cotton fiber loci using EST-derived microsatellites in an interspecific recombinant inbred line cotton population ［J］. *Mol. Genet Genomics*，2005，274：428-441.

［75］ Z Lin，*et al.* Linkage map construction and mapping QTL for cotton fiber quality using SRAP，*SSR and RAPD* ［J］. *Plant Breed*，2005，124：180-187.

［76］ X Song，K Wang，W Guo，*et al.* A comparison of genetic maps constructed from haploid and BC1 mapping populations from the same crossing between Gossypium hirsutum L. and Gossypium barbadense L ［J］. *Genome*，2005，48：378-390.

［77］ J E Frelichowski Jr，*et al.* Cotton genome mapping with new microsatellites from Acala ‘Maxxa’ BAC-ends ［J］. *Mol. Genet Genomics*，2006，275：479-491.

油脂形成期棉花种子全长 cDNA 文库的构建

王德龙，于霁雯，喻树迅*，翟红红，范术丽，宋美珍，张金发
（中国农业科学院棉花研究所/农业部棉花遗传改良重点实验室，安阳　455000）

摘要：提取海岛棉 7124 开花后 25～35d 胚的总 RNA，利用 SMART 技术，经 21 轮 LD-PCR 扩增获得全长双链 cDNA，经 *Sfi* Ⅰ 酶切、层析柱分离后，收集 500bp 以上的片段与 pDNR-Lib 载体连接并转化到感受态 DH10B 细胞，构建了棉花种子全长 cDNA 文库。所构建的原始文库库容为 5×10^6，文库滴度为 1.5×10^8 cfu · mL。在文库中随机挑取 180 个克隆进行 PCR 检测，结果显示，文库中插入片段长度为 0.5～2.5kb，将挑取的 180 个单克隆进行 EST 测序，无空载序列，说明文库重组率为 100%；序列分析结果表明，其中与油脂形成相关的 EST 有 13 条。以上数据说明构建的文库质量较高，为进一步从文库中分离棉花脂肪酸代谢关键基因，提高棉花含油量奠定了基础。

关键词：棉花；胚；油脂；cDNA 文库；EST

近年来，随着石油资源的日益枯竭和人们环保意识的提高，生物能源已受到世界各国的重视，生物柴油被认为是最好的石油替代品。而棉花的副产品棉子可用来生产生物柴油，利用棉子油生产生物柴油的优势有：①棉子油是棉花的副产品，不影响纤维的生产。②石化柴油的碳链长度分布在 C15～C18，而棉子油中的脂肪酸的碳链长度 99% 集中在 C16 和 C18，和柴油成分相似，而且转化率高达 95% 以上[1-2]。③由棉子油转化成的生物柴油中不含硫而富含氧，可使燃烧更加完全而不污染环境。

目前，构建 cDNA 文库是研究生物体功能基因组的主要技术手段，很多油料作物如油菜、大豆、油茶等都已经建立了 cDNA 文库[3-5]。常规建库方法当 mRNA 较长或其 5′端存在二级结构时，反转录酶会提前终止反转录，克隆片段短，对应于 mRNA 5′端的信息会丢失，反转录效果差，不适应目前大规模，高通量、高效的功能基因组研究需要。而全长 cDNA 文库的构建可以高效，大规模获得基因序列，并且序列大多数包括 3′和 5′端的非编码区，能大幅度地加快计算机分析、蛋白质表达和功能分析的进程；尤其是对基因组庞大，近期内不能进行全基因组测序的生物体来说，更是进行基因组研究的一条重要途径[6]。SMART 技术构建全长文库的特点是用少量总 RNA（50～1 000ng）经 15～25 轮 LD-PCR 扩增即可获得几微克的全长双链 cDNA[7]。该技术产生的单链 cDNA 富含 mRNA

原载于：《棉花学报》，2009，21（5）：351-355

完整的5′非翻译区，也省略了合成接头的连接、甲基化等操作步骤，更易获得全长基因[8-10]。因此本研究采用SMART技术构建了棉花油脂形成期全长文库，为以后分离和克隆棉花中与油脂合成有关的基因、提高棉子的含油量奠定基础。

1 材料和方法

1.1 材料

采用含油量较高的海岛棉7124，种植于安阳中国农业科学院棉花研究所实验基地，将开花后25~35d发育中的种子取回并立即拨取种子中的胚置于-70℃保存。

1.2 试剂

Creator™SMAR™ PCR cDNA Library Construction Kit 和 Advantage™ cDNA PCR Kit 为 Clontech Laboratories Inc. 公司产品，DH10B电转感受态为Invitrogen公司产品。CTAB、LiCl、pvp等RNA提取试剂购自上海生工生物技术有限公司，其他分析纯或化学纯均购自国内公司。

1.3 总RNA提取

总RNA的提取选用CTAB法，提取总RNA后取2μL用1.1%的琼脂糖电泳检测RNA的完整性，用紫外分光光度计测量260nm及280nm处的OD值，检测RNA纯度和得率。

1.4 SMART cDNA文库构建

根据Clontech公司的Creator™ SMAR™ PCR cDNA Library Construction Kit说明书取1μg总RNA作为合成cDNA第一链的模板，在CDS Ⅲ/3′PCR引物和SMART Ⅳ寡核苷酸引物的引导下，通过Powerscript™ RT逆转录酶逆转录合成第一链cDNA。以2μL第一链cDNA产物为模板，用CDS Ⅲ/3′PCR引物和5′锚定引物，在PTC-225型PCR仪上用LD-PCR合成第二链cDNA。PCR反应条件为95℃ 1min；95℃ 20s、68℃ 6min、21个循环；4℃结束反应。扩增后，取2μLPCR产物在1.1%的琼脂糖电泳上检测第二链cDNA合成效果。将合成的双链cDNA用蛋白酶K消化，Sfi Ⅰ酶切，再用CHROMA SPIN-400将双链cDNA按分子大小分级分离，收集大于500bp的双链cDNA与pDNR-Lib质粒载体的左右臂在16℃连接。连接时按不同cDNA比值建立了3个连接体系（表1）以便得到较高的转化效率。用Eppendorf2510电转化仪程在2.0kV，200Ω，25ωμF条件下将3个连接各5μL重组子分别电转化到50μL电转感受态细胞DH10B，将转化后的产物溶于1mL LB培养基中，放到摇床中37℃复苏1h，即初步构建完成质粒文库。

表1 3个不同cDNA浓度的连接

反应物	连接A（μL）	连接B（μL）	连接C（μL）
cDNA	0.5	1.0	1.5
pDNR-LIB/（0.1g/L）	1.0	1.0	1.0
10×Ligation Buffer	0.5	0.5	0.5
ATP/（10μmol/L）	0.5	0.5	0.5
T4DNALigase/（400U/μL）	0.5	0.5	0.5
Deionized H_2O	2.0	1.5	1.0
Total volume/（μL）	5.0	5.0	5.0

1.5　cDNA 文库库容和滴度测定

取 0.6μL 转化产物加到 150μL 的 LB 培养基中，平均铺到 3 个 90mm LB agar 平板上，37℃培养箱中培养过夜，统计克隆数，计算文库容量。根据 Creator™ SMAR™ PCR cDNA Library Construction Kit 说明书中滴度测定方法：取 1μL 复苏产物加到 1mL 的 LB 液体培养基中，轻轻混匀，再从混匀后的溶液中取 1μL 加到 50μL LB 液体培养基中，混匀后涂到 37℃预热的 LB/Cm 平板上，在室温下放置 15～20min 后将平板倒置于培养箱中 37℃过夜培养。文库滴度计算公式：滴度 = 平板克隆数 $\times 10^3 \times 10^3$。

1.6　cDNA 文库重组率和重组子长度测定

从文库中随机挑取 180 个单克隆进行菌液 PCR 反应，筛选引物为：M13（5′GTA-AAACGACGGCCAGT，3′AACAGCTATGACCATG），反应程序为：94℃ 3min；94℃ 30s，94℃ 30s，72℃ 1.5min，28 个循环。取 5μL 扩增后的产物用 1.1% 的琼脂糖凝胶电泳检测，确定空载体克隆数和插入片段大小情况。

1.7　对文库进行 EST 测序

将 1.6 中随机挑取的 180 个单克隆送到北京华大公司进行 EST 测序。

2　结果分析

2.1　棉花总 RNA 提取质量

从图 1 中可以看出，总 RNA 的 28S、18S、5S 条带完整，28S 的亮度是 18S 的 2 倍。说明提取的总 RNA 比较完整。经 Beckman DU800 核酸蛋白浓度测定仪测定，所提取的总 RNA 在 260nm 的吸收值与 280nm 的吸收值比值均在 1.8～2.1 之间，表明无蛋白质和其他杂质污染。RNA 总浓度为 3g/L。总 RNA 的质量满足建库的要求，可以进行下一步试验。

2.2　反转录结果鉴定

用 SMART 法进行反转录，经过 21 个循环，PCR 产物电泳结果呈现均匀的弥散带（图 2），大小分布在 500～2 500bp 之间，主要集中在 750～2 000bp 之间，符合植物双链 cDNA 长度。带的亮度代表这一时期种子中的 mRNA 的丰度差异，说明了棉花油脂形成期的 RNA 成分具有多样性和复杂性。以上数据表明合成的 cDNA 质量较高，可以进行下一步试验。

2.3　分级分离结果

图 3 为双链 cDNA 分级分离后电泳结果。其中 1、2、3、4 泳道中没有收集到片段，第 5 泳道开始出现 cDNA 片段，为确保收集到大于 500bp 的 cDNA 片段，本试验只收集了 5、6、7 三个泳道的片段。

2.4　cDNA 文库质量检测结果

通过统计平板克隆数计算文库库容为 5×10^6，根据文库滴度计算公式计算本文库的滴度为 1.5×10^8cfu/mL。随机挑取的 180 个单克隆经 PCR 扩增和琼脂糖凝胶电泳检测后发现没有空载。图 4 为部分片段电泳结果，插入片段主要集中在 1～2.0kb 之间。

2.5　EST 序列分析

180 条 EST 序列中没有空载序列和载体 EST 序列，其中 Unigenes148 个，Singlets 基因 143 个，Contigs 基因 5 个。EST 冗余度为 22.2%。在直系同源基因数据库中搜索发现有

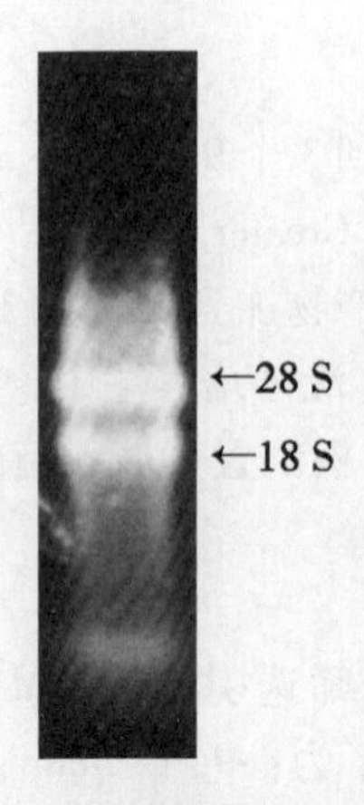

图1　总 RNA 琼脂糖电泳检测结果

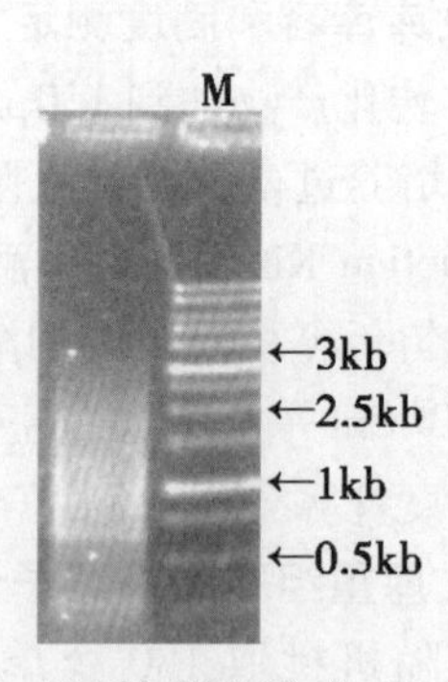

M:1 kb DNA Marker P

图2　双链 DNA 琼脂糖电泳检测结果

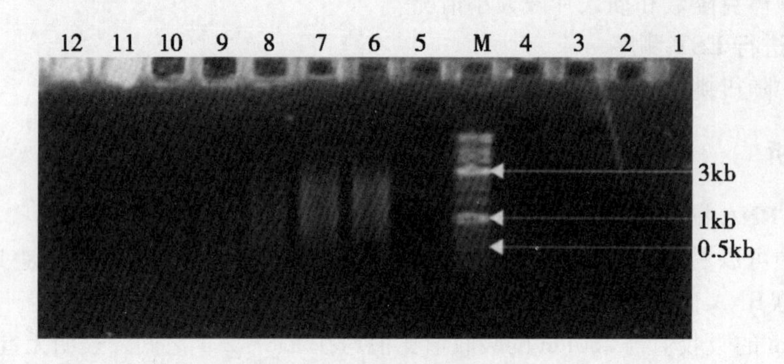

M：1 kb DNA Marker P

图3　cDNA 分级分离电泳结果

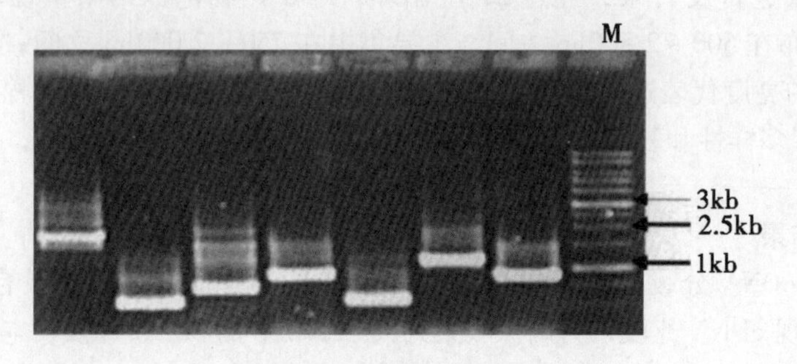

M：1 kb DNA Marker P

图4　部分克隆 PCR 检测结果

13 条 EST 与油脂形成有关，占 7.2%，如图 5 所示。

3　讨论

合成高质量的 cDNA 是构建表达文库的前提基础。这首先要求制备出高纯度、完整的 RNA，而酚类化合物被氧化后会与 RNA 不可逆地结合，导致 RNA 活性丧失以及在用苯

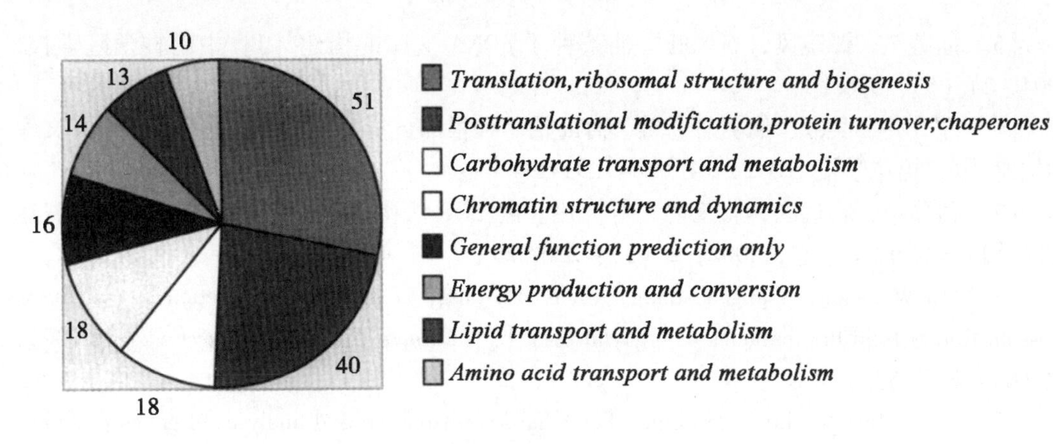

图5 EST序列归类

酚、氯仿抽提时RNA会丢失，或形成不溶性复合物；多糖会形成难溶的胶状物，与RNA共同沉淀下来；萜类化合物会造成RNA的化学降解。为了防止RNA降解，除了尽量创造一个无RNAase环境条件外，还要选择一个快捷、简单RNA提取方案。据此，借鉴并优化前人的CTAB法，获得了高质量的RNA。分光光度计检测OD_{260}/OD_{280}值都在1.8～2.1之间，说明提取的总RNA的质量满足建库的要求。

cDNA文库代表mRNA的反转录复本，代表某类特定细胞某一时期基因组的表达状态，因此，在LD-PCR过程中保证扩增的特异性和完整性是决定所得cDNA能否反映某一时期基因表达情况的关键，由于PCR反应本身的局限性，非特异性扩增的问题在所难免，只有通过控制PCR反应的循环数来减少这种问题对实验的干扰。而且循环数的增加使小片段的数量增多，不利于随后的大片段分离。LD-PCR反应的循环数控制要根据cDNA量和大小来决定。因此，在试验过程中采取梯度循环数的方法来寻找反应的平台期，从而确定最佳循环数为21，扩增后双链cDNA大小主要分布在500～3 000bp之间。从图2中可以看到cDNA在500bp以下有一条亮带，这是因为本实验用的是总RNA，所以反转录后可能会有一些小片段被扩增。一般认为，非哺乳动物如植物、昆虫、酵母等的$PolyA^+$ RNA分布在0.15～3.0kb之间。另外，不同组织mRNA的丰度变化也具有时空表达的特异性，这也会反映在cDNA分布范围上。因此，在这个范围内的cDNA还是比较完整的。

参考文献

［1］杨伟华，许红霞，王延芹．应用棉子油生产生物柴油的可行性分析［J］．中国棉花，2007，34（1）：42-44.

［2］NI Wan-chao，Yang Yu-wen，Zhang Bao-long. Cotton seed oil as promising biodiesel in future［J］. *Cotton Science*，2008，20（S1），62.

［3］董海滨，管荣展．双低油菜华双3号幼苗全长cDNA文库的构建［J］．南京农业大学学报，2005，28（3）；123-125.

［4］王跃平，李英慧，陈雄庭，等．绥农14鼓粒期子粒cDNA文库构建及初步分析［J］．中国油料作物学报，2008，30（1）：40-45.

［5］胡芳名，谭晓风，石明旺．油茶种子 cDNA 文库的构建［J］. 中南林学院学报，2004，24（5）：3-6.

［6］左开井，吴菲，唐克轩，等. 海岛棉品种根部黄萎病菌诱导表达全长 cDNA 文库的构建［J］. 棉花学报 . 2002，14（5）：291-294.

［7］傅作申，程远国，张玉静，等. 用长距 PCR 法构建恶性疟原虫全长 cDNA 表达文库［J］. 热带医学杂志，2002，2（3）：225-229.

［8］Liu Wen-hua，Wang Yi-liang，Chen Hui-ping，*et al*. The construction of cDNA expression library from the tentacles of *sagartiarosea*［J］. *Chinese Journal of Biotechnology*，2002，18（6）：749-753.

［9］Sheng Jian ji，Lu Ying chun，Feng Jian xun. Isolation and analyses of genes preferentially expressed during early cotton fiber development by subtractive PCR and cDNA array［J］. *Nucleic Acids Research*，2003，31（10）：2534-2543.

［10］Chen Chik A，Moqadam F，Siebert P. A new method for full-length cDNA cloning by PCR［M］// Krieg P A. A laboratory guide to RNA isolation，analysis and synthesis［M］. N. Y.：Wiley-Liss，Inc.，1996：273- 321.

棉花 *GhCO* 基因的克隆与表达分析

吴　嫚[1,2]，范术丽[2]，宋美珍[2]，庞朝友[2]，喻树迅[2*]
（1. 西北农林科技大学，杨凌　712100；2. 中国农业科学院棉花研究所/农业部棉花遗传改良重点实验室，河南安阳　455000）

摘要：以中棉所 36 均一化全长 cDNA 文库为基础，利用 RT-PCR 技术从棉花中克隆了一个新的 CO 蛋白基因，命名为 *GhCO*（GenBank：HM006910）。*GhCO*cDNA 的 ORF 全长为 1 017bp，编码 338 个氨基酸，含有一个 CCT 域和两个 BBOX 域。序列比较分析结果表明，*GhCO* 蛋白与蓖麻 RcCO、芒果 MiCO 具有较高的同源性，是棉花 CO 蛋白家族中的新成员。QRT-PCR 结果表明，*GhCO* 在棉花的花、蕾、胚珠等均有表达，而且在蕾和花中优势表达。*GhCO* 在花芽分化形态出现以前就已经高调表达，推测可能与棉花的花芽分化有关。AtCO 已经证明在花发育过程中对开花时间起正向调节因子的作用，推测 *GhCO* 蛋白在花发育过程中可能起重要作用。因此，构建了 pBIGhCO 过量表达载体，为进一步研究 *GhCO* 的功能奠定了重要的基础。

关键词：棉花；*GhCO* 基因；QRT-PCR；过量表达载体

棉花是典型的短日照作物，在短日照条件下，开花提前，生育期缩短；在长日照条件下，开花推迟，生育期延长。这种日照长短决定开花时间的现象称为光周期现象。Garner 等是最早对植物开花光周期现象进行研究的，他们发现许多植物的开花受日照长短的控制[1]。近年来，随着分子遗传学的发展，尤其是对两种模式植物拟南芥和水稻开花光周期现象的研究，使得人们对控制这一复杂生物过程的分子机制有了较为清晰的认识。植物将生物钟信号和光信号整合起来最终形成对开花时间的控制，是由 *CO*（*CONSTANS*）基因的转录丰度和 *CO* 蛋白的稳定性所共同决定[2]。*CO* 基因编码的一种转录调控子受生物钟调控，表达量在一天之内呈节律性变化，它能够促进拟南芥在长日照条件下开花。

棉花开花途径是否也存在 *CO* 基因，开花时间是否受 *CO* 基因的调控，光周期反应的机制与水稻和拟南芥等植物是否有差异，都还未见报道。本实验利用本课题构建的一个中棉所 36 均一化全长 cDNA 文库克隆了一个新的棉花 *GhCO* 全长基因，并进行了初步表达分析，构建了 pBIGhCO 表达载体，为以后进一步研究其功能奠定了重要的基础。

原载于：《棉花学报》，2012，22（55）：387-392

1 材料和方法

1.1 材料处理

试验材料为中棉所36，2008年4月20日在中国农业科学院棉花研究所试验田播种。为了扩增得到与花发育相关的基因和观察基因的时空表达模式，到开花期时，采取花的各个组织（苞叶、花瓣、雄蕊、雌蕊、萼片），不同发育时期的花（-1d，0d，+1d，+2d），叶、根、主茎生长点、蕾（长度3mm，4~5 mm，1cm，2cm）等器官立即浸于液氮中，-70℃保存备用。

1.2 RNA 提取和 cDNA 制备

总RNA分离用CTAB法[3]。取2~5 g花、蕾、根、茎、叶等材料用液氮研磨后，加入15mL CTAB提取缓冲液，震荡均匀后65℃温浴3~5min，加入等体积的氯仿—异戊醇（24：1），剧烈震荡后，12 000r/min，5min，吸取上清。重复1次，1/4体积LiCl沉淀过夜。溶于400μL DEPC-H_2O中，风干后，加入等体积的酚和氯仿—异戊醇各抽提一次，3 mol/L醋酸钠（pH=2.5）沉淀，风干。最后RNA溶于20μL DEPC-H_2O中，用Dnase I（promega）处理后，用于cDNA合成。cDNA第一链合成采用Oligadt（18）和M-MLV逆转录酶（Invitrogen），反应体系按照其说明书进行。

1.3 基因克隆和序列测定

根据生物信息学分析，在本实验室中棉所36均一化全长cDNA文库中筛选到一个推测与棉花发育相关的EST，通过序列拼接得到其全长，以此序列设计引物。以大田正常生长条件下中棉所36植株上的根、茎、叶、花等材料提取RNA，合成cDNA第一链，将第一链产物稀释10倍后作为模板，用于基因扩增。扩增*GhCO*全长的引物为5′-AACCCCAGCAACTTGTTGAA-3′和5′-TACCTTCATCTTCTTTACCTAT-3′，反应体系为25μL，含第一链cDNA稀释产物1μL，5μmol/L引物各2μL，10×PCR buffer 2.5μL，$MgCl_2$（1.5mmol/L）1.5μL，Taq DNA聚合酶1mol/L（宝生物生物工程公司），灭菌ddH_2O 17μL。PCR反应在PTC-200 DNA Engine Cycler（MJ）上进行，反应条件为95℃ 5min；94℃ 1min，60℃ 1min，72℃ 2min，35个循环；72℃延伸10min。

基因克隆按照刘天明和宋国琦等方法[4-5]进行。PCR产物经琼脂糖凝胶电泳分离后，用刀片切下目标片段，用DNA凝胶回收试剂盒（宝生物生物工程有限公司）纯化，将纯化基因产物与T-easy载体（promega）连接。取5μL连接产物转化100μL大肠杆菌DH5α的感受态细胞，然后加入900μL的LB培养液37℃、中低速（150r/min）振荡培养1.5h，之后取200μL菌液涂于含氨苄（60μg/mL）的LB/X-gal/IPTG培养板上，37℃培养14h，挑取白色克隆。以T-easy载体通用引物M13对挑取的菌落进行PCR扩增，检测阳性克隆插入片段大小。阳性克隆由上海生物工程技术有限公司采用M13正向或反向引物进行测序。

1.4 序列比较分析

得到的序列去除载体序列后用BLASTX（http：//www.ncbi.nlm.nih.gov/BLAST/）进行同源序列分析，用Clustal W（http：//www.ebi.ac.uk/Clustalw/）进行多重序列比对。

1.5 QRT-PCR 分析

分别提取棉花根、茎、叶等总RNA 5μg进行反转录反应。试验采用Invitrogen公司的

Super ScriptTM First-Strand Synthesis System for RT-PCR 试剂盒，生成的第 1 链 cDNA 用作 QRT-PCR 的模板。QRT-PCR 使用 SYBR green PCR 试剂盒（Applied Biosystems 公司）标记反应产物，PCR 分析仪器为罗氏 LightCycler R 480 Real-time Cycler。棉花的 18S 基因为内标，使用基因特异性引物 5′-TCGGGTCTTGGTCTGTGAAGT-3′和 5′-GAGGGTTAGCG-GAGTGGATG-3′。

1.6　植物过量表达载体 pBI－*GhCO* 的构建及鉴定

使用本实验室保存的 pBI121 质粒袁构建基因的植物过量表达载体。

2　结果与分析

2.1　RNA 提取

中棉所 36 RNA 经琼脂糖凝胶电泳，从图 1 可看出，28S 和 18S 电泳条带清晰，无拖尾现象产生，表明所提取的 RNA 质量较好。

2.2　RT-PCR 扩增 *GhCO* 基因

通过 RT-PCR 扩增获得 *GhCO* 基因，反应物经 1.0% 琼脂糖凝胶电泳检测，结果如图 2 所示。由图 2 可知，扩增片段大小和预期大小基本一致，长度在 1 100bp 左右。对扩增得到的 *GhCO* 进行克隆测序，结果发现 *GhCO* 的 ORF 全长为 1 017bp，编码 338 个氨基酸。

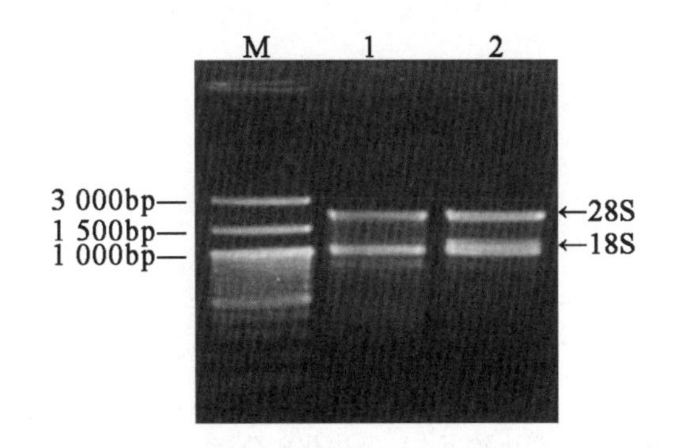

图 1　中棉所 36 总 RNA

M：DNA 分子量标记；1 ~2：总 RNA

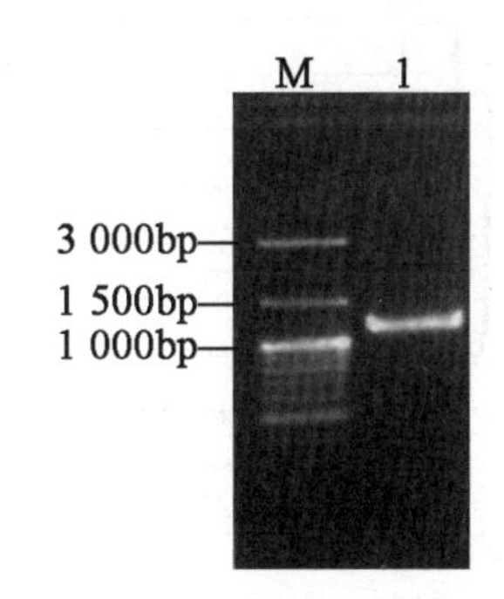

图 2　棉花 *GhCO* PCR 扩增结果

M：DNA 分子量标记；1：*GhCO*

2.3　GhCO 蛋白结构比对和进化树分析

对 GhCO 基因编码的氨基酸序列进行 BLASTP 分析表明，与蓖麻（Ricinus communis）、芒果（Mangifera indica）、毛果杨（Populus trichocarpa）等物种中 *CO* 基因或 *CO* 基因类似物编码氨基酸序列同源性达到 70% 以上，均含有两类保守结构域，N 端的 B-box 型锌指结构域和靠近 C 端的 CCT 结构域（CO，CO-Like，TOC1 蛋白）（图 3A）。为明确棉花 GhCO 蛋白与其他植物 CO 蛋白的进化关系，选取拟南芥、大豆、苹果、芒果、桃等 10 个 CO 蛋白构建了进化树。如图 3B 所示棉花 GhCO 蛋白与芒果、杨树、蓖麻、拟南芥、萝卜 CO 蛋白在进化关系上比较接近，与其他植物中 CO 蛋白进化关系较远。由于序列的同源性与功能的相似性往往存在一致，已经证明 AtCO 在花发育过程中对开花时间起正向调节因子的作用，因此，我们推测 GhCO 蛋白在棉花开花途径中起重要作用。

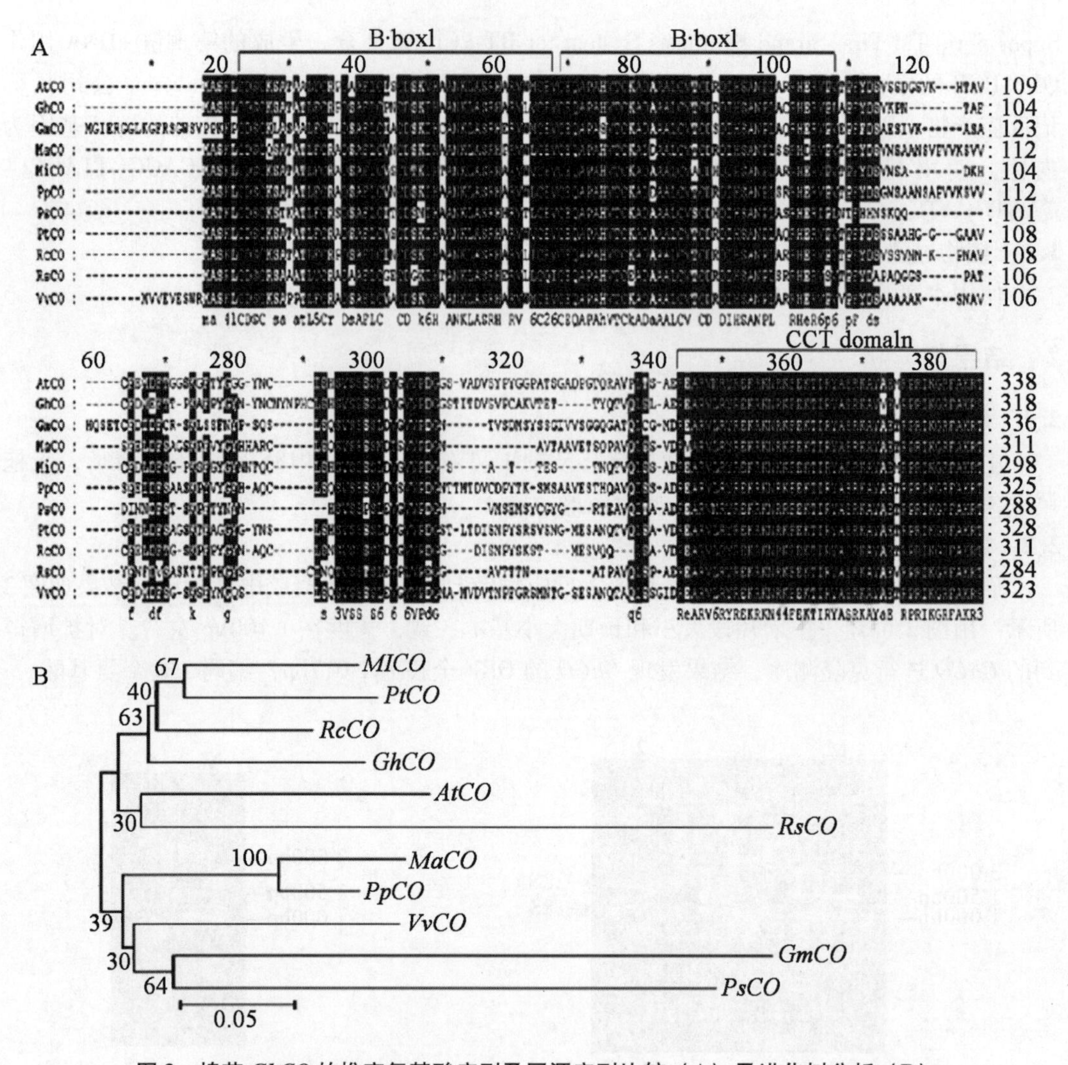

图3 棉花 *GhCO* 的推定氨基酸序列及同源序列比较（A）及进化树分析（B）

AtCO：拟南编码 CO 蛋白基因（Q940T9.2）；*GmCO*：大豆编码 CO 蛋白基因（ACX42572.1）；MaCO：苹果 CO 蛋白（AAC99310.1）；MiCO：芒果 CO 蛋白（ACN62415.1）；PpCO：桃 CO 蛋白（ACH73166.1）；PsCO：豌豆 CO 蛋白（AAX47173.1）；PtCO：杨树 CO 蛋白（XP_ 00230965.1）；RcCO：蓖麻 CO 蛋白（XP_ 002515382.1）；RsCO：萝卜 CO 蛋白（AAC35496.1）；VvCO：葡萄 CO 蛋白（XP_ 002263458）

2.4 棉花 *GhCO* 基因的表达分析

为研究 *GhCO* 基因在棉花中表达的时空特性，提取不同组织和主茎生长点不同发育时期的总 RNA，以棉花 18S 基因作内标，进行 QRT-PCR 分析。结果表明，*GhCO* 基因在棉花的花、胚珠、茎、叶、主茎生长点、苞叶、根、花瓣、雄蕊、雌蕊、萼片中均有表达，在蕾和花中具有较高的表达量，说明这个基因可能与蕾和花的发育有关（图4A）。为了进一步研究 *GhCO* 在蕾和花中的表达趋势，分别分析了 *GhCO* 在长度 3mm、4 ~ 5mm、1cm、2cm 蕾中 -1d、0d、+1d、+2d 花中的表达量。从图 4B 和图 4C 中分别可以看出，

GhCO 在长度为 1cm 的蕾中表达量最高，在开花-1d、0d、+1d、+2d 的花中都有表达，其中，0d 时花中 *GhCO* 优势表达。*GhCO* 在苗期 10 SDs（short days，短日照处理出苗后 10d，1 片真叶展平时）时表达量很高，在 20SDs（出苗后 20d，2 片真叶展平时）时表达量下降。而在 TM-1 中，10SDs 时表达量很低，在 20SDs 时表达量升高（图 4D）。

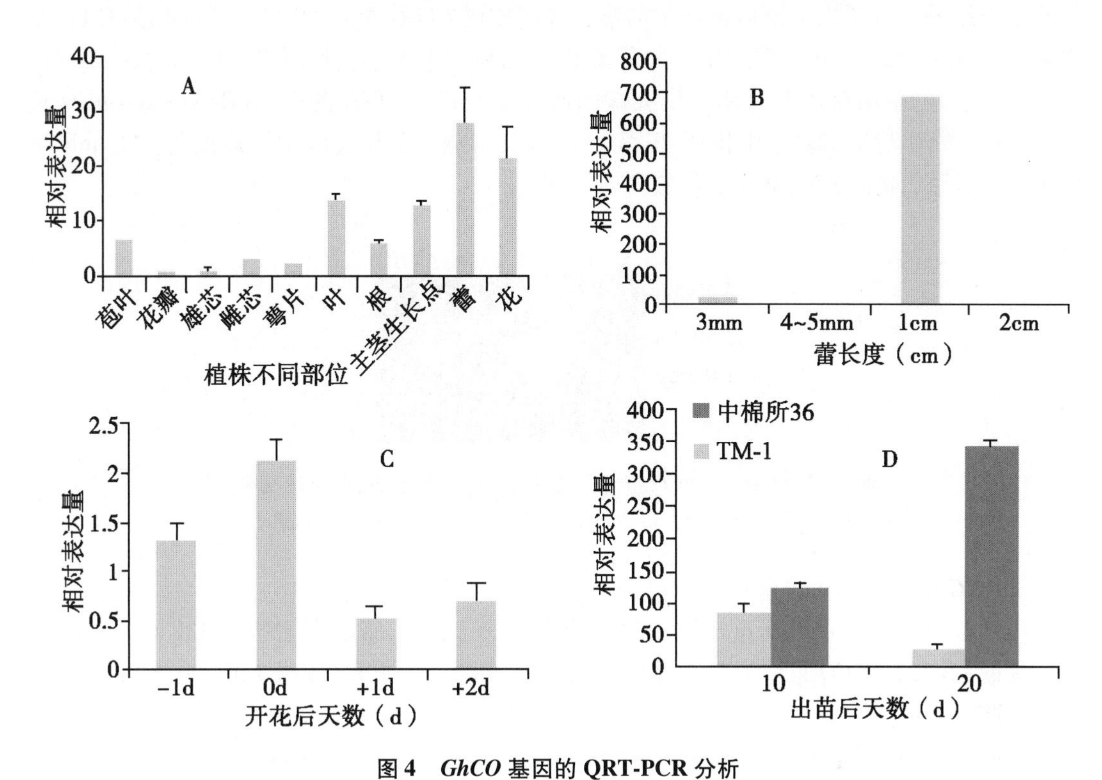

图 4　*GhCO* 基因的 QRT-PCR 分析

A. 植株不同部位；B. 蕾不同时期；C. 花不同时期；D. 主茎生长点不同时期

2.5　棉花 *GhCO* 蛋白基因表达载体的构建

根据 pBI121 载体的 GUS 基因两边的酶切位点，重新设计合适的引物（分别在正反引物的 5′端加上酶切位点 *SmaI* Ⅰ 和 *Xba* Ⅰ），用这 2 组引物再次进行 RT-PCR。

将 PCR 产物和 pBI121 载体分别进行 *SmaI*Ⅰ和 *Xba*Ⅰ双酶切，回收并使用 T4 连接酶连接带有相同黏性末端的 PCR 产物和 pBI121 载体大片段，得到表达

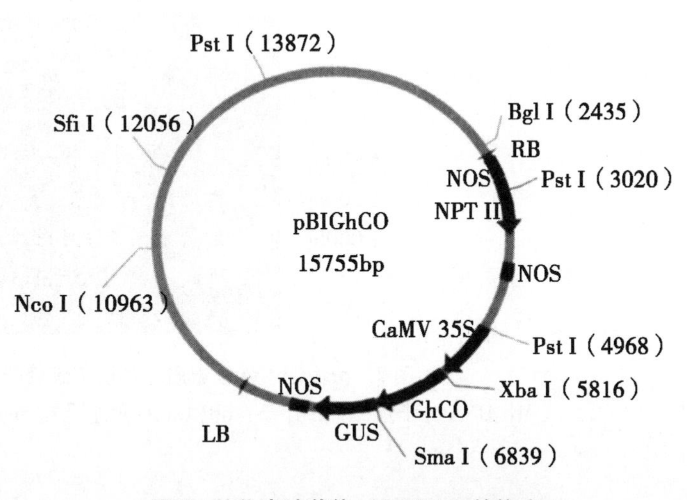

图 5　植物表达载体 pBIGHCO 的构建

载体 pBIGhCO（图5）。

2.6 pGET-easy-*GhCO*重组质粒菌落 PCR 鉴定

将 RT-PCR 扩增所获得的 *GhCO* 基因产物经过电泳回收纯化步骤直接与质粒 pGET-easy 进行连接，转化大肠杆菌 DH5α 感受态细胞，再涂布于含氨苄青霉素（50μg/mL）抗性平板上培养，待长出菌落后挑选单菌落，采用扩增 *GhCO* 全长的引物进行菌落 PCR。结果表明，pGET-easy-*GhCO* 重组质粒的菌落 PCR 结果条带大小一致。将含有 pGET-easy-*GhCO* 重组质粒的单菌落送上海北京华大基因研究中心进行 DNA 测序。pGET-easy-*GhCO* 重组质粒中 *GhCO* 与本实验室中棉所 36 均一化全长 cDNA 全长文库中测序所得到的 mRNA 序列完全一致，能够编码全长氨基酸序列（图6）。

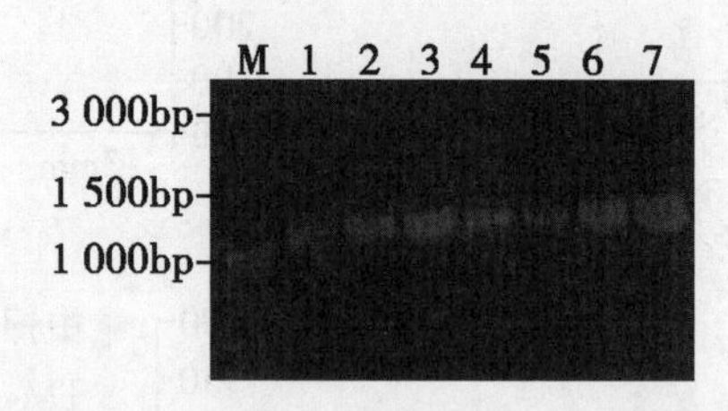

图6　Pget-easy-*GhCO* 重组质粒菌落 PCR 琼脂糖凝胶电泳结果

M：DNA 分子量标记；1 ~7：*GhCO* 重组质粒为模板菌落 PCR 结果

2.7 pBI-*GhCO* 重组质粒鉴定

挑选含有 pBI121-*GhCO* 重组质粒的单个菌落，于含卡那霉素的抗性 LB 培养基中培养，提取 pBI121-*GhCO* 重组质粒，并用限制性内切酶 *SmaI* Ⅰ和 *Xba* Ⅰ双酶切，结果如图7所示。酶切后产生 2 条片段，其中小片段均与预期大小相等，说明植物过量表达载体 pBI121-*GhCO* 已成功构建。含此转录本的植物表达载体命名为 pBIGhCO。然后，pBIGhCO 经遗传转化到农杆菌中，用于下一步转基因烟草和棉花。

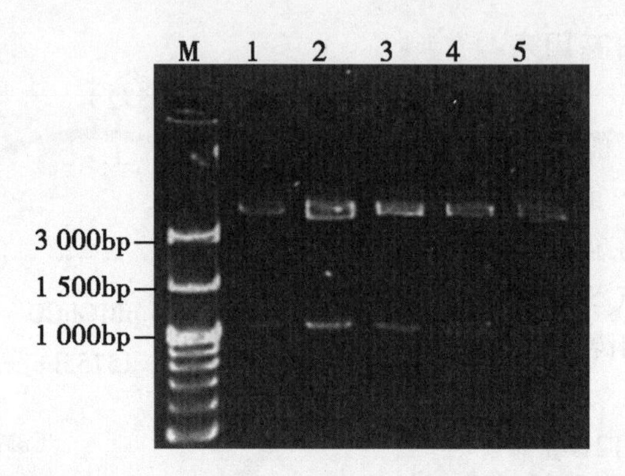

图7　pBI-GhCO 重组质粒酶切琼脂糖凝胶电泳结果

M：DNA 分子量标记；1 ~5：pBI-GhCO 重组质粒 Sma Ⅰ和 Xba Ⅰ双酶切结果

3　讨论

CO 是植物开花光周期反应过程中控制植物开花时间的一个关键基因[6-9]。本试验通过筛选中棉所36 均一化全长 cDNA 文库[10]，然后利用 RT-PCR 技术克隆到了 *GhCO* 的 cD-NA 片段，这个基因编码的氨基酸序列分别与芒果、杨树、拟南芥 *CO* 蛋白序列同源性达到70% 以上。这些基因均含有2 类保守结构域，N 端的 B-box 型锌指结构域和靠近 C 端的 CCT 结构域（CO，CO-Like，TOC1 蛋白）。这也说明了植物 *CO* 类似基因在开花时间控制途径上的保守性[6-7]。QRT-PCR 分析结果表明，*GhCO* 在长度为 1cm 的蕾中表达量最高，在开花当天时 *GhCO* 表达量最高，这与前人的研究结果一致。说明 *GhCO* 的确参与了棉花蕾和花的发育，可能在开花途径中也处于非常重要的位置。根据本实验室研究发现，中棉所36 在2 片真叶展平时开始花芽分化，而 TM-1 在3 片真叶展平时开始花芽分化（文章尚未发表）。*GhCO* 在苗期 10 SDs 表达量很高，在 20 SDs 表达量下降。而在 TM-1 中，10SDs 时表达量很低，在 20SDs 表达量升高，说明 *GhCO* 在早熟品种中棉所 36 中花芽分化前开花决定期（1 片真叶展平时）就已经开始高调表达，促进 2 片真叶展平时开始花芽分化。而在晚熟品种 TM-1 中 2 片真叶时高调表达，促进 3 片真叶展平时的花芽分化。说明 *Gh-CO* 在花芽分化形态出现以前就已经高调表达，而在花芽分化从形态上出现分化时表达量反而降低。由此推测，*GhCO* 可能在花芽分化前的开花决定期就已经高调表达，从而来促进花芽的分化。

CO 基因在不同物种中具有保守的锌指结构和核定位区域，但是不同植物中的作用机理并不完全相同。序列分析表明，该基因在被子植物与裸子植物之间、双子叶植物与单子叶植物之间以及不同科、属的植物之间均有明显分化[11]。短日照植物成花机理有可能与长日照植物不同[12-13]。总之，目前对 *CO* 基因的研究还多集中于对模式植物拟南芥和水稻的研究，而对其他经济作物还很少。虽然这些基因具有相当的保守性，但基因在一定程度上仍具有种属特异性。因此，构建了 pBIGhCO 过量表达载体，为进一步探讨 *GhCO* 的功能奠定了重要的基础。

参考文献

［1］Gamer W W，Allard H A. Effect of the relative length of day and night and other factors of the environment on growth and reproduction in plants ［J］. *Journal of Agricultural Research*，1920，18：553-606.

［2］Hayama R，Coupland G. The molecular basis of diversity in the photoperiodic flowering responses of Arabidopsis and rice ［J］. *Plant Physiology*，2004，135：677-684.

［3］胡根海，喻树迅．利用改良的 CTAB 法提取棉花叶片总 RNA ［J］. 棉花学报，2007，19（1）：69-70.

［4］刘天明，胡银岗，张宏，等．条锈菌诱导的抗锈小麦种质的基因表达分析［J］. 西北植物学报，2006，26（3）：521-526.

［5］宋国琦，胡银岗，林凡云，等．YS 型小麦温敏雄性不育系 A3017 控温条件下的花粉育性比较［J］. 麦类作物学报，2006，26（1）：17-20.

［6］Robert L S，Robson F，Sharpe A，*et al.* Conserved structure and function of the Arabidopsis flowering time gene *CONSTANS* in Brassica napus［J］. *Plant MolBiol*，1998，37（5）：763-772.

［7］Liu J，Yu J，Mcintosh L，*et al.* Isolation of a *CONSTANS* or- tholog from Pharbitis nil and its role in flowering［J］. *Plant Physiol*，2001，125（4）：1821-1830.

［8］Yasue N，Mayumi K，Takuichi F，*et al.* Characterization and functional analysis of three wheat genes with homology to the *CONSTANS* flowering time gene in transgenic rice［J］. *Plant J*，2003，36（1）：82-93.

［9］Hecht V，Foucher F，Ferrandiz C，*et al.* Conservation of Arabidopsis flowering genes in model legumes［J］. *Plant Physiol*，2005，137（4）：1420-1431.

［10］吴东，刘俊杰，喻树迅，等．中棉所36均一化全长cDNA文库的构建与鉴定［J］. 作物学报，2009，35（4）：602-607.

［11］樊丽娜，邓海华，齐永文．植物*CO*基因研究进展［J］. 西北植物学报，2008，28（6）：1281-1287.

［12］Hayama R，Yokoi S，Tamaki S，*et al.* Adaptation of photope-riodic control pathways short-day flowering in rice［J］. *Nature*，2003，422：719-722.

［13］Ryosuke H，Bhavna A，Elisabeth L，*et al.* A circadian rhythm set by dusk determines the expression of FT homologs and the short-day photoperiodic flowering response in Pharbitis［J］. *Plant Cell*，2007，19：2988-3000.

棉花纤维特异转录因子 *GhMADS9* 的克隆及功能逐步分析

庞朝友[1,2]，秦咏梅[2*]，喻树迅[1*]
（1. 中国农业科学院棉花研究所，安阳 455000；2. 北京大学生命科学学院蛋白质工程及植物基因工程国家重点实验室，北京 100871）

摘要：从快速伸长的纤维细胞中克隆到了一个转录因子，通过序列比对发现其具有典型的 MADS-box 结构域，命名为 *GhMADS9*。进化树分析表明 *GhMADS9* 属于典型的 MIKC 类 MADS 转录因子，与在拟南芥胚中高表达的转录因子 AGL15 亲缘关系最近。RT-PCR 和原位杂交试验表明 *GhMADS9* 在纤维细胞中特异表达。酵母单杂交试验证明 *GhMADS9* 具有转录因子激活活性。继续研究 *GhMADS9* 对下游基因的调节机制有利于更加深入地了解棉纤维发育机制。

关键词：棉花；*GhMADS9*；纤维；转录因子

转录因子在调节下游基因表达方面具有重要作用[1]。在众多的转录因子家族中，具有 MADS-box 结构域的转录因子在植物花器官发育中起到重要作用[2]。MADS-box（MCM1-AGAMOUS- DEFICIENS-SRF）结构域是一个由 56～58 个氨基酸组成的高度保守的 DNA 结合结构域[3]。MADS-box 蛋白是一大类转录因子，广泛存在于动物、植物和真菌中。基于系统进化分析，MADS-box 基因被分为两大类 SRF 型（type Ⅰ）和 MEF2 型（type Ⅱ）[4]。植物 MADS-box 转录因子同时存在 SRF 型和 MEF2 型，其中 MEF2 型的转录因子有很多属于 MIKC 型[5-6]。MIKC 型 MADS- box 转录因子从 N 端到 C 端有以下 4 个结构域：MADS-box、I 区（intervening）、K 区（keratin-like）和 C 末端区域（C-terminal）[7]。

植物 MADS 家族基因不仅调控花器官发育，而且在果实成熟、胚的建成、根和叶的发育等方面有广泛的作用[8-10]，并且，拟南芥 *AGL*16 在毛状体和保卫细胞中高表达[9]；过表达矮牵牛的 *FBP*20 基因，导致毛状体发育异常[11]；在棉花纤维发育的研究中，发现 *GhMADS*7 基因发生了可变剪切[12]；暗示 MADS 家族基因可能对棉纤维（种皮毛）发育有重要作用。在棉花大规模 uniGENE 芯片分析中[13]，我们发现一个 MADS 家族的转录因子具有纤维组织表达特异性，因此，我们克隆了该转录因子，定名为 *GhMADS9*，进而又通过 RT-PCR 和原位杂交技术分析了该基因在棉花不同组织的表达模式；并运用酵母单杂交实验分析了 *GhMADS9* 的转录因子激活活性，以此揭示 *GhMADS9* 在纤维发育中的重要

原载于：《棉花学报》，2010，22（6）：515-520

作用。

1 材料和方法

1.1 供试材料

陆地棉（*Gossypium hirsutum* L.）品种徐州 142 及其无长绒无短绒突变体 fl 在人工自动气候室生长。所用种质资源由中国农业科学院棉花研究所种质资源中期库提供。棉花 cDNA 文库构建详见我们以前的报道[13]。

1.2 生物信息学分析

多重序列比对应用 ClustalX version 2.0 软件。Neighbour-joining 无根进化树构建应用 MEGA version 4.1 软件。棉属 MADS 转录因子 NCBI 登录号和所用拟南芥 MADS 转录因子 TAIR 拟南芥数据库登录号（按照文献[5]的分类，选取各亚类中有代表性的拟南芥 MADS 转录因子）及其他物种的 MADS 转录因子 NCBI 登录号分别为：*GhMADS*1：AAN15182；*GhMADS*2：AAN15183；*GhMADS*3：AAL92522；*GhMADS*4：ABM69042；*GhMADS*5：ABM69043；*GhMADS*6：ABM69044；*GhMADS*7：ABM69045；GhMADS9：AAU87582；*GhMADS*10：ACF93432；*GhMADS*11：ACJ26766；*GhMADS*12：ACJ26767；*GhMADS*13：ACJ26768；*GbAGL*1：ACI23560；*GbAGL*2：ACI23561；*AP*1/*AGL*7：At1g69120；*AP*3：At3g54340；*PI*：At5g20240；*AG*：At4g18960；*SEP*1/*AGL*2：At5g15800；*SOC*1：At2g45660；*ABS*/*TT*16：At5g23260；*AGL*24：At4g24540；*AGL*12：At1g71692；*AGL*15：At5g13790；*AGL*18：At3g57390；*AGL*16：At3g57230；*AGL*6：At2g45650；*FLC*：At5g10140；*OsMADS*15：Q6Q9I2；*OsMADS*3：Q40704；*OsMADS*26：Q0J8G8。

1.3 RT-PCR

徐州 142 及其无绒无絮突变体各组织 RNA 的提取参照文献[14]。以 5μg 的总 RNA 为模板，选用 Invitrogen 公司的 Superscript Ⅲ试剂盒，反转录合成各组织的 cDNA。以 *GhUBQ*7 为内标进行 RT-PCR 分析。基因特异引物如下。*GhMADS*9-F（forward）：5′-CCTGAAATAGA AAGCCACTCCAATG-3′；*GhMADS*9-R（reverse）：5′-CCTTTTTCCCA ATAACTGTCACGACT-3′；GhUBQ7-F：5′-GAAGGCATTCCACCTGAC CAAC-3′；GhUBQ7-R：5′-CTTGACCTTCTTCTTCTTG TGCTTG-3′。

1.4 原位杂交

分别选取开花后当天、1d 和 3d 的徐州 142 及其突变体的胚珠为起始材料。原位杂交按照文献[15]的方法操作。合成探针的特异引物为 P1：5′- CTCAAGAAGGCTAAGGAACTCGC-3，P2：5′- CAGGTCAAATCTGGACTGGGAAT-3′。合成方法按照操作手册（Roche Diagnostics）进行。

1.5 酵母单杂交

在大肠杆菌 DH5α 菌株中构建酵母表达载体，将 *GhMADS*9 编码区克隆入酵母表达载体 pYF503 的 *Sal* Ⅰ和 *Not* Ⅰ位置，克隆使用引物为 P1：5′-ACGCGTCGACGTATGGGTAGGGGGAAAATAGAG-3′，P2：5′-ATAAGAATGCGGCCGCTCACAGCAGCCCCAACTG-3′。将构建获得的载体 pYF503（+*GhMADS*9）转入含有报告载体 pG222 的 YM4271 酵母细胞中，并在 Sc-Trp-Ura 的固体培养基上培养，30℃培养 2～4d，待菌落长至直径为 2～3mm，

利用菌落 PCR 鉴定阳性克隆。在 Sc-Ura-Trp 平板上挑取数个阳性菌落划于显色板上。并用 Sc-Ura-Trp 液体培养基振荡培养以下酵母菌株：转入 pG222 和 pYF503 空载体的 YM4271、转入 pG222 和 pYF503（+ubiquitin）的 YM4271、转入 pG222 和 pYF503（-Gal4）的 YM4271、转入 pG222（-Gal4Cis）和 pYF503 的 YM4271，将这些菌株划于同一块板上作为负对照；转入 pG222 和 pYF503（Gal4 full length）的 YM4271 划于同一块板上作为正对照，30℃培养 2～4d，观察菌落颜色。

2　结果与分析

2.1　棉花 MADS-box 转录因子 *GhMADS* 的克隆及序列分析

在棉花大规模 uniGENE 芯片分析中[13]，发现一个 MADS 家族的转录因子具有纤维组织表达特异性。从获得的棉花 cDNA 文库中挑取对应克隆并进行全长基因测序，从而得到该基因的全长。该基因全长 1 224bp，开放阅读框 775bp，编码具有 254 个氨基酸的蛋白。根据先前有关棉花 MADS 转录因子的报道和 NCBI 登录记录[12,16-17]我们将克隆到的陆地棉 MADS 转录因子定名为 *GhMADS*9，NCBI 登录号为 AY631395。

如图 1 所示，将目前已经命名的拟南芥、水稻等其他物种 MADS 转录因子的 MADS-box 结构域与 *GhMADS*9 的进行多序列比对，可知 *GhMADS*9 具有典型的 MADS 结构域，属于 MADS 转录因子家族。如图 2 所示，进化树分析表明，*GhMADS*9 属于典型的 MIKC 类 MADS 转录因子，与在拟南芥胚中高表达的转录因子 *AGL*15 亲缘关系最近，其次是 *AGL*18。进化树分析表明三者属于 MIKC 类中的同一亚类，暗示它们的功能和作用机制的相似性。

图 1　MADS-box 结构域多序列比对

注：保守残基根据相似性的不同，分别用黑色或者浅灰色标出

2.2　*GhMADS9* 表达模式分析

2.2.1　RT-PCR 分析

我们制备了陆地棉徐州 142 及其无绒无絮突变体不同组织和器官的总 RNA，以 *GhUBQ*7 基因为内标，进行了 RT-PCR 分析。如图 3 所示，结果显示 *GhMADS*9 的表达具有组织特异性，它只在开花后 10d（纤维快速伸长期）的纤维中表达，而在徐州 142 及其突变体的根、茎、叶等营养组织中不表达，也不在突变体胚珠中表达，说明 *GhMADS*9 在纤维伸长过程中可能具有重要作用。

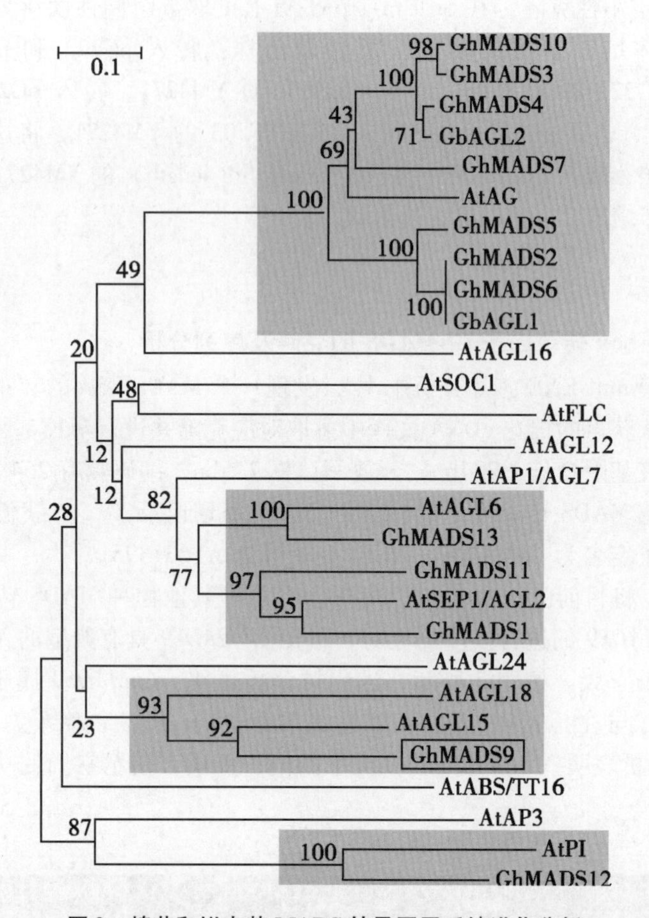

图 2　棉花和拟南芥 MADS 转录因子系统进化分析

注：图中比例尺表示氨基酸的替代率；灰色背景区域指示棉花 MADS 转录因子所在的 5 个 MIKC 亚类

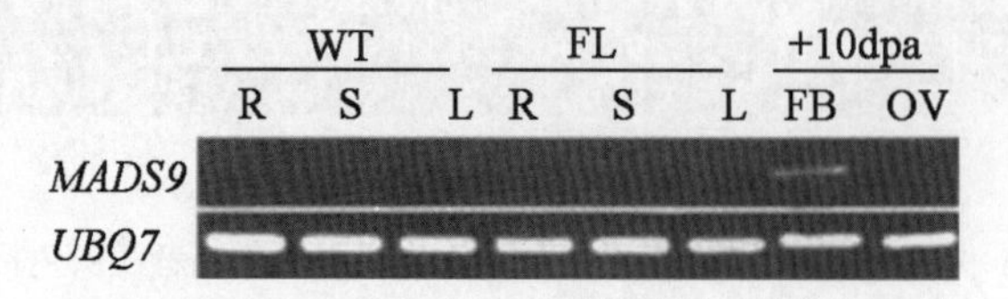

图 3　*GhMADS9* 在不同组织中的表达模式分析

WT：徐州 142；FL：徐州 142 无绒无絮突变体；R：根；S：茎；L：叶子；FB：纤维；OV：突变体胚珠；+10bpa：开花后 10d

2.2.2　原位杂交分析

我们又进一步利用原位杂交技术分析了 *GhMADS9* 的表达模式。如图 4 所示，*GhMADS9* 在突起的纤维细胞中有显著的表达，而在其他细胞中表达强度很低或不表达。原位杂交分析结果进一步表明，*GhMADS9* 是纤维特异的转录因子，对棉纤维的快速伸长可能有重要作用。

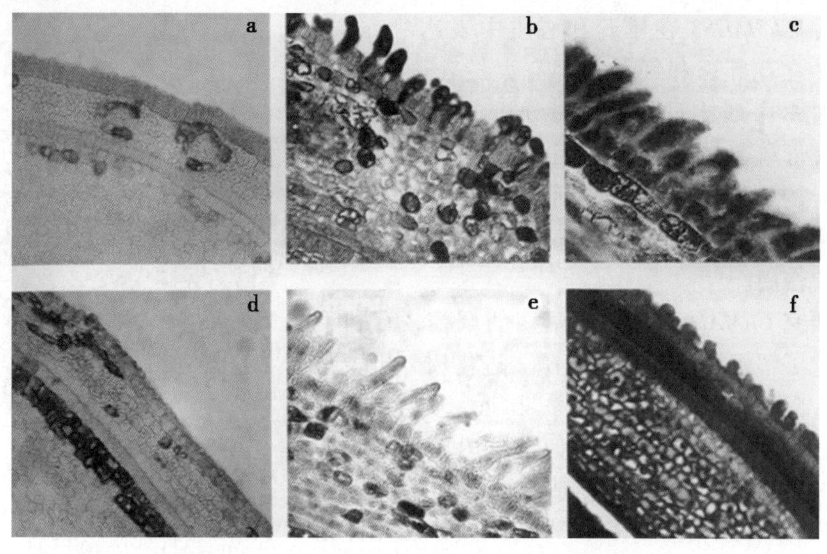

图4　*GhMADS9* 在纤维发育不同时期的原位杂交

注：①0 DPA 野生型胚珠；②+1 DPA 野生型胚珠；③+3 DPA 野生型胚珠；④+3 DPA 无毛突变体胚珠；⑤正义链探针与+3 PDA 野生型胚珠杂交作为负对照；⑥UBQ7 与+1 PDA 野生型胚珠杂交作为正对照

2.3　*GhMADS9* 的转录因子激活活性的分析

根据 *GhMADS9* 的 cDNA 序列设计引物，将克隆得到的 *GhMADS9* 基因全长构建到酵母单杂交载体 pYF503 上，并将构建载体 pYF503-*GhMADS9* 导入酵母细胞。对转化成功的酵母细胞挑取单克隆，在加有 X-gal 的筛选平板上划线培养，观察菌线颜色变化（在平板上相应位置将正对照和负对照的酵母菌株划线），如图 5 所示，转入 pYF503-*GhMADS9* 的酵母克隆在显色平板上变为蓝色，说明 *GhMADS9* 具有转录激活活性。

3　结论与讨论

随着拟南芥、水稻、杨树和葡萄等植物全基因组测序的完成，人们对植物 MADS 基因家族在整个基因组的数量及其分类、表达有了比较全面的了解[5-6,18]。在 MADS 基因家族中，MIKC 类 MADS 转录因子研究最为深入。拟南芥、水稻、玉米、矮牵牛、杨树和葡萄等不同植物的 MIKC 类 MADS 基因大致可分为 13 类（AGL2/SEP，AGL6，API-FUL/SQUA，AGL12，AG，SOC1/TM3，AP3/PI，AGL15，FLC，AGL17，SVP/STMADS11，BS，TM8），相同的亚类有相同的表达模式，并可能有相同的作用机制[5,18]。至今为止，在棉属中共报道 MADS 基因 14 个（陆地棉 12 个，海岛棉 2 个）。进化树分析表明（图 2），这些基因均属于典型的 MIKC 类 MADS 转录因子，并归属于 5 个亚类，其中 *GhMADS2*～7、*GhMADS10* 和 *GbAGL1*～2 共 9 个属于 AG 亚类，*GhMADS1* 和 *GhMADS11* 属于 AGL2/SEP 亚类，*GhMADS13* 属于 AGL6 亚类，*GhMADS12* 属于 AP3/PI 亚类，而在本研究

中获得的 *GhMADS9* 属于 AGL15 亚类。*GhMADS1* 在花瓣、雄蕊、胚珠和纤维中表达，特别是在花瓣中表达量最高[17]，*GhMADS3* 在雄蕊和心皮中表达[16]，*GhMADS* 4~7 在花胚珠和纤维中都有大量表达[12]。本研究则通过多序列比对、进化树分析，RT-PCR、原位杂交和酵母单杂交试验表明，我们得到了第一个棉花纤维特异的 AGL15 亚类转录因子 *GhMADS9*，该基因在快速伸长的纤维中特异表达，暗示它对纤维伸长可能有重要作用。

继续研究 *GhMADS9* 对下游基因的调控，有利于更加深入地了解棉纤维发育的机制。进化树分析表明 *GhMADS9* 与 *AtAGL15* 亲缘关系最近，并且二者 MADS-box DNA 结合结构域的相似性高达 97%，暗示它们调控的下游基因可能是相同的。*AtAGL15* 可以与赤霉素（GA）合成相关基因 DTA 的顺式作用元件相结合，正调控赤霉素的合成，从而促进拟南芥胚的发育[19-25]。同时，*AtAGL15* 也以与自身的顺式作用元件相结合，实现自我调节[26]。棉花胚珠体外培养试验表明，赤霉素可以促进纤维的伸长[27]。因此，*GhMADS9* 在棉纤维中也可能是通过与棉花 DTA 基因的顺式作用元件相结合，从而促进赤霉素的合成，进而促进纤维的伸长。今后的研究将集中在鉴定 *GhMADS9* 调控的下游基因和转基因分析其对纤维伸长的作用上，进一步阐明它在纤维发育过程中的重要功能，以挖掘其在棉花纤维品质改良中的潜力。

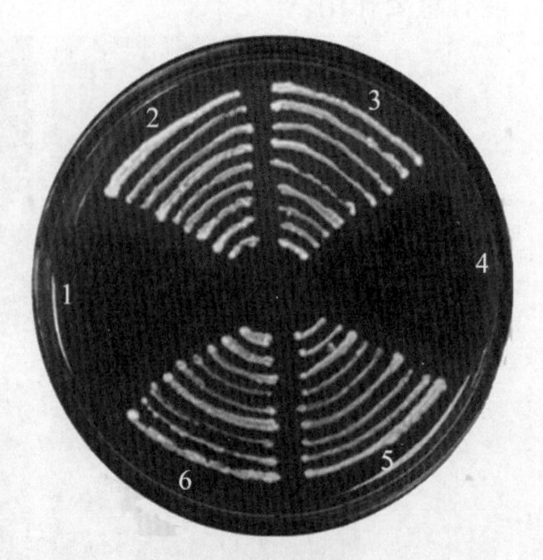

图 5　*GhMADS9* 转录激活活性分析

注：①pYF503（+*GhMADS9*）+ pG222；②pYF503 + pG222；③pYF503（+ubiquitin）+ pG222；④pYF503（Gal4 full length）+ pG222；⑤pYF503（-Gal4）+ pG222；⑥pYF503 + pG222（-Gal4 Cis）

参考文献：

[1] Gong Wei, Shen Yunping, Ma Ligeng, *et al.* Genome-wide ORFeome cloning and analysis of Arabidopsis transcription factor genes [J]. *Plant Physiol*, 2004, 135 (2): 773-782.

[2] A H. Molecular genetic analyses of microsporogenesis and mi- crogametogenesis in flowering plants [J]. *Annu. Rev. Plant Biol.*, 2005, 56: 393-434.

[3] Schwarz-Sommer Z, Huijser P, Nacken W, *et al.* Genetic control of flower development by homeotic genes in Antirrhinum majus [J]. *Science*, 1990, 250 (4983): 931-936.

[4] Alvarez-Buylla E R, Pelaz S, Liljegren S J, *et al.* An an- cestral MADS-box gene duplication occurred before the divergence of plants and animals [J]. *Proc. Natl. Acad Sci. USA*, 2000, 97 (10): 5328-5333.

[5] Debodt S, Raes J, VandePeer Y, *et al.* And then there were many: MADS goes genomic [J]. *Trends Plant Sci.*, 2003, 8 (10): 475-483.

[6] Parenicova L, De folter S, Kieffer M, *et al.* Molecular and phylogenetic analyses of the complete MADS-box transcription factor family in Arabidopsis: new openings to the MADS

world [J]. *Plant Cell*, 2003, 15 (7): 1538-1551.

[7] Ng M, Yanofsky M F. Function and evolution of the plant MADS-box gene family [J]. *Nat. Rev. Genet*, 2001, 2 (3): 186-195.

[8] Rijpkema A S, Gerats T, Vandenbussche M. Evolutionary complexity of MADS complexes [J]. *Curr. Opin. Plant Biol.*, 2007, 10 (1): 32-38.

[9] Alvarez-Buylla E R, Liljegren S J, Pelaz S, *et al.* MADS-box gene evolution beyond flowers: expression in pollen, endosperm, guard cells, roots and trichomes [J]. *Plant J.*, 2000, 24 (4): 457-466.

[10] Duanke, Li Li, Hu Peng, *et al.* A brassinolide-suppressed rice MADS-box transcription factor, OsMDP1, has a negative regulatory role in BR signaling [J]. *Plant J.*, 2006, 47 (4): 519-531.

[11] Ferrario S, Busscher J, Franken J, *et al.* Ectopic expression of the petunia MADS box gene UNSHAVEN accelerates flowering and confers leaf-like characteristics to floral organs in a dominant-negative manner [J]. *Plant Cell*, 2004, 16 (6): 1490-1505.

[12] Lightfoot D J, Malone K M, Timmis J N, *et al.* Evidence for alternative splicing of MADS-box transcripts in developing cotton fibre cells [J]. *Mol. Genet Genomics*, 2008, 279 (1): 75-85.

[13] Shi Yonghui, Zhu Shengwei, Mao Xizeng, *et al.* Transcriptome profiling, molecular biological, and physiological studies reveal a major role for ethylene in cotton fiber cell elongation [J]. *Plant Cell*, 2006, 18 (3): 651-664.

[14] Ji Shengjian, Lu Yingchun, Feng Jianxun, *et al.* Isolation and analyses of genes preferentially expressed during early cotton fiber development by subtractive PCR and cDNA array [J]. *Nucleic Acids Res.*, 2003, 31 (10): 2534-2543.

[15] Qin Yongmei, Pujol F M, Hu Chunyang, *et al.* Genetic and biochemical studies in yeast reveal that the cotton fibre-specific GhCER6 gene functions in fatty acid elongation [J]. *J. Exp. Bot.*, 2007, 58 (3): 473-481.

[16] Guo Yulong, Zhu Qinlong, Zheng Shangyong, *et al.* Cloning of a MADS box gene (*GhMADS*3) from cotton and analysis of its homeotic role in transgenic tobacco [J]. *J. Genet Genomics*, 2007, 34 (6): 527-535.

[17] Zheng Shangyong, Guo Yulong, Xiao Yuehua, *et al.* Cloning of a MADS box protein gene (*GhMADS*1) from cotton (*Gossypium hirsutum* L.) [J]. *Journal of Genetics and Genomics*, 2004, 31 (10): 1136-1141.

[18] Diaz-Riquelme J, Lijavetzky D, Martinez-Zapater J M, *et al.* Genome-wide analysis of MIKCC-type MADS box genes in grapevine [J]. *Plant Physiol*, 2009, 149 (1): 354-369.

[19] Wang H, Tang W, Zhu C, *et al.* A chromatin immunoprecipi- tation (ChIP) approach to isolate genes regulated by AGL15, a MADS domain protein that preferentially accumulates in embryos [J]. *Plant J.*, 2002, 32 (5): 831-843.

[20] Harding E W, Tang W, Nichols K W, *et al.* Expression and maintenance of embryo-

genic potential is enhanced through constitutive expression of AGAMOUS-Like 15 [J]. *Plant Physiol*, 2003, 133 (2): 653-663.

[21] Wang H, Caruso L V, Downie A B, *et al.* The embryo MADS domain protein AGAMOUS-Like 15 directly regulates expression of a gene encoding an enzyme involved in gibberellin metabolism [J]. *Plant Cell*, 2004, 16 (5): 1206-1219.

[22] Defolter S, Angenent G C. trans meets cis in MADS science [J]. *Trends Plant Sci.*, 2006, 11 (5): 224-31.

[23] Perry S E, Lehti M D, Fernandez D E. The MADS-domain protein AGAMOUS-like 15 accumulates in embryonic tissues with diverse origins [J]. *Plant Physiol*, 1999, 120 (1): 121-130.

[24] Fernandez D E, Heck G R, Perry S E, *et al.* The embryo MADS domain factor AGL15 acts postembryonically: Inhibition of perianth senescence and abscission via constitutive expression [J]. *Plant Cell*, 2000, 12 (2): 183-197.

[25] Tangw, Perry S E. Binding site selection for the plant MADS domain protein AGL15: an in vitro and *in vivo* study [J]. *J. Biol. Chem*, 2003, 278 (30): 28154-28159.

[26] Zhu C, Perry S E. Control of expression and autoregulation of AGL15, a member of the MADS-box family [J]. *Plant J.*, 2005, 41 (4): 583-594.

[27] Beasley C A. Hormonal regulation of growth in unfertilized cotton ovules [J]. *Science*, 1973, 179 (4077): 1003-1005.

棉花抗细胞凋亡基因 *GhDAD*1 的克隆、定位及表达分析

龚文芳[1,2]，喻树迅[1]，宋美珍[1]，范术丽[1]，庞朝友[1]，肖水平[1]
（1. 中国农业科学院棉花研究所/农业部棉花遗传改良重点实验室，安阳　455000；
2．华中农业大学植物科学与技术学院，武汉　430070）

摘要：克隆陆地棉抗细胞凋亡新基因 *GhDAD*1，为陆地棉细胞凋亡的分子机制提供依据，为培育不早衰陆地棉品种提供理论基础。采用 RT-PCR 以及电子克隆获得陆地棉 *GhDAD*1 的基因组序列以及全长 cDNA 序列并进行生物信息学分析，然后通过荧光原位杂交（FISH）技术进行染色体定位，利用 Real-time PCR 进行表达模式分析，分析 6-BA、乙烯、H_2O_2、SA 以及 NO 对 *GhDAD*1 表达量的影响。棉花 *GhDAD*1 编码阅读框全长 354bp，包含 5 个外显子，4 个内含子以及 232bp 的 5′非编码区和 280bp 的 3′非编码区。氨基酸序列分析表明 *GhDAD*1 蛋白属于 DAD 家族，与柑橘、拟南芥 GhDAD1 蛋白的相似性分别为 91% 和 88%，起始密码子区符合 Kozark 规则，内含子剪接位点符合 GT-AG 规则。FISH 技术将 *GhDAD*1 定位于染色体长臂上。Real-time PCR 分析表明，陆地棉各组织中均表达该基因，花和种胚等幼嫩组织表达量较高，并且随着衰老的进行，表达量降低。利用 6-BA，乙烯，水杨酸，一氧化氮以及双氧水处理中棉所 10 号，qRT-PCR 分析表明，6-BA、水杨酸处理能够延缓衰老，增加 *GhDAD*1 的表达量；乙烯能够加速衰老，降低 *GhDAD*1 的表达量；H_2O_2 对 *GhDAD*1 的表达量的影响不大；而 NO 不同浓度影响不一样，随着浓度的升高，*GhDAD*1 的表达量先升高后降低。陆地棉中存在抗细胞凋亡基因（*GhDAD*1）。

关键词：棉花；抗细胞凋亡因子；生物信息学；表达模式

1972 年，英国阿伯丁大学病理学教授 Kerr 等[1]首次提出细胞凋亡的含义。细胞凋亡（Apoptosis，APO）是指为维持内环境稳定，由多种基因控制的、细胞自主的、有序的死亡过程，所以也常被称为细胞程序性死亡（Programmed cell death，PCD）。细胞凋亡是细胞对环境的生理性病理刺激信号、环境条件的变化或缓和性损伤而产生的应答有序变化的死亡过程。植物衰老是生命的自然衰退和死亡，PCD 是植物在衰老后期表现出的生物学现象，是衰老的一部分。棉花是中国重要的经济作物，在国民经济和社会发展中占有重要的地位。由于中国人多地少，粮棉争地的矛盾非常突出，短季棉品种在中国麦棉两熟或多

原载于：《中国农业科学》，2010，43（18）：3713-3723

熟制栽培体系中发挥着重要的作用。而短季棉的早熟早衰问题严重影响棉花的产量和纤维品质，培育早熟不早衰棉花新品种是棉花育种的热点领域，因此，克隆与衰老有关的基因对于改良棉花品种具有重要的意义。目前，对细胞凋亡遗传控制的研究主要集中在特定蛋白质上。P53 蛋白促进细胞性死亡[2]，Bcl-2 蛋白[3]、*DAD*1 蛋白（Defender against apoptotic cell death 1）等抑制细胞程序性死亡。*DAD*1 是一种内源性细胞凋亡抑制基因，最早发现于对温度敏感的突变异种仓鼠细胞系 tsBN7 中。仓鼠细胞系因缺失 DAD1 蛋白而出现细胞凋亡[4]，*DAD*1 可以从 Bcl-2 的下游发挥作用或者自主阻断细胞死亡。人和线虫 *DAD*1 的表达均能够抑制线虫中一些细胞程序性死亡。DAD1 是内质网内膜上糖基转移酶复合体的一个重要亚基。它是糖基转移酶执行功能和维持其结构必需的部分，能维持细胞内正常水平的糖基化[5]，糖基转移酶催化粗面内质网腔内甘露糖的寡聚糖转移到初生天冬酰胺羧基上。*DAD*1 蛋白功能异常或表达量过低会严重影响糖基转移酶的功能，使细胞缺乏糖基化的蛋白质而引发细胞凋亡[6-7]。在人、仓鼠、爪蟾、线虫、家鼠等动物中已经克隆到 *DAD*1[8-9]，*DAD*1 是一个进化过程中高度保守的凋亡抑制基因，因此，在植物中也有许多关于 *DAD*1 的报道，Apte 等[10]在水稻基因组中发现了 *DAD*1 同源物，它与小鼠、仓鼠、线虫和人类的 *DAD*1 同源性很高。Gallois 等[11]从拟南芥 cDNA 文库中分离了 *Atdad*，其表达产物与哺乳动物细胞中阻止细胞凋亡的 *DAD*1 蛋白非常相似。将该基因转入在严格温度控制下发生凋亡的仓鼠突变体 tsBN7 细胞中，发现其表达产物与人的 DAD1 同样可以阻止细胞的凋亡。与哺乳动物不同的是 Southern 杂交和基因组数据显示，拟南芥中可能有 2 个 *Atdads*。尽管在种子成熟和干化过程中该基因的转录水平下降，但是 Northern 杂交分析表明，*Atdads* 存在于所有组织中。目前，*DAD*1 对植物的抗细胞凋亡有很重要的作用，而关于陆地棉 *GhDAD*1 及其功能尚未报道。本研究拟在前人研究的理论基础上，通过 RT-PCR 和电子克隆获得陆地棉 *GhDAD*1 的基因组序列及全长 cDNA 序列，并进行生物信息学分析。同时研究了其染色体定位和表达模式情况以及外源激素和化学分子对 *GhDAD*1 的表达所产生的影响，并构建了转基因载体，为进一步研究 *GhDAD*1 的功能奠定了基础，为探讨不早衰短季棉品种选育的分子调控机制积累重要资料。

1 材料与方法

1.1 供试材料

1.1.1 自然衰老材料的选取

试验于 2009 年中国农业科学院棉花研究所农业部棉花遗传改良重点实验室进行。选取饱满的中棉所 10 号种子，种植在 $10dm^3$ 塑料培养钵里，培养钵里为温室培养土。每隔 3d 播种一次，共播种 9 次。白天/晚上温度为 [32/（25 ±3）]℃，光照周期为 12h/12h，光照强度为 350 ~450μmol/（m^2 · s）。待最后一次播种出苗 7d 后，统一取样。选取完整且未受损伤的棉花子叶叶片，用液氮固定后，保存于 －70℃冰箱备用。

1.1.2 外源激素处理材料的选取

试验于 2009 年中国农业科学院棉花研究所农业部棉花遗传改良重点实验室进行。选取饱满的中棉所 10 号种子，种植在 $10dm^3$ 塑料培养钵里，培养钵里为温室培养土。白天/晚上温度为 [32/（25 ± 3）]℃，光照周期为 12h/12h，光照强度为 350 ~ 450μmol/

$(m^2 \cdot s)$。待棉花子叶展平时，选择生长一致的棉花幼苗每天早上9点喷施：①CK，蒸馏水；②10mg/L 6-BA；③10mg/L 乙烯利，共喷施1周后统一取子叶并分为2部分，一部分进行叶绿素的含量测定，另一部分液氮固定后，保存于-70℃冰箱备用。

1.1.3　外源化学小分子处理材料的选取

试验于2009年中国农业科学院棉花研究所农业部棉花遗传改良重点实验室进行。选取饱满的中棉所10号种子，种植在10dm^3塑料培养钵里，培养钵里为温室培养土。白天/晚上温度为［32/（25±3）］℃，光照周期为12h/12h，光照强度为350~450μmol/$(m^2 \cdot s)$。待棉花子叶展平时选择生长一致的棉花幼苗沿下胚轴切断，每10株为一束，将棉花幼苗去根垂直浸入以下培养液进行培养：①CK，蒸馏水；②0.5mmol/L 的 SA；③0.8mmol/L的 H_2O_2；④硝普钠 SNP（NO 供体 0.1mmol/L，0.5mmol/L，2.5mmol/L，5mmol/L）培养液的体积为100mL。为防止去根棉花幼苗维管束内进入空气，在培养液中再切除1.5 cm 左右的幼茎，然后在30℃的条件下暗培养诱导衰老，根据试验设计，处理12h后，统一取子叶并分为2部分，一部分进行叶绿素含量测定，另一部分液氮固定后，保存于-70℃冰箱备用。

1.1.4　组织表达谱材料的选取

试验于2009年中国农业科学院棉花研究所试验基地进行，选择成熟饱满的中棉所10号种子，浓硫酸脱绒后，于5月22日大田播种，定苗密度每公顷为120 000株，栽培管理同常规大田，在棉花生长发育进程中，分别采取根、茎、叶、花、种胚、20d后的纤维、萼片，并用液氮固定后，保存于-70℃冰箱备用。

1.2　试验方法

1.2.1　棉花 *GhDAD*1 的克隆

农业部棉花遗传改良重点实验室已构建中棉所36均一化 cDNA 文库，并由北京华大基因公司测序，测序完成之后，获得的 EST 数据首先用 Phred 去除序列两端的低质量序列，有效序列是经过 Cross-match 屏蔽载体后的长度大于100bp 的序列，然后经 Phrap 拼接。序列拼接后生成 contig 和 singlet，可以判断 EST 序列最终代表的独立基因，最后根据拼出的独立基因进行基因注释及功能分类。根据测序结果，获得一个 EST 序列，基因注释表明与抗细胞凋亡有关，同时搜索 GenBank EST 数据库进行电子克隆。根据获得的 cDNA 和 EST 序列，在开放阅读框两端设计1对基因特异性引物 *GhDAD*1*F*（5′-ATGGCGAGAACATCATCCAG-3′）和 *GhDAD*1*R*（5′-TTATCCAAGGAAATTCATGA-3′），分别以中棉所10号 cDNA 和 DNA 为模板。PCR 总体积为50μL，包括：3μLcDNA 以及 1μL DNA，引物各1μL（10μmol/L），5μL 的 10×PCR buffer、1μL 的 dNTP 混合物（各10mmol/L）和0.7μL 的 Taq DNA 聚合酶。PCR 反应条件为94℃变性3min；94℃ 30 s，60℃ 30 s，72℃ 1min，30个循环；72℃延伸5min。PCR 产物用 DNA 凝胶纯化回收试剂盒（TaKaRa 公司）纯化回收，并克隆到 pGEM-T easy 载体（Promega 公司）中，并经测序验证，获得内含子和外显子以及完整的 cDNA 序列。

1.2.2　测序及序列分析

DNA 测序由北京华大基因公司完成，采用 Sanger 双脱氧法，由分析系统3730（Amersham Biosciences，UK）进行双向测序。利用 NCBI 的 BLAST 进行同源比对分析，且根据

MEGA4.0 软件绘制系统进化树；结合 ORF 寻找框来预测完整的 CDS（coding sequence）区；根据完整的编码区序列通过 DNAstar 软件预测氨基酸序列，并获得最基本的物理化学性质；疏水性、跨膜结构、导肽、磷酸化位点以及二级结构等分别通过 ProtScale（http：//www.expasy.ch/tools/protscale.html）、TMHMM 2.0 Server（http：//www.cbs.dtu.dk/services/TMHMM/）、TargetP1.1Server（http：//www.cbs.dtu.dk/services/TargetP/）、NetPhos 2.0 Server（http：//www.cbs.dtu.dk/services/NetPhos/）、SOPMA（http：//npsa-pbil.ibcp.fr/cgi-bin/npsa_ automat.pl？page =/NPSA/npsa_ sopma.html）等在线预测工具获得；通过英国 Sanger 中心的 Pfam20.0（http：//pfam.sanger.ac.uk/）分析棉花 GhDAD1 氨基酸序列功能结构域。

1.2.3 荧光原位杂交（fluorescence in situ hybridization，FISH）

采用琼脂糖凝胶电泳检测合成的中棉所 10 号 *GhDAD*1 DNA 探针片段大小及分布，探针序列长度 1.1kb，探针浓度为 1 000 ng/μL。采用德国 Roche 公司的 DIG-High-Prime 标记系统对其进行标记，按其提供的标准流程操作。中期染色体制备的材料为中棉所 16，其制备流程和荧光原位杂交参照王春英等[12]的方法。在荧光显微镜（Ziess Axioskop 2 plus）下观察荧光信号，用 ISIS（*in sit* imaging system）软件拍摄并调节对比度和亮度。

1.2.4 叶绿素含量的测定

称取新鲜棉花叶片 0.1 g 左右于普通试管中，加入 10mL 无水乙醇：丙酮（1：1），将试管放到黑暗条件下过夜，直至叶片完全褪色为止，摇匀，取上清，利用公式 $Ca = 12.7 \times A_{663} - 2.59 \times A_{645}$，$Cb = 22.9 \times A_{645} - 4.67 \times A_{663}$ 将叶绿素的提取液在 664nm 和 645nm 波长下比色，计算叶绿素 a 和叶绿素 b 的含量。

1.2.5 表达谱分析

采用半定量 RT-PCR 分析 *GhDAD*1 的组织特异性及经过 6-BA、乙烯、SA、H_2O_2、NO 和 CK 诱导后，*GhDAD*1 的表达情况。以 1μL 的 cDNA 为模板，加入 10 × ExTaq 缓冲液 5μL（含 Mg^{2+}），*GhDAD*1 正向和反向引物各 1μL（10μmol/L）GhDAD1F（5′- ATGGCGAGAACATCATCCAG-3′）和 GhDAD1R（5′-TTATCCAAGGAAATTCATGA-3′），内标基因 β-actin 的扩增引物各 1μL（β-actinS：5′-CA CAGATCATGTTCGAGACGTTCAA-3′和 β-actinR：5′-GCCAAGTCCAGACGCAGGAT-3′），2.5mmol/L dNTP 4μL，Ex Taq DNA 聚合酶 0.25μL（5 U/L），加水至 50μL。反应条件为 94℃ 3min；94℃ 30s，62℃ 1min，72℃ 3min，30 个循环；72℃ 10min。PCR 产物用 1.0% 的琼脂糖凝胶电泳检测。采用 ABI 公司的 Real-time-PCR 试剂盒的 SYB Green 法分析 *GhDAD*1 的表达情况，具体操作步骤根据试剂盒说明书进行。

2 结果

2.1 有效 EST 序列及 *GhDAD*1 的 EST 获得

从由农业部棉花遗传改良重点实验室构建的短季棉中棉所 36 发育期均一化 cDNA 质粒文库中随机选取 3 943个克隆进行测序，经 Phrap 软件进行编辑后，获得长度大于 100bp 的有效序列 3 872条，其序列的平均长度为 493bp。利用 Phrap 软件对中棉所 36 花发育期 3 872条有效 EST 序列进行片段重叠群分析和拼接后，共获得 3 734个独立基因，其中包括

125个片段重叠群和3 609个独立的ESTs。在3 872条序列中，有96.65%的序列是单一序列，约3.35%的序列重复次数在2～5次，仅有一条序列重复5次。所有有效序列与NCBI的核苷酸数据库进行BLAST比对，发现有一条EST与柑橘中抗细胞凋亡基因*DAD*1存在91%的同源性。同时搜索GenBank EST数据库进行电子克隆，获得了具有完整编码区的cDNA。根据获得的cDNA和EST序列，在开放阅读框两端设计1对基因特异性引物，以中棉所10号的cDNA和DNA为模板，克隆并测序这些PCR片段后，获得棉花*GhDAD*1的cDNA开放阅读框序列和包含开放阅读框序列的DNA片段，比较分析DNA序列和cDNA序列，结果发现，有5个外显子，4个内含子（图1）。棉花*GhDAD*1的cDNA全长866bp，包含232bp的5′末端以及280bp的3′末端非编码区，其中A＝21.47%、G＝1.47%、T＝35.31%、C＝21.75%、A＋T＝56.78%、C＋G＝43.22%，通过NCBI的ORF（open reading frame）寻找框分析，发现其起始密码子位于233bp处，终止密码子位于586bp处，编码区为354bp，起始密码子处基本符合Kozark序列原则，且内含子外显子连接处符合GT-AG规则。从NCBI中选取已注册的植物、动物、真菌共13种生物的*GhDAD*1核苷酸序列，利用MEGA4.0软件进行系统进化树分析（图2），发现*GhDAD*1虽然是一个很保守的基因，但是其在动物、植物、真菌之间还是有区别的。棉花*GhDAD*1与山杨、柑橘、拟南芥进化关系比较近，而与单子叶植物大麦、水稻进化关系比较远。

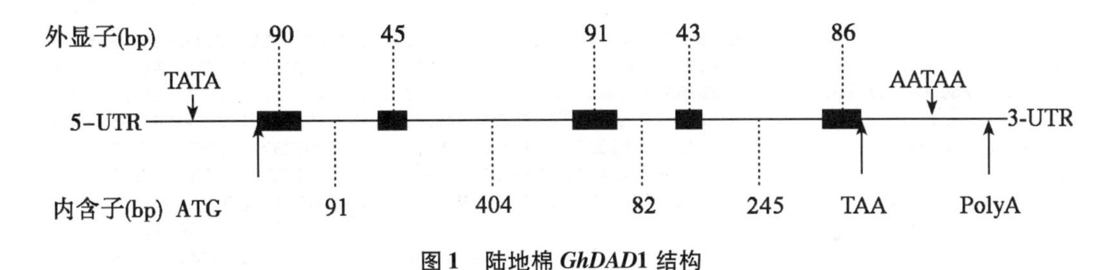

图1　陆地棉*GhDAD*1结构

■：外显子；—：内含子；外显子和内含子大小分别在图的上下方表示

2.2　*GhDAD*1编码蛋白质序列的基本分析

2.2.1　蛋白质的氨基酸组成、相对分子量以及等电点分析

应用DNAstar软件对棉花的*GhDAD*1核苷酸序列进行翻译，得到相应的氨基酸序列，共编码117个氨基酸，预测相对应的蛋白质相对分子式为$C_{587}H_{924}N_{148}O_{159}S_{6}$，相对分子质量为12 791.0，原子数为1 824，等电点为8.32，属于碱性蛋白质。通过NCBI的BLAST（图3）分析，发现其蛋白质属于DAD家族蛋白，且与柑橘（*Citrus unshiu*）DAD1蛋白的同源性达91%，与矮牵牛（*Petunia* × *hybrida*）的同源性达90%，与番茄的同源性达89%，与山杨（*Populus tremula* × *Populus tremuloides*）的同源性达88%，与烟草（*Nicotiana suaveolens* × *Nicotiana tabacum*）的同源性达85%，与拟南芥（*Arabidopsis thaliana*）的同源性达88%，与智人（*Homo sapiens*）的同源性达52%，与小家鼠的同源性达54%。说明该基因是一个非常保守的基因。

2.2.2　氨基酸序列疏水性分析

采用ProtScale预测棉花GhDAD1氨基酸序列的疏水性（图4），结果表明，多肽链第

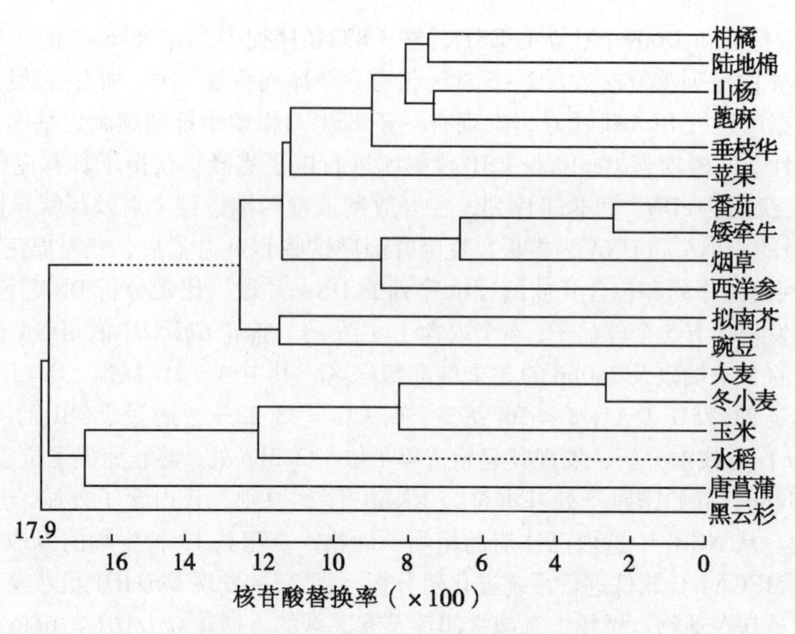

图 2　棉花 *GhDAD1* 的系统进化树分析

```
矮牵牛 Petunia x hybrlda                             MAKSSAT-KDAQALFHSLRSAYTATPTNLKIIDLYVIFAIFTALIQVVYMALVGSFPFNS  59
番茄 Lycopersicon esctilentum                        MAKSSAT-KDAQALFHSLRSAYAATPTNLKIIDLYVIFAISTALIQVVYMAIVGSFPFNS  59
烟草 Nicotiana suaveolens x Nicotiana tabacum        MAKSSAT-KDAQALLHSLRSAHASTPTNLKIIDIYVLFAIFTAVIQVGYMAIVGSFPFNS  59
山杨 Populus tremula x Populus tremuloides           MARTTS--RDAQALFQSLRSAYTATPTSLKIIDLYVVFAVFTAIIQVVYMAIVGSFPFNS  58
拟南芥 Arabidopsis thaliana                          MVKSTS--KDAQDLFRSLRSAYSATPTNLKIIDLYVVFAVFTALIQVVYMALVGSFPFNS  58
柑橘 Cltrus unshiu                                   MARSTG--KDAQALFHSLRSAYAATPTTLKIIDLYVGFAVFTALIQVVYMAIVGSFPFNS  58
陆地棉 Gossypium hirsutum L.                         MARTSSSKENAQALFHSLRSAYAATPVNLKIIDLYVGFAVFTALIQVVYMASVGSFPFNS  60
智人 Homo sapicns                                    MSASVVS-----VISRFLEEYLSSTPQRLKLLDAYLLYILLTGALQFGYCLLVGTFPFNS  55
小家鼠 Mus musculus                                  MSASVVS-----VISRFLEEYLSSTPQRLKLLDGYLLYILLTGALQFGYCLLVGTFPFNS  55
                                                     *  :          : : *..  ::**  **::* *: : : *. :*. *   **:*****

矮牵牛 Petunia x hybrlda                             FLSGVLSCVGTAVLAVCLRIQVNKENK-EFKDLPPERAFADFVLCNLVLHLVIMNFLG  116
番茄 Lycopersicon esctilentum                        FLSGVLSCIGTAVLAVCLRIQVNKENK-EFKDLPPERAFADFVLCNLVLHLVIMNFLG  116
烟草 Nicotiana suaveolens x Nicotiana tabacum        FLSGVLSCVGTAVLAVCLRIQVNKENK-EFKDLPPERAYADFVLCNLVLHLVIMNFLG  116
山杨 Populus tremula x Populus tremuloides           FLSGVLSCVGTAVLAVCLRIQVNKENK-EFKDLAPERAFADFVLCNLVLHLVIMNFLG  115
拟南芥 Arabidopsis thaliana                          FLSGVLSCIGTAVLAVCLRIQVNKENK-EFKDLAPERAFADFVLCNLVLHLVIINFLG  115
柑橘 Cltrus unshiu                                   FLSGVLSCVGTAVLAVCLRIQVNKDNK-EFKDLPPERAFADFVLCNLVLHLVIMNFLG  115
陆地棉 Gossypium hirsutum L.                         FLSGVLSCVGTAVLAVCLRIQVNKENK-EFKDLPPERAFADFVLCNLVLHLVIMNFLG  117
智人 Homo sapicns                                    FLSGFISCVGSFILAVCLRIQINPQNKADFQGISPGRAFADFLFASTILHLVVMNFVG  113
小家鼠 Mus musculus                                  FLSGFISCVGSFILAVCLRIQINPQNKADFQGISPERAFADFLFGSTILHLVVMNFVG  113
                                                     ****.:**:*: :********:* :** :*:.:.* **:***:: . :****::**:*
```

图 3　棉花 GhDAD1 与其他植物 DAD1 氨基酸序列的比对

86 位的 Gln 亲水性最强，第 76 位的 Val 疏水性最强，就整体来看，疏水性氨基酸均匀分布于整个蛋白质中，且多于亲水性氨基酸。因此整个多肽链表现为疏水性，有 3 个明显的疏水区，可以认为棉花 GhDAD1 是疏水性蛋白，这与鸡的 DAD1 蛋白为疏水性蛋白[13]相符。

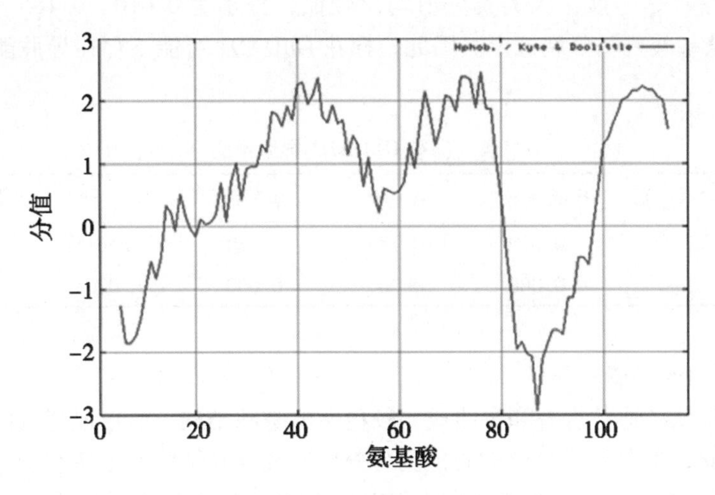

图4　棉花 GhDAD1 疏水性分析

2.2.3　跨膜结构域的预测和分析

跨膜结构域是膜中蛋白与膜脂相结合的主要部位，一般由20个左右的疏水氨基酸残基组成，它固着于细胞膜上，起锚定作用[14]。跨膜结构域的预测和分析，对于了解蛋白质的结构、功能以及在细胞中的作用部位具有重要意义。采用 TMHMM 2.0 Server 预测棉花 GhDAD1 的跨膜结构域（图5），结果显示，棉花 GhDAD1 多肽链有3处跨膜结构，其中在31bp 和60bp 处都含有20个氨基酸的跨膜结构域，说明棉花 GhDAD1 蛋白是膜蛋白。根据目前关于其他生物的 DAD1 蛋白的报道，该蛋白是位于内质网上的一个膜整合蛋白，肽链两末端都位于细胞质内，其他部分位于内质网膜内。

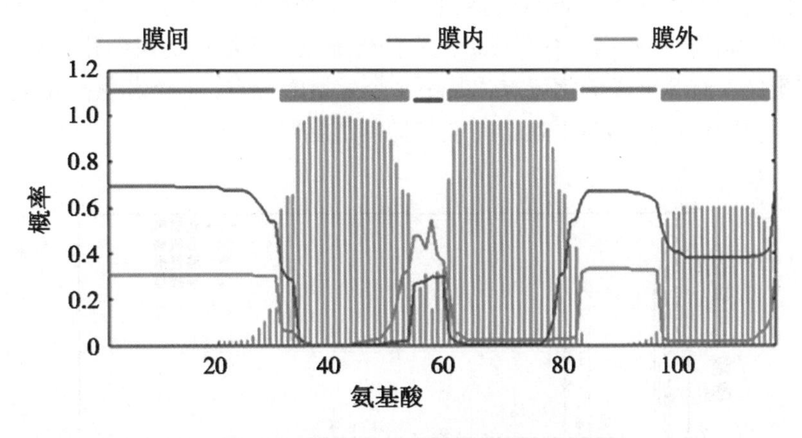

图5　棉花 GhDAD1 跨膜结构域预测

2.2.4　导肽的预测和分析

导肽是一段引导新合成的肽链进入细胞器的识别序列。因此，导肽的预测和分析，对了解蛋白质的亚细胞定位与功能作用途径和机制有一定的意义。采用 TargetP1.1Server 预测棉花 GhDAD1 氨基酸序列导肽（表），结果表明，该序列不含有叶绿体转运肽、线粒体目标肽及分泌途径信号肽，因为其分值均比较低，分别为0.010、0.185、0.18，预测可靠性为4，无氨基酸残基分裂位点。因此，棉花GhDAD1可能不存在导肽酶切位点，不具有导肽。

表　棉花 **GhDAD1** 导肽预测

名　称	氨基酸数	叶绿体导肽	线粒体	信号肽	其　他	位　点	可信率
序　列	117	0.010	0.185	0.180	0.561	—	4
截止值	—	0.000	0.000	0.000	0.000		

2.2.5　二级结构的预测和分析

蛋白质的多肽链通常折叠和盘曲成比较稳定的空间结构，已形成特有的生物学活性和理化性质。因此，蛋白质二级结构的预测与分析对其空间结构的了解有着重要的意义。依据Geourjon等[15]的方法，用SOPMA预测棉花GhDAD1氨基酸序列的二级结构（图6），结果为α-螺旋为23.08%；然后是β-折叠，为12.82%；最少的是β-转角，仅为1.71%，这3个二级结构构成棉花GhDAD1蛋白的基本结构。

图6　棉花 GhDAD1 二级结构的预测

2.2.6　磷酸化位点预测和分析

根据前面的预测，棉花GhDAD1蛋白可能是一个抗凋亡因子，因此，分析其磷酸化位点非常重要。利用NetPhos 2.0 Server在线分析棉花GhDAD1的磷酸化位点（图7），结果表明，该蛋白共有5个磷酸化位点，其中4个丝氨酸位点，1个苏氨酸位点。这5个磷酸化位点再次说明棉花GhDAD1蛋白可能与抑制细胞凋亡有关。

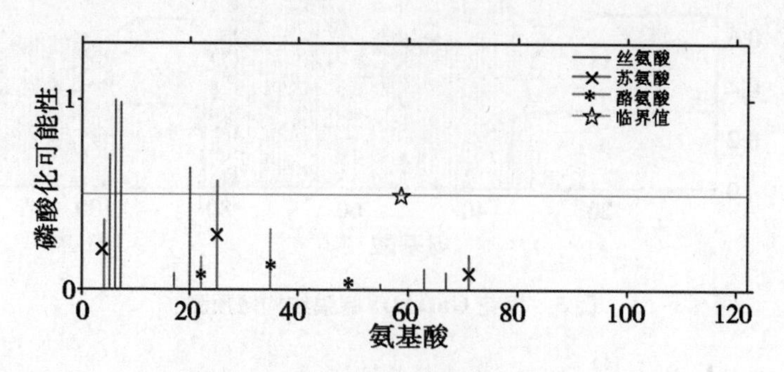

图7　棉花 GhDAD1 磷酸化位点预测

2.2.7　结构功能域的预测和分析

结构域是蛋白质中能折叠成特定三维结构的一段区域，通常由2~3个二级结构单位组成，包含 40~300 个氨基酸残基，它们在三维空间可以区分且相对独立，并往往具有一定生物学功能。用英国 Sanger 中心 Pfam 20.0 分析棉花 GhDAD1 氨基酸序列功能结构域，结果表明，该蛋白序列只有一个功能结构域，也就是棉花 GhDAD1 蛋白只与抗细胞凋亡有关。

2.3　荧光原位杂交分析

以 *GhDAD*1 片段为探针，用鲑鱼精 DNA 作封阻，对陆地棉中棉所 16 体细胞中期染色体进行荧光原位杂交，发现有 8 条染色体上都含有该基因或基因家族。利用 RT-PCR 在代表 A 染色体组的亚洲棉和代表 D 染色体组的雷蒙德氏棉中扩增 *GhDAD*1，发现 A、D 染色体组均含有该基因（数据未显示），且通过序列测定发现该基因在 A、D 染色体组中非常保守。在拟南芥、柑橘以及大麦中，*DAD*1 基因家族都含有 2 个 *DAD*1，即 *DAD*1-1 和 *DAD*1-2，这 2 个基因同源性非常高，在棉属四倍体种中检测到 8 个较清晰的该基因杂交信号（图 8），从信号的位置可以发现，该基因家族主要分布在靠近染色体着丝粒的长臂上。

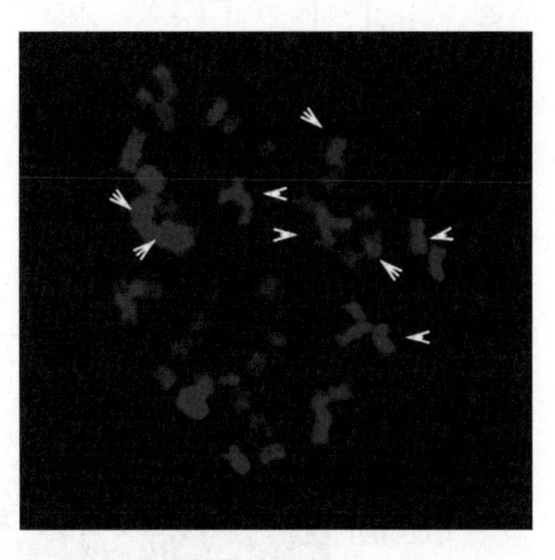

图 8　棉花 *GDAD*1 荧光原位杂交结果

2.4　*GhDAD*1 表达谱的分析

为了初步明确 *GhDAD*1 的组织表达特异性以及随着棉花逐渐的衰老，*GhDAD*1 的表达情况，采用半定量 RT-PCR 和 qRT-PCR 分别对中棉所 10 号不同组织以及有明显衰老即 25d 棉苗的子叶进行表达验证。半定量 RT-PCR 结果（图 9）表明，*GhDAD*1 在各个组织中均表达，但在花和种胚等幼嫩组织中表达量最高，而在 20d 后的纤维以及根等衰老组织中比较少。叶片失绿是衡量叶片衰老的最重要的生理指标之一，真正衰老是叶绿素含量减少。由图 10 可知，子叶出土后叶绿素含量先增加后降低，在子叶出土后 25d 左右开始降低，到第 40d 的时候，叶绿素含量降低为 25d 时的 52%，由此可见，第 25~40d 已经开始明显衰老。图 10 中叶绿素含量在 25d 后已经开始下降，此时取样分析衰老对 *GhDAD*1 的表达量的影响，图 11 表明 25d 以后（每隔 5d 取一次样），*GhDAD*1 的表达量逐渐降低。

2.5　外源激素对棉花 *GhDAD*1 表达的影响

在棉花子叶展平后，比较喷施蒸馏水、6-BA 和乙烯利 3 种条件下，棉花子叶 *GhDAD*1 的表达变化（图 11）。结果表明，6-BA 显著提高棉花子叶 *GhDAD*1 的表达，延缓了棉花子叶自然条件下的衰老。乙烯利显著降低了棉花子叶 *GhDAD*1 的表达水平，加速了棉花叶片的衰老。

2.6　小分子对棉花 *GhDAD*1 表达的影响

目前，对水杨酸（salicylic acid，SA）在植物体内生理作用的研究热点集中在它的抗病性和信号转导方面。但 SA 在植物生长、发育、成熟、衰老调控及抗逆诱导等方面，具有广泛的生理作用。本试验结果（图 12）表明，SA 延缓了去根棉花幼苗叶片暗诱导导致的衰老，相对于 CK，SA 提高了 *GhDAD*1 的表达，并且达到了显著水平。

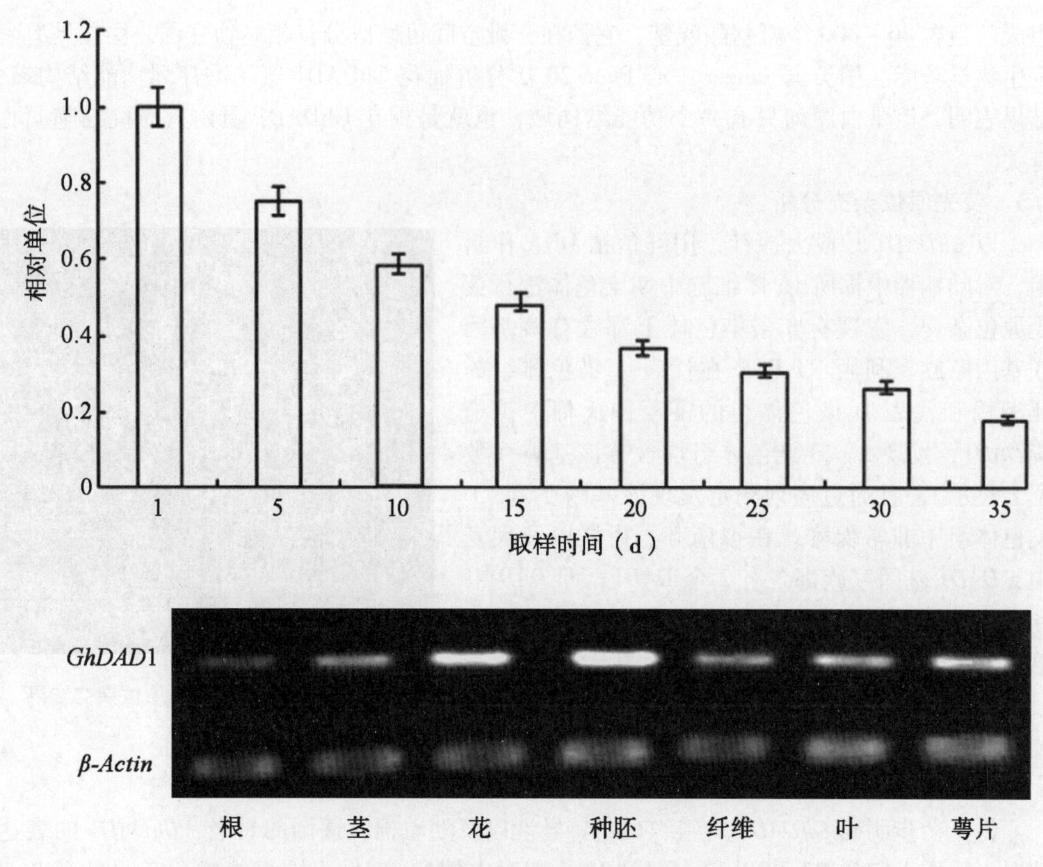

图 9　*GhDAD*1 在陆地棉中各组织的表达量以及随衰老的变化分析

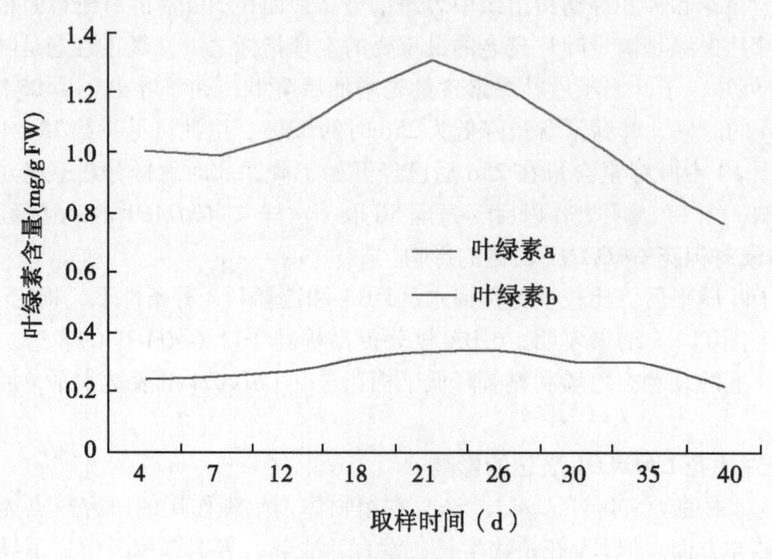

图 10　不同时期棉花子叶叶绿素含量

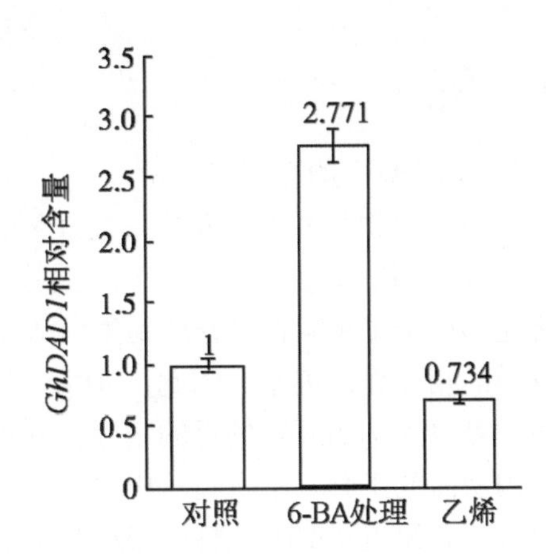

图 11　外源激素对 *GhDAD*1 表达水平的影响

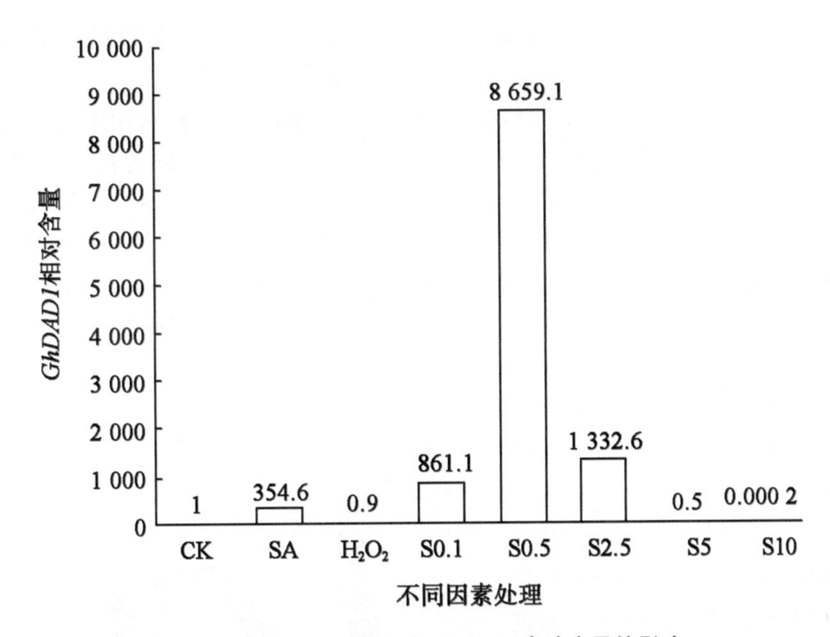

图 12　外源化学小分子对 *GhDAD*1 表达水平的影响

H_2O_2 对细胞功能的影响与浓度有关，低浓度的 H_2O_2 可以诱导细胞增殖；高浓度的 H_2O_2 则能诱导细胞凋亡。本试验结果（图 12）表明，可能是由于 H_2O_2 的浓度不是太高也不是很低，对黑暗诱导下的衰老影响不明显，因此相对于 CK，*GhDAD*1 的表达含量没有显著性变化。

一氧化氮（NO）是重要的细胞间与细胞内的信息传递物质，参与机体多种生理功能的调节。近年来发现 NO 也参与细胞凋亡的调控。细胞凋亡是由基因控制的细胞主动死亡过程。但是不同浓度的 NO 对衰老的影响不一样，对 *GhDAD*1 的表达水平的影响也不一样。低浓度的 SNP（0. 5mmol/L 和 2. 5mmol/L）对 *GhDAD*1 的转录具有促进作用，且非常显著，而高浓度的 SNP（5mmol/L 和 10mmol/L）则显著抑制 *GhDAD*1 的表达，加剧了黑暗诱导的子叶衰老。

3 讨论

3.1 *GhDAD*1 的克隆和分析

随着植物基因组研究的快速发展，越来越多的植物基因被克隆。自 20 世纪 70 年代初，首例 cDNA 克隆问世以来，已用构建和筛选 cDNA 文库的方法克隆了很多基因。通过构建 cDNA 文库能直接分离到生命活动过程中的一些调控基因及了解这些基因所编码的蛋白质的相互作用关系。因此，cDNA 文库的构建是基因克隆的重要方法之一，从 cDNA 文库中可以筛选到所需的目的基因，并直接用于该目的基因的表达，它是发现新基因和研究基因功能的工具。本研究从中棉所 36 cDNA 文库中获得了部分 *GhDAD*1 cDNA，结合电子克隆，获得 *GhDAD*1 完整的 cDNA 片段。基于表达序列标签（expressed sequence tags，ESTs）的电子克隆（*in silico cloning*）策略，是近年来发展起来的一门快速克隆基因的新技术，其技术核心是利用生物信息学技术组装延伸 ESTs 序列，获得基因的部分乃至全长 cDNA 序列，进一步利用 RT-PCR 的方法进行克隆分析、验证。与传统的基因克隆方法相比，电子克隆有简便快速、成本低廉、设备简单、成功率高优点。

*DAD*1 是一个高度保守基因，参与抑制细胞凋亡作用，在多种植物中分离出 *DAD*1 的同源序列。BLAST 软件分析表明，GhDAD1 与柑橘 DAD1 蛋白的同源性达 91%，与矮牵牛的同源性达 90%，与番茄的同源性达 89%，与山杨的同源性达 88%，与烟草的同源性达 85%，与拟南芥的同源性达 88%，与智人的同源性达 52%，与小家鼠的同源性达 54%。*GhDAD*1 虽然是一个很保守的基因，但是动物、植物、真菌之间还是有一定的区别，其中与山杨、柑橘、拟南芥进化关系比较近，而与单子叶植物例如大麦、水稻进化关系比较远。

内源性细胞凋亡抑制子 DAD1 是一种膜整合蛋白，其 N-末端和 C-末端均位于细胞质中，根据疏水性分析表明，DAD1 含有 3 个很明显的疏水区，这与本试验中 GhDAD1 预测的 3 个很明显的疏水区比较符合，可认为棉花 GhDAD1 是疏水性蛋白。据此推断 DAD1 蛋白的拓扑结构可能如图 13。

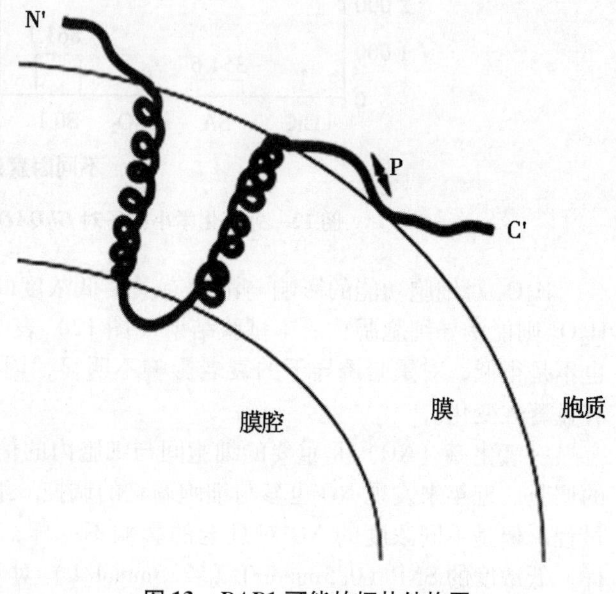

图 13 *DAD*1 可能的拓扑结构图

*DAD*1 最初被描述为抗细胞凋亡基因，随后被发现是糖基转移酶复合物的组成部分[16]，糖基转移酶复合物由 4 个亚基组成[17]，即 ribophorinI（R）、ribophorinⅡ（RⅡ）、OST48 和 DAD1，其中 OST48 的 C-端与 *DAD*1 位于细胞质的两末端相互影响[18]，整个复合体位于内质网上，能在粗面内

质网腔面将甘露糖的寡聚糖转移到新生肽链的天冬酰胺残基上。

3.2　*GhDAD*1 的表达特点

*DAD*1 的表达不仅受内部因素如花瓣枯萎[19-20]、果实成熟[21]的影响，也受到外部因子的影响，如乙烯[22]，但是不同物种 *DAD*1 的表达模式不尽相同，拟南芥和柑橘的 *DAD*1 是随着花和叶片的衰老表达量逐步减少[23]，而苹果的 *DAD*1 是随着花和叶片的衰老表达量逐步增加[24]，尽管如此，*DAD*1 的时空表达范围很广，一般在所有组织中及发育的各阶段都有表达，只是表达强度有差异，如 *AtDAD*1 存在于拟南芥所有组织中，但是在种子成熟和干化过程中，该基因的转录水平有所下降[25]。而棉花 *GhDAD*1 的表达模式与拟南芥和柑橘的类似，RT-PCR 分析表明，*GhDAD*1 在棉花各个组织中均表达，但在花和种胚等幼嫩组织中表达量较高，而在 20d 后的纤维以及根中等衰老组织比较少。qRT-PCR 分析表明，随着棉花子叶的衰老，叶绿素含量不断下降，子叶中 *GhDAD*1 的表达逐渐降低。不同的化学分子和外源激素对 *GhDAD*1 的表达水平影响不同。6-BA、水杨酸处理能够延缓衰老，提高 *GhDAD*1 的表达量；乙烯能够加速衰老，降低 *GhDAD*1 的表达量；H_2O_2 对 *GhDAD*1 的表达量的影响不大；而不同浓度的 NO 对 *GhDAD*1 的表达量的影响也不同，随着浓度的升高，*GhDAD*1 的表达量先升高后降低。鉴于 *GhDAD*1 既在幼嫩组织表达，也在衰老组织表达，并且化学分子和激素能影响未进入自然衰老的叶片，说明棉花 *GhDAD*1 不是叶片自然衰老的基因，但是仓鼠细胞系因为缺失 DAD1 蛋白而出现细胞凋亡，人和线虫 *DAD*1 的表达都能够抑制线虫中的一些细胞程序性死亡，从拟南芥 cDNA 文库中分离的 At-dad，其产物与哺乳动物细胞中阻止细胞凋亡的蛋白 DAD1 非常相似。将该基因转入在严格温度控制下发生凋亡的仓鼠突变体 tsBN7 细胞中，发现其产物与人 DAD1 一样可以阻止细胞的凋亡。因此，对棉花 *GhDAD*1 进行超表达和抑制表达来进一步研究 *GhDAD*1 与衰老的关系，对培养早熟不早衰品种具有很重要的意义。

4　结论

结合中棉所 36 cDNA 文库，本试验利用 RT-PCR 以及电子克隆技术从中棉所 10 号扩增得到 *GhDAD*1，并对其生物信息学进行了分析。结果表明，*GhDAD*1 的 cDNA 全长 886bp，CDS 区为 354bp，共编码 117 个氨基酸。其二级结构以 α-螺旋为主，具有跨膜结构，有 3 个很明显的疏水区，并且没有导肽，只有一个结构功能域，这些预测与其他生物中关于 *GhDAD*1 研究相符合，据此初步表明，陆地棉中也存在抗细胞凋亡因子 *GhDAD*1。对 *GhDAD*1 的荧光原位杂交表明，8 条染色体有杂交信号，并且主要存在于染色体长臂上，这是由于陆地棉 A、D 染色体组都存在该基因。此外根据这个基因的表达模式，该基因与衰老有关。

参考文献

[1] Kerr J F, Wyllie A H, Currie A R. Apoptosis: A basic biological phenomenon with wide-ranging implications in tissue kinetics [J]. *British Journal if Cancer* , 1972, 26 (4): 239-257.

[2] Levine A J. P53, the cellular gatekeeper for growth and division [J]. *Cell*, 1997,

88：323-331.

［3］Vaux D L，Weissman I L，Kim S K. Prevention of programmed cell death in Caenorhabditiselegans by human bcl-2［J］. *Science*，1992，258：1955-1957.

［4］Nakashima T，Sekiguchi T，Kuraoka A，*et al.* Molecular cloning of a human cDNA encoding a novel protein，DAD1，whose defect causes apoptotic cell death in hamster BHK21 cells［J］. *Molecular and Cellular Biology*，1993，13（10）：6367-6374.

［5］Kelleher D J，Gilmore R. An evolving view of the eukaryotic oligosaccharyltransferase［J］. *Glycobiology*，2006，16（4）：47-62.

［6］Silberstein S，Collins P G，Kelleher D J，*et al.* The essential OST2 gene encodes the 16 kD subunit of the yeast oligosaccharyltransferase，a highly conserved protein expressed in diverse eukaryotic organisms［J］. *The Journal of Cell Biology*，1995，131（2）：371-383.

［7］Kelleher D J，Gilmore R. DAD1，the defender against apoptotic cell death，is a subunit of the mammalian oligosaccharyltransferase［J］. *Proceedings of the National Academy of Sciences of the USA*，1997，94：4994-4999.

［8］Nishii K，Tsuzuki T，Kumai M，*et al.* Abnormalities of developmental cell death in Dad1-deficient mice［J］. *Genes to Cells*，1999，4：243-252.

［9］Sugimoto A，Hozak R R，Nakashima T，Nishimoto T. *Dad*-1，an endogenous programmed cell death suppressor in Caenorhabditis elegans and vertebrates［J］. *The European Molecular Biology Orgnization Journal*，1995，14（18）：4434-4441.

［10］Apte S S，Mattei M G，Seldin M F，*et al.* The highly conserved defender against the death（*DAD*1）gene maps to human chromosome 14q11-q12 and mouse chromosome 14 and has plant and nematode homologs［J］. *FEBS Letters*，1995，363：304-306.

［11］Gallois P，Makishima T，Hecht V. An *Arabidopsis thaliana* cDNA complementing a hamster apoptosis suppressor mutant［J］. *ThePlant Journal*，1997，11（6）：1325-1331.

［12］王春英，王坤波，王文奎，等．棉花 gDNA 体细胞染色体 FISH 技术［J］．棉花学报，1999，11（2）：79-83。

［13］Wang K，Gan L，Kuo C L，*et al.* A highly conserved apoptotic suppressor gene is located near the chicken T-cell receptor alpha chain constant region［J］. *Immunogenetics*，1997，46：376-382.

［14］翟中和，王喜忠，丁明孝．细胞生物学［M］．北京：高等教育出版社，2000：79-240.

［15］Geourjon C，Deléage G. SOPMA：Significant improvement in protein secondary structure prediction by consensus prediction from multiple alignments［J］. *CompuerApplicaions in the Biosciences*. 1995，11：681-684.

［16］Makishima T，Nakashima T，Nagata K K，. The highly conserved DAD1 protein involved in apoptosis is required for N-linked glycosylation［J］. *Genes to Cells*，1997，2：129-141.

［17］Sanjay A，Fu J，Kreibic G. DAD1 is required for the function and the structural integrity of the oligosaccharyltransferase complex [J]. *The Journal of Biological Chemistry*, 1998, 273 (40): 26094-26099.

[18] Fu J, Ren M, Kreibich G. Interactions among subunits of the oligosaccharyltransferase complex [J]. *The Journal of Biological Chemistry*, 1997, 272: 29687-29692.

[19] Yamada T, Takatsu Y, Kasumi M, *et al.* A homolog of the defender against apoptoticdeath gene (*DAD*1) in senescing gladiolus petals is down-regulated prior to the onset of programmed cell death [J]. *Journal of Plant Physiology*, 2004, 161 (11): 1281-1283.

[20] Orzaez D, Granell A. The plant homologue of the defender against apoptotic death gene is down-regulated during senescence of flower petals [J]. *FEBS Letters*, 1997, 404: 275-278.

[21] Hoeberichts F A, Woltering E J. Cloning and analysis of a defender against apoptotic cell death (*DAD*1) homologue from tomato [J]. *Journal of Plant Physiology*, 2001, 158: 125-128.

[22] Orzaez D, Granell A. DNA fragmentation is regulated by ethylene during carpel senescence in Pisumsativum [J]. *The Plant Journal*, 1997, 11: 137-144.

[23] Moriguchi T, Komatsu A, Kita M, *et al.* Molecular cloning of a homologue of dad-1 gene in citrus: Distinctive expression during fruit development [J]. *Biochimica Biophysica Acta*, 2000, 1490: 198-202.

[24] Dong Y H, Zhan X C, Kvarnheden A, *et al.* Expression of a cDNA from apple encoding a homologue of DAD1, an inhibitor of programmed cell death [J]. *Plant Science*, 1998, 139: 165-174.

[25] Gallois P, Makishima T, Hechtt V, *et al.* An Arabidopsis thaliana cDNA complementing a hamster apoptosis suppressor mutant [J]. *The Plant Journal*, 1997, 11 (6): 1325-1331.

棉花 *PEPC* 基因种子特异性 ihpRNA 表达载体的构建及鉴定

彭苗苗[2]，于霁雯[2]，翟红红[2]，黄双领[2]，李兴丽[2]，张红卫[2]，喻树迅[1,2]*
（1. 西北农林科技大学农学院，杨凌 712100；2. 中国农业科学院棉花研究所，安阳 455000）

摘要： 磷酸烯醇式丙酮酸羧化酶（phosphoenolpyruvate carboxylase，PEPC）是控制植物体中蛋白质和脂肪酸含量比例的关键酶。本研究从棉花中克隆得到 *PEPC* 基因，长度为 433bp，并将该基因的正反义片段分别和种子特异性启动子 napin 启动子（1 123bp）、α 球蛋白 *B* 基因启动子（1 149bp）连接，插入到植物表达载体 pCADS1341 中。经酶切和 PCR 鉴定，成功的构建了 *PEPC* 基因的种子特异性 ihpRNA 表达载体 pCADSNPSPA 和 pCADSBPSPA，为后期高含油量棉花材料的选育打下了基础。

关键词： *PEPC*；种子特异性启动子；ihpRNA

随着石油资源的日益枯竭和人们环保意识的提高，生物能源已受到世界各国的重视。棉花的副产品——棉籽，可用来生产生物柴油，而且不影响其主产品纤维的生产，棉籽油是发展生物柴油的原料之一。

PEPC 是广泛存在于高等植物、藻类及大多数细菌的一种酶，它在植物细胞代谢中起着多种功能。在三羧酸循环中，丙酮酸羧化酶是将丙酮酸进入蛋白质合成循环的关键酶（Chollet *et al.*，1996）。陈锦清等（1999a）提出“底物竞争”假说：籽粒的主要贮藏物质油脂、蛋白质均来自于丙酮酸，两者之间存在着底物竞争，而平衡点取决于两类物质代谢的关键酶——丙酮酸羧化酶（PEPCase）和乙酰辅酶 A 羧化酶（ACCase）的相对活性。PEPCase 催化丙酮酸合成草酰乙酸进入蛋白质代谢途径；而 ACCase 催化丙酮酸合成乙酰辅酶 A 进入脂肪代谢途径。故若 PEPCase 活性受到抑制，蛋白质合成途径将会受阻，从而脂肪酸含量升高。目前，利用此途径提高植物油脂含量的应用主要集中在油菜上，陈锦清等（1999b）利用反义技术使油菜 *PEPC* 基因在 35S 启动子驱动下表达受到抑制，结果使转化植株含油量比对照明显提高，最高提高了 15% 以上。鉴于对丙酮酸羧化酶的普遍抑制可能具有潜在的负面影响，张勇等（2008）构建带有油菜 *PEPC* 基因种子特异性 ihpRNA 表达载体以抑制 *PEPC* 基因的表达。napin 启动子和 α 球蛋白 *B* 基因启动子都是高度专一的种子特异启动子，并且能启动外源基因在种子中的高效表达（Kjell *et al.*，1993；

原载于：《基因组学与应用生物学》，2010，29（2）：233-238

Sunilkumar *et al.*, 2002)。熊兴华等（2002）从油菜中克隆得到 napin 启动子，将其与反义 *fad2* 基因片段连接，构建种子特异表达载体，转入油菜，获得高油酸转基因油菜。Liu 等（2002）用 α 球蛋白 *B* 基因启动子驱动脂肪酸去饱和酶关键基因得到了硬脂肪酸和油酸含量较高的转化植株。Sunilkumar 等（2006）也利用 α 球蛋白 *B* 基因启动子降低棉籽油中有毒物质棉酚的含量。本研究利用海岛棉 *PEPC* 基因非保守序列的片段（433bp），分别构建了带有种子特异性 napin 启动子和 α 球蛋白 *B* 基因启动子的 PEPC-ihpRNA 载体，为以后尝试专一性的抑制种子中 *PEPC* 表达，提高棉籽的含油量，得到可稳定遗传的转基因植株奠定了基础。

1　结果与分析

1.1　启动子及 *PEPC* 基因片段的克隆及序列分析

以 napin 菌株为模板，以特异性引物对 P1 和 P2 进行 PCR 扩增，并进行测序。结果表明：napin 启动子为 1 123bp（图 1），利用 ClustalW2 软件与 GenBank 中序列 1.7S napin (J02798)、napB（X14492）进行同源性比较，序列的同源性都达到 97% 以上。以海岛棉 7124 DNA 为模板，以特异性引物对 P3、P4 进行 PCR 扩增并测序，结果获得 1 149bp 的 α 球蛋白 *B* 基因启动子片段（图 2），将其克隆至 PMD19 中，重组质粒测序结果利用 ClustalW2 软件与 GenBank 中 α 球蛋白 *B* 基因启动子（AX795651）进行同源性比较，序列的同源性达到 99%。

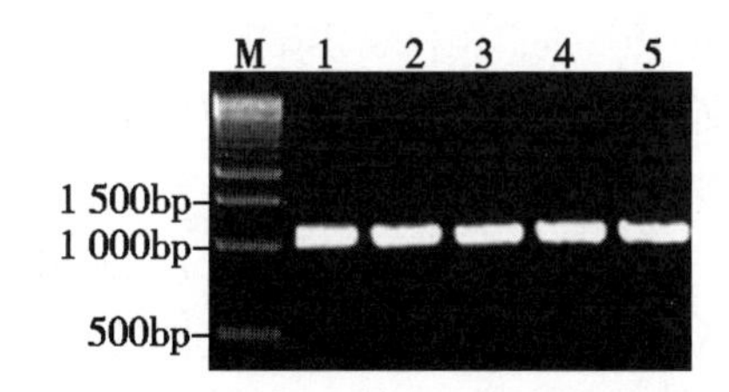

图 1　napin 启动子的 PCR 扩增

M：500bp DNA marker；1 ~ 5：napin 启动子

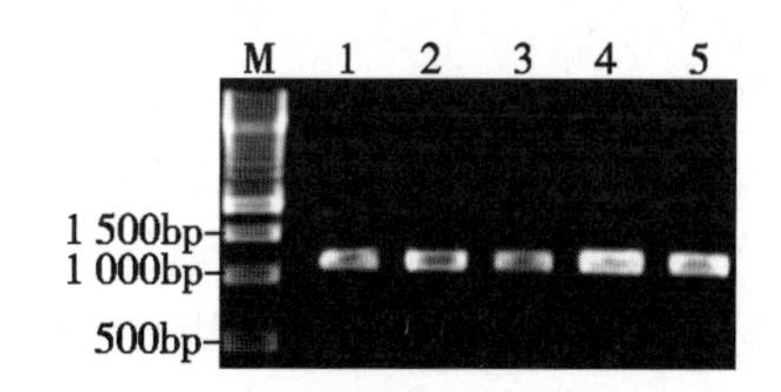

图 2　α 球蛋白 B 基因启动子的 PCR 扩增

M：500bp DNA marker；1 ~ 5：α 球蛋白 B 基因启动子

从海岛棉 7124 中通过 PCR 扩增，获得大小为 433bp 的 *PEPC* 正反义片段（图 3），与 GenBank 中 *GhPEPC2*（EU32328）进行同源性比较，序列的同源性达到 97%。

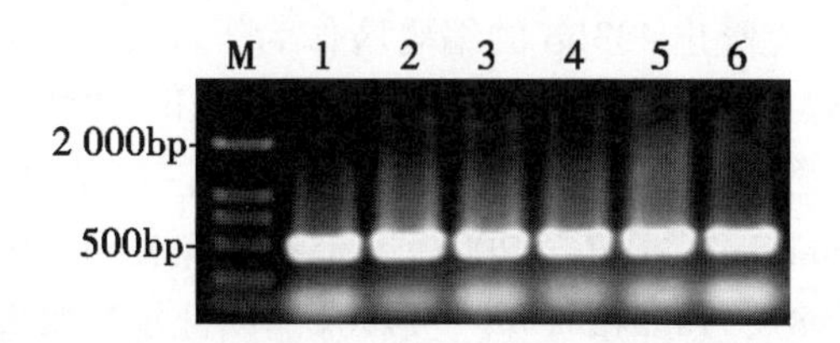

图 3　*PEPC* 基因的 PCR 扩增

M：500bp DNA marker；1 ~ 3：PEPC 正义片段；4 ~ 5：PEPC 反义片段

1.2 ihpRNA 表达载体的构建及鉴定

将已构建好的载体 pCADSNPSPA 和 pCADSBP SPA 分别进行酶切和 PCR 鉴定（图4，图5），均分别产生 1 123bp 和 1 149bp 启动子片段和433bp 的 *PEPC* 正、反义片段，表明含 *PEPC* 基因的 ihpRNA 干扰载体构建成功。

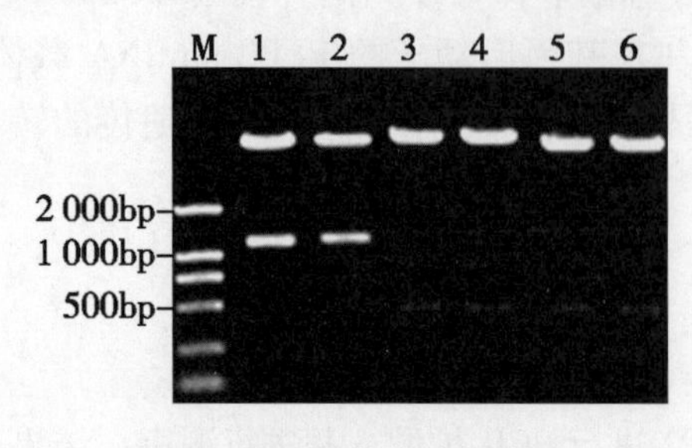

图4　重组质粒的酶切检测

M：DL2000 DNA marker；1，3，4：重组质粒 pCADSNPSPA 的酶切；2，5，6：重组质粒 pCADSBPSPA 的酶切

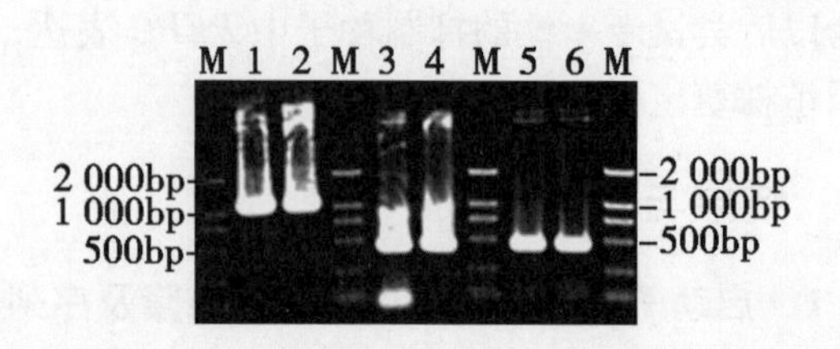

图5　重组质粒的 PCR 鉴定

M：DL2000 DNA marker；1，3，4：重组质粒 pCADSNPSPA 的 PCR 鉴定；2，5，6：重组质粒 PCADSBPSPA 的 PCR 鉴定

2　讨论

RNA 干涉（RNA interference，RNAi）现象最早是通过转基因研究在植物中发现的（Napoli *et al.*，1990），其特点是由双链 RNA（double-stranded RNA，dsRNA）衍生的复合物介导同源基因 mRNA 的降解（Bass，2000），从而可以特异性的抑制生物体中目标基因的表达，对研究目标基因的功能和改变生物体的性状有重要作用。由于其导致基因沉默的效率高，RNAi 技术在植物遗传转化中的应用日益广泛（Shinjir *et al.*，2003）。但 RNAi 机制只对成熟 mRNA 产生作用，因此，用于设计 RNAi 载体的靶序列应处于基因的一个外显子内，不能含有内含子、启动子或基因间序列，靶序列位于基因中央部分时，RNA 干涉的效率较高（Horiguchi，2004）；同时在针对单个基因时应避免将一段保守序列设计成 RNAi 区，否则可能导致一些与目标基因同源的基因表达受阻。Wesley 等通过对多种植物进行大规模的 RNAi 抑制基因表达分析表明，RNAi 片段大小在 98～853bp 是可行的，但在 400～700bp 利于分子操作（Wesley *et al.*，2001）。故本研究在靶序列选择时，通过将海岛棉 PEPC 基因与 NCBI 中其他植物 PEPC 基因序列比对，得到一段非保守序列，并依据此序列设计引物，成功克隆出433bp 的编码区作为干涉片段。而普遍认为 ihpRNA 载体的沉默效率要高于 hpRNA 载体（Waterhouse and Helliwell，2003），其原因可能是两种构建产生稳定的双链 RNA 数量的不同，当双链 RNA 达到一定的阀值时就可以引发生物体的转录后基因沉默（Waterhouse *et al.*，2001）。也有研究表明，内含子能够稳定和提高转录水平（Callis *et al.*，1987；Tanaka *et al.*，1990）。因此本试验选择彭昊等（2006）构建的 pCADS1341 表达载体，该载体中含有约 1 400bp 的内含子片段，将干涉片段插入到内含子两侧时，可转录产生带发夹结构的 dsRNA，可提高基因沉默的效率和转录水平。此外，该载体在 RB 和 LB 之间含有潮霉素抗性标记基因（*HYG*）片段，故可以通过潮霉素

筛选转基因阳性植株。

由于本研究中的 *PEPC* 基因在植物体各项生命活动中都扮演着重要的角色，如果我们运用35S 组成型启动子让 *PEPC* 基因在植物体内都被抑制表达，这就对植物的生命活动产生非常不利的影响，进而也会影响到油脂合成。因此我们利用在种子中特异高效表达的启动子：napin 启动子和 α 球蛋白 *B* 基因启动子。前者是芸薹属植物中存在的一类启动子，熊兴华等（2002）应用 napin 启动子构建油脂合成相关基因 *FAD*2 基因的反义表达载体，转化入油菜，获得高含油酸转基因油菜。而 α 球蛋白 *B* 基因启动子是棉花种子特异启动子，Liu 等（2002）利用 α 球蛋白 *B* 基因启动子构建 RNAi 表达载体，使 *ghSAD*-1 和 *gh-FAS*2-1 基因下调表达，从而使棉花的硬脂酸含量由原来的 2% 提高到 40%，转基因棉花植株中油酸含量达到 77%。因此本试验利用这两种启动子构建成 ihpRNA 植物表达载体 pCADSNPSPA 和 pCADS-BPSPA，希望此载体在种子发育过程中特异性的抑制 *PEPC* 基因的表达，从而提高棉籽的含油量。

3　材料与方法

3.1　材料与试剂

本试验所用海岛棉 7124 由中国农业科学院棉花研究所育种室保存，取 5d 左右的幼嫩叶片为实验材料。napin 菌株由江苏大学提供，克隆载体 PMD19、大肠杆菌感受态细胞、Taq DNA 聚合酶、各种限制性内切酶、DNA 快速纯化回收试剂盒、质粒回收试剂盒均购自 TaKaRa 公司。表达载体 pCADS1341 由中国农业科学院棉花研究所转基因课题组保存。

3.2　棉花 DNA 的提取

采用 CTAB 法提取棉花基因组 DNA（Sahai *et al.*，1984）。1% 琼脂糖凝胶电泳检测 DNA 浓度，测定 DNA 在 260nm 和 280nm 下的吸光值以确定其纯度，并于 -20℃ 保存备用。

3.3　引物的设计

根据 Genbank 中已发表的甘蓝型油菜 napin 启动子序列（EU723261）设计 PCR 引物，两端分别引入 *EcoR* Ⅰ、*Sac* Ⅰ 酶切位点，P1（5′gaattcATCGGTGATTGATTCCTTTA-AAGAC3′）；P2（5′gagctcTCTTGTTTGTATTGATGAGTTTTGG3′）；根据 GenBank 中已发表的 α 球蛋白 B 基因启动子序列（AX795651）设计引物，两端分别引入 Mlu Ⅰ、Sac Ⅰ 酶切位点，P3（5′acgcgtCTATTTTCATCCTATTTAGAAATC3′）；P4（5′gagctc GATTACGATA-AGCTCTGTATTTTG3′）；根据本实验室获得的海岛棉 PEPC 基因序列设计引物：扩增海岛棉 PEPC 正义链引物：P5（5′gagctcATCAAAGGC AAACAAGAAGTTATGA3′）；P6（5′ccat-ggCTTTGAA GACAATGGAACGGTACTC3′）；扩增海岛棉 PEPC 反义链引物：P7（5′tcta-gaATCAAAGGCAAACAAGA AGTTATGA3′）；P8（5′ggatccCTTTG AAGACAATGG AACGG-TACTC3′）。

3.4　启动子及 *PEPC* 正反义片段的克隆和测序

PCR 反应体系为：PCR 总体积 50μL，包括 DNA 模板 5ng，1 × PCR Buffer，0.2mmol/L dNTP Mixture，上下游引物各 0.25mmol/L，Taq DNA 聚合酶 0.5U。PCR 反应条件为：94℃ 预变性 3min；94℃ 变性 30s，56℃ 退火 30s，72℃ 延伸 5min，30 个循环；

72℃延伸10min。

引物P1/P2以napin菌株为模板扩增出napin启动子，引物P3/P4、P5/P6、P7/P8以海岛棉基因组DNA为模板分别扩增出α球蛋白*B*基因启动子和PEPC基因正反义片段。利用凝胶回收试剂盒将PCR产物纯化回收后，连接至克隆载体PMD19中，热击法转化*E. coli* DH5α感受态细胞，经蓝白斑筛选出阳性克隆，提取质粒，用对应的限制性内切酶酶切鉴定阳性克隆，将鉴定的阳性克隆送至上海生工生物工程技术服务有限公司测序。将*PEPC*基因片段和启动子的重组子分别命名为PMDPEPCS、PMDPEPCA、PMDB和PMD-napin。测序结果利用ClustalW2软件与GenBank中相应的序列进行同源性比较。

3.5 *PEPC*基因ihpRNA表达载体的构建

将PMDB和PMDnapin分别用限制性内切酶*Mlu*Ⅰ、*Sac*Ⅰ和*EcoR*Ⅰ、*Sac*Ⅰ酶切，切下来的启动子与同样经过酶切的表达载体pCADS1341连接，转化大肠杆菌，提取质粒，酶切鉴定阳性克隆，并送至上海生工测序。重组子分别命名为pCADSB和pCADSN。

将PMDPEPCS用*Sac*Ⅰ和*Nco*Ⅰ酶切，将切下的正义片段分别和同样经过酶切的pCADSB、pCADSN连接，转化大肠杆菌，提取质粒，鉴定阳性克隆，并测序。重组子分别命名为pCADSBPS和pCADSNPS。将PMDPEPCA用*Xba*Ⅰ、*Bam*HⅠ酶切，将切下的反义片段分别和同样经过酶切的pCADSBPS、pCADSNPS连接，转化大肠杆菌，提取质粒，鉴定阳性克隆，并测序。得到PEPC基因的ihpRNA表达载体pCADSB PSPA和pCADSNP-SPA（图6）。

3.6 *PEPC*基因的ihpRNA表达载体的鉴定

提取pCADSBPSPA和pCADSNPSPA重组质粒，分别用启动子、基因正反义链的上下游引物进行PCR检测；同时，将质粒分别用*EcoR*Ⅰ（*Mlu*Ⅰ）/*Sac*Ⅰ、*Sac*Ⅰ/*Nco*Ⅰ、*Xba*Ⅰ/*Bam*HⅠ进行酶切，检测插入片段的位置和大小。

参考文献

[1] Bass B L. Double-stranded RNA as a template for gene si lencing [J]. *Cell*, 2000, 101 (3): 235-238.

[2] Callis J, Formm M, Walbot V. Introns increase gene expression in cultured maize cells [J]. *Gene Dev.*, 1987, 1 (10): 1183-2000.

[3] Cheng J Q, Lang C X, Hu Z H. Antisense PEP gene regulates to ratio of protein and lipid content in Brassicanapusseeds [J]. *Nongye Shengwu Jishu Xuebao* (*Journal of Agricultural Biotechnology*), 1999a, 7 (4): 316-320.

[4] Chen J Q, Huang R Z, Lang C X, *et al.* Molecular cloning and sequencing of the PEP gene from Brassica napus and the construction of the antisense PEP gene [J]. *Zhejiang DaxueXuebao* (*Journal of Zhejiang Agricultural University* (*Agric. &Life Sci.*), 1999b, 25 (4): 365-367.

[5] Chollet R, Vidal J, O'Leary M H. Phosphoenolpyru- vate carboxylase: a ubiquitous, highly regulated enzyme in plants [J]. *Plant Mol. Biol.*, 1996, 47: 273-298.

[6] Horiguchi G. RNA silencing in plants: a shortcut to functional analysis [J]. *Differenti-*

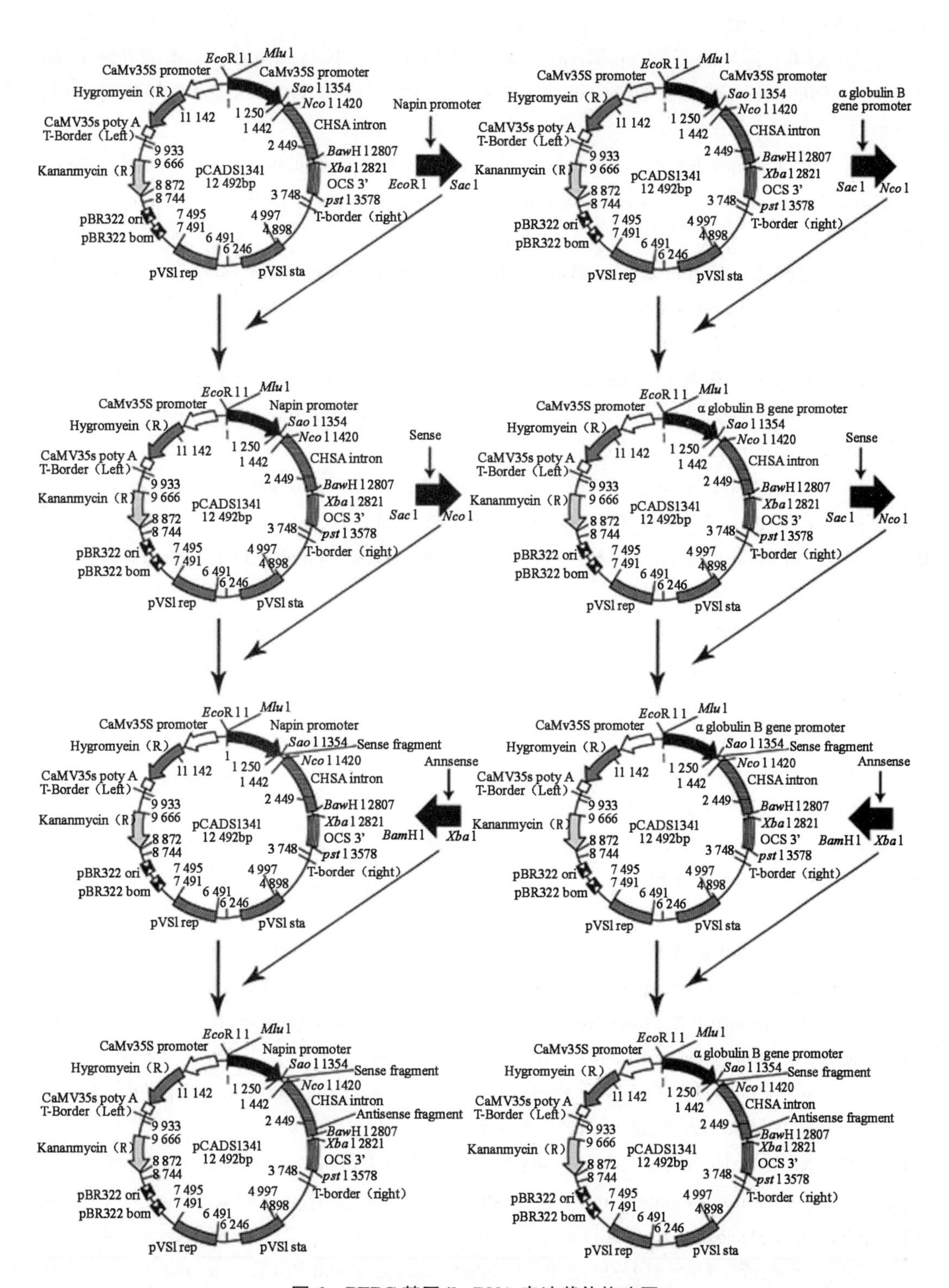

图 6　PEPC 基因 ihpRNA 表达载体构建图

ation, 2004, 72: 65-73.

[7] Kjell S, Mats E, Lars-Gran J, *et al.* Deletion analysis of a 2S seed storage protein promoter of Brassica napus in transgenic tobacco [J]. *Plant Molecular Biology*, 1993, 23 (4): 671-683.

[8] Liu Q, Surinder P, Green A G. High-stearic and high-oleic cottonseed oils produced by hairpin RNA-mediat- ed post-transcriptional gene silencing [J]. *Plant Physiology*, 2002, 129: 1732-1743.

[9] Napoli C, Lemieux C, Jorgensen R. Introduction of a chimeric chalcone synthase gene into petunia results in reversible co-suppression of homologous gene in trans [J]. *The Plant Cell*, 1990, 18 (2): 279-289.

[10] Peng H, Zhai Y, Zhang Q, *et al.* Establishment and functional analysis of high efficiency RNA interference system in rice [J]. *ZhongguoNongyeKexue* (*ScientiaAgriculturaSinica*), 2006, 39 (9): 1729-1735.

[11] Sahai M A, Soliman K M, Gorgensen R A, *et al.* Ribosomal DNA spacer-length polymorphism in barley [J]. *Proc. Natl. Acad. Sci. USA*, 1984, 81 (24): 8014-8018.

[12] Shinjir M, Hirotakau K, Yubey M. Producingdecaffeinated coffee plants. [J] *Nature*, 2003, 10 (2): 423-823.

[13] Sunilkumar G, Campbell L M, Puckhaber L, *et al.* Engineering cottonseed for use in human nutrition by tissue-specific reduction of toxic gossy- pol [J]. *Proc. Natl. Acad. Sci. USA*, 2006, 103 (48): 18054-18059.

[14] Sunilkumar G, Connell J P, Smith C W, *et al.* Cotton α-globulin promter: isolation and functional characterization in transgenic cotton, Arabidopsis, and tobacco [J]. *Transgenic Research*, 2002, 11 (4): 347-359.

[15] Tanaka A, Mit a S, Ohta S, *et al.* Enhancement of foreign gene expres- sion by a dicot intron in rice but not in tobacco is correlated with an increased level of mRNA and an efficient splicing of intron [J]. *Nucleic Acids Res.*, 1990, 18 (23): 6767-6770.

[16] Wesley S V, Helliwell C A, Smith N A, *et al.* Construct design for efficient, effective and high-throughput gene silencing in plants [J]. *The Plant Journal*, 2001, 27 (6): 581-590.

[17] Waterhouse P M, and Helliwell C A, Exploring plant genomes by RNA-induced gene silencing [J]. *Nature Review Genetics*, 2003, 4 (1): 29-38.

[18] Waterhouse P M, Wang M B, Lough T. Gene silencing as an adaprive defense against viruses [J]. *Nature*, 2001, 411: 834-842.

[19] Xiong X H, Guan C Y, Wang X J, *et al.* Molecular cloning and sequencing of the FAD2 gene from Brassica napus and the construction of the antisense FAD2 gene [J]. *ZhongGuoYouliaoZuowuXuebao* (*Chinese Journal of Oil Crop Sciences*), 2002, 24 (2): 1-4.

[20] Zhang Y, Fu S H, Zhang R Q, *et al.* Cloning of the PEPC gene and construction of a seed-specific ihpRNA expression vector in Brassica napus L [J]. *Molecular Plant Breeding*, 2008, 6 (4): 775-780.

Comparative Proteomics Indicates That Biosynthesis of Pectic Precursors Is Important for Cotton Fiber and Arabidopsis Root Hair Elongation

Chaoyou Pang[1,2,3], Huiwang[1,3], Yupang[1], Chaoxu[1], Yuejiao[1], Yongmei Qin[1], Tamara L. Western[3], ShuXun Yu[2,3**], YuXian Zhu[1,2,3,4]

(1. The National Laboratory of Protein Engineering and Plant Genetic Engineering/ Peking-Yale Joint Center for Plant Molecular Genetics and Agrobiotechnology, College of Life Sciences, Peking University, Beijing 100871, China; 2. Cotton Research Institute, Chinese Academy of Agricultural Sciences, Anyang 455000, China; 3. Department of Biology, McGill University, 1205 Avenue Docteur Penfield, Montreal, Quebec H3A1B1, Canada; 4. National Center for Plant Gene Research, Beijing 100101, China)

Abstract: The quality of cotton fiber is determined by its final length and strength, which is a function of primary and secondary cell wall deposition. Using a comparative proteomics approach, we identified 104 proteins from cotton ovules 10 postanthesis with 93 preferentially accumulated in the wild type and 11 accumulated in the *fuzzless-lintless* mutant. Bioinformatics analysis indicated that nucleotide sugar metabolism was the most significantly up-regulated biochemical process during fiber elongation. Seven protein spots potentially involved in pectic cell wall polysaccharide biosynthesis were specifically accumulated in wild-type samples at both the protein and transcript levels. Protein and mRNA expression of these genes increased when either ethylene or lignoceric acid (C24：0) was added to the culture medium, suggesting that these compounds may promote fiber elongation by modulating the production of cell wall polymers. Quantitative analysis revealed that fiber primary cell walls contained significantly higher amounts of pectin, whereas more hemicellulose was found in ovule samples. Significant fiber growth was observed when UDP-$_{L}$-rhamnose, UDP-$_{D}$-galacturonic acid, or UDP-$_{D}$-glucuronic

原载于：*Molecular & Cellular Proteomics*, 2010, 9: 2019-2033.

acid, all of which were readily incorporated into the pectin fraction of cell wall preparations, was added to the ovule culture medium. The short root hairs of Arabidopsis *uer*1-1 and *gae*6-1 mutants were complemented either by genetic transformation of the respective cotton cDNA or by adding a specific pectin precursor to the growth medium. When two pectin precursors, produced by either UDP-$_4$-keto-$_6$-deoxy-$_D$-glucose 3, 5-epimerase 4-reductase or by UDP-$_D$-glucose dehydrogenase and UDP-$_D$-glucuronic acid 4-epimerase successively, were used in the chemical complementation assay, wild-type root hair lengths were observed in both cut1 and *ein*2-5 Arabidopsis seedlings, which showed defects in C24：0 biosynthesis or ethylene signaling, respectively. Our results suggest that ethylene and C24：0 may promote cotton fiber and Arabidopsis root hair growth by activating the pectin biosynthesis network, especially UDP-$_L$-rhamnose and UDP-$_D$-galacturonic acid synthesis.

Cell elongation and expansion contribute significantly to the growth and morphogenesis of higher plants. Cotton (*Gossypium hirsutum*) fibers are single cells that differentiate from the outer integuments of the ovule. Cotton lint (the industrial name for fiber) is the most prevalent natural raw material used in the textile industry, so its production plays a significant role in the global economy. The number of fibers present on each ovule (cotton productivity), the final length, and the strength of each fiber (fiber quality) are determined by four separable biological processes: fiber initiation, elongation (primary cell wall synthesis), cell wall thickening (secondary cell wall deposition), and maturation. The fiber initiation stage occurs from 3days prior to anthesis to 3days postanthesis (dpa)[1] and is characterized by the enlargement and protrusion of epidermal cells from the ovule surface. During the fiber elongation period (5 ~ 25 dpa), cells demonstrate vigorous expansion with peak growth rates of > 2 mm/d until the fibers reach their final dimensions[1-3]. In the secondary cell wall deposition phase (20 ~ 45 dpa), cellulose biosynthesis predominates until the cells contain 90% cellulose. In the final maturation stage (45 ~ 50 dpa), fibers undergo dehydration and become mature cotton lint.

Cotton fibers also serve as an excellent single celled model for studying fundamental biological processes, including cell elongation and differentiation[4-6]. Using cDNA microarray hybridization data obtained from 11 692 cotton fiber UniESTs, we previously identified 778 cDNAs that are preferentially expressed during the fast fiber elongation period[7]. Among them, 162 fiber-preferential genes were mapped to 102 metabolic events with ethylene biosynthesis and fatty acid biosynthesis/chain elongation being the most significantly up-regulated processes. Systematic studies showed that a large number of genes encoding nonspecific lipid transfer proteins and enzymes that are involved in various steps of fatty acid chain elongation are highly up-regulated during early fiber development, indicating that biosynthesis of saturated very-long-chain fatty acids and/or their transport may also be required for fiber cell growth[3,7-11]. Exogenously applied lignoceric acid (C24：0) in the ovule culture medium promotes significant fiber cell growth, possibly by activating the transcription of several 1-aminocyclopropane-1-carboxylic acid oxidases involved in ethylene biosynthesis[12]. To date, biochemical reactions downstream of ethylene signaling that lead to cell elongation have not been reported.

Two-dimensional gel electrophoresis (2-DE) coupled with MALDI-TOF MS has recently been used to study brassinosteroid signal transduction pathways[13] and to decipher complex metabolomics data obtained from abiotic stresses inArabidopsis and in rice[14-15]. Here we found that the biosynthesis of a specific subset of carbohydrates, including UDP-Rha, UDP-GlcA, and UDP-GalA, required for pectic polymer production, was significantly activated in developing fiber cells. Genetic studies using a series of *Arabidopsis* mutants with defects in UDP-Rha and UDP-GalA biosynthesis or in control of upstream regulatory components confirmed the importance of these two metabolic steps for both cotton fiber and *Arabidopsis* root hair growth.

1 EXPERIMENTAL PROCEDURES

1.1 Plant Materials

Upland cotton (*G. hirsutum L.* cv. Xuzhou 142) and the *fuzzless-lintless* (*fl*) mutant, originally discovered in the Xuzhou 142 cotton field in China[16], were grown in an artificial soil mixture in fully climate-controlled walk-in growth chambers. Bolls excised from cotton plants at the indicated growth stages were dissected in a laminar flow hood to obtain intact ovules. Cotton materials were frozen and stored in liquid nitrogen immediately after harvest until use for protein and RNA extractions. All *Arabidopsis* plants, including three mutant lines in the Col genetic background (*ein*2-5; At *uer*1-1, SALK_ 100812; At *gae*6-1, SALK_ 104454C) and the *cut*1 mutant in the Ler genetic background, were grown in fully automated growth chambers as described[17].

1.2 Protein Extraction and Purification

Plant tissues were ground in liquid nitrogen using a mortar and pestle. Fine powder was produced at −20 ℃ with 10% (W/V) trichloroacetic acid in cold acetone containing 0.07% (W/V) 2-mercaptoethanol for at least 2 h. After centrifugation at 20 000 ×g for 1 h, the pellet was washed first with cold acetone containing 0.07% (W/V) 2-mercaptoethanol and then with 80% cold acetone and finally suspended in a lysis buffer (7 mol/L urea, 2mol/L thiourea, 4% CHAPS, 20 mmol/L dithiothreitol), and the soluble fraction was purified using the 2-D Clean-Up kit (GE Healthcare). Protein concentration was determined with a 2-D Quant kit (GE Healthcare).

1.3 Two-dimensional Gel Electrophoresis

2-DE was performed as described[18-19]. Total cotton ovule proteins (100 μg or 1.5 mg) were applied for silver- or Coomassie-stained gels, respectively. Isoelectric focusing was performed with the IPGphor system (GE Healthcare). Immobiline pH 4 ~ 7 and 3 ~ 10, 24cm linear DryStrips (GE Healthcare) were run at 30 V for 8 h, 50 V for 4 h, 100 V for 1 h, 300 V for

1 h, 500 V for 1 h, 1000 V for 1 h, and 8000 V for 12 h using rehydration buffer (8mol/L urea, 2% CHAPS, 20 mmol/L DTT) containing 0.5% (V/V) IPG Buffer (GE Healthcare). SDS-PAGE was performed using 12.5% polyacrylamide gels without a stacking gel in the Ettan DaltsixElectrophoresis Unit 230 (GE Healthcare). Gels were stained with 0.04% (W/V) PhastGel Blue R (Coomassie Brilliant Blue R-350; GE Healthcare) in 10% acetic acid and destained with 10% acetic acid or were silver-stained using a Hoefer Automated Gel Stainer apparatus. Images of the gels were scanned by a PowerLook 2 100XL (UMAX) and analyzed using ImageMaster 2-DE Elite (version 4.01, Amersham Biosciences). Protein samples were prepared in triplicate using different plant materials for each 2-DE image.

1.4 Protein Identification by MALDI-TOF/TOF MS

Differentially expressed proteins were excised and digested with trypsin essentially as reported[20]. Mass spectra were recorded on an Ultraflex MALDI-TOF/TOF mass spectrometer (Bruker Daltonik GmbH) using the FlexControl 2.2 software (Bruker Daltonik GmbH). TOF results were analyzed by FlexAnalysis 2.2 (Bruker Daltonik GmbH), peaks with S/N >100 were selected as precursor ions that were accelerated in TOF_1 at a voltage of 8 kV and fragmented by lifting the voltage to 19 kV. Both MALDI-TOF and MS/MS spectra were processed by FlexAnalysis 2.2 (Bruker Daltonik GmbH) and were searched using MASCOT 2.1.0 (Matrix Science). All spectra were searched against the in-house National Center for Biotechnology Information non-redundant (NCBInr) database (release date, June 10, 2008; Including 6 573 034 sequences, 2 244 863 856 residues) with species restriction to Viridiplantae (green plants) (483 288 sequences) and a cotton EST database downloaded from NCBI "EST others" (release date, January 22, 2009; Including 369 596 sequences, 254 288 404 residues) ($P<0.05$). We used the following parameters for the search: S/N ≥ 3.0; Fixed modification, carbamidomethyl (Cys); variable modification, oxidation (Met); Maximum number of missing cleavages, 1; MS tolerance, ±100 mg/kg; And MS/MS tolerance, ±0.7 Da. The ion cutoff score was 51 ($P<0.01$, $E<0.01$) following a published protocol[21].

1.5 Protein Identification by Nano-LC-FTICR MS

Several identified protein spots deemed potentially important were further analyzed using nano-liquid chromatography-Fourier transform ion cyclotron resonance-mass spectrometry (nano-LC-FTICR MS) techniques as described[22]. Trypsin-digested peptides were dissolved in 0.1% formic acid and separated by a nano-LC system (Micro-Tech Scientific) that was equipped with a C18 reverse-phase column using 0% ~50% acetonitrile gradient in 0.1% formic acid at a constant flow rate of 400 nl/min in 120 min. Mass spectra were recorded on a 7-tesla FTICR mass spectrometer (Apex-Qe, Bruker Daltonics). Data were acquired in data-dependent mode using ApexControl 1.0 software (Bruker Daltonics). The MS/MS spectra were processed by DataAnalysis 3.4 (Bruker Daltonics) with S/N ≥4.0 and searched against the in-house cotton EST database using the Mascot 2.1.0 search engine (Matrix Science). Fixed and variable modifications were specified as described under "Protein Identification by MALDI-TOF/TOF MS." Maximum number of missing cleavages was set to 1. MS tolerance was $\pm 5\mu L/L$, and MS/MS tolerance was ±15 millimass units. The ion cutoff score was 41 ($P < 0.01$, $E < 0.01$). The criteria for positive identification we used result in less than 5% false positives at the protein level as determined by searching a target-decoy database constructed with shuffled sequences in the decoy. The false-positive rate was calculated as follows: 2 × decoy hits/total hits[23].

1.6 Analysis of Full-length Cotton cDNAs

To obtain putative full-length cotton cDNAs, all 375 441 cotton ESTs available from NCBI (http://www.ncbi.nlm.nih.gov/Genbank/) as of April 10, 2009 were downloaded. Putative full-length cDNA sequences were obtained on a Linux operating system using the local cotton EST database, the BLAST results, and the CAP3 sequence assembly program[24]. When a putative full-length cDNA was not available in our cDNA collection, we used rapid amplification of 5′ or 3′ cDNA ends (RACE)[17] to recover the missing sequences. The entire coding region with any available upstream and downstream sequences was amplified again to confirm that the RACE products were assembled correctly from a single gene and not from a chimeric gene sequence of the A and D subgenomes. All full-length cDNAs were verified by sequencing the corresponding clone from a cotton cDNA library that was constructed using RNA extracted with the hot borate method[25]. We used guanidine hydrochloride (final concentration, 6mol/L) as the denaturant and 1% polyvinylpyrrolidone to remove major phenolic compounds from cotton ovule or fiber cells. The quality of the library was verified because putative open reading frames were found in more than half of the genes related to plant hormone biosynthesis[7].

1.7 Identification of Fiber-preferential Biochemical Pathways

The software KOBAS, which stands for Kyoto Encyclopedia of Genes and Genomes (KEGG) Orthology-based Annotation System[26], was used to identify biochemical reactions involved in cotton fiber development and to calculate the statistical significance of each step. This program assigns a given set of genes to pathways by first matching the genes to similar genes (as determined by a BLAST similarity search with cutoff E values $< 1 \times 10^{-6}$, rank < 5, and sequence identity $> 55\%$) in known pathways in the KEGG database. We ranked pathways (or biochemical events) by statistical significance to determine whether a pathway contained a higher ratio of fiber-preferential proteins among all Arabidopsisproteins mapped to the same pathway. Because a large number of pathways were involved, we implemented FDR correction to control the overall Type I error rate of multiple testing using GeneTS (2.8.0) in the R (2.2.0) statistics software package. Pathways with FDR-corrected P values < 0.001 were considered statistically significant.

1.8 RT-PCR and Quantitative Real Time RT-PCR (QRT-PCR)

Cotton ovules harvested at specific growth stages were first frozen in liquid nitrogen before RNA extraction using a modified hot borate method[25]. Total RNA was extracted from wild-type or *fl* mutant cotton materials after various treatments, and cDNA was reverse transcribed from 5 μg of total RNA. Primers for QRT-PCR analysis are listed in supplemental Table 1. All PCR experiments were performed in triplicate using independent RNA samples prepared from different cotton or *Arabidopsis* materials. Cotton *UBQ7* (NCBI accession number AY189972) and *Arabidopsis UBQ5* (At3g62250) were used as internal controls for PCR experiments using the respective plant materials.

1.9 Preparation of Antiserum against UER1 and Western Blotting

Gh UER1-specific antibody was produced from rabbit using a synthesized polypeptide, KES-LIKYVFEPNKKT, derived from the C terminus of UER1, which was identified commercially using Peptide-Antigen Finder software (Chinese Peptide Corp.). Western blotting experiments were performed as reported previously[27].

1.10 Extraction, Separation, and Analysis of Cell Wall Polymer Fractions

Either 10-dpa cotton fiber cells or ovules (5-g fresh weight) were ground in liquid nitrogen using a mortar and pestle. The fine powders were washed with 70% aqueous ethanol and pelleted by centrifugation at 10 000 × g for 15 min. The resulting pellet was washed with a 1 : 1 (v/v) mixture of chloroform and methanol and was then washed twice with acetone before drying in a SpeedVac vacuum system (Savant Instruments). Starch contaminants were removed by successive treatments with α-amylase (5 units/mg of cell wall; overnight at room temperature) (Sigma-Aldrich) and dimethyl sulfoxide (1mL/mg of cell wall; overnight at room temperature). Pectin fractions were obtained by first boiling the cell wall pellets three times in 50 mmol/L EDTA (pH 6.8; 10 min each) and then extracting three times at room temperature for 12 h in 50 mmol/L Na_2CO_3 containing 1% $NaBH_4$. Hemicelluloses were successively extracted from remnant cell wall pellets in 1mol/L (three times) and 4mol/L (three times) KOH containing 1% $NaBH_4$ at room temperature for 12 h each time. The alkali fractions were neutralized with acetic acid. All six pectin and hemicellulose extracts were combined respectively and dialyzed extensively in dialysis tubing (1000-Da cutoff) against water. Both fractions were then concentrated using a Stirred Ultrafiltration Cell (Millipore) equipped with ultrafiltration membranes (1000-Da limit; Millipore), lyophilized to dryness, and weighed. The Updegraff assay[28] was used to determine relative cellulose content in the remaining cell wall pellets to deduce the amount of "other unidentified cell wall components" (called "others").

1.11 Analysis of Cell Wall Monosaccharide Composition

Starch-free total cell wall materials, purified pectin, and hemicellulose were subjected to 2mol/L TFA at 120 ℃ for 2 h to produce monosaccharides. The neutral monosaccharides were converted into alditol acetates, whereas uronic acids were derivatized by trimethylsilyl methoxime before GC/MS analysis[29-30]. Briefly, different fractions were run on a GC/MS instrument (6890N-5975B, Agilent Technologies) with helium as the carrier gas to determine their sugar composition. For alditol acetate derivatives, a J&W HP-5MS column (30 m × 0.25 mm × 0.25μm; Agilent Technologies) was used with the following program: 2 min at 110℃, 10 ℃/min until 200℃, 5 min at 200℃, 10℃/min until 250℃, and hold at 250℃ for 10 min. For trimethylsilyl methoxime derivatives, a J&W DB-5MS column (30 m × 0.25 mm × 0.25 μm;

Agilent Technologies) was used with the following program: 1 min at 160℃, 10℃/min until 172℃, 5℃/min to 208℃, decrease to 200℃ in 10s, hold at 200℃ for 2 min, decrease to 160℃ in 30 s, and hold at 160℃ for 2 min. Compounds were first confirmed by comparison with the retention time obtained from the individual monosaccharide standard and were further identified through GC/MS coupled to the National Institute of Standards and Technology (NIST) database.

1.12 *In Vitro* Expression and Purification of Enzymes

Putative full-length cotton *UER*1, *UGD*1, *UGP*1, *UGP*2, and *GAE*3 cDNAs were cloned into pET28a to produce pET28a-GhUER1, pET28a-GhUGD1, pET28a-GhUGP1, pET28a-GhUGP2, and pET28a-GhGAE3, respectively. The plasmids were separately transformed into *Escherichia coli* BL21 (DE3) pLysS cells and were cultured at 37 ℃ with vigorous shaking in liquid LB medium containing 50 μg/mL kanamycin. Isopropyl 1-thio-β-$_D$-galactoside was added to the culture to a final concentration of 0.4 mmol/L when the cells reached an A_{600} of 0.6 ~ 0.8. The cells were harvested by centrifuging at 5 000 × g for 20min at 4℃ after 4 h of additional incubation at 37℃. The pelleted cells were resuspended in the binding buffer (50 mmol/L Tris-HCl, 0.5mol/L NaCl, 1% Triton X-100, pH 8.0) and sonicated briefly before centrifugation at 10 000 × g for 10 min at 4℃. The supernatant was loaded on a nickel-charged His-Bind column according to the instructions provided by the manufacturer (Novagen) and purified by gel filtration on a Superdex 200 column (GE Healthcare).

1.13 Production of Nucleotide Sugars

UDP-4-keto-6-deoxyglucose (UDP-4K6DG) and UDP-Rha were enzymatically synthesized in our laboratory as neither is commercially available. UDP-4K6DG was synthesized using 20μg of *in vitro* expressed RHM-N369[31], and then the enzyme products were separated and purified by HPLC. UDP-Rha was synthesized by adding 20μg of *in vitro* expressed UER1 to the reaction mixture (final volume, 0.5mL) containing 6 mmol/L NADPH and 3 mmol/L UDP-4K6DG. For production of UDP-Glc, 20 μg of purified UGP1 or UGP2 was added separately to reaction mixtures containing 3 mmol/L UTP, 3 mmol/L glucose 1-phosphate, and 3 mmol/L $MgCl_2$. For UDP-GlcA production, 20 μg of purified UGD1 was added to the reaction mixture containing 6 mmol/L NAD^+ and 3 mmol/L UDP-Glc. For UDP-GalA production, 20 μg of purified GAE3 was added to the reaction mixture containing 3 mmol/L UDP-GlcA. All reactions were incubated at 30℃ for 2 h in Na3PO4 buffer (pH 7.0) and were stopped by adding 1/3 volume of $CHCl_3$.

1.14 HPLC Separation and GC/MS Identification

The water-soluble fractions obtained above were filtered with 0.22-μm filters (Millipore) and analyzed on an HPLC1200 series instrument (Agilent Technologies) at 40℃ using a ZORBAX Eclipse XDB-C_{18} column (0.46cm × 15 cm; Agilent Technologies), monitored using a UV detector at 254 nm[32], and further identified by GC/MS as specified in the Analysis of Cell Wall Monosaccharide Composition section.

1.15 Ovule Culture and Chemical Treatment

UDP-Glc, UDP-GlcA, Rha, GlcA, and GalA were purchased from Sigma-Aldrich; UDP-GalA and UDP-Xyl were purchased from CarboSource Services. Cotton ovules (1 dpa) were collected, sterilized, and cultured in medium containing either 5 μmol/L nucleotide sugars, free sugars, or C24 : 0 (Sigma-Aldrich) or 0.1 μmol/L gaseous ethylene (99.9%; Qianxi Chemicals) in the head space at 30 ℃ in darkness. C24 : 0 was first dissolved in methyl tert-butyl ether (>99.0%) to 10 mmol/L before being added to the culture to the final concentration as reported previously[12]. All nucleotide or free sugars were first dissolved in double distilled H_2O to 5 mmol/L and sterilized by passing through a 0.22-μm MILLEX filter (Millipore) before being diluted to specific concentrations in the culture medium. Where applicable, 1 μmol/L ethylene perception inhibitor L-(2-aminoethoxyvinyl) glycine hydrochloride (AVG; >95.0%; Sigma) was also added to the ovule culture medium. The lengths (in mm) of the acidic water-straightened halo of fiber cells around each ovule[7] were measured manually under a dissecting microscope.

1.16 Uptake and Quantification of ^{14}C-Labeled Chemicals in Cotton Samples

14C-Labeled UDP-GlcA, UDP-Xyl, and UDP-Glc were purchased from PerkinElmer Life Sciences. We enzymatically synthesized ^{14}C-labeled UDP-Rha using ^{14}C-labeled UDP-Glc in essentially the same way as reported under "Production of Nucleotide Sugars" because it is not commercially available. Cotton ovules were cultured in the same medium containing 1.66 nmol each of ^{14}C-labeled UDP-Rha (0.5 μCi), UDP-GlcA (0.3 μCi), or UDP-Xyl (0.24 μCi) separately for 6 days. Ovules were harvested and washed in double distilled H_2O three or four times until negligible amounts of the added radioactivity could be found in the wash. Total cell walls were isolated from cultured ovules, hydrolyzed thoroughly, and neutralized by exhaustive dialysis against double distilled H_2O before the radioactivity measurement. Pectins and hemicelluloses were extracted from cultured wild-type or *fl* ovules to determine the efficiency of chemical incorporation as described above.

1.17 Genetic Transformation of *Arabidopsis*, Molecular Characterization, and Root Hair Length Measurements

The cotton *UER*1 (Gh *UER*1*c*) and *GAE*3 (Gh *GAE*3*c*) cDNAs or the respective *Arabidopsis* genomic sequences (*At UER*1*g* and At *GAE*6*g*) were cloned under the control of the 1824-bp *At UER*1 or 2002-bp *At GAE*6 upstream promoter sequences and transformed into the homozygous *uer*1-1 or *gae*6-1 knock-out mutant lines. Genomic DNA was isolated using the DNeasy Plant kit (Qiagen), and 10 μg was digested with *Hin*dIII or *Bam*HI and blotted for hybridization using a digoxigenin-labeled neomycin phosphotransferase II (NPTII) probe with the primers specified in supplemental Table 1.

Table 1　MALDI-TOF MS identification of proteins preferentially accumulated in wild-type or in fl mutant cotton ovules

Spot no.[a]	Protein name	NCBI Accession no.	pI/exp.[b] molecular mass (kDa)	pI/theo.[c] molecular mass (kDa)	Score/cov.[d] (%)	Matched/searched[e]	Relative protein content WT-10	FL-10	Ratio WT/FL
1	Profilin	AB043717	5.33/13.01	5.38/14.41	72/56	10/60	0.397 ± 0.034	0.205 ± 0.026	1.94
2f	Major latex-like protein	FJ415202	5.44/14.83	5.46/17.16	86/60	10/86	0.236 ± 0.028	0.121 ± 0.014	1.95
3	Annexin 1	AAR13288	6.31/15.81	6.19/36.15	172/55	20/64	0.103 ± 0.017	0.017 ± 0.009	6.06
6	Annexin	AAB67993	6.08/16.10	6.41/36.03	99/35	13/68	0.037 ± 0.005	0	g
18f	Annexin	FJ415173	6.52/28.49	6.74/35.98	123/38	14/60	0.065 ± 0.021	0.022 ± 0.008	2.95
5	Fiber annexin	AAC33305	6.11/16.04	6.34/36.21	99/37	15/81	0.075 ± 0.015	0.038 ± 0.011	1.97
4f	Copper，zinc-superoxide dismutase	FJ415203	5.83/15.98	5.47/15.36	106/92	10/59	0.162 ± 0.021	0.084 ± 0.025	1.93
7f	Copper，zinc-superoxide dismutase	FJ415203	5.83/16.35	5.47/15.36	88/92	10/93			
8f	Peroxiredoxin	FJ415174	5.35/17.41	5.58/17.30	140/74	10/44	0.127 ± 0.028	0.048 ± 0.008	2.65
9f	Dimethylmenaquinone methyltransferase	FJ415179	5.41/18.54	5.60/18.05	104/50	7/42	0.145 ± 0.023	0.080 ± 0.008	1.81
10	Benzoquinone reductase	ABN12321	6.09/21.65	6.09/21.65	69/39	5/49	0.295 ± 0.013	0.053 ± 0.007	5.57
13	Benzoquinone reductase	ABN12321	6.27/27.60	6.09/21.65	80/39	5/56			
14	Benzoquinone reductase	ABN12320	6.47/27.83	6.20/21.79	82/31	5/29	0.348 ± 0.039	0.034 ± 0.012	10.24
88f	Benzoquinone reductase	FJ415183	7.68/24.72	6.97/21.74	94/48	12/53	0.131 ± 0.019	0	g
11	Ascorbate peroxidase	ABR18607	5.13/27.49	5.93/27.74	84/52	9/50			
12	Ascorbate peroxidase	ABR18607	5.43/27.51	5.93/27.74	79/44	7/100			
15	Ascorbate peroxidase	ABR18607	5.68/27.84	5.93/27.74	90/46	6/77			
16	Ascorbate peroxidase	ABR18607	5.29/27.87	5.93/27.74	78/47	9/59	0.239 ± 0.025	0.040 ± 0.017	5.98
19	Ascorbate peroxidase	ABR18607	5.32/28.70	5.93/27.74	101/49	9/51			
20	Ascorbate peroxidase	ABR18607	5.64/28.75	5.93/27.74	151/64	15/41			
21	Ascorbate peroxidase	ABR18607	5.15/29.28	5.62/27.58	112/60	13/67			
17f	Ascorbate peroxidase	FJ415185	4.96/27.89	5.62/27.58	66/38	5/60	0.207 ± 0.032	0.043 ± 0.015	4.81
38f	Stromal ascorbate peroxidase	FJ415186	6.24/36.78	8.89/41.05	85/35	13/75	0.102 ± 0.014	0.047 ± 0.015	2.17
40f	Stromal ascorbate peroxidase	FJ415186	6.10/37.04	8.89/41.05	73/28	9/100			
22f	α-1，4-glucan phosphorylase	FJ415211	4.94/30.21	5.32/10.67	108/23	19/94	0.132 ± 0.010	0	g
23f	S-Formylglutathione hydrolase	FJ415188	6.59/30.65	6.82/32.18	77/47	10/89	0.120 ± 0.036	0.050 ± 0.002	2.40
24f	Triose-phosphate isomerase	FJ415177	6.53/31.54	6.00/27.47	142/82	15/110	0.253 ± 0.035	0.170 ± 0.019	1.49
25f	20 S proteasome subunit α-1	FJ415181	6.44/31.80	5.91/27.39	112/47	11/49	0.105 ± 0.009	0.035 ± 0.01	3.00
26f	Heat shock protein 70	FJ415196	6.27/32.83	5.07/71.57	74/19	9/77	0.146 ± 0.010	0.036 ± 0.025	4.06
68f	Heat shock protein 70	FJ415196	4.75/52.95	5.10/71.37	84/26	15/99			

(continued)

Spot no.[a]	Protein name	NCBI Accession no.	pI/exp.[b] molecular mass (kDa)	pI/theo.[c] molecular mass (kDa)	Score/cov.[d] (%)	Matched/searched[e]	Relative protein content		Ratio WT/FL
							WT-10	FL-10	
63f	Heat shock protein 70	FJ415199	4.59/49.92	5.10/71.35	88/27	9/95	0.113 ± 0.007	0.043 ± 0.041	2.63
67f	Heat shock protein 70	FJ415194	4.69/52.90	5.14/71.28	89/21	9/37	0.468 ± 0.027	0.134 ± 0.030	3.49
90f	Heat shock protein 70	FJ415194	7.52/33.12	5.14/71.28	84/20	9/65			
73f	Heat shock protein 70	FJ415195	4.75/54.07	5.07/71.57	90/13	8/47	0.059 ± 0.007	0.010 ± 0.011	5.90
27f	Catalase	FJ415187	6.30/33.59	6.68/57.25	73/30	16/84	0.197 ± 0.032	0.091 ± 0.015	2.16
28f	Serine hydroxymethyltransferase	FJ415180	5.54/34.18	7.57/52.38	95/26	9/59	0.091 ± 0.008	0.014 ± 0.001	6.50
31f	Serine hydroxymethyltransferase	FJ415180	5.83/34.82	7.57/52.38	75/36	12/76			
29f	Lactoylglutathione lyase	FJ415204	5.71/34.38	5.69/32.61	69/34	11/69	0.202 ± 0.016	0	g
30f	α-Soluble NSFhattachment protein	FJ415171	5.08/34.75	5.11/33.05	120/39	9/23	0.110 ± 0.033	0.034 ± 0.012	3.24
32f	UER1	FJ415167	5.94/34.94	5.73/33.95	180/62	18/79	0.253 ± 0.030	0.253 ± 0.030	1.78
33f	UER1	FJ415167	6.22/34.97	5.73/33.95	215/64	15/31			
34f	Fructokinase	FJ415169	5.05/36.08	5.28/35.20	206/58	16/41	0.080 ± 0.002	0.045 ± 0.009	1.78
35	Enolase	ABW21688	5.21/36.28	5.49/47.98	85/29	7/78	0.049 ± 0.003	0	g
36	Actin	AAP73454	5.43/36.64	5.23/41.90	90/46	12/63	0.178 ± 0.027	0.027 ± 0.028	6.59
52	Actin	AAP73452	5.62/42.35	5.44/41.94	69/29	7/86	0.264 ± 0.017	0.018 ± 0.020	14.67
53	Actin	AAP73457	5.56/43.29	5.31/41.91	149/60	28/142	0.244 ± 0.03	0.039 ± 0.036	6.26
71	Actin	AAP73460	5.45/53.58	5.37/41.94	163/57	22/91	0.189 ± 0.023	0.120 ± 0.032	1.58
37f	Granule-bound starch synthase	FJ415189	4.97/36.64	8.79/63.84	80/20	8/55	0.087 ± 0.012	0	g
39f	Granule-bound starch synthase	FJ415205	4.91/36.78	8.59/67.73	135/35	13/89	0.090 ± 0.016	0.019 ± 0.011	4.76
41f	Glutamine synthase	FJ415178	5.64/37.12	5.77/39.36	140/43	10/50	0.078 ± 0.006	0	g
42f	Malate dehydrogenase	FJ415192	6.14/38.50	6.10/36.45	93/27	10/77	0.337 ± 0.004	0.222 ± 0.028	1.52
56f	Malate dehydrogenase	FJ415192	6.67/46.15	6.10/35.87	88/43	8/100			
43	Phenylcoumaran benzylic ether reductase-like protein	ABN12322	5.58/38.89	5.76/33.89	92/35	11/48	0.227 ± 0.021	0.102 ± 0.022	2.23
51	Phenylcoumaran benzylic ether reductase-like protein	ABN12322	5.87/41.46	5.76/33.89	129/58	18/97			
45	β-Tubulin 19	ABY86665	5.75/39.76	4.76/50.65	173/58	26/70	0.073 ± 0.034	0	g
46	α-Tubulin 4	AAN33000	5.57/39.90	5.36/34.41	207/64	19/40	0.145 ± 0.007	0.059 ± 0.018	2.46
49	α-Tubulin 4	AAN33000	5.43/40.90	5.36/34.41	107/44	12/65			
48	α-Tubulin	ABO47738	5.72/40.45	4.97/50.29	159/43	19/38	0.155 ± 0.029	0	g
50f	Glyceraldehyde-3-phosphate dehydrogenase C subunit	FJ415206	6.61/41.24	7.70/36.65	73/33	7/87	0.234 ± 0.030	0.115 ± 0.052	2.04
54f	2-Nitropropane dioxygenase	FJ415176	5.43/43.73	5.32/36.17	211/68	18/62	0.330 ± 0.009	0.134 ± 0.033	2.46
55f	Quinone oxidoreductase	FJ415175	5.21/45.90	5.28/34.39	149/67	16/106	0.088 ± 0.014	0	g
57	Gibberellin 20-oxidase 1	ABA01482	5.23/48.01	5.35/41.72	215/64	24/84	0.030 ± 0.007	0	g

(continued)

Spot no. [a]	Protein name	NCBI Accession no.	pI/exp. [b] molecular mass (kDa)	pI/theo. [c] molecular mass (kDa)	Score/cov. [d] (%)	Matched/searched[e]	Relative protein content		Ratio WT/FL
							WT-10	FL-10	
58	Flavanone 3-hydroxylase	ABM64799	5.33/48.10	5.43/41.75	171/66	26/130	0.485 ± 0.007	0.226 ± 0.023	2.14
59f	Mannitol dehydrogenase	FJ415191	5.93/49.11	5.85/39.57	100/61	16/90	0.252 ± 0.032	0.144 ± 0.026	1.75
60f	Adenosine kinase	FJ415170	5.46/49.66	5.47/37.81	200/59	15/38	0.059 ± 0.018	0.145 ± 0.028	1.40
61f	Adenosine kinase	FJ415170	5.31/49.66	5.47/37.81	128/55	18/64			g
62f	Phosphoglycerate dehydrogenase	FJ415190	5.20/49.84	7.14/64.06	81/23	7/54	0.111 ± 0.009	0	g
65f	Phosphoglycerate dehydrogenase	FJ415190	5.13/50.35	7.14/64.06	77/27	8/100			
64f	Pyruvate dehydrogenase α subunit	FJ415197	6.74/50.17	7.16/43.69	79/30	9/100	0.222 ± 0.013	0.157 ± 0.008	1.41
66	Anthocyanidin reductase	ABM64802	5.53/51.74	5.54/36.54	138/49	16/86	0.358 ± 0.003	0	g
69f	Luminal binding protein	FJ415200	4.57/53.09	5.13/73.57	81/31	17/95	0.062 ± 0.016	0.015 ± 0.012	4.13
70f	Luminal binding protein	FJ415200	4.50/53.55	5.13/73.57	76/23	9/100			
72f	Luminal binding protein	FJ415200	4.55/53.94	5.13/73.57	104/25	10/67			
74f	Phosphoglycerate kinase	FJ415172	6.14/56.40	5.97/42.29	140/44	14/59	0.063 ± 0.008	0.035 ± 0.003	1.80
75	Chloroplast biotin carboxylase	ABP98813	6.30/57.92	7.57/59.17	94/34	19/85	0.083 ± 0.011	0.049 ± 0.010	1.69
77	Chloroplast biotin carboxylase	ABP98813	6.31/59.64	7.57/59.17	139/61	26/101			
76f	Dihydrolipoamide dehydrogenase	FJ415193	6.62/59.37	6.93/54.13	70/25	8/100	0.118 ± 0.026	0	g
78f	UGP2	FJ415165	5.54/60.41	5.62/51.45	155/49	18/100	0.205 ± 0.015	0.145 ± 0.023	1.42
79f	UGP1	FJ415164	6.07/61.70	5.81/51.74	132/52	17/61	0.178 ± 0.016	0.092 ± 0.014	1.93
80f	UGP1	FJ415164	6.10/61.70	5.81/51.74	216/61	22/63			
81f	UGD1	FJ415166	6.11/62.84	5.84/53.64	183/59	23/109	0.124 ± 0.016	0.057 ± 0.013	2.18
83f	UGD1	FJ415166	6.30/64.12	5.84/53.64	188/53	18/49			
82f	myo-Inositol-1-phosphate synthase	FJ415168	5.69/63.53	5.46/56.54	207/54	24/106	0.090 ± 0.006	0.046 ± 0.010	1.96
84	Acyltransferase-like protein	AAL67994	5.67/64.47	5.67/48.29	107/40	22/108	0.100 ± 0.013	0.019 ± 0.008	5.26
85	Acyltransferase-like protein	AAL67994	5.56/64.82	5.67/48.29	72/38	15/110			
86f	Pyruvate decarboxylase	FJ415201	6.57/69.52	6.13/60.77	99/30	11/100	0.128 ± 0.033	0.025 ± 0.014	5.00
87f	Glycine-rich RNA-binding protein	FJ415184	7.82/15.01	7.82/17.08	111/62	13/72	0.116 ± 0.030	0	g
89	Manganese-superoxide dismutase	AAC78469	7.49/25.40	8.54/22.14	158/75	16/100	0.089 ± 0.015	0.041 ± 0.008	2.17
91f	Glyceraldehyde-3-phosphate dehydrogenase	FJ415182	7.74/43.72	7.06/37.04	92/58	15/100	0.167 ± 0.023	0.048 ± 0.015	3.48
92f	Isocitrate dehydrogenase	FJ415198	7.32/53.15	6.29/46.41	188/63	28/100	0.381 ± 0.030	0.256 ± 0.029	1.49
93f	Isocitrate dehydrogenase	FJ415198	7.07/53.29	6.29/46.41	140/57	23/100			

(continued)

Spot no. [a]	Protein name	NCBI Accession no.	pI/exp. [b] molecular mass (kDa)	pI/theo. [c] molecular mass (kDa)	Score/cov. [d] (%)	Matched/searched[e]	Relative protein content WT-10	Relative protein content FL-10	Ratio WT/FL
94f	Eukaryotic translation initiation factor 5A	GU295062	5.55/18.88	5.61/17.63	96/52	9/61	0.156 ± 0.026	0.293 ± 0.024	0.53
95f	Chalcone isomerase	GU295063	4.84/29.85	4.85/23.42	95/67	10/66	0.104 ± 0.021	0.177 ± 0.017	0.59
96f	Triose-phosphate isomerase	GU295064	5.52/30.18	6.66/33.50	101/53	16/138	0.051 ± 0.009	0.122 ± 0.016	0.42
97f	Thiazole biosynthetic enzyme	GU295068	5.03/36.81	5.64/38.24	170/63	17/49	0.048 ± 0.008	0.155 ± 0.024	0.31
98f	Transaldolase	GU295065	4.91/45.56	5.78/43.06	129/33	10/18	0.036 ± 0.005	0.089 ± 0.012	0.40
100f	Transaldolase	GU295065	5.09/46.62	5.78/43.06	123/29	12/32			
99f	U2 small nuclear ribonucleoprotein A	GU295066	5.06/45.90	4.97/32.19	204/68	18/50	0.062 ± 0.003	0.237 ± 0.033	0.26
101	Chalcone synthase	ABS52573	6.11/54.17	6.12/42.98	87/35	11/45	0.039 ± 0.010	0.104 ± 0.026	0.38
102	Protein-disulfide isomerase	AB041843	5.01/65.30	5.07/55.89	203/59	24/77	0.051 ± 0.010	0.102 ± 0.003	0.50
103f	RNA helicase-like protein	GU295067	5.91/69.24	5.65/56.15	201/43	17/32	0.062 ± 0.012	0.121 ± 0.020	0.51
104	Betaine-aldehyde dehydrogenase	AAR23816	5.44/69.43	5.60/55.37	100/42	19/103	0.055 ± 0.011	0.114 ± 0.012	0.48

a. Protein spots are arranged from lowest to highest molecular mass with spots encoded by the same cotton cDNA quantified as one protein and spots presumably encoded by the same gene family located next to each other. Spots 1-93 were preferentially accumulated in the wild type, and spots 94-104 were preferentially accumulated in the mutant.

b. Experimental.

c. Theoretical.

d. Coverage.

e. Number of matched/searched polypeptides.

f. Sixty-eight polypeptides encoded by 50 putative full length and one partial (spot 22, FJ415211) cotton cDNAs obtained for the first time in the current work.

g. Protein spots only observed in WT-10.

h. N-Ethylmaleimide-sensitive factor

For observation and measurements of root hairs, we followed a previously described method[33] and photographed the samples at 320 × magnification using a stereomicroscope (Leica MZ APO). Fully grown hairs in the same root range (0.80 mm from the hair maturation region) were evaluated; we measured the lengths of six consecutive hairs protruding from each side of the primary roots. For each treatment or genotype, 15 roots with a total of 90 root hairs were scored.

1.18 Statistical Analysis

Whenever applicable, all data were evaluated by one-way analysis of variance software combined with Tukey's test to obtain P values.

2 RESULTS

2.1 Identification of Proteins and Significantly Up-regulated Biochemical Reactions in Wild-type Cotton Ovules

Comparative proteomics was carried out using cellular proteins extracted from 10-dpa cotton bolls (wild-type cv. Xuzhou 142) and the *fl* mutant (Figure 1A). This particular mutant was used in an early microarray analysis that found the key importance of ethylene during cotton fiber cell elongation[7]. As a result, about 1 570 independent protein spots were observed on 2-DE gels of pH 4 ~ 7 and 3 ~ 10 with 103 spots present in significantly higher amounts ($P < 0.05$) in wild-type samples (supplemental Figure 1; parts of the gels with pH 4 ~ 6.8 and 6.7 ~ 9 are shown). These 103 spots were excised, enzymatically digested, and subjected to MALDI-TOF MS identification. We identified 93 wild-type up-regulated polypeptides (Table 1 and supplemental Spectra 1), whereas eight of the spots (indicated by empty arrowheads in supplemental Figure 1) could not be identified after repeated efforts. The two remaining spots (indicated by circles) that were more abundant in gels containing wild-type samples upon silver staining were not found after Coomassie Blue R-350 staining and thus were not subjected to MALDI-TOF MS analysis. Eleven wild-type down-regulated proteins, labeled from 94 to 104 in supplemental Figure 1, were also identified. As indicated by the experimental pI and molecular mass in Table 1, every protein came from a different spot in the proteome, and all identified polypeptides showed the best match to the corresponding cotton cDNA. Putative full-length cDNAs were obtained for all but one spot (FJ415211, spot 22) to reconfirm the newly identified cotton proteins (Table 1). All identified peptide sequences are listed insupplemental Table 2.

Of the 104 identified proteins, 81had E values higher than the cutoff in the KEGG pathway database, so they were subjected to KOBAS analysis. Nine biochemical pathways were found to be significantly up-regulated (FDR-corrected p0.001) during the fiber elongation period. Nucleotide sugar metabolism, which leads to cell wall polysaccaride biosynthesis, was ranked number one (supplemental Table 3).

Seven up-regulated proteins related to nucleotide sugar metabolism were further characterized by nano-LC-FTICR-MS or in some cases MALDI-TOF/TOF MS. Spots 32 and 33 were encoded by the same UDP-4-keto-6-deoxy-D-glucose 3, 5-epimerase 4-reductase 1 gene (*UER1*), spots 79 and 80 were encoded by UDP-D-glucose pyrophosphorylase 1 (*UGP1*), spot 78 was encoded by *UGP2*, and spots 81 and 83 were encoded by the same UDP-D-glucose dehydrogenase 1 gene (*UGD1*) (supplemental Figure 2 and supplemental Spectra 2). All four of these proteins were preferentially accumulated in wild-type proteomes (Figure 1, B-D, upper panels) with significantly more transcripts found in fast elongating fibers as determined by QRT-PCR (Figure 1, B-D, lower panels; see supplemental Table 1 for primer sequences). To confirm the strong expression of UER1 protein in wild-type 10-dpa cotton fibers, we performed Western blotting using antibodies produced from a synthesized polypeptide KESLIKYVFEPNKKT of UER1 (Figure 1E). The cDNAs of full-length cotton *UER1*, *UGD1*, *UGP1*, and *UGP2* were amplified using primers reported in supplemental Table 1 before being cloned into pET28a upon sequence verification to produce pET28a-GhUER1, pET28a-GhUGD1, pET28a-GhUGP1, and pET28a-GhUGP2, respectively, with His6 tags attached. Purified UER1, UGD1, UGP1, and UGP2 expressed *in vitro* possessed enzyme activities for the specific enzymatic reactions as expected, confirming their biochemical identities (supplemental Figure 3, A-C).

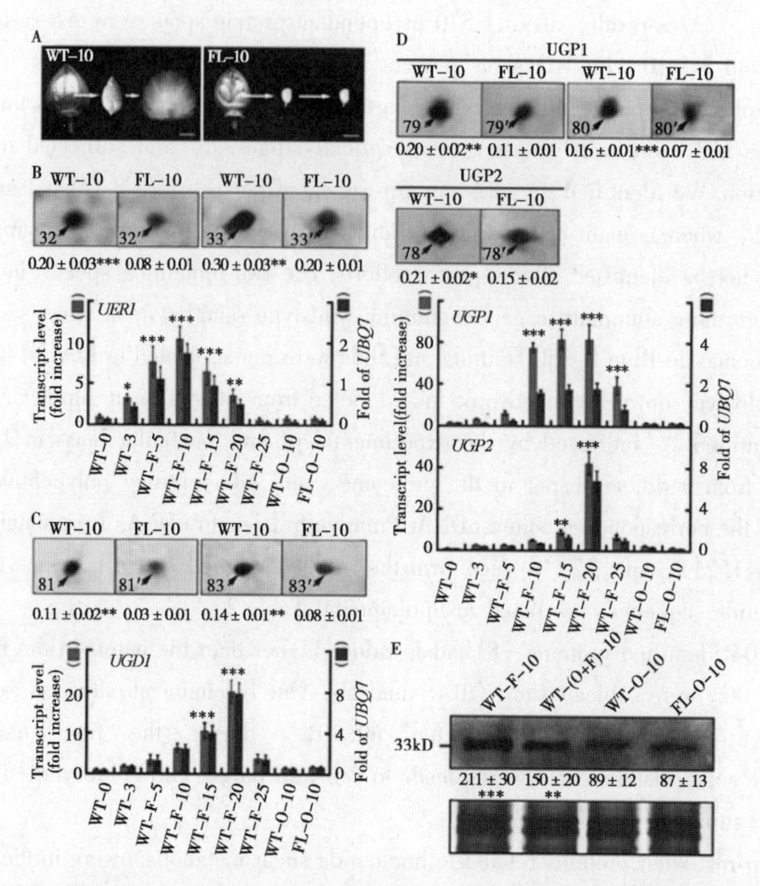

Figure 1 Analysis of proteins and transcripts preferentially accumulated during wild-type cotton ovule development

A, phenotypes of 10-dpa wild-type (left) and fl mutant ovules (right). Fiber cells were combed upright to facilitate a visual comparison with the non-fibered mutant. Scale bars, 1.0 cm.

B, more *UER*1 was present in wild-type preparations. Upper panel, protein spots 32 and 33 from 10-dpa wild-type (WT-10) and *fl* mutant (FL-10) ovule samples (seesupplemental Figure 1 for original 2-DEs). Means ± S. E. obtained from three independent 2-DEs with the total signal intensities of each gel set to 100 are reported beneath each protein spot. Lower panel, QRT-PCR of *UER*1 transcripts. Red bars (left side scale) indicate increase relative to 0-dpa wild-type transcripts, which was arbitrarily set to 1. Blue bars (right side scale) indicate the amounts of *UER*1 transcripts relative to cotton *UBQ7*. WT-0 and WT-3, wild-type ovules harvested at 0 or 3 dpa with fiber initials attached; WT-F-5, WT-F-10, WT-F-15, WT-F-20, and WT-F-25, wild-type fibers harvested from 5 to 25 dpa; WT-O-10 and FL-O-10, wild-type or fl mutant ovules harvested at 10 dpa. *, **, and ***, significant at $P < 0.05$, $P < 0.01$, and $P < 0.001$ levels, respectively. Error bars indicate standard deviations.

C, more *UGD*1 was present in wild-type preparations.

D, more *UGPs* were present in wild-type preparations. C and D are arranged in the same way as B.

E, Western blotting using *UER*1-specific polyclonal antiserum. Upper panel, lanes were loaded with 20 μg of total protein extracted from 10-dpa cotton fibers (F), ovules with fibers attached (O + F), ovules with fibers removed (O), or mutant ovules (FL-O). Means ± S. E. of signal intensities were obtained from three independent experiments. Lower panel, part of the original Coomassie Blue R-350-stained SDS-PAGE.

2.2 Exogenous Ethylene and C24 : 0 Result in Accumulation of *UER*1, *UGP*1, and *UGD*1 at Protein and Transcript Levels

Because ethylene is known to promote fiber elongation[7] and its production in cotton is regu-

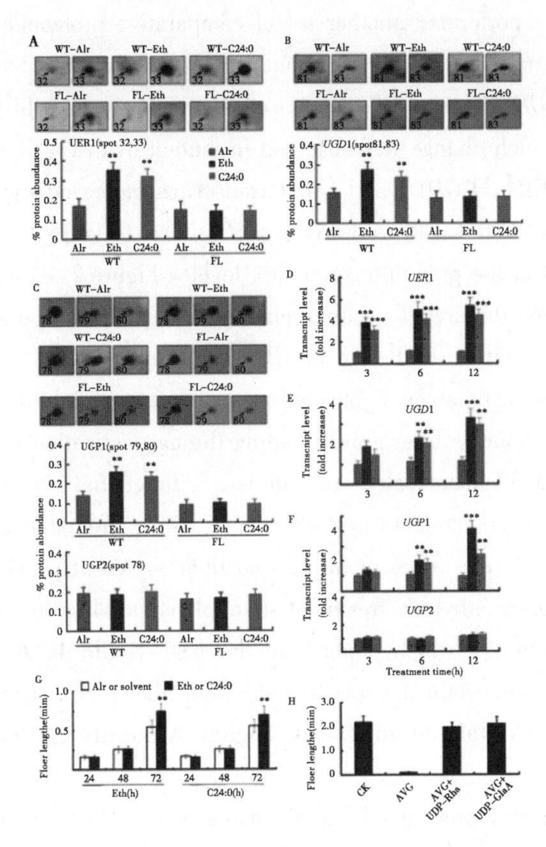

Figure 2　Ethylene and C24 ∶ 0 stimulate UER1, UGD1, and UGP1 accumulation both at mRNA and protein levels in wild-type cotton ovules

A, analysis of UER1 content after control (Air), ethylene (Eth), or lignoceric acid (C24 ∶ 0) treatment. Protein samples prepared from 1-dpa wild-type ovule samples cultured in the presence of 0. 1μmol/L ethylene or 5 μmol/L C24 ∶ 0 or in the absence of these chemicals (Air) for 24 h were loaded onto a series of 2-DE gels (supplemental Figure 4). Shown are representative protein spots 32 and 33 (following the same numbering system as in supplemental Figure 1) upon the various treatments (upper panel) and quantification of the signal intensities reported as the sum of both spots (mean ± S. E.) obtained from three independent 2-DEs (lower panel). Similar treatments were performed and reported using mutant (*FL*) ovules.

B, analysis of *UGD*1 after control, ethylene, or C24 ∶ 0 treatment.

C, analysis of *UGP*1 and *UGP*2 after control, ethylene, or C24 ∶ 0 treatment. B and C are arranged in the same way as A.

D, QRT-PCR analysis of *UER*1 transcripts from WT ovules after 3, 6, and 12 h of control, ethylene, or C24 ∶ 0 treatment. RNA samples from WT ovules were cultured for the same period of time without addition of ethylene or C24 ∶ 0 were used as controls.

E, QRT-PCR analysis of *UGD*1 transcripts upon control, ethylene, or C24 ∶ 0 treatment.

F, QRT-PCR analysis of *UGP*1 and *UGP*2 transcripts upon control, ethylene, or C24 ∶ 0 treatment. Bars in D, E, and F are color-coded as in A.

G, fiber lengths from *in vitro* cultured wild-type cotton ovules after ethylene or C24 ∶ 0 treatment for a specified period of time (h). H, the inhibitory effect of AVG was significantly reversed by adding either 5μmol/L UDP-Rha or 5μM UDP-GalA to the growth medium. All experiments were repeated three times using independent cotton materials and reported as mean ± S. E.

Error bars indicate standard deviations. See the legend to Figure 1 for details regarding QRT-PCR and statistical performance.

lated by C24 : 0[12], we performed another set of comparative proteomics using 1-dpa cotton ovules treated with 0. 1 μmol/L ethylene or 5 μmol/L C24 : 0 for 24 h (supplemental Figure 4). The levels of *UER*1, *UGD*1, and *UGP*1 increased significantly in wild-type samples after both treatments, whereas no such change was observed in mutant ovules (Figure 2, A-C). QRT-PCR analysis indicated thatUER1, *UGD*1, and *UGP*1 transcripts increased significantly as soon as 3-6 h after inclusion of either chemical in wild-type ovule culture (Figure 2, D-F). *UGP*2 did not respond to either treatment at the protein or transcript level (Figure 2, C and F, lower panels). By contrast, 48 ~ 72 h were required for either chemical to promote significant fiber cell growth (Figure 2G). Addition of either UDP-Rha or UDP-GalA to ovule culture medium reversed the growth-inhibitory effect brought about by the ethylene perception inhibitor AVG (Figure 2H), indicating that ethylene promotes fiber growth mainly through activation of pectin biosynthesis.

Further QRT-PCR analysis revealed that all four bifunctional rhamnose synthase (RHM) isoforms, which may function alone to synthesize UDP-Rha, from the cotton genome were expressed at relatively fixed levels in the plant with no fiber preference (supplemental Figure 5A) and were not activated upon ethylene treatment (supplemental Figure 5B). These data suggest that additional UER activities, which depend on the UDP-D-Glc 4, 6-dehydratase function of RHMs, may be required to sustain the specialized cotton fiber cell elongation.

2. 3 Fiber Cell Walls Contain Significantly Higher Amounts of Pectic Components than Those of Ovule Cells

Consistent with the highly preferentially accumulated proteins that synthesize two types of pectin precursors, elongating fiber cells contained higher amounts of pectin and less hemicellulose than both wild-type and fl mutant ovules harvested at the same growth stage (Figure 3A). GC/MS analysis of the non-cellulose neutral sugars indicated that more rhamnose and arabinose were found per gram of fiber cell wall preparations, whereas more xylose and glucose were produced in ovule samples of both genotypes (Figure 3B). When purified pectin and hemicellulose were analyzed further using the same GC/MS program, most of the rhamnose and arabinose were present in the pectin fraction, whereas xylose and glucose were mainly in the hemicellulose fraction (Figure 3C). Fiber cell walls contained significantly higher levels of GalA than ovule samples, whereas very low and non-variable amounts of GlcA were present in all three samples (Figure 3D). Although the dimethyl sulfoxide added at the time of cell wall extraction may affect the solubility of various cell wall carbohydrates, the degree of influence should be the same to both wild-type and mutant cell walls.

2. 4 Pectin Precursors Promote Cotton Fiber Growth

Because UDP-Rha, UDP-GlcA, and UDP-GalA are the primary nucleotide sugar substrates used for pectic polymer biosynthesis (see the scheme provided insupplemental Figure 6 that was reproduced with permission from Ref. [34], these substrates were exogenously applied to the ovule culture medium. Each substrate promoted significant fiber cell elongation (Figure 4A). By contrast, UDP-Glc promoted fiber cell elongation to a significantly lower degree when it was applied to the ovule culture medium (Figure 4A), indicating that the conversion from UDP-Glc to UDP-

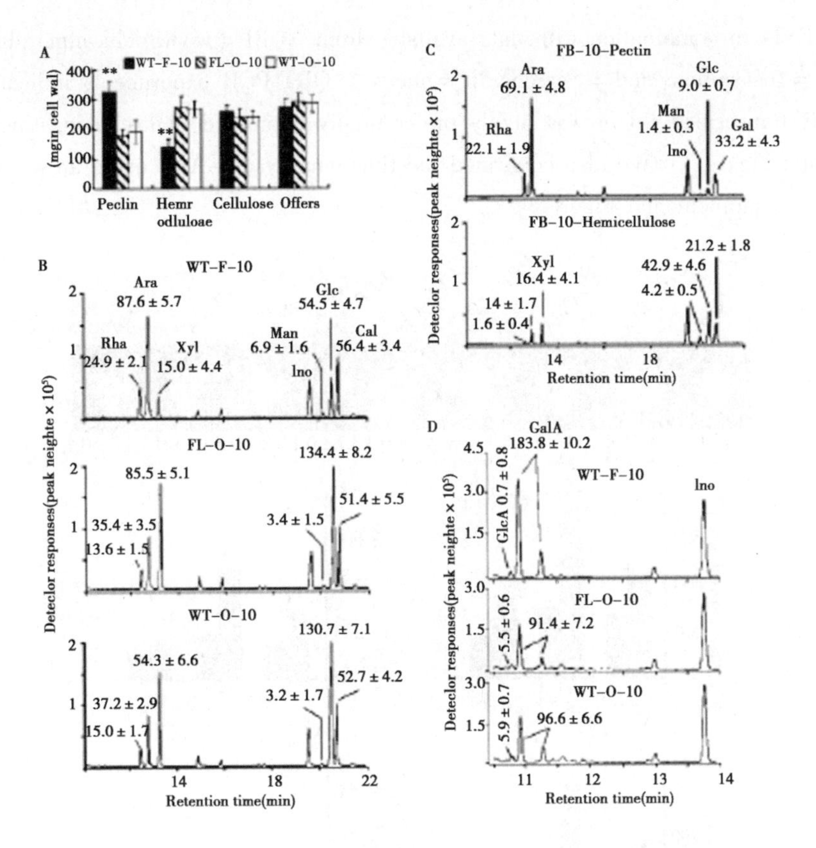

Figure 3　Quantitative analysis of cell wall polysaccharide compositions, neutral sugars, and uronic acid contents

A, determination of the relative amounts of pectin, hemicellulose, cellulose, and other unidentified components (Others) from cell wall materials of 10-dpa cotton fibers (F-10) or ovules (O-10) of wild type (WT) and the *fl* mutant (*FL*). **, significant at $P < 0.01$. Error bars indicate standard deviations.

B, GC/MS separation and identification of neutral sugars. Thoroughly hydrolyzed and alditol acetate-derivatized non-cellulose cell wall polymers isolated from 10-dpa fiber cells (WT-F-10; upper panel) and ovules harvested at 10 dpa (FL-O-10 and WT-O-10; middle and lower panels, respectively) were analyzed by GC/MS. Inositol (*Ino*) was added at the time of extraction as an internal control. The spectra represent results obtained from three independent experiments using different cotton materials. Ara, arabinose; Man, mannose; Glc, glucose; Gal, galactose.

C, GC/MS analysis of neutral sugars from purified pectin (*FB*-10-*Pectin*; upper panel) and hemicelluloses (*FB*-10-*Hemicellulose*; lower panel) using 10-dpa fiber cell wall isolations.

D, GC/MS analysis of uronic acid composition in non-cellulose cell wall fractions. The entire experiment was repeated three times using independent cotton materials, and the data are reported at the top of each corresponding peak as mean ± S. E. (mg/g of cell wall)

Rha or UDP-GalA is important for fiber growth. The same amount of UDP-Xyl (a precursor for hemicellulose) or free Rha, GlcA, and GalA was ineffective in the same growth assay (Figure 4A). UDP-GalA is synthesized from UDP-GlcA by the enzyme UDP-$_D$-glucuronic acid 4-epimerase (*GAE*), which is a Golgi-localized protein[35] and is not part of our proteome. To determine a potential role for *GAE* in fiber cell growth, we cloned all five *GAE* homologs available in a cotton cDNA microarray (Gene Expression Omnibus (GEO) accession number GPL5476) containing

31 401 UniESTs in combination with data available from NCBI (www. ncbi. nlm. nih. gov/sites/entrez term = gossypium&cmd = Search&db = nucest). QRT-PCR experiments indicated that the most actively transcribed *GAE3* was highly preferentially expressed in fast elongating fiber cells (supplemental Figure 7). We also confirmed the functionality of GAE3 using an in vitro enzyme activity assay (supplemental Figure 3D).

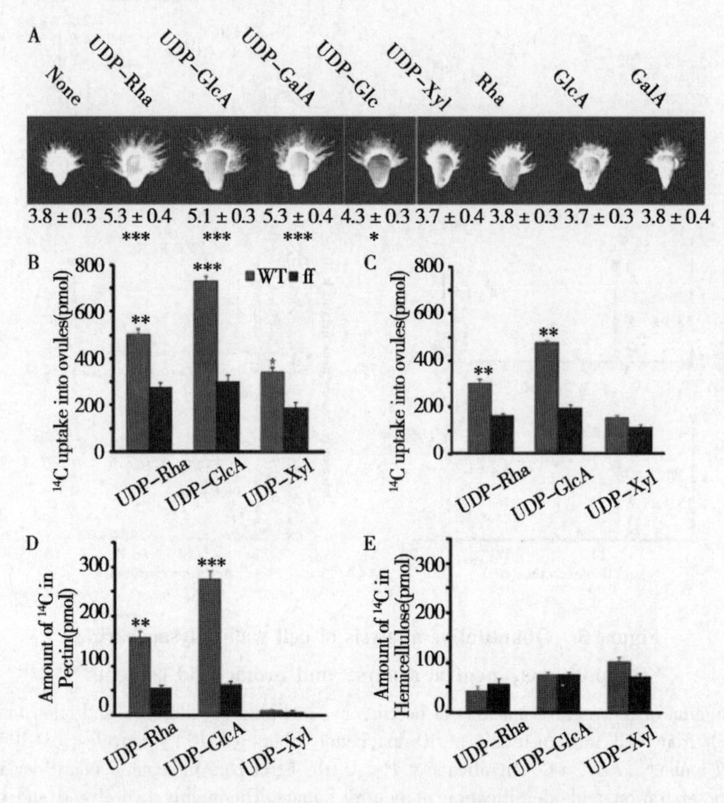

Figure 4 Growth stimulation and sufficient incorporation of applied nucleotide sugars into pectins

A, phenotypes of wild-type ovules collected at 1 dpa and cultured in the presence of 5 μmol/L UDP-Rha, UDP-GlcA, UDP-GalA, UDP-Glc, or UDP-Xyl or in the same concentration of free Rha, GlcA, or GalA for 6 days. The measurements (mean ± S. E. in mm) are shown below each representative ovule. * and ***, significant at $P<0.05$ and $P<0.001$ levels, respectively. None, no extra chemical added.

B, wild-type cotton ovules with growing fibers took up significantly more ^{14}C-labeled nucleotide sugars than *fl* ovules. Chemical uptake was calculated by subtracting the radioactivity remaining in the medium and in the wash from the amount of radiolabels applied initially in each culture. Error barsindicate standard deviations.

C, most of the radiolabel from the exogenous nucleotide sugar feeding experiments was recovered in cotton fiber cell walls.

D, the majority of the exogenous UDP-Rha and UDP-GlcA was incorporated into pectic polymers.

E, UDP-Xyl was incorporated mainly into hemicelluloses

2.5 Cotton Fibers Take Up Significantly More ^{14}C-Labeled Pectin Precursors than Do Ovule Cells

When cultured in the presence of various ^{14}C-labeled chemicals for 6 days, 30% to 43% of the total radiolabel from UDP-Rha and UDP-GlcA was recovered in wild-type cotton ovules. By contrast, only about 20% of the initial label from UDP-Xyl was recovered in wild-type cotton ovules (Figure 4B). Mutant ovules took up significantly less of the initial label from each chemical in the same assay (Figure 4B), indicating that elongating fiber cells, not ovule cells, actively and selectively absorb nucleotide sugars that serve as immediate pectin precursors. Greater than 60% of the radiolabels from exogenous nucleotide sugar feeding experiments was recovered in cell wall extracts (Figure 4C) with the majority of the radiolabels from UDP-Rha and UDP-GlcA found in pectin fractions and that of UDP-Xyl found in hemicellulose fractions (Figure 4, D and E).

2.6 Genetic Complementation of *uer*1-1 and *gae*6-1 *Arabidopsis* Knock-out Mutants by Respective Cotton cDNA

Two *Arabidopsis* knock-out mutants, *uer*1-1 (At1g63000, encoding the *Arabidopsis* UDP-4-keto-6-deoxy-D-glucose 3, 5-epimerase 4-reductase 1 gene) and *gae*6-1 (At3g23820, encoding the *Arabidopsis* UDP-D-glucuronic acid 4-epimerase 6 gene), orthologs of cotton *UER*1 and *GAE*3, respectively, were obtained from Salk Institute Genomic Analysis Laboratory collections (*Arabidopsis* Biological Resource Center; http://signal.salk.edu). In each line, a single T-DNA insertion, as verified by genomic PCR and subsequent Southern blot, resulted in complete loss of target gene expression (supplemental Figure 8 and 9). Apart from being slower than the wild type in the initial stages of development (until reproductive growth), the mutants did not show significant changes of whole-plant architecture (Figure 5A). Similar observations were reported in a number of gaut1 *Arabidopsis* mutants that lack the enzyme to transfer D-galacturonic acid residues from UDP-GalA to the pectic polysaccharide homogalacturonan[36]. However, when we examined root hair growth, which is a result of rapid linear outgrowth of epidermal cells similar to cotton fibers, both these mutants showed significantly shorter root hairs than the wild type as observed in close-up views under a dissecting microscope (Figure 5B). When a functional genomic *Arabidopsis UER*1 clone (Figure 5C, left) or the cotton *UER*1 cDNA (Figure 5C, right) under the control of the same 1 824-bp *Arabidopsis UER*1 upstream sequence was transformed into the *uer*1-1 genetic background, wild-type lengths of root hairs were observed (Figure 5C). The root hair phenotypes observed in *gae*6-1 were also genetically complemented by a functional genomic *Arabidopsis GAE*6 clone (Figure 5D, left) or cotton *GAE*3 cDNA (Figure 5D, right) controlled by the same 2 002-bp *Arabidopsis GAE*6 upstream sequence (Figure 5D).

2.7 Complementation of Short Root Hair Phenotypes of uer1-1 and gae6-1 by Exogenous UDP-Rha or UDP-GalA

Wild type-like root hairs were produced from *uer*1-1 plants when 5 μmol/L exogenous UDP-Rha was included in solid 1/2 Murashige and Skoog medium (Figure 5E, left). Likewise, 5 μmol/L exogenous UDP-GalA rescued the root hair phenotypes ofgae6-1 (Figure 5F, left). Addition of UDP-GalA to *uer*1-1 plants or UDP-Rha *togae*6-1 plants did not compensate for the growth deficit (Figure 5, E and F, right), suggesting that pectin precursors relevant to the respective biochemical steps are important for *Arabidopsis* root hair elongation. In either case, the

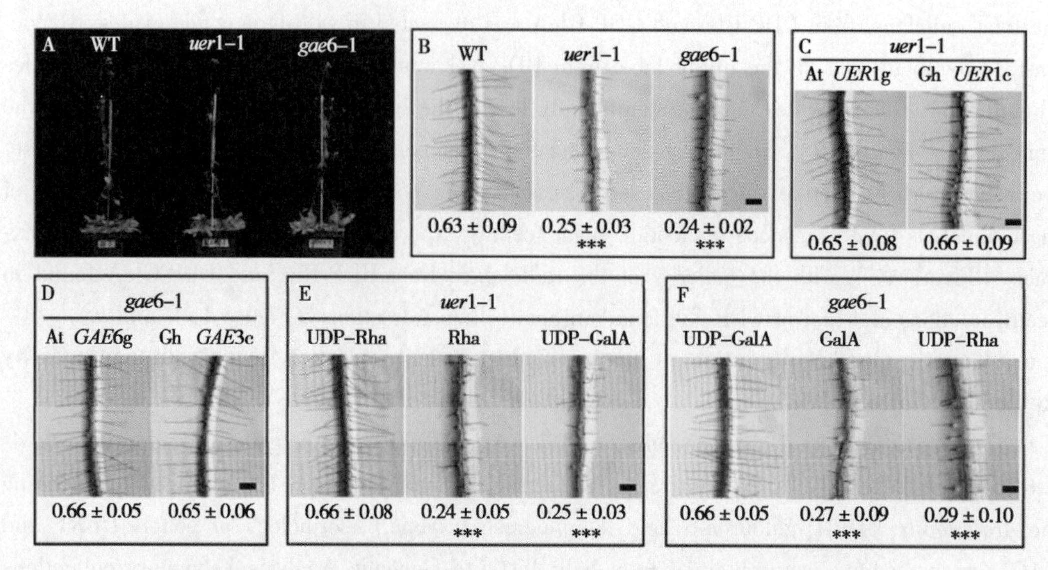

Figure 5 *Arabidopsis uer*1-1 and *gae*6-1 mutants were genetically or chemically complemented by expressing a specific cotton cDNA or by supplementing the respective nucleotide sugars in growth medium

A, phenotypes of wild-type Col, *uer*1-1, and *gae*6-1 plants at the time of flowering.

B, close-up views taken from the fully elongated root hair zone of 10-day-old *Arabidopsis* seedlings (mean ± S. E. in mm).

C, wild-type root hairs were produced on T2 transgenic *Arabidopsis* seedlings expressing either At *UER1g* (left) or Gh *UER1c* (right).

D, wild-type root hairs were produced on T2 transgenic *Arabidopsis* seedlings expressing either At *GAE6g* (left) or *Gh GAE3c* (right).

E, 5 μmol/L exogenous UDP-Rha (left), but not free Rha (middle) or UDP-GalA (right), chemically complemented the root hair phenotype of *uer*1-1.

F, 5 μmol/L exogenous UDP-GalA (left), but not free GalA (middle) or UDP-Rha (right), chemically complemented the root hair phenotype of *gae*6-1.

Scale bars in B-F, 200 μm. ***, significant at $P < 0.001$ compared with the wild type.

same amount of free Rha or free GalA did not complement the hair growth deficits (Figure 5, E and F, middle).

2.8 Specific Combinations of Nucleotide Sugars Rescue Short Root Hair Phenotypes of Two Additional *Arabidopsis* Mutants

Significantly shorter root hairs were found in two additional *Arabidopsis* mutant lines, *ein*2-5, a mutant in ethylene signaling[37], and *cut*1, a mutant in the very-long-chain fatty acid biosynthesis pathway[38] that is necessary for activating ethylene production during cotton fiber growth[12]. Using total RNA prepared from the roots of *ein*2-5 and cut1 mutants, we found that the expression of both *UER*1 and *GAE*6 was significantly reduced in each mutant background (Figure 6, Aand B). A similar inhibitory pattern of *UER*1 and *GAE*6 expression is found in large scale microarray experiments using mutant RNA samples (https://www.genevestigator.com/ andhttps://www.weigelworld.org/resources/microarray/AtGenExpress/). Significant elongation of *ein*2-5 and *cut*1 root hairs was observed when 5 μmol/L UDP-Rha or UDP-GalA was applied to solid 1/2 Murashige and Skoog medium (Figure 6, C and D). In either case, addition of one nucleotide sugar did not result in wild-type root hair lengths on the mutant. The same amount of UDP-Xyl in the medium showed no effect on the growth of root hairs of either mutant (Figure 6, C and D). A combination of 5 μmol/L UDP-Rha and 5 μM UDP-GalA resulted in wild-type root hair lengths of both *ein*2-5 and cut1 plants (Figure 6E). By contrast, addition of 10 μmol/L UDP-Rha or UDP-GalA alone did not produce the same stimulatory effect (Figure 6, Fand G), suggesting that different types of nucleotide sugars synthesized via UGP/UER and UGD/GAE are necessary for *Arabidopsis* root hair growth.

3 DISCUSSION

A total of 104 polypeptides, with 93 preferentially accumulated in wild-type and 11 preferentially accumulated in mutant samples, were identified by comparing the 2-DE maps of these cotton materials. Analysis of the identified biochemical reactions, with reference to the *Arabidopsis* genome, revealed that nucleotide sugar metabolism was activated most significantly during cotton fiber cell elongation. Fiber-preferential accumulation of UGP was also reported previously[39]. Upregulated protein spots with positions similar to UER, UGP, and UGD were clearly recognized when the 2-DE images of Li *et al.* [18] were examined. In-depth biochemical and physiological studies indicated that the rate of pectin biosynthesis, not general cell wall polysaccharide biosynthesis, may play a key role in sustaining the fast and exaggerated fiber elongation because only pectin precursors promoted fiber growth in cultured cotton ovules.

Two previous cotton fiber proteomes[18, 40] identified proteins by searching the database against known polypeptides or ESTs in all plant species or other organisms. Another group used a locally constructed 376 100 *Gossypium* EST database to search for cotton polypeptides[39]. However, even this group did not produce full-length cotton cDNAs to reconfirm the identified proteins, whereas all the currently identified proteins, except for α-1, 4-glucan phosphorylase (spot 22), were confirmed by putative full-length cotton cDNAs (Table 1). As shown insupplemental Table 4, no significant qualitative difference was observed when comparing the current proteome with that reported by Yang *et al.* [40] and Zhao *et al.* [39], who both used a modified protein extraction protocol[41]. The Ligon *lintless* (*Li*1) mutant and the *fl* mutant were used by Zhao *et al.* [39] and in the current work, respectively, to elucidate fiber growth mechanisms. *Li*1 produces extremely shortened lint fibers of 6 mm in final lengths compared with 30 mm generally produced from wild type. Fibers on *Li*1 ovules grow normally for 5 ~ 7 days and are terminated around 13 dpa. Zhao *et al.* [39] suggested that the fiber elongation defect of this mutant might constitute a unique feature to fish out proteins important for this process. However, fiber growth in Li1 is not null, and mechanisms controlling cell elongation, such as the ones discovered here by using the *fl* mutant, are likely actively operating early in the development. This may obscure the detection of key components regulating fiber elongation through a proteomics approach.

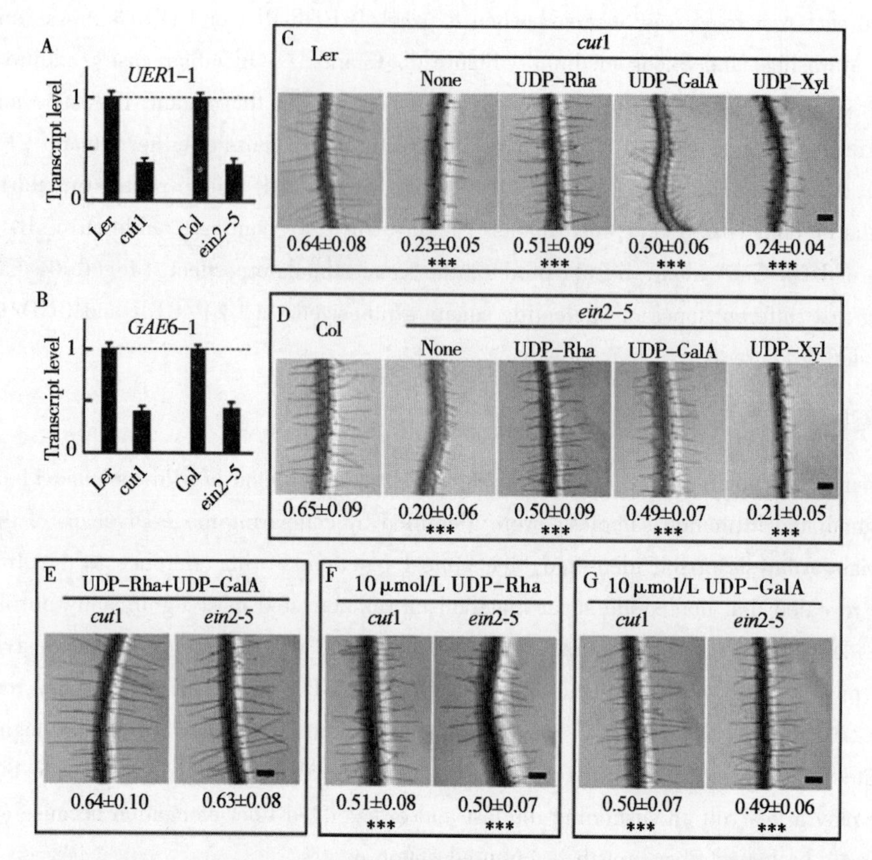

Figure 6　Wild-type root hair lengths were produced in cut1 and ein 2-5 *Arabidopsis* mutants by addition of exogenous nucleotide sugars required for different pectic polymer biosyntheses

A, QRT-PCR analysis of *UER*1 transcripts in *cut*1 and *ein*2-5 *Arabidopsismutants.*

B, QRT-PCR analysis of *GAE*6 transcripts in the mutants. Error bars indicate standard deviations.

C, 5 μmol/L UDP-Rha or UDP-GalA applied to the growth medium promoted significant *cut*1 root hair elongation. Addition of the same amount of UDP-Xyl to the growth medium did not promote root hair elongation compared with the control that received no extra chemical (None). Mean ± S. E. of root hair length (in mm) is shown below each image. ***, significant at $P < 0.001$ compared with wild-type Ler root hairs.

D, 5 μmol/L UDP-Rha or UDP-GalA applied to the growth medium promoted significant *ein*2-5 root hair elongation. ***, significant at $P < 0.001$ compared with wild-type Col root hairs.

E, wild-type root hair lengths were produced from cut1 and ein2-5 plants when a combination of 5μmol/L UDP-Rha and 5μmol/L UDP-GalA (UDP-Rha + UDP-GalA) were added to the growth medium.

F, addition of 10 μmol/L UDP-Rha did not support further root hair growth in either mutant. G, addition of 10 μmol/L UDP-GalA did not support further root hair growth in either mutant. Scale bars in C-G, 200 μm. ***, significant at $P < 0.001$ compared with wild-type root hairs.

UDP-Rha is used for the synthesis of plant cell wall pectic polysaccharides and of some glycoproteins[42]. Matrix polysaccharides (mainly pectins and hemicelluloses) are important constituents in the cell walls of developing fibers that may account for 30% to 50% of the total sugar content in these cells but decrease to less than 3% in the secondary cell wall thickening stage[43]. Five functional copies of the UDP-glucose 4-epimerase (UGE) genes that synthesize UDP-Gal from UDP-Glc are found in the *Arabidopsis* genome. Genetic and biochemical studies showed that single mutants, such as uge4, and multiple mutants, such as *uge*2, 4, *uge*1, 4, and *uge*1, 2, 4, develop very short roots, whereas other double or triple mutants displayed stunted morphology due to a failure in cell wall polymer biosynthesis[44-45]. Experimental data obtained by studying a different set of UGEs involved in the synthesis of $_D$-Gal, termed REB1/RHD1 for root epidermal bulger 1 or root hair defective 1, revealed that galactosylation of xyloglucan, a different primary cell wall polymer, is required for some types of cell expansion[46, 47]. Evidence has also been produced for at least some of the galacturonosyltransferases (GAUTs), which transfer GalA from UDP-GalA to the pectic polysaccharide homogalacturonan, to play a role in seed mucilage expansions[36]. A mutation in the *Arabidopsis* Rab GTPase *RABA4D* disrupts normal pollen tube growth by altering the pattern of pectin deposition so that it is no longer present exclusively in its growing tip[48]. These data suggest that the biosynthesis of nucleotide sugars is important for certain types of cell growth, such as the rapid linear elongation found in cotton fiber, *Arabidopsis* root hairs, and pollen tubes.

Sucrose synthase (Sus; EC 2. 4. 1. 13) is encoded by one of the earliest up-regulated cotton genes during fiber initiation and elongation[49, 50]. *Sus* is preferentially expressed in elongating fiber cells, but not in adjacent normal epidermal cells, and it is induced significantly upon exogenous ethylene treatment[7]. Antisense suppression of *Sus* expression results in reduced hexose levels and osmotic potential in ovules of transgenic plants, leading to a fiberless phenotype[50]. These authors proposed that suppression of *Sus* expression impairs the fiber cell wall integrity by reducing the supply of UDP-Glc essential for the synthesis of cellulose and many non-cellulose cell wall components[50]. However, cellulose biosynthesis, which uses UDP-Glc as the primary substrate, is very slow in the early phases of fiber development, and the amount of cellulose increases only after the onset of the secondary wall synthesis around 15 ~ 20 dpa[3, 51]. Therefore, biosynthesis of pectin precursors, which is activated early in the development (Figure 1), may be responsible for utilizing the large amounts of UDP-Glc initially produced by Sus throughout the primary cell wall synthesis and fiber elongation stages. Cellulose biosynthesis may cut in at the end of the primary cell wall extension period to utilize the UDP-Glc continuously produced by Sus and UGP for secondary cell wall biosynthesis and deposition.

Recent literature indicate that ethylene may act as a positive regulator for cotton fiber cell elongation as well as for *Arabidopsis* root hair, apical hook, and hypocotyl development[7, 33, 52, 54-55]. *Arabidopsis* mutants deficient in ethylene responses have significantly shorter root hairs, whereas exogenous application of the ethylene precursor 1-aminocyclopropane-1-carboxylic acid results in longer or ectopic root hairs[56, 57]. Ethylene regulates Rumex palustrispetiole elongation by modulating the expression of the cell wall protein *EXP*1 [58]. In arrowhead tubers (*Sagittaria pygmaea*), ethylene enhances the accumulation of transcripts encoding the hemicellulose modification protein endotransglucosylase hydrolase (SpXTH1) after 12 h of incubation with a stimulatory effect on shoot elongation under ambient air or 1% O_2 conditions[59]. Exogenous ethylene was used to restore the biosynthesis of galactose-containing xyloglucan and arabinosylated galactan cell wall polymers back to wild-type levels in the *Arabidopsis* rhd1 mutant, which produces no root hair due to the loss of a functional *UGE*4 gene[53]. Taken together with our results, we conclude that ethylene participates in the regulation of specific types of cell growth by activating genes involved in cell wall polymer biosynthesis, metabolism, or transport.

Previous Section Next Section.

Acknowledgments

We thank Drs. Xiao ya Chen and Xue-bao Li for contributing to the 31 401 cotton Uni-ESTs. We are grateful to Dr. Hongbin Li of Shi he zi University for preparing the spectra of cotton fiber proteins.

This work was supported by China National Basic Research Program Grant 2004CB117302, National Natural Science Foundation of China Grant 90717009, the 111 project from the Chinese Ministry of Education, and a Natural Sciences and Engineering Research Council of Canada discovery grant (to T. L. W.).

This article contains supplemental Tables 1-4, Figs. 1-9, and Spectra 1 and 2.

The abbreviations used are: dpa, days postanthesis; UER, UDP-4-keto-6-deoxy-$_D$-glucose 3, 5-epimerase 4-reductase; UGP, UDP-$_D$-glucose pyrophosphorylase; UGD, UDP-$_D$-glucose dehydrogenase; GAE, UDP-$_D$-glucuronic acid 4-epimerase; Rha, $_L$-rhamnose; Xyl, D-xylose; GalA, $_D$-galacturonic acid; GlcA, $_D$-glucuronic acid; 2-DE, two-dimensional gel electrophoresis; *fl*, fuzzless-lintless; S/N, signal to noise ratio; RACE, rapid amplification of 5′ or 3′ cDNA ends; BLAST, basic local alignment search tool; FDR, false discovery rate; QRT-PCR, quantitative real time RT-PCR; At, *Arabidopsis thaliana*; Gh, *G. hirsutum*; 4K6DG, 4-keto-6-deoxyglucose; AVG, $_L$- (2-aminoethoxyvinyl) glycine hydrochloride; KEGG, Kyoto Encyclopedia of Genes and Genomes; RHM, rhamnose synthase; NCBI, National Center for Biotechnology Information; UGE, UDP-glucose 4-epimerase.

References

[1] John M E, Keller G. Metabolic pathway engineering in cotton: biosynthesis of polyhydroxybutyrate in fiber cells [J]. *Proc. Natl. Acad. Sci. U. S. A.*, 1996, 93, 12768-12773.

[2] Ji S, Lu Y, Li J, *et al.* A β-tubulin-like cDNA expressed specifically in elongating cotton fibers induces longitu- dinal growth of fission yeast. Biochem [J]. *Biophys. Res. Commun*, 2002, 296, 1245-1250.

[3] Ji S J, Lu Y C, Feng J X, *et al.* Isolation and analyses of gene preferentially expressed during early cotton fiber development by subtractive PCR and cDNA array [J]. *Nucleic Acids Res*, 2002, 31, 2534-2543.

[4] Kim H J, Triplett B A. Cotton fiber growth in planta and in vitro. Models for plant cell elongation and cell wall biogenesis [J]. *Plant Physiol*, 2002, 127, 1361-1366.

[5] Wilkins T A, Arpat A B. The cotton fiber transcriptome [J]. *Physiol Plant*, 2002, 124, 295-300.

[6] Singh B, Avci U, EichlerInwood S E, *et al.* A specialized outer layer of the primary cell wall joins elongating cotton fibers into tissue-like bundles [J]. *Plant Physiol*, 2002, 150, 684-699.

[7] Shi Y H, Zhu S W, Mao X Z, *et al.* Transcriptome profiling, molecular biological, and physiological studies reveal a major role for ethylene in cotton fiber cell elongation [J]. *Plant Cell*, 2003, 18, 651-664.

[8] Xu Y, Li H B, Zhu Y X. Molecular biological and biochemical studies reveal new pathways important for cotton fiber development [J]. *Integr. Plant Biol.* , 2002, 49, 69-74.

[9] Qin Y M, Pujol F M, Shi Y H, *et al.* Cloning and functional characterization of two cDNAs encoding NADPH-dependent 3-ketoacyl-CoA re- ductase from developing cotton fibers [J]. Cell Res. , 2002, 15, 465- 473.

[10] Gou J Y, Wang L J, Chen S P, *et al.* Gene expression and metabolite profiles of cotton fiber during cell elongation and secondary cell wall synthesis [J]. *Cell Res.* , 2002, 17, 422- 434.

[11] Song W Q, Qin Y M, Saito M, *et al.* Characterization of two cotton cDNAs encoding trans-2-enoyl-CoA reductase reveals a putative novel NADPH-binding motif [J]. J. Exp. Bot. , 2002, 60, 1839-1848.

[12] Qin Y M, Hu C Y, Pang Y, *et al.* Saturated very-long-chain fatty acids promote cotton fiber and Arabidopsis cell elongation by activating ethylene biosynthesis [J]. Plant Cell, 19, 3692-3704.

[13] Tang W, Deng Z, Oses-Prieto, *et al.* Proteomics studies of brassi- nosteroid signal transduction using prefractionation and two-dimen- sional DIGE [J]. Mol. Cell. Proteomics, 2002, 7, 728-738.

[14] Wienkoop S, Morgenthal K, Wolschin F, *et al.* Integration of metabolomic and proteomic phenotypes: analysis of data covariance dissects starch and RFO metabolism from low and high temperature compensation response in Arabi- dopsis thaliana [J]. *Mol. Cell. Proteomics*, 2002, 7, 1725-1736.

[15] Choudhary M K, Basu D, Datta, *et al.* Dehydration-responsive nuclear proteome of rice (Oryza sativa L.) illustrates protein network, novel regulators of cellular adaptation, and evolutionary perspective [J]. *Mol. Cell. Proteomics*, 2002, 8, 1579-1598.

[16] Zhang T, Pan J. Genetic analysis of a fuzzless-lintless mutant in Gossypium hirsutum L [J]. *Jiangsu J. Agric. Sci.* , 2002, 7, 13-16.

[17] Feng J X, Liu D, Pan, *et al.* An annotation update via cDNA sequence analysis and comprehensive profiling of developmental, hormonal or environmen- tal responsiveness of the Arabidopsis AP2/EREBP transcription factor gene family [J]. *Plant Mol. Biol.* , 2002, 59, 853- 868.

[18] Li H B, Qin Y M, Pang Y, *et al.* A cotton ascorbate peroxidase is involved in hydrogen peroxide home- ostasis during fibre cell development [J]. *New Phytol*, 2002, 175, 462- 471.

[19] Fu Q, Wang B C, Jin X, *et al.* Proteomic analysis and extensive protein identification from dry, germinating Arabidopsis seeds and young seedlings [J]. *J. Bio- chem. Mol. Biol.*, 2002, 38, 650- 660.

[20] Wang B C, Wang H X, Feng J X, *et al.* Post-translational modifications, but not transcriptional regulation of major chloroplast RNA-binding proteins is related to Arabidopsis seedling development [J]. *Proteomics*, 2002, 6, 2555-2563.

[21] Zulak K G, Khan M F, Alcantara J, *et al.* Plant defense responses in opium poppy cell cultures revealed by liquid chromatography-tandem mass spectrometry proteomics [J]. *Mol. Cell. Proteomics*, 2002, 8, 86-98.

[22] Liu Y, He J, Ji S, *et al.* Comparative studies of early liver dysfunction in senescence-accelerated mouse using mitochondrial proteomics approaches [J]. *Mol. Cell. Proteomics*, 2002, 7, 1737-1747.

[23] Majeran W, Zybailov B, Ytterberg A J, *et al.* Consequences of C4 differentiation for chloroplast membrane proteomes in maize mesophyll and bundle sheath cells [J]. *Mol. Cell. Proteomics*, 2002, 7, 1609-1638.

[24] Huang X, Madan A. CAP3: A DNA sequence assembly program [J]. *Genome Res*, 2002, 9, 868- 877.

[25] Wan C Y, Wilkins, T A. A modified hot borate method signif- icantly enhances the yield of high-quality RNA from cotton (*Gossypium hirsutum* L.) [J]. *Anal. Biochem*, 2002, 223, 7-12.

[26] Mao X, Cai T, Olyarchuk J G, *et al.* Automated genome annotation and pathway identification using the KEGG orthology (KO) as a controlled vocabulary [J]. *Bioinformatics*, 2002, 21, 3787-3793.

[27] Han P, Li Q, Zhu Y X. Mutation of *Arabidopsis BARD*1 causes meristem defects by failing to confine WUSCHEL expression to the organizing center [J]. *Plant Cell*, 2002, 20, 1482-1493.

[28] Updegraff D M. Semimicro determination of cellulose in biological materials [J]. Anal. Biochem, 2002, 32, 420- 424.

[29] Usadel B, Kuschinsky A M, Rosso M G, *et al.* *RHM*2 is involved in mucilage pectin synthesis and is required for development of the seed coat in Arabidopsis [J]. *Plant Physiol*, 2002, 134, 286-295.

[30] Western T L, Young D S, Dean G H, *et al.* MUCILAGE-MODIFIED4 encodes a putative pectin biosynthetic enzyme developmentally regulated by APETALA2, TRANS- PARENT TESTA GLABRA1, and GLABRA2 in the Arabidopsis seed coat [J]. *Plant Physiol*, 2002, 134, 296-306.

[31] Oka T, Nemoto T, Jigami Y. Functional analysis of Arabidop- sis thaliana RHM2/

MUM4, a multidomain protein involved in UDP-D- glucose to UDP-L-rhamnose conversion [J]. *J. Biol. Chem*, 2002, 282, 5389-5403.

[32] Kochanowski N, Blanchard F, Cacan R, *et al.* Intracellular nucleotide and nucleoside sugar contents of cultured CHO cells determined by as fast, sensitive, and high-resolution ion-pair RP-HPLC [J]. *Anal. Biochem*, 2002, 348, 243-251.

[33] Cho H T, Cosgrove D J. Regulation of root hair initiation and expansin gene expression in Arabidopsis [J]. *Plant Cell*, 2002, 14, 3237-3253.

[34] Seifert G J. Nucleotide sugar interconversions and cell wall biosyn- thesis: how to bring the inside to the outside [J]. *Curr. Opin. Plant Biol.*, 2002, 7, 277-284.

[35] M lh j M, Verma R, Reiter W. D. The biosynthesis of D- galacturonate in plants [J]. Functional cloning and characterization of a membrane-anchored UDP-D-glucuronate 4-epimerase from *Arabidopsis. Plant Physiol*, 2002, 135, 1221-1230.

[36] Caffall K H, Pattathil S, Phillips S E, *et al.* Arabidopsis thaliana T-DNA mutants implicate GAUT genes in the biosynthesis of pectin and xylan in cell walls and seed testa [J]. *Mol. Plant*, 2002, 2, 1000-1014.

[37] Alonso J M, Stepanova A N, Leisse T J, *et al.* Genome-wide insertional mutagenesis of Arabidopsis thaliana [J]. *Science*, 2002, 301, 653- 657.

[38] Millar A A, Clemens S, Zachgo S, *et al. CUT*1, an Arabidopsis gene required for cuticular wax biosyn- thesis and pollen fertility, encodes a very-long-chain fatty acid condens- ing enzyme [J]. *Plant Cell*, 2002, 11, 825- 838.

[39] Zhao P M, Wang L L, Han L B, *et al.* Proteomic identification of differentially expressed proteins in the ligon lintless mutant of upland cotton (*Gossypium hirsutum* L.) [J]. J. Proteome Res, 2002, 9, 1076-1087.

[40] Yang Y W, Bian S M, Yao Y, *et al.* Comparative proteomic analysis provides new insights into the fiber elongating pro- cess in cotton [J]. *J. Proteome Res.*, 2002, 7, 4623- 4637.

[41] Yao Y, Yang Y W, Liu J Y. An efficient protein preparation for proteomic analysis of developing cotton fibers by 2-DE [J]. *Electro- phoresis*, 2002, 27, 4559- 4569.

[42] Ridley B L, O' Neill M A, Mohnen D. Pectins: structure, biosynthesis, and oligogalacturonide-related signaling [J]. *Phytochemistry*, 2002, 57, 929-967.

[43] Tokumoto H, Wakabayashi K, Kamisaka S, *et al.* Changes in the sugar composition and molecular mass distribution of matrix polysaccharides during cotton fiber development [J]. *Plant Cell Physiol*, 2002, 43, 411- 418.

[44] Barber C, Ro sti J, Rawat A, *et al.* Distinct properties of the five UDP-D-glucose/UDP-D-galactose 4-epimerase isoforms of Arabidopsis thaliana [J]. *J. Biol. Chem*, 2002, 281, 17276-17285.

[45] Ro sti J, Barton C J, Albrecht S, *et al.* UDP-glucose 4-epimerase isoforms UGE2 and UGE4 cooperate in providing UDP-galactose for cell wall biosynthesis and growth of Arabidopsis thaliana [J]. *Plant Cell*, 2002, 19, 1565-1579.

[46] Nguema-Ona E, Ande me-Onzighi C, Aboughe-Angone S, *et al.* The reb1-1 mutation of Arabidopsis. Effect on the structure and localization of galactose-containing cell wall polysaccharides [J]. *Plant Physiol*, 2002, 140, 1406-1417.

[47] Wubben M J, 2nd Rodermel, S R, *et al.* Mutation of a UDP-glucose-4-epimerase alters nematode susceptibility and ethylene responses in Arabidopsis roots [J]. *Plant J.*, 2002, 40, 712-724.

[48] Szumlanski A L, Nielsen E. The Rab GTPase RabA4d regulates pollen tube tip growth in Arabidopsis thaliana [J]. *Plant Cell*, 2002, 21, 526-544.

[49] Ruan Y L, Chourey, P S. A fiberless seed mutation in cotton is associated with lack of fiber cell initiation in ovule epidermis and alterations in sucrose synthase expression and carbon partitioning in developing seeds [J]. *Plant Physiol*, 2002, 118, 399-406.

[50] Ruan Y L, Llewellyn D J, Furbank R T. Suppression of sucrose synthase gene expression represses cotton fiber cell initiation, elongation, and seed development [J]. *Plant Cell*, 2002, 15, 952-964.

[51] Haigler C H, Zhang D S, Wilkerson C G. Biotechnological improvement of cotton fiber maturity [J]. *Physiol. Plant*, 2002, 124, 285-294.

[52] Achard P, Vriezen W H, Van Der Straeten D, *et al.* Ethylene regulates Arabidopsis development via the modulation of DELLA protein growth repressor function [J]. Plant Cell, 2002, 15, 2816-2825.

[53] Seifert G J, Barber C, Wells B, *et al.* Growth regula- tors and the control of nucleotide sugar flux [J]. *Plant Cell*, 2002, 16, 723-730.

[54] De Grauwe L, Vandenbussche F, Tietz O, *et al.* Auxin, ethylene and brassinosteroids: tripartite control of growth in the Arabidopsis hypocotyl [J]. *Plant Cell Physiol*, 2002, 46, 827- 836.

[55] Stepanova A N, Hoyt J M, Hamilton A A, *et al.* A link between ethylene and auxin uncovered by the characterization of two root-specific ethylene-insensitive mutants in Arabidopsis [J]. *Plant Cell*, 2002, 17, 2230-2242.

[56] Pitts R J, Cernac A, Estelle M. Auxin and ethylene promote root hair elongation in Arabidopsis [J]. *Plant J*, 2002, 16, 553-560.

[57] Tanimoto M, Roberts K, Dolan L. Ethylene is a positive regulator of root hair development in Arabidopsis thaliana [J]. *Plant J*, 2002, 8, 943-948.

[58] Vreeburg R A, Benschop J J, Peeters A J, *et al.* Ethylene regulates fast apo- plastic acidification and expansin A transcription during submergence- induced petiole elongation in Rumex palustris [J]. *Plant J*, 2002, 43, 597- 610.

[59] Ookawara R, Satoh S, Yoshioka T, *et al.* Expression of α-expansin and xyloglucan endotransglucosylase/hydrolase genes associated with shoot elongationenhanced by anoxia, ethylene and carbon dioxide in arrowhead (Sagittaria pygmaea Miq.) tubers [J]. *Ann. Bot.* 1996, 693-702.

利用SSCP技术分析棉花纤维差异表达的基因

谢晓兵[1,2]，吴嫚[2]，于霁雯[2]，翟红红[2]，范术丽[2]，宋美珍[2]，
庞朝友[2]，李兴丽[2]，张金发[3]，喻树迅[2,*]
（1. 西北农林科技大学农学院，杨凌　712100；2. 中国农业科学院棉花研究所，安阳　455000；3. 新墨西哥州立大学作物与环境科学院，美国拉斯克鲁塞斯 NM88003）

摘要： 单链构象多态性（Single strand conformation polymorphism，SSCP）技术是一种简便、灵敏的多态性检测方法，可以检测出在非变性聚丙烯酰胺凝胶电泳中因构象差异而导致的单链DNA片段迁移率的不同。本研究根据棉花基因芯片筛选的纤维发育中差异表达基因设计了162对引物，利用SSCP技术在4个陆地棉品种、4个海岛棉品种中进行多态性检测。结果表明，在162对引物中，146对引物经PCR扩增后在1.5%的琼脂糖凝胶电泳中检测出现清晰、明亮的带。经过SSCP分析，54对引物在陆地棉之间产生多态性，共出现116个多态性位点；45对引物在海岛棉之间产生多态性，共出现111个多态性位点；79对引物在陆地棉和海岛棉之间产生多态性，共出现260个多态性位点；36对引物在陆地棉之间、海岛棉之间同时出现多态性。进一步聚类分析后表明，海岛棉和陆地棉分别聚在了一起。

关键词： 陆地棉；海岛棉；单链构象多态性（SSCP）；多态性；聚类分析

棉纤维是一类高度活跃的细胞，棉纤维发育相关基因通过参与特定生物学途径直接或间接影响纤维的发育，因此，研究纤维发育相关基因对棉花的遗传改良具有重要意义。利用覆盖全基因组的分子标记连锁图和合适的分离群体进行连锁分析是目前研究棉花纤维发育相关基因的主要方法[1]。目前，用于棉花的限制性片段长度多态性（Restriction fragment length polymorphism，RFLP）、随机扩增多态性DNA（Random amplified polymorphic DNA，RAPD）、扩增片段长度多态性（Amplified fragment length polymorphism，AFLP）和简单序列重复（Simple sequence repeat，SSR）等分子标记已经被开发利用，并广泛应用于连锁图谱的构建、基因作图以及遗传多样性检测。然而，这些标记在棉花基因组中多态性低，尤其在陆地棉中多态性更低，并且已开发可利用的标记比较少，严重限制了这些分子标记在棉花遗传图谱的构建和基因多样性发掘上的应用[2]。

原载于：《棉花学报》，2011，23（4）：306～310

SSCP 即 DNA 单链构象多态性，其原理是 DNA 分子中单个或极少数碱基的变化、插入或缺失，可造成 DNA 单链构象的巨大变化。DNA 双链经变性后产生单链，有微小碱基差异的 DNA 单链在非变性聚丙烯酰胺凝胶上形成不同的构象，产生电泳速率的不同，电泳后在胶板上的位置不同，从而将在双链水平无法检测的 DNA 微小差异在单链水平检测出来[3]。与 AFLP、RFLP、RAPD 和 SSR 标记相比，SSCP 操作简便，稳定性好，可以检测更多微小的 DNA 差异。SSCP 技术已经被广泛用于医学和动物学研究中，但在植物研究中的应用相对较少，大多用于有关分子标记的领域中，如利用 SSCP 技术进行遗传多样性研究，对功能基因或 EST（Expressed sequence tag）序列进行定位和图谱构建等[4]。由于 SSCP 技术具有快速、简便、灵敏度高及无需特殊设备等优点，因而很容易被接受与应用。

SSCP 作为一种新型的分子标记分析技术，具有多态性丰富、覆盖密度大和遗传稳定性强的特点，可以在很大程度上丰富棉花的多态性。目前 SSCP 技术在棉花分子标记方面应用较少，因此，SSCP 技术的利用对于棉花遗传图谱的构建和分子标记辅助选择等方面十分重要。

1 材料与方法

1.1 材料

选择了 8 个棉花常规品种，其中包括 4 个陆地棉品种（中棉所 12，SG747，中 AR40772，苏远 7252）、4 个海岛棉品种（海岛棉 7124，Giza75，海岛棉 3-79，新海 13）。取样地点在中国农业科学院棉花研究所（河南省安阳市）试验田。

1.2 方法

1.2.1 DNA 提取

2010 年 7 月在棉花所试验田摘取 8 个棉花品种的幼嫩叶片，采用改良的 CTAB 法[5-6]提取叶片基因组 DNA，而后置于-20℃冰箱中保存备用。

1.2.2 引物设计及 PCR 反应

从本实验室点制的芯片中筛选出在棉纤维发育过程中差异表达的基因，设计引物 162 对，由上海英骏生物技术有限公司合成，扩增片段长度为 150 ~ 250bp。PCR 反应体系为 20μL，内含 TaKaRa Premix Ex Tag 10μL，上游引物和下游引物（20μmol/L）各 0.4μL，模板（50ng/μL）2μL，灭菌 ddH_2O 7.2μL。PCR 反应的条件为 98℃预变性 3min，然后进行如下 30 个循环：98℃变性 1min，57℃退火 30s，72℃延伸 30s，最后 72℃延伸 10min。PCR 扩增的目的片段，经 1.5% 琼脂糖凝胶电泳鉴定。

1.2.3 非变性聚丙烯酰胺凝胶电泳

按照表的配方进行配制，将所有溶液混合后，灌胶（胶厚 0.4mm），室温下聚合 2h 以上[7]。凝胶上样缓冲液：98% 的去离子甲酰胺，10mmol/L EDTA（pH8.0），0.25% 的二甲苯氰，0.25% 的溴酚蓝。在 8μL 上样缓冲液中加入 10μL PCR 扩增产物（可根据 DNA 的浓度调整 PCR 上样量），混匀后在 PCR 仪上 98℃变性 8min，取出立即放入冰浴中，以防止温度逐渐下降时的复性。5 ~ 10min 后即可以按序上样。电泳缓冲液为 1 × TBE。在常温（25℃左右）下进行电泳，刚开始 300V 预电泳 5min，而后 100V 电泳 24 ~ 40h。

表　非变性聚丙烯酰胺凝胶电泳配方

试　剂	每槽用量
ddH_2O	37.1mL
5×TBE	14mL
30%聚丙烯酰胺凝胶母液（29：1）	18.9mL
10% AP	1260μL
TEMED	49.4μL

待溴酚蓝移至凝胶底部，停止电泳。先将胶浸入固定液（10%乙醇，0.5%乙酸）中固定10min，去离子水漂洗3min，而后用0.1% $AgNO_3$ 染色10～15min，再用去离子水漂洗1次（不得超过5s），最后用显色液（2% NaOH，0.04% Na_2CO_3，0.4%甲醛）显色，条带清晰即可停止。照相并读取结果。

1.2.4　聚类分析

用NTSYS 2.10e软件进行聚类分析[8]。

2　结果与分析

2.1　PCR扩增产物的琼脂糖凝胶电泳检测结果

162对引物在8个四倍体棉花品种中进行PCR扩增，其中146对引物的PCR扩增产物经1.5%的琼脂糖凝胶电泳检测能出现清晰、明亮的单条带，扩增成功率为90.1%（图1）。

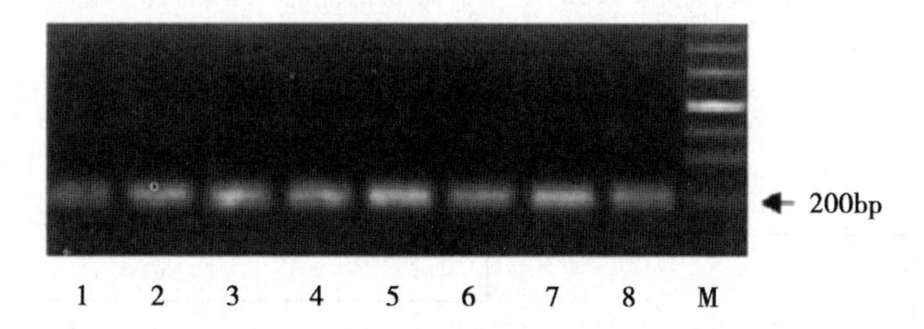

图1　引物L4扩增8个棉花品种的PCR产物琼脂糖凝胶电泳图

1～4：中棉所12，SG747，中AR40772，苏远7252；5～8：海岛棉7124，Giza75，海岛棉3-79，新海13；M：Marker

2.2　PCR扩增产物的非变性聚丙烯酰胺凝胶电泳的SSCP分析

将有扩增的146对引物的PCR产物变性后通过非变性聚丙烯酰胺凝胶电泳进行SSCP分析。其中54对引物在陆地棉之间产生多态性（图2A），共出现116个多态性位点，平均每对引物产生2.15条，多态性比率为0.370；45对引物在海岛棉之间产生多态性（图2B），共出现111个多态性位点，平均每对引物产生2.47条，多态性比率为0.308；79对引物在陆地棉和海岛棉之间有多态性（图2C），共出现260个多态性位点，平均每对引物产生3.29条，多态性比率为0.541；36对引物在陆地棉之间、海岛棉之间同时出现多态性（图2D）。

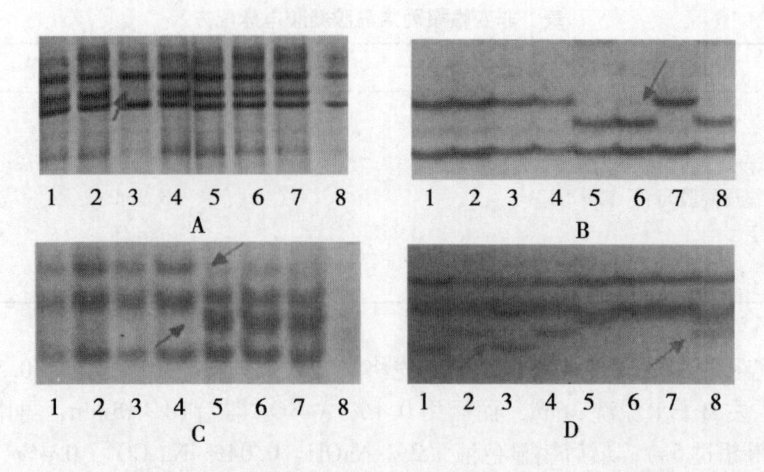

图2　四个陆地棉品种和四个海岛棉品种的SSCP多态性结果

A，引物L4在陆地棉之间的多态性；B，引物9-1在海岛棉产生的多态性；C，引物L33在陆地棉和海岛棉之间的多态性；D，引物Y34在陆地棉之间、海岛棉之间同时出现的多态性。

1～4：中棉所12，SG747，中AR40772，苏远7252；5～8：海岛棉7124，Giza75，海岛棉3-79，新海13；M：Marker

2.3　聚类分析结果

利用所得到的所有260个多态性位点，使用NTSYS 2.10e软件对8个棉花品种进行了聚类分析（图3），结果表明，这8个基因型共聚为两大类，其中4个陆地棉品种（中棉所12、SG747、中AR40772、苏远7252）、4个海岛棉品种（海岛棉7124、Giza75、海岛

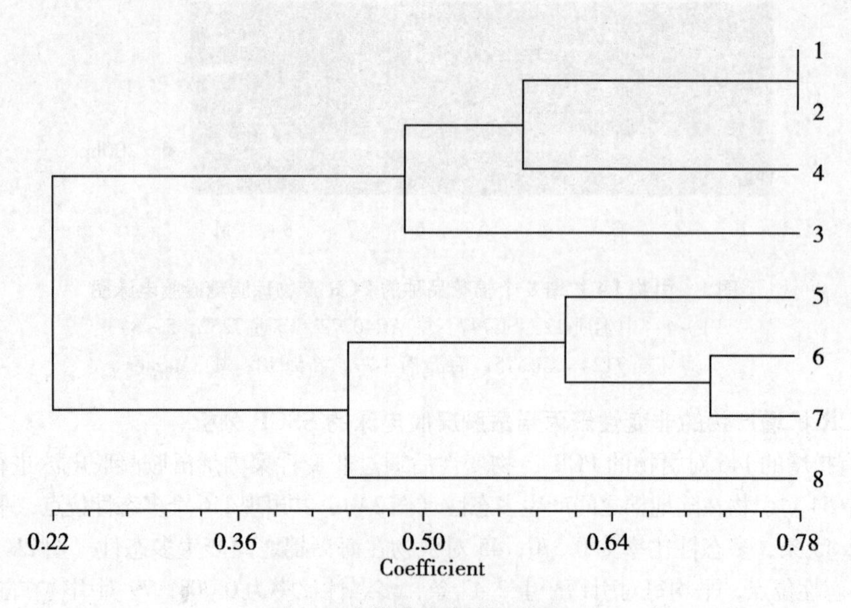

图3　8个棉花品种的聚类图

1～4：中棉所12，SG747，中AR40772，苏远7252；

5～8：海岛棉7124，Giza75，海岛棉3-79，新海13；M：Marker

棉 3-79、新海 13）分别聚为一组。在 4 个陆地棉中，中棉所 12 和 SG747 相似度较高，而中 AR40772 与其他 3 个品种相似度较低；在 4 个海岛棉中，Giza75 和海岛棉 3-79 相似度较高，而新海 13 与其他 3 个品种相似度较低。

3　讨论

检测多态性标记的主要方法有琼脂糖凝胶检测、变性聚丙烯酰胺电泳检测以及基因单核苷酸多态性（Single nucleotide polymorphism，SNP）检测等多种方法。用于检测 SNP 的方法较多，包括直接测序、以构象为基础的方法、变性高压液相色谱法、错配的化学切割及酶学法等。其中以构象为基础的方法又包括单链构象多态性、异源双链分析及变性梯度凝胶电泳。尽管测序和质谱分析在单核苷多态性检测方面被广泛应用[9-10]，但是这些技术都需要特殊的设备，并且费用昂贵。与上述方法相比，SSCP 检测技术由于具有高灵敏度、低费用且不需要特殊仪器等优点，因此是检测基因间多态性的一种理想手段。

早在 1997 年，Slabaugh 等[11]在 Cuphea 的同源基因多态性研究中就证实了 SSCP 检测技术的高效性。McCallum 等[12]利用 8～12 种内切酶，对洋葱 EST 序列进行酶切，仅可以检测到两个多态性，而利用 SSCP 技术在 31 个被检测的序列中，有 26 个序列在不同材料中表现多态性。Inoue 和 Nishio[13]对序列特异性扩增区（Sequence-characterized amplified regions，SCAR）、酶切扩增多态性序列（Cleaved amplified polymorphic sequence，CAPS）和 SSCP 技术在检测多态性效率方面进行了系统研究。结果表明，9% 的序列经 SCAR 检测有多态性，32% 的序列经 CAPS 检测有多态性，而在经 CAPS 分析没发现多态性的序列中，又有 52% 的序列经 SSCP 检测表现多态性，进一步证明 SSCP 技术检测的效率很高。李媛媛等[14]利用 12 种内切酶，对油菜 7 种 PCR 产物进行酶切，只有一种能在亲本间检测到多态性。但是，同样的扩增产物，不进行酶切，经 SSCP 检测，可以检测到 4 种产物的多态性。利用 SSCP 技术，在 247 对引物中有 111 对引物的 PCR 扩增产物（44. 9%）检测到了多态性，共得到了 177 个功能分子标记，平均每对引物检测到 1. 59 个多态性位点，该结果也表明 SSCP 技术在检测多态性方面的高效性。

本研究中，利用 SSCP 技术对有扩增的 146 对引物的 PCR 产物进行分析，54 对引物在 4 个陆地棉之间产生 116 个多态性位点；45 对引物在 4 个海岛棉之间产生 111 个多态性位点；79 对引物在陆地棉和海岛棉之间产生 260 个多态性位点；36 对引物在陆地棉之间、海岛棉之间同时出现多态性。本研究进一步证实了 SSCP 技术在检测多态性方面的高效性。聚类分析后，海岛棉、陆地棉品种分别聚为一组，这表明得到的标记是可利用的。开发的标记通过测序后，有可能进一步发展为 SNP 标记，可为构建遗传图谱和 QTL 定位奠定基础。

目前棉花可利用的分子标记十分有限，尤其是棉花纤维发育相关基因的分子标记更少，因此构建高密度的遗传图谱就显得十分困难。利用新类型的分子标记得到新的位点，必然增加遗传图谱位点的数目，促进连锁图谱的加密，使分子标记的分布更加均匀，这样就更有利于基因定位、图位克隆以及分子标记辅助选择。

参考文献

[1] 杨小红，严建兵，郑艳萍，等．植物数量性状关联分析研究进展［J］. 作物学

报，2007，33（4）：523-530.

［2］ Lu Ying-zhi，Curtiss J，Percy R G，*et al.* DNA polymorphisms of genes involved in fiber development in a selected set of cultivated tetraploid cotton ［J］. *Crop Science*，2009（49）：1695-1704.

［3］ 杜军凯，余桂红，王秀娥，等．赤霉病主效抗性 QTL 区域 SSCP 标记的发掘与验证［J］. 麦类作物学报，2010，30（5）：829-834.

［4］ 李媛媛．SSCP 技术及在植物中的应用［J］. 北方园艺，2009（5）：122-124.

［5］ Paterson A H，Brubaker C L，Wendel J F. A rapid method for extraction of cotton（*Gossypium spp.*）genomic DNA suitable for RFLP or PCR analysis ［J］. *Plant Mol. Biol. Rep.*，1993，11（2）：122-127.

［6］ 宋国立，崔荣霞，王坤波，等．改良 CTAB 法快速提取棉花 DNA ［J］. 棉花学报，1998，10（5）：273-275.

［7］ Ferre R，Melo M N，Correia A D，*et al.* Synergistic effects of the membrane actions of cecropinmelittin antimicrobial hybrid peptide ［J］. *Biophys J.*，2009，96：1815-1827.

［8］ 赵庆勇，张亚东，朱镇，等．30 个粳稻品种 SSR 标记遗传多样性分析［J］. 植物遗传资源学报，2010，11（2）：218-223.

［9］ Mullikin J C，Hunt S E，Cole C G，*et al.* An SNP map of human chromosome 22 ［J］. *Nature*，2000，407：516-520.

［10］ Stoerker J，Mayo J D，Tetzlaff C N，*et al.* Rapid genotyping by MALDI-monitored nuclease selection from probe libraries ［J］. *Nat Biotech*，2000，18：1213-1216.

［11］ Slabaugh M B，Huestis G M，Leonard J，*et al.* Sequence-based genetic markers for genes and gene families：single strand conformational polymorphisms for the fatty acid synthesis genes of Cuphea ［J］. *Theor Appl. Genet*，1997，94：400-408.

［12］ Mccallum J，Leite D，Pither J M，*et al.* Expressed sequence markers for genetic analysis of bulb onion（*Allium cepa L.*）［J］. *Theor. Appl. Genet*，2001，103：979-991.

［13］ Inoue H，Nishio T. Efficiency of PCR-RF-SSCP marker production in *Brassica oleracea* using *Brassica* EST sequences ［J］. *Euphitica*，2004，137：233-242.

［14］ 李媛媛．利用功能分子标记分析甘蓝型油菜产量相关性状 QTLs 及其杂种优势遗传基础［D］. 武汉：华中农业大学，2006.

利用基因芯片技术筛选棉纤维伸长相关基因

李龙云[1,2]，于霁雯[1,*]，翟红红[1]，黄双领[1]，
李兴丽[1]，张红卫[1]，张金发[3]，喻树迅[1,*]
（1. 中国农业科学院棉花研究所/农业部棉花遗传改良重点实验室，安阳　455000；
2. 西北农林科技大学农学院，杨凌　712100；3. 美国新墨西哥州立大学植物与环境科学部，美国新墨西哥州　80003）

摘要：从回交近交系（backcross inbred lines，BIL）群体中选取纤维长度差异较大的两个系 NMGA-062（33.03mm）和 NMGA-140（25.87mm），利用 Affymetrix 棉花基因芯片，分析其开花后 10d（DPA，days post anthesis）棉纤维伸长相关基因表达谱。在 24 029条转录本中，两材料间差异表达的转录本有 7 282条，占总数的 30.31%；其中差异表达倍数在 2 倍或 2 倍以上的转录本有 3 993条，占筛选转录本总数的 16.62%，功能分类表明这些转录本主要包括功能预测基因（15.57%），翻译、核糖体结构相关基因（13.54%）和翻译后修饰、蛋白质转换相关基因（9.29%）3 大类。为了验证芯片数据的可信性，8 个差异表达显著的基因（*Ghi.* 10655. 1. *S*1_ *s*_ *at*，*ACO*1，ARF1，*SAHH*，*TUA*6，*TUA*7，β-*tub*1，β-*tub*10）被用于实时荧光定量 PCR。两种检测手段表现出一致性。随后，利用实时荧光定量 PCR 对 3 个与棉纤维相关基因（ARF1，β-*tub*1，β-*tub*10）在纤维发育不同时期（5DPA、10DPA、15DPA、20DPA 和 25DPA）的表达模式进行了研究，结果表明，3 个基因在纤维伸长发育时期（10DPA 和 15DPA）大量表达，推测这 3 个基因可能与棉纤维伸长有重要关系。

关键词：基因芯片；纤维伸长相关基因；差异表达基因；实时荧光定量 PCR

棉纤维作为重要的天然纤维，是纺织工业重要材料。随着棉纺工业技术的发展，对棉纤维长度等品质性状提出了更高的要求[1]。棉纤维细胞由胚珠外珠被单个细胞分化而来，是高等植物中伸长最快、合成纤维素最多的模式单细胞[2]。其分化和发育过程可分为纤维发育的起始期、伸长期、次生壁增厚期和成熟期 4 个时期，其中伸长期与次生壁增厚期具有相互重叠的时域。在这 4 个时期中，纤维细胞形态结构改变，伴随着重要生理生化过程[3-4]。棉纤维表皮细胞突起后，即进入快速伸长期，开花后 10d 是纤维发育快速伸长

原载于：《作物学报》，2011，37（1）：95-104

期，棉纤维的伸长可持续到开花后 20 ~ 25d。棉纤维细胞的伸长是一个复杂的生理过程，涉及细胞壁的松弛，液泡膨压的反作用力，膜脂、细胞壁成分和相关蛋白的生物合成及运输过程，受到许多基因的表达调控[5]。目前，已克隆鉴定了一些纤维伸长相关基因，其中少数基因已证实对纤维细胞伸长发育起一定的调控作用[6-8]。Li 等[9]通过 cDNA 微阵列分析比较了陆地棉徐州 142 纤维与无绒无絮突变体胚珠的基因表达情况，获得了一批棉纤维发育高表达的基因，如 *GhSAHH*、*GhRDL*、*GhWBCl* 等。Arpat 等[10]运用亚洲棉（*Gossypium arboretum*）开花后 7 ~ 10d 的纤维 cDNA 文库测序所得 46 603条 EST 序列，设计了包括 14 000个单基因的寡聚核苷酸芯片，功能分析表明细胞壁结构、细胞骨架、糖类及脂类代谢相关的基因在纤维细胞快速伸长期发挥了重要的作用。在纤维伸长阶段，初生壁的合成是一个非常重要的过程。Zhao 等[11]从陆地棉中克隆到一个编码可逆性糖基化多肽的基因 *GhRGPl*，在棉纤维中优势表达，推测该基因可能参与细胞壁非纤维素类的多糖合成。脂类代谢基因在棉纤维迅速伸长中也发挥了重要的作用。Gou 等[12]的研究也表明，一些与脂肪酸合成及还原有关的基因在棉纤维伸长期表达量较高，到次生壁合成期开始表达量逐渐降低，代谢谱分析结果与基因表达结果一致，纤维伸长期细胞中的脂肪酸含量明显高于次生壁合成时期的含量。细胞骨架是细胞的内部支撑，对细胞的形态建成有重要的影响。棉花中 *GhPFN*1 基因在纤维细胞的快速延伸阶段表达量最高，裂殖酵母细胞中过量表达该基因导致细胞长度和形态发生显著变化，暗示 *GhPFN*1 基因可能在纤维细胞的极性延伸中具有功能[13]。通过 RNA 干扰，降低棉花纤维细胞中肌动蛋白基因 *GhACTl* 的表达，可使棉纤维中肌动蛋白减少，细胞骨架组装受影响，从而影响纤维细胞的伸长[14]。微管蛋白基因 *GhTUB*1 对棉纤维细胞的伸长也起了重要的作用[15]。激素信号相关基因在纤维细胞伸长过程中同样起重要的作用。乙烯在棉纤维细胞发育过程中也发挥了重要作用。体外培养试验表明，外源乙烯促进纤维细胞的伸长，而乙烯合成的抑制剂 AVG 则会抑制纤维细胞的伸长[16]。值得指出的是，以上研究绝大多数是采用陆地棉进行的。

海岛棉是与陆地棉同一起源的另一四倍体栽培种，以纤维长、强、细著称于世。然而，经过长达 100 多万年的进化和分歧，这 2 个四倍体栽培种遗传差异加大而导致种间隔离。虽然两者杂交可产生极强的杂种一代优势，但杂种二代以后出现杂种衰败，造成优异海岛棉基因转移到陆地棉中极其困难。为了解决杂种衰败问题并回避遗传背景的影响，回交近交系成为一个重要的遗传材料。虽然已有许多关于控制纤维长度的数量性状位点（QTL）的报道，但是其分子遗传基础尚不清楚。基因芯片是大规模分析基因表达谱的有效手段，它能够同时检测几万个基因的转录水平，由此可以检测不同条件下差异表达的基因，了解这些基因的表达调控和功能[17-18]。近年来，基因芯片已成功应用于棉花基因表达谱的分析[19-20]。

本研究应用基因芯片比较分析两个回交近交系 NMGA-062（33.03mm）和 NMGA-140（25.87mm）纤维发育 10d 的基因表达谱，以筛选影响纤维伸长的差异表达基因，为以后克隆及验证来自海岛棉的纤维伸长相关候选基因提供重要基础。

1 材料与方法

1.1 植物材料

用海岛棉 Giza75 与陆地棉 SG747 杂交，将 F_1 与陆地棉亲本连续回交 2 次，得到

$BC2F_1$，继续自交5次获得BC2F6高世代回交自交系群体，选择上半部平均长度最大的材料NMGA-062（33.03mm）和上半部平均长度最小的材料NMGA-140（25.87mm），开花当天按重复对棉铃挂牌标记，然后取开花后不同天数（5DPA、10DPA、15DPA、20DPA和25DPA）的棉铃，从胚珠上小心剥取纤维，直接在田间棉株上采集其他材料幼叶、花瓣和蕾。所有试验材料收获后立即投入液氮速冻，然后置-70℃超低温冰箱保存。

1.2　RNA提取

用改良的CTAB法提取不同发育时期的纤维（5DPA、10DPA、15DPA、20DPA和25DPA）以及不同器官（叶、花、蕾）的混合样品总RNA[21]。用1.5%琼脂糖凝胶电泳检测总RNA的28S和18S rRNA比例，以评估总RNA的完整性。使用BECKMAN COULTER的DU800核酸/蛋白质分析仪检测RNA的浓度和OD_{260}/OD_{280}比值。

1.3　基因芯片的筛选

美国Affymetrix的棉花基因组芯片是高密度的寡核苷酸基因芯片，具有总计23 977个探针组，每一探针组由11对特异的寡核苷酸探针组成，涵盖了21 854个棉花转录本。芯片中的探针序列来源于GenBank、dbEST和RefSeq，覆盖了*Gossypium hirsutum* UniGene数据库（Build2，August 2006）、*Gossypium arboretum*、*Gossypium barbadense*以及*Gossypium raimondii* UniGene数据库（Build2，September 2005）（http://www.affymetrix.com/）。

1.4　芯片杂交数据分析

将提取的RNA送上海晶泰生物技术有限公司进行基因芯片分析。取适量cRNA与芯片杂交，用高分辨率扫描仪GeneChip Scanner 3000对染色后的芯片进行扫描。对每张芯片的数据先进行标准化，即将芯片所有探针组的Signal从小到大排序，去掉2%最大的和2%最小的后，将剩下探针组的平均信号值调整到500。然后利用GeneChip Operating Software（GCOS），及MAS5方法进行数据均一化，综合考虑PM和MM探针的信号值来判定基因的表达情况和变化情况。

芯片分析分为单张芯片分析和比较分析两部分。首先根据检测到的杂交信号，算出P-value，根据每个探针组11对PM/MM探针对信号值的一系列统计学方法计算出一个显著性P-value，通过τ检验域值（取默认值0.015）确定P-value的上下限。P-value落在0~0.05被视为检出（P，present），落在0.065~0.100被视为未检出（A，absent），0.050~0.065的被认为处于检出与未检出的临界状态（M，marginal）。之后对两张芯片的杂交数据进行比较，以NMGA-140纤维发育10DPA的材料为参照，以NMGA-062纤维发育10DPA基因表达变化的Signal $\log_2$ Ratio值确定基因的上下调关系。由于是取2的对数关系，在计算表达变化倍数的时候以2的倍数呈现。上调2倍以上（UP≥2 fold）的Signal $\log_2$ Ratio值大于等于1；下调2倍以上（DOWN≥2 fold）的Signal $\log_2$ Ratio值小于等于-1；Signal $\log_2$ Ratio值等于0的时候表明没有变化。

1.5　差异表达基因的功能预测

利用COG库（cluster of genes）和COGNITOR程序（http://www.ncbi.nlm.nih.gov/COG/），做差异表达基因的功能预测。

1.6　实时荧光定量PCR的检测

将已提取的NMGA-062和NMGA-140纤维发育10d以及各个组织的RNA利用Promega

公司 AMV 反转录试剂盒合成 cDNA 第一链。

在已注释的差异表达基因中，挑选差异表达显著的 8 个基因（上调 5 个基因，下调 3 个基因），以 18S 基因为内参对照，使用美国 Promega 公司的 Go Taq qPCR Master Mix，进行实时荧光定量 PCR 的检测，以验证基因芯片的分析结果。依据其芯片上探针组对应的代表序列，委托 TaKaRa 公司设计 8 对定量 PCR 引物（表 1），退火温度为 60℃，由 Invitrogen 公司合成引物。使用 Roche 的 Light Cycler 480 荧光定量 PCR 仪分析结果。采用双标准曲线法分析 2 个材料间的相对表达量，F = 样品 1 目的基因浓度/样品 2 看家基因浓度/样品 2 目的基因浓度/样品 2 看家基因浓度。

表 1　实时荧光定量 PCR 所用基因及其引物序列

探针编号	NCBI 登录号	基因名称	引物序列	引物长度
		18S	– F 5′-AACCAAACATCTCACGACAC-3′	20
			– R 5′-GCAAGACCGAAACTCAAAG-3′	19
GhiAffx. 24112. 1. *S*1_ *at*	DW509612	ARF1	– F 5′-GGGATGCTGTGCTTCTTGTGT-3′	21
			– R 5′-GCTGACGAAGGGAGTGAAGG-3′	20
Ghi. 8448. 1. *S*1_ *x*_ *at*	AF521240	*β-tub*1	– F 5′-TAACTATGTCGGCACTTC-3′	18
			– R 5′-AATCAATTCAGCTCCTTC-3′	18
Ghi. 9969. 2. *S*1_ *s*_ *at*	DT557030	*β-tub*10	– F 5′-TCTCAGTCTTCCCATCACCAAA-3′	22
			– R 5′-TGTCCAACACCATACACTCATCC-3′	23
Ghi. 6953. 1. *S*1_ *s*_ *at*	DQ116442	*ACO*1	– F 5′-TGCCCCAAACCTGACCTAA-3′	19
			– R 5′-ATCCACTGACCATCCTTGAGAA-3′	22
Gra. 2198. 1. *A*1_ *at*	CO100609	*SAHH*	– F 5′-CAGCTCCCAGATCCGTCTTC-3′	20
			– R 5′-CACCAACTAATCTCTCCCTCATCC-3′	24
Ghi. 10655. 1. *S*1_ *s*_ *at*	DN780602	*Unknown*	– F 5′-GCTTCTATCACTGCTCGTT-3′	19
			– R 5′-CCTTGCTGCCTTCAAAT-3′	17
Gra. 1759. 1. *S*1_ *s*_ *at*	CO087419	*TUA*6	– F 5′-GTGGATCTTGAGCCTACTGTTATTG-3′	25
			– R 5′-CGAAGTTGTTGGCAGCGTCT-3′	20
Ghi. 4663. 1. *A*1_ *x*_ *at*	DT051323	*TUA*7	– F 5′-CCGAGGTTCAGAGGGCAGTA-3′	20
			– R 5′-GCACGAAGGCACGTTTGG-3′	18

2　结果与分析

2.1　棉花基因组芯片的质控评估

Affymetrix 基因芯片的质控包括设计、合成和终产品的信号强度 3 个环节。在前 2 个环节中，Affymetrix 借用了 2 个相关的成熟技术的质控方法，即寡核苷酸合成和半导体工业的技术标准。另外，他们在芯片上设计了特殊的对照探针，通过对对照探针进行质检就能很好地显示整张芯片的质量。信号的判断是通过杂交实验实现的，在芯片上设计了特殊的探针进行信号的质量监控，从而检测芯片是否能产生足够的信号。

从芯片杂交试验质控评估结果来看，NMGA-062 和 NMGA-140 各项芯片试验参数满足 Affymetrix 质量控制标准。芯片上基本没有人为的刮痕，不存在大于芯片面积 2.5% 的痕迹；平均杂交背景信号值低于 50，满足不大于 100 的标准；Oligo B2 探针在杂交矩阵的边缘处亮度为交替出现，每个拐角处出现棋盘形图案，棉基因组芯片的名称（GeneChip Cotton）位于芯片左上方；杂交信号中，BioB 作为代表，其检出率高于 50%，BioC、BioD 和 cre 的信号值均比 BioB 的信号强；RPT 文件（. rpt）所列的芯片上的内参基因中至少有一个基因，其 3′端的探针集合的杂交信号不超过其 5′端探针集合的杂交信号的 3 倍。

2.2　单张芯片杂交信号的分析结果

从表 2 可以看到 NMGA-062（8479/24029）和 NMGA-140（10447/24029）有 1/3 ~ 1/2 的探针没有检测到信号，杂交结果表明 NMGA-062（15170/24029）比 NMGA-140（13198/24029）有更多的探针能检测到信号。

表 2　芯片杂交结果

基因型	没有检测到信号的探针数目	边际地检测到信号的探针数目	检测到信号的探针数目	总　数
NMGA-062	8 479	380	15 170	24 029
NMGA-140	10 447	384	13 198	24 029
Total	18 926	764	28 368	48 058

表 3 表明在 NMGA-062 与 NMGA-140 中未表达的探针有 7 673 个，表达的探针有 12 427 个；在 NMGA-062 中表达而在 NMGA-140 中未表达的探针有 2 495 个，在 NMGA-140 中表达而在 NMGA-062 中未表达的探针有 682 个，加上边缘表达的探针，可以看出 NMGA-062 的探针表达（15 550）比 NMGA-140（13 582）多一些，纤维较长的材料比纤维较短材料更容易检测到杂交信号。

表 3　NMGA-062 和 NMGA-140 杂交结果比较

	NMGA-062 中没有检测到信号的探针	NMGA-062 中边际地检测到信号的探针数	NMGA-062 中检测到信号的探针数	总　数
NMGA-140 中没有检测到信号的探针数	7 673（31.93%）	279（1.16%）	2 495（10.38%）	10 447
NMGA-140 中边际地检测到信号的探针数	124（0.52%）	12（0.05%）	248（1.03%）	384
NMGA-140 中检测到信号的探针数	682（2.84%）	89（0.37%）	12 427（51.72%）	13 198
总数	8 479	380	15 170	24 029

2.3　两张芯片对比分析的结果

图 1 中红点代表重复样本两者均表达，黄点代表两者均不表达，蓝点代表其中之一表达。图中共有 8 条斜线，平行对称分布着 2 倍、3 倍、10 倍、30 倍 Fold change lines，它们由上至下分别为 30、10、3、2、－2、－3、－10 和－30，筛选出来的差异表达基因应该位于 2 和－2 线外，这 2 条平行线（NMGA-062 和 NMGA-140 信号比值为 ±2）以内的基因表达无明显差异。在基因表达谱中可见基因分布较为分散，偏离这 2 条线，表明两张芯片间存在差异表达的基因。

按差异显著性标准筛选出在 NMGA-062 和 NMGA-140 两个样本中差异表达的转录本 7 282条，占筛选转录本总数的 30.31%，其中表达上调的转录本有 4 534条，表达下调的

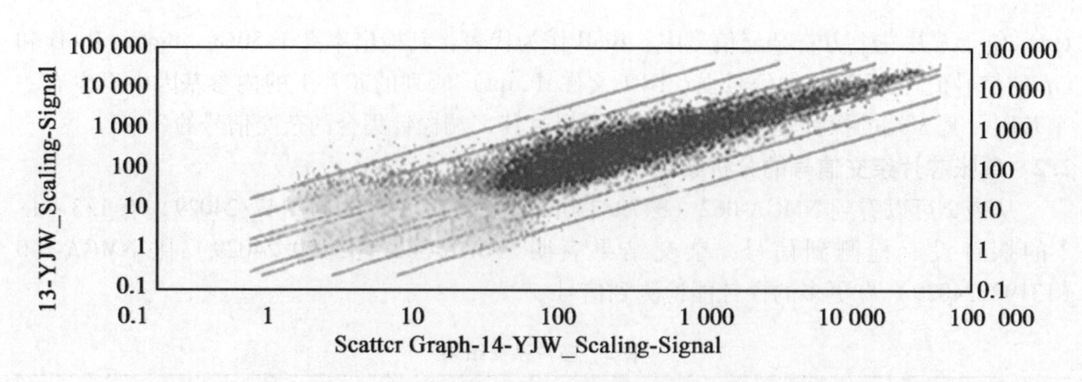

图1　NMGA-062 与 NMGA-140 基因芯片杂交信号散点图

转录本有2 748条。其中差异表达倍数在2倍或2倍以上的转录本有3 993条，占筛选转录本总数的16.62%，在海岛棉中表达上调倍数大于等于2的转录本有2 548条，表达下调的转录本有1 445条。

2.4　差异表达基因的功能预测

利用COG数据库对NMGA-062和NMGA-140差异表达倍数在2倍或2倍以上转录本进行功能分类，根据所参与的代谢过程分为23类（图2）。这些差异表达的基因中功能预测基因（15.57%）和翻译、核糖体结构相关基因（13.54%），翻译后修饰、蛋白质转换相关基因（9.29%）是3个主要的分类。

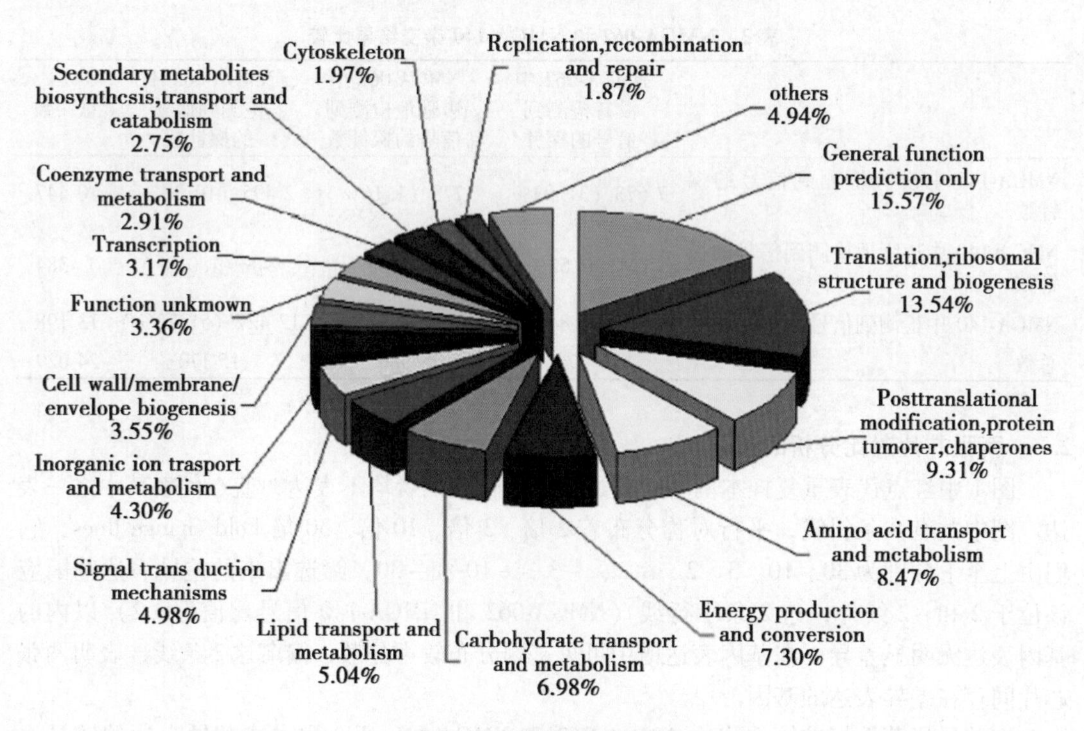

图2　差异表达基因的预测

2.5　差异表达基因的实时荧光定量 PCR 验证

为了验证芯片数据的可靠性，对8个（上调5个基因，下调3个基因）差异表达显著的基因（Change P-value < 0.001；$\log_2$ Ratio > 1.5 即差异表达倍数大于3倍，表4），进行了实时荧光定量 PCR 的检测。结果表明检测基因的表达趋势在基因芯片和实时定量 PCR 两种检测手段中表现出一致性，说明芯片数据具有生物学意义上的可重复性，结果是可信的。

表4　基因芯片中与纤维发育相关差异表达明显的基因

探针编号	GeneBank 登录号	基因名称	$\log_2$ 比值	P 值
GhiAffx. 24112. 1. *S1_ at*	DW509612	*Gossypium hirsutum* mRNA for ADP-ribosylation factor（ARF_1 gene）	4.8	0.000 020
Ghi. 8448. 1. *S1_ x_ at*	AF521240. 1	Xu-142 beta-tubulin 1（*β-Tub*1）	3.2	0.000 023
Ghi. 9969. 2. *S1_ s_ at*	DT557030	Beta-tubulin 10（*β-Tub*10）	2.7	0.000 020
Ghi. 6953. 1. *S1_ s_ at*	DQ116442	*Gossypium hirsutum* ACC oxidase 1（*ACO*1）	2.3	0.000 067
Gra. 2198. 1. *A1_ at*	CO100609	Transcribed locus, strongly similar to NP_ 193130. 1 adenosylhomo-cysteinase S-adenosyl-L-homocysteine hydrolase AdoHcyase（*SAHH*）（*Arabidopsis thaliana*）	1.9	0.000 052
Ghi. 10655. 1. *S1_ s_ at*	DN780602	Transcribed locus	-4.9	0.999 980
Gra. 1759. 1. *S1_ s_ at*	CO087419	*Gossypium hirsutum* alpha-tubulin（*TUA*6）	-2.5	0.999 973
Ghi. 4663. 1. *A1_ x_ at*	DT051323	*Gossypium hirsutum* alpha-tubulin（*TUA*7）	-1.7	0.999 980

由图3可以看出，5个上调表达的基因中，*β-tub*1 基因和 *β-tub*10 基因在 NMGA-062 和 NMGA-140 发育 10d 的纤维和各个不同器官（叶、花、蕾）中差异表达显著，上调表达很明显。*ARF*1 基因和 *ACO*1 基因在 NMGA-062 中纤维发育 10DPA 的表达量高于 NMGA-140，且 *ACO*1 基因在发育 10d 的纤维中表达量明显高于其他部位（叶、花、蕾），在纤维中优势表达。SAHH 基因在 NMGA-062 中是纤维优势表达的基因，但在 NMGA-140 中则没有这种优势。3个下调表达的基因中差异表达倍数较大的未知功能基因 *Ghi*. 10655. 1. *S1_ s_ at* 在 NMGA-062 和 NMGA-140 品种中纤维发育 10DPA 的表达量显著高于其他部位（叶、花、蕾），推测此未知功能基因可能与纤维发育长度有密切关系，有待后续试验的进一步验证。*TUA*6 和 *TUA*7 基因在 NMGA-062 和 NMGA-140 中的表达趋势是一致的。*TUA*6 在纤维和蕾中的表达量较高而 *TUA*7 在纤维和花中的表达量较高。

2.6　*β-tub*1、*β-tub*10 和 *ARF*1 基因的实时荧光定量 PCR 检测

实时荧光定量 PCR 结果（图4）表明，*β-tub*1、*β-tub*10 和 *ARF*1 基因在 NMGA-062 和 NMGA-140 中差异表达明显，表明 *ARF*1 基因在 NMGA-062 和 NMGA-140 棉纤维发育起始期 5DPA 就开始高量表达，之后逐渐升高，到纤维发育 10DPA 时表达量大，然后表达量

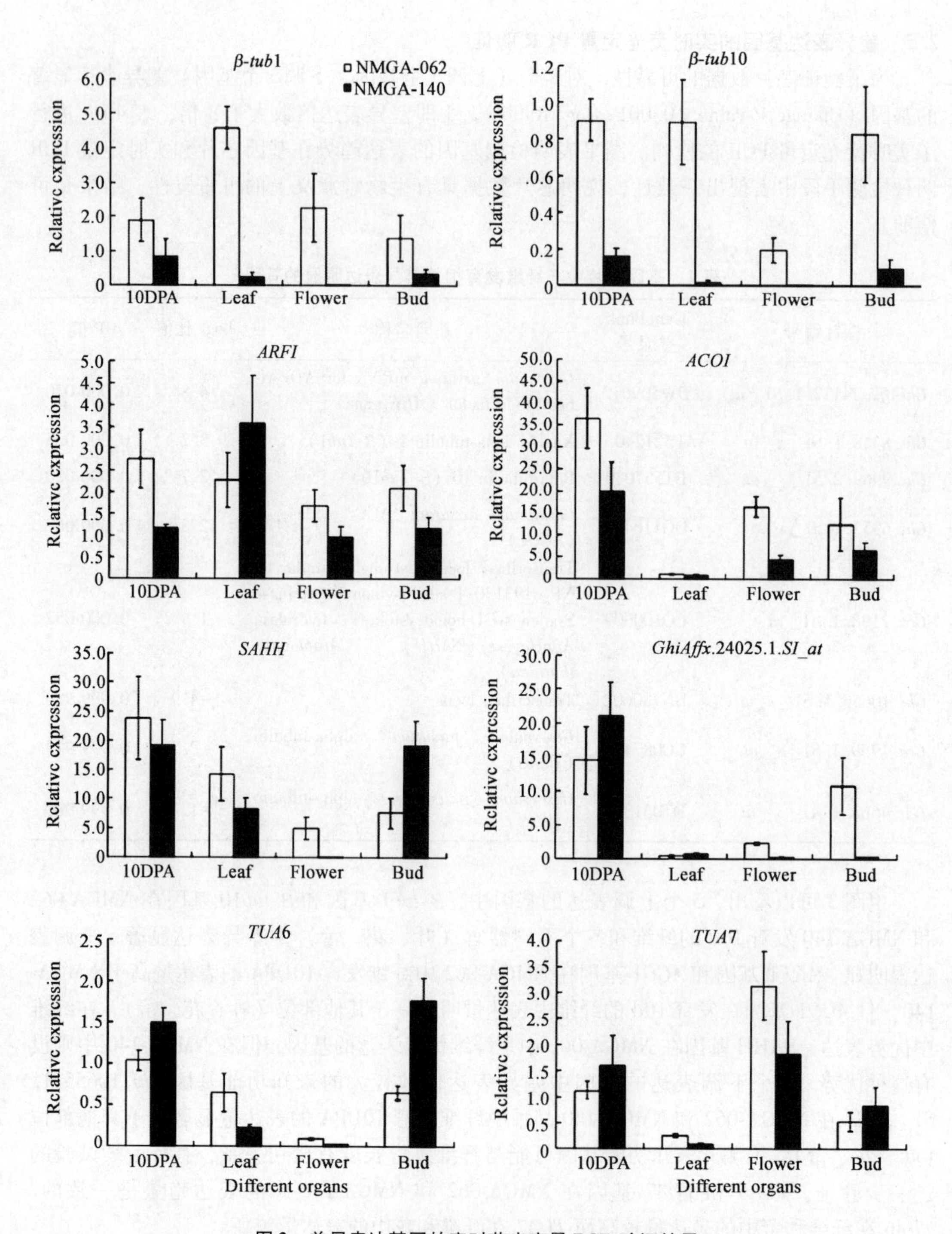

图 3　差异表达基因的实时荧光定量 PCR 验证结果

逐渐下降，直至纤维发育 25DPA 时降到最低。而且 *ARF*1 基因在纤维发育 5～10DPA 时，NMGA-062 的表达量显著高于 NMGA-140。*β-tub*1 基因在 NMGA-062 和 NMGA-140 中的表达趋势是一致的，即纤维发育 5DPA 时表达量很低，10DPA 时开始急剧上升，到 15DPA

时表达量最高，随后又快速下降，直到 25DPA。*β-tub*10 基因在 NMGA-062 和 NMGA-140 中的表达趋势有所不同，且在 NMGA-062 中纤维发育各个时期显著高调表达。β-tub10 基因在 NMGA-062 中纤维发育初期 5DPA 时有较高水平的表达，到发育 10DPA 时表达有所下降，然后逐渐上升至 15DPA 时达到最高表达，之后急剧下降至 25DPA 时达到最低表达。而在 NMGA-140 中，纤维发育 10DPA 时表达量高，其余各个时期的表达量都很低。

3　讨论

对基因芯片结果的准确性，不同的报道具有很大的差异。这些差异可能源自不同生物学实验手段本身的局限性，或者由于不同实验室所掌握的技术水平参差不齐[22-23]。本研究从筛选到的显著差异表达基因中选取 8 个基因序列设计引物进行基因实时荧光定量 PCR 表达分析，以验证基因芯片数据分析的准确性和可靠性。结果表明，8 个待检测基因在 NMGA-062 和 NMGA-140 基因芯片和实时定量 PCR 两种检测手段中表现出高度的一致性（吻合率达 100%）。基因芯片和实时荧光定量 PCR 技术都是基因表达分析的关键技术，本实验中基因芯片的分析结果得到实时荧光定量 PCR 检测技术的确认，是利用基因芯片实验筛选显著差异表达基因的前提和基础，也表明本研究及其数据的可靠性和准确性。

本研究挑选的 7 个已知基因，在生殖器官和营养器官的定量验证结果显示差异表达明显，但均非纤维中特异或优势表达的基因。一个未知功能基因 *Ghi.* 10655. 1. *S*1_ *s*_ *at* 的实时荧光定量结果表明其可能是纤维特异基因。本试验中 ACO1 在伸长时期（10DPA）高表达，Shi 等[16]报道乙烯在纤维细胞的伸长过程中起关键作用。编码 1-氨基环丙烷-1-羧酸氧化酶 1-3（*ACO*1-3）的基因是乙烯生物合成的关键基因，它在纤维伸长期大量表达。此外，乙烯释放总量与 *ACO* 基因表达量以及胚珠培养中纤维的生长速度是一致的。*SAHH* 在棉花生长和棉纤维发育中的作用还不明确[24]，Li 等[9]通过 cDNA 微阵列技术分离到一个 *SAHH* 基因，该基因在棉纤维细胞中高表达。本实验在芯片比对下调的结果中找到一个来源于拟南芥中 *SAHH* 基因，其在 NMGA-062 和 NMGA-140 中均有表达，但表达量没有明显差别。

微管（microtubule）是真核细胞中几种主要的细胞质骨架纤丝之一，它的主要结构成分是微管蛋白（tubulin）。在棉纤维细胞中，迄今已经识别出 9 种 α-tubulin 和 7 种 β-tubulin 蛋白[25]。由本试验结果可以看出，这 4 个 *tublin* 基因均不是纤维优势表达的基因。这个结果符合 *tubulin* 作为构成细胞骨架的基因家族，在棉纤维及其他不同组织部位中组成型表达，其在纤维结构形态建成中起非常重要的作用。本研究的 2 个 *α-tubulin* 基因可能与纤维发育密切有关，有待后续试验进一步验证。2 个 *β-tublin* 基因在纤维发育不同时期的实时荧光定量 PCR 结果显示其在纤维快速伸长期（5～15DPA）大量表达，且在上半部平均长度较大的材料 NMGA-062 中的表达量显著高于上半部平均长度较小的材料 NMGA-140，这 2 个 *β-tublin* 基因的表达量与纤维长度发育呈正相关，表明其在纤维发育过程中的重要作用。前人的研究结果也指出 β-tublin 基因在细胞快速伸长和初生壁合成中的重要作用[26-27]。ADP-ribosylationfactor（ARF）是 GTP 结合蛋白，属于小 G 蛋白超家族中的 ARF 亚家族成员，在高尔基体小囊泡形成以及细胞信号传导中起重要作用[28]。本文所研究的 *ARF*1 基因与任茂智等[29]从陆地棉中克隆的 *ARF* 基因的表达是一致的，研究表明该

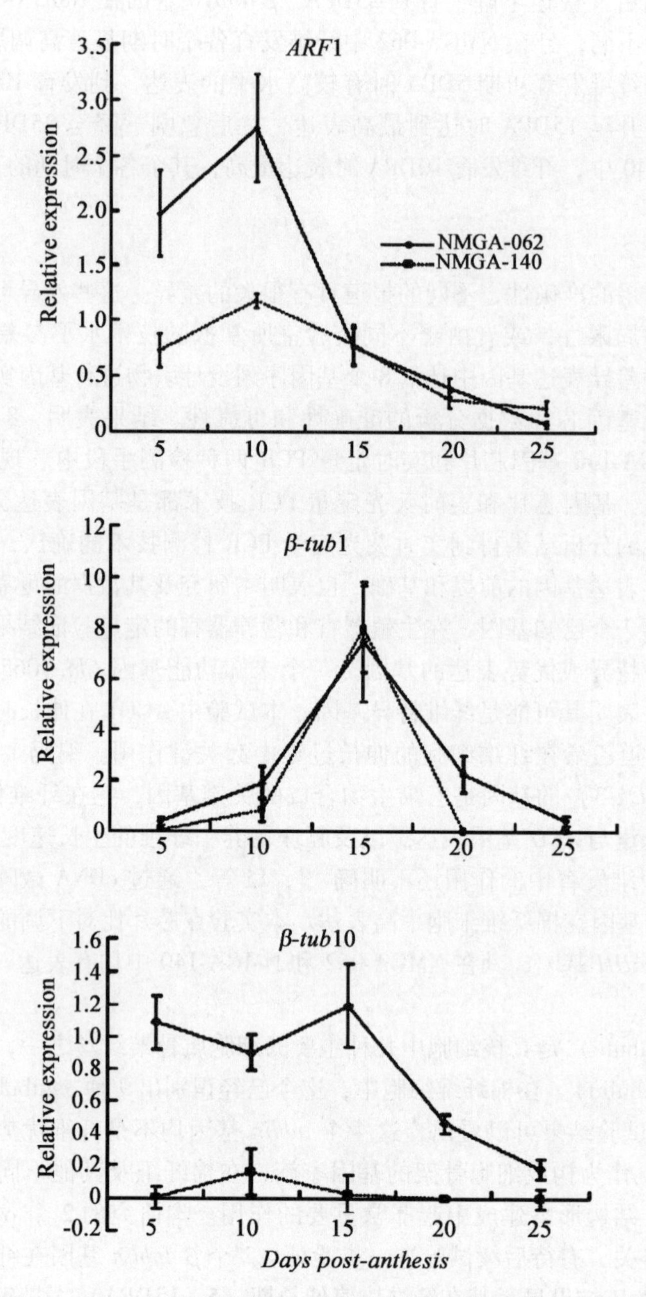

图 4　*β-tub*1、*β-tub*10 和 *ARF*1 基因的实时荧光定量 PCR 检测结果

基因不仅在纤维中表达，而且在棉花的蕾、花和铃壳中优势表达，参与对整个生殖器官分化和发育的调控。本研究还发现 *ARF*1 基因在纤维发育起始期 5DPA 和快速伸长期 10DPA 时大量表达，推测这个基因可能对纤维细胞的伸长发育有着重要的调控作用，但关于 *ARF*1 基因在棉纤维伸长发育中的具体功能有待进一步研究证明。这些差异表达的基因与纤维伸长发育有关，值得进一步的研究。

4　结论

通过实时荧光定量PCR技术验证了一些差异表达显著的基因，并发现*ARF*1、*β-tub*1、*β-tub*10在纤维伸长发育时期（10DPA和15DPA）大量表达。为以后克隆及功能验证纤维伸长相关基因提供了重要参考。

参考文献

[1] Xiang S K，Yu N，Hu Y C，*et al.* Discussion on the current situation of cotton quality in China［J］. *Acta Gossypii Sin.*，1999，11（1）：1-10.

[2] Ferguson D L，Turley R B. Comparison of protein profiles during cotton *Gossypium hirsutum L.* fiber cell development with partial sequences of two proteins［J］. *Agric. Food Chem*，1996，44：4022-4027.

[3] Schuber A M，Benedict C R. Cotton fiber development kinetics of cell elongation and secondary wall thickening［J］. *Crop Sci.*，1973：704-709.

[4] Kim H J，Triplett B A. Cotton fiber growth in planta and in vitro. Models for plant cell elongation and cell wall biogenesis［J］. *Plant Physiol*，2001，127：1361-1366.

[5] Basra A S，Malik C P. Development of the cotton fiber［J］. *Int. Rev. Cytol.*，1984，89：65-113.

[6] Shang guan X X，Wang L J，Li Y E，*et al.* Progress in studies on molecular mechanism of cotton fiber development and quality improvement［J］. *Cotton Sci.*，2008，20（1）：62-69.

[7] Luo D. Latest advances in mechanisms of cotton fiber development from China［J］. *Mol. Plant Breed*，2006，4（3）：1-3.

[8] Zhang H，Tang W K，Tan X，*et al.* Progresses in the study of gene regulation of cotton fiber development［J］. *Chin. Bull Bot.*，2007，24（2）：127-133.

[9] Li C H，Zhu Y Q，Meng Y L，*et al.* Isolation of genes preferentially expressed in cotton fibers by cDNA filter array and RT-PCR［J］. *Plant Sci.*，2002，163：1113-1120.

[10] Arpat A，Waugh M，Sullivan J P，*et al.* Functional genomics of cell elongation in developing cotton fibers［J］. *Plant Mol. Biol.*，2004，54：911-929.

[11] Zhao G R，Liu J Y. Isolation of a cotton *RGP* gene：a homolog of reversibly glycosylated polypeptide highly expressed during fiber development［J］. *Biochim Biophvs Acta*，2002，1574：370-374.

[12] Gou J Y，Wang L J，Chen S P，*et al.* Gene expression and metabolite profiles of cotton fiber during cell elongation and secondary cell wall synthesis［J］. *Cell Res.*，2007，17：422-434.

[13] Wang H Y，Yu Y，Chen Z L，*et al.* Functional characterization of *Gossypium hirsutum* profilinl gene（*GhPEN*1）in tobacco suspension cells. Characterization of in vivo functions of a cotton profiling gene［J］. *Planta*，2005，222：594-603.

[14] Li X B, Fan X P, Wang X L, *et al.* The cotton *ACTIN*1 gene is functionally expressed in fibers and participates in fiber elongation [J]. *Plant Cell*, 2005, 17: 859-875.

[15] Li X B, Cai L, Cheng N H, *et al.* Molecular characterization of the cotton *GhTUB*1 gene that is preferentially expressed in fiber [J]. *Plant Physio*1, 2002, 130: 666-674.

[16] Shi Y H, Zhu S W, Mao X Z, *et al.* Transcriptome profiling, molecular biological, and physiological studies reveal a major role for ethylene in cotton fiber cell elongation [J]. *Plant Cell*, 2006, 18: 651-664.

[17] Ouyang B, Yang T, Li H X, *et al.* Identification of early salt stress response genes in tomato root by suppression subtractive hybridization and microarray analysis [J]. *J. Exp. Bot.*, 2007, 1: 1-14.

[18] Yin H Y, Zhao Y C, Zhang Y, *et al.* Genome-wide analysis of the expression profile of *Saccharomyces cerevisiae* in response to treatment with the plant isoflavone, wighteone, as a potential antifungalagent [J]. *Biotechnol Lett*, 2006, 28: 99-105.

[19] Chaudhary B, Hovav R, Rapp R, *et al.* Global analysis of gene expression in cotton fibers from wild and domesticated *Gossypium barbadense* [J]. *Evol. Dev.*, 2008, 10: 567-582.

[20] Hovav R, Udall J A, Hovav E, *et al.* A majority of cotton genes are expressed in single-celled fiber [J]. *Planta*, 2008: 319-329.

[21] Jiang J X, Zhang T Z. Extraction of total RNA in cotton organs with CTAB-acidic phenolic method [J]. *Cotton Sci*, 2003, 15 (3): 166-167.

[22] Wang H S, Hou X-S. Research progress of gene chip technology [J]. *J. Anhui Agric Sci.*, 2007, 35 (8): 2241-2243.

[23] Udall J A, Flagel L E, Cheung F, *et al.* Spotted cotton oligonucleotide microarrays for gene expression analysis [J]. *BMC Genomics*, 2007, 8: 1471-2164.

[24] She Y B, Zhu Y C, Zhang T Z, *et al.* Cloning, expression, and mapping of S-adenosyl-L-homocysteine hydrolase (*GhSAHH*) cDNA in cotton [J]. *Acta Agron Sin.*, 2008, 34 (6): 958-964.

[25] Dixon D C, Seagull R W, Triplett B A. Changes in the accumulation of α-and β-tubulin isotypes during cotton fiber development [J]. *Plant Physiol*, 1994: 1347-1353.

[26] Li Y L, Sun J, Li C H, *et al.* Preferential expression of a beta-tubulin gene in developing cotton fibers [J]. *Cotton Sci.*, 2002, 14 (suppl): 43.

[27] Ji S J, Lu Y C, Li J, *et al.* A-beta-tubulin-like cDNA expressed specifically in elongating cotton fibers induces longitudinal growth of fission yeast [J]. *Biochem Biophys Res. Commun*, 2002, 296: 1245-1250.

[28] Yang Z B. Small GTPases: versatile signaling switches in plants [J]. *Plant Cell*, 2002, 14 (suppl.): 375-388.

[29] Ren M Z, Chen Q J, Zhang R, *et al.* The structural characteristics, alternative splicing and genetic expression analysis of ADP-ribosylation 1 factor1 (*ARF*1) in cotton [J]. *Acta Genet Sin.*, 2004, 31 (8): 850-857.

棉花一个新 F-box 基因的克隆与表达分析

卫江辉[1]，范术丽[2]，宋美珍[2]，庞朝友[2]，喻树迅[1,2*]
（1. 西北农林科技大学，杨凌　712100；2. 中国农业科学院棉花研究所/
农业部棉花遗传改良重点实验室，安阳　455000）

摘要：以中棉所 36 均一化 cDNA 文库为基础，利用 e-PCR 和 RT-PCR 技术，从陆地棉中棉所 36 中克隆出来一个新的 F-box 基因，命名为 *GhFBO*（GenBank：JF498592）。该基因的开放阅读框全长为 1 275个核苷酸，编码 424 个氨基酸，在 N 端含有一个 F-box 保守结构域，在 C 端含有两个 TUBBY-like 保守结构域。进化分析发现，GhFBO 蛋白与苹果的 TLP2 蛋白相似性最高。生物信息学分析表明：该蛋白分子量为 47. 6kD，等电点为 9. 48；有信号肽序列，并且该蛋白可能位于细胞核与叶绿体中。QRT-PCR 结果表明：该基因在根、茎、叶、花、纤维、胚珠、主茎生长点中均有表达，但是其在花和茎叶中优势表达，暗示其可能在植物花发育过程以及形态建成方面有重要作用。

关键词：棉花；均一化文库；F-box

F-box 蛋白是真核生物体中一类具有 F-box 基序（motif）的重要调控蛋白，在生物体多个调控过程中发挥着重要的作用[1]，其中以泛素介导的蛋白降解过程研究最为清楚。它主要是通过 SCF 复合体完成，SCF（Skp1-Cullin-F-box protein）复合体中的 Skp1 或 Skp1 类似物可以与 F-box 结构域特异性结合，从而识别特定位点发生磷酸化作用的底物，引起相应蛋白的降解[2-4]。

随着大量生物基因组测序的完成，人们发现大量 F-box 基因，但并非所有的 F-box 蛋白在其 C 端都具有相同的保守域。随后人们根据 C 端保守域的不同，将 F-box 分为如下 3 类：第一类为 FBXL（C 端含有 Leu 重复序列）；第二类为 FBXW（C 端含有 WD 重复单元）；第三类为 FBXO（C 端含有其他二级结构或者没有明显的二级结构）[4]，GhFBO 属于第三类。研究发现 F-box 蛋白参与了生物体许多生理功能的调控（细胞循环、信号转导、抗原呈递、自交不亲和、开花调控等）[5-13]。目前虽然发现了许多 F-box 家族的基因，但是对于他们具体的生物功能还不甚了解[14]。本文希望通过对 *GhFBO* 基因的研究，能够在一定程度揭示其生物功能。

原载于：《棉花学报》，2011，23（3）：212-218

1 材料和方法

1.1 材料、试剂

本试验所用材料为短季棉品种中棉所 36（CCRI36），于 2009 年种植于中国农业科学院棉花研究所东场试验地，分时期分别取不同发育阶段的棉花组织（根、茎、叶、花、纤维、胚珠、主茎生长点等），在液氮中速冻，-70℃下保存备用。

试验中所用菌株 DH5α 购自天根生化科技（北京）有限公司，克隆载体 pGEM T-easy 购自普洛麦格（北京）生物技术有限公司，分析纯试剂购自上海生工生物工程有限公司。

1.2 方法

1.2.1 总 RNA 提取和 cDNA 制备

采用 CTAB 法提取总 RNA[15]，并在 BACKMAN DU800 紫外分光光度计上进行浓度和质量检测，然后 -70℃保存备用。按照 TaKaRa 第一链合成试剂盒，采用 oligo（dT）引物进行。

1.2.2 *GhFBO* 基因克隆

根据生物信息学分析，在本实验室已构建的花发育均一化 cDNA 文库中挑选出一条可能与花发育相关的 Expressed sequence tags（EST），通过序列拼接，经 Blastx 比对和 ORF 搜索，推测获得了该基因的整个 Opening reading frame（ORF），最后依据此序列设计基因全长特异性引物，并将其在混合 cDNA 中进行 PCR 扩增，引物序列 UFBOX1，DFBOX1；UFBOX2，DFBOX2（表）。回收目标带，连接 pGEM T-easy 载体，将阳性克隆送与上海英骏生物技术有限公司进行测序验证。

表　试验中所用的引物

引物名称	引物序列
UFBOXIN	CACGGGGGACTCTAGATTTTGGGGTTCTTTGTTAGT
DFBOXIN	ATCGGGGAAATTCGAGCTCATGCAACACCCCATCCTATCA
UFBOX1	TTTTGGGGTTCTTTGTTAGT
DFBOX1	GCAACGAGGACGAAAAAATGG
UFBOX2	AGCCTCCATTTTAGCGAAACA
DFBOX2	ATGCAACACCCCATCCTATCA
UFBOX	ACCCGTAGAACTACTTGCACA
DFBOX	GCCAGGTGGTGAAAGCTGAG
UACTIN	AACCAAACATCTCACGACAC
DACTIN	GCAAGACCGAAACTCAAAG

1.2.3 QRT-PCR 分析

利用 TaKaRa 公司的荧光定量试剂盒在 ABI 7500 Real-time PCR system 荧光定量仪上采用 SYBR green Ⅰ荧光染料法进行 QRT-PCR 分析，采用相对定量 ΔΔCt 法分析，ACTIN 为内参照。采用的基因引物序列 UFBOX，DFBOX；UACTIN，DACTIN（表）。

1.2.4　进化树以及蛋白序列分析

将所得到的基因 ORF 用 Primer Primer5 翻译成蛋白序列，与 NCBI 上公布的其他物种的 GhFBO 相关蛋白序列做同源比对，选取 *E* 值小于 -120 的蛋白序列，去除功能未知序列，但包含部分推测序列，用 MEGA 4.0 软件进行同源性分析，构建系统进化树。同时对 GhFBO 蛋白进行理化性质和二级结构预测，包括 SingleIP、ProtCompPL 等。

1.2.5　超表达载体的构建

应用 Clontech 公司的 Infusion 在线引物设计软件，设计 Infusion 引物 UFBOXIN，DF-BOXIN（表 1）。用 TaKaRa 公司 PCR 片段回收试剂盒回收 PCR 产物。限制性内切酶 *Xba* I 和 *Sac* I 双酶切植物表达载体 pBI121，回收目标片段，按照 Clontech 公司的 Infusion 快速连接试剂盒，构建植物超表达载体，转化 DH5α 之后筛选阳性克隆并测序验证，转化农杆菌 LBA4404，用于转基因研究。

2　结果与分析

2.1　RNA 提取以及 cDNA 第一链合成

从中棉所 36 不同组织提取的 RNA，经过 1.0% 的琼脂糖凝胶电泳检测结果表明：28S 与 18S 条带清晰，并且没有 DNA 污染；经过 Backman DU800 分光光度计检测，其 OD_{260}/OD_{280} 在 1.9 ~2.1，说明 RNA 提取质量较好（图 1）。

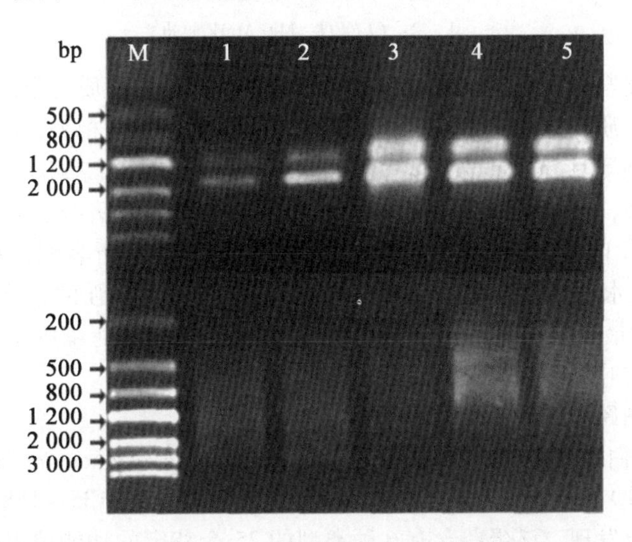

图 1　中棉所 36 不同组织 RNA 和反转录检测

1：根；2：茎；3：叶；4：花；5：纤维；M：Marker Ⅲ

将 RNA 稀释成 1g/L，然后按照 TaKaRa 反转录试剂盒步骤进行反转录，结果表明，反转录效果良好（图 1 下），可以用于下一步试验。

2.2　*GhFBO* 基因的克隆以及生物信息学分析

通过序列拼接获得了一条长度为 1 881bp 的 EST 序列，通过 NCBI 在线 ORF Finder 结合 Blastx 比对，推测该基因可能的 ORF，根据所预测的 ORF 序列设计基因特异性引物在混合 cDNA 上进行 PCR 扩增，扩增结果如图 2 所示，将获得的目标片段回收连接 pGEM T-easy 载体，筛选阳性克隆后送上海英骏生物技术有限公司测序。序列比对发现所测序列与拼接获得的序列完全一致，证明已经获得了该基因的完整的 ORF。该基因 5′非编码区 312bp，开放阅读框 1 275bp，3′非编码区 294bp，在 1 301bp 处有终止加 A 信号 AATACA。

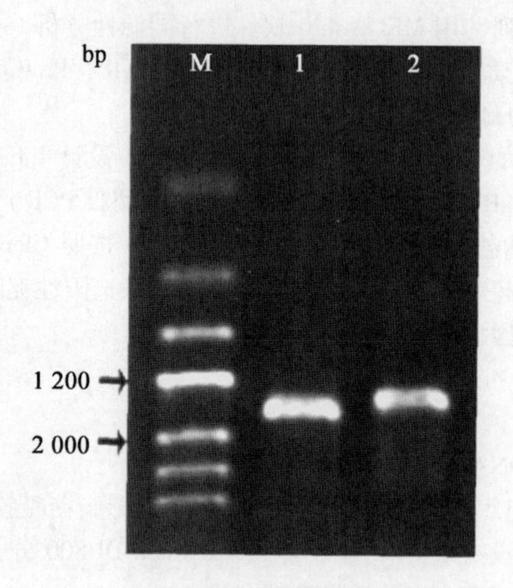

图 2　*GhFBO* 基因 PCR

1，2：*GhFBO*；M：Marker Ⅲ

蛋白质的功能与其理化性质和功能区域密切相关，不同性质的蛋白通常具有不同的生理功能，同时蛋白质功能的正常发挥还与蛋白质正确折叠密切相关，因此，对该蛋白进行理化分析和结构预测具有很重要的现实意义。生物信息学分析表明：棉花 *GhFBO* 基因共编码 424 个氨基酸，理论蛋白质的分子量 47.6kD，等电点为 9.48；具有信号肽序列，并且其剪切位点在第 18 个和第 19 个氨基酸之间；亲疏水性分析表明：在 75 ~ 90 和 130 ~ 150 有两个强的疏水区，疏水值介于 2 ~ 3；在多个区域具有强的亲水区，尤其以 310 ~ 325 区域的亲水性最强，亲水值介于 −4 ~ −3（图 3）；同时亚细胞定位分析表明该蛋白可能位于细胞核与叶绿体中。

2.3　GhFBO 蛋白跨膜结构预测

对 GhFBO 蛋白跨膜结构分析发现（http://www.ch.embnet.org/software/TMPRED_form.html），GhFBO 蛋白含有两个典型的跨膜区域，分别位于 135 ~ 158 和 255 ~ 273 区域。特定功能位点分析发现，该蛋白含有 6 种类型的 25 个特定的功能位点，分别为 2 个酰胺化位点（Amidation site），5 个 N 糖基化位点（N-glycosylation site），4 个环腺苷酸磷酸化位点（cAMP-and cGMP-dependent protein kinase phosphorylation site），3 个酪氨酸蛋白激酶 Ⅱ 磷酸化位点（Casein kinase Ⅱ phosphorylation site），3 个 N 肉豆蔻酰化位点（N-myristoylation site）和 12 个蛋白激酶 C 磷酸化位点（Protein kinase C phosphorylation site），GhFBO 编码一个磷酸二酯水解酶，而且对 GhFBO 功能位点分析发现，该蛋白含有多个蛋白磷酸化位点，推测该蛋白可能与蛋白的磷酸化修饰有关。

2.4　GhFBO 蛋白的系统进化分析

系统进化树表明，GhFBO 蛋白与苹果 TLP2 蛋白的关系最近，同源性最高（图 4）。

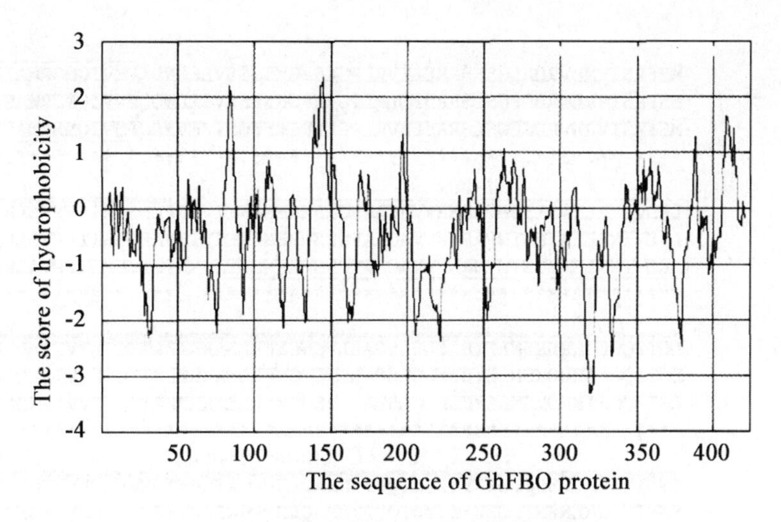

图3　GhFBO 蛋白亲、疏水特性分析

保守域分析发现，GhFBO 蛋白在 C 端含有一个 F-box 结构域，在 N 端含有两个 Tubby-like 结构域（图5、图6）。

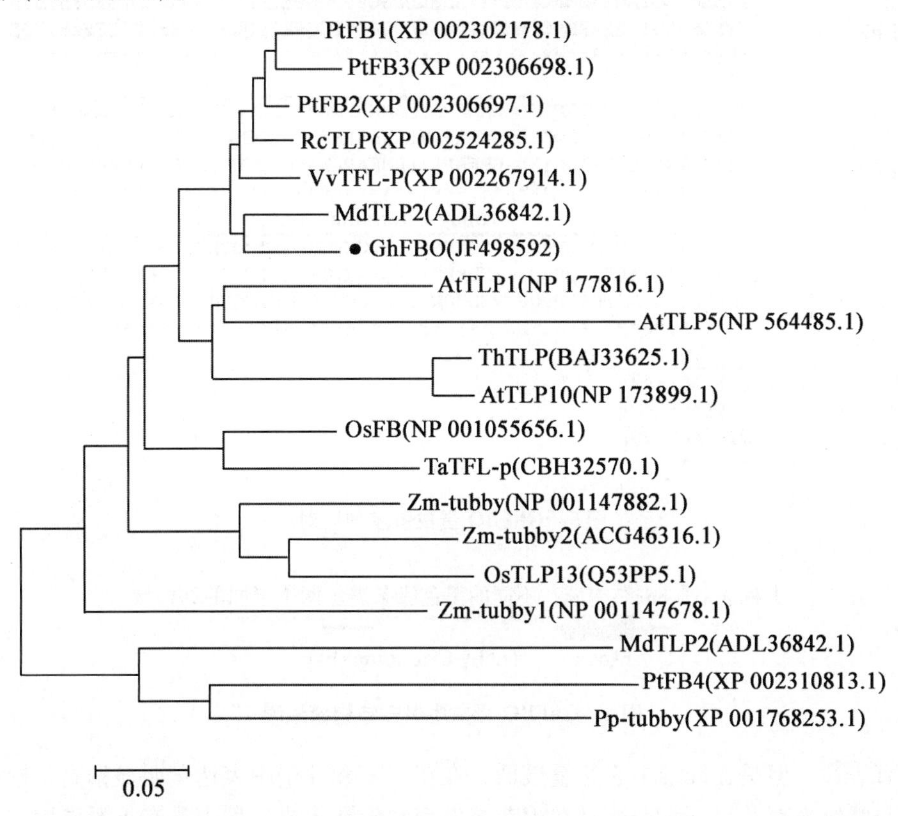

图4　GhFBO 进化树分析

2.5　QRT-PCR 分析结果

QRT-PCR 结果表明，*GhFBO* 基因在棉花的根、茎、叶、花、纤维、胚珠和主茎生长

```
                                                                    F-box
GhFBO    MSFRSIVNDVRDALGSLSRRSLEVRLPGHHKGKSNGSVLELNDEPMVIQNSRWASLPPEL 60
RcTLP    MSFRSIVRDMRDGFGSLSRRSFDLRLPGHHRGKSHSSVCELNDQPVVIQNSRWAGLPPEL 60
MdTLP2   MSFRSIVRDVRDGFGSLSRRSFEVRLPGHHRGKSHGSVHEVHDQPSVIQNSRWASLPPEL 60
         *******.*:**.:*******:::******:***:.** *::*:* ********.*****

GhFBO    LRDVIKRLEASESNWPARKHVVACAAVCRSWREMCKEIVRCPEFSGKITFPVSLKQPGSR 120
RcTLP    LRDVIKRLEASESTWPARKHVVACAAVCRSWREMCKEIVTSPEFSGKITFPVSLKQPGPR 120
MdTLP2   LRDVIKRLEASESTWPSRKHVVACAAVCRSWREMCKEIVRSPEFCGKITFPVALKQPGSR 120
         *************.**:********************** .***.*******:*****.*

GhFBO    DGTIQCFIKRDKSNLTYHLFLCLSPALLVENGKFLLSAKRTRRTTCTEYVISMDADNISR 180
RcTLP    DGTIQCFIKRDKSNLTYHLFLCLSPALLVENGKFLLSAKRTRRTTCTEYVISMDADNISR 180
MdTLP2   DGTIQCFIKRDKSNLTYHLFLCLSPALLVENGKFLLSAKRTRRTTCTEYVISMDADNISR 180
         ************************************************************
                              Tubby C-terminal domain
GhFBO    SSSTYIGKLRSNFLGTKFIIYDTQPPYNNAQLSPPGRSRRFYSKKVSPKVPTGSYNIAQV 240
RcTLP    SSNTYIGKLRSNFLGTKFIIYDTQPPYNNAQLSPPGRSRRFYSKKVSPKVPTGSYNIAQV 240
MdTLP2   SSNKYIGKLRSNFLGTKFIIYDTQPPYNSAQLSPPGRSRRFYSKKVSPKLPTGSYNIAQV 240
         **..************************.********************:**********

GhFBO    SYELNVLGTRGPRRMHCSMYSIPASAVEPGGIVPGQPELIPRSLEDSFRSISFSKSIDNS 300
RcTLP    TYELNVLGTRGPRRMHCTMHSIPASSLDPGGFVPGQPELLPRSLEDSFRSISFSKSIDNS 300
MdTLP2   SYELNVLGTRGPRRMHCTMHSIPAASLEPGGIVPGQPEILQRSLEDSFRSISFSKSIVDS 300
         :****************:*:****::::***:******:: **************** :*

GhFBO    SEFSSARFSDIVGTRDEEDEGKDRPLILRNKAPRWHEQLQCWCLNFRGRVTVASVKNFQL 360
RcTLP    TEFSSARFSDIVGPRDEEDEGKERPLVLRNKAPRWHEQLQCWCLNFRGRVTVASVKNFQL 360
MdTLP2   SEFSSARFSDIVGAHCEED-GRERPLILRNKAPRWHEQLQCWCLNFRGRVTVASVKNFQL 359
         :************.: *** *::***:*********************************
                              Tubby C-terminal domain
GhFBO    IAANQPAAGAPTPSQPAQ---SDHDRIILQFGKVGKDMFTMDYRYPLSAFQAFAICPSSF 417
RcTLP    IAATQPAAGAPTPSQPAQ---SDHDKIILQFGKVGKDMFTMDYRYPLSAFQAFAICLSSF 417
MdTLP2   IAAAPPSAGAPTPSQPPQPTWSDHDKVILQFGKVGKDMFTMDYRYPLSAFQAFAICLSSF 419
         ***  *:*********.*   ****::***************************** ***

GhFBO    DTKLACE 424
RcTLP    DTKLACE 424
MdTLP2   DTKLACE 426
         *******
```

图 5　GhFBO 蛋白多序列比对

方框表示F-box结构域，不同的黑色线条表示两个不同的结构域

图 6　GhFBO 蛋白质保守结构域预测

点中均有表达，但是在纤维中表达量最低，在花、茎和叶子中表达量明显偏高，推测该基因可能与纤维发育关系不大，而是在棉花花发育和形态建成过程中具有重要作用，有必要对其功能进一步分析（图 7）。

2.6　超表达载体的构建

为了进一步研究该基因的功能，挑选含有 *GhFBO* 基因重组质粒的阳性菌落于含卡那

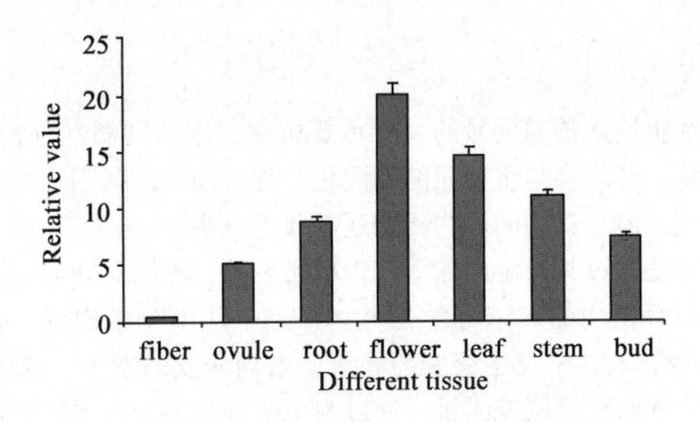

图7 *GhFBO* 基因 qRT-PCR 分析

霉素抗性的液体 LB 培养基中培养，经菌液 PCR 鉴定后（图 8），挑选阳性克隆送上海英骏生物技术有限公司测序，其中 2、4、6 均与预期结果相同，其他为引物二聚体或非特异性片段，证明成功构建了植物过量表达载体 pBI121-*GhFBO*（图 9），将其命名为 pBI*GhFBO*，用热击法遗传转化至农杆菌 LBA4404 中，用于基因功能的进一步验证。

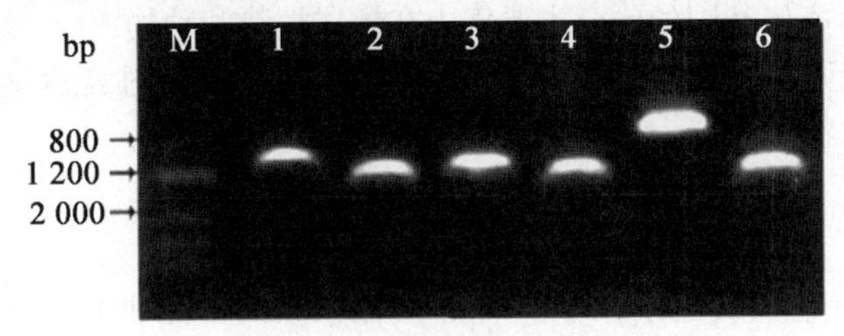

图8 *GhFBO* 菌液 PCR 检测

M：Marker III；1-6：单克隆

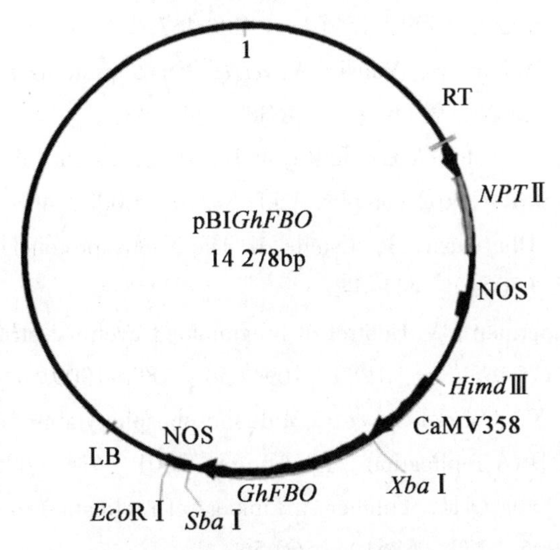

图9 *GhFBO* 超表达载体图谱

3 讨论

磷酸化作用是细胞快速传递信号的一种重要机制，序列同源性分析表明 *GhFBO* 编码一个磷酸二酯水解酶，可能参与蛋白质的磷酸化过程，预示该基因在细胞信号传导过程中具有比较重要的作用，但是具体的生物功能还需要进一步验证。

蛋白的功能往往是通过其特定的保守结构域实现的，不同保守域在蛋白互作过程中具有不同的功能。GhFBO 蛋白的 C 末端含有两个明显的 TUBBY 结构域，前人研究表明含有 TUBBY 保守域的基因在人体中发生突变会导致一系列病变的发生。晶体衍射发现，该基因是动物体内特异的双向转录调控因子。通过与拟南芥相关蛋白之间相似性比较发现，该蛋白与拟南芥的 At-TLP1 转录因子相似性最高。拟南芥中酵母双杂交试验表明，开花调控因子 ASK1 蛋白可以通过 F-box 保守域和 Tubby 保守域与 AtTLP1 相互作用，共同调控拟南芥的开花，但是如果两个保守域任何一个发生变化，将会使 AtTLP1 蛋白丧失与 ASK1 蛋白结合的能力，影响拟南芥开花。GhFBO 是否可以和棉花中的 ASK1 蛋白相互作用共同来调控棉花花芽的分化还需要进一步验证。

目前关于 F-box 家族基因的研究主要集中在模式植物和动物[16]，虽然 F-box 结构域具有一定的保守性，但是也存在种属的特异性，因此构建了植物过表达载体用于该基因功能的深入分析。

参考文献

［1］吴静，彭小忠，袁建刚，等 . F-box 蛋白家族的功能研究进展［J］. 生物化学与生物物理进展，2002，29（4）：503-506.

［2］DESHAIES R. SCF and Cullin/Ring H2-based ubiquitin ligases［J］. *Annual Review of Cell and Developmental Biology*，1999，15（1）：435-467.

［3］LECHNER E，Achard P，Vansiri A，*et al.* F-box proteins everywhere［J］. *Current Opinion in Plant Biology*，2006，9（6）：631-638.

［4］Schulman B A，Carrano A C，Jeffrey P D，*et al.* Insights into SCF ubiquitin ligases from the structure of the Skp1-CSkp2 complex［J］. *Nature*，2000，408（6810）：381-386.

［5］Dharmasiri N，Dharmasiri S，Estelle M. The F-box proteinTIR1 is an auxinreceptor［J］. *Nature*，2005，435（7041）：441-445.

［6］Luca F C，Ruderman J V. Control of programmed cyclin destruction in a cell-free system［J］. *The Journal of Cell Biology*，1989，109（5）：1895-1909.

［7］Nash P，Tang X，Orlicky S，*et al.* Multisite phosphorylation of a CDK inhibitor sets a threshold for the onset of DNA replication［J］. *Nature*，2001，414（6863）：514-521.

［8］Schneider B，Yang Q H，Futcher A. Linkage of replication to start by the Cdk inhibitor Sic1［J］. *Science*，1996，272（5261）：560-562.

［9］Siepka S M，Yoo S H，Park J，*et al.* Circadian mutant Overtime reveals F-box protein FBXL3 regulation of cryptochrome and period gene expression［J］. *Cell*，2007，129（5）：1011-1023.

［10］ Souer E，Rebocho A B，Bliek M，*et al.* Patterning of inflorescences and flowers by the F-box protein DOUBLE TOP and the LEAFY homolog ABERRANT LEAF AND FLOWER of petunia ［J］. *The Plant Cell Online*，2008，20（8）：2033-2048.

［11］ Takayama S，Isogai A. Self-incompatibility in plants ［J］. *Annu. Rev. Plant Biol.*，2005，56（1）：467-489.

［12］ Wang H Y，Xue Y B. Subcellular Localization of the S Locus F-box Protein AhSLF-S2 in Pollen and Pollen Tubes of Self-Incompatible Antirrhinum ［J］. *Journal of Integrative Plant Biology*，2005，47（1）：76-83.

［13］ 成建红，李天忠，韩振海，等. 花粉特异 F-box 基因及其表达产物可能参与的 SCF 途径 ［J］. 植物生理学通讯，2005，41（1）：90-94.

［14］ Earnshaw W C，Rothfield N. Identification of a family of human centromere proteins using autoimmune sera from patients with scleroderma ［J］. *Chromosoma*，1985，91（3）：313-321.

［15］ 胡根海，喻树迅. 利用改良的 CTAB 法提取棉花叶片总 RNA ［J］. 棉花学报，2007，19（1）：69-70.

［16］ Kipreos E T，Pagano M. The F-box protein family ［J］. *Genome Biology*，2000，1（5）：1-7.

棉属 *GhPEPC*1 同源基因的克隆与进化分析

彭苗苗[1,2]，喻树迅[1,*]，田绍仁[2]，于霁雯[1]
（1. 中国农业科学院棉花研究所，安阳　455000；2. 江西省棉花研究所，九江　332105）

摘要：根据 GenBank 中的 *GhPEPC*1（登录号：AF008939）的开放阅读框设计引物，运用 PCR 技术分别得到棉属 16 个种的 *PEPC* 同源基因全长序列。序列比对结果表明，核苷酸和氨基酸的序列差异除长萼棉外分别是 0.3% ~ 9.8% 和 0.2% ~18.8%。利用核苷酸序列构建的 NJ 和 ME 系统进化树对它们的亲缘进化关系进行了分析，其中陆地棉和海岛棉、草棉和亚洲棉、瑟伯氏棉与雷蒙德氏棉等分别聚为一类，结果与前人按染色体组型对棉花的分类结果基本一致，并且从本结果可推测出四倍体棉种可能由草棉和瑟伯氏棉的染色体组复合而成。

关键词：棉属植物；*PEPC*；克隆；进化分析

磷酸烯醇式丙酮酸羧化酶（Phosphoenolpyruvate carboxylase，PEPC）是参与植物光合作用和脂肪酸代谢的一个关键酶[1-2]。拟南芥、水稻、玉米、油菜、大豆等植物的 *PEPC* 基因相继克隆成功，并且其序列信息和结构也得到了详尽的解析[3-4]。*PEPC* 由多基因家族编码组成，家族成员之间的一级结构基本相似，基因保守性较好，但是在序列上还是存在一定的差异（表 1）。因此本研究期望利用 *PEPC* 基因在棉属各个物种中的序列差异，从分子水平上阐明棉属种间的亲缘进化关系。棉花中已得到两条 *PEPC* 基因全长序列。Vojdani 等[5]从陆地棉中克隆出棉花中的第一个 *PEPC* 基因，命名为 *GhPEPC*1。Qiao 等[6]从陆地棉中克隆出 *GhPEPC*2，对其分析表明，是一类 C3 型 *PEPC*，与其他物种 *PEPC* 具有很高的相似性。Cronn 等[7]根据 DNA 序列比较分析等方法对四倍体棉种的起源进行了探讨研究，证实了四倍体棉种是异源多倍体起源的理论。本研究根据 *GhPEPC*1 开放阅读框设计引物，运用 PCR 技术从基因组中扩增出 16 条 *PEPC* 基因全长序列，并对其进行生物信息学分析。验证 *PEPC* 基因在棉花中的结构和功能，为物种间的亲缘进化关系提出证据。

原载于：《江西农业学报》，2011，23（11）：43-47

表1　棉花 *PEPC* 基因与其他植物 *PEPC* 基因相似性比较

	Arabidopsis (AF071788)	*Zea mays* (NM001111948)	*Glycine* (AY374445)	*Oryza* (AY187619)	*Brassica* (DQ328614)	*Ricinus* (EF634317)
Gossypium（AF008939）	95.5%	92.3%	96.2%	94.8%	94.9%	97.2%

1　材料与方法

1.1　材料

本研究所用的不同棉属材料由中国农业科学院棉花研究所野生棉研究课题组提供(表2)，取5d左右的幼嫩叶片为实验材料；LATaq 购自 TaKaRa 公司；PCR 回收试剂盒、大肠杆菌 DH5α 购自天根生物技术有限公司；topo 载体克隆试剂盒购自 Promega 公司。

表2　不同棉属材料

亚　属	种	染色体组	基因名称	编　号
SturtiaTodaro	斯特提棉（*G. sturtianum* J. H. Willis）	C	*G. sturtianum PEC*1	P13
	鲁滨逊氏棉（*G. robinsonii* F. von Mueller）	C	*G. robinsonii PEPC*1	P8
	纳尔逊氏棉（*G. nelsonii* Fryxell）	G	*G. nelsonii PEPC*1	P1
	比克氏棉（*G. bickii* Prokhanov）	G	*G. bickii PEPC*1	P12
Houzingenia Fryxell	瑟伯氏棉（*G. thurberi* Todaro）	D	*G. thurberi PEPC*1	P7
	戴维逊氏棉（*G. davidsonii* Kellogg）	D	*G. davidsonii PEPC*1	P5
	旱地棉（*G. aridum* Skovsted）	D	*G. aridum PEPC*1	P10
	雷蒙德氏棉（*G. raimondii* Ulbrich）	D	*G. raimondii PEPC*1	P9
	拟似棉（*G. gossypioides* Standley）	D	*G. gossypioides PEPC*1	P6
	三裂棉（*G. trilobum* Skovsted）	D	*G. trilobum PEPC*1	P11
Gossypium L.	草棉（*G. herbaceum* L.）	A	*G. herbaceum PEPC*1	P14
	亚洲棉（*G. arboreum* L.）	A	*G. arboretum PEPC*1	P15
	索马里棉（*G. somalense* J. B. Hutchinson）	E	*G. somalense PEPC*1	P4
	长萼棉（*G. longicalyx* J. B. Hutchinson）	F	*G. longicalyx PEPC*1	P3
	绿顶棉（*G. capitis* Mauer）	B	*G. capitis PEPC*1	P2
Karpas Razenesque	陆地棉（*G. hirsutum* L.）	(AD) 1	*G. hirsutum PEPC*1	P17
	海岛棉（*G. barbadense* L.）	(AD) 2	*G. barbadense PEPC*1	P18

1.2　方法

1.2.1　DNA 提取

采用 CTAB 法提取棉花基因组 DNA[8-10]。1% 琼脂糖凝胶电泳检测 DNA 浓度，测定 DNA 在 260nm 和 280nm 下的吸光值以确定其纯度，并于 -20℃ 保存备用[11]。

1.2.2　引物设计和 PCR 扩增

根据 *GhPEPC*1 基因 cDNA 开放阅读框，在起始密码子和终止密码子的外侧分别设计引物，扩增棉属植物 *GhPEPC*1 的同源基因。上游引物 P1：5′-AAGTTTTGGCTTTGGTAGTCAAGTA-3′，下游引物 P2：5′-AGCCAAATATGAAATTAACCCAACC-3′。PCR 反应体系为：

PCR 总体积50μL，包括 DNA 模板 5ng，1×PCR buffer，0.2mmol/L dNTP Mixture，上下游引物各 0.25mmol/L，Taq DNA 聚合酶 0.5U。PCR 反应条件为：94℃变性 4min，30 个扩增循环（94℃ 60s；58℃ 60s；72℃ 60s）后，72℃延伸 10min。

1.2.3 PCR 产物的克隆、测序和序列比较

利用凝胶回收试剂盒将 PCR 产物回收纯化后，分别克隆到 topo 克隆载体上，转入 DH5α 大肠杆菌中，蓝白斑筛选出阳性克隆，PCR 鉴定后将菌液送上海英骏生物工程有限公司测序。片段经过双向测序然后拼接，并根据目的基因进行人工校正与酶切位点分析，去除载体序列，获得同源基因序列。利用 DNAMAN 软件比较分析同源基因在核苷酸和氨基酸水平的相似性。

1.2.4 PEPC 蛋白生物信息学分析

利用 Spidy 软件分析基因结构，并推导出氨基酸序列。用 Protparam 进行 PEPC 编码蛋白的理化性质预测，包括等电点、亲水性等；用 Pfam22.0 分析 PEPC 氨基酸序列的功能域；SOPMA 和 Predict protein 预测其二级结构和疏水性；Psort 进行亚细胞定位；Protfun 分析蛋白质功能。

1.2.5 系统树的构建

根据分离的 *PEPC* 基因的核苷酸序列，采用 DNASTAR 软件中的 MegAlign 进行多序列对齐比较，用 GenDOC 软件检测输出同源比对结果。对 MegAlign 的结果用 MEGA4.1 软件构建 NJ（Nighbouring-joining，NJ 法）和 ME（Minimum-Evolution）[12-13]系统进化树，采用 BootStrap 1000 检验分子系统树各处的置信度。

2 结果与分析

2.1 *PEPC* 同源基因的扩增

利用设计的引物，最终成功从 17 个材料中得到 16 个材料的大小约为 5 500bp 的条带（图1）。

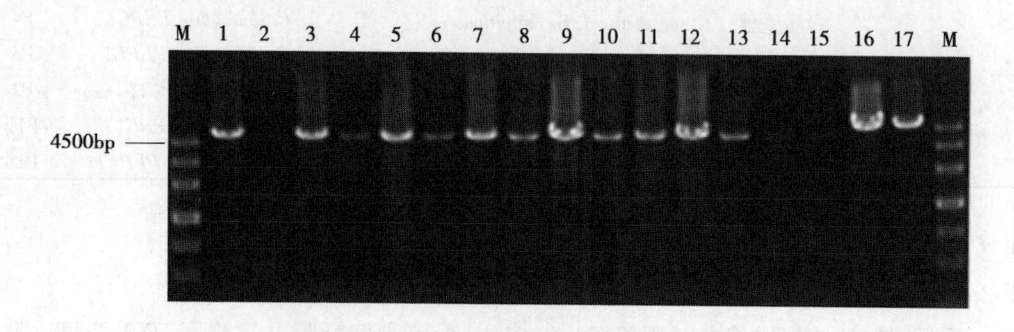

图1 *PEPC* 同源基因的扩增结果

M：MarkerⅢ；1~17：纳尔逊氏棉、绿顶棉、长萼棉、索马里氏棉、拟似棉、戴维逊氏棉、瑟伯氏棉、鲁滨逊氏棉、雷蒙德氏棉、旱地棉、三裂棉、比克氏棉、斯特提棉、草棉、亚洲棉、陆地棉、海岛棉的 PCR 扩增结果

2.2　*PEPC* 基因同源序列比对分析

测序结果表明，*PEPC* 基因的 DNA 序列长度为 5 388 ~ 5 662bp。用 Spidy 软件分析其基因结构（图2），并推导出完整的氨基酸序列，分别编码 675 ~ 848 个氨基酸。对所得到的核苷酸和氨基酸序列进行同源序列比对发现（图略）：在棉花中 *PEPC* 基因同源基因保守性强，在核苷酸水平上相似性为 90.2% ~ 99.7%，氨基酸序列相似性为 69.4% ~ 99.8%（表3）。有些物种对应的核苷酸和氨基酸序列表现出很高的相似性，如 *G. nelsonii PEPC*1 和 *G. barbadense PEPC*1（98.4%、98.3%），*G. sturtianum PEPC*1 和 *G. hirsutum PEPC*1（97.0%、99.7%），*G. raimondii PEPC*1 和 *G. davidsonii PEPC*1（99.7%、97.8%），*G. gossypioides PEPC*1 和 *G. aridum PEPC*1（95.4%、99.8%），说明它们在进化过程中，碱基替代少，核苷酸和氨基酸变化不大，因此可能在不同的物种中仍执行着相近的功能。但 *G. longicalyx PEPC*1 和其他基因在氨基酸水平上差异较大，说明该基因可能在环境压力下向着不同的方向变异，从而造成氨基酸水平变化较大，在进化后该基因的功能发生改变。

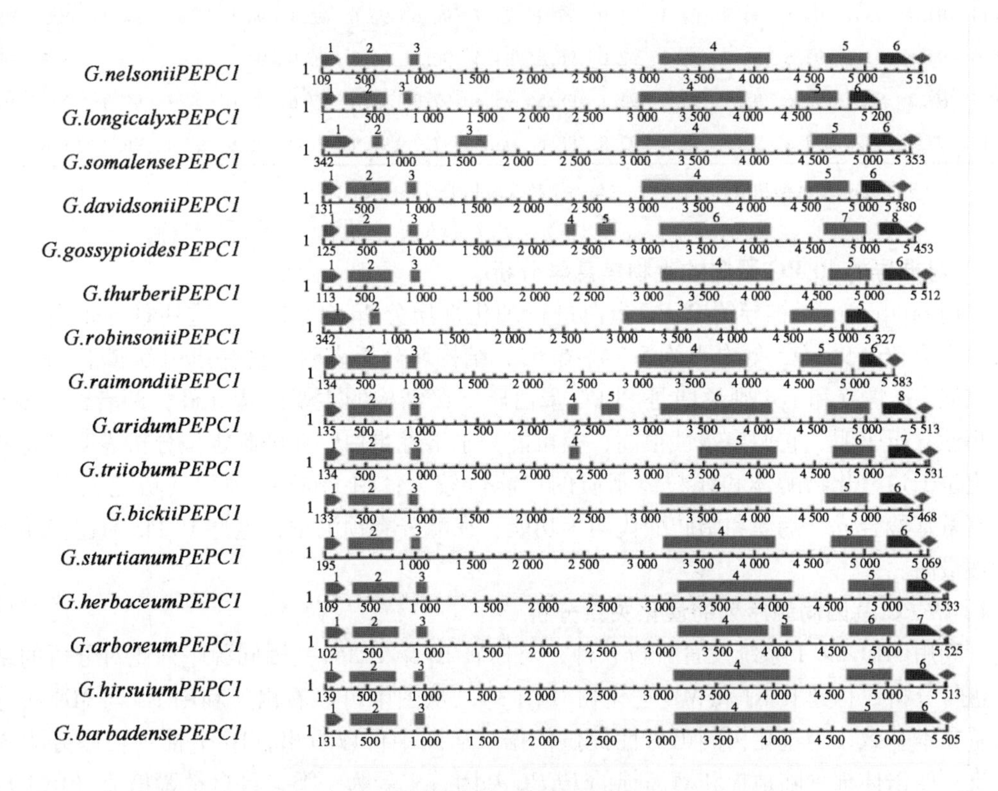

图2　*PEPC* 基因结构示意图

红色部分：CDSf；灰色部分：CDSi；蓝色部分：CDSl；绿色部分：PloyA

表3　棉属 *PEPC* 同源基因核苷酸和氨基酸相似性比较

	P1	P3	P4	P5	P6	P7	P8	P9	P10	P11	P12	P13	P14	P15	P17	P18
P1	*	78.7	98.1	97.8	88.7	86.2	99.4	95.9	88.7	86.8	98.2	98.6	99.4	94.2	98.3	98.3

（continued）

	P1	P3	P4	P5	P6	P7	P8	P9	P10	P11	P12	P13	P14	P15	P17	P18
P3	93.0	*	79.5	79.1	79.8	88.7	78.8	77.33	79.8	69.4	79.3	79.7	78.7	74.2	79.5	79.5
P4	92.2	97.2	*	99.1	89.6	87.2	98.2	97.1	89.6	87.9	99.1	99.5	98.2	93.3	99.2	99.2
P5	95.6	91.1	90.3	*	90.1	87.7	97.9	97.8	90.1	88.3	98.8	99.2	97.9	93.0	99.0	99.0
P6	95.0	93.7	93.0	93.9	*	79.2	88.8	88.3	99.8	81.7	89.5	89.9	88.9	84.3	89.6	89.6
P7	92.7	97.8	96.9	91.8	95.1	*	86.3	85.8	79.2	76.7	87.0	87.4	86.1	81.2	87.1	87.1
P8	98.4	93.2	92.5	95.7	95.1	92.9	*	96.0	88.8	86.8	98.3	98.7	99.2	94.3	98.5	98.5
P9	95.4	91.0	90.2	99.7	93.8	91.7	95.6	*	88.3	86.3	96.9	97.3	96.0	91.1	97.0	97.0
P10	97.5	92.5	91.8	96.1	95.4	93.1	97.6	96	*	81.8	89.5	89.9	88.8	84.3	89.6	89.6
P11	97.3	92.5	91.8	96.0	96.3	94.6	97.6	96.1	97.8	*	87.6	88	87.0	82.3	87.7	87.7
P12	97.6	92.3	91.6	95.0	94.3	92.1	97.5	94.9	96.4	96.4	*	99.6	98.1	93.2	99.3	99.3
P13	95.8	93.1	92.4	93.3	93.9	92.9	96.1	93.2	94.9	94.9	95	*	98.5	93.5	99.7	99.7
P14	97.1	93.1	91.5	94.9	94.3	92.0	97.2	94.7	96.6	96.6	96.1	94.6	*	94.3	98.2	98.2
P15	96.6	93.1	91.6	94.7	94.3	92.0	96.8	94.6	96.1	96.2	96.0	94.4	99.1	*	93.3	93.3
P17	98.2	93.4	92.6	95.9	95.2	93.1	98.5	95.8	97.3	97.4	97.6	97.0	97.1	97.0	*	99.5
P18	98.4	93.0	92.2	95.6	95.0	92.8	98.6	95.6	97.7	97.4	97.2	96.9	97.1	96.2	98.8	*

注：上三角表示氨基酸相似百分比；下三角表示核苷酸相似百分比

2.3 对推导的PEPC蛋白的生物信息学分析

用protparam对推导的PEPC蛋白进行理化性质分析，结果表明这些推导蛋白的分子量大小为76～96kD，等电点为5.74～6.63；结构域分析表明，这些蛋白都属于PEP羧化酶家族；α螺旋和不规则卷曲是PEPC蛋白质二级结构的主要结构元件，两者约占90%；溶解性分析表明，它们亲水性很高，很可能为水溶性蛋白；亚细胞定位分析表明，这些蛋白定位于过氧化物酶体和线粒体基质的可能性较大；用ProtFun预测其功能表明，PEPC具有氨基酸合成、翻译和脂肪酸代谢等功能；在酶分类预测中，这些PEPC为连接酶的可能性最高。

2.4 *PEPC*基因同源序列的演化关系分析

利用MEGA4.1系统发育分析软件，对棉属16条PEPC基因同源序列比对分析的结果再进行分析，构建其NJ和ME进化树（图3）。从图中可以看出，利用NJ与ME法分析结果基本一致，为进化树的可靠性提供依据。从图中可以看出，16个棉种可以分为3大分支：四倍体棉种陆地棉和海岛棉的*PEPC*基因首先聚为一类，且自举置信值（BCL）为100%；A染色体组中草棉的*G. arboreumPEPC*1和亚洲棉的*G. herbaceumPEPC*1聚为一类（BCL 100%）；D染色体组的棉种聚为一类，且每级分类均获得很高的BootStrap支持，BCL多为100%。该分类结果与棉属依据染色体组的分类结果基本一致，因此可作为分类的依据。并且四倍体棉种分别和A、D染色体组中的草棉和瑟伯氏棉亲缘关系较近，为研究棉属的进化提供了一条新的途径。

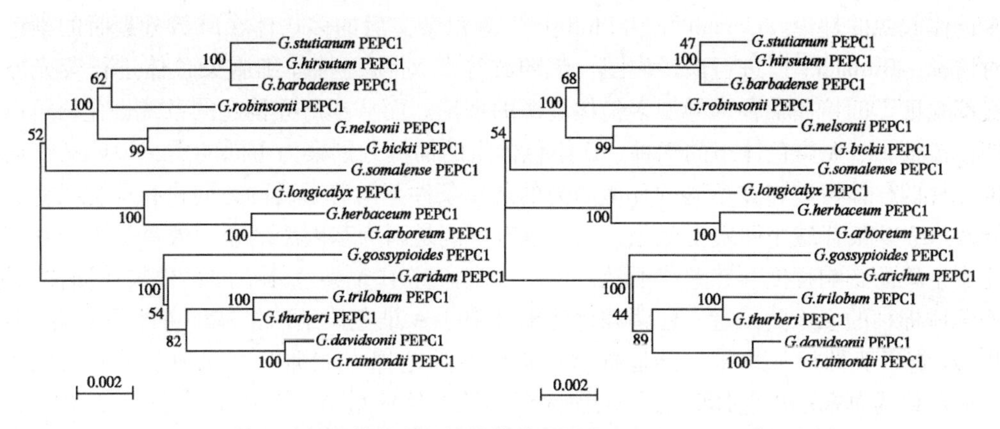

图 3　基于 *PEPC* 基因序列构建的棉属植物 NJ 和 ME 系统进化树

图中数字为自举检验置信值（1 000 个复制序列）

3　讨论

大量研究资料表明，棉花中所有的种都来自于同一祖先，但是共同起源的棉种在各不相同的环境条件的作用下，经历了不同的进化历程，形成了遗传上隔离的不同棉种。随着研究手段的创新，生物学家们从形态学水平、解剖学水平、分子水平等各个方面来研究棉花物种的起源、演化和分类信息，在棉花物种的起源与进化方面已形成共识。但是，在四倍体棉种的起源、染色体组之间或组内各棉种的同源程度等问题上仍有分歧。DNA 序列携带的是物种的遗传信息，直接反映物种的基因型，含有丰富可靠的进化信息，为鉴定亲缘关系、研究系统发育和演化提供可靠的分子生物学证据。

本试验根据已知的 *GhPEPC*1 基因开放阅读框设计特异引物，从棉属植物 17 个物种中扩得 16 条同源序列，均可推导出完整的氨基酸序列，说明该基因在棉属植物中广泛存在。而在绿顶棉中没有扩增出同源序列，说明绿顶棉中的该基因可能在环境压力存在的情况下发生碱基替代，从而在核苷酸序列上发生差异，有可能在分化后执行不同的功能。这与 JMCD. Stewart 的《最新棉属分类》中的观点一致：他提出绿顶棉是异常棉的变异种，异常棉分布独特，形成地理上的隔离。前人研究表明长萼棉的基因型未确定，不属于任何已确定的基因组，这与本试验的研究结果是相符合的。在分析 16 条同源序列时发现，*G. longicalyxPEPC*1 与其他物种中的 *PEPC* 的氨基酸序列差异较大，同源性低。但在系统进化树中可以看出长萼棉与 A 染色体组的物种亲缘关系近，可以推断出长萼棉的染色体组型可能为 A 组，或者长萼棉和 A 染色体组的棉种是由共同的祖先进化而来的，在进化过程中由于环境的影响从而序列发生变化。这对于确定长萼棉的染色体组型有重要的意义。序列分析表明：除长萼棉外，其他物种在核苷酸水平上的差异为 0.3% ~9.8%，而在氨基酸水平上的差异为 0.2% ~18.8%，根据田欣等[14]的序列在系统发育过程中的研究标准，可以得出该基因序列差异较适中，适合做系统发育方面的研究。

四倍棉种的起源途径曾是棉属系统发育中的中心问题之一。多数科学家接受了四倍体棉种是由染色体组 A 和染色体组 D 结合而成的异源多倍体起源理论。而关于这两组棉种如何相遇并结合的问题，又有不同假说。科学家们采用不同的方法来验证四倍体棉种为异源多倍体起源的理论。Gerstel[15]和Phillips[16]观察杂交后的多倍体在减数分裂时的染色体配对情况，Brubader[17]进行遗传作图，王坤波等[18]对海岛棉体细胞染色体进行荧光原位杂交都验证了四倍体棉种为异源多倍体起源的理论。而从本研究构建的系统进化树可以看出四倍体棉种、A染色体组的棉种、D染色体组的棉种分别聚为不同的类，说明杂交后形成的异源四倍体可能在在不同的环境压力的选择条件下向着不同的方向进行演化发育，从而导致*PEPC*核苷酸序列发生变化，当然也有可能是因为基因型的差异或者是单个基因的进化受生境的影响程度存在差异所致。同时，本研究中A染色体组的草棉较亚洲棉来说，与四倍体棉种的亲缘关系近。说明四倍体棉种中的A染色体组的供体种可能是草棉。Gerstel[15]检查了亚洲棉×草棉、陆地棉×草棉以及陆地棉×亚洲棉之间的杂种的染色体配对，最后认为草棉的染色体组的分化程度距异源四倍体最近。宋国立[19]运用RAPD技术分析表明，四倍体棉种是由于草棉类似的棉种作母本供体种。异源四倍体的两个栽培种A染色体组的供体种为草棉的观点被大多数科学家接受，但也有研究表明，草棉不论从染色体和分子水平上都和异源四倍体棉种的A染色体组存在着较大的差异，即草棉不是真正的异源四倍体A染色体组的供体种，真正的供体种已经灭绝。而在异源四倍体D组的来源问题上，不同的科学家看法不同，至今仍有很多争议。本研究从分析的6种D染色体组的棉种来看，瑟伯氏棉与四倍体棉种特别是与海岛棉的亲缘关系最近，可能为异源四倍体的D染色体组的供体。这一研究结果与前人的结果也有相似之处。早在20世纪50年代，Beasley[20]通过种间杂交，得到瑟伯氏棉是异源四倍体棉种D染色体组供体种的结论。而聂汝芝等[21]棉种的核型分析，也指出瑟伯氏棉可能是海岛棉的供体种。

此外在D组染色体的聚类分支中可以看出，瑟伯氏棉与其他几个D组棉种的亲缘关系较近，可能为D组基因组的中心，对研究D组棉种的遗传进化有重要的意义。

本研究*PEPC*基因虽然普遍存在于各种生物中，但是利用该基因家族分析物种的起源与进化国内外还鲜有报道。尽管本研究克隆得到16个物种的*PEPC*全长基因，但是由于数量有限，可能会存在一定的片面性。准确的划分棉属各个物种和研究它们的亲缘关系，有赖于获得更多材料的基因克隆以及棉属基因组全序列的比较分析。

参考文献

[1] Fontaine V, Hartwell J, Jenkins G I. Arabidopsis thaliana contains two phosphoenolpyruvate carboxylase kinase genes with different expression patterns [J]. *Plant Cell Environ*, 2002, 25: 115-122.

[2] 张彬，马建军，贾栋，等. 小麦导入磷酸烯醇式丙酮酸羧化酶（PEPCase）基因的初步研究 [J]. 安徽农业科学，2009，37（11）：4900-4901.

[3] Hartwell J, Gill A, Nimmo G A. Phosphoenolpyruvate carboxylase kinase is a novel protein kinase regulated at the level of expression [J]. *Plant J.*, 1999, 20 (3): 333-342.

[4] Fukayama H, Tamai T, Taniguchi Y, *et al.* Characterization and functional analysis of phosphoenolpyruvate carboxylase kinase genes in rice [J]. *Plant Journal*, 2006, 47 (2): 258-268.

[5] VojdaniF, Kim W, Wilkins TA. Phosphoenolpyruvate carboxylase cDNA from develo-

ping cotton fibers [J]. *Plant Physiol*, 1997, 24 (3): 200-207.

[6] Qiao Z X, Liu J Y. Molecular cloning and characterization of a cotton phosphonolpyruvate carboxylase gene [J]. *Natural Science*, 2008, 18: 539-545.

[7] Cronn R C, Small R L, Haselborn T. Rapid diversification of the cotton genus revaled by analysis of sixteen nuclear and chloroplast genes [J]. *American J. Botany*, 2002, 89: 707-725.

[8] Sahai M A, Soliman K M, Gorgensen R A. Ribosomal DNA spacer-length polymorphism in barley [J]. *PNAS*, 1984, 81: 8014-8018.

[9] He D H, Xing H Y, Zhao J X, *et al.* Genetic diversity analysis and constructing core collection based on phenotypes in cotton [J]. *Agricultural Science & Technology*, 2010, 11 (6): 57-60, 174.

[10] 王晟，杜雄明. 几个棉花纤维突变体及纤维发育相关基因的初步分析 [J]. 西南农业学报，2009，37 (1): 32-35.

[11] 刘梦培，田敏，傅大立，等. 一种新的微卫星 PAGE 的 DNA 显带方法 [J]. 湖南农业科学，2010，49 (17): 145-148.

[12] Chang Q, Zhou K Y. Phylogeny reconstruction instudy of molecular evolution [J]. *Chinese Biodiversity*. 1998, 6 (1): 5-62.

[13] Tan Y F, Jin R C. The efficient algorithm forreconstructing phylogenetic tree based on neibor-joining method [J]. *Computer Engineering and Applications*, 2004, 40 (21): 84-85.

[14] 田欣，李德铢. DNA 序列在植物系统学研究中的应用 [J]. 云南植物研究，2002，24 (2): 170-184.

[15] Gerstel D U, Phillips L L. Segregation of synthetic amphiploids in *Gossypium* and *Nicotiana* [J]. *Quantity Biology*, 1958, 23: 225-237.

[16] Phillips L L. Segregation in new allopolyloide of *Gossypium*. V. Multivalent formation in New World × Asiatic and New World × wild American hexaploids [J]. *American J. Botany*, 1964, 51: 324-329.

[17] Brubaker C L, Paterson A H, Wendel J F. Comparative genetic mapping of allotetraploid cotton and its diploid progenitors [J]. *Genome*, 1999, 2: 84-203.

[18] 王坤波，王文奎. 海岛棉原位杂交及核型比较 [J]. 遗传学报，2001，28 (1): 69-75, T004.

[19] Song G L. Analysis of the relative relationship of different speices in Gossypium by RAPD [D]. Wuhan: Huazhong Agricultural University, 1998.

[20] Beasley J O. Gent [M]. 1942, 27: 25-54.

[21] Nie R Z, Li M X. rative study on the karyotypes in three wild species and four cultivated species in Gossypium [J]. *Acta Botanica Sinica*, 1999, 27 (2): 113-121.

Label-Free Quantitative Proteomics Analysis of Cotton Leaf Response to Nitric Oxide

Yanyan Meng,[1,3] Feng Liu,[2,3] Chaoyou Pang,[1] Shuli Fan,[1]
Meizhen Song,[1] Dan Wang,[3] Weihua Li[2,*] and Shuxun Yu[1,*]
(1. State Key Laboratory of Cotton Biology, Cotton Research Institute, Chineses Academy of Agricultural Sciences, Anyang 455000, China; 2. National Center of Biomedical Analysis, Beijing 100000, China; 3. College of Agronomy, Northwest Sci-Tech University of Agriculture and Forest, Yangling 712100, China)

Abstract: To better understand nitric oxide (NO) responsive proteins, we investigated the proteomic differences between untreated (control), sodium nitroprusside (SNP) treated and carboxy-PTIO potassium salt (cPTIO, NO scavenger) followed by SNP treated cotton plants. This is the first study to examine the effect of different concentrations of NO on the leaf proteome in cotton using a label-free approach based on nanoscale ultra-performance liquid chromatography-electrospray ionization (ESI) -low/high-collision energy MS analysis (MS^E). One-hundred and sixty-six differentially expressed proteins were identified. Forty-seven of these proteins were upregulated, 82 were downregulated and 37 were expressed specifically under different conditions. The 166 proteins were functionally divided into 17 groups and localized to chloroplast, Golgi apparatus, cytoplasm, etc.. The pathway analysis demonstrated that NO is involved in various physiological activities and has a distinct influence on carbon fixation in photosynthetic organisms and photosynthesis. In addition, this is the first time proteins involved in ethylene synthesis were identified to be regulated by NO. The characterization of these protein networks provides a better understanding of the possible regulation mechanisms of cellular activities occurring in the NO-treated cotton leaves and offers new insights into NO responses in plants.

Keywords: Nitric Oxide; Label-free; Cotton; Leaf; Proteomics

原载于：*Journal of Proteome Research*, 2011, 10: 5416-5432

1 Introduction

Nitric oxide (NO) is a crucial signaling molecule in mammalian cells that was first discovered as an endothelium-derived relaxing factor in smooth cells.[1] It has been shown that the mammalian-type of response to NO is also active in plants.[2] Since the first observation of NO regulating plant responses, it has become increasingly evident that NO affects most plant functions, such as promotion of seed germination,[3] involvement in stomatal movement,[4] regulation of plant senescence,[5-6] control of floral transition[7] and involvement in diverse abiotic and biotic stress response.[8-9]

In plants the synthesis of NO can be performed by enzymes including nitrate reductase or nitric oxide synthase,[10] and by non-enzymatic reduction of apoplastic nitrite under acidic conditions.[11] NO may enter the plant cell from the soil or atmosphere,[12] and represents an alternative source to endogenous production of NO. The production of NO can be altered under biotic or abiotic stresses.[9,13] Beligni and Lamattina have suggested that NO has dual functions, either as a cytotoxin or a cytoprotectant, and whether NO acts as either function depends on the NO concentration and on the status of the environment.[14] NO has been shown to promote the elongation of cells in maize and accelerate leaf expansion in peas at low concentrations,[15-16] whereas at high concentrations NO may interfere with normal metabolism. Previous work has suggested that NO, at a relatively high dose, impaired photosynthetic electron transport[17] and decreased the expansion of leaves.[16] In addition, an excess of NO production has been shown to lead to the accumulation of H_2O_2 in mitochondria by inhibition of cytochrome *c* oxidase in the respiratory chain,[18] which is a potential cause of oxidative stress. In the presence of superoxide radicals, NO can be converted to peroxynitrite ($ONOO^-$); a compound that has been identified to be a major cytotoxic agent of active nitrogen species derived from NO. Active nitrogen species, including NO and $ONOO^-$, are potent oxidants that damage nucleic acids, proteins and membranes in plant cells.[19]

Although large scale microarray analysis has documented a large number of NO responsive genes in *Arabidopsis*,[20] it is important to analyze the response of plants to NO at the proteomics level in an effort to gain systems-level information. The combination of two-dimensional electrophoresis (2-DE) and MS represents the standard approach for proteomic analysis. Georgia and coworkers have identified 40 proteins in response to NO treatment of citrus using this approach.[21] However, there are disadvantages of 2-DE, such as low resolution of multiple proteins present in a single spot, difficulty in the identification of proteins expressed at very low levels, small proteins and proteins at the extremes of the pI range.[22] As a complementary alternative, various methods based on mass spectrometry have been used including ^{18}O labeling, iTRAQ, SILAC and ICAT.[23-26] However, these methods have drawbacks, including higher costs, more sample requirements and complex experimental protocols,[27] that limit their application in plant proteomic studies. Recently, label-free methods have been used as promising alternatives.[28-30] Although there are particular problems with label-free methods such as low reproducibility and low-quality chromatograms because of nano-LC experiments, and the requirement for MS to MS/MS switching,[31] with the development of ultra-performance liquid chromatography (UPLC), these problems can be avoided. This is particularly the case if UPLC is combined with low/high-collision energy MS analysis (MS^E). By combining these two methods, sufficient sensitivity and reproducibility is possible, in addition to estimating the absolute concentrations of proteins. Consequently, this approach meets the requirements of stability of the intensity, mass measurement and retention time for label-free quantitative LC-MS measurements.[32-34]

In this report, nanoUPLC was combined with MS^E-based label-free quantitative shotgun proteomics to obtain proteomic information in response to NO treatment of cotton leaves. This study is the first to characterize functional proteomics information related to NO treatment of cotton using a label-free proteomics method. The investigation of such molecular changes in plants is necessary to aid our understanding of the effects of NO on metabolism and physiological functions. Changes in the expression levels of proteins following treatment with different concentrations of sodium nitroprusside (SNP) and the NO scavenger, carboxy-PTIO potassium salt (cPTIO), were investigated. One-hundred and sixty-six NO-induced and NO-responsive proteins were identified, and the results are discussed in the context of the diverse biological functions of NO in plants. From this study, obtaining information about proteins and signal pathways responding to NO should accelerate research on NO metabolic regulation, and lay a theoretical foundation for further related research.

2 Experimental Methods

2.1 Plant Material and Treatments

Seeds of *Gossypium hirsutum*. ecotype CCRI10 were cultured in a mix of sand and nutritional soil in a culture room under white fluorescent light (14 h light/10 h dark) with day/night temperatures of 30/22 ℃. For NO treatment, plants that were 30 days old after sowing were irrigated with 0.1 or 1mmol/L SNP in distilled water for 6 h. Plants treated with distilled water acted as the control. Plants were treated during the light period and the experiment was performed in triplicate with 30 plants in each group. For the scavenger treatment, plants were irrigated with 0.1 mmol/L cPTIO for 4 h then transferred to a 0.1 mmol/L SNP solution for 6 h. Fresh, fully expanded leaves were harvested after treatment and immediately frozen in liquid nitrogen and stored at −80 ℃.

2.2 Protein Extraction

Protein extraction was performed as described by Shen and co-workers, according to a modified procedure.[29] Samples (about 10 g) were ground in liquid nitrogen and the powders were precipitated in a 10% (*W/V*) TCA/acetone solution containing 0.07% (*V/V*) β-mercaptoethanol and 0.1% (*W/V*) polyvinyl pyrrolidone at −20 ℃ overnight. The extracting solutions were centrifuged at 40 000 × *g* for 60 min, the supernatant discarded and the pellet rinsed with −20

℃ acetone containing 0.07% (V/V) β-mercaptoethanol. The material was centrifuged once more, rinsed and the final pellet vacuum dried and solubilized in 5mL of 7 mol/L (W/V) urea containing 2 mol/L (W/V) thiourea, 40 mmol/L DTT, 600μL EDTA-free protease-inhibitor (Roche) and 1 mmol/L NaF on ice for 2 h. The supernatants were used for further assays after centrifugation at 120 000 × g for 90 min at 4 ℃. The 2-D Quant Kit (GE Healthcare, USA) with BSA as a standard was used to determine the concentration of protein solutions. The supernatants were stored at −80 ℃ until required.

2.3 Protein Digestion

Protein digestion was performed as described[35]. The pH of the samples was adjusted to 8.5 using 1 mol/L ammonium bicarbonate and 50 μg of protein for each sample was used for chemical reduction. Lys-C was added to a final substrate and a modified trypsin (Roche) digest was incubated at 37 ℃ for 16 h. The peptide mixture was acidified using 1 μL formic acid for further MS analysis. After digestion, samples that were not immediately analyzed were stored at −80 ℃.

2.4 Analysis by Nano-UPLC... MS^E Tandem MS

All experiments were performed on a nanoACQUITY system (Waters, Milford, MA) based on previous work[29]. The parameters of the nanoscale LC separation are outlined. An ethylene bridged hybrid C_{18} 1.7 μm, 75μm × 250 mm, analytical reverse-phased column (Waters, Manchester, UK) was used. After pre-equilibration of column using mobile phase A (H_2O with 0.1% formic acid), the peptides were separated with a linear gradient of 30% ~ 40% mobile phase B (0.1% formic acid in acetonitrile) for 90 min, then rinsed with 90% phase B for 15 min. The flow rate used was 200 nL/min. The column temperature was maintained at 35 ℃. All samples were analyzed four times.

For the analysis of tryptic digested peptides, a SYNAPT HD mass spectrometer (Waters Corp., Manchester, UK) was used and the MS/MS fragment ions of [Glu^1] fibrinopeptide B from m/z 50 to 1 600 was used to calibrate the TOF analyzer of the mass spectrometer. The v-mode for mass measurements was used with a typical resolving power of at least 10 000 full-width half-maximum. Accurate mass LC-MS data were collected in the MS^E mode with 4 eV of low collision energy and high collision energy ramping from 15 to 45 eV. The range of collection was from m/z 300 to 1 990. The internal control was 100 fmol of rabbit glycogen phosphorylase trypsin digest[36].

2.5 Data Processing and Protein Identification

The ProteinLynx GlobalServer version 2.3 (PLGS 2.3) (Waters Corp., Manchester, UK) was used to processed the continuum LC-MS data. To obtain more accurate results, the raw data were treated with processes such as deconvolution, ion detection and deisotoping. The principles of the applied data clustering and normalization were similar to previous work[29,36]. To avoid the limitations of a single database of *Gossypium hirsutum*, we also selected additional seven databases of the model plant, or databases that showed a relatively close genetic relationship to *Gossypium hirsutum*, and one database of *Gossypium hirsutum* EST sequence. The reference database contained eight databases download from UniProtKB and one CGI (cotton gene index) database from DFCI, the links are:

Ricinus communis

http://www.uniprot.org/uniprot/?query=Ricinus+communis&force=yes&format=fasta

Populus trichocarpa

http://www.uniprot.org/uniprot/?query=Populus+trichocarpa&force=yes&format=fasta

Vitis vinifera

http://www.uniprot.org/uniprot/?query=Vitis+vinifera&force=yes&format=fasta

Gossypium hirsutum

http://www.uniprot.org/uniprot/?query=Gossypium+hirsutum&force=yes&format=fasta

Arabidopsis thaliana

http://www.uniprot.org/uniprot/?query=Arabidopsis+thaliana&force=yes&format=fasta

Glycine max

http://www.uniprot.org/uniprot/?query=Glycine+max&force=yes&format=fasta

Oryza Sativa

http://www.uniprot.org/uniprot/?query=Oryza+Sativa&force=yes&format=fasta

Zea mays

http://www.uniprot.org/uniprot/?query=Zea+mays&force=yes&format=fasta

Gossypium hirsutum (*CGI. release_ 11. zip*)

ftp://occams.dfci.harvard.edu/pub/bio/tgi/data/Gossypium

The related parameters of PLGS during the analysis of raw data were set according to the work of Shen[29]. Components are clustered together with a < 10-ppm mass precision and a < 0.25-min time tolerance; alignment of elevated energy ions with low-energy precursor peptide ions was conducted with an approximate precision of ± 0.05 min. Rabbit glycogen phosphorylase was taken as the internal standard. For protein identification, there are at least three fragment ions per peptide with at least two peptides identified per protein. The maximum false positive rate was 4%.

2.6 Quantitative Analysis

The quantitative changes in protein levels were analyzed using the Waters Expression^E, according to the measured peptide ion peak intensities with three repeats. The setting parameters of the quantitative analysis have been previously explained in detail.[29] For protein quantification, datasets were normalized using the PLGS " auto-normalization" function. The confidence interval of protein identification was set as > 95%. Using clustering software included in PLGS 2.3 (Waters Corp, Manchester, UK), the mass precision and retention time tolerance for identical peptides from each triplicate set per sample were typically ca. 5 μL/L and < 0. 25 min, respectively. Proteins identified with a minimum of two of three injections, and > 1. 2 fold change and *P* value reached 0. 05 level were defined as a threshold of significance. The significant differences of proteins between samples were manually assessed by checking the matched peptide and replication level across samples.

2. 7 Quantitative Real-Time PCR

To understand the relationship between protein accumulation and their encoding gene transcription, we performed a comparison between the mRNA and protein expression levels. The protein sequences not belonging to *Gossypium histurm* were taken as templates to carry out a tblastn (http://blast. ncbi. nlm. nih. gov) and the first nucleotide sequence in the results was selected to do quantitative real time-PCR (qRT-PCR). Total RNA was isolated using the Column Plant RNAout 2. 0 software (TIANDZ, China) according to the instructions of the manufacturer. Total RNA (4 μg) was used to synthesize first-strand cDNA with the Superscript III First-Strand Synthesis System (Invitrogen) for qRT-PCR. Gene-specific qRT-PCR primers were designed using the Primer Express 3. 0 and then synthesized commercially (TaKaRa) as listed in Supplemental Table 1. The cotton actin gene (accession number AY305733) was used as an internal control to standardize the amount of template cDNA in each amplification reaction. The qRT-PCR was performed using the FastStart Universal SYBR Green Master (ROX) (Roche) and an ABI 7500 Sequence detection system (Applied Biosystems). The qRT-PCR cycles were as follows: initiation with a 10-min denaturation period at 95 ℃, followed by 40 cycles of amplification with 10 s of denaturation at 95 ℃, 35 s of annealing according to the melting temperatures provided in the Supplemental Table 1, 30 s of extension at 72 ℃, and the fluorescence data collection at 72 ℃. After a final extension at 72 ℃ for 10 min, a melting curve was then performed from 65 to 95 ℃ to check the specificity of the amplified product. The relative expression levels were calculated using the comparative CT method. [37] All reactions were performed in triplicate.

3 Results and Discussion

3. 1 Morphological Changes and Chlorophyll Response to SNP Treatment

Cotton seed samples were cultured in various concentrations of SNP. Compared with the control sample, treatment with ddH_2O, there were no observable changes to leaves treated with 0. 1 mmol/L SNP or 0. 1 mmol/L cPTIO; however, there were clearly visible chlorosis and dry areas on leaves treated with 1mmol/L SNP (Figure 1A). The chlorophyll content under different treatment conditions was carefully assayed. Negligible differences were observed between the control and the 0. 1 mmol/L SNP or 0. 1 mmol/L cPTIO treated samples. In contrast, the chlorophyll content of samples treated with the higher SNP concentration (1 mmol/L) decreased, and the difference reached a notable level when compared with the control sample (Figure 1B). This result indicates that the higher SNP concentration was toxic to the cotton plants with morphological and physiological index changes

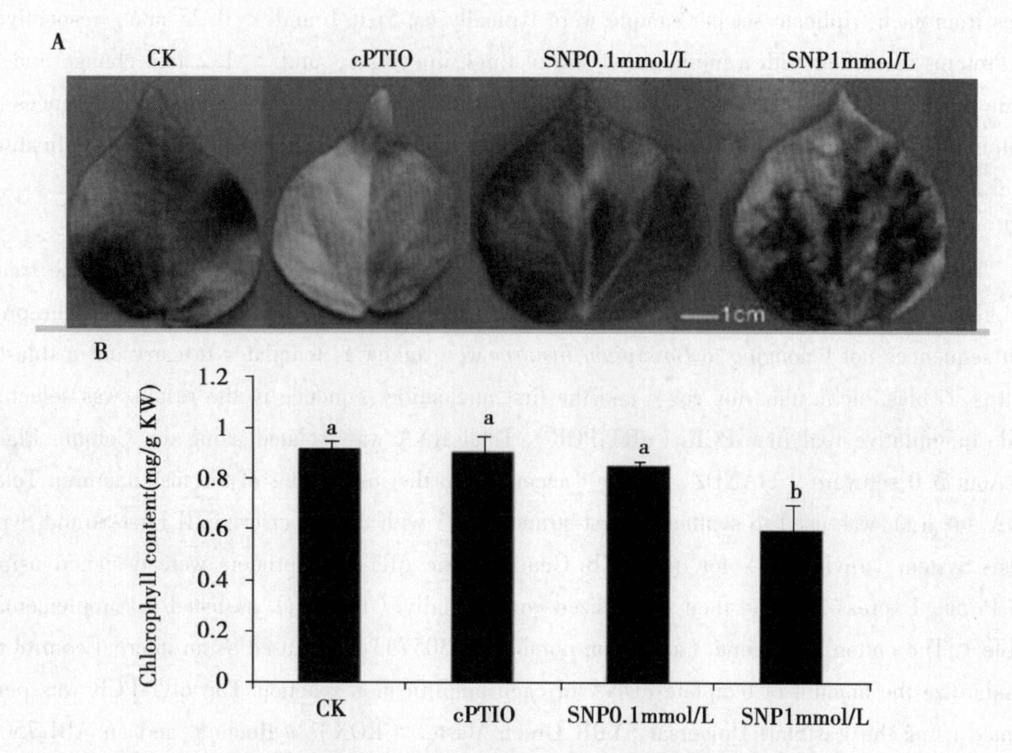

Figure 1 Changes in the morphology (A) and chlorophyll content (B) under different concentrations of NO

Data are means (n = 3) and error bars represent the SD. The treatment of cPTIO indicates treatment with both cPTIO and 0. 1 mmol/L SNP. The statistical significance was determined using one-way analysis of variance combined with the Bonferroni test using the SigmaStat software. $* P < 0.05$, $** P < 0.01$

3. 2 Data Quality Evaluation

The relative protein profiling analysis under each condition was repeatedly performed to determine the analytical reproducibility and a series of quality control measures were used. The final results were evaluated with the protein expression software PLGS2. 3 (Waters Corp, Manchester, UK) using database search results analysis, and a clustering algorithm for accurate mass and retention time data. Using the control as an example, the median and average intensity errors were 2. 3% and 2. 28%, respectively; the average retention time and median were 1. 2% and 1. 1%, respectively; and the average mass errors and median were 3. 37 and 2. 6μL/L respectively. The latter values are in accordance with the mass precision of the extracted peptide components which were typically within 5μL/L (Figure 2A-C). Other samples gave similar results, as shown in the Supplemental Figure 1A-C.

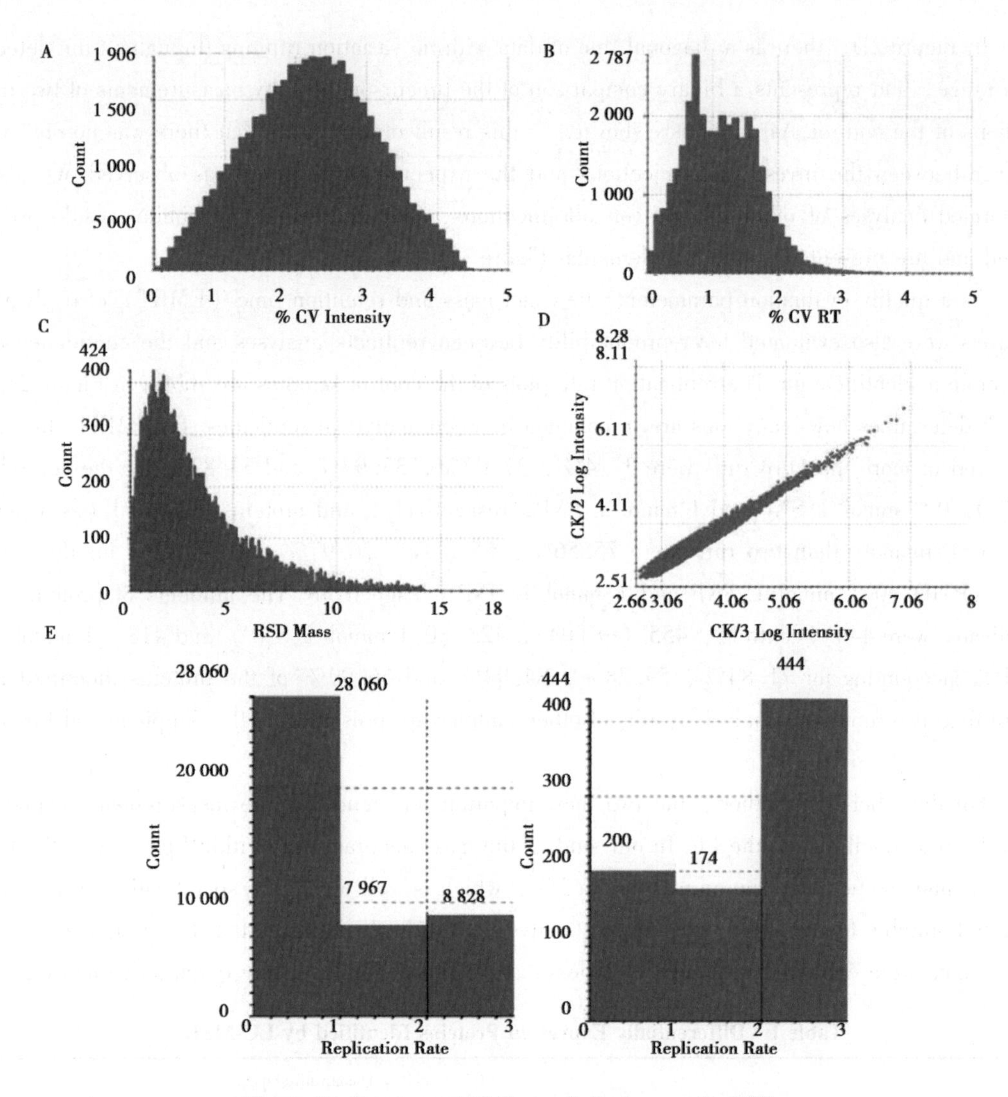

Figure 2　Assessment of the analytical reproducibility

(A) Error distribution associated with the intensitymeasurements for replicating the exactmass and retention time (EMRT) clusters detected in the control sample; the median and average intensity errors were 2. 3 and 2. 28%, respectively. (B) Error distribution associated with the mass accuracy for replicating EMRT clusters (in at least two of the three injections) detected in the control sample. The average retention time and median were 1. 2 and 1. 1%, respectively. (C) Relative standard deviation of replicating EMRT clusters detected in the control sample. Theaveragemass errors and median were 3. 37 and 2. 6 ppm, respectively. (D) Log intensity EMRT clusters for injection two versus the log intensity EMRT clusters for the injection of the control sample. (E) The availability of triplicate data sets provides information about the data quality, such as replicate rates between repeated runs (left panel) and the confidence and reproducibility of protein identification (right panel). Under these conditions, 8 828 EMRT clusters were detected in all three runs, 7 967 were detected in two of the three repeats, and 28 060 were detected in one replicate, representing lowabundance peaks. Under these conditions, 444 proteins were identified in all three runs and are therefore of high confidence, 174 proteins were assigned in two of three repeats and are therefore of intermediate confidence, and 200 proteins were identified in one replicate and represent low-confidence hits.

In Figure 2D, there is a diagonal line of data with no variation running throughout the detection range, and represents a binary comparison of the precursor intensity measurements of two injections of the control. As previously shown,[34] this result demonstrates that there was no obvious change between the investigated injections and the expected distribution was observed. We also performed analyses of other samples on all injections and conditions, and similar results were found and are presented in the Supplemental Figure 1D.

As a quality evaluation parameter, the exact mass and retention time (EMRT) of triplicate datasets were also evaluated for reproducibility between replicate analyses and the confidence of the protein identification. The replication rate plots of the control samples are shown in Figure 2E, which determines how many ions are in common between analytical replicates. The EMRT clusters observed in more than two runs were 37.4%, 37.02%, 33.94% and 33.87% for the control, cPTIO, 0.1 mmol/L SNP and 1 mmol/L SNP, respectively, and proteins identified (as a percentage) in more than two runs were 75.56%, 65.67%, 76.97% and 78.79% for the control, cPTIO, 0.1 mmol/L SNP and 1 mmol/L SNP, respectively. The numbers of proteins in triplicates were 444 (control), 455 (cPTIO), 423 (0.1 mmol/L SNP) and 418 (1 mmol/L SNP), accounting for 71.84%, 59.78%, 84.94% and 66.99% of the proteins identified in more than two runs. The analysis results of other samples are presented in the Supplemental Figure 1E.

For the label-free method, the two most important elements are the measurement accuracy and the reproducibility of the LC. In our study, the mass accuracy was within 5μL/L and the retention time coefficient variation was within 2%, which is well within the specification of the system and suitable for label-free quantitative analysis. This result indicates that the protein identification data were extracted with high confidence and suitable for label-free quantitative analysis.

Table 1 Differentially Expressed Proteins Identified by LC-MSE

Accession no. [a]	Protein name	Quantivative changes						
		PLGS score[b]	cPTIO/CK	P-value[c]	0.1mmol/L CK	P-value	1 mmol/L CK	P-value
1. Stress Response								
Q10NA9_ ORYSJ *	Heat shock protein, *O. sativa*	472.78	1.30 ±0.25	0.98	1.39 ±0.22	1	1.28 ±0.22	0.97
Q53NM9_ ORYSJ *	DnaK-type molecular chaperone hsp70-rice, *O. sativa*	407.33	1.25 ±0.34	0.88	1.27 ±0.28	0.93	1.19 ±0.28	0.81
Q9S9N1_ ARATH *	At1g16030, *A. thaliana*	346.21	0.50 ±0.24	0	0.52 ±0.30	0	0.51 ±0.30	0
HSP74_ ARATH *	Heat shock cognate 70 ku protein 4, *A. thaliana*	454.24	1.28 ±0.27	0.83	1.34 ±0.29	0.95	1.25 ±0.29	0.78
HSP73_ ARATH *	Heat shock cognate 70 ku protein 3, *A. thaliana*	308.35	1.16 ±0.33	0.93	1.34 ±0.40	0.96	1.19 ±0.40	0.94
D2D322_ GOSHI *	Heat shock protein 70, *G. hirsutum*	487.69	1.19 ±0.31	0.83	1.26 ±0.32	0.96	1.20 ±0.32	0.85
B9T228_ RICCO *	putative Heat shock protein, *R. communis*	412.77	1.25 ±0.25	0.94	1.31 ±0.32	0.96	1.26 ±0.32	0.94

(continued)

Accession no. [a]	Protein name	Quantivative changes						
		PLGS score[b]	cPTIO/CK	P-value[c]	0. 1mmol/L CK	P-value	1 mmol/L CK	P-value
		1. Stress Response						
HSP70_ MAIZE *	Heat shock 70 ku protein, *Z. mays*	273. 11	0. 58 ±0. 28	0	0. 62 ±0. 28	0	0. 62 ±0. 28	0
HSP71_ ARATH *	Heat shock cognate 70 ku protein 1, *A. thaliana*	376. 16	0. 63 ±0. 17	0	0. 66 ±0. 23	0	0. 65 ±0. 23	0
B6U1E4_ MAIZE *	Heat shock cognate 70 ku protein 2, *Z. mays*	467. 7	1. 27 ±0. 25	0. 96	1. 35 ±0. 25	0. 98	1. 35 ±0. 25	0. 94
DR455842 *	Chloroplast HSP70, *Cucumissativus*	162. 59	cPTIO					
		2. Cytoskelton						
Q96438_ SOYBN	Actin, *G. max*	263. 15	0. 94 ±0. 40	0. 39	1. 22 ±0. 30	0. 97	1. 23 ±0. 30	0. 88
B8YPL3_ GOSHI	Actin 1, *G. hirsutum*	229. 83	0. 97 ±0. 20	0. 43	1. 04 ±0. 24	0. 62	1. 45 ±0. 24	0. 96
B9SXZ5_ RICCO	Actin, putative, *R. communis*	394. 72	0. 79 ±0. 31	0. 08	1. 21 ±0. 31	0. 9	1. 04 ±0. 28	0. 63
ACT1_ MAIZE	Actin-1, Z. mays	196. 16	cPTIO					
B4F989_ MAIZE	Actin-97, Z. mays	363. 05	0. 88 ±0. 28	0. 13	1. 26 ±0. 28	0. 95	1. 04 ±0. 28	0. 63
		3. Photosynthesis						
CYF_ ARATH *	Apocytochrome f, *A. thaliana*	211. 27	cPTIO					
D4N5G0_ SOYBN	Alpha-form rubiscoactivase, *G. max*	717. 42	0. 84 ±0. 09	0	0. 84 ±0. 07	0	0. 67 ±0. 07	0
D4N5G0_ SOYBN	Alpha-form rubiscoactivase, *G. max*	717. 42	0. 84 ±0. 09	0	0. 84 ±0. 07	0	0. 67 ±0. 07	0
B9T6D1_ RICCO	Putative ferredoxin--NADP reductase, *R. communis*	494. 66	0. 36 ±0. 19	0	0. 57 ±0. 32	0	0. 52 ±0. 32	0
C1K5D0_ GOSHI	Chloroplast chlorophyll A-B binding protein, *G. hirsutum*	283. 7	0. 66 ±0. 18	0	0. 68 ±0. 14	0	0. 62 ±0. 14	0
RCA_ ORYSJ	Isoform 2 of Ribulose, *O. sativa*	793. 12	0. 92 ±0. 08	0. 02	0. 85 ±0. 08	0	0. 72 ±0. 08	0
Q0DB66_ ORYSJ	Os06g0598100 protein, *O. sativa*	232. 65	0. 50 ±0. 14	0	0. 55 ±0. 16	0	0. 61 ±0. 16	0
Q8GTK4_ ORYSJ	Os07g0141400 protein, *O. sativa*	247. 18	cPTIO					
Q0J6 × 4_ ORYSJ	Os08g0252100 protein, *O. sativa*	216. 94	0. 49 ±0. 23	0	0. 53 ±0. 15	0	0. 59 ±0. 15	0. 02
PSBO_ SOLLC	Oxygen-evolving enhancer protein 1, *Solanumlycopersicum*	475. 88	0. 36 ±0. 19	0	0. 36 ±0. 14	0	0. 44 ±0. 14	0
PSBO1_ ARATH	Oxygen-evolving enhancer protein 1-1, *A. thaliana*	387. 92	0. 51 ±0. 18	0	0. 4 0 ±0. 14	0	0. 44 ±0. 14	0
PSAD1_ ARATH *	Photosystem I reaction center subunit II-1, *A. thaliana*	307. 76	0. 34 ±0. 31	0	0. 34 ±0. 14	0	0. 59 ±0. 14	0
PSBC_ POPTR *	Photosystem II CP43 chlorophyll apoprotein, *P. trichocarpa*	598. 01	0. 71 ±0. 35	0. 03	0. 81 ±0. 37	0. 39	0. 70 ±0. 37	0. 02
PSBA_ ARATH *	Photosystem Q (B) *protein*, *A. thaliana*	316. 12	0. 84 ±0. 23	0. 1	1. 06 ±0. 21	0. 62	0. 75 ±0. 21	0. 04
PSBA_ SOYBN *	Photosystem Q (B) *protein*, *G. max*	321. 34	1. 05 ±0. 19	0. 73	1. 25 ±0. 20	0. 98	0. 97 ±0. 20	0. 39

(continued)

Accession no. [a]	Protein name	Quantivative changes						
		PLGS score[b]	cPTIO/CK	P-value[c]	0. 1mmol/L CK	P-value	1 mmol/L CK	P-value
		3. Photosynthesis						
PSBA_ GOSHI *	Photosystem Q (B) protein, *G. hirsutum*	316. 12	0. 87 ±0. 25	0. 14	1. 04 ±0. 24	0. 64	0. 77 ±0. 24	0. 04
A5BK28_ VITVI	Putative uncharacterized protein, *V. vinifera*	381. 04	0. 32 ±0. 14	0	0. 34 ±0. 10	0	0. 34 ±0. 10	0
O04798_ LEPVR	Ribulose 1, 5-bisphosphate carboxylase/oxygenase large subunit, *Lepidiumvirginicum*	766. 16	0. 42 ±0. 04	0	0. 52 ±0. 05	0	0. 55 ±0. 05	0
RBL_ GOSHI	*Ribulosebisphosphate* carboxylase large chain, *G. hirsutum*	1 157. 68	0. 84 ±0. 05	0	1. 00 ±0. 04	0. 51	0. 73 ±0. 04	0
B9S088_ RICCO	Putative ribulose large chain, *R. communis*	434. 72	0. 41 ±0. 07	0	0. 44 ±0. 12	0	0. 33 ±0. 12	0
RBS_ GOSHI *	*Ribulosebisphosphate* carboxylase small chain, *G. hirsutum*	571. 91	0. 63 ±0. 07	0	0. 67 ±0. 06	0	0. 63 ±0. 06	0
B9SDY7_ RICCO	Putative ribulosebisphosphate carboxylase/oxygenase activase 1, *R. communis*	632. 76	0. 82 ±0. 08	0	0. 85 ±0. 09	0	0. 69 ±0. 09	0
Q9AXG0_ GOSHI	Ribuloseactivase 2, *G. hirsutum*	1350. 65	0. 87 ±0. 07	0	0. 85 ±0. 07	0	0. 68 ±0. 05	0
D6PAF2_ GOSHI	Ribulose large subunit, *G. hirsutum*	528. 7	0. 68 ±0. 19	0	0. 76 ±0. 09	0	0. 52 ±0. 09	0
Q6ZYB1_ VITVI	Rubisco large subunit, *V. vinifera*	786. 68	0. 43 ±0. 05	0	0. 55 ±0. 05	0	0. 55 ±0. 55	0
B9S1B6_ RICCO	Putative uncharacterized protein, *R. communis*	856. 75	0. 44 ±0. 06	0	0. 53 ±0. 06	0	0. 55 ±0. 06	0
D4N5G2_ SOYBN	Rubiscoactivase, *G. max*	620. 39	0. 84 ±0. 07	0	0. 82 ±0. 06	0	0. 64 ±0. 06	0
D7TDX6_ VITVI	Whole genome shotgun sequence of line PN40024, *V. vinifera*	396. 31	0. 31 ±0. 15	0	0. 33 ±0. 11	0	0. 33 ±0. 11	0
Q0IPF7_ ORYSJ	Os12g0207600 protein, *O. sativa*	538. 64	0. 34 ±0. 08	0	0. 37 ±0. 07	0	0. 26 ±0. 07	0
EX168808 *	PSI-D1 precursor, *Nicotianasylvestris*	585. 51	0. 8 ±0. 28	0. 08	0. 7 ±0. 29	0. 03	1. 7 ±0. 91	0. 72
EX171310	Oxygen-evolving enhancer protein 2, *Spinaciaoleracea*	183. 82	cPTIO		SNP0. 1			
TC229774 *	Photosystem Ⅱ CP43 chlorophyll apoprotein, *G. hirsutum*	628. 53	1. 5 ±0. 39	0. 92	0. 9 ±0. 28	0. 44	1. 9 ±0. 45	1
TC229854 *	Photosystem Q (B) protein precursor, *S. lycopersicum*	484. 08	1. 1 ±0. 39	0. 73	0. 9 ±0. 4	0. 35	0. 76 ±0. 4	1
TC229855 *	Photosystem Ⅱ protein D2, *Lactuca sativa*	557. 27	CK		CK		CK	
TC229981 *	Chloroplast pigment-binding protein CP26, *Nicotianatabacum*	280. 78	0. 8 ±0. 54	0. 33	0. 8 ±0. 63	0. 26	1. 7 ±0. 55	0. 98
TC241433 *	Photosystem Ⅱ CP47 chlorophyll apoprotein, *G. hirsutum*	642. 74	1. 22 ±0. 5	0. 77	1. 6 ±0. 34	0. 99	0. 95 ±0. 3	0. 35

(continued)

Accession no. [a]	Protein name	Quantivative changes						
		PLGS score[b]	cPTIO/CK	P-value[c]	0. 1mmol/L CK	P-value	1 mmol/L CK	P-value
3. Photosynthesis								
TC235200	*Ribulosebisphosphate* carboxylase small chain, *G. hirsutum*	529. 08	0. 6 ±0. 17	0	1. 0 ±0. 14	0. 1	0. 6 ±0. 16	1
TC245890 *	Apocytochrome f precursor, *G. hirsutum*	279. 76	cPTIO		SNP0. 1		SNP1	
TC248531	Oxygen evolving enhancer protein 1 precursor, *Bruguieragymnorhiza*	1045. 39	0. 8 ±0. 17	0. 04	0. 7 ±0. 16	0	2. 2 ±0. 16	1
TC270761 *	Plastocyanin A, *G. hirsutum*	434. 35	0. 9 ±0. 23	0. 24	0. 97 ±0. 2	0. 36	0. 7 ±0. 22	0. 01
4. Hormone Metabolism								
A2IBN7_ GOSHI *	ACC synthase, *G. hirsutum*	372. 98	0. 76 ±0. 25	0. 03	0. 89 ±0. 27	0. 01	1. 36 ±0. 27	0. 05
5. Energy Production and Conversion								
B6SVV9_ MAIZE	ATP synthase beta chain, *Z. mays*	373. 64	0. 90 ±0. 21	0. 23	0. 90 ±0. 19	0. 14	0. 69 ±0. 19	0
ATPB_ ARATH	ATP synthase subunit beta, *A. thaliana*	1899. 04	0. 92 ±0. 08	0. 04	0. 85 ±0. 09	0	0. 66 ±0. 09	0
ATPB_ GOSHI	ATP synthase subunit beta, *G. hirsutum*	2549. 32	0. 97 ±0. 06	0. 17	0. 93 ±0. 07	0. 02	0. 68 ±0. 07	0
ATPBM_ MAIZE	ATP synthase subunit beta, *Z. mays*	362. 11	0. 81 ±0. 21	0. 03	0. 9 0 ±0. 18	0. 12	0. 74 ±0. 18	0. 01
A5BSB1_ VITVI *	ATPase alpha subunit, *V. vinifera*	290. 85	0. 90 ±0. 10	0. 04	0. 93 ±0. 09	0. 08	0. 68 ±0. 09	0
Q3ZU94_ VITVI	ATPase B subunit, *V. vinifera*	1866. 58	0. 93 ±0. 09	0. 11	0. 89 ±0. 09	0. 01	0. 68 ±0. 09	0
Q9XQG0_ GOSHI	H (+) -transporting ATP synthase, *G. hirsutum*	2142. 56	0. 93 ±0. 08	0. 08	0. 87 ±0. 07	0	0. 66 ±0. 07	0
C0J3I3_ SOYBN	Membrane-bound ATP synthase subunit B, *G. max*	1695. 24	0. 57 ±0. 12	0	0. 55 ±0. 16	0	0. 38 ±0. 16	0
B9HWA2_ POPTR	Mitochondrial beta subunit of F_1 ATP synthase, *P. trichocarpa*	415. 81	0. 84 ±0. 20	0. 04	0. 95 ±0. 16	0. 27	0. 79 ±0. 16	0
C7IXC8_ ORYSJ	Os01g0791150 protein, *O. sativa*	581. 76	0. 42 ±0. 12	0	0. 39 ±0. 14	0	0. 36 ±0. 14	0
Q0DG48_ ORYSJ	Os05g0553000 protein, *O. sativa*	367. 36	0. 68 ±0. 21	0	0. 86 ±0. 21	0. 1	0. 70 ±0. 21	0
Q0IPF8_ ORYSJ	Os12g0207500 protein, *O. sativa*	784. 66	0. 47 ±0. 13	0	0. 49 ±0. 13	0	0. 39 ±0. 13	0
A5BY24_ VITVI	Putative uncharacterized protein, *V. vinifera*	1792. 69	0. 94 ±0. 08	0. 07	0. 87 ±0. 07	0	0. 66 ±0. 07	0
D7TSG6_ VITVI	Whole genome shotgun sequence of line PN40024, *V. vinifera*	197. 89	1. 13 ±0. 18	0. 88	1. 31 ±0. 20	1	1 0. 00 ±0. 20	0. 47
B9S0Y9_ RICCO *	Putative (S) -2-hydroxy-acid oxidase, *R. communis*	510. 69	0. 87 ±0. 12	0. 02	0. 82 ±0. 15	0. 01	0. 68 ±0. 15	0
ES842599 *	Cytochrome b6-f complex ironsulfur subunit, *Solanumtuberosum*	144. 25	1. 0 ±0. 33	0. 64	0. 8 ±0. 26	0. 18	1. 4 ±0. 27	1

(continued)

Accession no. [a]	Protein name	PLGS score[b]	Quantivative changes					
			cPTIO/CK	P-value[c]	0.1mmol/L CK	P-value	1 mmol/L CK	P-value
	5. Energy Production and Conversion							
TC232713	Whole genome shotgun sequence, *V. vinifera*	196.99	cPTIO					
TC233478 *	Malate dehydrogenase, *V. vinifera*	443.74	1.65 ±0.35	0.98	1.49 ±0.29	0.21	0.88 ±0.34	1
TC235261	ATP synthase subunit beta, *V. vinifera*	343.34	1.32 ±0.38	1	1.03 ±0.52	0.49	1.16 ±0.49	0.68
TC235622	Whole genome shotgun sequence, *V. vinifera*	642.17	1.46 ±0.26	0.99	0.75 ±0.27	0.03	1.09 ±0.3	0.72
TC259440	ATP synthase subunit alpha, *G. hirsutum*	889.36	1.46 ±0.26	1	1.23 ±0.22	0.05	0.86 ±0.19	0.96
TC259522 *	Malate dehydrogenase, *O sativa*	414.2	2.1 ±0.63	0.99	0.81 ±0.72	0.26	0.65 ±0.92	0.17
TC277800	H +-transporting two-sector ATPase, *Medicagotruncatula*	1443.15	3.29 ±0.08	1	1.01 ±0.09	0.6	2.27 ±0.12	1
	6. Carbon Utilization/Fixation							
Q9ZUC2_ ARATH	F5O8.28 protein, *A. thaliana*	365.01	1.49 ±0.37	0.94	0.88 ±0.16	0.04	1.32 ±0.16	1
TC255943	Carbonic anhydrase, *G. hirsutum*	794.37	0.99 ±0.3	0.44	0.93 ±0.25	0.26	2.39 ±0.29	1
	7. Nucleosome Assembly							
B9T4D7_ RICCO	Putative histone h2b, R. communis	235.59	0.68 ±0.19	0	0.90 ±0.38	0.3	0.65 ±0.38	0
DT048644 *	Histone H2B, *G. hirsutum*	250.98	CK		0.67 ±0.65	0.11	1.31 ±0.59	0.76
	8. Carbohydrate Metabolism							
Q7XRT0_ ORYSJ	OSJNBa0042F21.13 protein, *O. sativa*	307.17	1.05 ±0.14	0.72	1.55 ±0.34	1	0.73 ±0.34	0
B9RHD4_ RICCO	Putative fructose-bisphosphatealdolase, *R. communis*	423.62	0.84 ±0.17	0.03	0.79 ±0.16	0	0.75 ±0.16	0
B9SE47_ RICCO *	Putative malate dehydrogenase, *R. communis*	199.09			SNP0.1		SNP1	
B6STH5_ MAIZE	Phosphoglycerate kinase, *Z. mays*	406.72	0.91 ±0.17	0.13	0.94 ±0.16	0.31	0.72 ±0.16	0
Q9C7J4_ ARATH	Putative phosphoglycerate kinase, *A. thaliana*	374.03	0.49 ±0.14	0	0.49 ±0.24	0	0.38 ±0.24	0
ALFC1_ ARATH	Probable fructose-bisphosphatealdolase 1, *A. thaliana*	287.59	0.9 0 ±0.21	0.2	0.76 ±0.25	0.04	0.77 ±0.25	0.03
D7TG04_ VITVI	Whole genome shotgun sequence of line PN40024, *V. vinifera*	191.25	cPTIO				SNP1	
B9GJB1_ POPTR	Predicted protein, *P. trichocarpa*	331.72	cPTIO		SNP 0.1		SNP1	
A9P807_ POPTR	Predicted protein, *P. trichocarpa*	297.97	cPTIO					
Q0WL92_ ARATH *	Putative GAPDH, *A. thaliana*	460.37	0.79 ±0.20	0	0.99 ±0.17	0.43	0.64 ±0.17	0
D7UDC9_ VITV	Whole genome shotgun sequence of line PN40024, *V. vinifera*	538.51	0.82 ±0.16	0.01	1.00 ±0.14	0.43	0.63 ±0.14	0

(continued)

Accession no. [a]	Protein name	Quantivative changes						
		PLGS score[b]	cPTIO/CK	P-value[c]	0. 1mmol/L CK	P-value	1 mmol/L CK	P-value
8. Carbohydrate Metabolism								
Q9SNK3_ ORYSJ	H (+) -transporting ATP synthase, *G. hirsutum*	2142. 56	0. 93 ±0. 08	0. 01	0. 87 ±0. 07	0. 68	0. 66 ±0. 07	0
Q6LBU9_ MAIZE *	GADPH (383 AA), *Z. mays*	567. 13	0. 89 ±0. 17	0. 12	0. 98 ±0. 16	0. 4	0. 68 ±0. 16	0
Q56Z86_ ARATH *	Glyceraldehyde 3-phosphate dehydrogenase A, *A. thaliana*	194. 01	cPTIO					
B3H4P2_ ARATH *	Uncharacterized protein At1g12900. 3, *A. thaliana*	644. 6	0. 92 ±0. 15	0. 2	10. 00 ±0. 13	0. 54	0. 7 ±0. 13	0
B9RBN8_ RICCO *	Putative GAPDH, R. communis	253. 26	cPTIO					
B4F8L7_ MAIZE *	GAPDH B, *Z. mays*	456. 96	0. 82 ±0. 16	0. 01	1. 07 ±0. 17	0. 76	0. 66 ±0. 17	0
Q38IX0_ SOYBN *	GAPDH B subunit, *G. max*	602. 4	0. 88 ±0. 17	0. 1	1. 07 ±0. 16	0. 83	0. 69 ±0. 16	0
G3PB_ ARATH *	GAPDH B, *A. thaliana*	460. 37	0. 84 ±0. 15	0. 02	1. 09 ±0. 15	0. 88	0. 70 ±0. 15	0
G3PC_ ORYSJ *	GAPDH, *O. sativa*	224. 51	cPTIO		SNP0. 1		SNP1	
TC231206	OJ000223_ 09. 15 protein, *O. sativa*	359. 37	1. 31 ±0. 6	0. 79	1. 05 ±0. 45	0. 59	1. 63 ±0. 43	0. 99
TC233697	Phosphoglycerate kinase, *V. vinifera*	628. 01	1. 4 ±0. 28	1	0. 6 ±0. 29	0. 03	0. 78 ±0. 27	1
TC232277	whole genome shotgun sequence, *V. vinifera*	345. 76	0. 74 ±0. 43	1	1. 46 ±0. 45	0. 58	1. 05 ±0. 44	0. 97
TC232639	Glyceraldehyde-3-phosphate dehydrogenase B, *A. thaliana*	924. 51	2. 32 ±0. 2	1	0. 94 ±0. 21	0. 24	1. 55 ±0. 2	1
TC240069 *	Transketolase 1, Capsicum annuum	750. 94	1. 3 ±0. 21	1	0. 8 ±0. 21	0. 12	0. 8 ±0. 27	0. 1
TC247653 *	Triosephosphateisomerase, *V. vinifera*	467. 36	cPTIO					
TC262493	Fructose-bisphosphatealdolase, *Heveabrasiliensis*	548. 75	1. 3 ±0. 32	0. 98	1. 3 ±0. 48	0. 91	0. 6 ±0. 27	0. 01
9. Apoptosis/Defense Response								
E0YA22_ ZEAMP *	Rp1-like protein, *Z. mays*	501. 79	CK		CK		CK	
Q7XY06_ MAIZE *	Rust resistance protein Rp1, *Z. mays*	416. 08	CK		CK		CK	
10. Post-translational Modification, Protein Turnover, Chaperones								
D4N5G0_ SOYBN	Alpha-form rubiscoactivase, *G. max*	717. 42	0. 84 ±0. 09	0	0. 84 ±0. 07	0	0. 67 ±0. 07	0
C6T859_ SOYBN	Beta-form rubiscoactivase, *G. max*	883. 09	0. 84 ±0. 07	0	0. 84 ±0. 06	0	0. 69 ±0. 06	0
D2D326_ GOSHI *	Luminal binding protein, *G. hirsutum*	326. 02	cPTIO		SNP0. 1		SNP1	
B9HT80_ POPTR	Predicted protein, *P. trichocarpa*	798. 41	0. 82 ±0. 09	0	0. 85 ±0. 07	0	0. 69 ±0. 07	0
B9NBF4_ POPTR	Predicted protein, *P. trichocarpa*	455. 95	1. 22 ±0. 31	0. 87	1. 27 ±0. 29	0. 93	1. 25 ±0. 29	0. 91

(continued)

Accession no. [a]	Protein name	PLGS score[b]	Quantivative changes					
			cPTIO/CK	P-value[c]	0. 1mmol/L CK	P-value	1 mmol/L CK	P-value
			10. Post-translational Modification, Protein Turnover, Chaperones					
B9HMG8_ POPTR	Predicted protein, *P. trichocarpa*	416. 83	1. 42 ±0. 23	1	1. 46 ±0. 28	0. 99	1. 39 ±0. 28	1
B9N0E2_ POPTR	Predicted protein, *P. trichocarpa*	391. 3	0. 73 ±0. 17	0	0. 83 ±0. 21	0. 05	0. 66 ±0. 21	0
B9GL18_ POPTR	Predicted protein, *P. trichocarpa*	305. 02			SNP0. 1			
B7ZZ42_ MAIZE	Putative uncharacterized protein, *Z. mays*	442. 6	1. 27 ±0. 31	0. 93	1. 34 ±0. 31	0. 96	1. 23 ±0. 31	0. 91
E0CV73_ VITVI	Whole genome shotgun sequence of line PN40024, *V. vinifera*	358. 83	cPTIO		SNP0. 1			
TC232648	Chromosome chr6 scaffold _ 3, whole genome shotgun sequence, *V. vinifera*	190. 45	CK		CK		CK	
TC241786	Ribulose-1, 5-bisphosphate carboxylase/oxygenase activase 1, *G. hirsutum*	1273. 2	0. 71 ±0. 15	1	0. 7 ±0. 13	0	0. 7 ±0. 25	0
			11. Redox Regulation					
CATA1_ GOSHI *	Catalase isozyme 1, *G. hirsutum*	398. 28	0. 98 ±0. 24	0. 45	1. 2 0 ±0. 21	0. 92	0. 86 ±0. 21	0. 11
CATA1_ ARATH *	CAT-1, *A. thaliana*	222. 57	cPTIO					
B2LYS0_ GOSHI *	Extracellular Cu/Zn SOD, *G. hirsutum*	148. 09	cPTIO		SNP0. 1			
Q0WUH6_ ARAT *	Putative uncharacterized protein At1g20630, *A. thaliana*	222. 57	cPTIO					
TC229969 *	Superoxide dismutase [CuZn], *G. hirsutum*	225. 43	0. 9 ±0. 65	0. 41	0. 8 ±0. 55	0. 38	0. 6 ±0. 57	0. 96
TC232171 *	Catalase isozyme 2, *G. hirsutum*	373. 75	0. 84 ±0. 3	0. 17	1. 4 ±0. 29	1	1. 5 ±0. 29	1
			12. Amino Acid Transport and Metabolism					
B9HK13_ POPTR *	Precursor of transferase serine hydroxymethyltransferase 2, *P. trichocarpa*	261. 67	1. 03 ±0. 23	0. 62	0. 90 ±0. 18	0. 13	0. 78 ±0. 18	0. 02
C6ZJZ0_ SOYBN *	Serine hydroxymethyltransferase 5, *G. max*	328. 81	0. 89 ±0. 15	0. 07	0. 77 ±0. 16	0	0. 68 ±0. 16	0
METK1_ POPTR *	S-adenosylmethionine synthase 1, *P. trichocarpa*	360. 32	0. 66 ±0. 24	0	0. 88 ±0. 29	0. 15		
METK2_ ARATH *	S-adenosylmethionine synthase 2, *A. thaliana*	341. 8	0. 64 ±0. 27	0	0. 83 ±0. 26	0. 11	CK	
B6T681_ MAIZE *	S-adenosylmethioninesynthetase 1, *Z. mays*	348. 2	0. 66 ±0. 25	0	0. 87 ±0. 25	0. 18	CK	
B9GSZ3_ POPTR *	S-adenosylmethioninesynthetase 5, *P. trichocarpa*	338. 54	CK		0. 84 ±0. 23	0. 12	0. 85 ±0. 25	0. 21
C6TG31_ SOYBN	Putative uncharacterized protein, *G. max*	609. 35	0. 89 ±0. 15	0. 05	1. 04 ±0. 15	0. 73	0. 68 ±0. 05	0
B9DGD1_ ARATH *	AT5G35630 protein, *A. thaliana*	263. 53	1. 12 ±0. 29	0. 74	1. 38 ±0. 31	0. 97	1. 25 ±0. 31	0. 87

(continued)

Accession no. [a]	Protein name	PLGS score[b]	Quantivative changes					
			cPTIO/CK	P-value[c]	0. 1mmol/L CK	P-value	1 mmol/L CK	P-value
			12. Amino Acid Transport and Metabolism					
Q5D185_ SOYBN *	Chloroplast glutamine synthetase, *G. max*	297. 63	cPTIO					
B6TE43_ MAIZE *	Glutamine synthetase, Z. mays	262. 07	0. 49 ±0. 23	0	0. 72 ±0. 24	0	0. 45 ±0. 24	0
B9RST2_ RICCO *	Putative glutamine synthetase plant, *R. communis*	350. 88	1. 01 ±0. 18	0. 5	1. 15 ±0. 21	0. 87	1. 25 ±0. 21	0. 98
GLNA2_ ARATH *	Glutamine synthetase, *A. thaliana*	263. 53	1. 08 ±0. 29	0. 71	1. 34 ±0. 33	0. 96	1. 32 ±0. 33	0. 94
Q0J9E0_ ORYSJ *	Os04g0659100 protein, *O. sativa*	216. 68	cPTIO		SNP0. 1		SNP1	
C6TA91_ SOYBN	Putative uncharacterized protein, *G. max*	299. 82	1. 03 ±0. 24	0. 58	1. 06 ±0. 33	0. 66	CK	
D7T6P4_ VITVI	Whole genome shotgun sequence of line PN40024, *V. vinifera*	355. 85	1. 12 ±0. 15	0. 85	1. 14 ±0. 18	0. 91	1. 23 ±0. 18	1
D7SVD7_ VITV	Whole genome shotgun sequence of line PN40024, *V. vinifera*	275. 23			SNP0. 1		SNP1	
TC231194	Glutamine synthetase, *Nicotianaattenuata*	699. 29	1. 73 ±0. 3	1	0. 8 ±0. 31	0. 28	1. 1 ±0. 44	0. 73
TC234776 *	Mitochondrial serine hydroxymethyltransferase, *Populustremuloides*	424. 15	0. 7 ±0. 34	1	1. 5 ±0. 26	0. 06	1. 0 ±0. 26	0. 71
TC238214 *	Mitochondrial glycine decarboxylase complex P-protein, *P. tremuloides*	346. 5	1. 9 ±0. 36	1	1. 2 ±0. 46	0. 79	1. 4 ±0. 41	0. 99
			13. RNA-Dependent DNA Replication					
A5BS29_ VITVI	Putative uncharacterized protein, *V. vinifera*	544. 27	cPTIO					
			14. Translation, Ribosomal Structure and Biogenesis					
TC231244 *	Elongation factor Tu, *G. max*	335. 59	1. 7 ±0. 53	0. 98	0. 9 ±0. 56	0. 5	1. 9 ±0. 53	0. 99
			15. Nutrient Reservoir Activity					
TC263883 *	Vicilin C72 precursor, *G. hirsutum*	370. 19	cPTIO		SNP0. 1		SNP1	
			16. Transporter Activity					
TC275744 *	VM23, *Raphanussativus*	167. 81			SNP0. 1			
			17. Unknown					
C6TCJ4_ SOYBN	Putative uncharacterized protein, *G. max*	203. 46			SNP0. 1			
A9PGC7_ POPTR	Putative uncharacterized protein, *P. trichocarpa*	282. 71	0. 67 ±0. 61	0. 18	0. 74 ±0. 63	0. 37	0. 75 ±0. 63	0. 38
A9PHE2_ POPTR	Putative uncharacterized protein, *P. trichocarpa*	816. 14	1. 52 ±0. 11	1	0. 94 ±0. 11	0. 11	0. 84 ±0. 11	0

(continued)

Accession no.[a]	Protein name	PLGS score[b]	cPTIO/CK	P-value[c]	0.1mmol/L CK	P-value	1 mmol/L CK	P-value
17. Unknown								
A9PJ06_ 9ROSI	Putative uncharacterized protein, *Populus trichocarpa* × *Populus-deltoides*	745.89	0.87 ±0.08	0	0.86 ±0.070	0	0.69 ±0.07	0
B9SPT7_ RICCO	Putative uncharacterized protein, *R. communis*	612.8			SNP0.1			
D7UAB3_ VITVI	Whole genome shotgun sequence of line PN40024, *V. vinifera*	541.29	cPTIO					
D7THJ7_ VITVI	Whole genome shotgun sequence of line PN40024, *V. vinifera*	705.22	0.88 ±0.07	0	0.88 ±0.08	0	0.69 ±0.08	0
TC235626	Whole genome shotgun sequence, *V. vinifera*	310.49	1.9 ±0.52	1	0.9 ±0.69	0.49	1.3 ±0.68	0.81
DR459665	Chromosome chr16 scaffold_ 10, whole genome shotgun sequence, *V. vinifera*	135.33	cPTIO					
ES830242	Predicted protein, Monosigabrevicollis MX1	205.26			SNP0.1			
TC234871	Uncharacterized protein At1g09340	257.92	1.7 ±0.32	1	0.8 ±0.49	0.29	1.4 ±0.41	0.94
TC230728	Chromosome chr6 scaffold_ 28, whole genome shotgun sequence, *V. vinifera*	406.99	0.7 ±0.43	0.07	1.4 ±0.44	0.96	0.9 ±0.44	0.42
TC277548 *	Proline-rich protein-1, *G. hirsutum*	172.6	CK		CK		CK	

a Accession No. for UniProtKB and DFCI. b PLGS score is calculated by the Protein Lynx Global Server (PLGS 2.3) software using Monte Carlo algorithm to available mass spec. data and is a statistical measure of accuracy of assignation. c *P*-values between 0 and 0.05 represent a 95% likelihood of downregulation, while a value between 0.95 and 1 indicates a 95% likelihood of upregulation. It is best seen as an advanced statistical test, where multiple components, i.e., peptides, contribute to the probability. Proteins marked with the asterisk (*) represent new proteins identified in this paper

3.3 Leaf Proteome in Response to NO

In this study, changes in the expression levels of proteins was optimized and normalized using an internal standard, according to the PLGS auto-normalization function. Using the control sample as calibrator, the relative quantification analysis approach yielded the relative fold change of the identified proteins. In this study, the significance level was specified at 20%, so a 1.2 fold (± 0.20 natural log scale) change was used as a threshold to evaluate significantly up- or downregulated expression. When proteins showed both up- and down-regulation for different treatments, only up- or down-regulation was reported with the selection criteria set to the largest observed change.

In total, more than 400 proteins were identified. Following the removal the redundant entries and proteins that showed little significant change between the control and treated samples, 166 proteins showed significant changes under the four different conditions (Figure 3). This included 47 proteins that were up-regulated (Figure 3A), 82 down-regulated (Figure 3B) and 37 appeared only after various treatments (Figure 3C). Specifically, 26 proteins responded to cPTIO treatment positively and 40 responded negatively. Twenty-six and 72 responded positively or negatively to 1mmol/L SNP, respectively. Thirty and 38 responded positively or negatively to 0.1mmol/L SNP, respectively (Figure 3A, B). A total of 15 proteins appeared specifically upon cPTIO treatment, 5 appeared after 0.1mmol/L SNP treatment and 6 appeared after either cPTIO, 0.1mmol/L or 1mmol/L SNP treatments (Figure 3C). Additionally, five proteins were found to be specifically expressed in the control sample (Figure 3C).

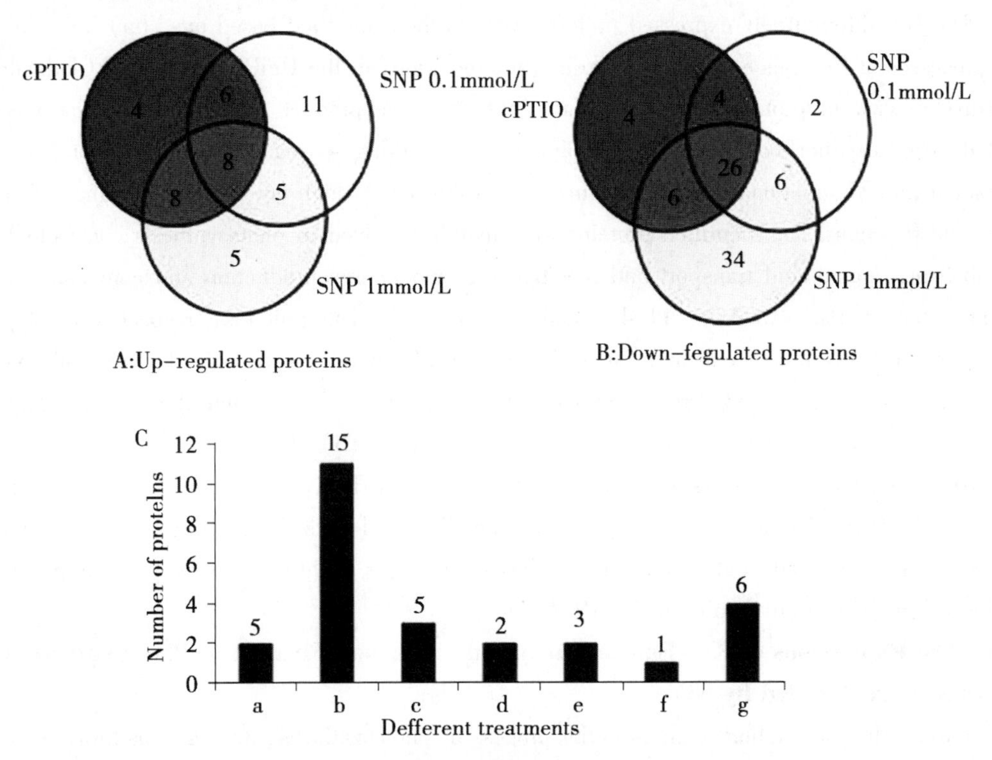

Figure 3　Statistics and analyses of the differentially expressed proteins under different treatments

(A) The upregulated proteins; (B) downregulated proteins; (C) the proteins showing specific expression under different conditions: a, control, water only; b, cPTIO; c, 0.1mmol/L SNP; d, 1 mmol/L SNP + 0.1 mmol/L SNP; e, cPTIO + 0.1 mmol/L SNP; f, cPTIO + 1mmol/L SNP; g, cPTIO + 0.1 mmol/L SNP + 1 mmol/L SNP

The label-free method has specific advantages for analyzing hydrophobic proteins and low-abundance proteins. In our study, 166 proteins were identified and quantified (Figure 3) which is a significantly larger number than most gel-based proteomic studies. In a previous article using 2-DE proteomics method, [21] 40 proteins responded to NO treatment. Here 72 proteins were newly identified by using label-free method, and these novel proteins were marked by " * " in Table

1. For example, ACC synthase (A2IBN7_ GOSHI) and S-adenosylmethionine synthetase (B9GSZ3_ POPTR) in ethylene biosynthesis, photosystem II CP43 chlorophyll apoprotein (PSBC_ POPTR), rust resistance protein Rp1 (Q7XY06_ MAIZE) and VM23 (TC275744) involved in photosynthesis, apoptosis/defense response and transporter activity processes, respectively, showed quantitative differences between the treatments, but has never been identified in previous experiments using 2-DE methods (Table 1). These results suggest that our developed MS^E-based label-free method is efficient and sensitive, and is therefore ideally suited to proteomic studies of this type.

3.4 Classification of Identified Proteins

The 166 differentially expressed proteins were further classified based on: (a) the biological processes of each gene product according to annotations in the UniProtKB and DFCI database at http: //www. uniprot. org/uniprot/, and (b) the gene product subcellular localization predicted using the SherLoc2 web server applying the defaulting setting.[38] The 166 proteins were classified into 17 functional groups (Figure 4A; Table 1), which covered a wide range of pathways and functions. The identified proteins were mainly involved in photosynthesis, carbohydrate metabolism, amino acid transport and metabolism, and energy production and conversion, accounting for 23.5%, 16.3%, 11.4% and 13.9% of the 166 proteins, respectively (Figure 4A). For the subcellular localization analysis, these 166 proteins were located in the chloroplast (16.3%), cytoplasm (33.1%), mitochondrion (7.8%), etc., and the proteins lacking exact localization annotations accounted for 38.0% (Figure 4B).

To understand which physiological action was regulated by NO, the identified 166 proteins were analyzed by placing them in appropriate signaling pathways. The analysis of the signaling pathways was carried out using the KEGG database (http: //www. genome. jp/kegg/pathway. html) with an E-value of 1×10^{-5}.

3.5 The Expressions of Key Enzymes Involved in Carbon Fixation in Photosynthetic Organisms Were Affected by NO

Carbon dioxide fixation is an essential process of photosynthesis, and this pathway involves many enzymes that catalyze and regulate energy generation. In this study, we identified eight proteins whose expression changed significantly (marked by red boxes) and are involved in carbon fixation (Supplemental Figure 2). Rubisco is the first key enzyme of carbon fixation and we observed that the levels of the rubisco larger subunit (EC, 4.1.1.39: D6PAF2_ GOSHI, Figure 5A) changed when the plant was treated with different SNP concentrations or treated with cPTIO followed by the addition of SNP. When treated with 1mmol/L SNP, the expressions of three proteins reduced significantly. These proteins were phosphoglycerate kinase (EC, 2.7.2.3: B6STH5_ MAIZE), glyceraldehyde-3-phosphate dehydrogenase (EC, 1.2.1.13: B4F8L7_ MAIZE) and fructose-bisphosphate aldolase (EC, 4.1.2.13: B9RHD4_ RICCO). These results confirm previous observations that these proteins are regulated by NO in plants,[21,39] thereby lending support to the results presented herein. In addition, we also found four proteins with dif-

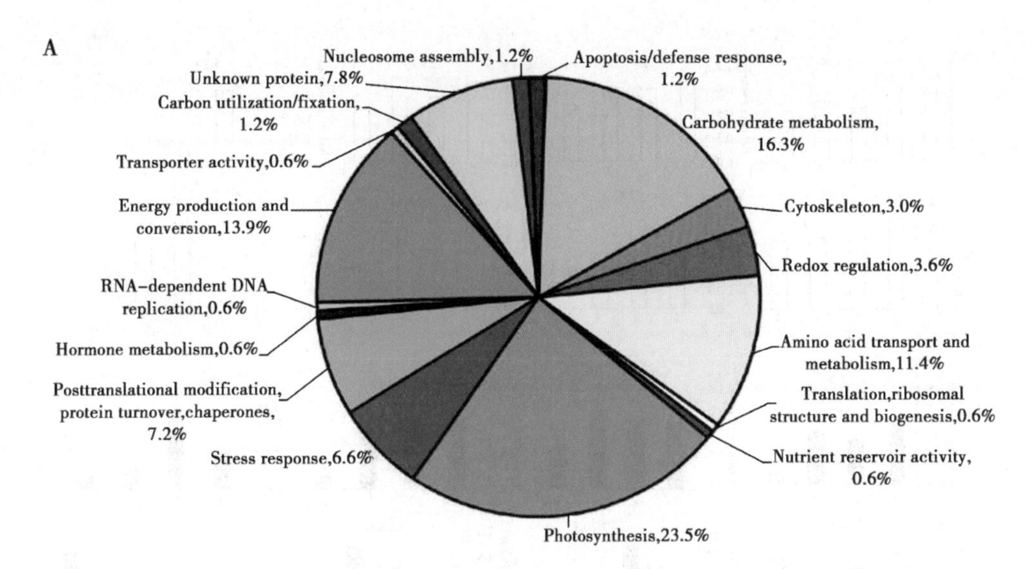

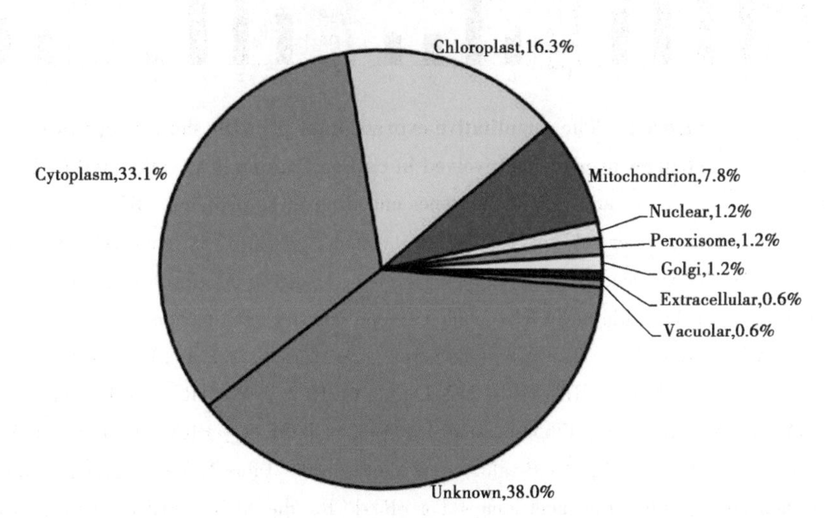

Figure 4 Functional classification and distribution (A) and protein subcellular locations (B) of all 166 identified and quantified proteins

ferent expression profiles. The putative uncharacterized protein (EC, 2.2.1.1: A9PHE2_POPTR) was up-regulated upon application of cPTIO but no change was observed when SNP was used. There were no changes in the level of OSJNBa0042F21.13 protein (EC, 3.1.3.37: Q7XRT0_ORYSJ) when the plant was treated with cPTIO; however, this protein was upregulated using the lower concentration of SNP (0.1 mmol/L) and downregulated when a higher concentration of SNP (1 mmol/L) was used. The putative malate dehydrogenase (EC, 1.1.1.37: B9SE47_RICCO) and triosephosphate isomerase (EC, 5.3.1.1: TC247653) was only expressed in the presence of SNP or cPTIO, respectively.

The changes in the relative mRNA expression levels of each protein were analyzed separately (Figure 5B). Besides the putative malate dehydrogenase (B9SE47_RICCO), triosephosphate

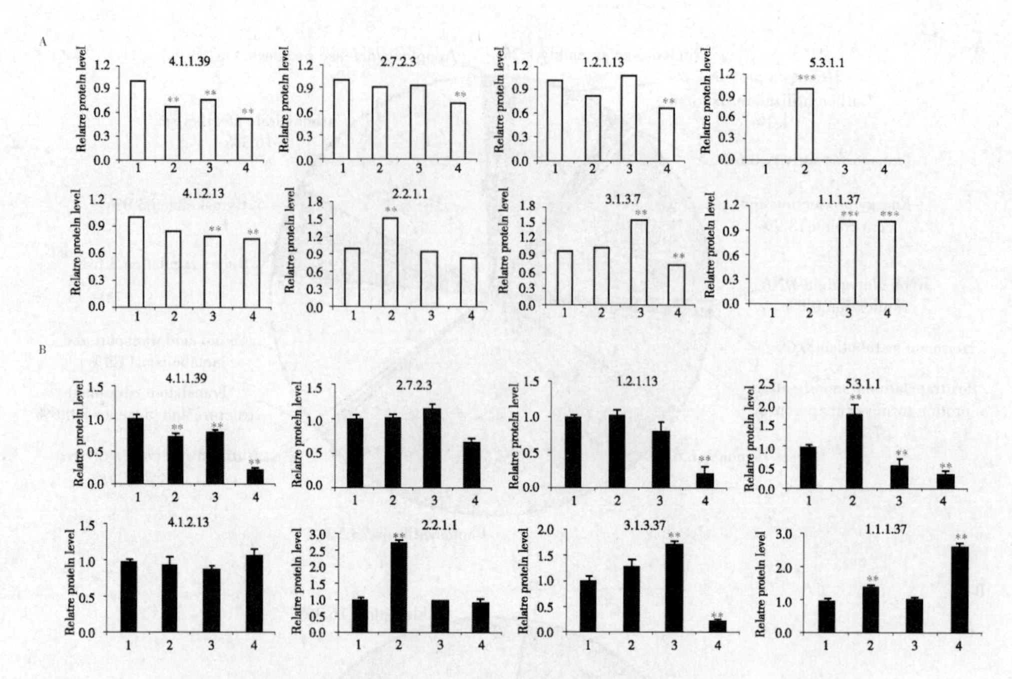

Figure 5　The quantitative expression of proteins showed significant changes to proteins involved in carbon fixation（A）and qRT-PCR analysis of the genes encoding these proteins（B）

1, control, water only; 2, cPTIO + 0. 1 mmol/L SNP; 3, 0. 1 mmol/L SNP; 4, 1 mmol/L SNP. The Y-axis denotes relative protein levels or relative transcript levels, with values from the control set to 1. 0 arbitrarily. The numbers represent the EC numbers of proteins: 4. 1. 1. 39 (D6PAF2 _ GOSHI), 2. 7. 2. 3 (B6STH5 _ MAIZE), 1. 2. 1. 13 (B4F8L7 _ MAIZE), 4. 1. 2. 13 (B9RHD4 _ RICCO), 2. 2. 1. 1 (A9PHE2 _ POPTR), 3. 1. 3. 37 (Q7XRT0 _ ORYSJ), 5. 3. 1. 1 (TC247653), and 1. 1. 1. 37 (B9SE47 _ RICCO). In panel A, $*P < 0.05$, $**$, $P < 0.01$; the *P*-values were shown in the Table 1. $***$, proteins only expressed in their corresponding treatment groups. For qRT-PCR, the NCBI/DFCI database accession numbers correspond to those listed in the Supplemental Table 1. The statistical significance was determined using one-way analysis of variance combined with the Bonferroni test using the SigmaStat software. $*P < 0.05$, $**P < 0.01$

isomerase (TC247653) and putative fructose-bisphosphate aldolase (B9RHD4_ RICCO), the results showed that changes in the pattern of transcription of genes encoding proteins matched the observed changes at the protein level. The putative malate dehydrogenase (B9SE47_ RICCO) could not be detected in the control and cPTIO plants, whereas its mRNA level showed no significant changes when the plants were treated with 0. 1mmol/L SNP. The mRNA expression level of putative fructose-bisphosphate aldolase (B9RHD4_ RICCO) showed no changes among the four groups tested, which was not consistent with enzyme activity. Meanwhile, the mRNA level of triosephosphate isomerase (TC247653) was also investigated, showing significant down-regulation both in control and 1mmol/L SNP group although no protein were detected under these treatments

(Figure 5B). This indicates that the mRNAs levels coding these proteins do not correlate with the changes observed at the protein level. From Figure 1, we know that the higher NO concentrations were toxic to cotton plants, and it is plausible that the higher NO concentration inhibited the normal expression of key enzymes involved in carbon fixation and blocked photosynthesis.

3.6 Expression of Components of the Photosynthetic Apparatus Changes Most Remarkably in Response to NO

A multitude of functional complexes and enzymatic reactions are involved in photosynthesis, where electron transfer is achieved according to the different arrangements of redox potentials and thus often dominate the photosynthetic chain. The photosynthetic chain is primarily composed of PSII, the cytochrome complex, PSI and ATP synthase. In this study, 12 differential proteins involved in photosynthesis were detected (Supplemental Figure 3), of which one belonged to PSI (Photosystem I reaction center subunit II-1, PsaD_ARATH), six to PSII (Photosystem Q (B) protein, PsbA_ARATH; Photosystem II protein D2, TC229855; Os06g0598100 protein, PsbB_ORYSJ; Photosystem II CP43 chlorophyll apoprotein, PsbC_POPTR; Oxygen-evolving enhancer protein 1, PSBO1_ARATH and Os07g0141400 protein, PsbP: Q8GTK4_ORYSJ), two to the cytochrome complex (Apocytochrome f, PetA: CYF_ARATH; Cytochrome b6-f complex iron-sulfur subunit, PetC: ES842599), one to the electron transport chain (Putative ferredoxin-NADP reductase, PetH: B9T6D1_RICCO) and two to the F-type ATPase (H (+) -transporting ATP synthase, beta: Q9XQG0_GOSHI; ATPase alpha subunit, alpha: A5BSB1_VITVI). The analysis revealed that the expression level of PsbA (PsbA_ARATH) in PSII was significantly down-regulated under high concentrations of SNP (Figure 6A). PsbD could only be detected in the control group but not others. PetA (CYF_ARATH), composed of the cytochrome complex b6/f and PsbP (Q8GTK4_ORYSJ) in PSII, only showed a differential level of expression when the NO scavenger was present. On the other hand, another protein (PetC) of the cytochrome complex b6/f was significantly up-regulated under higher concentration of SNP. The other seven proteins all decreased in expression levels only when NO was present. The relative levels of α and β subunits of ATP synthase were significantly altered when the plants were treated with 1mmol/L SNP, with expression ratios of 0.68 and 0.66, respectively (Table 1). A close scrutiny revealed that several photosystem Q (B) proteins, ribulose bisphosphate carboxylase large chain proteins, ribulose bisphosphate carboxylase/oxygenase activases and GAPDH proteins identified in "Carbohydrate metabolism" and "Photosynthesis" subsections (Table 1) were significantly inhibited only by 1mmol/L SNP treatment. We suggest that the inhibition of these proteins by 1mmol/L SNP may be responsible for the visible chlorotic phenotype observed on Figure 1A.

QRT-PCR analysis revealed that the gene expression levels displayed very similar patterns to the protein expression profiles (Figure 6B). However, while PetH (B9T6D1_RICCO) showed a decrease in protein levels when plants were treated with SNP, the mRNA expression level exhibited no change among the four groups examined. This indicates that the expression of this protein was regulated by post-translational modifications.

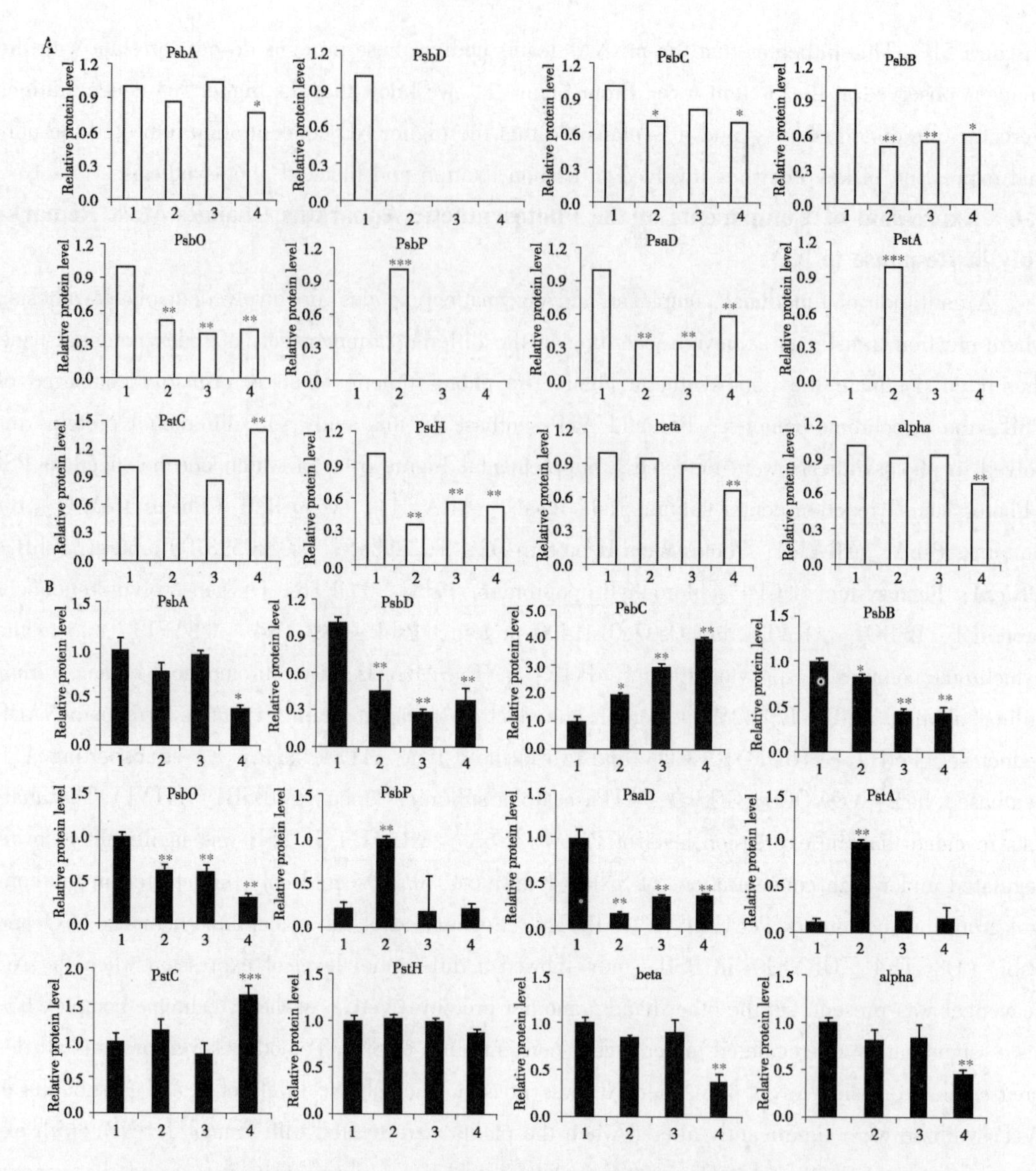

Figure 6　The quantitative analysis identified significant changes to protein levels that are components of the photosynthetic apparatus（A）and qRT-PCR analysis of the genes encoding these proteins（B）

1, control, water only; 2, cPTIO +0.1 mmol/L SNP; 3, 0.1 mmol/L SNP; 4, 1 mmol/L SNP. The Y-axis denotes relative protein levels or relative transcript levels, with values from the control set to 1.0 arbitrarily. The proteins were as follow: PsbA (PSBA_GOSHI), PsbD (TC229855), PsbB (Q0DB66_ORYSJ), PsbC (PSBC_POPTR), PsaD (PSAD1_ARATH), PsbO (PSBO1_ARATH), PsbP (Q8GTK4_ORYSJ), PetA (CYF_ARATH), PetC (ES842599), PetH (B9T6D1_RICCO), beta (Q9XQG0_GOSHI) and alpha (A5BSB1_VITVI). In panel A, $*P < 0.05$, $**P < 0.01$, the *P*-values were shown in the Table 1. $***$, proteins only expressed in their corresponding treatment groups. For qRT-PCR, the NCBI/DFCI database accession numbers correspond to those listed in the Supplemental Table 1. The statistical significance was determined using one-way analysis of variance combined with the Bonferroni test using the SigmaStat software. $*P < 0.05$, $**P < 0.01$

In the photosynthetic system, a heterodimer consisting of PsbA and PsbB from PSII combines with the P680 center and an electron acceptor,[40] and provides an Mn-ion cluster of the oxidized excited complex with ligand. The stability of the Mn-ion cluster is because of PsbO;[41-42] the CP43 chlorophyll apoprotein represents a key component of the antenna complex from PSII, which can bind chlorophyll and aid in catalyzing the initially light-induced chemical reaction.[43] The ATP synthase is composed of α, β and other subunits and catalyzes the synthesis of ATP.[44-45] These proteins all showed a decrease in expression when NO was present, especially under the higher concentration of NO, indicating that the application of NO generates a negative effect on light capture in photosynthesis. Previous work showed that the PsbP may be involved in the regulation of photosystem II.[46] In this study, the PsbP (Q8GTK4 _ ORYSJ) was expressed only when the NO scavenger was present. Moreover, exogenous application of NO led to a reduction in the expression levels of PsaD (PsaD _ ARATH) in PSI and PetH (B9T6D1_ RICCO) in the electron transport chain. PetA (CYF_ ARATH) in the cytochrome complex b6/f showed a similar trend to that observed for the PsbP (Q8GTK4 _ ORYSJ). The exogenous application of SNP had an influence on different components of the photosynthetic chain, and most of the proteins were down-regulated, which coincided with morphological variations. Since high NO concentrations are toxic to cotton plants, we hypothesize that the application of NO undermines the competency of photosynthesis. Here, higher concentrations NO inhibit the normal expression of ATP synthase and this subsequently leads to a lack of required energy which retards the development and growth of the cotton plants. In addition, certain components in the photosynthetic system are specifically expressed when NO is absent, which is possibly because of induced compensation or a stress effect resulting from the inhibition of the expression of other proteins. Further studies; however, remain to be completed to unravel the mechanism underlying the repressive effect of NO on photosynthetic components.

3.7 The Expression of Key Enzymes Involved in Protein Processing Are Regulated by NO

The endoplasmic reticulum is the source of protein synthesis in the cell, where all kinds of protein modifications occur, such as glycosylation, hydroxylation and acylation, and improperly folded proteins will be re-folded or assembled.[46] We have found that protein modifications and processing are also affected and regulated by NO (Supplemental Figure 4). Among these, Bip (Luminal binding protein, D2D326_ GOSHI) can be specifically induced by SNP, that is, only when NO is present is this protein specifically expressed, regardless of whether the inhibitor is applied in advance (Figure 7A). The expression level of Hsp70 (Heat shock cognate 70 ku protein 4, HSP74_ ARATH) is also highly increased with the exogenous application of NO in three treatments. Moreover, the expression level of p97 (Ribulose activase 2, Q9AXG0_ GOSHI) remains unchanged under the low level of NO treatment, whereas its expression is severely inhibited when 1mmol/L SNP was applied to the plants. The genes encoding the Bip (D2D326_ GOSHI) and Hsp70 (HSP74_ ARATH) increased significantly with SNP treatment and the gene of Ribulose activase 2 (Q9AXG0_ GOSHI) decreased when SNP was applied (Figure 7B).

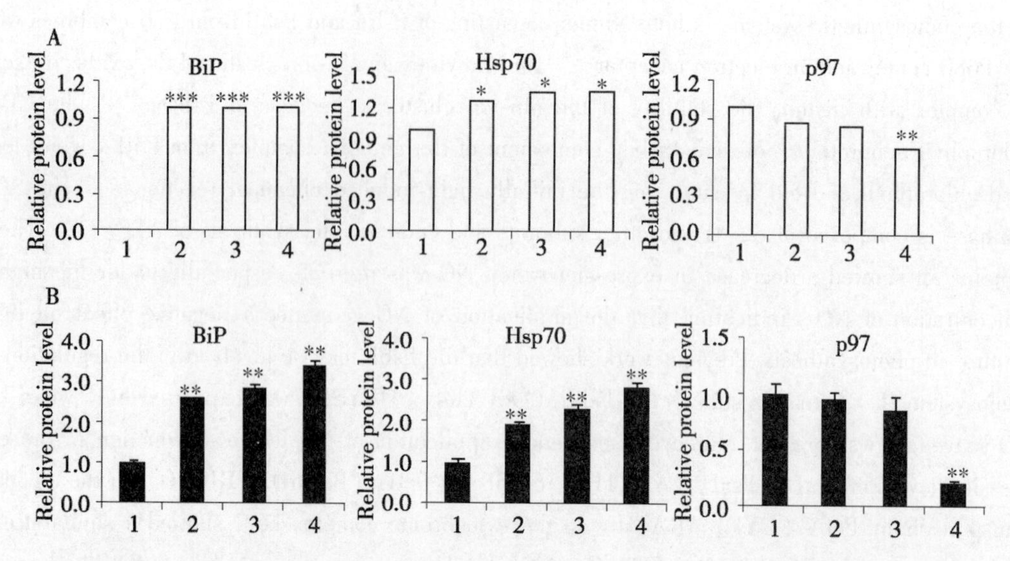

Figure 7 The quantitative analysis of protein levels showed significant changes to proteins involved in protein processing (A) and qRT-PCR analysis of the genes encoding these proteins (B)

1, control, water only, 2, cPTIO + 0.1 mmol/L SNP, 3, 0.1 mmol/L SNP, 4, 1 mmol/L SNP. The Y-axis denotes relative protein levels or relative transcript levels, with values from the control set to 1.0 arbitrarily. The proteins were as follow: Bip (D2D326_ GOSHI), Hsp70 (B6U1E4_ MAIZE) and p97 (Q9AXG0_ GOSHI). In the A part, * $P<0.05$, ** $P<0.01$, the P values were shown in the Table 1. ***, proteins only expressed in their corresponding treatment groups. For qRT-PCR, the NCBI/DFCI database accession numbers correspond to those listed in the Supplemental Table 1. The statistical significance was determined using one-way analysis of variance combined with the Bonferroni test using the SigmaStat software. * $P<0.05$, ** $P<0.01$

Not only is endoplasmic reticulum the source of protein synthesis, but this organelle is the base of protein modification and processing where improperly folded or assembled proteins will be recognized and transferred from the ER lumen to the cytoplasmic matrix, culminating in degradation by the proteasome.[47-48] The binding protein, Bip, in the endoplasmic reticulum can recognize improperly folded or assembled proteins and facilitates their re-fold and re-assembly.[49-50] In our study, luminal binding protein (D2D326_ GOSHI) in the endoplasmic reticulum lumen was specifically expressed when plants were treated with NO, where in the control group it is not expressed. Thus we postulate that the application of NO affected the folding and assemble of proteins, and hence induces high levels of Bip (D2D326_ GOSHI) expression. On the other hand, previous work also showed that the luminal binding protein, D2D326_ GOSHI, showed significantly higher expression during cotton fiber development,[51] suggesting that NO maybe involved in the regulation of fiber biosynthesis.

Hsp70, a molecular chaperone, is widely distributed in the endoplasmic reticulum, and can respond to different stresses.[52] HSP74 is a type of ATP-dependent chaperone in *Arabidopsis thaliana*. HSP74 contains the following functions: (i) aids in the refolding of unfolded or misfolded proteins under stress conditions; (ii) involved in ubiquitin degradation of targeted proteins with E3 ubiquitin ligase; (iii) identifying the specific site of transit peptides and subsequently degrading the precursor via the ubiquitin-proteasome; and (iv) a potent role in embryogenesis. Our investigation demonstrated that Hsp70 (HSP74_ ARATH) in the endoplasmic reticulum is highly expressed under three treatments. It was revealed that its function is induced by NO treatment in terms of protein folding and re-assembly, which is consistent with the specific expression of the Bip protein. Simultaneously, the expression level of Rubisco kinase (Q9AXG0_ GOSHI) is also quite low under high concentrations of NO. In addition to its role in photosynthesis, it also can perceive external stimuli, such as cold stress, attacks from pests, and binds to particular proteins.[53] Our results suggest that Rubisco kinase may be involved in related physiological activities like NO-regulated protein folding, transport or degradation.

3.8 NO Involved in theRegulationoftheEthylene Synthesis Pathway

Ethylene is a plant hormone that is produced from methionine, the latter is converted into S-adenosyl methionine (SAM) by methionine adenosyl transferase. 1-aminocyclopropane-1-carboxylic acid (ACC) is formed from SAM by ACC synthase, which is a limiting velocity enzyme of ethylene synthesis. In this study, we identified two proteins, B9GSZ3_ POPTR (methionine adenosyl transferase) and A2IBN7_ GOSHI (ACC synthase), that are part of the ethylene synthetic pathway (Supplemental Figure 5). In *Arabidopsis*, NO remarkably reduced ethylene production by down-regulating methionine adenosyl transfereasel (MAT1) activity through post-translational S-nitrosylation regulation, thus affecting the overall turn-over of ethylene biosynthesis.[54] Our results showed that there was no expression of methionine adenosyl transferase (B9GSZ3_ POPTR) in the presence of cPTIO and no significant change in either high or low concentrations of SNP (Figure 8A). The relative expression level of the gene showed a similar pattern to the protein expression levels (Figure 8B). This observation suggests that the expression of methionine adenosyl transferase must be associated with NO appearance and this enzyme probably mediates the cross-talk between ethylene and NO signaling. Zhu and co-workers have reported that the application of NO at lower concentrations could decrease ethylene output, through inhibition of ACC synthase activity, thereby reducing ACC content.[55] Moreover, there are a number of studies showing that NO effectively prevents ethylene biosynthesis and inhibits the activities of ACC synthase or ACC oxidase.[56-58] Luisa and co-workers found the ethylene evolution was very high after treatment with high concentrations of SNP, and SNP also enhanced mRNA accumulation of the ethylene biosynthetic gene ACS2, indicating that NO potentiates ethylene production by inducing a gene for its biosynthesis.[59] Here, we identified and quantified ACC synthase (A2IBN7_ GOSHI). The level of this protein decreased drastically when cPTIO was presented to the plants, increased significantly under the treatment of high NO concentration, and showed no obvious change with the application of the low concentration of NO. Changes in the level of transcription of the gene were consistent with the protein expression pattern (Figure 8B). Our result suggest that ethylene biosynthesis is positively regulated by NO, and high concentrations of NO could elevate the level of ethylene production, which is in accordance with the results of previous studies.[60,61] It should be noted that these proteins were not detected in previous proteomics data sets.[21,39]

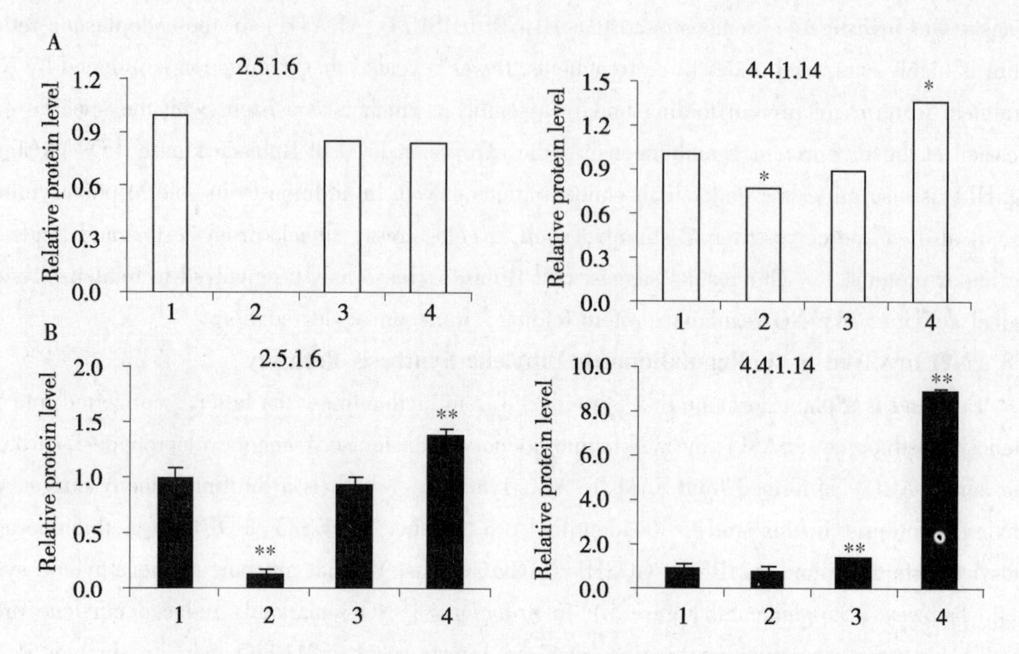

Figure 8 The quantitative analysis of protein levels identified significant changes to proteins involved in ethylene synthesis (A) and qRTPCR analysis of the genes encoding these proteins (B)

1, control, water only; 2, cPTIO +0.1 mmol/L SNP; 3, 0.1 mmol/L SNP; 4, 1 mmol/L SNP. The Y-axis denotes relative protein levels or relative transcript levels, with values from the control set to 1.0 arbitrarily. The numbers represent EC numbers of the proteins: 2.5.1.6 (B9GSZ3_ POPTR) and 4.4.1.14 (A2IBN7_ GOSHI). In panel A, * $P < 0.05$, ** $P < 0.01$, the P-values were shown in the Table 1. ***, proteins only expressed in their corresponding treatment groups. For qRT-PCR, the NCBI/DFCI database accession numbers correspond to those listed in the Supplemental Table 1. The statistical significance was determined using oneway analysis of variance combined with the Bonferroni test using the SigmaStat software. * $P < 0.05$, ** $P < 0.01$

3.9 Other Signal Pathway Responses to NO

Besides the signaling pathways discussed above, other physiological activities were found to be regulated by NO. In this study, the levels of identified proteins involved in amino acid metabolism (Chloroplast glutamine synthetase, Q5D185_ SOYBN; Glycine max precursor of transferase serine hydroxymethyltransferase 2, B9HK13_ POPTR; Glutamine synthetase, B6TE43_ MAIZE), the calcium signaling pathway (Putative uncharacterized protein, A5BS29_VITVI), nitrogen reduction and fixation (F5O8.28 protein, Q9ZUC2_ ARATH), peroxisome (Extracellular Cu/Zn SOD, B2LYS0_ GOSHI; Putative (S) -2-hydroxy-acid oxidase, B9S0Y9_ RICCO; Catalase isozyme 1, CATA1 _ GOSHI) and RNA degradation (Predicted protein, B9N0E2_ POPTR) were significantly affected following the application of SNP to the cotton plants. Consequently, NO regulates various kinds of signaling pathways, and our study provides new insights into the NO action mechanisms in plants.

4 Conclusions

In conclusion, the present study reproducibly identified and quantified 166 proteins from cotton leaves whose expression levels changed noticeably in response to NO treatment to the plant. KEGG database analysis demonstrated that proteins in carbon fixation, photosynthesis, protein processing, and cysteine and methionine metabolism (Table 1, Supplemental Figure 2-5) responded most significantly to NO. Pathway analysis also revealed that NO is involved in various physiological activities, such as apoptosis, carbohydrate and cytoskeleton (Table 1). This is the first time that functional proteomics information related to NO treatment has been systematically analyzed in cotton using a label-free proteomics method. The label-free approach represents a powerful means to identify and quantify protein levels. The method also revealed detailed information that could not be obtained with other proteomic and genomic approaches. In addition, our experiment also provided important indicators for further studies on NO-responsive proteins and signaling pathways that are regulated by NO. This research provides a broad spectrum of information which can be used in other plant studies examining the response of a plant to NO.

5 Associated Content

Supporting Information

Supplemental Table 1, primer sequences used for quantitative Real-time PCR; Supplemental Table 2, cellular localization of differentially expressed proteins; Supplemental Figure 1, assessment of the analytical reproducibility; Supplemental Figure 2, the pathway of carbon fixation derived from KEGG; Supplemental Figure 3, the pathway of photosynthesis derived from KEGG; Supplemental Figure 4, the pathway of protein processing derived from KEGG; Supplemental Figure 5, the pathway of ethylene synthesis derived from KEGG. This material is available free of charge via the Internet at http://pubs.acs.org.

6 Author Information

Corresponding Author

* S. Y.: State Key Laboratory of Cotton Biology, Cotton Research Institute, Chinese Academy of Agricultural Sciences, Anyang 455000, Henan Province, China. Tel.: +86 372 2525365. Fax: +86 372 2525363. E-mail: yu@cricaas.com.cn. W. L: National Center of Biomedical Analysis, Beijing 100850, China. E-mail: lwh@proteomics.cn.

Author Contributions

These authors have contributed equally to this work.

Acknowledgment

This research is funded by the National Basic Research Program of China (2010CB126006) and Supported by the Earmarked Fund for China Agriculture Research System (CARS-18). The research was performed at the State Key Laboratory of Cotton Biology in Cotton Research Institute of Chinese Academy of Agricultural Sciences, and portions of this research were carried out at the National Center of Biomedical Analysis.

References

[1] Ignarro L J, Byrns R E, Buga G M, *et al.* Endotheliumderived relaxing factor from pulmonary artery and vein possesses pharmacologic and chemical properties identical to those of nitric oxide radical [J]. *Circ. Res.* 1987, 61 (6), 866-879.

[2] Delledonne M, Xia Y, Dixon R A, *et al.* Nitric oxide functions as a signal in plant disease resistance [J]. *Nature*, 1998, 394 (6693), 585-588.

[3] Beligni M V, Lamattina L. Nitric oxide stimulates seed germination and de-etiolation, and inhibits hypocotyl elongation, three light-inducible responses in plants [J]. *Planta*, 2000, 210 (2), 215-221.

[4] Garcia-Mata C, Lamattina L. Abscisic acid (ABA) inhibits lightinducedstomatal opening through calcium-and nitric oxide-mediated signaling pathways [J]. *Nitric Oxide*, 2007, 17 (3_4), 143-151.

[5] Mishina T E, Lamb C, ZEIER, J. Expression of a nitric oxide degrading enzyme induces a senescence programme in Arabidopsis [J]. *Plant Cell Environ.* 2007, 30 (1), 39-52.

[6] Guo F Q, Crawford N M. Arabidopsis nitric oxide synthase1 is targeted to mitochondria and protects against oxidative damage and dark-induced senescence [J]. *Plant Cell*, 2005, 17 (12), 3436-3450.

[7] He Y, Tang R H, Hao Y, Stevens R D, *et al* , Nitric oxide represses the Arabidopsis floral transition [J]. *Science*, 2004, 305 (5692), 1968-1971.

[8] Garc a-Mata C, Lamattina L. Nitric oxide induces stomatal closure and enhances the adaptive plant responses against drought stress [J]. *Plant Physiol.* , 2001, 126 (3), 1196-1204.

[9] Zhao M G, Tian Q Y, Zhang W H. Nitric oxide synthasedependent nitric oxide production is associated with salt tolerance in Arabidopsis [J]. *Plant Physiol.* , 2007, 144 (1), 206-217.

[10] Guo F Q, Okamoto M, Crawford N M. Identification of a plant nitric oxide synthase gene involved in hormonal signaling [J]. *Science*, 2003, 302 (5642), 100-103.

[11] Bethke P C, Badger M R, Jones R L. Apoplastic synthesis of nitric oxide by plant

tissues [J]. *Plant Cell*, 2004, 16 (2), 332-341.

[12] Beligni M, Lamattina L. Nitric oxide in plants: The history is just beginning [J]. *Plant Cell Environ.* 2001, 24 (3), 267-278.

[13] Uchida A, Jagendorf A T, Hibino T, *et al.* Effects of hydrogen peroxide and nitric oxide on both salt and heat stress tolerance in rice [J]. *Plant Sci.*, 2002, 163 (3), 515-523.

[14] Beligni M V, Lamattina L. Nitric oxide counteracts cytotoxic processes mediated by reactive oxygen species in plant tissues [J]. *Planta*, 1999, 208 (3), 337-344.

[15] Gouvea C, Souza J, Magalhaes A, *et al.* NO3_ releasing substances that induce growth elongation in maize root segments [J]. *Plant Growth Regul.*, 1997, 21 (3), 183-187.

[16] Ribeiro E A, Jr, Cunha F Q, *et al.* Growth phase-dependent subcellular localization of nitric oxide synthase in maize cells [J]. *FEBS Lett*, 1999, 445 (2_3), 283-286.

[17] Zottini M, Formentin E, Scattolin M, *et al.* Nitric oxide affects plant mitochondrial functionality in vivo [J]. *FEBS Lett.*, 2002, 515 (1_3), 75-78.

[18] Millar A H, Day D A. Nitric oxide inhibits the cytochrome oxidase but not the alternative oxidase of plant mitochondria [J]. *FEBS Lett.*, 1996, 398 (2-3), 155-158.

[19] Arteel G E, Briviba K, Sies H. Protection against peroxynitrite [J]. *FEBS Lett*, 1999, 445 (2-3), 226-230.

[20] Parani M, Rudrabhatla S, Myers R, *et al.* Microarray analysis of nitric oxide responsive transcripts in Arabidopsis [J]. *Plant Biotechnol.* J., 2004, 2 (4), 359-366.

[21] Tanou G, Job C, Belghazi M, *et al.* Proteomic signatures uncover hydrogen peroxide and nitric oxide cross-talk signaling network in citrus plants [J]. J. *Proteome Res.*, 2010, 10 (4), 1719-1727.

[22] Issaq H J, Veenstra T D. Two-dimensional polyacrylamide gel electrophoresis (2D-PAGE): advances and perspectives [J]. *Bio. Techniques.*, 2008, 44 (5), 697-700.

[23] Yao X, Freas A, Ramirez J, *et al.* Proteolytic 18Olabeling for comparative proteomics: model studies with two serotypes of adenovirus [J]. *Anal. Chem*, 2001, 73 (13), 2836-2842.

[24] Ross P L, Huang Y N, Marchese J N, *et al.* Multiplexed protein quantitation in Saccharomyces cerevisiae using amine-reactive isobaric tagging reagents [J]. *Mol. Cell. Proteomics*, 2004, 3 (12), 1154-1169.

[25] Ong S E, Blagoev B, Kratchmarova I, *et al.* Stable isotope labeling by amino acids in cell culture, SILAC, as a simple and accurate approach to expression proteomics [J]. *Mol. Cell. Proteomics*, 2002, 1 (5), 376-386.

[26] Gygil S P, Rist B, Gerber S A, *et al.* Quantitative analysis of complex protein mixtures using isotope-coded affinity tags [J]. *Nat. Biotechnol.*, 1999, 17 (10), 994-999.

[27] Bantscheff M, Schirle M, Sweetman G, *et al.* Quantitative mass spectrometry in proteomics: A critical review [J]. *Anal. Bioanal. Chem.*, 2007, 389 (4), 1017-1031.

[28] Wiener M C, Sachs J R, Deyanova E G, *et al.* Differential mass spectrometry: A

label-free LC-MS method for finding significant differences in complex peptide and protein mixtures [J]. *Anal. Chem.*, 2004, 76 (20), 6085-6096.

[29] Shen Z, Li P, Ni R J, *et al.* Label-free quantitative proteomics analysis of etiolated maize seedling leaves during greening [J]. *Mol. Cell. Proteomics*, 2009, 8 (11), 2443-2460.

[30] Cutillas P R, Vanhaesebroeck B. Quantitative profile of five murine core proteomes using label-free functional proteomics [J]. *Mol. Cell. Proteomics*, 2007, 6 (9), 1560-1573.

[31] Qian W J, Jacobs J M, Liu T, *et al.* Advances and challenges in liquid chromatography-mass spectrometrybased proteomics profiling for clinical applications [J]. *Mol. Cell. Proteomics*, 2006, 5 (10), 1727-1744.

[32] Silva J C, Denny R, Dorschel C, *et al.* Simultaneous qualitative and quantitative analysis of the Escherichia coli proteome [J]. *Mol. Cell. Proteomics*, 2006, 5 (4), 589-607.

[33] Silva J C, Gorenstein M V, Li G Z, *et al.* Absolute quantification of proteins by LC-MSE [J]. *Mol. Cell. Proteomics*, 2006, 5 (1), 144-156.

[34] Vissers J P C, Langridge J I, Aerts J M F G. Analysis and quantification of diagnostic serum markers and protein signatures for Gaucher disease [J]. *Mol. Cell. Proteomics*, 2007, 6 (5), 755-766.

[35] Washburn M P, Wolters D, Yates J R. Large-scale analysis of the yeast proteome by multidimensional protein identification technology [J]. *Nat. Biotechnol.*, 2001, 19 (3), 242-247.

[36] Silva J C, Denny R, Dorschel C A, *et al.* Quantitative proteomic analysis by accurate mass retention time pairs [J]. *Anal. Chem.*, 2005, 77 (7), 2187-2200.

[37] Livak K J, Schmittgen T D. Analysis of relative gene expression data using real-time quantitative PCR and the 2- [Delta] - [Delta] CT method [J]. *Methods*, 2001, 25 (4), 402-408.

[38] Briesemeister S, Blum T, Brady S, *et al.* SherLoc2: A high-accuracy hybrid method for predicting subcellular localization of proteins [J]. J. *Proteome Res.*, 2009, 8 (11), 5363-5366.

[39] Tanou G, Job C, Rajjou L, *et al.* Proteomics reveals the overlapping roles of hydrogen peroxide and nitric oxide in the acclimation of citrus plants to salinity [J]. *Plant J.* 2009, 60 (5), 795-804.

[40] Reiland S, Messerli G, Baerenfaller K, *et al.* Large-scale Arabidopsis phosphoproteome profiling reveals novel chloroplast kinase substrates and phosphorylation networks [J]. *Plant Physiol.* 2009, 150 (2), 889-903.

[41] Murakami R, Ifuku K, Takabayashi A, *et al.* Characterization of an Arabidopsis thaliana mutant with impaired psbO, one of two genes encoding extrinsic 33-kDa proteins in photosystem II [J]. *FEBS Lett.*, 2002, 523 (1-3), 138-142.

[42] Yi X, McChargue M, Laborde S, *et al.* The manganese-stabilizing protein is required for photosystem II assembly/stability and photoautotrophy in higher plants [J].

J. *Biol. Chem.* , 2005, 280 (16), 16170-16174.

[43] Sandstr m S, Park Y I, quist G, *et al.* CP430, the isiA gene product, functions as an excitation energy dissipator in the Cyanobacteriumsynechococcus sp PCC 7942 [J]. *Photochem Photobiol.* 2001, 74 (3), 431-437.

[44] Abrahams J P, Leslie A G W, Lutter R, *et al.* Structure at 2. 8 resolution of F_1-ATPase from bovine heart mitochondria [J]. *Nature*, 1994, 370 (6491), 621-628.

[45] Boyer P D. The binding change mechanism for ATP synthase— some probabilities and possibilities [J]. *Biochim. Biophy. Acta*, 1993, 1140 (3), 215.

[46] Kochhar A, Khurana J P, Tyagi A K. Nucleotide sequence of the psbP gene encoding precursor of 23-kDa polypeptide of oxygenevolving complex in Arabidopsis thaliana and its expression in the wildtype and a constitutively photomorphogenicmutant [J]. *DNA Res.* , 1996, 3 (5), 277-285.

[47] Chrispeels M J. Sorting of proteins in the secretory system [J]. *Annu. Rev. Plant Biol.* , 1991, 42 (1), 21-53.

[48] Hurtley S M, Helenius A. Protein oligomerization in the endoplasmic reticulum [J]. *Annu. Rev. Cell Biol.* , 1989, 5 (1), 277-307.

[49] Rothman J E. Polypeptide chain binding proteins: catalysts of protein folding and related processes in cells [J]. *Cell*, 1989, 59 (4), 591-601.

[50] Koizumi N. Isolation and responses to stress of a gene that encodes a luminal binding protein in Arabidopsis thaliana [J]. *Plant Cell Physiol.* , 1996, 37 (6), 862-865.

[51] Pang C Y, Wang H, Pang Y, *et al.* Comparative proteomics indicates that biosynthesis of pectic precursors is important for cotton fiber and Arabidopsis root hair elongation [J]. *Mol. Cell. Proteomics*, 2010, No. 9, 2019-2033.

[52] Lee S, Lee D W, Lee Y, *et al.* Heat shock protein cognate 70-4 and an E3 ubiquitin ligase, CHIP, mediate plastid-destined precursor degradation through the ubiquitin-26S proteasome system in Arabidopsis [J]. *Plant Cell*, 2009, 21 (12), 3984-4001.

[53] DeRidder B P, Salvucci M E. Modulation of Rubiscoactivase gene expression during heat stress in cotton (Gossypiumhirsutum L.) involves post-transcriptional mechanisms [J]. *Plant Sci.* , 2007, 172 (2), 246-254.

[54] Lindermayr C, Saalbach G, Bahnweg G, *et al.* Differential inhibition of Arabidopsis methionine adenosyltransferases by protein S-nitrosylation [J]. J. *Biol. Chem*, 2006, 281 (7), 4285-4291.

[55] Zhu S, Zhou J. Effect of nitric oxide on ethylene production in strawberry fruit during storage [J]. *Food Chem*, 2007, 100 (4), 1517-1522.

[56] Zhu S, Liu M, Zhou J. Inhibition by nitric oxide of ethylene biosynthesis and lipoxygenase activity in peach fruit during storage [J]. *Postharvest Biol. Technol*, 2006, 42 (1), 41-48.

[57] Rudell D R, Mattheis J P. Nitric oxide and nitrite treatments reduce ethylene evolu-

tion from apple fruit disks [J]. *Hort Science*, 2006, 41 (6), 1462-1465.

[58] Manjunatha G, Lokesh V, Neelwarne B. Nitric oxide in fruit ripening: Trends and opportunities [J]. *Biotechnol. Adv.*, 2010, 28 (4), 489-499.

[59] Ederli L, Morettini R, Borgogni A, *et al.* Interaction between nitric oxide and ethylene in the induction of alternative oxidase in ozonetreated tobacco plants [J]. *Plant Physiol*, 2006, 142 (2), 595-608.

[60] Ahlfors R, Brosch_ e M, Kangasjrvi J. Ozone and nitric oxide interaction in Arabidopsis thaliana: A role for ethylene [J]. *Plant Signaling Behav*, 2009, 4 (9), 878-879.

[61] Mur L A J, Laarhoven L J J, Harren F J M, *et al.* Nitric oxide interacts with salicylate to regulate biphasic ethylene production during the hypersensitive response [J]. *Plant Physiol*, 2008, 148 (3), 1537-1546.

Cloning, Sequence and Expression Analysis of *Gossypium barbadense* L. *pepc* Gene

Delong Wang, Jiwen Yu*, Shuxun Yu*, Honghong Zhai,
Shuli Fan, Meizhen Song, Jinfa Zhang
(Cotton Research Institute, Chinese Academy of Agriculture Sciences/Key Laboratory of Cotton Genetic Improvement, Ministry of Agriculture, Anyang 455000, China)

Abstract: According to published EST sequences, a new pepc (Phosphoenolpyruvate carboxylase) gene was cloned from *Gossypium barbadense L.* cultivar 7 124 by the utilization of the RACE and genome walking technology. The gene was named *Gb. pepc*3. It consists of 3 259 bp, contains an open reading frame for 2 910 bp, and encodes 969 amino acids with a deduced molecular weight of 110. 7 kd and an isoelectric point of 6. 08 I. Homology and phylogenetic trees analysis showed high similarity between *Gb. pepc*3 and pepcs in other reported plants, and all belong to C3 type pepc. The result of the fluorescence quantitative PCR displayed that *Gb. pepc*3 existed in all tissues of cotton. It expressed highly in the embryo but low in fiber. The expression quantity of *Gb. pepc*3 varied in different stages of the development of cotton. The expression of *Gb. pepc*3 reached the highest level at 15 days after blossoming for *Gossypium barbadense* L. while 20 days after blossoming for *G. hirsutum*, and there was significant difference in the expression quantities between two species.

Keywords: Pepc; Clone; Differential expression; Quantitative PCR; Cotton

The phosphoenolpyruvate carboxylase is an enzyme in the family of carboxy-lyases, simply called PEPC or PEPCase. It occurs widely in higher plants, algae, photosynthetic bacteria, cyanobacteria and most of the non-photosynthetic bacteria. Studies show that the higher plant PEPC is encoded by multigene family, which means that there are all kinds of isozymes. Even in different tissues of the same plant, there may be different kinds of pepc genes[1]. These genes may be categorized into C4 type and C3 type [2-6]. The C4 type *pepc* in C4 plants and crassulacean acid metabolism plants serves for the fixation of CO_2 in the photosynthetic pathway. While C3 type *pepc*, the non photosynthetic type *pepc*, demonstrates an important regulation function in the plant as

原载于：*Cotton Science*, 2011, 23 (1): 80-89

well. The functions of the non photosynthetic type *pepc* are to help replenish the carbon skeleton loss during the tricarboxylic acid cycle for the synthesis of amino acid[7], to maintain the pH and osmotic balance, to fix CO_2 released in breathing again and to participate in the development of seeds from the germination to its ripening etc[8]. People have noticed the superiority of C4 type comparing to C3 type from the important function of *pepc* during the photosynthesis of C4 plants. The low photorespiration and high efficiency of radiation utilization announced a bright future for the use of C4 type in the further increasing of the production of crops. In some researches, over expression was observed by transplanting the *pepc* gene from maize to rice [9-10], meanwhile, it is reported that over expression achieved in the *pepc* transgenic rice from the C4 type sorghum [11].

More *pepc* genes in higher organisms, bacteria, algae have been cloned since 1984[12]. Now there are only two *pepc* genes of the upland cotton in NCBI, which was isolated in 1997 and 2008, respectively [13]. Both of them are C3 type *pepc*. It is absolutely necessary to improve the cooperativity of C4 type and C3 type gene in order to strengthen the plant's photosynthesis and stress resistance. Some researchers at home have raised the content of oil in plant by cloning the *pepc* gene of soybean and rape and constructing its antisense expression vector[14-15]. Here we cloned a new *pepc* gene named *Gb. pepc*3 from the *Gossypium barbadense* L. and analyzed its sequence and expression.

1 Materials and Methods

1.1 Materials

We used *Gossypium barbadense* L. cultivar 7124 and *G. hirsutum* L. cv. CCRI 36 as experimental materials and planted them in Anyang. Seeds samples were taken 3d before blooming and every 5d in the 60d after blooming and preserved at -70℃. Besides, samples of tissues from the foliage, blossom were also taken and preserved at -70℃.

1.2 Reagent

The reverse transcriptase used here are Supper script Ⅲ of Invitrogen Co., Ltd, Reverse transcript M-MLV. Advantage® of TaKaRa Biotechnology Co., Ltd and 2 PCR Kit produced by Clontech Laboratories Inc. Other reagents were purchased from Sangon (Shanghai), and the primers needed were synthesized by TaKaRa.

1.3 The extraction and reverse transcription of total RNA

Total RNA was extracted from the samples by CTAB method. We detected the integrity of 2μL of it by 1.1% agarose electrophoresis and measured the OD value at 260 nm and 280 nm wavelength with ultraviolet spectrophotometer. The RNA samples was then diluted into 1 g/L, and we synthesized 1μL of it to cDNA by the reverse transcriptase Supper script Ⅲ produced by Invitrogen Co. Ltd. The mixture of 1μL of each cDNA samples was used as the template for RACE-PCR. The cDNA synthesized using Reversr transcript M-MLV by RT-PCR was used as the template for the fluorescence quantitative PCR.

1.4 The establishment of the genomic DNA library

The genomic DNA of cv. 7124 was extracted using the improved CTAB method. The extracted genomic DNA was then digested with the restriction enzymes *Dra*I, *Eco*RV, *Pvu*II, *Stu*I, respectively, to form four DNA libraries after purification, joining adaptor.

1.5 Cloning and Sequencing of the Target Gene

The first strand of cDNA was reverse transcript from the total RNA in 3′-RACE CDSPrimer (5′-AAGCAGTGGTATCAACGCAGAGTAC (T) 30V N-3′), following the method in SMART^{TM} RACE cDNA Amplification Kit User Manual; then a pair of nested primers (PEP3-F_1: 5′ AAGCCTCGTCGAGCTCTTGCTTATC3′ and PEP3-F2: 5′ CGGTGGTAGCCGAATTCTCGT-CAAC3′) was designed based on the sequence of the *pepc* gene EST (CM015D10) published in NCBI; and the three terminal domains of *Gb. pepc*3 were obtained with the pair of nested primer and UPM primer in SMART^{TM} RACE cDNA Amplification Kit User Manual by PCR. The PCR products were cloned into pMD18-T vector and sent to TaKaRa Biotechnology Co., Ltd for sequencing. Another two nested primers were designed according the obtained 3′ terminal domain, and the 5′ terminal domain was obtained by nested-PCR with the two nested primers and the two adaptor primers (SMART^{TM} RACE cDNA Amplification Kit), and the four DNA libraries as templates. The primer sequences were:

PEP2-WK1: GAAATGAGGGCCGGAATGAGTTACT

PEP2-WK2: 5′-TGCGATTTGACTTCTTCGGCGAGGT-3′,

the adaptor primers sequence were:

AP1: 5′-GTAATACGACTCACTATAGGGC-3′ and

AP2: 5′-ACTATAGGGCACGCGTGGT-3′.

The PCR products were cloned into pMD18-T vector and sent to TaKaRa Biotechnology Co., Ltd for sequencing. Then the obtained sequences were assembled with previous sequences.

1.6 Sequence analysis

The protein sequence was deduced by the ORFfinder in the website of NCBI. BioEdit software (version 7.0.5.3) was used for analyzing the molecular weight, isoelectric point and amino acid construction of it. And the BLAST program in the NCBI website was used for the rpsBlast analysis of the protein sequence. Multiple sequence alignment and phylogenetic tree plotting of the *pepc* sequence were carried out in ClustalW2 from the website of EBI. By using the SMART and PROSITE algorithm, we analyzed the structure domains and conserved domains for the gene sequence of Gb. pepc3. We used the CBS server SignalP-2.0 of DTU for the prediction of signal peptide in the *Gb. pepc*3 protein sequence. The Hydrophobicity analysis was carried out by the Hydropathicity Plots at Colorado (US). The program NetPhos2.0 Server in the CBS server of DTU was used for the prediction of the phosphorylation site in the *Gb. pepc*3 protein sequence. The prediction of transmembrane domains of the deduced protein was done by the TMpred program in EMBnet. Analysis for subcellular localization was carried out by WoLF PSORT. Scratch Protein Predictor was used for the disulfide bond analysis of the *Gb. pepc*3 protein. And the PBIL LYON-GER-

LAND database was used for the Protein Secondary Structure Prediction. The numbers of the protein sequences in the research are: *E. coli* (P00864), *Arabidopsisthaliana*-1 (AJ532901), *A. thaliana*-2 (AJ532902), A. *thaliana*-3 (AF071788), *thaliana*-4 (AJ532903), *Gossypium*-1 (AF008939), *G. hirsutum*-2 (EU032328), *Zea* mays C4 (P04711), *Nicotiana tabacum* (CAA41758), *Sorghum bicolor* (CAA4254 9), *Oraza sativa*-1 (AF271995), *Brassica napus* (BAA03094), *Caulobacter crescentus* (NP_ 420304), *Deinococcus radiodurans* (NP_ 295007), *Haemophilus influenzae* (NP_ 439778), *Lupinus luteus* (CAJ84247), *Glycine max* (BAC41249), *Lotus corniculatus* (AAD31452), *Flaveriapringlei* (CAA88829), *Saccharum* (AAC33164), *Amaranthus* (AAB18633), *S. italica*. C4 (AF495586), *S. officinarum* C4 (AJ293346), *Sorghum* C4 (X17379).

1.7 The Fluorescence Quantitative PCR Analysis

The fluorescence quantitative PCR analysis revealed the change of expression quantity of *Gb. pepc*3 at different stages of seed development between cv. 7124 and cv. CCRI 36, and among different tissue compartments of cv 7124. The Fluorescence Quantitative PCR analysis was carried out according to the SYBR Green1 method in the instruction of the Takara Biotechnology Co. Ltd, the sequence of the primer is: (5′ GGATGAATATCGGTAGCAGACCA3′, 5′AGCCAAACGGGAAGATGAAA3′). To standardize the template quantities among different samples, the housekeeping gene actin was used as an internal reference, the sequence of the primers were: actin-f: ATCCTCCGTCTTGACCTTG and actin-r: TGTCCGTCAGGCAACTCAT.

2 Analysis of Results

2.1 Cloning of Gb. pepc3 Gene

No degradation in extracted RNA was observed in Agarose gel electrophoresis. (Figure 1). The OD value at 260 and 280 nm measured by ultraviolet spectrophotometer was 1.8 ~ 2.1, demonstrating it could be reverse-transcribed to cDNA. The cDNA was amplified after reverse transcription by the adaptor primer (SMART™ RACE cDNA Amplification Kit User Manual, Clontech Co. Ltd) and the 3′RACE primer designed, and the results were shown in Figure 2. The 3′ product was proceed with purification, linkage and transformation, then sequenced in TaKaRa Biotechnology Co. Ltd, and proved to be the target 3′ terminal domain by comparing the overlapped part with the original EST. The 4 genomic DNA libraries established were amplified with adaptor primer (AP1, AP2, GenomeWalker™ Universal Kit User Manual), and the pair of nested primer based on 3′ terminal domain obtained, after extraction of the single brand in gel (Figure 3), and the same procedure above, the sequence was proved to be target 5′ terminal domain by TaKaRa Biotechnology Co. Ltd. The introns were removed by comparing with homologous sequences through Align in EBI, and BLAST in NCBI.

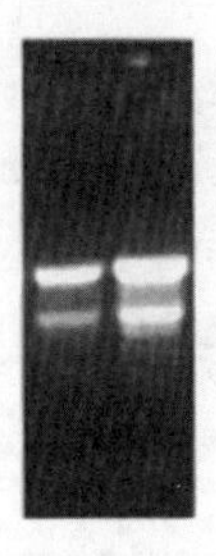

Figure 1　Gel analysis of total RNA

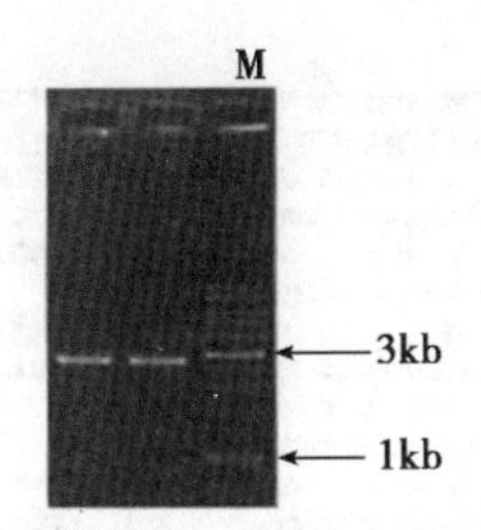

Figure 2　Gel analysis of RACE-PCR

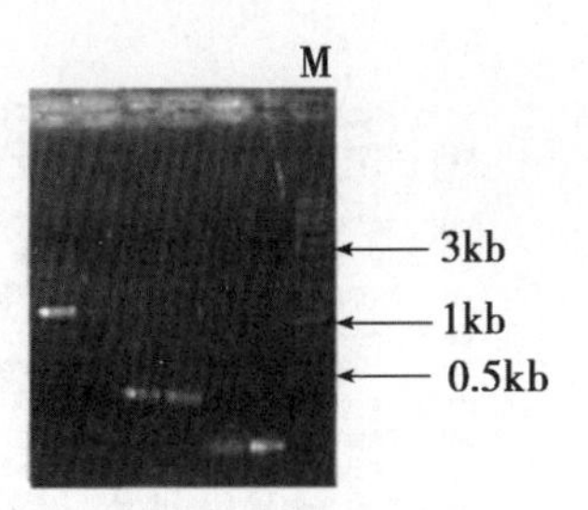

Figure 3　Gel analysis of walking-PCR

2.2　*Gb. pepc*3 Sequence Analysis

Analysis of nucleotide sequence showed that the cloned *Gb. pepc*3 gene consists of 3 259 bp, contains an open reading frame for 2 910 bp, and encodes 969 amino acids with a deduced molecular weight of 110.7 ku and an isoelectric point of 6.081 (Figure 4). There are 72 basic amino acids (K, R), 142 acidic amino acids (D, E), 341 hydrophonic amino acids (A, I, L, F, W, V), and 219 polar amino acids (N, C, Q, S, T, Y), which demonstrates that *Gb. pepc*3 is a acidic protein. The nucleotide sequence analysis also showed the integrity of the open reading frame because we can locate the terminator codon (TAA) in the upstream of the initiation codon. We can also find AATAA, a polyadenylation signal, between the terminator codon of 3′ terminal domain and polyA. It proved that the cDNA gene is a complete sequence.

2.3　Multiple Alignment and Phylogenetic Analysis

We got 24 *pepc* sequences from the NCBI database, including 15 in C3 type, 5 in C4 type and 4 in bacteria type. Multiple alignment of the 24 *pepc* sequences indicated that alanine (A) was in the 915th position of the C terminal of the C3 *pepc*. However, the corresponding place in all the C4 type *pepc* was occupied by serine (Figure 5). The result is the same as previous researches [16]. Furthermore, some kinds of amino acids are peculiar to *Gb. pepc*3 protein, like the glycine (G) in the 62nd and 212th position, the glutamine (Q) in the 13th position and the arginine (R) in the 930th position (Figure 5). The 62nd position is occupied by glutamate or aspartate while the 212th position occupied by alanine or serine for all the *pepc* sequences of plants and bacteria in the alignment. However, the corresponding position in the *Gossypium barbadense* L. mutated to glycine, which may increase the activity of the enzyme. And the glutamine in the 13th position may participate the covalent cross-linking between proteins (or between polypeptides), thus lead to the modification of the proteins. The modified protein may be improved in its plasticity, water retention capability, water solubility and functionality. The arginine in the 930th position can help the misfolded proteins recover their nature activity and stabilize the protein conformation [17-19]. For all the plant *pepc*, they have a serine phosphorylation site in the 17th position and 31th position of the N terminal of both the C3 type and the C4 type, yet bacteria type *pepc* lack serine in the two positions (Figure 5).

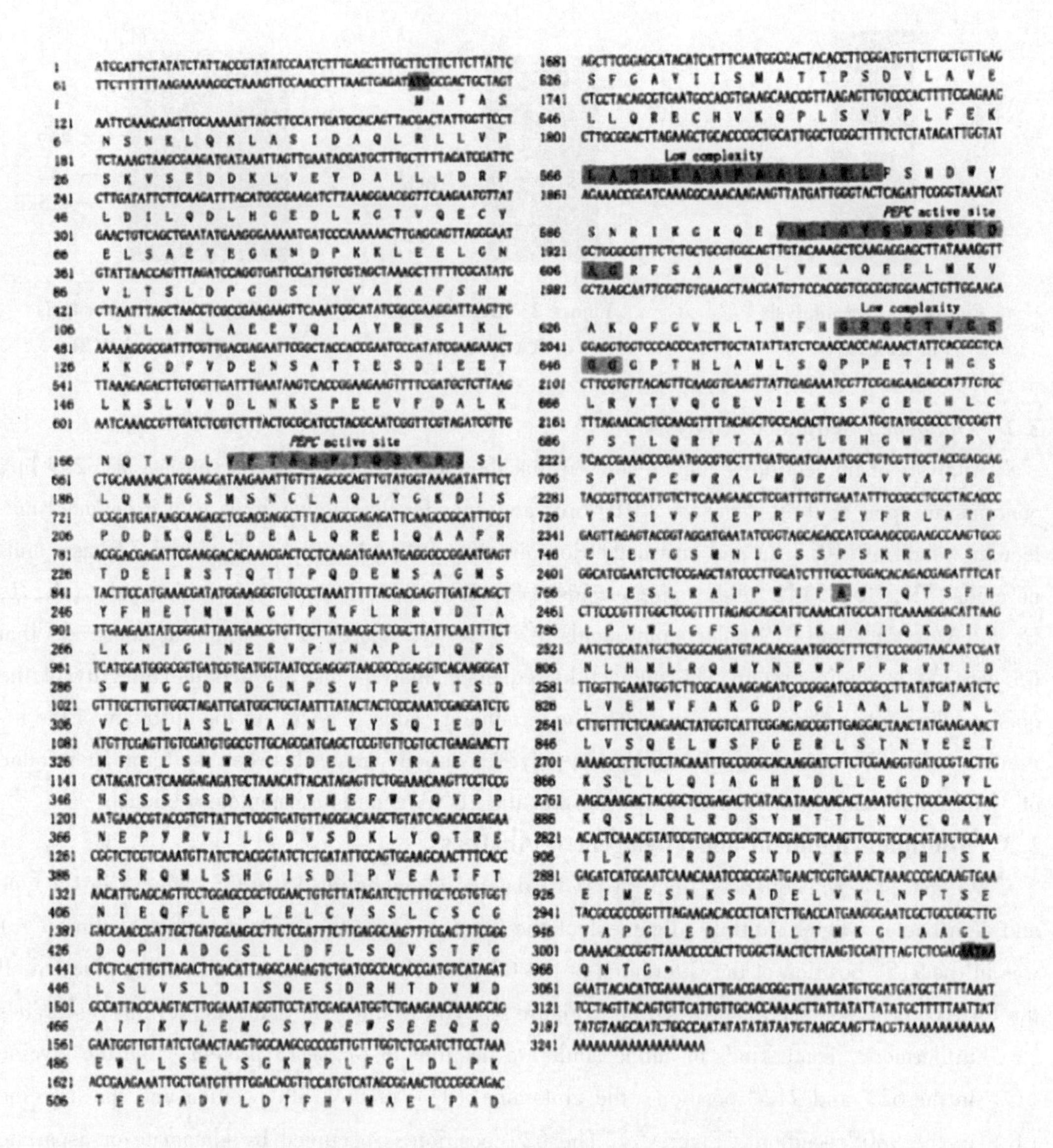

Figure 4 *Gb. pepc*3 base sequence and deduced acid sequence

Gray areas are functional regions of regulatory elements

There are two main branches in the phylogenetic tree (Figure 6), one consisted of all bacteria type and *A. thaliana*-4 and the other comprised the *Gb. pepc*3 and all the plant *pepc*. This showed that *pepc* may be evolved from the same ancestor. In the branch of plant type *pepc*, the genes of C3 type *pepc* have a closer relation to *Gb. pepc*3 gene than the genes of C4 type have. The result indicated that *Gb. pepc*3 is a typical C3 type *pepc*. In the C3 type *pepc*, *Gh. pepc*2 has the closest evolutionary relationship with *Gb. pepc*3 (EU032328, 93% identical amino acids). And the evolutionary relationship between monocotyledonous plants is closer than that between dicotyledonous plants within the C4 type *pepc*.

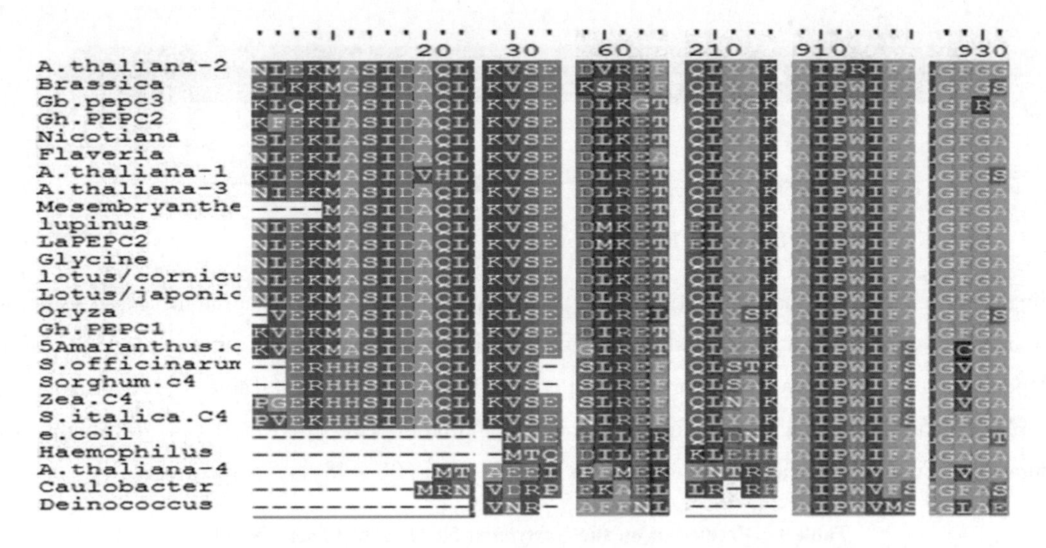

Figure 5　Sequence Alignments for part of PEPC protein

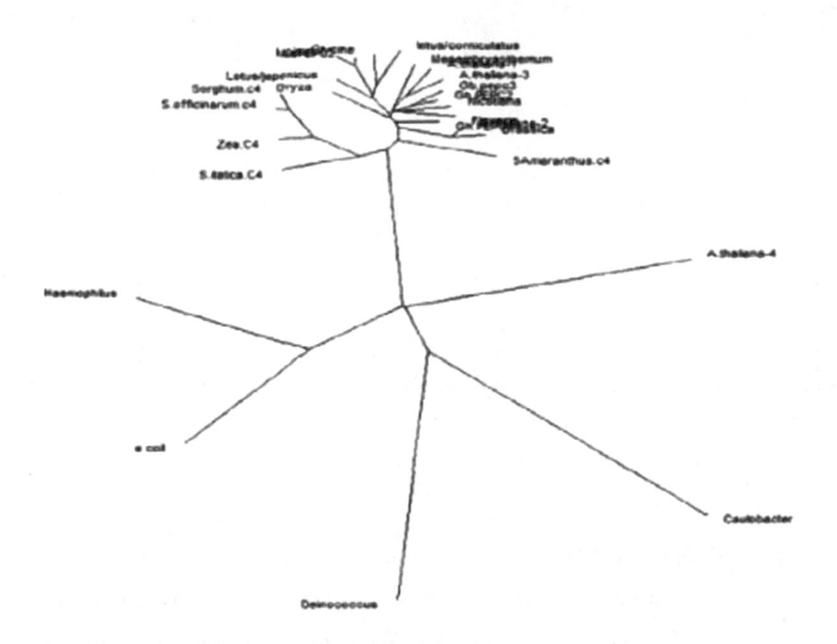

Figure 6　Phylogenetic analysis

2.4　Function Prediction

The result of PROSITE analysis showed the cloned *Gb. pepc*3 contains the previously reported *pepc* conserved domains in sites 5-969 and functional domains in sites 172-183 aa and 595-607 aa (Figure 7). And there are active sites for *pepc*, such as histidine (H) in the 176th position, lysine (K) in the 604th position and arginine (R) in the 645th position (Figure 4). The analysis also indicated that there are many motifs in the encoding sequence of the *Gb. pepc*3 gene, inclu-

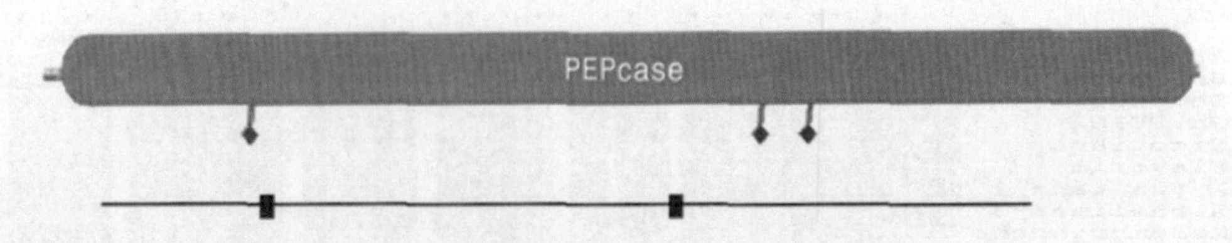

Figure 7　Function domain of the *Gb. pepc*3 protein

ding 19 casein kinase phosphorylation sites, 2 N-glycosylation sites, 15 protein kinase C phosphorylation sites, 8 N-myristoyl sites, 3 tyrosine kinase phosphorylation sites, 1 cAMP-cGMP dependent protein kinase phosphorylation site and 1 amidation site (Table 1). By using the SMART algorithm to analyze the function domain of protein, we discovered two low complexity domains (Figure 4) locating in the position 566-579 and 638-648 aa, respectively.

Table 1　Prediction on the *Gossypium barbadense* L. *pepc* Motifs

Motifs	Motifs site
Amidation site	493-496
N-glycosylation sites	166-169; 931-934
cAMP-cGMP dependent proteinkinase phosphorylation site	761-764
casein kinase phosphorylation sites	29-32; 60- 63; 88- 91; 138-141; 156-159; 205-208; 235-238; 320-323; 349-352; 349-352; 423- 426; 433- 436; 475- 478; 537-540; 602-605; 78-681; 853-856; 860-863; 933-936
N-myristoyl sites	84-89; 630- 635; 640- 645; 646- 651; 755-760; 765-770; 949-954; 960-965
Protein kinase C phosphorylation sites	7-9; 145-147; 180-182; 348-350; 457- 459; 475- 477; 493- 495; 602- 604; 665- 667; 706-768; 759-761; 769-771; 906- 968; 930-932; 957-959
Tyrosine kinase phosphorylation sites	469-476; 876-884; 908-915

2.5　Prediction of Signal Peptide

No apparent signal peptide was found in *Gb. pepc*3, which proved that *Gb. pepc*3 is a mature protein. 14% of *Gb. pepc*3 was located in cytoplasm by analyzing for subcellular localization. Hydrophobicity is a key factor in the final protein 3-dimensional conformation. The prediction and analysis of the hydrophobicity and hydrophilia of protein is an essential process in the prediction of the protein secondary structure and the delineation of protein domains.

2.6　Hydrophobicity Analysis

Hydrophobicity analysis was carried out by the Hydropathicity Plots at Colorado (US). The results showed that most amino acid residues of *Gb. pepc*3 were in the negative area while the results of hydrophilia analysis showed that most of then were in the positive area (Figure 8). The results proved that the *Gb. pepc*3 protein has a strong hydrophilia and weak hydrophobicity, so the amino acid residues of *Gb. pepc*3 may expose themselves on the surface during the formation of polypeptide.

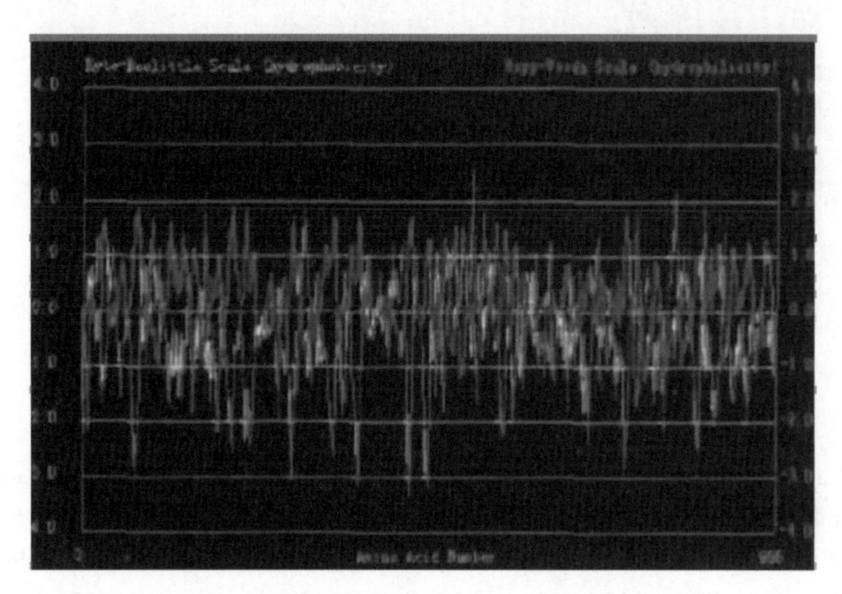

Figure 8　*Gb. pepc*3 protein hydrophobicity analysis

2.7　Prediction of Transmembrane Domains

There are three transmembrane helical segments in the transmembrane domains of *Gb. pepc*3 according to the analysis by TMpred program. They are located in the sites 522-542, 527-547 and 765-790, respectively. The transmembrane helix structure, which is an inside to outside structure, is quite clear at the sites 527-547 and 765-790, while the outside to inside structure at the sites 527-547 is not obvious.

2.8　Prediction of the Protein Secondary Structure

The secondary structure analysis shows that α-helix, random coil and extended strands are the major motifs of predicted secondary structure of *Gb. pepc*3, β-turn spread in the secondary structure of the protein (Figure 9). Among them, α-helix counts for 54.80%, random coil are 36.53% and extended strands are 8.67%. The result of analysis on the sites of phosphorylation showed that in the protein sequence 34 Sre, 12 Thr and 8 Tyr may become new sites of phosphorylation.

2.9　*Gb. pepc*3 Ggene Expression Analysis

The fluorescence quantitative PCR analysis showed the change of expression quantity of *Gb. pepc*3 at different development stages of the seeds of the *Gossypium barbadense* L. cv. 7124, the expression quantity reached its climax at 15 d after flowering, and then decreased gradually with the growth of the plant (Figure 10). In comparison with the climax, the expression quantity in the bud at 3d before flowering is considered negligible. It changed slightly in 3 ~ 10d after flowering, and then increased quickly from 10d to 15d. It dropped slightly at 20d after flowering,

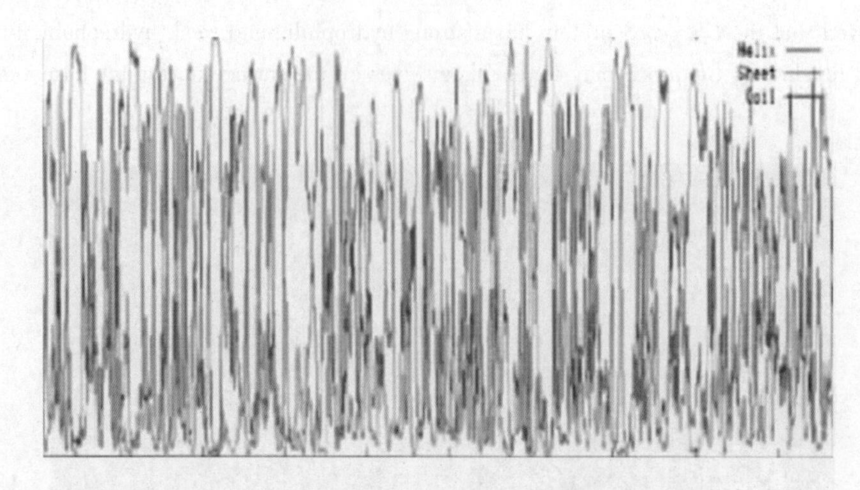

Figure 9 Prediction of the protein secondary structure

Blue: α-helix; Red: extended strands; Purple: random coil

maintained a comparatively slow decline at 25 ~ 40d after flowering, and then decreased significantly from 45d after flowering. The expression quantity reached its climax 20d after flowering in the seeds of the CCRI36, and it kept increasing before the climax. Then gradually decreased from 20d after flowering (Figure 11). Similar to the *Gossypium barbadense* L. cv. 7124, it decreased significantly from 45d after flowering. But the climax was 5d later than that of the *Gossypium barbadense* L. Significant difference existed in the initial stage of the development of the seeds between cultivars of the *Gossypium barbadense* L. and the upland cotton in terms of expression quantity. During which the expression of the *Gossypium barbadense* L. can be many times higher than that of the upland cotton (Figure 12). At 35 ~ 40d after flowering they became close to each other (Figure 13). The expression of the *Gossypium barbadense* L. became slightly lower than that of the upland cotton since 45d after flowering. There were obvious differences between different tissues of the *Gb. pepc*3 in expression quantity with the highest in embryo, and the lowest in fiber.

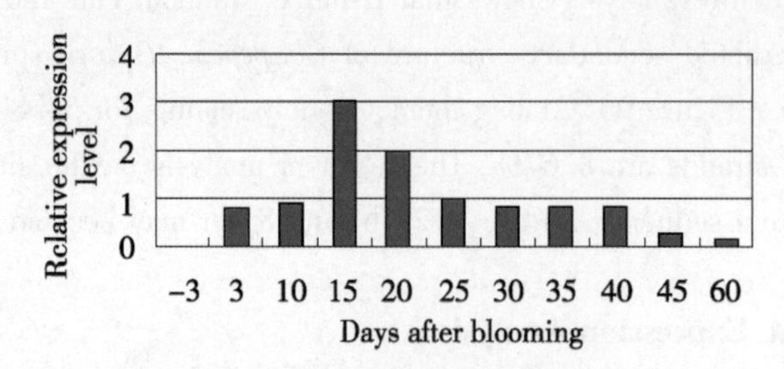

Figure 10 Change of *Gb. pepc*3 expression in seeds of *Gossypium barbadense* L

3 Discussion

The results of the homology comparison of the *pepc* amino acid sequences among those C4 and

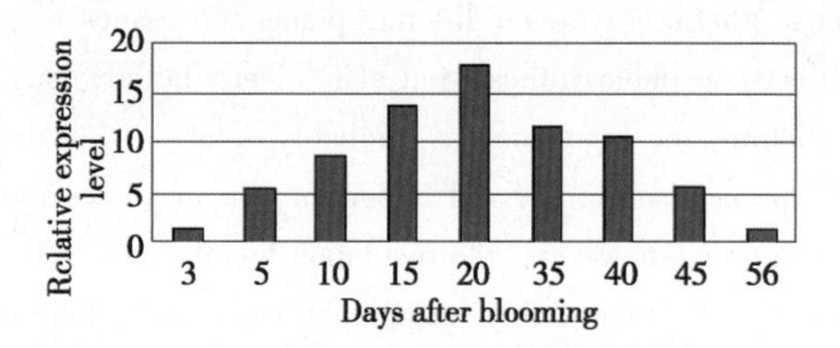

Figure 11　Change of *Gb. pepc*3 Expression in seeds of CCRI 36

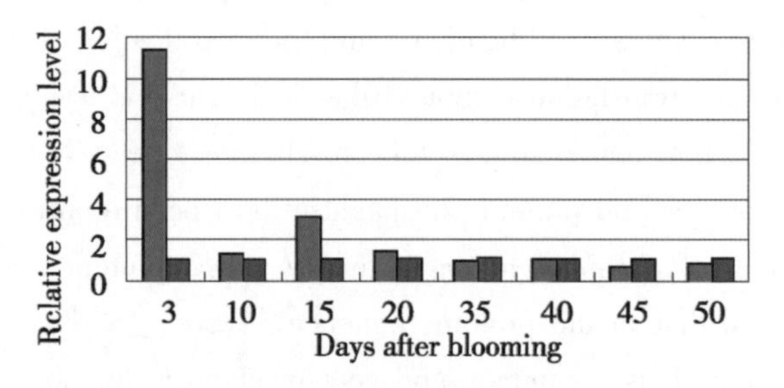

Figure 12　Companson *of Gb. pepc*3 expression between *Gossypium barbadense* L. and the upland cottion

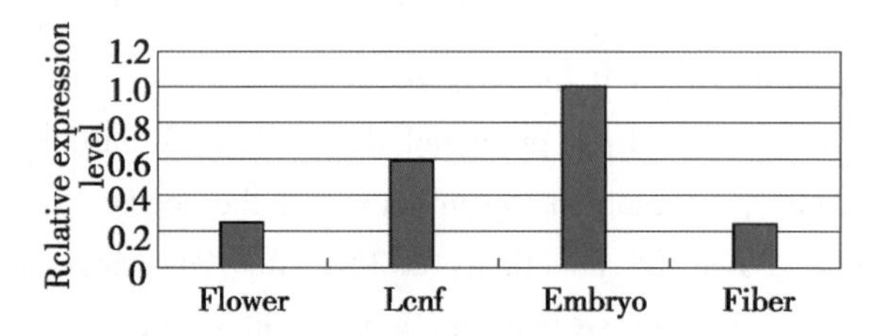

Figure 13　Change of *Gb. pepc*3 expression in different tissues of *Gossypium barbadense* L.

C3 type plants, such as cotton, soybean, maize, wheat, rice, and bacteria such as *Escherichia coli* suggested that *pepc* genes were comparatively conserved and they exhibited highly homology with the published *Gh. pepc*2, sharing 93% identity. The results of the phylogenetic analysis also proved that they were the closest genes in the evolution tree. The distance was much longer with such C4 type *pepc* as maize, rice and so on, in the evolution tree. The results indicated that *pepc* gene showed strong conservativeness, but some diversity to be among different species in the process of evolution. Therefore, further analysis should be carried out on the cloning of the subtype genome to illustrate the evolution, expression and function of the *pepc* gene. Recent research confirmed that cycle of C4 and C3 could be achieved within a single cell, it also showed that there are many different kinds of photosynthetic metabolites in a plant. Other researchers think that adverse environmental factors such as drought, low temperature and high salt can change the expression pattern of photosynthetic enzyme on different plants and tissues [20]. So it is supposed that *pepc* not only relates directly to photosynthesis but also affects the adversity resistance physiology of the plant. The pleiotropy of *pepc* gene is probably related with the multi-types of *pepc* genes. Because the C4 type *pepc* gene plays an important role in photosynthesis, most of the research focused on C4 type *pepc*, however, the regulation functions of such isoenzymes as C3 type *pepc* should not be neglected. Therefore, it is absolutely necessary to improve the cooperativity of C4 type and C3 type gene in order to strengthen the plant's photosynthesis and stress resistance.

The reversible protein phosphorylation in cells, that is the phosphorylation and dephosphorylation of proteins are widely existed in cells. The protein kinases and protein phosphatase are involved in the regulation of covalent modification, and the modification of protein kinases and protein phosphatase on the post translation complex like Sre, Thr and Tyr residues is an important path of the signal transduction and regulates the crosslinking effects between signal factors[21]. More and more protein kinases and protein phosphatase have been identified recently. The results of the analysis of the sites of phosphorylation in the *Gb. pepc*3 protein sequence by the program NetPhos2. 0 Server showed that in the protein sequence 34 Sre, 12 Thr and 8 Tyr may become new sites of phosphorylation. It is a common and core mechanism for phosphorylation's regulation on enzymes activities in the plant PEPC [22], and it happens in the initial stage of its evolution. Therefore, more researches should be done on the site of phosphorylation and polypeptide to find out more in the process and lay a foundation for the further exploring of various kinds of vital movement.

The fluorescence quantitative PCR analysis showed that embryo has the highest expression quantity in the tissues of cv. 7124. It is predicted that *Gb. pepc*3 participated in the substance transformation and metabolic regulation in the formation of the seeds. The expression quantity of the *Gossypium barbadense* L. reached its climax at 15d after flowering while the upland cotton reached its climax 5d later. It is reported that the climax of lipid formation for the upland cotton is reached at 25d or so, it is possible for *Gb. pepc*3 to participate in the formation of the seed protein prior to the lipid formation. If we can regulate this process before the climax of the lipid formation and transform the *pepc* into pyruvic acid to join the lipid formation, we can shorten the time needed for lipid formation of the upland cotton. That's the key why the *Gossypium barbadense* L. needs less time in the lipid formation but has a higher oil content than the upland cotton. Technologies of the establishment of antisense *pepc* to increase the oil content in rape and soybean have been reported in China. The use of antisense technology or RNA interference to prevent the expression of *pepc* before the climax of the lipid formation thus improve the oil content of cotton needs further investigation.

References

[1] Grula J W, Hudspeth R L. The phosphoenolpyruvate carboxylase gene family of maize [M]. // Key G L, McIntosh L. Plant Gene Systems and Their Biology. NewYork: Liss, 1987:

207-216.

[2] Izui K, IshUima S, Yamaguchi Y, *et al.* Cloning and sequence analysis of cDNA encoding active phosphoenolpyruvate carboxylase of the C4-pathway from maize [J]. *Nucleic Acids Research*, 1986, 14: 1615-1628.

[3] Matsuko, Matsuoka M, Minami E. Complete structure of the gene for phosphoenolpyruvate carboxylase from maize [J]. *European journal of biochemistry*, 1989, 181: 593-598.

[4] Hudspeth R L, Grula J W. Structure and expression of the maize gene encoding the phosphoenolpyruvte carboxylse isozyme involved in C4 photosynthesis [J]. *Plant Mol Bio.*, 1989, 12: 579-589.

[5] Kawamura T, Shigesada K, Yanagisawa S, *et al.* Phosphoenolpyruvate carboxylase prevalent inmaize roots: Isolation of cDNA clone and its use for analysis of the gene andthe gene expression [J]. *The Journal of Biochemistry*, 1990, 107: 165-68.

[6] Kawamura T, Shigesada K, Toh H, *et al.* Molecular evoltion of phosphoenolpyruvate carboxylase for C3 photosynthesis in maize: comparison ofits cDNA sequence with a newly isolated cDNA encoding an isozyme involved in the anaplerotic function [J]. *The Journal of Biochemistry*, 1992, 112: 147-154.

[7] Hao NB, Ge Qiao-ying, *et al.* Soya bean high photosynthetic efficiency breeding research progression [J]. *Chinese Bulletin of Botany*, 1991, 8 (2): 13-19.

[8] Leegood R C, Osmond C B, Dennis D T, *et al.* Plant Physiology, Biochemistry and Molecular Biology [M]. *Essex*: *Longmam Sci Tech*, 1990: 274-298.

[9] Ku M S, Agarie S, Nomura M, *et al.* High-level expression of maize phosphoenolpyruvate carboxylase in transgenic rice plants [J]. *Nature Biotech*, 1999, 17: 76-80.

[10] Ku M S, CHO D, Ranade U, *et al.* Photosynthetic performance of transgenic rice plants overexpressing maize C4 photosynthesis enrymes [M]. //Sheehy J E, Mitchell P L, Hardy B Redesining gof rice photosynthesis to increase yield. Amsterdam: *Elsvier Science Publishers*, 2000: 193-204.

[11] Zhang Fang, Chi WeiJin, Cheng Zhe, *et al.* Molecular cloning of C4 *pepc* of sorghum and cultivation of transgenes rice [J]. *Chinese Science Bulletin*, 2003, 48: 1542-1546.

[12] Fujita N, Miwa T, Ishijima S. The primary structure of phosphoenolpyruvate carboxylase of escherichia *coli.* nucleotide sequence of the *pepc* gene and deduced amino acid sequence [J]. *The Journal of Biochemistry*, 1984, 95: 909-916.

[13] Qiao Zhixin, Liu Jinyuan. Molecular cloning and characterization of a cotton phosphoenolpyruvate carboxylase gene [J]. *Progress in Natural Science*, 2008, 18: 539-545.

[14] Zhao Guilan, Chen Jinqing, Yi Aiping. Transgenic soybean lines harbouring *anti-pep* gene express super-high oil content [J]. *Molecular Plant Breeding*, 2005, 3 (6): 792-796.

[15] Zhang Yong, Fu Shaohong, Zhang Ruquan, *et al.* Cloning of the *PEPC* Gene and construction of a seed-specific ihpRNA expression vector in *Brassica napus* L. [J]. *Acta Laser Biology Sinica*, 2007, 16 (3): 315-321.

[16] Latzko E, Kelly G J. The many-faced function of phosphoenolpyruvate carboxylase in C3 plants [J]. *Physiologie Vegetale*, 1983, 21: 805-815.

[17] Liu Y D, Li J J, Wang F W. A newly proposed mechanism for arginine-assisted proteinre folding not inhibiting soluble oligomers although promoting a correct structure [J]. *Protein Expression and Purification*, 2007, 51: 235-242.

[18] Arakawa T, Ejima D, Kita Y, *et al.* Small molecule pharmacological chaperones: From thermodynamic stabilization to pharmaceutical drugs [J]. *Biochim Biophys Acta*, 2006, 1764: 1677-1687.

[19] Arakawa T, Tsumoto K. The effects of arginine on refolding of aggregated proteins: Not facilitate refolding, but suppress aggregation [J]. *Biochem Biophys Res. Commun*, 2003, 304: 148-152.

[20] Cushman J C, Meyer G, Michalowski C B, *et al.* Salt stress leads to differential expression of two isogenes of phosphoenolpyruvate carboxylase during Crassulacean acid metabolism induction in the common ice plant [J]. *Plant Cell*, 1989, 1: 715-725.

[21] Pardo JM, Reddym P, YANG S, *et al.* Stress signaling through Ca2 +/calmodulin dependent protein phosphatase calcineurin mediates salt adaptation in plants [J]. *Proceedings of the National Academy of Sciences of the United States of America*, 1998, 95: 9681-9686.

[22] Dong L Y, Masuda T, Kawamura T, *et al.* Cloning, expression, and characterization of aroot-form phosphoenolpyruvate carboxylase from Zea mays: comparison with the C4-form enzyme [J]. *Plant and Cell Physiol*, 1998, 39: 865-873.

Cloning and Expression of *GhTM6*, a Gene That Encodes a B-class MADS-Box Protein in *Gossypium hirsutum*

M Wu[1,2], S L Fan[2], M Z Song[2], C Y Pang[2], J H Wei[1,2], J Liu[1,2], J W Yu[2], J F Zhang[3], S X Yu[2]

(1. College of Agronomy, Northwest Sci_ Tech University of Agriculture and Forestry, Yangling 712100, China; 2. Cotton Research Institute of CAAS, Key Laboratory of Cotton Genetic Improvement, Ministry of Agriculture, Anyang 455000, China; 3. Department of Plant and Environmental Sciences, New Mexico State University, Las Cruces, NM 88003, USA)

Abstract: A full-length cDNA designated *GhTM6*, which encodes an organ differentiation-related B-class MADS-box protein, was isolated from Upland cotton (*Gossipium hirsutum*) by screening a normalized full-length cDNA library and using a RT-PCR strategy. The translated sequence analysis indicated that the polypeptide contained MADS-box and K domains and had a classic TM6 motif, i. e., the paleoAP3 in the C-terminal region. The phylogenetic analysis showed that *GhTM6* is closest to *CeTM6*, *MaTM6*, *BuTM6*, and *PhTM6*. Quantitative RT-PCR analysis showed that the *GhTM6* gene was expressed at high levels in all tissues examined, such as those from squares, flowers, petals, stamens, and carpels under normal growth conditions. *GhTM6* was expressed at high levels before floral initiation and declined thereafter. Furthermore, six stamens were seen in the transgenic tobacco flower as compared to five stamens in a wild-type flower. The results indicated that *GhTM6* did not exhibit the full B-function spectrum, because it is only involved in the determination of stamen organ identity. However, its function in cotton will need to be examined in transgenic cotton plants.

Keywords: *Gossipium hirsutum*; B-class; MADS-box; *GhTM6*

原载于：*Russian Journal of Plant Physiology*, 2011, 58 (3): 498-506

1 Introduction

Flower development in higher plants requires the induction of a developmental shift in the shoot apex, which signals the termination of vegetative growth programs and the formation of a new reproductive organ, the floral buds[1]. The sequential differentiation of the floral organ due to the induction of apical cells has only recently become the focus of molecular genetic studies. In particular, homeotic genes in the final stages of differentiation of the floral organs were successfully determined[2]. In angiosperms, differential activities of homeotic genes in different regions of a developing flower are responsible for the specification of organ identities in the flower[3]. Most angiosperm flowers, including those of cotton (*Gossypium*), are made up of four types of organs that are arranged in concentric whorls[4]. The specification of floral organ identity is explained by the ABC model, which describes how floral organ identities are specified by the combined function of three classes of homeotic genes called A, B, and C[5]. That is, A alone yields sepals; A in combination with B yields petals; B with C yields stamens; and C alone yields carpels[6]. Thus, the expression of B-class genes, such as the *Arabidopsis PISTILLATA* (*PI*) and *APETALA*3 (*AP*3), as well as the *Antirrhinum DEFICIENS* (*DEF*) and *GLOBOSA* (*GLO*), is required for petal and stamen initiation and development[7].

The B-class genes *AP*3 and *PI* were derived from a duplication of an ancestral gene approximately 260 million years ago, shortly after the divergence of extant gymnosperms and angiosperms[8]. A second duplication event occurred in the *AP*3 lineage before the split of basal and core eudicots[9] and resulted in two paralogous lineages termed eu *AP*3 and *TM*6, the latter named after the first-identified representative, Tomato MADS-Box Gene 6[10]. In petunia and tomato, the functions of eu *AP*3 and *TM*6 are diversified by subfunctionalization, an evolutionary process that partitions the original gene function into the two parts. The function of *TM*6 have been recently studied in tomato and petunia, and its function as a B-class gene is mainly in the determination of stamen identity[11]. The tomato *TM*6 gene is expressed in petals, stamens, and carpels. However, it is not clear whether the *TM*6 gene participates in petal development, since its ectopic expression was not observed at the petaloid sepals in tomato caused by its growth at low temperature[12]. In petunia, the function and mode of action of the paleo *AP*3 -type *PhTM*6 differ significantly from those of the eu *AP*3 -type *PhDEF*. *PhTM*6 is expressed at high levels in stamens and carpels, but at very low levels in petals. Moreover, *PhTM*6 can rescue the *phdef* mutation in stamen development but not in petal development. These results indicated that *PhTM*6 is involved in stamen development, but not petal development[13].

In this study, we describe the isolation and characterization of a *TM*6 homologue in cotton with a paleo *AP*3 lineage, designated as *GhTM*6. We also evaluated the function of class-B genes in Upland cotton (*Gossypium hirsutum*) by the ectopic expression of TM6 homologues in tobacco (*Nicotiana tabacum*).

2 Materials and Methods

2.1 Plant materials and growth conditions

CCRI36 (a short-season cotton cultivar with a whole growth period of 107d); TM-1 (the genetic standard in Upland cotton, which is a late-maturing genotype with a whole growth period of 132d), and tobacco (*Nicotiana tabacum* cv. NC89) plants were grown under standard field conditions in Anyang, Henan province, China, during the summer of 2009. For the quantitative RT-PCR (qRT-PCR) analysis, shoot apices of CCRI36 were collected from the field-grown cotton plants, exposed to the natural day-length conditions for 10, 20, and 25d from planting, immediately frozen in liquid nitrogen after tissue harvesting, and stored at −70℃ until analysis. The same method was used to collect other tissue samples from CCRI36 during the flowering stage.

2.2 PCR cloning and cDNA library screening of MADS-box genes

We used the same cDNA library from Upland cotton that was described by Wu *et al.* [14] Briefly, the cDNA libraries were constructed from the mRNA of mature flowers and floral meristems and used for screening for *TM6* cDNA clones in cotton. *GhTM6* cDNA clones were identified using PCR with primers 5′- GAGTTCATCAGCCCTAATATC-3′ and 5′-GGCGAAGAGCATGTAAGTTA-3′. To amplify the full-length of *GhTM6*, PCR was further carried out using primers designed as: *GhTM6*-full-3L (5′-TTCAAGGGAAAAGAAAATGGGTCGT-3′) and *GhTM6*-full-3R (5′-AGAAAAGAAAGAGTCGGTAGCAAGA-3′). PCR products were first checked using electrophoresis on 1.2% agarose gels in 1 × TAE buffer, and then cloned into the pGEM-T Easy Vector (Promega, United States). The determination of DNA sequences in the clones was performed on an ABI Prism 3 700 Sequencer (Beijng Genomics Institute, China), and sequence analyses were carried out using LASERGENE sequence analysis software (DNASTAR United States).

2.3 Sequence comparative and phylogenetic analysis

The full-length of amino acid alignment of 33 published MADS-box homologue genes and *GhTM6* was performed using ClustalW. A phylogenetic tree was obtained by the neighbor-joining method of the PHY-LOGENY package and visualized using MEGA3.1. The protein sequences used in this study were retrieved from GenBank, and their accession numbers are listed below: *GhTM6* (HM006911); *ScTM6* (ABG20633.1); *IaTM6* (ABF56132.1); *CeTM6* (ABG20634.1); *GdEF* (CAA08802.1); *VaTM6* (ACA47117.1); *CpTM6* (ABQ51321.1); *PtAP3* (AAO49713.1); *TaAP3* (ABE11601.1); *VvAP3* (ABN71371.1); *LjAP3* (AAX13301.1); *SmDEF* (ABG20626.1); *AtAP3* (AAT46098.1); *PhTM6* (AAF73933.1); *MaTM6* (ABG20631.1); *SmTM6* (ABG20635.1); *SpTM6* (ABG20636.1); *BuTM6* (ABG20632.1); *JaTM6* (ABG20630.1); *HmAP3* (BAG68950.1); *SvDEF* (AAS45979.1); *RcDEF* (XP_002533305.1); *AvAP3* (ABP01804.1); *AnDEF* (P23706.1); *ZmPI* (CAC33848.1); *NtPI* (CAA48142.1); *PhPI* (CAA49568.1); *VvAP1* (AAT07447.1); *AtAP1* (AAM28457.1); *AmAP1* (CAA45228.1); *AmAG* (CAB42988.1); *PhAG* (BAB79434.1); and *LeAG*

(AAM33099.1). For a bootstrap analysis, 1 000 replications were conducted for each branch. *CpTM6*, *IaTM6*, *GhTM6*, *PhTM6*, *VaTM6*, *MaTM6*, *ScTM6*, *SmTM6*, *SpTM6*, *BuTM6*, *CeTM6*, and *JaTM6* were used to align conserved regions.

2.4 Gene expression analysis

The total mRNA was isolated from mature floral buds (bracts, sepals, petals, stamens, and carpels), roots, stems, fibers, ovules, apices, squares, flowers, and leaves of the CCRI36 cultivar based on CTAB method[15]. Each organ type was sampled in duplicate and combined in RNA extraction. RNA samples were quality-checked by measuring A_{260}/A_{280} ratios and confirmed using agarose gel electrophoresis. An oligo (dT) primer was used to synthesize the first-strand cDNA from 5 μg of total RNA using the SuperScript III reverse transcriptase enzyme (Invitrogen, United States) according to the manufacturer's instructions. A single reverse transcription (RT) reaction was performed for each RNA sample. qRT-PCR assays were performed on a LightCycler® 480 Real-time Cycler (Roche Applied Science, Germany) using PCR Master Mix (Applied Bio-systems, United States) with SYBR® Green. Cycling conditions were as follows: one cycle at 95℃ for 10 min, followed by 42 cycles of 95℃ for 15s, and 60℃ for 1 min. A melting curve analysis was conducted for each reaction to confirm the specificity of each PCR in addition to RT-PCR products resolved on an agarose gel. Three replicate reactions for each cDNA-primer combination were performed for each sample in the same run. For each cDNA sample, 18S levels were also quantified in the same run in three replicate reactions and used as an internal control. All quantifications were performed based on five-point calibration curves. The transcription level of each gene was normalized according to the transcription level of the 18S gene as a covariable, and a relative fold-change in gene transcription was obtained. The primers used to quantify gene expression levels were *GhTM6*-fw (5-TGCTTGACCAACAGAATGGAATAG-3) and *GhTM6*-rv (5-AGAACAAGATAGGGTGGTGGATTT-3); and 18S-fw (5-AACCAAACATCTCACGACAC-3) and 18S-rv (5′-GCAAGACCGAAACTCAAAG-3′). Primer sequences were designed using Oligo 6 software (http://www.oligo.net/) and synthesized by Invitrogen (Carlsbad, United States).

2.5 Plasmid constructs and plant transformation

The G*hTM6* coding region was first inserted into the *Xba*1-*Sma*1 sites of pBI121. pBI121 contains the 35SCaMV promoter, *GUS* gene, and the nopaline synthase-derived polyadenylation region (NOS) (Clontech, United States). This construct was introduced into the *Agrobacterium tumefaciens* strain LBA4404 and subsequently transferred into tobacco cv. NC89 using the leaf disc method as described in[16]. The resulted transgenic tobacco plants were confirmed by RT-PCR analysis on the *GhTM6* gene using cDNA extracted from leaves of transgenic plants. For amplification of the *GhTM6* gene in transgenic tobacco plants, PCR was performed as described previously[17] using primers *GhTM6*-fw (5-GCTCTAGAATGGGTCGTGGCAAGAT-3) and *GhTM6*-rv (5-TCCCCCGGGTCAAGCAAGACGAGA-3) redesigned specifically for the *GhTM6* gene.

3 Results

3.1 Isolation of the *GhTM6* cDNA from Upland Cotton (*G. hirsutum*)

The sequence data of *GhTM6* were deposited in the DDBJ/EMBL/GenBank data libraries under the accession number HM006911 (to be available in 2013). It had an uninterrupted open reading frame (ORF) of 675 bp encoding a protein of 225 amino acids. The deduced *GhTM6* protein contained a MADS-box domain, which was originally described in the Tomato MADS-box Gene 6. When this deduced amino acid sequence was compared with that in the DDBJ/EMBL/GenBank database, the nearest match was found in the translation product of the transcription factor in *Vitis vinifera*, a *TM6* gene expressed in carpels, fruits, and seeds[18].

3.2 Sequence Comparative and Phylogenetic Analyses

We carried out a protein-protein BLAST (blastp) search on the DDBJ database and identified a similar sequence of *GhTM6* compared to other MADS box genes. The full-length *GhTM6* protein showed 71% (162/228), 66% (152/228), 65% (151/229), 69% (150/217), 65% (151/231), and 44% (148/229) iden- tity with *V. vinifera* (XP_ 002273223.1), *Petunia × hybrida* (AF230704.1), *Carica papaya* (ABQ51322.1), *Saurauia zahlbruckneri* (ACY08897.1), *Populus trichocarpa* (XP_ 002327775.1), and *Hydrangea macro-* phylla (BAG68950.1), respectively. The full-length multiple sequence alignment confirmed that an exten- sive sequence similarity between *GhTM6* and TM6-related proteins exists (Figure 1). All the common domains of a MADS-box MIKC-type protein were present in *GhTM6*[19] (Figure 1). The most similar regions corresponded to MADS, as well as Intervening and Keratin-like domains. *GhTM6* had the classic TM6 motif, i. e., the paleoAP3 in the C-terminal region. The paleoAP3 motif (YG × HDLRLA) was located between amino acids 217 and 225[20]. Phylogenetic analyses clearly showed that *GhTM6* is grouped together with previously reported TM6-like genes including *IaTM6*, *ScTM6*, and *CeTM6*. The phylogenetic tree revealed that *GhTM6* is closest to I. aquifolium *IaTM6* gene (Figure 2).

3.3 Gene Expression Analysis of *GhTM6*

To analyze the *GhTM6* gene expression pattern, we performed qRT-PCR analysis on different tissues and at different developmental stages. *GhTM6* mRNA was detected in all tissues examined. The gene was expressed in developing squares, flowers, petals, stamens, and carpels (Figure 3a), consistent with previous studies[21]. *GhTM6* was expressed constantly throughout flower development, except in the first and second days post-anthesis, when an expression peak was observed (Figure 3b).

Under the field conditions with the natural day length, the transition from the vegetative to the reproductive stage in the early-maturing cv. CCR136 was histologically evident after the 2nd leaf stage (approximately 20 days after planting), while the period of floral initiation in the late-maturing TM-1 occurred at the 3rd leaf stage (i. e., after approximately 25d after planting) (unpublished data). *GhTM6* expression was detected in 10d, 20d, and 25d after planting in

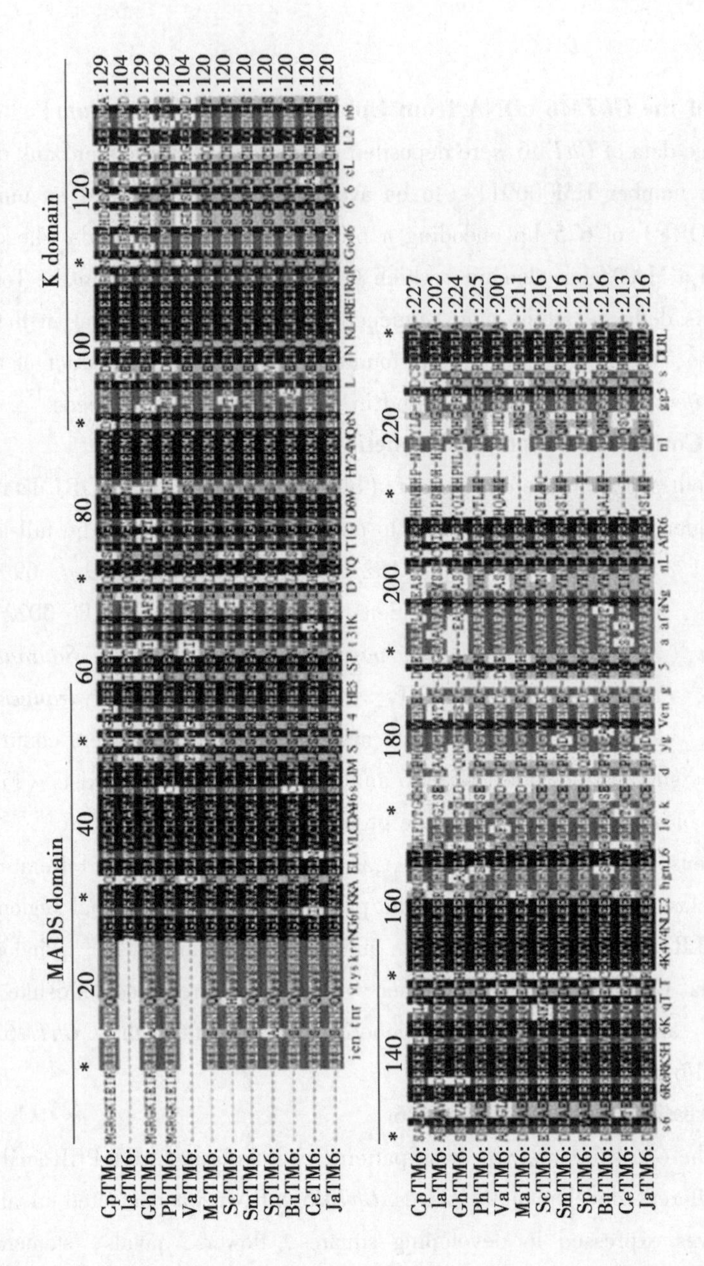

Figure 1 Phylogenetic comparison of *Carica papaya* (Cp), *Petunia × hybrida* (Ph), *Vitis acerifolia* (Va), *Gossipium hirsutum* (Gh), *Brunfelsia uniflora* (Bu), *Cestrum elegans* (Ce), *Mandragors autumnalis* (Ma), *Symplocos chinensis* (Sc), *Solandra maxima* (Sm), *Solanum pseudolulo* (Sp), Ilex *aquifolium* (Ia), and *Jacquinia aurantiaca* (Ja) proteins using MEGA4. Sequence alignment of the MADS-box domains of proteins using the ClustalW program. A thick line is drawn above the MADS-box domain

both CCRI36 and TM-1. *GhTM6* was expressed in shoot apices at a high level 10d after planting, but its expression was declined 20d after planting (i. e., at the floral initiation stage) in

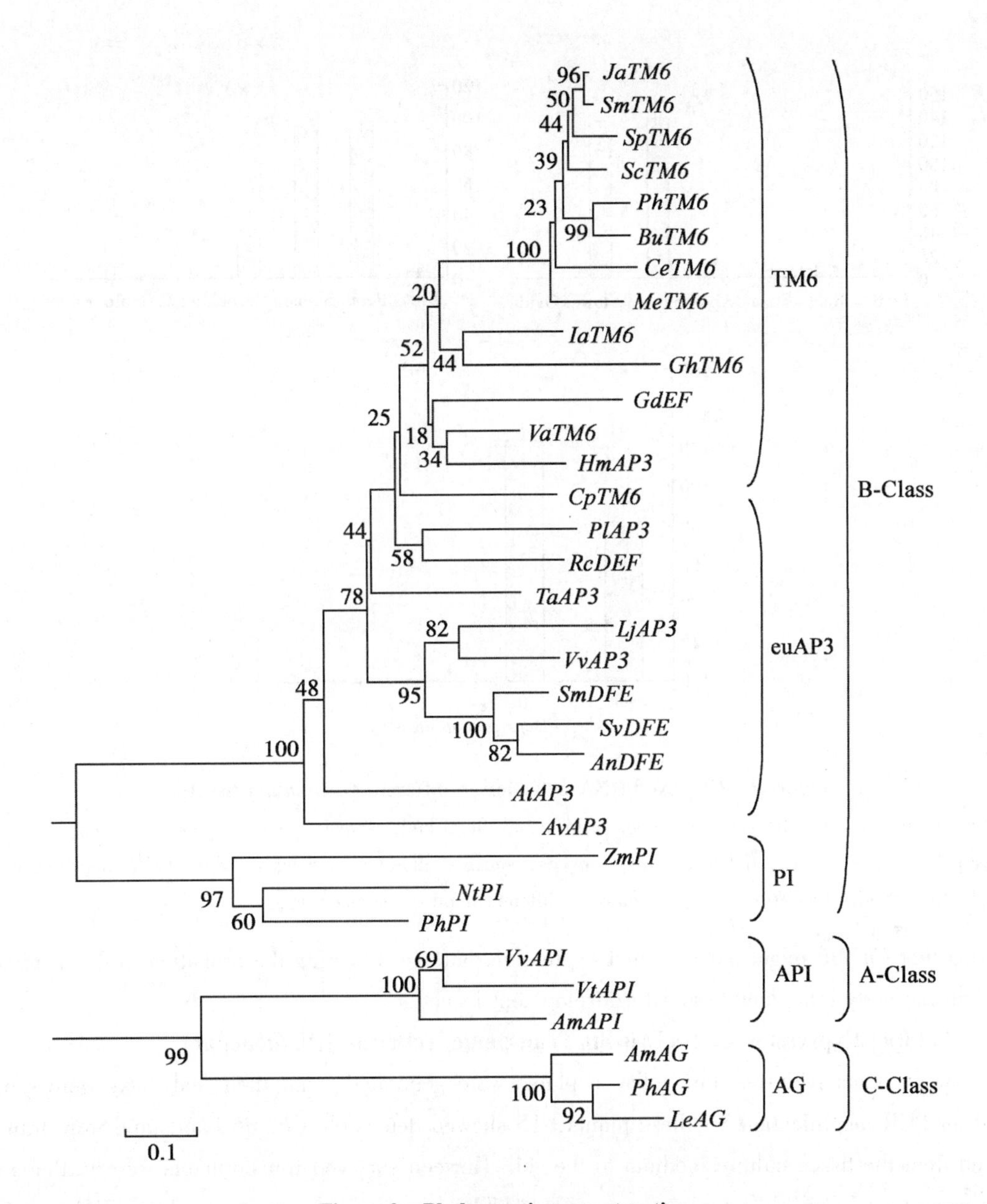

Figure 2 Phylogenetic reconstruction

Neighbor_ joining tree derived from sequences of plant MADS_ box proteins (MADS, and I and K domains). Numbers above the nodes represent bootstrap values for 1 000 replicates. Published plant MADS_ box protein sequences were retrieved from the GenBank database (refer to species names and accession numbers in Materials and Methods section)

CCRI36 (Figure 4). However, *GhTM6* in the shoot apices of the late-maturing TM-1 was expressed at a high level 20d after planting and declined 25d after planting when floral initiation began (Figure 4). This result, that the expression level of this gene was higher in vegetative buds and lower in floral buds, was consistent between the two genotypes with differing maturities, sug-

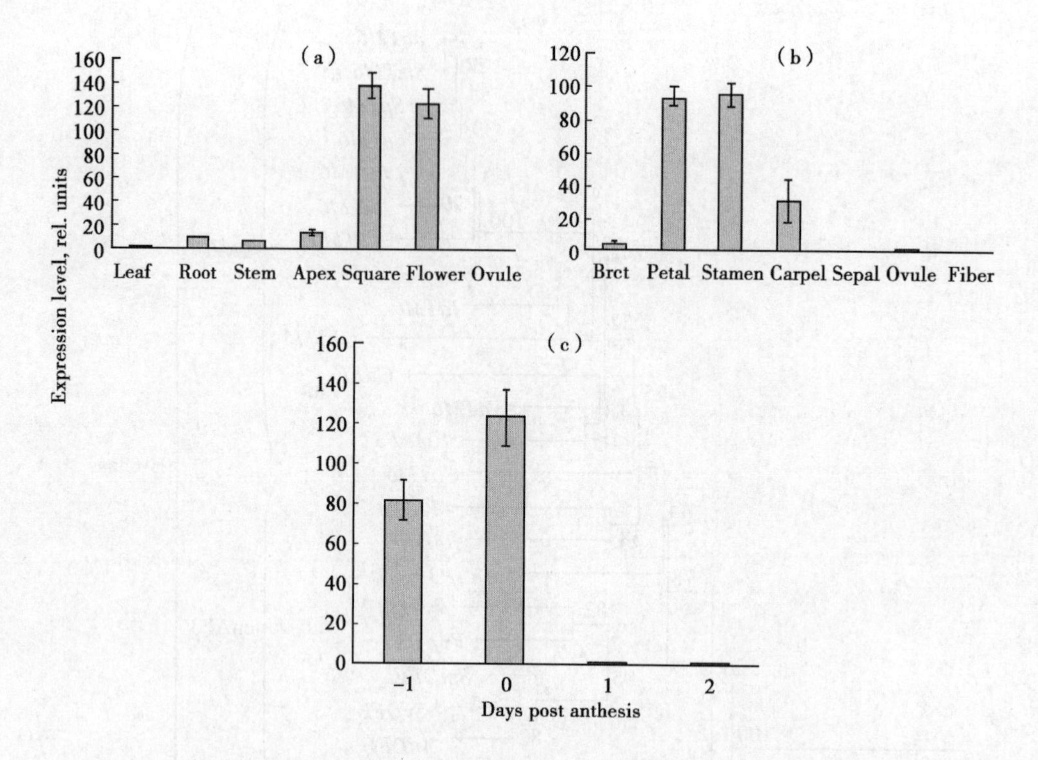

Figure 3 *GhTM6* mRNA detection in different *G. hirsutum* tissues

(a) Quantitative *GhTM6* gene expression of in mature floral buds (bracts, sepals, petals, stamens, and carpels), roots, stems, fibbers, ovules, apices, squares, flowers, and leaves of the CCRI36 cultivar; (b) quantitative *GhTM6* gene expression of in different floral development stages

gesting that *GhTM6* might have distinct expression patterns reflecting the transition to floral initiation during early reproductive growth development in cotton.

3.4 Ectopic Expression of *GhTM6* in Transgenic Tobacco (*N. tabacum*)

Twenty kanamycin-resistant tobacco plants were generated, and their leaf disks were sampled for PCR amplification. Of these plants, 15 showed detectable *GhTM6* bands and were transferred from the tissue culture medium to the soil. Thirteen survived transformants were further investigated for *GhTM6* phenotypic changes. The *GhTM6* expression driven by the 35SCaMV promoter in all the 13 plants were detected by PCR amplification. However, ten transgenic plants had flowers with phenotypic changes compared to the wild-type plants. The phenotype of the flowers from one representative transgenic plant (*GhTM6*-1) is shown in Figure 5. The results indicated that the transgenic tobacco plant had flowers with six stamens, while the wild-type flowers have five stamens. These results suggested that *GhTM6* might be involved at least in stamen development. But the growth and leaf phenotypes were not affected by the ectopic expression of the *GhTM6* gene, and the position of organs in each whorl of the transgenic plants were the same as that in the wild-type flowers in most cases.

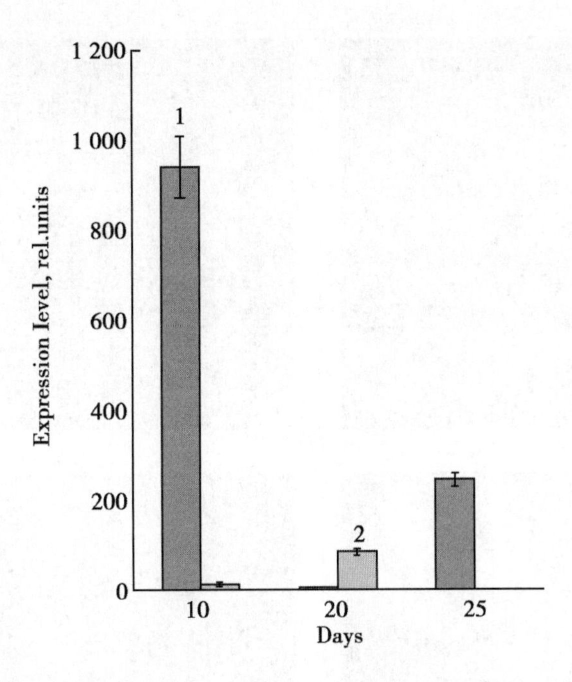

Figure 4　*GhTM6* mRNA detection at different developmental stages
Quantitative *GhTM6* gene expression in apices after 10, 20 and 25d from planting in both (1) CCRI36 and (2) TM-1

4　Discussion

Although the B-class of MADS-box genes is the most studied group in other plant species, it has remained largely uncharacterized in cotton. B-class genes comprise the *PI/GLO* and *AP3/DEF* lineages, whose members have been associated with petal and stamen organ fate determination. In addition to this important homeotic function, B-class genes have been used as a model to study how sequence changes (i. e., gene duplication and frameshift mutations), which have allowed the sub- and neo-functionalization of these genes throughout evolution[22]. In this study, we identified sequences in Upland cotton, *GhTM6* belonging to the *AP3/DEF* lineage. In agreement with findings for B-class genes in other plant species, the *GhTM6* gene was expressed in flower tissues of cotton. Both *PI* and *AP3* clades are widely thought to have emerged from an ancestral B-class gene, after duplication events that took place during the separation of gymnosperms and angiosperms. While the *PI* lineage appears to be highly conserved, the *AP3* lineage (paleo*AP3* at that stage) has experienced a significant diversification. A new duplication of paleo*AP3* is thought to have then given birth to two paralogous lineages, eu*AP3* and *TM6*, before the diversification of the major higher eudicot subclasses[23]. Thus, while *TM6* gene seems to have been preserved from its ancestor, the paleoAP3 motif at the C-terminal, the euAP3 lineage has diverged to obtain a new motif (SDLTTFALLE) called euAP3. A frameshift mutation in the coding sequence of the

Figure 5 Photographs of wild_ type and 35S: *GhTM6* transgenic tobacco flowers

(a) A flower from a control (CK) plant; (b) a flower from a transgenic plant; (c) an inflorescence from a control (CK) plant; (d) an inflorescence from a transgenic plant

paleo*AP*3 motif created by the addition of an eight-amino acid novel sequence or a single nucleotide deletion has been suggested to be the origin of this eu*AP*3 motif. In our study, *GhTM6* showed more synapomorphic features of *TM*6 lineage members, such as paleo*AP*3 motifs, and lacked the characteristics of eu*AP*3. *GhTM6* presented a motif in the C-terminal that matched perfectly with the consensus GRFGSNDLRLA, typical of *TM*6 and ancestral paleo*AP*3 lineage. Most of the *AP*3-type genes functionally described within core eudicots, such as *AP*3 and *DEF*, belong to the eu*AP*3 lineage, whereas only a few members of the *TM*6 lineage have been found and studied, perhaps because Arabidopsis lacks this gene. The first *TM*6 member to be discovered was *TM*6 (Tomato MADS-box Gene 6) in tomato. However, it is highly likely that more members of this family will be identified and studied in the near future because of the increasing interest in understanding how changes in some homeotic genes can explain morphological evolution. Hence, two *TM*6 members have been functionally characterized recently in petunia and tomato[23]. These studies suggested that, possibly after eu*AP*3/*TM*6 duplication, eu*AP*3 genes acquired a role in petal development, whilst *TM6* began to control stamen development. Thus, the *AP3* lineage would be another case in MADS where gene duplication resulted in subfunctionalization (the duplicated gene performs different aspects of the original gene function), a process which occurred for *SHATTERPROOF* and *AGAMOUS* in *Arabidopsis* or their orthologs *PLENA* and *FARINELLI* in *Antirrhinum*[24]. This subfunctionalization has been attributed to the differential expression patterns of *TM6* and eu*AP3* rather than to substantial changes in their structural features, and therefore, in their functions[12]. In this work, we reported the presence of *GhTM6* in Upland cotton and its expression during floral initiation and in other tissues. The results suggested that subfunctionalization of the *GhTM6* could also occur in Upland cotton.

Genetic and molecular characterization of the flowering process in different species has revealed the conservation of the basic genetic mechanisms that control the early stages of flower formation[25]. However, some plasticity in the types of MADS-box protein complexes may have formed and their functions in plant species were assumed[26]. Although similar genes may be involved at various stages of the flowering process in different species, it is highly probable that they are differentially regulated. When the expression of *GhTM6* was analyzed during floral bud development, different expression peaks were observed in CCRI36 and TM-1. *GhTM6* was expressed at a high level before floral initiation, i. e., 10 and 20d after planting in CCRI36 and TM-1, respectively, but its expression was reduced at the floral initiation stage, i. e., 20 and 25d after planting in CCRI36, and TM-1, respectively, under the standard field conditions with natural day length. The peak and low expression of the gene reflected the transition of shoot apices from vegetative growth to floral initiation in the two genotypes. This result suggested that the *GhTM6* gene may be involved in the process of flowering bud differentiation. Our further analysis indicated that the *GhTM6* gene was expressed constantly throughout flower development, except for the first and second days post-anthesis, during which an expression peak was observed. At this stage, pollen grains have already been released from the anthers. This could be related, for instance, to some function of *GhTM6* in the final stages of anther development. A role for *TM6* in stamen development was proposed recently in tomato and petunia. In tomato, RNA interference-induced reduction of tomato *TM6* expression resulted in flowers with homeotic defects, primarily in stamen development. For the *GhTM6* identified here, their levels decreased 0 day post-anthesis, coinciding with stamen senescence. These findings provide some insights into the molecular mechanisms of flower development in cotton. For instance, *GhTM6* could be involved in regulating the final stages of anther and stamen development. Expression studies of even earlier stages of flower development would require the analysis of latent buds that were formed during the late growth season, in which the establishment of sepal and petal primordial is achieved. *GhTM6* was expressed in petals, stamens, and carpels. Our results are in agreement with those obtained by De Martino *et al.* [11], who also detected *TM6* in the carpels.

In addition, to test whether or not the *GhTM6* gene is capable of determining petal and stamen identity by itself, we constitutively expressed *GhTM6* under the control of the 35SCaMV promoter in a wild-type genetic background in tobacco. As compared with stamen organ with five stamens in a wild-type flower, six stamens were seen in a transgenic-type flower (Figure 5). These results also suggested that *GhTM6* might be involved in stamen development.

In summary, we have presented a new member of B-class of the MADS-box gene family from Upland cotton. Reasonably high sequence similarities and phylogenetic analyses indicated that it is a *TM6*-like organ identity gene. The transgenic tobacco plants showed that *GhTM6* did not exhibit the full B-function spectrum, because it was only involved in the determination of stamen organ identity. We found that the expression of *GhTM6* significantly affected stamen but not carpel and petal development in tobacco. However, its function in cotton needs further studies.

Acknowledgments

This work was supported by a grant from the new lines and varies selecting of earliness and anti-senescence transgenic material (no. 2009ZX08005- 020B).

References

[1] Pnueli L, Abu-Abeid M, Zamir D, *et al.* The MADS Box Gene Family in Tomato: Temporal Expression during Floral Development, Conserved Secondary Structures and Homology with Homeotic Genes from Antirrhinum and Arabidopsis [J]. *Plant J.*, 1991, 1: 255-266.

[2] Haughn G W, Somerville C R. Genetic Control of Morphogenesis in Arabidopsis [J]. *Dev. Genet.*, 1988, 9: 73-89.

[3] Theiben G, Saedler H. The Golden Decade of Molecular Floral Development: a Cheerful Obituary [J]. *Dev. Genet.*, 1999, 25: 181-193.

[4] Coen E S, Meyerowitz E M. The War of the Whorls: Genetic Interactions Controlling Flower Development [J]. *Nature*, 1991, 353: 31-37.

[5] Weigel D, Meyerowitz E M. The ABCs of Floral Homeotic Genes [J]. *Cell*, 1994, 78: 203-209.

[6] Rijpkema A S, Royaert S, Zethof J, *et al.* Analysis of the Petunia TM6 MADS Box Gene Reveals Functional Divergence within the DEF/AP3 Lineage [J]. *The Plant Cell*, 2006, 18: 1819-1832.

[7] Sommer H, Beltran J P, Huijser P, *et al.* Deficiens, a Homeotic Gene Involved in the Control of Flower Morphogenesis in Antirrhinum Majus: the Protein Shows Homology to Transcription Factors [J]. *EMBO J.*, 1990, 9: 605- 613.

[8] Kim S, Yoo M J, Albert V A, *et al.* Phylogeny and Diversification of B-Function MADS-box Genes in Angiosperms: Evolutionary and Functional Implications of a 260 Million-Year-Old Duplication [J]. *Am. J. Bot.*, 2004, 91: 2102-2118.

[9] Magallon S, Crane P S, Herendeen P S. Phylogenetic Pattern, Diversity, and Diversification of Eudicots [J]. *Ann. Mo. Bot. Gard.*, 1999, 86: 297-372.

[10] Kramer E M, Dorit R L, Irish V F. Molecular Evolution of Genes Controlling Petal

and Stamen Development: Duplication and Divergence within the APETALA3 and PISTILLATA MADS-Box Gene Lineages [J]. *Genetics*, 1998, 149: 765-783.

[11] de Martino G, Pan I, Emmanuel E, *et al.* Functional Analyses of Two Tomato APETALA3 Genes Demonstrate Diversification in Their Roles in Regulating Floral Development [J]. *The Plant Cell*, 2006, 18: 1833-1845.

[12] Lozano R, Angosto T, Gomez P, *et al.* Tomato Flower Abnormalities Induced by Low Temperatures are Associated with Changes of Expression of MADS-Box Genes [J]. *Plant Physiol.*, 1998, 117: 91-100.

[13] Vandenbussche M, Theissen G, Van de P Y, *et al.* Structural Diversification and Neo-Functionalization During Floral MADS-Box Gene Evolution by C-Terminal Frameshift Mutations [J]. *Nucleic Acids Res.*, 2003, 31: 4401-4409.

[14] Wu D, Liu J J, Yu S X, *et al.* Establishment and Identification of a Normalized Full-Length cDNA Library of CCRI36 [J]. *ACTA AGRONOMICA SINICA*, 2009, 35: 602-607.

[15] Wan C H, Wilkins T A. A modified hot borate method significantly enhances the yield of high-quality RNA from cotton (*Gossypium hirsutum* L.) [J]. *Anal Biochem*, 1994, 223: 7-12.

[16] Horsch R B, Fry J E, Hoffmann N L, *et al.* A Simple and General Method for Transferring Genes into Plants [J]. *Science*, 1985, 227: 1229-1231.

[17] Kitahara K, Ohtsubo T, Soejima J, *et al.* Cloning and Characterization of Apple Class B MADS-box Genes Including a Novel AP3 Homologous MdTM6 [J]. *J. Japan Soc. Hort. Sci.*, 2004, 73: 208-215.

[18] Maria J P, Fernan F, Consuelo M, *et al.* Isolation of the Three Grape Sub-Lineages of B-Class MADS-Box TM6, PISTILLATA and APETALA3 Genes which are Differentially Expressed during Flower and Fruit Development [J]. *Gene*, 2007, 404: 10-24.

[19] Lamb R S, Irish V F. Functional Divergence within the APETALA3/PISTILLATA Floral Homeotic Gene Lineages [J]. *Proc. Natl. Acad. Sci.*, 2003, 100: 6558-6563.

[20] Sheppard L A, Brunner A M, Krutovskii K V, *et al.* DEFICIENS Homolog from the Dioecious Tree Black Cottonwood is Expressed in Female and Male Floral Meristems of the Two-Whorled Unisexual Flowers [J]. *Plant Physiol.*, 2000, 124: 627- 640.

[21] Ackerman C M, Yu Q Y, Kim S, *et al.* B-Class MADS-Box Genes in Trioecious Papaya: Two PaleoAP3 Paralogs, CpTM6-1 and CpTM6-2, and a PI Ortholog CpPI [J]. *Planta*, 2008, 227: 741-753.

[22] Kramer E M, Su H J, Wu C C, *et al.* A Simplified Explanation for the Frame Shift Mutation that Created a Novel C-Terminal Motif in the Apetala3 Gene Lineage [J]. *BMC. Evol. Biol.*, 2006, 24: 1-30.

[23] Kramer E M, Irish V F. Evolution of Genetic Mechanisms Controlling Petal Development [J]. *Nature*, 1999, 399: 144-148.

[24] Causier B, Castillo R, Zhou J, *et al.* Evolution in Action: Following Function in

Duplicated Floral Homeotic Genes [J]. *Curr. Biol.*, 2005, 15: 1508-1512.

[25] Ng M, Yanofsky M F. Function and Evolution of The Plant MADS-Box Gene Family [J]. *Nat. Rev. Genet.*, 2001, 2: 186-195.

[26] Vandenbussche M, Zethof J, Royaert S, *et al.* The Duplicated B-Class Heterodimer Model: Whorl-Specific Effects and Complex Genetic Interactions in Petunia Hybirda Flower Development [J]. *The Plant Cell*, 2004, 16: 741-754.

Construction of a Full-Length cDNA Library of *Gossypium hirsutum* L. and Identification of Two MADS-Box Genes

Wang Lina, Wu Dong, Yu Shuxun, Fan Shuli, Song Meizhen, Pang Chaoyou and Liu Junjie

(Cotton Research Institute, Chinese Academy of Agricultural Sciences/Key Laboratory of Cotton Genetic Improvement, Ministry of Agriculture, Anyang 455000, China)

Abstract: A full-length normalized cDNA library for the flower development stages of short-season cotton (*Gossypium hirsutum L.*) (CCRI36) was constructed. A total of 3 421 clones were randomly selected for sequencing, with a total of 3 175 effective sequences obtained after removal of empty-carriers and low-quality sequences. Clustering the 3 175 high-quality expressed sequence tags (ESTs) resulted in a set of 2 906 non-redundant sequences comprised of 233 contigs and 2 673 singletons. Comparative analyses indicated that 913 (43.6%) of the unigenes had homologues with function-known genes or function-assumed genes in the National Center for Biotechnology Information. In addition, 763 (36.4%) of the unigenes were functionally classified using Gene Ontology hierarchy. Through EST alignment and the screening method, the full-length cDNA of two MADS-box genes, *GhMADS*11 and *GhMADS*12 were acquired. These genes may play a role in flower development. Phylogenetic analysis indicated that *GhMADS*11 and *GhMADS*12 had high homology and close evolutionary relationship with AGL2/SEP-type and PI-type genes, respectively. The expression of both *GhMADS*11 and *GhMADS*12, genes was high in reproductive organs. In floral organs, *GhMADS*11 expression was high in petals (whorl2) and ovules, while *GhMADS*12 expression was high in petals (whorl2) and stamens (whorl3). Results show that the EST strategy based on a normalized cDNA library is an effective method for gene identification. The study provides more insights for future molecular research on the regulation mechanism of cotton flower development.

Key words: Cotton; Normalized cDNA library; EST; MADS-box gene

---

原载于：*Agricultural Sciences in China*, 2011, 10 (1): 101-105

1 Introduction

Cotton is the most important fiber crop in the world. Since wheat and cotton production compete for the same land resources, early ripeness is one of the major factors that determines a preference for cotton. The most distinctive change in a plant's life cycle is its transformation from vegetative to reproductive growth, the turning point of which is flower bud differentiation. The flower development of cotton is quite different from the model plant *Arabidopsis thaliana* and other flowering plants. Cotton plants simultaneously develop vegetative and reproductive organs (Guo Y *et al.*, 2007). The arrangement of a wild cotton flower is generally similar to *Arabidopsis*. It is comprised of sepals (whorl1), petals (whorl2), stamens (whorl3), and pistils (whorl4) from the outer to inner whorls. According to anatomical observations of the shoot apical meristem, flower meristems, initiate differentiation when there are two to three true leaves. In the case of short-season cotton, flower meristems generally initiate differentiation when two true leaves are fully stretched.

In recent years, numerous controlling genes related to flower bloom have been isolated from several flowering plants. Intensive molecular and genetic analyses of several eudicot species, notably *A. thaliana*, snapdragon (*Antirrhinum majus*), and petunia (*Petunia hybrid*) established the so-called ABCDE model, in which combinations of the A/B/C/D/E functions specify the identity of each organ and control floral meristem determinacy (Coen and Meyerowitz, 1991; Theissen, 2001). The spatially and temporally regulated expression patterns of the A/B/C/D/E genes and the complicated interaction patterns of their encoded proteins which define organ identity and patterns are the molecular bases for flower development.

Except for the *Arabidopsis* A-function gene APETALA2 (AP2) and its homologs, all ABC genes are members of the MADS-box gene family and encode putative transcription factors (Ma, 1994). MADS-box transcription factors are involved in developmental control and signal transduction, especially floral development in plants (Riechmann and Meyerowitz, 1997; Messenguy and Dubois, 2003; de Folter and Angenent, 2006). They are defined by the presence of a conserved domain, the MADS box, in the N-terminal region. Two monophyletic lineages known as MADS type I and MADS type II which are present in plants, animals and fungi can be distinguished (Alvarez-Buylla *et al.*, 2000; De Bodt *et al.*, 2003). Type II group MIKC-type genes are only found in plants. MIKC-type genes received this name because these are apart from the MADS (M) domain. They contain three additional conserved domains, the intervening (I) domain, the keratin (K) domain and the C-terminal (C) domain (Theissen *et al.*, 1996; Kaufmann *et al.*, 2005). There are more than 100 MADS-box genes in A. thaliana (Parenicova *et al.*, 2003).

Some researchers (Guo Y *et al.*, 2007; Lightfoot *et al.*, 2008) have performed research on the development of the floral organs of cotton. Full-length cDNA is the basis for studying functional genomics and comparative genomics (Wiemann *et al.*, 2003). As such, using appropriate methods to screen the full-length cDNA library has become an effective means of efficiently achieving the full-length cDNA of cells of eukaryotic organisms.

The study of functional genomes has been rapidly developed along with the construction of cDNA libraries, massive expressed sequence tag (EST) sequencing and applications of gene micro-arrays. Therefore, the best way to clone some major genes is to construct a cDNA library representing all cells' expressed information at certain stages of their development. In recent years, some libraries of cotton have been constructed. In NCBI (http://www.ncbi.nlm.nih.gov/UniGene/lbrowse2.cgi), there are 86 cDNA libraries of *Gossypium hirsutum* and three of *Gossypium raimondii*. The libraries that describe flowering or flower organs, however, are very few. Only one library for the flowering or flower organs of *G. raimondii* was found, but none of *G. hirsutum*. On December 22, 2009, 268 786 *G. hirsutum* ESTs were recorded in the GenBank (http://www.ncbi.nlm.nih.gov/dbEST/dbEST_summary.html), most of which are from the cDNA library sequences of cotton fiber (Pear *et al.*, 1996; Zhu *et al.*, 2001).

In order to obtain more information about cotton flowering and development, we constructed the first high-quality full-length normalized cDNA library for the flower development stages of *G. hirsutum*. We randomly isolated 3 421 cDNA clones from the cDNA library for sequencing and obtained a total of 3 175 highquality expressed sequence tags (ESTs) including a lot of flower organ development-related ESTs. This is expected to provide an outstanding technological platform for further elucidation of the mechanism of flowering regulation in cotton.

Through EST alignment and the screening method, the full-length cDNA of two MADS-box genes which are flowering-related genes were acquired. It shows that the EST strategy based on a normalized cDNA library is an effective method for gene identification.

2 Materials and Methods

2.1 Plant materials

The plant material used in this study was *G. hirsutum* CCRI36, which is typical of early maturing cotton varieties. Plants of CCRI36 were planted on April 22 and grown in the field at test site of the Cotton Research Institute, Chinese Academy of Agricultural Sciences. The plants were grown under natural conditions and normal field management. Apical meristems were separated from the plant when two true leaves had completely developed. This was done about once every 5d. The total four collections were made. From bud emergence to flower blooming, bud picking was done every 5d as described by Jeon *et al.* (2000). Overall, six collections were made. The samples collected were frozen in liquid nitrogen and stored at -80℃ before RNA extraction.

2.2 Construction of the normalized cDNA library

The gereral RNA was extracted using the modified CTAB method (Luo *et al.*, 2003) and then separated and purified according to the instructions of Oligotex mRNA Mini Kits (QIAGEN, Cat. No. 70022). The full-length normalized cDNA library of CCRI36 flower developmental stages was built with reference to the library building process of a Creator ™ SMART™ cDNA Library

Construction Kit (Clontech, Mountain View, U. S. A) and the technical description on normalization of a TRIMMER-DIRECT cDNA Normalization Kit (Evrogen, Moscow, Russi). Two peaks of abundance expressing genes, *Histon3* and *UBQ7* were used as probes and the virtual Northern blot technique was used to analyze the normalization effect of cDNA. The related steps were similar to those of the Northern blot technique, while the samples transferred to the membrane were composed of dscDNA instead of RNA.

2. 3 cDNA clone sequencing

A gradient test of the original bacilli library obtained was conducted to select the best dilution concentration which was then inoculated on the LB solid medium containing a final chloramphenicol concentration of 50μg/mL and was grown overnight in an incubator at 37℃. After treatment, the bacilli was separately inoculated into the LB liquid medium with chloramphenicol (50μg/mL) and grown overnight on shaker at 37℃. Finally, 3 421 cDNA clones were sent to genomics for 3′-terminal sequencing using the M13 reverse primer.

2. 4 EST acquisition and analysis

We extracted information from the peak map file using Phred (Q13 Standard) software, removed the low quality sequences and then shielded the carrier sequence via a cross-match procedure (parameters: penalty = -2, mimimatch = 12, miniscore = 20). Sequences with lengths greater than 100 bp were selected as effective sequences. Phrap was used to obtain consensus sequences including contigs and singletons spliced by multiple ESTs. The unigenes were compared with respect to their similarity with each other based on BLAST software (Altshul *et al.*, 1997) against the Genbank Nt database. Related notes were extracted in accordance with restrictive conditions. The selected parameters were: the extraction of Nt database-based comparison results was limited to contrasts > 30% and E values <1e-10. The content of the notes included the name of the contigs or singlets, length, number, and name of EST contained ones, matching-sequence functional annotation, number of matching nucleotide, length of the compared genes, matching rate, and E-value among others. The amino acid sequence corresponding to a unigene was classified with respect to the gene's functions according to GO (cluster of orthologous groups of proteins) (http://www. ncbi. nlm. nih. gov/COG/) and analyzed in CCRI36 flower organ development-related gene expression.

2. 5 Screening and identification of genes

Using a duplicator to reproduce and mix the primary library clones saved onto 384-hole boards, a screening database pool composed of 96-hole boards was built. Every 1μL mixture was separately taken for screening of template classification. According to the EST notes, targeted EST sequences were designed and synthesized into conservative primers for PCR amplification whose procedures included denaturation at 94℃ for 5 min, 94℃ for 30 s, 55℃ for 30 s, 72℃ for 1 min, and 72℃ extension for 10 min. Using 1% TAE agarose gel electrophoresis, the position of the screened signal was fixed to a monoclonal hole in the 384-hole board of the preservation library.

2.6 Gene sequencing and analysis

About 2μL solution was extracted from the position fixed monoclonal hole and added to the LB liquid medium containing chloramphenicol for the related multiplication. The samples were then entrusted to Beijing Genomics Research Center for full-length sequencing. BLAST was also performed using an online database (http://www.ncbi.nlm.nih.gov/). The software packages DANman 4.0 and MEGA 3.1 were used for sequence analysis and phylogenetic tree construction.

Other plant MADS-box gene sequences used for sequencing analysis were extracted from the GenBank database of an American web site, the National Center for Biotechnology Information (http://www.ncbi.nlm.nih.gov).

2.7 Quantitative RT-PCR analysis of gene expression

The expression of two cloned cDNAs, *GhMADS*11 and *GhMADS*12 genes, was analyzed in 10 different tissues of cotton by quantitative RT-PCR. The total RNA was extracted from frozen tissue samples (roots, stems, leaves, flower bud, bract-leaves, sepals, petals, stamens, carpels, and ovules) as described above. The first strand cDNA was synthesized from 4 μg of total RNA by means of SuperScript™ III First-Strand Synthesis System for RT-PCR (Invitrogen Life Technologies, Carlsbad, USA), using oligo (dT) as primers. The QRT-PCR of the housekeeping gene GhACTIN (GenBank: AY305733) was used as an internal control and for the normalization of data. No template controls (NTC) for each primer pair were used to determine contamination and level of dimer formation. Primers specific for *GhMADS*11, *GhMADS*12, and *GhACTIN* used in QRT-PCR are listed below. *GhMADS*11, *GhMADS*11-F (5′-TTTTCTTCCTTCCTTCCGTCA-3′) and *GhMADS*11-R (5′- CCACTTTTCCTCTGCC-CATC-3′). *GhMADS*12, *GhMADS*12-F (5′-GGCATTTGAAAGGGGAGGA-3′) and *GhMADS*12-R (5-TTGGCACGGACACAGGTAAG-3). *GhACTIN*, *ACTIN*-F (5′-ATCCTCCGTCTTGACCTTG-3′) and *ACTIN*-R (5′-TGTCCGTCAGGCAACTCAT-3′). QRT-PCR was carried out using SYBR® GREEN PCR Master Mix (Applied Biosystems) in an ABI PRISM 7 500 Sequence Detection System (Applied Biosystems). The final reaction volume was 20μL, composed of 1μL cDNA, 10μL SYBR® GREEN PCR Master mix, and 9μL primer mixture which in turn contained 0.66μmol of each primer. The PCR program consisted of an initial incubation of 2 min at 50℃, followed by denaturation at 95℃ for 10 min, 40 cycles of denaturation at 95℃, 30 s annealing at 58℃, and 35 s extension at 72℃. Each sample was assayed in triplicate. The relative quantification method ($\Delta\Delta C_T$) was used to evaluate quantitative variations between replicates.

3 Results

3.1 Detection of quality and normalization effect of cDNA library

A mixed-stage and tissues cDNA library of *G. hirsutum* was constructed to generate ESTs (Table 1). When using M13 forward and reverse primers for PCR amplification, central inserted fragments were obtained with an agarose gel electrophoresis test. The test results showed that the inserted cloning fragments tended to have a size of 500 ~ 3 000bp, with an average size of

1. 2kb. The library recombination rate was 100%. The results detected by the virtual Northern blot technique (Wu *et al.*, 2009) showed that the peaks of abundant expressing genes decreased significantly in the cDNA normalization and reflected a satisfactory normalization effect as compared with a contrast cDNA library (Figure 1).

Table 1 cDNA library, ESTs, and cluster statistics of upland cotton CCRI36 flower development stages

cDNA library characteristics	E-value
Titre of cDNA library (pfu/mL)	1. 7 × 10^6
Recombination rate	100%
Average cDNA insert size	1. 2 kb
Total cDNA clones picked and sequenced	3 421
Sequences passing quality check	3 175 (92. 8%)
Average length	541bp
Singletons	2 673
Contigs	223
Total number of clusters	2 906

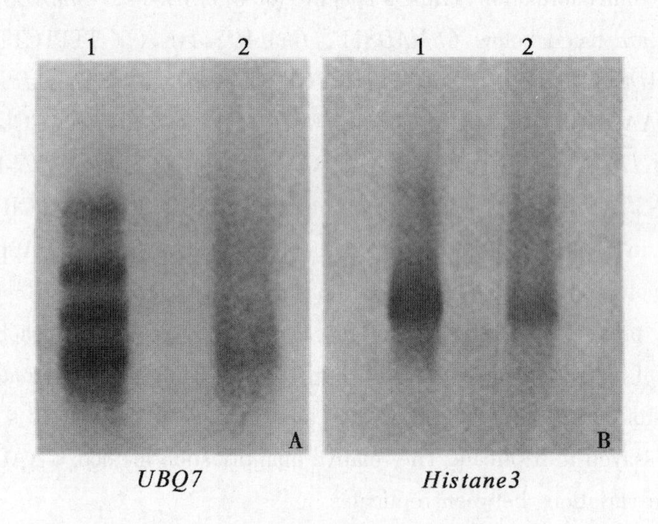

Figure 1 The virtual Northern blot analysis. A and B show the abundance of transcripts *UBQ7* and *Histon3* obviously decreased in the normalized cDNA library compared with those in non-normalized samples

1, unnormalized cDNA; 2, normalized cDNA

3. 2 Obtaining and splicing effective EST sequences

A total of 3 421 cDNA clones were randomly isolated from the normalized cDNA library and sequenced from the 3′ end in order to generate ESTs. The sequences were trimmed of their vector, adaptor, poly (A) tail, and low-quality sequences and filtered for minimum length (100 bp), resulting in a total of 3 175 high quality ESTs.

A 92.8% successful sequencing rate was achieved (Table 1). The average length of all the ESTs was 541 bp (Table 1). and the length of over 92.6% of the EST sequences was greater than 300 bp. Using Phrap software to conduct cluster-analysis and post-splicing, a total of 2 906 non-repetitive sequence (unigenes) were found including 233 contigs and 2 673 singleton ESTs. Based on the identified clusters, 2 906 genes were determined, corresponding to a new gene discovery rate of 91.5% (2 906/3 175). The process significantly increased the length of assembled sequences. The number of ESTs with lengths greater than 800 bp was two, while in unigenes, it was eight (Figure 2). However, 2 906 clusters are likely to be an overestimate of the true gene discovery rate, as one gene could be represented by multiple non-overlapping clusters. The length of over 92.6% of the ESTs sequences was greater than 300 bp. Those that were 350 ~ 650 bp long accounted for more than 80% of all ESTs, which had an average length of 541 bp. These findings reveal that EST sequences measured in the present experiment are of high-quality.

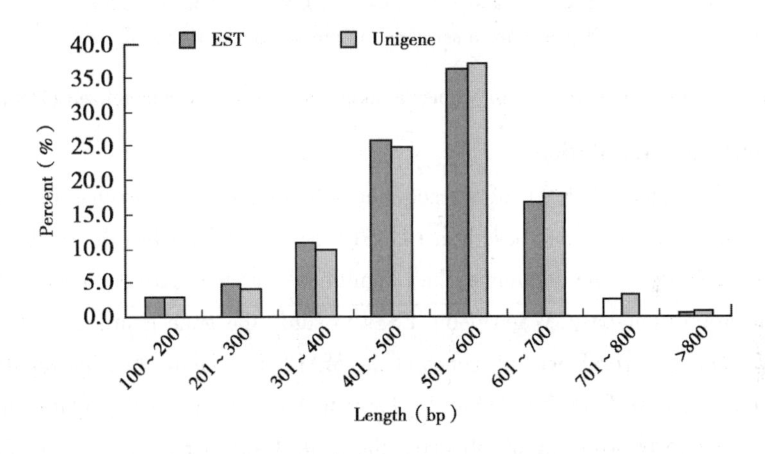

Figure 2　The length distribution of ESTs

3.3　Gene expression frequency and normalization analysis

A high level of representation in a cDNA library usually correlates with high transcript abundance in the original biological sample (Audic and Claverie, 1997), although artifacts of library construction can result in a selection for or against some transcripts (Karim *et al.*, 2009). Figure 3 shows the expression frequency of 2 906 independent genes in the normalized cDNA of CCRI36 flower development. Genes of expression frequency < 2 in the ordinary cDNA library can be considered as low-abundance expressed genes, genes of expression frequency ≥ 2 and < 5 can be considered as middle abundance expressed genes and genes of expression frequency $= 5$ can be considered as high-abundance expressed genes. About 84.19% of the 3 175 sequences were found to be single sequences and only one sequence was repeated up to five times. In addition,

15.65% of the sequences were repeated two to five times. The high-level sequences had significant matches with ESTs based on BLASTN against the nucleotide database, but the function was unknown. Meanwhile, expression levels of the library's composition-type expression genes used to measure the balance effect (such as Histon3 and UBQ7) were reduced to below three copies in some cases. This indicates that the normalized library produced decreases in its proportion of high-abundance genes and increases in its proportion of low-abundance and middle-abundance genes. The normalization effect of the library is obvious.

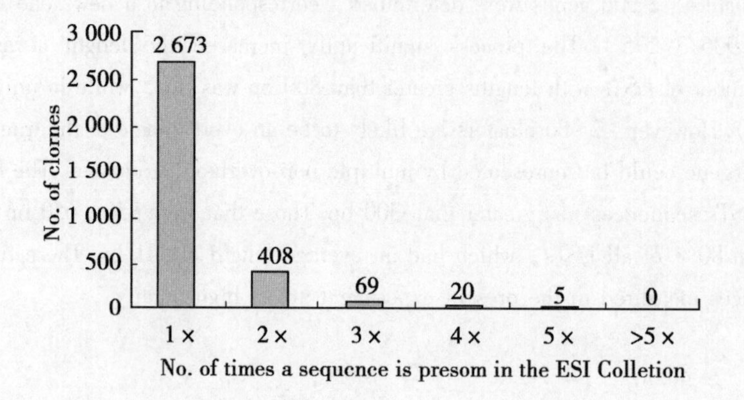

Figure 3 Frequency of redundant clones among ESTs from the normalized cDNA library

3.4 EST functional annotation

About 31.42% (913/2 906) of the sequences had significant matches to known functional genes or assumed functional genes based on BLASTN against the nucleotide database. Meanwhile, 26.26% (763/2 906) of the sequences had significant matches based on BLASTX against the non-redundant protein database. When using ESTs to study the gene expression of CCRI36 flower developmental stages, several existing genes of the MADS-box family bearing regulating functions of plant development were found. In Table 2, for instance, the gene PI isolated from the poplar for transforming the early flowering of tobacco, the gene AGL6 (Fan *et al.*, 2007) for transforming tobacco and cause early flowering and flower organ variation of hyacinth, the flower organ development-related *GhMADS*4 and *GhMADS*3 genes of cotton (Guo *et al.*, 2007) and the gene FBP25 (Immink *et al.*, 2003) deciding the placenta of petunia are presented. The gene PI plays a role in the direct regulation of genes such as APETALA3 (Zik and Irish, 2003). It is necessary for the generation process of basic cellular petals and stamen morphogenesis. All these genes possess important roles in flower development. The identification of specific functions, expression patterns, expression quantities, and interactions of the genes that regulate cotton flower development along with an understanding of the process of this development can be used for further study.

Table 2　ESTs showing high homology with MDS-box genes

Cluster id.	E value	Functional annotation
Contig440	0	*G. hirsutum* MADS-box protein *MADS4* mRNA
Contig632	E-16	B-class MADS-box protein *PI* (*Carica papaya*)
Contig783	9.00E-09	*AGL79* hypothetical protein (*A. thaliana*)
Contig1035	6.00E-07	*Vitis vinifera* B-class MADS-box transcription factor *PISTILLATA* (*PI*)
Contig1274	5.00E-08	*V. vinifera* flowering-related B-class MADS-box protein *APETALA3*
Contig2318	3.00E-09	MADS-box transcription factor *FBP25* [*Petunia x hybrida*]
Contig2330	1.00E-15	MADS-box protein 3 [*V. vinifera*]
Contig2487	8.00E-19	MADS-box transcription factor *PHERES2*
Contig2720	1.00E-116	*G. hirsutum* MADS-box protein *GhMADS-1* (*MADS-1*)

3.5　Functional classification based on gene ontology

Gene ontology (GO) has been used widely to predict gene functions and classification (Ashburner *et al.*, 2000). To provide a deeper understanding of the gene expression in CCRI36 flower developmental stages, 763ESTs bearing known functions or assumed functions based on BLASTx against the non-redundant protein database were classified into 16 functional categories involved in the cellular processes of metabolism, translation, post-translational splicing, cell resistance, and defense among others through the GO classification. Figure 4 revealed that the encoded metabolism-related genes present the largest number of ESTs, with a total of 183 occupying 24% of the functionally described genes. Among such genes, sugars, amino acids, fats, coenzymes, and nucleotides are the main transition and metabolism-related genes. Points of time before and after the emergence of buds represent the starting of physiological metabolism during which the nucleic acid, protein, and soluble sugar content undergo substantial changes. At the beginning stage of floral bud differentiation, plant nucleic acid and soluble sugar content reach their peak. In the current study, related materials were selected mainly from the stage before and after bud emergence, when significant amounts of organic substances would be accumulated *in vivo*. As we can see from Figure 4, there are a greater number of ESTs of encoded translation-related and post-translational splicing-related genes. This is because that alarge number of protein would, after translation and splicing during the flower developmental stages of cotton, implement different or same functions to compose a complex gene expression network of the flower developmental stages (Lightfoot *et al.*, 2008).

3.6　Isolation and Identification of MADS-box genes

According to the bioinformatics analysis results of EST combined with the screening method, two new MADS-box genes of cotton were selected and named as *GhMADS11* (GenBank: FJ409868) and *GhMADS12* (GenBank: FJ409869).

The *GhMADS11* cDNA was 1 080 bp in length (including the polyA tail) and included a 720 bp open reading frame (ORF) that could encode a protein of 239 amino acids with an ATG start codon at position 128 and a TGA stop codon at position 847. The complete cDNA of *Gh-*

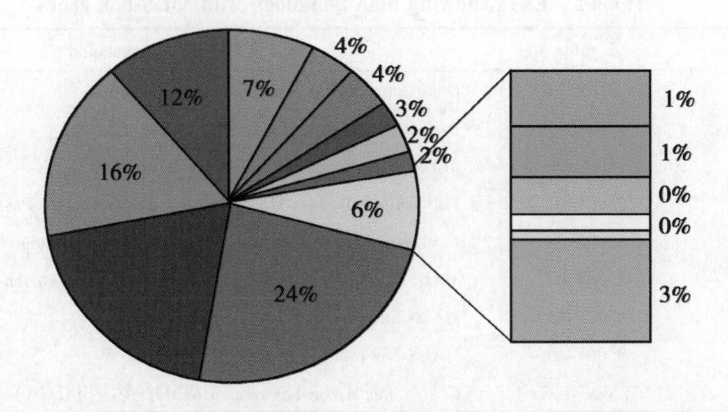

Figure 4 The GO classification of genes with function or putative function annotation

A, metabolism; B, translation; C, posttranslational modification; D, general function prediction only, E, energy; F, transcription; G, signal transduction; H, secondary metabolism function unknown; I, chromatin structure secondary metabolism; J, cell structure; K, transporters; L, replication; M, cytoskeleton; N, RNA processing and modification; O, disease and defense; P, function unknown

MADS12 was 940 bp in length and contained a potential ORF of 213 amino acids with an ATG start codon at position 1 and TGA stop codon at position 847 (Figure 5). Predicted molecular masses of the putative mature proteins were 27.753 and 24.886 kD and their theoretical PI values were 6.56 and 5.56, respectively.

The *GhMADS*11 and *GhMADS*12 proteins both contain a conservative domain (MADS-box) and a semi-conservative domain (K-box), had a typical MIKC MADS-box protein structure of plants and belong to the MIKCC-Type MADS-box gene family. Sequence alignment of *GhMADS*11 and *GhMADS*12 showed that the homology of DNA and proteins of the two genes are both low, except the conservative domain (MADS-box) have high similarity (Figure 6). Bioinformatics analysis showed that *GhMADS*11 has high similarity with SEP/AGL2-type MADS-box genes. Figure 7 shows the result of the multiple sequence alignment of *GhMADS*11 and SEP genes of A. thaliana and *V. vinifera*. The genes are conserved in the sequences of the MADS-box domain and the K-box domain. Through bioinformatics analysis it revealed that *GhMADS*12 has high similarity with PI-type MADS-box genes and has a PI motif. Figure 5 is the *GhMADS*12 cDNA sequence and its predicted amino acid sequence. In Figure 5, it shows the PI motif.

3.7 Homologous-tree analysis

The MADS-box genes of *Arabidopsis* and *Antirrhinum majus* can be divided into five subtribes, AP1, AP3/PI, AG, AGL2/SEP, and orphans subtribes (Theissen, 2001). Taking five subtribes of *Arabidopsis* for comparison, selecting some typical genes from *Arabidopsis* and rice and using DNAman 4.0 software to analyze GhMADS11 and GhMADS12 proteins in relation to their homologous and phylogenetic trees, Figure 8 shows that, *GhMADS*11 has higher homolo-

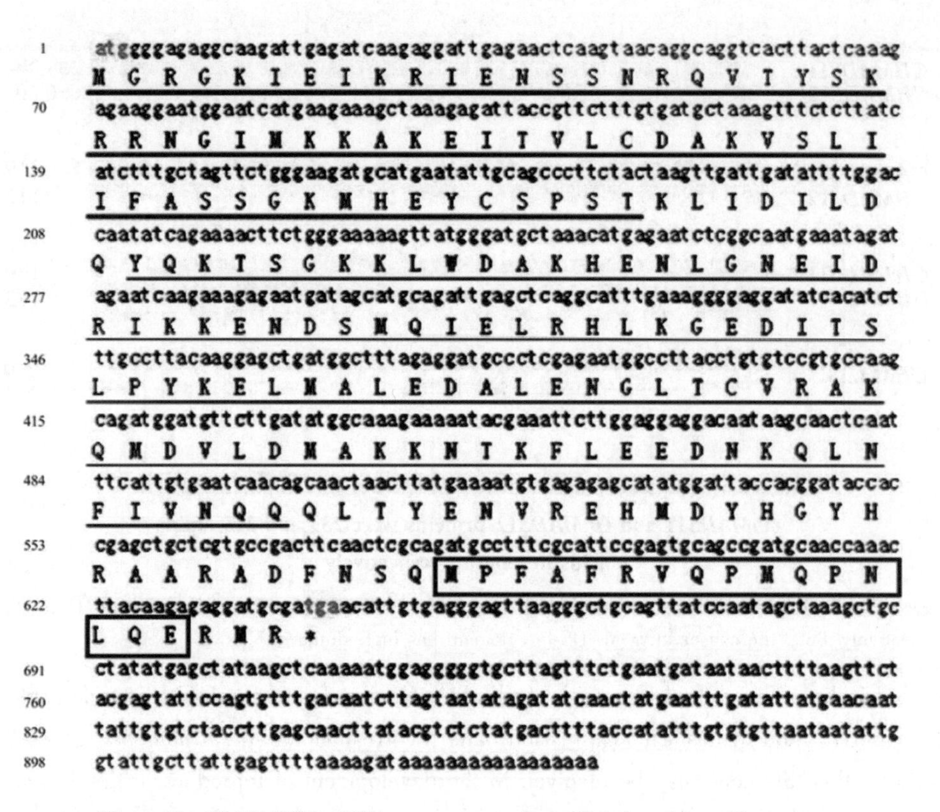

Figure 5　*GhMADS*12 cDNA sequence and predicted amino acid sequence

The sequence of the conservative MADS-box domain is underlined in boldface. The sequence of the semi-conservative K-box domain is indicated by a fine line. Amino acids within the boxes represent the PI motif. The letters in red color show the ATG start codon and the TGA stop codon

gy to AGL2/SEP-type MADS-box genes and belong to the AGL2/SEP-type, while *GhMADS*12 has higher homology to PI-type MADS-box genes and belong to the PI-type. This result is consistent with the above result of isolation and identification of MADS-box genes.

3.8　Expression profiles of *GhMADS*11 and *GhMADS*12

The expression profiles of *GhMADS*11 and *GhMADS*12 were determined in various organs of cotton by quantitative RT-PCR. As shown in Figure 9-A, no significant *GhMADS*11 expression was detected in most vegetative organs such as stems and leaves. Expression of this gene, however, was found in roots. In contrast, the amount of transcript of this gene was high in reproductive organs. The expression in flower buds was high. In the floral organ, *GhMADS*11 expression was high in petals (whorl2) and ovules. The expression was also detected in bract leaves. The expression was found to be very low in sepals (whorl1), stamens (whorl3), and carpels (whorl4).

As shown in Figure 9-B, *GhMADS*12 expression was very low in vegetative organs such as roots, stems, and leaves. Similar to *GhMADS*11 expression, the amount of transcript of *GhMADS*12 was high in reproductive organs. The expression in flower buds was high. In the floral organ, the expression was high in petals (whorl2) and stamens (whorl3). The expression was al-

```
GHMADS11   MGRGKVELKRIENKINRQVTFAKRRNGLLKKAYELSILCDAEVALIIFSNRGKLYEFSS- 59
GHMADS12   MGRGKIEIKRIENSSNRQVTYSKRRNGIMKKAKEITVLCDAKVSLIIFASSGKMHEYCSP 60
           *****:*:******. *****::*****::*** *:::****:*:****:. **::*:.*

GHMADS11   SNSIADILERYNRCTYGALEPGQTEIETQRNYQEYLKLKAKVEVLQHSQRHFLGEDLGDL 119
GHMADS12   STKLIDILDQYQKTSGKKLWDAKHENLGN----EIDRIKKENDSMQIELRHLKGEDITSL 116
           *..: ***::*:: :    *  .: *   :    *  ::* : : :* . **: ***: .*

GHMADS11   GSEELEQLERQLDLSLKKIRSLKMEHMVEQLSKLERKEEMLLETNRNLRRRLDENASTLR 179
GHMADS12   PYKELMALEDALENGLTCVRAKQMD----VLDMAKKNTKFLEEDNKQLNFIVNQQQLTYE 172
             :**  **  *: .*. :*: :*:      *.  ::: ::* * *::*.  ::::  * .

GHMADS11   STWETGEQSVPCNLQHPRFLEPLQCTTSMQISYNFPADLTHENIATTTSAPSGFIPDWML 239
           NVREH--------MDYHGYHRAARADFNSQMPFAFRVQPMQPNLQERMR----------- 213
           .. *        :::  : .. :.  . *:.:* .:  : *:
```

Figure 6 Sequence alignment of *GhMADS*11 and *GhMADS*12. The *GhMADS*11 and *GhMADS*12 proteins were 239 and 213 amino acids in length, respectively

The identity and similarity of *GhMADS*11 and *GhMADS*12 genes are low, 30.3 and 51.5%, respectively. But, the conservative MADS-box domain has high similarity

so detected in bract leaves and in carpels (whorl4). No significant expression was detected in the sepals (whorl1) and ovules. This expression pattern corresponds to the *Arabidopsis* genes PI/AP3 and suggests that this gene may be involved in the development of reproductive floral organs.

4 Discussion

A full-length normalized cDNA library for the flower development stages of CCRI36 short-season cotton (*G. hirsutum*) was constructed in this study. In previous research, only one library [Library: 15898 (dbESTID)] was constructed for flowering and flower organs. The organism for which the library was created was *G. raimondii* and the developmental stage was between -3 DPA (day post-anthesis) buds to +3 DPA bolls (Udall *et al.*, 2006). The organism for the cDNA library in this study was CCRI36 short-season cotton (*G. hirsutum*). The developmental stage considered was from flower bud formation to the flowering stage and the tissues involved included apical meristems, flower buds, and flowers. For cloning purposes, some major genes involved in the transformation from vegetative to reproductive growth or in the development of apical meristems, flower buds, and flowers were used as material for the cDNA library. The flower meristems of short-season cotton generally initiate differentiation when two true leaves are fully stretched, so apical meristems with two true leaves were collected.

Using bioinformatics software for the functional annotation and analysis of ESTs makes it easy to obtain the genes in which we are interested. In this study, two genes from the MADS-box family of cotton viz. *GhMADS*11 and *GhMADS*12 were obtained. The *GhMADS*11 and *GhMADS*12 proteins both have MADS-box typical structures and belong to the MIKC MADS-box gene family.

The *GhMADS*11 gene has high levels of homology with the genes of *Arabidopsis* which belongs

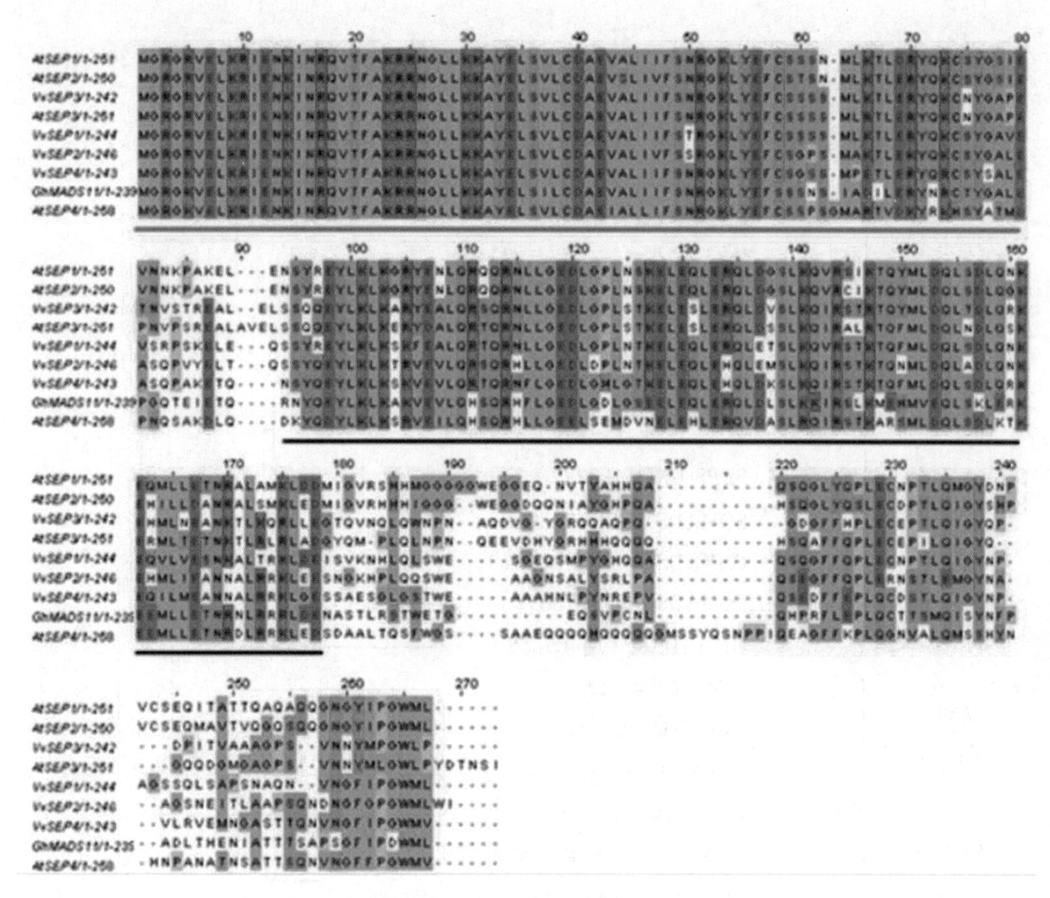

Figure 7　*GhMADS*11 multiple sequence alignment with SEP genes of *A. thaliana* and *V. vinifera*

The sequence of the conservative MADS-box domain is underlined in red. The sequence of the semi-conservative K-box domain is indicated by a black line. The genes are conserved inthe sequences of the MADS-box domain and the K-box domain

to the AGL2/SEP subfamily of class E MADS-box genes. *A. thaliana* has four different AGL2/SEP-like genes, SEP1, SEP2, SEP3, and SEP4, the mRNA of which orthologues strongly accumulate in all floral organs and hey are required for specification of all floral organs in *Arabidopsis*. According to the ABCDE model based on the mutant phenotype of single, double, triple, and quadruple sep1, sep2, sep3, and sep4 mutants (Pelaz *et al.*, 2000; Ditta *et al.*, 2004), class A + E genes specify sepals, A + B + E petals, B + C + E stamens, C + E carpels, and D + E ovules (Theissen, 2001; Krizek and Fletcher, 2005), respectively.

The expression pattern of SEP genes is low or non-existent in vegetative organs but high in reproductiveorgans. There are exceptions, however, such as TaSEP1 (GenBank: AM502866.1) which is expressed in roots (Paolacci *et al.*, 2007). Thus, the high level expression of *GhMADS*11 in reproductive organs and roots is understandable. This pattern of expression is distinct

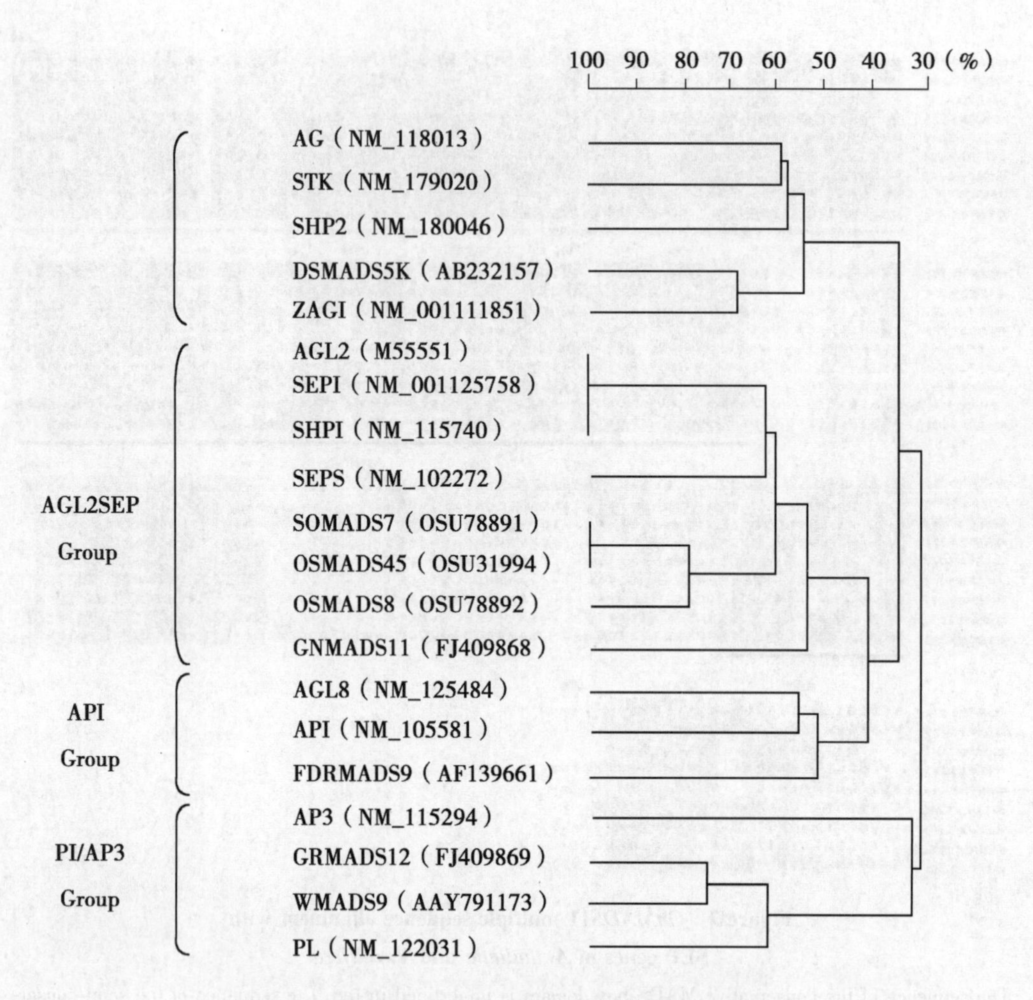

Figure 8 Homology-tree analysis of MADS-box genes

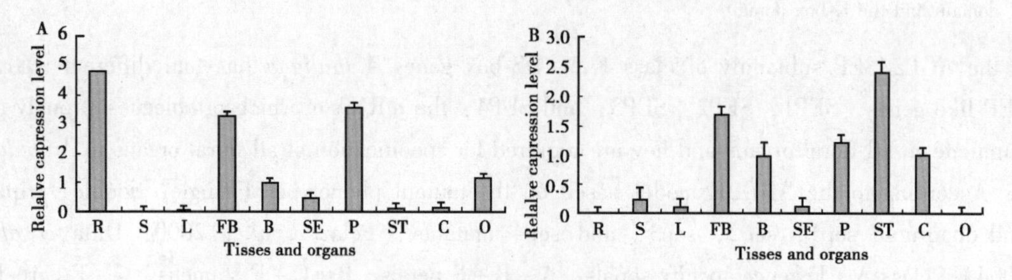

Figure 9 Relative expression profiles of *GhMADS*11 and *GhMADS*12 in different tissues and organs

The expression of bract leaves appeared as one and it was used as the basis for comparing the expression of *GhMADS*11 (A) and *GhMADS*12 (B). R, roots; S, stems; L, leaves; FB, flower bud; B, bract leaves; SE, sepals; P, petals; ST, stamens; C, carpels; O, ovules from what has been described for *Arabidopsis* SEP whose expression is exhibited mainly in inflorescences and siliques and is also widely expressed in rosette leaves (Parenicova *et al.*, 2003). The expression pattern divergence of *GhMADS*11 with respect to Arabid opsis genes could play different roles in other species. According to its expression, *GhMADS*11 may play a role not only in the specification of all floral organs such as in E class genes but also in root development. SEP-like proteins have been described as the "bridges" or "glue" that mediates the formation of quartet complexes that specify floral organ identity (Theissen, 2001; Immink *et al.*, 2009). It may be the reason for *GhMADS*11 expression in roots.

The *GhMADS*12 gene, on the other hand, has a high level of homology with the PI genes of *Arabidopsis* which belong to the PI/AP3 subfamily of class BMADS-box genes. At the C-terminal of *GhMADS*12, there was a highly conserved PI sequence motif (MPFxFRVQPxQPNLQE) (Guo B *et al.*, 2007) (Figure 5).

Of the class B MADS-box genes in Gerbera hybrid, the PI/GLO-like gene GGLO1 was found to be expressed exclusively in floral tissues showing the strongest expression in petals and stamens. Expression analysis and transgenic phenotypes confirm that GGLO1 and GDEF2 mediate the classical B-function since they determine petal and stamen identities (Broholm *et al.*, 2009). For A. majus, the class B MADS-box transcription factors DEFICIENS (DEF) and GLOBOSA (GLO) were found to control the organogenesis of petals and stamens (Bey *et al.*, 2004).

The expression pattern of *GhMADS*12 resembled the PI genes in *Arabidopsis* in which the expression was high in stamens (whorl3) and petals (whorl2). The results show that *GhMADS*12 may be involved in the identification and formation of stamens and petals.

The first full-length normalized cDNA library for the flower development stages of *G. hirsutum* was constructed. A total of 3 175 high-quality expressed sequence tags (ESTs) were obtained and clustering this effective sequences resulted in a set of 2 906 non-redundant sequences comprised of 233 contigs and 2 673 singletons. Through EST alignment and the screening method, the full-length cDNA of two MADS-box genes viz., *GhMADS*11 and *GhMADS*12, were acquired.

Phylogenetic analysis indicated that *GhMADS*11 and *GhMADS*12 have high homology and close evolutionary relationship with AGL2/SEP-type and PI-type genes, respectively. The expression of both *GhMADS*11 and *GhMADS*12 genes was high in reproductive organs. In floral organs, *GhMADS*11 expression was high in petals (whorl2) and ovules, while *GhMADS*12 expression was high in petals (whorl2) and stamens (whorl3).

The results showed that the EST strategy based on normalized cDNA library is an effective method for gene identification. The study provides more insights or future molecular research on the regulation mechaism of cotton flower development.

Acknowledgements

This work was supported by the National High-Tech R&D Program (863 Program, 2006AA10A109) and the National Basic Research Program of China (973 Program,

2004CB117306).

References

[1] Altshul J H, Marshall G, Morgan L A, *et al.* Comparison of dentinal crack incidence and of post removal time resulting from pos removal by ultrasonic or mechanical force [J]. *Journal of Endodontics*, 1997, 23: 683-686.

[2] Alvarez-Buylla E R, Pelaz S, Liljegren S J, *et al.* An ancestral MADS-box gene duplication occurred before the divergence of plants and animals [J]. *Proceedings of the National Academy of Sciences USA*, 2000, 97: 5328-5333.

[3] Ashburner M, Ball C A, Blake J A, *et al.* Gene ontology: tool for the unification of biology [J]. *The Gene Ontology Consortium. Nature Genetics*, 2000, 25: 25-29.

[4] Audic S, Claverie J M. The significance of digital gene expression profiles [J]. *Genome Research*, 1997, 7, 986-995.

[5] Bey M, Stuber K, Fellenberg K, *et al.* Characterization of antirrhinum petal development and identification of target genes of the class B MADS box gene DEFICIENS [J]. *The Plant Cell*, 2004, 16: 3197-3215.

[6] de Bodt S, Raes J, Florquin K, *et al.* Genomewide structural annotation and evolutionary analysis of the type I MADS-box genes in plants [J]. *Journal of Molecular Evolution*, 2003, 56: 573-586.

[7] Broholm S K, Pollanen E, Ruokolainen S, *et al.* Functional characterization of B class MADS-box transcription factors in Gerbera hybrida [J]. *Journal of Experimental Botany*, 2009, 61: 75- 85.

[8] Coen E S, Meyerowitz E M. The war of the whorls: genetic interactions controlling flower development [J]. *Nature*, 1991, 353: 31-37.

[9] Ditta G, Pinyopich A, Robles P, *et al.* The SEP4 gene of *Arabidopsis thaliana* functions in floral organ and meristem identity [J]. *Current Biology*, 2004, 14: 1935-1940.

[10] Fan J, Li W, Dong X, *et al.* Ectopic expression of a hyacinth AGL6 homolog caused earlier flowering and homeotic conversion in *Arabidopsis* [J]. *Science China Life Science* (Science in China Series C: Life Sciences), 2007, 50: 676-689.

[11] de Folter S, Angenent G C. Trans meets cis in MADS science [J]. *Trends in Plant Science*, 2006, 11: 224-231.

[12] Guo B, Hexige S, Zhang T, *et al.* Cloning and characterization of a PI-like MADS-box gene in Phalaenopsis orchid [J]. *Journal of Biochemistry and Molecular Biology*, 2007, 40: 845-852.

[13] Guo Y, Zhu Q, Zheng S, *et al.* Cloning of a MADS box genc (*GhMADS3*) from cotton and analysis of its homeotic role in transgenic tobacco [J]. *Journal of Genetics and Genomics*, 2007, 34: 527-535.

[14] Immink R G, Ferrario S, Busscher-Lange J, *et al.* Analysis of the petunia MADS-

box transcription factor family [J]. *Molecular Genetics and Genomics*, 2003, 268: 598-606.

[15] Immink R G, Tonaco I A, de Folter S, *et al.* SEPALLATA3: the 'glue' for MADS box transcription factor complex formation [J]. *Genome Biology*, 2009, 10: R24.

[16] Jeon J S, Jang S, Lee S, *et al.* leafy hull sterile1 is a homeotic mutation in a rice MADS box gene affecting rice flower development [J]. *The Plant Cell*, 2000, 12: 871-884.

[17] Karim N, Jones J T, Okada H, *et al.* Analysis of expressed sequence tags and identification of genes encoding cell-wall-degrading enzymes from the fungivorous nematode Aphelenchus avenae [J]. *BMC Genomics*, 2009, 10: 525.

[18] Kaufmann K, Melzer R, Theissen G. MIKC-type MADS- domain proteins: structural modularity, protein interactions and network evolution in land plants [J]. *Gene*, 2005, 347: 183-198.

[19] Krizek B A, Fletcher J C. Molecular mechanisms of flower development: an armchair guide [J]. *Nature Reviews Genetics*, 2005, 6: 688-698.

[20] Lightfoot D J, Malone K M, Timmis J N, *et al.* Evidence for alternative splicing of MADS-box transcripts in developing cotton fibre cells [J]. *Molecular Genetics and Genomics*, 2008, 279: 75-85.

[21] Luo M, Xiao Y H, Hou L, *et al.* Cloning and expression analysis of a LIM-domain protein gene from cotton (*Gossypium hirsuturm* L.) [J]. *Journal of Genetics and Genomics*, 2003, 30: 175-182 (in Chinese).

[22] Ma H. The unfolding drama of flower development: recent results from genetic and molecular analyses [J]. *Genes & development*, 1994, 8: 745-756.

[23] Messenguy F, Dubois E. Role of MADS box proteins and their cofactors in combinatorial control of gene expression and cell development [J]. *Gene*, 2003, 316: 1-21.

[24] Paolacci A R, Tanzarella O A, Porceddu E, *et al.* Molecular and phylogenetic analysis of MADS-box genes of MIKC type and chromosome location of SEP-like genes in wheat (*Triticum aestivum* L.) [J]. *Molecular Genetics and Genomics*, 2007, 278: 689-708.

[25] Parenicova L, de Folter S, Kieffer M, *et al.* Molecular and phylogenetic analyses of the complete MADS-box transcription factor family in *Arabidopsis*: new openings to the MADS world [J]. *The Plant Cell*, 2003, 15: 1538-1551.

[26] Pear J R, Kawagoe Y, Schreckengost W E, *et al.* Higher plants contain homologs of the bacterial celA genes encoding the catalytic subunit of cellulose synthase [J]. *Proceedings of the National Academy of Sciences of the USA*, 1996, 93: 12637-12642.

[27] Pelaz S, Ditta G S, Baumann E, *et al.* B and C floral organ identity functions require SEPALLATA MADS-box genes [J]. *Nature*, 2000, 405: 200-203.

[28] Riechmann J L, Meyerowitz E M. MADS domain proteins in plant development [J]. *Biological Chemistry*, 1997, 378: 1079-1101.

[29] Theissen G. Development of floral organ identity: stories from the MADS house [J]. *Current Opinion in Plant Biology*, 2001, 4: 75-85.

[30] Theissen G, Kim J T, Saedler H. Classification and phylogeny of the MADS-box multigene family suggest defined roles of MADS-box gene subfamilies in the morphological evolution of eukaryotes [J]. *Journal of Molecular Evolution*, 1996, 43: 484-516.

[31] Udall J A, Swanson J M, Haller K, *et al*. A global assembly of cotton ESTs [J]. *Genome Research*, 2006, 16: 441-450.

[32] Wiemann S, Mehrle A, Bechtel S, *et al*. CDNAs for functional genomics and proteomics: the German Consortium [J]. *Comptes Rendus Biologics*, 2003, 326: 1003-1009.

[33] Wu D, Liu J J, Yu S X, *et al*. Establishment and identification of a normalized full-length cDNA library of CCRI 36 [J]. *Acta Agronomica Sinica*, 2009, 35: 602-607 (in Chinese).

[34] Zhu Y Y, Machleder E M, Chenchik A, *et al*. Reverse transcriptase template switching: a SMART approach for full-length cDNA library construction [J]. *Biotechniques*, 2001, 30: 892-897.

[35] Zik M, Irish V F. Global identification of target genes regulated by *APETALA*3 and *PISTILLATA* floral homeotic gene action [J]. *The Plant Cell*, 2003, 15: 207-222.

Generation of ESTs for Flowering Gene Discovery and SSR Marker Development in Upland Cotton

Deyong Lai[1,2], Huaizhu Li[2,3], Shuli Fan[2],
Meizhen Song[2], Chaoyou Pang[2], Hengling Wei[2,4],
Junjie Liu[2], Dong Wu[2], Wenfang Gong[2], Shuxun Yu[2*]
(1. College of Plant Science and Technology, Huazhong Agricultural University, Wuhan, China; 2. Key Laboratory of Cotton Genetic Improvement of Ministry of Agriculture, The Cotton Research Institute, Chinese Academy of Agricultural Sciences, Anyang 455000, China; 3. College of Agronomy, Northwest A&F University, Yangling, China; 4. College of Agriculture and Biotechnology, Zhejiang University, Hangzhou, China)

Abstract: Upland cotton, *Gossypium hirsutum* L., is one of the world's most important economic crops. In the absence of the entire genomic sequence, a large number of expressed sequence tag (EST) resources of upland cotton have been generated and used in several studies. However, information about the flower development of this species is rare. To clarify the molecular mechanism of flower development in upland cotton, 22 915 high-quality ESTs were generated and assembled into 14 373 unique sequences consisting of 4 563 contigs and 9 810 singletons from a normalized and full-length cDNA library constructed from pooled RNA isolated from shoot apexes, squares, and flowers. Comparative analysis indicated that 5 352 unique sequences had no high-degree matches to the cotton public database. Functional annotation showed that several upland cotton homologs with flowering-related genes were identified in our library. The majority of these genes were specifically expressed in flowering-related tissues. Three *GhSEP* (*G. hirsutum* L. *SEPALLATA*) genes determining floral organ development were cloned, and quantitative real-time PCR (qRT-PCR) revealed that these genes were expressed preferentially in squares or flowers. Furthermore, 670 new putative microsatellites with flanking sequences sufficient for primer design were identified from the 645

原载于：*Plos One*, 2011, 12 (6): 1-11

unigenes. Twenty-five EST- simple sequence repeats were randomly selected for validation and transferability testing in 17 *Gossypium* species. Of these, 23 were identified as true-to-type simple sequence repeat loci and were highly transferable among *Gossypium* species. A high-quality, normalized, full-length cDNA library with a total of 14 373 unique ESTs was generated to provide sequence information for gene discovery and marker development related to upland cotton flower development. These EST resources form a valuable foundation for gene expression profiling analysis, functional analysis of newly discovered genes, genetic linkage, and quantitative trait loci analysis.

1 Introduction

Cotton is the leading agronomic fiber and oilseed crop in the world. *Gossypium hirsutum* L. is a primary cultivated allotetraploid species (known as upland or American cotton) and has a tetraploid genome (AD; $2n = 4x = 52$)[1-2]. The products from this species include fibers and seeds that have a variety of uses. Cotton fibers sustain one of the world's largest industries, namely textiles, and cottonseeds are widely used for food oil, animal feeds, and industrial materials. In addition to its economic importance, upland cotton has attracted considerable scientific interest among plant breeders, agricultural scientists, taxonomists, developmental geneticists, and evolutionary biologists because of its unique reproductive developmental aspects and speciation history[3-5].

The flowering behavior (initiation and development) of higher plants is one of the most important aspects during plant development. When plants undergo an initial period of flowering, the vegetative shoot apical meristem is transformed into an inflorescence meristem. Inflorescence meristems then respond to both environmental and endogenous flowering signals to give rise to floral meristems, which go on to produce the various types of floral organs including the familiar sepals, petals, stamens, and carpels[6]. In all seed crops, the transition from vegetative to reproductive growth is one of the most important developmental switches because it determines the production of dry matter in the life cycle. Shifting the seasonal timing of reproduction is a major goal of plant breeding efforts to produce novel varieties that are better adapted to local environments and climate change[7]. Recent evidence suggests that genes controlling the timing of flowering affect hybrid vigor and are thus likely to impact yield[8]. Upland cotton is a natural perennial with an indeterminate growth habit that has been adapted to annual cultivation by plant breeders because of its economic importance. The time of the first flowering has been used to determine the earliness, which is a basic breeding objective in upland cotton[9]. Understanding the molecular mechanism of flowering and flowering habits would greatly accelerate molecular breeding research of upland cotton.

The entire genomic sequence is not available for cotton species, but a large number of genome resources have been developed for cotton, especially for upland cotton. These include polymorphic markers[10], genes for important agriculture traits[11], expressed sequence tags (ESTs)[12], large-insert bacterial artificial chromosome libraries[13], and genome-wide, cDNA-based or unigene EST-based microarrays[14]. Analysis of ESTs is one of the most efficient approaches to provide transcriptome resources, and this method is complementary to a whole-genome sequencing project[15]. A large number of ESTs has been produced from cDNA libraries constructed using mRNA isolated from different organs of upland cotton including the root, stem, seedling, leaf, fiber, ovule, and boll. The overwhelming majority of these EST resources is from developing fibers or fiber-bearing ovules, whereas only a minority is from non-fiber and non-ovule organs. The availability of such EST resources has allowed rapid progress in gene discovery and gene identification in these tissues during development[16]. However, flowering-related EST resources from upland cotton are scarce. This hinders both the identification of functional genes and the construction of framework genetic linkage maps related to flower development. Therefore, we constructed a normalized and full-length cDNA library for efficient generation of comprehensive EST resources from upland cotton shoot apexes, squares, and flowers. These ESTs will be used as resources for gene discovery and will form a foundation for cloning the full-length sequences of the genes. They will also provide microarray elements for gene expression profiling and assist in developing molecular markers such as simple sequence repeats (SSRs) that are potentially useful for genetic linkage mapping and quantitative trait locus analysis in upland cotton. In this study, we describe the generation and analysis of 22 915 ESTs that have been deposited in GenBank under the accession numbers HO089234 to HO112148, and we identify several flowering-related genes and the development of novel EST-SSR markers in upland cotton.

2　Results

2.1　Generation of flowering-related ESTs in upland cotton

A normalized and full-length cDNA library from shoot apexes, squares, and flowers of upland cotton was constructed to generate ESTs. The insert sizes ranged from 500 to 3 000bp with an average size of 1 200bp. A total of 24 283 cDNA clones were randomly isolated and sequenced from the 3′-end using the primer M13-R. All raw EST sequences were trimmed of vector sequences, the poly (A) tail, and low-quality sequences and filtered for minimum length (100 bp). This resulted in 22 915 high-quality ESTs with an average length of 528.4 bp. These EST resources are suitable for gene discovery and molecular marker identification related to flower development of upland cotton.

2.2　EST assembly and analysis

To produce non-redundant EST data and to improve sequence accuracy for further analysis, the newly generated ESTs were assembled into clusters by sequence identity. The 22 915 upland cotton ESTs generated from 3′-end sequencing resulted in 14 373 unigenes including 4 563 (31.7%) contigs that consisted of two or more ESTs and 9 810 (68.3%) singletons (Table 1). The average length of the unigene sequences was 562.7 bp (range 100 ~ 1 498bp). Figure 1 compares the distribution of the sequence length before and after sequence assembly. Of these unigenes, 13 611 (94.7%) assembled cDNA sequences had open reading frames (ORFs) that were longer than 100 bp, and the longest ORF of each sequence was selected for further analysis. The average ORF length was 283. 6 bp (range 100 ~ 1 107bp).

Table 1 Summary of the ESTs from 24 283 cDNA clones in upland cotton

Feature	Value
Total ESTs	24 283
High-quality ESTs	22 915
Contigs	4 563
ESTs in contigs	13 015
Singletons	9 810
Unique sequences	14 373
Redundancy (%)	37. 3
Average length of unigene sequences (bp)	562. 7

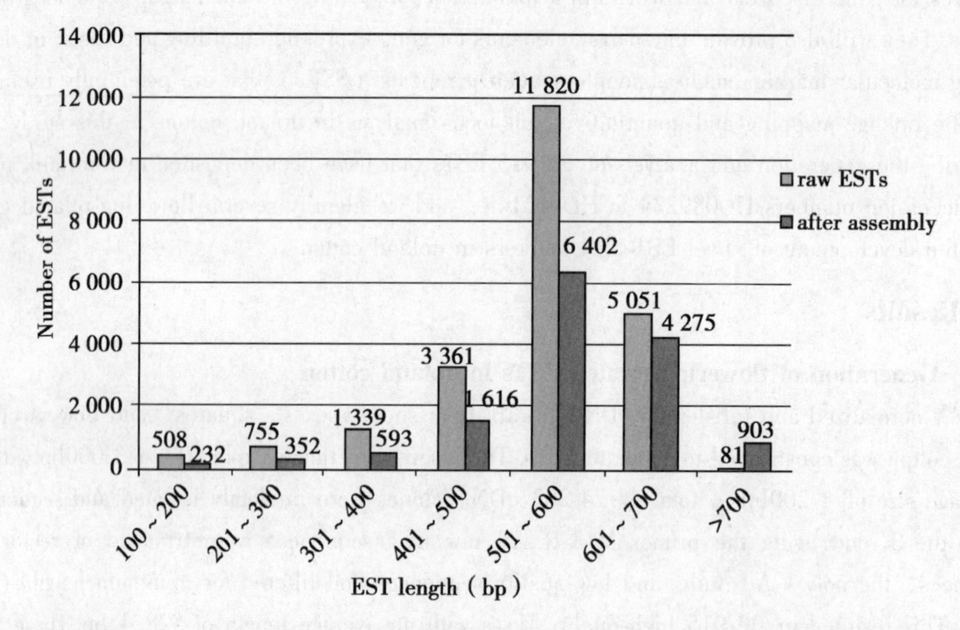

Figure 1 Sequence length distribution of the ESTs before and after assembly

doi: 10. 1371/journal. pone. 0028676. g001

In our study, the full-length cDNA library was normalized to subtract highly expressed genes and to isolate ESTs corresponding to rare or low-expression genes. Of the 4 563 contigs, 2 637 (57. 8%) contained two ESTs, 999 (21. 9%) contained three ESTs, 462 (10. 1%) contained four ESTs, 194 (4. 3%) contained five ESTs, 135 (3. 0%) contained six ESTs, and relatively few sequences (3. 0%) contained more than six ESTs (Figure 2). On average, each contig was assembled from 2. 9 sequences due to a few highly redundant ESTs, and the unigene mean size was only 1. 6 sequences. This showed that the quality of the normalization of this library was very good.

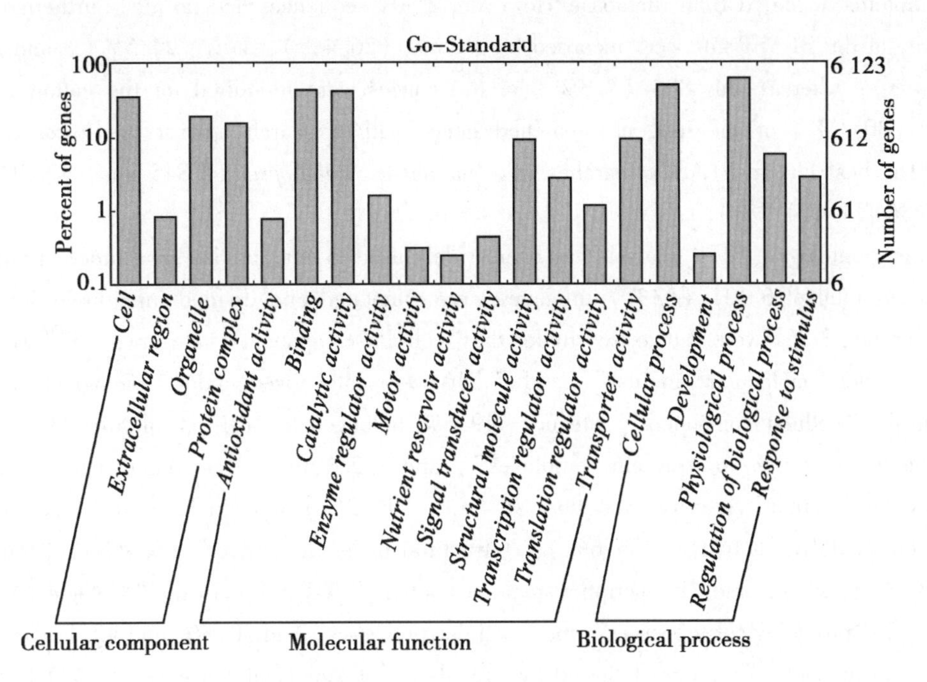

Figure 2　Frequency and distribution of upland cotton ESTs among assembled contigs

doi: 10. 1371/journal. pone. 0028676. g002

2. 3　Comparison to previous cotton ESTs

It is interesting that the library contains novel unique sequences that do not match anysequences in the existing databases. To estimate the contribution of our library, the 22 915 EST sequences from upland cotton were compared against the ESTs and unigenes already available in the DFCI (Dana-Farber Cancer Institute) database, which contains 351 954 cotton ESTs and 2 315 ETs totally assembled to 117 992 unique sequences. Approximately 37. 2% of the unique sequences generated in this study were not highly homologous to existing cotton ESTs and unique sequences of the CGI (Cotton Gene Index) database. Thus, our library added 5 352 cotton unique sequences, which therefore represented a new transcript resource.

2. 4　Putative functional annotation and categorization of unique ESTs

To assess their putative identities, all distinct ESTa were subjected to BLAST sequence similarity searchs against the NCBI nt (non-redundant nucleotide database), nr (non-redundant protein database), and the SwissProt database, which contain all the nucleotide or protein sequences submitted to the public databases. In the NCBI nt database, 10 780 (75. 1%) had significant matches against cotton and other species with the mean E-value cutoff set to 7. 8e-08. Within these significant matching sequences, only 1 571 sequences had hits with previously published *Gossypium* nucleotide sequences, including just 1 327 upland cotton nucleotide sequences. The NCBI nr database is commonly used as the principal target database to search for homologous proteins. Most of the upland cotton unique sequences (84%) had the best matches with proteins in the NCBI nr database. However, 2 301 sequences had no hits. Furthermore, the majority of the BLAST hits were recorded for *Ricinus* (26.4%), *Vitis* (24.5%), and *Populus* (23.4%), whereas only 886 (7.3%) of the entries were identified for the cotton. In total, 8 130 (80.1%) of the unigenes matched genes with a search against the SwissProt database. The best hits in BLASTx searches were mainly to *Arabidopsis* (3 845 hits, 47.3%) and rice (364 hits, 4.5%).

Gene ontology (GO) analysis has been widely used to characterize gene function classification[17]. A total of 6 131 (43%) unigenes were annotated and divided into three GO categories. In total, 3 361 were categorized under the "cellular component" category, 8 527 were categorized under "molecular function", and 5 546 were categorized under "biological process". Within the "cellular component" category, 49.6% belonged to "cell", followed by 27.3% to "organelle", 22.0% to "protein complexes", and 1.2% to "extracellular regions". In the "molecular function" category, the most GO terms (40.2%) were included in "binding", followed by "catalytic activity" (36.6%), "structural molecule activity" (8.4%), "transporter activity" (8.2%), and "transcription-regulator activity" (2.5%). In the "biological process" category, "physiological processes" and "cellular processes" had 50.6% and 42.1% of the GO terms, respectively. They were followed by "regulation of biological processes" (4.7%), "response to stimuli" (2.3%), and "development" (0.2%) (Figure 3). These results indicate that the unique transcripts are involved in different categories covering many aspects of tissue development and offer a good representation of the upland cotton genome.

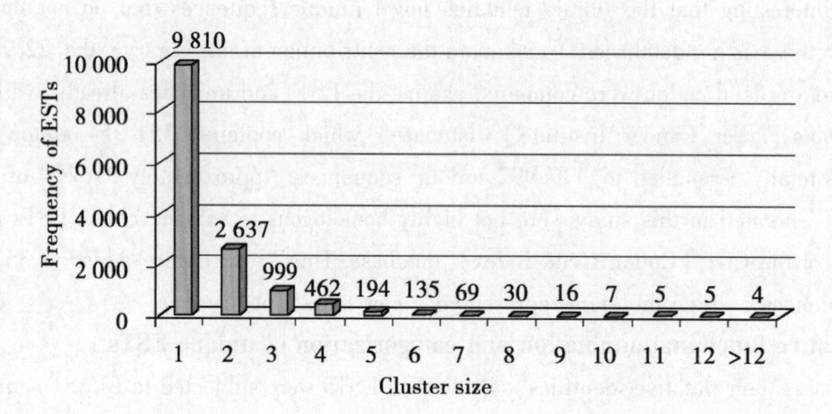

Figure 3 Distribution of ESTs consensus sequences in the main GO functional classes

The bar chart shows the distribution of ESTs among the three GO categories: cellular location, molecular function, and biological process

doi: 10.1371/journal.pone.0028676.g003

2.5 Identification of flowering-related genes in upland cotton

A list of upland cotton homologs of flowering-related genes was found in our library from functional annotations of unique ESTs as described above (Table S1). The 34 candidate genes that were identified included flowering determination genes, floral meristem identity genes, and floral organ development genes. Most of the putative flowering-related genes (26/34) identified were involved in flowering determination process. This is the first stage of reproductive growth initiation, and it is regulated by environmental factors such as light, temperature, and endogenous cues to determine the flowering time[18-21]. Four unigenes were identified as a best match with the floral meristem identity genes from *Arabidopsis thaliana* and *Solanum tuberosum*. These transcripts were floral meristem identity genes that confer floral identity to the developing floral primordial[22-25]. The ABC model of flower organ identity provides a framework for understanding the specification of flower organs in diverse plant species[26]. In our library, four flower organ identity genes were annotated for several unigenes. The homologs for all the flower development stages can be found in our library.

2.6 Tissue expression patterns of flowering-related ESTs

The 34 putative flowering-related ESTs that were generated in this study show high identities with the flowering-related proteins of some species. To validate the differential gene expression results and obtain more refined gene expression data, 12 transcripts were randomly selected from Table S1. Gene-specific primers were designed for these transcripts (Table 2) to analyze expression using qRT-PCR (Figure 4). Most of these ESTs were expressed in limited tissues and were

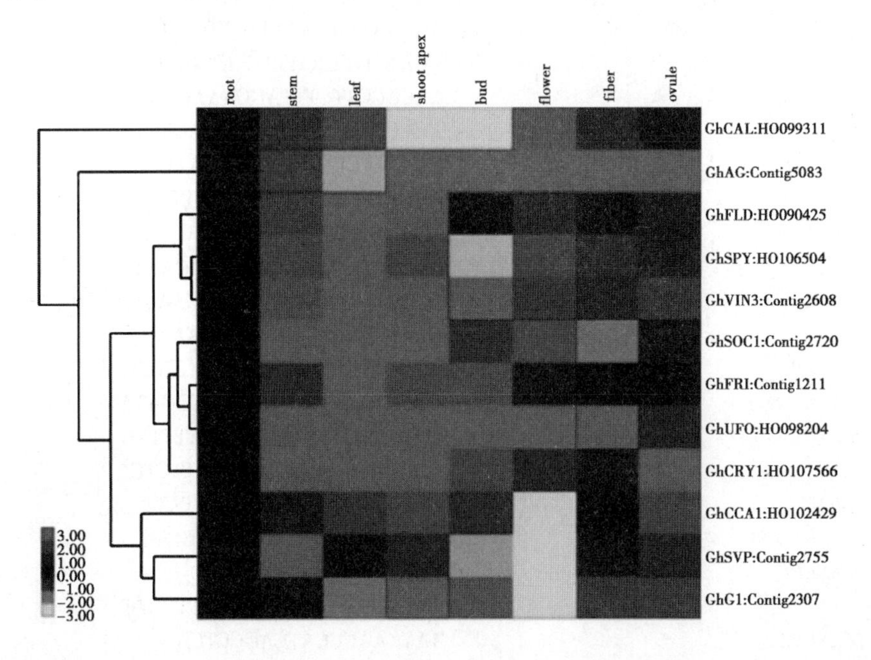

Figure 4 Tissue expression patterns of 12 putative flowering genes from upland cotton

qRT-PCR was used to evaluate the relative levels of flowering-related ESTs in different tissues (root, stem, leaf, shoot apex, bud, flower, fiber, and ovule) with endogenous 18S and root samples used for reference. The patterns were clustered and viewed using Gene Cluster and TreeView software (Stanford University)

doi: 10.1371/journal.pone.0028676.g004

not expressed ubiquitously in all seven tissues examined. However, some unigenes such as Contig2307, HO102429, and HO 107566 were highly expressed in the shoot apex, and HO099311 accumulated in and was expressed in the flower. Furthermore, some transcripts such as Contig2608, HO106504, HO090425, and Contig1211 were highly expressed specifically in the leaf and shoot apex, whereas HO098204 accumulated in the stem and square. The majority of these transcripts were thus expressed mainly in the tissues that were chosen to construct the library (shoot apex, square, and flower). These results suggest that these transcripts are expressed in flower-related tissues during the floral meristem transition or during flower development.

Table 2 Primers used in gene-specific qRT-PCR of flowering genes

Gene name	Primer sequence (5′-3′)
GhCCAl	F：TCATTGTAGGGATGCGGCTGTT
	R：CGAGTTGCTGGTGGATGGGTT
*GhCRY*1	F：ATGCCCAGATCATTTATCCATAAG
	R：AAT AATGGGAATTGGCTCTGG
GhFRI	F：TCTCCGACTGCTTTATCAGGTTCTGC
	R：GATCCTGGCGAGTTGACCGAGTTA
*GhVI N*3	F：GAGATGCTGGATCAGAAATGAAGA
	R：GGAGAACGACAAGACGAGGAAT
GhFLD	F：GCCGAAGTCAATTTCTTCCTCA
	R：CCAATGTTCCATACTCTGACCCTAA
GhSOCI	F：AACGCCTTCTTTAGCAAACCAT
	R：ACCCT ACAAGCAGGCAAGTGA
Gh *UFO*	F：GCCACTGCTGCCAAGGTAAG
	R：CGGACAAGGACTGCTGTTT
GhGI	F：AGAGGGACCACGGAAACCA
	R：CAGCACATCAGTCCTTCGCAAT
GhCAL	F：TCTCCACGAAAGTTCCT CAA
	R：GGTTCTGAATCACAGGCAAA
GhSVP	F：GAACTTCTTGATTGACCTGCTCTAA
	R：GTGCT GGACTGCATGAAGGATAT
GhSPY	F：TCCGTCACAGACAGGTGATTTAG
	R：CAAT GTCGGTGTCAGTCTTCTCA
GhAG	F：CCAGCATGTGCCTGTTTGTATT
	R：ATTGTCTTCTCCAACCGTGGTC
GhSEPI	F：TCCGCTCCACCAAGACCC
	R：GACAAAGCCCTGTTAGTTTCCAT
*GhSEP*2	F：AACCAACCCATCAGCCTCAG
	R：GGTAGCCATCCCGTCAT GTAAT
*GhSEP*3	F：AATGAAGTTGGATGGAAGTGGTC
	R：AGGTGGTGGATGGTT GTAT
18*S*	F：AACCAAACATCTCACGACAC
	R：GCAAGACCGAAACTCAAAG

doi：10. 1371/journal. pone. 0028676. t002

2.7　Cloning of upland cotton *SEPALLATA* homologousgenes; sequence, phylogenetic, and expression analysis

To validate that our full-length library was an efficient method for rapid functional gene discovery of upland cotton genes, three members of the *SEPALLATA* (*SEP*) gene family were cloned and analyzed. The *SEP* genes encode transcription factors of the MADS-box gene family, which determine floral organ identity[27,28]. The *Arabidopsis SEP* proteins were used as a query to search our EST database with tBLASTn. Three unique full-length sequences were found in upland cotton. These sequences were named *GhSEP*1 (JF271884), GhSEP2 (JF271885), and GhSEP3 (JF271886). The cDNAs of *GhSEP*1-3 have 0RFs of 738 bp, 735 bp, and 732 bp, encoding proteins of 245, 244, and 243 amino acid residues, respectively. The Gh*SEP* genes share high sequence homology at the nucleotide level (71% ~77% identity) in the coding region. The BLAST analysis showed that proteins derived from these cDNAs are homologous to the *SEPs* from *Arabidopsis*, *Populus*, and *Euptelea* with identities of 66% ~84% at the amino acid level (Figure 5). Multiple sequence alignment of GhSEPs and their homologous proteins revealed that cotton Gh*SEP* proteins also contain the conserved MADS-box domain (Figure 5). Tissue expression patterns of the Gh*SEP* transcripts in various cotton tissues were analyzed using qRT-PCR (Figure 6). *GhSEPI* was preferentially expressed in the square, whereas Gh*SEP*2 and Gh*SEP*3 transcripts mainly accumulated in the square and the flower. Flowering-related genes could be identified from our library using the homologous sequence search; however, they could not be found from the unigene annotation.

2.8　Characterization of SSR marker sequences

A high-density genetic map is an important tool for representing the cotton genome structure and evolution. EST-SSRs are functional markers whose polymorphisms may cause changes in gene function and lead to phenotypic variation. In recent years, many SSRs from different cotton genomes or tissues have been developed and utilized. To develop new EST-SSRs, the 14 373 unigenes were examined using the software SSRIT. In total, 2 295 putative microsatellites were detected from 1 964 sequences and then compared with all 16 162 publicly available SSR markers in the Cotton Marker Database (CMD)[29]. The resulting dataset included 720 new SSRs in these flowering unigenes, and 670 new EST-SSRs were developed from the 645 sequences with long flanking sequences necessary for the design (Table S2). The EST- SSR repeat types are summarized in Table 3. Among these 670 new EST-SSRs primer pairs, the most abundant repeat type was trinucleotide repeats (322, 44.7%), followed by tetranucleotide repeats (221, 30.7%) and hexanucleotide repeats (74, 10.3%). The motif type AT/TA was the highest frequency of 5.6% followed by the motif TTC/AAG (4.6%), ATC/TAG (3.1%), TTG/AAC (2.9%), and AAT/TTA (2.8%) (Figure 7).

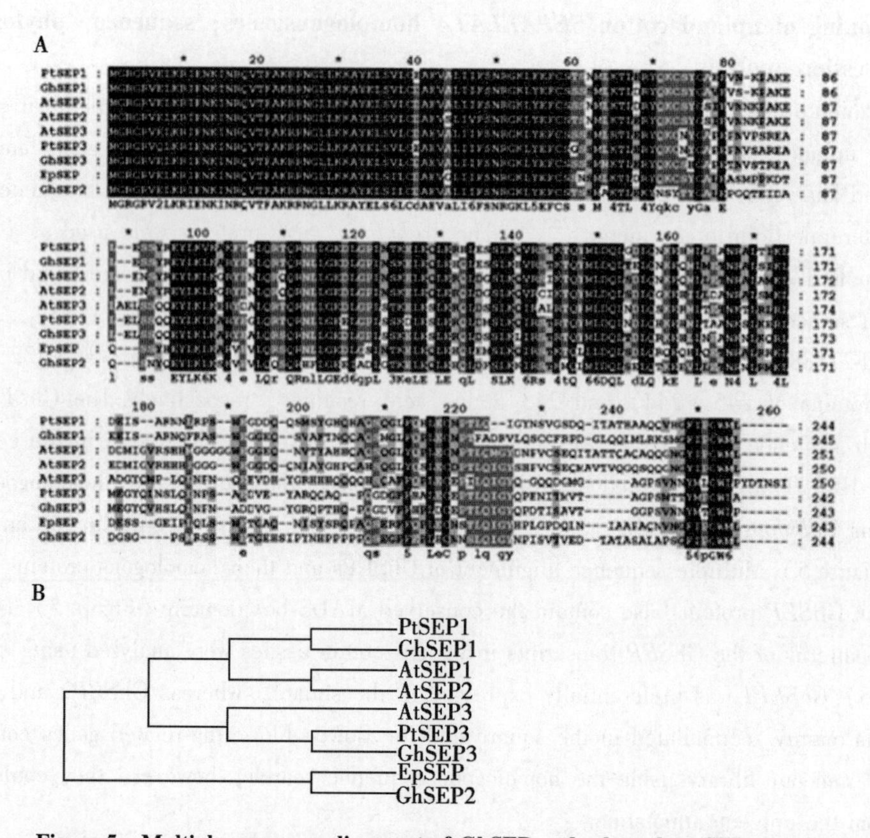

Figure 5 Multiple sequence alignment of GhSEP and other plant SEP proteins

A: Multiple protein sequence alignment of GhSEPs with other plants: Populus SEP1/2 (XP_ 002330922), and SEP3 (AAO49811), Arabidopsis SEP1 (NP_ 568322), SEP2 (NP_ 186880) and SEP3 (NP_ 850953), and Euptelea SEP (ADC79707). The MADS-box domain was highly conserved among the SEP sequences. B: A phylogenetic tree of these plant SEP proteins constructed with MEGA 4.1
doi: 10.1371/journal.pone.0028676.g005

Table 3 Features of microsatellite markers identified in upland cotton flower ESTs

Motif length	No. of EST-SSRs	Frequency (%)
Dinucleotide repeats	65	9.0
Trinucleotide repeats	322	44.7
Tetranucleotide repeats	221	30.7
Pentanucleotide repeats	74	10.3
Hexanucleotide repeats	38	5.3

2.9 The *Gpssypium* species EST-SSR transferability

To investigate whether the potential SSR loci mined were true- to-type and could be used for genetic analysis, 25 EST-SSR primer pairs (Table S3) were randomly selected and verified in *Gossypium* species. Only one of these primers (CCRI005) could not amplify any fragment in upland cotton. The primer CCRI019 produced amplicons, but they were larger than the expected

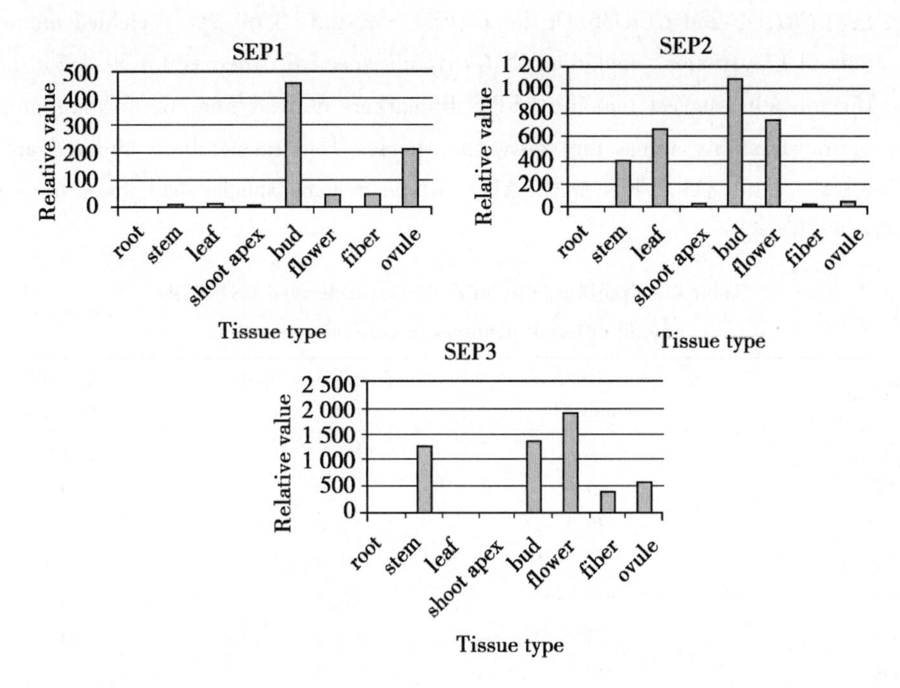

Figure 6　Expression analyses of *GhSEP* genes in cotton tissues

The expression levels in the different tissues were quantified using qRT-PCR as described above

doi: 10. 1371/journal. pone. 0028676. g006

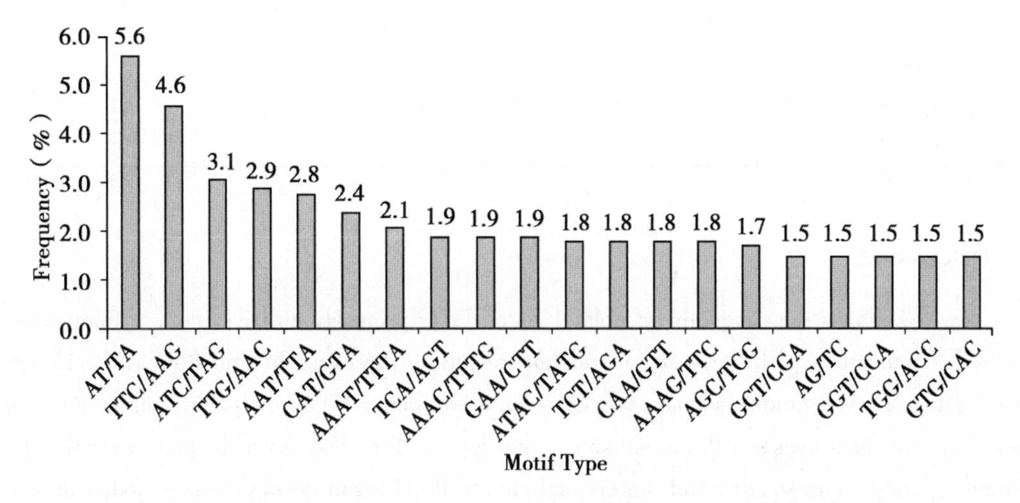

Figure 7　Frequencies of different repeat motifs in EST-SSRs from upland cotton

doi: 10. 1371/journal. pone. 0028676. g007

size. The remainder of the primer pairs generated clear DNA bands with the expected sizes. Thus, 92. 0% (23 of 25) of EST-SSR primers could be used to analyze genetic diversity. The 23 markers verified were used to screen 17 *Gossypium* species to test their levels of transferability. All the 23 *G. hirsutum-derived* EST-SSRs amplified products in (AD) 1 genome cultivars *G. hirsutum*

L. cv *TM*-1, *CCRI*16, and *CCRI*36. Of the 23 EST-SSRs, 14 (60.9%) yielded microsatellite products from all 17 varieties, including 15 *Gossypium* species, whereas 9 (39.1%) amplified products. These results suggest that the EST-SSR markers derived from *G. hirsutum* produced a high rate of transferability across the *Gossypium* species. The transferability differed among genomes. The C1-, D1-, D5-, E2- and (AD) 3-type genome species had lower transferability than others (Table 4).

Table 4 Transferability of *G. hirsutum* derived EST-SSRs among different genomes in *Gossypium* species

Genome	No. of SSRs amplified	Percentage amplified (%)	No. null amplified
A1	22	95.7	1
A2	23	100.0	0
C1	20	87.0	3
D1	21	91.3	2
D3	23	100.0	0
D4	23	100.0	0
D5	20	87.0	3
D6	23	100.0	0
D7	23	100.0	0
E2	21	91.3	2
(AD) 1	23	100.0	0
(AD) 2	23	100.0	0
(AD) 3	20	87.0	3
(AD) 4	23	100.0	0
(AD) 5	22	95.7	1

3 Discussion

Previous effects in sequencing of upland cotton ESTs primarily utilized fibers or fiber-bearing ovules[30-32] and provided little or no information regarding flowering. In this study, 22 915 ESTs representing 14 373 unique sequences were identified from mRNA of upland cotton flower tissues, namely shoot apexes, flower squares, and flowers. The shoot apex samples cover the floral initiation period, and squares and flowers include the floral organ development period. This is the first and largest number of unique sequences from upland cotton flower-related tissues that includes all the developmental periods (floral meristem transition and flower development). These EST resources will be very useful for further studies, such as flowering-related gene discovery and molecular marker identification related to flower development of upland cotton. They will also help facilitate whole-genome sequencing and annotation.

Sequencing from a normalized cDNA library is a very cost-effective method for obtaining large-scale unique EST sequences and for gene discovery[33]. In our study, the cDNA library was normalized to subtract highly expressed genes and to isolate ESTs corresponding to rare or low-expression genes. EST assembly revealed a novelty rate of 62.7%, a redundancy rate of 37.3%, and 68.3% of unique sequences contained only one EST. These results clearly reflect the quality of the normalized library. They also demonstrate that this approach is a very cost-effective method to reduce the high variation among the abundant clones and increase the probability of sequencing rare transcripts.

In this study, all the unique ESTs were used to BLAST for functional annotations and categorization. Similarity searches of the EST sequences identified against those in the NCBI nr database revealed that of the 14 373 unique sequences, the great majority of unigenes identified (80.5%) had significant similarity with genes in plant species (including cotton). Higher similarities were found to *Ricinus*, *Vitis*, and *Populus*, which are all core eudicots and belong to the rosids, whereas cotton is *Malvales* and belongs to the eurosids II[34]. However, all these species have fully sequenced genomes and large EST databases, and the similarity does not necessarily reflect their phylogenetic proximity to upland cotton. The few hits (7.3%) to cotton sequences already available in GenBank suggest the lack of sequence information for this genus and reflect the value of the EST sequences generated in this study. Regarding the classification of known or putative functions, the largest proportion of the functionally categorized unigenes fell into three categories: "physiological processes" of the "biological process" category, "cell" of the "cellular component" category, and "binding activity" of the "molecular function" category. In our study, functional annotations and categorization of short ESTs were based only on the BLAST tool, and thus the results may be somewhat misleading for cases in which the hits were based on domain homologies rather than homology to orthologs[35].

Several putative flowering genes were identified from the results of functional annotations with other flowering plants. These include flowering determination genes such as *ZEITLUPE* (*ZTL*) and *FRIGIDA* (*FRI*), which respond to environmental signals, and floral integrator genes *SUPPRESSOR OF OVEREXPRESSION OF CO*1 (*SOC*1) and *API* (*APETALA*1), which control floral organ development. In flowering plants, the transition from the vegetative to the reproductive phase is stimulated by environmental signals such as light and temperature. Day length is a major regulator of flowering time, and its measurement is taken to result from an external coincidence model based on a circadian clock[36,37]. *ZEITLUPE* (*ZTL*) lengthens the free-running period of clock-controlled gene transcription and cell expansion, and it alters the timing of the day length-dependent transition from vegetative to floral development[38]. *FRIGIDA* (*FRI*) helps determine the natural variation in flowering time by perceiving cold[39]. The flowering determination process is regulated by distinct regulatory pathways. These input pathways are integrated by floral integrator genes, which are strong promoters of flowering[40]. The MADS-box transcription factor *SOC*1 integrates multiple flowering signals derived from photoperiod, temperature, hormone, and age-related signals. The ABC model of flower organ identity shows that the A-, B-, and C-class organ identity genes specify identity to the four organ types, with A alone specifying sepals, A and B together specifying petals, B and C specifying stamens, and C alone specifying carpels[26]. The floral homeotic gene *AP*1 encodes a putative transcription factor that acts locally to specify the identity of the floral meristem and to determine sepal and petal development[41]. The result of expression patterns of these putative homologs of *Arabidopsis* genes in upland cotton revealed that most are highly expressed in flowering tissues. The functions of these genes may be conserved in upland cotton flower development. However, only 34 flowering-related genes were identified from the best functional annotation; this may be because most of the best hits to the unigenes corresponded to unknown or putative proteins of plant species (*Ricinus*, *Vitis*, *Populus*, and so on) whose flower development is less characterized than that of the model plants *Arabidopsis* and rice. Thus, this library may be enriched with flowering homologs of other plant species, based on a BLASTx search and using *Arabidopsis* or rice flowering proteins as a query. Flowering genes GhSEPI (JF271884), GhSEP2 (JF271885), and GhSEP3 (JF271886) were identified from our library using the *Arabidopsis* SEP proteins as a query to do a BLAST search, but they were not found using the unigenes annotation. This library will be a useful tool for cloning the full-length sequences of functional genes for further analysis in upland cotton.

Establishing a large EST library from upland cotton not only is the most efficient approach for gene discovery but also provides a critical resource for molecular marker development. Compared with all SSRs developed earlier and available in CMD, our EST resource identified 670 new perfect microsatellites having length > 12 bp. The results suggest that trinucleotide repeats and the AT/TA motif are very common in coding sequences involved in flower development. It is possible that these trinucleotide motifs reside in the coding region and suppress frameshift mutations. AT repeats have been found in the untranslated regions of many species[42-44]. The differences in motifs may imply that different transcriptomes function as factors regulating gene expression, which could then lead to different expression characteristics of A-and D-subgenomes in tetraploid genomes. As the EST-SSR markers were derived from coding regions of DNA, they were more conserved and had a higher rate of transferability and polymorphism than genomic SSR markers[45]. In our study, the majority of the 23 EST-SSRs from upland cotton were highly transferable across cotton-related species. The transferability rate of these markers was high, suggesting that they can be used for comparative analysis of genetic diversity.

4 Materials and Methods

4.1 Plant material

Plants of upland cotton CCRI 36 (a short-season cotton) were field-grown during the summer of 2009. For the cDNA library construction, samples of tissues were isolated from shoot apexes (tip of the shoot containing the meristems as well as leaf initials), flower squares, and flowers. In short-season cotton such as CCRI 36, the shoot apical meristems begin to transform into inflorescence meristems when the two true leaves open completely. To study the entire flower development process, after the two true leaves had developed on each plant (15d after sowing,

DAS), shoot apex samples were collected at four different time points at 5-day intervals. Flower square samples were collected from 35 DAS to 55 DAS, also at 5-day intervals. Flower samples (including sepals, petals, stamens, and carpels) were isolated on the day of opening at 60 DAS. Samples for each stage and tissue type were pooled from at least two plants, frozen in liquid nitrogen, and stored at −80℃ until further analysis.

4.2 RNA extraction and cDNA library construction

Total RNA was extracted using a modified cetyltrimethyl ammonium bromide method, precipitated with diethyl pyrocarbonate water, and stored at −80℃. Equal amounts of total RNA from shoot apical meristems, squares, and flowers were mixed, and the RNA mixture was used to construct a full-length enriched cDNA library. The mRNA was isolated from total RNA with an Oligotex mRNA kit (Qiagen, Cat. No. 70022). With the material, a normalized and full-length cDNA library was prepared using the Creator SMART cDNA library construction kit (Clontech) and the TRIMMER-DIRECT cDNA Normalization kit (Evrogen) according to the manufacturers' protocols[46]. First-strand cDNA was synthesized using Superscript II reverse transcriptase in reactions containing SMART IV oligonucleotides (5′-AAG- CAGTGGTATCAACGCAGAGTGGCCATTACGGCCGGG-3′) and CDS-3M adaptor (5′-AAGCAGTGGTATCAACGCA- GAGTGGCCGAGGCGGCC $(T)_{20}$VN-3′, where N = A, C, G or T; V = A, G or C). Double-stranded cDNA was amplified with long-distance PCR in a 100mL reaction containing 10mL 10 × BD Advantage 2 PCR buffer, 2mL dNTP mix (10 mmol/L of each dNTP), 2mL first-strand cDNA, 4mL 5′ PCR primer (12 mmol/L, 5′- AAGCAGTGGTATCAACGCAGAGT-3′), 2μL 50 × BD Advantage 2 polymerase mix, and 80mL deionized water. The cycling parameters were 18 cycles of 95℃ for 7s, 66℃ for 20s, and 72℃ for 4 min. The cDNA was analyzed using agarose gel electrophoresis and digested with duplex-specific nuclease followed by PCR. The conditions for the two-step amplification of the normalized cDNA were 15 cycles of 95℃ for 7 s, 66℃ for 20 s, and 72℃ for 4 min for the first step. The second amplification was performed with 12 cycles of the same conditions. The normalized and amplified cDNA was digested with proteinase K and SfiI, size-fractionated with Chroma SPIN- 400 columns, and analyzed with agarose gel electrophoresis. The size-fractionated cDNA was ligated into the plasmid vector pDNR-LIB and incubated at 16℃ for 16 h. Electro-transformed *Escherichia coli* cells (DH10B) were spread on LB plates containing chloramphenicol (final concentration of 30 mg/mL). The plates were incubated at 37℃ overnight, and colonies were picked and grown in 384-well plates at 37℃ for 16 ~ 20 h and stored at −80℃.

4.3 EST sequencing, editing, and assembly

Clones were randomly picked from LB agar plates supplemented with 30 mg/mL chloramphenicol. After the clones were manually picked, they were grown overnight in standard LB chloramphenicol medium, and the plasmids were isolated using the alkaline lysis method. Furthermore, plasmids from selected clones were sequenced using an ABI PRISM 3730xl automated DNA sequencer at the Sequencing Center of the Beijing Genomics Institute. Sequencing reactions were carried out from the 3′ end of the cDNA insert with the standard M13 reverse primer (5′-CAGGAAACAGCTATGAC-3′) using the ABI Prism BigDye Terminator Cycle Sequencing kit (Applied Biosystems). The parameters were 25 cycles of 96℃ for 10s, 50℃ for 6, and 60℃ for 4 min.

All sequences were clustered using the Phred/Phrap/Consed software package[47,48]. Base calling was performed using Phred software (version phred_ 0. 020425. c) with the quality cut-off set at Phred (Q13). Vector sequences were trimmed with Cross Match software (version 0. 990329). The polyA tails of the sequences were eliminated using a program written by Beijing Genomics Institute. Any sequences with less than 100 quality bases after trimming were discarded. High-quality ESTs were aligned and assembled into contigs using Phrap software (version phrap_ 0. 990329) when the criterion of a minimum identity of 95% over 40 bp was met. When an EST could not be assembled with others in a contig, it remained as a "singleton". The contigs and singletons should thus correspond to sequences of unique genes.

To estimate the number of new ESTs generated in this work, all the assembled unigenes were compared with 351 954 cotton ESTs and 2 315 ETs in release 11. 0 of the DFCI Cotton Gene Index (http:// compbio. dfci. harvard. edu/cgi-bin/tgi/gimain. pl? gudb = cotton). A sequence is considered new if it has at least 10% of the sequence and is less than 95% identical to any other EST or unigene in the public EST database.

4. 4 Unigene functional annotation and functional categorization

All unique sequences were used to search for putative ORFs with getorf software EMBOSS-4. 1. 0[49], and the longest sequences were used for functional analysis. Sequence similarity searches were performed using the BLASTx programs and were then compared to a variety of databases including NCBI nt, NCBI nr (http://www. ncbi. nlm. nih. gov), and SwissProt (http://www. expasy. org/sprot/). The cut-off E-value of the BLAST searches was 1e-5. To assign GO terms, unique sequences were searched using InterProScan software against the annotated sequences of the GO database (http://www. geneontology. org/). The distribution of GO terms in each of the main ontology categories of biological processes, cellular components, and molecular functions was examined.

4. 5 Flowering homolog identification in upland cotton and expression analysis

The homologs of plant flowering-related protein sequences were identified from the EST function annotation. The genes were identified if the top-ranked EST hits were flowering-related proteins of other species. The gene expression in cotton tissues was analyzed by qRT-PCR using the fluorescent intercalating dye SYBR-Green in an ABI PRISM 7500 Sequence Detection System (Applied Biosystems). The qRT-PCR was carried out using the SYBR GREEN PCR Master mix (Applied Biosystems), and the cDNA was reverse-transcribed from RNA samples from root, stem, leave, shoot apex, square, flower, fiber, and ovule. A three-step RT-PCR procedure was performed in all experiments. Expression levels were calculated relative to the constitutively expressed gene encoding the 18S ribosomal RNA (18S) and the reference sample root. Normalization was carried out using the comparative Ct method (Applied Biosystems). As a result, the relative expression level of the target was normalized to an endogenous reference.

4.6 Isolation of *GhSEPs* and sequence analysis

Arabidopsis SEP genes were used as a query to tBLASTn search against the cDNA library. The clones identified were sequenced from two directions with the internal primers. Nucleotide and amino acid sequences were analyzed using DNAstar and GeneDoc. For phylogenetic analysis, genes and the homologs of other plants were aligned with the ClustalW program (http://www.ebi.ac.uk) followed by the neighbor-joining method analysis using MEGA 4.1[50]. The expression patterns were detected by qRT-PCR as described above.

4.7 EST-SSR identification and primer design

To assess the potential of the newly developed EST-SSRs, 14 373 unigenes were examined with the web-based software SSRIT[51]. The SSR motifs, with repeat units of more than six in dinucleotides, four in trinucleotides, and three in tetranucleotides, pentanucleotides, and hexanucleotides were used for the search criteria. To identify the new SSR markers, all the developed EST- SSRs were compared with the CMD cotton sequences using BLASTn (E-value cutoff 1e-05). The SSR-containing ESTs were then identified as candidates for SSR marker development if they had sufficient sequences on both sides of the SSR repeats for primer design. Primer 3 software was used to design the primers[52]. The following parameters were used: primer length 1 522bp, with 20 bp as the optimum; primer GC% = 40% ~70%, with the optimum value being 50%; primer Tm 50 ~60 ℃, and product size range 100 ~300 bp.

4.8 EST-SSR screening and polymorphism survey

Twenty-five of the primers were randomly chosen and synthesized by Invitrogen, Shanghai, China. Total DNA was isolated from the leaf according to the cetyltrimethyl ammonium bromide method[53]. PCR amplification was conducted in 25μL reactions containing 50 ng of template DNA, 2.5mmol/L $MgCl_2$, 2.5mL 10 × PCR buffer, 0.5mmol/L each primer, 0.5 U Taq DNA polymerase, and 2.5mmol/L dNTPs. The PCR cycling profile was 94℃ for 5 min, 30 cycles at 94℃ for 45 s, 60℃ for 45 s, 72℃ for 45 s, and a final extension at 72℃ for 10 min. The quality of the PCR product was checked by mixing it with an equal volume of loading buffer and then visualizing the band on a 2.0% agarose gel in 1 × TBE buffer at 100 W for 120 min. All primers were first tested in *G. hirsutum* L. cv CCRI 36 to determine whether they could amplify the target DNA. The primers that were successful in giving products were then used to assess transferability in 17 *Gossypium* species (Table 5). Transferability was calculated as the amounts of EST-SSR products amplified in *Gossypium* species[54].

Table 5 *Gossypium* species used in this study

No.	Species name	Abbreviation	Ploidy	Genome	Cultivated/Wild
1	*G. herbaceum* var. *africanum*	GHERB	2 x	A1	Cultivated
2	*G. arboretum* L. *cv Feng xian*	GARBO	2 x	A2	Cultivated
3	*G. sturtianum Willis*	GSTUR	2 x	C1	Wild

(continued)

No.	Species name	Abbreviation	Ploidy	Genome	Cultivated/Wild
4	*G. thurberi Tod.*	GTHUR	2 x	D1	Wild
5	*G. davidsonii Kell.*	GDAVI	2 x	D3-d	Wild
6	*G. aridum (Rose & Standl.) Skov.*	GARID	2 x	D4	Wild
7	*G. raimondii Ulbr.*	GRAIM	2 x	D5	Wild
8	*G. gossypioides (Ulbr.) Standl.*	GGOSS	2 x	D6	Wild
9	*G. lobatum Gentry*	GLOBA	2 x	D7	Wild
10	*G. somalense (Gurke) Hutch.*	GSOMA	2 x	E2	Wild
11	*G. hirsutum* L. cv *TM*-1	TM-1	4x	(AD) 1	Cultivated
12	*G. hirsutum* L. cv *CCRI* 36	CCRI36	4x	(AD) 1	Cultivated
13	*G. hirsutum* L. cv *CCRI* 16	CCRI16	4x	(AD) 1	Cultivated
14	*G. barbadense* L. var. *Giza* 75	GIZA75	4x	(AD) 2	Cultivated
15	*G. tomentosum Nuttall* ex *Seemann*	GTOME	4x	(AD) 3	Wild
16	*G. mustelinum Miers* ex *Watt*	GMUST	4x	(AD) 4	Wild
17	*G. darwinii Watt*	GDARW	4x	(AD) 5	Wild

Supporting Information

Table S1 Upland cotton unigenes annotated to flower development genes and best BLASTx hits to other species.

Table S2 Microsatellite markers developed for upland cotton.

Table S3 Summary of EST-SSR primers and repeat motifs.

References

[1] Mei M, Syed N H, Gao W, *et al.* Genetic mapping and QTL analysis of fiber-related traits in cotton (*Gossypium*) [J]. *Theor. Appl. Genet*, 2004, 108: 280-291.

[2] Han Z G, Guo W Z, Song X L, *et al.* Genetic mapping of EST- derived microsatellites from the diploid Gossypium arboreum in allotetraploid cotton [J]. *Mol. Genet. Genomics*, 2004, 272: 308-327.

[3] Wendel J F, Cronn R C. Polyploidy and the evolutionary history of cotton [J]. *Adv. Agron*, 2003, 78: 139-186.

[4] Adams K L, Cronn R, Percifield R, *et al.* Genes duplicated by polyploidy show unequal contributions to the transcriptome and organ-specific reciprocal silencing [J]. *Proc. Natl. Acad Sci.*, 2003, 100: 4649-4654.

[5] Lightfoot D J, Malone K M, Timmis J N, *et al.* Evidence for alternative splicing of MADS-box transcripts in developing cotton fibre cells [J]. *Mol. Genet Genomics*, 2008, 279: 75-85.

[6] Smyth D R, Bowman J L, Meyerowitz E M. Early flower development in Arabidopsis

[J]. *Plant Cell*, 1990, 2: 755-767.

[7] Jung C, Muller A E. Flowering time control and applications in plant breeding [J]. *Trends Plant Sci.*, 2009, 14: 563-573.

[8] Ni Z, Kim E D, Ha M, *et al.* Altered circadian rhythms regulate growth vigour in hybrids and allopolyploids [J]. *Nature*, 2009, 457: 327-331.

[9] Ahmad S, Ahmad S, Ashraf M, *et al.* Assessment of yield- related morhological measures for earliness in upland cotton (*Gossypium hirsutum* L.) [J]. *Pak. J. Bot.*, 2008, 40: 1201-1207.

[10] Wang C, Ulloa M, Roberts P A. Identification and mapping of microsatellite markers linked to a root-knot nematode resistance gene (rkn1) in Acala NemX cotton (*Gossypium hirsutum* L.) [J]. *Theor. Appl. Genet*, 2006, 112: 770-777.

[11] Xue T, Li X, Zhu W, *et al.* Cotton metallothionein GhMT3a, a reactive oxygen species scavenger, increased tolerance against abiotic stress in transgenic tobacco and yeast [J]. *J. Exp. Bot.*, 2009, 60: 339-349.

[12] Udall J A, Swanson J M, Haller K, *et al.* A global assembly of cotton ESTs [J]. *Genome Res.*, 2006, 16: 441-450.

[13] Tomkins J P, Peterson D G, Yang T J, *et al.* Development of genomic resources for cotton (Gossypium hirsutum L.): BAC library construction, preliminary STC analysis, and identification of clones associated with fiber development [J]. *Mol. Breeding*, 2001, 8: 255-261.

[14] Wu Y, Machado A C, White R G, *et al.* Expression profiling identifies genes expressed early during lint fibre initiation in cotton [J]. *Plant Cell Physiol*, 2006, 47: 107-127.

[15] Karsi A, Cao D, Li P, *et al.* Transcriptome analysis of channel catfish (Ictalurus punctatus): initial analysis of gene expression and microsatellite-containing cDNAs in the skin [J]. *Gene*, 2002, 285: 157-168.

[16] Zhang H B, Li Y, Wang B, *et al.* Recent advances in cotton genomics [J]. *Int. J. Plant Genomics*, 2008, 742304.

[17] Ashburner M, Ball C A, Blake J A, *et al.* Gene ontology: tool for the unification of biology. The Gene Ontology Consortium [J]. *Nat Genet*, 2000, 25: 25-29.

[18] Fujiwara S, Oda A, Yoshida R, *et al.* Circadian clock proteins LHY and CCA1 regulate SVP protein accumulation to control flowering in Arabidopsis [J]. *Plant Cell*, 2008, 20: 2960-2971.

[19] Mutasa-G Ttgens E, Hedden P. Gibberellin as a factor in floral regulatory networks [J]. *J. Exp. Bot.*, 2009, 60: 1979-1989.

[20] Jackson S D. Plant responses to photoperiod [J]. *New Phytol*, 2009, 181: 517-531.

[21] Schmitz R J, Amasino R M. Vernalization: a model for investigating epigenetics and eukaryotic gene regulation in plants [J]. *Biochim Biophys Acta*, 2007, 1769: 269-275.

[22] Weigel D, Alvarez J, Smyth D R, *et al.* LEAFY controls floral meristem identity in Arabidopsis [J]. *Cell*, 1992, 69: 843-859.

[23] Mandel M A, Gustafson-Brown C, Savidge B, *et al.* Molecular characterization of the Arabidopsis floral homeotic gene APETALA1 [J]. *Nature*, 1992, 360: 273-277.

[24] Weigel D, Nilsson O. A developmental switch sufficient for flower initiation in diverse plants [J]. *Nature*, 1995, 377: 495-500.

[25] Mandel M A, Yanofsky M F. A gene triggering flower formation in Arabidopsis [J]. *Nature*, 1995, 377: 522-524.

[26] Bowman J L, Smyth D R, Meyerowitz E M. Genetic interactions among floral homeotic genes of Arabidopsis [J]. *Development*, 1991, 112: 1-20.

[27] Pelaz S, Ditta G S, Baumann E, *et al.* B and C floral organ identity functions require SEPALLATA MADS-box genes [J]. *Nature*, 2000, 405: 200-203.

[28] Tzeng T Y, Hsiao C C, Chi P J, *et al.* Two lily SEPALLATA-like genes cause different effects on floral formation and floral transition in Arabidopsis [J]. *Plant physiol*, 2003, 133: 1091-1101.

[29] Blenda A, Scheffler J, Scheffler B, *et al.* CMD: a Cotton Microsatellite Database resource for Gossypium genomics [J]. *BMC Genomics*, 2006, 7: 132-144.

[30] Taliercio E, Allen R D, Essenberg M, *et al.* Analysis of ESTs from multiple Gossypium hirsutum tissues and identification of SSRs [J]. *Genome*, 2006, 49: 306-319.

[31] Yang S S, Cheung F, Lee J J, *et al.* Accumulation of genome-specific transcripts, transcription factors and phytohormonal regulators during early stages of fiber cell development in allotetraploid cotton [J]. *Plant J*, 2006, 47: 761-775.

[32] Shi Y H, Zhu S W, Mao X Z, *et al.* Transcriptome profiling, molecular biological, and physiological studies reveal a major role for ethylene in cotton fiber cell elongation [J]. *Plant Cell*, 2006, 18: 651-664.

[33] Lee B Y, Howe A E, Conte M A, *et al.* An EST resource for tilapia based on 17 normalized libraries and assembly of 116899 sequence tags [J]. *BMC Genomics*, 2010, 11: 278-287.

[34] Birgitta Bremer K B M W. An update of the Angiosperm Phylogeny Group classification for the orders and families of flowering plants: APG II [J]. *Bot. J. Linn. Soc.*, 2003, 141: 399-436.

[35] Lindqvist C, Scheen A C, Yoo M J, *et al.* An expressed sequence tag (EST) library from developing fruits of an Hawaiian endemic mint (Stenogyne rugosa, Lamiaceae): characterization and microsatellite markers [J]. *BMC Plant Biol.*, 2006, 6: 16-30.

[36] Carr I A. Day-length perception and the photoperiodic regulation of flowering in Arabidopsis [J]. *J. Biol. Rhythms*, 2001, 16: 415-423.

[37] Yanovsky M J, Kay S A. Molecular basis of seasonal time measurement in Arabidopsis [J]. *Nature*, 2002, 419: 308-312.

[38] Somers D E, Schultz T F, Milnamow M, *et al.* ZEITLUPE encodes a novel clock-associated PAS protein from Arabidopsis [J]. *Cell*, 2000, 101: 319-329.

[39] Johanson U, West J, Lister C, *et al.* Molecular analysis of FRIGIDA, a major determinant of natural variation in Arabidopsis flowering time [J]. *Science*, 2000, 290: 344-347.

[40] Michaels S D. Flowering time regulation produces much fruit [J]. *Curr. opin. plant biol*, 2009, 12: 75-80.

[41] Gustafson-Brown C, Savidge B, Yanofsky M F. Regulation of the Arabidopsis floral homeotic gene *APETALA*1 [J]. *Cell*, 1994, 76: 131-143.

[42] Varshney R K, Graner A, Sorrells M E. Genic microsatellite markers in plants: features and applications [J]. *Trends Biotechnol*, 2005, 23: 48-55.

[43] Morgante M, Hanafey M, Powell W. Microsatellites are preferentially associated with nonrepetitive DNA in plant genomes [J]. *Nat. Genet*, 2002, 30: 194-200.

[44] Jung S, Abbott A, Jesudurai C, *et al.* Frequency, type, distribution and annotation of simple sequence repeats in Rosaceae ESTs [J]. *Funct Integr Genomics*, 2005, 5: 136-143.

[45] Scott K D, Eggler P, Seaton G, *et al.* Analysis of SSRs derived from grape ESTs [J]. *Theor. Appl. Genet*, 2000, 100: 723-726.

[46] Zhulidov P A, Bogdanova E A, Shcheglov A S, *et al.* Simple cDNA normalization using kamchatka crab duplex-specific nuclease [J]. *Nucleic Acids Res.*, 2004, 32: e37-e44.

[47] Ewing B, Green P. Base-calling of automated sequencer traces usingPhred. II. error probabilities [J]. *Genome Res.*, 1998, 8: 186-194.

[48] Ewing B, Hillier L D, Wendl M C, *et al.* Base-calling of automated sequencer traces usingPhred. I. Accuracy assessment [J]. *Genome Res*, 1998, 8: 175-185.

[49] Rice P, Longden I, Bleasby A. EMBOSS: the European molecular biology open software suite [J]. *Trends in genetics*, 2000, 16: 276-277.

[50] Tamura K, Dudley J, Nei M, *et al.* MEGA4: molecular evolutionary genetics analysis (MEGA) software version 4.0 [J]. *Mol. Biol. Evol.*, 2007, 24: 1596-1599.

[51] Temnykh S, DeClerck G, Lukashova A, *et al.* Computational and experimental analysis of microsatellites in rice (Oryza sativa L.): frequency, length variation, transposon associations, and genetic marker potential [J]. *Genome Res.*, 2001, 11: 1441-1452.

[52] Rozen S, Skaletsky H. Primer3 on the WWW for general users and for biologist programmers [J]. *Methods Mol. Biol.*, 2000, 132: 365-386.

[53] Paterson A H, Brubaker C L, Wendel J F. A rapid method for extraction of cotton (Gossypium spp.) genomic DNA suitable for RFLP or PCR analysis [J]. *Plant Mol. Biol. Rep.*, 1993, 11: 122-127.

[54] Guo W, Wang W, Zhou B, *et al.* Cross-species transferability of G. arboreum-derived EST-SSRs in the diploid species of *Gossypium* [J]. *Theor. Appl. Genet*, 2006, 112: 1573-1581.

陆地棉 *GhERF8* 基因的克隆与表达分析

程媛媛，范术丽，宋美珍，庞朝友，喻树迅*
（中国农业科学院棉花研究所/棉花生物学国家重点实验室，安阳 455000）

摘要：乙烯响应元件结合因子（Ethylene-responsive element-binding factor，ERF）是植物中最大的转录因子家族之一。本研究以棉花叶片 cDNA 文库为基础，从陆地棉中棉所 10 号中克隆得到一个新的 ERF 基因，命名为 *GhERF*8（GenBank：JN656957）。该基因编码 265 个氨基酸，蛋白序列中包含一个 AP2 保守结构域。采用荧光定量 PCR（RT-PCR）的方法，对 *GhERF*8 基因在棉株不同生育时期叶片和不同组织中的表达水平进行了定量分析。结果表明，*GhERF*8 基因在各组织中均有表达，但在成熟后期的叶片中表达量最高。*GhERF*8 表达量与叶片衰老过程中叶绿素含量出现相反的变化趋势，推测 *GhERF*8 可能与叶片衰老有一定关系。在乙烯利和茉莉酸处理下 *GhERF*8 基因在叶片中上调表达，而在脱落酸处理下 *GhERF*8 表达量无显著变化，推测 *GhERF*8 可能处于乙烯和茉莉酸信号转导网络中，且表达途径为非 ABA 依赖途径。

关键词：乙烯响应元件结合因子；陆地棉；激素处理；荧光定量 PCR

转录因子在植物生命活动中起着重要的作用，通过结合下游基因启动子中的顺式作用元件，调控一系列相关基因的表达，从而实现对植物生长发育的调控和对外界信号的应答。AP2/ERF（APETALA2/ethylene-responsive factor）是植物中一类重要的转录因子，广泛参与植物对高盐、干旱、低温和病原菌等逆境的反应；并与植物开花和种子萌发密切相关[1]。

ERF 类转录因子是 AP2/ERF 超家族的 3 个亚族之一，每个成员都含有 1 个约 60 个氨基酸的 AP2 保守域。ERF 家族又可分为 2 个亚族：ERF 亚族和 CBF/DRED 亚族[2]。ERF 家族基因位于转导途径的最后一步，起到反式因子的作用[3]。ERF 蛋白可以特异性结合到 GCC 顺式作用元件上，而 GCC 盒通常位于病程相关基因的启动子区域[3-4]。另有研究表明，ERF 转录因子位于乙烯、茉莉酸、水杨酸和脱落酸等信号转导途径的下游，并且是这些信号途径交织点的重要成分[5-7]。尽管已经在拟南芥中克隆到 124 个 ERF 基因[2]，在水稻中克隆到 139 个 ERF 基因，但目前为止只对其中很少部分进行了较为深入的研

原载于：《棉花学报》，2012，24（6）：488-495

究[8]，大部分ERF基因功能还是未知。关于ERF在响应防卫反应和调控果实成熟、花瓣衰老等方面已有很多报道[9-13]，但是ERF在叶片衰老中的表现鲜有报道。

本试验从棉花中克隆到一个新的ERF基因，采用生物信息学分析结合荧光定量PCR的方法，研究了该基因在自然叶片衰老和不同激素处理下的转录调控，以期为ERF功能研究提供依据和参考。

1　材料与方法

1.1　材料处理

供试材料为短季棉品种中棉所10号。选取成熟饱满的棉花种子，于2011年5月种植于中国农业科学院棉花研究所老所部试验基地（河南安阳），栽培管理同常规大田。在棉花生长进程中，分别摘取三叶期根、茎、叶和盛花期根、茎、叶、花；另取叶龄20 d、30 d、40 d、45 d、50 d、55 d的完整叶片，一并投入液氮速冻，保存于-70 ℃冰箱备用。

激素处理试验于2011年在中国农业科学院棉花研究所棉花生物学国家重点实验室进行。选取成熟饱满的中棉所10号种子种植于温室内（25 ℃，光照周期12 h / 12 h），待棉苗长至5 ~ 6片真叶时，选择生长一致的棉苗连根取出，6 ~ 8株为一束，垂直浸入以下培养液进行培养：① CK，蒸馏水；② 1mmol/L乙烯利；③ 0.1mmol/L脱落酸；④ 0.5mmol/L茉莉酸；每个处理3次重复。在处理后0h、2h、4h、6h、12h和24h分别取叶片于液氮冻存，并保存于－70℃冰箱备用。

田间叶片叶绿素含量测定采用SPAD-502Plus便携式叶绿素测定仪（柯尼卡美能达公司生产），每次测定均选取30 ~ 40个健康完整的植株叶片，结果取平均数。

克隆载体pMD18-T和大肠杆菌DH5α感受态细胞购自大连宝生物公司，所用酶和试剂盒由上海生工、NEB公司及Invitrogen公司提供，所用试剂均为分析纯。

1.2　棉花组织总RNA提取和cDNA合成

采用改良的CTAB法分离不同组织样品总RNA[14]。

cDNA第一链合成按照Invitrogen说明书进行，采用Oligo（dT）20和SuperScript Ⅲ逆转录酶。

1.3　基因克隆及测序

根据本实验室已建立的棉花叶片衰老cDNA文库（未发表资料），从中得到一个EST-DW490728.1，基因注释可能属于ERF转录因子家族。用所得的EST数据库搜索NCBI、DF-CI等公共数据库，将得到的所有EST序列进行拼接，推测得到该基因的完整开放阅读框（Open reading frame，ORF）。根据ORF设计基因全长特异性引物：ERF8F：（5′-GAAGCCAAATCTCAAATCG-3′）；ERF8R：（5′-CTTTTCATCCTCTTAGTACG-3′）。以叶片RNA反转录得到的cDNA为模板进行扩增，50μL体系中包括：2.5μL cDNA，上下游引物各2.5μL，25μL Mix（包括*Taq*酶，dNTPs，缓冲液等），17.5μL ddH_2O。具体条件如下：94℃变性2min；94℃，30s；60℃，30s；72℃，30s；32个循环；72℃延伸5min。PCR产物经琼脂糖胶检测后用凝胶回收试剂盒进行回收，并克隆到pMD18-T载体，热激转化入大肠杆菌DH5α感受态细胞，蓝白斑筛选后挑取阳性克隆，经菌落PCR验证后送上海英骏生命技术有限公司测序，最终得到完整的ORF序列。

1.4 序列分析

核酸序列查找和比对使用 NCBI 在线软件，引物设计使用 Oligo6 软件，预测蛋白产物的亚细胞定位使用 Softberry 在线软件，氨基酸序列比对使用 EBI 提供的在线分析软件 ClustalW2，进化树构建使用 MEGA4.0 软件。

1.5 荧光定量 PCR

以反转录得到的各组织样品第一链 cDNA 为模板，采用荧光定量 PCR（RT-PCR）对 GhERF8 基因进行时空表达分析。qRT-PCR 使用 SYBR green PCR 试剂盒（Roche）标记反应产物，分析仪器为 Applied biosystems 7500 real time PCR system，采用相对定量 ΔΔCt 法分析，使用棉花 *GhACTIN* 基因（GenBank：AY305733）为内标，用来控制误差。引物具体序列为 ACTINF：（5′-ATCCTCCGTCTTGACCTTG-3′），ACTINR：（5′-TGTCCGTCAG-GCAACTCAT-3′），基因特异性引物为 ERF8UP：（5′-CCTGCTCTCTGATTCCGATATG-3′），ERF8DW：（5′-GCTGCTGCTTTGGCTTATGAC-3′）。每个样品 3 次重复，所得 Ct 平均值用如下公式计算：相对表达量 $=2^{-\triangle\triangle Ct}$，其中 △Ct = X 基因 Ct-内标基因 Ct，△△Ct = Y 基因△Ct-参照基因△Ct。

1.6 数据处理分析

统计分析采用 Sigmastat 软件中的 One way anova 和 Fisher LSD 法进行检验，用 Excel 作图。

2 结果与分析

2.1 RNA 提取

提取的 RNA 经琼脂糖胶检，结果见图 1。可以看出，18S 和 28S 条带清晰无拖带，且 28S 亮度约为 18S 的 2 倍，表明所提取的 RNA 质量较好，可以进行后续试验。

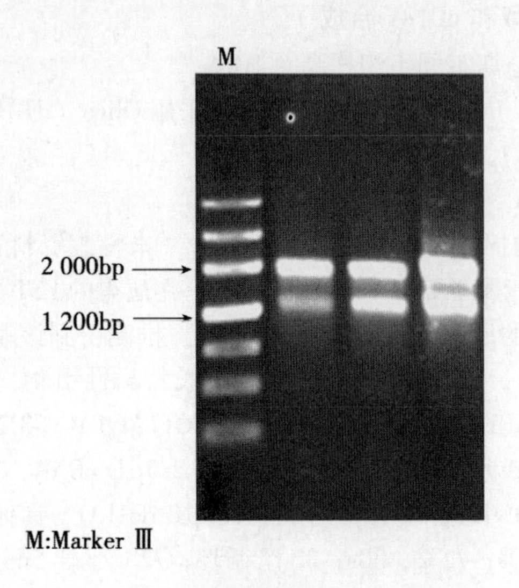

图 1 中棉所 10 号组织 RNA 检测

2.2　*GhERF*8 基因扩增

以中棉所10号叶片cDNA为模板扩增*GhERF*8基因，PCR产物用1.0%琼脂糖胶检，结果如图2所示。从图2可以看出，基因片段长度约为800 bp，与预期结果相同。将扩增得到的片段克隆测序，得到*GhERF*8完整翻译区（Coding sequence，CDS）。

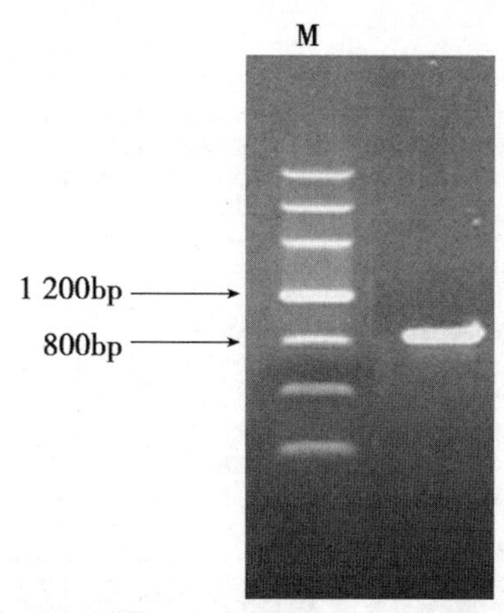

图2　棉花 *GhERF*8 PCR 扩增结果

2.3　GhERF8 蛋白的生物信息学分析

使用Softberry软件对*GhERF*8基因表达产物进行亚细胞定位预测，预测结果显示*GhERF*8表达蛋白为265个氨基酸，并且该蛋白定位于细胞核中的得分最高，可能性最大。

根据NCBI公布的数据，选取拟南芥、杨树等物种ERF蛋白与*GhERF*8进行氨基酸序列比对（图3）。选取序列为：$AtERF_1a$（AB008103），AtERF2（AB008104），$PtERF_1$（XP_002299407.1），PtERF2（XP_002332695.1），VpERF2（GU393310.1）。比对结果显示，与其他物种ERF家族一样，*GhERF*8包含一个相对保守的核心结构域：在蛋白序列第137位与第195位间存在一个由59个氨基酸残基组成的AP2结构域，在其中含有典型YRG和WLG元件。在*GhERF*8蛋白序列的AP2结构域中还包括2个关键的氨基酸残基，第14位丙氨酸和第19位天冬氨酸，在很多ERF基因中，这2个位点对于下游区域结合的激活有很大作用。

为了明确棉花*GhERF*8与其他植物ERF蛋白的进化关系，选取拟南芥、杨树、葡萄及棉花中克隆到的ERF基因的表达蛋白构建了进化树。构建进化树所选序列依次为：$AtERF_1a$（AB008103），AtERF2（AB008104），AtERF3（AB0 08105），AtERF4（AB008106），AtERF5（AB00810 7），AtERF6（AB008316），AtERF7（AB032201），AtERF8（AB036884），AtERF9（AB047648），$AtERF_10$（AB047649），AtDREB1A（AB007787），AtDREB1B（AB007788），AtDREB1C（AB007789），AtDREB2A（AB007790），AtDREB2B（AB007791），$PtERF_1$（XP_002299407.1），PtERF2（XP_002332695.1），VpERF2（GU393310），VpERF3（GU393311），$GhERF_1$（AY181251），Gh-ERF2（AY781117），GhERF3（AY817134），GhERF4（AY781120），GhERF5

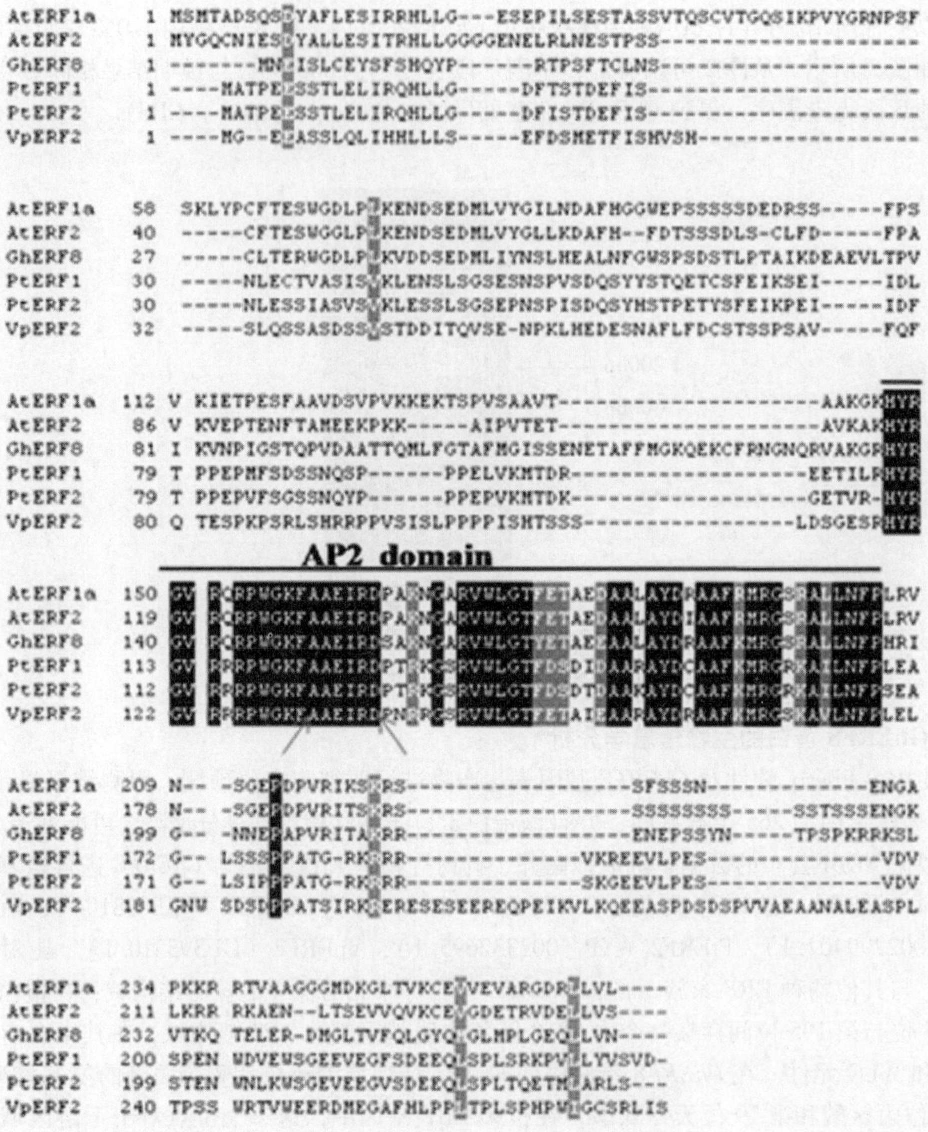

```
AtERF1a   1 MSMTADSQSDYAFLESIRRHLLG---ESEPILSESTASSVTQSCVTGQSIKPVYGRNPSF
AtERF2    1 MYGQCNIESDYALLESITRHLLGGGGENELRLNESTPSS-------------------
GhERF8    1 -------MNDISLCEYSFSMQYP------RTPSFTCLNS-------------------
PtERF1    1 ----MATPESSTLELIRQHLLG-----DFTSTDEFIS---------------------
PtERF2    1 ----MATPESSTLELIRQHLLG-----DFISTDEFIS---------------------
VpERF2    1 ----MG--EEASSLQLIHHLLLS-----EFDSMETFISMVSM-----------------

AtERF1a  58  SKLYPCFTESWGDLPLKENDSEDMLVYGILNDAFHGGWEPSSSSSDEDRSS-----FPS
AtERF2   40  -----CFTESWGGLPLKENDSEDMLVYGLLKDAFH--FDTSSSDLS-CLFD-----FPA
GhERF8   27  -----CLTERWGDLPLKVDDSEDMLIYNSLHEALNFGWSPSDSTLPTAIKDEAEVLTPV
PtERF1   30  -----NLECTVASISKKLENSLSGSESNSPVSDQSYYSTQETCSFEIKSEI-----IDL
PtERF2   30  -----NLESSIASVSKKLESSLSGSEPNSPISDQSYMSTPETYSFEIKPEI-----IDF
VpERF2   32  -----SLQSSASDSSLSTDDITQVSE-NPKLHEDESNAFLFDCSTSSPSAV-----FQF

AtERF1a 112 V KIETPESFAAVDSVPVKKEKTSPVSAAVT--------------------AAKGKHYR
AtERF2   86 V KVEPTENFTAMEEKPKK-----AIPVTET--------------------AVKAKHYR
GhERF8   81 I KVNPIGSTQPVDAATTQMLFGTAFMGISSENETAFFMGKQEKCFRNGNQRVAKGRHYR
PtERF1   79 T PPEPMFSDSSNQSP------PPELVKMTDR-------------------EETILRHYR
PtERF2   79 T PPEPVFSGSSNQYP------PPEPVKMTDK-------------------GETVR-HYR
VpERF2   80 Q TESPKPSRLSHRRPPVSISLPPPPISHTSSS-----------------LDSGESRHYR

                          AP2 domain
AtERF1a 150 GV RQRPWGKFAAEIRDPAKNGARVWLGTFETAEDAALAYDRAAFRMRGSRALLNFPLRV
AtERF2  119 GV RQRPWGKFAAEIRDPAKNGARVWLGTFETAEDAALAYDIAAFRMRGSRALLNFPLRV
GhERF8  140 GV RQRPWGKFAAEIRDSAKNGARVWLGTYETAEEAALAYDRAAFKMRGSRALLNFPMRI
PtERF1  113 GV RRRPWGKFAAEIRDPTKKGSRVWLGTFDSDIDAARAYDCAAFKMRGRKAILNFPLEA
PtERF2  112 GV RRRPWGKFAAEIRDPTKKGSRVWLGTFDSDTDAAKAYDCAAFKMRGRKAILNFPSEA
VpERF2  122 GV RRRPWGKFAAEIRDPNKRGSRVWLGTFETAIEAARAYDRAAFKMRGSKAVLNFPLEL

AtERF1a 209 N-- -SGEPDPVRIKSKRS------------------SFSSSN-------------ENGA
AtERF2  178 N-- -SGEPDPVRITSKRS------------------SSSSSSSS-----SSTSSSENGK
GhERF8  199 G-- -NNEPAPVRITAKRR------------------ENEPSSYN-----TPSPKRRKSL
PtERF1  172 G-- LSSSPPATG-RKRRR---------------VKREEVLPES-------------VDV
PtERF2  171 G-- LSIPPPATG-RKRRR---------------SKGEEVLPES-------------VDV
VpERF2  181 GNW SDSDPPATSIRKKERESESEEREQPEIKVLKQEEASPDSDSPVVAEAANALEASPL

AtERF1a 234 PKKR RTVAAGGGMDKGLTVKCEVVEVARGDRLLVL----
AtERF2  211 LKRR RKAEN--LTSEVVQVKCEVGDETRVDELLVS----
GhERF8  232 VTKQ TELER-DMGLTVFQLGYQLGLMPLGEQLLVN----
PtERF1  200 SPEN WDVEWSGEEVEGFSDEEQLSPLSRKPVLLYVSVD-
PtERF2  199 STEN WNLKWSGEVEEGVSDEEQLSPLTQETMLARLS---
VpERF2  240 TPSS WRTVWEERDMEGAFHLPPLTPLSPHPWLGCSRLIS
```

图3 *GhERF8* 预测氨基酸序列及同原序列比对

黑色线条表示 AP2 保守域，箭头指示分别为：A14 和 D19

（AY781118），GhERF6（AY781119），GhDREB1L（DQ409060），GhDRP1（AY174160），GhDRP2（AY619718），GhDRP3（DQ224382）。如图 4 所示，棉花 GhERF8 与陆地棉 GhERF5、拟南芥 $AtERF_1a$、AtERF2 在进化关系上较为接近，与其他植物中 ERF 蛋白进化关系较远。

2.4 田间叶片叶绿素含量测定

叶片衰老首先伴随的是叶片失绿，因此叶绿素含量的变化可以作为衡量叶片衰老程度的一项指标。本次研究将田间植株上未展平或刚展平叶片标记为 0 d，分别测定叶龄 15 d、

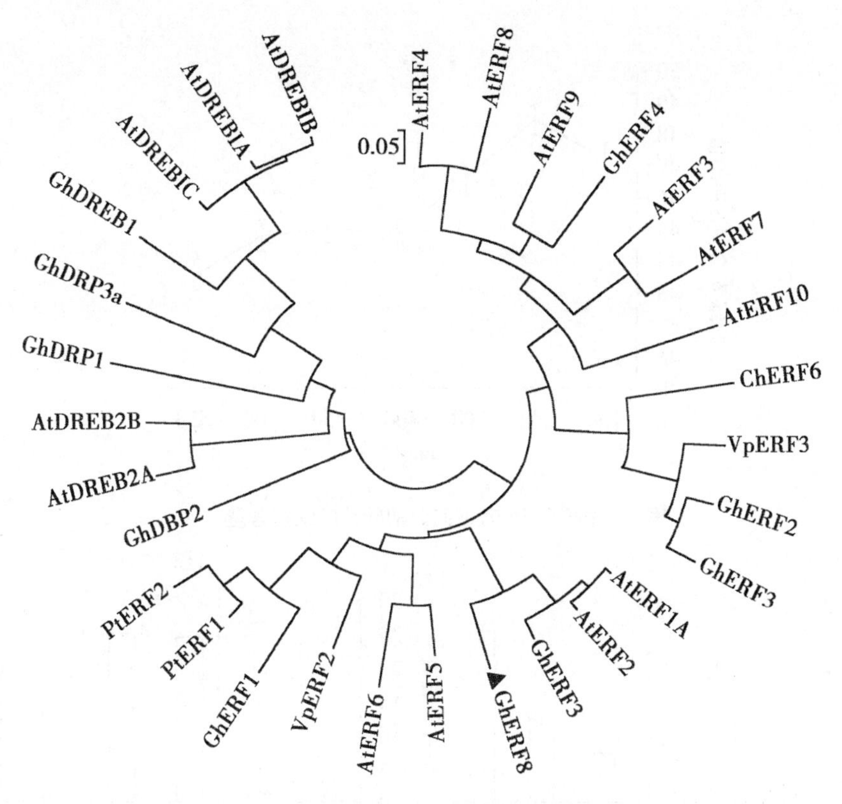

图 4 *GhERF8* 系统进化树分析

20 d、30 d、40 d、45 d、50 d 和 55 d 的叶片叶绿素含量，每次测定结果取平均数分析。从不同时期叶片中的叶绿素含量可以看出（图 5），叶片自展开后，含量随叶片生理进程不断增加，到叶龄为 20 d 时达到最大，此时正是田间叶片最为浓绿的时候；之后叶绿素含量随叶龄开始逐步下降，中间出现一段较为平稳的时期，到叶龄 55 d 时则降为最低。

2.5 *GhERF8* 基因的表达分析

2.5.1 *GhERF8* 的时空表达分析

本研究以中棉所 10 号幼苗根、茎、叶和成株根、茎、叶、花样品为模板，运用荧光定量 PCR 分析 *GhERF8* 表达分布情况，结果见图 6（A）。*GhERF8* 虽然在棉花不同组织中均有表达，但在成株中整体表达都显著高于幼株，而在成株叶片中表达量最大。以中棉所 10 号植株自然生长条件下不同时期的叶片材料为模板，分析 *GhERF8* 在叶片衰老进程中的表达变化情况，结果见图 6（B）。在叶龄 20 ~ 30d ，*GhERF8* 表达水平很低；而叶龄 30 ~ 40d，mRNA 含量骤升，在 45d 时达到高峰，而后下降。

2.5.2 激素处理下 *GhERF8* 的表达分析

前人研究表明，ERF 基因表现出广泛的环境调节表达模式，很多植物 ERF 基因都可以被外源激素和胁迫诱导表达[15]。ERF 基因处于复杂的防卫反应信号和激素转导信号网络中，对于植物生理生化反应起到重要作用。

为了研究激素对 *GhERF8* 基因表达的调控情况，本研究用乙烯、脱落酸（ABA）和茉

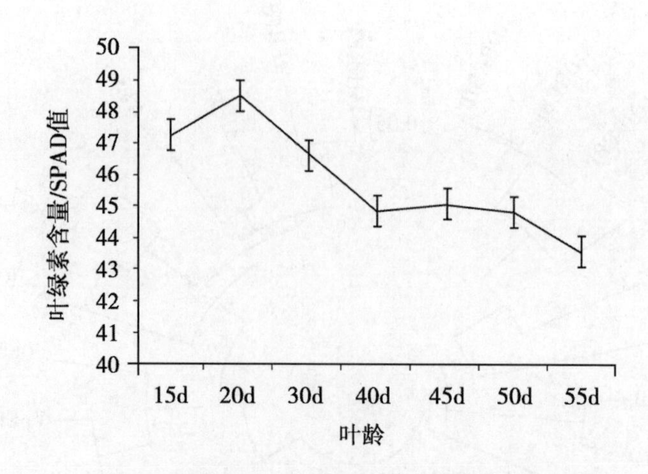

图5　中棉所10号不同时期叶片叶绿素含量

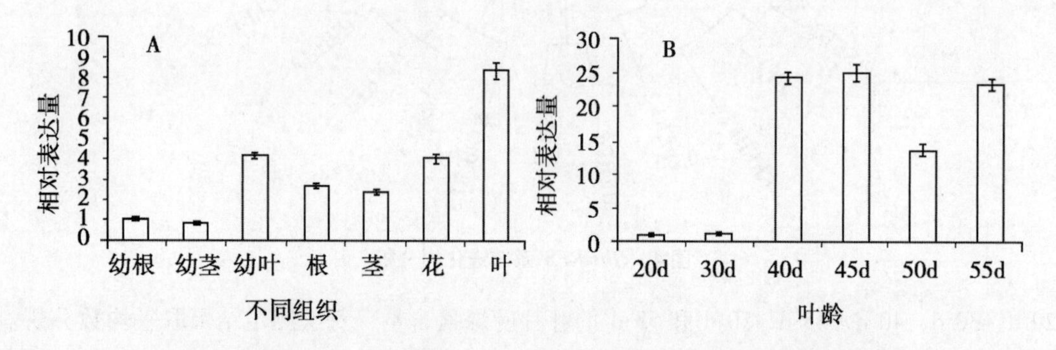

图6　*GhERF8* 在不同组织（A）和不同时期叶片（B）中的表达分析

莉酸（JA）处理棉花植株，并使用 qRT-PCR 分析该基因的转录变化，结果见图 7。

在乙烯利处理后，自 2 h 起各时期 *GhERF*8 表达量均显著高于 CK；与 0 h 样品值相比，在处理 2 h 后，*GhERF*8 表达量出现极显著增加，在 6 h 达到最高水平，在 12 h 出现下降，但 24 h 后表达量又上升到之前的水平。

在茉莉酸处理 4～12 h，*GhERF*8 表达量均显著高于 CK；与 0 h 样品值相比，处理后 4 h 基因表达量出现显著上升，在 6 h 达到最高水平，之后则开始急速下降至诱导前的水平。

在外施 ABA 后，*GhERF*8 的每个时期表达量与 CK 相比虽出现显著降低，但 2～24 h 与 0 h 相比均未出现显著性变化，一直处于较低较稳定的水平。

3　讨论

ERF 和 NAC、WRKY 等一样，都是植物中较大的转录因子家族，三者均在调控植物生长发育、逆境胁迫应答和激素信号转导中起到十分重要的作用。棉花中 ERF 基因的研究也取得了一些进展，Qiao、Jin 等人[16-18]分别在陆地棉中克隆得到了 *GhERF*1—*GhERF*6，并在其对激素、胁迫响应方面做了初步研究，Zuo 等人[19]发现过表达 *GbERF*2 基因可以增

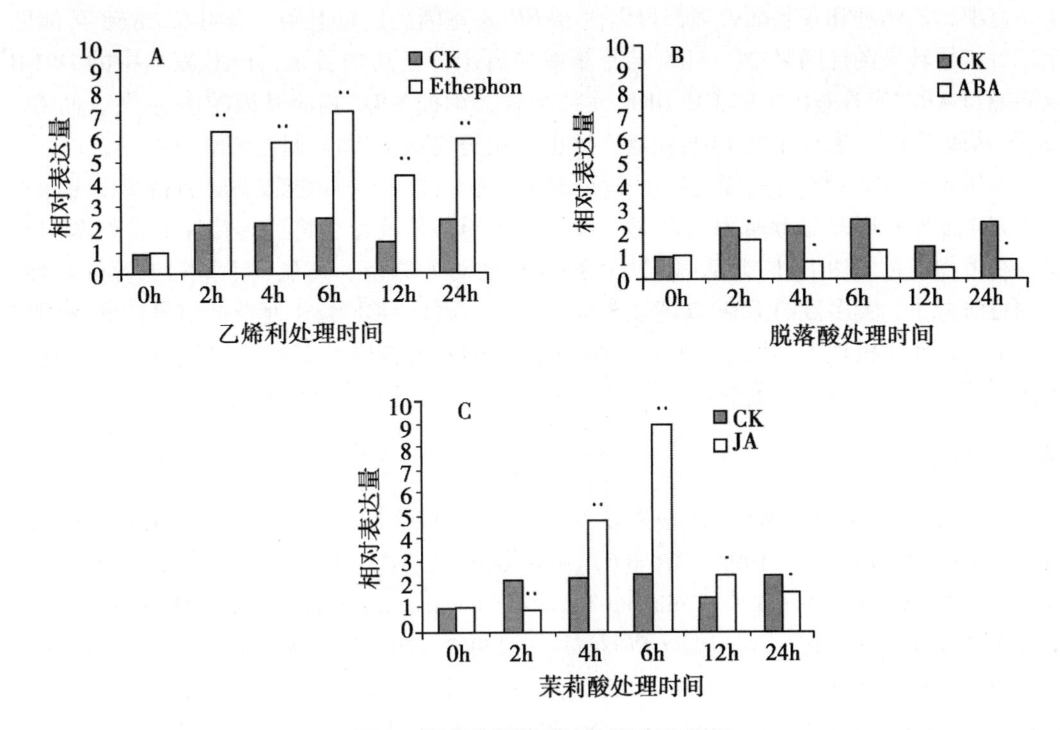

图7　激素处理后 *GhERF8* 表达分析

A. 乙烯利处理；B. 脱落酸处理；C. 茉莉酸处理每个处理的各个时间点分别对应 CK 进行显著性分析，取 3 次重复平均值，其中 * $P<0.05$，** $P<0.01$

强转基因烟草抗性，刘坤等人[20]从海岛棉中克隆得到 *GbEREB5* 基因，并发现乙烯和黄萎病处理可以诱导该基因的表达。近年来，在 NAC 和 WRKY 家族中相继发现了调控叶片衰老的相关成员[21-22]，而最新的研究显示，拟南芥 AP2/ERF 中 RAV 家族的 RAV1 基因能够正向调控叶片衰老[23]，但 ERF 家族的相关研究还未见报道。

蛋白质序列比对结果显示，*GhERF8* 基因从属于 AP2/ERF 超家族中的 ERF 家族。ERF 家族通常都包含一个 AP2 保守结合域，不同的 ERF 蛋白在这个区域上有很高的相似性，但在整个蛋白序列的水平上相似性却非常低[24]。ERF 家族又可以分为 2 个亚族：ERF 亚族在 AP2 保守域第 14 位为丙氨酸（A14），第 19 位是天冬氨酸（D19）；而 CBF/DREB 亚族在第 14 位为缬氨酸（V14），第 19 位是谷氨酸（E19），这 2 个位点决定这类转录因子与不同顺式作用元件的特异结合[8,25]。从图 3 比对结果可以看出，GhERF8 在保守域第 14 位为丙氨酸，第 19 位是天冬氨酸，因此推断 GhERF8 从属于 ERF 亚族。

图 6B 中列出了 *GhERF8* 在叶片衰老进程中表达量的变化情况，与图 5 比较分析，我们发现 *GhERF8* 表达量与叶绿素含量表现出了相反的变化趋势，即伴随着叶片不断衰老、叶绿素含量不断下降，*GhERF8* 表达量呈整体上升的趋势。因此，我们推测 *GhERF8* 可能与叶片衰老有一定的关系。

乙烯是植物六大激素之一，对于促进果实成熟和植株衰老有很大作用，而茉莉酸也是植物衰老的强启动子，有些研究证明，茉莉酸或茉莉酸甲酯可以通过乙烯启动衰老[26-27]。

本研究中，乙烯利和茉莉酸处理都可以使 *GhERF*8 基因表达量上调，表明 *GhERF*8 可能处于二者信号转导调控网络中。ABA 与干旱响应有十分密切的关系，ERF 家族中的 DREB 亚族能与 ABA 应答基因中的 CE/DRE 元件结合，调控 ABA 响应基因的表达[28]。而 *GhERF*8 从属于 ERF 家族中的 ERF 亚族，这也可能是它不受 ABA 调控的原因之一。

本研究对 *GhERF*8 的功能进行了初步研究分析，进一步的功能发掘还有待更多更深入的研究来证明。ERF 家族基因数目庞大且功能各异，是改良植物遗传特性的良好基因资源。在植物中过表达 ERF 类基因，可以提高植物对病原菌、高盐、干旱和低温的抗性。但到目前为止，大多数的 ERF 功能还未研究清楚；而且 ERF 处于复杂的信号传导和调控网络中，其作用机理尚不明了。ERF 类转录因子能够调控哪些基因，如何调控下游基因表达，其蛋白如何与其他蛋白相互作用，还有待更多的研究来分析阐明。

参考文献

[1] Riechmannj L, Meyerowitz E M. The AP2/ EREBP family of plant transcription factors [J]. *Biological Chemistry*, 1998, 379 (6): 633-646.

[2] Nakano T, Suzuki K, Fujimura T, *et al.* Genome wide analysis of the ERF gene family in Arabidopsis and rice [J]. *Plant Physiology*, 2006, 140 (2): 411-432.

[3] Ohme-Takagi M, Shinshi H. Ethylene-inducible DNA binding proteins that interact with an ethylene-responsive element [J]. *The Plant Cell*, 1995, 7 (2): 173-182.

[4] Park J M, Park C J, Lee S B, *et al.* Overexpression of the tobacco Tsi1 gene encoding an EREBP/AP2-type transcription factor enhances resistance against pathogen attack and osmotic stress in tobacco [J]. *The Plant Cell*, 2001, 13 (5): 49-60.

[5] Lorenzo O, Piqueras R, Sanchez S J, *et al.* Ethylene response factor1 integrates signals from ethylene and jasmonate pathways in plant defense [J]. *The Plant Cell*, 2003, 15 (1): 165-178.

[6] Glazebrook J. Genes controlling expression of defense responses in Arabidopsis status [J]. *Plant Biology*, 2001, 4 (4): 301-308.

[7] Zhang Hai-wen, Huang Ze-jun, Xie Bing-yan, *et al.* The ethylene-, jasmonate-, abscisic acid- and NaCl-responsive tomato transcription factor $JERF_1$ modulates expression of GCC box-containing genes and salt tolerance in tobacco [J]. *Planta*, 2004, 220 (2): 262-270.

[8] Sakuma Y, Liu Qiang, Dubouzet J G, *et al.* DNA-binding specificity of the ERF/AP2 domain of Arabidopsis DREBs, transcription factors involved in dehydration and cold-inducible gene expression [J]. *Biochemical and Biophysical Research Communications*, 2002, 290 (3): 998-1009.

[9] Guo Zejian, Chen Xujun, Wu Xuelong, *et al.* Overexpression of the AP2/EREBP transcription factor OPBP1 enhances disease resistance and salt tolerance in tobacco [J]. *Plant Molecular Biology*, 2004, 55 (4): 607-618.

[10] El-Sharkawy I, Sherif S, Mila I, *et al.* Molecular characterization of seven genes encoding ethylene-responsive transcriptional factors during plum fruit development and ripening

[J]. *Journal of Experimental Botany*, 2009, 60 (3): 907-922.

[11] Utterson N, Reuber T L. Regulation of disease resistance pathways by AP2/ERF transcription factors [J]. *Current Opinion Plant Biology*, 2004, 7 (4): 465-471.

[12] 秦捷，王武，左开井，等. AP2 基因家族的起源和棉花 AP2 转录因子在抗病中的作用 [J]. 棉花学报，2005，17 (6)：366-370.

[13] Liu Juanxu, Li Jingyu, Wang Huinan, *et al.* Identification and expression analysis of ERF transcription factor genes in petunia during flower senescence and in response to hormone treatments [J]. *Journal of Experimental Botany*, 2011, 62 (2): 1-16.

[14] 胡根海，喻树迅. 利用改良的 CTAB 法提取棉花叶片总 RNA [J]. 棉花学报，2007，19 (1)：69-70.

[15] Gu Yongqiang, Yang Caimei, Thara V K, *et al.* Pti4 is induced by ethylene and salicylic acid, and its product is phosphorylated by the Pto kinase [J]. *The Plant Cell*, 2000, 12 (5): 771-786.

[16] Qiao Zhixin, Huang Bo, Liu Jinyuan. Molecular cloning and functional analysis of an ERF gene from cotton (Gossypium hirsutum) [J]. *Biochimica et Biophysica Acta (BBA) - Gene Regulatory Mechanisms*, 2008, 1779 (2): 122 -127.

[17] Jin Longguo, Liu Jinyuan. Molecular cloning, expression profile and promoter analysis of a novel ethylene responsive transcription factor gene *GhERF*4 from cotton (Gossypium hirsutum) [J]. *Plant Physiology and Biochemistry*, 2008, 46 (1): 46-53.

[18] Jin Longguo, Li Hui, Liu Jinyuan. Molecular characterization of three ethylene responsive element binding factor genes from cotton [J]. *Journal of Integrative Plant Biology*, 2010, 52 (5): 485-495.

[19] Zuo Kaijing, Qin Jie, Zhao Jingya, *et al.* Over-expression *GbERF*2 transcription factor in tobacco enhances brown spots disease resistance by activating expression of downstream genes [J]. *Gene*, 2007, 391 (1): 80-90.

[20] 刘坤，单国芳，李付广，等. 海岛棉转录因子 *EREB*5 基因的克隆及特征研究 [J]. 棉花学报，2011，23 (3)：205-211.

[21] Guo Yongfeng, Gan Susheng. AtNAP, a NAC family transcription factor, has an important role in leaf senescence [J]. *The Plant Journal*, 2006, 46 (4): 601-612.

[22] Robatzek S, Somssich I E. A new member of the Arabidopsis *WRKY* transcription factor family, *AtWRKY*6, is associated with both senescence and defense-related processes [J]. *The Plant Journal*, 2001, 28 (2): 123-133.

[23] Woo H R, Kim J H, Kim J Y, *et al.* The *RAV*1 transcription factor positively regulates leaf senescence in Arabidopsis [J]. *Journal of Experimental Botany*, 2010, 61 (14): 3947-3957.

[24] Qin Jie, Zhao Jingya, Zuo Kaijing, *et al.* Isolation and characterization of an ERF-like gene from *Gossypium barbadense* [J]. *Plant Science*, 2004, 167 (6): 1383-1389.

[25] Yang Huijun, Shen Hui, Chen Li, *et al.* The *OsEBP*-89 gene of rice encodes a pu-

tative EREBP transcription factor and is temporally expressed in developing endosperm and intercalary meristem [J]. *Plant Molecular Biology*, 2002, 50 (3): 379-791.

[26] Sembdner G, Parthier B. The biochemistry and physiological and molecular actions of jasmonates [J]. *Annual Review of Plant Physiology and Plant Molecular Biology*, 1993 (44): 569-589.

[27] Emery R, Reid D M. Methyl jasmonate effects on ethylene synthesis and organ-specific senescence in Helianthus annuus seedlings [J]. *Plant Growth Regulation*, 1996, 18 (3): 213-222.

[28] Kizis D, Pages M. Maize DRE-binding proteins DBF_1 and DBF2 are involved in rab17 regulation through the drought-responsive element in an ABA-dependent pathway [J]. *The Plant Journal*, 2002, 30 (6): 679-689.

陆地棉 *GhSPL3* 基因的克隆、亚细胞定位及表达分析

李　洁[1,2]，范术丽[2]，宋美珍[2]，庞朝友[2]，喻树迅[2*]
（1. 西北农林科技大学，杨凌　712100；2. 中国农业科学院棉花研究所/
棉花生物学国家重点实验室，安阳　455000）

摘要：利用生物信息学结合 RT-PCR 技术从陆地棉中克隆出 SPL 转录因子，命名为 *GhSPL3*，在 GenBank 的登录号为 JN795132。该基因包含一个 426 bp 的 ORF（开放阅读框），推测编码 141 个氨基酸的多肽。生物信息学分析表明 *GhSPL3* 包含一个典型的 SBP 结构域和一个核定位信号；进化树分析发现，*GhSPL3* 与 *AtSPL3* 聚为一组，推测棉花 *GhSPL3* 和拟南芥 *AtSPL3* 在结构和功能上可能有着一定的相似性。亚细胞定位表明，*GhSPL3* 定位于细胞核中，荧光定量 RT-PCR 结果表明，*GhSPL3* 基因在棉花各组织中都有表达，但表达量不同。在花中表达量最高，其次是在顶芽和茎中的表达量，在根和叶中表达量较低。通过分析 *GhSPL3* 在顶芽的不同发育时期的表达量发现，*GhSPL3* 在三片真叶展平时的顶芽中表达量最高，推测 *GhSPL3* 可能在花芽的分化、生长阶段的转变和花器官的形成上起着重要作用。

关键词：陆地棉；*GhSPL3*；亚细胞定位；荧光定量 RT-PCR

SPL（Squamosa promoter binding protein-like）转录因子是高等植物所特有的一个转录因子家族。在拟南芥等模式植物上的研究发现，SPL 转录因子家族具有诸多重要的生物学功能，主要参与了植物的花的形成及后期发育，叶的形态建成和环境信号应答等。

AtSPL3 编码的蛋白因为能够识别花分生组织特征基因 *AP1*，而被认为与花的发育有关[1]。后来证实，在拟南芥中过量表达 *AtSPL3* 引起植株幼年期缩短，能够使开花期提前[2]。白桦树的 *BpSPL1* 基因与拟南芥的 *AtSPL3* 具有很高的同源性，能特异结合 BpMADS5 启动子，参与调节花发育[3]。拟南芥的 *SPL8* 不仅影响花药的发育而且参与调控 GA 的合成[4]；*SPL14* 作为负调控因子影响营养生长和开花的转换过程[5]；*SPL9*、*SPL15* 的功能缺失导致营养生长时期叶原基形成间隔期变短，以及花序结构改变和分支增强[6]。

SPL 转录因子在不同植物中已被成功克隆，如水稻[7]、桦树[3]、草莓[8]等，但在棉花中尚未见报道。棉花开花早晚和产量、品质性状之间存在显著相关关系[9]，已有研究

原载于：《棉花学报》，2012，24（5）：414-419

表明 *AtSPL3* 与控制开花时间有关，因此研究棉花 SPL 基因功能和表达特性很有必要。本研究利用 EST（Expressed sequence tag）数据库采用电子克隆的方法，从陆地棉中克隆了一个 *SPL3* 基因，通过亚细胞定位分析其是否具有核定位功能，荧光定量 RT-PCR（Quantitative real time PCR）分析其表达模式，初步探讨其在棉花生长发育中的作用，为进一步研究该基因的功能奠定基础。

1 材料和方法

1.1 实验材料

供试材料为短季棉品种中棉所 36（CCRI36），于 2010 年种植于中国农业科学院棉花研究所老所部试验地（河南安阳），分别取棉花的根、茎、叶、花、纤维、顶芽等不同组织，棉花不同发育时期的顶芽在液氮中速冻，－80 ℃冰箱保存备用。

1.2 RNA 的提取和 cDNA 的制备

CTAB 法提取总 RNA[10]。总 RNA 经反转录制备 cDNA 第一链，反转录按照 Invitrogen 公司 SuperScriptⅢ First-Strand Synthesis System Kit 说明书进行。

1.3 基因的获得

根据同源基因在不同物种间相对保守的特点，在 TAIR 网站上下载 SPL3 的蛋白序列，以其为探针在 NCBI 上的陆地棉 EST 数据库进行 tblastn 检索，将所得 EST 序列用 CAP3 在线拼接，挑取与 *AtSPL3* 同源性高的 Contig，利用 NCBI 进行 ORF（Open reading frame）搜索，设计引物扩增 cDNA 序列，引物序列（P1-UP，P1-DW）见表 1。回收目标条带，连接 pGEM T-easy 载体，将阳性克隆送往上海生工测序验证。

表 1 引物序列及用途

编 号	序列（5′ to 3′）	用 途
P1-UP	ATGGCAACAAGCAAAGCTGAAG	*GhSPL3* 基因 ORF 扩增
P1-DW	TTAAAAATTTGAGCCTTCTCC	
P2-UP	ATGCCCGTCGACCCCGGGATGGCAACAAGCAAAGCTGAAGG	亚细胞定位
P2-DE	TGTTGATTCAGAATTCAAAATTTGAGCCTTCTCCATGATA	
P3-UP	ATGCCCGTCGACCCCGGGATGGCAACAAGCAAAGCTGAAG	超表达
P3-DW	TGTTGATTCAGAATTCTTAAAAATTTGAGCCTTCTCC	
P4-UP	TGAAGGGAAAAGGAGACCGAAG	荧光定量
P4-DW	ACTGGTGACGATGACAAGAAGA	
P5-UP	ATCCTCCGTCTTGACCTTG	扩增 ACTIN
P5-DW	TGTCCGTCAGGCAACTCAT	

1.4 序列比较及进化树分析

测序结果利用 DNAstar 软件分析，利用 MEGA 4.1 软件进行 SPL3 蛋白的系统进化分析，进化树利用 Neighbor-Joining 方法构建，其中进行 1 000次 Bootstrap 分析以使得分枝的结果更可靠。

1.5　亚细胞定位

用限制性内切酶 *Xba* I、*Spe* I 酶切质粒 pBI121-GFP。应用 Clontech 公司的 Infusion 在线引物设计软件设计用于亚细胞定位的 Infusion 引物（引物序列 P2-UP，P2-DW 见表 1），以棉花顶芽 cDNA 为模板扩增 cDNA 片段，Clontech 公司的 Infusion 快速连接试剂盒构建融合蛋白瞬时表达载体 pBI 121-GFP-*GhSPL3*（图 1），农杆菌浸染法转化洋葱表皮细胞。将转化过的洋葱表皮置于 1/2MS 培养基上 28℃培养 2d，最后在共聚焦显微镜下观察并拍照。

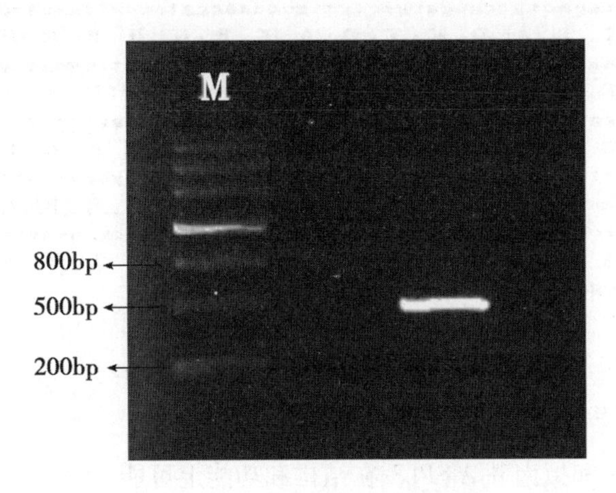

图 1　*GhSPL3* 基因 PCR 产物

1.6　荧光定量 RT-PCR 分析

利用 ABI 公司的荧光定量试剂盒在 ABI 7500 Real-time PCR system 荧光定量仪上采用 SYBR green Ⅰ荧光染料法进行荧光定量 RT-PCR，用相对定量 Ct 法分析，棉花 ACTIN 为内参，采用的基因引物序列（P4-UP，P4-DW）和 ACTIN 引物序列（P5-UP，P5-DW）见表 1。

1.7　表达载体的构建

应用 Clontech 公司的 Infusion 在线引物设计软件设计 Infusion 引物（引物序列 P3-UP，P3-DW 见表 1），扩增目的片段并回收纯化，同时用限制性内切酶 *Sma* I 和 *EcoR* I 双酶切植物表达载体 pRI101 质粒，按照 In-fusion 快速连接试剂盒说明书进行连接，转化大肠杆菌 DH5α 之后筛选阳性克隆并测序验证后转化农杆菌 LBA4404 用于转基因研究。

2　结果与分析

2.1　基因的克隆与分析

利用拟南芥中 SPL3 基因的蛋白序列为探针，通过电子克隆和 RT-PCR，得到 426 bp 的 ORF，推测编码 141 个氨基酸，其中包含一个高度保守的 DNA 结合结构域—SBP 结构域且 C 末端带有保守的核定位信号（图 2）。

2.2　分子进化树分析

利用 MEGA 4.1 对 TAIR 网站中收录的拟南芥蛋白序列 SPL3（AT2G33810.1），SPL4（AT1G53160.1），SPL5（AT3G15270.1），SPL6（AT1G69170.1），SPL9（AT2G42200.1），SPL10（AT1G27370.1），SPL11（AT1G27360.1），SPL15（AT3G57920.1）和 GhSPL3 进行系统进化树分析（图 3），发现 GhSPL3 和 AtSPL3 聚为一

```
  1 atggcaacaagcaaagctgaaggaaaaggagaccgaaggaaatg
    M  A  T  S  K  A  E  G  K  R  R  P  K  E  M
 46 ggggaggaggaagaagaagaagaagaggacgaggataatagtact
    G  E  E  E  E  E  E  E  E  D  E  D  N  S  T
 91 actggtgacgatgacaagaagaaaaaaggcaaaagagggtccagt
    T  G  D  D  D  K  K  K  K  G  K  R  G  S  S
136 acggtggtcggaggctcctgtcttccagcctgtcaggtcgagaac
    T  V  V  G  G  S  C  L  P  A  C  Q  V  E  N
181 tgcactgccgacatgaccgatgccaaacggtaccatcggcgacat
    C  T  A  D  M  T  D  A  K  R  Y  H  R  R  H
226 aaggtgtgtgagttccatgccaaggctgctgtggttcgagttgct
    K  V  C  E  F  H  A  K  A  A  V  V  R  V  A
271 gggatccatcaacgcttttgtcaacaatgtagcaggttccatgag
    G  I  H  Q  R  F  C  Q  Q  C  S  R  F  H  E
316 ttatcagagtttgatgaaacaaaaaggagctgtcgacgacgtttg
    L  S  E  F  D  E  T  K  R  S  C  R  R  R  L
361 gccggacacaacgagcgccgtcggaaaagttcatcggaatatcat
    A  G  H  N  E  R  R  R  K  S  S  S  E  Y  H
406 ggagaaggctcaaatttttaa 426
    G  E  G  S  N  F  *
```

图 2　*GhSPL3* ORF 全长与推导氨基酸序列

阴影部分为 SBP 结构域，下划线部分为核定位信号

组，推测棉花 GhSPL3 和拟南芥 AtSPL3 在结构和功能上可能有着一定的相似性。

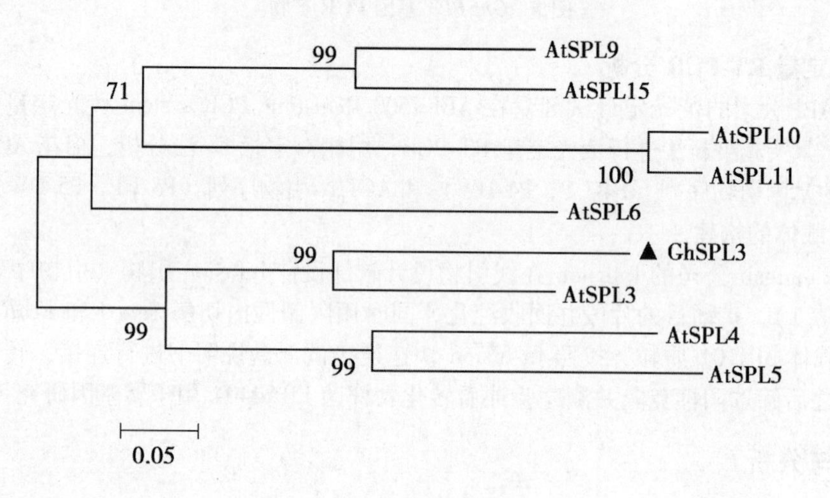

图 3　GhSPL3 进化树

2.3　亚细胞定位分析

采用农杆菌浸染法将绿色荧光蛋白（Green fluorescent protein，GFP）基因转化到洋葱表皮细胞中，获得高效瞬时表达，GFP 蛋白在 475 nm 蓝光激发下产生 509 nm 的绿色荧光。无 *GhSPL3* 插入的对照 GFP 蛋白无核定位功能，在细胞核内和细胞质中都可以观察到 GFP 的绿色荧光信号（图 4-d 和 4-e），而将 *GhSPL3* 基因插入到 35S 启动子和 GFP 之间形成 *GhSPL3*-GFP 融合蛋白，仅在核内产生绿色荧光（图 4-a 和 4-b），表明 *GhSPL3* 具有核定位功能。

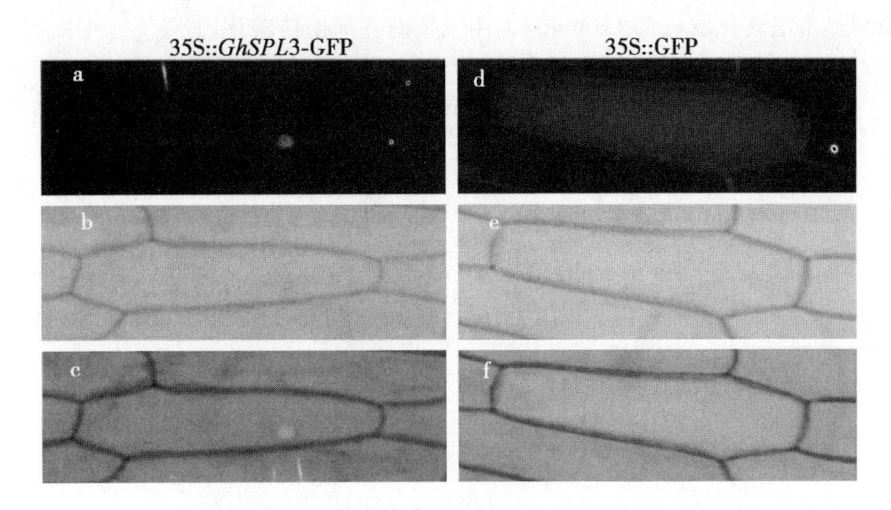

图4 35S:: *GhSPL3*-GFP 在洋葱表皮细胞中的定位

a，b，c：35S:: *GhSPL3*-GFP 转化的洋葱表皮细胞；d，e，f：35S:: GFP 转化的洋葱表皮细胞。a 和 d：荧光下照片；b 和 e：明场下照片；c 和 f：分别为 a 和 b、d 和 e 叠加的照片

2.4 荧光定量 RT-PCR 分析

荧光定量 RT-PCR 分析 *GhSPL3* 基因在棉花不同组织中的表达情况，结果表明 *GhSPL3* 基因在棉花各组织中都有表达，但表达量不同。在花中表达量最高，在顶芽和茎中的表达量其次，在根和叶中表达量较低。通过分析 *GhSPL3* 在顶芽的不同发育时期的表达量发现，*GhSPL3* 在三片真叶展平时的顶芽中表达量最高（图5）。

GhSPL3 在不同组织中和顶芽不同发育时期的表达情况说明 *GhSPL3* 可能在花芽的分化，生长阶段的转变和花器官的形成上起着重要作用。

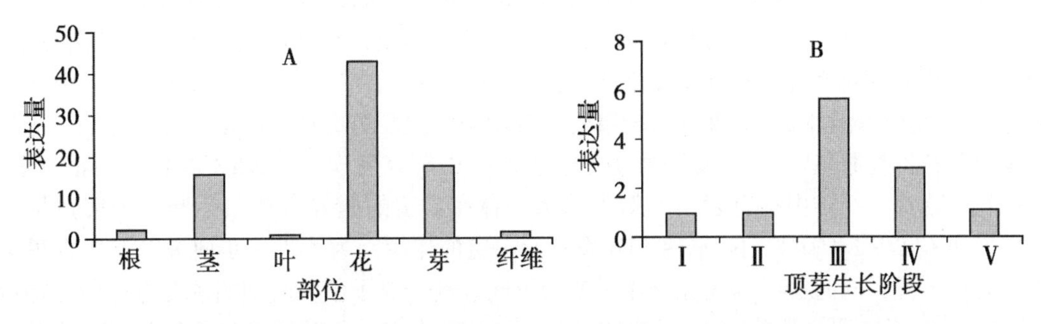

图5 *GhSPL3* 在棉花不同组织的表达（A）和 *GhSPL3* 在不同发育时期的表达（B）

Ⅰ，Ⅱ，Ⅲ，Ⅳ，Ⅴ分别代表第一片，第二片，第三片，第四片，第五片真叶展平时的顶芽

2.5 表达载体的构建

为了进一步研究该基因的功能，将 *GhSPL3* 插入植物表达载体 pRI101，构建植物超表达载体，转化至大肠杆菌 DH5α，卡那霉素筛选阳性克隆，菌落 PCR 鉴定后将阳性克隆测序，序列比对结果正确，表明表达载体已构建成功，命名为 pRI101-GhSPL3（图6）。提

取重组质粒热击法转化农杆菌 LBA4404，用于拟南芥的遗传转化。

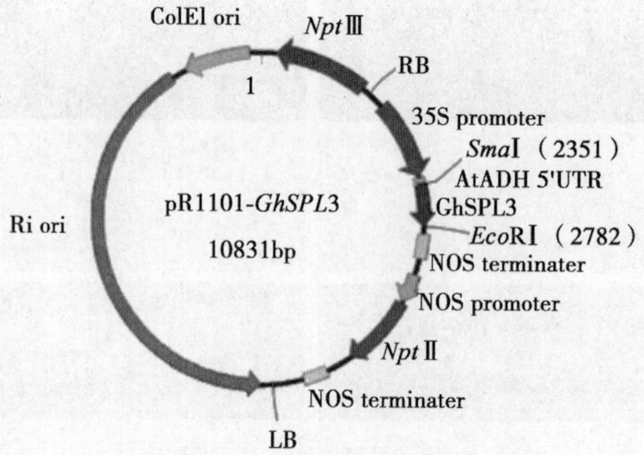

图 6　植物表达载体 pRI101-GhSPL3 的构建

3　结论与讨论

SPL 基因家族编码的转录因子存在于绿色植物中，而在其他生物中未见报道，因此认为是植物所特有的一类转录因子。*SPL* 基因的典型特征是其编码的氨基酸序列有一个高度保守的 DNA 结合结构域-SBP 结构域。本试验从陆地棉中成功分离出和拟南芥 *SPL3* 同源的基因 *GhSPL3* 序列，该基因 ORF 长 426bp，编码 141 个氨基酸，包含一个保守的 SBP 结构域和核定位信号，具有 SPL 转录因子的典型特征。本研究构建了 35S：：*GhSPL3*-GFP 的融合表达载体，通过农杆菌浸染法转化洋葱内表皮进行亚细胞定位，结果表明其表达的蛋白定位于细胞核中，从而推论 *GhSPL3* 的编码产物确为转录因子。

SPL 基因是在研究花形成路径的基因调控网络中发现的，因此被认为和花的发育密切相关。Yang 等在水稻中分离到的 *SPL* 基因主要在花和愈伤组织中表达[7]。在拟南芥中，所有的 *SPL* 基因都在花分生组织和四轮花器官中表达，在茎、叶、根等营养器官中亦有表达[11]。其中拟南芥 *SPL3* 基因的转录受发育调控，主要集中在花序顶端分生组织、花分生组织和花器官原基[12]。本试验通过荧光定量 PCR 研究发现，*GhSPL3* 在棉花的根、茎、叶、花、顶芽、纤维中均有表达，但表达水平存在一定的差异，在顶芽和花中表达量最高，推测 *GhSPL3* 对生长阶段转变和花发育有一定的作用。为了进一步研究该基因在顶芽中的表达情况，同时又根据花芽分化时期的不同分别选取了不同时期的顶芽进行荧光定量 RT-PCR，结果表明在顶芽的不同发育时期，*GhSPL3* 在三片真叶展平时的顶芽中表达量最高。本实验室研究发现中棉所 36 在 2 片真叶展平时开始花芽分化，因此推测当三片真叶展平时棉花花芽开始集中分化，*GhSPL3* 的高调表达促进了这一活动。

在开花调控网络中，*AtSPL3* 直接激活花分生组织基因 *LFY*、*FUL* 和 *AP1* 从而调控开花时间[13]。同时，*SPL* 基因还受开花途径整合因子 *SOC1* 的调控，*SOC1*-*SPL* 模式整合了光周期途径和赤霉素途径开花诱导信号从而控制开花时间[14]。棉花中 *SPL3* 基因是否在开花途径中起着同样的作用，有待于进一步探索。而构建好的超表达载体为进一步通过转基

因验证 *GhSPL3* 功能，深入分析 *GhSPL3* 在棉花生长发育中的作用奠定了基础。

参考文献

[1] Cardon G, Klein J, Huijser P, *et al.* Molecular characterization of the Arabidopsis SBP-box genes [J]. *Gene*, 1999, 237 (1): 91-104.

[2] Cardon G H, Hohmann S, Nettesheim K, *et al.* Functional analysis of the Arabidopsis thaliana SBP-box gene SPL3: a novel gene involved in the floral transition [J]. *Plant Journal*, 1997, 12 (2): 367-377.

[3] Lannenpaa M, Janonen I, Holtta-Vuori M, *et al.* A new SBP-box gene BpSPL1 in silver birch (Betula pendula) [J]. *Physiologia Plantarum*, 2004, 120 (3): 491-500.

[4] Zhang Y, Schwarz S, Saedler H, *et al.* SPL8, a local regulator in a subset of gibberellin-mediated developmental processes in Arabidopsis [J]. *Plant Molecular Biology*, 2007, 63 (3): 429-439.

[5] Stone J M, Liang X, Nekl E R, *et al.* Arabidopsis AtSPL14, a plant-specific SBP-domain transcription factor, participates in plant development and sensitivity to fumonisin B1 [J]. *Plant Journal*, 2005, 41 (5): 744-754.

[6] Schwarz S, Grande A, Bujdoso N, *et al.* The microRNA regulated SBP-box genes SPL9 and SPL15 control shoot maturation in Arabidopsis [J]. *Plant Molecular Biology*, 2008, 67 (1/2): 183-195.

[7] Yang Z, Wang X, Gu S, *et al.* Comparative study of SBP-box gene family in Arabidopsis and rice [J]. *Gene*, 2008, 407 (1/2): 1-11.

[8] 赵晓初，李贺，代红艳，等. 草莓 miR156 靶基因 SPL9 的克隆与表达分析 [J]. 中国农业科学，2011，44 (12)：2515-2522.

[9] 郭伟锋，曹新川，胡守林，等. 海岛棉开花性状的发育遗传研究 [J]. 华北农学报，2008，23 (增)：173-176.

[10] 胡根海，喻树迅. 利用改良的 CTAB 法提取棉花叶片总 RNA [J]. 棉花学报，2007，19 (1)：69-70.

[11] Yang J H, Zhang M F, Yu J Q. Relationship between cytoplasmic male sterility and SPL-like gene expression in stem mustard [J]. *Physiologia Plantarum*, 2008, 133 (2): 426-434.

[12] Wu G, Poethig R S. Temporal regulation of shoot development in Arabidopsis thaliana by miR156 and its target SPL3 [J]. *Development*, 2006, 133 (18): 3539-3547.

[13] Yamaguchi A, Wu M F, Yang L, *et al.* The microRNA regulated SBP-Box transcription factor SPL3 is a direct upstream activator of LEAFY, FRUITFULL and APETALA1 [J]. *Development Cell*, 2009, 17 (2): 268-278.

[14] Jung J H, Ju Y, Seo P J, *et al.* The SOC1-SPL module integrates photoperiod and gibberellic acid signals to control flowering time in Arabidopsis [J]. *Plant Journal*, 2011, 69 (4): 577-588.

Transcriptome Profiling Reveals that Flavonoid and Ascorbate-Glutathione Cycle are Important during Anther Development in Upland Cotton

Jianhui Ma[1,2#], Hengling Wei[2#], Meizhen Song[2], Chaoyou Pang[2],
Ji Liu[1,2], Long Wang[2], Jinfa Zhang[3], Shuli Fan[2*], Shuxun Yu[1,2*]
(1. College of Agronomy, Northwest A&F University, Yangling 712100, China;
2. State Key Laboratory of Cotton Biology, The Cotton Research Institute, Chinese Academy of Agricultural Sciences, Anyang 455000, China; 3. Department of Plant and Environmental Sciences, New Mexico State University, Las Cruces 88003, USA)

Abstract: Previous transcriptome profiling studies have investigated the molecular mechanisms of pollen and anther development, and identified many genes involved in these processes. However, only 51 anther ESTs of Upland cotton (*Gossypium hirsutum*) were found in NCBI and there have been no reports of transcriptome profiling analyzing anther development in Upland cotton, a major fiber crop in the world. Ninety-eight hundred and ninety-six high quality ESTs were sequenced from their 3′-ends and assembled into 6 643 unigenes from a normalized, full-length anther cDNA library of Upland cotton. Combined with previous sequenced anther-related ESTs, 12 244 unigenes were generated as the reference genes for digital gene expression (DGE) analysis. The DGE was conducted on anthers that were isolated at tetrad pollen (TTP), uninucleate pollen (UNP), binucleate pollen (BNP) and mature pollen (MTP) periods along with four other tissues, i. e., roots (RO), stems (ST), leaves (LV) and embryos (EB). Through transcriptome profiling analysis, we identified 1 165 genes that were enriched at certain anther development periods, and many of them were involved in starch and sucrose metabolism, pentose and glucuronate interconversion, flavonoid biosynthesis, and ascorbate and aldarate metabolism. We first generated a normalized, full-length cDNA library from anthers and performed transcriptome profi-

---

原载于：*Plos ONE*, 2012, 11 (7)

#These authors contribute equally to this work

ling analysis of anther development in Upland cotton. From these results, 10 178 anther expressed genes were identified, among which 1 165 genes were stage-enriched in anthers. And many of these stage-enriched genes were involved in some important processes regulating anther development.

1 Introduction

The development of functional pollen and its releasing at appropriate stage to maximize pollination and fertilization are critical for plant reproduction and the creation of genetic diversity. These processes require cooperative interactions between gametophytic and sporophytic tissues within anther[1-2]. Anther tissues consist of three layers: L1 layer that gives rise to epidermis and stomium; L2 layer that gives rise to archesporial cells, pollen mother cells (PMC), endothecium and middle wall layers; and L3 layer that gives rise to connective cells, vascular bundle and circular cell cluster. The L2 and L3 layers contribute to the formation of tapetum[3], which secretes nutrients and some secondary metabolites necessary for pollen development[4]. PMC undergo meiosis to form tetrads of haploid cells and each of them further develops into four microspores. The nucleus of each microspore divides into a vegetative and a generative cell nucleus, and the generative cell nucleus then divides into two sperm cells for double fertilization[5]. At the final stage, mature pollen grains are dispersed from anthers onto the stigma surface for fertilization.

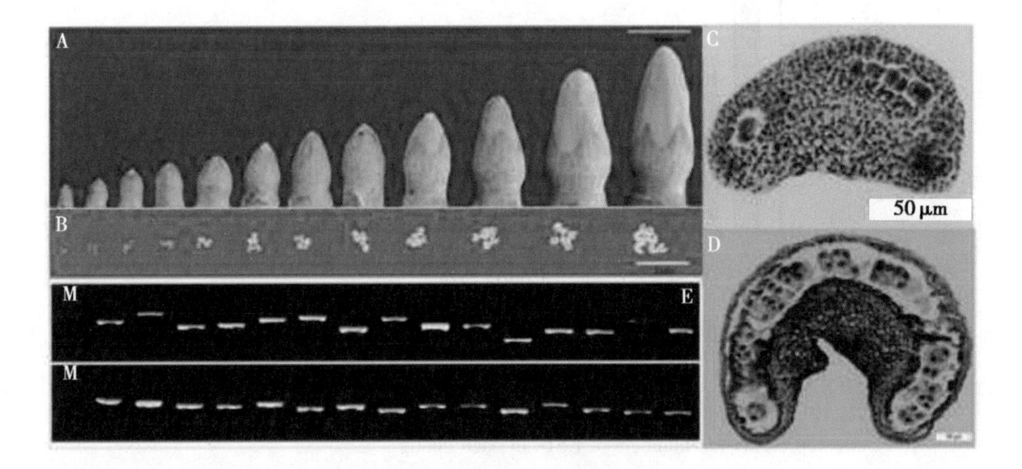

Figure 1　Construction of cDNA library from Upland cotton anthers

Flower buds (A) and the corresponding anther samples (B) were divided into 12 development stages. Anthers in stage 1 were at MEP (C) and anthers in stage 2 were at TTP (D). (E) Average insert size of the cDNA library was determined by PCR analysis of randomly selected clones. DL 2000 plus markers (lane M) were used for size determination

Based on molecular studies, large numbers of genes related to pollen and anther development have been identified, especially in *Arabidopsis* and rice[1,6]. For example, *DYSFUNCTION-*

*AL TAPETUM*1 (*DYT*1) encodes a putative basic helix-loop-helix (bHLH) transcription factor that is predicted to be downstream of *SPOROCYTELESS/NOZZLE* (*SPL/NZZ*) and *EXCESS MICROSPOROCYTES*1/*EXTRA SPOROGENOUS CELLS* (*EMS*1/*EXS*), and is required for the expression of *ABORTED MICROSPORES* (*AMS*) and *MALE STERILITY*1 (*MS*1). It shows strong expression in tapetum and a low level of expression in meiocytes[7]. In the *dyt*1 mutant of *Arabidopsis*, the tapetum becomes highly vacuolated, and the meiocytes lack a thick callose wall and eventually collapse[7]. In rice, the cytochrome P450 gene *CYP*704*B*2, which catalyzes the production of C16 and C18 ω-hydroxylated fatty acids, is predicted to be downstream of *Wall Deficient Anther*1 (*WDA*1)[8-9]. The *cyp*704*B*2 mutant exhibits swollen sporophytic tapetal layer, aborted pollen grains without detectable exine and undeveloped anther cuticles. Thus, ω-hydroxylated fatty acids appear to be essential for cuticle and exine formation during plant male reproductive and microspore development. However, only a few genes have been identified in the regulation in the regulation of anther development in Upland cotton[10-11].

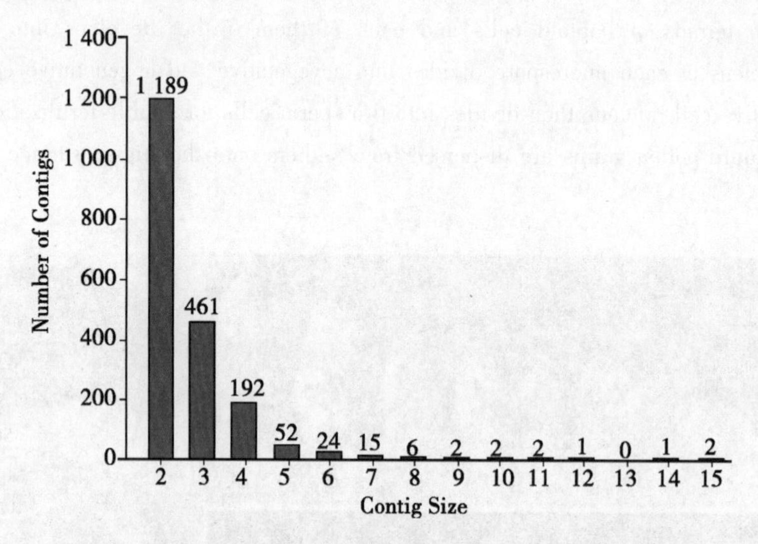

Figure 2 The distribution of ESTs in contigs

Assembly of 9896 ESTs resulted in 1949 contigs containing 5202 ESTs. The distribution of ESTs in each contig ranged between 2 and 15. Contig size represents the numbers of ESTs in each contig

Transcriptome profiling in *Arabidopsis*, maize and rice also has been performed to characterize the molecular mechanisms of pollen and anther development. For example, Honys and Twell used *Affymetrix* ATH1 genome arrays in *Arabidopsis* to identify 13 977 mRNA expressed in male gametophyte, 9.7% of which were specific to male gametophytes[12]. Ma *et al.* performed transcriptome profiling analyzing anther development in maize and identified many stage-specific and co-expressed genes[13]. Deveshwar *et al.* analyzed the anther transcriptome in rice and reported that approximately 22 000 genes were expressed in anthers. They also identified some genes contributing to meiosis and male gametophyte development from these data[14]. For more detailed information about anther, the differences in transcriptomes between tapetum and male gametophyte were found using laser microdissected cells in rice[4,15]. Collectively, these studies have established a firm foundation for investigating the molecular mechanisms of pollen and anther development and sterility in plants.

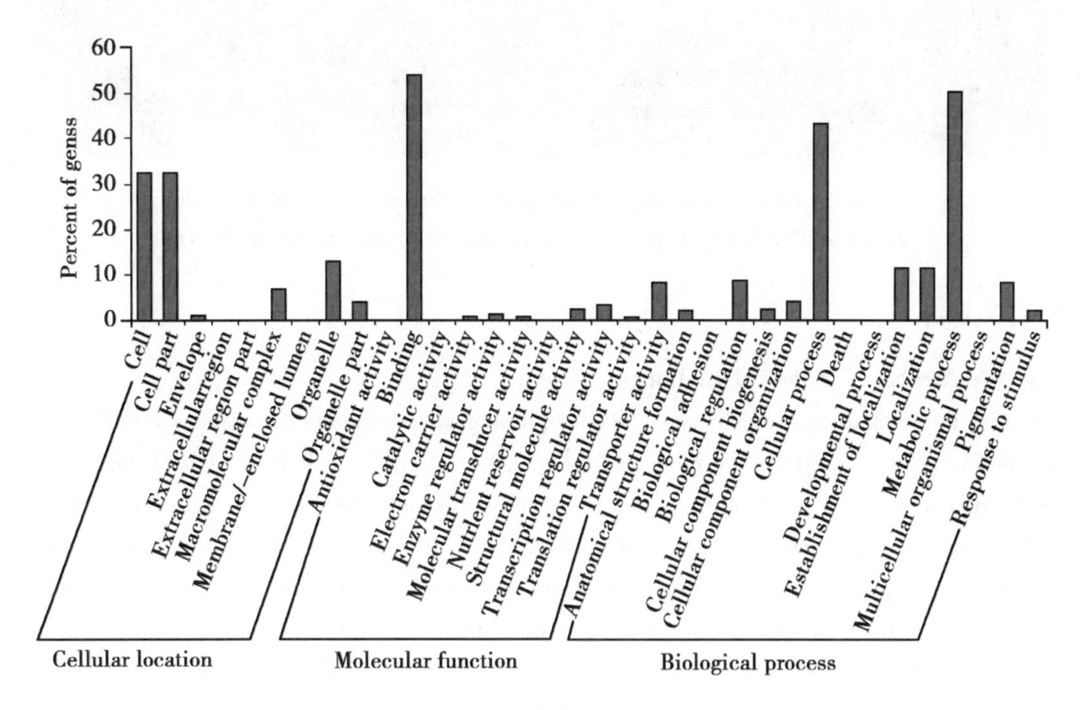

Figure 3 Gene ontology analysis of unigenes from the anther cDNA library

Unigenes were classified into three GO categories: cellular location, molecular function and biological process

However, there have been no transcriptome profiling analyzing anther development in Upland cotton, a major fiber crop in the world. Though the basic mechanisms of pollen and anther development could be cross-referenced, each species has its own peculiarity. Furthermore, most of these studies were carried out on self-pollinated and cross-pollinated plants. Pollen and anther development in Upland cotton, an often cross-pollinated crop, may somewhat differ from these other species. Thus, transcriptome profiling analysis of Upland cotton anthers is needed to provide a platform for investigating pollen and anther development and further analyzing male sterility. However, there are only 51 anther ESTs of Upland cotton deposited in the NCBI, and few molecular studies about anthers were carried out in this species.

Here, we described the construction of a normalized, full-length cDNA library from cotton anthers and transcriptome profiling analysis of anthers at different periods. In this study, we generated anther stage-enriched genes expression profiles in Upland cotton, and identified some important molecular processes regulating anther development and many genes that were involved in pollen mitosis and plant hormones regulation.

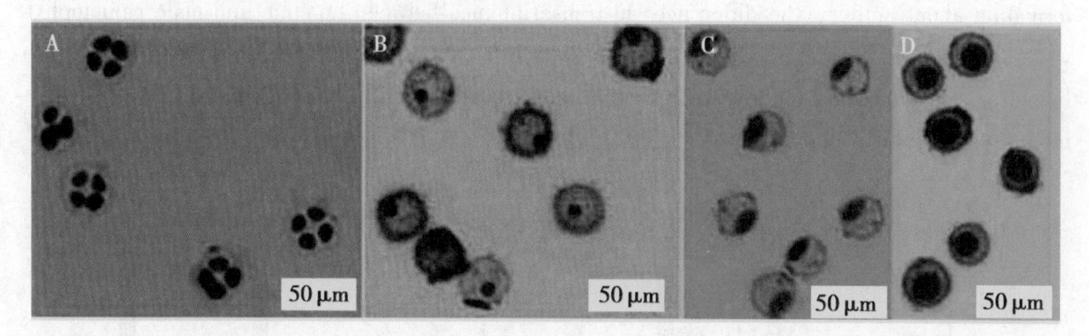

Figure 4 Development stages of the pollen grains in CCRI 040029. Pollen grains at TTP (A), UNP (B), early BNP (C) and mature BNP (D)

2 Results

2.1 Construction of the cDNA library

Cell differentiation and dehiscence occur in a precise sequence that correlates with floral bud size during pollen and anther development[16,17]. In this study, we divided CCRI36 anthers into 13 development stages based on flower bud size and collected anther samples from each stage for cDNA library construction (Figure 1). Anthers samples in stage 1 and 2 were fixed in formalin-aceto-alcohol (FAA) for histological observation. Anthers in stage 1 were at meiosis period (MEP) and anthers in stage 2 were at tetrad pollen period (TTP) (Figure 1). The anthers of stage 13, mature pollen period (MTP), were collected at the day post-anthesis (0 dpa), when the flowers were still closed. Equal amounts of RNA from each anther stage were mixed to construct a normalized, full-length cDNA library.

The normalized, full-length cDNA library was estimated to contain about 1.2×10^6 cfu/mL clones, similar to the normalized cDNA library constructed by Wang and Xia[18]. We randomly selected 60 clones for PCR amplification with M13 primers and estimated the fragment sizes by agarose gel electrophoresis. The size of all the fragments ranged between 1 and 3 kb, suggesting that the library contained relatively long cDNAs (Figure 1).

2.2 EST sequencing and statistical analysis

We sequenced 10 029 clones from this anther cDNA library from their 3′-ends. After removing the vector and low-quality sequences, we obtained 9 896 high-quality ESTs, which have been deposited in Genbank [DDBJ: 75889721-75899616]. These sequences were assembled into 6 643 unigenes including 4 694 singletons and 1 949 contigs (Table 1). The numbers of ESTs in contigs distributed between 2 and 15 (Figure 2). The average GC content of these unigenes was 40.33%, the lengths distributed between 111 bp and 1 901 bp, and most of them were longer than 600 bp.

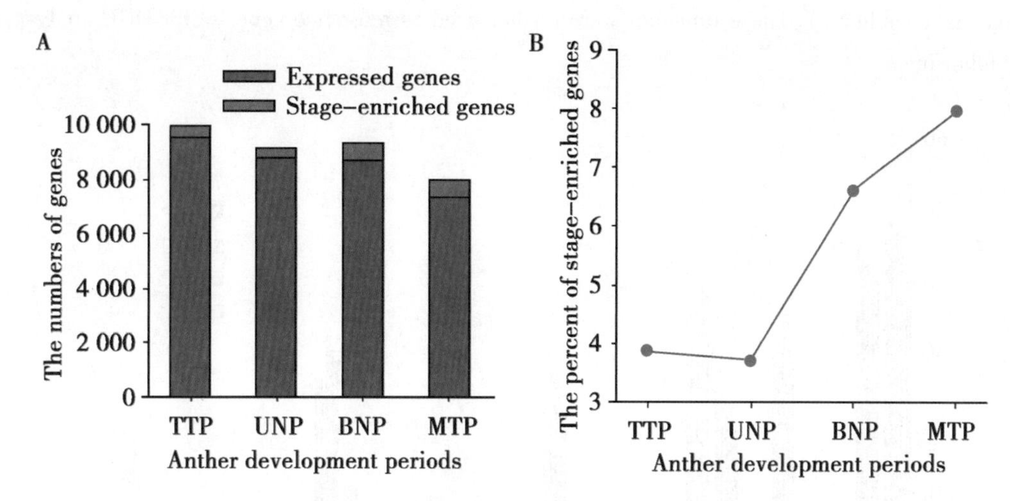

Figure 5 Distribution and proportion of anther stage-enriched genes in different stages of anther development

(A) Distribution of stage-enriched genes; (B) Proportion of stage-enriched genes

Table 1 Summary of contig assembly

Description	Number	Percentage
Total number of ESTs assembled	9 896	
Number of contigs	1 949	
Number of ESTs in contigs	5 202	52. 57
Number of ESTs as singletons	4 694	47. 43
Number of unique ESTs (unigenes)	6 643	67. 17

We compared these 9 896 high-quality ESTs with the ESTs and unigenes of Upland cotton available at Dana-Farber Cancer Institute (including 351 954 cotton ESTs, and 2 315 ESTs totally assembled into 117 992 unigenes). There were 3 754 ESTs (37. 9%) with low homology (at least 25% of sequence with less than 95% of identity) to the existing ESTs and unigenes. This indicated that the ESTs from our cDNA library contained many novel sequences. These unigenes were classified into three gene ontology (GO) categories: cellular location, molecular function and biological process (Figure 3). For the cellular location category, large numbers of unigenes were categorized into cell and cell part. Under the molecular function category, the two most abundant sub-categories were binding and catalytic activity. For the biological process category, metabolic process and cellular process represented the major proportion.

Based on these 9 896 high-quality ESTs, together with 11 075 ESTs from a cDNA library[19] and 143 other anther ESTs [DDBJ: 75899617-75899759] which were from our previous studies on the same anther cDNA library, a total of 21 114 ESTs were assembled into 12 244 unigenes (Table S1). These unigenes were further used as reference gene set for DGE analysis in the following.

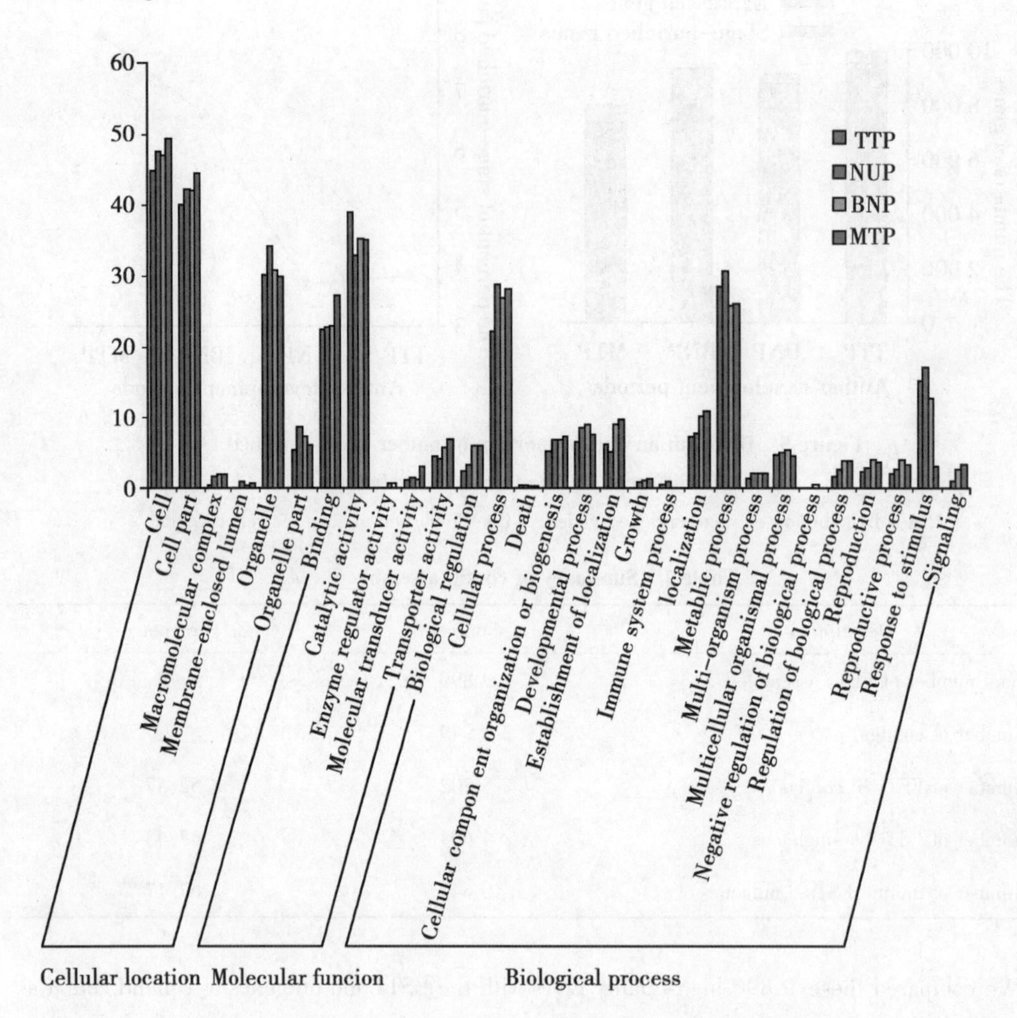

Figure 6 Gene ontology analysis of stage-enriched genes

Stage-enriched genes in each anther development stage were classified into three GO categories: cellular location, molecular function and biological process

2.3 Characterization of the sequenced DGE libraries

For transcriptome analysis of anther development in Upland cotton, we collected anthers at TTP, uninucleate pollen (UNP) and binucleate pollen (BNP) period from CCRI040029, respectively (Figure S4). Anthers at mature pollen period (MTP) were collected at 0 dpa when the flowers were closed. Four other tissues including roots (RO), stems (ST), leaves (LV), and embryos (EB) were also harvested as a comparison. Thus, a total of 8 samples were prepared for Solexa sequencing and each generated 4.1 ~ 6.2 million raw reads. After removing the low quality reads, a total of 3.7 ~ 6.2 million reads were obtained and the number of reads with unique nucleotide sequences ranged from 116 087 ~ 758 811 in eight DGE libraries (Table S2). And the quality of these DEG libraries was acceptable (Table S2). To reveal the molecular events in eight DGE libraries, we mapped the tag sequences from each DGE library to the 12 244 unigenes, from which 36 760 reference tags were yielded and 97.15% of them were unambiguous (Table 2).

Table 2　CATG sites of reference genes

	Number	Percentage
All genes	12 244	
Genes with CATG site	11 084	90.53
All reference tags	36 760	
Unambiguous reference tags	35 712	97.15

2.4　Identification of anther stage-enriched genes

From the DGE results, we found that there were 10 535 genes expressed in eight libraries, including 9 941 genes at TTP, 9 129 at UNP, 9 333 at BNP and 7 977 at MTP. The transcript diversity was significantly decreased from BNP to MTP (Figure 5). Anthers stage-enriched genes were identified using a combination of false discovery rate (FDR) ≤ 0.001 and log2 ratio ≥ 2 by comparing the expression level in developing anthers (TTP, UNP, BNP and MTP) with other tissues (RO, ST, LV, EB). And 1 165 anther stage-enriched genes were found totally, including 245 genes with stage specific expression: 385 (3.87%) genes at TTP, 339 (3.71%) at UNP, 616 (6.60%) at BNP and 633 (7.94%) at MTP. The proportion of stage-enriched genes showed increase in later anther development stages (Table S3 and Figure S5).

These stage-enriched genes were classified into three GO categories and they were concentrated toward the same GO sub-categories at four periods (Figure 6). And these main sub-categories were similar to the GO analysis of the complete anther cDNA library indicating that these processes should be important during anther development in Upland cotton. We further performed analysis of molecular function and cellular component term " enrichment status" and " hierarchy" on the stage-enriched genes at four periods. The results showed that there were some equally important processes at four anther periods, i.e., intrinsic to membrane and response to metal ion, and many important processes at certain period (Table S4). Previous research has identified many transcription factors (TF) that were related to pollen and anther development[7,10,20]. Here, we found 24 TF among these stage-enriched genes that were classified into 12 families and they were concentrated toward three families i.e., MADS, MYB and ERF (Table S5).

2.5　Comparison of expression profiles associated with pollen and anther development between Upland cotton and *Arabidopsis*/rice

We predicted the protein sequences of these 1165 anther stage-enriched genes and performed BLASTx analysis between Upland cotton and *Arabidopsis*/rice (E-value ≤ $1.0E^{-5}$, and

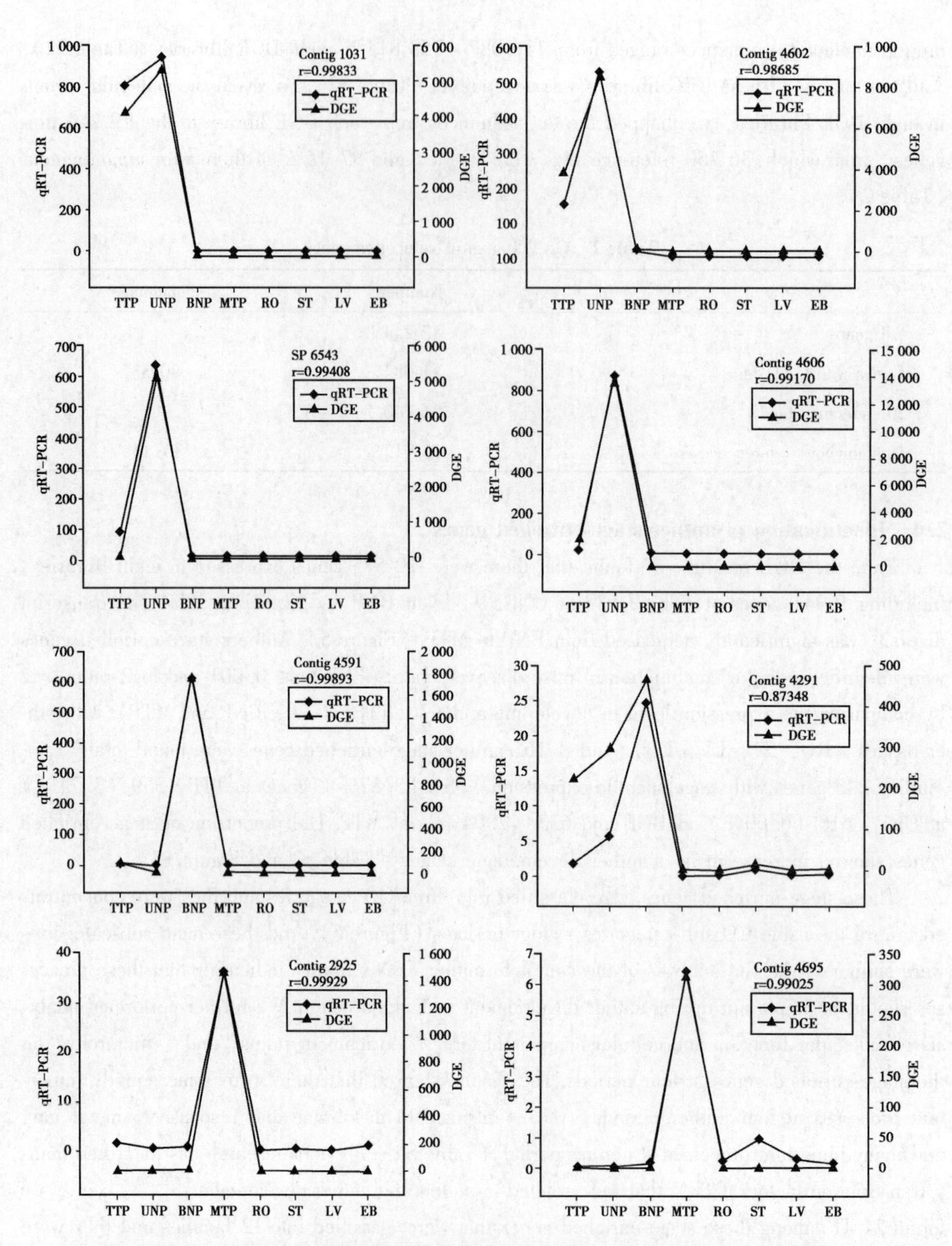

Figure 7 Confirmation of expression profiles of 26 transcripts by qRT-PCR

These charts showed the correlation between two types of expression profiles (DGE and qRT-PCR) for eight of the 26 transcripts. The correlation coefficients between the two expression profiles were more than 0.723 (P, 0.05) for 23 transcripts, and more than 0.861 (P, 0.01) for 17transcripts. (Detailed data is provided in Table S7) identity≥50%, Tair10 Proteins and version_ 7.0 Protein Sequences in Rice Genome Annotation Project). There were 812 homologous genes in *Arabidopsis* and 713 homologous genes in rice with these stage-enriched genes. Previous studies have focused on transcriptome profiling analysis of pollen and anther development and we identified 1691 pollen stage-enriched genes in *Arabidopsis* and 2201 anther stage-enriched genes in rice from these data (the expression level in anthers or pollen was more than 4 fold compared with other tissues) (Table S6)[12,14]. Among these genes, only 155 in *Arabidopsis* and 120 in rice transcripts were overlapped with these anther stage-enriched genes in Upland cotton (Table S6). The lack of common stage-enriched genes could partly be attributed to the different processes during pollen and anther development between Upland cotton and *Arabidopsis*/rice.

2.6 Validation of differentially expressed genes

To validate the candidate anther expressed genes, we performed quantitative real - time PCR (qRT-PCR) analysis. Twenty-six genes were randomly chosen from these anther stage-enriched genes, including three genes involved in flavonoid biosynthesis and four involved in ascorbate and aldarate metabolism. The expression levels of these examined genes ranged from 0 to 37 684. The profiles produced by qRT-PCR and the DGE results showed significant positive correlation for 23 of the 26 genes ($P<0.05$), indicating that 88% of the DGE expression data could be confirmed by qRT-PCR (Table 7 and Figure 7). Therefore, the gene expression revealed by DGEs should be reliably.

2.7 Functional annotation of differentially expressed genes during anther development

We annotated the up-regulated genes (log2 ratio ≥ 2 and FDR ≤ 0.001) to KEGG and identified significant pathways and the corresponding genes using a threshold of Q-value ≤ 0.05 (Table S8). Comparing with other tissues (RO, ST, LV and EB), starch and sucrose metabolism, pentose and glucuronate interconversion were significant at TTP, BNP and MTP. Two pathways related to antioxidant production, flavonoid biosynthesis and ascorbate and aldarate metabolism, were significant at different anther development periods. The pathway of flavonoid biosynthesis was significant at TTP and UNP (early development periods), and the pathway of ascorbate and aldarate metabolism was significant at BNP and MTP (later development periods). During anther development, two mitosis related pathways, DNA replication and base excision repair, were significant at UNP compared with MTP. We also studied the expression pattern of phytohormone response genes through tags mapping.

2.8 Flavonoid biosynthesis

Flavonoids are free radical scavengers and also are components of pollen coat[21,22]. During anther development in Upland cotton, the pathway of flavonoid biosynthesis was significant at TTP and UNP relative to other tissues (RO, ST, LV and EB). Many anther stage-enriched genes related to the biosynthesis of quercetin, kaempferol, myricetin, dihydromyricetin and dihydroquercetin were found at TTP and UNP (Table 3). Quercetin and myricetin were the final products of this process, and they should be the main flavonoids in cotton anthers during the early anther

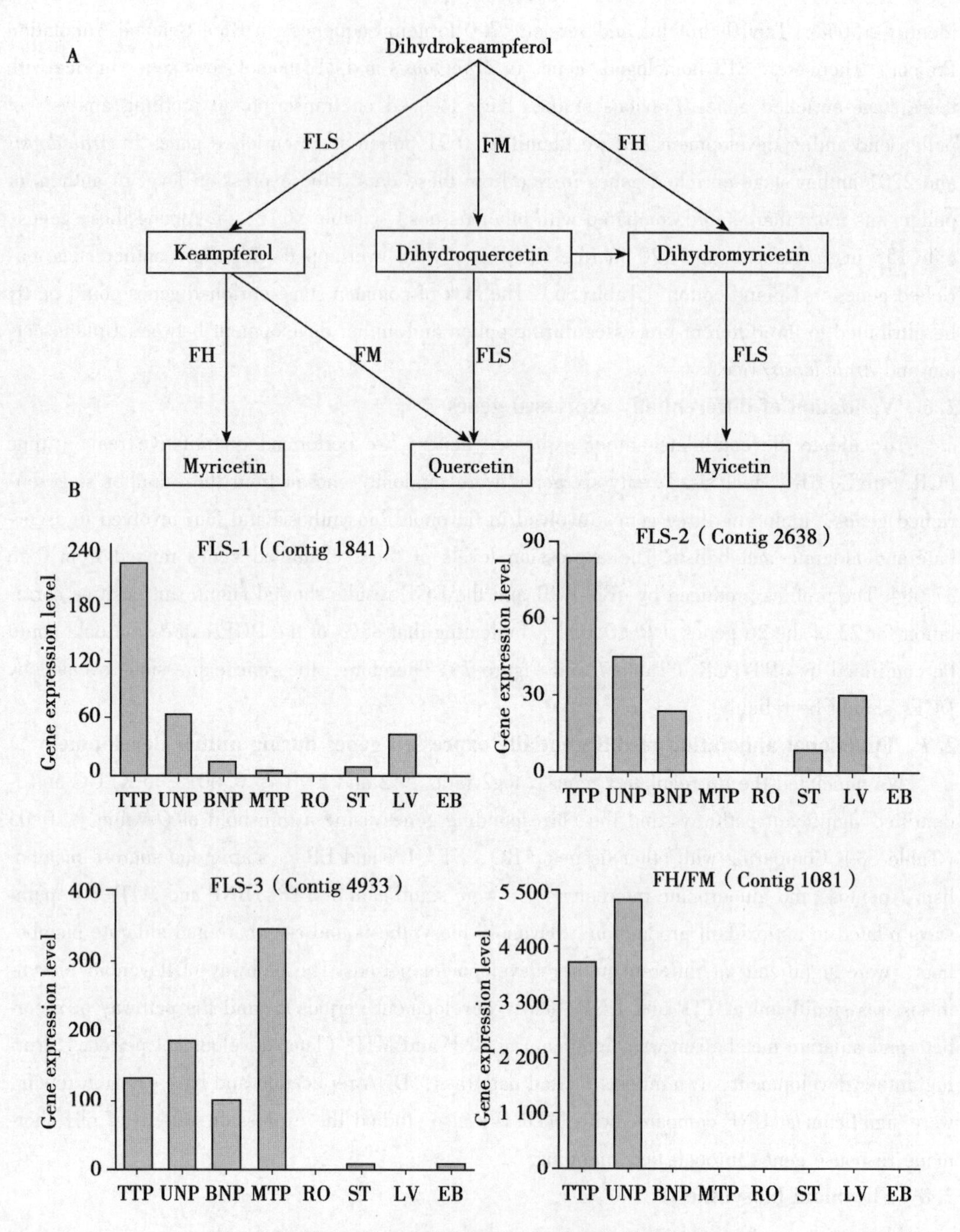

Figure 8 The up-regulated process in flavonoid biosynthesis and the expression levels of the corresponding genes

(A) The upregulated process in flavonoid biosynthesis. Myricetin and quercetin were the final produces in this process. (B) Expression levels of the corresponding genes in DGE libraries. Abbreviations: FLS, flavonol synthase; FM, flavonoid 39-monooxygenase; FH, flavonoid 39, 59-hydroxylase

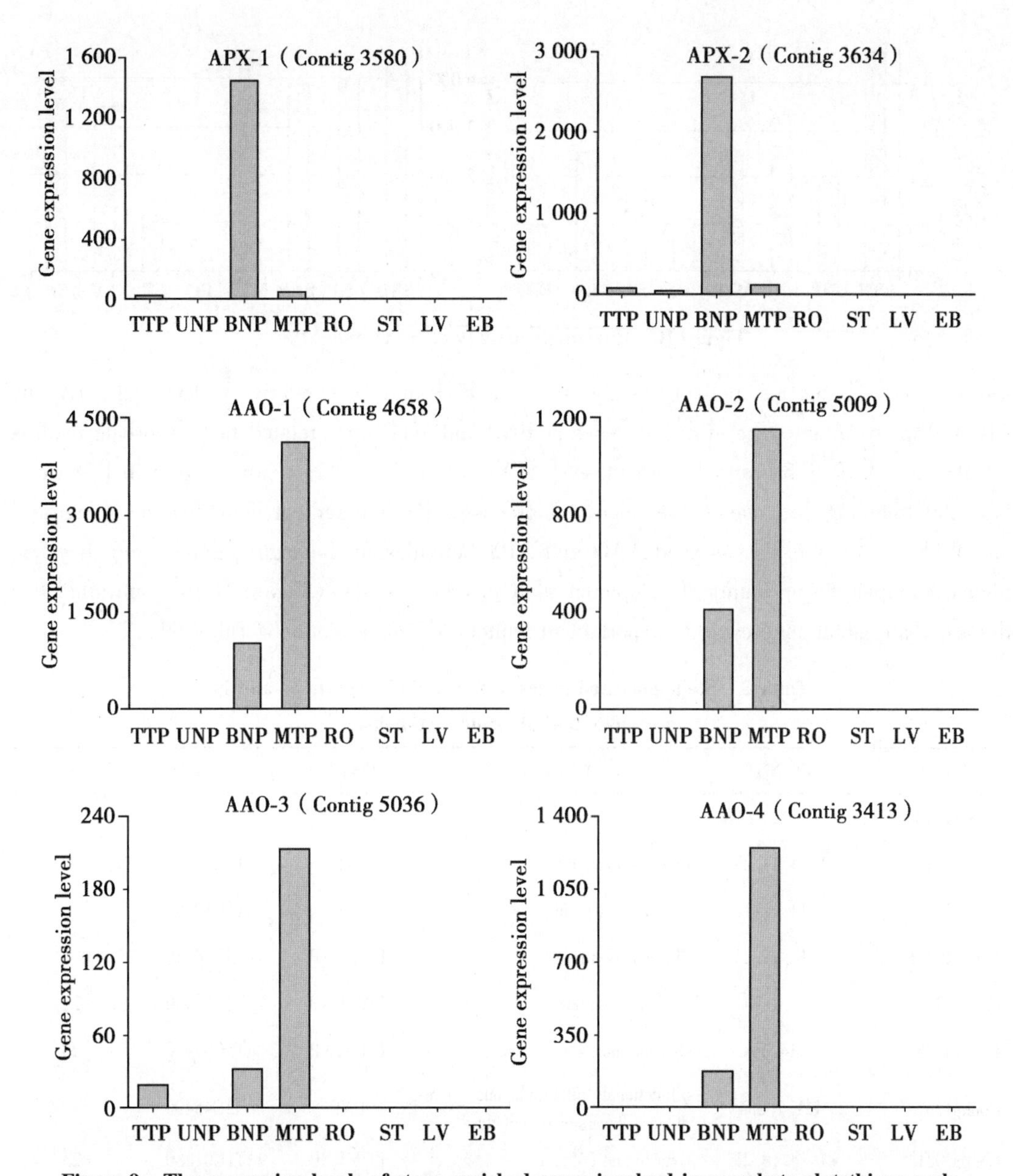

Figure 9　The expression levels of stage-enriched genes involved in ascorbate-glutathione cycle

development stages (Figure 8). In addition, these anther stage-enriched genes had strong homologs in *Arabidopsis*, and the homologous genes of contig723, contig1081 and SP16499 were associated with pollen coat formation (Table 3)[22-24]. Hsieh and Huang[22] have reported that flavonoids would be deposited onto the pollen coat after tapetum lysis in *Brassica*. Here, flavonoids also appeared to be important components of the pollen coat in Upland cotton (Table 9).

2.9　Ascorbate and aldarate metabolism

Ascorbic acid (AsA) is an essential member of antioxidants and also has functions in other enzymatic reactions and cellular processes, such as growth and mitosis[25,26]. The pathway of a-

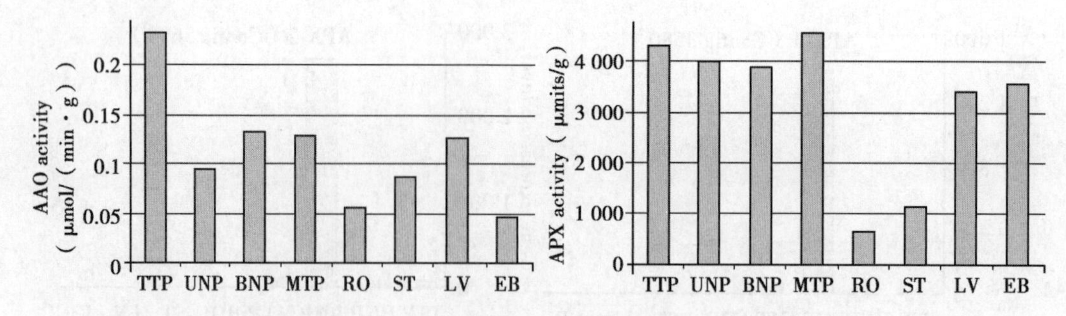

Figure 10 Enzymatic activity of AAO and APX

scorbate and aldarate metabolism was significant at BNP and MTP relative to RO, ST, LV and EB. And many anther stage-enriched genes at BNP and MTP were related to L-ascorbate oxidase [AAO; EC 1. 10. 3. 3] and L-peroxidase [APX; EC 1. 11. 1. 11], which were in the ascorbate-glutathione cycle, one of the important processes for free radical detoxification (Figure 9 and Table 3)[27]. We also assayed AAO and APX activities in the eight samples and they had higher activities during anther development than in other tissues (Figure 10), confirming that the ascorbate-glutathione cycle is important in anthers of Upland cotton (Table S9).

Table 3 Stage-enriched genes in flavonoid biosynthesis and in ascorbate and aldarate metabolism

Unigenes	EC NO.	Annotation	Periods	Homology	References
Flavonoid biosynthesis					
Contig1841	1. 14. 11. 23	Flavonol synthase	TTP	AT5G08640	
Contig2638	1. 14. 11. 23	Fe (II) -dependent oxygenase	TTP	AT4G10490	
Contig4933	1. 14. 11. 23	Flavonol synthase	TTP/UNP	AT5G08640	
Contig723	2. 3. 1. 74	Chalcone synthase	TTP/UNP	AT5G13930	[22]
Contig4115	1. 14. 13-	Cytochrome P450	TTP/UNP	AT5G09970	[28]
Contig128	1. 1. 1. 234	bifunctional dihydroflavonol 4-reductase flavanone 4-reductase	UNP	AT2G45400	
Contig1081	1. 14. 13. 21 1. 14. 13. 88	Cytochrome P450	TTP/UNP	AT1G01280	[23]
SP16499	2. 3. 1. 74	Chalcone and stilbene synthases	TTP/UNP	AT1G02050	[24]
Ascorbate and aldarate metabolism					
SP1354	1. 2. 1. 3	Aldehyde dehydrogenase	MTP	AT4G36250	
Contig218	1. 2. 1. 3	Aldehyde dehydrogenase	BNT/MTP	AT1G54100	
Contig3580	1. 11. 1. 11	Plant ascorbate peroxidase	BNT/MTP	AT1G07890	
Contig3634	1. 11. 1. 11	Plant ascorbate peroxidase	BNT/MTP	AT1G07890	
Contig4658	1. 10. 3. 3	Oxidoreductase activity	BNT/MTP	AT3G13400	[29]

(continued)

Unigenes	EC NO.	Annotation	Periods	Homology	References
Contig5009	1. 10. 3. 3	Oxidoreductase activity	BNT/MTP	AT1G55570	[29]
Contig5036	1. 10. 3. 3	Oxidoreductase activity	BNT/MTP	AT3G13390	[29]
SP15395	1. 10. 3. 3	Oxidoreductase activity	BNT	AT4G12420	
Contig3413	1. 10. 3. 3	Oxidoreductase activity	BNT/MTP	AT1G55570	[29]
Contig2930	1. 13. 99. 1	Myo-inositol oxygenase gene family	BNT	AT2G19800	
Contig4099	1. 13. 99. 1	Myo-Inositol oxygenase gene family	BNT/MTP	AT5G56640	
Contig1156	1. 1. 1. 22	UDP-glucose GDP-mannose dehydrogenase	BNT	AT5G15490	
SP13121	5. 1. 3. 18	NAD-dependent epimerase/dehydratas	BNT/MTP	SP13121	

2.10 Mitosis

During anther development in Upland cotton, all pollen grains were at UNP in stage 5 and developed to BNP in stage 6 (Figure 4). Thus, rapid mitosis should be occurred at UNP to form binucleate pollen grains. Our results indicated that the two mitosis related pathways, DNA replication and base excision repair, were significant at UNP relative to MTP. Some of the genes involved in the two pathways were also up-regulated at BNP compared with MTP. The pollen grains were all binucleate in stage 7 and developed to trinucleate in stage 14, when their pollen tubes germinated[30]. Thus, mitosis process should have been commenced in the early stage of BNP (Table S9).

2.11 Phytohormones

Phytohormones play an important role in regulating anther development[1,31]. In this study, the expression pattern of 104 phytohormone response genes were obtained in the eight DGE libraries by tag mapping (Table S10). A total of 23 of these genes were related to *DELLA* which was as the gibberellins negative regulators[31]. And most of them were up-regulated at TTP and UNP, indicating that GA should play its role mainly in the later development stages. We also identified 81 auxin and jasmonic acid response genes, most of which were also up-regulated at TTP and UNP. Thus, these two hormones appeared to be important in the early stages of anther development.

3 Discussion

Previous plant biology studies have used transcriptome analysis to investigate the molecular mechanisms of pollen and anther development. However, there have been no reports of transcriptome profiling analyzing anther development in Upland cotton. In this study, 9 896 high quality ESTs were sequenced and assembled into 6 643 unigenes from a full-length, normalized cDNA library of Upland cotton anthers. They, together with other anther-related ESTs sequenced from the 3′-end in our group, were further assembled to 12 244 unigenes, which were used as an ideal reference gene set for transcriptome profiling analysis of Upland cotton anthers isolated at TTP, UNP, BNP, MTP along with other tissues (RO, ST, LV and EB) using DGE. And this method has been used for many plants, such as maize[32], cucumber[33], cotton[34] and grape[35]. From these data, we found 10 535 genes that were expressed in eight libraries, 10 178 of which were expressed in anthers. We also identified 1 165 anther stage-enriched genes and some important biological processes during anther development in Upland cotton. To our knowledge, Curtiss *et al.* have recently used anthers and ovules of Pima cotton (*G. barbadense*) at 0 dpa to compare differentially expressed genes between Pima S-1 and isogenic 57-4[36]. And this is the first study to construct an anther cDNA library of Upland cotton and investigate transcriptional changes during anther development in this species. The data presented here will be a useful platform for studies of the molecular aspects of anthers in Upland cotton.

Flavonoids are plant secondary metabolites that have a vital role in the fertility of higher plants. Mutants of maize and petunia with blocked chalcone synthase, a key enzyme in flavonoid biosynthesis, are sterile[37-39]. Flavonoids are also present in the pollen coat to protect pollen grains from ultraviolet irradiation damage and serve as free radical scavengers during anther development[21-22]. In our study, the pathway of flavonoid biosynthesis was significant at TTP and UNP relative to RO, ST, LV and EB. Homologs and the expression patterns of these stage-enriched flavonoid biosynthesis genes were found in *Arabidopsis* and rice[12,14]. However, only two homologs were expressed in *Arabidopsis* pollen, which differed from the anther transcriptomes of Upland cotton and rice. Taking the data of pollen and anther transcriptomes together, we conjectured that flavonol biosynthesis and the corresponding genes should have high activities in anther wall, as described by Hsieh and Huang[22]. In addition, the flavonoids would be deposited on the pollen coat upon tapetum lysis, between TTP and BNP[22,40], so the corresponding flavonoids genes should be highly expressed in early anther development stages, as indicated by our data. We expected that some similar processes should be occurred during pollen and anther development among plants.

AsA is an important radical scavenger and also has roles in some cellular processes during anther development. The *vtc*1 mutant of *Arabidopsis* that cannot produce AsA from mannose is sterile under 16-h day: 8-h night conditions[21,41,42]. Our results indicated that many anther stage-enriched genes were involved in the ascorbate-glutathione cycle at BNP and MTP and the AAO and APX had high activities in anthers. During anther development, many potential environmental stressors could lead to the accumulation of reactive oxygen species (ROS). The ascorbate-glutathione cycle appeared to play an important role to detoxify ROS and maintain anther development in Upland cotton. Homologous genes were also found in *Arabidopsis*/rice, but only one was enriched in anthers of rice and four were enriched in pollen of *Arabidopsis*. This indicated that some significant molecular processes should be somewhat different in the processes of pollen and anther development among plants.

In *Arabidopsis* and rice, the nucleus of pollen grains could be seen clearly from uninucleate to trinucleate pollen periods by 4′, 6-diaminophenylindole (DAPI) staining[12,43]. However, the pollen grains of Upland cotton have a thickened pollen coat and denser cytoplasm. And the pretreatment by acids (15% chromic acid: 10% nitric acid: 5% hydrochloric acid) was required to observe pollen development[44]. Even then, the pollen nucleuses were not visible owing to the dense cytoplasm from the mature BNP to MTP (Figure 4). In addition, the pollen grains of Upland cotton developed to trinucleate period on the day of blooming, when the pollen tubes germinated, unlike the processes in *Arabidopsis* and rice[30]. These different processes may be related to the differences of transcriptome profiling between them and Upland cotton.

In this study, we have identified many unique ESTs from an anther cDNA library and provided detailed descriptions of gene expression patterns at different periods of anther development. We also revealed some interesting molecular features during anther development in Upland cotton. In summary, our trancriptome analysis of anthers laid a good foundation for investigation of pollen/anther development and further study of the sterility mechanisms in Upland cotton.

4 Materials and Methods

4.1 Plant material

Lai *et al.* have constructed a cDNA library using the Upland cotton cultivar CCRI36[19]. To study the expressed genes in anthers and combine the ESTs from two cDNA libraries better, we used the anthers of CCRI36 to construct anther cDNA library. For cDNA library construction, we defined 13 anther development stages from CCRI36 based on flower bud size. Anther samples were collected from each stage for RNA extraction. And the Anthers in stage 1 and 2 were fixed in FAA for histological observation.

Furthermore, to analyze anther development in upland cotton and make a firm foundation for further analysis of male sterility in Upland cotton, we chose CCRI040029, the wild-type of a photo-periodically sensitive genetic male sterile mutant, to analyze the transcriptome changes during anther development. Anther samples at TTP, UNP, BNP and MTP were collected for DGE sequencing. For a comparison, the RO, ST, LV, and EB from CCRI040029 were also collected in early inflorescence.

4.2 Histological observations

For longitudinal section observation, anther samples from CCRI36 were fixed in FAA and dehydrated in an ethanol series. The samples were then embedded in resin. Longitudinal sections were cut using an ultramicrotome (Leica RM2265, Germany), stained by safranin with a fast green counterstain and photographed using light microscopy (Olympus DP72, Japan). To observe anther development in CCRI040029, pollen grains from each stage were squeezed out and dissolved in mixed acids (15% chromic acid, 10% nitric acid, 5% hydrochloric acid) and 1% aceto carmine[44]. The observation process was conducted using light microscopy (Olympus

DP72, Japan).

4.3 RNA extraction

Samples for RNA extraction were immediately immersed in liquid nitrogen and stored at −80℃ until RNA extraction. We extracted RNA using a modified CTAB method [45]. RNA samples with A_{260}/A_{280} ratios between 1.8 and 2.0 and A_{260}/A_{230} ratios more than 1.5 were considered acceptable.

4.4 cDNA library construction and EST analysis

Equal amounts RNA in each anther stage from CCRI36 were mixed, and this mixture was used to construct the cDNA library. The processes of cDNA library construction and EST analysis followed Lai *et al.* [19].

We compared the ESTs with database version 11.0 of the Dana-Farber Cancer Institute Cotton Gene Index (http://compbio.dfci.harvard.edu/cgi-bin/tgi/gimain.pl? gu db = cotton). An EST was considered as new if it had at least 25% of sequence with less than 95% of identity with any other EST or unigene in the public EST database[46]. And the molecular function and cellular component term " enrichment status" and " hierarchy" of anther stage-enriched genes were analyzed using agriGO (http://bioinfo.cau.edu.cn/agriGO/)[47].

4.5 DGE sequencing and tag annotation

At least 6μg of total RNA (>300 ng/μL) from each sample of CCRI040029 was sent to the "Beijing Genomics Institute" (BGI, Shenzhen, China) for high-throughput Solexa sequencing. First, poly (A) -containing mRNA molecules were purified from total RNA using poly (T) oligo-attached magnetic beads. First- and second-strand cDNA was synthesized. While on the beads, double-stranded cDNA was digested with NlaIII endonuclease to produce a bead-bound cDNA fragment containing the sequence from the 3′-most CATG to the poly (A) -tail. cDNA fragments with 3′-ends were purified by magnetic bead precipitation, and Illumina adapter 1 was added to the 5′-ends. The junction of Illumina adapter 1 and the CATG site is the recognition site of MmeI, which cleaves 17 bp downstream of the CATG site and produces 21 bp tags. Illumina adapter 2 was ligated to the 3′-end of the cDNA tag after removing the 3′ fragments by magnetic bead precipitation. These adapter-ligated cDNA tags were enriched using PCR primers that anneal to the adaptor ends. The resulting 85-bp fragments were purified by 6% TBE PAGE. Fragments were then digested and the single-chain molecules were fixed onto the Solexa Sequencing Chip. Four-color fluorescent labeled nucleotides were added to the chip, and fragments were sequenced by synthesis using an Illumina Genome Analyzer.

Useless tags (3′-adaptor sequences, empty reads, low-quality sequences, tags that were too long or too short and tags with only one copy number) were deleted and each clean-tag library consisted of 21-bp fragments. These clean tags were matched to the reference gene set. The number of annotated clean tags for each gene was normalized to number of transcripts per million clean tags, a standard method used in DGE analysis[48].

4.6 Statistical evaluation of DGE libraries

An algorithm developed by Audic and Claverie was used to identify differentially expressed genes between libraries[49]. The threshold of P value is determined by controlling the FDR in multiple tests. The genes, which differentally expressed between libraries, were identified using the combination of FDR ≤ 0.001 and log2 ratio ≥ 2. The differentially expressed genes between DGE libraries were mapped to the KEGG database. And the significant pathways were identified under a threshold of *Q*-value ≤ 0.05.

4.7 qRT-PCR

Reverse transcription reactions were performed using 4.0μg RNA with SuperScript III reverse transcriptase (Invitrogen, USA). Primers were designed using Oligo6 and were synthesized by SANGON (Shanghai, China). Reactions were carried out using SYBR Green PCR Master Mix (Roche Applied Science, Germany) on an ABI 7500 Real-time PCR system (Applied Biosystems, USA) with three replicates, and the amplification of 18S rRNA was used as an internal control for data to normalization. Reaction volumes were 25μL containing 12.5μL SYBR Green PCR Master Mix, 9.5μL distilled/deionized H_2O, 1μL primers and 2μL cDNA. Amplification reactions were initiated with a pre-denaturing step (95℃ for 10 min), followed by denaturing (95℃ for 10 s), annealing (60℃ for 35 s) and extension (72℃ for 35 s) for 40 cycles. Data were processed using the $2^{-\Delta\Delta Ct}$ method[50].

4.8 Determination of AAO and APX activity

AAO and APX activities were assayed using a modified spectrophotometric method[51,52]. For AAO extraction, sample (0.5g) was mixed and homogenized with 5mL phosphate buffer (0.1mol/L, pH 6.0, containing 0.5mmol/L EDTA and 1mol/L NaCl). The homogenates were centrifuged (11 000 × *g* for 30 min) at 4℃. Each reaction contained 2 500μL sodium phosphate buffer (0.1mol/L, pH 6.0, containing 0.5mmol/L EDTA), 400μL extract, and 100μL 1.5mmol/L ASA substrate solution. One unit of AAO activity was defined as the number of μmol of ASA catalyzed per min (25℃, pH 6.0) based on absorption at the wavelength of 265 nm.

For APX extraction, sample (0.5g) was mixed and homogenized with 5mL phosphate buffer (0.05mol/L, pH 7.8, containing 2% PVP, 0.1 mmol/L EDTA, 0.1mmol/L ASA, 0.1mmol/L dithiothreitol, 0.1mmol/L reduced glutathione, and 0.5mmol/L $MgCl_2$). The homogenates were centrifuged (11 000 × *g* for 20 min) at 4℃. Each reaction contained 2 700μL sodium phosphate buffer (0.05m, pH 7.0, containing 0.1mmol/L EDTA), 100μL extract, 100μL 7.5mmol/L ASA, and 100μL 300mmol/L H_2O_2. APX activity was determined by the reduction of H_2O_2 based on absorption at the wavelength of 290 nm.

References

[1] Wilson ZA, Zhang D. From *Arabidopsis* to rice: pathways in pollen development [J]. *J. Exp. Bot*, 2009, 60: 1479-1492.

[2] Zhang D, Wilson Z A. Stamen specification and anther development in rice [J]. *Chin Sci. Bull*, 2009, 54: 2342-2353.

[3] Goldberg R B, Beals T P, Sanders P M. Anther development: basic principles and practical applications [J]. *Plant Cell*, 1993, 5: 1217-1229.

[4] Hobo T, Suwabe K, Aya K, *et al*. Various spatiotemporal expression profiles of anther-expressed genes in rice [J]. *Plant Cell Physiol*, 2008, 49: 1417-1428.

[5] Tanaka I. Development of male gametes in flowering plants [J]. *J. Plant Res.*, 1993, 106: 55-63.

[6] Wilson Z A, Song J, Taylor B, *et al*. The final split: the regulation of anther dehiscence [J]. *J. Exp. Bot.*, 2011, 62: 1633-1649.

[7] Zhang W, Sun Y, Timofejeva L, *et al*. Regulation of *Arabidopsis* tapetum development and function by *DYSFUNCTIONAL TAPETUM*1 (*DYT*1) encoding a putative bHLH transcription factor [J]. *Development*, 2006, 133: 3085-3095.

[8] Li H, Pinot F, Sauveplane V, *et al*. Cytochrome P450 family member *CYP*704*B*2 catalyzes the ω-Hydroxylation of fatty acids and is required for anther cutin biosynthesis and pollen exine formation in rice [J]. *Plant Cell*, 2010, 22: 173-190.

[9] Jung K-H, Han M-J, Lee D-y, *et al*. Wax-deficient anther1 is involved in cuticle and wax production in rice anther walls and is required for pollen development [J]. *Plant Cell*, 2006, 18: 3015-3032.

[10] Shao S, Li B, Zhang Z, *et al*. Expression of a cotton MADS-box gene is regulated in anther development and in response to phytohormone signaling [J]. *J. Genet Genomics*, 2010, 37: 805-816.

[11] Wang X L, Li X B. The *GhACS*1 gene encodes an acyl-CoA synthetase which is essential for normal microsporogenesis in early anther development of cotton [J]. *Plant J.*, 2009, 57: 473-486.

[12] Honys D, Twell D. Transcriptome analysis of haploid male gametophyte development in *Arabidopsis* [J]. *Genome Biol.*, 2004, 5: R85.

[13] Ma J, Skibbe D S, Fernandes J, *et al*. Male reproductive development: gene expression profiling of maize anther and pollen ontogeny [J]. *Genome Biol.*, 2008, 9: R18.

[14] Deveshwar P, Bovill W D, Sharma R, *et al*. Analysis of anther transcriptomes to identify genes contributing to meiosis and male gametophyte development in rice [J]. *BMC Plant Biol.*, 2011, 11: 78-97.

[15] Suwabe K, Suzuki G, Takahashi H, *et al*. Separated transcriptomes of male gametophyte and tapetum in rice: validity of a laser microdissection (LM) microarray [J]. *Plant Cell Physiol*, 2008, 49: 1407-1416.

[16] Koltunow AM, Truettner J, Cox KH, *et al*. Different temporal and spatial gene expression patterns occur during anther development [J]. *Plant Cell*, 1990, 2: 1201-1224.

[17] Scott R, Hodge R, Paul W, *et al*. The molecular biology of anther differentiation

[*J*]. *Plant Sci.*, 1991, 80: 167-191.

[18] Wang J, Xia Y. Construction and preliminary analysis of a normalized cDNA library from Locusta migratoria manilensis topically infected with Metarhizium anisopliae var. acridum [J]. *J. Insect Physiol*, 2010, 56: 998-1002.

[19] Lai D, Li H, Fan S, *et al.* Generation of ESTs for flowering gene discovery and SSR marker development in upland cotton [J]. *PLoS ONE*, 2011, 6: e28676.

[20] Rotman N, Durbarry A, Wardle A, *et al.* A novel class of MYB factors controls sperm-cell formation in plants [J]. *Curr. Biol.*, 2005, 15: 244-248.

[21] Filkowski J, Kovalchuk O, Kovalchuk I. Genome stability of *vtc*1, *tt*4, and *tt*5 *Arabidopsis thaliana* mutants impaired in protection against oxidative stress [J]. *Plant J.*, 2004, 38: 60-69.

[22] Hsieh K, Huang AHC. Tapetosomes in Brassica tapetum accumulate endoplasmic reticulum-derived flavonoids and alkanes for delivery to the pollen surface [J]. *Plant Cell*, 2007, 19: 582-596.

[23] Dobritsa A A, Geanconteri A, Shrestha J, *et al.* A large-scale genetic screen in *Arabidopsis thaliana* to identify genes involved in pollen exine production [J]. *Plant Physiol*, 2011, 157: 947-970.

[24] Kim S S, Grienenberger E, Lallemand B, *et al.* *LAP6/POLYKETIDE SYNTHASE A* and *LAP5/POLYKETIDE SYNTHASE B* encode hydroxyalkyl α-pyrone synthases required for pollen development and sporopollenin biosynthesis in *Arabidopsis thaliana* [J]. *Plant Cell*, 2010, 22: 4045-4066.

[25] Noctor G, Foyer CH. Ascorbate and glutathione: keeping active oxygen under control [J]. *Annu. Rev. Plant Physiol Plant Mol. Biol.*, 1998, 49: 249-279.

[26] Smirnoff N, Wheeler GL. Ascorbic acid in plants: biosynthesis and function [J]. *Critical Reviews in Biochemistry and Molecular Biology*, 2000, 34: 291-314.

[27] Zhang J, Kirkham M B. Enzymatic responses of the ascorbate-glutathione cycle to drought in sorghum and sunflower plants [J]. *Plant Sci.*, 1996, 113: 139-147.

[28] Eriksson S, Stransfeld L, Adamski N M, *et al.* *KLUH/CYP78A5*-dependent growth signaling coordinates floral organ growth in *Arabidopsis* [J]. *Curr. Biol.*, 2010, 20: 527-532.

[29] Wang Y, Zhang W Z, Song L F, *et al.* Transcriptome analyses show changes in gene expression to accompany pollen germination and tube growth in *Arabidopsis* [J]. *Plant Physiol*, 2008, 148: 1201-1211.

[30] Li Z L. The morphology of cotton [M]. Beijing: Science press., 1979: 205.

[31] Peng J. Gibberellin and Jasmonate Crosstalk during Stamen Development [J]. *J. Integr. Plant Biol.*, 2009, 51: 1064-1070.

[32] Li Y J, Fu Y R, Huang J G, *et al.* Transcript profiling during the early development of the maize brace root via Solexa sequencing [J]. *FEBS J.*, 2011, 278: 156-166.

[33] Wu T, Zhiwei Qin, Xiuyan Zhou, *et al.* Transcriptome profile analysis of floral sex

determination in cucumber [J]. *J Plant Physiol*, 2010, 167: 905-913.

[34] Wang Q Q, Liu F, Chen XS, *et al.* Transcriptome profiling of early developing cotton fiber by deep-sequencing reveals significantly differential expression of genes in a fuzzless/lintless mutant [J]. *Genomics*, 2010, 96: 369-376.

[35] Wu J, Zhang Y, Zhang H, *et al.* Whole genome wide expression profiles of Vitis amurensis grape responding to downy mildew by using Solexa sequencing technology [J]. *BMC Plant Biol*, 2010, 10: 234-249.

[36] Curtiss J, Rodriguez Uribe L, Stewart J M, *et al.* Identification of differentially expressed genes associated with semigamy in Pima cotton (*Gossypium barbadense* L.) through comparative microarray analysis [J]. *BMC Plant Biol.*, 2011, 11: 49.

[37] Meer IMvd, Stam M E, Tunen AJv, *et al.* Antisense inhibition of flavonoid biosynthesis in petunia anthers results in male sterility [J]. *Plant Cell*, 1992, 4: 253-262.

[38] Mo Y, Nagel C, Taylor L P. Biochemical complementation of chalcone synthase mutants defines a role for flavonols in functional pollen [J]. *Proc. Natl. Acad Sci.*, 1992, 89: 7213-7217.

[39] YIstra B, Busscher J, Franken J, *et al.* Flavonols and fertilization in Petunia hybrida: localization and mode of action during pollen tube growth [J]. *Plant J.*, 1994, 6: 201-212.

[40] Wu H M, Cheung A Y. Programmed cell death in plant reproduction [J]. *Plant Mol. Biol.*, 2000, 44: 267-281.

[41] Conkin P L, Norris S R, Wheeler G L, *et al.* Genetic evidence for the role of GDP-mannose in plant ascorbic acid (vitamin C) biosynthesis [J]. *Proc. Natl. Acad Sci.*, 1999, 96: 4198-4203.

[42] Conklin P L, Williams E H, Last R L. Environmental stress sensitivity of an ascorbic acid-deficient *Arabidopsis* mutant [J]. *Proc. Natl. Acad Sci.*, 1996, 93: 9970-9974.

[43] Wei L Q, Xu W Y, Deng Z Y, *et al.* Genome-scale analysis and comparison of gene expression profiles in developing and germinated pollen in Oryza sativa [J]. *BMC Genomics*, 2010, 11: 338.

[44] Bernardo F A. Processing Gossypium microspores for first-division chromosomes [J]. *Stain Technology*, 1965, 40: 205-208.

[45] Wan C Y, Wilkins T A. A modified hot borate method significantly enhances the yield of high-quanlity RNA from cotton (*Gossypium hirsutum* L.) [J]. *Anal. Biochem*, 1994, 223: 7-12.

[46] Marques M C, Alonso Cantabrana H, Forment J, *et al.* A new set of ESTs and cDNA clones from full-length and normalized libraries for gene discovery and functional characterization in citrus [J]. *BMC Genomics*, 2009, 10: 428.

[47] Du Z, Zhou X, Ling Y, *et al.* AgriGO: a GO analysis toolkit for the agricultural community [J]. *Nucl. Acids Res.*, 2010, 38: W64-W70.

[48] Morrissy A S, Morin R D, Delaney A, *et al.* Next-generation tag sequencing for cancer gene expression profiling [J]. *Genome Res.*, 2009, 19: 1825-1835.

[49] Audic S, Claverie J M. The significance of digital gene expression profiles [J]. *Genome Res.*, 1997, 7: 986-995.

[50] Livak K J, Schmittgen T D. Analysis of relative gene expression data using real-time quantitative PCR and the $2^{-\Delta\Delta CT}$ method [J]. *Methods*, 2001, 25: 402-408.

[51] Leong SY, Oey I. Effect of endogenous ascorbic acid oxidase activity and stability on vitamin C in carrots (Daucus carota subsp. sativus) during thermal treatment [J]. *Food Chemistry*, 2012, 134: 2075-2085.

[52] Badawi G H, Kawano N, Yamauchi Y, *et al.* Over-expression of ascorbate peroxidase in tobacco chloroplasts enhances the tolerance to salt stress and water deficit [J]. *Physiol Plantarum*, 2004, 121: 231-238.

Supporting Information Legends

Table S1. The ESTs name collected from another cDNA library and reference unigenes assembled from the two cDNA libraries.

Table S2. The summary information and quality evaluation of eight DGE libraries.

Table S3. Genes expression pattern in DGE libraries and the stage-enriched genes.

Table S4. The analysis of the molecular function and cellular component term enrichment status and hierarchy of anther stage-enriched genes.

Table S5. Transcription factor analysis.

Table S6. Homology analysis compared with rice and Arabidopsis.

Table S7. The correlation between DGE and qRT-PCR and the primers for qRT-PCR.

Table S8. The significant pathways through compared with each other among these eight DGE libraries.

Table S9. Stage-enriched genes in significant pathways.

Table S10. The sequence and expression pattern of phytohormones related genes.

The Draft Genome of a Diploid Cotton *Gossypium Raimondii*

Kunbo Wang[1,6], Zhiwen Wang[2,6], Fuguang Li[1,6], Wuwei Ye[1,6], Junyi Wang[2,6], Guoli Song[1,6], Zhen Yue[2], Lin Cong[2], Haihong Shang[1], Shilin Zhu[2], Changsong Zou[1], Qin Li[3], Youlu Yuan[1], Cairui Lu[1], Hengling Wei[1], Caiyun Gou[2], Zequn Zheng[2], Ye Yin[2], Xueyan Zhang[1], Kun Liu[1], Bo Wang[2], Chi Song[2], Nan Shi[2], Russell J Kohel[4], Richard G Percy[4], John Z Yu[4], Yu-Xian Zhu[3]*, Jun Wang[2,5]* & Shuxun Yu[1]*

(1. State Key Laboratory of Cotton Biology, Cotton Research Institute, Chinese Academy of Agricultural Sciences, Anyang, China; 2. BGI-Shenzhen, Shenzhen, China; 3. State Key Laboratory of Protein and Plant Gene Research, College of Life Sciences, Peking University, Beijing, China; 4. Crop Germplasm Research Unit, Southern Plains Agricultural Research Center, US Department of Agriculture - Agricultural Research Service (USDA-ARS), College Station, Texas, USA; 5. Department of Biology, University of Copenhagen, Copenhagen, Denmark; 6. These authors contributed equally to this work. Correspondence should be addressed to S. Y. * Authors for correspondence)

We have sequenced and assembled a draft genome of *G. raimondii*, whose progenitor is the putative contributor of the D subgenome to the economically important fiber-producing cotton species *Gossypium hirsutum* and *Gossypium barbadense*. Over 73% of the assembled sequences were anchored on 13 *G. raimondii* chromosomes. The genome contains 40 976 protein-coding genes, with 92.2% of these further confirmed by transcriptome data. Evidence of the hexaploidization event shared by the eudicots as well as of a cotton-specific whole-genome duplication approximately 13 ~20 million years ago was observed. We identified 2 355 syntenic blocks in the *G. raimondii* genome, and we found that approximately 40% of the paralogous genes were present in more than 1 block, which suggests that this genome has undergone substantial chromosome rearrangement during its evolution. Cotton, and probably *Theobroma cacao*, are the only sequenced plant species that possess an authentic CDN1 gene family for gossypol biosynthesis, as revealed by phylogenetic analysis.

原载于：*Nature genetics*, 2012, 44 (10): 1098-103

Cotton is one of the most economically important crop plants world wide. Its fiber, commonly known as cotton lint, is the principal natural source for the textile industry. Approximately 33 million ha (5% of the world's arable land) is used for cotton plantings[1], with an annual global market value of textile mills of approximately $ 630. 6 billion in 2011 (Market Publishers; see URLs). Apart from its economic value, cotton is also an excellent model system for studying polyploidization, cell elongation and cell wall biosynthesis[2-5].

The *Gossypium* genus contains 5 tetraploid (AD1 to AD5, $2n=4x$) and over 45 diploid ($2n=2x$) species (where n is the number of chromosomes in the gamete of an individual), which are believed to have originated from a common ancestor approximately 5 ~ 10 million years ago[6]. Eight diploid subgenomes, designated as A to G and K, have been found across North America, Africa, Asia and Australia. The haploid genome size of diploid cottons ($2n=2x=26$) varies from about 880 Mb (*G. raimondii* Ulbrich) in the D genome to 2 500 Mb in the K genome[7,8]. Diploid cotton species share a common chromosome number ($n=13$), and high levels of synteny or colinearity are observed among them[9-12]. The tetraploid cotton species ($2n=4x=52$), such as *G. hirsutum* L. and *Gossypium barbadense* L., are thought to have formed by anallopolyploidization event that occurred approximately 1 ~ 2 million years ago, which involved a D-genome species as the pollen-providing parent and an A-genome species as the maternal parent[13,14]. To gain insights into the cultivated polyploid genomes-how they have evolvedand how their subgenomes interact-it is first necessary to have a basic knowledge of the structure of the component genomes. Therefore, we have created a draft sequence of the putative D-genome parent, *G. raimondii*, using DNA samples prepared from Cotton Microsatellite Database (CMD) 10 (refs. 15, 16), a genetic standard originated from a single seed (accession D_5-3) in 2004 and brought to near homozygosity by six successive generations of self-fertilization. We believe that sequencing of the *G. raimondii* genome will not only provide a major source of candidate genes important for the genetic improvement of cotton quality and productivity, but it may also serve as a reference for the assembly of the tetraploid *G. hirsutum* genome.

1 Results

1.1 Sequencing and assembly

A whole-genome shotgun strategy was used to sequence and assemblethe *G. raimondii* genome. A total of 78. 7 Gb of next-generation Illumina paired-end 50-bp, 100-bp and 150-bp reads was generated by sequencing genome shotgun libraries of different fragment lengths (170bp, 250bp, 500bp, 800bp, 2kb, 5kb, 10kb, 20kb and 40kb) that covered 103. 6-fold of the 775. 2-Mb assembled *G. raimondii* genome (Supplementary Table 1). The resulting assembly appeared to cover a very large proportion of the euchromatin of the *G. raimondii* genome. The unassembled genomic regions are likely to contain heterochromatic satellites, large repetitive sequences or ribosomal RNA (rRNA) genes. Using a set of 1 369 molecular markers from a consensus genetic linkage map reported previously[17], 43. 8% of the markers (599) were unambiguously located on the assembly allowing us to anchor 73. 2% of the assembled 567. 2Mb on the *G. raimondii* chromosomes (Supplementary Figure 1).

Table 1 Global statistics for the *G. raimondii* genome assembly and annotation

Categories	Number	N50 (kb)	Longest (Mb)	Size (Mb)	Percent of the assembly
Total contigs	41 307	44. 9	0. 3	744. 4	—
Total scaffolds	4 715	2 284	12. 8	775. 2	100
Anchored scaffolds	281	—	12. 8	567. 2	73. 2
Anchored and oriented	228	—	12. 8	406. 3	52. 4
scaffolds		—			—
Genes annotated	40 976	—	—	115. 7	14. 9
miRNAs	348	—	—	0. 04	<0. 01
rRNAs	565	—	—	0. 1	0. 01
tRNAs	1 041	—	—	0. 08	0. 01
snRNAs	29	—	—	0. 1	0. 02
Transposable element	148 740	—	—	441. 4	57. 0

The assembly performed by SOAPdenovo[18,19], consisted of 41 307 contigs and 4 715 scaffolds and accounted for approximately 88. 1% of the estimated *G. raimondii* genome[8] (Table 1). Over 73% of the assembly was in 281 chromosome-anchored scaffolds, with 228 of them both anchored and oriented (Supplementary Figure 1). The N50 (the size above which 50% of the total length of the sequence assembly can be found) of contigs and scaffolds was 44. 9 kb and 2 284 kb, respectively, with the largest scaffold measuring 12. 8 Mb (Supplementary Table 2). As indicated by sequencing depth distribution analysis, 98. 8% of the assembly was sequenced at 10 × coverage (Supplementary Figure 2). Of the 58 061 ESTs (>500 by in length) reported in *G. raimondii*, 93. 4% were identified in the assembly (Supplementary Table 3). Sequences of 24 of the 25 randomly selected, completely sequenced *G. raimondii* BAC clones downloaded from GenBank (AC243106-AC243130) were fully recovered from our assembly (Supplementary Table 4), supporting the view that the *G. raimondii* genome was assembled properly. Percentagewise, coding regions (exons), introns, DNA transposable elements, long terminal repeats (LTRs) and other repeat sequences made up 6. 4%, 6. 9%, 4. 4%, 42. 6% and 13. 0% of the total genome content, respectively (Figure 1). On most *G. raimondii* chromosomes, genes were more abundant in the subtelomeric regions (Figure 1), as previously reported for *T. cacao*[20] and *Zea mays*[21]. Transposable elements were distributed largely in gene-poor regions (Figure 1).

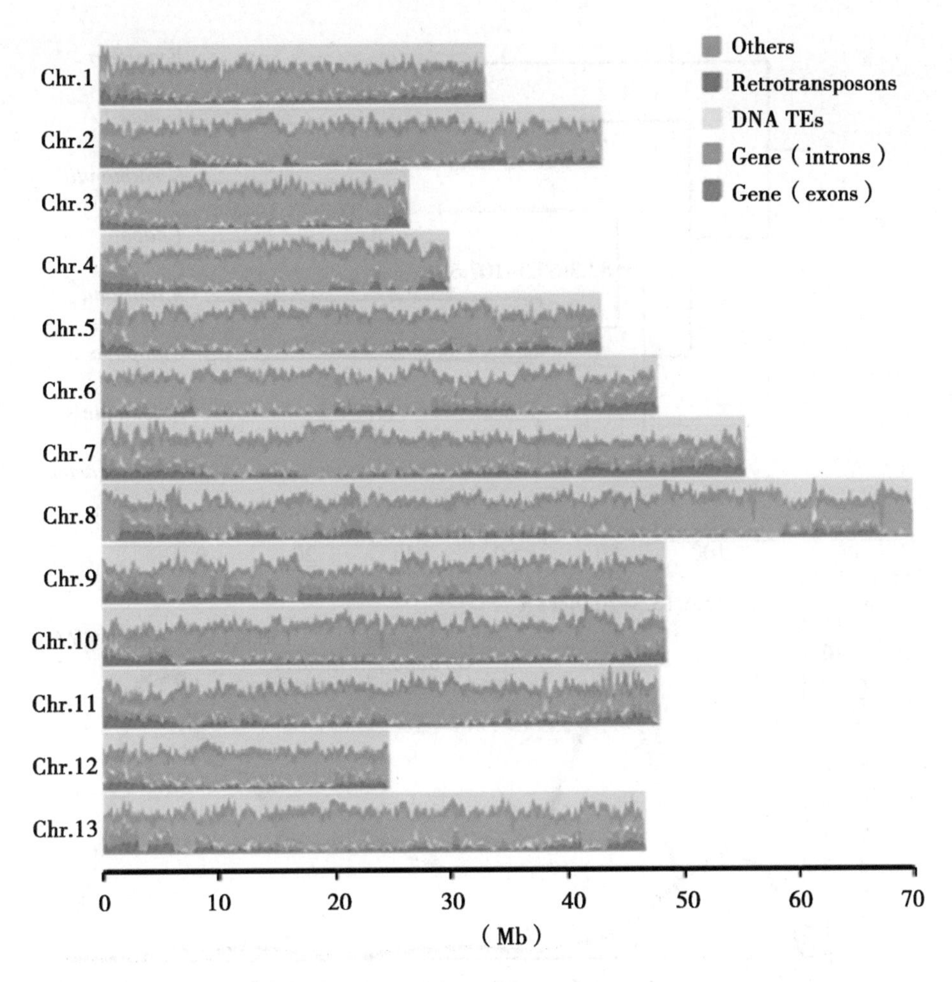

Figure 1　Genomic overview of the 13 assembled *G. raimondii* chromosome

Major DNA components are categorized into exons, introns, DNA transposable elements (TEs), LTRs (retrotransposons) and other (repeat sequence other than DNA TEs and LTRs). Gray color indicates DNA elements not defined by the previous five terms. All categories were determined for 1. 0 – Mb windows with a 0. 05 – Mb shift

1. 2　Gene content, annotation and analysis of major gene families

Genome annotation was performed by combining results obtained from *ab initio* prediction, homology search and EST alignment. We identified 40 976bp protein-coding genes in the *G. raimondii* genome, with an average transcript size of 2 485 by (GLEAN) and a mean of 4. 5 exons per gene (Table 1 and Supplementary Table 5). There were 348 micorRNAs (miRNAs), 565 rRNAs, 1 041 tRNAs and 1 082 small nuclear RNAs (snRNAs) in the *G. raimondii* genome (Table 1 and Supplementary Table 6). Among the annotated genes, 83. 69% encode proteins that show homology to proteins in the TrEMBL database, and 69. 98% were identified in InterPro (Supplementary Table 7). As a result, 71. 68% of the predicted genes were supported by at least two methods (Supplementary Table 8). Overall, 92. 2% (37 780 of 40 976) of predic-

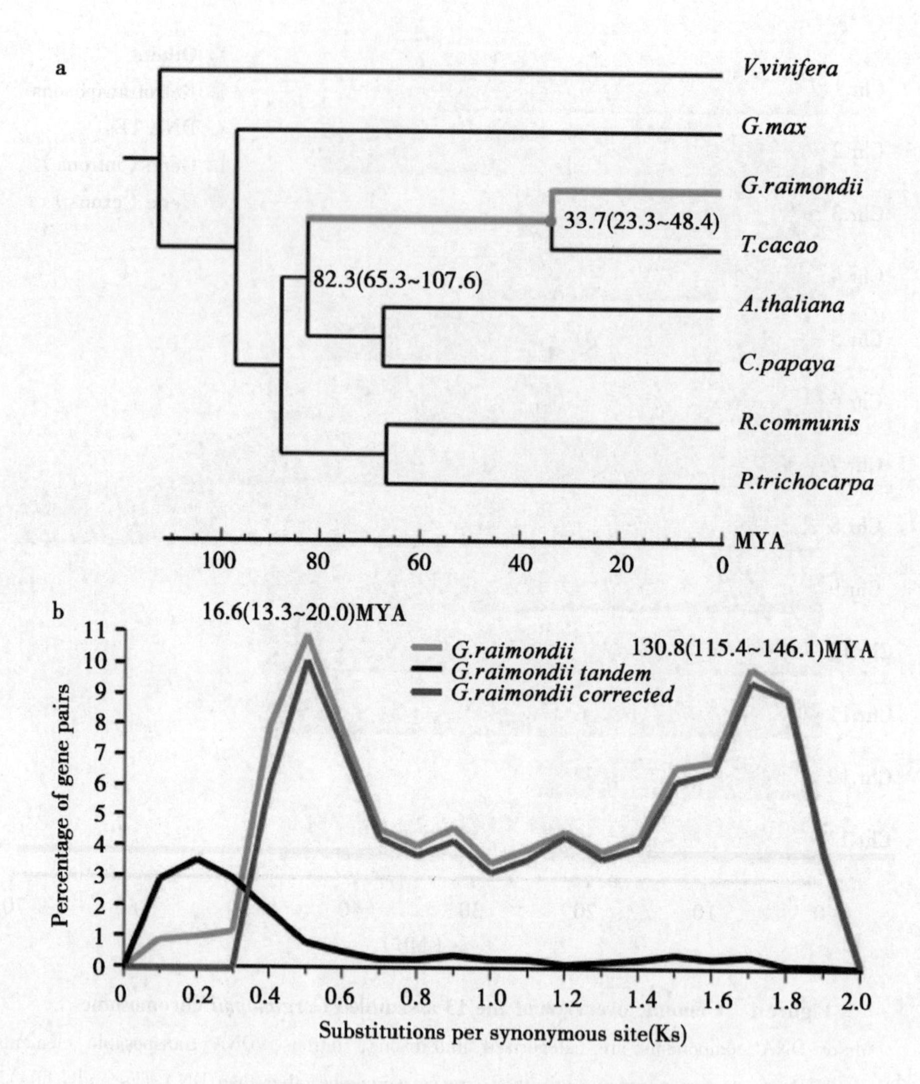

Figure 2 Genome evolution and duplication

(a) Phylogenetic analysis showed that *G. raimondii* and *T. cacao* separated approximately 33. 7 million years ago (MYA). *O. sativa*, a monocot, was used as the outgroup. (b) Ks distributions of *G. raimondii*. Yellow line, Ks of all paralogous gene pairs; black line, Ks of tandem gene pairs only; green line, Ks of all except tandem gene pairs

ted coding sequences from the genome were supported by transcriptome sequencing data (Supplementary Figure 3), which showed the high accuracy of *G. raimondii* gene predictions. Compared to the smaller Arabidopsis thaliana genome[22], the *G. raimondii* genome had a higher gene number, a similar exonnumber per gene and a lower mean gene density per 100 kb of genomic DNA sequence.

Comparative analysis of *G. raimondii* with *T.* cacao[20], *A. thal-iana*[22] and *Z. mays*[23] showed that these four different plant species possess similar numbers of gene families, with a core set of 9 525 in common (Supplementary Figure 4). Of the 16 113 *G. raimondii* gene families, all but 1 267 were conserved in at least 1 other plant genome (Supplementary Figure 4). Analysis of species-and lineage-specific families identified potential inconsistencies between annotation projects but also reflected genuine biological differences in gene inventories.

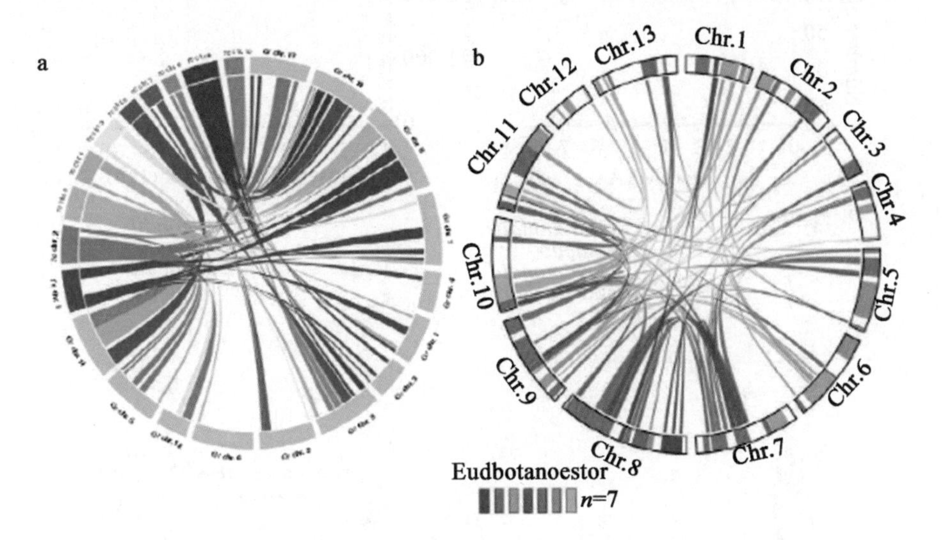

Figure 3 Comparison of syntenic blocks between the genomes of *T. cacao* and *G. raimondii* and reorganization of *G. raimondii* chromosomes

(a) Syntenic blocks between *T cacao* and *G. raimondii*. Tc, chromosome of *T cacao*; Gr, chromosome of *G. raimondii*. (b) Syntenic blocks among different *G. raimondii* chromosomes. The *G. raimondii* chromosomes are shown in the outer circle in mosaic form, with each color designating its origin from one of the seven ancient chromosomes. Only syntenic blocks longer than 700 kb are shown

1.3 Phylogeny, paleohexaploidization and whole-genome duplication

Although large-scale duplication events were predicted to have occurred during *Gossypium* evolution, the number and timing of these genome duplications are still being debated[24-26]. By examining 745 single-copy gene families from 9 sequenced plant genomes (Supplementary Figure 5), we found that *G. raimondii* and *T. cacao* belong to a common subclade and probably diverged from a common ancestor approximately 33.7 million years ago (Figure 2a). *Carica papaya* and *A. thaliana* belong to another subclade that diverged from the *G. raimondii-T. cacao* subclade approximately 82.3 million years ago (Figure 2a).

Using substitution per synonymous site (Ks) values obtained from 3 195 paralogous gene pairs in the *G. raimondii* and *T. cacao* genomes, we observed 2 peaks at Ks values of 0.40 ~ 0.60 and 1.5 ~ 1.90 (Figure 2b). The first peak appeared at approximately 16.6 (13.3 ~ 20.0) million years ago, corresponding to the whole-genome duplication event that was previously proposed in the *Gossypium* lineage[25,26]. The second peak appeared at approximately 130.8 (115.4 ~ 146.1) million years ago, corresponding to the paleohexaploidization event shared by the eudicots[27,28]. In *T. cacao*, a single peak value between 1.7 ~ 1.9 has been reported[20],

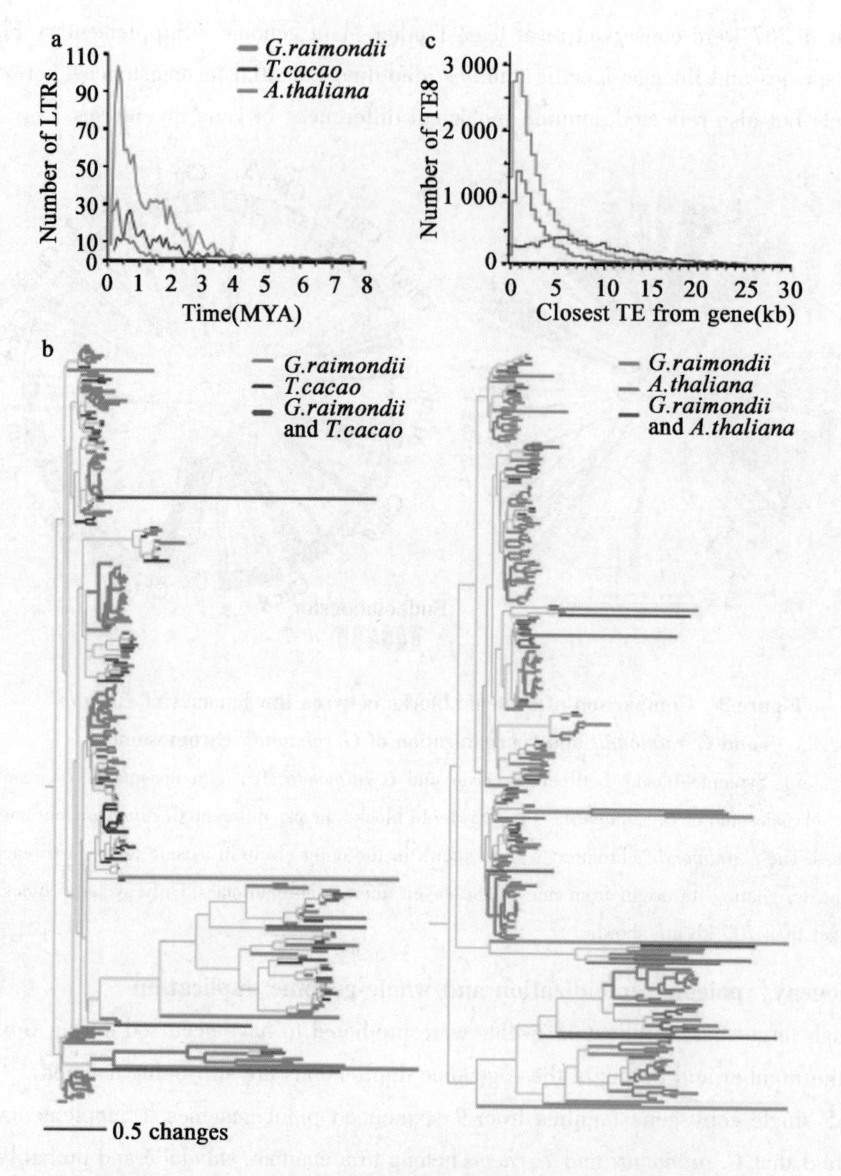

Figure 4 Comparisons of LTRs and transposable elements in the *G. raimondii*, *T. cacao* and *A. thaliana* genomes

(a) The distribution curve for the number and insertion time of LTRs in different plant genomes. (b) Phylogeny of LTR retrotransposons in the *G. raimondii*, *T. cacao* and *A. thaliana* genomes. (c) Distance distributions of nearest transposable elements (TEs) from each gene

which corresponds to the second peak observed in *G. raimondii* (Figure 2b), indicating that the paleohexaploidization event shared by the eudicots occurred between 115. 4 and 146. 1 million years ago in a common progenitor before speciation into the two present-day species 33. 7 million years ago.

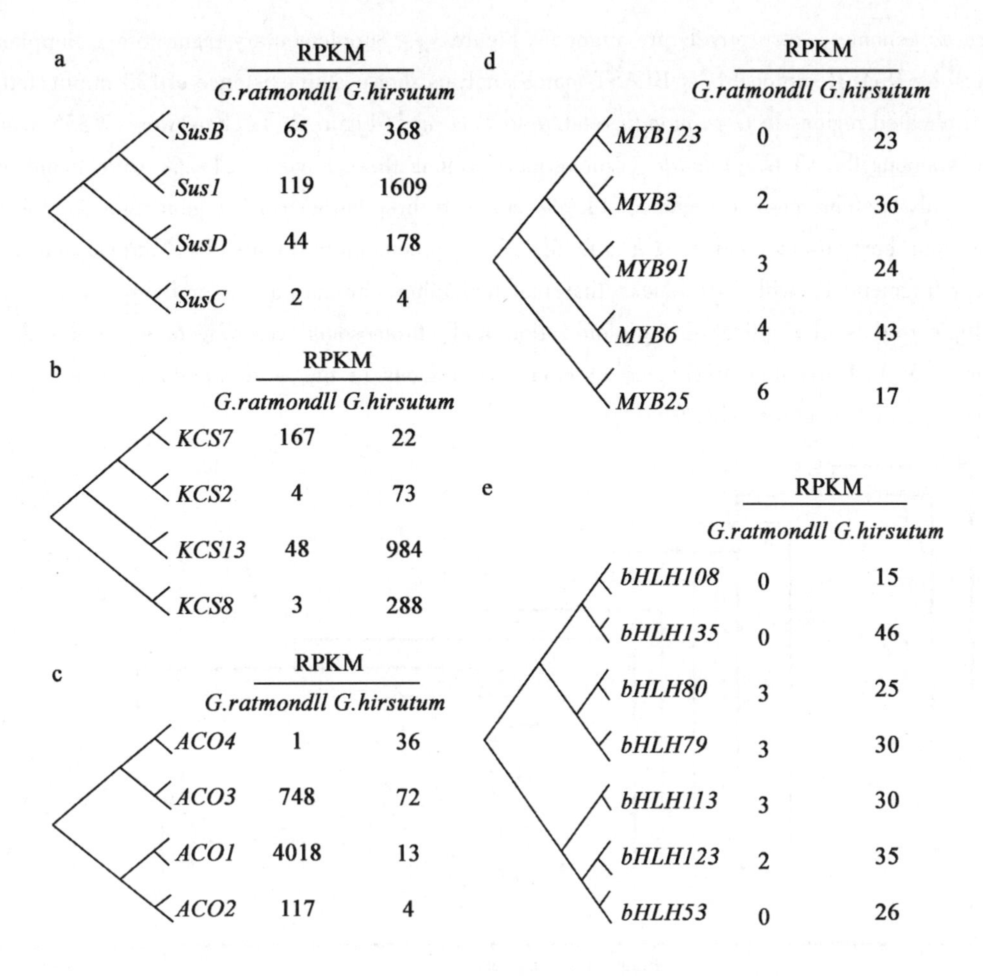

Figure 5　Topological trees and expression patterns of Sus, KCS, ACO, MYB and bHLH family genes in the transcriptome of *G. raimondii* and *G. hirsutum*

(a) Major sucrose synthase genes (Sus) were expressed at substantially higher levels in *G. hirsutum* ovules with developing fiber initials than in those of *G. raimondii*. (b) Substantially more 3-ketoacyl-CoA synthase (KCS) transcripts were found in *G. hirsutum* ovules. (c) Substantially more 1-aminocyclopropane-l-carboxylic acid oxidase (ACO) transcripts were found in *G. raimondii* ovules. (d) *G. hirsutum* preferentially expressed MYB transcription factors. (e) *G. hirsutum* preferentially expressed bHLH transcription factors. Shown in each panel are the topological tree (left) and comparison of expression levels (right) between the two cotton species. Expression levels were estimated by reads per kilobase of mapped cDNA per million reads (RPKM) values for each gene obtained by sequencing RNA samples from 3-DPA *G. raimondii* and *G. hirsutum* ovules

Comprehensive searches for evidence of whole-genome duplication were performed using an all-versus-all blastp approach comparing the *G. raimondii* and *T. cacao* genomes. Results indicated that the two genomes possess a moderate syntenic relationship, such that 463 collinear blocks (with ≥5 genes per block) covering 64.8% and 74.41% of the assembled *G. raimondii* and

T. cacao genomes, respectively are aligned (Figure 3a, Supplementary Figure 6 and Supplementary Table 9a). Reciprocal best-BLAST-match analysis showed the existence of 133 duplicated and 43 triplicated regions in *G. raimondii* relative to *T. cacao* (Figure 3a). There were 2 355 syntenic blocks among the 13 *G. raimondii* chromosomes. Among these blocks, 21.2% were found to involve only two chromosome regions, 33.7% spanned three chromosome regions and 16.2% traversed four chromosome regions (Figure 3b and Supplementary Figure 7). Chromosome 8 was highly fragmented, with 310 blocks that matched other chromosomes, probably as a result of multiple rounds of duplication, diploidization and chromosomal rearrangement in the genome (Figure 3b). Thirty-nine triplicated chromosomal regions in the *G. raimondii* genome were observed (Supplementary Table 9b).

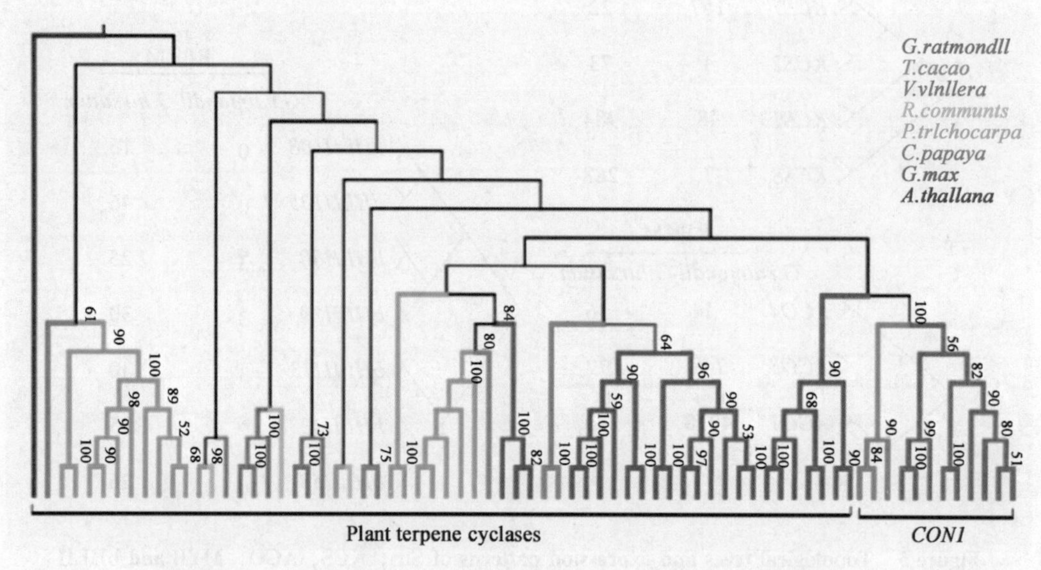

Figure 6 Phylogenetic analysis of the *CDN*1 gene family in *G. max*, *P. trichocarpa*, *A. thaliana*, *C. papaya*. *V. vinifera*, *R. communis*, *T. cacao* and *G. raimondii*

The phylogenetic tree and multiple-sequence alignment were established using the neighbor-joining method with Mega 4 software[42]. Bootstrap numbers greater than 50 are shown on the branches.

1.4 Expansion of transposable elements

Transposable elements are known to contribute substantially to changes in genome size, and they comprise approximately 57% (441 Mb in total length) of the *G. raimondii* genome (Table 1 and Supplementary Table 10). In comparison, 24% of the *T. cacao*[20] genome and 14% of the *A. thaliana* genome are composed of transposable elements[22], suggesting that substantial transposable element proliferation in *G. raimondii* is partially accountable for the expansion of the *G. raimondii* genome. In-depth sequence analysis showed that the most widespread repetitive sequences in the *G. raimondii* genome were the *gypsy* and *copia*-like LTRs, which account for 33.83% and 11.10% of the genome, respectively (Supplementary Table 10). The growth rate of these LTR retrotransposons in *G. raimondii* and *T. cacao* tended to slow down after 0.5 and 0.7

million years ago, respectively (Figure 4a). By contrast, the number of LTR retrotransposons has increased in *A. thaliana* since 1.5 million years ago (Figure 4a).

Phylogenetic analysis supported the notion that a larger expansion of specific LTR retrotransposon Glades had occurred in *G. raimondii* than in *T. cacao* and *A. thaliana* (Figure 4b). An analysis of the repeat divergence rate distribution (percentage of substitutions in the corresponding region compared with consensus repeats in constructed libraries) independently confirmed the proliferation pattern for LTR retrotransposons in the *G. raimondii* genome (Supplementary Figure 8). Coupled with higher transposable element content in its genome, *G. raimondii* was found to have a higher proportion of genes near (within 1kb of) transposable elements than *T. cacao* and *A. thaliana* (Figure 4c). By contrast, *T. cacao* maintained the greatest distance between its genes and transposable elements (Figure 4c).

1.5 Simple sequence repeats (SSRs) in the G. raimondii genome

SSRs behave as polymorphic loci that provide a rich source of markers for cotton breeding as well as for genetic studies. A total of 15 503 di-, tri- and tetranucleotide SSRs, representing 34 distinctive motif families, were identified and annotated in the *G. raimondii* genome (Supplementary Figure 9). We randomly selected 500 of them to study polymorphisms between the mapping parents *G. hirsutum* 'CCRI36' and *G. barbadense* '*Hai*1' and found that 70 primer pairs, or 14%, showed polymorphisms. PCR amplification results for 15 of these primer pairs are shown in Supplementary Figure 10.

1.6 Analysis of genes involved in cotton fiber initiation and elongation

Qualitative transcript differences in key fiber development genes[2-3,29] were found between the non-fibered *G. raimondii* and the fibered *G. hirsutum* species, as revealed by transcriptome (RNA sequencing, RNA-seq) analysis using samples extracted from cotton ovules 3 days post-anthesis (DPA). Of the four sucrose synthase (Sus) genes identified in the genome, three (*SusB*, *Susl* and *SusD*) were expressed at substantially higher levels in *G. hirsutum* than in *G. raimondii* (Figure 5a). Several 3-ketoacyl-CoA synthase (KCS) genes, including *KCS2*, *KCSl3* and *KCS6*, were only expressed in *G. hirsutum*, whereas intermediate levels of *KCS7* transcripts were observed in both *G. hirsutum* and *G. raimondii* (Figure 5b), indicating that high-level expression of Sus and KCS family genes may indeed be required for fiber cell initiation and elongation. By contrast, extremely high amounts of transcripts encoding 1-aminocyclopropane-1-carboxylicacid oxidase (ACO) activities were recovered from *G. raimondii* at the 3-DPA stage (Figure 5c), which is suggestive of a major role for the plant hormone ethylene during early fiber cell development.

Previous researchers have postulated that the cotton fiber is similar in form and origin to plant trichomes, hair-like epidermal cells that occur on various plant organs but are common to leaf and stem surfaces. As postulated, transcription factors that have important roles in *A. thaliana* trichome development may be related to factors involved in cotton fiber formation[4,30,31]. In *A. thaliana*, MYB and bHLH class transcription factors work in a complex in combination with

TTG1 to specify a particular epidermal cell fate[30]. A total of 2 706 transcription factors, including 208 bHLH and 219 MYB class genes, were identified in the *G. raimondii* genome (Supplementary Table 11). A large number of MYB (Figure 5d) and bHLH (Figure 5e) genes were expressed predominantly in *G. hirsutum* ovules, with only remnant levels found in the ovules of *G. raimondii*, indicating that some of these genes may be required for early fiber development.

1.7 Gossypol biosynthesis genes

Cotton is known to produce a unique group of terpenoids that include desoxyhemigossypol, hemigossypol, gossypol, hemigossypolone and the heliocides. Cotton plants accumulate gossypol and related sesquiterpenoids in pigment glands as a defense against pathogens and herbivores. The majority of cotton sesquiterpenoids are derived from a common precursor, (+) -δ-cadinene, which is synthesized by (+) -δ-cadinene synthase (CDN) via cyclization of farnesyl diphosphate, in the first committed step in gossypol biosynthesis[32,33]. Previously both CDN-A and CDN-C were reported to encode the proposed enzyme activity[34]. Phylogenetic analysis performed here using *G. raimondii* and eight other sequenced plant genomes, including *T. cacao*[20], *A. thaliana*[22], *Oryza sativa*[23], *C. papaya*[35], *Vitis vinfera*[36], *Populus trichocarpa*[37], *Glycine max*[38] and *Ricinus communis*[39] showed that, except for *O. sativa*, terpene cyclase gene families are common in various plant species (Figure 6 and Supplementary Figure 11). However, *G. raimondii* and probably *T. cacao* were the only plant species that possess an authentic CDNI gene family with the proposed biochemical function (Figure 6 and Supplementary Figure 11). It seemed that the ability to synthesize gossypol is related to both the paleohexaploidization and the whole-genome duplication events that were observed (Figure 2b). No *CDNI* orthologs were found in *P. trichocarpa* or *C. papaya*, the most closely related subclade, suggesting that gossypol production evolved after the separation of these plant species. This conclusion was supported by a recent publication that indicated the key importance of two aspartate-rich Mg^{2+}-binding motifs, DDtYD and DDVAE, for gossypol biosynthesis[40]. All other plant terpene cyclase genes do not encode proteins with the DDVAE motif and thus cannot be recognized as CDN orthologs.

2 DISCUSSION

We have sequenced the genome of *G. raimondii* using a next-generation Illumina paired-end sequencing strategy, yielding an assembled sequence with 103.6-fold genome coverage. The draft sequence covered 88.1% of the estimated *G. raimondii* genome size. Compared with other sequenced plant genomes, *G. raimondii* showed substantially lower gene density with a high proportion of transposable elements despite being one of the smallest *Gossypium* genomes. One independent whole-genome duplication event occurred approximately 13.3 to 20.0 million years ago, and one paleohexaploidization event that is commonly found in eudicots was clearly observed in the *G. raimondii* genome. The dates of these events reported here agree with those proposed in previous studies[25,26]. *G. hirsutum*, an allotetraploid species, is believed to be the product of a hybridization of two parental diploid species with A and D genomes[41]. An average Ks value of 0.042 was previously reported for tetraploid formation on the basis of an analysis of 42 pairs of paralogous *G. hirsutum genes*[24].

Qualitative differences were found for genes encoding Sus, KCS and ACO activities by comparing the transcriptomes of fiber-bearing *G. hirsutum* and the non-fibered *G. raimondii.* These results indicate that Sus, KCS and ACO are necessary for cotton fiber development, as was proposed in previous individual studies[2,3,29]. Also, the MYB and bHLH transcription factors preferentially expressed in fiber reported herein may be used to elucidate the molecular mechanisms governing fiber initiation and early cell growth. Greater understanding of gossypol and related sesquiterpenoid biosynthesis genes may enable engineering of these genes for better defense against pathogens and herbivores in the cotton field. We suggest that sequencing of the *G. raimondii* genome is a major step toward fully deciphering and analyzing the genomes of the *Gossypium* family to improve cotton productivity and fiber quality.

URLs. Genome browser for *G. raimondii* at the Cotton Genome Project, http://cgp. genomics. org. cn/*G. raimondii* genome sequencing data at NCBI BioProject, http://www. ncbi. nlm. nih. gov/bioproject/? term =% 20PRJNA82769; MarketPublishers, http://marketpublishers. com/; CocoaGen DB, http://cocoagendb. cirad. fr/; *Arabidopsis* Information Resource, http://www. arabidopsis. org/; The Rice Annotation Project Database, http://rapdb. dna. affrc. go. jp/; The Hawaii Papaya Genome Project, http://asgpb. mhpcc. hawaii. edu/papaya/; genome assembly of V. vinifera, http://www. genoscope. cns. fr/spip/Vitis-vinifera-e. html; genome assembly of *G. max*, http://www. phytozome. net/soybean; Castor Bean Genome Database, http://castorbeanjcvi. org/; genome assembly of P. trichocarpa, http://www. phytozome. net/poplar; SOAPdenovo, http://soap. genomics. org. cn/; estclean, hops://sourceforge. net/projects/estclean/; SSPACE, http://www. baseclear. com/landingpages/sspacevl2/.

3 Methods

Methods and any associated references are available in the online version of the paper.

Accession codes. *G. raimondii* genome sequencing data are available at NCBI BioProject under accession PRJNA82769. Sequencing data for *G. raimondii* and *G. hirsutum* transcriptome analyses are available in the NCBI Sequence Read Archive (SRA) under accessions SRA048621 and SRA048874.

Note: Supplementary information is available in the online version of the paper.

Acknowledgments

We thank X Y Chen for his valuable criticisms and suggestions to the manuscript. This work was supported by a grant from the China National Basic Research Program (grant 2010CB126000) and by the National Natural Science Foundation of China (grant 90717009).

Author Contributions

K. W. , F, G. S. and Z. W designed the analyses. L. C. , S. Z. , B. W, Junyi WangY. Yin, C. S. and N. S. performed sequencing, assembly and genome annotation. K. W. , Z. W, F. L. , Jun Wang, WY. , C. G. , Y Yuan and Z. Y managed the project. Y Yuan, H. S. , C. Z. and Q. L. performed the genome assembly and physical map integration. C L. , H. W, C. Z. , H. S. , K. L. , X. Z. and Z. Z. prepared DNA and RNA samples. R. J. K. , R. G. P. and J. Z. Y conceived the project, provided the homozygous seeds and revised the manuscript. Y. X. Z. , H. S. , C. Z. and Q. L. performed transcriptome and linage-specific gene functional analyses Y. X. Z. , H. S. , C. Z. , Q. L. and W. Y wrote and revised the manuscript. S. Y. conceived and directed the project.

Competing Financial Interests

The authors declare no competing financial interests

Published online at http://www. nature. com/doifinder/10. 1038/ng. 2371

Reprints and permissions information is available online at http://www. nature. com/reprints/index. html

Online Methods

Germplasm genetic resources. DNA samples of the D genome were obtained from CMD 10 (refs. 15, 16), a genetic standard that originated from a single seed (accession D_5-3) in 2004 and was brought to near homozygosity by six successive generations of self-fertilization in the greenhouse. *G. raimondii* D_5-3 (CMD 10) was maintained in the nursery on the China National Wild Cotton Plantation in Sanya, and the *G. hirsutum* genetic standard, TM-1 (CMD 1), was grown under standard greenhouse conditions with the temperature maintained at 32℃ during the day time. Fresh young leaves were collected, immediately frozen in liquid nitrogen and stored at −80℃ until DNA extraction.

DNA extraction, library construction and sequencing. We used the standard phenol/chloroform method for DNA extraction, with RNase A and proteinase K treatment to prevent RNA and protein contamination. The extracted DNA was then precipitated with ethanol. Genomic libraries were prepared following the manufacturer's standard instructions and sequenced on the Illumina HiSeq2000 platform. To construct the paired-end libraries, DNA was fragmented by nebulization with compressed nitrogen gas, the DNA ends were blunted andan A base was added to the 3′ ends. DNA adaptors with a single T-base 3′-end overhang were ligated to the above products. Ligation products were purified on 0. 5%, 1% or 2% agarose gels targeted for each specific insert size and were purified from the gels (Qiagen Gel Extraction kit, 28704). We constructed *G. raimondii genome sequencing libraries with insert sizes of* 170bp, 250bp, 500bp, 800bp, 2kb, 5kb, 10kb, 20kb and 40kb.

Genome assembly. The *G. raimondii* genome、was assembled using SOAPdenovo with a *K-mer* of 41 and SSPACE software. We frist assembled the reads with short insert size (<2kb) to obtain long contigs. Then, the reads with long insert size (<40kb) were aligned to form scaffolds. Finally, we used the paired-end relationship of 40 000 library reads to construct superscaffolds.

Chromosome anchoring. We aligned the marker sequences from the cotton consensus map[17] to the scaffolds using blastn (identities≥95%; a value≤1.0×10^{-6}; coverage≥85%), and the best-scoring match was chosen in cases of multiple matches.

Genome synteny and whole-genome duplication analysis. We use blastp (identity ≥40%; a value≤1.0×10^{-5}; match length of more than 100 amino acids) to detect paralogous genes in *G. raimondii* and *T. cacao*, and we applied OrthoMCL to detect gene families[43]. For each paralogous gene family, the Ks of each pair was calculated using the PAML package[44], and the median was selected to represent the Ks of the family.

RNA-seq analysis. Total RNA was isolated from 0-DPA ovules, 3-DPA ovules of *G. raimondii* D_5-3 (CMD 10) and *G. hirsutum* TM-1 (CMD 1) and from mature leaves of *G. raimondii* D_5-3 (CMD 10). Normalized pools were converted to full-length enriched cDNA using the SMART method and were sequenced using Illumina protocols. All reads were filtered to trim the adaptor sequences using estclean. Clean reads (with at least 20 nucleotides remaining after trimming) were then mapped to the *G. raimondii* gene models using CLC Genomics Workbench software 4 (CLC bio A/S Science), and matches were converted to RPKM to estimate gene expression levels.

References

[1] Jia S, *et al.* Transgenic Cotton [M]. Beijing and New York Science Press: 2006.

[2] Ruan Y L, Llewellyn D J, Furbank R T. Suppression of sucrose synthase gene expression represses cotton fiber cell initiation, elongation, and seed development [J]. *Plant Cell*, 2003, 15, 952-964.

[3] Shi Y L, *et al.* Transcriptome profiling, molecular biological, and physiological studies reveal a major role for ethylene in cotton fiber cell elongation [J]. *Plant Cell*, 2006, 18, 651-664.

[4] Wang S, *et al.* Control of plant trichome development by a cotton fiber MYB gene [J]. *Plant Cell*, 2004, 16, 2323-2334.

[5] Qin Y M, Zhu Y X. How cotton fibers elongate: a tale of linear cell-growth mode. Curr. Opin [J]. *Plant Biol.*, 2011, 14, 106-111.

[6] Wendel J F, Albert V A. Phylogenetics of the cotton genus (*Gossypium*): character

state weighted parsimony analysis of chloroplast-DNA restriction site data and its systematic and biogeographic implications [J]. *Syst. Bot.* , 1992, 17, 115-143.

[7] Hawkins J S, *et al.* Differential lineage-specific amplification of transposable elements is responsible for genome size variation in *Gossypium* [J]. *Genome Res*, 2006, 16, 1252-1261.

[8] Hendrix B, Stewart J M. Estimation of the nuclear DNA content of *Gossypium* species [J]. *Ann. Bot.* , 2005, 95, 789-797.

[9] Rong J, *et al.* A 3347-locus genetic recombination map of sequence-tagged sites reveals features of genome organization, transmission and evolution of cotton (*Gossypium*) [J]. *Genetics*, 2004, 166, 389-417.

[10] Reinisch A J, *et al.* A detailed RFLP map of cotton, *G. hirsutum* × *G. barbadense*: chromosome organization and evolution in a disomic polyploidy genome [J]. *Genetics*, 1994, 138, 829-847.

[11] Brubaker C L, Paterson A, Wendel J F. Comparative genetic mapping of allotetraploid cotton and its diploid progenitors [J]. *Genome*, 1999, 42, 184-203.

[12] Desai A, Chee P W, Rong J, *et al.* Chromosome structural changes in diploid and tetraploid A genomes of Gossypium [J]. *Genome*, 2006, 49, 336-345.

[13] Sunilkumar G, Campbell L A M, Puckhaber L, *et al.* Engineering cottonseed for use in human nutrition by tissue-specific reduction of toxic gossypol [J]. *Proc. Natl. Acad. Sci. USA*, 2006, 103, 18054-18059.

[14] Chen Z J, *et al.* Toward sequencing cotton (*Gossypium*) genomes [J]. *Plant Physiol*, 2007, 145, 1303-1310.

[15] Yu J Z. A standard panel of *Gossypium* genotypes established for systematic characterization of cotton microsatellite markers [J]. *Plant Breeding News*, 2004, 148, 1. 07.

[16] Blenda A, *et al.* CMD: a cotton microsatellite database resource for *Gossypium* genomics [J]. *BMC Genomics*, 2006, 7, 132-141.

[17] Lin L, *et al.* A draft physical map of a D-genome cotton species (*Gossypiumb raimondii*) [J]. *BMC Genomics*, 2010, 11. 395.

[18] Li R, *et al.* The sequence and de novo assembly of the giant panda genome [J]. *Nature*, 2010, 463, 311-317.

[19] Li R, *et al.* De novo assembly of human genomes with massively parallel short read sequencing [J]. *Genome Res.* , 2010, 20, 265-272.

[20] Argout X, *et al.* The genome of Theobroma cacao. Nat [J]. *Genet*, 2011, 43, 101-108.

[21] Schnable P S, *et al.* The B73 maize genome: complexity, diversity, and dynamics [J]. *Science*, 2009, 326, 1112-1115.

[22] The Arabidopsis Genome Initiative. Analysis of the genome sequence of the flowering plant Arabidopsis thaliana [J]. *Nature*, 2000, 408, 796-815.

[23] International Rice Sequencing Project. The map-based sequence of the rice genome [J]. *Nature*, 2005, 436, 793-800.

[24] Senchina D S, *et al.* Rate variation among nuclear genes and the age of polyploidy in *Gossypium* [J]. *Mol. Biol. Evol.*, 2003, 20, 633-643.

[25] Blanc G, Wolfe K. Widespread paleopolyploidy in model plant species inferred from age distributions of duplicate genes [J]. *Plant Cell*, 2004, 16, 1667-1678.

[26] Fawcett J A, Maere S, Van de Peer Y. Plants with double genomes might have had a better chance to survive the Cretaceous-Tertiary extinction event. Proc [J]. *Natl. Acad. Sci. USA*, 2009, 106, 5737-5742.

[27] Tang H, *et al.* Unraveling ancient hexaploidy through multiple-aligned angiosperm gene maps [J]. *Genome Res.*, 2008, 18, 1944-1954.

[28] Van de Peer Y, Fawcett J A, Proost S, *et al.* The flowering world: a tale of duplications [J]. *Trends Plant Sci.*, 2009, 14, 680-688.

[29] Qin Y M, *et al.* Saturated very-long-chain fatty acids promote cotton fiber and *Arabidopsis* cell elongation by activating ethylene biosynthesi [J]. *Plant Cell*, 2007, 19, 3692-3704.

[30] Larkin J C, Oppenheimer D G, Lloyd A M, *et al.* Roles of the GLABROUSI and TRANSPARENT TESTA GLABRA genes in *Arabidopsis* trichome development [J]. *Plant Cell*, 1994, 6. 1065-1076.

[31] Walford S A, Wu Y, Llewellyn D J, *et al.* GhMYB25-like: a key factor in early cotton fibre development [J]. *Plant J.*, 2011, 65, 785-797.

[32] Essenberg M, Grover P B Jr, Cover E C. Accumulation of antibacterial sesquiterpenoids in bacterially inoculated *Gossypium* leaves and cotyledons [J]. *Phytochemistry*, 1990, 29, 3107-3113.

[33] Chen X Y, Chen Y, *et al.* Cloning, expression, and characterization of (+)-δ-cadinene synthase: a catalyst for cotton phytoalexin biosynthesis. Arch. Biochem [J]. *Biophys*, 1995, 324, 255-266.

[34] Chen X Y, Wang M, Chen Y, *et al.* Cloning and heterologous expression of a second (+) 8-cadinene synthase from *Gossypium* arboreum [J]. *J. Nat. Prod*, 1996, 59, 944-951.

[35] Ming R, *et al.* The draft genome of the transgenic tropical fruit tree papaya (Carica papaya Linnaeus) [J]. *Nature*, 2008, 452, 991-996.

[36] French-Italian Public Consortium for Grapevine Genome Characterization. The grapevine genome sequence suggests ancestral hexaploidization in major angiosperm phyla [J]. *Nature*, 2007, 449, 463-467.

[37] Tuskan G A, *et al.* The genome of black cottonwood, Populus trichocarpa (Torr. & Gray) [J]. *Science*, 2006, 313, 1596-1604.

[38] Schmutz J, *et al.* Genome sequence of the palaeopolyploid soybean [J]. *Nature*,

2010, 463, 178-183.

[39] Chan A P, *et al.* Draft genome sequence of the oilseed species Ricinus communis. Nat [J]. *Biotechnol*, 2010, 28, 951-956.

[40] Gennadios, *et al.* Crystal structure of (+) 8-cadinene synthase from *Gossypium* arboretum and evolutionary divergence of metal binding motifs for catalysis [J]. *Biochemistry*, 2009, 48, 6175-6183.

[41] Wendel J F, Cronn R C. Polyploidy and the evolutionary history of cotton [J]. *Adv. Agron*, 2003, 78, 139-186.

[42] Tamura K, DudIey J, Nei M, *et al.* MEGA4: molecular evolutionary genetics analysis (MEGA) software version 4. 0 [J]. *Mol. Biol. Evol.*, 2007, 24, 1596-1599.

[43] Li L, Stoeckert C J Jr, Roos D S. OrthoMCL: identification of ortholog groups for eukaryotic genomes [J]. *Genome Res*, 2003, 13, 2178-2189.

[44] Yang Z. PAML 4: phylogenetic analysis by maximum likelihood [J]. *Mol. Biol. Evol.*, 2007, 24. 1586-1591.

Mapping Quantitative Trait Loci for Cottonseed Oil, Protein and Gossypol Content in a *Gossypium hirsutum* × *Gossypium Barbadense* Backcross Inbred Line Population

Jiwen Yu[1*], Shuxun Yu[1*], Shuli Fan[1], Meizhen Song[1], Honghong Zhai[1], Xingli Li[1], Jinfa Zhang[2*]

(1. State Key Laboratory of Cotton Biology/Cotton Research Institute, Chinese Academy of Agricultural Sciences, Anyang 455000, China; 2. Department of Plant and Environmental Sciences, New Mexico State University, Las Cruces, NM 88003, USA)

Abstract: Cotton is one of the most important oil- producing crops and the cottonseed meal provides important protein nutrients as animal feed. However, information on the genetic basis of cottonseed oil and protein contents is lacking. A backcross inbred line (BIL) population from a cross between *Gossypium hirsutum* as the recurrent parent and *G. barbadense* was used to identify quantitative trait loci (QTLs) for cottonseed oil, protein, and gossypol contents. The BIL population of 146 lines together with the two parental lines was tested in the same location for three years in China. Based on a genetic map of 392 SSR markers and a total genetic distance of 2 895. 2 cM, 17 QTLs on 12 chromosomes for oil content, 22 QTLs on 12 chromosomes for protein content and three QTLs on two chromosomes for gossypol content were detected. Seed oil content was significantly and negatively correlated with seed protein content, which can be explained by eight QTLs for both oil and protein contents co-localized in the same regions but with opposite additive effects. This research represents the first report using a permanent advanced backcross inbred population of an interspecific hybrid population to identify QTLs for seed quality traits in cotton in three environments.

Keywords: Tetraploid cotton; Cottonseed. Oil; Protein; Gossypol; Linkage map; Backcross inbred line (BIL); Quantitative trait locus (QTL)

原载于：*Euphytica*, 2012, 187: 191-201

1 Introduction

Cotton provides the most important natural fiber for the textile industry globally. Cotton is also a food and feed crop in that cottonseed as a byproduct produces edible oil for human consumption and protein meals for animal feed (Cherry *et al.*, 1978a; Cherry, 1983; Cherry and Leffler, 1984). Cotton produces 150kg of cottonseed for every 100kg of lint fibers produced (O'Brien *et al.*, 2005). As an oilseed crop, cottonseed production ranks third after soybean and rapeseed worldwide (USDA- FAS 2011). The use of its oil as biofuel has attracted increased attentions in recent years (Karaosmanoglu *et al.*, 1999; Meneghetti *et al.*, 2007). However, effort in genetics, breeding, and cultural practices to improve cottonseed quality including oil and protein contents is minimal and intermittent.

Cottonseed oil and protein contents are quantitative traits and both are usually negatively correlated with one another (Hanny *et al.*, 1978; Wu *et al.*, 2009). The two traits are affected by genotypic, developmental and environmental factors during cottonseed development (Cherry *et al.*, 1981; Cherry and Leffler, 1984). Cottonseed oil and protein contents vary in growing seasons, locations, and years (Cherry *et al.*, 1978a, 1978b, 1981; Kohel and Cherry, 1983; Turner *et al.*, 1976a). Environmental factors include temperature (Gipson and Joham, 1969) and fertilizers (Anderson and Worthington 1971; Leffler *et al.* 1977; Elmore *et al.* 1979) among others. Great genetic variations among cotton species and cultivars in cottonseed oil (17% ~27%) and protein (12% ~32%) contents also exist (Kohel, 1980; Kohel *et al.*, 1985; Wu *et al.* 2009; Dowd *et al.*, 2010). However, the genetic basis controlling oil and protein contents has received little attention. Kohel (1980) estimated a moderate heritability based on a 20 × 5 NCII design and low heritability based on F_2/F_3 regression for cottonseed oil content. Other quantitative genetic designs including diallel crossing and generation mean analysis were also used to estimate genetic parameters for oil and protein contents. General and special combining abilities, both additive and non-additive including dominant efforts, and maternal effect were detected (Kohel, 1980; Dani and Kohel, 1989). Using a set of chromosomal substitution lines and an AD genetic model, Wu *et al.* (2009, 2010) confirmed low-moderate genetic variances for seed oil and protein content but moderate genetic variances for oil and protein index. Both dominant and additive variances and maternal effect existed for the four seed quality traits but additive variance for oil content was not detected (Wu *et al.*, 2009, 2010). Song and Zhang (2007) reported 11 QTLs for kernel percentage, kernel oil percentage, kernel protein percentage, and seven amino acids using a BC_1S_1 population derived from a *G. hirsutum* × *G. barbadense* cross.

However, the potential of cottonseed as food and feed has not fully utilized as it contains the toxic terpenoid gossypol. Gossypol can be removed from the cottonseed through genetic approaches or chemical techniques. Genetic variation in gossypol content exists among cotton species and genotypes. Gossypolcontaining glands are distributed in all the cotton plant bodies including leaves, stems, flowers, bolls and seeds. Gossypol-free cotton plants and seeds can be bred by introduction of double recessiv2 genes gl2gl3 from Hopi cotton (McMichael, 1960) or a dominant Gle gene from an Egyptian cotton (Kohel and Lee, 1984). Gossypol-free glandless seed and glanded plants can be found in certain wild Australian cotton species but the introgression of the trait to Upland cotton has not been successful (Zhu *et al.*, 2005; Benbouza *et al.*, 2009). Gossypol content is usually higher in *G. barbadense* than in *G. hirsutum* and it also differs between genotypes in Upland cotton. However, there has been no report on QTLs controlling the quantitative variation of gossypol content in cotton.

In the present study, a backcross inbred line (BIL) population was developed from a cross between Upland cotton and *G. barbadense* and used to identify QTLs for seed quality traits including oil, protein, and gossypol contents. Several consistent QTLs were identified in different tests and many QTLs for cottonseed oil and protein contents were co-localized.

2 Materials and methods

2.1 Generation of the BIL population and field tests

An interspecific BIL population of 146 lines was used in this study. The BIL population was developed from a cross between Upland cotton (*G. hirsutum*) SG 747 and *G. barbadense* Giza 75 through two generations of backcrossing using SG 747 as the recurrent parent followed by four generations of selfing. The 146 BILs and the two parents were planted in China Cotton Research Institute, Chinese Academy of Agricultural Sciences, Anyang, Henan province in 2006, 2008 and 2009. This location represents one of the three major cotton production regions in China, i. e., Yellow River valley. The 148 entries were arranged in a randomized complete block design with two replications and single row plots. Seeds were sown in April and crop managements followed local recommendations. The plot length was 8 m with a row spacing of 0. 8 m and seedlings were thinned to 32 plants per plot.

2.2 Determination of cottonseed oil, protein, and gossypol content

At plant maturity, 25 open bolls from each plot in each field test were hand harvested and ginned for evaluation of seed quality traits. Cottonseed harvested in 2006 was sent to Beijing Nutrient Research Institute, Beijing, China, to determine oil and protein content by the Soxhlet (De Castro and Garcia-Ayuso, 1998) and Kjeldahl (Feil *et al.*, 2005) extraction methods, respectively. Using the same methods, cottonseed harvested in 2009 was also measured for oil and protein contents at Agricultural Product Testing Center at Zhengzhou, Henan, China. National standards GB/T 14772-2008 for oil and GB 5009. 5-2010 for protein were followed. To reduce the cost in mea surements, seed from the two replicates was combined based on genotypes in 2006 and 2009, respectively.

Seed samples harvested in 2008 and 2009 were also sent to Zhejinag University, Hangzhou, China, for determination of oil, protein, and gossypol contents using near infrared reflectance spectroscopy (FOSS NIR System 5000). Detailed information can be found in Wang *et al.*

(2001) for oil, in Wang *et al.* (2010) for protein and in Birth and Ramey (1982) for gossypol.

2.3 Statistical Analysis

The results from 2008 were statistically analyzed using SAS. However, the results from Beijing 2006, Zhejiang 2009 and Zhengzhou 2009 were pooled to conduct the analysis of variance using SAS Proc MIXED with tests as replicates.

2.4 DNA extraction, maker analysis, and map construction

The genomic DNAs were extracted from young leaves of the 146 individual BIL lines and the two parents using a mini-prep method as described by Zhang and Stewart (2000). Simple sequence repeat markers (SSRs) were used to construct a genetic map for the BIL population using MAPMAKER ver. 3.0b program (Lander *et al.*, 1987) The linkage map was published elsewhere (Yu *et al.*, 2012). MAPMAKER has been used in constructing linkage maps for BIL populations of other crops including rice (e. g., Matsubara *et al.*, 2008).

2.5 QTL mapping

QTLs were identified by composite interval mapping (Zeng, 1994) using Windows QTL Cartographer 2.0 (Basten *et al.*, 2001). This software has been used to detect QTLs in BIL populations of other crops such as rice (e. g., Yamagishi *et al.*, 2004). The windows size was set at 5 cM and the walk speed at 1 cM. Themaximum ten background markers were used for genetic background control and LOD threshold values were estimated by 1 000 permutations to declare significant QTLs (Churchill and Doerge, 1994). A LOD score of ≥2.5 was selected to detect significant QTLs. A location QTL confidence interval (95%) was set as a mapping distance interval corresponding to one LOD decline on either side of the peak. QTLs for the same trait across different years and environments were declared as a "common" QTL when their confidence intervals overlapped. The QTL nomenclature followed McCouch *et al.* (1997) in that a QTL designation begins with "q", followed by an abbreviation of the trait name, year, location, chromosome name, and finally a serial number.

3 Results

3.1 Analysis of variance and performance of the BIL population

In the three years when the BILs were tested (Table 1), the Upland cotton (Gh hereafter) parent SG 747 had 5.0% lower seed oil content than the *Gossypium barbadense* Egyptian cotton (Gb hereafter) parent Giza 75 (33.08 vs. 34.81%), but 2% ~ 6% higher protein content (30.88 vs. 30.16% in 2008; 39.25 vs. 37.06% in 2006 and 2009). The mean oil and protein contents of BILs were closer to the recurrent parent, as expected for the BC2-derived BIL population. However, the ranges of the BIL population in both seed oil and protein contents were beyond the values of the two parents, indicating transgressive segregations. For example, based on the results in 2008 (Table 1), the BIL with the lowest oil content was significantly lower (28.22%) than the lower recurrent parent (RP), while the BIL with the highest oil content

(36.76%) was significantly higher than the RP, but the increase in oil content than the donor parent was insignificant. The same trend was noted when data from 2006 and 2009 were analyzed (Table 1). This indicated that both QTLs for reducing and increasing seed oil content have been transferred into the Upland cotton parent SG 747 through two generations of backcrossing.

Table 1　Cottonseed oil, protein and gossypol contents of parents and their backcross inbred line (BIL) population, and variation and heritabilities in the BIL population

Trait	Oil%: 08	Pro%: 08	Goss%: 08	Oil%: 06~09	Pro%: 06~09
SG 747	33.02	30.88	1.02	33.13	39.25
Giza 75	34.89	30.16	1	34.72	37.06
BIL-Min	28.22	28.63	0.65	27.73	35.92
BIL-Max	36.76	34.27	1.39	36.28	44.84
BIL-Mean	33.48	30.66	0.96	32.06	39.69
F	4.18	4.9	2.74	2.34	22.66
LSD (0.05)	2.03	1.29	0.19	2.78	1.11
H (b)	0.81	0.83	0.73	0.7	0.96

For protein content, similar results were obtained. The BIL with the lowest protein content (28.63%) was significantly lower than the lower Gb parent, while the BIL with the highest protein content (34.27%) was significantly higher than the higher Gh parent. The same is true for the combined results from 2006 and 2009. This also indicated that both QTLs for reducing and increasing protein content have been transferred into the Upland cotton parent SG 747 through two generations of backcrossing.

For seed gossypol content, the two parents were similar (ca. 1%). However, transgressive segregation was also observed in that BILs with significantly lower (0.65%) or higher (1.39%) gossypol content were identified (Table 1).

Heritabilities for the three traits were moderately high to high (0.70~0.96; Table 1), indicating that the majority of the phenotypic variation was due to genotype. Therefore, selection for increasing seed oil or protein content is expected to make progress.

To evaluate the consistency between testing methods on oil and protein determination, correlation analysis was performed between tests (Table 2). It appeared that the results from the oil and protein analyses in Zhejiang 2008 and 2009 and Zhengzhou 2009 were highly correlated, but the oil contents were not correlated with the oil analysis performed in Beijing 2006. This indicated that the methods that were used in Zhejiang and Zhengzhou were overall congruent in determining seed oil and protein contents but different from that used in Beijing when determining cottonseed oil content. The results between 2008 and 2009 were also consistent. The lack of correlation between results from 2006 and these from 2008/2009 may be in large part due to genotype × environment interactions.

Table 2 Coefficients of correlation between tests in cottonseed oil, protein, and gossypol contents and between the three cottonseed quality traits based on a backcross inbred line population

Trait or trait pair	Coefficient of correlation			
Oil%				
	Beijing 2006	Zhejiang 2008	Zhejiang 2009	Zhengzhou 2009
Beijing 2006	1	0. 111	0. 05	0. 061
Zhejiang 2008		1	0. 532	0. 455
Zhejiang 2009			1	0. 862
Zhengzhou 2009				1
Protein%				
	Zhejiang 2008	Zhejiang 2009	Zhengzhou 2009	
Zhejiang 2008	1	0. 629	0. 527	
Zhejiang 2009		1	0. 833	
Zhengzhou 2009			1	
Oil-Protein%				
Zhejiang 2008	−0. 905			
Zhejiang 2009	−0. 818			
Zhengzhou 2009	−0. 809			
Gossypol-Oil%				
Zhejiang 2008	0. 195			
Zhejiang 2009	0. 287			
Gossypol-Protein%				
Zhejiang 2008	−0. 347			
Zhejiang 2009	−0. 538			
Zhengzhou 2009	−0. 538			

The coefficients of correlation (−0. 81 to −0. 91) between seed oil and protein contents were highly significantly negative in three tests performed in Zhejiang 2008 and 2009 and Zhengzhou 2009. This indicated that cotton genotypes with higher oil content usually have lower protein content, or vice versa. Therefore, simultaneously improving seed oil and protein contents would be difficult.

Gossypol content is significantly and positively correlated with oil content, but significantly and negatively correlated with protein content. But the correlations were not very close. This indicated that reducing seed gossypol content may increase oil content but reduce protein content in cottonseed.

3.2 Brief description of the linkage map

A total of 392 SSR markers were developed for the BIL population to construct a linkage map of 29 linkage groups with a total genetic distance of 2 895.2 cM and an average genetic distance of 7.4 cM per marker. The results were published else (Yu *et al.* 2012). The linkage map was used to identify QTLs for seed oil, protein, and gossypol contents, as described in the following.

3.3 QTLs for seed oil content

Seventeen QTLs distributed on 12 chromosomes were detected from four tests (Table 3; Figure 1) including, 4 from Beijing 2006, 8 from Zhejiang 2008, and only 3 and 2 QTLs from Zhejiang and Zhengzhou 2009, respectively. Interestingly, 2, 3 and 3 QTLs were detected on c12, c19, and c21, respectively. The three QTLs detected on c21 may be one common QTL since they were located in a similar region (peaked at 54.2 ~ 74.9 cM). The QTL on c12 at the peak of 127 cM and the two QTLs on c21 at the peaks of 54.2 ~ 60.5 contributed to the phenotypic variation (PV) by 22% ~ 26%. Therefore, they may be considered as major QTLs for seed oil content.

Table 3 QTLs, chromosome locations and effects for cottonseed oil, protein, and gossypol content in a backcross inbred line population

Trait	Evironment	QTLname	Chr	Position	LOD	Marker Interval	A	R2
			1	36.7	2.02	NAU3135-CIR004	-1.12	7.45
Oil	Zhejiang2008	qOil2-c1-1	2	36.2	4.84	NAU3684-BNL3971	-1.94	33.39
					2.53	BNL3259-NAU3541	2.47	8.94
Protein	Zhejiang2008	qPro1-c2-1			3.17	BNL3259-NAU3541	-1.79	32.11
Oil	Zhejiang2009	qOil3-c3-1	3	48.9	2.44	NAU5289-CIR068	-1.32	5.77
Protein	Zhejiang2008	qPro1-c3-1	3	40.9	2.99	NAU3671-CIR228	-2.38	15.15
Protein	Zhejiang2009	qPro2-c3-1	3	16	2.14	NAU3093-NAU5236	-1.68	34.98
Protein	Zhejiang2009	qPro2-c3-2	3	69.7	3.37	NAU3607-NAU3405	1.32	8.24
Protein	Zhejiang2008	qPro1-c4-1	4	96.8	3.65	NAU3607-NAU3405	-0.99	9.85
Oil	Zhejiang2008	qOil2-c5-1	5	1.6	2.23	BNL3992-BNL1038	-1.43	5.61
Protein	Zhejiang2008	qPro1-c5-1	5	1.6	2.6	CIR203-BNL2569	-1.79	6.55
Protein	Zhengzhou2009	qPro3-c5-1	5	94.9	2.27	BNL3442-NAU3341	1.73	5.45
Protein	Zhengzhou2009	qPro3-c6-1	6	0	2.64	NAU3041-CIR362	1.68	6.47
Oil	Beijing2006	qOil1-c11-1	11	85.2	2.26	BNL4059-BNL2717	3.26	23.64
Oil	Beijing2006	qOil1-c12-1	12	27.1	2.17	NAU0943-NAU3109	-1.41	13.91

(continued)

Trait	Evironment	QTLname	Chr	Position	LOD	Marker Interval	A	R2
Oil	Zhejiang2008	qOil2-c12-1	12	127	3.42	BNL4059-BNL2717	-2.23	27.15
Protein	Zhejiang2008	qPro1-c12-1	12	51.4	2.25	BNL0891-CIR097	-1.77	34.04
Protein	Zhejiang2008	qPro1-c12-2	12	129	3.06	BNL1667-NAU3680	2.78	15.98
Protein	Zhejiang2008	qPro1-c14（2）-1	14	23.5	2.63	BNL2646-NAU3922	-1.94	31.69
Oil	Zhengzhou2009	qOil4-c15-1	15	51.5	3.06	BNL2734-NAU5024	1.53	10.65
Protein	Zhejiang2008	qPro1-c15-1	15	75.2	5.1	BNL2734-NAU5024	-1.43	18.09
Oil	Zhejiang2008	qOil2-c16-1	16	65.5	2.92	BNL1690-BNL1611	2.38	
Protein	Zhejiang2008	qPro1-c16-1	16	65.5	2.59	NAU3405-BNL1706	1.34	
					2.01	BNL1671-NAU3946	1.57	7.24
Oil	Beijing2006	qOil1-c19-1	19	54.1	2.15	NAU3416-NAU3664	-1.47	11.48
					5.28	CIR179-BNL1671	-1.53	13.18
Oil	Zhejiang2008	qOil2-c19-1	19	14.2	3.74	NAU3405-BNL1706	-1.57	14.11
Oil	Zhejiang2009	qOil3-c19-1	19	157.2	2.15	NAU3434-NAU3531	1	30.52
Protein	Zhejiang2008	qPro1-c19-1	19	85.1	2.13	NAU3407-NAU3531	-0.69	10.24
Protein	Zhejiang2008	qPro1-c19-2	19	132.4	3.25	BNL0119-NAU3368	-0.14	5.78
Protein	Zhejiang2009	qPro2-c19-1	19	16.2	2.45	BNL1404-BNL3449	1.98	5.99
Oil	Zhejiang2008	qOil2-c20-1	20	25.7	2.79	NAU3381-NAU3731	1.94	19.79
Protein	Zhejiang2008	qPro1-c20-1	20	25.5	2.58	BNL1404-BNL3449	2.47	25.6
Protein	Zhejiang2008	qPro1-c20-2	20	57.7	3.43	NAU5212-BNL1404	-1.7	7.09
Oil	Zhejiang2008	qOil2-c21-1	21	60.5	2.08	BNL1404-BNL3449	-1.71	22.2
Oil	Zhejiang2009	qOil3-c21-1	21	74.9	3.22	DPL0068-BNL3638	0.74	32.5
Oil	Zhengzhou2009	qOil4-c21-1	21	54.2	4.1	NAU3904-NAU3158	-2.12	16.96
Protein	Zhejiang2008	qPro1-c21-1	21	54.2	2.87	DPL0068-BNL3638	-0.59	18.4
Protein	Zhejiang2009	qPro2-c21-1	21	60.5	2.56	NAU3306-BNL3103	-2.34	28.17
Oil	Zhejiang2008	qOil2-c24-1	24	62.4	2.22	BNL1438-BNL2652	0.1	33.1
Protein	Zhejiang2008	qPro1-c24-1	24	42.4	2.45	NAU5347-BNL1878	0.09	8.12
Protein	Zhejiang2008	qPro1-c24-2	24	60.4	2.35	NAU3656-DPL0247	-0.24	5.79
			25	64.4				6.47
Oil	Beijing2006	qOil1-c25-1	13	35.9				5.9
			19	92.3				
Gossypol	Zhejiang2008	qGos1-c13-1	19	0				
Gossypol	Zhejiang2008	qGos1-c19-1						
Gossypol	Zhejiang2009	qGos1-c19-1						

Except for the QTL on c1 whose allele from the Gb parent had positive additive effect, all the oil QTL alleles from the Gh parent, the lower parent in oil content, had positive additive effects. This may explain the negative transgressive segregation in oil content in the BIL population, because the Gb alleles for most of the oil QTLs detected had negative additive effects. There may be more positive alleles from the Gb parent contributing to the positive transgressive segregation in cottonseed oil content, but this experiment failed to detect most of them.

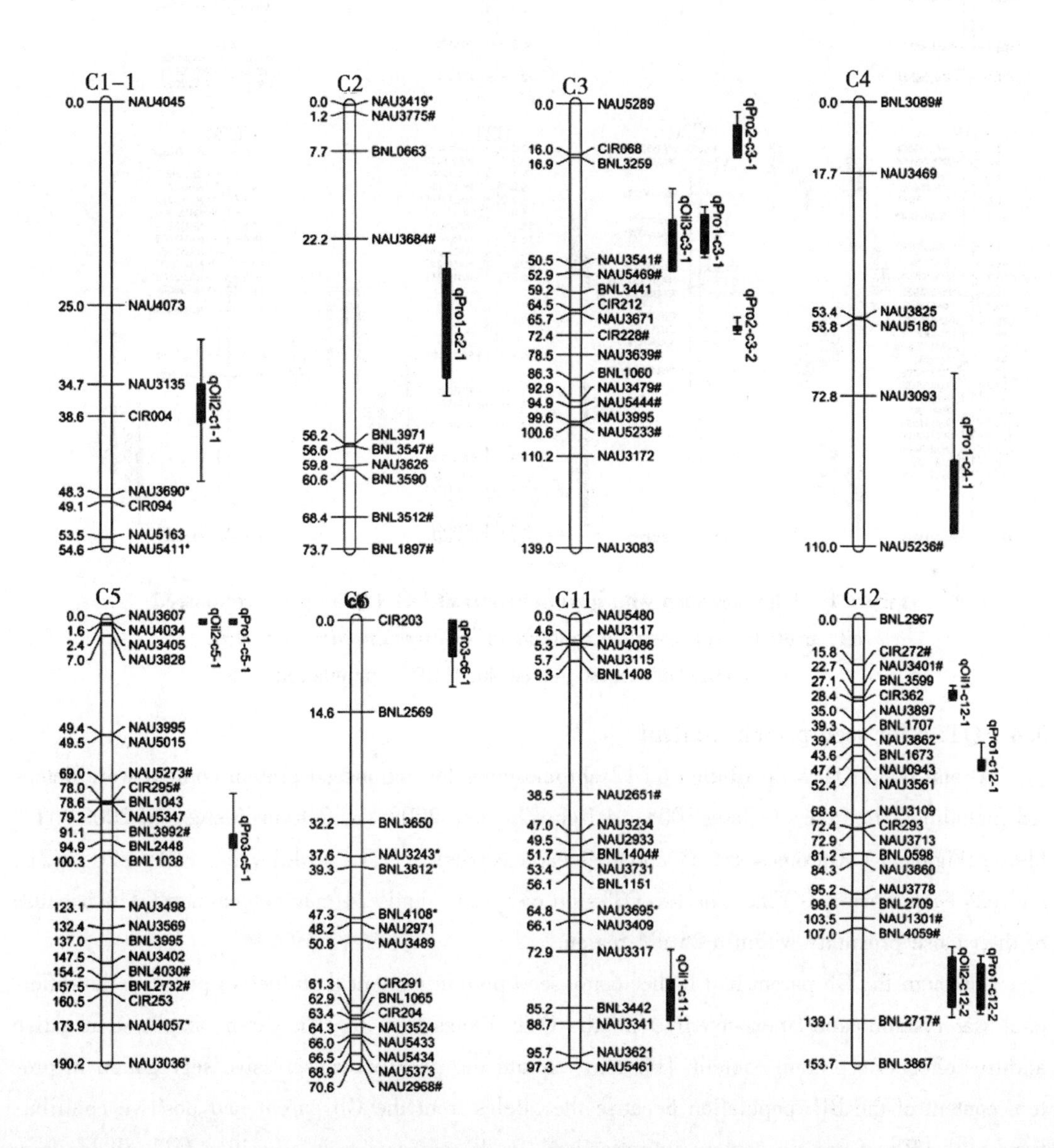

Figure 1 (continued)

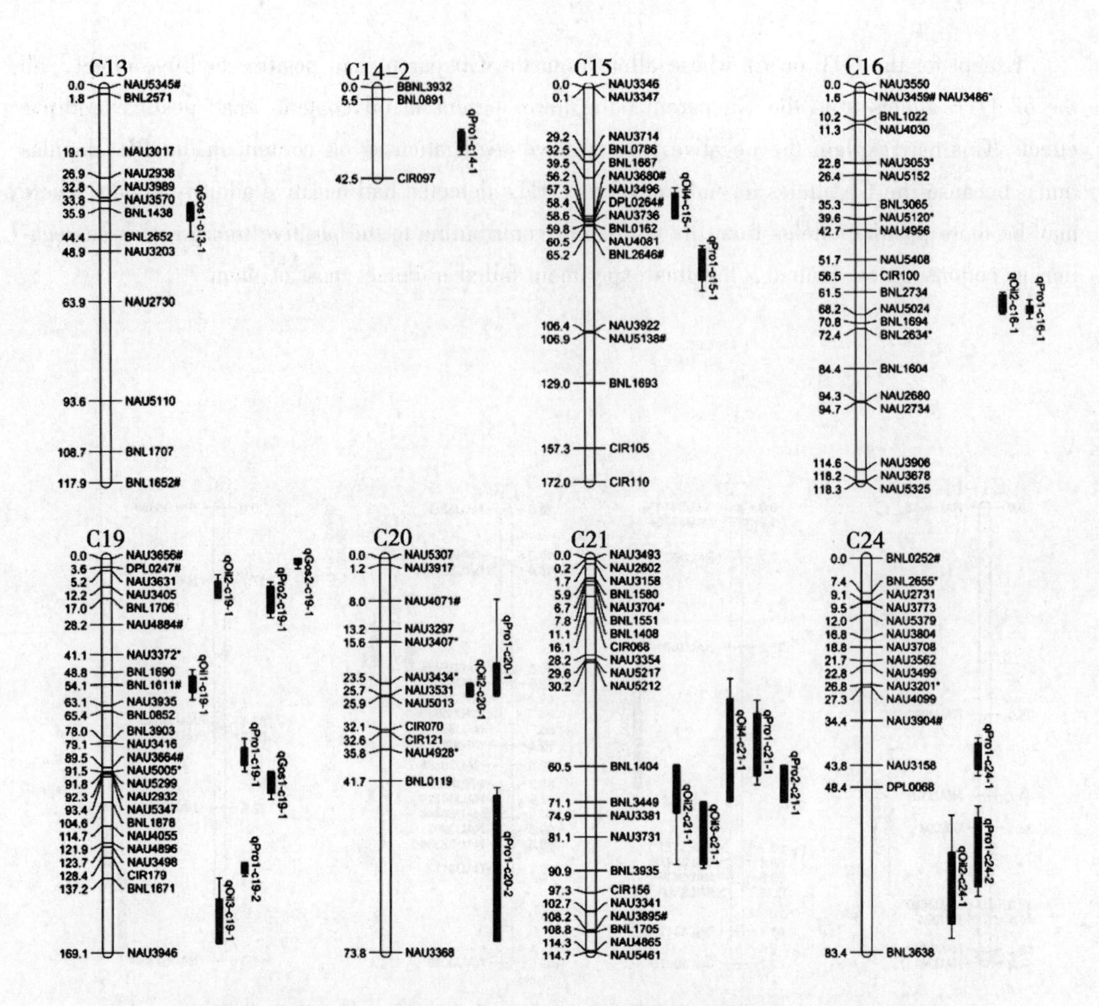

Figure 1 A linkage map with quantitative trait loci (QTLs) for cottonseed oil, protein, and gossypol contents in a *Gossypium hirsutum* × *G. barbadense* backcross inbred line (BIL) population

3.4 QTLs for seed protein content

A total of 22 QTLs distributed on 12 chromosomes for cottonseed protein content were detected including, 16 from Zhejiang 2008, 4 from Zhejiang 2009 and 2 from Zhengzhou 2009 (Table 3; Figure 1). Chromosome c3 and c19 each carried 3 QTLs, while c5, c12, c20, c21, and c24 each carried 2 QTLs. The two QTLs on c3, c21, and c24 may be common QTLs because of their close proximity within a 25 cM region.

Although the Gh parent had higher cottonseed protein content than the Gb parent, the difference was insignificant. Unexpectedly, all the QTL alleles from the Gh parent displayed negative additive effects on protein content. This may explain the positive transgressive segregation in protein content of the BIL population because the alleles from the Gb parent had positive contributions to the PV of protein content in cottonseed. In the current study, positive QTL alleles from the Gh parent were not detected. Also, similar to oil content, 9 QTLs for protein content contributed to the protein PV by more than 20% based on simple regression analysis.

3.5 QTLs for seed gossypol content

Three QTLs on two chromosomes (c13 and c19) were detected (Table 3; Figure 1). The two QTLs on c19 were separated by 90 cM and also possessed opposite gene effects. Therefore, they are different QTLs. Each of the QTLs contributed to PV by ca. 6% and therefore they were minor QTLs.

Furthermore, several common QTLs or QTL clusters for the same trait were detected in the same test or different tests. For example, a QTL for protein content was detected within a 30 cM region on c3 in both Zhejiang 2008 and 2009; and a QTL for oil content was detected within a 40 cM region on c19 in Beijing 2006 and Zhejiang 2008. Interestingly, one QTL for oil content was detected within a 20 cM region on c21 in three tests (Zhejiang, 2008; 2009; Zhengzhou, 2009), where a QTL for protein was also detected within a 14 cM region in two of the three tests. Another QTL for protein was detected in an 18 cM region on c24 in Zhejiang 2008, where an oil QTL was also detected.

4 Discussion

4.1 Heritability and transgressive segregation in seed quality traits

There have been a few reports on heritabilities and genetic effects concerning cottonseed oil and protein contents using classical quantitative genetic techniques such as diallel crossing and generation mean analysis in a single environment (Kohel, 1980; Dani and Kohel, 1989; Ye *et al.*, 2003). The results reported in the current study represent the first study on the genetic basis of cottonseed oil and protein contents using a permanent genetic population tested in replicated field trials in different environments. Compared with fiber yield and quality traits, moderately high to high broad-sense heritabilities were estimated for cottonseed oil, protein, and gossypol content. This is not unexpected since the measurements were on an average genotype basis rather than on single plant basis with no replicates. Therefore, selection for high cottonseed oil or protein content can be efficiently accomplished using replicated genotype means as the selection unit.

Since the BILs were developed by two generations of backcrossing followed by several times of selfing, the BIL population carried an overall 11% of the Gb genetic materials. However, the actual percentage of Gb genetic materials differed among individual BILs, following a binomial distribution. For the three seed quality traits, both negative and positive transgressive segregations were observed, indicating the successful transfer of both negative and positive QTL alleles from the donor Gb parent to the recipient Gh parent. However, from a cotton breeding's perspective, only the positive transgression in oil and protein content and negative transgressive segregation in gossypol content will be beneficial. The best BIL increased cottonseed oil by ca. 10% than the current parent, and even by 5% than the donor parent (Table 1). For cottonseed protein content, the introduction of Gb alleles resulted in its increase by ca. 12% in the best BIL than the recurrent parent (Table 1). The BIL with the lowest cottonseed gossypol (0.65%) content had gossypol content 37% lower than the recurrent Gh parent (1.0%). The results demonstrate that backcrossing followed by selfing is an efficient method to enhance cottonseed oil or protein content and to reduce gossypol content in interspecific breeding between Upland cotton and *G. barbadense.*

4.2 Numbers of QTLs controlling cottonseed oil and protein content

Wu *et al.* (2009, 2010) studied cottonseed quality traits using 13 chromosome substitution (CS-B) lines each of which carried a Gb chromosome or an arm in one or five Upland cotton backgrounds. In the TM-1 genetic background (Wu *et al.*, 2009), more than eight chromosomes or arms are involved in determining cottonseed oil and protein contents. For example, Gb chromosome 2, 6, 17, and 18 were associated with increase in protein content, while Gb chromosome 4, 7, 14sh, and 15sh were associated with reduction in protein content. For cottonseed oil content, Gb chromosome 4 and 18 had positive effects, while Gb chromosome 2, 6, 7, 17, 5sh, 14sh, 22sh, and 22Lo had negative effects. Both the short and long arm of chromosome 22 contributed to oil content negatively. In crossing with five Upland cotton cultivars, Wu *et al.* (2010) further confirmed that Gb chromosome 2, 4, 25, 5sh, 14sh, and 15sh had significant additive effects on protein content, while Gb chromosome 4, 17, 18, 15sh, and 22Lo carried significant additive effects on oil content. The authors also detected significant homo- zygous dominant effects on oil content from seven Gb chromosomes or arms and heterozygous dominant effects on oil content from 12 Gb chromosomes or arms (except for chromosome 4) in one or more than one genetic background. This clearly indicated almost each Gb chromosome may carry genetic factors affecting cottonseed oil or protein content.

In the current study, 17 QTLs for cottonseed oil content were identified to be located on 12 chromosomes, six of which were on five chromosomes (c1, c3, c5, c11, and c12) of the Ah sub-genome and 11 were on seven chromosomes (c15, c16, c19, c20, c21, c24, and c25) of the Dh sub-genome. For cottonseed protein content, 22 QTLs were found on 12 chromo- somes (c2, c3, c4, c5, c6, c12, c15, c16, c19, c20, c21, and c24), and six chromosomes in each of the two sub- genomes carried 10 or 12 QTLs. Therefore, almost half (12/26) of the chromosomes in the tetraploid cotton contain genetic factors affecting cottonseed oil or protein formation. The results obtained in this study support the notion that genetic factors controlling cottonseed oil and protein are scattered on many cotton chromosomes, as demonstrated by Wu *et al.* (2009, 2010) using chromosome substitution lines.

4.3 Trait association, QTL co-localization and implications in breeding

This study also detected significant negative correlation between oil and protein content in cottonseed, as Turner *et al.* (1976b), Leffler *et al.* (1977), Hanny *et al.* (1978), and Shaver and Dilday (1982) reported. However, the association between the two traits was weak in a set of chromosome substitution lines, their parents and five Upland cotton cultivars (Wu *et al.*, 2009). Similar to Hanny *et al.* (1978) and Shaver and Dilday (1982), this study also detected a weak but positive correlation between cottonseed oil and gossypol content and negative correlation between protein and gossypol content.

In the current study, nine chromosomes (c3, c5, c12, c15, c16, c19, c20, c21, and c24) were found to carry QTLs for both cottonseed oil and protein contents, consistent with Wu *et al.* (2009, 2010). Interestingly, 8 of the 9 chromosomes carried QTLs for both oil and protein contents but with opposite additive effects, which were located in a close proximity. The results for the first time provide evidence that the negative association between cottonseed oil and protein contents is likely due to pleiotropy or tightly linked QTLs for both oil and protein formation. It implies that breeding for increasing both oil and protein contents in cottonseed is difficult and will need to break the tight linkage between QTLs in a repulsion phase for the two traits. High resolution mapping of QTLs for both cottonseed oil and protein contents will shed more light on the relative importance of pleiotropy and linkage in determining the association of the two traits.

Another interesting finding of this study is that almost all the positive alleles for oil and protein content were from the Gh and Gb parents, respectively. This is unexpected based on the parental differences in that the Gh parent had lower oil but higher protein content than the Gb parent. According to Wu *et al.* (2010), of the five Gb chromosomes with significant additive effects on oil content, four had positive effects; of the six Gb chromosomes with significant additive effects on protein content, five had negative effects. The results from this study appeared to be contradictory to Wu *et al.* (2010). Further studies will be needed to clarify this important issue.

4.4 QTLs for cottonseed gossypol content

Glandedness in cotton plants are controlled by two major genes Gl2Gl3 and different alleles and they are located on c12 and c26, respectively. The double recessive mutant gl2gl3 resulted in glandless cotton plants and seed (Percy and Kohel, 1999). Several other major glanded loci were also reported. In this study, three QTLs (1 on c13 and 2 on c19) were identified to contribute to quantitative variation in cottonseed gossypol content and none of them were located on c12 and c26, indicating that these QTLs are different genes from the two major glanded genes. Especially, the QTL allele for qGos2-c19-1 from the Gb parent had a positive effect contributing to increased gossypol content. This may partially explain the positive transgressive segregation of gossypol content in the BIL population.

Acknowledgments

This research was supported by the National Key Basic Research and Development Program of China (973 Program) (No. 2010CB126006), and the New Mexico Agricultural Experiment Station.

References

[1] Anderson O E, Worthington R E. Boron and manganese effects on protein, oil content, and fatty acid composition of cottonseed [J]. *Agron J.*, 1971, 63: 566-569.

[2] Basten C J, Weir B S, Zeng Z B. QTL Cartographer, Version 1.15 [M]. Department of Statistics, North Carolina State University, Raleigh, NC, 2001.

[3] Benbouza H, Lognay G, Scheffler J, *et al.* Expression of the "glanded-plant and glandless- seed" trait of Australian diploid cottons in different genetic backgrounds [J]. *Euphytica*, 2009, 154: 211-221.

[4] Birth G S, Ramey H H. Near-infrared reflectance for analysis of cottonseed for gossypol [J]. *Cereal Che.*, 1982, 59: 516-519

[5] Cherry J P. Cottonseed oil [J]. *J. Am. Oil Chem Soc.*, 1983, 60: 360-367.

[6] Cherry J P, Simmons J G, Kohel R J. Potential for improving cottonseed quality by genetics and agronomic practices. In: Friedman M (ed) Nutritional improvement of food and feed proteins [M]. *New York*, *Plenum Press*, 1978: 343-364.

[7] Cherry J P, Simmons J G, Kohel R J. Cottonseed com- position of national variety test cultivars grown at different Texas locations. In: Brown JM (ed) Proceedings of the Beltwide cotton production research conference, Dallas [G]. *Memphis*: *National Cotton Council*, 1978b: 47-50.

[8] Cherry J P, Kohel R J, Jones L A, *et al.* Cottonseed quality: factors affecting feed and food uses. In: Brown JM (ed) Proc. Beltwide cotton production research confer- ence, New Orleans [G]. *Memphis*: *National Cotton Council*, 1981: 266-282.

[9] Churchill G A, Doerge R W. Empirical threshold values for quantitative trait mapping [J]. *Genetics*, 1994, 138: 963-971.

[10] Dani R G, Kohel R J. Maternal effects and generation mean analysis of seed-oil content in cotton (*Gossypium hirsutum* L.) [J]. *Theor. Appl. Genet*, 1989, 77: 569-575.

[11] De Castro M D L, Garcia-Ayuso L E. Soxhlet extraction of solid materials: an outdated technique with a promising innovative future [J]. *Anal. Chim Acta*, 1998, 369: 1-10.

[12] Dowd M K, Boykin D L, Meredith W R, *et al.* Fatty acid profiles of cottonseed genotypes from the national cotton variety trials [J]. *J. Cotton Sci.*, 2010, 14: 64-73.

[13] Elmore C D, Spurgeon W I, Thom W Q. Nitrogen fertilization increases N and alters amino acid concentration of cottonseed [J]. *Agron. J.*, 1979, 71: 713-716.

[14] Feil B, Moser S B, Jampatong S, *et al.* Mineral composition of the grains of tropical maize varieties as affected by pre-anthesis drought and rate of nitrogen fertilization [J]. *Crop Sci*, 2005, 45: 516-523.

[15] Gipson J R, Joham H E. Influence of night temperature on growth and development of cotton (*Gossypium hirsutum* L.) IV [J]. *Seed quality Agron. J.*, 1969, 61: 365-367.

[16] Hanny B W, Meredith W R, Bailey J C, *et al.* Genetic relationships among chemical constituents in seeds, flower buds, terminals, and mature leaves of cotton [J]. *Crop Sci*, 1978, 18: 1071-1074.

[17] Karaosmanoglu F, Tuter M, Gollu E, *et al.* Fuel properties of cottonseed oil [J]. *Energy Sources*, 1999, 21: 821-828.

[18] Kohel R J. Genetic studies of seed oil in cotton [J]. *Crop Sci.*, 1980, 20: 784-787.

[19] Kohel R J, Cherry J P. Variation of cottonseed quality with stratified harvests [J]. *Crop Sci.*, 1983, 23: 1119-1124.

[20] Kohel R J, Lee J A. Genetic analysis of Egyptian glandless cotton [J]. *Crop Sci.*, 1984, 24: 1119-1121.

[21] Kohel R J, Glueck J, Rooney L W. Comparison of cotton germplasm collections for seed-protein content [J]. *Crop Sci.*, 1985, 25: 961-963.

[22] Lander E S, Green P, Abrahamson J, *et al.* MAPMAKER: an interactive computer package for constructing primary genetic linkage maps of experimental and natural populations [J]. *Genomics*, 1987, 1: 174-181.

[23] Leffler H R, Elmore C D, Hesketh J D. Seasonal and fertility-related changes in cottonseed protein quantity and quality [J]. *Crop Sci.*, 1977, 17: 953-956.

[24] Matsubara K, Kono I, Hori K, *et al.* Novel QTLs for photoperiodic flowering revealed by using reciprocal backcross inbred lines from crosses between japonica rice cultivars [J]. *Theor. Appl. Genet*, 2008, 117: 935-945.

[25] McCouch S R, Chen X L, Panaud O. Microsatellite marker development, mapping and applications in rice genetics and breeding [J]. *Plant Mol. Biol.*, 1997, 35: 89-99.

[26] McMichael S C. Combined effects of the glandless genes gl2, and gl3, on pigment glands in the cotton plant [J]. *Agron. J.*, 1960, 46: 385-386.

[27] Meneghetti S M P, Meneghetti M R, Serra T M, Barbosa D C, Wolf C R. Biodiesel production from vegetable oil mixtures: cottonseed, soybean, and castor oils [J]. *Energy Fuels*, 2007, 21: 3746-3747.

[28] O'Brien R D, Jones L A, King C C, *et al.* Cottonseed oil [M] //Shahidi F (ed) Bailey's industrial oil and fat products, 6th edn. Wiley, New Jersey, 2005.

[29] Percy R G, Kohel R J. Qualitative genetics [M] //Smith CW, Cothren JT. Cotton: origin, history, technology, and production. Wiley, New York, 1999: 319-360.

[30] Shaver T N, Dilday. Measurement of correlation among selected seed quality factor for 36 Texas race stocks of cotton [J]. *Crop Sci.*, 1982, 22: 779-781.

[31] Song X, Zhang T Z. Identification of quantitative trait loci controlling seed physical and nutrient traits in cotton [J]. *Seed Sci. Res.*, 2007, 27: 243-251.

[32] Turner J H, Ramey H H, Worley S. Influence of envi- ronment on seed quality of four cotton cultivars [J]. *Crop Sci.*, 1976a, 16: 407-409.

[33] Turner J H, Ramey H H, Worley S. Relationship of yield, seed quality, and fiber properties in Upland cotton [J]. *Crop Sci.*, 1976b, 16: 578-580.

[34] Wang X S, Lu Y, Wu J G. Determination of oil component in cottonseeds with near infrared reflectance spectroscopy [J]. *Acta Agriculturae Zhejiangensis*, 2001, 13: 218-222.

[35] Wang L, Meng Q X, Ren L P, *et al.* Near infrared reflectance spectroscopy and its application in the deter- mination for the quality of animal feed and products [J]. *Spectroscopy Spectral Ana*, 2010, 30: 1482-1487.

［36］Wu J, Jenkins J N, McCarty J C, *et al.* Seed trait evaluation of *Gossypium barbadense L.* chromosomes/ arms in a G. hirsutum L. background ［J］. *Euphytica*, 2009, 167：371-380.

［37］Wu J, McCarty J C, Jenkins J N. Cotton chromosome substitution lines crossed with cultivars：Genetic model evaluation and seed trait analyses ［J］. *Theor. Appl. Genet*, 2010, 120：1473-1483.

［38］Yamagishi J, Miyamoto N, Hirotsu S, *et al.* QTLs for branching, floret formation, and pre- flowering floret abortion of rice panicle in a temperate japonica x tropical japonica cross ［J］. *Theor. Appl. Genet*, 2004, 109：1555-1561.

［39］Ye Z H, Lu Z Z, Zhu J. Genetic analysis for developmental behavior of some seed quality traits in Upland cotton（*Gossypum hirsutum* L.）［J］. *Euphytica*, 2003, 129：183-191.

［40］Zeng Z B. Precision mapping of quantitative trait loci ［J］. *Genetics*, 1994, 136：1457-1468.

［41］Zhang J F, Stewart J M. Economical and rapid method for extracting cotton genomic DNA ［J］. *J. Cotton. Sci.*, 2000, 4：193-201.

［42］Zhu S J, Reddy N, Jiang Y R. Introgression of a gene for delayed pigment gland morphogenesis from Gossypium bickii into upland cotton ［J］. *Plant Breed*, 2005, 124：590-594.

Mapping Quantitative Trait Loci for Lint Yield and Fiber Quality Across Environments in a *Gossypium hirsutum* × *Gossypium barbadense* Backcross Inbred Line Population

Jiwen Yu[1], Ke Zhang[1], Shuaiyang Li[1], Shuxun Yu[1], Honghong Zhai[1], Man Wu[1], Xingli Li[1], Shuli Fan[1], Meizhen Song[1], Daigang Yang[1], Yunhai Li[1], Jinfa Zhang[2]

(1. State Key Laboratory of Cotton Biology, Cotton Research Institute, Chinese Academy of Agricultural Science, Anyang 455000, China; 2. Department of Plant and Environmental Sciences, New Mexico State University, Las Cruces, NM 88003, USA)

Abstract: Identification of stable quantitative trait loci (QTLs) across different environments and mapping populations is a prerequisite for marker-assisted selection (MAS) for cotton yield and fiber quality. To construct a genetic linkage map and to identify QTLs for fiber quality and yield traits, a backcross inbred line (BIL) population of 146 lines was developed from a cross between Upland cotton (*Gossypium hirsutum*) and Egyptian cotton (*Gossypium barbadense*) through two generations of backcrossing using Upland cotton as the recurrent parent followed by four generations of self-pollination. The BIL population together with its two parents was tested in five environments representing three major cotton production regions in China. The genetic map spanned a total genetic distance of 2 895 cM and contained 392 polymorphic SSR loci with an average genetic distance of 7.4 cM per marker. A total of 67 QTLs including 28 for fiber quality and 39 for yield and its components were detected on 23 chromosomes, each of which explained 6.65% ~ 25.27% of the phenotypic variation. Twenty-nine QTLs were located on the At sub-genome originated from a cultivated diploid cotton, while 38 were on the Dt sub-genome from an ancestor that does not produce spinnable fibers. Of the eight common QTLs (12%) detected in more than two environments,

原载于：*Theor Appl Genet*, 2013, 126 (1): 275-87

two were for fiber quality traits including one for fiber strength and one for uniformity, and six for yield and its components including three for lint yield, one for seed-cotton yield, one for lint percentage and one for boll weight. QTL clusters for the same traits or different traits were also identified. This research represents one of the first reports using a permanent advanced backcross inbred population of an interspecific hybrid population to identify QTLs for fiber quality and yield traits in cotton across diverse environments. It provides useful information for transferring desirable genes from *G. barbadense* to *G. hirsutum* using MAS.

1 Introduction

Cotton is an important economic crop worldwide, which provides the most important natural fiber for the textile industry. There are four cultivated cotton species including two diploids *Gossypium herbaceum* L. and *G. arboreum* L., and two tetraploids *Gossypium hirsutum* L. and *Gossypium barbadense* L. However, approximately 95% of the world cotton production is from Upland cotton (*G. hirsutum* L.) (Chen *et al.*, 2007). Another cultivated tetraploid species, *G. barbadense* L., has superior extra-long, strong and fine fiber properties, but is grown in only limited areas due to its relatively low yield and narrow adaptation. The demand for higher cotton fiber quality has increased with the advent of more open-end, air-jet and vortex spinning technologies. However, it is a challenging task for breeders to develop cultivars with both high yield and good fiber quality. Attempts in utilizing interspecific crosses between Upland cotton and *G. barbadense* by conventional breeding have been made for more than a century, but with a very limited impact on cultivar development, because of the negative genetic correlation between fiber quality and lint yield, linkage drag and hybrid breakdown (Zhang and Percy, 2007). However, molecular quantitative genetics using molecular markers has facilitated the application of mapping quantitative trait loci (QTLs) for fiber quality and yield and marker-assisted selection (MAS) to simultaneously improve cotton yield and fiber quality.

Since the first molecular linkage map in cotton was reported by Reinisch *et al.* (1994), many interspecific genetic maps have been developed from crosses between Upland cotton and *G. barbadense* (Jiang *et al.*, 1998, 2000; Kohel *et al.*, 2001; Paterson *et al.*, 2003; Zhang *et al.*, 2002, 2008; Lacape *et al.*, 2003, 2005, 2009; Nguyen *et al.*, 2004; Rong *et al.*, 2004; Park *et al.*, 2005; Song *et al.*, 2005; Han *et al.*, 2004, 2006; Guo *et al.*, 2007; He *et al.*, 2005, 2007; Lin *et al.*, 2005, 2009; Yu *et al.*, 2007, 2010, 2011). Many of these linkage maps were used to identify QTLs for fiber quality and yield traits. Though numerous QTLs have been reported (Zhang and Percy, 2007; Lacape *et al.*, 2010), few reliable and stable major QTLs were validated due mainly to the lack of permanent mapping populations that can be repeatedly tested in multiple environments. Ways of improving the power and accuracy in QTL detection are increasing population size, number of DNA makers, and testing environments

(Asins, 2002). One major QTL for fiber strength was identified in an $F_2/F_{2:3}$ population and its derived recombinant inbred lines (RILs) (Shen *et al.*, 2005, 2007). Therefore, stable major QTLs could be identified through replicated trials in multiple environments and using proper mapping populations.

Although the importance of developing permanent RIL populations from interspecific *G. hirsutum* × *G. barbadense* was long recognized, hybrid breakdown and weakness due to the interspecific incompatibilities have impeded the successful use of the RIL populations in marker and QTL mapping until recently. However, only fiber quality traits were evaluated and no yield and yield traits have been mapped using an interspecific RIL population due to the poor field performance and low productivity (Lacape *et al.*, 2010). To circumvent this problem, we resorted to develop a backcross inbred line (BIL) population from a cross between Upland cotton and *G. barbadense* to identify QTLs including stable ones for fiber quality and yield traits in different environments (years and locations). The use of the BIL strategy, proposed by Wehrhahn and Allard (1965), is especially suitable for identification and introgression of desirable genes from a wild or unadapted germplasm into an elite background and has been used in many crops (e.g. Matsubara *et al.*, 2008). Using BILs, only limited regions from a donor parent are transferred to a recurrent parent through backcrossing, which can be repeatedly tested and mapped. In interspecific Upland cotton × *G. barbadense* crosses, "crazy" segregants, which are infertile or poorly productive and often encountered in early segregating or RIL populations, are minimized through backcrossing, and chromosome segments transferred from *G. barbadense* to Upland cotton are stabilized through several generations of backcrossing followed by selfing. This study represents one of the first reports using BILs in cotton to identify congruent QTLs from different environments.

2 Materials and methods

2.1 Materials and field tests

An interspecific backcross inbred line (BIL) population of 146 lines was used in this study. The BIL population was developed from a cross between Upland cotton SureGrow (SG 747) and *G. barbadense* Giza 75 through two generations of backcrossing using SG 747 as the recurrent parent followed by four generations of selfing. The 146 BILs and their two parents were planted in five environments in three locations: Anyang, Henan province in 2006, 2007 and 2008; Wangjing, Anhui province in 2007; and Aksu, Xinjiang Uyghur Autonomous Region in 2007. The three locations represent the major cotton production regions with three different cultivation systems in China-Yellow River valley (Henan), Yangtze River valley (Anhui) and Northwest (Xinjiang). The 148 entries were arranged in a randomized complete block design with two replications and single row plots in each environment. Seeds were sown in April in each location and crop management followed local recommendations for that location. At Anyang, Henan, cotton seeds were sown directly to the field under plastic mulch. The plot length was 8 m with a row spacing of 0.75 m and plant spacing of 0.23 m and seedlings were thinned to 32 plants $plot^{-1}$. At

Wangjiang, Anhui, seeds were firstly sown in pots made of the field soil in a seedbed nursery and seedlings at 3-4 true leaf stage were then transplanted to the field. The plot length was 3. 8 m with a row spacing of 0. 8 m and plant spacing of 0. 42 m and contained 9 plants $plot^{-1}$. At Aksu, Xinjiang, a high seeding rate was used with a plant spacing of 0. 11 m and row spacing of 0. 38 m and the plot length was 4 m with 40 plants.

2. 2 Trait evaluation

At plant maturity, 25 open boll samples per plot (1 boll from the middle of the plants per plant) were hand harvested in each test for evaluation of fiber quality traits using the High Volumn Instrument (HVI) 900 (Test Center of Cotton Fiber Quality affiliated with the Agriculture Ministry of China, China Cotton Research Institute, Chinese Academy of Agricultural Science, Anyang, Henan, China). The fiber quality traits measured were fiber length (FL), fiber strength (FS), micronaire (MC), fiber elongation (FE), and fiber uniformity (FU). Individual plots were then hand harvested for determination of yield and yield component traits including seed-cotton yield (SCY) -accumulated weight in kg/hm^2, lint yield (LY) -accumulated SCY weight in kg/hm^2 multiplied by lint percentage, boll weight (BW) in g per boll, lint percentage (LP) -lint weight divided by seed-cotton weight in the 25 boll samples. However, yield data were not collected in Wangjiang, Anhui due to excessive rains in the fall, while fiber quality for each genotype was tested using bulked samples from the two replicates in Anyang, Henan, China 2006; Wangjiang, Anhui, China 2008; and Aksu, Xinjiang, China 2008, in order to reduce testing costs. Due to genotype × environment interactions, analysis of variance was performed for each trait with replicates.

2. 3 DNA extraction and marker analysis

The genomic DNA was extracted from young leaves of the 146 individual BIL lines and the two parents using a mini-prep method as described by Zhang and Stewart (2000). A total of 2 041 simple sequence repeat (SSR) primer pairs were chosen according to other genetic maps (Lacape *et al.*, 2003; Rong *et al.*, 2004; Guo *et al.*, 2007; Yu *et al.*, 2007) and used to screen the parents for polymorphism. These SSR primer sequences are available in http://www.cottonmarker.org. SSR - PCR amplifications were performed using a Programmable Thermal Controller (MJ Research), and PCR product electrophoresis and silver staining were conducted as described by Zhang *et al.* (2000, 2002).

2. 4 Map construction and QTL mapping

A Chi-square test was performed to determine if the genotypic frequency at each locus deviated from the expected 55 (aa for the recurrent parent genotype): 9 (A_ for the donor genotype) for a dominant marker or 55 (aa): 2 (Aa): 7 (AA) segregation ratio for a co-dominant marker in the BC2F4-derived BIL population. The expected heterozygosity is 3. 2% for the BIL population. However, the heterozygosity of the BIL population was not evaluated in this study, because heterozygous marker loci were scored as missing. Therefore, linkage mapping was based on the final ratio of homozygotes. JoinMap 3. 0 (Stam 1993) was used to construct a linkage map, and a logarithm of odds (LOD) threshold of 5.0 and a maximal distance of 50 cM were used. When markers from the same chromosome were broken down to several linkage groups, reference maps (Lacape *et al.*, 2003; Guo *et al.*, 2007; Yu *et al.*, 2007; Lin *et al.*, 2009) were used to join them. For QTL mapping, the IciMapping software (v3.2; http://www.isbreeding.net/), an integrated software for building linkage maps and mapping QTLs which can handle various mapping populations including BILs in this study, was used (Li *et al.*, 2007). Inclusive composite interval mappinng method (ICIM) was used to map QTLs at a walk speed of 1 cM and LOD threshold values were estimated by 1 000 permutations to declare significant QTL (Churchill and Doerge 1994). A location QTL confidence interval (95%) was set as a mapping distance interval corresponding to one LOD decline on either side of the peak. QTLs for the same trait across different years and environments were declared as a 'common' QTL when their confidence intervals overlapped. The QTL nomenclature system proposed by McCouch *et al.* (1997) was adopted in the current study. The designation begins with 'q', followed by an abbreviation of the trait name (e.g. FL for fiber length, FS for fiber strength), year, abbreviation of the location, the chromosome name, and finally the serial number.

3 Results

3.1 Performance of parents and BIL population

The BIL population of 146 lines together with the two parents was tested in five environments. Date for yield traits were collected in Anyang in 3 years (2006, 2007 and 2008) and Xinjiang in 2007, while fiber quality data were collected in Anyang (2007 and 2008), Xinjiang in 2007 and Wangjiang in 2007. A combined analysis of variance indicated that significant variations due to genotype and genotype × environment existed for all the traits. Therefore, the phenotypic data for fiber quality and yield traits of the BIL population and the parents for the individual tests are summarized in Table 1. Except for fiber uniformity, the differences in fiber length, strength, and micronaire, seed-cotton yield, lint yield, boll weight and lint percentage between the two parents were significant. All the nine traits tested fit to the normal distribution according to skewness when each trait in each environment was subjected to the analysis (Table 1). As compared with the two parents, the phenotypic distributions and the wide range of variation of the traits indicated overall transgressive segregations in the BIL population. For yield and yield components, except for boll weight which did not display transgressive segregations all of the traits exhibited both positive and negative transgressive segregations. Lint percentage displayed mostly negative transgressive segregation, while the reverse was true for seed-cotton yield, which resulted in both negative and positive transgressive segregations for lint yield. For fiber quality traits, negative transgressive segregations were noted for length, strength, micronaire and uniformity, while only positive transgressive segregation occurred for fiber elongation. The results indicated that further yield improvement in Upland cotton is possible through interspecific backcross breeding, but not through boll weight or lint percentage. Micronaire can also be reduced, thereby increasing fiber finesses in backcross progenies.

Table 1 Performance of backcross inbred lines (BILs) of SG 747 9 Giza 75 hybrid and their parents

Trait	Environment	Parent		Diff.	BILs			Skewness	LSD (0.05)
		SG 747	Giza 75		Min.	Max.	Mean		
Fiber length (mm)	Anyang 2008	27.54	42.58	*	25.97	33.07	29.43	0.1	1.52
	Anyang 2007	29.13	33.86	*	25.9	32.77	29.4	0.12	1.47
Fiber strength (cN/tex)	Anyang 2008	27.3	42.1	*	25.9	33.45	29.26	0.26	2.5
	Anyang 2007	25.75	36.6	*	26.42	32.78	29.02	0.3	2.15
Micronaire (unit)	Anyang 2008	6.3	5.6	*	3.57	5.79	4.62	−0.04	0.54
	Anyang 2007	6.15	4.49	*	3.97	6.16	4.84	0.6	0.49
Elongation (%)	Anyang 2008	6.35	7	*	6.1	6.8	6.42	0.47	0.22
	Anyang 2007	6.05	5	*	5.97	6.8	6.39	−0.09	0.63
Uniformity (%)	Anyang 2008	85.5	85.9	ns	81.1	85.85	84.18	−0.55	1.93
	Anyang 2007	85.35	85.3	ns	81.77	85.78	84.15	−0.7	1.98
Boll weight (g/boll)	Anyang 2008	5.21	3.33	*	3.74	6.17	4.93	−0.25	0.64
	Anyang 2007	6.27	3.53	*	3.96	6.58	5.13	0.18	0.92
	Anyang 2006	6.18	3.87	*	3.69	5.8	4.77	−0.44	0.36
	Xinjiang 2007	5.4	3.2	*	2.95	5.75	4.57	−0.77	0.85
Lint percent (%)	Anyang 2008	40.48	34.84	*	31.96	42.94	36.44	0.13	2.57
	Anyang 2007	43.36	36.57	*	33.48	44.38	38.98	0.14	3.03
	Anyang 2006	40.19	35.26	*	30.58	40.78	35.93	−0.21	1.62
	Xinjiang 2007	43.1	40.62	*	29.72	42.85	38.23	−0.47	2.08
Lint yield (kg/ha)	Anyang 2008	528	112	*	86	1 103	417	0.72	213
	Anyang 2007	647	304	*	314	1 290	719	0.28	333

(continued)

Trait	Environment	Parent		Diff.	BILs			Skewness	LSD (0.05)
		SG 747	Giza 75		Min.	Max.	Mean		
Seedcotton yield (kg/ha)	Anyang 2006	954	309	*	272	1 229	740	0.1	195
	Xinjiang 2007	1 509	800	*	522	1 651	1 056	-0.01	550
	Anyang 2008	1 422	836	*	250	2 640	1 139	0.58	563
	Anyang 2007	1 496	833	ns	831	2 952	1 836	0.14	783
	Anyang 2006	2 378.85	878	*	770	3 406	2 054	0.03	509
	Xinjiang 2007	3 501	1970	*	1348	4 306	2 758	0.06	1 429

Yield data were not collected in Wangjiang, Anhui due to excessive rains in the fall, while fiber quality for each genotype was tested using bulked samples from the two replicates in Anyang 2006; Wangjiang, Anhui 2007; and Aksu, Xinjiang 2007. Due to genotype 9 environment interactions, analysis of variance was performed for each trait with replicates ns no significant difference

* Significant difference between the parents at $P = 0.05$

3.2 Construction and characterization of a linkage map

The genetic map spanned a total of 2 895 cM in genetic distance including 392 SSR polymorphic loci with an average genetic distance of 7.4 cM per marker. In the map, 29 linkage groups were assigned to 26 chromosomes, with 2 ~ 25 loci and 34.7 ~ 190.2 cM per chromosome. The density of markers also varied between chromosomes, ranging from 4.4 cM (c06) to 18.3 cM (c04). The largest gap between two adjacent loci was 42.5 cM (on c5). Chromosomes with more than 20 loci were c5, c12, c16, c18, c19, c21 and c26, and chromosomes with less than 10 loci were c4 and c17. The total genetic length of the At and Dt sub-genomes was 1 354 and 1 541 cM, with 179 and 213 loci, respectively. The average distance between two markers for At and Dt sub-genomes was 7.6 and 7.2 cM, respectively. The Dt sub-genome was longer than the At sub-genome and had more polymorphic markers assigned in the current study (Table 2).

Table 2　Genetic distances, marker loci, and QTL distributions among chromosomes in the backcross inbred line population of SG 747 9 Giza 75 hybrid

Chromosome	No. of loci	Length (cM)	Average interval (cM)	No. distorted	No. of QTLs
C1-1	8	54.6	6.8	2	4
C1-2	2	34.7	17.4	0	0

(continued)

Chromosome	No. of loci	Length (cM)	Average interval (cM)	No. distorted	No. of QTLs
C2	10	73.7	7.4	6	0
C3	17	139	8.2	7	2
C4	6	110	18.3	2	0
C5	22	190.2	8.6	7	4
C6	16	70.6	4.4	4	0
C7	10	78.4	7.8	2	5
C8	13	93.4	7.2	3	0
C9	11	82.2	7.5	4	5
C10	11	58.3	5.3	4	1
C11	18	97.3	5.4	3	4
C12	22	153.7	7	6	2
C13	13	117.9	9.1	2	2
A subgroup	179	1354	7.6	52	29
C14-1	7	69.6	9.9	2	4
C14-2	3	42.5	14.2	0	0
C15	17	172	10.1	4	1
C16	22	118.3	5.4	5	4
C17	4	54.7	13.7	1	0
C18	23	145.9	6.3	5	7
C19	25	169.1	6.8	7	2
C20	13	73.8	5.7	4	2
C21	22	114.7	5.2	2	3
C22	17	99.1	5.8	1	3
C23	10	124	12.4	3	0
C24	15	83.4	5.6	4	5
C25-1	8	76.6	9.6	1	1

(continued)

Chromosome	No. of loci	Length (cM)	Average interval (cM)	No. distorted	No. of QTLs
C25-2	4	58.1	14.5	1	1
C26	23	139.4	6.1	8	5
D subgroup	213	1541.2	7.2	48	38
Total	392	2895.2	7.4	100	67

3.3 Segregation distortions

A total of 100 segregation distorted (SD) loci were identified, accounting for 25.5% of the 392 mapped loci with 71 loci segregating toward the Upland cotton alleles and 29 toward the *G. barbadense* alleles. These SD loci were unevenly distributed on the 26 cotton chromosomes with 1 ~ 8 loci on each chromosome (Table 2). A slightly more SD segregating loci were located on the At sub-genome than on the Dt sub-genome (52 vs. 48). The most SD loci were on c2, c3, c5, c12, c19 and c26 (~ 1/3 of the loci were distorted), and only one SD locus on c17 and c21 each. There were several SD regions on c3, c5, c6, and c26 (6 SD loci each). The SD loci exhibited a phenomenon in which loci skewing toward the same species alleles appeared to be on the same chromosome, such as all of the six loci skewing toward the Upland cotton alleles on c26. In *G. hirsutum* × *G. barbadense* interspecific crosses, 10% ~ 20% SSR loci have been reported to have SD in F_2 or BC1 (Guo *et al.*, 2007; Yu *et al.*, 2007, 2011). Repeated inbreeding (backcross and self-pollination) may increase SD, as demonstrated in the current study. SD has been also frequently observed in other plants (e. g., Xu *et al.*, 1997).

3.4 QTLs for fiber quality traits, yield and yield components

A total of 67 QTLs were detected on 23 chromosomes by inclusive composite interval mapping (ICIM), each explaining 6.65% ~ 25.27% of the phenotypic variation. Of the 67 QTLs, 29 were located on the At sub-genome, and 38 on the Dt sub-genome derived from an ancestor that does not produce spinnable fibers. There were 28 QTLs affecting five fiber quality traits and 39 QTLs affecting four yield and its components detected from the BIL population. Eight common QTLs (12%) were detected in more than two environments, Among the eight common QTLs, two were for fiber quality traits including one for fiber strength and one for uniformity, and six for yield and its components including three for lint yield, one for seed-cotton yield, one for lint percentage and one for boll weight (Figure 1; Table 3; Table 4).

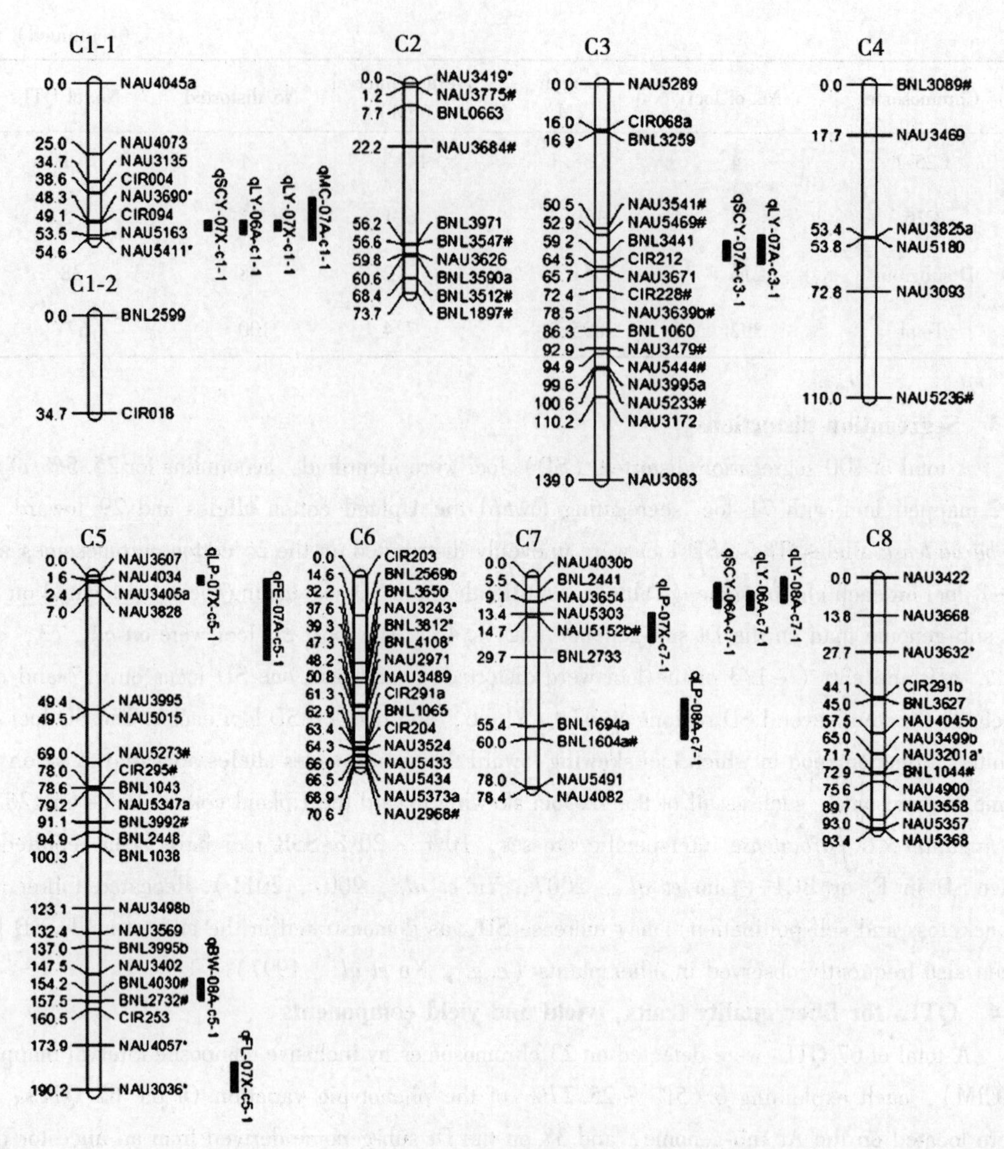

Figure 1 (Continued)

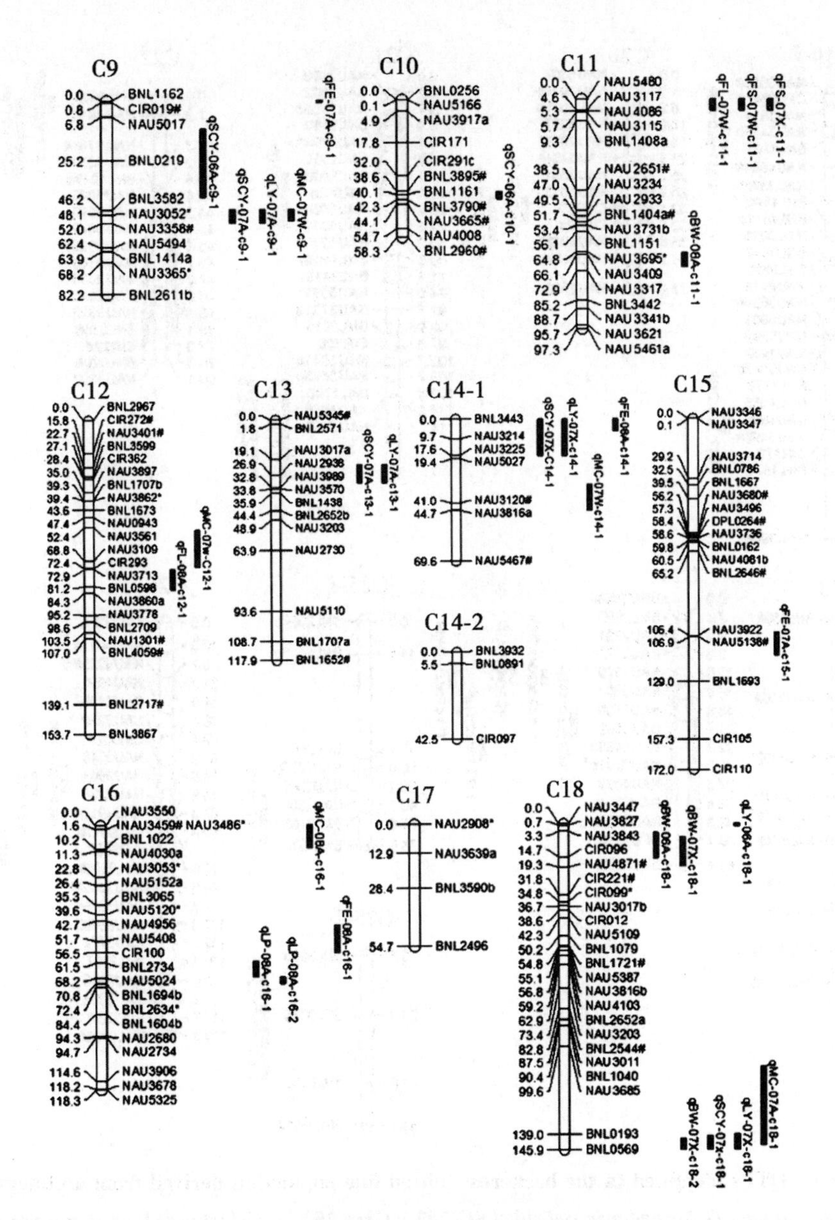

Figure 1　(Continued)

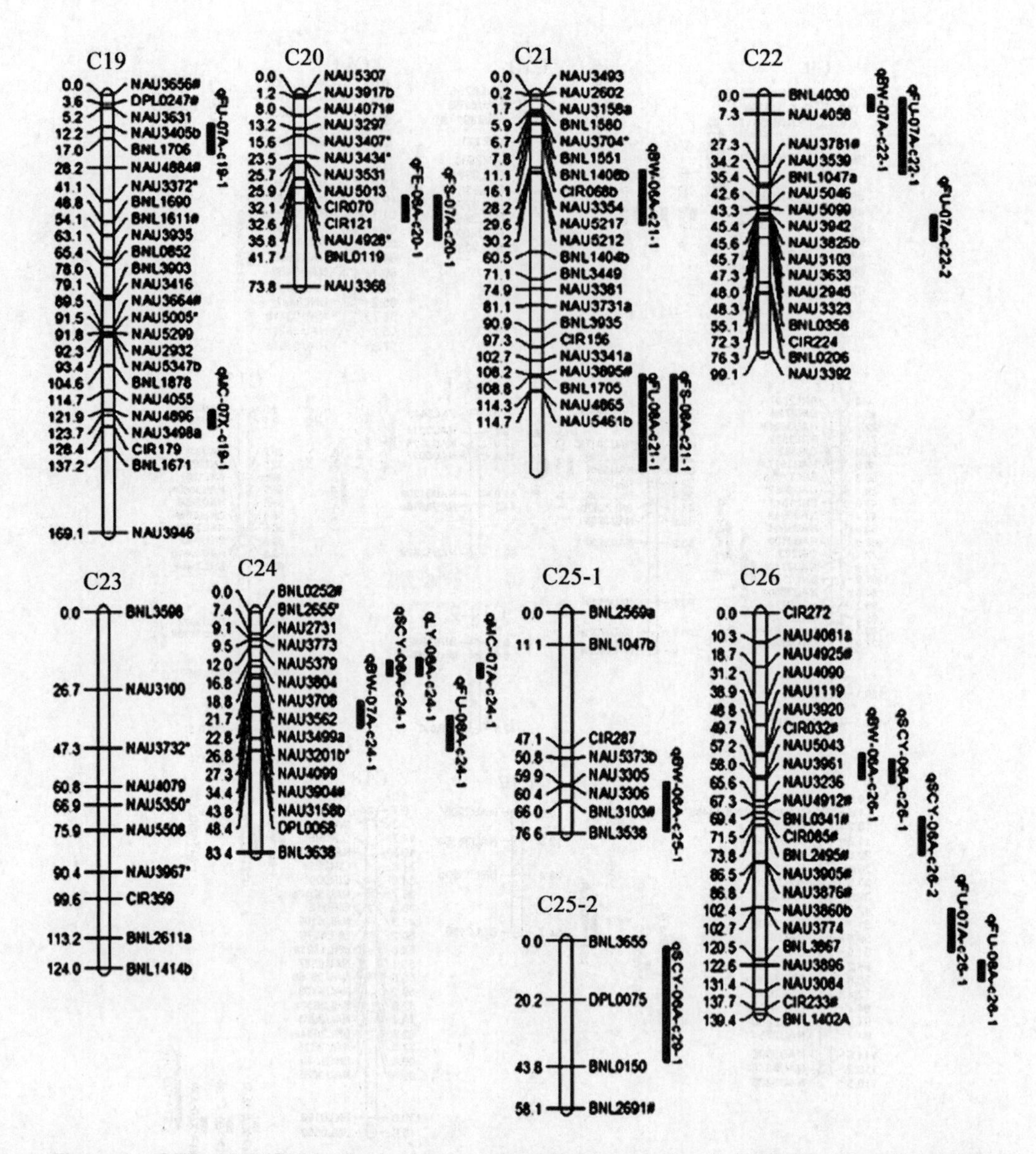

Figure 1　QTLs identified in the backcross inbred line population derived from an interspecific *G. hirsutum* × *G. barbadense* bybrid（SG 747 × Gizn 75）.　* Markers skewed toward the Giza 75 allele and # markers skewed twoward the SG 747 allele

Table 3　QTLs detected for fiber quality traits in the backcross inbred line（BIL）population of an interspecific hybrid（SG 747 9 Giza 75）

Trait	Env	QTL name	Marker interval	LOD	Add	PV（%）	Direction
Fiber length (mm)	2008 Anyang	qFL-08A-c12-1	NAU3713-BNL0598	4. 33	－0. 77	16. 72	Giza 75
		qFL-08A-c21-1	BNL1705-NAU4865	4. 29	0. 7	12. 18	SG 747
	2007 Wangjiang	qFL-07W-c11-1	NAU5480-NAU3117	2. 65	－0. 52	8. 23	Giza 75
	2007 Xinjiang	qFL-07X-c5-1	NAU4057-NAU3036	4. 34	0. 42	13. 1	SG 747

(continued)

Trait	Env	QTL name	Marker interval	LOD	Add	PV (%)	Direction
Fiber strength (cN/tex)	2008 Anyang	qFS-08A-c21-1	BNL1705-NAU4865	2.72	0.74	8.38	SG 747
	2007 Anyang	qFS-07A-c20-1	BNL119-NAU3368	3.25	0.43	12.21	SG 747
	2007 Wangjiang	qFS-07W-c11-1	NAU5480-NAU3117	3.22	-1.07	14.95	Giza 75
	2007 Xinjiang	qFS-07X-c11-1	NAU5480-NAU3117	2.7	-0.84	14.42	Giza 75
Micronaire (unit)	2008 Anyang	qMC-08A-c16-1	NAU3486-BNL1022	2.62	0.16	12.55	SG 747
	2007 Anyang	qMC-07A-c1-1	CIR094-NAU5163	2.61	0.19	12.22	SG 747
		qMC-07A-c18-1	BNL0193-BNL0569	2.93	-0.15	7.39	Giza 75
		qMC-07A-c24-1	NAU3708-NAU3562	6.14	-0.22	17.57	Giza 75
	2007 Wangjiang	qMC-07W-c9-1	BNL3582-NAU3052	2.56	0.13	7.16	SG 747
		qMC-07W-c12-1	NAU3109-CIR293	3.16	0.26	9.06	SG 747
		qMC-07W-c14-1	NAU3120-NAU3816a	3.46	0.28	9.13	SG 747
	2007 Xinjiang	qMC-07X-c19-1	NAU3498a-CIR179	2.96	-0.21	14.45	Giza 75
Fiber elongation (%)	2008 Anyang	qFE-08A-c14-1	BNL3443-NAU3214	2.71	-0.06	6.65	Giza 75
		qFE-08A-c16-1	NAU5408-CIR100	4.36	0.06	11.26	SG 747
		qFE-08A-c20-1	BNL119-NAU3368	6.37	0.05	17.14	SG 747
	2007 Anyang	qFE-07A-c5-1	NAU3405a-NAU3828	2.58	0.17	10.1	SG 747
		qFE-07A-c9-1	BNL1162-CIR019	3.77	0.21	10.35	SG 747
		qFE-07A-c15-1	NAU5138-BNL1693	2.96	0.21	8.14	SG 747
Uniformity (%)	2008 Anyang	qFU-08A-c24-1	NAU3904-NAU3158b	4.13	0.62	20.35	SG 747
		qFU-08A-c26-1	BNL3867-NAU3896	4.4	0.61	19.64	SG 747
	2007 Anyang	qFU-07A-c19-1	NAU3405b-BNL1706	3.67	0.57	18.48	SG 747
		qFU-07A-c22-1	NAU4058-NAU3781	2.63	0.65	17.89	SG 747
		qFU-07A-c22-2	NAU3323-BNL0358	2.77	0.52	14.59	SG 747
		qFU-07A-c26-1	NAU3774-BNL3867	3.34	0.72	22.68	SG 747

Table 4 QTLs detected for yield and yield component traits in the backcross inbred line (BIL) population of an interspecific hybrid (SG747 9 Giza 75)

Trait	Env	QTL name	Marker interval	LOD	Add	PV (%)	Direction
Boll weight (g/boll)	2008 Anyang	qBW-08A-c5-1	NAU3402-BNL4030	3. 08	0. 26	12. 45	SG 747
		qBW-08A-c11-1	NAU3409-NAU3317	6. 59	0. 25	21. 12	SG 747
	2007 Anyang	qBW-07A-c22-1	BNL4030-NAU4058	2. 99	0. 28	12. 04	SG 747
		qBW-07A-c24-1	NAU3904-NAU3158b	2. 77	-0. 29	13. 54	Giza 75
	2006 Anyang	qBW-06A-c18-1	NAU3843-CIR096	3. 21	0. 21	16. 4	SG 747
		qBW-06A-c21-1	NAU5212-BNL1404b	4. 15	0. 31	25. 27	SG 747
		qBW-06A-c25-1	NAU3306-BNL3103	2. 54	0. 21	8. 48	SG 747
		qBW-06A-c26-1	CIR032-NAU5043	2. 8	0. 23	14. 44	SG 747
	2007 Xinjiang	qBW-07X-c18-1	CIR096-NAU4871	2. 67	0. 2	10. 52	SG 747
		qBW-07X-c18-2	BNL0193-BNL0569	4. 59	0. 32	19. 58	SG 747
Lint percent (%)	2008 Anyang	qLP-08A-c5-1	NAU4034-NAU3405a	2. 87	-1. 26	18. 06	Giza 75
		qLP-08A-c7-1	BNL1694a-BNL1604a	3. 33	-1. 41	15. 19	Giza 75
		qLP-08A-c16-1	BNL2734-NAU5024	3. 84	-1. 39	17. 5	Giza 75
		qLP-08A-c16-2	NAU5024-BNL1694b	4. 2	-1. 43	17. 64	Giza 75
	2007 Xinjiang	qLP-07X-c7-1	NAU5152b-BNL2733	2. 73	1. 65	16. 67	SG 747
Seedcotton yield (kg/hm^2)	2008 Anyang	qSCY-08A-c24-1	NAU3708-NAU3562	3. 07	174. 9	8. 75	SG 747
	2007 Anyang	qSCY-07A-c3-1	NAU5469-BNL3441	3. 18	182. 04	7. 99	SG 747
		qSCY-07A-c9-1	NAU3052-NAU3358	2. 94	144. 54	9. 97	SG 747
		qSCY-07A-c13-1	NAU2938-NAU3989	5. 09	291. 06	19. 13	SG 747
	2006 Anyang	qSCY-06A-c7-1	BNL2441-NAU3654	3. 3	230. 84	9. 26	SG 747
		qSCY-06A-c9-1	NAU5017-BNL0219	4. 23	293. 42	12. 96	SG 747
		qSCY-06A-c10-1	BNL3895-BNL1161	6. 48	352. 51	14. 34	SG 747
		qSCY-06A-c26-1	CIR032-NAU5043	2. 58	205. 9	7. 06	SG 747
		qSCY-06A-c26-2	BNL2495-NAU3905	3. 91	308. 22	8. 17	SG 747
		qSCY-06A-c25-1	DPL0075-BNL0150	5. 09	315. 19	15. 27	SG 747
	2007 Xinjiang	qSCY-07X-c1-1	NAU3690-CIR094	3. 2	343. 24	9. 87	SG 747
		qSCY-07X-c14-1	BNL3443-NAU3214	2. 51	266. 92	6. 96	SG 747
		qSCY-07X-c18-1	BNL0193-BNL0569	2. 56	308. 93	8. 03	SG 747

(continued)

Trait	Env	QTL name	Marker interval	LOD	Add	PV (%)	Direction
Lint yield (kg/hm^2)	2008 Anyang	qLY-08A-c7-1	NAU4030b-BNL2441	2.68	81.93	11.03	SG 747
		qLY-08A-c24-1	NAU3708-NAU3562	2.77	63.38	7.88	SG 747
	2007 Anyang	qLY-07A-c9-1	NAU3052-NAU3358	2.76	59.54	9.64	SG 747
		qLY-07A-c13-1	NAU2938-NAU3989	4.35	114.02	16.77	SG 747
		qLY-07A-c3-1	NAU5469-BNL3441	2.64	70.46	6.82	SG 747
	2006 Anyang	qLY-06A-c18-1	NAU3447-NAU3827	3.08	77.98	7.71	SG 747
		qLY-06A-c1-1	CIR094-NAU5163	4.22	124	15.44	SG 747
		qLY-06A-c7-1	BNL2441-NAU3654	4.1	107.67	14.95	SG 747
	2007 Xinjiang	qLY-07X-c1-1	NAU3690b-CIR094	3.37	140.86	10.33	SG 747
		qLY-07X-c14-1	BNL3443-NAU3214	2.5	106.65	6.88	SG 747
		qLY-07X-c18-1	BNL0193-BNL0569	2.61	125.03	8.26	SG 747

3.4.1　Fiber length

There were a total of four QTLs affecting FL which were located on four chromosomes (c5, c11, c12 and c21). From 8.23% to 16.72% of the phenotypic variance (PV) could be explained by a single QTL. Two QTLs (qFL-07W-c11-1 and qFL-08A-c12-1) had alleles with positive effective from Giza 75 (called Gb alleles hereafter). The direction of the additive effect in the other two QTLs (qFL-07X-c5-1 and qFL-08A-c21-1) was contributed by the SG 747 (called Gh hereafter) allele.

3.4.2　Fiber strength

A total of four QTLs for FS were detected on c11, c20 and c21 in four environments and one common QTL was found on c11. The common QTL was supported by two QTLs (qFS-07X-c11-1 and qFS-07W-c11-1) detected in two environments (Xinjiang, 2007; Wangjiang, 2007) which were on c11 in the same marker interval between NAU5480 and NAU3117. The Gb alleles for both QTLs increased fiber strength by 0.84 ~ 1.07 cN/tex, explaining 14.95 and 14.42% of the PV, respectively. These two QTLs could be a stable and common QTL and were, therefore, named qFS-c11-1. The positive additive effects for the other two QTLs were both from the Gh alleles.

3.4.3　Micronaire

For MC, eight QTLs were identified on c1, c9, c12, c14, c16, c18, c19 and c24 in four environments, explaining 7.16% ~ 17.57% of the PV. The Gb allele decreased micronaire value by 0.13 ~ 0.28 in five of the eight QTLs, as expected from the Gb parent with significantly lower micronaire, explaining 9.06% ~ 12.55% of the PV. The Gh alleles for the other three QTLs increased micronaire value by 0.15 ~ 0.22, explaining 7.39% ~ 17.57% of the PV, respectively.

3.4.4 Fiber elongation

A total of six QTLs for FE were identified and mapped on six chromosomes (c5, c9, c14, c15, c16, and c20), explaining 6.65% ~17.14% of the PV. Except for the Gb allele for the qFE-08A-c14-1 which reduced FE, the Gh alleles for the other five QTLs increased fiber elongation by 0.05% ~0.21%, explaining 8.14% ~17.14% of the PV.

3.4.5 Fiber uniformity

For FU, six QTLs were identified on c19, c22, c24 and c26, explaining 14.59% ~22.68% of the PV. The Gh alleles increased fiber uniformity value by 0.52 ~0.72 in all of the six QTLs. The QTL qFU-07A-c26-1 overlapped with qFU-08A-c26-1 through the bridge marker BNL3867, and the two QTLs were identified in two environments of the same location (Anyang, 2007; Anyang, 2008). Therefore, we suggested these two QTLs being a common QTL which is named qFU-c26-1. Another two QTLs (qFU-07A-c22-1 and qFU-07A-c22-2) were mapped on c22 in the same test (Anyang, 2007), explaining 17.89% and 14.59% of the PV, respectively.

3.4.6 Boll weight

A total of 10 QTLs for BW were detected and mapped on eight chromosomes (c5, c11, c18, c21, c22, c24, c25, and c26), explaining 8.48% ~25.27% of the PV. Except for the Gb allele for the qBW-07A-c24-1, the Gh alleles for the other nine QTLs increased BW. There were three QTLs detected on c18 in two environments (Anyang, 2006; Xinjiang, 2007). The two QTLs qBW-06A-c18-1 and qBW-07X-c18-1 overlapped by one bridge marker CIR096, explaining 16.40% and 10.52% of the PV, respectively. Therefore, they are named as a common QTL qBW-c18-1. The third QTL qBW-07X-c18-2 was located at the other end of c18, explaining 19.58% of the PV.

3.4.7 Lint percentage

There were a total of five QTLs affecting LP which were located on three chromosomes (c5, c7, and c16), explained 15.19% ~18.06% of the PV. The two QTLs on c7 including qLP-07X-c7-1 and qLP-08A-c7-1 were close to each other, but not overlapped; however, we still suggest that they belong to a common QTL, named qLP-c7-1. The two QTLs explained 16.67% and 15.19% of the PV, respectively; however, the additive effects were opposite. The other two QTLs qLP-08A-c16-1 and qLP-08A-c16-2) were mapped in a close proximity on c16 in the same test (Anyang, 2008), explaining 7.06% and 8.17% of the PV, respectively.

3.4.8 Seed-cotton yield

A total of 13 QTLs for SCY were identified and mapped onto 11 chromosomes (c1, c3, c7, c9, c10, c13, c14, c18, c24, c25, and c26), explaining 6.96% ~ 19.13% of the PV. The Gh alleles increased seedcotton yield by 146 ~ 353kg/hm^2 in all of the 13 QTLs. One common QTL named qSCY-c9-1 was found on c9 in that the confidence interval of the qSCY-06A-c9-1 was overlapped with that of qSCY-07A-c9-1, and covered by one common marker BNL3582. The two QTLs explained 12.96% and 9.97% of the PV, respectively. The Gh alleles increased SCY by 293 ~ 146kg/hm². Two other QTLs (qSCY-06A-c26-1 and qSCY-06A-c26-2) were mapped within a 10-cM region on c26 in the same test (Anyang, 2006), explaining 7.06% and 8.17% of the PV, respectively.

3.4.9　Lint yield

For LY, 11 QTLs were identified and mapped onto c1, c3, c7, c9, c13, c14, c18, and c24, explaining 6.82% ~ 16.77% of the PV. All the 11 Gh alleles contributed to the increase in LY by 60 ~ 141kg/hm². Three common QTLs were found on c1, c7 and c18. One common QTL qLY-c1-1 was found in an overlapped region on c1 in two environments (Anyang, 2006; Xinjiang, 2007), as supported by the marker interval between CIR094 and NAU5163. The percentage of PV explained by the two QTLs was 15.44% and 10.33%, respectively, and the Gh allele increased LY by 124 ~ 141kg/hm². Another common QTL qLP-c7-1 was identified on c7 in two tests in the same location (Anyang, 2006 and 2008). The confidence interval of qLY-06A-c7-1 was overlapped with that of qLY-08A-c7-1 and contained two common markers BNL2441 and NAU3654. The two QTLs explained 14.95% and 11.03% of the PV, respectively, and the Gh allele increased LY by 82 ~ 108kg/hm². The third one was found on c18 in two environments (Anyang, 2006; Xinjiang, 2007), but the confidence interval of the two individual QTLs were not overlapped. However, we still suggest it being a common QTL, which explained more than 15% of the PV and the Gh allele increased LY by 78 ~ 125kg/hm².

3.4.10　QTL clustering

Several QTL clusters or co-localization QTLs were observed on almost half of the tetraploid cotton chromosomes, including c1, c7, c9, c11, c14, c16, c18, c24, and c26. Some co-localized QTLs were mapped to the same regions affecting the same traits, and some were about fiber quality traits (c11 for FS and c26 for FU) or yield traits (c18 for BW; c16 for LP; c9 and c26 for SCY; c1 and c7 for LY). Importantly, some QTLs affected not only different fiber quality traits but also different yield traits including QTLs affecting more than three traits and more than three QTLs on c1, c7, c9, c14, c18 and c24. For example, one FU-QTL, one MC-QTL, one SCY-QTL, one LY-QTL and one BW-QTL were all found within a 15 cM region of c24 between NAU3708 and NAU3158b affecting both fiber quality and yield traits. A c18 region between BNL193 (139 cM) and BNL569 (145.9 cM) carried QTLs for micronaire, boll weight, lint yield, and seed-cotton yield.

4　Discussion

4.1　QTL clustering

Clusters of QTLs for different fiber quality and yield component traits in the same genomic region were reported previously (Lacape *et al.*, 2005, 2010; He *et al.*, 2005, 2007; Rong *et al.*, 2007; Ulloa and Meredith, 2000; Shappley *et al.*, 1998; Shen *et al.*, 2005, 2007; Zhang *et al.*, 2009). Our data based on five environments also confirmed this phenomenon. Clustering QTLs in the tetraploid cotton could be explained by gene/QTL linkage or pleiotropic effects from a single QTL. Rong *et al.* (2007) proposed that cotton fiber quality QTLs may represent groups of coordinately regulated genes and/or groups of small gene families that have undergone proximal duplication followed by sub- or neo- functionalization. However, this hypothesis remains to be tested.

4.2 Contributions of the At and Dt sub-genomes to allotetraploid cottons

In the last decade, numerous molecular mapping studies have clearly shown that many QTLs for fiber quality traits were located on the Dt sub-genome of the tetraploid cotton (Jiang *et al.*, 2000; Paterson *et al.*, 2003; Chee *et al.*, 2005a, b; Draye *et al.*, 2005). Some studies have shown that more QTLs occurred on the Dt sub-genome than on the At sub- genome for fiber quality traits (Jiang *et al.*, 1998; Paterson *et al.*, 2003; Rong *et al.*, 2007; Shen *et al.*, 2007; Lacape *et al.*, 2010). However, whether the difference was significant has not been statistically tested. In the present study, among the 28 QTLs affecting fiber quality traits, we observed a numeric difference in the numbers of QTLs distributed between the two sub-genomes, i.e. 10 versus 18 on the At and Dt sub-genomes, respectively, and the difference was significant based on a Chi-square test. Therefore, our research does support the notion that the Dt sub-genome exerted a higher contribution to the genetic control of the fiber quality traits than the At sub-genome. However, for yield and yield component traits, almost an equal number of QTLs (19 on the At sub-genome and 20 on the Dt sub-genome) was detected and the difference was insignificant based on a Chi-square test. Overall, more QTLs were detected on the Dt sub-genome than on the At sub-genome (38 vs. 29), and the QTLs on the two sub-genomes appears unevenly distributed. However, the number of QTLs detected in the current study will not allow a genome-wide analysis of QTL distributions.

4.3 Comparison of QTLs with other reports

It was not easy to compare different QTL studies among different populations in cotton because of the lack of sufficient common markers. However, some relative stable and common QTLs on the same chromosomes in different populations were reported. Lacape *et al.* (2005) reported that 20% of the QTLs were common between at least two of the three backcross segregating populations and only 30% of the QTLs detected in their studies putatively agreed with at least one QTL report in the literature for both chromosome locations and parental species origin. One major QTL for fiber strength was identified in $F_2/F_{2:3}$ and RIL populations of 7 235 × TM^{-1} (Shen *et al.*, 2005, 2007). Chen *et al.* (2009) further identified five tightly linked and/or clustered QTLs on c24 in three populations generated using three RIL lines, which overlapped with their previously identified major QTL region. In the present study, almost 1/2 of the QTLs (13 of 28) affecting fiber quality traits were found to be located on the same chromosomes through a comparative analysis with the previous studies, including three QTLs for fiber length on c5, c12 and c21 (Chee *et al.*, 2005b; Shen *et al.*, 2007; Wu *et al.*, 2009; Zhang *et al.*, 2009; Lacape *et al.*, 2010); two QTLs for fiber strength on c20 and c21 (Wu *et al.*, 2009; Lacape *et al.*, 2010); five QTLs for fiber elongation on c5, c9, c14, c15 and c20 (Chee *et al.*, 2005a; Lacape *et* al. , 2005, 2010; Wu *et al.* , 2009; Zhang *et al.* , 2009); and three QTLs for fiber uniformity on c19, c22 and c26 (Shen *et al.* , 2007; Lacape *et al.* , 2010). However, we were unable to compare QTLs for fiber fineness because of different measurements in different tests. There were also seven QTLs for yield components mapped to the same chromosomes as others, including two QTLs for LY on c7 (He *et al.* , 2007) and c24 (Shen *et al.* , 2007); three QTLs for SCY on c14 (He *et al.* , 2007), c24 (Shen *et al.* , 2007) and c26 (Wu *et al.* , 2009); and two QTLs for BW on c24 (Shen *et al.* , 2007) and c26 (Wu *et al.* , 2009). These QTLs may be common QTLs or closely linked for fiber quality or yield components.

However, it also should be pointed out that the population size of BILs in the current study is relatively small, considering its imbalanced genotype nature (55aa: 2Aa: 7AA). The introgressed allele (A) and genotype (AA) from *G. barbadense* are far fewer than these from the recurrent Upland cotton parent, which could limit the resolution power in QTL mapping and estimation of QTL parameters including effects and map locations. Furthermore, only two replicates in each environment were implemented in the current study, which may also affect QTL mapping. However, BILs tested in multiple environments helped in detecting more QTLs responding to various environmental conditions.

Acknowledgments

This work was supported by grants from the Major State Basic Research Development Program of China ("973" Program) (No. 2010CB126006) and the National High Technology Research and Development Program of China ("863" Program) (No. 2012AA101108); and the New Mexico Agricultural Experiment Station.

References

[1] Asins M J. Present and future of quantitative trait locus analysis in plant breeding [J]. *Plant Breed*, 2002, 121: 281-291.

[2] Chee P W, Draye X, Jiang C X, *et al.* Molecular dissection of interspecific variation between *Gossypium hirsutum* and *Gossy- pium barbadense* (cotton) by a backcross-self approach: I. Fiber elongation [J]. *Theor. Appl. Genet*, 2005a, 111: 757-763.

[3] Chee P W, Draye X, Jiang C X, *et al.* Molecular dissection of phenotypic variation between *Gossypium hirsutum* and *Gossy- pium barbadense* (cotton) by a backcross-self approach: III. Fiber length [J]. *Theor. Appl. Genet*, 2005b, 111: 772-781.

[4] Chen Z J, Scheffler B E, Dennis E, *et al.* Toward sequencing cotton (*Gossypium*) genomes [J]. *Plant Physiol*, 2007, 145: 1303-1310.

[5] Chen H, Qian N, Guo W, *et al.* Using three overlapped RILs to dissect genetically clustered QTL for fiber strength on Chro. D8 in Upland cotton [J]. *Theor. Appl. Genet*, 2009, 119: 605-612.

[6] Churchill G A, Doerge R W. Empirical threshold values for quantitative trait mapping

[J]. *Genetics*, 1994, 138: 963-971.

[7] Draye X, Chee P W, Jiang C X, *et al.* Molecular dissection of interspecific variation between *Gossypium hirsutum* and *G. barbadense* (cotton) by a backcross-self approach: II. Fiber fineness [J]. *Theor. Appl. Genet*, 2005, 111: 764-771.

[8] Guo W, Cai C, Wang C, *et al.* A microsatellite-based, gene-rich linkage map reveals genome structure, function and evolution in *Gossypium* [J]. *Genetics*, 2007, 176: 527-541.

[9] Han Z G, Guo W Z, Song X L, *et al.* Genetic mapping of EST-derived microsatellites from the diploid *Gossypium arboreum* in allotetraploid cotton [J]. *Mol. Genet Genomics*, 2004, 272: 308-327.

[10] Han Z G, Wang C, Song X, *et al.* Characteristics, development and mapping of *Gossypium hirsutum* derived EST-SSRs in allotetraploid cotton [J]. *Theor. Appl. Genet*, 2006, 112: 430-439.

[11] He D, Lin Z, Zhang X, *et al.* Mapping QTLs of traits contributing to yield and analysis of genetic effects in tetraploid cotton [J]. *Euphytica*, 2005, 144: 141-149.

[12] He D, Lin Z, Zhang X, *et al.* QTL mapping for economic traits based on a dense genetic map of cotton with PCR-based markers using the interspecific cross of *Gossypium hirsutum* × *Gossypium barbadense* [J]. *Euphytica*, 2007, 153: 181-197.

[13] Jiang C X, Wright R J, El-Zik K M, *et al.* Polyploid formation created unique avenues for response to selection in *Gossypium* (cotton) [J]. *Proc. Natl. Acad Sci. USA*, 1998, 95: 4419-4424.

[14] Jiang C, Chee P W, Draye X, *et al.* Multilocus interactions restrict gene introgression in interspecific populations of polyploidy *Gossypium* (cotton) [J]. *Evolution*, 2000, 54: 798-814.

[15] Kohel R J, Yu J, Park Y, *et al.* Molecular mapping and characterization of traits controlling fiber quality in cotton [J]. *Euphytica*, 2001, 121: 163-172.

[16] Lacape J M, Nguyen T B, Thibivilliers S, *et al.* A combined RFLP-SSR- AFLP map of tetraploid cotton based on a *Gossypium hirsutum* × *Gossypium barbadense* backcross population [J]. *Genome*, 2003, 46: 612-626.

[17] Lacape J M, Nguyen T B, Courtois B, *et al.* QTL analysis of cotton fiber quality using multiple *Gossypium hirsutum* × *Gossypium barbadense* backcross generations [J]. *Crop Sci.*, 2005, 45: 123-140.

[18] Lacape J M, Jacobs J, Arioli T, *et al.* A new interspecific, *Gossypium hirsutum* × *G. barbadense*, RIL population: towards a unified consensus linkage map of tetraploid cotton [J]. *Theor. Appl. Genet*, 2009, 119: 281-292.

[19] Lacape J M, Llewellyn D, Jacobs J, *et al.* Meta-analysis of cotton fiber quality QTLs across diverse environments in a *Gossypium hirsutum* × *G. barbadense* RIL population [J]. *BMC Plant Biol.*, 2010, 10: 132.

[20] Li H, Ye G, Wang J. A modified algorithm for the improvement of composite interval mapping [J]. *Genetics*, 2007, 175: 361-374.

[21] Lin Z, He D, Zhang X, *et al.* Linkage map construction and mapping QTL for cotton fibre quality using SRAP, SSR and RAPD [J]. *Plant Breed*, 2005, 124: 180-187.

[22] Lin Z, Zhang Y, Zhang X, *et al.* A high-density integrative linkage map for Gossypium [J]. *Euphytica*, 2009, 166: 35-45.

[23] Matsubara K, Kono I, Hori K, *et al.* Novel QTLs for photoperiodic flowering revealed by using reciprocal backcross inbred lines from crosses between japonica rice cultivars [J]. *Theor. Appl. Genet*, 2008, 117: 935-945.

[24] McCouch S R, Cho Y G, Yano P E, *et al.* Report on QTL nomenclature [J]. *Rice Genet Newslett*, 1997, 14: 11-13.

[25] Nguyen T B, Giband M, Brottier P, *et al.* Wide coverage of the tetraploid cotton genome using newly developed microsatellite markers [J]. *Theor. Appl. Genet*, 2004, 109: 167-175.

[26] Park Y H, Alabady M S, Ulloa M, *et al.* Genetic mapping of new cotton fiber loci using EST-derived microsat- ellites in an interspecific recombinant inbred line cotton population [J]. *Mol. Genet Genomics*, 2005, 274: 428-441.

[27] Paterson A H, Saranga Y, Menz M, *et al.* QTL analysis of genotype × environment interactions affecting cotton fiber quality [J]. *Theor. Appl. Genet*, 2003, 106: 384-396.

[28] Reinisch A J, Dong J M, Brubaker C L, *et al.* A detailed RFLP map of cotton, *Gossypium hirsutum* × *Gossypium barbadense*: chromosome organization and evolution in a disomic polyploid genome [J]. *Genetics*, 1994, 138: 829-847.

[29] Rong J, Abbey C, Bowers J E, *et al.* A 3347-locus genetic recombination map of sequence-tagged sites reveals features of genome organization, transmission and evolution of cotton (*Gossypium*) [J]. *Genetics*, 2004, 161: 389-417.

[30] Rong J, Feltus F A, Waghmare V N, *et al.* Meta-analysis of polyploid cotton QTLs shows unequal contributions of sub-genomes to a complex network of genes and gene clusters implicated in lint fiber development [J]. *Genetics*, 2007, 176: 2577-2588.

[31] Shappley Z W, Jenkins J N, Zhu J, *et al.* Quantitative trait loci associated with agronomic and fiber traits of upland cotton [J]. *J. Cotton Sci.*, 1998, 2: 153-163.

[32] Shen X L, Guo W Z, Zhu X F, *et al.* Molecular mapping of QTLs for fiber qualities in three diverse lines in upland cotton using SSR markers [J]. *Mol. Breed.*, 2005, 15: 169-181.

[33] Shen X L, Guo W Z, Lu Q X, *et al.* Genetic mapping of quantitative trait loci for fiber quality and yield trait by RIL approach in upland cotton [J]. *Euphytica*, 2007, 155: 371-380.

[34] Song X, Wang K, Guo W, *et al.* A comparison of genetic maps constructed from haploid and BC1 mapping populations from the same crossing between *Gossypium hirsutum* L. and

Gossypium barbadense [J]. *Genome*, 2005, 48: 378-390.

[35] Stam P. Construction of integrated genetic linkage maps by means of a new computer package: JoinMap [J]. *Plant J*, 1993, 3: 739-744.

[36] Ulloa M, Meredith W R. Genetic linkage map and QTL analysis of agronomic and fiber quality traits in an intraspecific population [J]. *J. Cotton Sci.*, 2000, 4: 161-170.

[37] Wehrhahn C, Allard R W. The detection and measurement of the effects of individual genes involved in the inheritance of a quantitative character in wheat [J]. *Genetics*, 1965, 51: 109-119.

[38] Wu J, Gutierrez O A, Jenkins J N, *et al.* Quantitative analysis and QTL mapping for agronomic and fiber traits in an RI population of Upland cotton [J]. *Euphytica*, 2009, 165: 231-245.

[39] Xu Y B, Zhu L H, Huang N, *et al.* Chromosomal regions associated with segregation distortion of molecular markers in F_2, backcross, doubled haploid, and recombinant inbred populations in rice (*Oryza sativa* L.) [J]. *Mol. Genet Genomics*, 1997, 253: 535-545.

[40] Yu J W, Yu S X, Liu C, *et al.* High-density linkage map of cultivated allotetraploid cotton based on SSR, TRAP, SRAP and AFLP markers [J]. *J. Integr. Plant Biol.*, 2007, 49: 716-724.

[41] Yu J, Kohel R J, Smith C W. The construction of a tetraploid cotton genome wide comprehensive reference map [J]. *Genomics*, 2010, 95: 230-240.

[42] Yu Y, Yuan D, Liang S, *et al.* Genome structure of cotton revealed by a genome-wide SSR genetic map constructed from a BC1 population between *Gossypium hirsutum* and *G. barbadense* [J]. *BMC Genomics*, 2011, 12: 15.

[43] Zhang J F, Percy R G. Improving Upland cotton by introducing desirable genes from Pima cotton [OL]. World Cotton Res. Conf. http://wcrc. confex. com/wcrc/2007/techprogram/P1901. HTM, 2007.

[44] Zhang J F, Stewart J M. Economical and rapid method for extracting cotton genomic DNA [J]. *J. Cotton Sci.*, 2000, 4: 193-201.

[45] Zhang J, Wu YT, Guo W Z, *et al.* Fast screening of SSR markers in cotton with PAGE/silver staining [J]. *Cotton Sci Sinica*, 2000, 12: 267-269.

[46] Zhang J, Guo W, Zhang T. Molecular linkage map of allotetraploid cotton (*Gossypium hirsutum* L. × *Gossypium barbadense* L.) with a haploid population [J]. *Theor. Appl. Genet*, 2002, 105: 1166-1174.

[47] Zhang Y, Lin Z, Xia Q, Zhang M, *et al.* Characteristics and analysis of simple sequence repeats in the cotton genome based on a linkage map constructed from a BC1 population between *Gossypium hirsutum* and *G. barbadense* [J]. *Genome*, 2008, 51: 534-546.

[48] Zhang Z, Hu M, Zhang J, *et al.* Construction of a comprehensive PCR-based marker linkage map and QTL mapping for fiber quality traits in upland cotton (*Gossypium hirsutum* L.) [J]. *Mol. Breed*, 2009, 24: 49-61.

Identification of Quantitative Trait Loci Across Interspecific F_2, $F_{2:3}$ and Testcross Populations for Agronomic and Fiber Traits in Tetraploid Cotton

Jiwen Yu[1], Shuxun Yu[1*], Michael Gore[2], Man Wu[1], Honghong Zhai[1], Xingli Li[1], Shuli Fan[1], Meizhen Song[1], Jinfa Zhang[3*]

(1. State Key Laboratory of Cotton Biology/Cotton Research Institute, Chinese Academy of Agricultural Sciences, Anyang 455000, China; 2. USDA-ARS, Arid-Land Agricultural Research Center, Maricopa, AZ 85138, USA; 3. Department of Plant and Environmental Sciences, New Mexico State University, Las Cruces, NM 88003, USA)

Abstract: The most widely grown tetraploid *Gossypium hirsutum* and *G. barbadense* differ greatly in yield potential and fiber quality and numerous quantitative trait loci (QTLs) have been reported. However, correspondence of QTLs between experiments and populations is poor due to limited number of markers, small population size and inaccurate phenotyping. The purpose of the present study was to map QTLs for yield, yield components and fiber quality traits using testcross progenies between a large interspecific F_2 population and a commercial cotton cultivar as the tester. The results were compared to these from its F_2 and $F_{2:3}$ progenies. Of the 177 QTLs identified from the three populations, 65 fiber QTLs and 51 yield QTLs were unique with an average of 8 ~ 12 QTLs per traits. All the 26 chromosomes carried QTLs, but differed in the number of QTLs and the number of QTLs between fiber and yield QTLs. The congruence of QTLs identified across populations was higher (20% ~ 60%) for traits with higher heritabilities including fiber quality, seed index and lint percentage, but lower (10% ~ 25%) for lower heritability traits-seed-cotton and lint yields. Major QTLs, QTL clusters for the same traits and QTL ‘hotspots’ for different traits were also identified. This research represents the first report using a testcross population in QTL mapping in inter-

原载于：*Euphytica*, 2013, 191: 375-389

specific cotton crosses and provides useful information for further comparative analysis and marker- assisted selection.

Keywords: Tetraploid cotton; Linkage map; Testcross; Quantitative trait loci (QTL)

1 Introduction

Among the four cultivated *Gossypium* species, New World allotetraploids *G. hirsutum* L. ($2n = 4x = 52$) and *G. barbadense* L. ($2n = 4x = 52$) comprise the vast majority of commercial cotton production. The high yielding *G. hirsutum* (hereafter *Gh*), known as 'Upland' or 'Mexican' cotton, accounts for greater than 90% of worldwide cotton production, while *G. barbadense* (hereafter *Gb*), known as 'Egyptian,' 'Extra Long Staple (ELS),' 'Pima' or 'Sea Island' cotton, is limitedly cultivated for its superior quality fiber. Because both species possess distinct variation for traits such as yield potential and fiber quality, there have been concerted efforts to unite their complementary attributes through interspecific hybridization. The two species are postulated to have originated from a common ancestor 1 ~ 2 million years ago (Wendel and Cronn, 2003) and sexually cross compatible. However, hybrid breakdown is greatly manifested as a substantial reduction in fertility and vigor as well as selective elimination of donor alleles in the F_2 and later generations, which has severely slowed the rate of genetic progress in interspecific breeding programs.

Aside from the potential utility of interspecific hybridization for the genetic improvement of cotton, experimental crosses between *Gh* and *Gb* have played a central role in modern cotton genetics research. Molecular linkage maps constructed for *Gh* × *Gb* populations have provided a wealth of knowledge about the organization and structure of the tetraploid cotton genome (e. g., Reinisch *et al.*, 1994; Lacape *et al.*, 2003, 2009; Rong *et al.*, 2004; Guo *et al.*, 2007; Yu *et al.*, 2011). Moreover, these interspecific molecular maps have helped to shed light on the evolutionary events that led to the radiation and divergence of five tetraploid *Gossypium* species following the polyploidization event (Wendel and Cronn, 2003). Furthermore, *Gh* × *Gb* populations have been instrumental for studying complex traits ranging from yield and its components (e. g., He *et al.* 2005, 2007), fiber quality (e. g., Paterson *et al.*, 2003; Chee *et al.*, 2005a, b; Draye *et al.*, 2005; Lacape *et al.*, 2005, 2010; Rong *et al.*, 2007), and plant morphology (e. g., Wright *et al.*, 1999; Lacape and Nguyen, 2005) to biotic (Wright *et al.*, 1998; Bolek *et al.*, 2005) and environmental stress tolerance (e. g., Saranga *et al.*, 2001, 2004). Taken together, these complex trait dissection studies have identified hundreds of quantitative trait loci (QTLs) that are critical for molecular breeding efforts.

A substantial number of these QTLs were identified in F_2 intercross and backcross *Gh* × *Gb* populations consisting of F_2 individuals or F_2-derived F_3 ($F_{2:3}$) families (Zhang and Percy, 2007). As a result, it was difficult to replicate these populations within or across environments, thereby limiting the exploration of QTL 9 environment interactions and dissection of traits with relatively lower heritability. In addition, many of these populations consisted of less than 100 individuals or families, which likely provided only modest statistical power to detect small effect QTLs and resulted in an overestimation of QTL effects (Xu, 2003). A recent meta-analysis of combined data from several interspecific tetraploid populations addressed some of these weaknesses through the construction of a common reference map that integrated more than 400 QTLs associated with fiber traits (Rong *et al.*, 2007). Importantly, immortal *Gh* × *Gb* recombinant inbred line (RIL) or backcross inbred line (BIL) populations with moderate numbers of individuals are starting to enable even more powerful genetic studies in cotton (Lacape *et al.*, 2009, 2010; Yu *et al.*, 2012, 2013).

Pevious QTL studies in *Gh* × *Gb* populations have made great strides in elucidating the genetic architecture of complex traits in cotton, but none of these studies employed a testcross (TC) mating design. Therefore, no information exists on the relationship of QTLs between individual line (per se) and testcross performances. More importantly, using a TC design, individual F_2 plants will be testcrossed with another elite *Gh* parent, which was equivalent to backcrossing because of highly narrow genetic diversity within cultivated *Gh* (Zhang *et al.*, 2005a). As used in advanced backcrossing for development of BILs, less chromosomal fragments from an unadapted parent, i. e., *Gb*, are transferred to an elite *Gh* background. Therefore, TC progenies will have much better and more uniform agronomic performance within each progeny in the field for QTL mapping on agronomic traits including yield. In the present study, we evaluated F_2 individuals and $F_{2:3}$ families derived from a cross between CRI 36, a commercial *Gh* cultivar, and Hai 7124, an obsolete *Gb* genotype, and their testcross progenies with CRI 45, a commercial *Gh* cultivar, for ten agronomic and fiber traits in the same environment. The primary objective of our study was to compare QTL detection for agronomic and fiber traits among F_2 individuals, $F_{2:3}$ families, and testcross progeny.

2 Materials and methods

2.1 Population development

A population of 186 F_2 individuals was derived from selfing a single F_1 plant of an interspecific cross between CRI36 and Hai 7124 (Yu *et al.*, 2007). The *Gh* parent CRI36 is a high yielding, commercial Upland cultivar from China, while the *Gb* parent Hai 7124 is a high fiber quality, obsolete ELS germplasm line. All F_2 plants were self-pollinated to produce $F_{2:3}$ families in 2006. To construct the testcross population, individual F_2 plants were cut back for regrowth following boll harvest and crossed as a male parent to CRI 45 (the tester) in the winter nursery at Sanya, Hainan province, China, from 2006 to 2007. The *Gh* tester CRI 45 is a high yielding, commercial Upland cultivar from China.

2.2 Phenotypic evaluation

In 2005, the F_2 population was grown at Sanya, Hainan province, China, with standard agronomic practices for the region. In 2007, the $F_{2:3}$ families and testcross progenies were planted in a randomized complete block design with two replications at the experimental farm of the Cotton Research Institute (CRI), Chinese Academy of Agricultural Sciences (CAAS), Anyang, Henan province, China. Experimental units were one-row plots with a length of 13. 3 m. All plots were grown with standard agronomic practices for cotton production in the Yellow River valley.

A total of 25 open bolls were hand-harvested from single F_2 plants as well as from all plots of $F_{2:3}$ families and TC progeny. Approximately 15 g of fiber from each boll sample was used for the determination of fiber properties. The analyses of all fiber samples were performed with a HVI 900 in a controlled environment (20℃ and 65% RH) at the Test Center of Cotton Fiber Quality (Agriculture Ministry of China, CRI, CAAS, Anyang, Henan province, China). The measured fiber quality traits included fiber length (mm), fiber strength [kN/(m · kg)], micronaire (unit), fiber elongation (%), and length uniformity (%).

To measure yield and its components, all remaining open bolls were hand-harvested from individual plots of $F_{2:3}$ families and testcross progenies, but not for individual plants in the unreplicated F_2 population. The measured traits included seed-cotton yield (kg/hm^2), lint percentage (%), lint yield (kg/hm^2), boll size (g/boll), and seed index (g). Seed-cotton yield was calculated as the accumulated seed-cotton weight for each plot. Lint percentage was calculated by expressing the fiber component weight as a percentage of the total weight of the seed and fiber components (i. e., weight from the 25 boll sample). Lint yield was calculated by multiplying seed-cotton yield by lint percentage. The size of the boll was calculated by dividing seed-cotton weight by 25 (i. e., number of sampled bolls). Seed index was calculated as the weight of 100 fuzzy seeds. With the exception of the F_2 population, phenotypic measurements across the two replications were averaged for the $F_{2:3}$ and TC populations.

2.3 QTL analysis

Genotyping and genetic linkage map construction in the F_2 population have been previously described by Yu *et al.* (2007). Briefly, the constructed genetic map consists of 1 097 markers in 26 linkage groups, including 697 simple sequence repeats (SSRs), 171 target region amplification polymorphisms (TRAPs), 129 sequence-related amplified polymorphisms (SRAPs), 98 amplified fragment length polymorphisms (AFLPs), and two morphological markers. The map has a total length of 4 536. 7 cM, with an average distance of 4. 1 cM between markers. In the updated linkage map, six linkage groups with previously unknown chromosomes are now assigned in this experiment: A01 as c13, A02 as c8, A03 as c11, D02 as c21, D03 as c24 and D08 as c19. This high-density genetic linkage map served as a foundation for QTL analysis in the three populations.

To identify QTLs within each population, composite interval mapping (Zeng, 1994) was conducted with Windows QTL Cartographer 2. 5 (Wang *et al.*, 2011). The standard model (Model 6) was used with forward regression, a window size of 5 cM, a walk speed of 1 cM, and 10 background control markers. The statistical significance of QTLs identified for each trait was determined by running a permutation procedure 1 000 times (Churchill and Doerge, 1994).

Statistical significance was determined at $a = 0.05$. In addition, a 1-LOD support interval (95% confidence interval) was generated for each QTL location. We named QTLs with the following sequential nomenclature: ①population type; ② 'q'; ③an abbreviation of the trait name; ④the linkage group; and⑤ the QTL number.

3 Results and analysis

3.1 Differences between the parents and phenotypic variation in the testcross population

The *Gh* (CRI36) and *Gb* (Hai7124) parents differed in yield, yield components and fiber quality traits in that the former had higher yield potential, larger bolls, and higher lint percentage, while the latter had longer, stronger and finer fibers. As compared with the *Gh* parent, the tester parent (CRI45) had higher yield, larger boll and longer fibers but also higher micronaire, lower lint percentage and fiber elongation. The genotypic differences between the two Upland cotton genotypes made the tester a good choice. As expected, the interspecific TC population had a wide range of phenotypic variation. Analyses of variance indicated significant genotypic differences in all the traits measured in the TC population, warranting a further QTL analysis. Estimations for broad-sense heritabilities (Hb) ranged from 0.5 (fiber uniformity) to 0.8 (fiber length) and most of the traits had moderate-high heritabilities (0.73 ~ 0.76).

3.2 Correlation analysis between fiber quality and yield traits (Table 1)

Most of the fiber quality traits were significantly correlated with one another, indicating pleiotropic effects or linkages of genes on different traits. Fiber length (*FL*) was significantly and positively correlated with fiber strength (*FS*) and uniformity (*FU*) in the three populations, and significantly and negatively correlated with micronaire (*MC*) and fiber elongation (*FE*) in F_2 (except for *MC*), $F_{2:3}$ and *TC*. *FS* was positively correlated with *MC* and *FU* in F_2 and *TC*, but negatively correlated with FE in the three populations. *MC* was significantly and negatively correlated with *FE* in F_2 and $F_{2:3}$. *FE* was also significantly and negatively correlated with *FU* in the three populations.

Table 1 Coefficients of correlations between fiber and yield traits measured in F_2, $F_{2:3}$ and testcross (TC) populations

	FL-TC	FS-TC	MC-TC	FE-TC	FU-TC	SCY-TC	LY-TC	BW-TC	LP-TC	SI-TC
FL-TC	1.0000									
FS-TC	0.7408 **	1.0000								
MC-TC	-0.2680 **	-0.4697 **	1.0000							
FE-TC	-0.5859 **	-0.6300 **	-0.0859	1.0000						
FU-TC	0.4090 **	0.3480 **	0.0503	-0.3461 **	1.0000					
SCY-TC	0.0497	0.0730	-0.0255	-0.0280	0.0647	1.0000				

(continued)

	FL-TC	FS-TC	MC-TC	FE-TC	FU-TC	SCY-TC	LY-TC	BW-TC	LP-TC	SI-TC
LY-TC	-0.0025	-0.0046	0.0764	-0.0021	0.0695	0.9720 **	1.0000			
BW-TC	-0.0185	-0.1501	0.1412	0.2209 *	0.0451	0.3711 **	0.3611 **	1.0000		
LP-TC	-0.1831	-0.3092 **	0.4619 **	0.0868	0.0727	0.2032 *	0.4193 **	0.0675	1.0000	
SI-TC	0.4007 **	0.3137 **	-0.1992 *	-0.1746	0.0980	-0.1739	-0.2435 *	0.0871	-0.3648 **	1.0000
	$FL-F_{2:3}$	$FS-F_{2:3}$	$MC-F_{2:3}$	$FE-F_{2:3}$	$FU-F_{2:3}$	$SCY-F_{2:3}$	$LY-F_{2:3}$	$BW-F_{2:3}$	$LP-F_{2:3}$	$SI-F_{2:3}$
$FL-F_{2:3}$	1.0000									
$FS-F_{2:3}$	0.4724 **	1.0000								
$MC-F_{2:3}$	-0.3334 *	0.2440	1.0000							
$FE-F_{2:3}$	-0.3694 **	-0.5662 **	-0.5176 **	1.0000						
$FU-F_{2:3}$	0.6751 **	0.6762 **	-0.1145	-0.3604 **	1.0000					
$SCY-F_{2:3}$	-0.0030	-0.1883	-0.1775	0.1684	0.0154	1.0000				
$LY-F_{2:3}$	-0.0415	-0.2247	-0.1952	0.1889	-0.0034	0.9874 **	1.0000			
$BW-F_{2:3}$	0.1337	-0.0432	0.0433	-0.1273	-0.0380	0.4413 **	0.4363 **	1.0000		
$LP-F_{2:3}$	-0.2595 *	-0.2105	0.0937	-0.0054	-0.2003	-0.0520	0.0588	0.0235	1.0000	
$SI-F_{2:3}$	0.4619 **	0.1715	-0.1349	-0.1937	0.2425	0.1611	0.1052	0.4600 **	-0.3869 **	1.0000
	$FL-F_2$	$FS-F_2$	$MC-F_2$	$FE-F_2$	$FU-F_2$					
$FL-F_2$	1.0000									
$FS-F_2$	0.5716 **	1.0000								
$MC-F_2$	-0.1960	0.3085 **	1.0000							
$FE-F_2$	-0.4192 **	-0.7320 **	-0.4075 **	1.0000						
$FU-F_2$	0.6401 **	0.4955 **	-0.0776	-0.3511 **	1.0000					

Note: FL, fiber length; FS, fiber strength; MC, micronaire; FE, fiber elongation; FU, fiber uniformity; SCY, seed-cotton yield; LY, lint yield; BW, boll weight; LP, lint percentage; and SI, seed index

* P \ 0.05; and ** P \ 0.01

However, it appears that most of the fiber quality traits were not correlated with most of the yield traits in $F_{2:3}$ and TC in that seed-cotton yield (SCY), lint yield (LY) and boll weight (BW) were not correlated with any of the five fiber quality traits measured in the current study. FL was significantly and positively correlated with seed index (SI) in both $F_{2:3}$ and TC populations, but negatively correlated with lint percentage (LP). FS was also negatively correlated with LP, but positively correlated with SI in TC. However, MC was positively correlated with LP and negatively correlated with SI in TC.

Since LY is the product of SCY and LP and SCY is the product of the number of bolls harvested and BW, SCY was highly positively correlated with LY and BW in both $F_{2:3}$ and TC populations, and LY was significantly and positively correlated with LP (in TC) and BW. However, SI was negatively correlated with LY (in $F_{2:3}$) and LP, but positively correlated with BW (in $F_{2:3}$).

3.3 A general description of QTLs mapped in three populations

A total of 1 097 markers distributed on 26 linkage groups (Yu *et al.*, 2007) were used to map QTLs in F_2, $F_{2:3}$, and the TC population. In the F_2 generation, only fiber quality traits were determined for QTL mapping. A total of 33 (6.6/trait) QTLs were mapped including 8 for FL, 5 for strength, 6 for micronaire, 12 for uniformity and 2 for elongation. In the $F_{2:3}$ generation, fewer QTLs (5.4/trait) were detected for fiber quality in that 1 ~ 2 fewer QTLs were identified for FL (7), strength (4) and micronaire (4), and the QTLs detected for uniformity were decreased to 7. However, the QTLs for elongation were increased to 5. In the TC population, more QTLs (43; 8.6/trait) were detected. The same numbers of QTLs as the F_2 were detected for length and strength, and similar number of QTLs (11) was detected for uniformity. However, the numbers of QTLs detected for micronaire (10) and elongation (9) were greatly increased.

Yield and yield component traits for F_2 were not measured due to high environmental influences and developmental differences among individual plants. In the $F_{2:3}$ population, a total of 39 (7.8/trait and higher than that for fiber quality) QTLs were detected for yield and yield component traits, including 12 for LY, 10 for SCY, 7 for LP, 7 for SI and 3 for BW. However, in the TC population, 35 QTLs (7/trait and lower than that for fiber quality) were declared. The numbers of QTLs detected for LY (4) and SCY (6) were greatly reduced, while 2 ~ 3 more QTLs were detected for other three yield component traits. For both the $F_{2:3}$ and TC populations, QTLs per trait for yield and yield component traits were slightly higher than these for fiber quality traits (7.4 vs. 6.9).

3.4 QTLs for fiber quality traits (Figure 1 and Supplementary Table 1)

Fiber length (FL): Among 8 FL-QTLs detected on five chromosomes in F_2, 2 were found in proximity on 3 chromosomes (c1, c15 and c19). Of the 7 FL-QTLs detected in $F_{2:3}$, one was on the same chromosome (c6) as the QTL in F_2 but both were apart by ca. 48 cM; and 2 and 3 QTLs were closely linked on c3 and c9, respectively, except for the third one (qFL-c9-3). In the TC population, of the 8 FL-QTLs, 3, 2 and 2 QTLs in a close proximity were detected on c1, c12 and c26, respectively. The three QTLs on c1 detected in TC were in the same region of the two QTLs detected in F_2. The two QTLs on c26 detected in TC and the one in F_2 were in a close proximity. QTLs for the same trait such as FL within a 20 cM region will be considered an overlapped single one. Taken together, 10 chromosomes (c1, c3, c6, c9, c12, c14, c15, c17, c19 and c26) were found to harbor 13 QTLs for FL and about 40% ~ 60% of the FL-QTLs were congruent between F_2 (3/8) and TC (5/8). However, none of the 7 FL-QTLs in $F_{2:3}$ were overlapped with the ones detected in F_2 or TC.

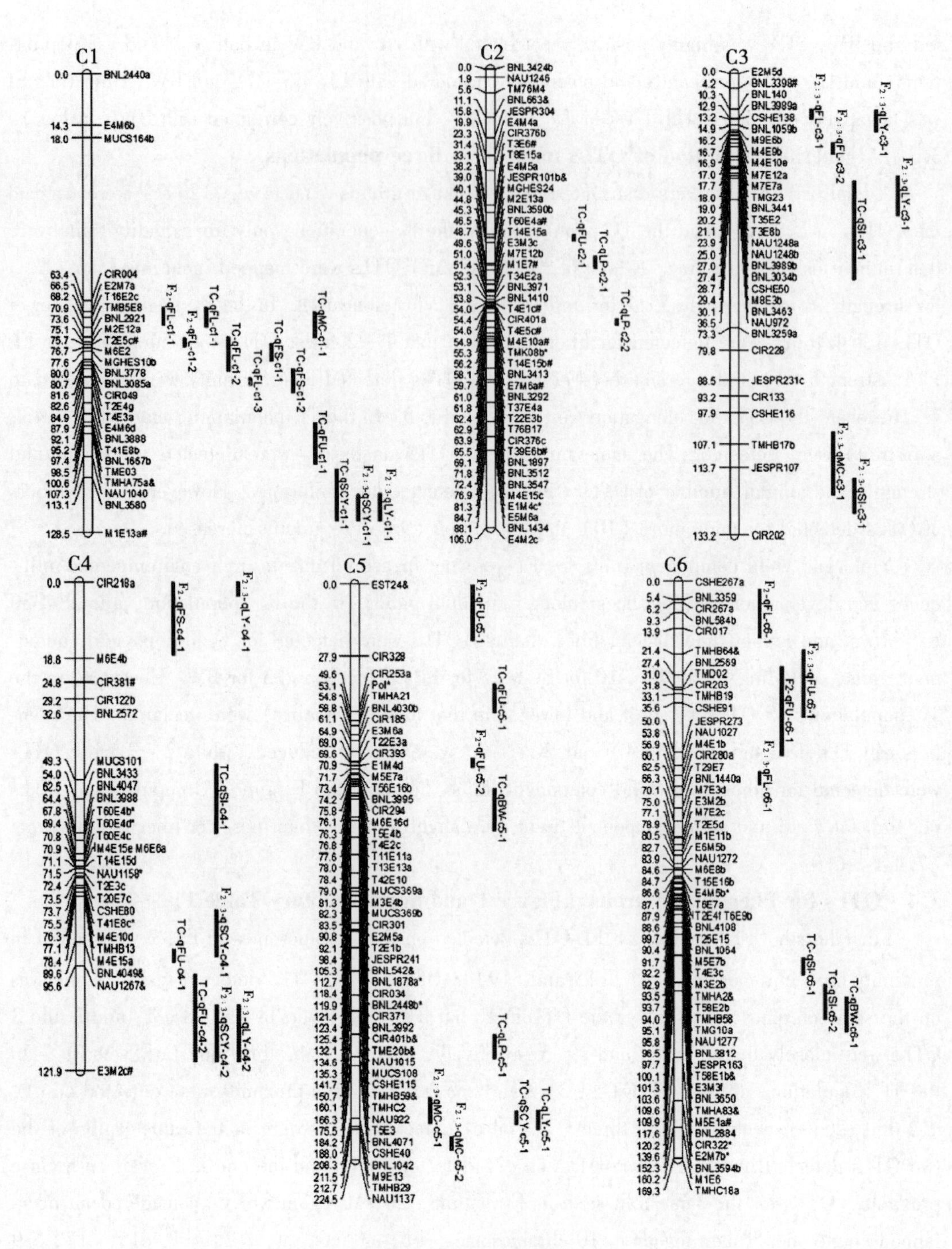

Figure 1　（continued）

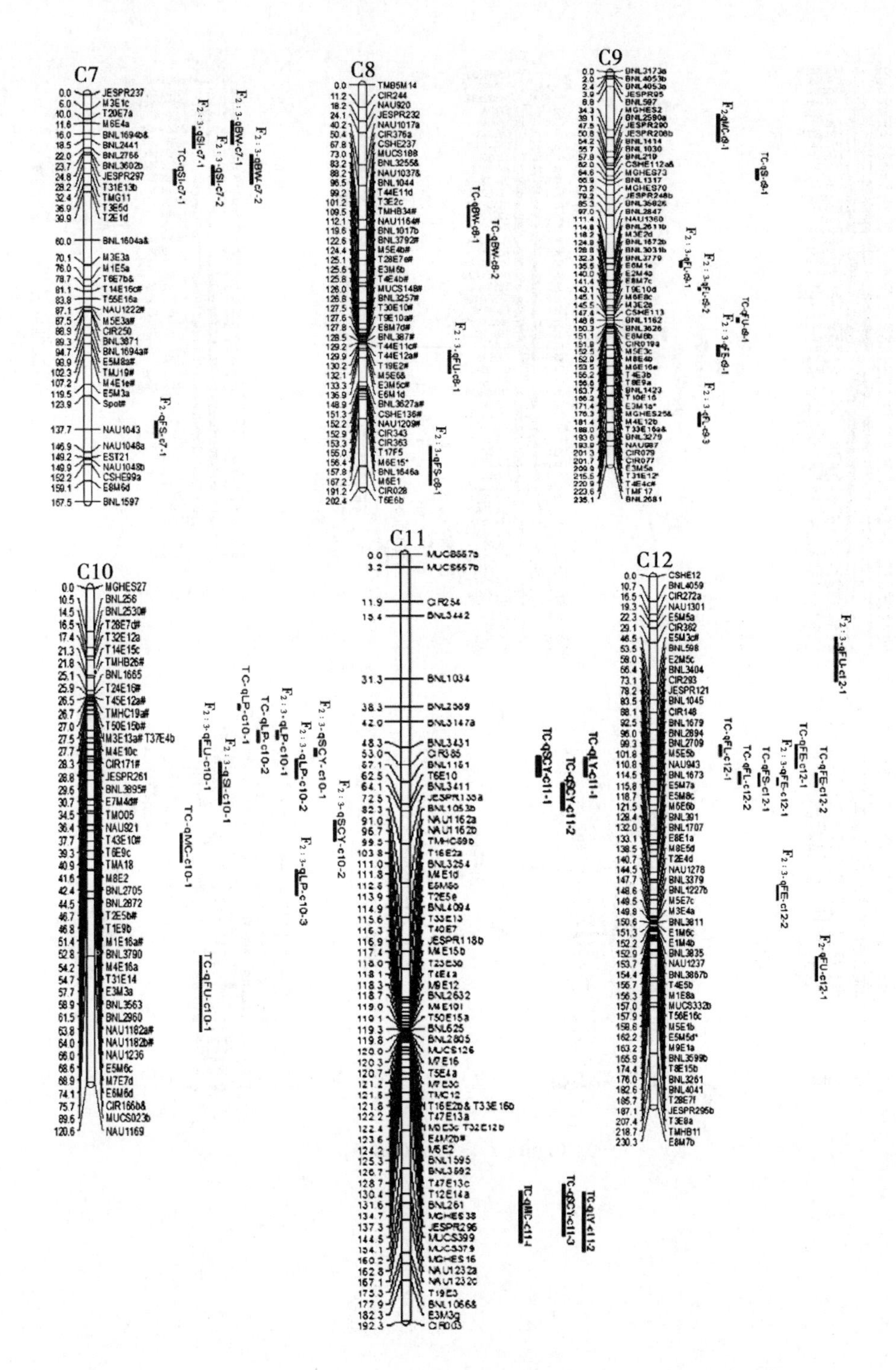

Figure 1　(continued)

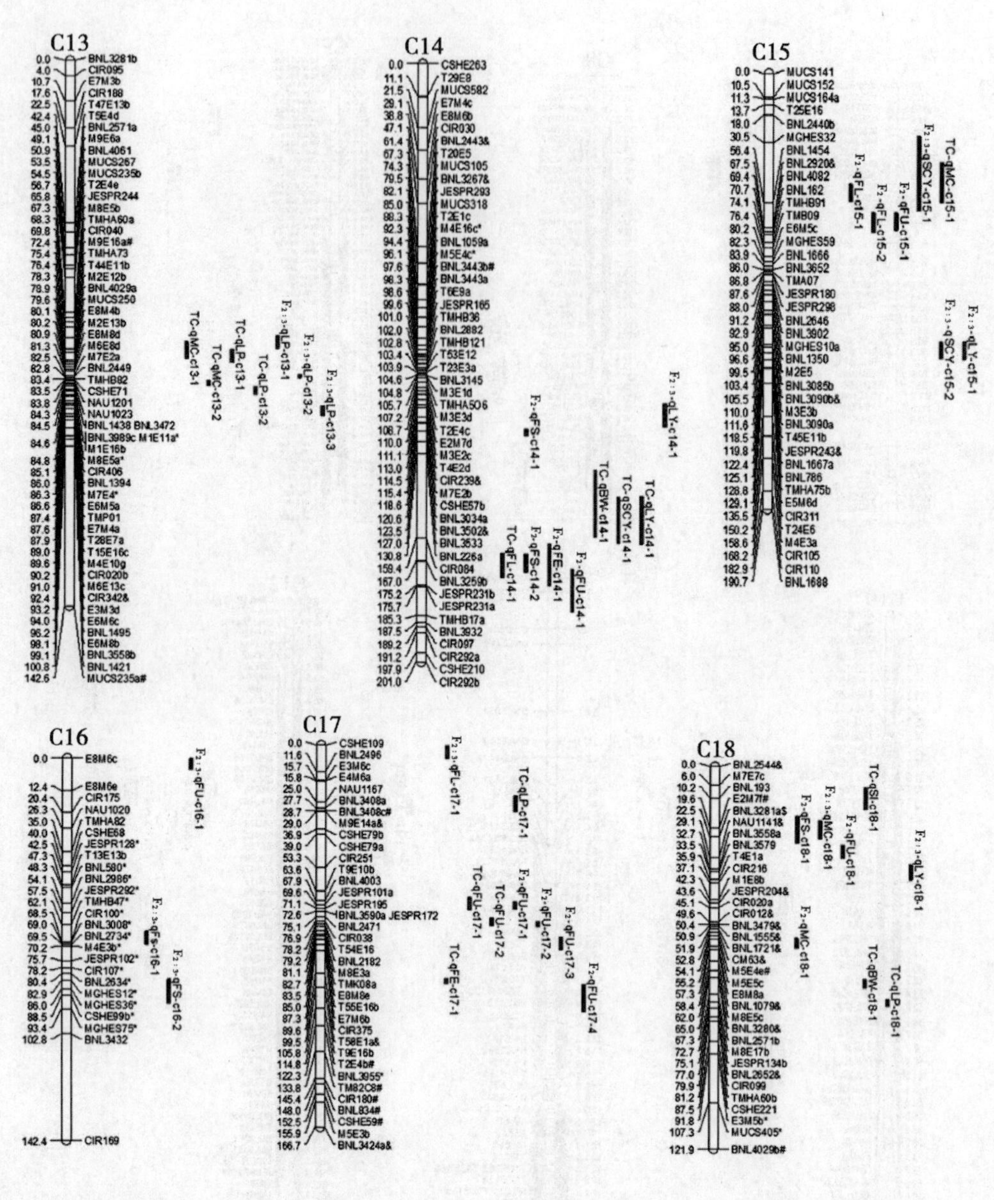

Figure 1　（continued）

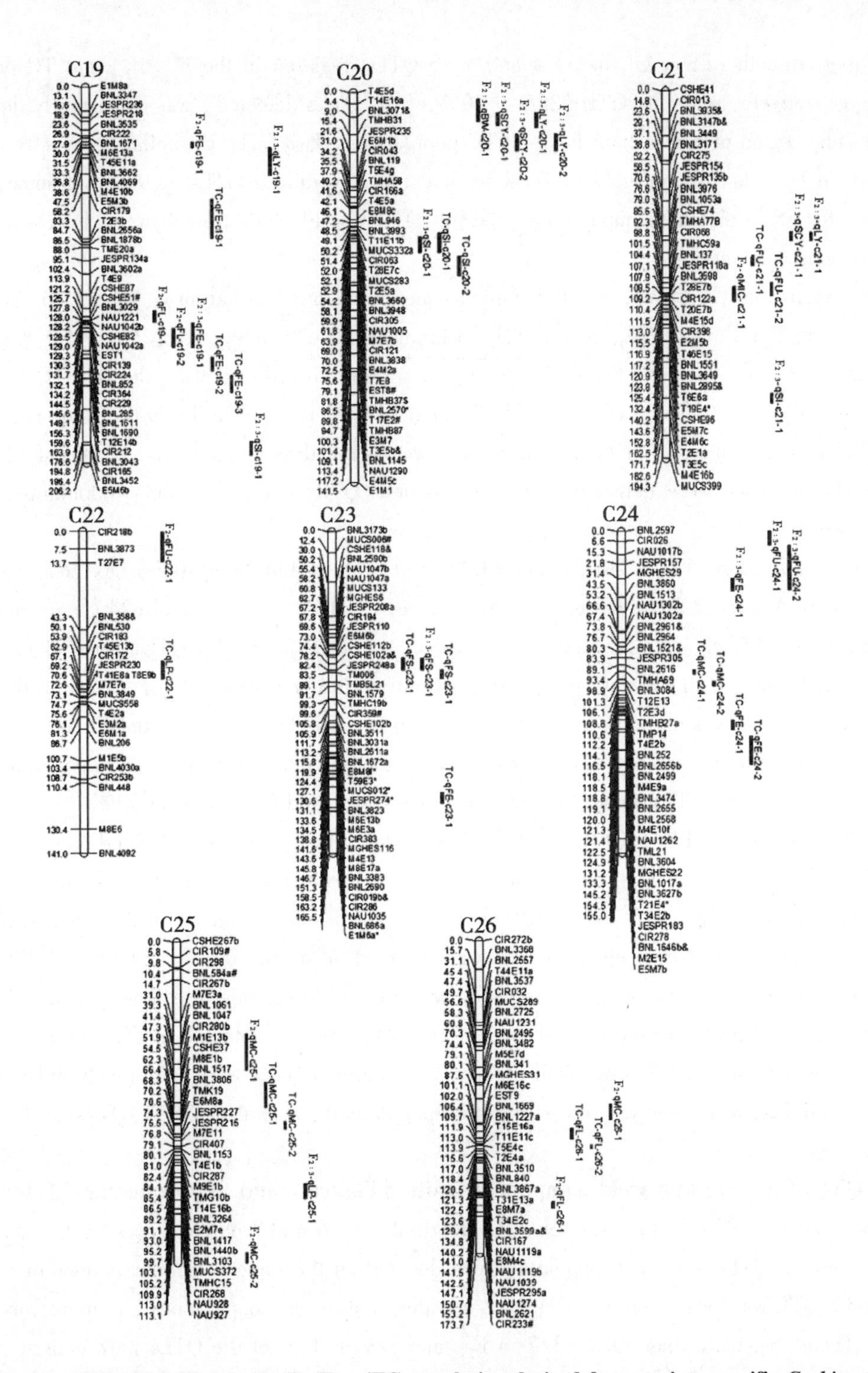

Figure 1　QTLs identified in the $F_2/F_{2:3}$/TC population derived from an interspecific *G. hirsutum* CRI36 *G. barbadense* hybrid (Hai 7124) Asterisk markers skewed toward the Hai 7124 allele, number sign markers skewed toward the CRI 36 allele, ampersand markers skewed toward hybrid and dollar sign skewed toward the two parents

Fiber strength (FS): Of the 5, 4 and 5 FS-QTLs declared in the F_2, $F_{2:3}$ and TC populations, respectively, only one QTL (25% ~40% of the QTLs detected) was consistently detected in the same region of c23 in both $F_{2:3}$ and TC populations. Two QTLs in similar regions on c14 in F_2, c16 in $F_{2:3}$, and c1 and c23 in TC were detected. Overall, 9 QTLs on 9 chromosomes were detected for FS in the three populations. Several QTLs for FL and strength were detected in the same regions of c1 and c12.

Micronaire (MC): Five, 3 and 7 chromosomes were found to harbor 6, 4 and 10 QTLs for micronaire in F_2, $F_{2:3}$ and TC, respectively. Chromosomes c25 in F_2, c5 in $F_{2:3}$, and c13, c24 and c25 in TC each harbored two QTLs which were closely linked except for the two QTLs on c25 detected in F_2. The QTLs on c18 and c25 detected in F_2 were found to be in the same regions as the QTLs detected in $F_{2:3}$ and TC, respectively. Across the three populations, a total of 14 QTLs on 13 chromosomes were detected and the congruent QTLs among the three populations were 20% ~40%.

Fiber elongation (FE): Two, 5 and 9 QTLs were detected for elongation in F_2, $F_{2:3}$ and TC, respectively. A total of 7 chromosomes (c9, c12, c14, c17, c19, c23 and c24) were found to harbor 9 FE-QTLs, of which, c12 and c24 carried 2 and c19 carried 3 QTLs. Two of the three QTLs in c19 detected in TC were in a close proximity to the one detected in $F_{2:3}$, while the third one detected in TC was closer to the QTL detected in F_2. The two closely linked FE-QTLs on c24 detected in TC were also on the same chromosome as the one detected in $F_{2:3}$, but apart from each other. The consistent QTLs among the three populations ranged from 20% to 50%.

Fiber uniformity (FU): Of the 12 FU-QTLs declared in F_2, two were located on c5 and four on c17. Two of the seven FU-QTLs detected in $F_{2:3}$ were on c24, while c4, c17 and c21 each harbored two FU-QTLs in TC. One QTL on c5 was consistently detected in the same region in both F_2 and TC, and another common QTL was detected on c6 in both F_2 and $F_{2:3}$. A QTL was detected on c10 in both $F_{2:3}$ and TC, but they are likely different due to a large genetic distance between the LOD peaks for the two QTLs. The two QTLs on c17 detected in TC were also within the range of the four FU-QTLs detected in F_2. The congruent QTLs were 6/12, 1/6 and 3/11 for F_2, $F_{2:3}$ and TC, respectively. Across the three populations, a total of 20 FU-QTLs on 17 chromosomes were detected.

3.5 QTLs for yield and yield component traits (Figure 1 and Supplementary Table 2)

Seed index (SI): Of the 7 and 9 QTLs distributed on 6 and 7 chromosomes in $F_{2:3}$ and TC, respectively, 2 QTLs from each population were located on the same or similar regions of c7 and c20 and 1 QTL was located on c3. One QTL was detected in both populations but apart from each other. Therefore, more than 30% (3/7 in $F_{2:3}$ and 3/9 in TC) of the QTLs were consistent between the two populations. Overall, 11 QTLs on 11 chromosomes were detected for SI.

Boll weight (BW): Of the three QTLs detected for BW in $F_{2:3}$, 2 were located in a close proximity on c7. Of the six QTLs declared for TC, 2 QTLs were also close on c8. Overall, 8 QTLs on 7 chromosomes for BW were detected in the two populations combined. However, no common QTL was detected in both populations.

Lint percentage (LP): Of the 7 (on 3 chromosomes) and 10 (on 7 chromosomes) QTLs detected in $F_{2:3}$ and TC, respectively, 3 QTLs on c10 and c13 each in $F_{2:3}$ resided in the same regions as the two QTLs on each chromosome detected in TC. Therefore, 40% ~90% of the QTLs were consistently detected in both generations, rendering a high congruence of LP-QTLs. Overall, 9 QTLs on 8 chromosomes for LP were detected in the current study.

Seed-cotton yield (SCY) and LY: Of the 10 QTLs for SCY detected in $F_{2:3}$ which were distributed on 6 chromosomes, 2 different QTLs were detected on each of c4, c10, c15 and c20. In the TC population, 6 SCY-QTLs on 4 chromosomes were detected including the same one on c1 detected in the $F_{2:3}$ population. For LY, 12 QTLs on 9 chromosomes were detected in $F_{2:3}$ including the same seven SCY-QTLs detected in the same population, while 5 LY-QTLs that resided in the same as or similar regions to the six SCY-QTLs were detected in the TC population. The result indicates that the high correlation (Table 1) between SCY and LY is most likely due to common QTLs responsible for both traits. One LY-QTL residing in a similar region on c14 was detected in both the $F_{2:3}$ and TC populations. The correspondence of QTLs detected for SCY and LY between $F_{2:3}$ and TC was lower (10% ~25%). Overall, 11 (on 9 chromosomes) and 12 QTLs (on 11 chromosomes) were detected for seed-cotton and LYs, respectively, in the two populations combined.

Table 2　Distributions of QTLs on the 26 tetraploid cotton chromosomes

Chromosome	Yield trait	Fiber quality trait	Sum
c1	3	9	12
c2	2	1	3
c3	4	3	7
c4	5	3	8
c5	4	5	9
c6	3	4	7
c7	5	1	6
c8	2	2	4
c9	1	6	7
c10	8	3	11
c11	5	1	6
c12	0	9	9
c13	2	5	7
c14	4	5	9
c15	3	4	7
c16	0	3	3

(continued)

Chromosome	Yield trait	Fiber quality trait	Sum
c17	1	8	9
c18	4	4	8
c19	2	7	9
c20	8	0	8
c21	3	3	6
c22	1	1	2
c23	0	4	4
c24	0	7	7
c25	1	4	5
c26	0	4	4
Sum	71	106	177

3.6 QTL clusters and co-localization of QTLs for different traits

In the current study, all the 26 tetraploid cotton chromosomes were found to carry QTLs for yield and fiber quality traits, as expected. However, the number of QTLs differed greatly among chromosomes (Table 2) ranging from 2 for c22 to c12 for c1. Chromosomes c1 and c10 carried the highest numbers of QTLs (11 ~ 12), followed by c4, c5, c12, c14, c17, c18, and c20 (each carried 8 ~ 9 QTLs). Chromosomes c2, c8, c16, c22, c23 and c26 carried the least numbers of QTLs.

Chromosomes also differed in carrying the number of QTLs for yield and fiber traits. Chromosomes c7, c10, c11 and c20 were found to carry disproportionally higher numbers of QTLs for yield and yield component traits, while c1, c9, c12, c13, c16, c17, c19 and c23 to c26 carried more QTLs for fiber quality traits. For yield and yield component traits, c10 and c20 were found to carry the highest numbers of QTLs (8 each), while c12, c16, c23, c24 and c26 carried no QTLs and c2, c8, c9, c13, c17, c19, c22 and c24 harbored only 1 ~ 2 QTLs. For fiber quality traits, c1, c12 and c17 carried the highest number of QTLs (8 ~ 9 each), while c20 did not carry any QTL for fiber quality traits and c2, c7, c8, c11 and c22 only carried 1 ~ 2 QTLs.

Across the populations, a total of 65 unique QTLs for fiber quality traits were identified. Except that 20 unique QTLs for FU, 13, 9, 14, and 9 unique QTLs (11.3/trait) were identified for FL, strength, micronaire and elongation and located on 10, 9, 13 and 7 chromosomes, respectively. A total of 51 unique QTLs for yield and yield component traits were detected, including 11, 8, 9, 11 and 12 QTLs (10.2/trait) for SI, BW, LP, SCY and LY which were distributed on 11, 7, 8, 9 and 11 chromosomes, respectively. It appeared that some QTLs for the same traits were clustered in the same regions, such as 5 FL-QTLs on c1 and 3 FL-QTLs on c9; 3 FS-QTLs on c23; 4 MC-QTLs on c25; 3, 4 and 5 FE-QTLs on c24, c12 and c19, respectively; 6 FUQTLs on c17; 3 SI-QTLs on c7; 5 LP-QTLs on c10 and c13 each; 3 yield QTLs on c1, c4, c11 and c14 each; and 4 yield QTLs on c20.

Quantitative trait loci that were co-localized or in close proximity for micronaire and LP on c5, c10, c13, c18 and c25 may explain the association between the two traits found in this and many other studies, where yield increase was accompanied by the increase of LP and micronaire (Zhang *et al.*, 2005b). There were some QTL 'hotspots' identified in the current study, where a 'hotspot' is defined to contain a number of QTLs for different traits within a 20 cM region. For example, 5 FL-QTLs, 2 FS-QTLs, 1 MC-QTL, 1 FU-QTL, 2 SCYQTLs and 1 LY-QTL were all found within a 20 cM region between E2M7a and BNL3580 on c1 for FL, strength, micronaire, uniformity and yields. A c10 region between JESP261 and E6M6d carried QTLs for micronaire, uniformity, SI, LP and SCY. Another 'hotspot' affecting both yield and fiber traits were on c14 between TMHA506 and BNL3034a within a 15 cM region. Other 'hotspots' included: a c13 region between TMHA73 and T15E15c for micronaire and LP; a c4 region between BNL3502 and JESP231a for FL, strength elongation, uniformity, BW and yields; a c18 region (10.2 ~ 75.1 cM) between BNL193 and JESP134b for FS, micronaire, uniformity, BW, LP and yield; a c19 region (31.5 ~ 72.2 cM) between T45E11a and CIR179 for FL, elongation and LY; and a c21 region between T46E16 and CSHE74 (77.4 ~ 108.7 cM) for micronaire, uniformity and yields. There were several 'hotspots' affecting fiber quality traits (Figure 1), such as a c12 region between BNL1673 and BNL1707 (20 cM) and a c15 region between BNL162 and BNL3652 (15 cM). These regions may be responsible for significant correlations among different traits detected in the current study. Many of these QTL 'hotspots' were also QTL clusters for the same traits.

3.7 Genic effects and major QTLs

Of the 177 QTL declared for the three populations combined, many contributed to the phenotypic variation by 20% or higher (i. e. R2 in Supplementary Tables 1 and 2), which are considered major QTLs in the present study. For example, 4, 5, 5 and 7 major QTLs were detected for FL, micronaire, elongation and uniformity, respectively; however, no major QTL was identified for FS in the three populations. For SCY and LYs, 4 and 6 major QTLs were detected, respectively, while 4 and 3 major QTLs were identified for SI and LP, respectively. However, only one major QTL was detected for BW. Chromosomes c1 (for FL and yield) and c5 (for micronaire, FU and yield) carried the highest number of major QTLs (5 each), followed by c4 (with 4 major QTLs for uniformity and yield), c10 (3 QTLs for uniformity and LP) and c19 (3 major QTLs for elongation and SI). In the present study, no major QTL was detected on chromosomes c2, c7, c8, c11, c12, c16, c22 and c26.

Of the 177 QTLs, more than 70 QTL loci exhibited over-dominance including 40 with a negative over-dominance and 36 with a positive over-dominance. For FL, the majority of QTLs from the *Gb* parent possessed a positive effect, while 4 QTLs from the Upland cotton parent had positive effects. For FS, 9 and 5 QTLs from the *Gb* and *Gh* parents had positive effects, respectively. The reverse was true for micronaire in that 8 and 12 QTLs from the *Gb* and *Gh* parents, respectively, increased the trait values (i. e. coarser). As expected based on the trait differences between the two parents, more QTLs with desirable effects for the above fiber quality traits were from the *Gb* parent. Six and 10 QTLs from the *Gb* and *Gh* parents, respectively, improved fiber elongation. Almost an equal number of QTLs from both parents (16 vs. 14) contributed to FU. For SI, 9 and 7 QTLs from the *Gb* and *Gh* parents, respectively, increased SI. For BW and LP, more QTLs (6 for BW and 10 for LP) from the Upland cotton had positive effects than these from the *Gb* parent (3 for BW and 7 for LP), as expected from the performances of the two parents. However, for SCY and LYs, more positive QTLs from the inferior parent *Gb* (10 QTLs) were detected than these in the Upland cotton parent (6 QTLs). This was unexpected, as the *Gb* parent yielded much less than the Upland cotton parent. However, these favorable yield QTLs from the *Gb* parent should be an important source for further increasing yield of Upland cotton through transgressive segregation. Specifically, more attention needs to be focused on the major yield QTLs on c1, c4, c5, c14, c15 and c20 (Supplementary Table 2) before a marker-assisted selection is initiated in breeding.

4 Discussion

4.1 Advantages of the testcross design

Hybrid breakdown in interspecific *Gh* × *Gb* crosses is an intrinsic problem to map QTLs and introgress desirable genes from *Gb* to *Gh* in traditional or molecular breeding. Hybrid weakness and sterility, and growth abnormalities are so profound in *Gh* × *Gb* F_2 and $F_{2:3}$ that cause poor field performance with limited number of mature bolls and amount of fibers to be harvested for yield and fiber quality determination. Considering the existence of residual heterosis in F_2 or early segregating generations, limited number of individual plants to be advanced to higher generations by self pollination even further exacerbates the situation in that poor agronomic performance of higher generations or *Gh* × *Gb* RILs almost makes yield measurement impossible. This explains why there is no report in mapping QTLs for cotton yield using *Gh* × *Gb* RILs since the first molecular linkage map using an *Gh* × *Gb* F_2 was reported almost 20 years ago (Reinisch *et al.*, 1994). To circumvent the hybrid breakdown problem, BIL populations for *Gh* × *Gb* followed by backcrossing to *Gh* was successfully developed and employed to identify QTLs for seed and fiber quality, and yield traits in different environments (Yu *et al.*, 2012, 2013).

This current study used a testcross (TC) design to detect QTLs in F_2- derived TC progenies, representing another approach to ameliorate the hybrid breakdown problem in *Gh* × *Gb* hybrid populations. When individual F_2 plants were testcrossed with another elite *Gh* parent, less chromosomal fragments from the unadapted parent, i. e., *Gb*, were transferred to an elite *Gh* background, resulting in much better field performance, as observed in this study. Furthermore, individual F_2-derived TC progenies can be tested in sufficient number of plants per progeny in each plot of replicated field tests, rendering much lower experimental errors and a higher detection power in QTL mapping. Of course, this TC strategy in testing F_2 can be further extended to include other populations or generations such as RILs, near-isogenic lines (NILs) or BILs in a triple testcross design (TTC) for QTL mapping (He and Zhang, 2011).

Predominantly utilized in hybrid breeding to evaluate the performance of lines in hybrid combinations such as maize, testcrosses would also allow the combining ability of *Gh* × *Gb* lines to be assessed. This is especially of interest for *Gh* hybrid breeding programs that are improving *Gh* fiber quality through introgression from *Gb*, the tetraploid species with superior fiber quality. In addition, QTL analysis would help to determine if identical or different QTLs are responsible for per se and testcross performances (You *et al.*, 2006). Such a strategy could potentially enhance the early generation testing of interspecific progeny in cotton breeding programs.

4.2 Congruence of QTLs detected

The current study showed that the field testing in replications allowed detection of QTLs with higher accuracy. Of the 177 QTLs from the three populations (i. e. TC, F_2 and $F_{2:3}$), many consistent QTLs were identified between them. The congruent rate appeared higher for traits with higher heritabilities such as LP (40% ~90%), FL (40% ~60%), strength (25% ~40%), micronaire (20% ~40%), elongation (20% ~50%) and SI (33% ~43%), but lower for traits with lower heritabilities such as SCY (10% ~17%) and LY (8% ~25%), and no common QTLs were detected for BW. More common QTLs were detected between TC and $F_{2:3}$ than between F_2 and $F_{2:3}$ or between F_2 and TC. The consistency in QTL detection between populations in this study was overall higher than these reported by others (Lacape *et al.*, 2005; Zhang and Percy, 2007). The results also demonstrated the reliability of the current study in using a testcross population.

The current study has identified a number of QTL clusters for the same traits and QTL 'hotspots' for different traits. The results are consistent with the recent meta analyses of cotton QTLs (Rong *et al.*, 2007; Lacape *et al.*, 2010). QTL 'hotspots' have been also reported from extensive meta-QTL analyses for different traits in other crops (e. g. Lanaud *et al.*, 2009). Even though it was not easy to compare different QTL studies among different populations in cotton because of the lack of sufficient common markers, some QTLs were found to be located on the same chromosomes as these reported by others, except for micronaire which was not compared due to different measurements in different studies. For example, QTLs for FL were found to be located on c1, c3, c6, c9, c12, c14, c15, c19 and c26 in this study and other reports (He *et al.*, 2007; Wu *et al.*, 2009; Zhang *et al.*, 2009; Lacape *et al.*, 2010; Yu *et al.*, 2013). Interestingly, a QTL on c12 were detected in the current study and other studies except for He *et al.* (2007). QTLs for FS located on c1, c4, c7, c12, c14, c16, c18 and c23 were also detected in this study and two other studies (Zhang *et al.*, 2009; Lacape *et al.*, 2009). QTLs for fiber elongation were mainly located on c9, c12, c14, c19 and c24 (this study; Zhang *et al.*, 2009; Lacape *et al.*, 2010; Yu *et al.*, 2013). QTLs for FU were on c2, c5, c6, c9, c10, c12, c15, c16, c21, c22 and c24 (this study; Zhang *et al.*, 2009; Lacape *et al.*, 2010; Yu *et al.*, 2013). QTLs for SCY were mainly located on c1, c10, c14, c20 and c21 (this study; He *et al.*, 2007; Wu *et al.*, 2009; Yu *et al.*, 2013), while QTLs for LY were detected on c1, c3, c14, c15 and c18 (this study; He *et al.*, 2007; Wu *et al.*, 2009; Yu *et al.*, 2013). QTLs for LP were commonly detetcted on c5 and c25 (this study; Shen *et al.*, 2007; Yu *et al.*, 2013). QTLs for BW were also commonly detected on c18 (Yu *et al.*, 2013) and common QTLs for SI were identified on c3, c6 and c7 (this study; He *et al.*, 2007; Wu *et al.*, 2009).

As compared with the fiber quality QTLs reported by Lacape *et al.* (2010), 9 FL QTLs detected on 9 chromosomes in the current study were also reported on the same chromosomes in Lacape *et al.* (2010). In fact, 4 QTLs on 4 chromosomes (c3, c9, c19 and c26) detected in the present study were also within the QTL clusters through a meta analysis by Lacape *et al.* (2010). For example, a FL QTL ($F_{2:3}$-qFL-c3-1) detected in this study and a QTL cluster (LEN_3_2) reported by Lacape *et al.* (2010) were both tagged by a SSR marker BNL 1059b. In the current study, 3 QTLs for fiber elongation were detected on c19, which were within three of the five fiber elongation QTL clusters (ELO_19_1, ELO_19_3 and ELO_19_5) on the same chromosome reported by Lacape *et al.* (2010), as tagged by NAU1042b, BNL2656 and BNL1671, respectively. This study provides additional useful information for further comparative and meta QTL analyses with other reported results.

It should be pointed out that there were some gaps in various chromosomes in the current linkage map, which unavoidably resulted in large gaps (>20 cM between two neighboring markers). There were a few (14 out of 177) QTLs mapped to these regions: 1 QTL ($F_{2:3}$-qSI-c3-1) on c3; 5 QTLs on (F_2-qFS-c4-1, $F_{2:3}$-qLY-c4-1, TC-qFU-c4-2, $F_{2:3}$-qSCY-c4-2 and $F_{2:3}$-qLY-c4-2) on c4, 1 QTL (F_2-qFU-c5-1) on c5; 1 QTL (TC-qFU-c10-1) on c10; 3 QTLs (TC-qBW-c14-1, TC-qSCY-c14-1 and TC-qLY-c14-1) on c14; 2 QTLs (F_2-qFL-c15-1 and TC-qMC-c15-1) on c15; 1 QTL (TC-qFE-c19-1) on c19; and 1 QTL (F_2-qMC- c25-2) on c25. However, these gaps did not affect the overall analysis of QTLs in this study. Nevertheless, more markers will be needed in these gaps to discern the existence and locations of the QTLs detected in these regions. The most recently published linkage maps by Yu *et al.* (2011) and Blenda *et al.* (2012) will aid in selecting markers for these regions.

Acknowledgments

This work was supported by a Grant from the National Basic Research Program of China (i. e. '973'Program) (No. 2010CB126006) and the National High Technology Research and Development Program of China (i. e. '863'Program) (No. 2012AA101108); and the New Mexico Agricultural Experiment Station, New Mexico, USA. This research was supported in part by USDA-ARS (M. A. G.). Mention of trade names or commercial products is solely for the purpose of providing specific information and does not imply recommendation or endorsement by the USDA. The USDA is equal opportunity provider and employer.

References

[1] Blenda A, Fang D D, Rami J M, *et al.* A high density consensus genetic map of tetraploid cotton that integrates multiple component maps through molecular marker redundancy check [J]. *PLoS One*, 2012, 7: e45739.

[2] Bolek Y, El-Zik K M, Bell A E, *et al.* Mapping of verticillium wilt resistance genes in cotton [J]. *Plant Sci.*, 2005, 168: 1581-1591.

[3] Chee P W, Draye X, Jiang C X, *et al.* Molecular dissection of interspecific variation between *Gossypium hirsutum* and *Gossypium barbadense* (cotton) by a backcross-self approach: I. Fiber elongation [J]. *Theor. Appl. Genet*, 2005a, 111: 757-763.

[4] Chee P W, Draye X, Jiang C X, *et al.* Molecular dissection of phenotypic variation between *Gossypium hirsutum* and *Gossypium barbadense* (cotton) by a backcross-self approach: III. Fiber length [J]. *Theor. Appl. Genet*, 2005b, 111: 772-781.

[5] Churchill G A, Doerge R W. Empirical threshold values for quantitative trait mapping [J]. *Genet*, 1994, 138: 963-971.

[6] Draye X, Chee P W, Jiang C X, *et al.* Molecular dissec- tion of interspecific variation between *Gossypium hirsutum* and *G. barbadense* (cotton) by a backcross-self approach: II. Fiber fineness [J]. *Theor. Appl. Genet*, 2005, 111: 764-771.

[7] Guo W Z, Cai C, Wang C, *et al.* A microsatellite- based, gene-rich linkage map reveals genome structure, function and evolution in Gossypium [J]. *Genet*, 2007, 176: 527-541.

[8] He X H, Zhang Y M. A complete solution for dissecting pure main and epistatic effects of QTL in triple testcross design [J]. *PLoS One*, 2011, 6: e24575.

[9] He D, Lin Z, Zhang X, *et al.* Mapping QTLs of traits contributing to yield and analysis of genetic effects in tetraploid cotton [J]. *Euphytica*, 2005, 144: 141-149.

[10] He D, Lin Z, Zhang X, *et al.* QTL mapping for economic traits based on a dense genetic map of cotton with PCR-based markers using the inter- specific cross of *Gossypium hirsutum* × *Gossypium barbadense* [J]. *Euphytica*, 2007, 153: 181-197.

[11] Lacape J M, Nguyen T M. Mapping quantitative trait loci associated with leaf and stem pubescence in cotton [J]. *J. Hered*, 2005, 96: 441-444.

[12] Lacape J M, Nguyen T B, Thibivilliers S, *et al.* A combined RFLP- SSR-AFLP map of tetraploid cotton based on a *Gossypium hirsutum* × *Gossypium barbadense* backcross population [J]. *Genome*, 2003, 46: 612-626.

[13] Lacape J M, Nguyen T B, Courtois B, *et al.* QTL analysis of cotton fiber quality using multiple *Gossypium hirsutum* × *Gossypium barbadense* backcross generations [J]. *Crop Sci.*, 2005, 45: 123-140.

[14] Lacape J M, Jacobs J, Arioli T, *et al.* A new interspecific, *Gossypium hirsutum* × *G. barbadense*, RIL population: towards a unified consensus linkage map of tetraploid cotton

[J]. *Theor. Appl. Genet*, 2009, 119: 281-292.

[15] Lacape J M, Llewellyn D, Jacobs J, *et al.* Meta-analysis of cotton fiber quality QTLs across diverse environments in a *Gossypium hirsutum* ×*G. barbadense* RIL population [J]. *BMC Plant Biol.*, 2010, 10: 132.

[16] Lanaud C, Fouet O, Clement D, *et al.* A meta - QTL analysis of disease resistance traits of Theobroma cacao L [J]. *Mol Breed*, 2009, 24: 361-374.

[17] Paterson A H, Saranga Y, Menz M, *et al.* QTL analysis of genotype 9 environment interactions affecting cotton fiber quality [J]. *Theor. Appl. Genet*, 2003, 106: 384-396.

[18] Reinisch A J, Dong J M, Brubaker C L, *et al.* A detailed RFLP map of cotton, *Gossypium hirsutum* × *Gossypium barbadense*: chromosome organization and evolution in a disomic polyploid genome [J]. *Genet*, 1994, 138: 829-847.

[19] Rong J, Abbey C, Bowers J E, *et al.* A 3347- locus genetic recombination map of sequence-tagged sites reveals features of genome organization, transmission and evolution of cotton (*Gossypium*) [J]. *Genet*, 2004, 161: 389-417.

[20] Rong J, Feltus F A, Waghmare V N, *et al.* Meta- analysis of polyploid cotton QTLs shows unequal contributions of subgenomes to a complex network of genes and gene clusters implicated in lint fiber development [J]. *Genet*, 2007, 176: 2577-2588.

[21] Saranga Y, Menz M, Jiang C, *et al.* Genetic dissection of genotype 9 environment interactions conferring adaptation of cotton to arid conditions [J]. *Genome Res.*, 2001, 11: 1988-1995.

[22] Saranga Y, Jiang C X, Wright R J, *et al.* Genetic dissection of cotton physiological responses to arid conditions and their inter-relationships with productivity [J]. *Plant Cell Environ*, 2004, 27: 263-277.

[23] Shen X L, Guo W Z, Lu Q X, *et al.* Genetic mapping of quantitative trait loci for fiber quality and yield trait by RIL approach in upland cotton [J]. *Euphytica*, 2007, 155: 371-380.

[24] Wang S, Basten C J, Zeng Z B. Windows QTL Cartographer 2. 5. Department of Statistics, North Carolina State University, Raleigh, NC [OL]. *Accessed* 1 *Feb*, 2013. http://statgen. ncsu. edu/qtlcart/ WQTLCart. htm.

[25] Wendel J F, Cronn R C. Polyplody and the evolutionary history of cotton [J]. *Adv. Agron*, 2003, 78: 139-186.

[26] Wright R J, Thaxton P M, El-Zik K M, *et al.* D-subgenome bias of Xcm resistance genes in tetraploid *Gossypium* (cotton) suggests that polyploid formation has created novel avenues for evolution [J]. *Genet*, 1998, 149: 1987-1996.

[27] Wright R J, Thaxton P M, El-Zik K M, *et al.* Molecular mapping of genes affecting pubescence of cot- ton [J]. *J Hered*, 1999, 90: 215-219.

[28] Wu J, Gutierrez O A, Jenkins J N, *et al.* Quantitative analysis and QTL mapping for agronomic and fiber traits in an RI population of Upland cotton [J]. *Euphytica*, 2009, 165:

231-245.

[29] Xu S. Theoretical basis of the Beavis effect [J]. *Genet*, 2003, 165: 2259-2268.

[30] You A, Lu X, Jin H, *et al.* Identification of quantitative trait loci across recombinant inbred lines and testcross populations for traits of agronomic importance in rice [J]. *Genet*, 2006, 172: 1287-1300.

[31] Yu J W, Yu S X, Liu C. *et al.* High-density linkage map of cultivated allotetraploid cotton based on SSR, TRAP, SRAP and AFLP markers [J]. *J Integr Plant Biol*, 2007, 49: 716-724.

[32] Yu Y, Yuan D, Liang S, *et al.* Genome structure of cotton revealed by a genome-wide SSR genetic map constructed from a BC1 population between *Gossypium hirsutum* and *G. barbadense* [J]. *BMC Genomics*, 2011, 12: 15.

[33] Yu J W, Yu S X, Zhang K, *et al.* Mapping quantitative trait loci for cottonseed oil, protein and gossypol content in a *Gossypium hirsutum* × *Gossypium barbadense* backcross inbred line population [J]. *Euphytica*, 2012, 187: 191-201.

[34] Yu J W, Zhang K, Li S Y, *et al.* Mapping quantitative trait loci for lint yield and fiber quality across environments in a *Gossypium hirsutum* ×*Gossypium barbadense* backcross inbred line population [J]. *Theor. Appl. Genet*, 2013, 126: 275-287.

[35] Zeng Z B. Precision mapping of quantitative trait loci [J]. *Genet*, 1994, 136: 1457-1468.

[36] Zhang J F, Percy R G. Improving Upland cotton by introducing desirable genes from Pima cotton. World Cotton Res Conf [OL]. *Accessed* 1 *Feb*, 2013. http://wcrc. confex. com/wcrc/2007/techprogram/ P1901. HTM.

[37] Zhang J F, Lu Y, Cantrell R G, *et al.* Molecular marker diversity and field performance in commercial cotton cultivars evaluated in the southwest USA [J]. *Crop Sci.* , 2005a, 45: 1483-1490.

[38] Zhang J F, Lu Y, Adragna H, *et al.* Genetic improvement of New Mexico Acala cotton germplasm and their genetic diversity [J]. *Crop Sci.* , 2005b, 45: 2363-2373.

[39] Zhang Z, Hu M, Zhang J, *et al.* Construction of a comprehensive PCR- based marker linkage map and QTL mapping for fiber quality traits in upland cotton (*Gossypium hirsutum* L.) [J]. *Mol. Breed*, 2009, 24: 49-61.

短季棉叶片早衰的比较蛋白质组学研究

卢　超[1]，张根连[2]，范术丽[2]，宋美珍[2]，庞朝友[2]，喻树迅[1,2]*
(1. 西北农林科技大学农学院，杨凌　712100；2. 中国农业科学院棉花研究所，安阳　455000)

摘要： 选取短季棉品种中棉所10号为研究材料，在棉花叶片衰老过程中，分别取30d，40d和50d时的叶片进行叶片全蛋白的提取，利用双向电泳技术分析叶片衰老过程中的差异蛋白。考马斯亮蓝染色、扫描得到双向电泳图谱后，利用软件ImageMaster 2D Platinum 7.0分析差异蛋白。结果表明，在这3个时期里，共有33个蛋白点表达水平显著变化，并对选取的差异蛋白点进行MALDI-TOF-TOF质谱鉴定，最终成功鉴定其中12个蛋白点。蛋白质组学分析表明衰老过程中：参与病虫害防御反应的蛋白6个显著下调表达，1个上调表达；参与光合作用的蛋白2个上调表达，1个下调表达；参与信号转导的2个蛋白均下调表达。

关键词： 棉花；叶片早衰；双向电泳；蛋白质组学

在棉花生产中，棉花叶片早衰比较普遍，大田环境下棉花叶片的早衰一般能导致10%的产量损失，早衰发生比较严重的棉田产量损失甚至高达20%以上[1]。叶片的早衰不仅导致棉花产量的下降，而且导致棉纤维长度变短、强度降低以及棉纤维整齐度的下降，进而降低了棉纤维的成纱质量[2]。因此，对棉花叶片早衰机理的研究对于提高棉花产量，改善棉纤维品质具有重大的意义。

目前，关于植物叶片的衰老有很多假说。其中激素平衡、自由基伤害和钙离子调控这三个假说最具有代表性。Gene Guinn 等（1993）研究棉花大田叶片衰老过程中叶片的光合作用和ABA、细胞分裂素的关系，证实了棉花叶片的早衰是细胞分裂素的下降和ABA含量的上升引起的，进而导致叶片光合功能的衰退[3]。沈法富等（2003）比较了不同衰老特性的短季棉品种始絮后，叶片内源激素的变化。结果发现，棉花始絮后，叶片ABA、IAA含量高，细胞分裂素含量低的品种容易发生早衰。龚文芳等（2010）通过RT-PCR和电子克隆获得陆地棉抗细胞凋亡基因 *GhDAD*1 的基因组序列及全长cDNA序列，并对该基因的染色体定位、时空表达模式和外源激素对其表达的影响进行了分析[4]。

然而目前对于棉花叶片早衰的研究主要是从生理生化和功能基因组学方面进行的，蛋白质组学相关研究仍处于起步阶段。作为生命代谢活动的直接体现者，对蛋白质的功能分析、鉴定及其翻译后修饰的研究，将会对阐明基因的功能起到极大的推动作用，并能更加

原载于：《棉花学报》，2013，25（2）：162-168

客观准确地揭示生命现象。因此，开展棉花叶片衰老的蛋白质组学研究，将会为棉花叶片早衰机理的研究以及早衰问题的解决奠定坚实的理论基础。

1　材料与方法

1.1　试验材料及取样

试验材料为陆地棉（*Gossypium hirsutum*）品种中棉所10号，为早熟早衰型品种。试验材料来源于中国农业科学院棉花研究所种质库。棉花主茎叶片完全展平后记为第零天，并进行挂牌标记。自叶龄为30d时开始取材，每10d取一次，一部分用于测定叶片内叶绿素含量变化，另一部分叶片经液氮迅速冷冻后置于超低温冰箱内，用于蛋白质提取以及后续试验。

1.2　主要试剂与仪器

主要试剂：巯基乙醇、丙烯酰胺、二硫苏糖醇（DTT）、苯甲基磺酰氟（PMSF）、甲叉双丙烯酰胺、乙二胺四乙酸钠（EDTA－Na）、N，N，N’，N’－四甲基乙二胺、尿素、硫脲、硫代硫酸钠、3－［（3－胆酰胺丙基）－二乙胺］－丙磺酸是美国进口原装Sigma公司；胰蛋白酶、IPTG、三氟乙酸、乙腈来源于Amersco公司；蛋白质定量试剂盒、24 cm pH 4-7 的线性IPG预制胶条、蛋白质纯化试剂盒均购于GE公司。

主要仪器：美国Backman公司的高速离心机、DU800分光光度计；GE公司的2D电泳仪器：IPGphor电泳单元、制胶和灌胶模具、循环冷凝装置、垂直电泳单元、EPS-301电源、2-D Imagemaster ElitTM；真空加速干燥离心机、MALDI TOF/TOF 4700（ABI公司）、Powerlook 2100XL UMAX扫描仪。

1.3　叶片蛋白的提取及定量

采用TCA-丙酮法提取叶片总蛋白质并稍做修改：研钵用液氮预冷后，加入适量PVP和棉花叶片样品0.5～1g，在液氮中研磨至粉状，转入50mL离心管中，悬浮于约3倍体积的－20℃预冷的TCA-丙酮（含10% TCA和0.07% β－巯基乙醇）溶液，涡旋后静置于－20℃下，沉淀蛋白过夜，离心（4℃，15 000g）1 h. 弃上清液，取沉淀，加入约3倍体积的－20℃预冷丙酮溶液（含0.07% β-巯基乙醇），混匀后－20℃下静置2 h. 同上离心，弃上清，重复2～3次。最后取沉淀，用封口膜封住管口，真空冷冻干燥成干粉，置于－80℃保存备用。

1mg干粉加入30μL裂解液（含7mol/L尿素，4% CHAPS，40 mmol/L DTT，2mol/L硫脲），每10～20min振荡一次，振荡至沉淀完全溶解即可，离心（4℃，100 000×g）1h，即得蛋白质样品，使用2D Quant kit测定蛋白质浓度后，分装，－80℃保存备用。

1.4　蛋白质的双向电泳分析

0.1mg总蛋白与水化液（8 mol/L尿素，2% CHAPS，0.3% DTT，0.6% IPG Buffer）充分混合，上样总体积450μL，使用pH 4～7、24 cm线性IPG胶条，在18℃按以下程序进行第一向等电聚焦：30V 8h；50V 4h；100V 1h；300V 1h；500V 1h；1 000V 1h；8 000V 12h；500V任意小时。第一向等电聚焦结束后，先将IPG胶条放入平衡缓冲液I（1.5 mol/L Tris-HCl pH 8.8，6 mol/L尿素，30%甘油，2% SDS，1% DTT）中平衡15min，再将IPG胶条转入平衡缓冲液II（1.5 mol/L Tris-HCl pH 8.8，6mol/L尿素，30%甘油，

2% SDS，4% 碘乙酰胺）中平衡 15min。IPG 胶条平衡后，在电极缓冲液（25 mmol/L Tris-base，0.1% SDS，192mmol/L 甘氨酸）中进行第二向 12.5% SDS-聚丙烯酰胺凝胶电泳。第二向电泳参数设定为：先以 2W/胶预电泳 45 min；再以 15W/胶电泳直到溴酚兰前沿恰好跑出胶外的时候停止电泳。采用银染法进行染色，SDS-PAGE 胶图像信息的获取采用 Powerlook 2100XL UMAX 扫描仪，分辨率采用300dpi。利用 ImageMaster 2D Platinum 7.0（GE 公司）分析软件对电泳图谱进行差异分析。

1.5 质谱分析与数据库检索

在进行质谱分析前，用剪平前端的黄枪头把差异表达的蛋白点从制备胶上挖取出来，放在 Eppendorff（EP）离心管中，并用 ddH_2O 水润洗 3 次。①脱色：EP 管内加入 100μL 100mmol/L 碳酸氢铵（NH_4HCO_3），摇床上振荡 5 min 后弃去上清液。再加入 100μL 乙腈（ACN），轻微振荡 10 min 再弃去上清。重复一次上述步骤。②酶解：加入测序级胰蛋白酶在 4℃条件下处理胶粒 45 min。加入碳酸氢铵在 37℃倒置 12h。③抽提酶解产物：在 EP 管中加入 20μL 混合液（50% ACN/0.5% TFA），摇床上振荡 1h 后离心。最后将上清液置于真空中干燥。④脱盐处理：脱盐后的样品可以置于 -80℃长期保存或直接用于后续的质谱检测工作。

数据库搜索：采用美国 ABI 公司的 MALDI-TOF-MS 质谱仪（ABI 4700 型）进行质谱分析，采用 GPS3.0 分析软件进行质谱的检索以及 Mascot 搜索。对 GPS 分析软件的搜索参数设定如下：选择数据库种类为 NCBInr；固定修饰和可变修饰不选；分类学选择 Viridiplantae（green plants）；肽段质量误差一般以 0.2 D 为参考，此参数是根据胰酶自解峰的理论与实际质量数的误差做参考而设定；酶选择胰蛋白酶，并且每个允许肽片段有 1 个不完全裂解位点；多肽的电荷数设为 +1；峰过滤的质量范围为 800 ~ 4 000Da，最小信噪比为 20；提交的峰的最高数量为 65；MS-MS 的质量误差设为 0.2 Da。

2 结果与分析

2.1 棉花叶片衰老表型观察及叶绿素含量

很多实验表明，植物叶片叶绿素含量的下降是叶片衰老最为明显的标志，故叶绿素含量的变化通常作为监测叶片衰老的生理指标。从图 1 可知，随着叶片的衰老，40d 的叶片边缘已出现部分黄化现象，叶绿素含量已经下降了 50% 以上，到 60d 时叶片已经完全黄化，叶绿素含量只有 30d 时的 16% 左右，中棉所 10 号叶片叶绿素含量急剧下降的现象，与它早衰的生理特性相一致。

2.2 棉花叶片衰老过程中蛋白质组的双向电泳分析

对中棉所 10 号棉花主茎叶完全展平后的 30、40、50d 这 3 个时期的样品进行双向电泳。总计 3 个样品，每个样品进行 3 次生物学重复。以中棉所 10 号材料 30d 时的样品作为蛋白质双向电泳的参考胶，其他各个样品的电泳图谱均与参考胶进行比较。利用 GE 的分析软件 ImageMaster 2D Platinum 7.0 对蛋白质电泳图谱进行分析，以蛋白表达丰度大于等于 2 倍且 $P<0.05$ 作为差异蛋白点显著表达的筛选标准，图 2（A）中箭头标记的为最终成功鉴定的 12 个差异蛋白点，其中，与对照中棉所 10 号材料 30d 的蛋白点相比，表达量上升的有 3 个点（点 1，点 46，点 58），下降的有 9 个点（点 11，点 22，点 27，点 53，

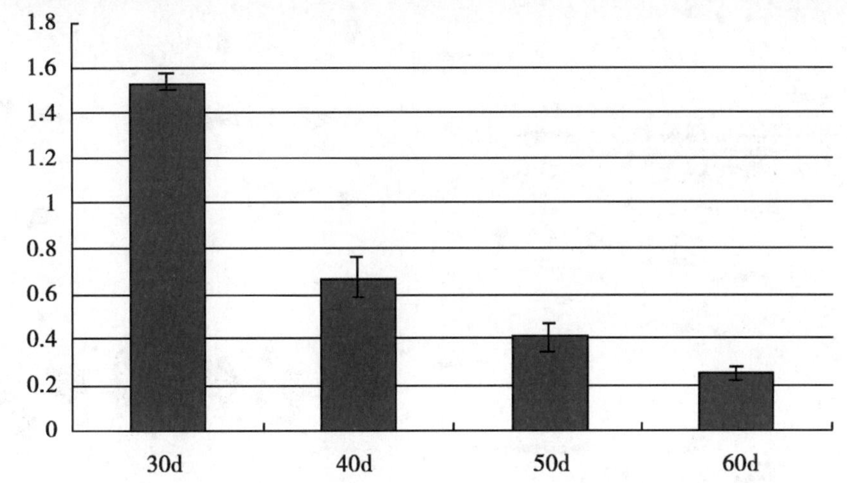

图1　棉花自然衰老的叶片和叶绿素含量变化

图中叶片为中棉所10号棉花主茎叶片完全展平后30d、40d、50d、60d后采集的图像

点59，点125，点128，点418，点419），（B）为各差异点在3个时期的放大图。

2.3　叶片衰老过程中差异表达蛋白质的质谱鉴定

对表达量显著变化的33个蛋白点进行二级质谱MALDI-TOF/TOF鉴定。由于棉属尚未完成全基因组测序，且已知的蛋白质种类较少，从而给蛋白质的鉴定带来了困难，试验过程中有很多蛋白点都有比较好的质谱检测结果，但在数据库比对过程中无法找到相匹配的蛋白，最终我们成功的鉴定到的蛋白点为12个。蛋白质质谱MALDI-TOF-TOF分析以及数据库Mascot检索鉴定结果表1所示，从表中可以看出，差异蛋白主要参与了光合作用、病虫害防御以及信号转导的生物代谢过程，其中，大部分蛋白为病虫害防御相关蛋白，说明中棉所10号叶片的早衰可能与这些防御蛋白在衰老过程中的差异表达密切相关。

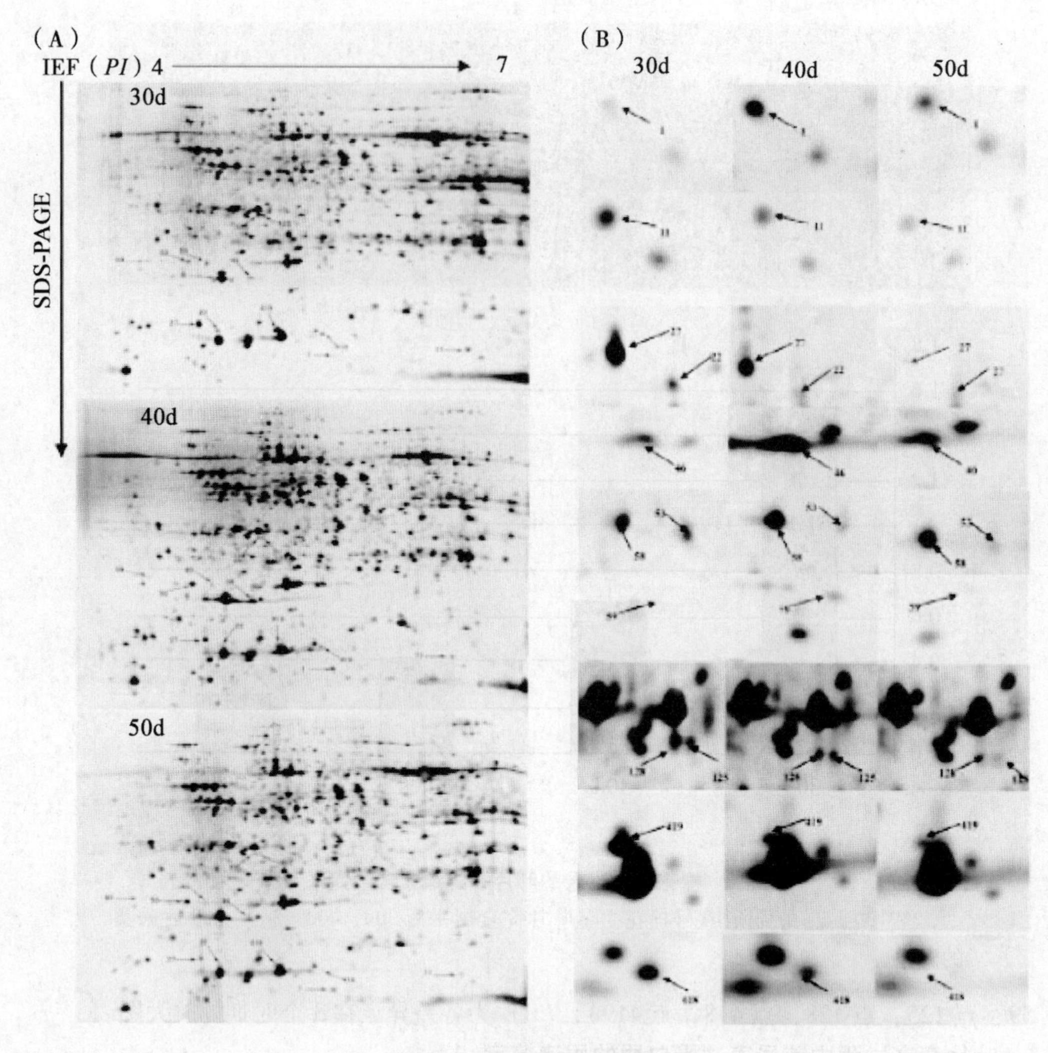

图2　各时期双向电泳图谱

图中（A）为三个时期双向电泳图谱，其中箭头所指为差异表达的蛋白；图中（B）为各差异点在三个时期的放大图

表1　棉花叶片衰老过程中差异表达的蛋白

蛋白点	登录号	蛋白名称	物　种	分子量/等电点	得　分	期望值	序列覆盖率	肽段匹配数	生物学功能
				上调表达的蛋白					
1	gi丨119368505	ATP synthase epsilon subunit (chloroplastic)	*gossypium barbadense*	14 558/5.41	64	2.00E-33	54	12	光合作用与能量
46	gi丨416681	ATP synthase delta chain，chloroplastic	*nicotiana tabacum*	26 768/8.96	75	0.0056	16	8	光合作用与能量

（续表）

蛋白点	登录号	蛋白名称	物　种	分子量/等电点	得　分	期望值	序列覆盖率	肽段匹配数	生物学功能
上调表达的蛋白									
58	gi丨115446541	2-Cys peroxiredoxin BAS1	*oxyza sativa*	28 079/5. 67	152	1. 20E-10	32	11	病虫害防卫
下调表达的蛋白									
11	gi丨209419744	Cu/Zn superoxide dismutase	*gossypium arboreum*	15 156/5. 64	172	3. 20E-14	20	5	病虫害防卫
22	gi丨10505376	PR protein class 10	*gossypium hirsutum*	17 282/4. 95	224	2. 00E-19	49	10	病虫害防卫
27	gi丨45644508	PR10-12-like protein	*gossypium barbadense*	17 199/4. 94	335	1. 60E-30	62	12	病虫害防卫
53	gi丨29836417	putative COP-1 interacting protein 7	*gossypium raimondii*	9 235/9. 85	53	0. 026	40	5	光合作用与能量
59	gi丨124294787	acidic chitinase	*gossypium hirsutum*	31 621/4. 84	93	0. 0000026	16	7	病虫害防卫
125	gi丨38679313	harpin binding protein 1	*gossypium hirsutum*	29 956/9. 37	330	5. 10E-30	53	20	信号转导
128	gi丨38679313	harpin binding protein 1	*gossypium hirsutum*	29 956/9. 37	746	1. 30E-71	50	21	信号转导
418	gi丨45644508	PR10-12-like protein	*gossypium barbadense*	17 199/4. 94	129	6. 50E-10	29	5	病虫害防卫
419	gi丨10505372	PR protein class 10	*gossypium hirsutum*	17 144/5. 21	561	4. 10E-53	71	18	病虫害防卫

3　讨论

棉花早衰即“未老先衰”，即衰老过程过早发生，引起棉花体内生理生化过程较正常植株提前发生衰退。在当前棉花生产，棉花早衰现象几乎每年都有发生，造成棉花铃重减轻，衣分下降，纤维强度和成熟度下降，从而使棉花产量锐减和纤维品质低劣。引起棉花早衰的因素很多，并且各因素之间存在着相互作用，有棉花品种的生理生化内因，也有恶劣的气候条件，土壤养份缺乏或失调，肥水管理不合理等外因。喻树迅等[6]对短季棉品种的研究表明，品种是否早衰与后期棉花叶片内的抗氧化物酶类如 SOD、POD、CAT 等活性有关。不易早衰的品种，表现为在生长后期棉花叶片中活性氧自由基清除酶保持较高活力，能及时清除活性氧自由基对细胞膜系统的破坏效应，而易早衰的品种，后期棉花叶片中活性氧清除酶活性处于较低水平，对外界环境条件变化反应较敏感。谢庆恩等[7]以棉花子叶为材料，对子叶衰老过程中的叶绿素、可溶性蛋白含量、干物重，3 种保护酶（超氧化物歧化酶，过氧化物酶，过氧化氢酶）活性，以及丙二醛含量的变化进行研究。发现子叶在出土后 19d 开始衰老；叶绿素含量变化在很大程度上与 SOD 和 CAT 活性变化存在正相关，与 MDA 的含量变化呈现显著负相关，但是却和 POD 活性变化不存在显著的相关性。本试验中，我们采用双向电泳技术对衰老过程中各时期的叶片全蛋白进行分析，结果表明，衰老过程中，差异表达的蛋白点参与了一些代谢途径，包括病虫害防御、信号转导以及光合作用。

3.1 活性氧清除相关酶类

活性氧包括超氧自由基、过氧化氢和单线态氧，广泛存在于各种各样的细胞代谢过程或组织中[8]。细胞内活性氧产生的自由基会极大地破坏组织或细胞内的 DNA、RNA 和蛋白质，从而加快组织或细胞的衰老速度。因此，消除活性氧引起的氧化过程对于延缓叶片衰老十分重要。目前发现的主要的活性氧清除酶，包括抗坏血酸过氧化物酶（APX），过氧化氢酶（CAT），超氧化物歧化酶（SOD），谷胱甘肽过氧化物酶（GST）和过氧化物酶，其中在抗氧化物酶系统中起关键作用的是 SOD。SOD 作为生物体内超氧阴离子自由基的清除剂，广泛参与植物应对环境胁迫、病害侵袭以及衰老等一系列的过程。SOD 构成植物体内防御 ROS 的第一道屏障，其主要功能是将超氧阴离子和水催化为过氧化氢和氧气。SOD 主要是根据它们包含的金属离子来分类，其中 Fe-SOD、Mn-SOD、Cu/Zn-SOD、Fe/Mn-SOD 和 Ni-SOD 主要是分布在不同的植物组织中。Fe-SOD 位于叶绿体中，Mn-SOD 分布于线粒体和过氧化物酶体中，Cu/Zn-SOD 位于叶绿体、细胞质及非原生质体中。转 SOD 基因的植物体内 SOD 活性显著增强，从而可以提高植物对各种逆境的抗性。研究指出转基因拟南芥过量表达 SOD 后表现出对高光强，重金属及氧化胁迫具有很强的耐受力，在其他转基因植株中同样可以观察到植物对非生物胁迫的较强忍耐力与植株过量表达 SOD 有关[9-10]。Pitcher 等[11]使转基因烟草植株过量表达 Cu/Zn-SOD，发现过表达 Cu/Zn-SOD 能够显著提高植株对氧化胁迫的耐受力。本研究中，点 11 被鉴定为 Cu/Zn-SOD，该蛋白点在衰老的 3 个时期里下调表达。我们推测 SOD 在叶片衰老后期的下调表达，植物体内积累了过多的活性氧积累，从而加快了叶片的早衰。

此外，本试验中，点 58 被鉴定为 2-cys 过氧化物酶（2-cys peroxiredoxin），该蛋白在植物中被称为 BAS，是过氧化蛋白（Prxs）的一种。Prxs 是一类新的过氧化物酶，它可以催化 H_2O_2 还原为水，或在供氢体的存在下，催化各种烷基过氧化物还原为水和相应的醇，从而避免植物体内代谢过程中产生的 H_2O_2 对植物细胞膜造成的伤害。周伟辉等[12]研究高温胁迫对水稻叶片蛋白质组的影响时发现抗逆相关蛋白 2-cys 过氧化物酶 BAS1 的表达量在高温胁迫下显著上调表达。有意思的是，我们的结果显示 2-cys 过氧化物酶（点 58）在衰老过程中上调表达，与 Cu/Zn-SOD 呈现出相反的表达模式。我们猜测，2-cys 过氧化物酶可能类似于 POD，具有双重功能，一方面它可以清除细胞代谢产生的 H_2O_2，起到抗氧化物酶的作用；另一方面，它可能参与了叶绿素的降解，活性氧的产生，进而引发植物细胞的膜脂过氧化，表现为促进衰老的效应。

3.2 病虫害防御相关的蛋白质

我们的研究还发现一些病虫害防御相关的蛋白质在棉花叶片衰老过程中显著表达。总共有 7 个蛋白被鉴定为病虫害防御相关的蛋白质，且这 7 个蛋白点在衰老的过程中均下调表达。四个蛋白点（点 22、27、418 和 419）与病原相关蛋白 PR10 具有同源性，1 个蛋白点（点 59）与酸性几丁质酶具有同源性，两个结合蛋白（点 125、128）与 HrBP1 具有同源性。病原相关蛋白 PR10，一般认为是受病原体感染后积累表达，也可以在各种生物和非生物逆境中在植物体内积累。PR10 基因可以被各种非生物胁迫诱导，如氯化钠、热、紫外线照射和臭氧刺激。PR10 蛋白在脱水胁迫下可以起保护作用，这可能是由于它们的空间结构类似于脱水蛋白[13]。本结果表明，PR10 蛋白质在衰老过程中的显著下调可能与棉花叶片的衰老密切相关。HrBP1 为植物体内产生的一种受体蛋白，能够特异结合到病原菌侵染植物时产生的 harpin 蛋白，该蛋白能够激发植物的过敏反应[14]。研究表明 HrBP1 广泛分布于各种植物中，并且已被定位于细胞壁上，但是目前关于其具体的生物学功能尚不是很清楚。一些研究表明激活状态的 HrBP1 蛋白能够选择性地上调植物体内的一些信号通路，包括一些植物抗病相关的信号通路、促进植物生长发育的通路以及植物抗逆胁迫相关的信号通路，从而达到增强植株抗病性和促进生长的效应[15]。我们的结果表明，HrBP1 蛋白在中棉所 10 号叶片衰老过程中显著下调表达，可能与中棉所 10 号叶片早衰有密切的联系。

3.3　光合作用能量相关的蛋白质

研究中还发现一些参与光合作用能量相关的蛋白（点 1 和点 46），这 2 个蛋白点均定位于叶片的叶绿体中。植物叶片衰老过程中，植物细胞在细胞结构、代谢以及基因表达等水平均表现出非常有序的变化。其中，在细胞水平上最显著的变化就是植物细胞的叶绿体降解，从而表现为叶片逐渐失绿变黄。本研究中，蛋白点（1 和 46）被鉴定为 ATP 合成酶的 2 个亚基，参与光合作用中能量的代谢。尽管前期 2 个蛋白点的表达水平随着叶片的衰老逐渐升高，但是在第 50d 均出现了一定水平的下降，推测可能是前期叶绿体中大量被降解的蛋白等大分子的转运需要一定的能量，最终这 2 个蛋白也会随着叶绿体结构的彻底破坏而被降解。

参考文献

[1] Wright P R. Premature senescence of cotton（*Gossypium hirsutum* L.）- Predominantly a potassium disorder caused by an imbalance of source and sink [J]. *Plant and Soil*, 1999, 211：231-239.

[2] 沈法富，喻树迅，范术丽，等. 棉花叶片衰老过程中激素和膜脂过氧化的关系 [J]. 植物生理与分子生物学学报，2003，29（6）：589-592.

[3] Guinn G, Brummett D L. Leaf age, decline in photosynthesis, and changes in abscisic acid, indole-3-acetic acid, and cytokinin in cotton leaves [J]. *Field Crops Research*, 1993, 32（3）：269-275.

[4] 沈法富，喻树迅，范术丽，等. 不同短季棉品种生育进程中主茎叶内源激素的变化动态 [J]. 中国农业科学，2003，36（9）：1014-1019.

[5] 龚文芳，喻树迅，宋美珍，等. 棉花抗细胞凋亡基因 *GhDAD*1 的克隆、定位及表达分析 [J]. 中国农业科学，2010，43（18）：3713-3723.

[6] 喻树迅，范术丽，原日红，等. 清除活性氧酶类对棉花早熟不早衰特征的遗传影响 [J]. 棉花学报，1999，11（2）：100-105.

[7] 谢庆恩，王瑞芳，范作晓，等. 棉花子叶衰老过程中的生理生化变化 [J]. 中国农学通报，2007，23（3）：212-216.

[8] Kotchoniso, Gachomo E W. The reactive oxygen species network pathways an essential

prerequisite for perception of pathogen attack and the acquired disease resistance in plants [J]. *Joumal of Biosciences*, 2006, 31 (3): 389-404

[9] 窦俊辉，喻树迅，范术丽，等. SOD与植物胁迫抗性 [J]. 分子植物育种，2010，8 (2): 359-364.

[10] Sunkar R, Kapoor A, Zhu Jiankang. Posttranscriptional Induction of Two Cu/Zn Superoxide Dismutase Genes in Arabidopsis Is Mediated by Downregulation of miR398 and Important for Oxidative Stress Tolerance [J]. *The plant cell*, 2006, 18 (8): 2051-2065.

[11] Pitcher L H, Zilinska B A. Overexpression of Copper/Zinc superoxide dismutase in the cytosol of transgenic tobacoo confers partial resistance to ozone-induced foliar necrosis [J]. *Plant Physiology*, 1996, 110: 583-588.

[12] 周伟辉，薛大伟，张国平，等. 高温胁迫下水稻叶片的蛋白响应及其基因型和生育期差异 [J]. 作物学报，2011，37 (5): 820-831.

[13] Ekramoddoullah A K, Liu J J, Zamani A. Cloning and Characterization of a Putative Antifungal Peptide Gene (Pm-AMP1) in Pinusmonticola [J]. *Phytopathology*, 2005, 96: 164-170.

[14] Wei Z M, Laby R J, Zumoff C H, *et al.* Harpin, elicitor of the hypersensitive response produced by the plant pathogen Erwinia amylovora [J]. *Science*, 1992, 257: 85-88.

[15] Chen Zhou, Zeng Mengjiao, Song Baoan, *et al.* Dufulin activates hrbp1 to produce antiviral responses in tobacco [J]. *PLoS ONE*, 2012, 7 (5): 1-17.

棉花航天诱变芽黄突变体蛋白组学分析

李海晶，蒋 博，范术丽，庞朝友，宋明梅，宋美珍*，喻树迅*
（中国农业科学院棉花研究所／棉花生物学国家重点实验室，安阳 455000）

摘要：以中棉所58及其航天诱变芽黄突变体中棉所58*Vsp*倒2叶为材料，利用等电聚焦和第二向SDS-PAGE技术获得棉花叶片总蛋白图，通过ImageMaster-2D Elite 7.0分析软件分析各个差异蛋白在两种叶片中的相对表达量，并进行MALDI-TOF/TOF鉴定。结果表明，从中棉所58及其突变体的双向电泳图谱中共检测到41个差异蛋白点，这些差异蛋白质点的等电点分布集中在4.0~7.0之间，分子量分布集中在15.0~95.0ku之间，进一步质谱分析鉴定后获得了14个差异蛋白点，包括核酮糖-1，5-二磷酸羧化酶/加氧酶、S-腺苷甲硫氨酸合成酶、黄烷酮3-羟化酶等多种蛋白，涉及到光合作用和光呼吸、乙烯和多胺的合成、类黄酮的合成等生物代谢途径。

关键词：棉花；芽黄突变体；蛋白质组；质谱分析

陆地棉芽黄突变体是指棉花在不利环境条件下控制叶色表达的基因发生了隐性突变，导叶绿素缺乏叶片发黄的性状[1]。陆地棉芽黄性状是可遗传的，一般受1对隐性基因控制。大多数纯合的芽黄突变体在苗期明显表现，子叶或真叶呈不同程度的黄色。由于其性状易于鉴别且遗传方式简单，因此它是鉴定棉花基因连锁群、同源转化群[2]以及棉花突变基因图谱定位的理想试验材料，并且以其作为指示性状进行杂交杂种，利用间苗技术淘汰伪杂种，是简化制种手续的一个有效途径。

中棉所58*Vsp*（CCRI58*Vsp*）是从棉花早熟品种中棉所58（CCRI58）航天诱变后代中筛选到的稳定遗传的芽黄突变体（Virescent mutant），该突变体真叶表现黄化，且可持续9d。将真叶展平当天记为叶龄0d（倒1叶），到叶龄3d（倒2叶）时黄化最严重。之后从叶缘开始转绿，叶龄9d时叶色恢复正常绿色。经过中棉所58*Vsp*）与其野生型中棉所58的正反交，其F_2中绿叶：黄叶的比例符合3：1分离，说明该突变体受一对隐性核基因控制。将中棉所58*Vsp*）与另外17份芽黄突变体材料进行正反交，其F_1绝大部分都表现正常绿色，个别杂交后代中有极个别黄色单株，说明该突变体的芽黄基因与这17份的芽黄基因不等位，是一个新的控制芽黄性状的基因[3]。

导致叶色突变的分子机制复杂，前人已对水稻[4]、玉米[5]、拟南芥[6]、菠菜[7]等多种植物的叶色突变体进行了研究，叶色的突变可能涉及到叶绿素合成过程受阻或降解加快、叶绿体光合蛋白合成或输入受阻、卟啉循环各物质之间的相互抑制、光合机构受损[8]等各个方面。自棉花芽黄突变体发现到目前为止，仅仅在遗传、叶绿体结构以及杂种优势的利用上进行了比较深入的研究，但其黄化的分子机理仍未见报道。蛋白质是基因表达的最终产物，也是基因功能的执行者，利用蛋白质组学技术，比较芽黄突变体和野生型叶片蛋白质组的变化，可以较全面地反映与芽黄性状相关的蛋白质或多肽的表达变化特征，以及蛋白质的修饰及互作关系，对深入研究棉花芽黄突变体叶色变化分子机理具有重要作用。

利用蛋白质组学的手段研究叶色突变的机理在水稻、茶叶等作物上已成功应用，然而，目前针对棉花芽黄突变体叶片的蛋白质组学研究还未见报道。鉴于此，本实验欲通过中棉所58及其芽黄突变体倒2叶为材料，应用双向凝胶电泳和质谱分析技术，对其差异蛋白质组进行研究，旨在从蛋白水平上分析突变体芽黄的机制，为芽黄突变体的进一步应用打下基础。

1 材料与方法

1.1 试验材料

试验材料为中棉所58和其航天诱变获得芽黄突变体中棉所58*Vsp*）的自交纯合第7代。2011年4月种植于棉花研究所安阳试验站内，每个试验材料各5行，行长6m，进行正常的田间水肥管理。在开花前（2011年6月30日）取发育时期相同、长势正常、无明显病虫害的倒2叶（真叶展平3d），放入液氮中冷冻，后放于-80℃保存。

1.2 叶片蛋白质样品的制备

叶片总蛋白的提取参照郃付菊等[9]的方法，采用TCA-丙酮沉淀法提取棉花叶片总蛋白。取适量棉花叶片（约3g），液氮中研磨成粉状，转移至50mL的离心管中，加入约3倍体积的蛋白提取液A（10% TCA-丙酮，使用前加入0.07% β-巯基乙醇），迅速振荡后置于－20℃下沉淀过夜，然后，4℃下20 000×g离心1h，弃上清液，再加入约3倍沉淀体积的预冷丙酮溶液（用前加入0.07% β-巯基乙醇），振荡，－20℃静置1h以上，4℃下15 000×g离心1h，弃上清液，重复该步骤3次。沉淀用低温真空干燥器干燥5～6h，称重，加入300mg/mL裂解液B（7mol·L尿素，2mol/L硫脲，4% CHAPS，40mmol/L的DTT），置于冰上，每15min振荡一次，沉淀完全溶解后，于4℃，35 000×g超速离心1h，上清即为蛋白样品，分装至1.5 mL离心管中，－80℃保存备用。使用2-D-Clean up kit（GE Healthcare）对样品进行纯化，纯化后的样品用2-D Quant kit（GE Healthcare）测定蛋白质浓度。

1.3 第一向等电聚焦电泳

参照Bio-Rad双向电泳实验指南，取适量纯化后的蛋白样品（分析胶为100μg，制备胶为1 000μg），每个样品进行3次生物学重复试验，加水化液（7mol/L尿素、2mol/L硫脲、4% CHAPS、40mmol/L DTT、2% pH4-7 IPG Buffer）至总体积为450μL，选取的是pH4-7、长度为24cm的线性胶条，沿IPG胶条槽缓慢均匀加入，将IPG胶条胶面朝下放入胶条槽，在胶背面上加2～3 mL矿物油，置Protein IEF Cell型电泳仪上，在20℃恒温下进行水化和聚焦，以30V主动水化8h；设置电压梯度：50V/4h；100V/1h；300V/1h；500V/1h；1 000V/h；8 000V/12h。

1.4　第二向 SDS-PAGE 电泳

等电聚焦结束后，将 IPG 胶条转移到平衡板，在胶条平衡液 I［6mol/L 尿素、2% SDS、0.375mol/L Tris-HCl（pH8.8）、20% 甘油、2% DTT］和胶条平衡液 II（6mol/L 尿素、2% SDS、0.375 mol/L Tris-HCl（pH8.8）、20% 甘油、4% 碘代乙酰胺）各平衡 15min，在摇床上进行。平衡完成的 IPG 胶条转移至 12.5% 的 SDS-PAGE 凝胶上，并用 0.5% 低熔点琼脂糖封胶，使用 Ettan Daltsix Electrophoresis Unit 230 进行第二向电泳，16℃循环水冷却，预电泳（2W/胶）45min 后电泳（15W/胶）5 ~ 6h，待指示剂溴酚蓝恰好全部跑出胶外，停止电泳。分析胶采用硝酸银染色法，制备胶采用考马斯亮蓝染色法染色。

1.5　凝胶图像扫描和分析

凝胶经过染色后，通过扫描仪 UMAX2000 扫描凝胶获取蛋白电泳的电子图片（透射模式，分辨率 300dpi），采用 ImageMaster-2D Elite 7.0 分析软件，对蛋白图谱进行蛋白点的检测、增加去除、校准和匹配等，选择% Vol（数值型），Smooth（平滑参数）为 2，Saliency（显著值）为 15，Min area（最小区域）为 10 作为蛋白点鉴定的标准，获取凝胶上蛋白质点数目、百分体积等数据，设定 $P < 0.05$ 和 ANOVE > 2.0 为差异蛋白。每个样品都由 3 个重复的图像匹配后生成参考胶。

1.6　胶内酶解和质谱鉴定

将差异蛋白点从制备胶上挖出来，置于离心管，经过脱色、酶解、抽提、脱盐处理获得酶解样品，取出 1μL 上清液加入 1μL 50% 乙腈/0.1% TFA 混合后，在样品板上点样，使用 MALDI-TOF/TOF 质谱分析仪进行检测，获取的数据通过 MASCOT（http://www.matrixscience.com）搜索引擎在 NCBI-nr 数据库中进行数据检索，肽段质量误差设定为 0.2D，容忍一个胰蛋白酶位点漏切，多肽电荷数设为 +1。

2　结果与分析

2.1　棉花叶片蛋白质双向凝胶电泳图谱分析

通过对芽黄突变体中棉所 58*Vsp* 和野生型中棉所 58 倒 2 叶的叶片总蛋白双向电泳并凝胶图像分析共检测到 1 000个左右的蛋白点，由图 1 可看出：样品蛋白等电点集中在 4.0 ~ 7.0 之间，分子量主要范围分布在 15.0 ~ 95.0kD 之间。根据设定的标准，在中棉所 58*Vsp* 和野生型倒 2 叶的叶片总蛋白中共获得 41 个差异蛋白点。其中获得可靠的质谱鉴定的蛋白点中，蛋白点 8、16、24、298、480、481、550 在中棉所 58*Vsp* 中是下调的，蛋白点 7、13、15、26、47、59、177 在突变体中棉所 58*Vsp* 中是上调的（图 1）。

2.2　棉花叶片中差异蛋白质质谱鉴定

利用 MALDI-TOF/TOF 对双向电泳得到的 41 个差异蛋白点进行质谱分析，并运用 PMF 分析软件 MASCOT 分析和 NCBI 数据库查询后，14 个蛋白点得到了可靠的鉴定，其中在突变体中棉所 58*Vsp* 中下调的有 7 个（表 1），上调的有 7 个（表 2）。例如，蛋白点 16 的大部分峰值在 1 000 ~ 2 000之间，信号强度大于 10 000，且得分远高于 72 分，表明该蛋白点的一级质谱出峰情况较好，通过数据库搜索获得匹配的氨基酸序列，然后在一级质谱的基础上，选择信号强分辨率高的峰作为母粒子，进行轰击得到二级峰图，搜索数据库获得匹配的氨基酸序列（图 2）。

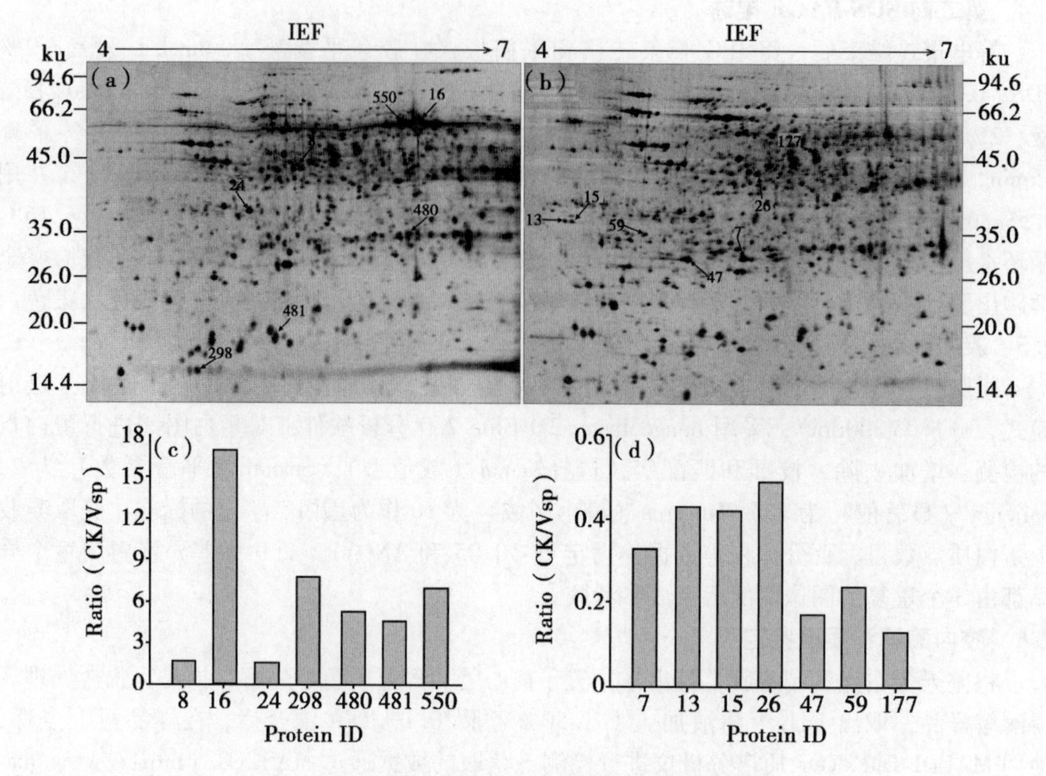

图1　双向凝胶电泳结果及差异蛋白点表达量变化

注：a、c 为 中棉所 58 双向凝胶电泳结果及其中上调蛋白表达量的变化；b、d 为中棉所 58*Vsp* 双向凝胶电泳结果及其中上调蛋白表达量的变化

表1　中棉所 58vsp 中 7 个下调的蛋白点

蛋白点号	登录号	蛋白名称	物　种	得　分	比　值
16	gi丨131979	Rubisco large subunit	*Humiria balsamifera*	222	16.88
550	gi丨167369	Rubisco large subunit	*Gossypium hirsutum*	305	7.02
481	gi丨30313565	Rubisco large subunit	*Leptolaena multiflora*	75	4.52
298	gi丨283558283	Rubisco large subunit	*Populus grandidentata*	83	7.76
8	gi丨289470638	Flavanone 3-hydroxulase	*Gossypium hirsutum*	94	1.63
24	gi丨295687231	Triosephosphate isomerase	*Gossypium hirsutum*	425	1.58
480	gi丨211906468	20S proteasome subunit alpha-1	*Gossypium hirsutum*	402	5.20

表2　中棉所 58vsp 中 7 个上调的蛋白点

蛋白点号	登录号	蛋白名称	物　种	得　分	比　值
177	gi丨307948774	S-adenosylmethionine synthetase	*Gossypium hirsutum*	428	0.13
59	gi丨307948774	S-adenosylmethionine synthetase	*Gossypium hirsutum*	80	0.24

（续表）

蛋白点号	登录号	蛋白名称	物　种	得　分	比　值
7	gi丨255550363	Groes chaperonin，putative	*Ricinus communis*	73	0.33
47	gi丨21780187	CPN21-like protein	*Gossypium hirsutum*	266	0.17
13	gi丨1658271	Nascent polypeptide associated complex alpha chain	*Nicotiana tabacum*	121	0.43
15	gi丨225470846	Predicted：similar to Nascent polypeptide-associated complex alpha	*Vitis vinifera*	103	0.42
26	gi丨1122443	Receptor kinase-like protein	*Oryza sativa*	54	0.49

3　结论与讨论

本试验以野生型中棉所58及其突变体中棉所58*Vsp*的差异表达蛋白为出发点，通过双向电泳和质谱鉴定技术，找到14个可信的差异蛋白点，它们可能是导致芽黄的原因，也可能是与芽黄性状相关，进而在蛋白水平上初步探究了芽黄机理。

在芽黄突变体中棉所58*Vsp*中，发现4个显著变化的Rubisco酶大亚基（蛋白点16、298、550、481），这些蛋白质的表达量显著下调。核酮糖－1，5二磷酸羧化酶/加氧酶（Rubisco）是广泛存在于光合细胞器中的一种酶，参与光合作用中卡尔文循环里碳固定反应的第一步，是光合作用中决定碳同化速率的关键酶，同时也是植物光呼吸的关键酶。其分子量约为53ku，由8个大亚基和8个小亚基组成，大亚基为叶绿体基因组单基因编码并在叶绿体中合成，具有活性中心，小亚基为细胞核基因组多基因编码，在细胞质中合成，与Rubisco的装配有关，具有调控Rubisco加氧酶活性的作用。研究发现大小亚基二者的基因发生突变将引起Rubisco合成能力的丧失。水稻白化苗由于质体基因发生变异，导致Rubisco大亚基含量极低，而小亚基正常，不能够组装成全酶，导致叶色白化，甚至植株死亡[10-11]。而水稻白绿苗是核基因组发生突变导致的叶色变异，其叶色可以从白色过渡到绿色。原因是前期小亚基较少，但是由于其是多基因控制的，到了后期又得到了恢复，大小亚基组装正常，叶色变绿[12]。因此大小亚基能否正常装配对叶色变异有着重要的影响。在芽黄突变体中棉所58*Vsp*中，芽黄性状可能是由于叶绿体基因组编码该酶的基因发生变异而导致的。Rubisco大亚基的不足，导致Rubisco全酶不足，这可能是叶片呈黄色的主要原因之一。

在芽黄突变体中棉所58*Vsp*中，发现Flavanone3 -hydroxylase（蛋白点8）表达量显著下调，因F3H（Flavanone3 -hydroxylase，黄烷酮3-羟化酶）是花青素合成过程中的一个关键酶，它催化4，5，7，－黄烷酮C_3位的羟化，生成二氢山奈素（Di-hydrok -aempferol，DHK），而DHK是合成黄酮醇、前花色素苷、花青素的前体物质，且F3H常和查尔酮合成酶及其查尔酮异构酶、二羟基黄酮醇还原酶（DFR）等共同催化黄酮类化合物的合成。植物可以在表皮层细胞中积累花青素之类的保护性色素，叶片花青素可以通过光吸收、抗氧化剂和渗透调节等在植物光破坏防御机制方面的作用来减轻太阳射线对叶片内部细胞的

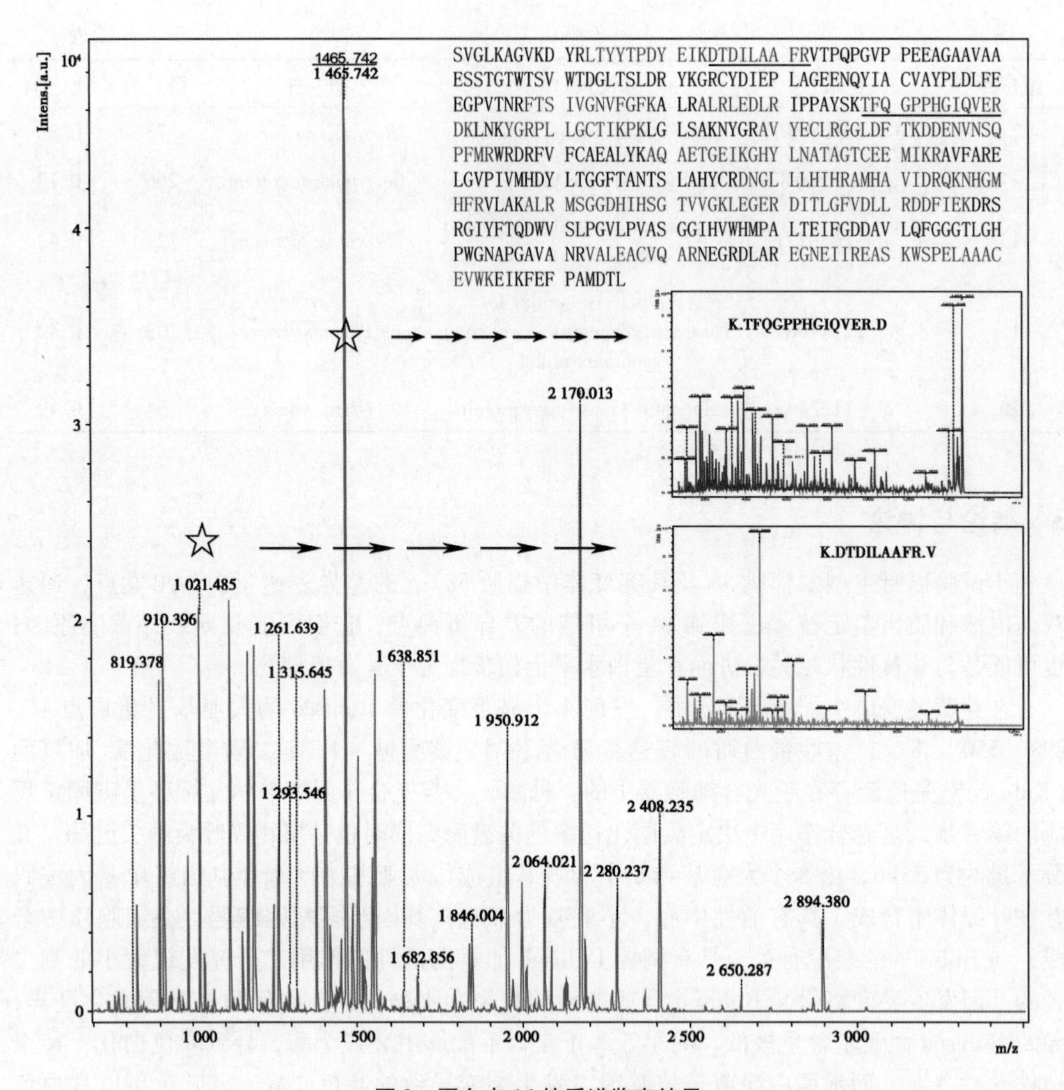

图 2　蛋白点 16 的质谱鉴定结果

注：红色峰图是一级质谱鉴定的肽指纹图谱，粉色和绿色峰图是二级质谱鉴定图谱，右上角的氨基酸序列及红色标注部分是一级质谱鉴定所匹配到的蛋白及与其匹配上的肽段，其中红色并划线部分是进一步获得二级质谱鉴定的肽段

伤害[13]。因此，推测花青素、黄酮类物质的减少，可能会使光容易对叶片光合机构造成伤害，叶绿体结构发育不完整或者光氧化将导致叶绿素合成受阻，叶色呈黄色。

S-adenosylmethionine synthetase（蛋白点 177）在芽黄突变体中相对于野生型表达量是上调的。S-腺苷甲硫氨酸合成酶（S-adenosylmethionine synthetase，SAMS）参与催化甲硫氨酸与 ATP 生物合成 S-腺苷甲硫氨酸（SAM），而 SAM 是植物体内转甲基反应的甲基供体，也是乙烯合成的前体，同时也是植物生物碱合成过程中甲基化反应唯一的甲基供体，是植物代谢中的一个关键酶，有研究表明乙烯能够与光共同调控植物叶绿素合成，乙烯可以通过激活 EIN3/EIL1 和一个光信号通路中的转录因子 PIF_1 协同作用，减轻植物的光氧化伤害，从而促进子叶变绿[14]；SAM 合成酶还对一些基因的表达，膜的流动性，多胺生成都起着重要作用。多胺是生物体代谢过程中产生的一类次生物质，在调节植物生长发育、控制形态建成、提高植物抗逆性、延缓衰老等方面具有重要作用[15-17]。研究表明，将野生大豆的 SAMS 基因在烟草中的超表达可以提高转基因烟草的抗低温、干旱和耐盐能力[18]。因此该酶表达量的上调可能是芽黄基因突变导致的结果，是为了增强植株的抗氧化能力和其他抗逆性，进而弥补叶绿素的缺失。

除了上述的 3 种蛋白质，其他差异蛋白质还包括 20S 蛋白酶体大亚基、Groes chaperonin、CPN21-like protein、新生多肽结合复合物、类受体蛋白激酶等，这些酶涉及到蛋白质的修饰和代谢、叶绿体的抗性代谢以及细胞信号转导等生物代谢过程，由此可见，导致芽黄的原因十分复杂和广泛，具体机制还有待深入研究。

参考文献：

[1] Killough D T，Horlacher W R. The Inheritance of virescent yellow and red pant color in cotton [J]. *Genetics*，1933，18：329-334.

[2] 肖松华，张天真，潘家驹．陆地棉芽黄等基因系研究 [J]. 棉花学报，1996，8 (5)：235-240.

[3] 宋美珍，杨兆光，范术丽，等．一个短季棉芽黄基因型的鉴定及生理生化分析 [J]. 中国农业科学，2011，44 (18)：3709-3720.

[4] Wu Z M，Zhang X，He B，*et al.* A chlorophyll-deficient rice mutant with impaired chlorophyllide esterification in chlorophyll biosynthesis [J]. *Plant Physiol*，2007，145：29-40.

[5] Hall L N，Rossini L，Cribb L，*et al.* GOLDEN 2：a novel transcriptional regulator of cellular differentiation in the maize leaf [J]. *Plant Cell*，1998，10：925-936.

[6] Yasumura Y，Moylan E C，Langdale J A. A conserved transcription factor mediates nuclear control of organelle biogenesis in anciently diverged land plants [J]. *Plant Cell*，2005，17：1894-1907.

[7] Ishijima S，Uchibori A，Takagi H，*et al.* Light-induced increase in free Mg^{2+} concentration in spinach chloroplasts：Measurement of free Mg^{2+} by using a fluorescent probe and necessity of stromal alkalinization [J]. *Arch Biochem Biophys*，2003，412：126-132.

[8] Green B R，Durnford D G. The chlorophyll-carotenoid proteins of oxygenic photosynthesis [J]. *Plant Biol.*，1996，47：685-714.

[9] 郤付菊，李扬，陈良，等．低温胁迫下棉花子叶蛋白质差异表达的双向电泳分析 [J]. 华中师范大学学报，2008，42 (2)：262- 265.

[10] Day A，Ellis Thn. Chloroplast DNA deletions associated with wheat plant regenerated from pollen：possible basis for maternal inheritance of chloroplasts [J]. *Cell*，1984，39 (2)：359-368.

[11] 孙敬三，吴石君、朱至清，等．水稻白化花粉植株可溶性蛋白质的电泳分析 [J]. 遗传学报，1977，4 (4)：359- 360.

[12] 杨炜，钱前，黄大年．水稻白绿苗可转化性与核酮糖 1，5 – 二磷酸羧化酶/加

氧酶小亚基的关系［J］. 科学通报，1992，20：1897- 1900.

［13］许志茹，崔国新，李春雷，等. 芜菁黄烷酮 3－羟化酶基因的克隆、序列分析及表达［J］. 分子植物育种，2008，6（4）：787- 792.

［14］Zhong S W，Zhao M T，Shi T Y，*et al.* EIN3/EIL1 cooerate with PIF_1 to prevent photo-oxidation and to promote greening of Arabidopsis seedings［J］. PNAS，2009，106（50）：21431-21436.

［15］孔垂华，胡飞，谢华亮，等. 外源多胺对水稻萌发和前期生长的作用及其在土壤中的滞留［J］. 应用生态学报，1996，7（4）：377-380.

［16］林文雄，吴杏春，梁康迳，等. UV-B 辐射增强对水稻多胺代谢及内源激素含量的影响［J］. 应用生态学报，2002，13（7）：807-813.

［17］施木田，陈如凯. 锌硼营养对苦瓜产量品质与叶片多胺、激素及衰老的影响［J］. 应用生态学报，2004，15（1）：77-80.

［18］樊金萍，柏锡，李勇，等. 野生大豆 S－腺苷甲硫氨酸合成酶基因的克隆及功能分析［J］. 作物学报，2008，34（9）：1581-1587.

Transcriptomic Analysis of Differentially Expressed Genes During Anther Development of Genetic Male Sterile And Wild Type Cotton by Digital Gene-expression Profiling

Mingming Wei[1], Meizhen Song[2], Shuli Fan[2,*], Shuxun Yu[2,*]
(1. College of Agriculture, Northwest A&F University, Yangling 712100;
2. State Key Laboratory in Cotton Biology/Cotton Research Institute,
Chinese Academy of Agriculture Sciences (CAAS), Anyang 455000)

Abstract: Cotton (*Gossypium hirsutum*) anther development involves a diverse range of gene interactions between sporophytic and gametophytic tissues. However, only a small number of genes are known to be specifically involved in this developmental process and the molecular mechanism of the genetic male sterility (GMS) is still poorly understand. To fully explore the global gene expression during cotton anther development and identify genes related to male sterility, a digital gene expression (DGE) analysis was adopted. Six DGE libraries were constructed from the cotton anthers of the wild type (WT) and GMS mutant (in the WT background) in three stages of anther development, resulting in 21 503 to 37 352 genes detected in WT and GMS mutant anthers. Compared with the fertile isogenic WT, 9 595 (30% of the expressed genes), 10 407 (25%), and 3 139 (10%) genes were differentially expressed at the meiosis, tetrad, and uninucleate microspore stages of GMS mutant anthers, respectively. Using both DGE experiments and real-time quantitative RT-PCR, the expression of many key genes required for anther development were suppressed in the meiosis stage and the uninucleate microspore stage in anthers of the mutant, but these genes were activated in the tetrad stage of anthers in the mutant. These genes were associated predominantly with hormone synthesis, sucrose and starch metabolism, the pentose phosphate pathway, glycolysis, flavonoid metabolism, and histone protein synthesis. In addition, several genes that participate in DNA methylation, cell wall loosening, programmed

原载于：*BMC Genomics*, 2013, 14: 97

cell death, and reactive oxygen species generation/scavenging were activated during the three anther developmental stages in the mutant. Compared to the same anther developmental stage of the WT, many key genes involved in various aspects of anther development show a reverse gene expression pattern in the GMS mutant, which indicates that diverse gene regulation pathways are involved in the GMS mutant anther development. These findings provide the first insights into the mechanism that leads to genetic male sterility in cotton and contributes to a better understanding of the regulatory network involved in anther development in cotton.

1 Background

Male sterility is a simple and efficient pollination control system that is widely exploited in hybrid breeding. In cotton breeding, cytoplasmic male sterility (CMS) and genetic male sterility (GMS) have been used to produce hybrid seeds. Both types of lines have a maternally (former) or nuclear (later) inherited trait and each line is unable to produce or release functional pollen. Such lines are suitable as maternal plants for the utilization of hybrid vigor.

Although the CMS system can economically generate a completely male-sterile population, hybrid seed production using this system involves development of three lines, it usually takes years to develop the maintainer and restorer lines because most CMS systems have stringent restoring-maintaining relationships, and any CMS system potentially causes negative cytoplasmic effects and shows unstable sterility[1]. The advantage of GMS system is that it involves only two lines and the genes responsible for male sterility are relatively easy to transfer to any desired genetic background. For example, in genetic male sterility controlled by a recessive gene (s) (RGMS), most breeding lines can serve as restorers, thus it is easy to combine elite lines to produce hybrids that show high heterosis. The molecular mechanism of GMS is currently a research hotspot in plant science.

GMS-sterile lines are mainly controlled by alleles of nuclear genes designated as 'ms' that affect male reproduction. These alleles are usually recessive, but some are dominant (Ms) and both types are typically expressed in specific sporophytic tissues at different stages. In *G. hirsutum*, the GMS mutant in 'Dong A' is controlled by one pair of recessive genes[2], and it has the same genetic background with its wild type (WT). Therefore, they are ideal genetic materials for studying cotton anther development and male sterility.

In plants, anther is a bilaterally symmetrical structure with four lobes, each lobe containing meiotic cells at the center surrounded by four somatic cell layers, which are the epidermis, the endothecium, the middle layer, and the tapetum from the surface to the interior[3]. The meiotic cells produce microspore in anther lodes. Among the four somatic cell layers, the tapetum cells are of considerable physiological significance because all nutritional materials entering the sporogenous cells passes through or originates from the tapetum[4]. Tapetal aberrations are frequently observed in male sterile mutants, with premature or delayed degradation of the tapetum resulting in male sterility[5].

The anther formation and maturation is a critical phase in the plant life cycle, which commences at the end of meiosis with the formation of a tetrad and ends at the dehiscence of anthers when the mature pollen grains are released. This process involves a diverse range of gene interactions between sporophytic and gametophytic tissues[6-7]. Using forward and reverse genetic approaches, a growing number of genes have been identified to have vital roles in anther development[8]. For instance, SPOROCYTELESS (SPL) /NOZZLE (NZZ) gene required for cell division and differentiation is essential for the earliest anther development in *Arabidopsis*[9-10]. ABORTED MICROSPORES (AMS) is involved in tapetal development and microspore development in rice and *Arabidopsis*[11]. TAPETAL DETERMINANT1 (TPD1), DYSFUNCTIONAL TAPETUM (DYT1), and UNDEVELOPED TAPETUM1 are involved in tapetal and microsporocyte determination[12-14]. MALE STERILITY1 (MS1) is required for tapetal development and pollen wall formation in *Arabidopsis*[15]. MALE STERILITY2 (MS2) is involved in pollen wall biosynthesis in rice[16]. Cytochrome P450 family member CYP704B1 and CYP704B2 are essential for the formation of both cuticle and extine during plant male reproductive and spore development in *Arabidopsis* and rice[17-18]. LAP5 and LAP6 encode anther-specific proteins with similarity to chalcone synthase essential for pollen extine development in *Arabidopsis*[19]. However, the regulatory mechanism underlying anther development as well as the genetic network that governs male sterility is yet not to be fully understood.

In recent decades, most studies on male sterility focused on differential display methods, such as amplified fragment length polymorphisms[20-21]. These low-throughput methods are inadequate to fully detect gene expression in different samples. Although transcriptome profiling studies based on microarray data can detect detailed gene expression in different samples, this approach also has limitations because genes are represented by unspecific probe sets and cannot be reliably detected at low expression levels. High-throughput tag-sequencing for digital gene expression (DGE) analysis is a powerful, recently developed tool that allows the concomitant sequencing of millions of signatures to the genome, and identification of specific genes and the abundance of gene expression in a sample tissue[22]. This method provides a more qualitative and quantitative description of gene expression than previous microarray-based assays[23]. In a direct comparison with high-throughput mRNA sequencing (RNA-seq), both methods provide similar assessments of relative transcript abundance, but DGE better detects expression differences for poorly expressed genes and does not exhibit transcript length bias[24].

In the present study, DGE based on the Solexa Genome Analyzer platform was applied to analyze the complex regulatory network underlying anther development and to investigate the differences in gene expression between the 'Dong A' male sterile mutant and its wild type (WT). After high-throughput tag-sequencing, an integrated bioinformatic analysis was performed to identify the expression patterns of genes and critical pathways in the male-sterile mutant and WT at three stages of male gametophyte development. The aim of the study was to gain increased insight into the molecular mechanisms of cotton male sterility. The results yielded sets of up-regulated and down-regulated genes associated with male sterility, and candidate genes associated with cotton male sterility are discussed. Comparison of the gene expression patterns at three developmental stages of the WT and GMS mutant anther provides an improved understanding of the molecular mechanisms of cotton anther development and GMS.

2 Results

2.1 Phenotypic analysis of impaired anthers in cotton male-sterile mutant

At one day post anthesis (DPA), *G. hirsutum* 'Dong A' (WT) showed normal floral phenotypes (Figure 1A), whereas the male sterile mutant (GMS mutant) showed abnormal floral phenotypes (Figure 1B) with shorter stima and filament. Pollen grains in the WT and GMS mutant were stained with 2% I_2-KI to detect starch activity at 0 DPA. Many pollen grains were deeply stained in the WT (Figure 1C), but no pollen grains were stained in the GMS mutant (Figure 1D), which indicated that little nutritional materials were accumulated in the GMS mutant microspores.

To gain more detailed insights into the cellular defects during pollen development in the GMS mutant, anther samples from the WT and GMS mutant were examined by transmission electron microscopy (TEM) at different stages of development (Figure 2). The results of TEM observation showed that the tapetal cells of WT anthers were strongly stained during the meiosis stage, and some Ubisch bodies were extruded to the locular side of the tapetum (Figure 2A and 2G). At the tetrad stage, the tapetal cells appeared slightly vacuolated, and initial primexine formation was observed on the microspore surface. In addition, thick, protrudent, hair-like structures (probaculae) were observed outside the plasma membrane (Figure 2B and 2H), which indicated that sporopollenin components were actively transported from the tapetum to the microspores. This trend was further enhanced at the uninucleate microspore stage of WT anthers, in which the extine was thicker and stained strongly, and columnar baculae in the extine were observed (Figure 2I). This observation indicated that additional sporopollenin was deposited on the surface of the microspore. Microspore development in the GMS mutant was similar to that of the WT, but the tapetal layer in the GMS mutant stained less intensely and was more vacuolated, which indicated that the tapetal cells in the GMS mutant underwent acute and abnormal degradation (Figure 2D, 2E, and 2F). Furthermore, no Ubisch bodies were observed outside the tapetal layer of the GMS mutant (Figure 2J) and only a thin extine layer developed (Figure 2K and 2L), which indicated that sporopollenin synthesis was deficient in the GMS mutant.

From meiosis to the uninucleate microspore stage, the anther epidermal cell walls of the WT were strongly stained and gradually thickened, and decreased in electron density; the anther cuticle also became thicker (Figure 2M, 2N and 2O). Surprisingly, although the epidermis of the GMS mutant anther developed a cell wall, the wall was weakly stained, which indicated that de-

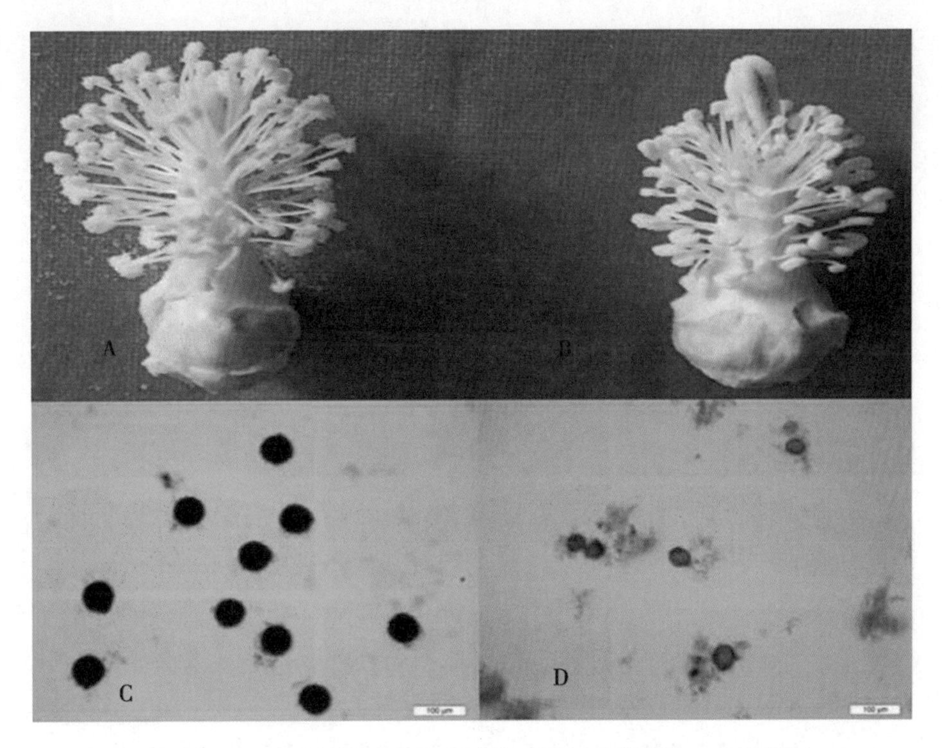

Figure 1　Flowers and pollen grains of the wild type (WT) and GMS mutant

Floral phenotypes *of G. hirsutum* 'Dong A' (WT: A) and GMS mutant of 'Dong A' (WT: B). Pollen grains stained with 2% I2-KI at 0 DPA of the WT (C) and the GMS mutant anther (D). Scale bar = 100 μm

creased amounts of lipophilic materials were deposited in the outer epidermal cell wall. Moreover, the thickness of the cell wall and cuticle were greatly reduced in the GMS mutant (Figure 2P, 2Q and 2R). Thus, abnormal synthesis of the pollen wall and defective formation of the anther epidermal cell wall and cuticle in the GMS mutant anthers were indicated.

2.2　Analysis of digital gene expression (DGE) libraries

Previous studies have demonstrated that the peak of male sterility mainly occurs in the uninucleate microspore stage of anthers in 'Dong A' GMS mutant[25]. Therefore, not only the uninucleate microspore stage anthers, but also anthers before the uninucleate microspore stage should be collected to analyze the differentially expressed genes between the WT and the GMS mutant anther. Based on this fact, anthers were harvested at the meiosis stage (WT: F-1; mutant: S-1), tetrad stage (WT: F-2; mutant: S-2), and uninucleate microspore stage (WT: F-3; mutant: S-3) to construct six DGE libraries. The Solexa Genome Analyzer platform was used to perform high-throughput tag-sequencing analysis of cotton anther libraries. The transcriptome during cotton anther development was characterized and differences in the gene regulatory pathways were analyzed at the three stages of WT and GMS mutant anther development.

The six DGE libraries were sequenced and generated 5.6 ~ 5.9 million high-quality tags. The

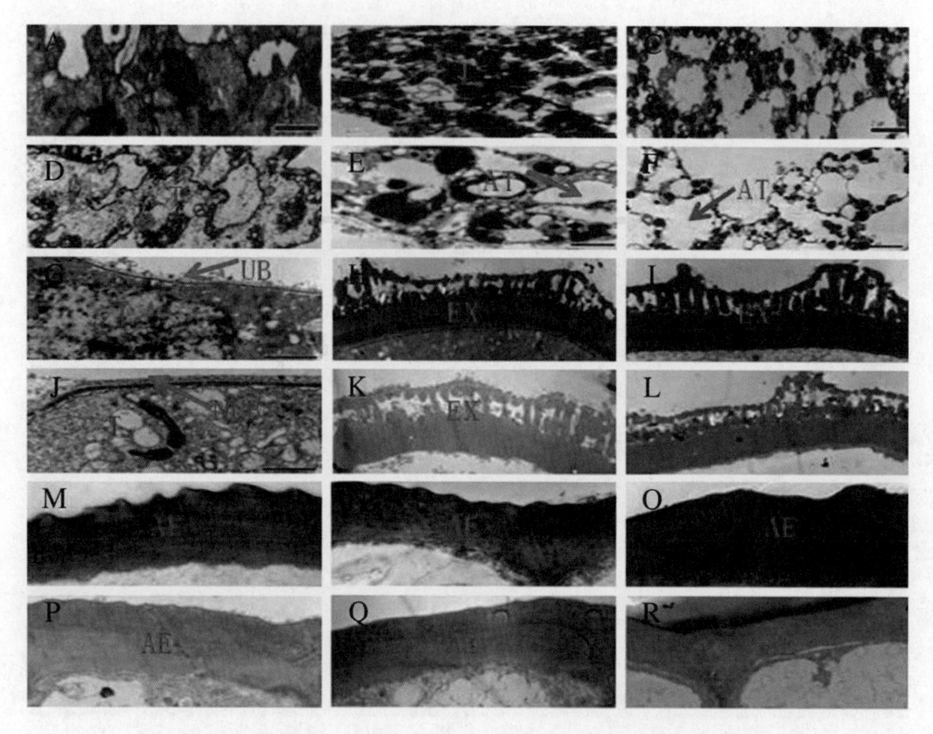

Figure 2 TEM analysis of anthers in the WT and GMS mutant

Transverse sections of the (A-C) WT and (D-F) GMS mutant tapetum at the (A, D) meiosis, (B, E) tetrad, and (C, F) uninucleate microspore stages. Extine development in (G-I) WT and (J-L) GMS mutant microspores at the (G, J) meiosis, (H, K) tetrad, and (I, L) uninucleate microspore stages. Outer wall of anther epidermal cells in the (M-O) WT and (P-R) GMS mutant at the (M, P) meiosis, (N, Q) tetrad, and (O, R) uninucleate microspore stages. T: Tapetal layer; AT: abnormal tapetal layer; UB: Ubisch body; NUB: no Ubisch body; Ex: extine; AE: anther epidermal cuticle. Bars = 2 μm (A-L), 1 μm (M-R)

number of tag entities with unique nucleotide sequences ranged from 177 594 to 282 106 (Table 1). The number of unique distinct clean tag sequences ranged from 79 790 to 163 814 (Table 1). The F-2 library contained the highest number of distinct clean tags; the other four libraries contained similar numbers. In addition, the F-2 library showed the highest ratio of number of distinct clean tags to total number of clean tags, and the lowest percentage of distinct high copy number tags (Additional data file 1). These data suggested that more genes were detected in the F-2 library than in the other five libraries, and more transcripts were expressed at lower levels in the F-2 library. In addition, more than 41.49% ~ 55.97% of the highly regulated genes were found to be orphan sequences, i. e. no homologues were identified in the National Center of Biotechnological Information databases. This result might indicate that many unique processes and pathways are involved in *G. hirsutum* anther development.

Table 1　Categorization and abundance of tags

Summary		F-1	F-2	F-3	S-1	S-2	S-3
Raw data	Total	6 057 743	6 106 800	5 907 794	5 926 547	5 891 017	6 042 253
	Distinct tags	466 231	457 518	389 247	252 111	421 049	345 292
Clean tags	Total number	5 766 711	5 928 700	5 696 273	5 849 242	5 661 517	5 871 546
	Distinct tag numbers	195 469	282 106	180 025	181 205	209 697	177 594
All tag mapping to gene	Total number	4 418 440	4 590 068	4 300 473	4 207 316	4 201 776	4 060 397
	Total% of clean tags	76. 62%	77. 42%	75. 50%	71. 93%	74. 22%	69. 15%
	Distinct tag numbers	106 159	163 814	105 324	79 790	105 946	92 188
	Distinct tag% of clean tags	54. 31%	58. 07%	58. 51%	44. 03%	50. 52%	51. 91%
Unambiguous Tag mapping to gene	Total number	2 216 772	2 193 183	2 227 360	1 948 213	2 138 430	2 192 477
	Total% of clean tags	38. 44%	36. 99%	39. 10%	33. 31%	37. 77%	37. 34%
	Distinct tag numbers	72 551	111 516	71 585	51 219	72 232	63 400
	Distinct Tag% of clean tags	37. 12%	39. 53%	39. 76%	28. 27%	34. 45%	35. 70%
All tag-mapped genes	Number	66 081	77 376	66 172	56 741	67 267	62 364
	% of ref genes	56. 71%	66. 41%	56. 79%	48. 70%	57. 73%	53. 52%
Unambiguous tag-mapped genes	Number	34 451	42 940	33 937	26 642	35 072	31 397
	% of ref genes	29. 57%	36. 85%	29. 13%	22. 86%	30. 10%	26. 95%
Unknown tags	Total number	1 348 271	1 338 632	1 395 800	1 641 926	1 459 741	1 811 149
	Total% of clean tags	23. 38%	22. 58%	24. 50%	28. 07%	25. 78%	30. 85%
	Distinct tag numbers	89 310	118 292	74 701	101 415	103 751	85 406
	Distinct tag% of clean tags	45. 69%	41. 93%	41. 49%	55. 97%	49. 48%	48. 09%

Heterogeneity and redundancy are two significant characteristics of mRNA expression. A small number of mRNAs are present at a very high abundance, whereas expression of the majority of mRNAs remains at a very low level. The distribution of clean tag expression can be used to evaluate the normality of the whole DGE data. In the present study, the distribution of the distinct clean tag copy numbers showed extremely similar tendencies. Among the distinct clean tags in the six libraries, only 3. 2% ~5. 2% possessed more than 100 copies. The majority of distinct clean tags (28. 64% ~60. 88%) had 2 ~5 copies (Figure S1), which indicated that the whole DGE data among the six libraries was normally distributed.

2.3 Analysis of tag mapping

A reference gene database that included 116 520 sequences of the *G. hirsutum* unigenes was preprocessed for tag mapping (http://occams.dfci.harvard.edu/pub/bio/tgi/data/Gossypium). Among the reference sequences, the genes with a CATG site accounted for 87.52% of the total. To obtain the reference tags, all of the CATG + 17 tags in the gene were taken as gene reference tags. Finally, 284 576 total reference tag sequences with 236 167 unambiguous reference tags were obtained in the six libraries. On this basis, 44 968 unambiguous tag-mapped genes were detected in the six DGE libraries.

To estimate whether the sequencing depth was sufficient for the transcriptome coverage, the sequencing saturation in the six libraries was analyzed. The genes that were mapped by all clean tags and unambiguous clean tags increased with the total number of tags. However, when the sequencing counts reached 2 million tags or higher, the number of detected genes was saturated (Additional data file 2). Given that Solexa sequencing can distinguish transcripts that originate from both DNA strands, using the strand-specific nature of the sequencing tags obtained, we found that 26.25% ~33.96% distinct clean tags showed a perfect match to sense strand-specific transcripts, and 7.43% ~12.98% distinct clean tags showed a perfect match to antisense strand-specific transcripts in the six libraries (Additional data file 3). These results indicated that antisense genes also play important roles in the transcriptional regulation of cotton anther development.

2.4 Transcriptome diversity quantified by DGE profiles in the WT and GMS mutant anthers

Based on deep sequencing of the six DGE libraries in the current study, 28 420 (24.4% of reference genes in cotton) and 21 503 (18.5% of reference genes in cotton) genes were detected in the meiosis stage of WT and mutant anthers, respectively; 37 352 (32.1% of reference genes in cotton) and 28 833 (24.7% of reference genes in cotton) genes were detected in the tetrad stage of WT and mutant anthers, respectively; and 28 066 (24.1% of reference genes in cotton) and 25 936 (22.3% of reference genes in cotton) genes were detected in the uninucleate microspore stage of WT and mutant anthers, respectively (Figure 3a). Each stage of WT and mutant anthers express more than 20 000 genes, consistent with results from other plants in that 20 000 ~30 000 genes are expressed in anthers[26-27] and anthers express more genes than other organs[28]. Comparing to 6 675 genes identified in cotton leaf development[29], the genes detected in cotton anther development were significantly more than the genes participated in leaf development, confirming the consensus of previous studies and further suggesting the deep sequencing results of cotton anthers were reliable.

The fertile anthers exhibit transcript complexity during three anther stages: of a total of 42 488 genes that were expressed over three stages of WT anthers, 22 131 were constitutively expressed, 13 269 were stage-specific and 7 088 were expressed at two stages (Figure 3b; see Additional data file 4 for the gene list for each category). These dynamic patterns of gene expres-

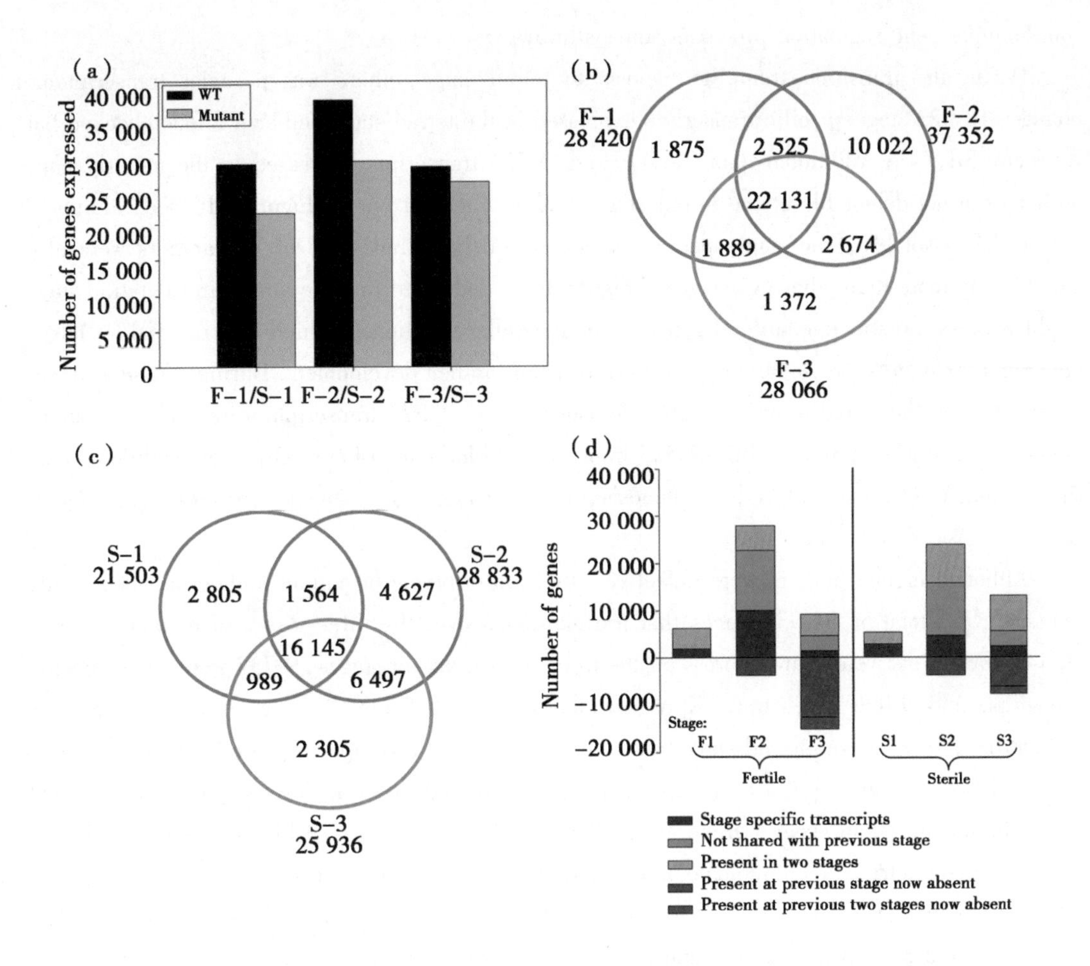

Figure 3　Transcriptome analysis of the WT and GMS mutant anthers

(a) Transcriptome sizes at three stages of the WT and GMS mutant anthers. (b), (c) Venn diagram showing the overlaps between anther stages of WT and GMS mutant (combined according to similarities in development). The number below each stage designation is the total transcripts detected in that stage (s). (d) Analysis of the progression of transcriptome changes during anther development of WT and GMS mutant anthers. The approximately 22 131 and 16 145 transcripts shared by three stages of WT and GMS mutant anthers are not shown, respectively. Numbers above the x-axis represent transcripts present in the indicated stage that are: stage specific (fufous); not present in the prior stage but shared with another stage (orange); or shared with the prior stage but missing in at least one other stage (yellow). Numbers below the x-axis represent transcripts present in the prior stage that are not detected in the current stage (from the category with green and blue color)

sion reinforce the conclusion that male reproductive development is a highly complex process in plants. Strikingly, during the three stages of WT anthers, the transcriptome in the tetrad stage were significantly more than other two stages. However, the transcriptome in the tetrad stage is lower than the same two stages in maize anther development[27]. This reversely increased transcript diversity in the tetrad stage of cotton anthers indicates that cotton anther development may have some unique gene regulation processes and pathways.

During the transition from the meiosis to tetrad stage, there was a major transcriptome change: 10 022 stage-specific transcripts expressed in the tetrad stage anther (fufous checked bar in Figure 3d, see Additional data file 4) and 3 764 transcripts expressed in the meiosis stage anther were not detectable at the tetrad stage (green checked bar in Figure 3d, see Additional data file 4). Notably, the stage-specific transcripts in the tetrad stage of WT anthers were also significantly more than other two stages (Figure 3b), indicated that the anther in the tetrad stage might express a distinctive suite of genes for core cellular functions, which may be vital for tetrad generation or microspore separation during the cotton anther development. During the subsequent transition from the tetrad to uninucleate microspore stage, 1 372 transcripts were specific (fufous checked bar in Figure 3d), while 2 525 transcripts (blue bar in Figure 3d, see Additional data file 4) that were present at both the meiosis and tetrad microspore stages were no longer detectable.

Although mutant anthers were defective, the transcriptome of mutant anther was also highly dynamic. Of a total of 34 932 genes that are expressed over the three stages of mutant anthers, 16 145 transcripts were shared across all the three mutant anther stages, 9 737 were stage-specific transcripts and 9 050 genes were expressed at two stages (Figures 3c, see Additional data file 5). During the meiosis to tetrad stage transition, 4 376 new transcripts appeared (fufous checked bar in Figure 3d) and 3 794 transcripts that were expressed in the meiosis stage anther were not detectable at the tetrad stage (green checked bar in Figure 3d, see Additional data file 5). At the subsequent tetrad to uninucleate microspore transition, 2 305 transcripts appeared (fufous checked bar in Figure 3d), and 1 564 transcripts (blue bar in Figure 3d, see Additional data file 5) present at both the meiosis and tetrad microspore stages were no longer detectable.

In comparison with the three stages of WT anthers, transcripts have differentially degrees of reduction in three corresponding stages of mutant anthers (Figures 3a). Especially, the number of stage-specific transcripts decreased more than twofold in the tetrad stage of mutant anthers (10 022 and 4 627 stage-specific transcripts detected in the tetrad stage of WT and mutant anthers, Figures 3b and 3c). Considering the observations of tapetal cells underwent acute and abnormal degradation in the tetrad stage of mutant anthers, so many stage-specific transcripts missing in the tetrad stage of mutant anthers were likely to disrupt the temporally coordinated growth and differentiation of anther cells, resulting in the observed defects in tapetal cell division.

To compare the differential expression genes at same developmental stages, the number of raw clean tags in each library was normalized to the number of transcripts per million (TPM) clean tags to obtain the normalized gene expression level, then differentially expressed genes between the WT and GMS mutant samples were identified by an algorithm developed by Audic *et al*[30]. In total, 9 595 genes were differentially expressed at the meiosis stage of WT and GMS mutant anther (Figure 4d, see Additional data file 6), representing the reprogramming of 30% of the normal transcriptome (9 595/32 120). Among these genes, 4 140 (43%) were up-regulated

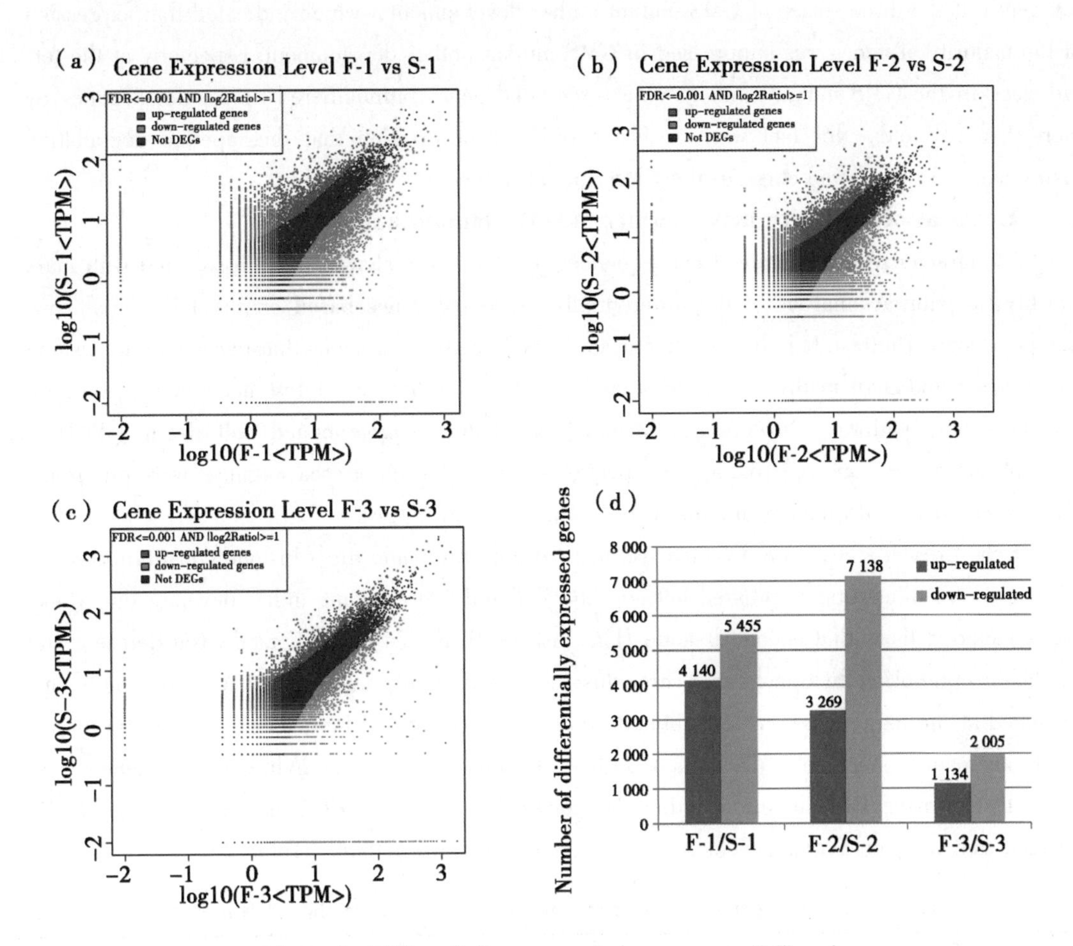

Figure 4　Differentially expressed genes across all libraries

All genes mapped to the reference sequence were examined for differences in their expression across the different libraries (a), (b) and (c) Genes expression levels at meiosis, tetrad and uninucleate microspore stages of the WT and GMS mutant anthers, respectively. (d) The number of differentially expressed genes at three stages of WT and mutant anthers. F-1 and S-1: meiosis stage of WT and GMS mutant anthers; F-2 and S-2: tetrad stage of WT and GMS mutant anthers; F-3 and S-3: uninucleate microspore stage of WT and GMS mutant anthers

and 5 455 (57%) were down-regulated at the meiosis stage of GMS mutant anthers (Figure 4d, see Additional data file 6). The significant impact of the GMS mutant anther development persisted through the subsequent two stages with 10 407 (25%, 10 407/41 365) genes differentially regulated at the tetrad stage, and 3 139 (10%, 3 169/31 465) genes differentially regulated at the uninucleate microspore stage (Figure 4d, see Additional data file 6). Most of the genes were also down-regulated at subsequent stages of GMS mutant anther development, i. e. 7138 (69%) and 2005 (64%) genes at the tetrad and uninucleate microspore stages, respectively (Figure 4d). These results showed that down-regulated genes outnumbered up-regulated genes at the three stages of GMS mutant anther development, which indicated that expression of the majority of genes was suppressed in GMS mutant anther development. Especially at the tetrad stage in the GMS mutant anther, down-regulated genes outnumbered up-regulated genes by more than two-fold, this fact was consistent with the observation that the tapetum degradation mainly occur at the tetrad stage in the GMS mutant anther.

2.5 Genes associated with male sterility in GMS mutant anthers

To characterize the functional consequences of gene expression changes associated with male sterility, a pathway analysis of the differentially expressed genes based on the KEGG database was performed. The results indicated that several key branch-point genes that participate in histone modification and DNA methylation, hormone signaling, sucrose and starch metabolism, the pentose phosphate pathway, glycolysis, flavonoid metabolism, programmed cell death (PCD), cell wall loosening, and reactive oxygen species (ROS) generation/scavenging, were differentially expressed in GMS mutant anthers (Additional data file 7).

In the present study, we detected two methyltransferases and three histone constitution-related genes were differential expressed between the WT and GMS mutant anther development. These genes included those that encode histone H3, histone H2B, 24-sterol C-methyltransferase, and gamma-tocopherol methyltransferase. Three histone constitution-related genes were distinctly up-regulated at the tetrad stage in GMS mutant anthers, but exhibited lower expression at the uninucleate microspore stage in GMS mutant anthers (Table 2). Two methyltransferase genes were gradually down-regulated in three anther developmental stages of WT, but they were gradually up-regulated in three anther developmental stages of the GMS mutant (Table 2).

Table 2 Selected genes with altered expression in anthers of the GMS mutant

Functional group	Unigene accession	Gene annotation	TPM (transcript per million clean tag)					
			F-1	F-2	F-3	S-1	S-2	S-3
Histone modification and DNA methylation								
	TC179702	24-sterol C-methyltransferase	114.28	88.21	84.44	32.82	82.49	183.09
	TC179697	Gamma-tocopherol methyltransferase	72.48	43.18	32.48	37.44	51.22	79.54
	TC208258	Histone H3	12.66	2.36	4.56	0	16.43	1.87
	DT048644	Histone H2B	38.15	4.22	20.72	8.89	32.32	8.18
	TC201522	Histone H2B	26.7	0.67	5.97	9.74	21.73	4.09
Hormone/signaling								
	TC202864	Gibberellic acid receptor	6.59	3.88	5.97	5.98	10.24	2.04
	TC194111	Gibberellin 3-hydroxylase 1	27.57	2.53	6.85	0	17.84	1.7
	DW512177	DELLA protein	11.97	3.54	5.09	0	7.24	3.75
	TC212596	Ethylene receptor	14.56	9.16	18.78	7.18	18.19	18.22

(continued)

Functional group	Unigene accession	Gene annotation	TPM (transcript per million clean tag)					
			F-1	F-2	F-3	S-1	S-2	S-3
	TC179902	Ethylene-responsive transcription factor	16.65	3.88	12.99	15.04	17.49	12.09
	BF269053	ACC oxidase 4	144.97	76.41	132.3	47.7	172.2	195.01
	TC183353	S-adenosylmethionine synthetase	105.2	46.72	98.31	40.01	42.39	167.7
Sucrose and starch metabolism								
	TC218640	Sucrose transporter 1	3.12	0	114.2	5.13	3.71	0.68
	TC199514	Sucrose synthase	33.81	15.52	82.86	12.99	27.73	41.9
	BE055698	Sugar transferase	2.25	13.16	10.53	69.58	1.41	12.26
	TC206300	Isoamylase	4.51	10.63	8.95	7.69	4.24	5.79
	ES824058	alpha-1, 4-glucan phosphorylase L isozyme	0.69	13.83	0.53	0	0.71	0
	TC216914	Glycosyl hydrolase	0.52	14.51	0.35	6.33	0.35	0
	TC200529	Granule bound starch synthase	1.04	15.86	1.58	2.74	3.89	1.7
	TC217124	Hexose transporter 6	11.44	8.1	12.29	2.56	12.01	7.32
	TC182973	Starch branching enzyme II-1	7.63	7.25	37.74	9.23	5.83	8.52
Pentose phosphate pathway								
	TC217284	Fructose bisphosphate aldolase	3.47	0.51	4.92	2.91	2.83	0.34
	TC197807	6-Phosphogluconate dehydrogenase	14.57	83.66	21.94	9.92	24.9	12.94
Glycolysis								
	TC218576	Hexokinase	10.92	7.59	13.34	0	10.77	1.7
	CF075621	Phosphofructo kinase	13.53	14	27.56	17.61	20.67	8.69
	TC186567	Phosphoglycerate kinase	24.1	7.76	15.45	0	28.79	4.09
	TC213442	Pyruvate kinase	45.78	49.25	29.14	47.53	23.14	62.68
	TC187515	Alcohol dehydrogenase	0.52	3.04	0.88	0	1.59	0.34
Flavonoid metabolism								
	TC222327	Chalcone synthase	27.87	4.89	14.22	4.51	8.13	12.26
	TC198373	Flavonoid 3′, 5′-hydroxylase	37.69	15.19	18.78	27.35	21.93	14.82

(continued)

Functional group	Unigene accession	Gene annotation	TPM (transcript per million clean tag)					
			F-1	F-2	F-3	S-1	S-2	S-3
	TC180742	Anthocyanidin reductase	599.13	429.3	1736	190.4	499.6	597.7
	TC185652	Leucoanthocyanidin reductase 1	51.12	7.93	67.24	25.66	17.84	52.97
Program cell death (PCD)								
	TC216464	Cysteine proteinase inhibitor	2.6	17.04	66.53	0	9.54	60.46
	TC201153	Cysteine proteinase	4.51	6.58	2.63	5.98	4.24	4.6
	TC184452	Cytochrome C	15.9	15.01	31.6	32.08	16.07	65.06
Cell wall development								
	TC195867	Alpha-tubulin	14.05	7.93	21.59	5.98	14.48	17.54
	TC212355	Beta-galactosidase	0	0	0	15.95	133.42	304.23
	TC224657	Katanin-like protein	19.6	6.24	8.78	23.93	20.67	12.09
	TC214470	Actin depolymerizing factor 1	3.59	7.93	8.08	13.3	8.13	14.31
	DN827899	Actin depolymerizing factor 2	7.52	53.34	79.03	119.48	63.42	143.78
Reactive oxygen species (ROS) generation/scavenging								
	TC197377	Peroxidase precursor	6.94	1.69	5.09	0	4.06	3.24
	ES840062	Class III peroxidase	1.56	3.2	2.98	15.9	0.71	1.87
	TC203760	Cytosolic ascorbateperoxidase 1	3.12	9.11	1.23	5.3	2.83	1.02
	TC189625	Peroxiredoxin	13.18	3.71	15.1	6.33	12.89	14.31
	TC179896	Superoxide dismutase	70.58	71.35	88.83	6.15	43.63	74.09
	TC206683	Catalase isozyme 1	106.99	56.17	275.2	83.09	222.2	106.9
	TC180628	Glutathione S-transferase	1.21	0	0.35	0	13.78	2.55

Several genes implicated in ethylene synthesis and GA signaling, the expression of which changed significantly in the GMS mutant anther, were identified. These differentially expressed genes included those that encode an ethylene receptor, ethylene-responsive transcription factor, ACC oxidase 4, and GA receptor. These genes were also distinctly up-regulated at the tetrad stage in GMS mutant anthers, but exhibited lower expression at the uninucleate microspore stage in GMS mutant anthers (Table 2).

Changes in expression of carbon synthesis genes were apparent in the GMS mutant anthers. Starch and sucrose production declined as transcript levels of the starch-branching enzyme and sucrose synthetase decreased. Most genes that participated in starch and sucrose metabolism showed much lower expression at the meiosis and uninucleate microspore stages, but were up-regulated at the tetrad stage in GMS mutant anthers. Notably, we detected much higher expression of sugar transferase at two anther developmental stages in the GMS mutant, especially at the meiosis stage, and expression of sugar transferase was twenty-fold higher than that at the same stages of WT anther development. These findings indicated that decreased synthesis and transporting of sucrose and starch occurred in GMS mutant anthers.

Similar to most of the genes involved in starch and sucrose metabolism, many genes associated with glycolysis and the pentose phosphate pathway were up-regulated at the tetrad stage, but down-regulated at the meiosis and uninucleate microspore stages, of GMS mutant anthers. These genes included those that encoded hexokinase, phosphofructokinase, phosphoglycerate kinase, pyruvate kinase, and alcohol dehydrogenase, as well as genes that encoded fructose-bisphosphate aldolase and 6-phosphogluconate dehydrogenase.

Consistent with these changes in transcript levels, the total soluble sugar content showed a slight, but non-significant, decrease at the meiosis and uninucleate microspore stages in GMS mutant anthers (Figure 5), which demonstrated that sugar supply was decreased at the meiosis and uninucleate microspore stages of GMS mutant anther development. Interestingly, the decreased sucrose and starch synthesis, and decreased glycolysis and pentose phosphate metabolism, were consist with the shortage of nutrient substances at uninucleate microspore stag of GMS mutant anther, which indicated that carbon and energy metabolism was suppressed at advanced anther developmental stages in the GMS mutant.

Genes involved in flavonoid metabolism also have the same expression patterns in the GMS mutant anthers, such as chalcone synthase and flavonoid 3′, 5′-hydroxylase, anthocyanidin reductase, and leucoanthocyanidin reductase were down-regulated at the meiosis and uninucleate microspore stages, but were up-regulated at the tetrad stage, in GMS mutant anthers (Table 2). However, genes involved in cell wall loosening, such as a beta-galactosidase, katanin-like protein, actin depolymerizing factor 1, and actin depolymerizing factor 2, were up-regulated at the three developmental stages in the GMS mutant anthers (Table 2). These observations indicated that the actin cytoskeleton balance may be disturbed in the GMS mutant anther, which would directly affect pollen cell wall development.

In active oxygen metabolism and PCD pathways, expression of several ROS generation/scavenging-related genes and PCD-related genes were changed in the GMS mutant anthers. Up-regulated genes included those that encode cysteine proteinase and cytochrome c, and down-regulated genes included those that encode a cysteine proteinase inhibitor, peroxidase precursor, class III peroxidise, Cu/Zn superoxide dismutase (SOD), and catalase isozyme, at the uninucleate microspore stage of GMS mutant anthers (Table 2).

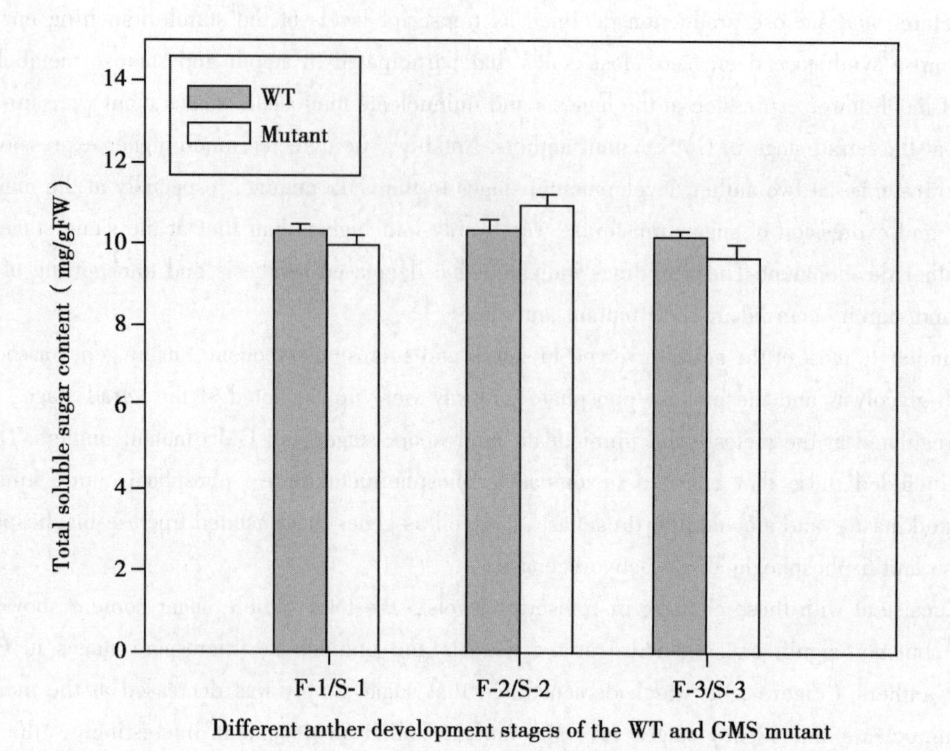

Figure 5　Total soluble sugar content in WT and GMS mutant anthers

Data represent the mean and standard error from three replications. F-1 and S-1: meiosis stage of WT and GMS mutant anthers; F-2 and S-2: tetrad stage of WT and GMS mutant anthers; F-3 and S-3: uninucleate microspore stage of WT and GMS mutant anthers. FW: Fresh weight

2.6　Tag-mapped genes were confirmed by qRT-PCR

To confirm the tag-mapped genes in the WT and GMS mutant anthers, 12 genes were selected for qRT-PCR analysis at the three anther developmental stages. Representative genes selected for the analysis were those involved in hormone signaling, glycolysis, flavonoid metabolism, sucrose and starch metabolism, and active oxygen metabolism pathways because several phenomena accompany manifestation of male sterility, such as nutrient substance shortage, ATP depletion, and loss of cell wall and membrane integrity[31]. The expression of the 11 genes (ethylene receptor, GA receptor, DELLA protein, sucrose transporter 1, sucrose synthase, chalcone synthase, flavonoid 3′, 5′-hydroxylase, cytochrome c, alpha-tubulin, actin depolymerizing factor, class III peroxidase, and SOD) indicated by qRT-PCR agreed well with the tag-sequencing analysis patterns (Figure 6). Only one gene (cytochrome c) did not show consistent expression between the qRT-PCR and tag-sequencing data sets.

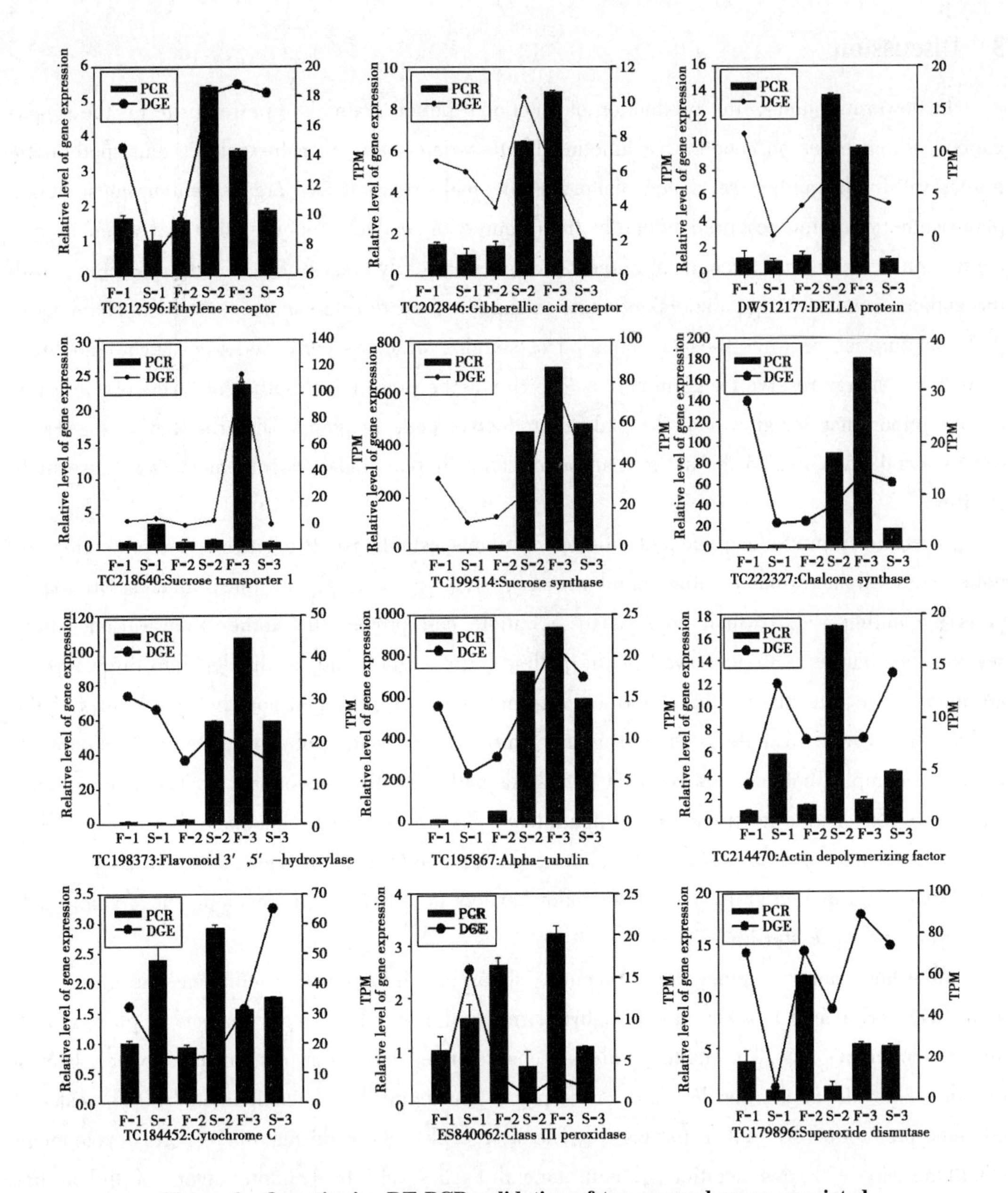

Figure 6　Quantitative RT-PCR validation of tag-mapped genes associated with cotton anther development

TPM, Transcription per million mapped reads. F-1 and S-1: meiosis stage of WT and GMS mutant anthers; F-2 and S-2: tetrad stage of WT and GMS mutant anthers; F-3 and S-3: uninucleate microspore stage of WT and GMS mutant anthers. Relative expression levels were calculated using 18S RNA as an internal control

3 Discussion

In flowering plants, the production of functional pollen grains is a prerequisite for the propagation, which relies on cooperative functional interactions between gametophytic and sporophytic tissues within the anther. As a non-photosynthetic male reproductive organ, anther must obtain photosynthetic assimilates predominantly from source organs to support pollen development and maturation[32]. The sink strength of anthers is highest at early stages of flower development, with the anthers requiring large amounts of sugar to support their development[33]. At advanced stages, pollen maturation requires the accumulation of starch, which is converted from sugar and functions as an energy reserve for germination[34]; thus, the presence of sufficient levels of sucrose is of vital importance for growth of the male reproductive cells in plants. Disturbances in sugar metabolism and unloading in the anther can significantly impair pollen development and cause male sterility[35].

To ensure reproductive success, flowering plants established two barriers for protecting the pollen grains from various environmental stresses, such as bacterial and fungal attacks. One barrier is the anther wall, which covered by a cuticle can protect the anther from various stresses. Another barrier is the cell wall of the pollen grain, which can be divided into three layers: an outer extine, an inner intine, and a lipid- and protein-rich pollen coat in the crevices of the extine. The extine is a multi-layered structure, primarily consisting of sporopollenin[36]. Sporopollenin is a complex polymer composed of fatty acids and phenolic compounds[37]. The sporopollenin polymer is responsible for the extine's unparalleled physical strength, chemical inertness, and elasticity to protect pollen against various stresses. After anther dehiscence, the extine forms the outer wall of the pollen grain. These two major barriers are vital for the development of viable pollen grains and male sterility[38].

More importantly, anther development is apparently influenced by ethylene and gibberellic acid (GA). Ethylene is a key gaseous phytohormone that regulates many aspects of plant growth and development[39-40]. The mature pollen is characterized by a high content of ethylene. During the anther development, fertile male gametophyte development is accompanied by two peaks of ethylene production by anther tissues[41]. The first peak occurs during microspore development simultaneously with degeneration of both tapetal tissues and the middle layers of the anther wall. The second peak coincides with maturation and dispersal of the pollen grains. GA also plays an essential role in the regulation of reproductive development, especially of anther development. In A. thaliana, GAs can accelerate flowering, even under short-day conditions. In maize (Zea mays) and castor bean (*Ricinus communis*), GAs can promote the development of female flowers[42-43]. Conversely, GA deficiency or insensitivity in several plant species causes abnormal development of anthers, which often leads to male sterility[44].

To explore the key underlying molecular switches resulting in the male sterility of the cotton GMS mutant, six DGE libraries were set up during the anther development of Dong A WT and

GMS mutant in the current work. To the best of our knowledge, the present study is the first to attempt to perform a deep sequencing of the Dong A WT and GMS mutant in cotton anther development, which may facilitate identification of systemic gene expressions and regulatory mechanisms for male sterility.

After analyzing the differences in gene expressions of the WT and the GMS mutant during the anther development, several opposite gene expression were discovered to exist in the anther development of GMS mutant. These genes involved in histone modification and DNA methylation, carbon and energy metabolism, hormone signaling, pollen cell wall development, and ROS metabolism. For example, three histone constitution-related genes and two methyltransferase genes were differentially expressed in the GMS mutant anthers (Table 2). Both histone modification and DNA methylation play essential roles in genome management, and control gene expression or silence[45]. As a main enzyme for DNA methylation, DNA methyltransferase is not only associated with DNA methylation, but also link to many important biological activities, including cell proliferation, senescence[46]. In the present study, three histone constitution-related genes encoding histone H3 and histone H2B were up-regulated at the tetrad stage, but down-regulated at the meiosis and uninucleate microspore stages in the GMS mutant anther. The much lower expression of these histone constitution-related genes at the meiosis and uninucleate microspore stage of GMS mutant anther may affect the normal chromosome structure and influence the functional gene expression in the GMS mutant anther. Besides, two methyltransferase genes were gradually up-regulated in the three stages of GMS mutant anthers, but they were gradually decreased in the three corresponding stages of WT anthers (Table 2), indicating that the expression of these methyltransferase genes were activated in the anther development of GMS mutant, but they were suppressed in the anther development of WT. The increased expression of methyltransferas genes in the GMS mutant anther development may change the level of DNA methylation and repress the functional gene expressions in the anther development of GMS mutant, which may explain the results of the down-regulated genes outnumbered up-regulated genes at the three stages of GMS mutant anther development (Figure 4).

The present research also found that expression of many key branch-point genes associated with the sucrose and starch metabolism, the pentose phosphate pathway, and the glycolysis pathways were affected in GMS mutant anthers. All of these genes with potential roles in carbon and energy metabolism were down-regulated at the uninucleate microspore stage in GMS mutant anthers, which indicated that energy metabolism was disturbed or suppressed during the later anther developmental stage of GMS mutant. In facts, pollen requires the accumulation of sucrose and starch as an energy reserve for maturation in later anther developmental stages. These opposite gene expression patterns in the GMS mutant anthers may directly reduce sucrose transportation and accelerate sucrose depletion in anthers, leading to nutrient substance deficiency in the GMS mutant and related to male sterility.

More interestingly, five genes involved in ethylene metabolism were differential expressed in

WT and GMS mutant anthers. Previous studies on male sterility noted changes in ethylene and gibberellic acid (GA) content in GMS lines[47-48]. These genes were up-regulated by almost two-fold at the tetrad stage in the GMS mutant anther, but down-regulated at the meiosis and uninucleate microspore stages in the WT anther. Considering the TEM observations at the tetrad stage in GMS mutant anthers, surprisingly we found that the higher expression of genes involved in ethylene metabolism coincided with the peak in tapetal tissue degeneration in the GMS mutant anther, which indicated that the higher expression of these ethylene metabolism-related genes may directly lead to the premature degeneration of the tapetal layer in GMS mutant anthers. During the uninucleate microspore stage in WT and GMS mutant anthers (the stage of pollen prematuration), these genes showed lower expression in the GMS mutant anther but higher expression in the WT anther. Given that the pollen grains in the GMS mutant are not dispersed, this opposing pattern of ethylene metabolism expression in the GMS mutant anther suggests that ethylene also may act as an important signal mediating the response to tapetal degeneration and pollen maturation.

The present research also found three GA metabolism-related genes (GA receptor, gibberellin 3-hydroxylase 1, and DELLA protein) that were up-regulated at the tetrad stage, but down-regulated at the meiosis and uninucleate microspore stages in the GMS mutant anther (Table 2). Given the essential roles of the GA receptor, and involvement of the DELLA protein in GA signaling for pollen extine production and male sterility in A. thaliana and rice[49-50], the much lower expression of these GA metabolism-related genes at the uninucleate microspore stage of GMS mutant anther development could affect pollen extine formation.

Interestingly, the expression pattern of these GA metabolism-related genes was similar with the expression patterns of the ethylene metabolism-related genes at the same stages of WT and GMS mutant anther development. Ethylene treatment can markedly affect GA content; however, GA does not significantly affect ethylene-related gene expression in relation to regulation of hypocotyl and root length, which suggests that ethylene acts upstream via GA to regulate hypocotyl and root development[51]. On the basis of the similar expression pattern of the ethylene and GA metabolism-related genes in the WT and GMS mutant anthers, we reasoned that ethylene also may act upstream via GA to regulate cotton anther development, thereby leading to the higher expression of GA metabolism-related genes at the tetrad stage, but lower expression at the meiosis and uninucleate microspore stages in GMS mutant anthers. The opposing expression pattern of these key branch-points genes involved in ethylene and GA metabolism during GMS mutant anther development may act as an important hormone signal-mediating response to male sterility.

More importantly, expression of key branch-point genes involved in flavonoid metabolism, which include chalcone synthase, flavonoid 3′, 5′-hydroxylase, anthocyanidin reductase, and leucoanthocyanidin reductase increased at the tetrad stage but were down-regulated at the uninucleate microspore stage in GMS mutant anthers, which indicated that flavonoid metabolism was initially activated, then suppressed at advanced stages of GMS mutant anther development (Figure 6). In particular, at the uninucleate microspore stage in GMS anthers, the expression of chalcone synthase and flavonoid 3′, 5′-hydroxylase was down-regulated ten-fold and two-fold, respectively. Flavonoids are important for pollen germination and fertility in several plant species, but not for A. thaliana[52]. Chalcone synthase and flavonoid 3′, 5′-hydroxylase are two key branch-point genes for flavonoid biosynthesis, which is vital important for pollen extine formation[53]. Mutation in the key branch-point genes involved in flavonoid metabolism in the former plant species results in male sterility and the absence of flavonoids in the mature stamens. Exogenous application of flavonols can completely restore their fertility[54]. The much lower expression of these key branch-point genes may lead to the excessive reduction of flavonoid synthesis and accumulation of phenolic compounds at the uninucleate microspore stage in GMS mutant anthers, which are considered to be vital for extine formation and related to male sterility in the GMS mutant.

The present research also found that several genes involved in pollen cell wall development were affected in the GMS mutant anther development. For example, at the uninucleate microspore stage, lower expression of the alpha-tubulin and tubulin alpha-2 chain genes in GMS mutant anthers was detected. Reduction of the tubulin level could affect tube elongation and result in aberrant cytoskeletal structures in microspores[55]. In thermo-sensitive genetic male sterile line of wheat, anthers show a shrunken plasma membrane and aberrant actin cytoskeletal structures, which indicate that the cytoskeletal organization is altered during anther development[56]. In contrast, actin depolymerizing factor genes were highly expressed at the three anther developmental stages in the GMS mutant (Figure 6). In G. hirsutum, over-expression of the actin depolymerizing factor (GhADF7) can alter the balance of actin depolymerization and polymerization, thus leading to defective cytokinesis and partial male sterility[57]. Surprisingly, in the present study beta-D-glucosidase (an important cell wall-degrading enzyme) exhibited higher expression at the meiosis and uninucleate microspore stages in the GMS mutant anthers. The abnormal expression of alpha-tubulin, tubulin alpha-2 chain, actin depolymerizing factor, and beta-D-glucosidase genes in the GMS mutant anther, may directly influence the synthesis of F-actin cytoskeleton and further alter the cell wall developmental pattern in the GMS mutant anther development.

Notably, compared with the WT anther, much lower expression of the peroxidase precursor, class Ⅲ peroxidise, Cu/Zn SOD, and catalase isozyme1 was detected at the uninucleate microspore stage in the GMS mutant anther, which indicated that not only various ROS-scavenging enzymes were suppressed, but also their generation may be blocked in the GMS mutant anther. In plants ROS have prominent roles in the induction, signaling, and execution of PCD[58]. In the cotton CMS line, at the peak of anther abortion, excessive accumulation of ROS and a significant down-regulation of ROS-scavenging enzyme expression coincide with male cell death in male sterility[59]. In present study, the decreased ROS-scavenging enzyme activity in the GMS mutant anther may lead to a transient oxidative burst and significantly increased ROS accumulation at the uninucleate microspore stage in the GMS mutant anther. Furthermore, at the uninucleate microspore stage (the peak stage of anther abortion in the GMS mutant anther), we detected two

PCD-related genes (cysteine proteinase and cytochrome c) that were up-regulated in the GMS mutant anther. It is considered that ROS can trigger and promote the expression of cysteine proteinase and cytochrome c, which lead to PCD in plants[60]. These results are consistent with recent findings that male cell death is coincides with excessive formation of ROS at the peak of anther abortion in a cotton CMS line. Surprisingly, a cysteine proteinase inhibitor is down-regulated at the three stages of GMS mutant anther development. On the basis of these results, it is possible that the expression balance of the cysteine proteinase and cysteine proteinase inhibitor might be disturbed in later GMS mutant anther development, thus resulting in the imbalance in oxidative metabolism and male cell death in the GMS mutant.

4 Conclusion

The present results indicate that expression of genes participated in many diverse molecular functions were altered during anther development in the GMS mutant. Several key branch-point genes involved in histone modification and DNA methylation, hormone signaling, carbon and energy metabolism, pollen wall development, and ROS generation or scavenging were differentially expressed in the GMS mutant anther. To some degree, compared to the WT anther at the same developmental stage, these differentially expressed genes exhibit opposite expression patterns in the GMS mutant anther, which indicates that the hormone signals and energy metabolism are disturbed or blocked during anther development in the GMS mutant. These changes may be the major factors that related to male sterility. These findings provide systemic insights into the mechanism of male sterility and contribute to an improved understanding of the molecular mechanism of male sterility in cotton. Some key branch-point genes involved in cotton anther development are good candidate genes for functional analysis of anther development in the future.

5 Methods

5.1 Plant materials

Plants of upland cotton (*G. hirsutum*) cv. 'Dong A' (WT) and the GMS mutant in the 'Dong A' background were grown in an experimental field at the China Agricultural Academy of Science Cotton Research Institute under standard field conditions during the spring and summer of 2010. Previous study revealed that when the longitudinal length of buds reach 5.0mm, 6.5mm, and 9mm, respectively, the pollen mother cell of the GMS mutant enter the meiosis, tetrad and uninucleate stages[61]. According to these sampling criterions and combined with microscopic examination of pollen mother cells, developing anthers at these three stages of development were harvested during early morning on the basis of floral bud length. The excised anthers were frozen in liquid nitrogen and stored at −70℃ prior to examination. In addition, WT and GMS mutant anthers at the meiosis, tetrad, and uninucleate stages were harvested for total RNA isolation.

5.2 Total sugar content measurement

Anthers were harvested and frozen at −70℃. The samples were ground into a powder with a pestle and mortar. Twenty milliliters of water were added to glass tubes containing 1g of ground anther tissue, incubated at 100℃ for 10 min, then centrifuged at 2 500 g for 5 min. A total of 2mL of a solution containing glucose, fructose, or galactose was prepared. To this solution, 2mL of a glucose solution was added to achieve final concentrations of 0%, 2%, 4%, 6%, 8%, and 10% glucose for optimization. An anthrone colorimetric method was adopted to determine the total sugar content in the WT and GMS mutant anthers[62].

5.3 Sequencing and library construction

Total RNA was extracted from anthers using the pBiozol Total RNA Extraction Reagent (BioFlux) in accordance with the manufacturer's instructions. RNA was precipitated with ethanol, dissolved in diethypyrocarbonate-treated water (DEPC) and stored at -70℃. All RNA samples were examined for protein contamination (as indicated by the A_{260}/A_{280} ratio) and reagent contamination (indicated by the A_{260}/A_{230} ratio) with a Nanodrop ND 1 000 spectrophotometer (NanoDrop, Wilmington, DE).

Total RNA purity and degradation were checked with a 1% agarose gel before proceeding. The samples for transcriptomic analysis were prepared using the Illumina kit following the manufacturer's recommendations. The extracted total RNAs were resolved on a denatured 15% polyacrylamide gel. Briefly, mRNA was purified from 6 μg total RNA using oligo (dT) magnetic beads. Following purification, the mRNA was fragmented into small pieces using divalent cations under an elevated temperature and the cleaved RNA fragments were used for first-strand cDNA synthesis using reverse transcriptase and random primers.

5.4 Quantitative RT-PCR analysis

Quantitative RT-PCR analysis was used to verify the DGE results. The RNA samples used for the qRT-PCR assays were identical to those used for the DGE experiments. Gene-specific primers were designed on the basis of the reference unigene sequences with Primer Premier 5.0 (see Additional data file 8). The qRT-PCR assay was performed in accordance with the manufacturer's specifications. The reactions were incubated in a 96-well plate at 95℃ for 10 min, followed by 40 cycles of 95℃ for 15 s and 60℃ for 60 s. The cotton 18S RNA gene (forward primer: 5′-ATCAGCTCGCGTTGACTACGT-3′; reverse primer: 5′-ACACTTCACCGGACCATTCAAT-3′) was used to normalize the amount of gene-specific RT-PCR products, and the relative expression levels of genes were calculated with the $2^{-\Delta\Delta Ct}$ method.

Authors' contribution

SXY and SLF designed the experiments. SLF performed the field cultivation of cotton plants and anther collection. MZS conceived the study, participated in its design, and drafted and amended the manuscript. MMW performed the experiments. All authors read and approved the final manuscript.

Acknowledgements

The anthers wish to thank the National Basic Research Program of China (grant no. 2010CB126006) and the 863 Project of China (grant no. 2011AA10A102) for the financial support provided to this project.

References

[1] Schnable P S, Wise R P. The molecular basis of cytoplasmic male sterility and fertility restoration [J]. *Trends Plant Sci*, 1998, 3: 175-180.

[2] Sheng T Z. Thesises on male sterile of cotton [M]. Sichuan Science and Technology Press, 1989.

[3] Goldberg R B, Beals T P, Sanders P M. Anther development: basic principles and practical applications [J]. *Plant Cell*, 1993, 5: 1217-1229.

[4] Pacini E, Franchi G G, Hesse M. The tapetum: its form, function and possible phylogeny in Embryophyta [J]. *Plant Syst. Evol.*, 1985, 149: 155-185.

[5] Kaul M L. Male sterility in higher plants: Monograph on Theoretical and Applied Genetics [M]. Berlin: springer-Verlag, 1988.

[6] Scott R J, Spielman M, Dickinson H G. Stamen structure and function [J]. *Plant Cell*, 2004, 16: S46-S60.

[7] Ma H. Molecular genetic analysis of microsporogenesis and microgametogenesis in flowering plants. Annu. Rev [J]. *Plant Biol*, 2005, 56: 393-434.

[8] Bhatt A M, Canales C, Dickinson H G. Plant meiosis: The means to 1N [J]. *Trends Plant Sci*, 2001, 6: 114-121.

[9] Schiefthaler U, Balasubramanian S, Sieber P, *et al.* Molecular analysis of NOZZLE, a gene involved in pattern formation and early sporogenesis during sex organ development in Arabidopsis thaliana [J]. *Proc. Natl. Acad. Sci. USA*, 1999, 96: 1664-1669.

[10] Yang W C, Ye D, Xu J, *et al.* The SPOROCYTELESS gene of Arabidopsis is required for initiation of sporogenesis and encodes a novel nuclear protein [J]. *Genes Dev.*, 1999, 13: 2108-2117.

[11] Sorensen A M, Krober S, Unte U S, *et al.* The Arabidopsis ABORTED MICROSPORES (AMS) gene encodes a MYC class transcription factor [J]. *Plant J.*, 2003, 33: 413-423.

[12] Yang S L, Xie L, Mao H Z, *et al.* TAPETUM DETERMINANT1 is MS1 Is Required for Tapetal Development 3547 required for cell specialization in the Arabidopsis anther [J]. *Plant Cell*, 2003, 15: 2792-2804.

[13] Zhang W, Sun Y L, Timofejeva L, *et al.* Regulation of Arabidopsis tapetum development and function by DYSFUNCTIONAL TAPETUM (DYT1) encoding a putative bHLH transcription factor [J]. *Developmen t.*, 2006, 133: 3085-3095.

[14] Jung K H, Han M J, Lee Y S, *et al.* Rice Undeveloped Tapetum1 is a major regulator of early tapetum development [J]. *Plant Cell*, 2005, 17: 2705-2722.

[15] Yang C Y, Vizcay-Barrena G, Conner K, *et al.* MALE STERILITY1 Is Required for

Tapetal Development and Pollen Wall Biosynthesis [J]. *Plant Cell*, 2007, 19: 3530-3548.

[16] Aarts M G, Hodge R, Kalantidis K, *et al.* The Arabidopsis MALE STERILITY 2 protein shares similarity with reductases in elongation/condensation complexes [J]. *Plant J.*, 1997, 12: 615-623.

[17] Anna A D, Jay S, Marc M, *et al.* CYP704B1 Is a Long-Chain Fatty Acid v-Hydroxylase Essential for Sporopollenin Synthesis in Pollen of Arabidopsis [J]. *Plant Phy.*, 2009, 151: 574-589.

[18] Li H, Pinot F, Sauveplane V, *et al.* Cytochrome P450 Family Member CYP704B2 Catalyzes the v-Hydroxylation of Fatty Acids and Is Required for Anther Cutin Biosynthesis and Pollen Exine Formation in Rice [J]. *Plant Cell*, 2010, 22: 173-190.

[19] Dobritsa A A, Lei Z T, Nishikawa S, *et al.* LAP5 and LAP6 encode anther-specific proteins with similarity to chalcone synthase essential for pollen exine Development in Arabidopsis [J]. *Plant Phy.*, 2010, 153: 937-955.

[20] Zhang J F, Turley R B, McD Stewart J. Comparative analysis of gene expression between CMS-D8 restored plants and normal non-restoring fertile plants in cotton by differential display [J]. *Plant Cell Rep*, 2008, 27: 553-561.

[21] He J P, Ke L P, Hong D F, *et al.* Fine mapping of a recessive genic male sterility gene (Bnms3) in rapeseed (Brassica napus) with AFLP and Arabidopsis-derived PCR markers [J]. *Theor. Appl. Genet*, 2008, 117: 11-18.

[22] Bentley D R. Whole-genome re-sequencing. Curr. Opin [J]. *Genet. Dev.*, 2006, 16: 545-552.

[23] Hoen P A, Ariyurek Y, Thygesen H H, *et al.* Deep sequencing- based expression analysis shows major advances in robustness, resolution and inter-lab portability over five microarray platforms [J]. *Nucleic Acids Res.*, 2008, 36: 141-145.

[24] Lewis Z, Li H J, Schmidt-Küntzel A, *et al.* Digital gene expression for non-model organisms [J]. *Genome Res.*, 2011, 21: 1905-1915.

[25] Hang G W, Zhang D M, Huang Y X, *et al.* The utilization of male sterile recessive genes in hybrid seed production of cotton (G. hirsutum) [J]. *Scientia Agricultura Sinica*, 1981, 1: 5-1.

[26] Honys D, Twell D. Transcriptome analysis of haploid male gametophyte development in Arabidopsis [J]. *Genome Bio*, 2004, 5: R85.

[27] Wang D X, Oses-Prieto J A, Li K H, *et al.* The male sterile 8 mutation of maize disrupts the temporal progression of the transcriptome and results in the mis-regulation of metabolic functions [J]. *Plant J.*, 2010, 63: 939-951.

[28] Ma J, Skibbe D S, Fernandes J, *et al.* Male reproductive development: gene expression profiling of maize anther and pollen ontogeny [J]. *Genome Bio.*, 2008, 9: R181.

[29] Xie F L, Sun G L, Stiller J W, *et al.* Genome-Wide Functional Analysis of the Cotton Transcriptome by Creating an Integrated EST Database [J]. *Plos. one*, 2011, 6: 11.

[30] Audic S, Claverie J M. The significance of digital gene expression profiles [J]. *Genome Res*, 1997, 10: 986-995.

[31] Coll N S, Epple P, Dang J L. Programmed cell death in the plant immune system [J]. *Cell Death Differ*, 2011, 11: 1-10.

[32] Goetz M, Godt D E, Guivarch A, *et al.* Induction of male sterility in plants by metabolic engineering of the carbohydrate supply. Proc. Natl. Acad [J]. *Sci. USA*, 2001, 98: 6522-6527.

[33] Oliver S N, Dennis E S, Dolferus R. ABA regulates apoplastic sugar transport and is a potential signal for cold-induced pollen sterility in rice [J]. *Plant Cell Physiol*, 2007, 48: 1319-1330.

[34] Datta R, Chamusco K C, Chourey P S. Starch biosynthesis during pollen maturation is associated with altered patterns of gene expression in maize [J]. *Plant Physiol*, 2002, 130: 1645-1656.

[35] Mamun E A, Alfred S, Cantrill L C, *et al.* Effects of chilling on male gametophyte development in rice [J]. *Cell Biol*, 2006, 30: 583-591.

[36] Ahlers F, Lambert J, Wiermann R. Acetylation and silylation of piperidine solubilized sporopollenin from pollen of Typha angustifolia L. Z [J]. *Naturforsch*, 2003, 58: 807-811.

[37] Wiermann R, Ahlers F, Schmitz-Thom I. Sporopollenin: 209-227. Wiley-VCH Verlag, Weinheim [J]. *Germany*, 2001.

[38] Piffanelli P, Ross J H, Murphy D J. Biogenesis and function of the lipidic structures of pollen grains. Sex [J]. *Plant Reprod*, 1998, 11: 65-80.

[39] Johnson P R, Ecker J R. The ethylene gas signal transduction pathway: a molecular perspective [J]. *Annu. Rev. Genet*, 1998, 32: 227-254.

[40] Bleecker A B, Kende H. Ethylene: a gaseous signal molecule in plants [J]. *Annu. Rev. Cell. Dev Biol.* , 2000, 16: 1-18.

[41] Lidiya V, Kovaleva, Alla Dobrovolskaya, *et al.* Ethylene is Involved in the Control of Male Gametophyte Development and Germination in Petunia [J]. *J. Plant Growth Regul*, 2011, 30: 64-73.

[42] Bagnall D J. Control of flowering in Arabidopsis thaliana by light, vernalisation and gibberellins [J]. *Aust. J. Plant Physiol*, 1992, 19: 401-409.

[43] Pharis R P, King R W. Gibberellins and reproductive development in seed plants [J]. *Annu. Rev. Plant Physiol*, 1985, 36: 517-568.

[44] Thornsberry J M, Goodman M M, Doebley J, Kresovich S, Nielsen D, Buckler IV E S. Dwarf8 polymorphisms associate with variation in flowering time. Nat [J]. *Genet*, 2001, 28: 286-289.

[45] Cheng X, Blumenthal R M. Mammalian DNA methyltransferases: a structural perspective [J]. *Structure*, 2008, 16: 341-350.

[46] Berger S L. The complex language of chromatin regulation during transcription [J]. *Nature*, 2007, 447: 407-412.

[47] Ishimaru K, Takada K, Watanabe S, *et al.* Stable male sterility induced by the expression of mutated melon ethylene receptor genes in Nicotiana tabacum [J]. *Plant Sci.*, 2006, 3: 355-359.

[48] Thornsberry J M, Goodman M M, Doebley J, Kresovich S, Nielsen D, Buckler IV E S. Dwarf8 polymorphisms associate with variation in flowering time. Nat [J]. *Genet*, 2001, 28: 286-289.

[49] Feng S. Coordinated regulation of Arabidopsis thaliana development by light and gibberellins [J]. *Nature*, 2008, 451: 475-479.

[50] Ueguchi Tanaka M, Hirano K, Hasegawa Y, *et al.* Release of the Repressive Activity of Rice DELLA Protein SLR1 by Gibberellin Does Not Require SLR1 Degradation in the gid2 Mutant [J]. *Plant Cell*, 2004, 16: 2001-2019.

[51] Liu X Y, Yang X D, Zhao X, *et al.* Reduced expression of CTR1 gene modulated by mitochondria causes enhanced ethylene response in cytoplasmic male-sterile Brassica juncea [J]. *Physiologia Plantarum*, 2012, 145: 332-340.

[52] Meer I M, Stam M E, Tunen A J, *et al.* Antisense inhibition of flavonoid biosynthesis in petunia anthers results in male sterility [J]. *Plant Cell*, 1992, 4: 253-262.

[53] Stefan M, Anja P, Ulrich M. Multifunctional flavonoid dioxygenases: Flavonol and anthocyanin biosynthesis in *Arabidopsis thaliana* L [J]. *Phytochemistry*, 2010, 71: 1040-1049.

[54] Mo Y, Nagel C, Taylor L P. Biochemical complementation of chalcone synthase mutants defines a role for flavonoids in functional pollen. Proc. Natl. Acad [J]. *Sci. USA*, 1992, 89: 7213-7217.

[55] Christopher J, Staiger N S, Poulter J L, *et al.* Regulation of actin dynamics by actin-binding proteins in pollen. J. Exp [J]. *Bot*, 2010, 16: 1-18.

[56] Xu C G, Liu Z T, Zhang L P, *et al.* Organization of actin cytoskeleton during meiosis I in a wheat thermo-sensitive genic male sterile line [J]. *Protoplasma*, 2012, 10: 1-8.

[57] Li X B, Xu D, Wang X L, *et al.* Three cotton genes preferentially expressed in flower tissues encode actin-depolymerizing factors which are involved in F-actin dynamics in cells. J [J]. *Exp. Bot.*, 2010, 61: 41-53.

[58] Frank V B, James F D. Reactive Oxygen Species in Plant Cell Death [J]. *Plant Physiology*, 2006, 141: 384-390.

[59] Jiang P D, Zhang X Q, *et al.* Metabolism of reactive oxygen species in cotton cytoplasmic male sterility and its restoration [J]. *Plant Cell Rep*, 2007, 26: 1627-1634.

[60] Lorrain S, Vailleau F, Balague C, *et al.* Lesion mimic mutants: keys for deciphering cell death and defense pathways in plants [J]. *Trends Plant Sci.*, 2003, 8: 263-271.

[61] Hou L, Xiao Y H, Li X B, *et al.* The cDNA-AFLP Differential Display in Develo-

ping Anthers Between Cotton Male Sterile and Fertile Line of “Dong A” [J]. *Acta Genetica Sinica*, 2002, 29: 359-363.

[62] Fu Z D, Zhang Z L, Qu W Q. Metabolism: Experiments of plant physiology [M]. Higher Education Harbor, Higher Education Press, 2004.

Additional files

Additional file 1: Distribution of distinct clean tags in six libraries.

Additional file 2: Sequencing depth in six DGE libraries.

Additional file 3: Mapping of distinct clean tags in the six DGE libraries.

Additional file 4: The gene list for each category in three stages of WT anthers.

Additional file 5: The gene list for each category in three stages of mutant anthers.

Additional file 6: Satistics of differential expressed genes in the six DGE libiaries.

Additional file 7: The significant differential expressed genes in the six DGE libiaries.

Additional file 8: Primers of selected genes.

Comparative Expression Profiling of miRNA During anther Development in Genetic Male Sterile and Wild Type Cotton

Mingming Wei[1,2], Hengling Wei[1], Man Wu[1], Meizhen Song[1], Jinfa Zhang[3], Jiwen Yu[1], Shuli Fan[1], Shuxun Yu[1,2]

(1. State Key Laboratory of Cotton Biology/Institute of Cotton Research of CAAS, Anyang 455000, China; 2. College of Agronomy, Northwest A&F University, Yangling 712100, China; 3. Department of biology, New Mexico State University, Montreal 880033, USA)

Abstract: Genetic male sterility (GMS) in cotton (*Gossypium hirsutum*) plays an important role in the utilization of hybrid vigor. However, the molecular mechanism of the GMS is still unclear. While numerous studies have demonstrated that microRNAs (miRNA) regulate flower and anther development, whether different small RNA regulations exist in GMS and its wild type is unclear. A deep sequencing approach was used to investigate the global expression and complexity of small RNAs during cotton anther development in this study.

Three small RNA libraries were constructed from the anthers of three development stages each from fertile wild type (WT) and its GMS mutant cotton, resulting in nearly 80 million sequence reads. The total number of miRNAs and short interfering RNAs in the three WT libraries was significantly greater than that in the corresponding three mutant libraries. Sixteen conserved miRNA families were identified, four of which comprised the vast majority of the expressed miRNAs during anther development. In addition, six conserved miRNA families were significantly differentially expressed during anther development between the GMS mutant and its WT.

The present study is the first to deep sequence the small RNA population in *G. hirsutum* GMS mutant and its WT anthers. Our results reveal that the small RNA regulations in cotton GMS mutant anther development are distinct from those of the WT. Further results indicated that the differently expressed miRNAs regulated transcripts

原载于：*BMC Biology*, 2013, 13: 66

that were distinctly involved in anther development. Identification of a different set of miRNAs between the cotton GMS mutant and its WT will facilitate our understanding of the molecular mechanisms for male sterility.

1 Background

Cotton is one of the most important economic crops in the world. Male sterility is a simple and efficient pollination control system that has been widely used in hybrid cotton breeding. In cotton breeding, two major male sterile systems are used to produce hybrid seeds, namely cytoplasmic male sterility (CMS) and genetic male sterility (GMS). Both systems have a maternally (former) or nuclear (later) inherited trait that renders them inability to produce or release functional pollen, so they can be used as maternal plants to produce hybrid seeds. The molecular mechanism of male sterility is currently a research hotspot in plant science.

Many studies have demonstrated that CMS is often associated with unusual open reading frames (ORFs) found in mitochondrial genomes. For example, accumulation of the cytotoxic peptide ORF79 in Boro-Taichung (BT) -type cytoplasmic male sterile rice (*Oryza sativa*) with Chinsurah Boro Ⅱ cytoplasm causes CMS. The ORF79 protein is expressed by a dicistronic gene, *atp*6-*orf*79, which exists in addition to the normal *atp*6 gene in the BT-type mitochondrial genome[1]. Nuclear-encoded-fertility restorer genes can suppress CMS-inducing ORFs and restore male fertility[2]. GMS has been also extensively studied at the gene and protein expression levels with an exclusive focus on protein coding genes. Up to now, very few studies have been on the relationship between male sterility and protein non-coding genes.

As a class of non-coding genes, small non-coding RNAs (ncRNAs) play an essential role in regulating the molecular machinery of eukaryotic cells by controlling transcriptional and post-transcriptional mechanisms[3]. These processes include chromatin formation and maintenance, defense against selfish and parasitic entities such as transposable elements and viruses, as well as native protein coding gene expression[4-5]. Regulatory ncRNA in plants can be divided into two primary categories, i. e., microRNAs (miRNAs) and short interfering RNAs (siRNAs). While siRNAs result primarily from exogenous sources, miRNAs are a class of endogenous small regulatory ncRNAs with lengths ranging from 20 ~ 24 nucleotides (nt) that negatively regulate gene expression at the post-transcriptional level through perfect or near-perfect complementarity with target mRNAs for cleavage or inhibition of translation[6-8]. Some known miRNA loci form clusters in the genome and these miRNA clusters are probably produced by gene duplication and the miRNAs in a given cluster are often related to one another[9-11].

miRNAs are key post transcriptional regulators that control various biological and metabolic processes in eukaryotes, many of which are conserved and have more recently evolved species-specific diversity[12-13]. miRNAs also have important regulatory functions in specific biological processes during the life cycle of plants, such as controlling tissue differentiation and development, the phase switch from vegetative to reproductive growth, and responses to different biotic and abiotic stresses[14-16]. A growing number of new plant miRNAs have been identified in recent years. To date, more than 1000 miRNAs have been annotated in *Arabidopsis*, rice, and other plant species[17]. However, the number of miRNAs in plants is apparently not saturated because new miRNAs are continually identified in different species. In Upland cotton (*G. hirsutum*), only 54 miRNAs have been reported.

Anthers are highly specialized organs for nutrient storage and reproductive development. Their maturation and development involves meticulous gene regulation at the transcriptional and post-transcriptional levels[18]. In anthers, small ncRNAs are essential for sporophyte development in the somatic diploid phase of flowering plants and small RNA pathways are present and functional in angiosperm male gametophytes[19-20]. In *Arabidopsis*, over-expression of miR167 leads to male sterility[21]. Even though there is no direct evidence that any miRNAs are causative genes for male sterility in plants, we hypothesize that differential expression of some miRNA genes are involved in regulation of male sterility.

As the first step towards the understanding of their regulatory mechanisms and networks of target genes in male sterility in plants, expression of miRNAs between a cotton GMS mutant ('Dong A') and its fertile wild type (WT) was compared using a deep sequencing approach developed by Solexa (Illumina Inc) in the present study. The male sterility of the GMS mutant 'Dong A' is controlled by one pair of recessive genes[22], and it has the same genetic background with its wild type (WT). Therefore, they are ideal genetic materials for studying cotton anther development and male sterility. In the present work, the expression patterns of miRNAs and the critical small RNA pathways of the GMS 'Dong A' and its WT were analyzed and compared at three different stages of male gametophyte development, followed by an integrated bioinformatics analysis to identify novel and candidate miRNAs. Furthermore, the expression profiles of miRNAs were analyzed by miRNA clustering, which has been widely used to study miRNA expression levels in various species[23-25]. By further comparing the expression patterns between selected miRNAs and their corresponding target genes, we have gained a better understanding of the molecular mechanism of miRNAs in anther development and genetic male sterility of cotton.

2 Results

2.1 Phenotypic analysis of impaired anthers in the cotton male-sterile mutant

To determine the morphological defects of the cotton GMS mutant, we compared the anthers of the mutant and its fertile wild type (WT). At 0 day post anthesis (DPA), the mutant showed an abnormal floral phenotype with no pollen grains and smaller anthers than the WT (Figure 1A and B). The pollen grains in the WT and the mutant were stained with 2% I_2-KI to detect starch activity during the flowering period. There were many viable pollen grains in the WT, while there was no viable pollen in the mutant observed (Figure 1C). Therefore, the mutant is completely sterile.

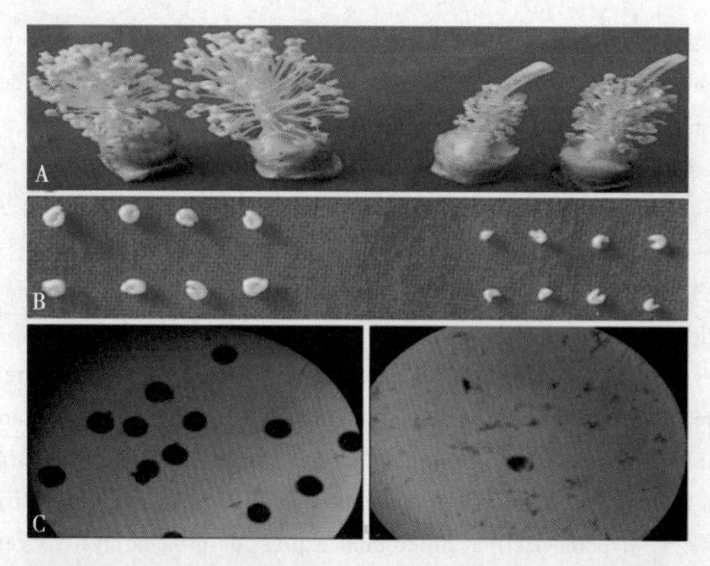

Figure 1 Flowers and anthers of the WT and the GMS mutant

From left to right: (A) Flower of G. hirsutum 'Dong A' (left) and GMS mutant of 'Dong A' (right); (B) anthers of the WT (left) and the GMS mutant (right) 1day post anthesis (DPA); (C) results of pollen stained with 2% I_2-KI from 0 DPA flowers in the WT (left) and the GMS mutant (right) (10 × 40 view)

2.2 Distribution of small RNAs during cotton anther development

Based on previous studies that the peak of male sterility mainly occurs in the uninucleate microspore stage of anthers in 'Dong A' GMS mutant[26], early anther development stages were chosen to identify possible miRNAs that may be involved in events leading to male sterility. In this study, anthers were selected from two earlier stages, i. e., meiosis stage (WT: Mar-F-1; mutant: Mar-S-1) and tetrad stage (WT: Mar-F-2; mutant: Mar-S-2), together with the uninucleate microspore stage (WT: Mar-F-3; mutant: Mar-S-3) from the GMS 'Dong A' mutant and its fertile wild type to construct six small RNA libraries (i. e., anthers from the three stages of the two genotypes).

The datasets from the six libraries were used to query the ncRNA sequences deposited in the National Center for Biotechnology Information Gene Bank (http://www.ncbi.nlm.nih.gov/) and the Rfam 9.1 database (http://rfam.janelia.org/) to separate the small RNAs that matched non-coding sequences, such as ribosomal RNA (rRNA), transfer RNA (tRNA), small nuclear RNA (snRNA), and small nucleolar RNA (snoRNA). The distribution of these fragments (<5% of the total reads) is listed in Table 1.

Table 1　Summary of small RNA sequences from the WT and the GMS mutant libraries.

Small RNA	Library					
	Mar-F-1	Mar-F-2	Mar-F-3	Mar-S-1	Mar-S-2	Mar-S-3
rRNA	308 795 (2.25%)	533 737 (3.26%)	185 686 (1.43%)	68 630 (0.63%)	23 6981 (1.81%)	453 064 (3.34%)
tRNA	30 091 (0.22%)	92 144 (0.56%)	98 208 (0.76%)	12 589 (0.12%)	41 200 (0.31%)	116 915 (0.86%)
snoRNA	934 (0.01%)	1 198 (0.01%)	836 (0.01%)	466 (0%)	839 (0.01%)	1 100 (0.01%)
snRNA	2 096 (0.02%)	4 793 (0.03%)	3 662 (0.03%)	1 060 (0.01%)	2 027 (0.02%)	3 248 (0.02%)
Total reads	13 741 122	16 347 976	12 981 571	10 839 275	13 106 653	13 570 780

Almost 80 million small RNA sequences with lengths ranging from 18 ~ 30 nt were obtained in these six small RNA libraries. The majority of the small RNAs in both the WT and mutant libraries were 21 ~ 24 nt (Figure 2), which is within the typical size range for dicer-derived products and in agreement with most previously reported results. Of these, 24 nt small RNAs were the most abundant.

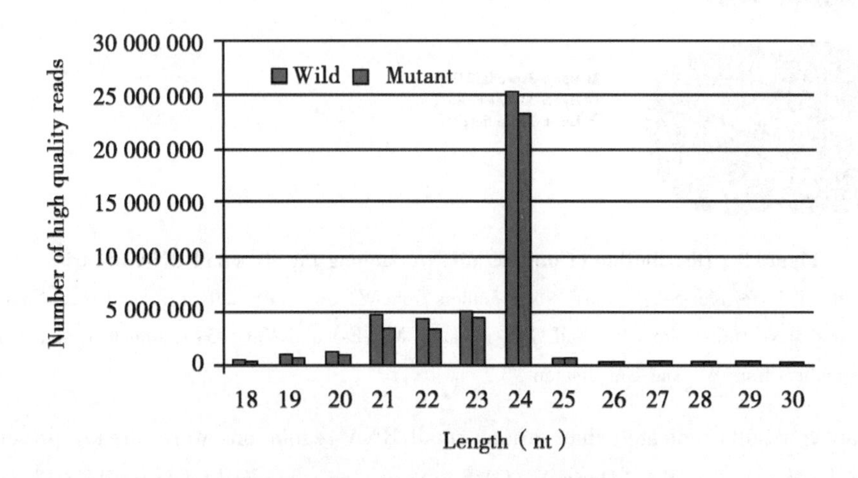

Figure 2　Size distribution of small RNA sequences derived from the WT and mutant libraries

Wild: the total small RNA sequences in the three WT libraries; Mutant: the total small RNA sequences in the three GMS mutant libraries. All reads were of high quality, ranging from 18 ~ 30 nt in length

2.3　Variations in small RNA expression in the WT and GMS mutant during anther development

The total numbers of miRNAs and siRNAs in the three WT libraries were greater than those of the three corresponding GMS mutant libraries (Supplemental file 1). The number of unique miRNAs in the three WT libraries was different from that in the three GMS mutant libraries. Moreover, the number of unique miRNAs in the Mar-F-1 library was twice that of the Mar-S-1 library and the number of unique siRNAs in the Mar-F-1 library was also significantly greater than that in the Mar-S-1 library (Supplemental file 1).

Analyzing miRNA variations in the three anther developmental stages between the WT and its GMS mutant, we found that the Mar-S-1 and the Mar-F-1 libraries comprised 35.74% and 52.13% of the unique miRNAs, respectively; the Mar-S-2 and the Mar-F-2 libraries comprised 45.11% and 43.12%, respectively; and the Mar-S-3 and the Mar-F-3 libraries comprised 45.96% and 39.39%, respectively. Only 12.13%, 11.77% and 14.65% of the unique miRNAs were shared between the WT and its GMS mutant during the same three anther developmental stages, respectively (Figure 3). Therefore, most of the unique miRNAs found in the GMS mutant anthers were different from those in the WT anthers at the corresponding stage.

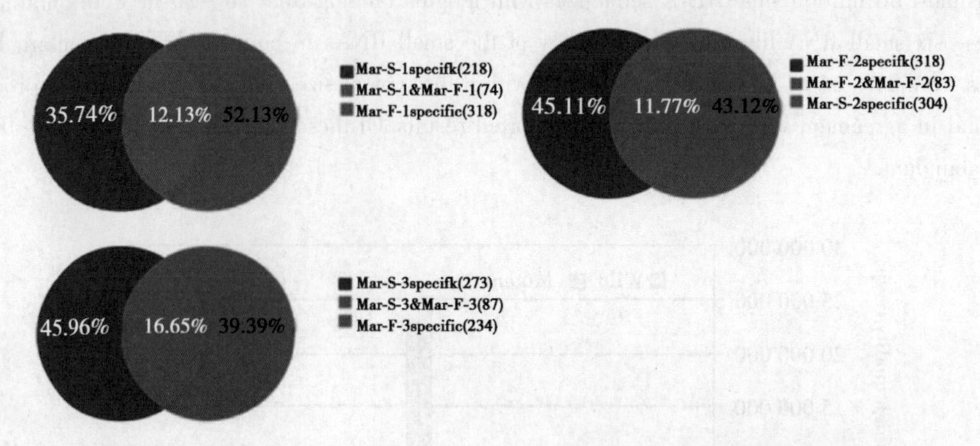

Figure 3 Distribution of unique miRNAs among the six small RNA libraries

Mar-F-1 and Mar-S-1: meiosis stage anthers from WT and GMS mutant; Mar-F-2 and Mar-S-2: tetrad stage anthers from WT and GMS mutant; Mar-F-3 and Mar-S-3: uninucleate microspore stage anthers from WT and GMS mutant

The above results indicated that various small RNA regulations were already present during the anther development of the 'Dong A' GMS mutant, as compared to its fertile wild type. These different small RNA varieties and diverse small RNA regulations may target different genes that influence the anther development and therefore male sterility.

2.4 Identification of conserved cotton miRNAs

Aligning the small RNA sequences to known cotton miRNAs resulted in 405 829 and 192 554 matches for the Mar-F-1 and Mar-S-1 libraries, respectively. In the Mar-F-2 and Mar-S-2 libraries, there were 496 607 and 402 146 matches for the WT and the mutant, respectively. In the Mar-F-3 and Mar-S-3 libraries, there were 1 108 399 and 767 638 matches for the WT and the mutant, respectively (Supplemental file 2).

Sixteen conserved cotton miRNA families comprising 3 373 236 individual candidate miRNA reads were identified in the six small RNA libraries, with the Gh-miR167 and Gh-miR166 families being the most abundant, followed by the Gh-miR172 and Gh-miR156 families (Figure 4A). Of all the conserved cotton miRNA reads, Gh-miR167 dominated the WT and the mutant libraries, accounting for 25. 8% (in the three WT libraries) and 34. 5% (in the three GMS mutant libraries), respectively (Figure 4B). Next is Gh-miR166, which accounted for 20. 7% and 12. 9% in the WT and mutant libraries, respectively. In contrast, some other miRNA families showed very low expression abundance in the anthers, with very lower read counts. The varied abundance of these miRNA families suggests that the miRNA genes are differentially transcribed during anther development.

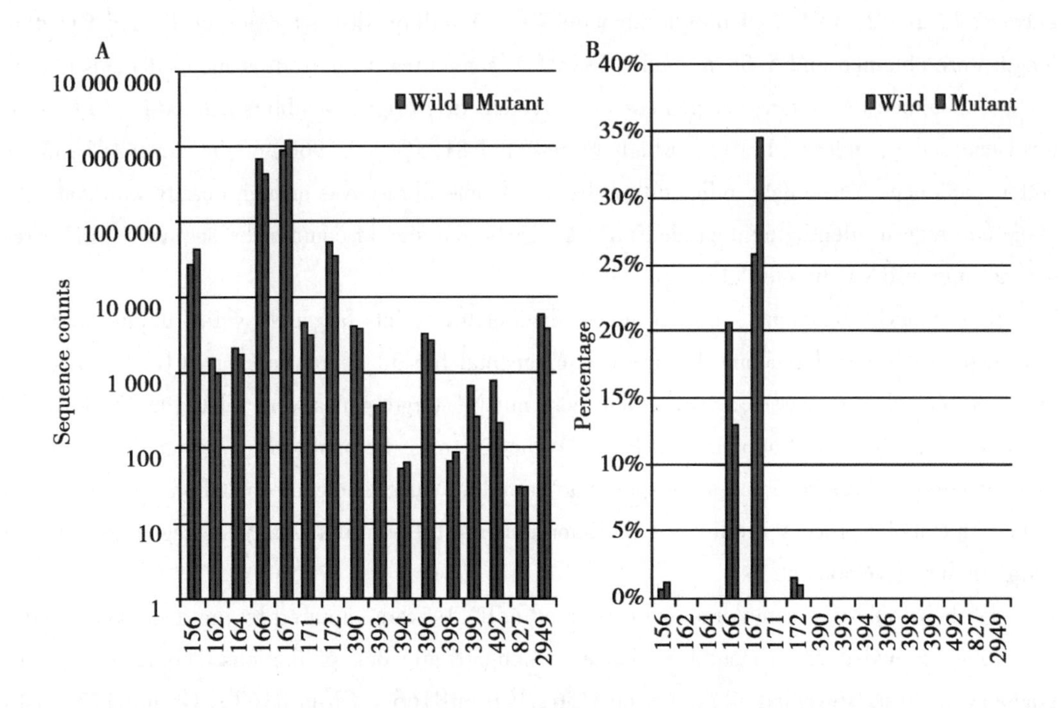

Figure 4　Relative abundance and differential expression levels of the identified cotton conserved miRNA families

(A) The sequence counts reflect the relative abundance of each miRNA family between the WT and GMS mutant. (B) The differential miRNA expression levels are presented as percentages of the total sequence count (WT + Mutant) for each famil

Analyzing miRNA expression between WT and its GMS mutant anthers revealed that Gh-miR394, Gh-miR396, Gh-miR398, Gh-miR399, and Gh-miR482 were differentially expressed during the meiosis stage, three of which (i. e., Gh-miR394, Gh-miR398, and Gh-miR399) were also differentially expressed during the tetrad stage and two of which (i. e., Gh-miR398 and Gh-miR482) together with Gh-miR827 were differentially expressed during the uninucleate microspore stage (Supplemental file 3). Thus, Gh-miR398 was in common in all the three stages and Gh-miR394, Gh-miR399, and Gh-miR482 were each differentially expressed between the 'Dong A' WT and the GMS mutant during two anther developmental stages.

2.5 Degradome library construction and validation of conserved miRNA targets

In cotton, conserved miRNA targets were previously identified mainly via bioinformatics prediction[27] and only a few conserved miRNA targets have been experimentally validated[28]. In this study, in order to identify miRNA targets, a degradome library derived from anthers of the WT and GMS mutant representing three stages of development was constructed and sequenced, resulting in the generation of 24.6 million raw reads. After removal of low quality sequences and adapter sequences, 24.4 million clean reads were obtained and 98% were 20 or 21 nt in length as expected (Supplemental file 4) in that normally length distribution peak of degradome fragment is between 20 and 21 nt[29]. Of unique signatures, 9.5 million distinct reads of 20 and 21 nt in length were obtained and 5.68 million (59.8%) signatures (referred as mapped reads) were perfectly mapped to reference sequences in the cotton transcript assemblies database (DFCI-Cotton Gene Index, release 11.0), which represented 81.3% (95 966) of the annotated unique cotton sequences. These data indicate that the degradome library was of high quality with good genome coverage in identifying degraded mRNA targets that should contain the sequence profile resulting from miRNA directed cleavage.

By sequence alignments, a total of 896 distinct transcripts targeted by 145 unique miRNAs were detected in our degradome library (Supplemental file 5). Gene ontology (GO) categories based on biological processes revealed that these miRNA-target genes were related to 32 biological processes (as shown in Supplemental file 6); the five most frequent terms are regulation of cellular process, metabolic process, response to stimulus, macromolecule metabolic process, and primary metabolic process, indicating the importance of these miRNAs in gene regulations during cotton anther development.

As shown above, many targets of conserved miRNAs were captured by the degradome analysis, which provided experimental evidence to support previous predictions. The results of degradome analysis revealed that Gh-miR156, Gh-miR166, Gh-miR167, Gh-miR172, Gh-miR396, and Gh-miR398 directed cleavages of SBP-box (TC238023), class Ⅲ HD-Zip like protein (TC237127), auxin response factor 4 (TC256045), AP2 (TC275039), ACC oxidase 3 (TC280045), and Cu/Zn superoxide dismutase (TC237725) genes, respectively (Figure 5), which are key genes involved in hormone signals, cell patterning, and anti-oxidant metabolism. These identified miRNA targets using degradome sequencing are present in the form of target plots (t-plots) that plot the abundance of the signatures relative to their position in the transcripts[30]. In each of these t-plots, a clear peak for the absolute number of tags is found at the predicted cleavage site for Gh-miR156, Gh-miR166, Gh-miR167, Gh-miR172, Gh-miR396, or Gh-miR398 (Supplemental file 7), indicated that there are correspondences between the cleavage positions and significant sites on the t-plots.

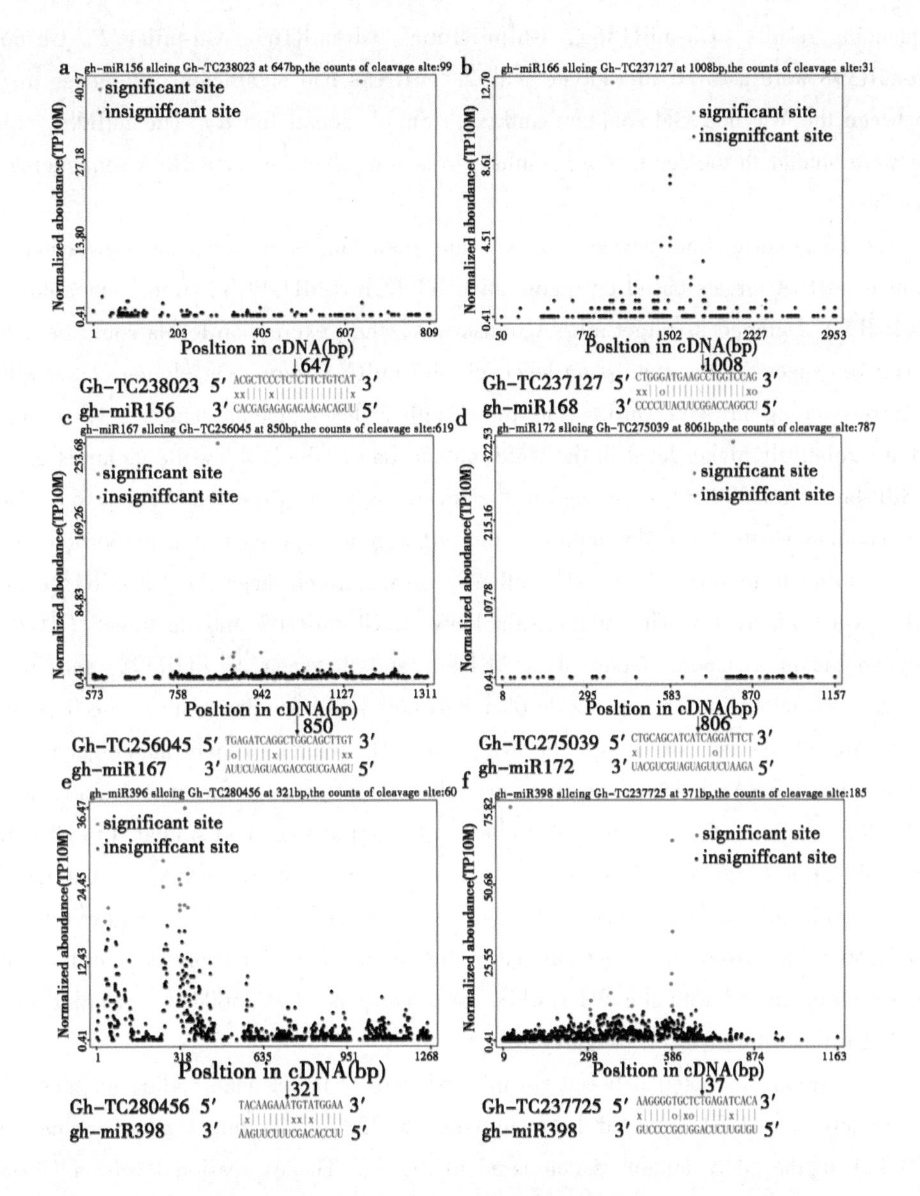

Figure 5　Target plots (t-plots) of identified cotton conserved miRNA targets using degradome sequencing

The abundance of each signature is plotted as a function of its position in the transcript. The red colored italicized nucleotide on the target transcript from the 3′end indicates the cleavage site detected in the degradome library. The number next to the arrow in the alignment between the miRNA and the target is the cDNA position corresponds to the detected cleavage site. The X-axis of each t-plot represents the cDNA position range with the sequenced tags coverage. TP10M is normalized abundance in the formula TP10M = raw abundance/ (total genome match - (t/r/sn/snoRNA)) × 10 000 000

2.6　Validation of miRNA and target expression through *Taq*Man microRNA assays

To examine miRNA expression during three stages of anther development as well as validate the sequencing results, Gh-miR156a, Gh-miR166a, Gh-miR167, Gh-miR172, Gh-miR396a and Gh-miR398 were assayed to validate if these miRNAs had significant differences in expressions between the WT and GMS mutant anthers (Supplemental file 8). The miRNA expression patterns were similar to the sequencing results, indicating that the small RNA sequencing results were reliable.

To test if any correlation between miRNAs and their targets existed, the expression patterns of identified miRNA targets based on quantitative RT-PCR (qRT-PCR) were compared (Figure 6). If a miRNA degraded its target mRNA transcripts, their expression levels could be negatively correlated. As expected, the expression levels of most miRNA were inversely correlated with these of the corresponding mRNAs. During the three anther developmental stages, Gh-miR156 expressed at a relatively higher level in the GMS mutant than in the WT, while its target gene encoding a SBP-box (TC238023) expressed in the reverse way, as expected (Figure 6). Unexpectedly, as compared with the GMS mutant, this target gene expressed at a proportionally higher level at the uninucleate stage of the WT anthers, during which stage the Gh-miR156 level was relatively lower (Figure 6). The relationship between Gh-miR167 and its target (TC256045) encoding an auxin response factor 4 (ARF4) and between Gh-miR398 and its target (TC237725) encoding Cu/Zn superoxide dismutase followed a similar trend in the first and third stages (Figure 6). As compared with the WT, the GMS mutant anthers had higher expression levels of the two miRNAs and lower expression of their target genes at the meiosis and uninucleate stages. On the contrary, the GMS mutant anthers at the tetrad stage had similar (in Gh-miR167) or lower (in Gh-miR396 and Gh-miR398) expression levels of the miRNAs, but their target genes had significantly higher expression levels, as compared with the WT (Figure 6). Similarly to Gh-miR156, Gh-miR167 was up-regulated in the uninucleate microspore stage of the GMS mutant anthers as compared with the WT, while its target gene (TC256045) encoding for ARF4 expressed at a much lower level (Figure 6).

A reverse trend was noted between Gh-miR166 and its target gene coding for class III HD-Zip like protein (TC237127) and between Gh-miR172 and its target gene coding for AP2 (TC275039) in the GMS mutant as compared to the WT. The expression levels of Gh-miR166 and Gh-miR172 in the GMS mutant were significantly lower than in the WT during the three stages of the anther development, while the reverse was true for their target genes (Figure 6). It should be pointed out that, the negative correlation in expression levels between miRNAs and their target genes existed except for Gh-miR166, but the linear correlation coefficients ($r = 0.64$ to 0.98) were not statistically significant due in part to only three anther developmental stages sampled. The non-linear relationship of expression levels between miRNAs and their target genes may also indicate that there are other mechanisms regulating expression of the target genes.

2.7 Analysis of novel miRNA candidates

Given the fact that the sequencing of the Upland cotton genome is incomplete, and information on genomewide cotton small RNA population is unknown, accurate identification of non-con-

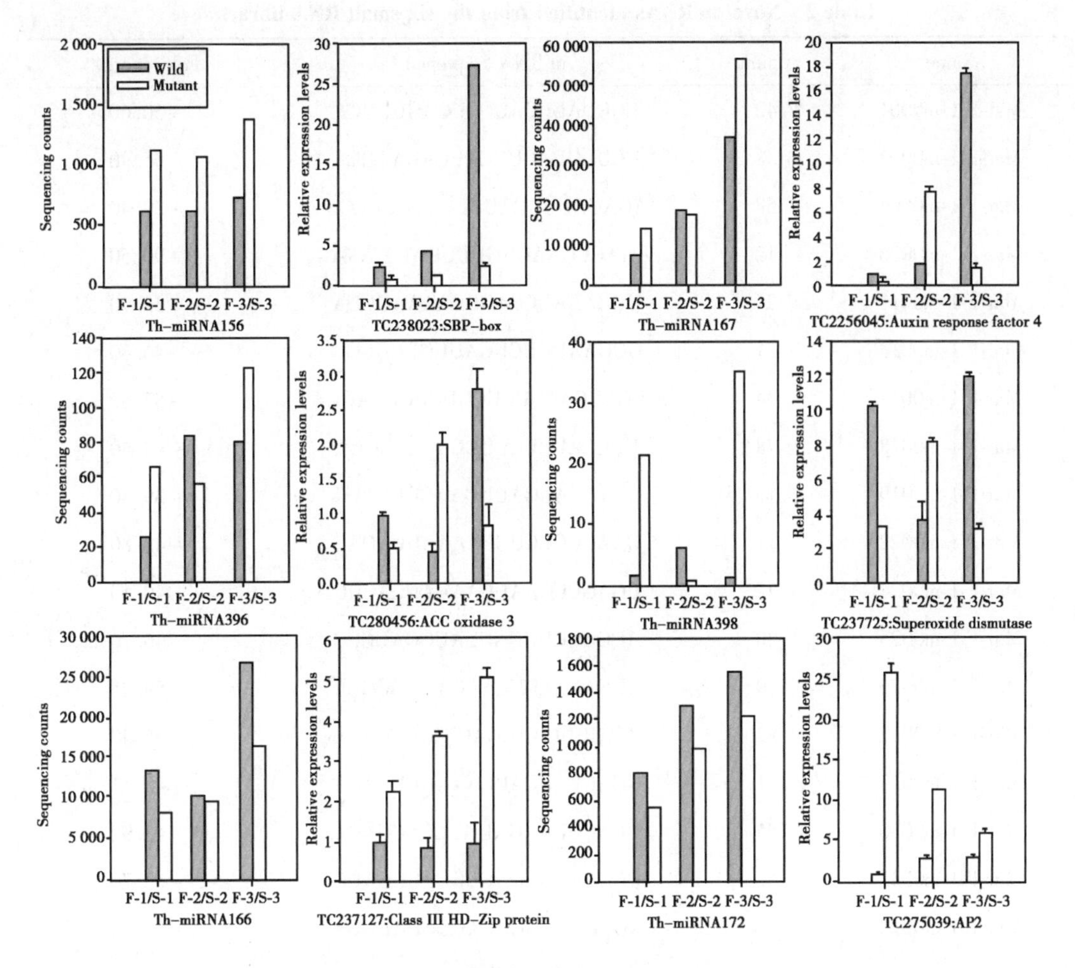

Figure 6　miRNAs and their predicted target gene expressions in anthers of the WT and the GMS mutant

F-1 and S-1: meiosis stage wild type and mutant anthers; F-2 and S-2: tetrad stage wild type and mutant anthers; F-3 and S-3: uninucleate microspore stage wild type and mutant anthers. Relative expression levels were calculated using 18S RNA as a control

served miRNA in cotton is a difficult task. Following a BLASTn search and hairpin structure prediction (See Materials and Methods), 110 putative unique *G. hirsutum* miRNAs were detected in the six small RNA libraries (Supplemental file 9), including 33 in the Mar-F-1 library, 19 in the Mar-F-2 library, 45 in the Mar-F-3 library, 6 in the Mar-S-1 library, 5 in the Mar-S-2 library, and 2 in the Mar-S-3 library (Table 2). All of these newly identified miRNAs met the criteria for miRNA annotation[31].

Table 2 Novel miRNAs identified from the six small RNA libraries

Name	Count	miRNA Sequence	Fold energy
Mar-F-1-m0001	42	CGCUAUCCAUCCUGAGUUUCA	-50.60
Mar-F-1-m0002	8	UCUUGUACUGCAUCAUAACUU	-55.90
Mar-F-1-m0004	58	AGAGAUUGCAUUUCCUCUUCCA	-29.40
Mar-F-1-m0006	12	UAACUGAAGAGUUUGAUCAUGG	-90.50
Mar-F-1-m0011	24	UGCAAAUCCAGUCAAAAGUUA	-33.90
Mar-F-1-m0013	21	GGGAAUUUCUGAUUGUCGGGG	-46.30
Mar-F-1-m0017	34	UGCUCACUUCUCUUCUGUCAGC	-57.60
Mar-F-1-m0018	78	UUCCAUCUCUUGCACACUGGA	-44.60
Mar-F-1-m0019	13	CCAAGAGGAUUGAAGGCCAUG	-39.30
Mar-F-1-m0022	11	GAAGCGCCUGGCAAGUUAGAC	-42.80
Mar-F-1-m0024	72	CGAGCCGAAUCAAUAUCACUC	-40.10
Mar-F-1-m0025	30	AGCUGCUUGGCUAUGGAUCCC	-46.10
Mar-F-1-m0026	9	AUGACCAUUCAAGAAAGUGCU	-59.25
Mar-F-1-m0027	82	GUAGUUGAACGACGUUUAUCUA	-35.40
Mar-F-1-m0029	121	GGAGCAUCAUCAAGAUUCACA	-48.11
Mar-F-1-m0030	1 765	UUACUUUAGAUGUCUCCUUCA	-48.92
Mar-F-1-m0031	52	UCCAAAGGAUCGCAUUGAUC	-58.70
Mar-F-1-m0032	14	ACGUUAUGGGCAUGGUAUGGA	-50.92
Mar-F-1-m0033	12	CAUGACUUUUAGCGGCGUUUG	-32.80
Mar-F-1-m0035	6	UGGUUUUCAAGUGGGAUUUGCUG	-60.90
Mar-F-1-m0038	136	UUCAGAAACCAUCCCUUCCUU	-58.60
Mar-F-1-m0039	3 138	ACAGCUUUAGAAAUCAUCCCU	-52.50
Mar-F-1-m0040	12	GCUCUCUAUGCUUCUGUCAUC	-55.00
Mar-F-1-m0041	9	AUAUGUUAGAUCAAAGAGUAA	-49.50
Mar-F-1-m0042	162	GGCUGUGGUUGAUUCGGCAAGA	-37.55
Mar-F-1-m0043	73	AAUGGAGGAGUUGGAAAGAUU	-37.39
Mar-F-1-m0044	14	AGUGGAUUGGCUACAGUUUCUU	-27.10
Mar-F-1-m0048	6	AUAAAAUACUGAUGUGACAUA	-33.90
Mar-F-1-m0051	9	ACGGUUUUAAGUUUUAACUGA	-28.42
Mar-F-1-m0052	9	GACGGUUUUAAGUUUUAACUG	-28.42
Mar-F-1-m0053	12	UUGGCGAACAAAUCAGUAGGAGU	-20.80

(continued)

Name	Count	miRNA Sequence	Fold energy
Mar-F-1-m0054	8	ACGACAGAAAAAAGGAUUGAUCA	-30.30
Mar-F-1-m0055	21	AAGUGGGAUGGGUGGAAAGAUU	-40.90
Mar-F-2-m0006	12	GGAGGAUCUCCAGGACUUGGCUU	-36.69
Mar-F-2-m0014	219	GAUUUGGGGCAAAGACGGGAU	-42.80
Mar-F-2-m0016	7	CUGGAUGCAGAGGUUUAUCGA	-51.70
Mar-F-2-m0019	11	GUGAUUGGGCUAGGGUCUAGGCA	-28.84
Mar-F-2-m0020	9	AAAACUGGACUGUUGUAUUGGUU	-39.70
Mar-F-2-m0022	8	UUAGAUUCAUUGGCUGAGUUA	-95.50
Mar-F-2-m0034	65	AACCAAUGACUAUUCAUGAUUCC	-25.30
Mar-F-2-m0035	7	GGGAGAAAUUAGAUUGCCGA	-18.33
Mar-F-2-m0039	10	AAGCUUGCUAGGCUCAAAGCCCA	-20.00
Mar-F-2-m0043	11	GUUCGAUUCUCGGAAUGCCC	-56.80
Mar-F-2-m0046	14	GGAAGGGAUAUAACUCAGCGGUA	-28.60
Mar-F-2-m0051	12	AAAGGGAUGAUUUCUAAAGCU	-47.85
Mar-F-2-m0055	10	UAUGUUAGAUCAAAGAGUAAAUU	-48.90
Mar-F-2-m0058	18	UGCCUGGCUCCCUGUAUGCCU	-42.10
Mar-F-2-m0064	8	AUACGACUAGCGCGACUCGA	-83.97
Mar-F-2-m0065	10	AAGAGUCAGAUUGCAUUUUGC	-25.40
Mar-F-2-m0067	11	AGGUACAGAGUCUGUUGGCAU	-47.80
Mar-F-2-m0069	294	GAUGGGUGAGGGGGUAAGACA	-52.80
Mar-F-2-m0071	8	AAGAGAGAAAGAGAGGCCUGGA	-30.62
Mar-F-3-m0001	16	ACUAAAAAAUGGGCAAAUUAG	-70.85
Mar-F-3-m0002	12	CUUUGGAGGGGAGAUUAGAGC	-61.05
Mar-F-3-m0006	8	AGGGAAGGUUAGAUAUUUAUA	-77.80
Mar-F-3-m0008	46	UAGAGAUUGCAUUUCCUCUUCC	-29.40
Mar-F-3-m0014	10	CGUGGUGAUCAGUUGGACCUUU	-23.40
Mar-F-3-m0018	6	GGCAGCGGUUCAUCGAUCUCU	-28.70
Mar-F-3-m0029	5	UUUAAUUUCCUCCAAUAUCUUA	-46.64
Mar-F-3-m0031	23	UGCCUGGCUCCCUGAAUGCCA	-53.30
Mar-F-3-m0032	103	UAGCCAAGGAUGACUUGCCUG	-54.30
Mar-F-3-m0035	18	UGAUAUUGGCCUGGUUCACUC	-44.99

(continued)

Name	Count	miRNA Sequence	Fold energy
Mar-F-3-m0036	10	CUCUAUGGUAGAAUCAGUCGGGG	-42.60
Mar-F-3-m0038	458	UUCCACAGCUUUCUUGAACUU	-62.70
Mar-F-3-m0041	909	GGAAUGUUGUCUGGCUCGAGG	-50.90
Mar-F-3-m0043	35	AGAUCAUGUGGCAGUUUCACC	-45.64
Mar-F-3-m0044	7	AGAGCUUUCUUCAGUCCACUC	-82.60
Mar-F-3-m0048	111	UUGGUGCGGUUCAAUCAGAUA	-50.80
Mar-F-3-m0049	20	CGAAUGAUCUCGGACCAGGCU	-35.76
Mar-F-3-m0050	154	AUCAUGUGGCAGUUUCACCUG	-44.00
Mar-F-3-m0056	4 369	UCUUGACCUUGUAAGACCUUU	-48.30
Mar-F-3-m0058	10	GGAAUGUUGGCUGGCUCGAAG	-52.60
Mar-F-3-m0064	38	UGAAUGAUUUCGGACCAGGCU	-40.80
Mar-F-3-m0065	28	UGGUGCAGGUCGGGAACUGAU	-76.37
Mar-F-3-m0067	65	UUCCACGGCUUUCUUGAACUU	-51.20
Mar-F-3-m0070	22	UGCAUUCUGAUGUAUGGGGAC	-69.07
Mar-F-3-m0080	14	UUUAAUAUUGUUUGGAUAUUGU	-32.70
Mar-F-3-m0087	5	CGGCAAGUUGUCUUUGGCUAC	-52.00
Mar-F-3-m0091	12	CAGGUGUAGCAUCAUCAAGAU	-63.81
Mar-F-3-m0092	30	UCAGGUCAUCUUGCAGCUUCA	-111.30
Mar-F-3-m0093	53	CGCUAUCUAUCCUGAGUUUCA	-61.50
Mar-F-3-m0095	26	UUGAAGACCCAUUUGCAACCAA	-24.80
Mar-F-3-m0110	15	CUCUUGUUGGCAAAUGAGCAU	-22.10
Mar-F-3-m0113	6	UGGGAACUUGAAGAUGAGGCU	-29.40
Mar-F-3-m0115	15	AGGAGGAGCAGGAAGCAGUAACU	-56.90
Mar-F-3-m0120	6	UUUCAACAUAGUAGAGGGACU	-102.07
Mar-F-3-m0124	11	UAUAUGGCUUAAAACAGGCUCC	-78.30
Mar-F-3-m0127	21	UCUUUCCUACUCCUCCCAUUCC	-55.10
Mar-F-3-m0141	10	AUGGACAUCCAAGGGGGAGUGUU	-50.46
Mar-F-3-m0146	15	UCCCUUUGGAUGUCUUCUUGC	-75.70
Mar-F-3-m0164	22	UGGCUUCUAGACAGUGGAUGCA	-23.40
Mar-F-3-m0178	24	UGUUGGCUCGGUUCACUCAGA	-61.50
Mar-F-3-m0183	21	AUGCACUGCCUCUUCCCUGGC	-50.60

(continued)

Name	Count	miRNA Sequence	Fold energy
Mar-F-3-m0185	160	UGGAGGCAGCGGUUCAUCGAUC	-36.30
Mar-F-3-m0198	7	AAGAGUCAGAUUGCAUUUUG	-25.40
Mar-F-3-m0200	9	AGAGGUGAUCAUGGGCCGGG	-21.20
Mar-F-3-m0205	32	CAGCCCUGGUGUUGGACAUUC	-46.00
Mar-S-1-m0013	9	GGGGCUGCAUUGAAGUGAAGGCU	-76.70
Mar-S-1-m0014	7	UUCCACAGCUUUCUUGAACUG	-49.30
Mar-S-1-m0035	12	ACAGGACAGGACAGGACAGGACA	-68.99
Mar-S-1-m0039	13	UGGCGUAUGAGGAGCCAUGCA	-51.90
Mar-S-1-m0097	18	AUAUGGCUUAAAACAGGCUCCA	-78.30
Mar-S-1-m0110	8	AGAGGAGAAGAAAAUUCACUAUA	-45.65
Mar-S-2-m0027	7	AUUGGUGAUUGACAUUUUUAUCU	-33.10
Mar-S-2-m0040	67	GGAAUGGAGGAGUUGGAAAGA	-47.59
Mar-S-2-m0043	6	UCUUUGAUCUAAUAUACAGG	-40.30
Mar-S-2-m0046	7	AGUGUAAGACCUGUCUGGGACA	-28.50
Mar-S-2-m0051	6	CUGAGGUUGGGUCGGACGACA	-30.02
Mar-S-3-m0014	6	UCCAUGGUGGAGAUUGCUCUU	-30.00
Mar-S-3-m0041	16	UGUUGAAGGUCGAUGGGUUAA	-39.70

Additional files

Additional file 1: The number of total miRNA and siRNA in six small RNA libraries.

Additional file 2: Cotton conserved miRNA families in six small RNA libraries.

Additional file 3: The number of significant differentially expressed cotton conserved miRNA in the six small RNA.

Additional file 4: Length distribution of small RNAs in degradome library.

Additional file 5: The number of distinct transcripts targeted by unique miRNAs detected in degradome library.

Additional file 6: GO analysis of miRNA target genes identified in the WT and GMS mutant anthers representing three stages of development.

Additional file 7: The significant sites on the t-plots.

Additional file 8: Comparison of the qRT-PCR results of the identified cotton miRNAs with the Solexa sequencing results of the corresponding miRNAs. (a), (c), (e) Solexa sequencing results of miRNAs; (b), (d), (f) qRT-PCR results of miRNAs. F-1 and S-1: meiosis stage of the wild and mutant anthers; F-2 and S-2: tetrad stage of the wild and mutant anthers; F-3 and S-3: uninucleate microspore stage of the wild and mutant anthers. Relative expression levels (R. E. Ls) were calculated using 18S as a control.

Additional file 9: Novel miRNAs identified from six small RNA libraries.

Additional file 10: The number of significant differentially expressed novel cotton miRNA in the six libraries.

Additional file 11: Target plots (t-plots) of identified novel miRNA (Mar-F-1-m0031) targets using degradome sequencing. The abundance of each signature is plotted as a function of its position in the transcript. The red colored italicized nucleotide on the target transcript from the 3′ end indicates the cleavage site detected in the degradome library.

Additional file 12: Measurment of IAA contents in the uninucleate microspore stage of WT and GMS mutant anthers using high performance liquid chromatography. F-3 and S-3: uninucleate microspore stage wild type and mutant anthers.

Additional file 13: The qRT-PCR results of cytochrome c in anthers of the WT and GMS mutant.

Comparing the expression of these novel miRNAs between WT and GMS mutant anthers, 43, 22 and 56 novel miRNAs were significantly differentially expressed in the meiosis, the tetrad and the uninucleate microspore stages, respectively (Supplemental file 10). Identification of target genes for these novel miRNAs suggests that they may participate in various aspects of anther development. For example, novel miRNA Mar-F-1-m0031 was identified to target gene encoding a transport inhibitor response 1 (TIR1, a receptor of IAA, Supplemental file 11), which can directly bind to auxin through the formation of the SCFTIR1 complex and is the key protein in the Aux/IAA degradation pathway of the 26S proteasome[32].

3 Discussion

Small RNAs regulate many aspects of anther development. However, no existing studies have reported the relationship between miRNAs and male sterility in cotton. To understand the underlying molecular basis resulting in the male sterility of the cotton GMS mutant, six small RNA libraries were constructed during the anther development of ‘Dong A’ WT and its GMS mutant in the current work. To the best of our knowledge, the present study represents one of the first such attempts.

Millions of unique small RNA sequences of 18 ~ 30 nt in length were detected, including 110 novel miRNAs, thus enriching the number of known unique small RNAs in cotton. Sixteen conserved miRNA families were detected in this study. Many canonical miRNAs are conserved among mosses, eudicots, and monocots, and some have conserved functions among land plants[33]. For example, the mature canonical Gh-miR167 in cotton is identical to those in poplar and Arabidopsis. These conserved miRNAs may play an important role in cotton anther development, as many of their targets mediate biological pathways, such as auxin responses and cell patterning, as implicated in the regulation of anther development, based on previous studies[34].

Both Gh-miR167 and Gh-miR166 were predominantly expressed during anther development in 'Dong A' WT and its GMS mutant (Figure 4), an indication of important roles in regulating cotton anther development. In this study, Gh-miR167 and Gh-miR166 were identified to target ARF4 and class Ⅲ HD-Zip like protein, respectively. As compared with the wild type, Gh-miR167 was expressed at a relatively higher level in the uninucleate microspore stage, which led to down-regulation of ARF4 by ten-fold in the GMS mutant anthers (Figure 6). The much lower expression level of ARF4 may affect the auxin response pathway in the GMS mutant, which was consistent with the lower content of IAA in the uninucleate microspore stage of the GMS mutant anthers (Supplemental file 12). In Arabidopsis, miR166 is thought to target mRNAs that encode a class Ⅲ HD-Zip-like protein that plays a critical role in shoot apical meristem initiation and leaf polarity and pattern formation[35-36]. However, the relationship between male sterility and the lower level of Gh-miR166 in the GMS mutant anthers relative to WT anthers is currently unknown and needs further studies.

miR156 and miR172 target SQUAMOSA PROMOTER BINDING PROTEIN transcription factors (SBP-box) and APETALA2 (AP2), respectively, which have been predicted to play important roles in anther development[37-38]. miR156 directly represses the expression of SBP-box transcription factors that play an important role in juvenile-to-adult transition throughout the plant kingdom[39]. It has been shown that miR156 directly promotes the transcription of miR172 via SBP-box, and miR172 acts downstream of miR156 to promote adult epidermal identity[40]. Furthermore, the miR156-regulated SBP-box is a direct upstream activator of LEAFY, FRUITFULL, and APETALA1[41]. In this study, Gh-miR156 and Gh-miR172 were moderately expressed in 'Dong A' WT and its GMS mutant (Figure 4). Compared to these of the WT, the anthers from the three anther developmental stages of the GMS mutant had higher expression levels of Gh-miR156 and lower expression of its target SBP-box. In contrast to the fact that over-expression of miR172 resulted in male sterility in Arabidopsis and rice[20,38], we detected lower level of expression of Gh-miR172 and higher level of expression of its target AP2 in the GMS mutant anthers at the three anther developmental stages (Figure 6). Therefore, the relationship between miR156/miR172 and male sterility in the GMS mutant is likely different and needs further studies.

Gh-miR396 was identified to target ACC oxidase 3 (TC280456), a key branch-point enzyme involved in ethylene biosynthetic process[42]. In anther development, ethylene is important for male gametophyte germination and anther dehiscence[43,44] and it has been reported that fertile male gametophyte development is accompanied by two peaks of ethylene production in anther tissues and the mature pollen is characterized by a high content of ethylene[45]. In the current study, Gh-miR396 was differentially expressed between 'Dong A' WT and its GMS mutant anthers in the meiosis stage, and it had a higher level of expression in the GMS mutant anthers in the uninucleate microspore stage. This is consistent with the relatively lower level of expression of its target gene ACC oxidase 3 (Figure 6). However, whether the opposite expressions of Gh-miR396 and its target gene in the GMS mutant anthers leading to a significant reduction in ethylene synthesis remains to be studied.

Gh-miR398 targets mRNA (TC237725) that encodes Cu/Zn superoxide dismutase (Cu/Zn SOD), which plays an important role in plant antioxidant metabolism[46]. In plants, the prominent role of reactive oxygen species (ROS) has been revealed in induction, signaling, and execution of programmed cell death (PCD)[47]. ROS can trigger release of cytochrome c, which is a ROS-derived PCD feature shared among mammalian, plant and yeast mitochondria[48]. Previous studies revealed that excessive accumulation of O_2^{-2} and H_2O_2, and a significant reduction in ROS-scavenging enzyme activity coincide with male cell death in cytoplasmic male sterile of cotton[49]. Budar and Pelletier reasoned that the difference in SOD gene expression between the cotton male sterile line and its maintainer may result in an imbalance in ROS metabolism and male sterility[50]. In the present study, we showed the existence of different underlying miRNA pathways that may regulate enzymatic activities in the WT and its GMS mutant. Surprisingly, Gh-miRNA398 was up-regulated by twenty-fold and its target gene Cu/Zn SOD was reversely much lower expressed in the uninucleate microspore stage of GMS mutant anthers, as compared to the WT anthers (Figure 6). Up-regulation of cytochrome c by threefold was observed in the corresponding stage of the GMS mutant anthers (Supplemental file 13). The decreased Cu/Zn SOD activity and elevated expression level of cytochrome c in the GMS mutant anthers may lead to a transient oxidative burst and significant ROS accumulation. However, more studies are needed to understand the underlying mechanisms that lead to male sterility in the GMS mutant.

4 Conclusion

Using a deep sequencing strategy, a number of miRNAs expressed during three anther development stages of cotton were identified. The differential expression of the miRNAs between the GMS mutant and its WT indicates that miRNAs are distinctly involved in cotton anther development and male sterility. Further studies of these differentially expressed miRNAs and their targets in the anthers will provide a better understanding of the regulatory mechanisms underlying male sterility in cotton.

5 Methods

5.1 Plant materials and anther collection

Upland cotton (*G. hirsutum*) ‘Dong A’ (WT) plants and the GMS mutant in the ‘Dong A’ background were grown under regular field conditions at the experimental farm of the Cotton Research Institute in China Academy of Agricultural Sciences. Previous study revealed that when the longitudinal length of buds reach 5.0mm, 6.5mm, and 9mm, respectively, the pollen mother cell of the GMS mutant enter the meiosis, tetrad and uninucleate stages[51]. According to this sampling criterion and combined with microscopic examination, developing anthers at these three different growth stages were collected during early mornings. The excised anthers were frozen in liquid nitrogen and stored at －80℃ for analysis.

5.2 Small RNA sequencing and library construction

Total RNA was extracted from anthers using the pBiozol Total RNA Extraction Reagent (BioFlux), in accordance with the manufacturer's instructions. The RNA was then precipitated with ethanol, dissolved in diethypyrocarbonate (DEPC) water and stored at －80℃. All RNA samples were examined for protein contamination (A_{260}/A_{280} ratios) and reagent contamination (A_{260}/A_{230} ratios) using a Nanodrop ND 1000 spectrophotometer (NanoDrop, Wilmington, DE).

The samples from the WT and GMS mutant anthers were quantified and equalized so that equivalent amounts of RNA were analyzed. The extracted total RNA was resolved on denatured 15% polyacrylamide gels. Gel fragments with a size range of 18 ~ 30 nt were excised, and the small RNA fragments were eluted overnight with 0.5 M NaCl at 4℃, and precipitated with ethanol. These 18 ~ 30 nt small RNAs were given 5′and 3′RNA adapters that were ligated with T4 RNA ligase. The adapter-ligated small RNAs were subsequently transcribed into cDNA by SuperScript II Reverse Transcriptase (Invitrogen) and amplified with the polymerase chain reaction, using primers that were annealed to the ends of the adapters. The amplified cDNA products were purified and recovered. Finally, Solexa sequencing technology was employed to sequence the small RNA samples (BGI, Shenzhen, China).

5.3 Analysis of sequencing data

Raw sequence reads were produced using an Illumina 1G Genome Analyzer at BGI (Shenzhen, China) and processed into clean full-length reads through the BGI small RNA pipelines. During this procedure, all low quality reads were removed, such as reads with 3′ and 5′ adapter contaminants, those without insert tags, and those with poly A sequences. The remaining high-quality sequences were trimmed of their adapter sequences, and those larger than 30 nt or smaller than 18 nt were discarded. All high-quality sequences, even those with only a single unique read, were considered significant and used for further analysis and the sequences were deposited in NCBI with an accession number of GSE43531.

A chi-square test was performed to determine the statistical significance of the differences between the WT and GMS mutant small RNA libraries following a previously described method[52].

5.4 Identification of novel miRNAs

To identify potentially novel miRNAs among the six small RNA libraries, cotton transcript assemblies (http://occams.dfci.harvard.edu/pub/bio/tgi/data/Gossypium) from the Dana Farber Cancer Institute were chosen to map unique small RNA sequences. The characteristic hairpin structure of miRNA precursors was used to predict possible novel miRNAs. The miRNA prediction software, mireap, was also used to predict novel miRNA based on the secondary structure, the Dicer cleavage site, and the minimum free energy (http://sourceforge.net/projects/mireap/).

5.5 Identification of miRNAs and their targets by degradome sequencing

The small RNAs were aligned to miRNA precursors/mature miRNAs in the miRBase (http://www.mirbase.org/index.shtml, release 15.0). The following criteria were used to determine the sequence counts of miRNA families in the different tissue samples: ①if there was cotton miRNA information in the miRBase, the small RNAs were aligned to the corresponding cotton miRNA precursor/mature miRNA; and②if there was no cotton miRNA information in the miRBase, the small RNAs were aligned to the miRNA precursors/mature miRNAs of all plants in the database.

Most plant miRNAs facilitate the degradation of their mRNA targets by slicing precisely between the tenth and eleventh nucleotides (nt) from the 5′ end of the miRNA. As a result, the 3′ fragment of the target mRNA possesses a monophosphate at its 5′ end. This important property has been used to validate miRNA targets[53]. In this study, in order to dissect miRNA-guided gene regulation in the WT and GMS mutant anthers, a degradome library suitable for miRNA target identification was constructed as described previously[29]. Briefly, total RNAs, which were extracted from the WT and GMS mutant anthers representing three stages of development, respectively, were mixed at an equal molar ratio as one sample. Approximately 200 μg of the mixed total RNA was used for polyadenylation using the Oligotex mRNA mini kit (Qiagen). Using T4 RNA ligase (Takara), a 5′ RNA adapter was added to the cleavage products, which possessed a free 5′-monophosphate at their 3′ termini. The ligated products were then purified using Oligotex mRNA mini kit (Qiagen) for reverse transcription to generate the first strand of cDNA using an oligo dT primer via SuperScript II RT (Invitrogen). After the cDNA library was amplified for 6 cycles (94℃ for 30s, 60℃ for 20s, and 72℃ for 3min) using Phusion *Taq* (NEB), the PCR products were digested with restriction enzyme Mme I (NEB). A double-stranded DNA adapter was then ligated to the digested products using T4 DNA ligase (NEB). The ligated products were selected based on size by running 10% polyacrylamide gel and purified for the final PCR amplification (94℃ for 30s, 60℃ for 20s, and 72℃ for 20s) for 20 cycles. The PCR products were gel purified and used for high-throughput sequencing using Illumina HiSeq 2000.

Low quality sequences and adapters were removed before sequence analysis and the clean sequences were deposited in NCBI with an accession number of GSE43389. Unique sequence signatures were aligned to the database of cotton transcript assemblies in Cotton Gene Index (Release 11.0, http://occams.dfci.harvard.edu/pub/bio/tgi/data/Gossypium) using SOAP software (http://soap.genomics.org.cn/). The CleaveLand was used to detect potentially cleaved targets based on degradome sequences. The 20 and 21 nt distinct reads were subjected to the CleaveLand pipeline for small RNA targets identification as previously described[54]. Briefly, the 20 and 21 nt distinct reads were first normalized to give" reads per million" (RPM). Subsequently, the degradome reads were mapped to the cotton annotated cDNA (DFCI-Cotton Gene Index, release 11.0) and the cDNA hit number of each degradome read was recorded. Raw abundances in the target library was normalized according to the formula: normalized abundance (TP10M) = raw abundance/ [total genome match - (t/r/sn/snoRNA)] × 10 000 000. All alignments with scores not exceeding 4 and having the 5′ end of the degradome sequence coincident with the tenth and eleventh nucleotides of complementarity to the small RNA were retained. To evaluate the potential functions of miRNA-targeted genes, gene ontology (GO) categories (http://www.geneontology.org/) were used for assignment of the identified target genes according to the previously described method[55].

5.6 The qRT-PCR of miRNAs

qRT-PCR reactions were carried out in final volumes of 20μL containing 10μL 2 × *Taq*Man Universal PCR Master Mix, 1μL 20 × *Taq*Man MicroRNA Assay primers and probes, 7.67μL nuclease-free water, and 1.33μL product from RT reactions using a ABI 7500 Real-Time PCR system (Applied Biosystems). The reactions were incubated in a 96-well plate at 95℃ for 10 min, followed by 40 cycles of 95℃ for 15 s and 60℃ for 60 s. Cotton 18S was used to normalize the amounts of gene-specific RT-PCR products[56].

Authors' contributions

MMW, SXY, SLF, and JWY designed the experiments. SLF performed the field cotton plant cultivation and anther collection. MZS conceived the study, participated in its design, as well as drafted and amended the manuscript. MMW wrote the manuscript draft and ZJF edited and revised the manuscript. MMW, HLW, and WM performed the experiments. All authors read and approved the final manuscript.

Acknowledgements

The authors wish to thank the National Basic Research Program of China (Grant No. 2010CB126006) and the 863 Project of China (Grant No. 2011AA10A102) for the financial support provided to this project.

References

[1] Wang Z H, Zou Y J, Li X Y. Cytoplasmic male sterility of rice with Boro Ⅱ cytoplasm is caused by a cytotoxic peptide and is restored by two related PPR motif genes via distinct modes of mRNA silencing [J]. *Plant Cell*, 2006, 18: 676-687.

[2] Schnable P S, Wise R P. The molecular basis of cytoplasmic male sterility and fertility restoration [J]. *Trends Plant Sci.*, 1998, 3: 175-180.

[3] Voinnet O. Origin, Biogenesis, and Activity of Plant MicroRNAs [J]. *Cell*, 2009, 136: 669-687.

[4] Carrington J C, Ambros V. Role of microRNAs in plant and animal development [J]. *Science*, 2003, 301: 336-338.

[5] Baulcombe D C. RNA silencing in plants [J]. *Nature*, 2004, 431: 356-363.

[6] Filipowicz W, Jaskiewicz L, Kolb F A, *et al.* Post-transcriptional gene silencing by

siRNAs and miRNAs. Curr. Opin. Struct [J]. *Biol*, 2005, 15: 331-341.

[7] Rhoades M W, Reinhart B J, Lim L P, *et al.* Prediction of plant microRNA targets [J]. *Cell*, 2002, 110: 513-520.

[8] He L, Hannon G J. Small RNAs with a big role in gene regulation [J]. *Nat. Rev. Genet*, 2004, 5: 522-531.

[9] Guo X, Gui Y, Wang Y, *et al.* Selection and mutation on microRNA target sequences during rice evolution [J]. *BMC Genomics*, 2008, 9: 1-10.

[10] Li A, Mao L. Evolution of plant microRNA gene families [J]. *Cell Res.*, 2007, 17: 212-218.

[11] Maher C, Stein L, Ware D. Evolution of Arabidopsis microRNA families through duplication events [J]. *Genome Res.*, 2006, 16: 510-519.

[12] Chen X. MicroRNA biogenesis and function in plants [J]. *FEBS Lett.*, 2005, 579: 5923-5931.

[13] Alvarez-Garcia I, Miska EA. MicroRNA functions in animal development and human disease [J]. *Development*, 2005, 132: 4653-4662.

[14] Mallory A C, Reinhart B J, Jones-Rhoades M W, *et al.* MicroRNA control of PHABULOSA in leaf development: importance of pairing to the microRNA 5′ region [J]. *EMBO J.*, 2004, 23: 3356-3364.

[15] Juarez M T, Kui J S, Thomas J, *et al.* microRNA-mediated repression of rolled leaf specifies maize leaf polarity [J]. *Nature*, 2004, 428: 84-88.

[16] Hovav R, Udall JA, Hovav E, *et al.* A majority of cotton genes are expressed in single-celled fiber [J]. *Planta*, 2008, 227: 319-329.

[17] Griffiths-Jones S, Saini H K, Van Dongen S, *et al.* miRBase: tools for microRNA genomics [J]. *Nucleic Acids Res.*, 2008, 36: D154-D158.

[18] Aukerman M J, Sakai H. Regulation of flowering time and floral organ identity by a microRNA and its APETALA2-like target genes [J]. *Plant Cell*, 2003, 15: 2730-2741.

[19] Robert G D, Said H, David T, *et al.* Small RNA Pathways Are Present and Functional in the Angiosperm Male Gametophyte [J]. *Molecular Plant*, 2009, 2: 500-512.

[20] Chen X M. A MicroRNA as a Translational Repressor of APETALA2 in Arabidopsis Flower Development [J]. *Science*, 2004, 303: 2022-2024.

[21] Ru P, Xu L, Ma H, Huang H. Plant fertility defects induced by the enhanced expression of microRNA167 [J]. *Cell Res.*, 2006, 16: 457-465.

[22] Hang G W, Zhang D M, Huang Y X, *et al.* The utilization of male sterile recessive genes in hybrid seed production of cotton (*G. hirsutum*) [J]. *Sci. Agr.*, 1981, 1: 5-11.

[23] Thomson J M, Parker J, Perou C M, *et al.* A custom microarray platform for analysis of microRNA gene expression. Nat [J]. *Methods*, 2004, 1: 47-53.

[24] Bentwich, Avniel A, Karov Y, *et al.* Identification of hundreds of conserved and nonconserved human microRNAs. Nat [J]. *Genet*, 2005, 37: 766-770.

[25] Liang RQ, Li W, Li Y, *et al.* An oligonucleotide microarray for microRNA expression analysis based on labeling RNA with quantum dot and nanogold probe [J]. *Nucleic Acids Res*, 2005, 33: 17-23.

[26] Sheng T Z. Thesises on male sterile of cotton [M]. Chengdu: Sichuan Science and Technology Press, 1989.

[27] Qiu C X, Xie F L, Zhu Y Y, *et al.* Computational identification of microRNAs and their targets in Gossypium hirsutum expressed sequence tags [J]. *Gene*, 2007, 395: 49-61.

[28] Pang M X, Woodward A W, Agarwal V, *et al.* Genome-wide analysis reveals rapid and dynamic changes in miRNA and siRNA sequence and expression during ovule and fiber development in allotetraploid cotton (*Gossypium hirsutum* L.) [J]. *Genome Bio.*, 2009, 10: 1-21.

[29] Addo-Quaye C, Eshoo T W, Bartel D P, *Axtell M J.* Endogenous siRNA and miRNA targets identified by sequencing of the Arabidopsis degradome [J]. *Curr Biol*, 2008, 18: 758-762.

[30] German M A, Pillay M, Jeong D H, *et al.* Global identification of microRNA-target RNA pairs by parallel analysis of RNA ends [J]. *Nat Biotechnol*, 2008, 26: 941-946.

[31] Meyers B C, Axtell M J, Bartel B, *et al.* Criteria for annotation of plant microRNAs [J]. *Plant Cell*, 2008, 20: 3186-3190.

[32] Kepinski S, Leyser O. The Arabidopsis F-box protein TIR1 is an auxin receptor [J]. *Nature*, 2005, 435: 446-451.

[33] Axtell M J, Snyder J A, Bartel D P. Common functions for diverse small RNAs of land plants [J]. *Plant Cell*, 2007, 19: 1750-1769.

[34] Wu M F, Tian Q, Reed J W. Arabidopsis microRNA167 controls patterns of ARF6 and ARF8 expression, and regulates both female and male reproduction [J]. *Development*, 2006, 133: 4211-4218.

[35] Williams L, Grigg S P, Xie M, *et al.* Regulation of Arabidopsis shoot apical meristem and lateral organ formation by microRNA miR166g and its AtHD-ZIP target genes [J]. *Development*, 2005, 132: 3657-3668.

[36] Mallory A C, Reinhart B J, Jones-Rhoades M W, *et al.* MicroRNA control of PHABULOSA in leaf development: importance of pairing to the microRNA 5′ region [J]. *EMBO J.*, 2004, 23: 3356-3364.

[37] Wang J W, Czech B, Weigel D. miR156-regulated SPL transcription factors define an endogenous flowering pathway in Arabidopsis thaliana [J]. *Cell*, 2009, 138: 738-749.

[38] Zhu Q H, Upadhyaya N M, Gubler F, *et al.* Over-expression of miR172 causes loss of spikelet determinacy and floral organ abnormalities in rice (Oryza sativa) [J]. *BMC Plant Bio.*, 2009, 9: 1-13.

[39] Schwab R, Palatnik J F, Riester M, *et al.* Specific effects of microRNAs on the plant transcriptome [J]. *Dev. Cell*, 2005, 8: 517-527.

[40] Wu G, Park M Y, Conway S R, *et al.* The sequential action of miR156 and miR172

regulates developmental timing in Arabidopsis [J]. *Cell*, 2009, 138: 750-759.

[41] Yamaguchi A, Wu MF, Yang L, *et al.* The microRNA-regulated SBP-Box transcription factor SPL3 is a direct upstream activator of LEAFY, FRUITFULL, and APETALA1 [J]. *Developmental Cell*, 2009, 17: 268-278.

[42] Bleecker A B, Kende H. Ethylene: a gaseous signal molecule in plants [J]. *Annu Rev. Cell Dev. Biol.*, 2000, 16: 1-18.

[43] Lin Z, Zhong S, Grierson D. Recent advances in ethylene research [J]. *J. Exp. Bot.*, 2009, 60: 3311-3336.

[44] Wang Y, Kumar P P. Characterization of two ethylene receptors PhERS1 and PhETR2 from petunia: PhETR2 regulates timing of anther dehiscence [J]. *J. Exp. Bot.*, 2007, 58: 533-544.

[45] Kovaleva L V, Dobrovolskaya A, Voronkov A, *et al.* Ethylene is involved in the control of male gametophyte development and germination in petunia [J]. *J. Plant Growth Regul*, 2011, 30: 64-73.

[46] Dugas D V, Bartel B. Sucrose induction of Arabidopsis miR398 represses two Cu/Zn superoxide dismutases [J]. Plant Mol. *Biol.*, 2008, 67: 403-417.

[47] Breusegem F V, Dat J F. Reactive Oxygen Species in Plant Cell Death [J]. *Plant Physiology*, 2006, 141: 384-390.

[48] Lorrain S, Vailleau F, Balague C, *et al.* Lesion mimic mutants: keys for deciphering cell death and defense pathways in plants [J]. *Trends Plant Sci.*, 2003, 8: 263-271.

[49] Jiang P D, Zhang X Q, Zhu Y G, Zhu W, Xie H Y, Wang X D. Metabolism of reactive oxygen species in cotton cytoplasmic male sterility and its restoration [J]. *Plant Cell Rep.*, 2007, 26: 1627-1634.

[50] Budar F, Pelletier G. Male sterility in plants. occurrence, determinism, significance and use [J]. *C R Acad Sci. III*, 2001, 324: 543-550.

[51] Hou L, Xiao Y H, Li X B, *et al.* The cDNA-AFLP differential display in developing anthers between cotton male sterile and fertile line of "Dong A" [J]. *Acta Genetica Sinica*, 2002, 29: 359-363.

[52] Audic S, Claverie J M. The significance of digital gene expression profiles [J]. *Genome Res.*, 1997, 7: 986-995.

[53] Llave C, Xie Z, Kasschau K D, *et al.* Cleavage of Scarecrow-like mRNA targets directed by a class of Arabidopsis miRNA [J]. *Science*, 2002, 297: 2053-2056.

[54] Addo-Quaye C, Miller W, Axtell M J. CleaveLand: a pipeline for using degradome data to find cleaved small RNA targets [J]. *Bioinformatics*, 2009, 25: 130-131.

[55] Du Z, Zhou X, Ling Y, *et al.* AgriGO: a GO analysis toolkit for the agricultural community [J]. *Nucleic Acids Res*, 2010, 38: W64-W70.

[56] Feng J, Wang K, Liu X, *et al.* The quantification of tomato microRNAs response to viral infection by stem-loop real-time RT-PCR [J]. *Gene*, 2009, 437: 14-22.

Selection and Characterization of a Novel Photoperiod-sensitive Male Sterile Line in Upland Cotton (*Gossypium Hirsutum* L.)

Jianhui Ma[1,2,3], Hengling Wei[1], Ji Liu[1,2], Meizhen Song[1], Chaoyou Pang[1], Long Wang[1], Wenxiang Zhang[1], Shuli Fan[1*], Shuxun Yu[1,2]

(1. State Key Laboratory of Cotton Biology, Institute of Cotton Research of CAAS, Anyang 455000, China; 2. College of Agronomy, Northwest A & F University, Yangling 712100, China; 3. College of Life Science, Henan Normal University, Xinxiang 453007, China)

Abstract: Upland cotton shows strong heterosis. However, heterosis is not widely utilized owing to the high cost of hybrid seed production. Creation of a photoperiod-sensitive genetic male sterile line could substantially reduce the cost of hybrid seed production in upland cotton. And such a mutant with virescent marker was found by space mutation in near-earth orbit and its traits had been stable after 4 years of selection in Anyang and Sanya, China. This mutant was fertile with an 11 ~ 12.5h photoperiod when the temperature was higher than 21.5℃, and was sterile with a 13 ~ 14.5h photoperiod. Genetic analysis indicated that both traits were controlled by a single recessive gene or two closely linked genes. And the cytological observations and transcriptome profiling analysis showed that the degradation of pollen grain cytoplasm should be the primary reason why the mutant line performed male sterile under long-day conditions.

Key words: Upland cotton; PGMS; virescent marker; sterility mechanism

1 Introduction

Heterosis is the phenomenon that progeny exhibit higher biomass, developmental rate, and fertility than both parents (Birchler *et al.*, 2010). It has been utilized in many crops such as maize, rice, sorghum, and rape, and made great achievements (Dong *et al.*, 2006; Li *et al.*, 2007). Upland cotton (*Gossypium hirsutum* L.) is one of the world's most important economic crops, producing mostly textile fiber and the second-most valuable oil (Yin *et al.*,

原载于：*Journal of Integrative plant Biology*, 2013, 55 (7): 608-618

2006). It has strong heterosis in boll number, boll weight, and seed cotton yield (Zhu *et al.*, 2008). The hybrid seeds are widely planted and propagated in India and China (Yin *et al.*, 2006). However, the hybrid seeds of upland cotton are mainly produced through hand emasculation and pollination or genetic male sterile techniques, which need a lot of labor force (Zhang and Pan, 1999). The utilization of photoperiod-sensitive genetic male sterile (PGMS) line, which is fertile under long-day conditions and is sterile under short-day conditions, would significantly simplify the processes, lower the cost of hybrid seeds production and could avoid the limitations that exist in three-line system (Wei *et al.*, 1995). It would be an optimal material for hybrid seeds production in upland cotton.

PGMS lines have been first developed in rice and are widely used for hybrid seeds production. Nongken58S (NK58S) is the first spontaneous PGMS mutant found from a *japonica* cultivar NK58 in 1973, and now is a very useful PGMS cultivar for the development of hybrid rice (Guo and Liu, 2012). Transcriptome analysis of NK58S under short- and long-day conditions showed that circadian rhythms and flowering pathways regulate the transition to male sterility (Wang *et al.*, 2011). Based on mapped cloning method about NK58S, a single nucleotide polymorphism was identified, which alters the secondary structure of long-day-specific male fertility-associated RNA (*LDMAR*) leading to male sterility (Ding *et al.*, 2012; Zhou *et al.*, 2012). Cytoplasmic male sterility (CMS), another kind of male sterile line, results from incompatibilities between the organellar and nuclear genomes enabling hybrid crop breeding to increase yields. The Wild Abortive CMS (CMS-WA) has been exploited in the majority of three-line hybrid rice production. Recent study reported that WA352, a new mitochondrial gene, confers CMS-WA because its protein interacts with the nuclear-encoded mitochondrial protein COX11. In CMS-WA lines, WA352 accumulates preferentially in the anther tapetum, thereby inhibiting COX11 function in peroxide metabolism and triggering premature tapetal programmed cell death and consequent pollen abortion (Luo *et al.*, 2012). Moreover, male sterility is common in hybrids between divergent populations, such as the *indica* and *japonica*, and its mechanism has been elucidated clearly. Sa, a locus for *indica-japonica* hybrid male sterility, contains *SaM* and *SaF*, encoding a small ubiquitin-like modifier E3 ligase-like protein and an F-box protein, respectively. And a two-gene/three-component interaction model was proposed to explain this hybrid male sterility system (Long *et al.*, 2008).

In additional, many other genes, and metabolites have been found related to male sterility. For example, the gene Tapetum Degeneration Retardation (*TDR*), which regulates *OsCP*1 and *OsCP*6 expression, is required for tapetum degradation and regulates anther development in a rice male sterile mutant (Li *et al.*, 2006). And *GAMYB* encodes a gibberellins acid (GA) inducible transcription factor that is required for the early anther development in rice. *Gamyb*-4 mutant showed abnormal enlarged tapetum and could not undergo normal meiosis. Further analysis revealed that the expression of TDR was down regulated in gamyb-4 (Liu *et al.*, 2010). A novel *Arabidopsis* gene, MALE GAMETOPHYTE DEFECTIVE 2 (*MGP*2) that encodes a sialyltransferase-like protein, was required for normal pollen germination and pollen tube growth. Knockout of *MGP2* significantly inhibited the pollen germination and retarded pollen tube growth *in vitro* and *in vivo* (Deng *et al.*, 2010). Some certain metabolites also regulate male sterility. Chalcone synthase inhibition, a key enzyme in flavonoid biosynthesis, could lead to sterile in maize and petunia (Meer *et al.*, 1992; Mo *et al.*, 1992; YIstra *et al.*, 1994). The mutant *cyp704B2*, which catalyzes the production of ω-hydroxylated fatty acids, and the vct1 mutant, which cannot produce ascorbic acid from mannose (Conkin *et al.*, 1999), are also sterile (Filkowski *et al.*, 2004; Li *et al.*, 2010). As showed above, most of the studies focused on the model plant *Arabidopsis* or rice, which would provide important information for related researches in other plants.

In this study, a novel PGMS mutant with virescent marker in upland cotton was identified by space mutation. Both traits were stable in the fourth generation after 4 years of selection in Anyang, long-day area, and Sanya, short-day area, China. And, cytological observation and transcriptome profiling analysis of anthers in the mutant (MT) and wild (WT) lines showed that certain pathways regulate male sterility in the MT under long-day conditions.

2 Results

2.1 Selection of the PGMS line

Seeds of 10 varieties of upland cotton were transported to near-earth orbit by the seed-breeding satellite, NO. 8, on September 9, 2006. The seeds were recovered from the satellite upon its return to earth on September 24, 2006. Induced seeds and controls were sown in Sanya, China, in October, 2006. A virescent MT (T0) was identified at the seedling stage from CCRI040029, which had undergone space mutation, and then self-pollinated. The self-pollinated seeds (T1) of this MT and controls were sown in Anyang, China, in April 2007. In the seedling stage, all the T1 plants of this MT had the virescent marker and performed sterile from early July to late August. These plants were then grafted and sown in Sanya, and all of them transferred to fertile. Hence, we speculated that the MT's fertility was regulated by environment. To stabilize both traits, the MT was grafted in Anyang and continuously self-pollinated in Sanya. After 4 years of selection, the MT was stable and was thus named CCRI 9106 in 2010 (Figure 1).

2.2 Performance of the virescent marker and fertility

The MT and WT were sown in Anyang and Sanya, respectively. The virescent marker was observed in the cotyledon and the youngest true leaf (top leaf) in the MT (Figure 2A and 2C). The chlorophyll content of the cotyledon and top leaf was 10.7 SPAD lower in the MT than in WT. It gradually increased and was similar to WT when the top leaf grew to the fifth leaf (Figure 2E).

The MT was consistently sterile from early July through August in Anyang and fertile from early November through March the following year in Sanya. However, it transferred to sterile under low temperature conditions in Sanya.

Figure legends

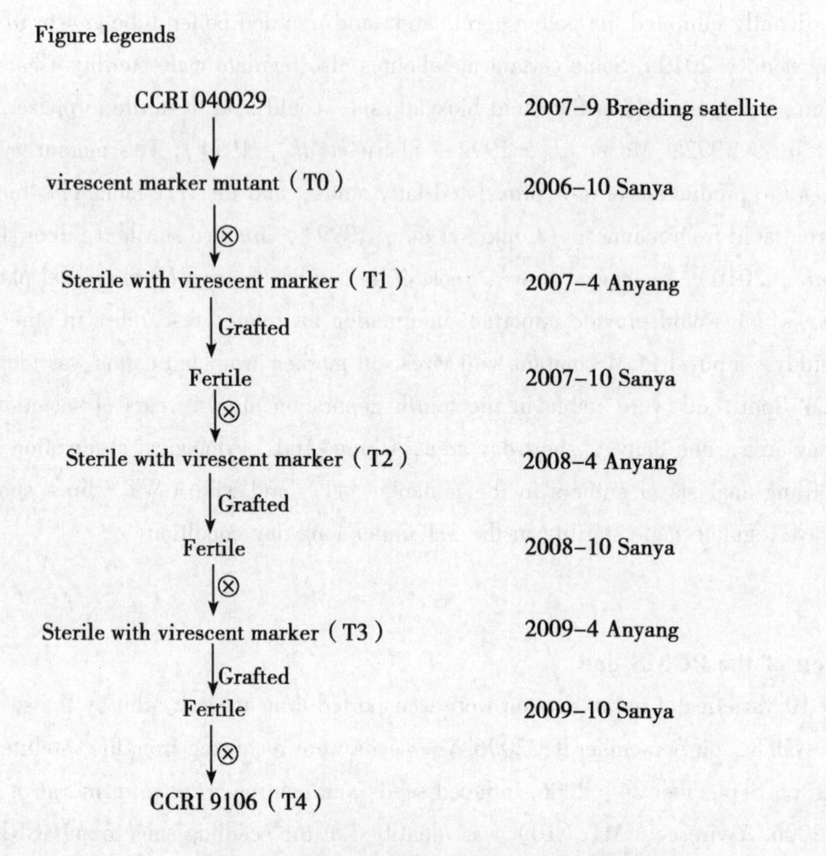

Figure 1 The selection processes of CCRI9106

Hai7124 (*Gossypium barbadense L.*) was used as the stock. After four years of selection, both traits had been stable in the T4 generation

2.3 Photoperiod and temperature for fertility transition

Data of the photoperiod and temperature in Anyang (early July through August) and Sanya (early November through the following March) was obtained from the meteorological office and national time service center of China (Table 1). Comprehensive analysis of these conditions and fertility changes in Anyang and Sanya, it showed that the MT was consistently sterile under long-day conditions and fertile under short-day conditions with high temperatures (Table 1).

To assess the effect of temperature, the MT was cultured in a phytotron with the photoperiod of 12-h light: 12-h dark at different temperatures (Table 2). The MT proved to be fertile when the temperature was higher than 21.5℃.

Taken together, these results suggested that the fertility of this MT was mainly regulated by photoperiod. It was sterile with a 13- to 14.5-h photoperiod and fertile with an 11- to 12.5-h photoperiod when the temperature was higher than 21.5℃.

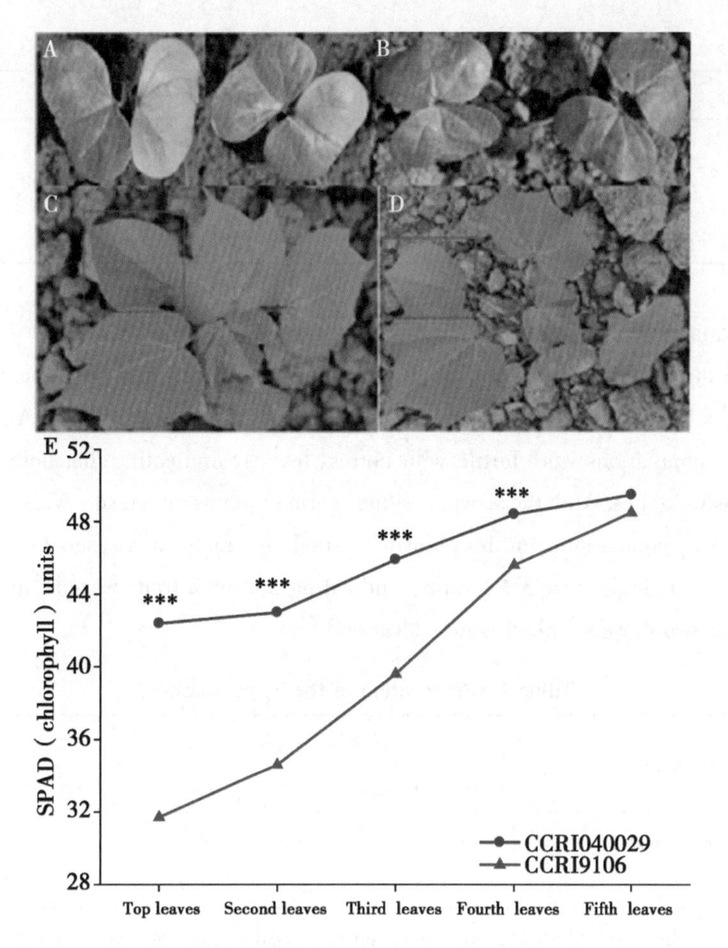

Figure 2　Performance of the virescent marker (A-D) and chlorophyll content at different leaf stages (E)

Virescent marker in the cotyledons (A, B) and top leaves (C, D) of the MT (A, C) and WT (B, D). The leaves outlined in red (C, D) were the fifth leaf

*** Significantly different from WT at $P = 0.001$

Table 1　Fertility performance of the MT in Anyang and Sanya

	Area	
	Anyang	Sanya
Photoperiod	13 ~ 14. 5 h	11 ~ 12. 5 h
Temperature	20. 5 ~ 31. 5℃	14. 5 ~ 26. 6℃
Fertility	Sterile	Fertile with high temperatures

Table 2　Fertility performance of the MT in a phytotron

Photoperiod	12 h day: 12 h night					
Temperature	24℃	23℃	22℃	21.5℃	21℃	20℃
Fertility	Fertile	Fertile	Fertile	Fertile	Sterile	Sterile

2.4　Genetic analysis of fertility and virescent marker

To analyze the inheritance of fertility and virescence marker, two populations (MT × CCRI 040029 and MT × H 559) were constructed. The F_1 and F_2 seeds were sown in Anyang. All the F_1 plants of the two populations were fertile with normal leaves, indicating that both traits were controlled by recessive genes. And there were either normal plants or sterile with virescent marker plants in the two F_2 populations and no plant with single character of virescent or sterile. The segregation ratio fitted a single-gene 3 : 1 ratio, indicating that both traits were controlled by a single recessive gene or two closely linked genes (Table 3).

Table 3　Segregation of the F_2 population

Hybrid combination	Number of plants		χ^2
	Sterile with marker	Normal	
$F_{2\,(CCRI\ 9106 \times CCRI\ 040029)}$	100	335	0.938 7 (3 : 1)
$F_{2\,(CCRI\ 9106 \times H\ 559)}$	55	186	0.609 9 (3 : 1)

The values in the bracket is the expected segregation ratio used to calculate the χ^2 and $\chi^2_{0.05,1} = 3.84$.

2.5　Cytological observation of anther development

Iodine staining was used to check the activities of pollen grains in MT and WT during flowering under long-day conditions. Pollen grains of the MT (Figure 3A) had no activity compared with WT (Figure 3B). To investigate anther development in the MT and WT, paraffin sections were taken on anthers at different stages, which were identified according to Ma *et al.* (2012): tetrad pollen (TTP), uninucleate pollen (UNP), binucleate pollen (BNP), 3 before-anthesis (3 dba), and 1 dba. The paraffin sections showed that the anther wall and pollen grains developed normally. However, the cytoplasm in pollen grains became denser in WT (Figure 3E-3G) and it was disappeared in the MT (Figure 3J-3L) from BNP to 1 dba.

To observe cytoplasmic changes during the five stages of MT and WT pollen grain, the pollen grains were immersed in a mixed acid solution, described as Bernardo (1965), and stained with iodine solution. The cytoplasm of pollen grains was similar in the MT and WT at the TTP stage (Figure 4A and 4F) but appeared reduced and deformed in the MT (Figure 4G) at the UNP stage compared to WT (Figure 4B). At 3 dba and 1 dba, there had been no apparent cytoplasm in MT pollen grains (Figure 4I, 4J), a result that was consistent with the paraffin section

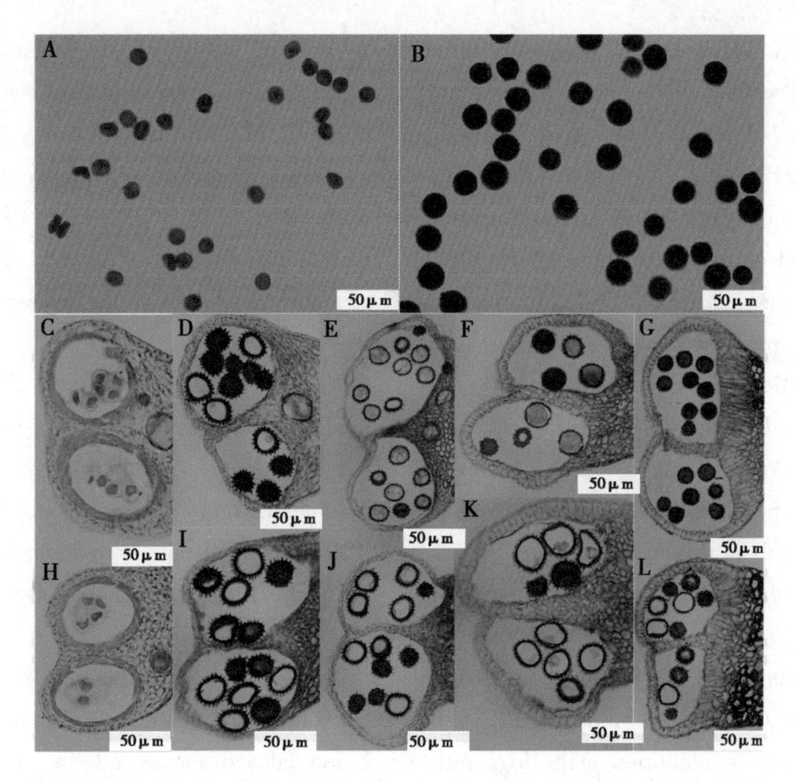

Figure 3　The activities of pollen grains (A, B) and paraffin section observation (C-L) of the MT (A, H-L) and WT (B, C-G) grown under long-day conditions

The anther development stages are as follows: TTP (C, H), UNP (D, I), BNP (E, J), 3 dba (F, K), 1 dba (G, L). Bars = 50 μm

results. Hence, the loss of activities in MT pollen grains was likely attributed to the degeneration of cytoplasm under long-day conditions.

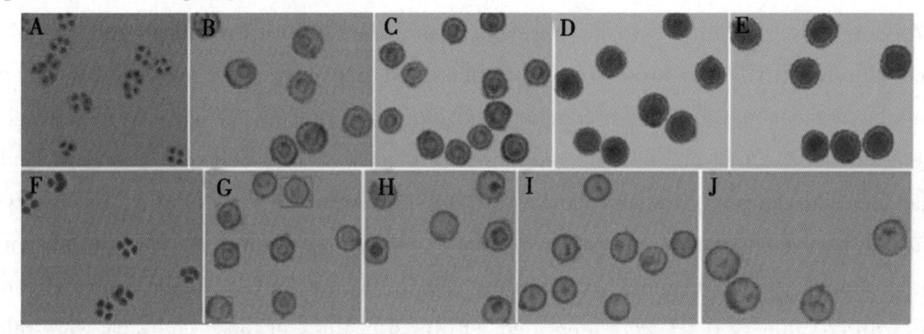

Figure 4　Pollen grain cytoplasmic changes at the TTP (A, F), UNP (B, G), BNP (C, H), 3 dba (D, I), and 1 dba (E, J) stages in WT (A-E) and the MT (F-J)

Pollen grains at the same stage in the MT and WT were processed at the same time. The MT pollen grains with red outlines (G) were at the UNP stage, showing deformed and reduced amount of cytoplasm

2.6　Characterization of the sequenced Solexa libraries

Based on cytological observation, anthers from MT and WT under long-day conditions were collected at the TTP and UNP stages for transcriptome profiling analysis to investigate the sterility mechanism. The four digital gene expression (DGE) libraries were sequenced, and obtained 4, 091, 501, 3, 712, 137, 6, 077, 389 and 3, 467, 145 raw tags, which included 502, 037, 454, 213, 368, 119 and 438, 954 distinct tags, respectively. To make the libraries meaningful, low quality reads were eliminated and 217, 946, 237, 602, 188, 082 and 234, 728 distinct clean tags were obtained. The detailed information is shown in Table S1. To reveal the molecular events behind the DGE libraries, the D genome was chosen as the reference genes for transcriptome profiling analysis (Wang *et al.*, 2012).

2.7 Validation of DGE results

After the DGE libraries constructed, we performed quantitative real-time PCR to validate the DGE results. And eighteen genes that involved in RNA degradation, ubiquitin-mediated proteolysis, plant-pathogen interactions, spliceosome, and some unknown were randomly chosen. The expression levels of these genes ranged from 0 to 5 436, and 17 genes showed similar expression patterns with the DGE libraries (Table S2, Figure 5), which proved that the DGE results were believable.

2.8 Analysis of the sterility mechanism

We compared the MT and WT DGE libraries at TTP and UNP stages. The differently expressed genes were identified using log2 ratio $\geqslant 2$ and false discovery rate $\leqslant 0.001$ (Table S3). For TTP, there were 476 differently expressed genes (2.3% of the expressed genes in TTP), with 313 being dispersed in 79 pathways. For UNP, there were 8125 differently expressed genes (39.4% of the expressed genes in UNP). Since, there were no cytological difference and few differently expressed genes (less than 5%) at the TTP stage between WT and MT. We thought that the abortive processes likely started at the UNP stage in the MT.

Compared with the MT-UNP, there were only 449 up-regulated genes and no enriched pathway (Q-value $\leqslant 0.05$) in WT-UNP. However, there were 7676 up-regulated genes in MT-UNP compared with WT-UNP. And these 7676 were classified into three gene ontology (GO) categories: cellular component, molecular function and biological process (Figure 6). For the cellular component category, large numbers of genes were categorized into cell and cell part. Under the molecular function category, the two most abundant sub-categories were binding and catalytic activity. For the biological process category, metabolic process and cellular process represented the major proportion. These 7676 genes were further mapped to the KEGG database and 18 enriched pathways with Q-value $\leqslant 0.05$ were identified (Table 4). Many of these pathways were related to protein and amino acid degradation, which are important components of cytoplasm, supporting the results of cytological observations. Taken together, the results suggest that the degradation of the pollen grain cytoplasm should be the primary reasons that make MT plants performed sterile under long-day conditions.

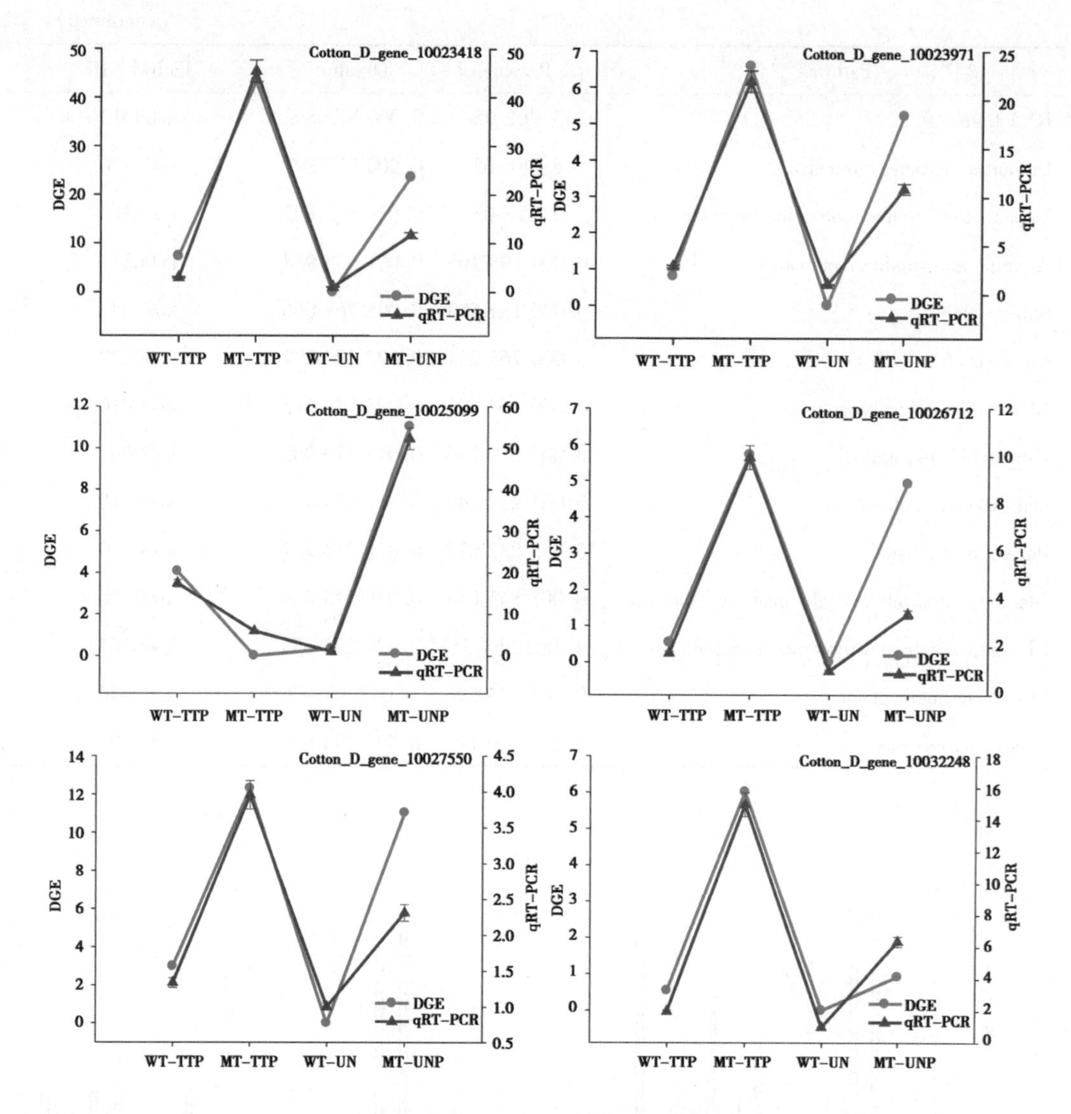

Figure 5　Correlation between the DGE and quantitative reverse transcription-PCR for 6 of the 18 genes

These charts showed the correlation between DGE at the left Y-axle and qRT-PCR at the right Y-axle for six of the eighteen transcripts. (Detailed data is provided in Table S2)

Table 4　The enriched pathways in MT-UNP compared with WT-UNP

Pathway	P-value	Q-value	Pathway ID
Lysine degradation	9. 58E-07	0. 000 115 954	ko00310
mRNA surveillance pathway	5. 64E-06	0. 000 253 091	ko03015
Proteasome	6. 27E-06	0. 000 253 091	ko03050
Pyruvate metabolism	1. 26E-05	0. 000 382 08	ko00620

(continued)

Pathway	P-value	Q-value	Pathway ID
RNA transport	3. 70E-05	0. 000 872 892	ko03013
Ubiquitin mediated proteolysis	4. 58E-05	0. 000 872 892	ko04120
Valine, leucine and isoleucine degradation	5. 05E-05	0. 000 872 892	ko00280
Arginine and proline metabolism	0. 000 108 163	0. 001 635 958	ko00330
Spliceosome	0. 000 131 583	0. 001 769 066	ko03040
Citrate cycle (TCA cycle)	0. 000 265 231	0. 003 209 292	ko00020
Glycolysis / Gluconeogenesis	0. 000 484 692	0. 005 331 613	ko00010
Fatty acid biosynthesis	0. 001 910 246	0. 017 779 982	ko00061
beta-Alanine metabolism	0. 001 910 246	0. 017 779 982	ko00410
Purine metabolism	0. 002 882 672	0. 024 914 522	ko00230
Alanine, aspartate and glutamate metabolism	0. 003 845 058	0. 029 225 659	ko00250
Glycine, serine and threonine metabolism	0. 003 864 55	0. 029 225 659	ko00260
Propanoate metabolism	0. 005 224 596	0. 037 186 83	ko00640
Folate biosynthesis	0. 006 470 195	0. 043 494 089	ko00790

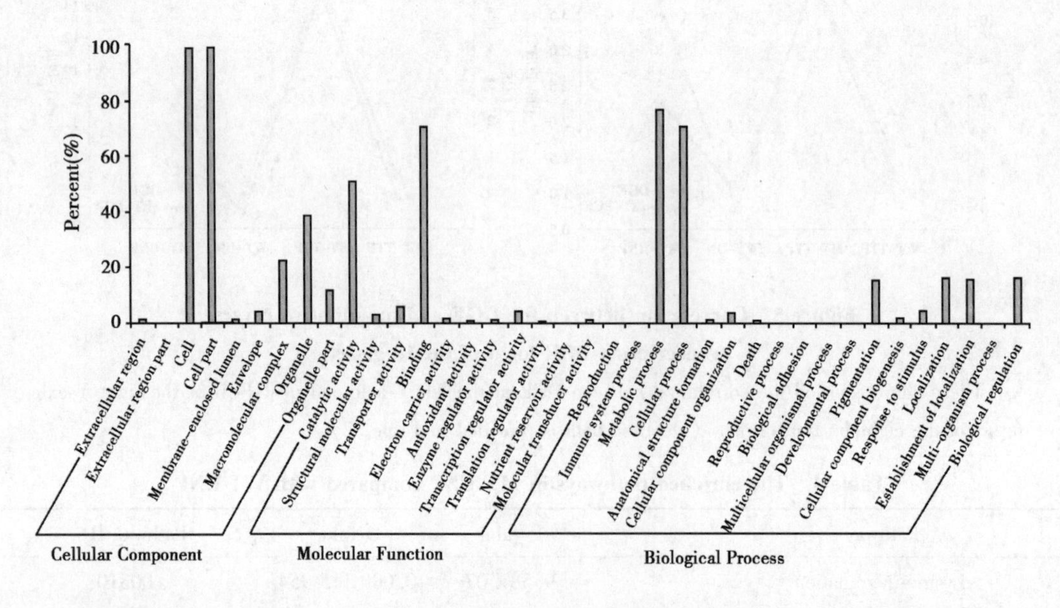

Figure 6 GO analysis of the up-regulated genes in MT-UNP compared with WT-UNP

These 7676 up-regulated genes were classified into three GO categories: cellular component, molecular function and biological process

3 Discussion

Space mutation breeding can produce high-frequency variants and significantly shorten breeding time. To date, a large number of mutants have been created by space mutation (Levinskikh *et al.*, 2000; Ren *et al.*, 2010; Xiao *et al.*, 2011), and the traits should be stable in the fourth generation (Xu *et al.*, 2009). CCRI 9106 is the first PGMS line that was obtained by space mutation in upland cotton. Grafting and self-pollination was used to keep this mutant and stabilize the characters and its traits have been stable in the fourth generation after 4 years of selection in Anyang and Sanya, China.

The virescent marker was observed in cotyledons and top leaves of the MT. The chlorophyll content increased as the MT grew and was approximately the same as that of WT when the top leaf grew to the fifth leaf, which is similar to another virescent mutant also created by space mutation (Song *et al.*, 2012). Hence, it does not have a negative effect on plants grown with good field management. After analyzing the fertility and conditions of CCRI 9106 in Anyang, Sanya and phytotron, we found that the fertility of CCRI 9106 was mainly regulated by photoperiod. It was sterile under the photoperiod between 13 h and 14.5 h and fertile between 11 h and 12.5 h with temperature of more than 21.5℃. This mutant can thus be utilized as a sterile line in long-day areas to produce hybrid seeds and as a maintainer line in short-day areas to produce PGMS line seeds. This two-line breeding system, which has been widely used in rice (Cheng *et al.*, 2007), could overcome the current disadvantages exciting in the two main methods of hybrid seed production in upland cotton. It also could substantially lower the cost of hybrid seed production and enable widespread use of hybrid seeds in upland cotton. Furthermore, this mutant can serve as an excellent germplasm resource for more PGMS lines creation. We further constructed two populations to analyze two traits and there were only two types plants, normal plants or sterile with virescent marker plants, fitting a single-gene 3 : 1 ratio in the F_2 population. It indicated that both traits were controlled by a single recessive gene or two closely linked genes. We should construct a new F_2 population with thousands of plants surveying if the two traits could be separated to confirm the inheritance mode of this mutant.

To reveal the sterile mechanism, we first performed cytological observation to understand the cytological changes between MT and WT and found that the cytoplasm of MT pollen grains was degraded from MT-UNT. We further used DGE sequencing, which is a 3′ tag-based method (Morozova and Marra, 2008) and has been widely used in animals and plants (Xiang *et al.*, 2010; Li *et al.*, 2011), to analyze the molecular mechanism of this MT according to cytological observation. The results showed that the ubiquitin-proteasome system, which is an important pathway regulating the degradation of intracellular proteins (Heinemeyer *et al.*, 2004), was induced in MT-UNP under long-day conditions and likely caused protein to be degraded. In additional, certain amino acids were likely subsequently catabolized by the pathways of lysine degradation and valine, leucine, and isoleucine degradation, and the products shunted to the citric acid cycle. With insufficient protein and amino acids, the cytoplasm of MT pollen grains likely gradually disappeared and the pollen grains lost activities, as we had observed from cytological observation. Hence, the MT performed sterile under long-day conditions.

In this study, we systematically analyzed this photoperiod-sensitive male sterile mutant, CCRI 9106, from the phenotype to molecular mechanism. It will make a firm foundation for further studies about the sterile mechanism and the heterosis utilization of this mutant.

4 Materials and methods

4.1 Plant material

Five spring cotton varieties (CCRI 50191, CCRI 04002, CCRI 040029, CCRI A3023, CCRI A3025) and five summer cotton varieties (CCRI 501, CCRI 502181, CCRI YS-4, CCRI 030415, CCRI 030041) were chosen for space mutation. To keep the PGMS mutant and stabilize the characters, Hai 7124 (*Gossypium barbadense* L.) was used as the stock to graft this mutant. And two upland cotton lines, H 559 and CCRI 040029, were used to construct the F_1 and F_2 populations for genetic analysis.

4.2 Space mutation

Seeds of 10 varieties of upland cotton were transported to space by the seed-breeding satellite NO. 8. on September 9, 2006. The satellite was running for 355 h on the near-earth orbit (187/463 km) and successfully returned on September 24.

4.3 Determination of chlorophyll content

The chlorophyll content of MT and WT leaves was measured by SPAD-502 Plus in the morning at every stage (Markwell *et al.*, 1995).

Cytological staining, DGE sequencing, data analysis, and quantitative reverse transcription-PCR.

These processes were followed with Ma *et al.* (2012).

Acknowledgments

We would like to thank doctor Wei Li (College of Agriculture and Biotechnology, Zhejiang University) for his professional suggestions. This work was supported by the National High Technology Research and Development Program of China (2011AA10A102) and the National Basic Research Program of China (2010CB126006).

References

[1] Bernardo F A. Processing *Gossypium* microspores for first-division chromosomes [J]. *Stain Tech.*, 1965, 40: 205-208.

[2] Birchler J A, Yao H, Chudalayandi S, *et al.* Heterosis [J]. *Plant Cell*, 2010, 22: 2105-2112.

[3] Cheng S H, Cao L Y, Zhuang J Y, *et al.* Super hybrid rice breeding in China: A-

chievements and prospects [J]. J. Integr. *Plant Biol.*, 2007, 49: 805-810.

[4] Conkin P L, Norris S R, Wheeler G L, *et al.* Genetic evidence for the role of GDP-mannose in plant ascorbic acid (vitamin C) biosynthesis [J]. *Proc. Natl. Acad. Sci*, 1999, 96: 4198-4203.

[5] Deng Y, Wang W, Li W Q, *et al.* MALE GAMETOPHYTE DEFECTIVE 2 (MGP2), encoding a sialyltransferase-like protein, is required for normal pollen germination and pollen tube growth in Arabidopsis [J]. *J. Integr. Plant Biol*, 2010, 52: 829-843.

[6] Ding J, Lu Q, Ouyang Y, *et al.* A long noncoding RNA regulates photoperiod-sensitive male sterility, an essential component of hybrid rice [J]. *Proc. Natl. Acad. Sci.*, 2012, 109: 2654-2659.

[7] Dong J, Wu F, Jin Z, *et al.* Heterosis for yield and some physiological traits in hybrid cotton Cikangza 1 [J]. *Euphytica*, 2006, 151: 71-77.

[8] Filkowski J, Kovalchuk O, Kovalchuk I. Genome stability of vtc1, tt4, and tt5 Arabidopsis thaliana mutants impaired in protection against oxidative stress [J]. *Plant J.*, 2004, 38: 60-69.

[9] Guo J X, Liu Y G. Molecular control of male reproductive development and pollen fertility in rice [J]. *J. Integr. Plant Biol.*, 2012, 54: 967-978.

[10] Heinemeyer W, Ramos P C, Dohmen R J. The ultimate nanoscale mincer: assembly, structure and active sites of the 20S proteasome core [J]. *CMLS*, 2004, 61: 1562-1578.

[11] Levinskikh MA, Sychev VN, Derendyaeva TA, *et al.* Analysis of the Spaceflight Effects on Growth and Development of Super Dwarf Wheat Grown on the Space Station Mir [J]. *J. Plant Physiol.*, 2000, 156: 522-529.

[12] Li H, Pinot F, Sauveplane V, *et al.* Cytochrome P450 family catalyzes the ω-Hydroxylation of fatty acids and is required for anther cutin biosynthesis and pollen exine formation in rice [J]. *Plant Cell*, 2010, 22: 173-190.

[13] Li N, Zhang D S, Liu H S, *et al.* The Rice Tapetum Degeneration Retardation Gene Is Required for Tapetum Degradation and Anther Development [J]. *Plant Cell*, 2006, 18: 2999-3014.

[14] Li S, Yang D, Zhu Y. Characterization and Use of Male Sterility in Hybrid Rice Breeding [J]. *J. Integr.* Plant Biol., 2007, 49: 791-804.

[15] Li Y J, Fu Y R, Huang J G, *et al.* Transcript profiling during the early development of the maize brace root via Solexa sequencing [J]. *FEBS J.*, 2011, 278: 156-166.

[16] Liu Z, Bao W, Liang W, *et al.* Identification of gamyb-4 and analysis of the regulatory role of GAMYB in rice anther development [J]. *J. Integr. Plant Biol.*, 2010, 52: 670-678.

[17] Long Y M, Zhao L F, Niu B X, *et al.* Hybrid male sterility in rice controlled by interaction between divergent alleles of two adjacent genes [J]. *Proc. Natl. Acad. Sci*, 2008, 48: 18871-18876.

[18] Luo D-P, Xu H, Liu Z-L, *et al.* A detrimental mitochondrial-nuclear interaction causes cytoplasmic male sterility in rice [J]. *Nature Genetics*, 2012, 45: 573-577.

[19] Ma J, Wei H, Song M, *et al.* Transcriptome Profiling Reveals that Flavonoid and A-scorbate-Glutathione Cycle are Important during Anther Development in Upland Cotton [J]. *PLoS ONE*, 2012, 7: e49244.

[20] Markwell J, Osterman J C, Mitchell JL. Calibration of the Minolta SPAD-502 leaf chlorophyll meter. Photosynth [J]. *Res*, 1995, 46: 467-472.

[21] Mo Y, Nagel C, Taylor L P. Biochemical complementation of chalcone synthase mutants defines a role for flavonols in functional pollen. Proc [J]. *Natl. Acad. Sci.*, 1992, 89: 7213-7217.

[22] Morozova O, Marra M A. Applications of next-generation sequencing technologies in functional genomics [J]. *Genomics*, 2008, 92: 255-264.

[23] Ren W, Zhang Y, Deng B, *et al.* Effect of space flight factors on alfalfa seeds [J]. *Afr. J. Biotech.*, 2010, 9: 7273-7279.

[24] Song M, Yang Z, Fan S, *et al.* Cytological and genetic analysis of a virescent mutant in upland cotton (*Gossypium hirsutum* L.) [J]. *Euphytica*, 2012, 187: 235-245.

[25] Wang K, Song C, Shi N, *et al.* The draft genome of a diploid cotton Gossypium raimondii [J]. *Nature Genetics*, 2012, 44: 1098-1103.

[26] Wang W, Liu Z, Guo Z, *et al.* Comparative Transcriptomes Profiling of Photoperiod-sensitive Male Sterile Rice Nongken 58S During the Male Sterility Transition between Short-day and Long-day [J]. *BMC Genomics*, 2011, 12: 462.

[27] Wei Z, Li Z, Hua J, *et al.* Studies on Effects of the Male-Sterile Cytoplasm of G. harknessii [J]. *Acta Gossypii Sinica*, 1995, 7: 76-81.

[28] Xiang L, He D, Dong W, *et al.* Deep sequencing-based transcriptome profiling analysis of bacteria-challenged Lateolabrax japonicus reveals insight into the immunerelevant genes in marine fish [J]. *BMC Genomics*, 2010, 11: 472-492.

[29] Xiao W, Yang Q, Wang H, *et al.* Identification and fine mapping of a resistance gene to Magnaporthe oryzae in a space-induced rice mutant [J]. *Mol. Breeding*, 2011, 28: 303-312.

[30] Xu D, Wu J, Chen H. Analysis of rice space mutation breeding [J]. *Modern Agricultural Science and Technology*, 2009, 19: 66-67.

[31] Yin J, Guo W, Yang L, *et al.* Physical mapping of the RF_1 fertility-restoring gene to a 100 kb region in cotton. Theor. Appl [J]. *Genet*, 2006, 112: 1318-1325.

[32] YIstra B, Busscher j, Franken J, *et al.* Flavonols and fertilization in Petunia hybrida: localization and mode of action during pollen tube growth [J]. *Plant J.*, 1994, 6: 201-212.

[33] Zhang T, Pan J. Hybrid seed production in cotton [M] //. Heterosis and hybrid seed production in agronomic crops. Food products press, 1999: 149-184.

[34] Zhou H, Liu Q J, *Jiang D*, *et al.* Photoperiod- and thermo-sensitive genic male sterility in rice are caused by a point mutation in a novel noncoding RNA that produces a small RNA [J]. *Cell Res.*, 2012, 22: 649-660.

[35] Zhu W, Liu K, Wang X D. Heterosis in yield, fiber quality, and photosynthesis of okra leaf oriented hybrid cotton (*Gossypium hirsutum* L.) [J]. *Euphytica*, 2008, 164: 283-291.

Molecular Cloning and Characterization of Two SQUAMOSA-like MADS-box Genes from *Gossypium hirsutum* L.

Wenxiang Zhang[1], Shuli Fan[1], Chaoyou Pang[1], Hengling Wei[1], Jianhui Ma[1,2], Meizhen Song[1], Shuxun Yu[1]

(1. State Key Laboratory of Cotton Biology, Institute of Cotton Research of CAAS, Anyang 455000, China; 2. College of Agronomy, Northwest A & F University, Yangling 712100, China)

Abstract: The MADS-box genes encode a large family of transcription factors having diverse roles in plant development. The *SQUAMOSA* (*SQUA*) / *APETALA*1 (*AP*1) / *FRUITFULL* (*FUL*) subfamily genes are essential regulators of floral transition and floral organ identity. Here we cloned two MADS-box genes, *GhMADS*22 and *GhMADS*23, belonging to the *SQUA/AP*1/*FUL* subgroup from *Gossypium hirsutum* L. Phylogenetic analysis and sequence alignment showed that *GhMADS*22 and *GhMADS*23 belong to the eu*FUL* and eu*AP*1 subclades, respectively. The open reading frames of both genes have eight exons and seven introns according to the alignment between the cDNA sequence and the *Gossypium raimondii* L. genome sequence. Expression profile analysis showed that *GhMADS*22 and *GhMADS*23 were highly expressed in developing shoot apices, bracts, and sepals. Gibberellic acid promoted *GhMADS*22 and *GhMADS*23 expression in the shoot apex. Transgenic Arabidopsis lines overexpressing 35S:: *GhMADS*22 had abnormal flowers and bolted earlier than wild type under long-day conditions (16 h light/8 h dark). Moreover, *GhMADS*22 overexpression delayed floral organ senescence and abscission. In summary, *GhMADS*22 functions similarly to other SQUA/AP1-like genes and thus may be a candidate target for promoting early-maturation in cotton breeding.

Key words: MADS-box; *SQUAMOSA*-like; flowering time; overexpression; *Arabidopsis* transformation.

1 Introduction

Flower formation is a prerequisite for successful sexual reproduction in angiosperms. Hence, the correct timing of flowering has adaptive value, especially for non-self-fertilizing species (Srikanth and Schmid, 2011). Early flowering can shorten the life cycle of plants. As a result, flower development has attracted much interest from scientists and breeders, especially for cotton breeding in China. Cotton breeders want to produce short-season cotton to achieve two or more crops a year on land where wheat is cultivated during other months of the annual growing cycle; notably, wheat (food crop) and cotton (cash crop) are equally important for people, but there is limited cultivated land. Hence, much research has focused on flowering time, a standard measure of cotton development.

Flower formation and development is a complex process that is controlled by environmental and endogenous signals (Brambilla and Fomara 2013), with four main pathways: autonomous, photoperiod, vernalization, and gibberellin-mediated (Bernier and Périlleux, 2005; Amasino, 2010). Many genes and microRNAs involved in flower development act in concert with physiological signals to establish complex gene regulatory networks that regulate flowering and floral organ development.

Many of these genes belong to the MADS-box gene family, which is a large transcription factor family with diverse roles in plant development, especially floral development (Messenguy and Dubois, 2003; Hemming and Trevaskis, 2011). The MADS-box genes are divided into 13 subfamilies (Becker and Theißen, 2003), among which *SQUAMOSA* (*SQUA*) / *APETALA*1 (*AP*1) / *FRUITFULL* (*FUL*) subfamily genes are essential regulators of the floral transition and flower organ identity (De Bodt *et al.*, 2003). These genes are class A genes, which determine sepal and petal development in the ABC model of floral organ development (Gustafson-Brown *et al.*, 1994; Weigel and Meyerowitz, 1994; Bowman *et al.*, 2012). In *Arabidopsis*, *AP*1 overexpression can significantly accelerate flowering and can convert the inflorescence shoot meristem into a floral meristem (Mandel and Yanofsky, 1995). The mutant *ap*1-1 displays a conversion of sepals into bracts and the concomitant formation of flowers without petals in the axils of each transformed sepal (Irish and Sussex, 1990). Mutation of SQUA in Antirrhinum majus results in a phenotype alteration similar to that of the Arabidopsis mutant *ap*1 (Huijser *et al.*, 1992). Two genes of this subfamily in *Arabidopsis*, *CAULIFLOWER* (*CAL*) and *FUL*, act in a redundant manner with *AP*1 to control inflorescence architecture and floral meristem identity (Kempin *et al.*, 1995; Ferrándiz *et al.*, 2000). FUL mediates cell differentiation during Arabidopsis fruit development, which results in the premature bursting of ful-1 siliques (Gu *et al.*, 1998). Similar to *AtFUL* function, *NtFUL* overexpression in Nicotiana produces plants that flower earlier than the wild type and form capsules that do not undergo dehiscence (Smykal *et al.*, 2007). Moreover, ectopic expression of *SQUA/AP*1*/FUL*-like genes in transgenic plants often causes early flowering and the conversion of an inflorescence to terminal flowers, further confirming that genes in this subfamily function in flower development (Elo *et al.*, 2000; Murai *et al.*, 2003; Fernando and Zhang, 2006; Lin *et al.*, 2009).

Several MADS-box genes have been reported in cotton. Li *et al.* (2011) reported that *Gh-*

MADS11 may participate in cell elongation. Liu *et al.* (2009, 2010) found that *GbAGL*1 and *GbAGL*2 (from *Gossypium barbadense* L.) play roles in ovule or fiber development and that *GbAGL*1 can also accelerate flowering. Cotton plants ectopic expressing the aspen gene *PTM*3 flowered and matured earlier than non-transgenic plants (Ramachandran *et al.*, 2011). However, there have not been reports about flowering-related MADS-box genes in *Gossypium hirsutum* L. So in this study, we cloned two novel *AP*1/*FUL*-like genes, the subfamily of which are essential regulators of the floral transition and flower organ identity as described above, from *Gossypium hirsutum* L. and present data regarding their phylogeny, expression, and function".

2 Results

2.1 cDNA clone and phylogenetic analysis of GhMADS22 and GhMADS23 gene

*AtAP*1 and *AtFUL* cDNA sequences from *Arabidopsis* were used as queries for blastn searches in National Center for Biotechnology Information (NCBI) and The Gene Indices (TGI) cotton expressed sequence tag (EST) databases. Two genes, with the entire open reading frames (ORFs), denoted *GhMADS*22 and *GhMADS*23 were identified through ESTs spliced with CAP3 software. According to the spliced results, primers were designed to isolate the two complete ORFs. Fragments of 879 bp and 788 bp were separately cloned for *GhMADS*22 and *GhMADS*23 separately, and ORF Finder (http://www.ncbi.nlm.nih.gov/gorf/gorf.html) was used to obtain the deduced amino acid sequences. A protein blast (http://blast.ncbi.nlm.nih.gov/Blast.cgi) was performed using the deduced amino acid sequences as queries to search the None-redundant protein sequences (nr) database with the PSI-BLAST method and the default parameters. The Blast results indicated that *GhMADS*22 was most similar (73% identity) to *MdMADS*2.1 (Malus domestica), and *GhMADS*23 was most similar (82% identity) to *VvAP*1 (Vitis vinifera).

The cDNA sequences of *GhMADS*22 and *GhMADS*23 were used to blast the *Gossypium raimondii* genome sequences (Wang *et al.*, 2012) to determine gene structures. *GhMADS*22 and *GhMADS*23 ORFs both had eight exons and seven introns, but their total lengths differed. According to the ratios of the lengths of the exons and introns, two gene structure maps were made using Adobe Illustrator CS3 (Figure 1A, 1B) ignoring the unsequenced bases shown as N in genome sequences. The SQUA subfamily in eudicots includes three subclades, *euAP*1, *euFUL*, and *FUL*-like (Litt and Irish 2003; Sather and Golenberg 2009). A phylogenetic tree was constructed that included the two genes as well as SQUA-like genes from other organisms; *GhMADS*22 and *GhMADS*23 belong to the *euFUL* and *euAP*1 subgroups, respectively (Figure 2). The C-terminal sequence alignment confirmed this result (Figure 1C). *GhMADS*22 has the specific motif L/MPPWML found in *FUL*-like and *euFUL* genes, and *GhMADS*23 has the specific motif CFAT/A found in *euAP*1 genes (Litt and Irish, 2003).

2.2 Expression patterns of *GhMADS*22 and *GhMADS*23

To evaluate the roles of *GhMADS*22 and *GhMADS*23 in cotton development, we first analyzed

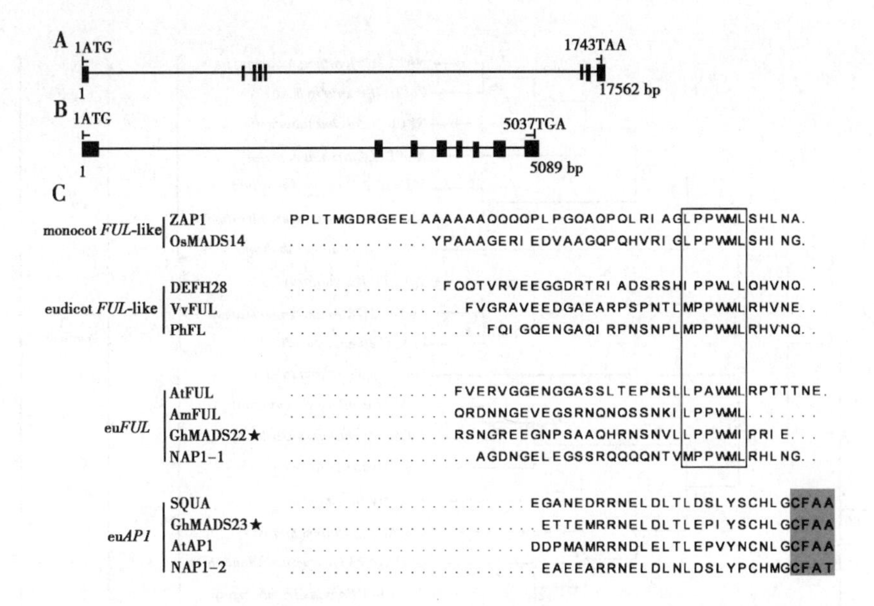

Figure 1 Schematic diagram of gene structures and sequence alignment

(A, B) Schematic diagram of entire gene structures for *GhMADS22* (A) and *GhMADS23* (B) indicating exons (black boxes), introns (lines), and positions of start (ATG) and stop codons (TAA/TGA). (C) C-terminal amino acid sequence alignment encoded by *GhMADS22* and *GhMADS23* and by other *SQUA* genes from *Zea mays* (*ZAP*1, *Q*41829), *Oryza sativa* (*OsMADS*14, *Q*10*CQ*1; *OsMADS*18, *Q*0*D*4*T*4), *Arabidopsis thaliana* (*AtAP*1, *P*45631; *AtFUL*, *Q*38876), Nicotiana tabacum (NAP1-1, Q9ZTY3; ZAP1-2, Q9ZTY2), Vitis vinifera (*VvFUL*, *ACZ*26529.1), *petunia hybrid* (*PhFL*, *Q*7*XBK*6), and Antirrhinum majus (*SQUA*, *Q*38742; *DEFH*28, 16874557; *AmFUL*, *Q*7*XBN*7). The CFAA/T (shaded) and L/MPPWML (in box) motifs are shown and *GhMADS*22 and *GhMADS*23 from cotton are labeled with star

their expression patterns in different tissues and stages. Floral or inflorescence meristems develop from the flanks of shoot apical meristems (SAMs) (Zhu *et al.*, 2011; Chandler, 2012). However, the transition from vegetative growth to reproductive growth occurs at distinct stages under appropriate endogenous and exogenous conditions. Floral buds were observed to begin to differentiate when the second true leaf had fully expanded in CCRI36 paraffin sections (Wu 2009; Li 2010 not published). Expression of *GhMADS*22 and *GhMADS*23 at different stages of shoot apices were analyzed, revealing a similar expression pattern that their mRNA abundance were both gradually increased during the four stages of 0SAM 1SAM, 2SAM, and 3SAM (shoot apices with the two cotyledons expanded, the first, second, and third true leaf expanded, respectively; Figure 3A, B).

The MADS-box gene family is related to floral organ formation and development (Coen and Meyerowitz, 1991; Heijmans *et al.*, 2012). Different floral organs and vegetative tissues were

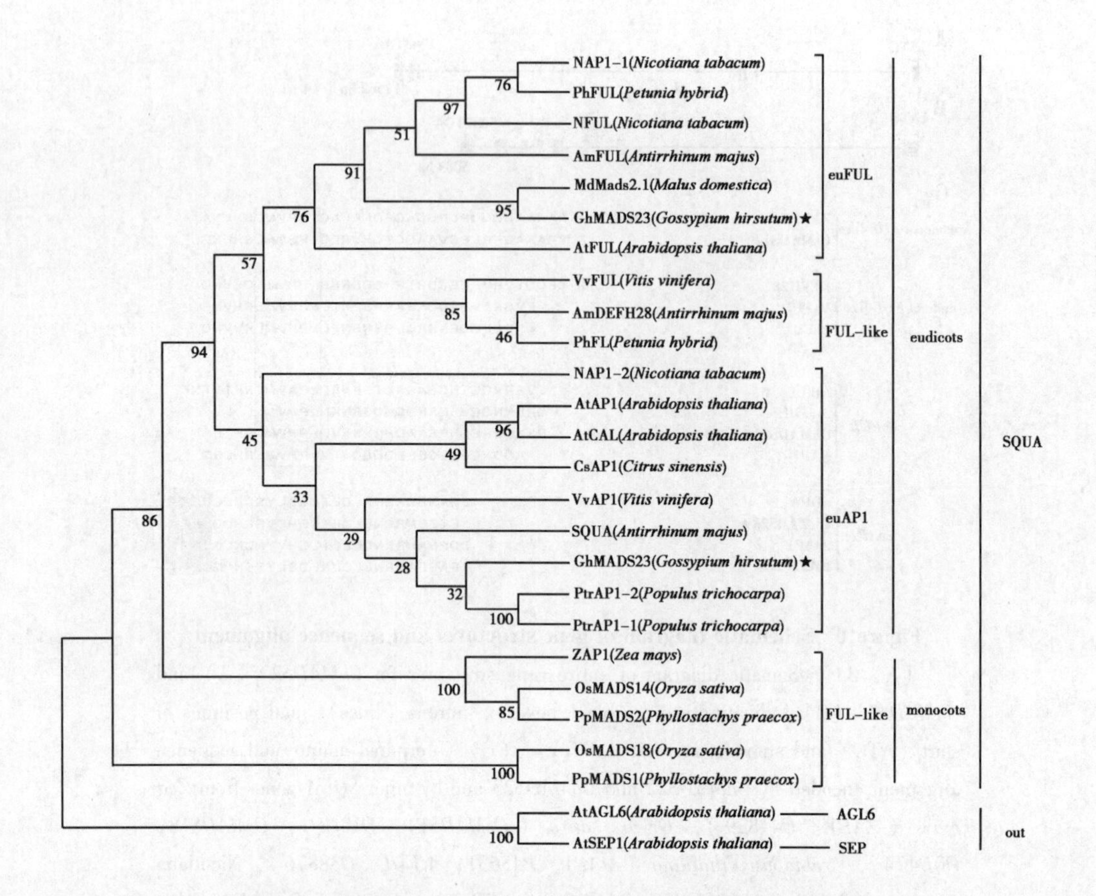

Figure 2 Phylogenic analysis of *GhMADS*22 and *GhMADS*23 with *SQUA*-like genes from other organisms

MEGA 4 software was used with the neighbor-joining method using the parameters of p-distance, complete deletion, and bootstrap (1 000 replicates). *GhMADS*22 and *GhMADS*23 from cotton are labeled with star, and the subgroups are categorized according to Litt and Irish (2003). The term "out" indicates the outgroup (Arabidopsis genes) used for the analysis

simultaneously sampled at the full-bloom stage. Roots were used as reference samples. The two genes were not expressed in ovules and fibers but were more highly expressed in leaves, buds, bracts, sepals, stamens, and carpels than in roots (Figure 3C, 3D). Compared to root expression levels, *GhMADS*22 expression in petals was lower while GhMADS23 was much higher, and *GhMADS*22 in stems was 50% lower and *GhMADS*23 hardly changed.

2.3 Gibberellic acid promotes the expression of *GhMADS*22 and *GhMADS*23

Plant development is affected by many phytohormones, such as gibberellins (GAs), important flowering promoters (Nemhauser *et al.*, 2006; Mutasa-Gottgens and Hedden, 2009). To determine whether the expression of GhMADS22 and GhMADS23 genes was regulated by GA, cotton plants at the 2SAM stage were sprayed with 50 mg/L GA3 (one commonly used GA form) or water (control), and shoot apices were individually collected 6 and 12 h later. Quantitative re-

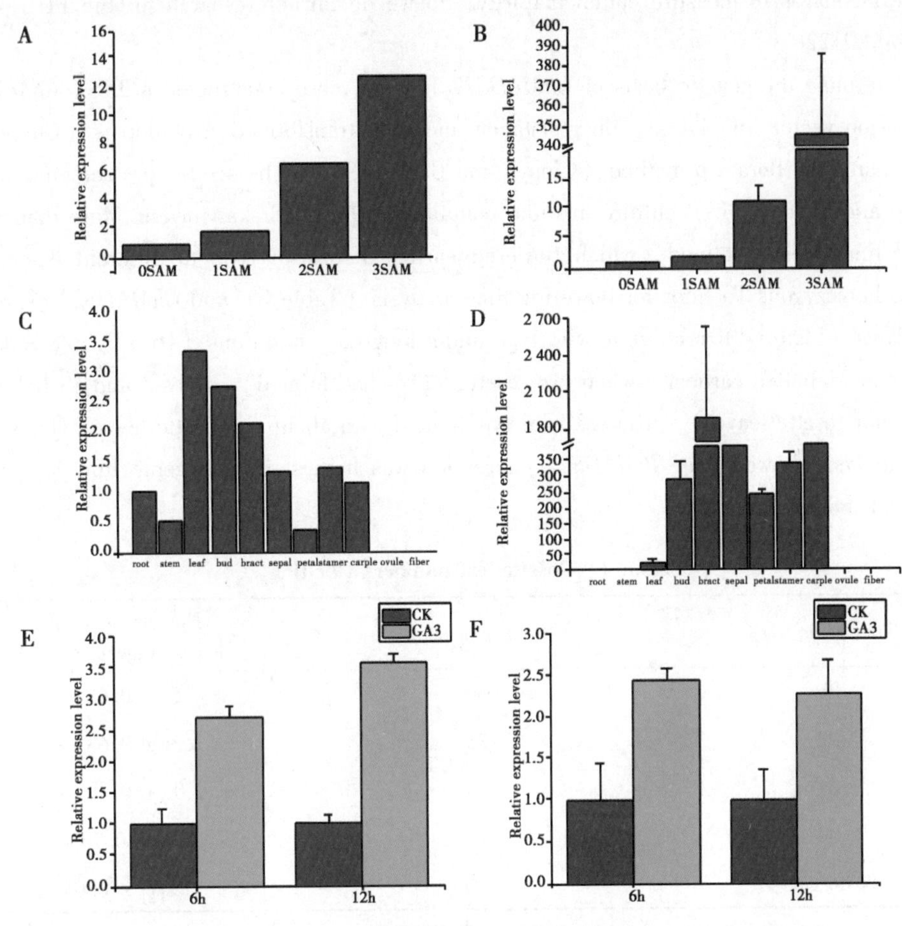

Figure 3　Expression patterns of *GhMADS22* (A, C, E) and *GhMADS23* (B, D, F)

(A, B) Expression patterns at different stages. 0SAM, 1SAM, 2SAM, and 3SAM respectively indicate shoot apices at the two-cotyledon expanded stage and the first, second, and third true leaf expanded stage of CCRI36. Data represent the mean ± SD ($n=3$). (C, D) Expression patterns in different tissues. All tissue samples were collected on the same day during the blooming stage. Ovules and fibers were sampled 10d post-anthesis. Data represent the mean ± SD ($n=3$). (E, F) Expression patterns after GA_3 treatment. Cotton plants were sprayed with GA_3 when the second true leaves expanded, and shoot apices were individually collected 6 h or 12 h later. Data represent the mean ± SD ($n=3$)

verse transcription - polymerase chain reaction (qRT - PCR) results showed that GA3 treatment increased the expression of GhMADS22 and GhMADS23 (Figure 3E, F).

2.4　Ectopic expression of *GhMADS22* in Arabidopsis promotes flowering

The expression analysis showed that *GhMADS22* and *GhMADS23* may be both important for cotton flowering. However, FUL is also involved in fruit dehiscence and the boll open date is also one of the standards to measure cotton maturity. So we do further research for the FUL - like gene, *GhMADS22*.

To determine the genetic basis of *GhMADS22* function, we constructed a 35S: *GhMADS22* overexpression vector with kanamycin resistance and then transformed Arabidopsis (Columbia-0 ecotype) using the flora dip method (Clough and Bent, 1998). The seeds were screened on 1/2 Murashige and Skoog (MS) culture medium containing 50 μg/mL kanamycin. More than 30 T0 transgenic lines were obtained, which flowered earlier than wild type to different extents. We chose four homozygous T3 lines for flowering time analysis (Table 1) and *GhMADS22* expression level analysis (Figure 4) relative to wild type under long-day conditions (16 h light/8 h dark). Lines 22 and 31 bolted earliest (when two rosette leaves had formed), lines 3 and 43 bolted later (with four rosette leaves), whereas wild type bolted with about six rosette leaves. Quantitative RT-PCR analysis showed that *GhMADS22* expression was highest in transgenic line 31 (Figure 5A), which bolted earliest.

Table 1 Rosette leaf number at bolting

Transgenic line	Number of plants	Number of rosette leaves (mean ± SD)
3	30	4.5 ± 0.68 ***
22	35	2.3 ± 0.63 ***
31	34	2.1 ± 0.48 ***
43	18	4.9 ± 0.73 **
Wild type	32	5.7 ± 0.65

, *: Significantly different at $P<0.01$ and $P<0.001$, respectively

2.5 *GhMADS22* overexpression lines form defective flowers

Based on the phenotype of flowering time and GhMADS22 ectopic expression level, transgenic line 31 (Figure 5) and 22 (Figure S1) were selected for further analysis, because the lines (3 and 43) that had lower GhMADS22 ectopic expression levels did not show severely floral organ defects. The transgenic plants grow much weaker than the wild - type Arabidopsis due to its earlier reproductive growth (Table 1; Figure 5A, B; Figure S1A, B). Wild - type Arabidopsis produced stem leaves and indefinite inflorescences on main stem or lateral branches (Figure 5A, C; Figure S1A, C), whereas the 35S:: GhMADS22 transgenic plants had the similar phenotype to 35S:: AtAP1 transgenic plants (Mandel and Yanofsky, 1995) that converted inflorescences to terminal or solitary flowers (Figure 5B; Figure S1B). The 35S:: GhMADS22 transgenic plants also converted stem leaves to leaf - like bracts, while the 35S:: AtAP1 transgenic plants showed curled stem leaves. Wildtype flowers consisted of four sepals, four petals, six stamens, and one pistil (Figure 5D; Figure S1D), but the terminal flowers of transgenic plants had varied

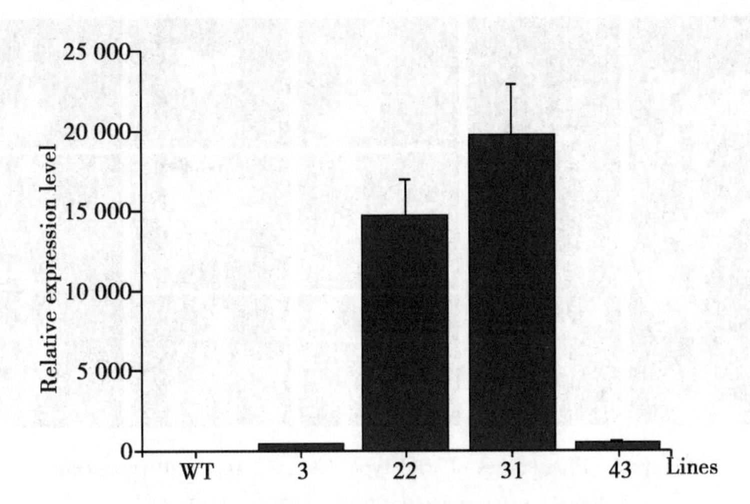

Figure 4　*GhMADS22* expression levels in wild type (WT) and transgenic lines 3, 22, 31, and 43

The whole plants without underground part were collected when they have flowered. Data represent the mean ± SD ($n=3$)

floral organ number and phenotypes (Figure 5E - H; Figure S1E - G). For example, some transgenic flowers had (i) three longer petals and eight randomly arranged stamens surrounding one pistil (Figure 5E), (ii) two pistils and seven petals and stamens (Figure 5F; Figure S1F), (iii) no petals and only two abnormal sepals (Figure 5G), or (iv) no petals or sepals (Figure 5H; Figure S1E). One or two secondary flowers could form at the base of pistils or axils of sepals (Figure 5G - J; Figure S1E) and could develop into siliques (Figure 5J). In most cases, the secondary flowers appeared normal (Figure 5B, G, H; Figure S1E) whereas others had defective organs (such as defects in the shape and number of petals and stamens; Figure 5I). The floral organs, including sepals, petals and stamens, will be senescent and shed after pollination in wild - type Arabidopsis (Chen *et al.*, 2011). In contrast to wild type, floral organs in transgenic lines senescence lately, with sepals, petals, and stamens remaining attached to the base of the formed siliques (Figure 5J; Figure S1G).

2.6　Expression of flowering-related genes in transgenic Arabidopsis lines

To further understand the early flowering mechanisms of the *GhMADS22* transgenic *Arabidopsis*, the expression of some endogenous flowering - related genes were analyzed. Entire plants without underground part were collected at flowering. Compared to wild type, transgenic lines had increased expression of *AtAP1* and decreased expression of *AtLFY*, *AtSOC1*, *AtSVP*, and *AtAGL24*, all of which are important flowering factors (Figure 6; Figure S2). Sequence analysis showed that *GhMADS22* was in the same subclade as AtFUL, but ectopic expression of *GhMADS22* had no significant effect on *AtFUL* expression (Figure 6) or slightly increased *AtFUL* expression (Figure S2).

Figure 5 Phenotypes of wild type (A, C, D) and transgenic line 31 overexpressing *GhMADS*22 (B, E-J)

(A) Wild-type Arabidopsis had stem leaves (SL) and inflorescence branches (IB) at axils of stem leaves. Flowers continuously formed at the apex. (B) Transgenic Arabidopsis overexpressing *GhMADS*22 had IBs converted to solitary flowers (SF) and stem leaves converted to leaf-like bracts (LB) with defective TFs formed on the apex or lateral inflorescence. (C) Flowers and floral buds continuously formed at the apex of wild-type Arabidopsis. (D) Wild-type flower with four sepals, four petals, six stamens, and one pistil. (E-J) Defective terminal flowers in transgenic plants showing: (E) three longer petals and eight randomly arranged stamens surrounding one pistil; (F) two pistils and seven petals and stamens; (G) fewer (e. g. , three) stamens, abnormal sepals, and no petals; (H) fewer (e. g. , four) stamens and no sepals or petals. (G-J) One or two secondary flowers formed at the base of pistils or at the axils of sepals. (J) The primary and secondary flowers were well developed, and sepals, petals, and stamens (ST) were still attached to the base of siliques. Bars = 1 cm

2.7 *GhMADS*22 responded to abscisic acid treatment

We found that the overexpression of *GhMADS*22 can delay floral organ senescing and shedding. So we were interested in whether *GhMADS*22 can respond to the signal of abscisic acid (ABA) which was related to plant senescence and organ shedding. We sprayed cotton with ABA (100 mM) or water (control), and leaves were collected 4 and 12 h later separately. Quantitative RT - PCR was used to analyze the changes of *GhMADS*22 expression level. The result showed that *GhMADS*22 were promoted by ABA treatment after 4 and 12 h (Figure 7).

3 Discussion

Many *SQUA/AP*1/*FUL*-like genes have been cloned and functionally characterized from various species, but their homologs in *G. hirsutum* remain unknown. Here, two *SQUA/AP*1/*FUL*-like genes from *G. hirsutum*, designated *GhMADS*22 and *GhMADS*23, were identified and characterized. Comparison of *GhMADS*22 and *GhMADS*23 sequences with other known sequences indicated that *GhMADS*22 has the LPPWML motif and *GhMADS*23 has the CFAT/A motif. Some reports have noted that these two motifs are important for the functions of genes in two clades (Yalovsky

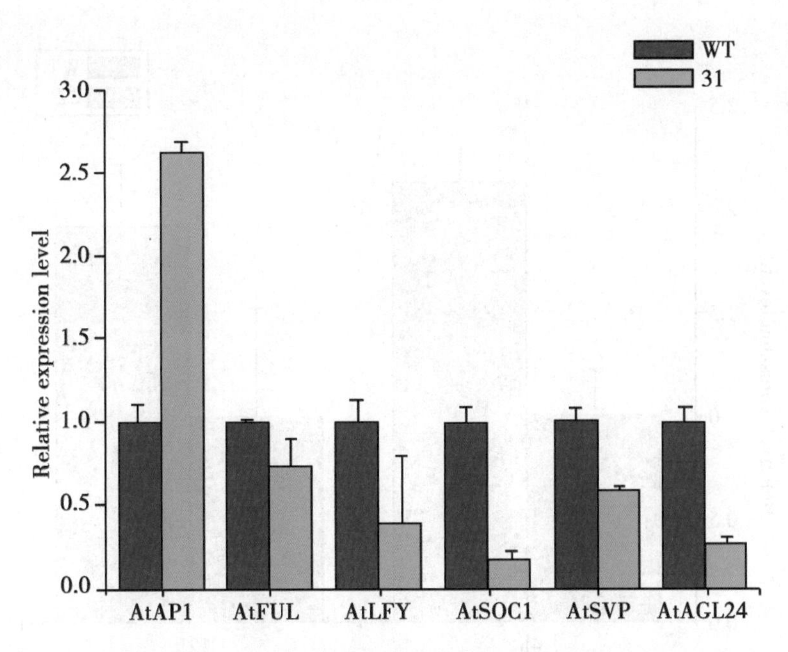

Figure 6　*Arabidopsis* endogenous flowering-related gene expression patterns in transgenic line 31 and wild type (WT)

Data represent the mean ± SD ($n=3$). *AtAP1*, NM_ 105581; *AtFUL*, NM_ 125484; *AtLFY*, NM_ 125579; *AtFT*, NM_ 105222; *AtSOC1*, NM_ 130128

et al., 2000), although other reports have demonstrated that the functions of proteins in this subfamily are not affected in proteins lacking the two motifs (Kyozuka *et al.*, 1997; Skipper *et al.*, 2005). *GhMADS22* function is more similar to *AP1* than to *FUL* (Fernando and Zhang, 2006). Thus, the exact roles of the two motifs remain unclear.

The alignment of *GhMADS22* and *GhMADS23* ORFs from *G. hirsutum* CCRI 36 cultivar with the genome sequences of *G. raimondii* showed that both genes have eight exons and seven introns, with some base mutations possibly because of evolution and breeding selection processes. CCRI 36 is an early-maturing variety, and hence these two genes may play important roles in early maturation of cotton. Quantitative RT-PCR experiments verified this hypothesis, because the two genes were highly expressed at the 2SAM stage when the floral evocation emerged, which transforms the vegetative SAM into a flower-bearing inflorescence meristem (Kanrar *et al.*, 2008). The highest expression level in 3SAM suggested that *GhMADS22* and *GhMADS23* are probably involved in floral organ development, and the expression pattern analysis in different tissues demonstrated that they may be involved in bract and sepal development. This deduced function is similar to that of other *AP1/FUL* genes such as *SAP1* (Fernando and Zhang, 2006).

Gibberelins plays diverse roles in plant growth and development, including flowering (Yua *et al.*, 2012). Moreover, GA pathway is the only hormone pathway among the four main flowering pathways. So here, we just did GA treatment, although there are still many other phytohor-

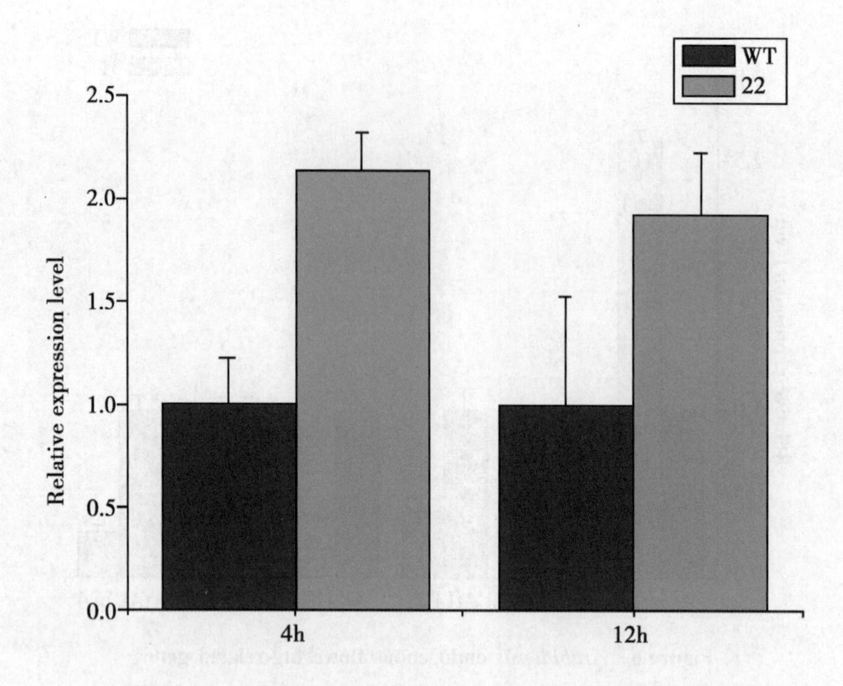

Figure 7　GhMADS22 responded to abscisic acid (ABA)

Cotton was sprayed with ABA (100 mm) or water (control) at the fourth true leaf expanded stage. The first leaves were individually collected after 4 and 12 h treatment. Data represent the mean _ standard deviation (SD) (n = 3).

mones playing roles in controlling flowering time. It was shown that GA3 promotes *GhMADS*22 and *GhMADS*23 expression, but it remains uncertain whether this regulation is in direct or indirect manner.

Transgenic 35S: *GhMADS*22 overexpression lines were used to demonstrate a role for *GhMADS*22 in flowering time and flower development. Because stem leaves were converted to leaf-like bracts in transgenic plants, the number of rosette leaves at bolting was used to measure flowering time rather than counting the stem leaves at flowering. The transgenic lines bolted earlier than wild type, with fewer days to flowering (data not shown). Ectopic expression of *GhMADS*22 resulted in heteromorphosis of sepals and petals, resulting in phenotypes similar to plants overexpressing *SAP*1 (Fernando and Zhang, 2006). We also investigated whether the old siliques of transgenic *Arabidopsis* dehisced, but we did not find any differences between transgenic lines and wild type. So although the alignment and phylogenetic analysis showed that *GhMADS*22 was within the *FUL* subclade, its function is probably similar to *AP*1 subclade genes. This further demonstrates that *AP*1 and *FUL* have redundant functions in floral development (Ferrándiz *et al.*, 2000).

As the main economically important output of cotton plants, cotton fibers are developed from the seed epidermal cells, which in turn are derived from the floral organs. Hence, delayed floral organ senescence may be beneficial to cotton yield. *GhMADS22* overexpression in *Arabidopsis* affected floral organ development, but significantly accelerated flowering time and delayed floral organs senescence and abscission. Thus, *GhMADS22* may be a good candidate gene for breeding early maturation cotton.

Members of the large MADS-box transcription factor family all have a DNA-binding domain to regulate downstream gene expression (Smaczniak *et al.*, 2012). We speculated that *GhMADS22* overexpression in Arabidopsis altered the expression of some important endogenous genes, which led to abnormal phenotypes in *Arabidopsis*. Quantitative RT-PCR analyses of selected flowering-related genes showed upregulation of AtAP1 and downregulation of *AtSOC1*, *AtSVP*, *AtAGL24*, and *AtLFY*. *AP1* directly represses a group of flowering time genes, including *SHORT VEGETATIVE PHASE* (*SVP*), *AGAMOUS-LIKE* 24 (*AGL24*), and *SUPPRESSOR OF OVEREXPRESSION OF CO1* (*SOC1*) to partially specify floral meristem identities (Liu *et al.*, 2007), and a positive feedback loop exists between *AtAP1* and *AtLFY* (Kaufmann *et al.*, 2010). Therefore, the increase of *AtAP1* expression in *GhMADS22* overexpression lines may have caused the early flowering and heteromorphosis of floral organs, and the down regulation of *AtLFY* suggests that ectopic expression of *GhMADS22* disrupted the positive feedback loop between *AtLFY* and *AtAP1*. The relationships between *GhMADS22*, *AtAP1*, and *AtLFY* at the protein level need to be validated using the yeast two-hybrid system or other methods. Also, the results need to be confirmed in cotton.

Abscisic acid plays a key role in plant responses to abiotic stresses, such as drought, cold and high salinity, and also takes a part in plant growth regulation, such as promoting plant senescence and organs abscission (Seki *et al.*, 2002; Raghavendra, *et al.*, 2010). ABA treatment induced *GhMADS22* expression. So we speculated that *GhMADS22* could improve plant resistance to abiotic stresses and could delay plant senescing though ABA signaling pathway.

Although Arabidopsis is an established and appropriate model plant for predicting the function of genes in other plants, especially those like cotton that are difficult to transform. Whether *GhMADS22* has the same function in cotton as in *Arabidopsis* remains uncertain. Whereas the current results on *GhMADS22* function in Arabidopsis are useful, our ongoing cotton transgenic experiments will soon enable us to analyze the function of *GhMADS22* in cotton.

4　Materials and Methods

4.1　Plant materials

Gossypium hirsutum var. CCRI36 was field-grown under natural conditions during the summer of 2012 in Anyang, Henan province, China. For quantitative RT-PCR, shoot apices were individually collected when the first, second, and third true leaves had expanded. Roots, stems, leaves, shoot apices, bracts, sepals, petals, stamens, carpels, 10 days post-anthesis (DPA) ovules, and 10 DPA fibers were collected at the blooming stage. For GA_3 treatment, CCRI36 were grown in a climate chamber (27℃ day / 22℃ night; 60% humidity; 12 h light /

12 h dark photoperiod) and sprayed with GA_3 (Solarbio, Beijing) (50 mg/L) at the second true leaf expanded stage. Shoot apices were individually collected after 6 h and 12 h of treatment. All of the samples were immediately frozen in liquid nitrogen and stored at −70℃ until RNA extraction.

Arabidopsis seeds were first surface-sterilized with 75% (V/V) alcohol for 5 min and then with 0.01% $HgCl_2$ (W/V) for 3 min, followed by washing six times in sterile water. Sterile seeds were scattered on 1/2 MS culture medium plus 1% sucrose and 0.6% agar. The medium was adjusted to pH 5.8 with 1 M KOH. The seeds were vernalized for 36 h at 4℃ and then transferred to an Arabidopsis culture room maintained at 22℃ with a 16 h light/8 h dark photoperiod. Seedlings were transferred into soil 14 days later.

4.2 EST splicing and PCR cloning

*AtAP*1 and *AtFUL* cDNA sequences from Arabidopsis were used as query sequences for blastn in NCBI (http://www.ncbi.nlm.nih.gov/) and TIGR (http://plantta.jcvi.org/index.shtml) cotton EST databases on November 10, 2009. The obtained ESTs were spliced with online CAP3 software (http://pbil.univ-lyon1.fr/cap3.php). PCR primers were as follows, F_1: 5′-ATGGGGAGAGGTAGGGTTCAGT-3′, R_1: 5′-CCATATTCATCATATAACCAAAAGCATAG-3′ for GhMADS23 (GenBank accession no. JN315708); F_2: 5′-ATGGGGAGGGGTAGGGTTCAGTT-3′, R_2: 5′-TGGGATTACACATAGATGCAGGTCA-3′ for GhMADS22 (GenBank accession no. JQ682641). Primers were designed to isolate the complete ORFs according to the splicing results. PCR products were cloned into the pGEM T-Easy vector (Promega, USA). The nucleotide sequences were determined using an ABI Prism 3700 Sequencer (Beijing Genomics Institute, China).

4.3 Sequence alignment and phylogenetic analysis

To confirm the subclades of the obtained sequences, we constructed a phylogenetic tree with many SQUA-like genes from *Arabidopsis thaliana*, *Nicotiana tabacum*, *A. majus*, *Populus trichocarpa*, *Oryza sativa*, *Citrus sinensis*, *V. vinifera*, *petunia hybrid*, *Zea mays*, *Phyllostachys praecox*, and *M. domestica* using MEGA4 software by employing the neighbor-joining method with the parameters of p-distance, complete deletion, and bootstrap (1 000 replicates). C-terminal sequences were aligned using Clustal W among *GhMADS*22, *GhMADS*23, and *SQUA*-like *MADS*-box genes from other organisms including *Z. mays*, *O. sativa*, *N. tabacum*, *V. vinifera*, *A. thaliana*, *A. majus*, and *petunia hybrid* (Litt and Irish, 2003). All the sequences were downloaded from the NCBI database.

4.4 RNA extraction, cDNA synthesis, and quantitative RT-PCR

RNA was isolated using the RNAout2.0 kit (Tian D Z, China) following the manufacturer's instructions. First-strand cDNA was synthesized using the Super-Script ™First-Strand kit (Invitrogen, USA). To confirm the *GhMADS*22 and *GhMADS*23 expression patterns, quantitative RT-PCR using the method of $2^{-\Delta\Delta ct}$ was performed on ABI PRISM 7500 Sequence Detection System (Applied Biosystems) using SYBR GREEN PCR Master mix (Roche, Germany). Each Real-time PCR amplification reaction (25μL) contained 12.5μL SYBR GREEN PCR Master mix, 0.2 μM each of the specific forward and reverse primer, and 300 ng cDNA. The primers for each gene were as follows: q22F: 5′-AGGAAATGACCCATCAGCCAC-3′ and q22R: 5′-GCTGCACTAGGATTACCCTCTTC-3′ for GhMADS22; q23F: 5′-GTGATGCTGAGGTCGCTTTGAT-3′ and q23R: 5′-ATGGACCAGTTGCCCTGAGATT-3′ for GhMADS23; actinF: 5′- ATCCTCCGTCTTGACCTTG-3′ and actinR: 5′- TGTCCGTCAGGCAACTCAT-3′ for ACTIN (GenBank accession no. AY305733).

4.5 Construction of the *GhMADS22* overexpression vector and Arabidopsis transformation

For the construction of the 35S:: *GhMADS22* vector, the destination vector pBI121 (preserved in our lab) was used. The intermediate vector was pGEM T-easy. The primers used were as follows: 121F-XbaI: GC TCTAGA ATGGGGAGGGTAGGGTTCAGTTG (the *XbaI* site is underlined); 121R: TGCAGGTCACACATCAGTTTGTC. The amplification product was cloned into pGEM T-easy and then digested with *XbaI* and *SacI* (pGEM T-easy has a *SacI* site). The target *GhMADS22* fragment with the two restriction sites was purified using a DNA gel purification kit (Sangon, Shanghai, China). pBI121 was also digested with the same enzymes to remove the GUS gene, and the longer fragment was purified. The two fragments were then ligated using T4 DNA ligase (Promega, USA). Sequencing and restriction enzyme digestion were done to verify the sequence and orientation of the recombinant plasmid.

The recombinant plasmid was introduced into Agrobacterium tumefaciens strain LBA4404, and Arabidopsis ecotype Columbia-0 was then transformed using the floral dip method (Clough and Bent, 1998). Positive transgenic lines were screened by growing seeds on 1/2 MS culture medium plus kanamycin (Solarbio, Beijing) (50μg/mL) and verified by PCR. DNA was extracted using a plant DNA extraction kit (Sangon). Test primers were as follows: 35S-MADS22F, TTCATTTGGAGAGAACACGGGGA; MADS22R, ATTGGAGTTGCGATGTTGTGCTGC. To quantify the expression levels of *GhMADS22* and some endogenous genes in positive transgenic lines, quantitative RT-PCR was performed. *GhMADS22* primers for quantitative RT-PCR in Arabidopsis were the same as used for cotton. Primers of the selected endogenous genes used for quantitative RT-PCR were as in Grandi (2012), Yamaguchi (2009), and Cao (2008).

Acknowledgements

This work was supported by the earmarked fund for China Agriculture Research System (CARS-18) and the National High-tech R & D Program of China (No. 2011AA10A102).

References

[1] Amasino R. Seasonal and developmental timing of flowering [J]. *The Plant Journal*, 2010, 61: 1001-1013.

[2] Aukerman M J. Regulation of Flowering Time and Floral Organ Identity by a MicroRNA and Its APETALA2-Like Target Genes [J]. *The Plant Cell Online*, 2003, 15: 2730-2741.

[3] Becker A, Theißen G. The major clades of MADS-box genes and their role in the development and evolution of flowering plants [J]. *Molecular Phylogenetics and Evolution*, 2003, 29: 464-489.

[4] Bernier G, Périlleux C. A physiological overview of the genetics of flowering time control [J]. *Plant Biotechnology Journal*, 2005, 3: 3-16.

[5] Bowman J L, Smyth D R, Meyerowitz E M. The ABC model of flower development: then and now [J]. *Development*, 2012, 139: 4095-4098.

[6] Cao Y, Dai Y, Cui S, Ma L. Histone H2B Monoubiquitination in the Chromatin of Flowering Locus C Regulates Flowering Time in Arabidopsis [J]. *The Plant Cell Online*, 2008, 20: 2586-2602.

[7] Chandler JW. Floral meristem initiation and emergence in plants [J]. *Cellular and Molecular Life Sciences*, 2012, 69: 3807-3818.

[8] Chen M K, Hsu W H, Lee P F, *et al.* The MADS box gene, Forever Young Flower, acts as a repressor controlling floral organ senescence and abscission in Arabidopsis [J]. *The Plant Journal*, 2011, 68: 168-185.

[9] Clough S J, Bent A F. Floral dip: a simplied method for Agrobacterium-mediated transformation of Arabidopsis thaliana [J]. *The Plant Journal*, 1998, 16: 735-743.

[10] Coen E S, Meyerowitz E M. The war of the whorls: genetic interactions congtrolling flower development [J]. *Nature*, 1991, 353: 31-37.

[11] De Bodt S, Raes J, Van de Peer Y, *et al.* And then there were many: MADS goes genomic [J]. *Trends in Plant Science*, 2003, 8: 475-483.

[12] Elo A, Lemmetyinen J, Turunen M L, *et al.* Three MADS-box genes similar to APETALA1 and FRUITFULL from silver birch (Betula pendula) [J]. *Physlologia Plantarum*, 2000, 112: 95-103.

[13] Fernando DD, Zhang S. Constitutive expression of the SAP1 gene from willow (Salix discolor) causes early flowering in Arabidopsis thaliana [J]. *Dev. Genes Evol.*, 2006, 216: 19-28.

[14] Ferrándiz C, Gu Q, Martienssen R, *et al.* Redundant regulation of meristem identity and plant architecture by FRUITFULL, APETALA1 and CAULIFLOWER [J]. *Development*, 2000, 127: 725-734.

[15] Grandi V, Gregis V, Kater M M. Uncovering genetic and molecular interactions among floral meristem identity genes in Arabidopsis thaliana [J]. *The Plant Journal*, 2012, 69: 881-893.

[16] Gu Q, Ferrándiz C, Yanofsky MF, Martienssen R. The FRUITFULL MADS-box gene mediates cell differentiation during Arabidopsis fruit development [J]. *Development*, 1998, 125: 1509-1517.

[17] Gustafson-Brown C, Savidge B, Yanofsky M. Regulation of the arabidopsis floral homeotic gene APETALA1 [J]. *Cell*, 1994, 76: 131-143.

[18] Heijmans K, Morel P, Vandenbussche M. MADS-box genes and floral development: the dark side [J]. *Journal of Experimental Botany*, 2012, 63: 5397-5404.

[19] Hemming M N, Trevaskis B. Make hay when the sun shines: The role of MADS-box genes in temperature-dependant seasonal flowering responses [J]. *Plant Science*, 2011, 180: 447-453.

[20] Huijser P, Klein J, Lonnig W E, *et al.* Bracteomania, an inflorescence anomaly, is caused by the loss of function of the MADS-box gene squamosa in Antirrhinum majus [J]. *The EMBO Journal*, 1992, 11: 1239-1249.

[21] Irish V F, Sussex I M. Function of the apetala-1 Gene during Arabídopsis Floral Development [J]. *The Plant cell*, 1990, 2: 741-753.

[22] Jung J H, Seo Y H, Seo P J, *et al.* The GIGANTEA-Regulated MicroRNA172 Mediates Photoperiodic Flowering Independent of CONSTANS in Arabidopsis [J]. *The Plant Cell Online*, 2007, 19: 2736-2748.

[23] Kanrar S, Bhattacharya M, Arthur B, *et al.* Regulatory networks that function to specify flower meristems require the function of homeobox genes PENNYWISE and POUND-FOOLISH in Arabidopsis [J]. *The Plant Journal*, 2008, 54: 924-937.

[24] Kaufmann K, Wellmer F, Muino J M, *et al.* Orchestration of Floral Initiation by APETALA1 [J]. *Science*, 2010, 328: 85-89.

[25] Kempin S A, Savidge B, Yanofsky M F. Molecular basis of the cauliflower phenotype in Arabidopsis [J]. *Science*, 1995, 267: 522-525.

[26] Kyozuka J, Harcourt R, Peacock W J, *et al.* Eucalyptus has functional equivalents of the Arabidopsis AP1 gene [J]. *Plant Molecular Biology*, 1997, 35: 573-584.

[27] Li Y, Ning H, Zhang Z, *et al.* A cotton gene encoding novel MADS-box protein is preferentially expressed in fibers and functions in cell elongation [J]. *Acta Biochimica et Biophysica Sinica*, 2011, 43: 607-617.

[28] Lin E P, Peng H Z, Jin Q Y, *et al.* Identification and characterization of two Bamboo (Phyllostachys praecox) AP1/SQUA-like MADS-box genes during floral transition [J]. *Planta*, 2009, 231: 109-120.

[29] Litt A, Irish V F. Duplication and Diversification in the APETALA1/ FRUITFULL FloralHomeotic Gene Lineage: Implications for the Evolution of Floral Development [J]. *Genetics*, 2003, 165: 821-833.

[30] Liu C, Zhou J, Bracha Drori K, *et al.* Specification of Arabidopsis floral meristem identity by repression of flowering time genes [J]. *Development*, 2007, 134: 1901-1910.

[31] Liu X, Zuo K, Xu J, *et al.* Functional analysis of *GbAGL*1, a D-lineage gene from cotton (Gossypium barbadense) [J]. *Journal of Experimental Botany*, 2010, 61: 1193-1203.

［32］ Liu X，Zuo K，Zhang F，*et al.* Identification and expression profile of *GbAGL2*，a C-class gene from Gossypium barbadense［J］. *J. Biosci*，2009，34：941-951.

［33］ Mandel M A，Yanofsky M F. A gene triggering flower formation in Arabidopopsis［J］. *Nature*，1995，377：522-524.

［34］ Mathieu J，Yant L J，Mürdter F，*et al.* Repression of flowering by the miR172 target SMZ［J］. *Plos Biology*，2009，7：e1000148.

［35］ Messenguy F，Dubois E. Role of MADS box proteins and their cofactors in combinatorial control of gene expression and cell development［J］. *Gene*，2003，316：1-21.

［36］ Murai K，Miyamae M，Kato H，*et al.* WAP1，a Wheat APETALA1 Homolog，Plays a Central Role in the Phase Transition from Vegetative to Reproductive Growth［J］. *Plant Cell Physiol*，2003，44：1255-1265.

［37］ Mutasa Gottgens E，Hedden P. Gibberellin as a factor in floral regulatory networks［J］. *Journal of Experimental Botany*，2009，60：1979-1989.

［38］ Nemhauser J L，Hong F，Chory J. Different Plant Hormones Regulate Similar Processes through Largely Nonoverlapping Transcriptional Responses［J］. *Cell*，2006，126：467-475.

［39］ Ramachandran E，Bhattacharya SK，John SA，*et al.* Heterologous expression of Aspen PTM3，a MADS box gene in cotton［J］. *Journal of Biotechnology*，2011，155：140-146.

［40］ Sather D N，Golenberg E M. Duplication of AP1 within the Spinacia oleracea L. AP1/FUL clade is followed by rapid amino acid and regulatory evolution［J］. *Planta*，2009，229：507-521.

［41］ Skipper M，Pedersen KB，Johansen LB，*et al.* Identification and quantification of expression levels of three FRUITFULL-like MADS-box genes from the orchid Dendrobium thyrsiflorum（Reichb. f.）［J］. *Plant Science*，2005，169：579-586.

［42］ Smaczniak C，Immink RGH，Angenent G C，*et al.* Developmental and evolutionary diversity of plant MADS-domain factors：insights from recent studies［J］. *Development*，2012，139：3081-3098.

［43］ Smykal P，Gennen J，Bodt S，*et al.* Flowering of strict photoperiodic Nicotiana varieties in non-inductive conditions by transgenic approaches［J］. *Plant Molecular Biology*，2007，65：233-242.

［44］ Srikanth A，Schmid M. Regulation of flowering time：all roads lead to Rome［J］. *Cellular and Molecular Life Sciences*，2011，68：2013-2037.

［45］ Wang K，Wang Z，Li F，*et al.* The draft genome of a diploid cotton Gossypium raimondii［J］. *Nature Genetics*，2012.

［46］ Weigel D，Meyerowitz E. The ABCs of floral homeotic genes［J］. *Cell*，1994，78：203-209.

［47］ Wellmer F，Riechmann J L. Gene networks controlling the initiation of flower development [J]. *Trends in Genetics*, 2010, 26: 519-527.

[48] Yalovsky S, Manuel R C, Bracha K, *et al.* Prenylation of the Floral Transcription Factor APETALA1 Modulates Its Function [J]. *The Plant Cell*, 2000, 12: 1257-1266.

[49] Yamaguchi A, Wu M F, Yang L, *et al.* The MicroRNA-Regulated SBP-Box Transcription Factor SPL3 Is a Direct Upstream Activator of LEAFY, FRUITFULL, and APETALA1 [J]. *Developmental Cell*, 2009, 17: 268-278.

[50] Yua S, Galvãoc VC, Zhanga Y C, *et al.* Gibberellin Regulates the Arabidopsis Floral Transition through miR156-Targeted SQUAMOSA PROMOTER BINDING-LIKE Transcription Factors [J]. *The Plant cell*, 2012, 24: 3320-3332.

[51] Zhu H, Hu F, Wang R, *et al.* Arabidopsis Argonaute10 Specifically Sequesters miR166/165 to Regulate Shoot Apical Meristem Development [J]. *Cell*, 2011, 145: 242-256.

[52] Zhu Q H, Helliwell C A. Regulation of flowering time and floral patterning by miR172 [J]. *Journal of Experimental Botany*, 2010, 62: 487-495.

Isolating High Quality RNA from Cotton Tissues with Easy and Inexpensive Method

Qi Feng Ma[1,2,6], Syed Tariq Shah[2,3,6], Man Wu[2], Ji Wen Yu[2], Saima Arain[3,4], Anwar Hussain[5], Xiao Yan Wang[1], Shuai Yang Li[2], Shu Xun Yu[1,2]

(1. College of Agonomy Northwest A&F University, Yangling 712100, China; 2. State Key Laboratory of Cotton Biology Cotton Research Institute, Chinese Academy of Agricultural Sciences, AnYang 455000, China; 3. Nuclear Institute for Food and Agriculture (NIFA), Tarnab Peshawar Pakistan; 4. Institute of Crop Sciences, (GSCAAS), 12 Zhongguancun South Street, Beijing 100081, China; 5. Department of Botany, Abdul Wali Khan University, Shankar Campus, Mardan-23200 Khyber Pakhtunkhwa, Pakistan; 6. These authers contributed equally to this work and should be considered co-first auther)

Abstract: The extraction of high quality ribonucleic acid (RNA) from plant tissues is a crucial step in several molecular biology protocols. Here, we report a high throughput and cost-effective method for total RNA isolation from plant tissues. The newly developed cetyl trimethyl ammonium bromide (CTAB) /acid phenol method proved to isolate RNA of high purity, good integrity and high yield. This method was used to isolate RNA from roots, hypocotyls, stems, leaves, buds, flowers and fibers of two different species of cotton. Purity and quantity of RNA in the sample was confirmed by agarose gel electrophoresis and spectrophotometry. The RNA obtained by this method can be used in reverse transcription analysis, reverse transcription-polymerase chain reaction (RT-PCR) and cDNA library construction without any pre-treatment.

Key words: Cotton tissues; RNA isolation; CTAB-acidic phenolic method

Abbreviations: β ME, β-Mercaptoethanol; gFW, gram fresh weight; CTAB, cetvl trimethvl ammonium bromide; DEPC, diethyl pyrocarbonate; PVP, polyvinylpyrrolidone; RT-PCR, reverse transcription polymerase chain reaction; DPA, days post-anthesis; OD, optical density; SDS, sodium dodecyl sulfonate; PCR, polymerase chain reaction; rpm, revolutions per minute

1 Introduction

Cotton is an important economic crop that is extensively used in the textile industry (Pu *et al.*, 2008) Isolation of intact ribonucleic acid (RNA) is a basic requirement for many molecular studies, but extracting high quality RNA can be difficult (Zhang *et al.*, 2010; Wang *et al.*, 2004). Cotton tissues are rich in polysaccharides, polyphenols and secondary metabolites, making the process of pure RNA extraction challenging (Stephen *et al.*, 2009). Traditional methods of RNA extraction have been shown to produce poor quality and quantity of RNA from different cotton tissues. Polysaccharides and lipids present in cotton would not only decrease RNA solubility but also inhibit the activity of enzymes Phenols, pigments and other materials oxidize to form reddish brown stuff during the process of extraction, because phenolic compounds form quinones which in turn bind to nucleic acids and hinder isolation of good quality RNA (Salzman *et al.*, 1999; Loomis, 1974). Isolation of intact RNA in the presence of higher quantities of endogenous ribonucleases (RNases) is difficult in many plant species (Almarza *et al.*, 2006; Portillo *et al.*, 2006; Manickavelu *et al*, 2007; Wang *et al*, 2008). Methods to inactivate RNases include the use of higher concentration of guanidine thiocvanate and combinations of different denaturant agents, such as, RNase-inactivating agents, urea, LiCl and cetvl trimethvl ammonium bromide (CTAB) (Almarza *et al.*, 2006; Portillo *et al.*, 2006; Wang *et al.*, 2008).

However, RNA isolated from cotton ovules of a certain stage (0 days post-anthesis (DPA)) was always partially degraded as compared to the relatively intact RNA isolated from much younger (-4 DPA) ovules, possibly because of an increased endogenous RNase content in 0 DPA ovules (Yingru *et al.*, 2002). Although, some research teams have reported a variety of methods for cotton RNA extraction, but low RNA yield is a consistent problem face by all these methods (Dolferus *et al.*, 1994); Trizol Reagent Kit method is expensive and has bad effect in some part of cotton tissues (Smart & Roden, 2010). On the other hand, hot phenol and hot boric acid methods are complicated (Wan *et al.*, 1994; Yingru *et al.*, 2002). Our CTAB/acid phenol method is not only cost-effective, but can be used successfully to get RNA in high yield from cotton root, hypocotyl, leave, stem, bud, flower, 30 DPA ovule and 30 DPA fiber.

2 Materials and Methods

2.1 Plants

Gossypium barbadense Giza75 and *Gossypium hirsutum* SG747, as well as their high backcross inbred lines (BC_2F_7) were provided by the Cotton Research Institute, Chinese Academy of Agricultural Sciences. The leaves, buds, flowers and stems were taken from experimental plots. Fibers were detached from the ovules at 30 DPA, while roots and hypocotvls were taken from greenhouse when cotton seedlings height was approximately 10 cm. All tissues were immediately taken in liquid nitrogen and were stored at $-80℃$.

2. 2 Solutions and reagents

(1) Extraction buffer: 2% CTAB (W/V), 2% PVP40, 0. 1 mol/L Tris-HCl (pH8. 0), 0. 025mol/L EDTA (pH 8. 0), 2 mol/L NaCl and 2% β-mercaptoethanol (βME) (V/V, added freshly)

(2) Chloroform: isoamvlic alcohol (24 : 1; V/V)

(3) Acid-phenols (pH 5. 2)

(4) 10mol/L LiCl (no pH adjustment)

(5) Absolute ethanol, 70% ethanol

(6) 3mol/L sodium acetate (pH 5. 2)

All solutions were treated with diethyl pyrocarbonate (DEPC) water RNase free water was made by adding DEPC at the rate of 1mL/L to ddH_2O. The mixture was autoclaved after an incubation of 6 h on stirrer. Tris-HCl and DEPC solution were prepared separately to avoid any chemical reaction between them.

2. 3 Sterilization of glassware and plasticware

All the glassware were thoroughly cleaned and sterilized at 180℃ for 6 h before use. Plasticwares were made RNase free by rinsing them with 0. 1% (V/V) DEPC, followed by autoclaving.

2. 4 RNA extraction

For RNA isolation, 2 g of plant tissues were finely ground in pre-chilled pestle and motor using liquid nitrogen. The fine powder was quickly transferred to 15mL of pre-warmed extraction buffer and incubated on water bath at 65℃ for 10 min after vigorous shaking. The mixture was shaken vigorously, cooled to room temperature and extracted twice with equal volume of chloroform-isoamvhc alcohol (24 : 1) by centrifugation for 5 min at 13 000 rpm and 4℃. After centrifugation, the supernatant was carefully transferred into a fresh 50mL polypropylene tube and RNA was precipitated from the solution overnight at 4℃ with 1/4 volume of 10mol/L lithium chloride (LiCl) added to the solution with gentle blending. In the next morning, the mixture was centrifuged for 5 min at 13 000 rpm and 4℃ to obtain the pellet which was resuspended in 400μL RNase-free water and transferred into a 1. 5mL centrifuge tube. The mixture was incubated with equal volume of phenol (pH 5. 2) for 5 min and after centrifugation (as mentioned earlier); the supernatant was taken carefully in another 1. 5mL centrifuge tube. The supernatant was again extracted with chloroform-isoamvhc alcohol (24 : 1) as described earlier. The supernatant was incubated with 1/10 volumes of 3mol/L sodium acetate and 2. 5 volumes of 100% ethanol at −80℃ for 30 min. After centrifugation for 12 min under similar conditions mentioned, the pellet was washed twice with 1mL 70% ethanol and was dried under vacuum. Total RNA was taken in 40 to 100μL DEPC water and was stored at −80℃.

2. 5 RNA quality inspection

Total RNA purity and integrity was detected by 1% non-denaturing agarose gel electrophoresis. About 0. 3μL RNA solution mix with 1μL 6 × loading buffer and 4. 7μL RNase-free water was run on a 1% non-denaturing agarose gel electrophoresis. The gel was stained with ethidium bromide and was observed in gel documentation system (Bio-Red Molecular Imager Gel DocTM System, USA). Quality and quantity of total RNA in the sample (diluted 100 times) was determined spectrophotometrically by taking absorbance at 230, 260 and 280 nm and finding $A_{260/230}$ and $A_{260/280}$ ratios.

2.6 Reverse transcription polymerasechain reaction (PCR)

Total RNA solution were reversed transcribed to their complementary cDNA by oligo-dT primer using PrimeScript 1st Strand cDNA Synthesis Kit (TaKaRa, Dahan, China). PCR primers Ghhis 3 and Actin were used to amplify the house-keeping genes of cDNA by following the method of Zhu *et al.* (2003) and Li *et al.* (2005).

2.7 Reverse northern dot-blot analysis

2 μg of the total RNA was subjected to double stranded cDNA synthesis, by using SMARTerTM PCR cDNA Synthesis Kit (Clontech, USA) following the manufacturer's instructions. 1.5 μL of the cDNA sample mixed with equal volume of freshly prepared 0.6mol/L NaOH was applied to the nylon membrane (Hybond N +, Amersham Bioscience), while creatine kinase (CK) used only $sddH_2O$, to later react with 0.5mol/L Tris-HCl (pH 7.5) for 4 min, washing with water for 30 s. The membrane was dried and put in the filter paper clip at 80℃ for 2 h (Song *et al.*, 2008; Xu *et al.*, 2009; Jin *et al.*, 2010). The probe was prepared and hybridization signal were detected using the DIG High Prime DNA Labeling and Detection Starter Kit 1 (Roche Applied Science), following the manufacturer's instructions.

2.8 cDNA library construction

One microgram (1 μg) of the total 30 DPA ovules RNA was reverse transcribed, followed by PCR amplification by using SMART cDNA Library Construction Kit (Clontech, USA), according to the manufacturer's instructions. After successive digestion of the mixture with proteinase K and SfiI restriction enzyme, the cDNA was ligated into linearised pDNR-Lib vector. Finally, ligated product was electroporated in electrocompetent ESCherichia coli DH5a cells. Several clones were chosen randomly for PCR amplification directly by M13 primers.

3 Results

Total RNA was successfully extracted from different cotton tissues, including roots, hypocotyls, stems, leaves, bud, flowers, fibers and ovules using our novel CTAB/acid phenol method. Maximum yield of RNA was obtained from roots and buds, up to 350 $\mu g\ g^{-1}$ fresh weight (FW). RNA was of high purity with $A_{260/280}$ and $A_{260/230}$ values ranging between 1.81 and 2.06, evidencing the absence of contaminants (Table 1). The intensity of the band of 28S rRNA was twice as compared to that of the 18S RNA band on non-denaturing agarose gel, indicating high integrity of the RNA in samples (Figure 1). The first strand cDNA appeared between 0.3 to 4 Kb, indicating that RNA samples can be easily copied to cDNA (Figure 2). Two housekeeping gene *ACTIN* (Band size) and *GHHIS* (Band size) were successfully amplified from the cDNA by semi-quantitative RT-PCR (Figure 3a). Similar results were obtained for Ghhis3 and Actin genes expression in different plant tissues by reverse northern dot-blot analysis (Table 2 and Figure 3b), evidencing the absence of polysaccharides, polyphenols and proteins The same experiments confirmed the integrity of RNA. Twenty-four (24) clones chosen randomly for PCR with M13 primers yield cDNA fragments ranged in size between 0. 3 and 3. 0 Kb (Figure 4). This experiment proved that the RNA obtained by our newly developed protocol can be used in several molecular biology experiments.

Table 1 RNA quantity from different tissues of cotton

Tissues	OD ratios		Quantity[1] (ug/g)
	260/230	260/280	
Root	2. 01	1. 95	350 (20)
Hypocotyl	1. 96	1. 81	300 (15)
Stem	1. 93	1. 90	230 (22)
Leave	2. 04	2. 01	260 (30)
Bud	1. 99	2. 00	350 (33)
Flower	1. 91	1. 93	280 (27)
Fiber (30 DPA)	2. 06	1. 96	100 (35)
Ovule (30 DPA)	2. 03	1. 95	180 (25)

Average of three independent repetitions, with standard deviation between brackets

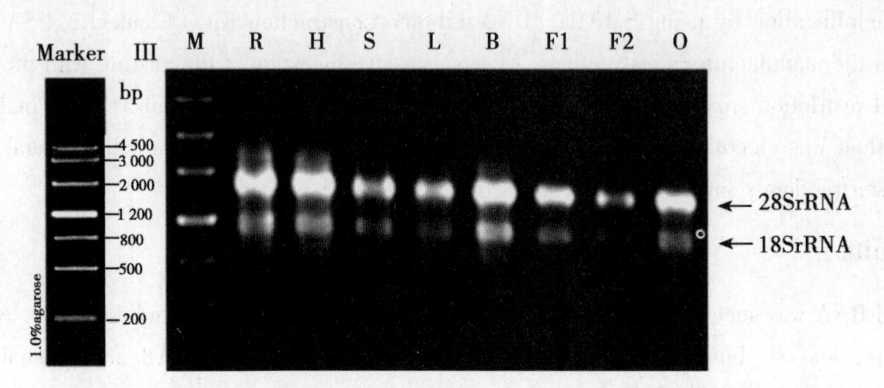

Figure 1 Gel electrophoresis of the isolated total RNA from cotton, arrows indicate the 28S and 18S units of rRNA

M: Tiangen DNA marker, R: root, H: hypocotyl, S: stem, L: leave, B: bud, F1: flower, F2: fiber, O: ovule

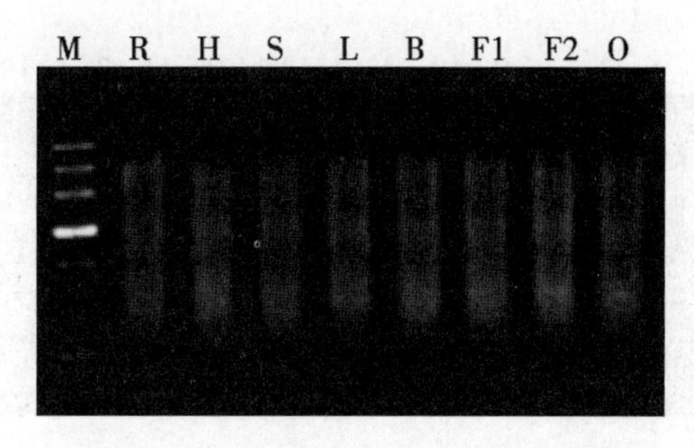

Figure 2　1% agarose gel eletrophoresis of strand of cDNAs in different tissues

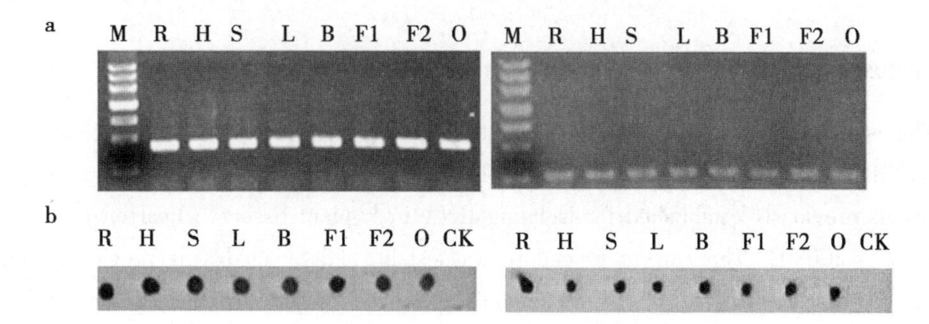

Figure 3　RT-PCR and reverse northern dot-blot results showing the integrity of RNA isolated

(a) Agarose gel electrophoresis analysis of RT-PCR assay with *Ghhis*3 and *Actin* primers respectively; (b) Reverse northern dot-blot analysis of *Ghhis*3 and *Actin* gene expression using a specific DIG-labeled probes

Table 2　Primer sequences used for RT-PCR analysis

Gene	Gene Bank accession No.	Primer sequence (5′-3′)	Annealing temp (℃)	Fragment amplified (bp)
Ghhis3	AF024716	GAAGCCTCATCGATACCGTC CTACCACTACCATCATGGC	60	412
Actin	AY305735	ATCCTCCGTCTTGACCTTG TGTCCGTCAGGCAACTCAT	60	215

Reaction conditions for the PCR were as follows: 98℃ pre-degeneration for 3 min; 30 cycles of 98℃ 30 s, 60℃for 5s and 72℃ for 20 s, final extension was carried out at 72℃ for 10 min (TaKaRa, Dalian, China). The products were checked by the 1% agarose gel electrophoresis

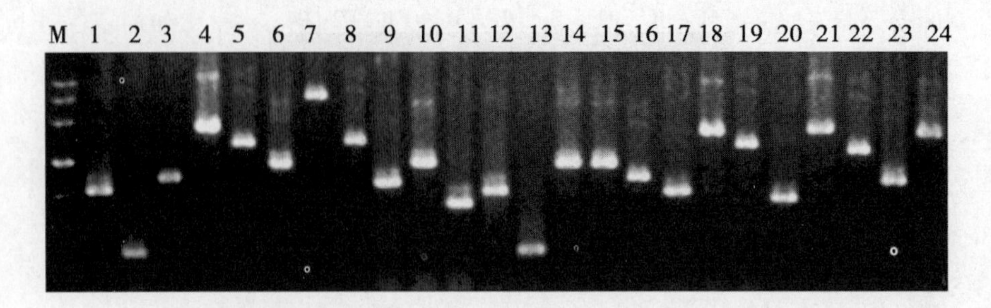

Figure 4 PCR results of the insert of clones from the full-length cDNA library of 30 DPA ovules. The inserts smear from 0. 3 Kb to 3 Kb. Lane 1 – 24: clones picked out randomly

4 Discussion

The established protocol CTAB/acid phenol described here has successfully been used to isolate total RNA from different tissues of cotton. The quality and yield of RNA was superior to several protocols previously established for isolating RNA from plant tissues (Pearson *et al.*, 2006; Fort *et al.*, 2008). The current procedure was established by modifying previously described methods (Ghangal *et al.*, 2009). The method was superior to the previously described method of Ghangal *et al.* (2009), in terms of RNA quality and purity as evident by greater absorbance values (Table 1). CTAB extraction buffer was simplified by excluding several components used by previous protocols, yet the yield was comparatively higher (Salzman *et al*., 1999; Smart&Roden, 2010). The pH of the extraction buffer was adjusted to slightly alkaline for avoiding reddish-brown colour that appears in the acid oxidation step. CTAB is generally used as the cell disrupting agent, while β-mercaptoethanol worked as a reducing agent and prevented oxidation reactions (Saidi *et al.*, 2009). Instead of PVPP, we used soluble PVP to improve the translation of RNA *in vitro* system and obtain protein, polyphenol and polysaccharide free RNA (John, 1992; Hu *et al.*, 2002; Vashisth *et al.*, 2011). Isoamvl alcohol reduced liquid surface tension and made the degeneration protein bubble fractured. LiCl selectively precipitated total RNA leaving polysaccharides in the solution (Box *et al.*, 2011). The acid phenol and chloroform: isoamvl alcohol were used to enhance the dissolution of DNA in organic phase and get DNA free RNA (Gu *et al.*, 2010). Sodium ion produced by sodium acetate neutralized negative charge on the RNA molecules, thereby, increasing their aggregation. Ethanol was used to remove salts and other impurities.

Acknowledgements

This research is funded by China 973 New and High Technology Project (Grant No. 2010CB126006) and Ministry of Agriculture, major projects transgenic (Grant No. 2009ZX08005-25B). The research was performed at the State Key Laboratory of Cotton Biology in the Cotton Research Institute of the Chinese Academy of Agricultural Sciences. The authors are grateful to Dr. Xiaoyan Wang for collecting the samples from the field.

References

[1] Almarza J, Morales S, Rincon L, *et al*. Urea as the only inactivator of RNase for extraction of total RNA from plant and animal tissues [J]. *Analytical Biochemistry*, 2006, 358: 143-145.

[2] Box M S, Coustham V, Dean C, *et al*. A simple phenol-based method for 96-well extraction of high quality RNA from Arabidopsis [J]. *Plant Methods*, 2011, (7): 7.

[3] Dolferus R, Jacobs M, Peacock W. J, *et al*. Differential interactions of promoter elements in stress responses of the Arabidopsis Adh gene [J]. *Plant Physiology*, 1994, 105: 1075-1087.

[4] Fort F, Havoun L, Valls J, *et al*. A new and simple method for rapid extraction and isolation of high-quality RNA from grape (Vitis vinifera) berries [J]. *Journal of the Science of Food and Agriculture*, 2008, 88: 179- 184.

[5] Ghangal R, Raghuvanshi S, &Chand Sharma. Isolation of good quality RNA from a medicinal plant seabuckthorn, rich in secondary metabolites [J]. *Plant Physiology and Biochemistry*, 2009, 47: 1113-1115.

[6] Gu H, Bock C, Mikkelsen T S, *et al*. Genome-scale DNA methylation mapping of clinical samples at single-nucleotide resolution [J]. *Nature Methods*. 2010, 7: 133-136.

[7] Hu C. G, Honda C, Kita M, *et al*. A simple protocol for RNA isolation from fruit trees containing high levels of polysaccharides and polyphenol compounds Plant [J]. *Molecular Biology Reporter*, 2002, 20: 69.

[8] Jin H C, Sun Y, Yang Q C, *et al*. Screening of genes induced by salt stress from Alfalfa [J]. *Molecular Biology Report*, 2010, 37: 745-753.

[9] John M E. An efficient method for isolation of RNA and DNA from plants containing polyphenolics [J]. *Nucleic Acid Research*, 1992, 20: 2381.

[10] Li X B, Fan X P, Wang X L, *et al*. The cotton ACTIN1 gene is functionally expressed in fibers and participates in fiber elongation [J]. *Pl ant Cell*, 2005: 17: 859-875.

[11] Loomis W. D. Overcoming problems of phenolics in the isolation of plant enzymes and organelles [J]. *Methods Enzymol*, 1974, 31: 528-545.

[12] Manickavelu K K, Mishina K, Koba T. An efficient method for purifying high quality RNA from wheat pistils [J]. *Colloid Surf*, 2007, 54: 254- 258.

[13] Pearson G, Lago-Leston A, Valente M, *et al*. Simple and rapid RNA extraction from freeze-dried tissue of brown algae and seagrasses [J]. *European Journal of Phyoology*, 2006, 41, 97-104.

[14] Portillo M, Fenol C, Escobar C, *et al*. Evaluation of different RNA extraction methods for small quantities of plant tissue: Combined effects of reagent type and homogenization pro-

cedure on RNA qualitv-integrity and vield [J]. *Physiologic Plantarum*, 2006, 128: 1-7.

[15] Pu L, Quan L, Fan X P, *et al*. The R2R3 MYB transcription factor GhMYB 109 is required for cotton fiber development [J]. *Genetics*, 2008, 180: 811-820.

[16] Saidi M. N, Gargouri-Bouzid R, Ravanni M, *et al*. Optimization of RNA Isolation from Brittle Leaf Disease Affected Date Palm Leaves and Construction of a Subtractive cDNA Library [J]. *Molecular Biotechnology*, 2009, 41: 63-68.

[17] Salzman R A, Fujita T, Zhuslazman K. An improved RNA isolation method for plant tissues containing high levels of phenolic compounds or carbohydrates [J]. *Plant Molecular Biology Reporter*, 1999, 17, 11-17.

[18] Smart M, Roden L C. A small-scale RNA isolation protocol useful for high-throughput extractions fromrecalcitrantplants [J]. *South African Journal Of Botany*, 2010, 76: 375-379.

[19] Song B Q, Xiong J, Fang C X, *et al*. Allelopathic enhancement and differential gene expression in rice under low nitrogen treatment [J]. *Journal of Chemical Ecology*, 2008, 34: 688-695.

[20] Stephen A B, Vladimir B, Carl W. The MIQE Guidelines: Minimum information for publication of quantitative real-time PCR experiments [J]. *Clinical Chemistry*, 2009, 55: 611-622.

[21] Vashisth T, Johnson L J, Malladi A. An efficient RNA isolation procedure and identification of reference genes for normalization of gene expression in blueberry [J]. *Plant Cell Reports*, 2011, 30: 2167-2176.

[22] Wan C Y, Wilkins T A. A modified hot borate method significantly enhances the yield of high-quality RNA from cotton (*Gossypium hirsutum* L.) [J]. *Annals of Biochemistry*, 1994, 223: 7-12.

[23] Wang S, Wang J W, Yu N, *et al*. Control of plant trichome development by a cotton fiber MYB gene [J]. *Plant Cell*, 2004, 16: 2323-2334.

[24] Wang X, Tian W, Li Y. Development of an efficient protocol of RNA isolation from recalcitrant tree tissues [J]. *Molecular Biotechnology*, 2008, 38: 57-64.

[25] Xu J, Yin H X, Wang W Y, *et al*. Identification of cd-responsive genes of Solarium nigrum seedlings through differential display [J]. *Plant Molecular Biology Reporter*, 2009, 27: X63-X69.

[26] Yingru W, Danny J, Llewellyn, *et al*. A quick and easy method for isolating good-quality RNA from cotton (Gossypium hirsutum L) tissues [J]. *Plant Molecular Biology Reporter*, 2002, 20: 213-218.

[27] Zhang F, Zuo K J, Zhang J Q, *et al*. An L1 box binding protein, GbMLl, interacts with GbMYB25 to control cotton fibre development [J]. *Journal of Experimental Botany*, 2010, 61: 3599-3613.

[28] Zhu Y Q, Xu K X, Luo B, *et al*. An ATP-Binding cassette transporter *GhWBCl* from elongating cotton fibers [J]. *Plant Physiology*, 2003, 133: 580-588.

第五篇

＊＊＊＊＊＊＊＊＊＊＊＊＊＊＊＊＊＊＊＊＊＊＊＊＊＊＊＊＊＊＊＊＊＊＊＊＊＊＊

快乐植棉，无悔人生——喻树迅院士讲话及媒体报道

以人为本、求实创新，将中国棉花学会办成棉花之家

——在中国棉花学会2001年年会上的讲话

中国棉花学会理事长　喻树迅
（2001年9月4日　辽宁大连）

女士们、先生们：

在21世纪开元之年，我们能有幸汇聚在中国北方最美丽的海滨城市大连，召开中国棉花学会第六届代表大会暨第十二次学术讨论会，具有重要的纪念意义和良好的寓意。

大连是我国较早开放、最具活力的城市之一，其现代化气息无疑对我们每个人产生强烈的震撼，心灵的冲击，使人奋进。21世纪，新一届棉花学会理事会在此产生，将乘风破浪，展翅高飞。在这喜悦举杯庆祝之时，我们忘不了棉花界老前辈为中国棉花事业的发展做出的卓越贡献，同时也感谢全国棉花界辛勤耕耘的同仁志士。为这次大会的成功召开，辽宁经作所和全体会务人员付出了辛勤劳动和汗水，我在此表示真挚的感谢！

在我们踌躇满志的时候，忘不了学会上一届理事长、副理事长等老领导、老专家对我们青年一代的培养与支持。在21世纪之初，老一辈将中国棉花学会交给我们青年一代，这是重任、是义务，无比光荣，责任重大！我们将在前辈奠定的基础上，不负重望、团结一致、努力拼搏、再造辉煌！

好雨知时节，送我上征程！世纪之初，开放年代，充满活力的国家，高新技术的新时代，世界经济的一体化，给我们年轻人提供了大好的机遇，无限的希望。我们要用好这些机遇，将希望变成现实！因此我们要鼓足勇气，排除万难，将中国棉花学会办成一个开放、活跃，让人向往的棉花科技工作者之家！下面我代表新的理事会汇报一下本届理事会的工作思路，请大家审议。

1　棉花学会的作用

中国棉花学会是一个群众性学术团体，虽然没有政府的职能与权力，但我们要运用这个无形的权力。用好、用活、用足，自然形成权威，这样就可以起到政府起不到的作用，解决政府解决不了的问题。如在棉花整个产业链中各部门各管一块，而学会即可以将产前科研、产中生产和产后公司等各部门进行串连，发挥作用和影响，起到单一政府部门起不到的作用，发挥学会的桥梁和纽带作用。事情做好了就可得到各部门的认可，自然有权威。有为才有位，本届理事会一定要依靠广大会员的支持，有所作为，在棉花界发挥重要的作用，取得重要的地位。

2 棉花学会的工作范围

根据中国加入 WTO 的形势变化和对我国市场经济的影响，棉花学会同样要融入时代，融入国际。

一是要扩大棉花学会的人员组成，除棉花科研、教学、生产部门外，还要增加棉花贸易、棉花加工、棉机制造、棉纺、棉花专用农资等相关产业会员、理事、常务理事以至副理事长，由各方面名人发展会员，参加活动。

二是要扩大棉花学会的工作范围，不一定非等到成立协会再工作。既然没有限定棉花学会的工作范围，凡相关政策没有明确不能干的事都可以干。所以，我们可以将协会的工作内容纳入棉花学会，干了再说！

三是要解放思想，转变观念，以全新思维办学会。以后每次年会，不仅仅限于学术讨论，要同时开展棉花新品种、新产品、新技术展示，科研成果中介等。把学会办成生动活泼、既有社会效益又有经济效益，促进技术交流和成果转化的载体。

3 棉花学会的工作思路

（1）每年举办一次中国棉花学会年会，邀请领导、科研、教学、生产部门、棉种公司、棉花公司、加工厂、纱厂、农药厂、棉机厂、植棉大户以及国际组织、产棉国代表参加。

（2）会议在学术交流的同时，进行生产经验交流，新品种新产品展览、信息发布、业务洽谈中介等，从中收取中介费。

（3）会议达到目的：①形成一本学术论文集；②形成全国当年棉花生产情况及下年棉花生产预测；③全球棉花生产预测分析，给政府部门参考；④新品种、新技术、新产品展示推广；⑤产、学、研、加、销一体化，联谊中介，通过棉花学会将各方有机联系起来，各取所需，各得其所，促进共同发展，把学会办成一个政府需要，会员难舍难分值得留恋的权威机构、经济效益共同体，引导参与国际竞争。

（4）建立网站加强信息交流。

（5）办好两刊，《棉花学报》每年有 1 ~2 期英文版，便于国际交流。

（6）成立专业小组，根据国家棉花生产重大需求进行工作，提供研究报告，供国家棉花生产决策参考。

同志们，新世纪、新机遇，有待我们共同开拓！新技术、新产业，有待我们共同运作！新经济、新挑战，有待我们共同拼搏！我们有信心迎接挑战，有信心将中国棉花学会办成令人留恋向往的棉花之家。

步入新世纪的中国棉花学会

——在中国棉花学会2002年年会上的开幕词

中国棉花学会理事长　喻树迅

（2002年8月15日　新疆维吾尔自治区库尔勒）

各位领导，各位来宾：

首先，请允许我代表大会向自治区党委、自治区人民政府、自治区科协、自治区农科院、自治区农业厅、兵团农业局、新疆棉花学会、新疆农业大学等单位表示感谢！

向巴州党委、巴州人民政府、巴州农业局、巴州农技推广中心、巴州地区农科所、农二师及二十九团、库车县党委、新科种业、天丰种业等表示特别的感谢！

向为这次大会成功召开做出辛勤工作的会务人员以及工作人员致以衷心的感谢和致意！

你们为这次大会创造了良好的环境、提供了良好的条件，使每位代表感到宾至如归，一到库尔勒就融汇在博斯腾湖，随着孔雀河流向广阔无垠的草原、沙漠、绿洲，也充分显示了巴州领导解放思想、容纳百川的精神，吸引着人们在这块美丽的土地上真诚合作，共同发展，为建设更加美好的巴州做出贡献！为此，再次向你们表示感谢！

同时，我要郑重提议：8月17日是我国棉花界老前辈季道藩先生的80岁生日，我们为80年前中国诞生了一位棉花之星而庆幸，为80年后的今天有这样一位棉花大师而骄傲。在他80大寿之际，我们为他欢庆、祝贺！愿季老健康长寿，老“季”伏枥，志在千里，为棉花界做出更大贡献！

我还要告诉大家一个令人振奋的特大喜讯，由中国农业科学院棉花研究所主编，以黄滋康先生为首，季道藩、潘家驹、刘金兰、汪若海、项时康、承泓良、周有耀等先生审编，棉花界精英经历几年努力撰写的《中国棉花遗传育种学》已编辑成功，即将出版！这本书凝聚了棉花界的思想精髓和丰富的经验，为后人提供教益，是一本世纪巨著！我提议：向为这本书成功诞生付出心血的主要编写人员和以黄滋康为首的编审人员，表示衷心的感谢和祝贺！

库尔勒非常美丽，美丽的孔雀河清流直下，哺育着下游广阔的绿洲。库尔勒的美丽，更在于她的深博，她是中国土地面积最大的州——有48万平方千米！她有中国最浩瀚的沙漠——塔克拉玛干沙漠！有中国最大的内陆淡水湖——博斯腾湖！有中国味道最鲜美的水果——库尔勒香梨。在库尔勒成功召开中国棉花学会2002年年会，预示着在新世纪入世后，中国棉花学会在国际大舞台上将有令人刮目相看的表现！有令人意想不到的作为！这次年会，要充分体现第六届理事会所确定的宗旨，即将协会、学会内涵同时赋予学会，将中国棉花学会办成内涵丰富、生动活泼、影响力强的学会。能融合政府对我国棉花发展的相关政策、科学研究的最新动态、产品公告的最新信息、科研论文的最新版本、当年棉花生产最新景气分析。通过年会，推出一本高质量的论文集、一次当年棉花发展热点讨论、一个当年棉花生产景气分析预告、一回最新研究成果的信息发布、一份棉花发展政府宏观指导意见、一次充满友谊深情新老朋友的集会。

这次会议，将对入世后棉花发展研究进行充分讨论；对今年棉花生产作景气分析、对最新研究成果进行信息发布、对最新研究内容做学术讨论。这次大会共有来自全国各地与棉花产业相关人员300余人参加，堪称中国棉花学会规模最大、人员最多、行业面最宽的一次盛会。我相信这次大会的成功召开，将对入世后我国棉花发展起到很大的推动作用。

明年，学会将围绕我国棉花转型——由数量型转变为质量型这个热点问题进行充分讨论。前几天，农业部在郑州召开了全国棉花质量工作会议，提出在新疆发展以适纺30支纱的原棉为主体、黄淮流域发展40支纱原棉、长江流域发展50支纱原棉，进行品种区划种植，基本解决“三丝”问题，按10：75：15的比例生产高、中、低档原棉，形成不同比例、不同档次搭配合理的格局，提高我国棉花纤维品质，发展多用途、多类型、多档次的优质棉。我们要积极落实全国棉花质量工作会议精神，从品种资源、遗传育种、栽培植保、基因克隆、基因转化、单品种区划种植、棉花加工、产业化经营、优质棉配套栽培技术等方面全方位探讨提高纤维品质的方针策略，给政府部门提供参考。

朋友们，棉花学会是我国棉花界的一个民间组织，只要我们努力工作，一定会不断赋予她新使命、新内容，发挥新功能、新效果，做到功能不断延伸，影响不断扩大，形式不断创新，成为一个生动活泼、每年期盼参与、人人离不开的学会。

我相信，我们的目标一定能达到！

抓住机遇　迎接挑战

——在首届全国棉种产业论坛开幕式上的讲话

中国农业科学院棉花研究所所长兼党委书记　喻树迅

（2002年9月9日　河南安阳）

女士们、先生们：

上午好！

首先请允许我感谢中棉所科贸公司主办了首届全国棉种产业论坛，河南中棉种业短季棉公司、山东省中棉种业公司、安徽禾源种业公司、河南南阳中棉种业公司、安阳九采罗产业公司协办了这次论坛，更要感谢刘金海先生策划了此次活动，使全国棉业界的同仁志士齐聚一堂，畅谈我国棉业发展大计。

在21世纪的今天，中国入世，畅迎世界宾朋，农业首当其冲，迎接机遇和挑战。全世界最具实力的孟山都生物技术公司，第一个进入中国棉种市场，他们以雄厚的经济实力，灵活的经营策略，过硬的高新技术迅速抢占中国棉种市场。这是好事！使国人猛醒，意识到高科技兴国的意义！使国人觉悟，中国的棉种产业如此不堪一击！使国人激奋，要团结一致，振兴中国棉种产业与国外抗衡！

如今在外部强大压力下，我国具有世界领先的双价抗虫基因克隆出来了，国际上第一个双价转基因棉花新品种中棉所41培育出来了。中棉种业公司等专业棉种公司正破土而出。他必将能成为参天大树！挑战和机遇并存。我们成功地将这场危机转化为一次机遇，只要我们利用好这次机遇，我们就无往而不胜，就能立足国内走向国际！

我希望这次论坛能够为大家提供一次学习做棉种产业的机会，使每个人在思维、观念上有所收益，并能学以致用，使我国棉种产业迅速发展，参与国际竞争！

我相信经过不懈的努力，百折不饶的奋斗，我们一定能取得最后的胜利！

我疾呼：全国棉种业同仁团结起来，为实现这一目标而奋斗！

预祝大会成功。

谢谢大家。

建立高新技术产业　促进棉花科技发展

——在国家计委转基因抗虫棉种子产业化项目综合试验楼剪彩仪式上的讲话

中国农业科学院棉花研究所所长兼党委书记　喻树迅

(2002年9月　河南安阳)

女士们，先生们：

在硕果累累的金秋，我们迎来了中棉所最激动人心的时刻，安阳开发区国家计委转基因抗虫棉种子产业化项目综合试验楼落成剪彩。这标志着中棉所从农村走向城市，从一把尺子、一杆秤走向高精度仪器、基因克隆，生活从农村节奏走向城市现代节奏，所有这些都是在国家计委、农业部、中国农业科学院、河南省、安阳市、安阳开发区的领导下取得的。实现这次由农村走向城市的战略转移，对中棉所人是一个重要的发展契机，我们利用项目完成了科学研究所需要的条件建设，并顺利实现了项目要求，建立了高新技术产业，目前我们在新疆、山东、河南、安徽、海南设立了生态试验站，组建了五大区域公司，并在此基础上组建中棉种业集团公司，争取通过几年的努力，完成上市目标，以形成中国棉花的龙头企业，参与国际竞争，形成中国的“孟山都”，对我国棉花科技的发展做出更大的贡献。

在今天令人振奋的时刻，我们中棉所人欢迎各级领导到我们所检查指导工作，欢迎各位朋友到中棉所交流经验，并希望各位宾朋常回家看看，在我所发展的道路上多提宝贵意见。

我们深知中棉所在中国棉花事业中所处的地位和肩负的历史使命，虽然工作条件有所改善，但艰苦奋斗的精神不能丢，兢兢业业的敬业精神不能丢。我们将在现代化的生活气息中，凝聚情操，在高科技设备有利条件下，提高我们的科研水平，做出更大的成绩，取得更大的成果，将中棉所建成国际一流的棉花研究所，在生物技术、遗传育种等研究领域达到国际领先水平，跻身于世界先进行列。在各位领导和朋友的关心和支持下，我们的目标一定能达到！

谢谢大家！

依靠高新技术　做大做强棉花产业

——在全国农业科技活动年转基因抗虫棉现场会上的讲话

中国农业科学院棉花研究所所长兼党委书记　喻树迅

（2003 年 8 月 23 日　河南安阳）

尊敬的各位领导、女士、先生：

今天非常荣幸在中原古都——安阳迎接各位光临，迎接农业部农业科技年国产优质转基因抗虫棉现场会在中棉所召开！这是我所全体职工的荣幸，是对我们工作的支持与鼓励，特别是各级领导，更体现了对实现三个代表，科技为第一生产力的高度重视，我谨代表中棉所全体职工对各位的到来表示最热烈的欢迎和最衷心的感谢！

在高科技迅猛发展的今天，谁拥有知识产权，谁拥有高新技术，谁就拥有发展的主动权，谁就拥有对时代发展的控制权。阿富汗战争、海湾战争和今年的伊拉克战争都清楚的证明了这一点。21 世纪是生物技术的世纪，高科技的发展将成为时代主题，将成为经济发展的导向，将成为经济发展的支撑点、热点与亮点。一个个奇迹将不断创造，一个个惊喜将不断出现，一个个基因将不断被克隆、复制。克隆羊、克隆牛不断亮相，功能基因组学、蛋白质组学、酶工程、生物信息等新的学科不断建立、丰富，着实让人兴奋、激动！

20 世纪 90 年代，美国孟山都高科技转基因抗虫棉进入我国市场，迅速以现代产业经营理念，以高科技、高风险、高投入、高回报投资模式冲击我国棉种市场，一度占领我国转基因市场 95%。它是坏事——证明我们落后、别人先进；但也是好事，激奋我国棉业界同仁的爱国心，民族自尊心，已引起了中央到地方各级领导的高度重视，使棉花科技界奋起直追。

如今我国具有知识产权抗虫基因、抗病基因、兔毛角蛋白基因、蜘蛛丝基因等都已克隆并正在转化。我所应用中国农业科学院生物技术研究所双价 *BT* 基因育成的双价转基因抗虫棉中棉所 41 第一个进入国家审定，比美国 33B 增产 15% 左右。中棉所 45 表现优质、抗枯黄萎病、显著增产。同时我国抗虫棉品种在生产上的面积从原来仅 5% 到如今约 40%，随着高科技棉花新品种中棉所 29、38、41、45 和全国兄弟单位的好品种的不断出现，我国自育的转基因棉花占有主导地位为期不远了！

同志们，让我们以农业部农业科技年为契机，大力推进我国棉花高科技的发展，让我们团结一心、同心同德，将我国棉花高科技做强做大，冲出亚洲，走向世界！

再次感谢各位领导的光临，感谢各位朋友的支持和新闻界朋友的大力支持。

谢谢大家！

强强联合　发展棉花事业

——在转基因抗虫棉种子产业化经验交流暨中棉种业长江有限责任公司成立庆典上的讲话

中国农业科学院棉花研究所所长兼党委书记　喻树迅

（2003 年 9 月 5 日　安徽合肥）

尊敬的各位领导、各位专家、各位来宾，女士们、先生们：

炎热的合肥，阳光灿烂，热情的合肥高新区，海纳百川。在春花秋实的九月迎来中棉种业长江公司的成立庆典，它的到来凝聚了合肥高新区管委会领导的心血，凝聚着合肥市领导的支持，凝聚着安徽省领导的期望。在此，我谨代表中棉所全体干部职工向在百忙之中前来参加庆典的各位领导、专家和来宾表示最热烈的欢迎和最衷心的感谢！

在知识经济高速发展的今天，在高新技术为经济支撑点的 21 世纪，谁拥有知识产权，谁拥有克隆基因的技术平台，谁就拥有经济发展的热点和闪光点。20 世纪的高技术支持美国经济的发展经久不衰，21 世纪我们不能再失去生物技术发展的历史机遇。在棉花生产上，第一代转基因技术即抗病、抗虫、抗旱等基因给生产者带来好处——少投资，第二代优质基因——兔毛角蛋白基因、蜘蛛丝基因、红蓝黑色基因，将给广大消费者带来惊喜，带来福音，带来温暖，带来五彩缤纷的美丽。第三代转基因将成为生物反应器，为我们提供万紫千红的药物、稀有元素、保健品等。总之，生物技术就是强大经济的原动力和支撑点。我们与安徽宿州市种子公司、安徽润禾棉业公司、东至县良种棉加工厂在合肥组建中棉种业长江公司，整合各方优势、强强联合在长江流域创建一流的高科技企业、一流的高科技研发中心、一流的高科技产业体系，参与国际竞争。我们有信心，不会辜负安徽省各级领导和大家的支持与厚望，一定能创造一个个惊喜与奇迹，为安徽省及周边地区科技创新与经济发展做出贡献。我们坚信，有各位领导的厚爱与支持，有各位专家和企业家的积极参与，有中棉长江公司全体员工的奋力拼搏，我国棉花高科技产业一定能做强做大，冲出亚洲，走向世界！

再次感谢各位领导、各位专家和来宾的到来，感谢各位朋友的支持和新闻界朋友的大力支持。

祝中棉长江公司在这块沃土上茁壮成长，发扬光大。

跨越计划　实现了农业科技从成果到推广的跨越

——在2003跨越计划项目发布会上的讲话

中棉所36及其生产技术的集成研究与示范首席专家
中国农业科学院棉花研究所所长兼党委书记　喻树迅
(2003年9月11日)

尊敬的张宝文副部长①、尊敬的各位领导，女士们、先生们：

在今天的农业科技年跨越计划项目发布会上，我作为项目代表有幸在大会上发言，深感荣幸。我一定将此荣幸作为促进下一步工作的动力，落实在我们今后的各项工作之中，并做出成效。

跨越计划是促进农业成果熟化，形成配套技术，促进产业化，农民增产增收的有效途径，实现了农业科技从成果到推广的跨越，效果显著。我们承担的“中棉所36及其生产技术的集成研究与示范”项目，在农业部科教司的领导下，在新疆生产建设兵团科委的指导及协助下，全面、超额完成了各项任务。

下面，我就项目的实施情况，特别是在项目执行过程中作为技术依托单位、首席专家的作用谈一点体会，说得不到的地方请大家批评指正。

一、项目实施概况

(一) 熟化和完善核心技术

棉花新品种中棉所36是本项目的核心技术，第一，我们采取系统选育方法，用生化遗传辅助选择新技术，以SOD、CAT、POD等酶类为指标对其种性进行改良提高：①中棉所36的纤维长度从28.5mm提高到30.1mm，强度由31.64cN/tex增加到34.6cN/tex，麦克隆值仍维持4.5，品质有了根本性改善，纺纱能力从纺42支纱提高到纺60支高支纱，为我国纺织、服装工业出口创汇提供了品质支撑；②种性改良使中棉所36的皮棉产量比原品种提高10%以上；③种性改良使中棉所36的抗寒性更适合新疆气候。2001年北疆气温偏低，特别是7月份几天急降温，当地几个主推品种受害叶片干枯，蕾铃脱落，而中棉所36表现青枝绿叶明显抗寒性，比其他品种增产30%~40%。第二，对中棉所36进行了抗虫Bt基因转化，育出了高抗棉铃虫的早熟棉花新品系sGK中394，在全国区试中比对照增产29%，成为内地麦棉两熟的转基因抗虫新品种，使中棉所36的优质、丰产、抗

① 时任民盟中央副主席，农业部副部长

病特性在内地也能表现。

（二）加强技术集成配套

根据北疆气温的特点，棉花生长前期低温，后期降温快，中间偶有冷害和干旱，我们设立了相应课题组进行研究。①平衡施肥与推荐决策系统，明确了中棉所36在北疆平衡施肥原则：氮肥18～23kg，作基肥比例为40%～80%，磷肥每亩5～10kg，钾肥5kg；②高效节水技术每亩节水55～75m^3，75%覆膜度为最佳；③简捷栽培技术可减少整枝总次数，进而减少成本；④生物、生态控害技术可使天敌有效增加，减少治虫成本；⑤原棉质量控制标准有利于减少“三丝”污染，提高原棉质量；⑥并将此形成专家软件系统，进行技术系统集成。通过配套技术使中棉所36在不同气候年份，表现高产、稳产、省力、高效。

（三）做好宣传、推广、示范

在技术集成的基础上，通过建立技术示范片、开展技术培训等方式，使技术成果迅速推广转化为生产力。同时按产业化思路运作项目，将中棉所与新疆兵团紧密联系起来，一方面推动项目的顺利进行，另一方面也为技术的推广提供动力。

1. 举办技术示范片

先后分别在135团、石河子总场农业高新技术园区和石河子总场建立了3万多亩的技术示范田，接受兵团及地方棉花生产单位的参观访问。三年来，先后参观人数达万余人次。

2. 开展形式多样的技术培训

召开了“中棉所36及其生产技术的集成研究与示范”现场观摩等技术培训会议。来自全国及新疆自治区和生产建设兵团的相关领导、专家、棉花界同仁以及棉花生产单位约数百人参加了会议，通过对中棉所36种子田和基础种子田参观，对中棉所36技术集成试验的观摩，大大促进了项目技术的迅速推广。

3. 针对生产中的问题，组织相关专家深入生产第一线

针对新疆棉花生产中的棉纤维比强度较低、含糖高以及棉花蚜虫为害、黄枯萎病为害、水资源短缺等情况，我们组织相关专家专门对各项技术的应用方法进行了研究和调整，提出种植抗病品种、实施节水技术、简化管理等生产技术措施，解决了棉花生产中遇到的问题，使棉花生产者得到实惠。

此外，派专人到种子生产基地协助做好田间纯度检验和去杂工作，全程跟踪质量控制。对不符合质量标准的棉田进行严格去劣去杂。对去杂后仍不符合质量标准的棉田坚决不予作种子田。

二、技术、产业、经济效益大丰收

通过项目的实施，使平衡施肥技术、高效节水技术、简化管理技术、病虫害控制技术和原棉生产质量控制技术等配套技术实现有机集成；并总结其性状最优化时的技术集成状态或技术参数，形成规范化技术体系（规程），同时形成计算机模式化信息系统产品。项目实施过程中，我所育种、栽培、植保、生物技术、质量标准多学科有机配合、同步发展，整体实力得到了提高。特别是通过项目实施，我所开辟完善了生化遗传辅助育种研究

领域，为加快育种进程找到了一条新的技术路线。

同时，按产业化的思路运作跨越计划项目。项目实施前，未对成果进行产业化运作，成果推广速度慢，转化率低。承担跨越计划项目后，我所在新疆维吾尔自治区石河子市与农八师合作，以中棉所36为核心技术，组建了新疆石河子中棉种业有限公司，通过现代企业运营模式，与当地资源优化配置，并通过项目运作建立了石河子生态育种试验站，对核心技术熟化并实施配套技术组装，为公司带来了显著的经济效益，也给当地团场种子公司带来丰厚利润，仅2002年度相关公司经营中棉所种子，获得利润在1 000万元以上。项目实施三年来，中棉所36累计辐射200万亩（1亩≈667平方米，下同），比合同规定的10万亩面积扩大20倍，带来了巨大的社会效益。本年度双方股东同意增资扩股，农八师领导为公司做大做强创造了良好的环境，免费在高技术开发区划拨110亩地作为公司研发中心。我所拟投资几百万元建设研发大楼和公司仓库，使公司发展进入良性循环。

通过项目的实施取得了显著的经济效益和社会效益，三年来，相关种子企业经营中棉所36种子直接利润达3 000万元以上。棉农每亩棉花多获利150元，三年累计推广200万亩，共增收3亿元，同时有良好的生态效益和社会效益。

三、几点体会

（一）中试熟化经费支持是成果快速有效转化的关键

作为一名科技工作者最困扰的是研究出的科研成果不能快速转化为生产力。以往我们的新品种历经十余年培育出来后，由于核心技术不能熟化、配套技术无钱组装，产业化无从谈起、只能自生自灭，而跨越计划有效解决了上述问题。所以跨越计划项目促进了机制创新，使中棉所36破土而出，显示出强大的生命力。

（二）良好的项目运作机制是项目成功实施的保证

该项目采用项目实施地属地管理，项目实施目标明确，管理到位，效果明显。兵团科委作为项目实施主管部门，为项目实施创造条件，服务到位，在有关领导的支持和管理下，协调农八师各方面力量开展工作，及时解决存在问题，并每年进行项目进度检查，现场验收。中棉所36推广速度如此之快，公司组建如此顺利都与兵团领导、农八师领导大力支持分不开。

（三）项目的实施促进了各学科的结合

在项目实施中我亲身体会到，项目研究创新效果显著，现在由于有高强度的经费支持，将大学科研单位、生产单位、公司组合一体，调动土肥、节水、植保、栽培、信息等多学科专家集体攻关，同在一起吃住、研究，发现问题就地解决，研究成果共同分享，表现出崭新的合作机制和高效集成多学科研究成果的运作方式。

（四）项目的实施加强了科技与经济的结合

农业成果与当地经济发展有效结合以往脱节严重，通过跨越计划实施，创造了单位利益和棉农利益，生态效益和社会效益，体现了先进生产力的力量，为农民增收做出了贡献，充分体现了“三个代表”的精神，为实现“三个代表”在农村的体现提供了科技支撑。由于跨越计划以全新机制介入，在项目实施中取得了事半功倍的效果，对以往无法解决的问题、难题，无法跨越的障碍，都迎刃而解。目标任务全面跨越完成。如在成果熟化、配套技术等需要多学科协作，以前无法解决，现在跨越计划将多学科集合研究，跨越了合作障碍。研究水平、技术成果跨越发展。在以往研究成果要在当地搞公司，受地域观念限制很难成功。现在由于在当地实施跨越计划，当地管理、当地受益，使观念跨越转变，产业化跨越发展。我所以中棉所36种子产业化模式先后在主产棉区创办8个合资种子公司，2002年度首次突破利润1 000万元。现在正积极策划运作组建中棉种业集团公司，希望能在不远的将来挂牌上市。

（五）促进改制工作

项目的实施，促进我所的改制工作，使我所分流100多人到产业发展部门，为我所体制改革开了先河。

（六）改进北疆棉花品质

通过项目的实施，北疆棉花的品质得以改进，产量得以提高，但制约新疆棉花生产的因素仍然存在，如棉纤维强度较低、棉花病虫为害以及水资源短缺，这些都将作为我们今后的科研主攻方向和目标。

（七）建立稳定的合作关系

通过项目实施，在企业、农民之间建立起了良好的稳定合作关系，为今后的成果转化打下了坚实基础。在产业化过程中，科技人员作为公司聘请专家无偿为农民提供技术服务，找到了用武之地。

在此我代表项目承担单位衷心感谢财政部的大力支持、农业部科教司、主管部门的通力合作，使我们能参加跨越计划项目，我们一定不辜负各级领导的期望，将项目精心组织、科学实施，将每一分钱都用在刀刃上，多出成果、出大成果，为服务农业，服务农民，做出积极有益的贡献。

谢谢大家！

人才兴所　走向世界

——在“实施人才兴所战略动员大会”上的讲话

中国农业科学院棉花研究所　河南省棉花科学研究所
所长兼党委书记　喻树迅
（2004 年 3 月 28 日　河南安阳）

尊敬的各位领导、各位来宾：

今天，我所特邀请到科技部、农业部、河南省、中国农业科学院、安阳市等领导在百忙中出席本次大会，这是我们中棉所人的殊荣，是对我们的厚爱！我提议：我们以热烈的掌声感谢各位领导对我所的关心、支持与鼓励！

在春风送暖、万物更新、人才兴所的春天，各位领导的光临指导更使这个春天生机昂然、春潮涌动！中棉所将借此大好机遇意气风发、万马奔腾，必将人才辈出。因此，我代表中棉所人对各位领导的莅临指导表示最衷心的感谢和最热烈的欢迎！

根据党中央、国务院《关于进一步加强人才工作的决定》和中国农业科学院翟虎渠院长关于大力引进急需人才的有关工作部署以及培育关键人才和未来人才的指示精神，参照中国农业科学院杰出人才有关办法，结合我所自身发展需要，推出了人才兴所战略。

中棉所在各级领导的关怀和支持下，46 年来的发展，已初具规模，取得科研成果多项，其中：国家发明一等奖 1 项、国家科技进步一等奖 4 项，占全国棉花行业界国家级一等奖总数的 80%；棉花新品种在生产中的推广面积占 50% 以上。2003 年度根据农业部统计，国产转基因抗虫棉从 1996 年占棉花推广种植面积的约 5% 已上升到 60%，中棉所转基因抗虫棉品种占国产转基因抗虫棉品种种植面积的 60%，美国转基因抗虫棉品种在我国的种植面积从 1996 年的 95% 到 2003 年已下降到约 40%，从而实现了我所科技创新与产业发展的战略性突破！但是在科技产业与成果转化方面不能盲目乐观，要有风险意识。美国的多价转基因棉花品种正在我国申请专利，我国在高科技领域面临更大的挑战！这是国际人才竞争的现实表现。因此，根据我所的发展情况提出人才兴所战略，其主要目的是在高科技领域、产业发展、管理等方面培养一大批优秀人才，以适应国际竞争。中棉所要通过人才培养形成自己的核心竞争力，即别人偷不去的专利产品、买不到的优秀人才、拆不开的互补性、带不走的凝聚力、溜不掉的专业技术知识，并形成自己的企业文化，建立学习型企业，力争形成我所强大的创新能力与核心竞争力！为此我所制定并实施了 8 个激励人才成长的措施，如招聘人才的相关规定、成果奖励、论文奖励、开发创收奖励、杰出贡献奖励等，已建立了一套激励人才辈出的良性动作机制，坚定不移地不拘一格降人才！

考虑到未来发展，我们紧紧围绕“非营利性科研机构”在科技创新的学科设置上，设所一级学科9个、所二级学科41个，制定了《全员聘任制实施办法》。按照核定的我所非营利性科研机构创新编制160人，其中固定岗位128人、流动岗位32人，目前创新固定岗位已聘用99人，另29个创新固定岗位向国内外通过吸引、招聘途径逐步充实；在创新岗位中，聘用所一级学科的一级首席专家1人、二级首席专家3人、三级首席专家2人，所二级学科的一级主题专家3人、二级主题专家9人、三级主题专家8人、主题专家助理8人，学科执行人39人，实验与技术主管人员15人；在已聘用的科技创新岗位中，有博士5人、硕士13人，博士生导师4人，国家级专家1人、部级专家6人，“百千万人才工程”一、二层次人选1人，部“神农计划”提名人选3人，院跨世纪学科带头人3人，院一级岗位杰出人才1人、二级岗位杰出人才1人、三级岗位杰出人才8人，正高级职称10人、副高级35人。

在国际交流与合作方面，我们已与美国5所大学建立了合作关系，美国孟山都公司也有与我们合作的意向，每年所筹集经费100万元、带动课题组100万元、争取948等项目100万元，3年拟筹集约1 000万元，力图将人才与资本相结合，分3个层次培养人才，主要措施如下。

一是请国内外知名专家、学者到我所做客座或特聘教授，进行讲学与合作研究；

二是我所今年组团到国外培训、考察，将业务骨干分批送到国外，以扩大思维空间、开阔发展视野、转变观念；

三是今年拟派3～4名业务骨干出国作访问学者和攻读博士学位；

四是面向国内外招聘急需的学科带头人，年薪10万元（人民币）、130平方米的住房1套、课题启动费100万元。

通过上述主要措施，我们要培养一大批创新人才、管理人才、经营人才和高技能人才！

同志们，我相信在各级领导的支持下，我所全体职工一定会更加敬业爱所、奋斗不止。要实现我们的奋斗目标——在我所棉花遗传育种等优势领域不仅要做中国的“领跑者”，还要做世界同行的“领跑者”！在不远的将来，使我们的棉花新品种要进入到国外主产棉区，我们的公司一定会走进国际市场，我们将会使中国的棉花开遍全世界！

谢谢大家！

团结一致　提高棉花科技水平

——在中国棉花学会 2004 年年会上的开幕词

中国棉花学会理事长　喻树迅

(2004 年 8 月 9 日　湖北宜昌)

女士们、先生们：

在湖北省棉花学会、湖北省农科院作物所、湖北省农业厅种植业处、华中农业大学植物科技学院、西南农业大学生物技术学院的努力下，在宜昌市政府支持下，中国棉花学会 2004 年年会在湖北宜昌市召开，我代表中国棉花学会、代表全体与会人员向上述单位和会务人员表示衷心的感谢！

宜昌是巴楚文明发源地，诗人屈原、圣人关公、美人王昭君，一代代人才辈出！

历史悠久的夷陵古城，正焕发出勃勃生机。金色三峡，银色大坝，绿色宜昌，一个最适宜人类居住休闲的水电旅游名城正在悄然崛起，在这里举办中国棉花学会，聚人气、仙气，壮中国棉花之豪气！在各省棉花学会的支持下，本届棉花学会根据理事会的要求，转变学会职能，把几年一次的学术交流会改为年会，将纯学术讨论改为对棉花产业各环节进行研究，各行业人员均可参加。两次年会朝气勃勃、生气昂然，参会者十分踊跃！在美丽浪漫之都大连和美丽孔雀河所环绕的新疆库尔勒，参会人员均超过 200 人。本届年会由湖北省棉花学会承办，他们策划创意独特的宜昌会，参会人员创历史之最，达 450 多人！我不敢妄言这将后无来者，但定是前无古人！会议汇集全国棉业界各阶层精英，将乘坐豪华游轮追随诗人李白壮丽诗篇，去观看朝辞白帝的彩云、感受千里江陵一日还的浪漫、聆听两岸啼不住的猿声、满怀豪情穿过万重山，达到胜利的彼岸——重庆！借此东风我们将奏响中国棉花科技的最强音，一年更比一年响！我们将共同推进中国棉花科技历史进程，劈开千重浪，达到光辉的彼岸！

中国棉花学会是我国棉花工作者之家，是一个舞台。我们要充分利用这个舞台，研讨科学问题、生产问题和产业发展等问题，当好政府参谋和棉农益友！以往 3 年的工作，学会工作在秘书处的努力下，在各省学会的支持下，取得了显著的成绩，增加了会员，扩大了影响，拓宽了交流渠道，但还需要加强如下工作。

第一，学会扩展思路，扩展空间。

扩展内涵。思路决定出路，胸怀决定规模！中国棉花学会要定位成有国际影响的学会，必须进行年会组织形式、内涵扩展等方面的创新。学会发展的制约因素是经费，经费问题如果得以解决就会使学会插上自由的翅膀，任意翱翔！这次由湖北棉花学会承办的宜昌年会做出了榜样！今年年会估计可以做到以会养会、略有盈余。时代的飞速发展，学会也要跟上时代的步伐。美国亚特兰大奥运会通过个人承包，第一次变为有赢利的运动会；我国足球通过商业化运作产生无限生机。我看棉花学会年会要通过组织形式的创新，机制创新，进行商业化运作，走向良性循环；承办单位原则上在本省召开年会，但也可在非产棉区如广西、广东、云南、西藏等省召开，也可通过请进来走出去到国外召开；也可以由棉种公司或专业公司来承办。试想如将办会的经济负担转变为经济赢利，承办者何乐而不为?

同时年会的内涵要扩展，要让更多的人参会！要使参会人员各得其所，有所收获，要给政府提出有关棉花的重大科技问题和解决办法，对生产问题做出快速反应，建立预警系统，如本年度棉花价格暴涨暴跌的预警。

第二，从下届年会起每年年会的学术论文集以棉花学报增刊的形式印发。

为保证论文质量，开展网上优秀论文评选和专家评选相结合，评选出优秀论文。每年论文集要登出优秀论文评选条件、标准和网址，让更多人参加评选，保证评选过程公平、公正、公开。

第三，通过大家的努力，我国转基因棉花品种的面积从1995年占5%上升到今年的60%，美国品种从95%下降到40%，这是我们棉业界的一大胜利。

但要看到别人还有很多新的基因未投放市场，如果我们不研究生物技术发展战略，利用这一有利局势联合攻关，当别人将新技术投放市场时，我们将一筹莫展。因此为加强棉花生物技术的快速发展，加强上下游的联合，加快我国棉花产业的发展，建议明年年会以棉花生物技术发展与产业化为主题，进一步加快我国棉花生物技术与产业化结合的进程。

女士们，先生们，我们的事业无限光明，我们的胜利来之不易，要加倍珍惜，努力工作，为使我国棉花科技达到世界先进水平而奋斗。让我们团结起来，携手共进，我们的理想一定会实现！

谢谢大家！

搭建交流平台 发展彩棉产业

——在中国棉花学会天然彩色棉花专业委员会成立大会上的讲话

中国棉花学会理事长 中国农业科学院棉花研究所所长 喻树迅

（2005 年 6 月 8 日 新疆维吾尔自治区）

今天我们从四面八方汇集在新疆维吾尔自治区（以下简称新疆）中国彩棉科技园，共庆中国棉花学会天然彩色棉花专业委员会成立大会隆重召开，共谋中国彩棉产业的兴旺与发展。经过与会代表的共同努力和广泛酝酿，大会选举产生了中国棉花学会天然彩色棉花专业委员会组成人员。现在，我宣布中国棉花学会天然彩色棉花专业委员会成立了。天然彩色棉花专业委员会的成立是彩棉业发展的一个里程碑，具有划时代的意义，是中国彩棉人的骄傲，也是中国棉花学会发展中的一件大事，标志着彩棉业已进入有序竞争、和谐发展的新阶段。

中国棉花学会一直非常关注和重视彩棉产业的发展，经过认真的调查研究和反复论证认为，发展彩色棉花产业，将有利于保护生态环境，有助于人类健康和文明，有利于种植业结构调整，是一个新的经济增长点，将为人类创造更加美好的生存环境和促进世界经济持续发展作出贡献。

新疆有着得天独厚的自然条件，非常适宜棉花生长，新疆的棉花高产优质，在国际国内具有十分重要的地位。以中国彩棉集团公司为代表的新疆彩棉业是新疆棉花产业发展的一个重大突破，不仅有力地促进了新疆棉花的结构调整和产业升级，增强了市场竞争力；同时，也促进了农业、种植业的结构优化，增加农民收入，为新疆的稳定和发展做出了积极的贡献。目前，新疆拥有的通过审定的 7 个彩棉品种，分别占全国和世界彩棉品种的 58% 和 44% 。彩棉分子标记建立等多项科研成就具有国际先进水平，彩棉种植面积占全国的 80% 以上，所开发的产品获得了“新疆名牌”和“中国名牌”称号。正是由于新疆在彩棉产业上所做的不懈努力，从而直接推动了彩棉这一新兴产业成功走向市场、迈出国门，成为棉花产业中不可或缺的重要组成部分。

天然彩色棉花专业委员会的成立，是彩棉产业发展到一定阶段的必然需要，也是广大彩棉科技工作者和从业人员的一致呼声和愿望。它搭建了彩棉产业领域的沟通、交流平台，成为彩色棉各方面从业人员之间互相联络的纽带和桥梁。我们要充分利用这个平台，研讨彩棉科研、生产和产业发展等问题。今后要重点开展好如下工作。

（1）加强委员会组织基础建设。

（2）利用中国棉花学会科研、生产、产业等优势解决彩棉发展中重大理论基础问题，提高彩棉的科技创新能力。

（3）强化信息服务，不断提升整合行业优势，做好信息交流、协调、统计等服务工作。

（4）以构筑诚信体系为重点，提升行业水准。

（5）加大宣传推广力度，促进国际交流与合作。

（6）全面开展行业培训工作。

新的起点　新的希望

——在中棉所乔迁庆典上的致词

中国农业科学院棉花研究所所长兼党委书记　喻树迅

（2005 年 8 月 8 日　河南安阳）

尊敬的张世英[①]副省长、尊敬的贾敬敦[②]副司长、尊敬的刘旭[③]副院长、尊敬的邓庆海[④]副司长、夏敬源[⑤]主任、尊敬的李发军[⑥]副书记、贾跃[⑦]副厅长、尊敬的马万杰[⑧]院长、冯祖强[⑨]院长、罗振峰[⑩]副院长，女士们，先生们：

今天是中棉所人值得永远纪念的日子，将永久载入中棉所史册。在科技部、农业部、中国农业科学院以及河南省政府、安阳市委、市政府的大力支持下，中棉所实现了由农村向城市的战略转移。值此之际，特向前来参加庆典的各位领导、棉花界同仁，表示最热烈的欢迎和衷心的感谢！

自 1958 年以来，中棉所扎根于安阳白壁镇，得到了各级领导的关怀和全国棉花界同仁的支持，创造了辉煌的业绩，获得了 4 个国家科技发明和科技进步一等奖，培育了 52 个棉花新品种，占全国棉花推广面积的 50% 左右，为国家棉花生产和纺织工业的发展起到了较大的推动作用。

进入 21 世纪，我们面临高新技术的挑战、国际高科技的竞争，中棉所人敢于挑战，化危机为机遇。坚持以人为本的工作思路，充分挖掘人的潜力，把每个人的优势无限放大，吸引人才，稳定人才，留住人才，实施以人才促发展的三步战略。第一步盖房子，发票子，定位子，稳定留住人才；第二步建平台、搭舞台、拉大框架用人才，给人才以用武之地；第三步实行国际化战略，凝聚高精尖人才。采取“请进来、走出去”的方式，与美国等国家棉花科技人员建立密切联系，聘请国内外知名学者为我所客座教授，进行合作

---

① 时任河南省副省长；

② 时任科技部农村科技司副司长；

③ 时任中国农业科学院副院长；

④ 时任农业部计划司副司长；

⑤ 时任全国农技推广中心主任；

⑥ 时任安阳市委副书记；

⑦ 时任河南省科技厅副厅长；

⑧ 时任河南省农业科学院院长；

⑨ 时任湖北省农业科学院院长；

⑩ 时任吉林省农业科学院副院长

研究，广泛参加国内外学术交流，每年投资300万元派科研骨干出国进修、考察。

近年来，借改革的东风，中棉所发生了重大的变化，出台了一系列有效的激励机制。支撑条件明显改善，新建科研楼、开发楼，温室、种质库等47 000平方米，是建所40年来建筑面积总和的6倍；项目经费成倍增长；职工个人收入成倍提高；开发纯收入超千万元，在新疆、安徽、海南、河南安阳购地、租地2万多亩，组建8家区域公司、设立6大生态试验站，初步形成较为完整的研发体系。

三年来，获得2项国家科技进步二等奖，培育10个棉花新品种。具有国际竞争力的转基因抗虫棉，以我所中棉所41、中棉所45、中棉所29和兄弟单位的国产转基因抗虫棉已成为主导品种，其种植面积从1995年的5%扩大到现在的70%，美国转基因抗虫棉从95%下降为30%。

我所主持的国家863计划项目和国家重大理论基础研究973计划项目“棉花纤维功能基因组学与分子改良”，协调兄弟单位，取得了突破性进展。建立了生化辅助育种和纤维分子标记育种等技术体系；得到了棉花纤维长、强相关基因克隆并在载体中表达。

女士们、先生们，“好风凭借力，送我上青云”。我们一定要借乔迁之机，加快发展，将中棉所建成资源共享的科技平台、产业平台、国际交流的平台，为我国棉花发展再做贡献，再创辉煌。

思路决定出路，胸怀决定规模，凝聚决定发展。我相信，有各位领导的大力支持，各位朋友的大力扶持，我们有信心、有能力在国际竞争中处于不败之地，让中国的棉花科技大放异彩！

携手共进　共创伟业

——在中国棉花学会2005年年会上的开幕词

中国棉花学会理事长　喻树迅
(2005年8月8日　河南安阳)

尊敬的刘旭①副院长、尊敬的朱明②副市长，女士们、先生们：

今天是我们棉花界盛大的节日——中国棉花学会2005年年会开幕了！感谢刘惠民等副理事长的提议，将今年的年会由广西省改在河南省安阳市召开。我谨代表承办单位中国农业科学院棉花研究所、河南省棉花学会、河南科技学院对大家的到来表示最热烈欢迎和衷心的感谢！

为了迎接诸位的到来，中棉所人热情地期盼。为了便于同诸位交往，中棉所实现了战略性转移，从白壁大寒村乔迁进了城市；为了盛情迎接诸位，中棉所披上节日的盛装，像美丽的少女呈现在诸位面前；楼前高大的雪松也专程从白壁赶来迎接你们；高大威武的雄狮从山东来到安阳欢迎你们；院中的小草为了赶赴这次集会，迫切地破土而出，给大家带来清新的绿色；喷泉、池水、红鲤鱼也从四面赶来与大家相约；影壁墙九龙壁上姿态飞扬的九条龙也从意大利赶到参加集会。

这次会议是一次人才荟萃的大会。美国新墨西哥州立大学张金发先生、Peggy女士特地从美国赶来，V. C. Patil先生从印度前来参加这次会议，他们将为大家做精彩的报告。我相信，这次大会一定会圆满成功！大家会不虚此行，牢记这一天。

在理事会的正确领导下，在诸位的共同努力与支持下，中国棉花学会欣欣向荣、蒸蒸日上，做出了以下成绩。

1　实现职能转变

本届理事会转变职能，将协会的职能集于学会，加强了产、学、研、科、工、贸的联合，实现了上中下游的对接。

2　实现了理事会提出的“一次会议、一个主题、一本著作、一个建议”的目标

每次会议明确一个主题，将学术论文编著成论文集，并就我国棉花生产中存在的主要

① 时任中国农业科学院副院长；

② 时任安阳市副市长

问题提出建议，为政府决策提供参考。

3 实现了理事会提出的“一次会议、一个平台、一次学术讨论”的构想

自2001年大连年会以来，参加会议人数连年直线上升，范围不断扩展，从原来仅有的学术讨论到现在生产、科研、院校、企业的参与，不仅给学会增添了活力，带来了勃勃生机，也加强了相互间的了解，增进了友谊。总之，棉花学会将越办越火，参加人数将越来越多，作用将越来越大。下一步，学会工作要不断创新，不断改进，提升竞争力，主要应加强以下功能。

（1）除要实现“一次会议、一个主题、一本著作”外，重点是要为我国棉花发展提供有影响力的建议。

（2）办好中青年学术研讨会，培养更多人才。

（3）唱响学会品牌。针对国家棉花生产、科研、产量存在的重大问题，适时召开棉花高层论坛，向政府提供高层次战略报告，为棉花生产与决策提供依据。

（4）实施国际化战略，将中国棉花学会办成国际性学会，扩大学会的影响力，吸引国内外棉花界人士参加，提高办会质量，争取在不远的将来把年会办成国际性千人大会。

同志们、朋友们，我们肩负使命，任重道远，要负重前进、永不言败！让我们团结一致，开拓进取，共创伟业，实现我们共同的目标。

科技创新促发展，“两无两化”主潮流

——在“全国棉花‘两无两化’栽培新技术现场观摩会”上的讲话

中国农业科学院棉花研究所所长兼党委书记　喻树迅

（2006 年 4 月 28 日　湖北荆州）

科技创新是兴国、强国的核心，科技创新是我们科技人员的历史使命。作为国家专业棉花研究所，承担的责任就是要以创新为着力点，推动棉花科技进步，以实现棉花生产发展，棉农增收，为国分忧，为民谋福。早在 20 世纪 80 年代我所率先开展短季棉育种，选育出生育期 110 天的短季棉新品种中棉所 10 号、中棉所 16，中早熟新品种中棉所 17 和中棉所 19，推动了耕作制度的改革，形成了麦套春棉和麦套夏棉两种新模式，有力促进了粮棉双丰收。中棉所 12 是我所 80 年代后期培育出的丰产高抗枯萎病兼抗黄萎病高产棉花新品种，它的育成引领全国棉花抗病育种进程，累计种植面积达到 1 亿多亩，创造出巨大的社会效益。20 世纪 90 年代，我所又率先在全国开展转基因抗虫棉研究，形成与孟山都相当的大规模转基因平台，培育出抗虫杂交棉中棉所 29，推广已有 10 多年，今天仍是一个主推品种。转基因抗虫棉中棉所 41、中棉所 45 等新品种的大面积推广，提升了我国棉花在高科技育种领域与国外的竞争实力。通过几年努力，我所与全国棉花界一道，把国产转基因抗虫棉种植面积从 1995 年的仅占 5% 扩大到 2005 年 80% 以上，国外抗虫棉则从 95% 下降到 20% 以下，这表明，依靠科技进步在短时间内赢得了这场国际高技术的竞争。

进入新世纪，我所栽培室以毛树春研究员为首的课题组，创新性地研究提出了棉花“两无两化”（即：无土育苗、无载体裸苗移栽，工厂化、规模化育苗和机械化移栽）栽培新技术，这是一项国家发明技术，是一项居同类研究的国际领先水平的科技新成果，有多项国家发明专利产品来支撑这项新技术。它的形成和示范应用，是我国棉花栽培史上继地膜覆盖、化学调控之后的第三个重大突破性技术，前两项技术发明于棉花，始用于棉花，又由棉花推广到其他大田作物，惠及天下，使农民受益。这项新技术的共用性已凸显，在农业生产中的前景光明。从运粮湖基地现场可见，规模化育苗和机械化移栽展现出现代化棉花生产的前景。从介绍的经验可见，襄樊瓜棉循环育苗扩大了应用范围，常德和安庆工厂化蔬菜与棉花育苗基地的典型很有说服力和影响力。“三高五省”技术效果很好，“订单苗子”和“订单移栽”已进入生产应用，受到农民的欢迎，当地政府的肯定与积极支持，也使科技界和生产界为之振奋和欣慰。它将推动棉花从卖种子转向卖苗子，又从“栽棉如栽菜”发展成为今天现场所见的“栽棉如插秧”。以此为标志，表明我国棉花栽培和生产管理走向一个新的里程碑，相信通过技术创新和机制创新必将培育出大的工厂化育苗和机械化移栽公司企业，大力推进订单农业，发展新型产业化经营模式，建立集团化的棉花育苗、移栽服务体系，使农民从繁重的体力劳动中解放出来。

同时，这项新技术还需与时俱进，不断创新提升技术水平，不断创新转化机制，实现依靠科技进步促进棉花生产发展、农民增收的目标。要通过努力建立几套体系，大力推进棉花生产现代化的进程：一是建立工厂化育苗、机械化移栽体系。培育形成棉苗移栽企业，推进大规模育苗移栽。二是技术上要进一步缩短缓苗期，达到返苗发棵的时间比营养钵移栽苗还要短。三是建立简便化、简捷化、傻瓜化的育苗和移栽生产体系。要研制就地取材、多样化的育苗新材料，进一步改进基质配方，形成新产品；完善多类型的移栽机具，更加方便农民，要让农民用得起，喜欢用，用得好，形成这样一种新技术。四是扩展应用领域，发展形成通用技术，建立综合育苗基地，推进“两无两化”在蔬菜、水果、花卉和林木育苗移栽上的应用，把“两无两化”发展成为一种新的农业通用技术。

同志们，技术进步需要领导支持，需要大家共同努力才能转化成现实生产力。任何新生事物都不是十全十美的，都有一个在实践中发现问题、解决问题的发展过程，如本技术要尽可能把缓苗期缩短到最短时间一样，逐步完善成熟到尽善尽美。因此，我衷心希望大家来关心这项技术，热情支持这项技术，共同推广这项技术，为农业发展、农民增效，为社会主义新农村建设贡献力量！

以人为本、求实创新　将中国棉花学会办成棉花工作者之家

——在中国棉花学会2006年年会上的讲话

中国棉花学会理事长　喻树迅

（2006年8月7日　河北保定）

在科技改革创新不断取得新进展、“十一五”规划的开局之年，我们在河北保定召开中国棉花学会第七次代表大会。首先我代表与会代表向承办本次会议的单位和会议工作人员表示衷心感谢。感谢他们用心血和汗水铸造如此完美的会务工作，给代表提供如此完善的开会环境。受六届理事会的委托，我向与会代表做中国棉花学会第六届理事会工作报告。

一、六届的主要工作回顾

（一）广泛开展国内外学术交流活动

1. 学术活动经常化

第六届理事会决定：每年举办一次中国棉花学会年会；每年形成一本学术论文集。所以从2002年起，学会每年召开一次年会（2003年因非典原因暂停）。年会的主要议程是学术交流和参观考察。

2001年在大连召开的第十二次学术讨论会，共收到论文200余篇，收录135篇。围绕会议主题，进行了大会报告和分会场交流。大会报告的有农业部、中国农科院及有关院校、科研单位的专家7人，分会交流31人，内容涵盖高新技术、中国棉业展望、品质区划及“十五”项目争取的宏观动态等，为会议提供了大量的宝贵信息。在2002年、2004年和2005年的年会中，分别以“WTO与中国棉业”、“棉花市场需求与棉业结构调整”和“杂交棉与中国棉花生产稳定”为主题大会发言和分组交流。2005年年会的主要内容之一是青年学术交流，有24名青年学者作了学术报告，进行了优秀论文评选。

几次年会都完成了会前出论文集的计划。参加年会的人员逐渐增加，每次都在300人以上，最多的2005年年会达400人，正式代表有312人。浩浩荡荡的“棉花大军”每年集会一次，共商棉业大计，学术交流和情感联系融为一体，展现了棉花事业蒸蒸日上的景象。

2. 加强国际交流与合作

（1）召开第三届国际棉花基因组学术研讨会。与南京农业大学“作物遗传与种质创新国家重点实验室”等单位于2002年6月在南京共同召开第三届国际棉花基因组学术研

讨会。会议主题："增进国际合作，加快棉花结构和功能基因组的研究和开发利用"。与会人数 131 人（其中外宾 29 人，中方 102 人）。参加会议注册的主要国家 17 个，与会代表则来自美国、澳大利亚等 11 个国家。会议共收到 95 篇研究论文（国外学者提交论文 48 篇）。在这次会议上，中国棉花学会理事长喻树迅先生作了大会致辞，张天真教授、朱玉贤教授等对中国棉花基因组研究概况作了综合汇报，整体展示了我们在棉花基因组作图和 QTL 分析、功能基因组分析、遗传资源及细胞遗传学以及生物信息学等领域的研究成果，得到与会专家的一致首肯。

（2）中越科技交流。越南棉花公司、越南棉花与纤维作物研究所、越南科技与环境部、越南工业部的专家和政府官员参加了 2002 年的新疆年会。设立中越交流会场，我方参加的有喻树迅、王坤波、杨伟华、杜雄明等，就双方的科技合作、人才交流和资源交换等事宜达成协议，并签署了合作意向备忘录。

（二）学会组织建设工作

1. 成功召开了中国棉花学会第六届代表大会

2001 年 9 月在大连召开了第六届代表大会暨第十二次学术讨论会，会议由辽宁省经济作物研究所承办。来自 18 省、市、自治区的 259 名专家参加了会议。大会主要工作：选举产生了第六届理事会、理事会领导及工作班子。还聘请季道藩等 15 人为中国棉花学会第六届名誉理事长；修改了学会章程，增加的主要内容有会员的多元化和棉花产业链的延长。

2. 成立了学会天然彩色棉花专业委员会

天然彩色棉花专业委员会成立大会于 2005 年 6 月 8 日在新疆中国彩棉科技园召开，同时召开了天然彩色棉花专业委员会第一届全委会议。本次会议主要审议通过了《中国棉花学会天然彩色棉花专业委员会条例》《中国棉花学会天然彩色棉花专业委员会工作细则》。副理事长田笑明介绍了天然彩色棉花专业委员会成立原委，新疆维吾尔自治区政协副主席熊辉银作了重要讲话，理事长喻树迅为大会致辞。选举产生了彩棉专业委员会委员、副主任、常务副主任、主任。

3. 召开了三次常务理事扩大会议和四次理事长扩大会议

除安排学会近期工作和研究年会事宜外，第二次常务理事扩大会议修改了学会章程的部分内容：即学会换届由原来每届 4 年改为 5 年；提出今后要加强青年学术交流和专题研讨等活动。根据学会工作需要，第三次常务理事扩大会议增补了 6 名常务理事，1 名副秘书长和 1 名副理事长。

4. 发展了新会员，每年发展会员 100 余名，不断为学会增添智慧和力量

（三）举办培训班

2002 年 11 月在杭州市浙江大学华家池校区主办了"全国棉花试验设计分析与数量遗传分析研讨班"，共有 28 家科研、教学单位 52 人参加。通过培训班的学习，使学员初步掌握了试验设计方法及其计算机 SAS 分析方法，了解了最新的数量性状分析方法以及相应的计算机分析软件的使用。除棉花专业外，小麦、玉米等专业也派人参加本次研讨班。

（四）编辑出版工作

1. 科技期刊与论文汇编的出版

每年度按计划顺利完成《中国棉花》12 期，共计 120 万字，《棉花学报》6 期共计 73 万字的出版发行工作。完成《中国棉花学会年会论文汇编》共 4 本，每本 100 余篇，75 万字左右。

2. 编委换届改选

根据报道需要和国家政策调整的要求，对两刊编委进行了调整，重点学科、主要棉区的专家和领导进入新一届编委会。2005 年 8 月份成功地召开了两刊第四届编委会第一次会议，编委及有关领导对两刊近年的发展给予肯定，并提出了有针对性的意见和改进措施。

3. 栏目调整及报道重点

根据棉花科研和生产的发展需要，及时调整报道方向。《中国棉花》重点报道了植棉政策、新品种及其配套技术、节水灌溉技术、棉花两无两化栽培、转基因抗虫棉安全性评价审批、纺织品服装配额等内容。

二、5 年工作的基本经验

1. 坚持围绕党和政府的中心任务，体现学会的作用

中国棉花学会是一个群众性学术团体，虽然没有政府职能与权力，但我们要运用这个无形的权力，用好、用活、用足，可以起到政府起不到的作用，解决政府解决不了的问题。如在棉花整个产业链中各部门各管一块，而学会即可以将产前科研、产中生产和产后公司等各部门进行串联，发挥作用和影响。起到单一政府部门起不到的作用，发挥学会的桥梁和纽带作用。本届理事会依靠广大会员的支持，有所作为，在棉花界发挥重要的作用，取得重要的地位。

2. 管理理念创新

本届学会坚持以人为本、开放办会的理念。从科研、教学、生产到企业、棉纺、棉农均可参与。走出纯科研、教学的格局，流动开放活跃了学术气氛；不同层面、行业相互沟通，丰富了学会内涵。

3. 坚持以人为本，以服务为宗旨

坚持以人为本，扩大棉花学会的人员组成，除棉花科研、教学、生产部门外，还要增加棉花贸易、棉花加工、棉机制造、棉纺、棉花专用农资等相关产业会员，增强学会对棉业工作者的凝聚力和在社会上的影响力。为更好地服务会员，在学术交流中还进行了成果与产业信息发布会，这是学会首次举办的活动项目。

4. 坚持学会改革，适应新形势

解决好学会的改革和发展的问题，必须克服“等靠要”的思想观念，树立市场意识、竞争意识和创新意识，按照社会需求开展活动。六届以来，每年开一次年会，每年会前出一本论文集。所需经费都是自筹。

三、关于今后工作的建议

（1）要加强学会的机制创新，不断改进学会的工作。要继续扩大学会的影响，充实

工作内容，要在政府、农民和企业等领域都有学会的声音，把中国棉花学会做成有品牌的学会。

（2）继续加强学术交流，在两年一次的青年研讨会的基础上，召开专题交流会，把棉花科研和生产中的重大疑难问题作为交流的重点。

（3）加强国际合作交流，要以学会名义定期组团出国交流，扩大学会在国外同行中的影响。

（4）加强学会之间的交流，特别的是要加强同中国棉花协会、中国作物学会等的联系，扩大相互间的合作交流。

（5）密切与各省学会联系，组织联合考察项目，解决实际问题。与各省学会建立网络交流，在网上发布简讯、新技术，建立棉花数据库等内容。

（6）加强对解决棉花生产重大问题提建议的力度，形成影响力。

（7）进一步提高《棉花学报》和《中国棉花》的办刊质量。

（8）成立冯泽芳基金，奖励棉花界有贡献的中青年科技工作者。鼓励企业单位、个人提供资金资助。

依托科技　服务三农

——在中国棉花学会 2007 年年会上的开幕词

中国棉花学会理事长　喻树迅

（2007 年 8 月 8 日　山东青岛）

尊敬的仲崇高[①]书记、尊敬的张奉伦[②]副院长，女士们、先生们：

您们好！

中国棉花学会 2007 年年会今天在青岛胜利召开。首先我代表与会代表向这次大会承办单位——山东棉花中心、山东省棉花学会表示衷心的感谢，向全体会务组工作人员表示崇高的致意，感谢你们用辛勤的劳动和汗水为大会召开创造良好的条件，为与会代表营造优美生活环境，使各位代表心情愉快来参加大会，共谈棉花大业，共献植棉大计，共创棉业辉煌！

青岛——濒临大海，领略大海的惊涛骇浪，率先接受先进的思想浪潮，走在改革开放的最前沿。因为大海，青岛孕育了海尔、海信等超大型企业，率先进军世界，名扬四海；因为大海，青岛如此美丽，城市美、环境美、人更美，率先成为全国花园型城市；因为大海，青岛人勤劳、智慧，率先使青岛成为我国经济发展的排头兵；因为大海，青岛 2008 年将主办奥运海上帆船赛，一个个世界冠军将在这里诞生，青岛也将因此而享誉世界！青岛，美丽的青岛，你的青山绿水、你的大海小船、还有海边小路，将永远留在我们每一个棉花人的记忆，还有无尽的梦！

同志们，这次中国棉花学会在青岛召开，同样大海会带给我们先进的思想与理念。面临 21 世纪高速发展的棉花科技，青岛的发展经验很值得我们学习与借鉴。

我国纺织工业的飞速发展，带来原棉供应严重不足，加上我国人多地少，粮食安全始终是刚性的。因此如何解决我国棉花总量不足，这将是我们棉花科技工作者将长期要研究的重大科学问题。

围绕棉花总量不足与粮食安全和社会发展综合考虑，我个人认为新疆（新疆维吾尔自治区，余同）棉区首要的科学问题是如何持续保持棉花高产再高产。围绕这一问题要解决品种早熟、高产、节水、推进工厂化育苗、机械化栽培等先进栽培技术的应用，并大力推广杂交棉，用杂交棉强优势来推动新疆棉花高产再高产。黄河流域棉区是我国最大的棉区，该地区人多地少，70% 以上为麦棉两熟。其重大科学问题是粮棉双高产，因此该区

---

① 时任山东省农业科学院党委书记；

② 时任中国农业科学院副院长

要围绕如何保证粮棉持续双高产，推广中早熟杂交棉，工厂化育苗、机械化移栽等新技术。长江流域工业发达，劳动力不足。该区重大科学问题是节本高效，推广工厂化育苗，机械化移栽、田间管理、收花机械化等技术、推广强优势杂交棉，是该区节本高效的主要途径。

在三大棉区大力推广杂交棉，使新疆棉区杂交棉面积达到40%～50%，黄河棉区60%～70%，长江棉区80%～90%，可暂时有效缓解我国棉花短缺的压力。我们要围绕三大棉区的重大科学问题研究对策，解决问题，提供成果，为棉花生产提供科技支撑！

同志们，中国棉花学会在各省分会的支持下，在广大会员积极参加和拥戴下，茁壮成长，是目前全国较活跃的学会之一。我希望广大会员积极参与，政府大力支持，不断为我国棉花生产解决一个一个新问题，提供一个一个新成果。成为棉农的益友，政府的帮手！

中国棉花学会在积极发展国内科技合作交流的同时，更要开展广泛的国际合作。2008年国际棉花基因组大会在河南省安阳市召开，希望大家积极参加，开展国际合作交流。中棉所已与美国农业部南方平原中心合作启动棉花基因测序工作，也希望得到大家的支持并参与此项工作。2009年学会将组团参加国际会议，进行国际交流。我们将通过国际交流开拓视野，提高水平，促进发展。

同志们，中国棉花之花像大海浪花，要掀起惊涛骇浪，创造惊天动地的辉煌！让我们团结起来，让每一朵小浪花聚合一起，形成排山倒海的巨浪，推动中国棉花科技事业向前，向前！无所畏惧，奋勇向前！

用心打造品牌　携手共创辉煌

——在2007年长江中棉棉花新品种现场观摩会上的讲话

中国农业科学院棉花研究所所长兼党委书记　喻树迅

（2007年8月18日　安徽合肥）

尊敬的各位领导、各位专家、女士们、先生们：

大家好！

在这秋风送爽、硕果累累的美好季节里，我们怀着轻松愉快的心情，参加长江中棉棉花新品种现场观摩会，谨此，我代表中国农业科学院棉花研究所向与会的领导、专家和各位来宾表示衷心的感谢！向一贯支持中国农业科学院棉花研究所（以下简称中棉所）在长江流域发展规划的安徽省各级领导和社会各界表示诚挚的谢意！

今天在这里我们看到了喜人的棉花示范田，看到了中棉所棉花新品种在长江流域棉区的优良表现，也看到了长江公司日新月异的新面貌和强劲的发展势头，我的心情非常激动，长江公司这种新变化是安徽省各级领导和社会各界大力支持的结果，是公司员工发扬艰苦奋斗的中棉所精神的结果。我很赞赏公司大厅墙壁上的两句话："用心打造品牌，携手共创辉煌"，这体现了公司在提高品牌形象方面所付出的努力和雄心壮志，也希望它成为全体员工的座右铭，牢记品牌意识和企业形象。我也要赠送全体员工四句话"思路决定出路，胸怀决定规模，凝聚决定发展，观念决定成就"，公司要理清发展思路，明确在中棉种业的地位，明确公司发展战略目标，更要明确服务三农，为农民服务的公司宗旨，只有这样才能无往而不胜！

中国农业科学院棉花研究所是我国唯一的国家级棉花专业科研机构，是全国棉花科技创新中心，以应用研究和应用基础研究为主，组织和主持全国性的重大棉花科研项目，着重解决全国性棉花生产中重大科技问题，并开展国际棉花科技合作与交流。多年来在棉花育种、栽培、质检等重大科研领域均为中棉所主持，"十五"计划以来，国家重大理论基础研究包括，973计划：棉花纤维基因组学与分子改良；863计划：棉花纤维功能基因克隆、分子育种均由棉花所主持；应用基础研究：国家支撑计划、行业计划、创新体系、转基因等也由中棉所主持。这些研究项目标志着中棉所近年在棉花重大理论基础研究方面取得突破性进展。近期中棉所在超早熟棉、机采棉、强优势杂交棉、工厂化育苗、机械化移栽等方面可能取得重大进展。在国际合作方面进展较快，我们已争取2008年国际棉花基因组大会在我所召开，到时将了解到国际棉花研究最新进展。中棉种业成为国际棉花基因组理事单位，与孟山都、拜耳等国际性大公司一起支持ICGI的发展。我所与美国农业部南方平原中心正式启动棉花基因组测序工作。每年投资200万开展国际合作，以提高科研水平。

中棉所在长江站、新疆实施试验站加公司为当地培育更适合的品种及配套技术，公司市场化推进成果转化，更好地为棉农服务，实践证明完全对头！经过几年的实践，长江站已培育出多个杂交棉品种，在各类区试中表现第一，新疆站培育的机采棉和高产品种已参加区试，生产示范中深受农民欢迎。

我们将把长江、新疆整合到中棉种业一体运作，目的是回避恶性竞争，统一品牌，统一质量，统一定价，统一市场划分，使效益最大化，提高股东的投资回报，做大做强！争取在未来实现上市的目标！

我要在这里告诉大家一个喜讯：农业部批准立项“中棉所杂交棉综合试验基地”在长江公司实施。该项目目前总投资1 738万元，建设三大技术平台：杂交棉生态育种平台、杂交棉生态鉴定与监测平台、杂交棉配套技术集成与示范推广平台。通过该项目实施，在不久的将来，我们将看到长江公司又增加一条亮丽的风景线！一片新景象！同时在新疆维吾尔自治区阿克苏将投资2 400万建立新疆国家棉花基地，目前已建成2个试验站，4个公司，5万亩生产基地；在郑州90亩地建立国家杂交棉中心和国家工程中心；在海南600亩地计划投资5 000万建立国家南繁中心并设想建立海南现代农业示范观光园。将全国乃至世界现代农科成果展示与旅游观光、农业科普结合，在黄河、长江流域，新疆、海南等地形成一套完整的棉花研发体系。

当前我国棉花存在的主要问题是棉花总量不足，由于我国纺织工业快速发展，每年总量缺口400万吨以上，新疆棉区主要问题是高产再高产，黄淮棉区主要问题是粮棉双高产，长江流域主要问题是高产高效。中棉所48、中棉所53等新品种推出符合长江流域生产实际，有利于推进高产高效，让农民增产增收。

今年是中棉所建所50周年，我们将在本月28日举行中棉所50周年隆重庆典，欢迎大家到中棉所做客！

我相信，在安徽省各级领导的大力领导和帮助下，在社会各界的大力支持下，中棉种业长江公司一定能够成为长江流域棉区的一颗明珠，为安徽省、为长江流域棉区乃至全国棉业的发展做出应有的贡献！

谢谢大家！

团结奋进　共创美好未来

——在中国农业科学院棉花研究所建所50周年职工大会上的讲话

中国农业科学院棉花研究所所长兼党委书记　喻树迅

（2007年8月26日　河南安阳）

今天是中棉所（中国农业科学院棉花研究所，余同）50华诞，全所职工汇聚在一起，庆祝这一美好的时刻！

昨天刚下过一场暴雨，洗刷了天空，净化了空气！一场暴雨冲洗了大地，灌溉了禾苗，凉爽了空气！暴雨使今天的聚会浪漫而富有诗意！1949年一场暴雨推翻了蒋家王朝，诞生了新中国，因而使棉花研究所在安阳白壁建立。从此，中华儿女、有志之士从大江南北、五湖四海汇聚一起，在白壁266.7hm^2土地上烧砖盖房，养猪种菜，办学校，办粮店，办医院，办食堂，吃着小米饭，喝着南瓜汤，开始艰苦创业。中棉所人克服了一个又一个艰难困苦，使中棉所在全中国全世界棉花人心中建立！

又是一场暴雨遍及中国大地，“文化大革命”使战斗在这片大地的科学家经受心灵的冲击。尽管蒙受不白之冤，但依旧坚定信念在棉花地耕耘不止，战斗不息。还是一场狂风暴雨冲洗了祖国大地！邓小平领导改革开放，也迎来了棉花的科技春天！使中棉所人创造了一个又一个奇迹！中棉所10号、中棉所16的培育，创造适合中国人多地少的新耕作制度；中棉所17、中棉所19创造了春棉套种的业绩；中棉所12改写了重病地不能种棉的历史。国家区试推荐全国主要推广种植品种，使棉花生产更新换代6次。

在高科技发展的21世纪，中棉所人抢占制高点，下起了一场暴雨，建立了规模化转基因平台，培育系列转基因抗虫棉，使国外转基因品种基本退出中国市场！工厂化育苗、机械化移栽技术，将在棉花栽培领域下暴雨，推动一场棉花栽培学新革命！

中棉人承前启后，凭着50年科研沉淀与累积，在新形势下与时俱进，把握时机，创造一个又一个奇迹，下起一场又一场暴雨：“十五”计划期间争取项目费1.6亿，今年将创造奇迹——争取经费突破1个亿！在新疆维吾尔自治区（以下简称新疆）租地、买地近1 333.33hm^2，海南35.33hm^2，合肥2.67hm^2，郑州6.0hm^2，安阳2.67hm^2，在新疆建立2个试验站和4个公司、一个轧花厂，在安徽建立长江公司和长江试验站。下一步在郑州要投资两个亿建6万平方米楼房与厂房，产业销售中心转移到郑州！

中棉种业组建第一年取得纯利润950万元，第一次分红丰厚！刘金海将向大家宣布分红比例，大家准备激动吧！下一步将整合区域公司到中棉种业一体化运作，争取每年纯利润达到2 000万元的目标！海南省三亚市大茅33.33hm^2土地将论证建立三亚现代农业示范观光园，将现代农业与观光旅游结合，转变观念，将棉种变成金豆豆，将棉田开发成金矿、银矿、钻石矿！设想每年接待游客 200 万，门票收入可达到 1 个亿！这就开挖了金矿！近年职工收入每年大幅增长。今年首次打破论资排辈分房，首次按共产主义分配原则，各取所需，按需建房！按职工购房要求设计，终于住上 180 平方米、250 平方米的大房！

好大的暴雨降落安阳！在理论基础研究方面，我所取得重大突破，“973 计划”棉花纤维基因组学与分子改良项目，“863 计划”棉花纤维功能基因组学研究等重大理论基础研究由我所主持，破天荒地进入到这一领域！

同志们！我们要将 50 年形成的“艰苦奋斗、甘于奉献、勤于实践、勇于创新”的中棉所文化一代代传下去。要将“把您的优势无限放大”的中棉所文化发扬光大！要将“思路决定出路，胸怀决定规模，凝聚决定发展，观念决定成就”的工作理念和“想大事、干实事、不出事”的工作原则贯穿工作始终，积极构建：“科技创新体系、产业开发体系和国际交流体系”。实现三大目标：“应用研究国际领先，基础研究国际先进，产业开发参与国际竞争！”

同志们！让我们团结起来，努力奋斗，掀起棉花科技革命的狂风、下起一场场暴雨！让暴雨洗刷我们的灵魂，激发我们的活力，坚定我们的斗志，滋润祖国的棉苗！中棉所人将迎着狂风暴雨、精神抖擞、斗志昂扬，走向世界！

励精图治　再创辉煌

——在中棉所建所50周年庆典上的讲话

中国农业科学院棉花研究所所长兼党委书记　喻树迅

（2007年8月28日　河南安阳）

尊敬的刘新民[①]副省长、翟虎渠[②]院长，尊敬的卢良恕院士、路明[③]副部长、韩德乾[④]副部长，尊敬的各位领导、各位来宾，同志们、朋友们：

金秋送爽，丹桂飘香。今天我们怀着无比激动和喜悦的心情欢聚一堂，隆重庆祝中国农科院棉花研究所建所50周年。50载艰苦奋斗，50载甘于奉献，50载勤于实践，50载勇于创新，造就了中棉所今天的辉煌。回首往事，50年的拼搏路上，留下几代中棉所人艰苦创业、团结奋进、开拓进取的足迹；更是倾注了在座的各位领导、专家，以及社会各界同仁的关心、厚爱与支持，才使中棉所得以发展和壮大。值此喜庆之日，我谨代表中棉所领导班子、所党委及全所职工向光临所庆的各位领导、各位来宾表示热烈的欢迎和衷心的感谢！同时，向离退休的老领导、老专家和曾经在我所工作过的各位朋友致以诚挚的慰问和衷心的祝福！

中国农业科学院棉花研究所于1957年8月在北京成立，1958年3月迁到河南安阳县白壁镇，2005年8月迁到河南安阳市开发区，至今已走过了50年不平凡的光辉历程。在几代中棉所人共同努力下，我们在棉花科技创新、产业开发、人才队伍建设、国际合作和条件建设方面取得了显著进展。

我所现有在职职工430人，副研以上人员69人，具有博士学位18人，国家级专家1名、省部级专家8名；研究生导师35名，其中博士生导师7名。

建所50年，我所获得省部级以上成果奖励76项，其中国家级奖20项（一等奖4项，二等奖8项），在如下几个方面取得突破：通过培育早熟棉花新品种中棉所16、中棉所19，使我国形成麦棉两熟的新耕作制度，早熟育种处于国际领先地位，两个品种均获国家科技进步一等奖。

选育高抗枯萎病兼抗黄萎病新品种中棉所12是国内推广面积最大的抗病品种，因此而解决了病地不能植棉的难题。获国家发明一等奖。

---

① 时任河南省副省长；
② 时任中国农业科学院院长；
③ 原农业部副部长；
④ 原科技部副部长

国家区试推荐大批棉花新品种实现了棉花生产 6 次更新换代，获国家科技进步一等奖。

利用我院生物中心 *Bt* 基因，建立大规模转化平台首次审定大面积推广的转基因抗虫棉中棉所 41、中棉所 45、中棉所 29 及全国兄弟单位培育的转基因新品种，使我国转基因抗虫棉面积迅速上升，使美国抗虫棉基本退出中国市场。

我所率先在生产大面积推广应用工厂化育苗、机械化移栽新技术，将使棉花栽培技术发生革命性变革。

通过这些技术有力推动了我国棉花科技的发展。现在主持的“973 计划”重大基础理论项目“棉花纤维功能基因组学研究与分子改良”和“863 计划”重大项目“优质高产棉花分子品种创制”课题，将促进棉花科技发展再上新台阶。

依托我所建立的中国棉花学会、国家棉花改良中心、国家转基因棉花中试基地、国家棉花新品种技术研究推广中心、农业部棉花遗传改良重点开放实验室、农业部棉花品质监督检验测试中心、农业部转基因植物环境安全监督检验测试中心（安阳），使我所成为国家棉花科技原始创新中心，为组织全国棉花科技创新工作搭建了技术平台，更为全程监控棉花品质和全面监督生产提供了技术支撑。

为加快科技成果转化，提高棉农植棉效益，在全国主产棉区设立 8 个合资棉种公司，在海南三亚建有国家农作物种质棉花资源圃和南繁基地；在新疆阿克苏、石河子和安徽望江等处建有棉花育种生态试验站。搭建三大棉区研发网络，成立中棉种业科技股份有限公司，在全国成为有影响和竞争实力的棉种专业公司。

为加强棉花功能基因组、生物信息、酶工程等领域的研究，先后和美国新墨西哥州立大学、新泽西州立大学、加州大学 Davis 分校、USDA（美国农部）南方平原研究所等相关科研单位建立了合作关系。并与印度、巴西、澳大利亚国家棉花研发机构开展长期合作事宜。

我所非常重视文明建设，1988 年至今被中共河南省委、河南省人民政府命名为文明单位，并先后多次获得中国农业科学院院级文明单位和文明单位标兵荣誉称号。

上述成绩仅代表过去，新的历史起点将从现在开始。我们要认真贯彻落实科学发展观，紧紧围绕中国农科院提出的“三个中心、一个基地”建设的中心任务，加强人才队伍建设，提高自主创新能力，迎接新的挑战，开创新的局面。努力构建中棉所“科技创新体系、产业发展体系、国际合作体系”三大体系。

经过 5 ~ 20 年乃至更长时间，我们将达到以下目标。

——应用研究达到国际领先水平，基础研究国际先进水平

继续强化我所遗传育种优势学科，建立有效激励机制促进多出大成果在棉花生产中应用，同时加强分子育种、虚拟育种、基因育种等现代技术与常规育种结合。使遗传育种与时俱进，确保这一学科在国际前沿。基础研究：采取合作研究为我所用的策略，与国内外优势单位合作，提高我所研究能力与水平。目前与美国农业部南方中心开展棉花基因组测序研究和墨西哥州立大学合作分子育种研究，与国内北京大学、清华大学、中科院等单位开展棉花纤维基因组学与分子改良研究项目，共同搭建棉花科技创新平台，使我所进入国际先进水平。

——中棉种业上市，种业参与国际竞争

以中棉科技股份公司为主体，在新疆、长江、黄河流域建立分公司，在安阳建立科技创新中心，海南建立南繁中心，新疆开发10万亩建立种子、皮棉生产中心，郑州建立销售中心。形成以棉种为主体，原棉、玉米、小麦种子多元化经营。将中棉种业集团公司建成在核心技术领域国内领先，并在国际上有一定影响的研、产、贸一体化，经营多元化，市场国际化，组织集团化的技术先导型企业集团，争取中棉种业上市，参与国际竞争。

——以人为本，机制创新，制度健全

坚持以人为本，构建创新良好环境，建立技术创新的评价体系，激励热爱农业、献身科学、勤奋求索、刻苦钻研的工作作风；形成“开放、流动、联合、竞争”的格局，促进出大成果，出高水平论文，出优秀人才、杰出人才和顶尖人才。在现有的基础上进一步完善现行制度，以人为本，以人才促发展，建立用人、评价、激励、分配、惩罚、预警机制；实现公平、公正、和谐、绩效优先、发挥个人潜能的管理目标；我们要将50年形成的“艰苦奋斗、甘于奉献、勤于实践、勇于创新”的中棉所文化一代代传下去。要将“把你的优势无限放大”的中棉所文化发扬光大！要将“思路决定出路，胸怀决定规模，凝聚决定发展，观念决定成就”的工作理念和“想大事、干实事、不出事”的工作原则贯穿工作始终，积极构建：“科技创新体系、产业开发体系和国际交流体系”。实现三大目标：“应用研究国际领先，基础研究国际先进，产业开发参与国际竞争！”

回顾过去，我们为中棉所取得辉煌成就而自豪；展望未来，我们倍感任重而道远。我们将在农业部、科技部、河南省、中国农业科学院等领导下，在各兄弟单位大力支持下，特别是在河南省委、省政府和安阳市委、市政府的支持下，继续秉持“艰苦奋斗，甘于奉献，勤于实践，勇于创新”的精神，以“献身农业，服务棉农”为己任，为社会主义新农村建设做出更多、更大贡献。我相信中棉所的明天将更加灿烂，更加辉煌！

最后，祝各位领导、各位专家、各位来宾身体健康、工作顺利、家庭幸福、万事如意，谢谢大家！

中国棉花学会——棉花人之家

——在中国棉花学会2008年年会上的开幕词

中国棉花学会理事长　喻树迅

(2008年8月2日　陕西杨凌)

尊敬的各位领导、代表:

在百年奥运美梦成真的时刻，我们在杨凌召开2008年中国棉花学会年会。首先让我代表与会同仁向为大会能成功召开做出贡献的西北农林科技大学的领导和全体会务工作人员表示衷心的感谢!

秦川八百里，创造了中国的辉煌历史，影响着中国的未来。假如没有秦始皇的金戈铁马，就没有中国的统一，也就没有万里长城的辉煌壮丽；假如没有李世民玄武门之变，就没有唐朝的强盛，也就没有丝绸之路的举世闻名；假如没有神农后稷杨凌教农坛，就没有今天农业的强盛，那么，谁来养活中国人？八百里秦川可歌可颂，今天我们在此集会，将秉承八百里秦川的大气，开创棉花科技新气象，引领棉花科技发展的未来。

棉花学会通过大家的努力不断发展壮大！这几年更日新月异，大放异彩：大连年会，200多人领略了大海的浪漫；库尔勒年会，300多人感受到孔雀河的美丽；武昌年会，500多人体验了在豪华游轮上开会的新感觉；安阳年会，近500人感悟到中国文化的源远流长；保定年会，500多人领略了《御题植棉图》的魅力；青岛年会，600多人漫步海边栈桥，留恋大海的壮观。今天，八百里秦川，500多人要翻开中国棉花的新篇章！中国棉花学会与时俱进、发展壮大！就在今年7月，中棉所和中国棉花学会在安阳成功举办了国际棉花基因组研究大会，中国科学家在大会的成功表现为中国棉花人赢得了尊重。中国人参与主持陆地棉基因测序，使得中国棉花进入世界先进之林。我们要借此次大会的东风，吹起前进的号角，借众人之力敲起棉花科技为“三农”服务的战鼓，多出成果，出大成果，为中国棉花发展提供科技支持。

明年是中国棉花学会成立30周年，广大会员要积极参与30周年的庆祝活动，为我国棉花发展献计献策，拿出一个好的棉花生产发展建议交农业部和相关部委。

中国棉花学会——中国棉花人之家。今天我们又回家了！我们要开好这次大会，为了开好每年年会，我们坚持有一个好主题、有一个好地点、有一个好时间、有一个好报告，每年要请不同领域著名专家给我们讲课。这一原则深受广大会员的欢迎，我们也从其他行业学到了很多新思路、新方法，提升了棉花科技水平，促进棉花产业百尺竿头，更进一步，让我们向这些专家表示衷心的感谢!

同志们、朋友们，今天在秦川大地，我看到大家非常开心，那么，明年何处去？明天将进行申办年会的演讲，希望大家作出你的理想选择！

女士们、先生们，今天的中国棉花学会欣欣向荣，会员们同心协力，愿中国棉花事业在大家的呵护下更加灿烂！祝大会圆满成功！

继往开来　与时俱进　为发展我国棉花事业做出更大贡献

——在庆祝中国棉花学会成立30周年大会上的讲话

中国棉花学会理事长　喻树迅

（2009年8月8日　北京）

各位领导、各位来宾、女士们、先生们：

大家好！

伴随着共和国60华诞的即将来临，中国棉花学会也走过了整整30个春秋。今天，我们在北京隆重聚会，热烈庆祝中国棉花学会成立30周年。在此，首先让我代表中国棉花学会向前来参加大会的领导、来宾和专家表示热烈的欢迎和衷心的感谢！

1979年5月9~16日，乘着改革开放和全国科学大会的春风，中国棉花学会在上海市华山饭店正式成立，这是我国棉花科技史上的一个里程牌。30年来，她为党和政府联系棉业界广大科技工作者起到了桥梁和纽带的作用，为我国棉花科技创新和棉花生产的发展做出了重要贡献。她是我国农业学会中活动最持久、最经常、最活跃、学术空气最浓厚的学术团体之一。

一、棉花科技发展成就辉煌

十一届三中全会以来，我国的棉花科技与生产得到了长足的发展，从一个侧面见证了改革开放以来全国农业、农村经济的改革与发展历程。改革开放以来，随着国家政策和农业结构的调整，全国的棉花生产虽然历经起伏，但总体水平大幅度提高。主要表现在，总产多次翻番，单产成倍增加，总产、单产全球第一。我国已稳居世界第一产棉大国。过去30年我国棉花生产的不断发展，不仅为主要棉区的农村经济发展和农民增收做出了重要贡献，也为我国纺织服装工业的快速发展提供了坚强的产业基础支撑。

科技是第一生产力。回顾过去30年我国棉花生产发展的光辉历史不难发现，在我国棉花生产发展的每一个关键时期，都体现着棉花科技进步的巨大贡献，也凝聚着棉花学会和广大棉花科技工作者的辛勤劳动与成果智慧。

在遗传改良上，不仅彻底摆脱了主要依靠引进国外品种的历史，实现了各地主栽品种以具有完全自主知识产权的自育品种为主，而且品种类型更加丰富、系列和配套，综合表现水平不断改善和提高。在我国棉花生产发展的历程中，许多关键难题的解决和生产水平的进一步提高，都伴随着棉花育种研究的重大突破。鲁棉1号、中棉所12、中棉所16、中棉所19、中棉所29、泗棉3号、徐州1818、鄂荆92、鲁棉研28号等这些耳熟能详的品种，就是我国不同时期、不同类型自育棉花品种的杰出代表。

在生产技术上，各地因地制宜的良种良法配套栽培技术体系更加完善，并不断提高。地膜覆盖、育苗移栽、化学调控等已经成为各地栽培技术体系中必不可少的关键技术；棉麦套种、棉菜（瓜）套种、油（菜）后移栽等技术体系的建立，有效缓解了黄河与长江流域棉区人多地少的矛盾，并提高了单位土地的生产效益；在新疆建立发展的以“矮、密、早”为基础的棉花栽培技术体系，使其一跃成为我国乃至世界单产最高、规模最大的集中产棉地区。

过去30年我国所取得的棉花科技成果不胜枚举。对此，作为棉花科技工作者，我们有理由感到骄傲与自豪，中国棉花学会作为联系棉业界同仁的主要学术组织，也有理由感到骄傲与自豪。更为值得骄傲与自豪的是，经过30年的发展，目前我国的棉花科技队伍得到明显壮大，学科更加完善，结构进一步优化。这意味着在不久的将来，我国棉花科技队伍将会变得更加强大，综合科研实力必将进一步大幅度提高。

二、学会工作蒸蒸日上

30年来，在中国科协和中国农学会的领导下，在挂靠单位中国农业科学院棉花研究所和各省（市、区）棉花（农学、作物）学会的协助下，在历届理事会的共同努力下，中国棉花学会团结广大会员及棉花科技工作者，在开展学术交流、生产考察、建言献策、科技培训、期刊出版、表彰先进、组织建设等许多方面做了大量卓有成效的工作，对促进我国棉业的整体发展起到了积极的推动作用。

1. 国内学术交流经常化

30年来，共计举办了12次全国学术研讨会和6次年会。第一次全国学术研讨会是在1979年学会成立时召开的。那是一个明媚的春天，饱经了十年浩劫后的中国棉花界的科技工作者们，满怀喜悦的心情，云集在一起，就我国棉花科技和生产发展问题展开了热烈的研讨。这是我国棉花科技史上具有重要意义的一次会议。科学的春天来到了，棉花界的同仁们欢欣鼓舞，许多老前辈，不顾年事已高和路途遥远也闻讯赶来。代表们平均年龄达到55岁，可以说，这又是一次我国棉花界的元老盛会，更是我国棉花界的新起点。此后我们又先后召开了11次全国学术研讨会，会议规模多在100多人，少数为200多人。学术活动主要针对当时我国棉花科研和生产中的热点与难点问题展开交流和讨论，会后出版论文集。从2002年起，我会改全国学术研讨会为年会，即每年召开一次学术会议。近几年，年会的活动规模越来越大，每次参加年会人数都在300人以上，最多的是2007年的青岛年会，达620余人。形成了每年召开一次年会，年会前出版一本论文集，每年提出一个新主题的科技交流模式。学会已成为棉花界同仁学术交流的大舞台，并继续发挥它的强大聚合作用。每次学术讨论会的主题明确、生动活跃，不仅是知识的交流、信息的传递，更是广大棉花工作者心灵的沟通和友情的交往。

2. 拓宽国际学术交流平台

改革开放为我国棉花科技事业走向世界拉开了序幕。开展国际学术交流已列为学会工作的重要内容。经过两年多的筹备工作，终于在1991年召开了北京国际棉花学术讨论会，这是中国棉花学会第一次走向世界，我国棉花科技事业向世界迈出了新的一步。

30年来，学会共举办7次国际学术活动，其中以2008年在安阳召开的国际棉花基因组研究大会规模最大，外宾人数最多。来自美国、印度、澳大利亚、法国、巴西、巴基斯坦、比利时、中国等国家的260余名代表参加了会议。国际会议的召开，使中国棉花学会在国际上也有了一定的影响。

3. 培养中青年人才

我会共举办了三届全国中青年棉花学术讨论会，分别于1989年11月在湖北武汉的华中农业大学、1993年10月在山东省泰安市的山东农业大学和1998年10月在河北省保定市的河北农业大学举行。三次学术讨论会共提交论文362篇，内容涉及棉花科研的各个领域，很多论文有较高的学术水平和实践意义，体现出中青年科技工作者的才华及为科学献身的崇高精神。为了鼓励中青年的工作成绩，对提交的论文进行评选，评选出的优秀论文给予表彰和奖励。

1999年和2000年还先后召开了两次中青年学术沙龙，分别以“面向21世纪的中国棉花科技创新与产业化”和“中国加入WTO对中国棉业的影响”为主题进行学术交流。2005年的年会又对青年提交的论文及演讲进行了评选，从而为青年科技人才的成长再搭平台。

20年前召开第一届中青年学术会议时，正值我国科技队伍青黄不接，面临断层危机，迫切需要中青年科技人才脱颖而出。棉花学会急国家之所急，配合大学和科研单位，积极培养选拔跨世纪科技人才。中青年学术会议的召开为更快地发现人才创造了条件，扩大了中青年展示才能的舞台。当时一大批中青年科技人才现已成长起来了，正肩负着我国棉花科技生产的重任，已成为我国棉花科技的骨干。

4. 调研与考察

针对我国棉花生产发展中的有关问题，我会组织跨单位、多学科的调研与考察6次。1980年、1989年和1990年3次考察新疆（新疆维吾尔自治区，余同）棉区自然生态条件和植棉优势，对其棉花布局调整与发展提出了很好的建议。1984年8月与四川省农业科学院联合组织了棉花杂种优势利用考察，对棉花雄性不育两系的杂交制种和优势利用的经验进行了交流总结。1984年9月与山东、河南两省棉花学会共同考察棉麦两熟栽培，对黄河流域棉麦两熟关键技术措施进行了交流总结。1998年与湖北棉花学会的有关专家在实地考察了特大洪灾之后，针对湖北主要棉区的重灾棉田，撰写了“加强棉花灾后管理，力争减少灾害损失”的报告，呈报有关部门，及时转发到灾区。

5. 科技培训

为加快科技人员的知识更新和提高棉农的科技素质，我会先后举办多期科技培训班。例如1981年的“全国棉花栽培生理学习班”，1982和1984年的“棉花遗传育种学习班”，1985年的“棉花营养诊断学习班”以及1993—1995年的6期“棉花生产重大关键技术高级研讨班”。邀请的授课专家多为我会会员，也有美国、法国等国外专家，共计培训来自全国各主产棉区的学员1 000余人。

我会还于2002年在杭州市浙江大学华家池校区举办了由中国棉花学会主办的“全国棉花试验设计分析与数量遗传分析研讨班”。研讨班由浙江大学农学院朱军教授主讲，通过研讨班的学习，使学员进一步掌握了试验设计方法及其计算机SAS分析方法，了解了最新的数量性状分析方法，以及相应的计算机分析软件的使用。这里需要说明的是，除棉花专业外，小麦、玉米等专业也派人参加本次研讨班，使中国棉花学会的工作与其他专业学会互相渗透融合。

6. 建言献策

据不完全统计，我会先后提出了“关于我国棉花生产现代化问题的意见”、“关于加强我国棉花科技工作的建议”、“关于稳定发展我国棉花生产的几点建议”、“关于我国棉花耕作制度改革的建议”、“关于加强棉花种子工作的建议”等10余项有价值的建议，对各时期我国棉花科研和生产的发展起到了关键的指导和参考作用。1996年8月，我会协同中国农学会和农业部农业司共同召开了“冀鲁豫棉花持续发展研讨会”，针对冀鲁豫三省1991年后棉花生产连续5年滑坡的问题，进行深入研讨分析，并由我会专家主笔起草了“关于冀鲁豫棉花持续发展的建议”，该建议被提交到当年9月份召开的“全国棉花工作会议”参考，受到高度评价。2006年又撰写了“中国棉花科技未来发展十年（2006～2015年）规划”，供中央有关部门参考。

7. 发挥两刊导向作用

学会与中国农业科学院棉花研究所共同主办了《棉花学报》和《中国棉花》两个刊物。《棉花学报》自1989年正式出版发行以来，已相继由半年刊改为季刊、双月刊，在内容上注意选用棉花科技领域中具有新意的高水平论文，是我国目前唯一的全国性棉花学术类刊物。《中国棉花》已由双月刊改为月刊，报道覆盖面不断拓展，并注重解决当前棉花生产中重大关键技术内容的文章，是我国目前唯一的全国性棉花技术类刊物。随着办刊条件的变化，两刊发行工作经历了邮发、自办发行、再邮发的变化过程。目前，两刊发行遍及全国各主要产棉省（市）300多个产棉县，覆盖了全国所有棉区。深受广大作者、读者的欢迎。

自创刊以来，两刊紧跟国家形势，始终瞄准国内外棉花科研前沿研究进展，及时跟踪报道不同时期的棉花科技成果及新技术等，为农业行政主管部门制定决策、棉花科技专家申报项目、成果鉴定和农业院校师生、生产一线的科技人员等提供了有价值的参考信息。

8. 表彰先进

1989年，在庆祝我会成立10周年之际，表彰了全国优秀棉花工作者131名，缅怀老一辈棉花工作者43名，并颁发了荣誉证书，以表达对棉界前辈的崇敬和怀念之情。在1990年召开的第八次学术讨论会上，表彰了1985年以来工作成绩显著的优秀棉花工作者192名。1992年，配合中国农学会对会员的表彰，我会年满75岁、工作50年的23名老会员获“中国农学会老会员荣誉奖”。1991年12月2日在广东省农科院举行仪式，对为我国棉花事业做出突出贡献的80高龄的于绍杰老先生进行表彰，时任理事长的臧成耀先生代表中国棉花学会授予其“老有所为，无私奉献”的荣誉证书和纪念品。

为纪念冯泽芳先生对我国棉花科学和教育事业的贡献，我会发起并组织为冯泽芳先生树立铜像的活动，共180人捐款近2万元；1997年4月，在中国农业科学院棉花研究所举行了中国近代棉业科技先驱者冯泽芳先生铜像的揭幕仪式。

我会还拟设立冯泽芳基金，奖励棉花界有突出贡献的中青年科技工作者。

9. 组织建设

迄今为止，我会已经召开了7次代表大会。现在的第七届理事会有理事114人，常务理事65人，正副理事长10人，正副秘书长11人，拥有一个和谐的领导班子和工作班子。近年来，每年召开一次常务理事会，召开一次理事长、秘书长联席会议，商讨研究近期的工作，收到了良好的效果。

目前，在河北、河南、山东、山西、湖北、湖南、江西、新疆和新疆兵团等省（区）都设有棉花学会。它们积极支持和参与我会组织的各项活动，并为本省（区）棉花科研和生产的发展做出了积极贡献。据1999年统计，我会在册会员3 000人，包括纺织、纤检、商业等方面的专业人员，遍及全国20个省（市、区）的棉花科研、教学、生产、管理等单位。

2005年6月，我会在新疆成立了天然彩色棉花专业委员会，彩棉专业委员会的成立是中国棉花界的一件大事，也是我会的第一个分支机构。

三、总结经验　再接再厉

回顾我会30年的历程，是几代棉花人艰苦创业、不断奋进的30年。在此，请让我代表中国棉花学会向30年来为棉花生产发展、管理创新、研究突破做出重大贡献的棉花科技工作者和专家们表示衷心的感谢和崇高的敬意!

各位代表，我们在为祖国棉花事业的发展做出了应有贡献的同时，也积累了不少宝贵的经验。

1. 改革创新是学会工作的力量源泉

我会在改革开放中诞生，也是在不断改革创新中发展。30年来，我会根据形势的发展和改革的需要，不断完善工作思路与重点，改变机构设置，转变运行机制，使学会的各项工作出现了生机勃勃、生动活泼的局面。特别是近几年，我会引进市场经济机制，紧抓科学发展观这条主线，开展学会活动，从原先学究式搞学会的方式中解脱出来。我们深知，要解决好学会的改革和发展问题，还必须克服计划经济下的“等靠要”的思想观念和运行机制，树立市场意识、竞争意识和创新意识，按照社会需求和实际状况开展活动。

2. 坚持以人为本，团结广大会员与棉业界人士

我们坚持以人为本与团结和谐的理念来开展学会活动，走出了纯植棉、纯研究或纯教学的格局。让不同方面、不同层次和不同地域的各方人员相互交流、沟通和融合，我们广泛听取意见，适应多方要求。由此丰富了学会的内涵，增强了学会的凝聚力和影响力，并做到更好地为会员服务，使学会成为政府联系棉业界广大人士的桥梁，棉业界广大人士相互联系的纽带，棉花科技工作者之家。

3. 坚持服务经济建设，紧密联系棉花生产

这是我国棉花科技工作者的一个优良传统，我会予以充分继承与发扬。30年来，我会组织的各项活动都围绕当时棉花生产与科技中的热点、难点和重点问题，而且请中央和主要产棉省（市、区）棉花生产管理及棉花生产第一线人员参与。学会活动的结果，以报告、建议、文集和科技成果与信息等形式直接或间接地促进我国棉花生产发展。从我会历次会议中心议题的提出与变换即可大体看出我国棉花生产发展的轨迹。

4. 学术交流和科学普及是学会工作的主体

30年来我会最主要、最大量和最有成效的工作即是组织有关棉花的学术交流和科普活动，几乎占我会工作总量的80%。通过学术交流来提升我国棉花研究的学术水平，促进棉花科技的发展；通过科普活动来普及植棉知识，促进棉花生产发展。特别是近几年来，我会至少每年举办一次学术研讨会，使学术活动渐趋常态化。

5. 注重培养年轻人

我会一方面尊重慰勉老一辈棉花专家，继承他们的专长，发挥他们的余热，另一方面更是积极培养选拔青年一代，以促进中国棉业的发展。为加速中青年人才的成长，我会共召开“全国中青年棉花学术讨论会”3次，中青年学术沙龙2次，2005年的年会也设有青年论文演讲和评选活动，为中青年棉花科技工作者的快速成长搭建了平台，当年曾参加过中青年学术会议的年轻人，如今大多数已成为我国棉花科研、教学、生产管理部门的领导或学术带头人。

四、新的发展思路

进一步深入学习贯彻落实科学发展观，继续加强学会的机制创新，不断改进学会的工作。

1. 学会工作和谐化

充分利用棉花产业体系、转基因重大专项、行业计划等项目研究的最新成果，并应用于棉花生产，同时利用这些项目专家向政府提供建议，使学会的工作和谐化。

2. 学术交流国际化

要把学会工作立足于国际舞台，特别是学术交流要逐步实现国际化。每年学术年会尽可能邀请国外专家参加，也要组织国内专家参加国外学会交流，使学会的学术交流始终处于国际水平。

3. 横向交流经常化

加强学会之间的交流，特别是要加强同中国棉花协会、中国作物学会等学会的联系，取长补短，增强相互间的合作交流。还要加强与各省学会的联系，组织联合考察项目，解决实际问题。

4. 信息共享网络化

加强与全国会员联系与交流，在网上发布简讯、新技术和国内外棉花科研、生产动态，建立棉花数据库等内容。

5. 缅怀棉花界前辈，教育后代，撰写他们的事迹，出专辑

组织力量撰写中国棉花发展史、全国棉花科研机构的演变、中国棉花育种史、中国棉花栽培史、全国棉花著作出版名录和棉花文献名录等，最后形成“中国棉花志”。以学会名义有计划地编辑出版有较大影响的“棉花科技论文集”。

6. 成立冯泽芳基金，奖励棉花界有突出贡献的中青年科技工作者

鼓励企业和其他单位、个人提供资金资助。今年正是冯泽芳先生诞辰110周年，希望取得实质进展。

朋友们，今后几年，是发展现代农业和建设新农村的关键时期，我们倍感紧迫。回顾

30 年来祖国棉花事业的发展历程，我们满怀豪情；展望祖国棉花事业未来的前景，我们信心百倍。我们坚信，在全体会员和全国棉花科技工作者的关心和支持下，中国棉花学会一定会根深叶茂，成为一棵参天大树，发挥其特有的优势，创建学会工作的新起点，为发展我国的棉花事业作出新的更大贡献。

最后，希望全体会员和棉花科技工作者发扬团队合作精神，以更加饱满的工作热情，更加务实的工作作风，在全面贯彻落实科学发展观、构建和谐社会、建设新农村的伟大实践中，发挥聪明才智，不断加强科技创新，努力将中国棉花学会办成国内一流、国际知名的学会。让我们肩负起历史赋予我们的崇高使命和责任，团结一心，奋发拼搏，以踏实的行动和不懈的努力，为把我国建设成为创新型国家，为实现中华民族的伟大复兴贡献我们的力量！

谢谢大家！

立足科学研究　服务棉花生产

——在中国棉花学会2011年年会上的讲话

中国棉花学会理事长　喻树迅

（2011年8月8日　安徽安庆）

尊敬的各位领导、各位代表：

大家好。今天中国棉花学会在文化名城安庆市胜利召开。棉花学会会员如长江之水从四面八方形成滚滚洪流汇入大海，我们的会员从全国各地跨越千山万水汇集安庆，创造与会人数新高，达800人之众，说明在大家的支持努力下，棉花学会越办越好，从胜利走向更大的胜利。

今年年会在安徽省农业厅、安庆市委市政府、安徽农科院的支持下，安徽棉花所辛勤努力下，办的非常成功，是一次历史性的盛会，给我们提供了良好的平台，能够在此商讨棉花生产中出现的新问题，寻求解决的新途径、新方法，更好地开展科学研究，服务于棉花生产。

今年年会我们主要就当前棉花生产中出现的杂交棉优势利用、盐碱地植棉、棉花种植全程机械化等关键问题，进行集中讨论。为了开阔思路，我们非常荣幸地邀请到了刘旭院士、南志标院士和朱军校长给我们作报告，将给我们尝试新思路、新方法，让我们以热烈的掌声欢迎他们的到来。

同志们，今年年会希望大家以极大的热情参与，就以上三大问题提出真知灼见，能够集中形成建议，给农业部领导决策参考。

让我们再次感谢安徽省农业厅、安庆市委市政府、安徽农科院、安徽棉花所的支持和努力，感谢各位会员的积极参加，预祝大会圆满成功。

谢谢大家！

热烈庆贺棉花生物学国家重点实验室成立

——在棉花生物学国家重点实验室揭牌仪式上的欢迎词

中国农业科学院棉花研究所所长兼党委书记　喻树迅

（2012 年 3 月 10 日　河南安阳）

尊敬的各位领导、来宾及同仁：

大家好！今天是良辰吉日，是载入我所史册的良辰吉日，是棉花生物学国家重点实验室揭牌的良辰吉日。为了这一天，我们心潮澎湃、思绪万千！为了这一天，凝集了各级领导的心血、关怀！为了这一天，凝集了多少同仁的拼搏、汗水。大家齐心协力，心往一处想，汗往一处流，聚小溪为大流，为的是冲刺国家重点实验室的成功。今天这一宿愿、这一期盼终于成功了！我代表重点实验室和全所职工向各级领导和支持实验室争取成功的同事表示热烈的感谢和敬礼。

中国人口众多，文化根基在于农业立国，河南省是中国粮仓稳定的根基，要使中国富强、稳定、发展，农业是根本，而农业要取得突破，生物技术是第一要素，是第一生产力。棉花生物技术在世界当今生物技术竞争中，为中国农业生物技术的发展做出了贡献，它赢得了国际生物技术这一场没有硝烟的战争，在农业领域独树一帜，挤走了国外抗虫棉的竞争，夺回了国产抗虫棉的市场，体现了竞争力。现在我们又克隆了有自主知识产权的纤维品质第二代转基因，它将投放市场，在全国大范围应用示范，标志着我们在棉花生物技术领域走在世界前列。

国家重点实验室的申请成功，标志着我们在这一领域将有更大的突破，将创造更多农业的奇迹。在这一时刻，我们要尽情享受这一成功的喜悦，但更要清醒日后旅程的艰难，要继续取得领导部门的更多支持，取得更多更大的成绩，而不辜负领导的期望。

各位领导，我代表棉花生物学国家重点实验室、代表中国农业科学院棉花研究所全体职工对领导的关怀和支持再次表示崇高的敬意，我们一定加倍努力，快马加鞭，为取得日后的辉煌而努力！

谢谢大家。

长风破浪会有时　直挂云帆济沧海

——在中国农业科学院2012届研究生毕业典礼上的讲话

中国农业科学院棉花研究所所长兼党委书记　喻树迅院士

（2012年7月6日　北京）

尊敬的各位领导、老师、亲爱的同学们：

大家好！

今天，是一个非同寻常、令人难忘的好日子！作为导师，我们和同学们一样，心情非常激动。首先，请允许我代表各位导师向今天毕业获得博士和硕士学位的研究生们表示最热烈的祝贺，同时通过你们向积极支持你们发奋求学的家长和亲友们表示亲切的问候和衷心的感谢！

今天，也是大家依依惜别的日子。3年的读研时光即将成为过去，相信大家都还记得当初入校时的雄心壮志，还记得经过反复试验获得成功时的喜悦，更记得与导师商讨研究方案、分析研究结果、推敲研究论文时的忘我与紧张。过去的3年中，你们付出了辛苦的努力，培养锻炼了科学研究的能力，提高了面向未来的素质，获得了一份沉甸甸的收获，而伴随这些的是导师们倾注的大量心血和劳动。你们的努力，为中国农业科学院的发展做出了重要的贡献；你们的优异成绩，将在中国农业科学院的发展史上留下浓重的一笔！

今天，又是你们即将踏上新的人生旅途值得纪念的日子。学成毕业是对你们这几年拼搏进取的最好总结，它意味着你们已经具备了更坚实的理论基础、专业技能和科研素质，具备了担负更艰巨任务的能力。在这个意义上说，毕业既是终点更是起点。你们就要踏上新的征程，投身到国家农业科研和农业发展与建设中去，这将是你们人生的一次重大转折和挑战。在临别之际，请允许我代表老师们在你们的行囊里装上我们的期望与祝福。

第一，不断学习，迎接挑战。研究生阶段只是一个学习阶段的完成。同学们要认识到自己现有知识的局限性，在今后的工作中还有更多、更新的东西需要你们去学习和感悟、去探索和实践、去驾驭和把握。在你们未来的征程上，挑战与机遇并存，风险与成功同在。殷切希望同学们充分认识终身学习的重要性，树立终身学习的理念，去迎接和战胜一个又一个新的挑战。

第二，锤炼品格，追求卓越。只有高尚的人、把个人价值融入社会价值的人，才能创造完美的人生。一个高尚的人，不仅在于知识的不断丰富，更在于品格的不断完善。对于从中国农业科学院走出去的研究生来说，仅有一定的学识是远远不够的，只有将自己所学贡献于我国的农业发展，贡献于社会的文明与进步，才是真正意义上的完美人生。同学们，思路决定出路、胸怀决定规模、凝聚决定发展、观念决定成就。希望大家开拓思路，锤炼品格，培养能力，全面发展，更好地适应社会。今天从这里启航，走出你们自己完美的人生之旅。

第三，充满自信，快乐健康。同学们，在今后的人生旅途中，有风和日丽，也有乌云弥漫，还会有暴风骤雨，但快乐却是永远伴随着我们，就看我们有什么样的生活态度。如果对快乐的理解是在进取的人生中对丰富生活的真情体验，把人生的每一个困难都当作一笔难得的财富，那我们特有的自信就能够使我们笑对困难、战胜困难。只要怀着一颗感恩的心，就会永远感激生活带给我们的一切，感谢他人带给我们的温暖；只要怀着一颗感知的心，就会常常被大自然、被社会、被他人也被自己的美丽与进步所感动。把人生看作是我们享受自己劳动的快乐的过程，那你就会永远快乐。我们非常希望与你们分享这种快乐！

亲爱的同学们，明天你们将走向各自不同的新的工作或学习岗位，在你们面前的将是一条充满希望、充满竞争、前途无量又阳光灿烂的道路。我和我的同事们相信，在中国农业科学院学习研究的这段经历将伴随你们终生，永远激励你们不断取得成功和进步。你们都将成为国家之栋梁、社会之精英、中国农业科学院之骄傲！中国农业科学院永远是我们大家共同的家园。希望你们常回来看看，你们是我们永远的牵挂！

“长风破浪会有时，直挂云帆济沧海”。祝愿你们在新的人生征途上扬起理想的风帆，一路平安，一切顺利，身心健康，事业辉煌！

团结协作　求实创新 为促进棉花科技发展作出更大贡献

——在中国农学会棉花分会第八次会员代表大会上的工作报告

棉花分会理事长　喻树迅

（2012 年 8 月 8 日　山西运城）

各位代表：

我受中国农学会棉花分会第七届理事会的委托，向大会做工作报告，请各位代表审议，欢迎与会者和朋友们提出意见。

一、七届以来的工作回顾

2006 年 8 月换届以来，棉花分会第七届理事会带领广大会员，在中国农学会的领导和支持下，团结棉花科技工作者，发挥学会的学术性和公益性功能，加强棉花科技创新，为广大棉业科技工作者服务，发挥学会的桥梁和纽带作用。6 年来，学会自身建设不断加强，各项工作取得了新的进展。

1. 学术活动经常化，促进了创新能力

学会形成了每年召开一次学术年会、会前出版一本论文集、每年提出一个新主题的交流模式。学会已成为棉花界同仁学术交流的大舞台，并发挥他强大的聚合作用。每年的学术交流活动主题明确、内容丰富，形式多样，不仅是知识的交流、信息的传递，更是广大棉花科技工作者心灵的沟通和友情的交往，加强了学会自身建设能力，形成了共同发展的合力。

2007 年年会在美丽的海滨城市青岛召开，参会人员达 620 人，收编论文 169 篇，会议主题“科技创新和产业化发展”。2008 年在我国唯一的农业高新技术产业示范区杨凌召开，正式代表 466 人，收编论文 150 篇，会议主题“棉花科技创新与新农村建设”。2009 年在首都北京召开棉花学会成立 30 周年庆典及学术年会，参会代表 632 人，收编论文 123 篇，并出版了《中国棉花》增刊，总结我国 30 年来棉花科技和生产发展，全面反映了各产棉省市棉业生产发展的历程和成效；同时，组织编写出版了《中国棉花学会 30 年》纪念册，记录了棉花分会 30 年走过的辉煌历程。2010 年在美丽的延边城市延吉召开，参会代表 486 人，收编论文 156 篇，会议主题“棉花高产与可持续发展”。2011 年棉花界同仁相聚在安庆，参会代表 661 人，收录论文 160 篇，会议主题“杂交棉现状与挑战”。

6 年来，论文汇篇收录了来自棉花科研的各个领域论文，较全面地总结和反映了近几年我国棉花政策和科技发展新动向，总结了在生物技术、育种、栽培、植保等科研领域取得的新成果、新方法和新技术，并针对棉花市场和产业化发展面临的新挑战提出了相应对策。每年的学术交流围绕主题，邀请知名院士、专家做大会报告，并开展分组研讨，2009年、2011年分别开展青年学术论文评优活动，优秀论文设一等奖和二等奖，分别奖励2 000元和1 000元，为青年科技人员的成长搭建了平台。

2. 加强国际交流与合作，提升学会影响力

开展国际学术交流与合作已成为学会活动的一项重要内容。2008年7月棉花学会和中国农科院棉花研究所共同承办了国际棉花基因组研究大会，来自美国、印度、澳大利亚、法国、巴基斯坦、比利时等12个国家的260余名专家学者出席了大会。会议共收到论文摘要131篇，墙报论文交流30余篇。为期3天的会议，先后有15位国内外知名专家做了大会主题报告，展示了国际棉花基因组学及相关领域的最新研究成果。会议分设结构基因组、功能基因组、遗传资源、进化基因组和生物信息5个分会场，有40余位专家学者进行了交流与研讨。会议增进了我国棉花科技人员与国外同行的沟通与交流，促进了在棉花遗传资源、标记开发、遗传物理图谱整合、基因组测序等方面的合作，对整体提高我国棉花科技水平和棉花产业的可持续发展具有重要的意义。会议前后，还与美国、乌兹别克斯坦、印度等国有关单位针对进一步开展科技合作进行了研讨，并分别签署了相关合作协议。

棉花学会理事长喻树迅应邀参加在新加坡召开的2010年国际棉花基因组学大会，应国际棉花基因组委员会的邀请作了题为“Progress on upland cotton sequencing”（陆地棉基因组测序进展）的大会报告，重点介绍了在陆地棉基因组测序研究的进展及其取得的成果，凸显了中国农业科学院棉花研究所在国际棉花基因组测序工作中的作用，受到与会国际代表的高度评价。期间，还主持了“棉花种质资源与遗传学”组会。副理事长张献龙教授也应邀参加此次会议，以“Function analysis of the gene *GbPDF*1 and its promoter during fiber initiation and development”为题做了大会报告，研究成果得到了同行的充分肯定。

国际会议的召开，为中国了解世界，为世界了解中国，向世人展示我国先进的棉花科技水平发挥了重要作用，并产生了积极的影响，同时也提高了学会在国际上的知名度。

3. 棉花学报编辑水平提高，论文质量提升

棉花学会与中国农科院棉花研究所共同主办《棉花学报》和《中国棉花》两个刊物的出版、发行工作。每年按计划出版《中国棉花》12期、《棉花学报》6期，编印棉花学会年会论文集1部。

《棉花学报》是我国目前唯一的全国性棉花学术类刊物，紧跟科学研究的前沿，跟踪973计划、863计划、国家自然科学基金、重大专项等重点项目加强组稿，注重选用棉花科技领域中具有新意的高水平论文。近年来，《棉花学报》的影响因子不断提高，2007年首次突破1.0，2008年影响因子由2007年的1.290提高到1.406，列农学类、园艺学类30种期刊第1位，在所有75种农学、农艺、园艺类期刊中排名第3，影响因子的提升主要是棉花科研成果显著和大家对引用文献重要性认识的提高。2009年起《棉花学报》入选“中国科协精品科技期刊示范项目”，并于2010年、2011年连续获得资助，荣获“河南省第一届自然科学期刊综合质量检测一级期刊”称号，2010年启用在线稿件编辑系统，

完成全文上网，实现开放式存取。

《中国棉花》报道覆盖面不断拓展，并注重解决棉花生产中重大关键技术内容的文章，是我国目前唯一的全国性棉花技术类刊物，发行遍及全国各主要产棉省（市）300多个产棉县，覆盖了全国所有棉区，深受广大作者、读者的欢迎。《中国棉花》更加关注国家相关政策、棉花市场形势、贴近基层棉花生产，及时报道国家对农业生产的指导意见，报道棉花产业技术体系“千斤棉创建”和农业部棉花高产创建活动等。

4. 加强组织自身建设，提高凝聚力

第七届理事会现有理事113人，常务理事65人，正副理事长10人，副秘书长10人，拥有一个和谐的领导班子和工作班子。近年来，每年召开一次常务理事会议，至少召集一次理事长秘书长联席会议，共同商讨学会工作，取得了良好的效果。

为加强学会工作，2009年在新疆石河子召开的联席会议上成立了“基础研究、遗传育种、农艺技术、资源与综合利用、产业、科普与政策研究”等七个专业委员会，2010年增设了“棉业信息与经济专业委员会”。2011年在西安召开棉业信息与经济专业委员会成立大会，会议还针对农产品贸易、棉花市场形势、棉花政策等主题进行了研讨。

近5年，学术年会分别由山东棉花中心、西北农林科技大学、中国农业大学、辽宁省经作所、安徽省棉花所积极承办，南京农业大学、华中农业大学、新疆建设兵团等积极协助承办学会的有关活动，将棉花学会办成我们共同的“棉花之家”，加强了棉花科技界同仁的沟通与交流，增强了学会会员的凝聚力。我代表本届理事会领导班子对上述承办、协办单位表示衷心的感谢和诚挚的敬意！

二、主要经验和存在的问题

近6年来，棉花学会的工作经验主要如下。

（1）把学会办成棉花科技工作者之家，团结广大会员和棉业界人士，凝聚力量共同进步。棉花学会依靠广大会员的支持，已成为我国棉花生产与科技领域交流活动的大舞台，尤其是近年来学会规模不断壮大，参会代表逐年增加。

（2）针对棉花生产中的突出问题，围绕主题开展学术研讨。以棉花科技创新、产业发展、新农村建设等为主题，每年举办一次学术年会，解决棉花科研生产中较为突出的问题。

（3）期刊编辑水平提高。《棉花学报》为棉花科技创新和科学普及搭建了发展的平台，编审队伍中有3名院士和学术造诣较高的学术带头人，为期刊编审工作增添了活力。

这一届理事会工作虽然取得了较大的进步，但与上级部门的要求和广大会员、棉农的期望仍有较大的差距。学术影响力有待提高，与地方学会的联系相对较弱，向上级主管部门提供可行性建议有待加强，向棉农提供新知识、新技术等有待进一步加强。

三、关于今后几年工作的建议

（1）进一步加强学术交流，把棉花科研和生产中的重大技术和突出问题作为学术研讨的重点，为上级主管部门提供有关政策、技术方案和建议。

（2）继续加强学会自身建设，密切与地方学会的联系，加强同中国棉花协会、作物学会等的联系，扩大相互间的沟通与交流。

（3）加强国际学术交流，以学会的名义组织会员出国交流，参与国际学术活动，扩大棉花学会在国外同行中的影响。

（4）进一步提高《棉花学报》和《中国棉花》的办刊质量。

各位代表、朋友们，我国棉花事业的发展正站在一个新的历史起点上。为实现新时期棉花科技的跨越发展，贯彻落实科学发展观，在农业部和中国农学会的正确领导下，团结和带领广大棉花科技工作者，认真把握棉花科技创新方向，做到“顶天立地”，为农业、农村和农民服务，续写棉花学会的新篇章。

发挥优势 快乐植棉

——在全国农机农艺技术融合，机采棉暨麦棉直播示范区建设座谈会上的讲话

中国工程院院士 喻树迅

（2013年6月16日 山东滨州）

刚才王处长讲的很系统，很有指导意义，综合性、可操作性非常强。借今天参加这次座谈会的机会，我讲以下4个方面内容。

第一点，滨州搞机采棉定位比较高，具有前瞻性。可以说，除新疆维吾尔自治区（以下简称新疆）以外，滨州走在了全国的前列，起到了表率作用。我们中棉所搞的中棉所10号、中棉所16、中棉所12和中棉所19，这几项科学成果最先开发都是在山东省搞出来的，像当年中棉所10号在山东临沂大面积种植都成功了，再往河南省、河北省和全国推广，我觉得现在中棉所50、64这几个品种也遇到好的时机、好的平台。搞机械化关键是怎么样跟农机农艺结合起来，真正做到有效的融合。为什么说滨州的做法具有前瞻性呢？前几天，我在新疆考察，新疆种棉花真正实现了我提出的“快乐种棉”：一个人平均种50亩棉花，一年收入6万元左右，并且每年生长季节的管理只有29天。现在办工厂，招不到工人，别人想种棉花，不想当工人，你想当工人一天工作8个小时，新疆种棉花的农民一个季节就是29天管理，手机发发短信什么都解决了，我的感觉是比国外还先进，把信息化、智能化、机械化、规模化都结合起来，所以我说的“快乐植棉”，我在新疆、滨州看到了。我们这个地方走在了前面，这也为我们内地今后的发展确立了榜样，确立了方向，为什么这么说呢？滨州是盐碱地，能达到“一熟变两熟，粮棉双丰收”成果，这完全适应我们国家的发展需要，最关键的是能把现代化、智能化结合起来，这才是中国真正的现代农业。

第二点，如何通过各种途径解决农业环境污染问题。新疆最大的问题是地膜污染，我们山东污染也比较严重，新疆平均最多，高到每亩地产生50斤（1斤=0.5kg，下同）残膜，我们这里也有十几斤、二三十斤，这样的地长期种下去，子孙后代种地问题将会受到很大挑战，更谈不上建立“美丽中国”了，所以我们必须抓好社会效益这个重点。我们要用地膜加厚、育苗移栽、麦后直播等方法，解决地膜污染。新疆老百姓现在已经感觉到了这问题，再过十年二十年，子孙后代就没地种了，薄膜留在地里，根扎不下去，所以我们必须从整个环境，从当前习主席提出“美丽中国”总体布局来考虑，现在农民种田，既要考虑生态，还要考虑节水，更要考虑高产高效，考虑农业文化保留与传承，这是个综合问题，尤其环境是非常重要的问题，大家必须引起高度重视。

第三点，滨州组织化的创新优势。新疆为什么搞的好呢？关键是半军事化管理，他们的组织化水平很高。现在，中国农业现代化离开了组织化基本实现不了，想大面积种植，须政府引导调整土地，因为一家一户种植模式，不适合现代化。我们滨州组织化的难度比新疆还要难，所以，在整个过程中，必须把各个部门合作、把各个部门利益统筹来考虑，把农民组织起来、形成合作社，甚至将科研院校单位，中央、地方行政单位等组织协调起来，尤其是王处长这样的直管领导得积极支持啊。离开这些组织与协调，实现现代化、机械化、规模化、智能化根本不可能。要搞组织化，各种先进技术必须靠先进的组织化来实施，离开这点，其他技术都不管用，执行不了，一家一户根本搞不了现代化。智能化投资一次就得10多万，一家一户根本承受不了，像那么大的机器，只有搞合作社才能购买，才能把成本赚回来，一家一户几亩地根本用不上，所以说，滨州成功的经验，组织化是最大的优势。

第四点，中国的劳动力后续问题。大家想一想，我们的孩子还能让他种田吗？大部分都去考学了，留下的很少，十年二十年后再找像这个年代的农民，根本找不到了，将来必须走组织化合作大农场道路，像美国那种组织起来，种地，亏不了本还轻松挣钱。现在新疆兵团棉花人不愿意打工就愿意种地，种地比工人潇洒多了，赚钱还多，所以滨州搞种植农机农艺融合，这是个未来战略性、方向性的问题。滨州做法非常好，给全国做了个表率作用、领跑作用，而且把各个方面的成果都融合起来，这个发展方向一定要坚定不移的走下去，有了这个带动作用，首先对山东、河北省、天津市、江苏省，沿海这一带，内地如湖南洞庭湖等南方相对集中的棉区，我觉得都有示范推广效应。关键是要把组织化、规模化搞好了，像你们这沿海的规模都比较大，所以我觉得，对全国来说，具有战略眼光、具有示范效应、具有带动效应，将来很快能促进全国机械化水平的提高。我觉得中国人很聪明，创造力是无穷的，到时候，按照王处长说法，把各项技术融合起来，成为体系，体系效益就很快“显”出来了，如小麦联合收获跨区作业，一夜之间全国实现小麦收获机械化，原来一家一户的投资买不了，从南方湖北那边开始，到黑龙江结束，一个季节把本收回，一夜之间就把机械化实现了，这就是组织化。中国机械化原来一家一户不能搞，现在农民实现了。我们前几年种小麦，不论外面打工的、上学的，一到麦收这个季节赶快回家抢收，现在机械到田头，通过合作社组织，机械化收割小麦，所以组织化非常关键。滨州做的非常好，我多次强调，如果棉花没有现代化、规模化、机械化，这个产业就没了，没人去种棉花，所以只要有了现代化、规模化、机械化，才会有人种。一家一户效益为先，没有效益也不会种，现在劳动力成本很贵，还得靠机械化解决劳动力的后续问题。总而言之，滨州的做法非常符合中国现代农业发展要求，在全国具有示范带动和推广作用，我希望滨州加大力度，始终如一地抓好，将来前途不可限量，形成规模之后，争取得一个大奖是很有可能的。我看到新疆兵团之后，感觉很振奋，但来到了滨州，让我有了新的感悟，你们的做法既有高度，也很有前瞻性，确实抓得非常好！

总而言之，通过本次座谈会开拓了思路，拓展了视野，这是一个很好的学习机会，希望你们继续努力、做大成果，谢谢大家！

快乐植棉 棉花人的中国梦

——在中国棉花所学会2013年年会上的讲话

中国棉花学会理事长　喻树迅

（2013年8月8日　湖南长沙）

女士们、先生们：

今天是棉花界一年一度的年会，我们相聚的时刻，非常感谢湖南省棉花学会理事长刘年喜厅长、棉花所李毅所长及全体会务人员。特别是因种种原因临时改变会议地点，造成很多困难，凭借他们的能力、凝结力、战斗力克服种种困难办好这次大会。我代表会议全体人员向刘年喜厅长、李毅所长和全体会务人员表示衷心的感谢和崇高的敬意，并预祝大会圆满成功！

今天是中国棉花学会第八届一次会议，此次年会意义非凡。它非凡就在于通过年会落实习主席提出建设“美丽中国”的号召，实现快乐植棉——棉花人的中国梦。5月，我应邀带队去新疆建设兵团考察，也可以说是一次寻梦之旅。兵团植棉应用现代技术，信息化、智能化、机械化，在棉花生产中取得显著的效果；一人管50亩地只用29个工，可获效益5万元左右，如果有足够的土地一人可管500亩地。兵团办工厂招工，棉农只愿种棉花当农工，不愿意进厂当工人，这说明当农工比当工人强，比工人轻松，比工人快乐，这就是快乐植棉，棉花人的中国梦。这也是我们大家所追求的目标和方向，值得学习和推广。明年打算在兵团开现场会，推广他们的经验。

山东省滨州市农机局正如火如荼开展机械化植棉，通过农民协会、农民机械服务协会，组织农民在滨海盐碱地植棉，我相信他们的努力也会成功！

湖南省人杰地灵、人才辈出，毛泽东、刘少奇、彭德怀都出自湖南省，为新中国的成立立了不可磨灭的功勋。在现代农业中，湖南省率先突破水稻三系在生产中推广应用，棉花率先在全省推广杂交棉，我相信，根据湖南特点，湖南也能实现全省植棉智能化、信息化、机械化，走出一条成功之路。

这次大会是在新形势、新任务、现代化背景下召开的大会，希望通过这次大会，在全国开展规模化、智能化、信息化、机械化、现代化植棉，让我们同心协力、团结一致、百折不挠，实现棉花人的中国梦——快乐植棉。

谢谢大家！

喻树迅：呕心沥血育良种

蒋建科

（人民日报　2002年8月29日　第4版）

良种在农业生产中有着举足轻重的作用。在中国农业科学院，有一位著名的棉花育种专家，先后主持培育了10个棉花品种，被人称为“育种魔术师”。他就是我国短季棉的开拓者——中国农业科学院棉花所党委书记、所长喻树迅研究员。

喻树迅所领导的这个带“中国”字头的国家级研究所建在中原大地上一个普通的村庄里——河南省安阳市白壁镇大寒村。这里的条件虽然艰苦，但他们的科研成果却是一流的，由该所培育的棉花品种已达到41个，其推广面积最高时竟占到全国棉花种植面积的一半。该所也先后涌现出一大批著名的棉花专家，喻树迅就是其中一位。

喻树迅常说：“作为农业科研工作者，就是要做农业先进生产力的代表，就是要为广大农民的最根本利益服务，培育优良的作物品种就是实现这两个目标的一条途径。”喻树迅1953年生于湖北省麻城市，18岁就加入了中国共产党。1979年，喻树迅以优异的成绩从华中农业大学农学系遗传育种专业毕业后，被分配到中国农业科学院棉花研究所，从事棉花遗传育种工作，一干就是23年。

育种工作成功与否在很大程度上取决于所掌握的种质资源的深度和广度。喻树迅利用一切机会，和同事们一起到辽宁、新疆、甘肃、山西等省、区特早熟棉区实地考察。为了观察棉花的性状，喻树迅经常是晴天一身汗，雨天一身泥。经过5年努力，喻树迅首次提出短季棉生态区的划分和不同生态区亲本的利用方法，首次提出了蕾期脱落率低，第一果枝着生节位低，铃壳薄的品种早熟性好的观点，被育种界所采纳。

我国人多地少，粮棉争地的矛盾比较突出。为此，喻树迅和课题组的同志一道，筛选了大量材料，终于选育出早熟性好，生育期115天，适合耕作改制需求的短季棉新品种“中棉所10号”，开了我国早熟短季棉育种的先河，结束了我国无早熟短季棉品种的历史，并迅速在全国大面积推广，累计产生经济效益近8亿元。

接着，喻树迅率领课题组又育成了高产、优质、抗病、早熟不早衰的优良短季棉新品种“中棉所16”，累计推广5 506万亩，促进了粮棉同步发展。该成果1995年获国家科技进步一等奖。之后他们又培育成功“中棉所18”和“中棉所20”，累计获得经济效益6.76亿元，成为我国当时推广面积最大的低酚棉品种。

喻树迅注重创新，他曾特地到北京大学学习人类抗衰老研究，借鉴其原理研究早熟棉不早衰机理，用生化方法进行辅助育种，选育出“中棉所24”和“中棉所27”两个早熟不早衰、青枝绿叶吐白絮的新品种，实现了短季棉早熟性、产量、抗病性的三大突破，揭开了短季棉育种史的新篇章。

喻树迅：棉花育种领域高产专家

李　禾

（科技日报　2006年3月29日　第5版）

中国农业科学院棉花研究所在河南省安阳市，喻树迅每次到北京来总是住在中国农业科学院的招待所里。大瓷砖铺的地板、刷了白漆的墙、半新的桌椅，房间显得有点简陋。“所里经常要到北京出差，住在农业科学院一是方便，二是便宜。”喻树迅说。

在住宿上不舍得花钱的喻树迅却刚刚捐出了30万元，其中20万元是他获得首届“中华农业英才奖”的奖金，10万元是所里给他的奖励。“30万元奖金都是直接打入个人的银行卡里，钱虽然不少，但是吃了、用了，很快就花完了。捐出后，就以我们中棉所第一届所长、中国科学院院士冯泽芳的名义设立‘棉花创新基金’，再通过吸纳其他个人和企业的捐款，把钱投入公司，每年提出20万元的盈利，奖励两个青年科研人员，每人10万元。我希望通过各种奖励，能鼓励更多青年科研人员去创新。”喻树迅微笑着说。

一个新品种形成一种新耕种制度

“20世纪80年代前，由于棉花生长时间长，我国北方只能种一季棉花，因为剩余的时间不够种植小麦，加上人多地少，棉粮争地矛盾突出。”喻树迅告诉记者，植物的生长期和光合作用时间越长，产量越高、品质越好，如何做到早熟又高产呢？由于美国等其他产棉大国土地辽阔，不但不需要棉花早熟品种，而且还可以做到土地的休闲和轮耕。研究短季棉品种是个全新的课题，没有世界成功的先例。

本科毕业不久的喻树迅迅速参加到中棉所的短季棉研究中，很快，中棉所率先培育成了适合麦棉两熟的第一个短季棉花新品种——中棉所10号，“该品种的生长期只需要110天，比一季春棉早熟30多天，在科研上简直是个奇迹！”喻树迅快乐地计算着：“1984年，黄河棉区种植了麦棉两熟2 000万亩，一熟变成了两熟，相当于又增加了2 000万亩地。一个新品种形成了这种新耕种制度，不但符合我国地少人多的特色，大丰收还使当年的黄河棉区首次实现了粮食自足，并大量出口。”

据了解，中棉所10号，培育成功的第3年，推广面积就高达1 000多万亩，经济效益7.89亿元，成为我国早熟短季棉的主栽品种。

“一不小心”就走到了世界最前沿

“中棉所10号是个新生事物，经过推广发现，早熟早衰，还存在抗病性、质量等问题。科研就是这样，必须不断面对新问题，不断地解决这些急需的重大难题。”喻树迅回忆道，早衰现象是在具体生产实践中出现的，不但前人没有研究过，当时世界上也没有人去做研究。这时，他偶然获得了一个信息——北京大学人体研究所正在研究人体衰老问题，他就大胆设想：棉花是否和人体衰老的道理一样？正巧，中国农业科学院于1989年在北京开办了第一期干部培训班在北京开班，参加培训班的喻树迅白天在中国农业科学院上课，中午去实验室作试验，晚上去中国科学院植物所进行棉花衰老机理研究。

提起那段艰苦而忙碌的日子，喻树迅并没有多做描绘，只是轻描淡写地提到当时北京正在下大雪，不通车，他下课后，都必须从中国农业科学院走到植物所去做研究。从北京回到所里后，由于中棉所在农村，条件很差，药品和基础设备等都非常匮乏，加上当时助手太少、气候和农业上变数太多，需要重复更多的试验，此外，还要与老专家一道培育和推广新品种，“真是太忙！”喻树迅感叹道。

功夫不负有心人，实验证明了喻树迅的大胆设想：植物和人体的衰老原理都是一样的。喻树迅带领课题组通过克隆不早衰基因，形成了一套现代分子育种体系，“在1989年，我们一不小心走到了世界最前沿，掌握了分子育种技术！”他笑容满面地说。

喻树迅带领的课题组采用先进技术培育出短季棉系列品种中棉所24、中棉所27和中棉所36等，都实现了早熟不早衰、“青枝绿叶吐白絮”，优质高产多抗病。该系列品种不但解决了新疆棉区由于气温低造成纤维强力下降，黄淮棉区麦棉争地而低产、质差等重大科技问题，而且为我国发展优质棉和高效集约农业提供技术保障。

利用分子技术，喻树迅的课题组不但形成了一套现代分子育种体系，还形成了一套分子检测体系，早衰是棉花生长的后期表现，通过检测就能在生长前期发现是否棉种晚熟还是早衰，避免了大量重复劳动，节约了资源和劳动力。“从1985年开始研究分子技术，20年的努力终于使梦想变成了现实，来之不易！”喻树迅深有感慨。

一个重大专项打破了美国的垄断

20世纪90年代，棉铃虫为害猖獗，每年都给国家造成几十亿元的经济损失，尤其在1992年，棉铃虫造成的直接经济损失就超过100亿元。喻树迅郑重地告诉记者：“因为棉铃虫产生抗药性，所以棉农原本在棉花种植期间只需要喷施农药3～5次，这时即使是喷施农药20余次，也无法完全防治住棉铃虫。人们曾将棉铃虫放在农药原液中，它依然悠然自在。如此特大的棉铃虫为害似乎无法阻挡，因此当时农业部部长刘江就宣布，‘谁治住棉铃虫就奖谁100万元！’”

在先后育成12个短季棉品种，累计推广1.4亿亩，大大缓解了我国粮棉争地的矛盾后，喻树迅又把目光转向了国产抗虫棉的自主创新。他通过主持“国家转基因抗虫棉花育种”项目和国家转基因重大专项，利用中国农业科学院生物所的*Bt*基因，育成转基因抗虫棉中棉所37、中棉所42、中棉所45和中棉所50。目前中棉所42和中棉所45分别成为短季棉和春棉的主栽品种，中棉所45成为第二个通过国家审定的我国拥有自主知识产权的双价抗虫棉新品种。2002年，国产转基因抗虫棉占据30%的市场份额，2003年首次超过美国，2004年则占市场份额62%，彻底打破了美国抗虫棉的垄断地位。

一生最大的遗憾和愧疚

出生在湖北麻城县的喻树迅是5个兄弟中最小的一个，喻树迅说："由于当时工作太忙，母亲瘫痪卧病在床3年，临终前我都没能见上一面。父亲瘫痪卧病在床1年多，我想临终前一定要去见一面，但因为又在外地出差，这个愿望也没能实现。这是我一生最大的遗憾！"

谈起妻子和儿子，喻树迅说，最大的感受是愧疚。"儿子是在1984年冬天出生的，当时妻子住在安阳市西郊单位里，我住在东郊的所里，两地相隔50多里（1里=500米，下同）。那天雪下得很大，由于当时所里特别忙，夜里1点多儿子出生时，我并不在他们身边，卫生所没有暖气，儿子被冻着了，所以一直到十几岁身体都不好。"

喻树迅住的房子是1958年大跃进时，农业部在中棉所办干部培训班时盖成的，为了节省材料，所有的墙壁都是空心的，不但寒冷而潮湿，老鼠还在墙中筑窝。直到儿子3岁了他才分到两间房子，大房间12平方米，小房间8平方米，中间5平方米的走廊就是厨房，一住就是7、8年，"到搬家时，屋里的家具都烂了！"喻树迅说，妻子对他的工作支持很大，所有家务，甚至连打煤球这些应该都由男人干的重体力活都落到了妻子瘦弱的肩上，但她毫无怨言。

一直有个幻想培育出棉花树

关于记者为什么会选择农业这个专业的疑问，喻树迅的回答很朴素：我觉得农民太苦了！出生和生长在农村的喻树迅说，在每年的四五月份，农民既要种棉花又种水稻，非常辛苦。"我一直有个幻想：培育出棉花树！棉花树长得很高大，棉花结得又大又多，这样农民就不用这样辛苦和贫穷了。我现在还不知道这个想法能否实现，但是我一定会努力去做的。"

在高中期间，喻树迅担任团委书记，并加入了中国共产党，成绩也一直拔尖。1972年高中毕业后，参加了学大寨，打山洞，建工厂，在山窝窝里呆了1年多时间。白天炸山、拉土，晚上住帐篷，累了也只是坐在山沟上歇一会儿。"那时不知道累，即使是生病了，也照样干活，决不休息。"在大队办的中学里当了2年校长后，1976年，喻树迅被保送到华中农业大学作物遗传育种学专业学习，"要为国家做事、大公无私的基本理念是在青少年那段时间就形成的。"

问起有什么爱好时，喻树迅笑着说："以前喜欢游泳，现在没有时间，只能在饭后走上半小时。"关于健康秘诀，他总结说：首先是精神愉快，当全身心投入工作时发现，难题没有解决前存在很多未知的奥秘，很有趣，解决后很快乐，工作是一种享受，解决一个难题也是一个享受，这是精神上的锻炼；其次是农业科研人员是在地里找问题，在田里看情况，经常会晒着太阳在田地里走上几小时，这是天然的锻炼。

■人物档案

喻树迅，研究员、博导、中国农业科学院棉花研究所所长、华中农业大学兼职教授、国家级专家，兼任中国棉花学会理事长、中国棉花协会副会长、中国农学会理事、河南省农学会常务理事、中国农业科学院学术委员会常委。

中国工程院院士喻树迅
寻找破解“粮棉矛盾”的答案

尹江勇

（河南日报　2011 年 12 月 9 日　第 2 版）

谈到刚刚当选中国工程院院士的感受时，中国农业科学院棉花所所长、著名棉花遗传育种家喻树迅的回答里透着农业科学家共有的质朴：“感觉肩上的担子更重了，就想为中国的棉花事业多作些贡献。”

为了棉花事业，喻树迅做的事情可真不少——

把粮棉争地矛盾“调解”好

吃饭、穿衣是两件大事，但中国的耕地有限，粮棉争地的矛盾怎么解决？

喻树迅的答案是：培育推广短季棉。“普通棉花生长期约 140 天，早熟短季棉可把生长期缩短为 100 天左右，从而实现麦棉两熟。”

喻树迅和课题组选育出的新品种“中棉所 10 号”，结束了我国无早熟短季棉品种的历史，在全国迅速推广后，累计产生经济效益近 8 亿元。

近两年，喻树迅科研团队又培育出生育期更短的“中棉所 74”等特早熟短季棉新品种，实现了在小麦收获后直播棉花的设想，进一步提高了耕地利用率。

保护国内棉花产业安全

20 世纪 90 年代，由于棉铃虫对农药产生了抗药性，我国主要棉区棉铃虫大暴发，棉农谈虫色变，棉花面积从一亿亩锐减到 6 千万亩。当时的应对方法是引进转基因抗虫棉。

短短几年内，国外转基因抗虫棉占据了 95% 的国内市场，直接威胁到国产棉花产业的生存，引发了国内棉花科研界的“绝地反击”。由中棉所率先培育出的转基因抗虫棉新品种一炮打响，起到了先导作用。十几年后，国产的转基因抗虫棉已经遍地开花，实现了市场占有率的大逆转。

近年来，喻树迅又主持培育短季转基因抗虫棉品种 6 个，目前已成为冀鲁豫及新疆短季棉的主推品种。他表示，我国拥有自主知识产权的转基因抗虫棉技术近年来不断发展，已经占据了市场主动权，完全有能力保护国内棉花产业的安全。

让棉农“快乐植棉”

种棉花费时长、用工多，是个“苦”差事。喻树迅的愿望是让棉农“快乐植棉”。

为此，中棉所一方面培育可亩产1 000多斤籽棉的新品种，另一方面研究实行植棉全程机械化，通过增产增收和解放劳力两条路，让棉农“乐”起来。

面对棉花产业发展这一命题，喻树迅还有很多解法：如开发利用盐碱地植棉技术，研发低产田增产技术，利用海岛棉优质基因片段导入从而大幅提高陆地棉纤维品质，等等。

他告诉记者：“河南的纺织业发达，但目前我国棉花尚有40%需要进口。所以中棉所要加强各项科研创新工作，提升棉花的产量、品质，为河南纺织工业发展提供充足的‘原料’，为中原经济区建设提供有力的科技支撑。”

喻树迅表示，提高棉花种植面积，除了在东部沿海地区的盐碱地上大面积推广棉花种植、减少棉花种植周期和实施“千斤棉”工程外，棉花产业未来的发展方向在于机械化。

棉花的出路在于机械化

——访中国工程院院士、中国农业科学院棉花研究所所长喻树迅

记者　卢松　彭永　　通讯员　冯文娟

棉花种植历程

“嫁汉嫁汉，穿衣吃饭。”这句民间俗语形象地道出了防寒果腹在任何时代都是一个不可忽视的大问题。

然而，新中国成立后，国内人口急剧增长，对棉花的需求量也迅速增加，棉花种植业面临着巨大的压力。

中国工程院院士、中国农业科学院棉花研究所所长喻树迅表示，新中国成立初，由于中国棉花种植水平原始低下，加上棉花种子不好，导致棉花产量很低。20 世纪 50 年代初期，亩产还不到 10 斤。“因为穿衣是关系国家民生的大事，所以周恩来总理亲自抓棉花生产，每年都召开棉花生产会议”。

到了 20 世纪 60 年代，我国引进美国先进品种，产量大幅提高；70 年代，国家培育出自己的品种，亩产能达到 100 多斤。喻树迅笑言：“20 世纪 60 年代，如果亩产达到 100 斤，棉农就能当上全国劳模了。”

在 20 世纪 80 年代，我国棉花种植面积和产量步入辉煌时期，全国平均产量达到 160 斤。中棉所培育的优良品种推广面积也达到 2 000万亩。“当时农民经济收入来源单一，1 斤棉花能抵上 10 斤粮食的价钱，所以农民种植积极性非常高，河南到处都种植棉花。”喻树迅告诉记者。

随着我国工业化进程的加快，大量农民都进城务工了，农村剩下来的老人和孩子，都选择种植机械化程度较高的小麦、玉米，费工费时的棉花种植受到影响。

据喻树迅介绍，我国原来有五大棉区，现在只剩下三大棉区，即长江流域棉区、黄河流域棉区和西北内陆棉区。其中，长江流域棉区面积占全国的 25%，总产量占全国的 22%；黄河流域棉区面积占全国的 40%，总产量占全国的 37%；西北内陆棉区面积占全

原载于：《农村 农业 农民》2012 年第 4A 期（总第 337 期）33-34 页

国的35%，总产量占全国的41%。

如何提高种植面积

资料显示，目前我国棉花集中种植带有4个，即长江中游集中带、沿海集中带、南疆环塔里木盆地集中带以及北疆沿天山北坡和准噶尔盆地南缘的集中带。

“每年我国棉花的需求量都在1 200万吨左右，而我们只能收获600万吨左右，剩余的缺口都要从国外进口。”喻树迅介绍说。

棉花种植关系着13亿人的穿衣问题，棉花产业更影响着纺织和服装产业的生存发展以及工人的就业问题。在这种情况下，稳定和增加棉花种植面积显得十分重要且紧迫。

喻树迅分析说，在工业发达的地方，农民都弃农务工了。而棉花种植费工，还需要一定的种植技术，现在80后、90后都受不了那个苦，所以种棉花的人就少了。棉花种植面积的增加应该在工业欠发达的地方想办法。

对于实现途径，喻树迅提出应该从这几方面来考虑：一是在东部沿海地区的盐碱地上大面积推广棉花种植，这些地方适合种植棉花，并且棉花质量比较好。二是扩大新品种种植面积，减少棉花生长周期。在小麦收割后，直接大面积播种生长期为100天左右的短季棉，以空间换时间，提高棉花种植密度，增加产量。这样，一年粮棉两熟，既能增加粮食产量，又能扩大棉花种植面积。三是通过先进技术，培育新品种，实施“千斤棉”工程。利用现有的技术集成，让棉花实现高产，籽棉能够达到1 000斤。最近两年，江西省、内蒙古自治区、新疆维吾尔自治区的棉花产量每亩籽棉都先后超过了1 000斤。

另外，棉花种植性价比低，效益得不到保障，也是制约农民种棉积极性的一个瓶颈。喻树迅分析说：“对于粮食，政府有最低保护价，效益能得到保证；而棉花却没有最低保护价，并且价格不稳定，一年高一年低，所以农民种植积极性就下降了。如果棉花也实行最低收购价，那么棉花种植面积会稳定一些。”

各地试行机械化

喻树迅认为，河南的粮食面积能够连续扩大，产量实现“八连增”，一个重要原因是实现了机械化种收。“棉花未来的发展方向也应是机械化，要不然产业就没有竞争力，没有发展前景”。

“新疆生产建设兵团的棉花种植一直在推广大型机械收摘，机械化程度已达到了六成。”采访中，喻树迅详细向我们介绍了新疆棉花种植机械化情况：新疆的棉花种植田间管理都由设在地头的计算机控制，当棉田缺肥、少水时，只要操作计算机，就可以通过机械化实现；棉花采摘，也是由大型机械直接进入田间实施。这样，就极大地降低了劳动力的成本，提高了棉农的种棉积极性。

据喻树迅介绍，长江流域、沿海地区也在积极试行棉花机械化。沿海地区正在实验机械三行采摘，创新适合沿海地区的模式。但是河南、山东等省，因为棉花种植比较分散，所以机械化推行不太容易。今年，河南省也准备试行小型机械化种棉。

同时，喻树迅坦言，棉花机械化是一个系统的问题，涉及土地流转、规模化种植、购买设备等多方面的问题，解决起来比较复杂。

他举例说，现在棉花育苗可以像种菜一样，实现工厂化操作。喷药、打顶也可以实现机械化。最大的难题是棉花采摘。机械采摘棉花后，还需要清花，而清花设备太贵，个人没能力购买。这对棉农来说都是难以解决的瓶颈问题，需要政府支持才行。

但喻树迅对棉花种植的机械化前景仍然充满信心，并且笑言："随着机械化程度的提高，我们研发的短季棉也会越来越受棉农欢迎。"

编者按：棉花是我国最重要的经济作物，也是除粮食之外最重要的农产品和战略物资，对于保障以棉花为主要原料的纺织工业健康持续发展意义重大。我国是发展中的农业大国，是世界上最大的棉花生产国和消费国、世界纺织品及服装加工中心、世界上最大的纺织品及服装生产国和出口国。如何调动我国农民的种植积极性，促进我国棉花产业的稳步发展，中国工程院院士、中国农业科学院棉花所所长喻树迅为我们提供了很好的建议。

快乐种棉，促进我国棉花产业的稳步发展

——访中国工程院院士、中国农业科学院棉花研究所所长喻树迅

记者　马君珂　刘记强　张晓江　刘璐瑶

棉花是关系国计民生的重要物资，在国民经济发展中占有重要地位。然而，近几年，我国棉花种植面积、产量大幅波动，棉花价格大幅摇摆，加之进口棉急剧增加，对外依存度加大。据了解，我国广大农民种植积极性并不高，是什么原因导致这种局面呢？我国棉花产业的发展趋势又是怎么样的呢？3 月 17 日下午，记者一行来到安阳市，对中国工程院院士、中国农业科学院棉花所所长喻树迅进行了采访。

“短季棉”实现了“粮棉两熟”的梦想

“20 世纪 80 年代以前，对于我国北方的部分农民来说，他们每年都面临着‘是种棉花还是种粮食’的选择，因为那时棉花没有早熟品种，生育期较长，有 140 天左右，剩余的时间不够种植小麦，农民只好一年种一季，土地复种率很低。”喻树迅告诉记者，由于我国人多地少，一年一熟很难满足农民的需求，无奈之际，他们就想了一个办法，在麦子还没收割之前，套种棉花，但这样又会影响小麦的产量。能不能一年之内，实现麦棉两熟呢？面对这个富有挑战性的课题，年轻的喻树迅走上了短季棉的研发之路。

此后，在无数个“赤日炎炎似火烧”的日子里，喻树迅都钻在密不透风的棉花地里，顾不上擦去额头上的汗水，一心一意潜心钻研他的短季棉。经过千百次的试验，他所在的课题组终于研究出了棉花新品种——中棉所 10 号，把棉花的生育期缩短至 115 天，实现了农民一年之内既种棉花又种小麦、“麦棉两熟”的梦想。

与普通的春棉相比，短季棉个头不高，单株产量较低，但种植密度大，因此棉农比较满意。当时，“中棉所 10 号”受到农民的一致欢迎。虽然棉种价格不菲，但农民还是疯

原载于：《农家参谋》2012 年第 4 期（总 379 期）4-6 页

狂地前来抢购。有人为了买到种子，不惜住在当时中国农业科学院棉花研究所所在地——白壁镇农村，且一住就是半年。

中棉所10号的推广应用，开创了培育适合麦棉两熟早熟棉花新品种的先河，推动了黄河流域棉区耕作制度改革的快速发展，成为黄河流域和长江流域棉区麦（油）棉两熟栽培的主要短季棉品种，累计推广面积420万hm^2。

不久，喻树迅发现短季棉在早熟的同时往往伴随着早衰。棉花叶片纷纷脱落，然后渐渐地枯萎、死亡。原来，通常情况下，植物的生长期和光合作用时间越长，产量越高，品质越好。由于短季棉生长期较短，不能很好地进行光合作用，就出现早衰的情况，棉桃很小，纤维品质差，产量减少20%左右。

面对这个难题，喻树迅专门到北京大学学习借鉴人体衰老的理论，研究短季棉不早衰机理，通过对短季棉品种抗氧化系统酶活性研究发现，早熟不早衰品种的叶片叶绿素和蛋白质降解慢，SOD等抗氧化系统酶活性强；而早熟早衰品种的酶类活性低，叶绿素和蛋白质降解快。通过不断探索，大胆创新，终于研制出了“中棉所16”。该品种具有早熟的性能，生育期是110天，并且能抗枯萎病。1992年种植面积达74万hm^2，年最大种植面积100万hm^2，累计种植567万hm^2，经济效益9.5亿元，极大地推动了我国黄淮海棉区麦棉两熟制的发展，实现粮棉双丰收。1995年获国家科技进步一等奖。

随后，喻树迅带领的课题组采用先进技术培育出短季棉系列品种中棉所24、中棉所27和中棉所36等，都实现了早熟不早衰、“青枝绿叶吐白絮”，优质高产多抗病。该系列品种不但解决了新疆棉区由于气温低造成纤维强力下降，黄淮棉区麦棉争地而低产、质差等重大科技问题，而且为我国发展优质棉和高效集约农业提供技术保障，2004年获得国家科技进步二等奖。

转基因棉的研制成功彻底消除了棉铃虫的为害

20世纪90年代，一场毁灭性的棉铃虫灾害使我国的棉花产业濒临绝境，为了对付铺天盖地的棉铃虫，棉农只能用农药防治，打药遍数越来越多，浓度也越来越高，但棉铃虫仍难以防治。

喻树迅形象地向记者描述了当时棉铃虫泛滥成灾的情景，他说：“当时，棉铃虫不仅吃各种庄稼，还吃各类蔬菜，农民中流传着这样一句话：‘棉铃虫天上的飞机不吃，啥都吃；地下的电线杆子不吃，啥都吃。’棉铃虫的抗药性极强，有人把它捉来投入农药中，不但浸泡不死，它们反而像小鱼一样在农药里游来游去，令人哭笑不得。等把它们捞出来喂鸡，鸡一吃马上毙命。”

喻树迅说，当时农民实在没办法，就采用人工捉虫，连小孩都发动起来了。可是，棉铃虫的繁殖力惊人，根本捉不完，致使部分棉田没有收成，大部分棉田减产50%以上。当时，棉花是农民创收的主要来源，是重要的经济作物，可是农民再也不敢种棉花了。两三年期间，我国的棉花种植面积锐减，纺织工业发展受到影响，出口创汇大幅缩水，全国棉花产业面临极大困难。

此时，国外转*Bt*基因抗虫棉乘势而入，欲占领中国抗虫棉品种市场。喻树迅看在眼里，急在心上，作为中国的棉花育种专家，他不甘心落后，并以高度的民族责任感，带领棉花育种团队奋发图强，应用中国农业科学院生物所专家制备的抗虫基因，研发第一批转基因抗虫棉品种。

苦心人，天不负。几年的艰苦奋斗，顽强拼搏，2003 年，喻树迅和他的团队终于研究出了中国的转基因棉——“中棉所 45”，棉铃虫吃几口抗虫棉后，它的胃就会发生溃烂，然后慢慢死在棉花上。国产抗虫棉品种的研制成功，消灭了给棉花带来严重危害的棉铃虫，使我国成为世界上第二个拥有自主知识产权的转基因抗虫棉国家。怎么推广中国的转基因棉呢？接下来，喻树迅重点做了两件事。第一件，建立上、中、下游联合利益分享机制，提高转化效率。第二件，进行公司化运营，育种的人不能搞经营，经营的不能育种。大家一心一意搞自己的事业。

“中棉所 45”在大面积推广的过程中，农民们发现：该品种不仅价格低，且比国外的转基因棉产量高，于是，国外转基因品种在不知不觉中退出了中国市场。短季棉育种在熟性和抗虫性方面又步入了一个新阶段，为我国自主培育的抗虫棉发展起到了促进作用。

让农民在“快乐种棉”中不断提高种植积极性

据了解，目前我国除新疆外，其他各省种植棉花的机械化程度普遍不高，是什么原因造成的呢？喻树迅为我们分析了以下几点。

第一，粮食安全问题。我国人多地少，国家始终把粮食生产放在第一位，所以，农民在保证粮食充足供应时，才会考虑种植棉花。

第二，价格比的问题。现在，国家对粮食实行最低保护价政策，而棉花基本靠市场经济调节。正常情况下，棉花的价格应是粮食的 10 倍，而现在仅是粮价的 3 ~ 4 倍，这样，棉农的种植积极性就会大打折扣。

第三，劳动力的问题。近年来，我国粮食的种植面积不断扩大，这是因为粮食收获已基本实现了机械化，农民不费吹灰之力就把粮食运回了家。而棉花的种植劳动力价格不断上涨。棉农除去给摘棉工的钱，自己所剩无几。去年，在江苏盐城，甚至出现了棉农直接把棉花粉碎在地里的现象，就是由于劳动力成本过高，棉农无法承受造成的。

谈起新疆的棉花种植模式，喻树迅显得很兴奋，他说：“新疆农民的种棉积极性还是蛮高的，这跟他们从播种到收获基本实现了机械化有关。”他们从种到收基本实现机械化，且机械收花比人工收花成本要低得多，是棉农的最佳选择。

那么，如何调动内地广大农民的种植积极性，不断扩大种植面积，促进我国棉花产业的稳步发展呢？喻树迅提出了以下几点建议。

第一，发挥优势，开垦棉花种植区域。我国的天津、河北、山东、江苏等地，都有大面积的盐碱地，这些地方比较适合种植棉花，种粮食不太合适，那么，就可以在沿海滩头开垦土地，种植棉花，扩大棉花种植面积。

第二，开发早熟品种。进一步缩短棉花的生育期，在不影响粮食生产的情况下，实现粮棉两熟，提高土地的复种率，不断增加棉花总产量。

第三，快乐种棉。为提高广大棉农的种植积极性，喻树迅提出了“快乐种棉”的口号，使农民快快乐乐、轻轻松松种棉花。那么如何实现快乐种棉呢？喻树迅告诉记者，可通过两条途径。一是通过科学家的努力，不断提高棉花产量。在新疆实现了 6.7hm^2 连片 667 平方米产 860 千克籽棉，内地实现 667 平方米产 250 千克籽棉的记录。这样产量高，效益好，农民精神上就快乐，积极性也会提高。二是实现全程机械化种棉，使农民的体力得到解放。众所周知，种植棉花需要耗费很大的体力，尤其是收获棉花，需要农民弯着腰，把一棵棵的棉花采摘干净。繁重的体力劳动，使摘棉人苦不堪言。因此，机械收获棉花是棉花产业发展的关键。

谈到棉花今后的发展趋势，喻树迅说，在日常生活中，棉花的重要作用无法替代，如用棉花原料做的床上用品、内衣等。棉纺品来自天然，安全无刺激，透气性好，人们穿着“全棉衣服”就会很舒适。而化纤制品恰恰缺乏这些特点，另外，随着石油价格的逐渐上涨，棉纺品的优势越来越明显。因此，发展棉花产业势在必行。

据悉，截至目前，喻树迅院士共研究出了 19 个棉花新品种，累计推广面积达 1 740万 hm^2。谈起今后的科研方向，他告诉记者：“对于我个人来讲，主要还是搞早熟品种。现在，正在搞第二代转基因品种，用转基因的手段，利用生物技术，把棉花生育期控制在 100 天以内，不断提高棉花的产量、纤维品质、抗性，为我国棉花事业奉献自己的全部精力。”

喻树迅：棉田里的院士

记者　刘佳

因为热爱育棉的工作而不计较科研的环境多么艰苦，因为心系棉花产业的发展而无所谓自己的得失，他就是中国农业科学院棉花所所长兼党委书记喻树迅研究员：一个成长于庄稼地的科学家，一名离不开棉花田的院士。

扎根中原不畏苦

生长于湖北农村的喻树迅从小勤奋刻苦，1979 年以优异的成绩毕业于华中农业大学农学系遗传育种专业，被分配到中国农业科学院棉花研究所。不过当时这个国家级的研究所却建在中原大地上一个普通的村庄里，研究所的条件非常简陋，喻树迅所住的房子还是大跃进时期农业部在中棉所办干部培训班时盖成的，不但寒冷潮湿，老鼠还在墙中筑窝。后来一家人分到两间房子，大房间 12 平方米，小房间 8 平方米，中间 5 平方米的走廊就是厨房，这一住就是七八年，到搬家时屋里的家具都烂了。

而对于喻树迅来说，这些苦似乎不算什么，因为他的心完全放在了棉花的培育上，在他眼中，棉花就是他的孩子。同事们也说，平时话不多的他只要提起棉花便会滔滔不绝；看到棉花，腿就走不动了，经常不管晴雨天的泡在田地里观察棉花的性状。“当他沉醉于其中时，外界发生的事情都无法干扰他。”一位同事说。

“作为农业科研工作者，就是要做农业先进生产力的代表，就是要为广大农民的最根本利益服务，培育优良的作物品种就是实现这两个目标的一条途径。”喻树迅自己说。

就是在这样艰苦的条件下，喻树迅和同事们并肩奋斗，科研硕果频出，多年来由该所培育的棉花品种已达到几十种，其推广面积最高时竟占到全国棉花种植面积的多半。

谱写棉花“创新曲”

来到中棉所后喻树迅就快速地投入到棉花的培育改良中，30 年来，他的课题组在棉花育种上不断改良“进化”，大大促进了我国棉花的生产，带来了巨大的经济效益和物质财富。

原载于：《科学中国人》2013 年 3 期 34-35 页

创新第一步：区域性划分

中国幅员辽阔，气候差异大，但早年在棉花种植耕种上还比较单一。因此根据我国不同棉区气候特点、生产水平、种植习惯，喻树迅和同事们一起在多个省的早熟棉区进行实地考察，收集国内外种质资源，经过几年努力，首次提出短季棉生态区的划分和不同生态区亲本的利用方法，将我国短季棉品种划分为 3 种主要生态类型：北部特早熟生态型、黄河流域生态型、长江流域生态型。短季棉品种的区域性划分为我国短季棉区域合理种植和耕作制度改革打下了坚实的基础，并延续至今。

创新第二步：粮棉两熟

20 世纪 80 年代初期，黄河流域棉区不仅是棉花主产区，同时也是粮食主产区，随着“人增地减”和农业生产的发展，粮棉争地矛盾日益突出，粮棉两熟耕种势在必行。针对当时主栽品种黑山棉 1 号生育期长、不抗病等突出问题，喻树迅和大家一起进行短季棉育种攻关，研究短季棉的早熟特性，总结出短季棉早熟指示性状，发现蕾期脱落率低、果枝始生节位低、遗传力高的品种，选育出早熟性好、生育期 115 天、适合耕作改制需求的短季棉新品种中棉所 10 号。该品种经推广应用，开创了培育适合麦棉两熟早熟棉花新品种的先河，缓解了粮棉争地矛盾，推动了黄河流域棉区耕作制度改革的快速发展，成为黄河流域和长江流域棉区麦（油）棉两熟栽培的主要短季棉品种，在北部特早熟棉区迅速推广，年最大推广面积 80 余万 hm^2。

创新第三步：抗病

80 年代后期，我国棉田枯萎病、黄萎病严重发生，致使部分棉田不能植棉，而抗病性与早熟、高产呈遗传负相关，国内外一直未突破此遗传障碍。喻树迅运用早熟指示性状高效选择方法，通过数量性状遗传分析明确了早熟性状受主效基因控制，以第一果枝始节和脱落率作为指示性状，选育出抗病、优质、早熟、高产的中棉所 16，克服了早熟与抗病、高产等性状遗传的矛盾，年推广面积 100.5 万 hm^2，极大地推动了我国黄淮海棉区麦棉两熟制的发展，实现粮棉双丰收。该成果 1995 年获国家科技进步一等奖。

创新第四步：不早衰

同时，在短季棉育种中，喻树迅发现棉花的早熟性是短季棉最主要的性状，但早熟往往伴随早衰，严重影响短季棉品种的产量和品质。为此他特地到北京大学学习人体抗衰老学，借鉴人体衰老的理论研究短季棉不早衰机理，通过对短季棉品种抗氧化系统酶活性研究发现，提出了从亲本到后代的生化标记辅助选择育种技术，有效地缓解了早熟早衰的遗传负相关，育成了早熟不早衰、丰产、优质、抗病的系列短季棉品种中棉所24和中棉所27以及中棉所36，生育期为110天，霜前花率90%以上，实现了短季棉早熟、产量、抗病的三大突破，累计推广201万 hm^2。该成果2004年获得国家科技进步二等奖。

创新第五步：低酚棉

棉株全身是宝，陆地棉的棉仁中含有40%左右的蛋白质和35%以上的脂肪，但一般棉花种仁中含有较高的棉酚及其衍生物，人以及一些动物食用后，便会产生中毒的现象；棉油脱毒精炼后可食用，但榨油后的棉籽饼只能作肥料，影响了棉籽蛋白的综合利用。喻树迅分析发现，低酚性状受6对隐性基因控制，难于纯合，很容易通过昆虫、风媒串粉，造成混杂退化，影响低酚棉的综合利用。为解决这一难题，他采用多代自交有利隐性基因纯合的方法与选择雌蕊柱头短、雄蕊长且早散粉的生物性状相结合，对后代进行选择，使g12g12g13g13两对主效隐性纯合基因稳定遗传，育成中棉所18、中棉所20，其纯度可达99%，棉酚含量低微，该品种生育期110天，既适于黄淮棉区麦棉两熟，也适于西北内陆棉区作一熟春棉，累计推广100万 hm^2，成为我国低酚棉历史上推广面积最大的品种。该成果1999年获国家科技进步二等奖。

创新第六步：转基因抗虫

20世纪90年代，一场毁灭性的棉铃虫灾害使我国的棉花产业濒临绝境，棉铃虫的繁殖力惊人，且难以防治，致使棉田大量减产，两三年间我国的棉花种植面积从667万 hm^2 锐减到400万 hm^2，国家与棉农的经济损失超过400亿元，纺织工业停顿、出口创汇大幅缩水，全国棉花产业面临极大困难。此时，美国转*Bt*基因抗虫棉乘势而入，欲占领中国抗虫棉品种市场。喻树迅看在眼里，作为中国的棉花育种专家，以高度的民族责任感，带领棉花育种团队应用中国农业科学院专家制备的抗虫基因，研发成功第一批转基因抗虫棉品种，使我国成为继美国之后世界上第二个拥有自主知识产权的转基因抗虫棉国家。2005年又育成双价转基因抗虫短季棉中棉所50，至此，短季棉育种在熟性和抗虫性方面又步入了一个新阶段，为我国自主培育的抗虫棉发展起到了促进作用。

创新第七步：分子育种

作为农业先进生产力的代表，喻树迅是不断向前奋进的。作为2004—2009年和2010—2014年两轮“973”项目的首席科学家，他一刻也不放松，在进行棉花纤维品质功能基因组学研究的同时，2007年启动了中美棉花基因组测序，开展了TM-1第12号和26号染色体400个BAC的测序工作，预测到纤维发育、开花及色素以及抗性等2 061个基因，该研究为四倍体陆地棉全基因组测序奠定了坚实的基础。通过分子改良，可使棉纤维长度和强力提高1～2个单位，纤维长度达33毫米以上，比强度最高达44cN/tex以上（推广品种纤维长度29毫米，比强度30cN/tex），并在产量方面取得重大突破。

就像人们所称的“育种魔术师”一样，喻树迅不断地用自己的智慧在棉花育种中寻找突破和探索神奇，2011 年，他凭着对我国农业生产的巨大贡献当选为中国工程院院士，成为真真正正的一位从棉花田里走出的院士。今天，在这片祖国的热土上，喻树迅还将继续耕耘——因为前方还有更多挑战等待他。